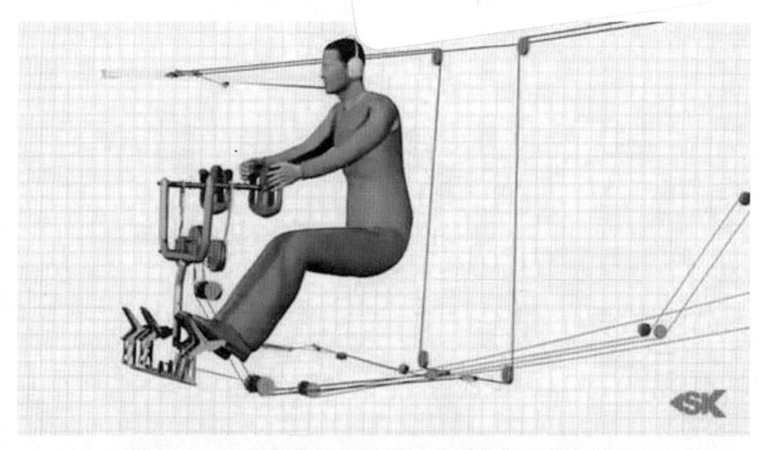

图 1-11　飞行员使用操纵杆、踏板和油门控制飞机

来源：Steve Karp[9], "How It Works Flight Controls", October 12, 2013, https://www.youtube.com/watch?v=AiTk5r-4coc

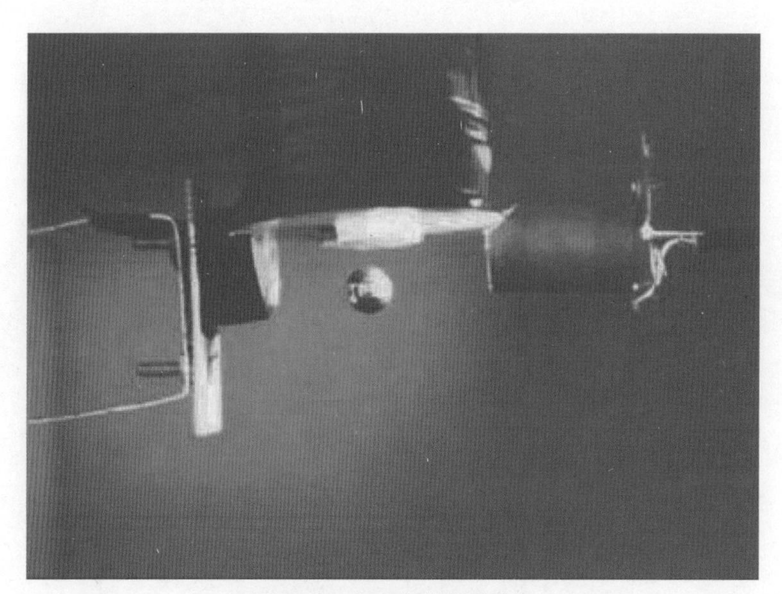

图 1-21　实验室磁悬浮系统

来源：Barie and Chiasson[10] "Linear and nonlinear state-space controllers for magnetic levitation", International Journal of Systems Science, vol.27, no.11, pp.1153-1163, November 1996.DOI-https://doi.org/10.1080/00207729608929322

图 6-30　直流电动机的转子（左）和转速表（右）的照片。注意，直流电动机的绕组槽是倾斜的

来源：由田纳西大学 J. D.Birdwell 教授提供

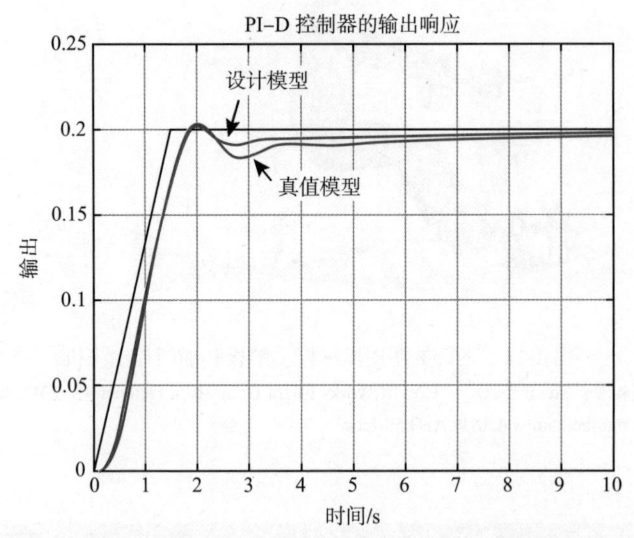

图 9-38　使用设计模型 $G(s)$ 和真值模型 $G_{\text{truth}}(s)$ 的俯仰角响应

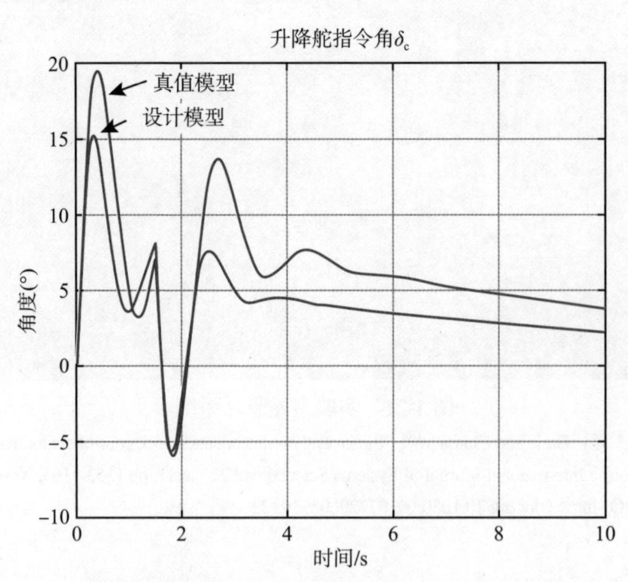

图 9-39　使用设计模型 $G(s)$ 和真值模型 $G_{\text{truth}}(s)$ 的升降舵指令角 δ_c

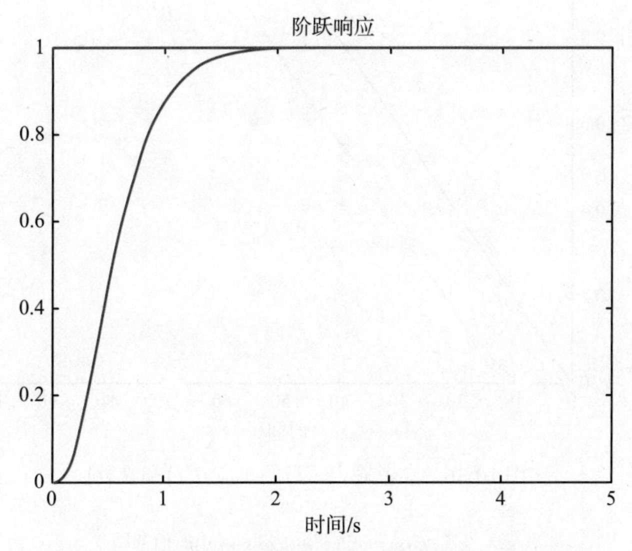

图 10-19　图 10-18 闭环极点在 −5 处的系统的阶跃响应

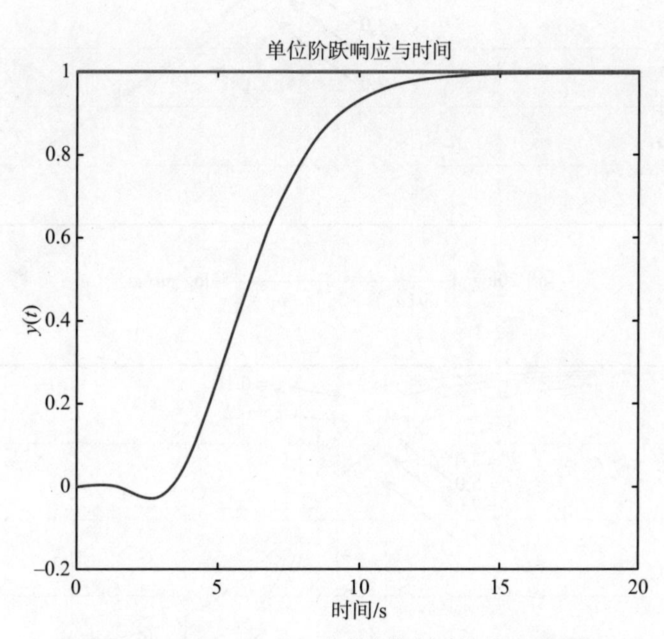

图 10-24　图 10-23 的二自由度控制系统的阶跃响应

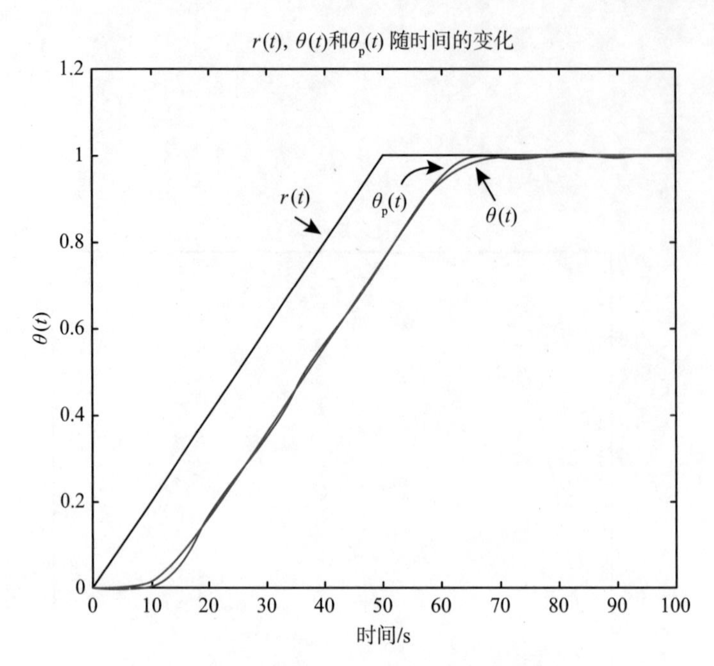

图 10-36　参考输入$r(t)$的响应$\theta(t)$和$\theta_p(t)$

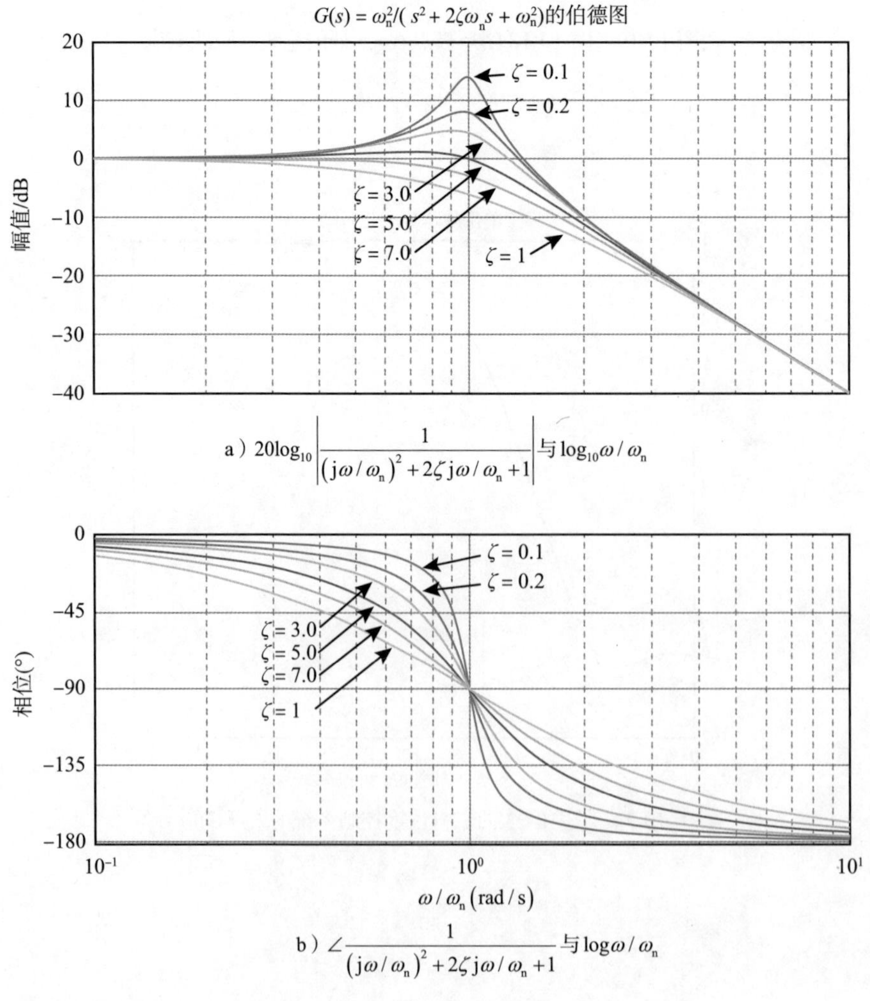

图 11-17

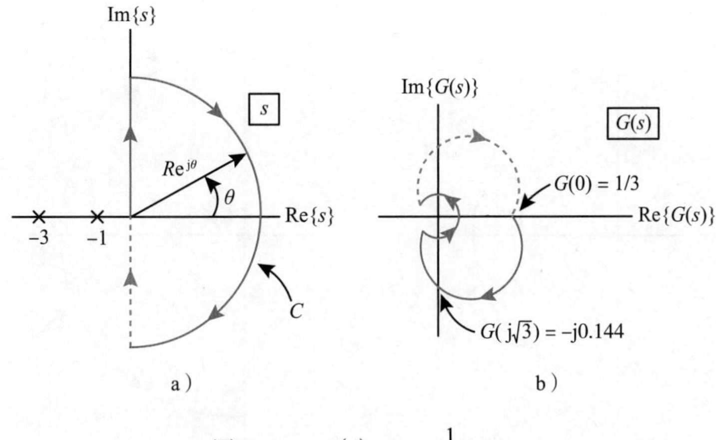

图 11-26　$G(s)=\dfrac{1}{(s+1)(s+3)}$

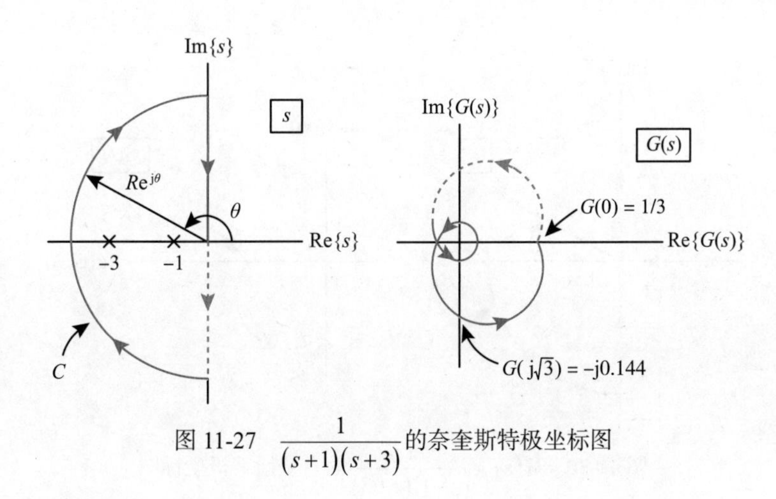

图 11-27　$\dfrac{1}{(s+1)(s+3)}$的奈奎斯特极坐标图

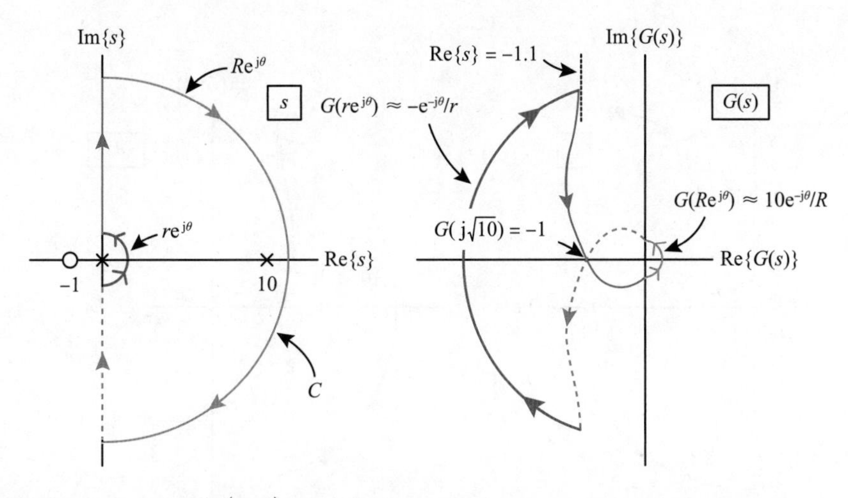

图 11-28　$G(s)=\dfrac{10(s+1)}{s(s-10)}$的奈奎斯特极坐标图。当$\omega\to 0$时，$G(\mathrm{j}\omega)$（蓝色）的曲线渐近于垂直线$\mathrm{Re}\{s\}=-(1/10+1)$

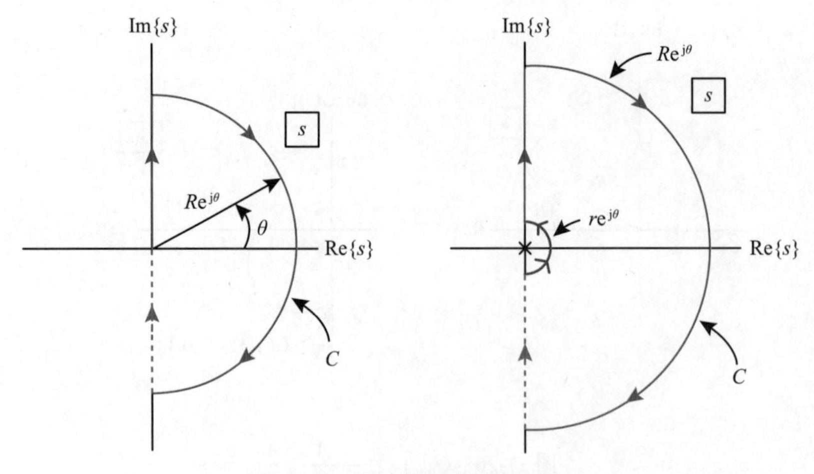

图 11-29　奈奎斯特曲线的例子

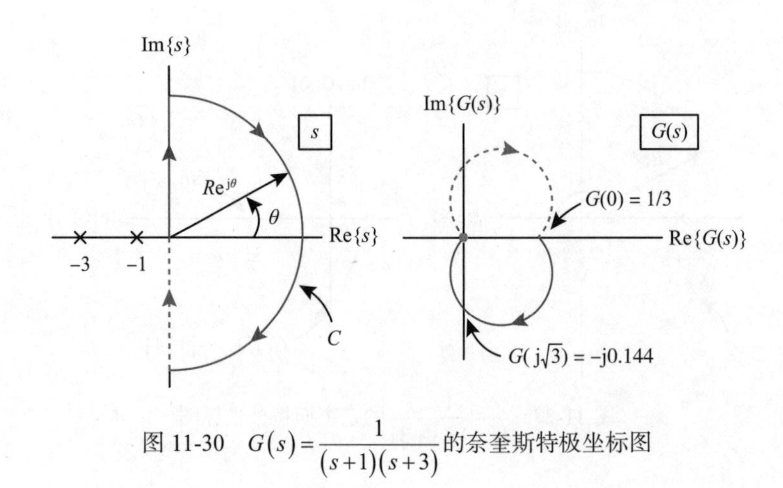

图 11-30　$G(s)=\dfrac{1}{(s+1)(s+3)}$的奈奎斯特极坐标图

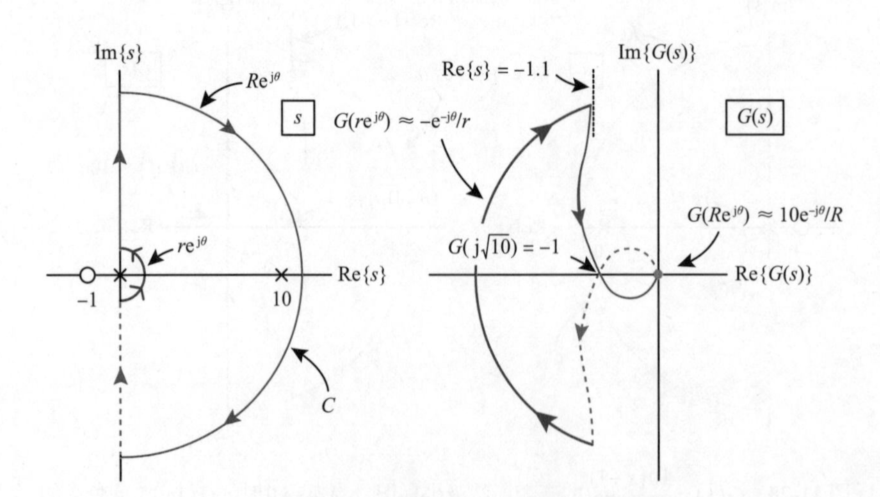

图 11-32　$G(s)=\dfrac{10(s+1)}{s(s-10)}$的奈奎斯特极坐标图

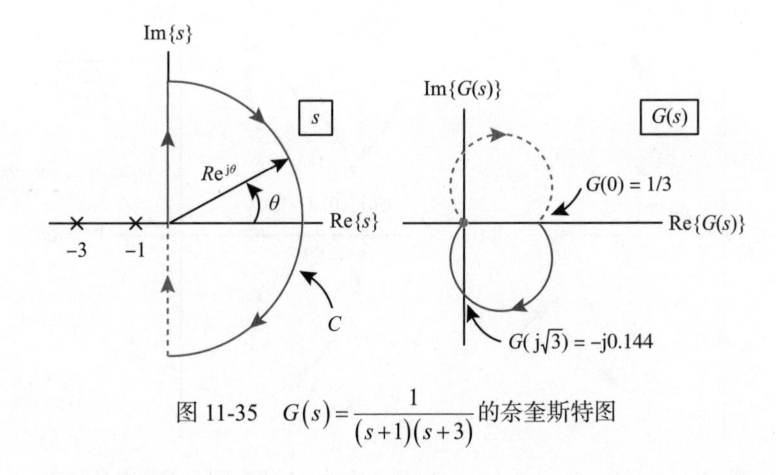

图 11-35 $G(s)=\dfrac{1}{(s+1)(s+3)}$的奈奎斯特图

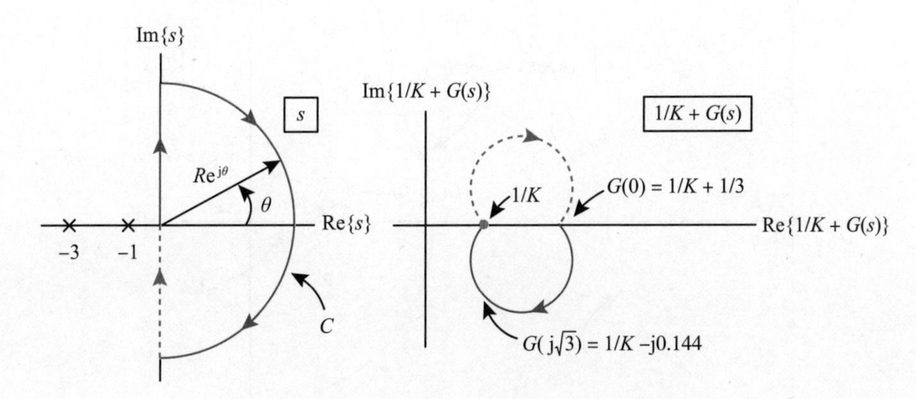

图 11-36 当$K>0$时$1+KG(s)$的奈奎斯特图

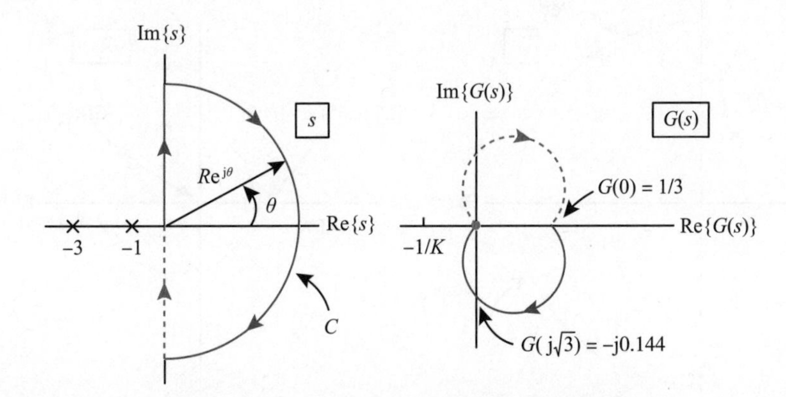

图 11-37 当$K>0$时$1/K+G(s)$的奈奎斯特图

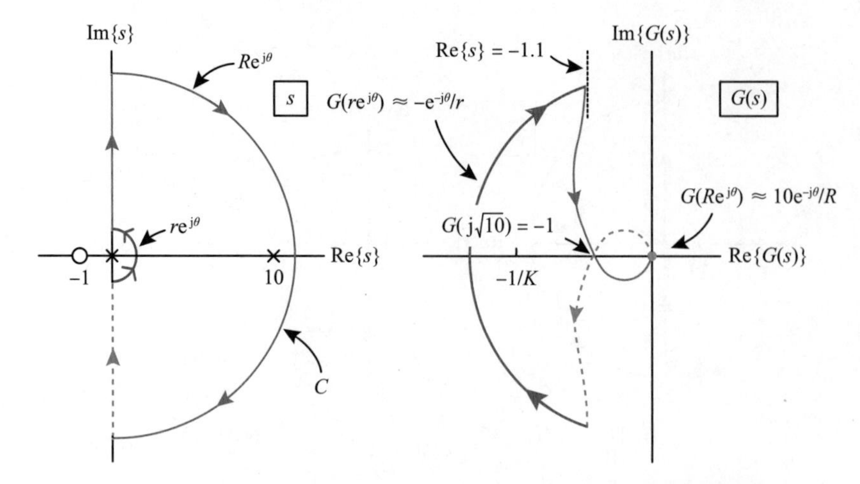

图 11-38　当$0<K<1$或$-\infty<-1/K<-1$时，$1/K+G(s)$的奈奎斯特图

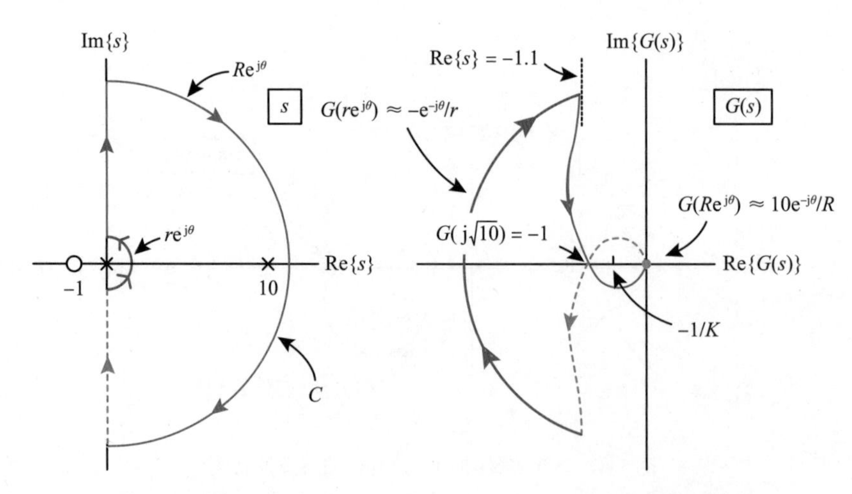

图 11-39　当$K>1$或$-1<-1/K<0$时，$1/K+G(s)$的奈奎斯特图

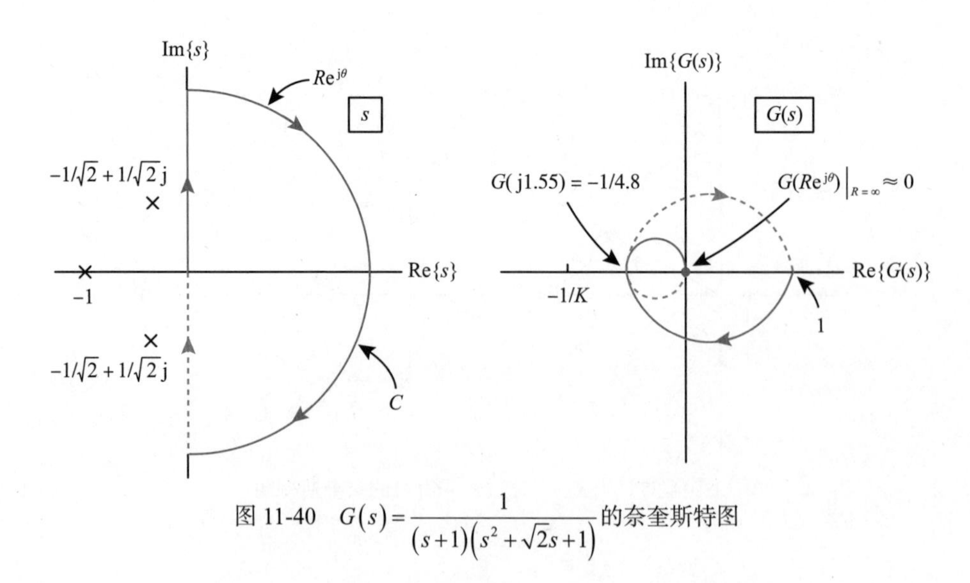

图 11-40　$G(s)=\dfrac{1}{(s+1)\left(s^2+\sqrt{2}s+1\right)}$的奈奎斯特图

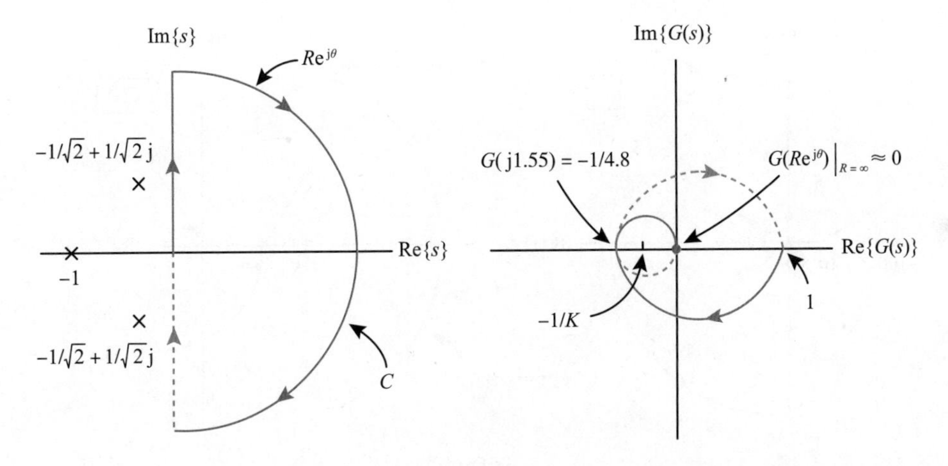

图 11-42 $G(s)=\dfrac{1}{(s+1)\left(s^2+\sqrt{2}s+1\right)}$的奈奎斯特图

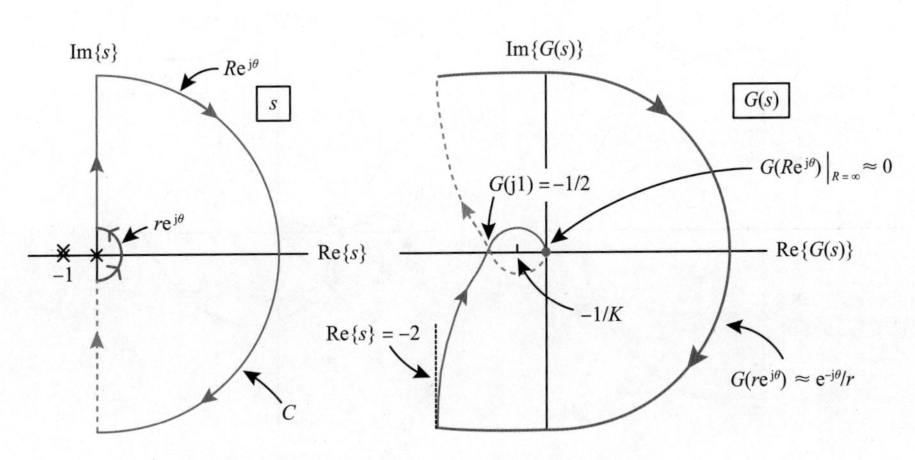

图 11-43 $G(s)=\dfrac{1}{s(s+1)^2}$的奈奎斯特图

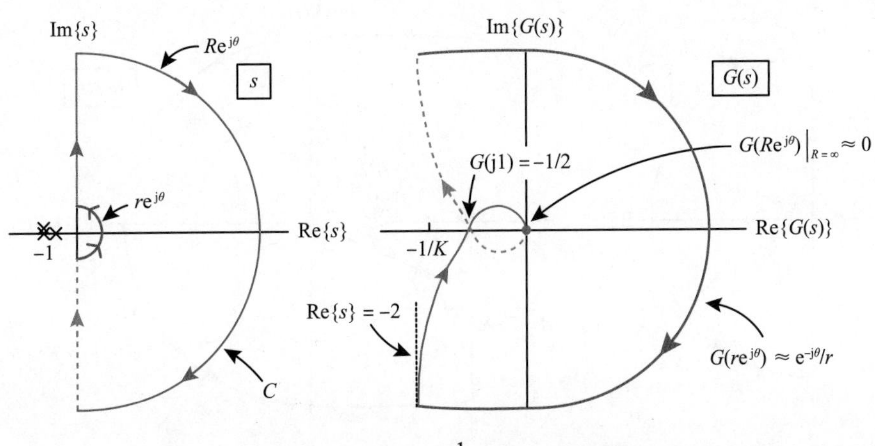

图 11-45 $G(s)=\dfrac{1}{s(s+1)^2}$的奈奎斯特图

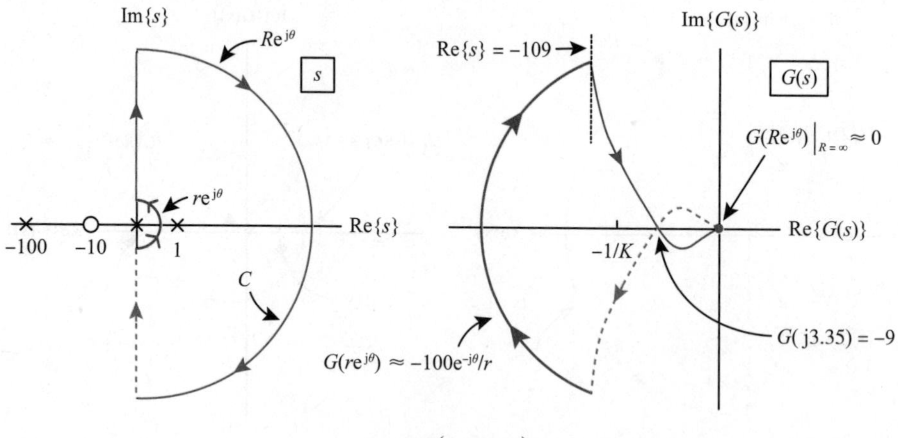

图 11-46　$G(s)=\dfrac{100(s/10+1)}{s(s-1)(s/100+1)}$的奈奎斯特图

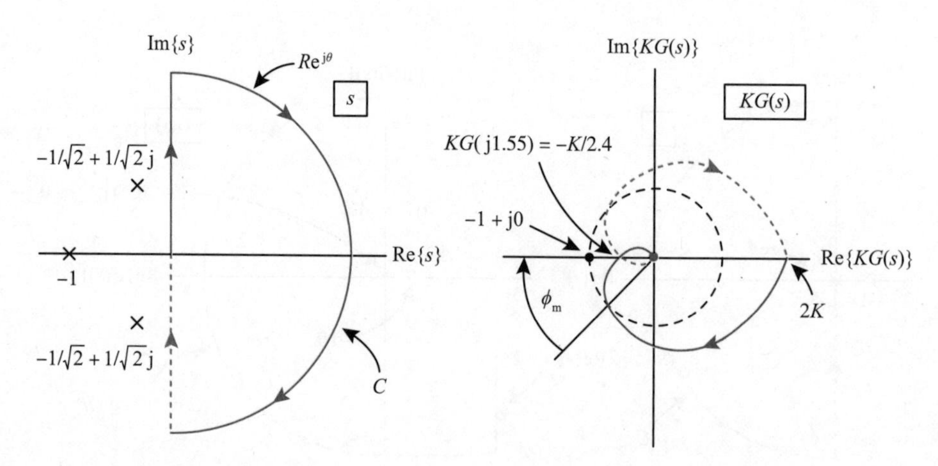

图 11-49　$KG(s)=K\dfrac{2}{(s+1)\left(s^2+\sqrt{2}s+1\right)}, G(j1.55)=-1/2.4, |G(j1)|=1$

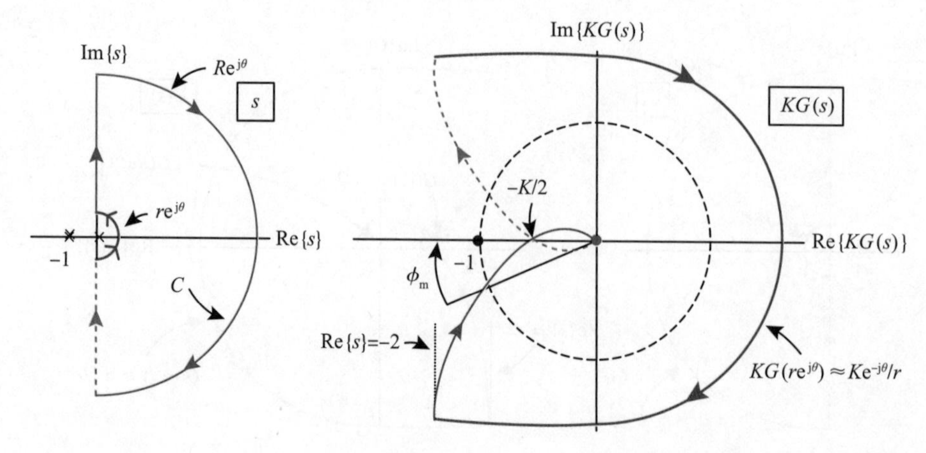

图 11-51　$K\dfrac{1}{s(s+1)^2}$的奈奎斯特图，$G(j1)=-\dfrac{1}{2}, G(j0.68)=1e^{-j159^\circ}$

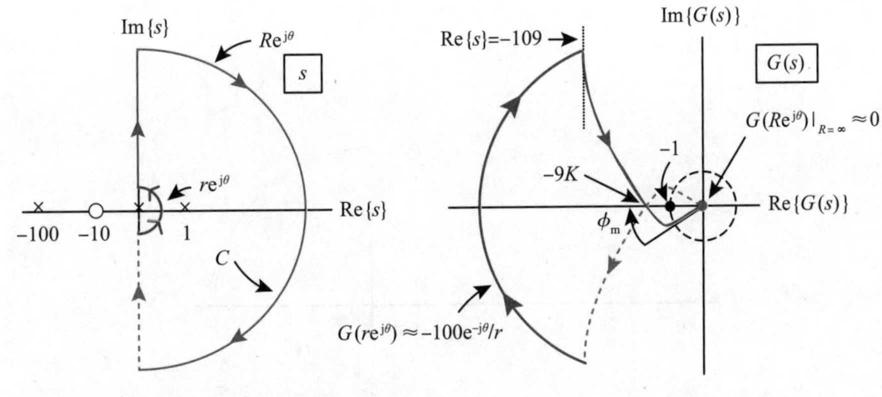

图 11-53 $K\dfrac{100(s/10+1)}{s(s-1)(s/100+1)}, G(\mathrm{j}3.35)=-9, G(\mathrm{j}12.6)=1\mathrm{e}^{-\mathrm{j}140°}$

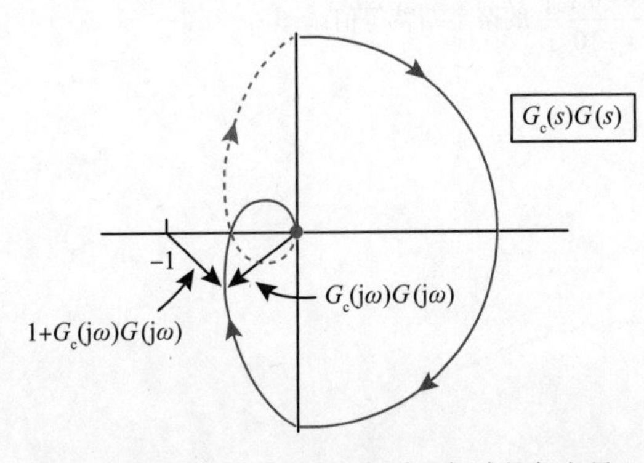

图 11-56 从$-1+\mathrm{j}0$到$G_c(\mathrm{j}\omega)G(\mathrm{j}\omega)$的复向量为$1+G_c(\mathrm{j}\omega)G(\mathrm{j}\omega)$

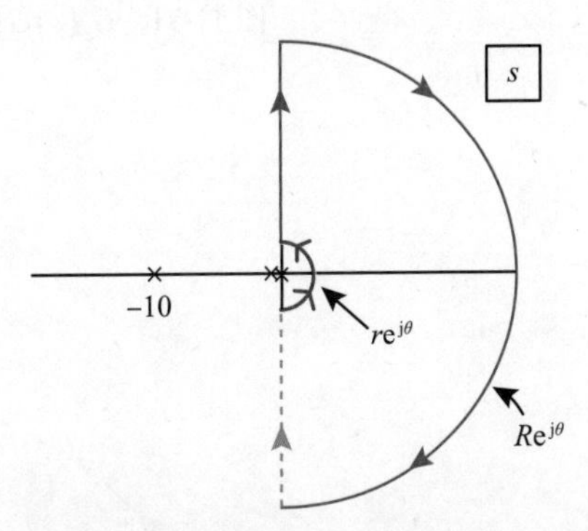

图 11-68 $G_c(s)G(s)=10\dfrac{s+0.1}{s+10}\dfrac{1}{s^2}$的奈奎斯特环绕线

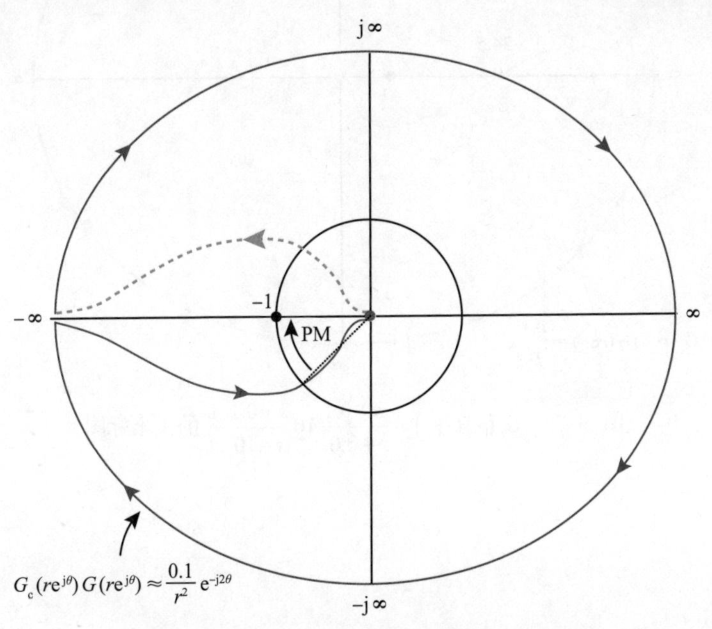

图 11-69 $G_c(s)G(s)=10\dfrac{s+0.1}{s+10}\dfrac{1}{s^2}$的极坐标图

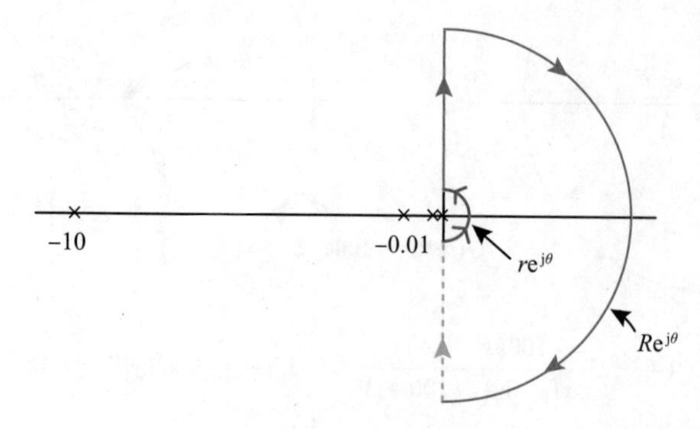

图 11-71　$G_c(s)G(s)=\frac{s+0.1}{s+0.01}10\frac{s+0.1}{s+10}\frac{1}{s^2}$的奈奎斯特等值线图

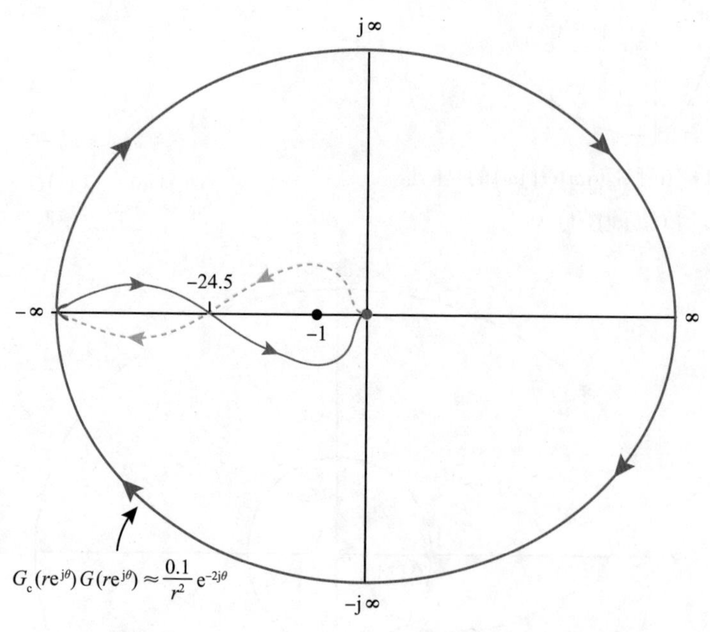

图 11-72　$G_c(s)G(s)=\frac{s+0.1}{s+0.01}10\frac{s+0.1}{s+10}\frac{1}{s^2}$的极坐标图

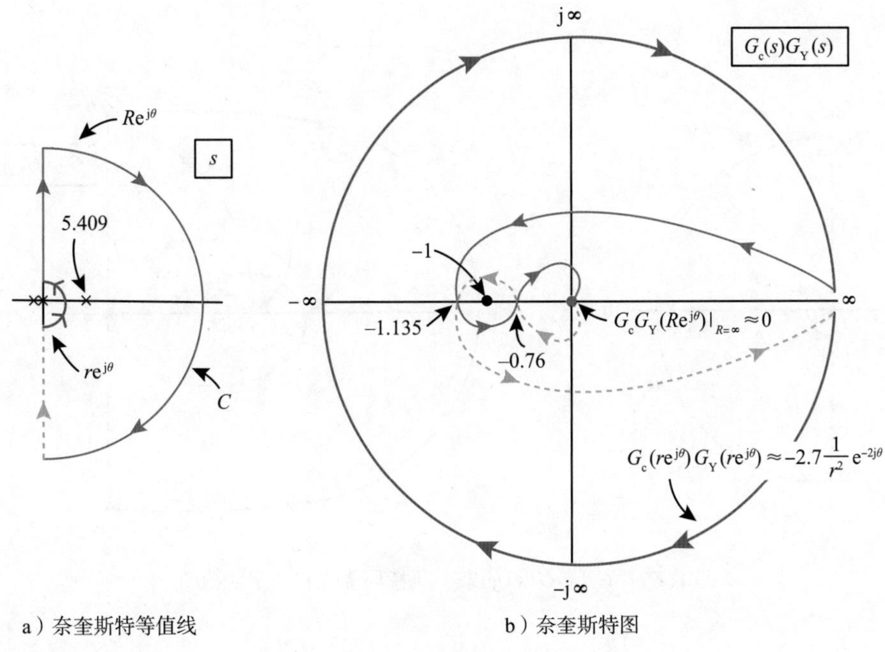

a）奈奎斯特等值线　　b）奈奎斯特图

图 11-74

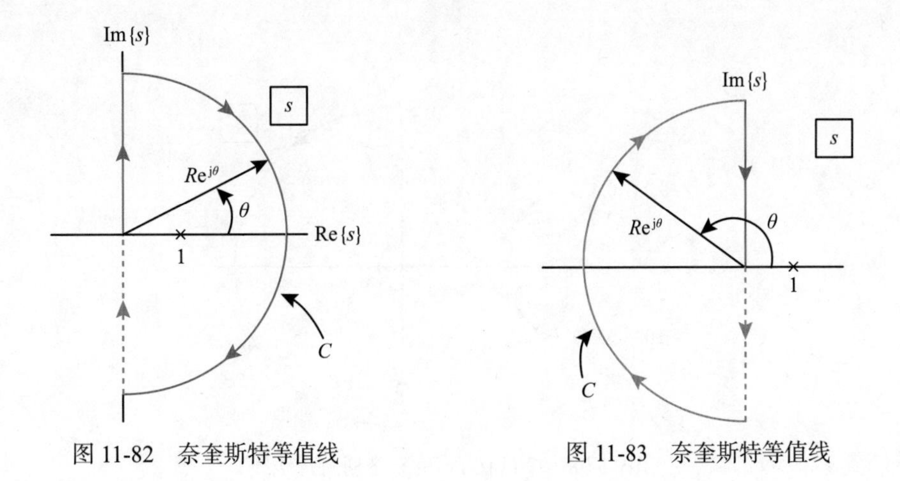

图 11-82　奈奎斯特等值线　　图 11-83　奈奎斯特等值线

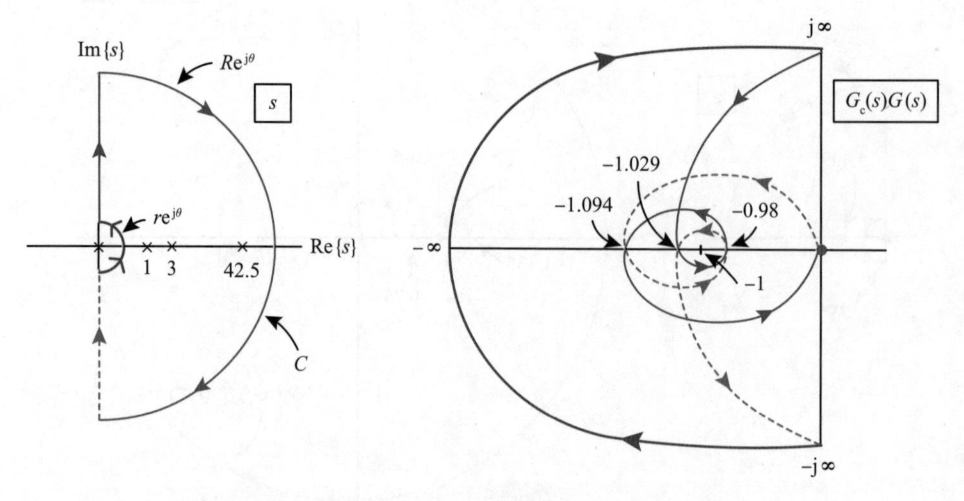

图 11-97　$G_c(s)G(s)$的奈奎斯特环绕线和奈奎斯特图

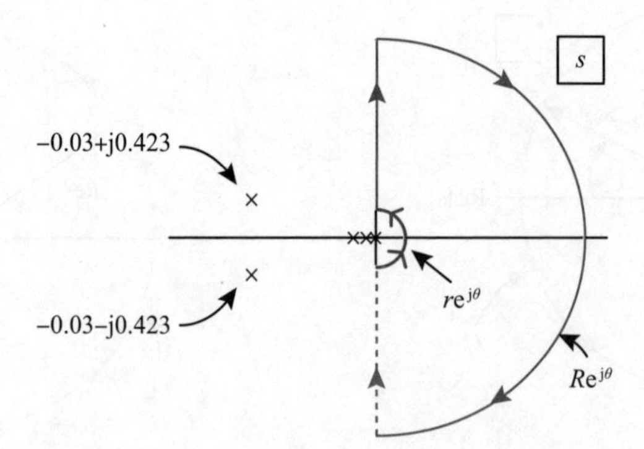

图 11-98　$G_c(s)G(s)$的奈奎斯特环绕线

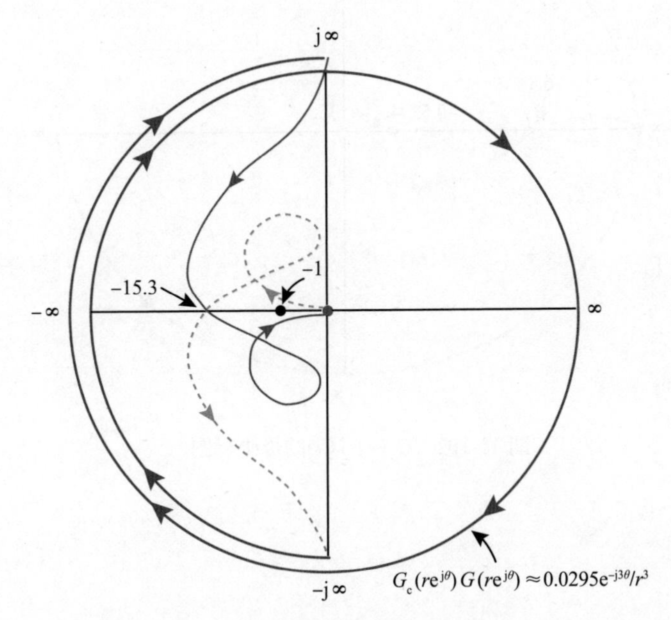

图 11-99　$G_c(s)G(s)$的极坐标图

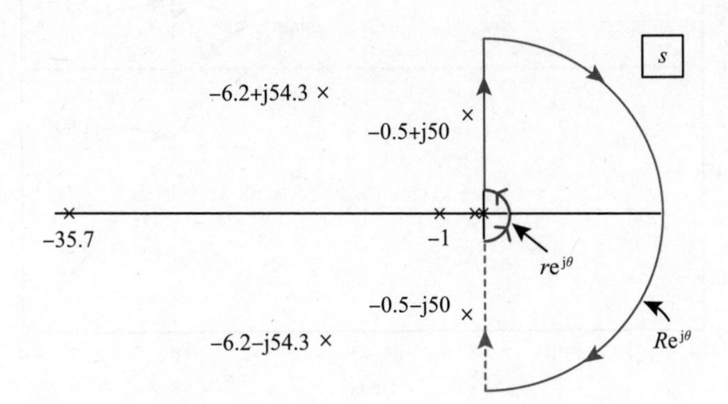

图 11-101　$G_c(s)G(s)$的奈奎斯特环绕线

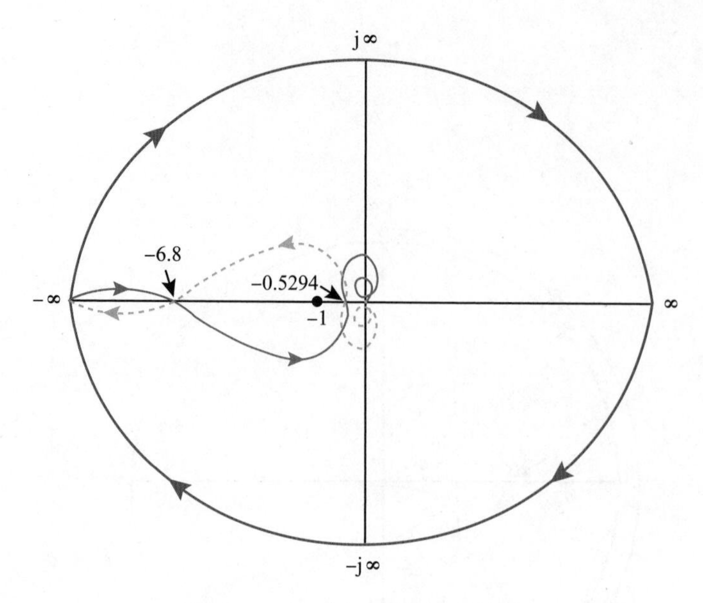

图 11-102　$G_c(s)G(s)$的极坐标图

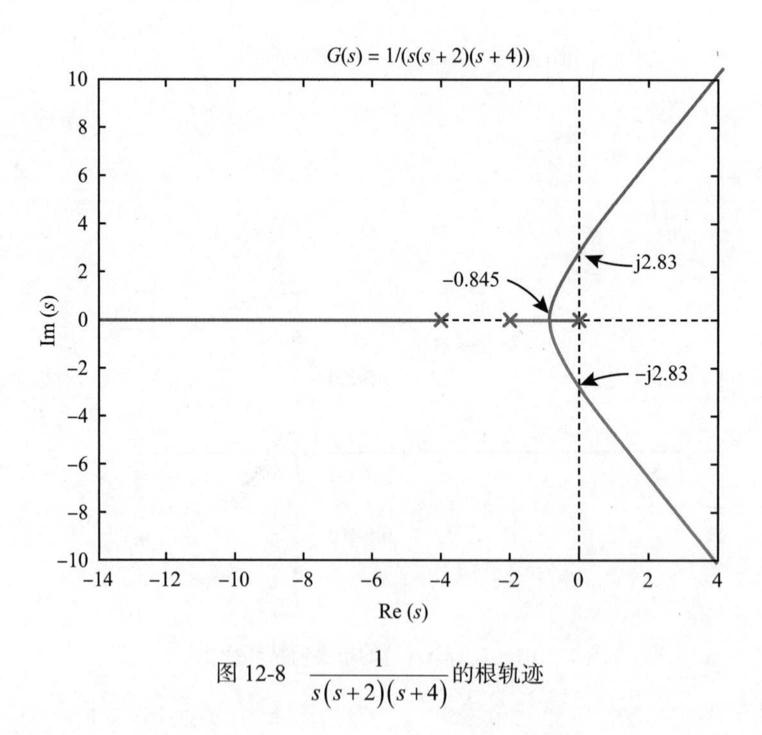

图 12-8　$\dfrac{1}{s(s+2)(s+4)}$的根轨迹

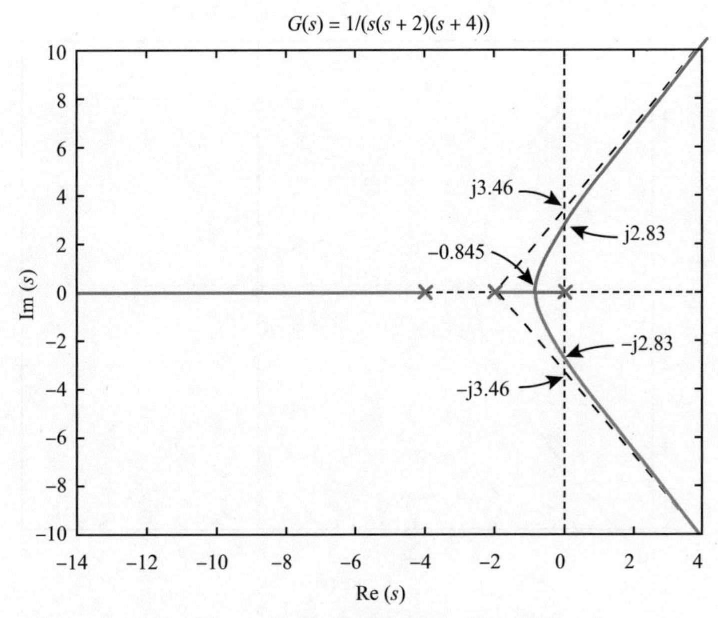

图 12-11　带三条渐近线的根轨迹图，渐近线交于点 −2

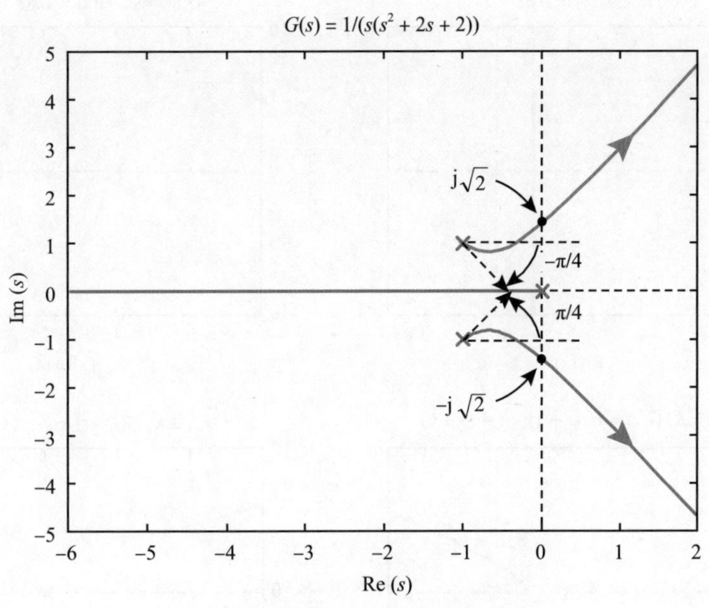

图 12-22　开环复共轭极点对的分离角

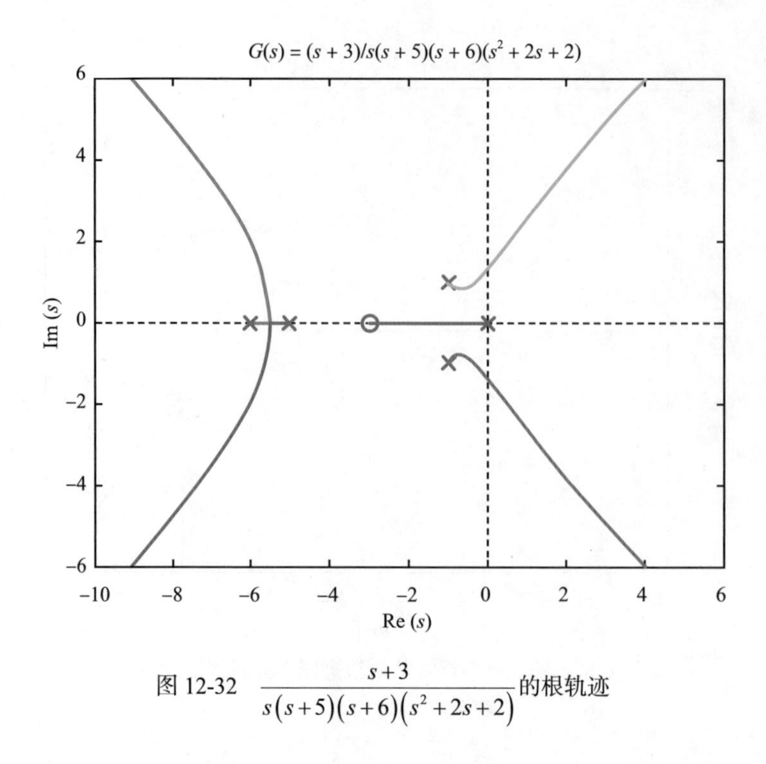

图 12-32 $\frac{s+3}{s(s+5)(s+6)(s^2+2s+2)}$的根轨迹

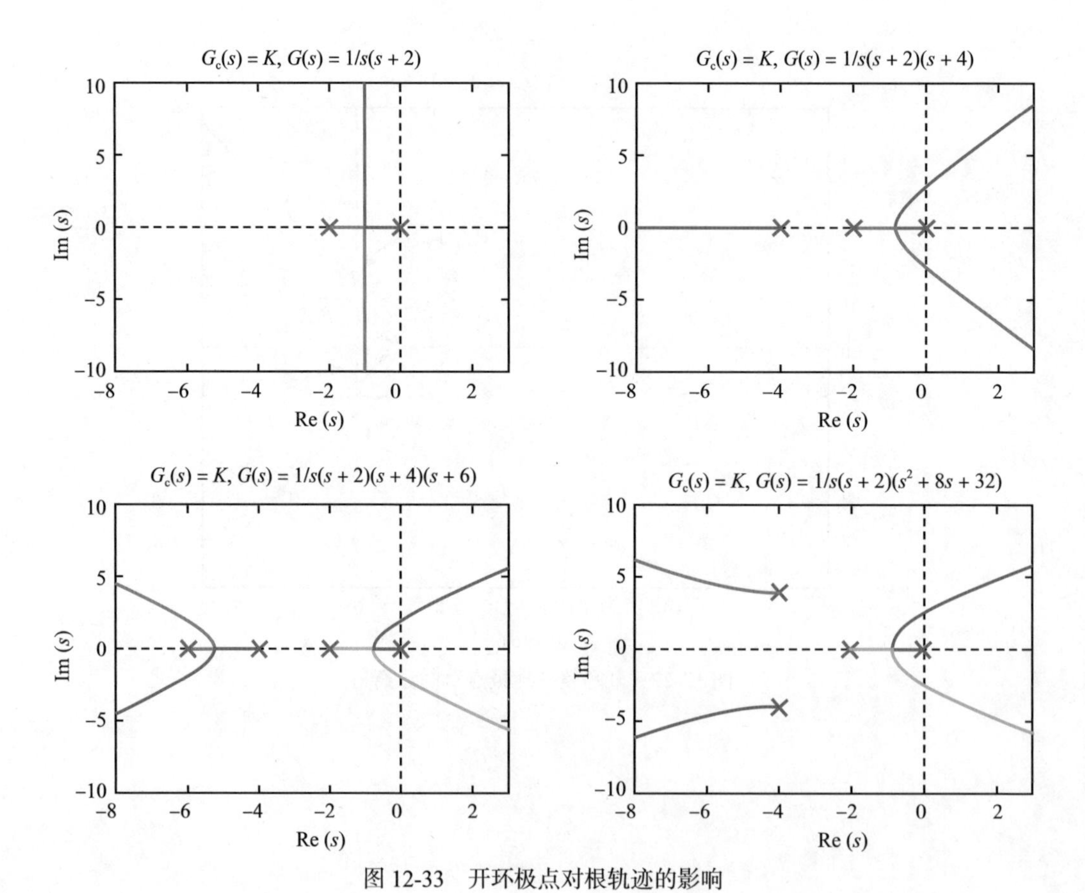

图 12-33 开环极点对根轨迹的影响

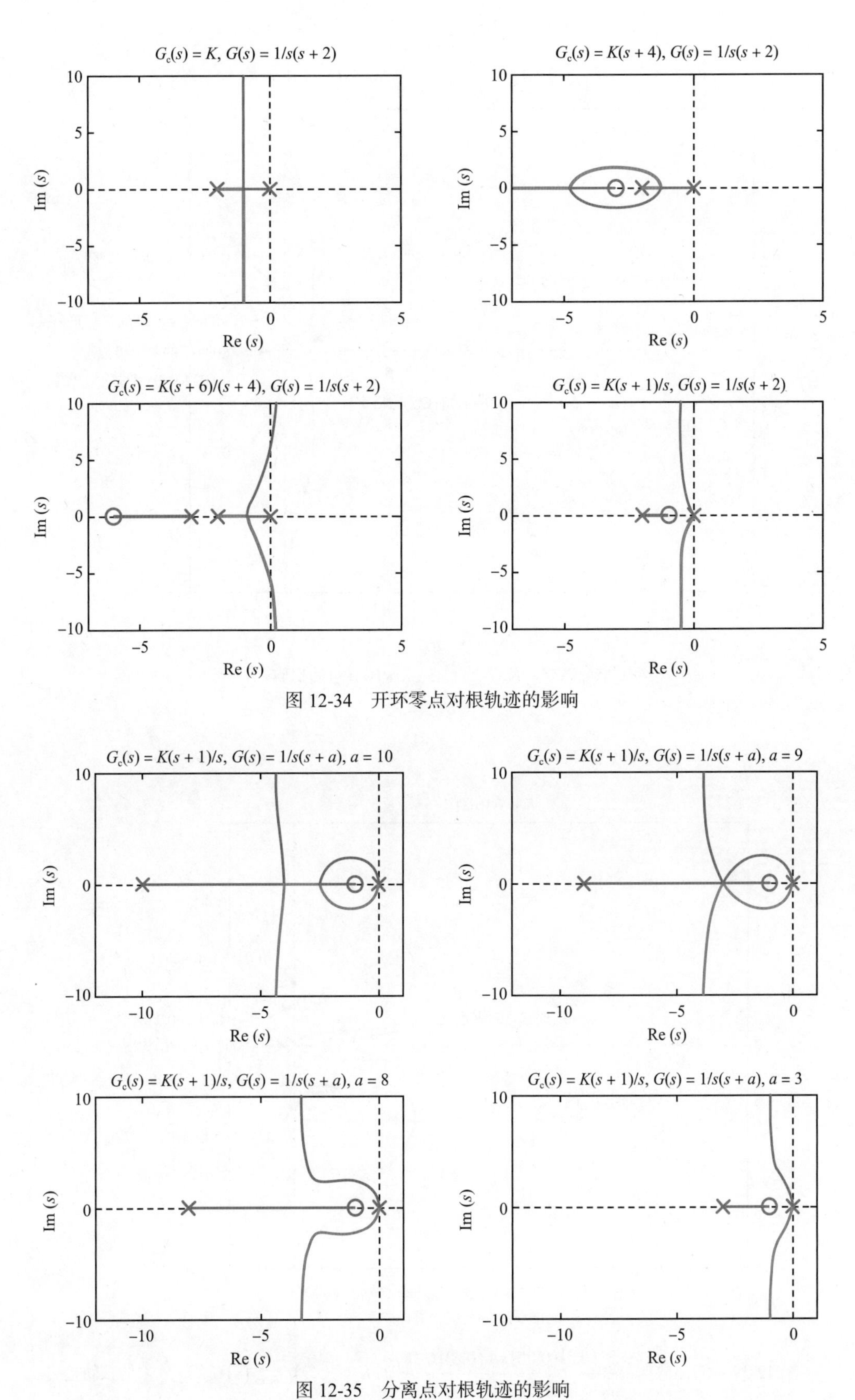

图 12-34　开环零点对根轨迹的影响

图 12-35　分离点对根轨迹的影响

来源：改编自 Kuo[2]。Automatic Control Systems，Prentice-Hall，Englewood Cliffs，NJ，1987

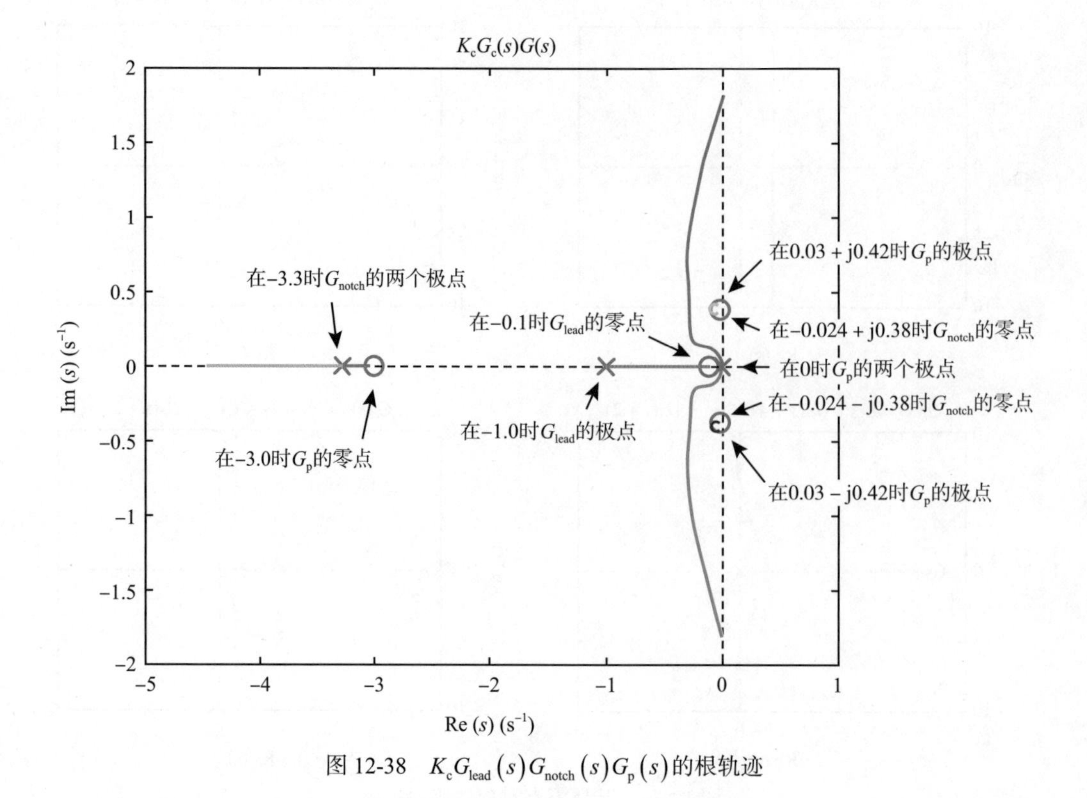

图 12-38　$K_c G_{lead}(s) G_{notch}(s) G_p(s)$的根轨迹

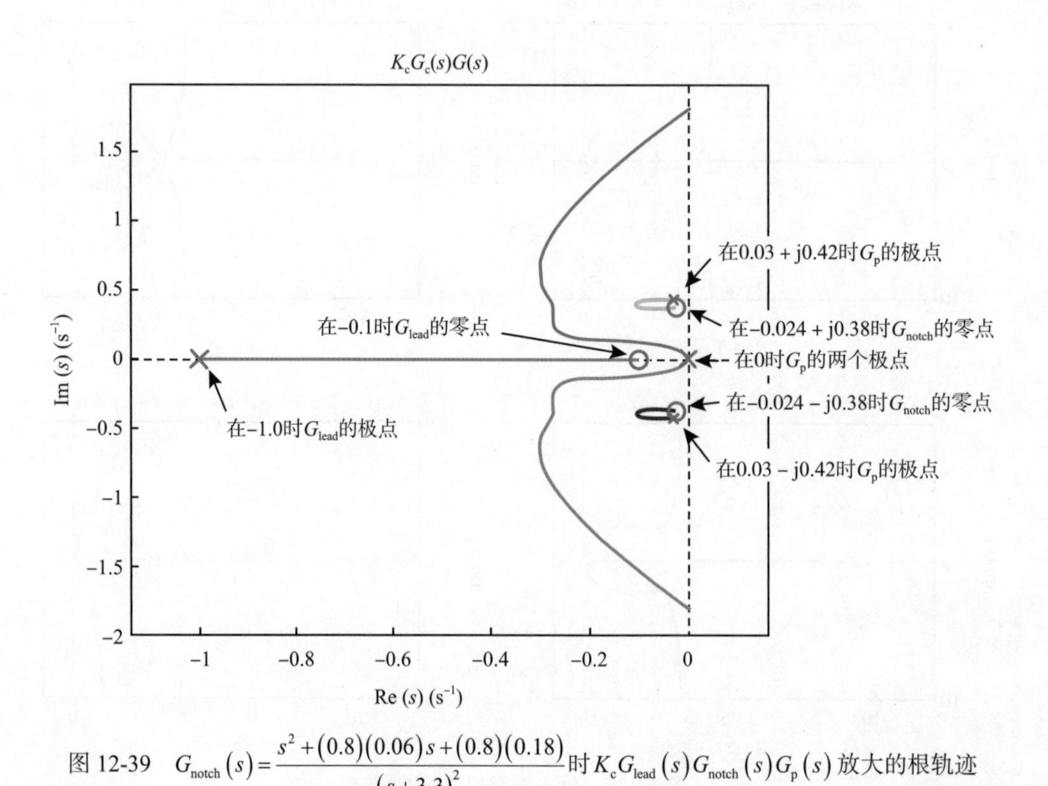

图 12-39　$G_{notch}(s)=\dfrac{s^2+(0.8)(0.06)s+(0.8)(0.18)}{(s+3.3)^2}$时$K_c G_{lead}(s) G_{notch}(s) G_p(s)$放大的根轨迹

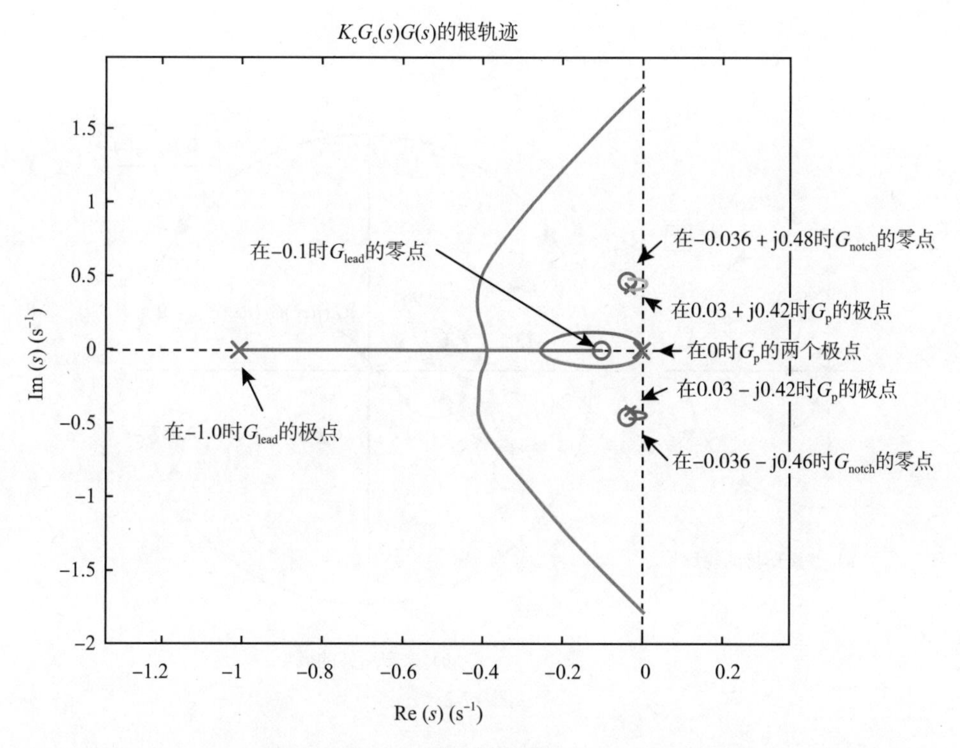

图 12-40　$G_{notch}(s)=\dfrac{s^2+(1.2)(0.06)s+(1.2)(0.18)}{(s+3.3)^2}$时$K_cG_{lead}(s)G_{notch}(s)G_p(s)$的根轨迹

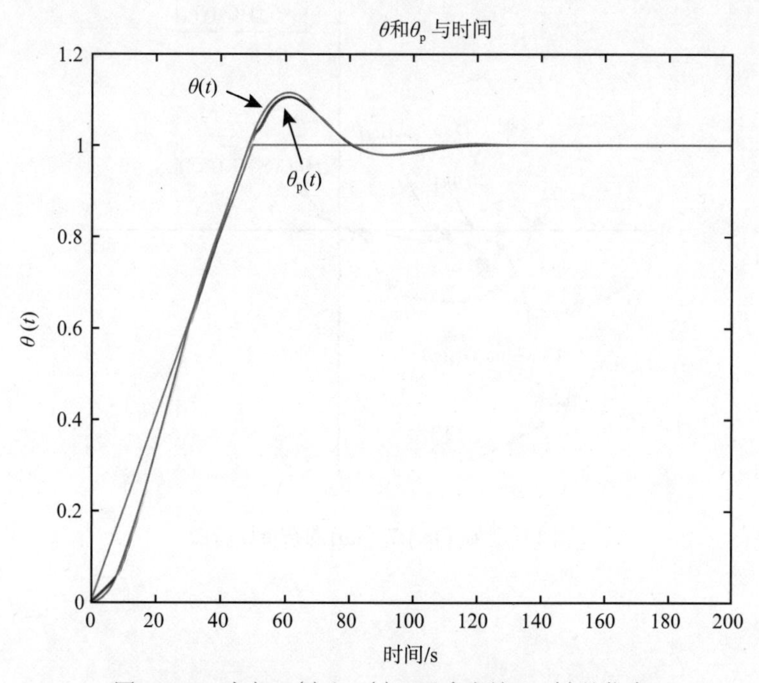

图 12-41　响应$\theta_p(t)$和$\theta(t)$以及参考输入$r(t)$的仿真

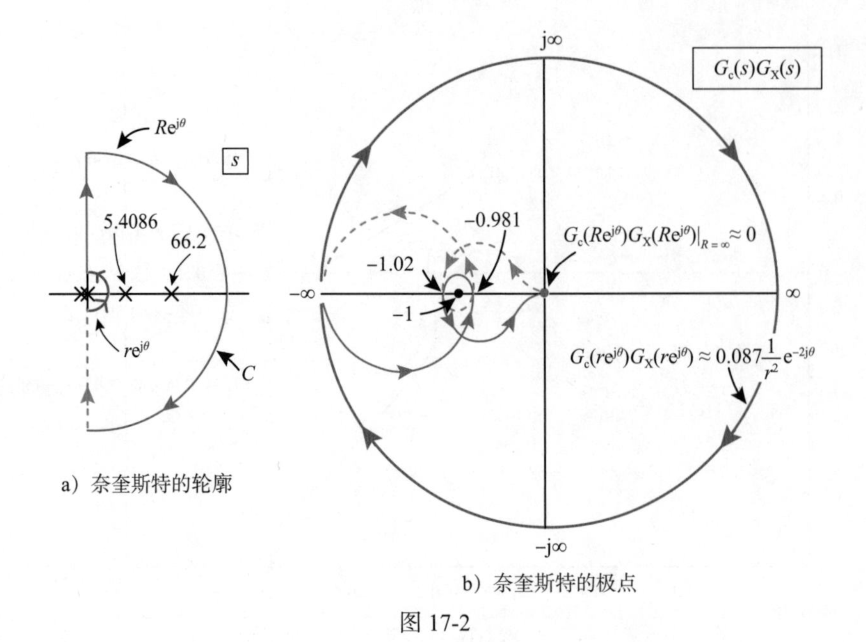

图 17-2

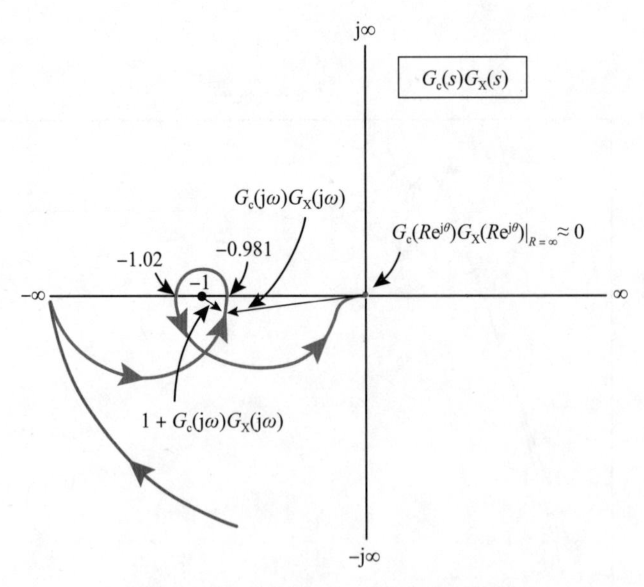

图 17-3　$G_c(j\omega)G_X(j\omega)$的奈奎斯特图

图 17-7 用于携带摆杆的 Quanser 小车特写[34]。小前齿轮由直流电动机驱动，推动小车沿轨道前后移动

来源：Quanser - 教育和研究的实时控制实验，www.quanser.com

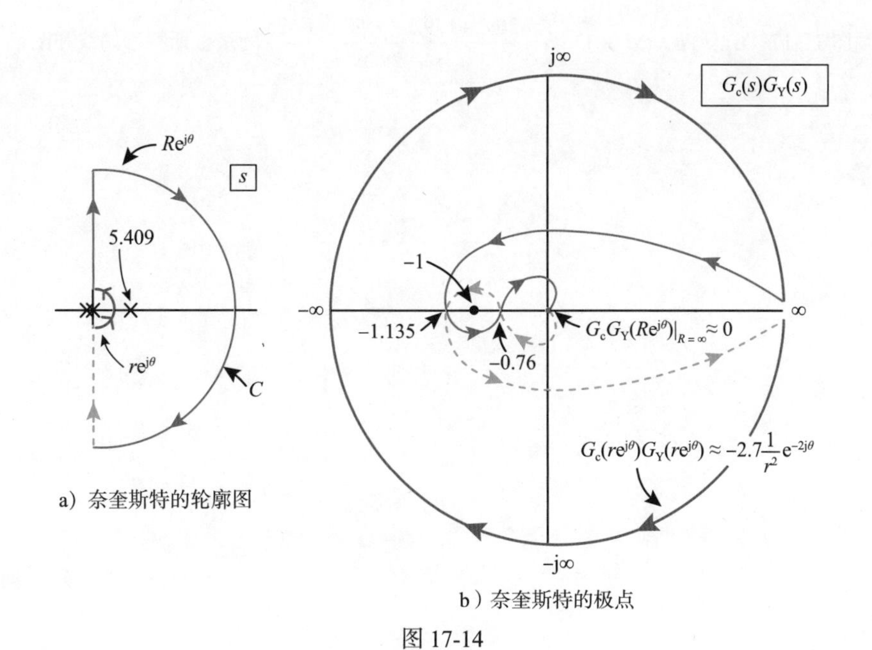

a）奈奎斯特的轮廓图

b）奈奎斯特的极点

图 17-14

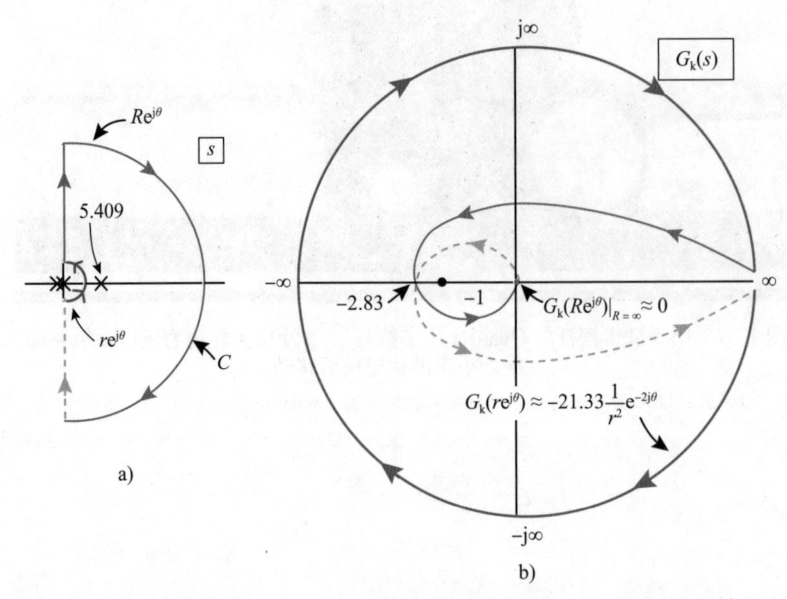

图 17-17　$G_k(s) = \boldsymbol{k}(s\boldsymbol{I}-\boldsymbol{A})^{-1}\boldsymbol{b} = \dfrac{20s^3+179.3s^2+500s+625}{s^4-29.3s^2}$的奈奎斯特等高线和图

系统建模与控制导论

[美] 约翰·基亚松（John Chiasson）著
王斑 李霓 译

An Introduction to System Modeling and Control

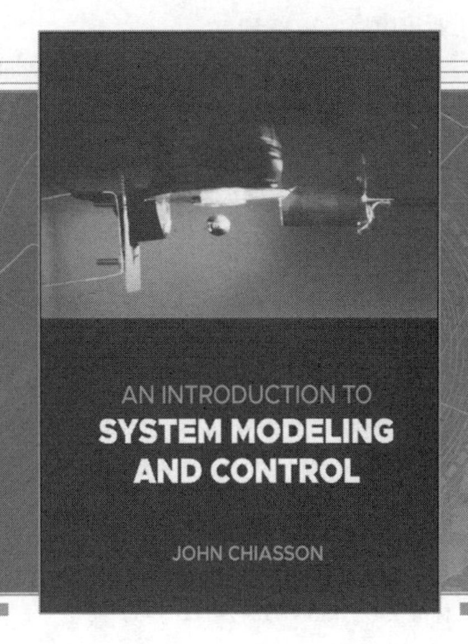

本书通过 MATLAB/Simulink 基础工具阐述控制系统的建模、分析和设计。本书首先提出对建模和控制的需求，之后继续介绍单轴刚体动力学（齿轮、小车沿斜坡滚动），然后对直流电动机、转速表和光学编码器进行建模。利用这些动态模型的传递函数表示，引入 PID 控制器作为跟踪阶跃输入和抑制恒定干扰的有效方法。本书还讲述现代控制理论中的状态空间分析与综合设计方法。本书为电气、机械和航空航天 / 航空工程专业的学生提供了易于理解且直观的建模与控制指南。

图书在版编目（CIP）数据

系统建模与控制导论 /（美）约翰·基亚松（John Chiasson）著；王斑，李霓译．—北京：机械工业出版社，2023.12

书名原文：An Introduction to System Modeling and Control

ISBN 978-7-111-74304-0

Ⅰ.①系…　Ⅱ.①约… ②王… ③李…　Ⅲ.①控制系统－系统建模　Ⅳ.① TP13

中国国家版本馆 CIP 数据核字（2023）第 225186 号

机械工业出版社（北京市百万庄大街 22 号　邮政编码 100037）

策划编辑：姚　蕾　　　　责任编辑：姚　蕾

责任校对：杜丹丹　甘慧彤　张　薇　　责任印制：李　昂

河北宝昌佳彩印刷有限公司印刷

2024 年 3 月第 1 版第 1 次印刷

185 mm × 260 mm · 37.75 印张 · 12 插页 · 936 千字

标准书号：ISBN 978-7-111-74304-0

定价：189.00 元

电话服务　　网络服务

客服电话：010-88361066　　机　工　官　网：www.cmpbook.com

010-88379833　　机　工　官　博：weibo.com/cmp1952

010-68326294　　金　书　网：www.golden-book.com

封底无防伪标均为盗版　　机工教育服务网：www.cmpedu.com

译者序

控制理论是与人类社会发展密切联系的一门学科，是自动控制科学的核心。19 世纪麦克斯韦对具有调速器的蒸汽发动机系统进行了线性常微分方程描述及稳定性分析，20 世纪初又经过奈奎斯特、伯德、哈里斯、伊万斯、维纳、尼柯尔斯等人的不懈钻研，终于形成了经典反馈控制理论基础，并于 20 世纪 50 年代趋于成熟。随着 20 世纪 40 年代中期计算机的出现及其应用领域的不断扩展，促进自动控制理论朝着更为复杂也更为严密的方向发展，特别是在卡尔曼提出的可控性和可观性概念以及庞特里亚金提出的极大值理论的基础上，在 20 世纪 50 年代开始出现以状态空间分析为基础的现代控制理论。经典控制理论和现代控制理论都是建立在控制对象精确模型上的控制理论，因此系统建模与控制联系紧密。

本书的作者 John Chiasson 是系统建模与控制理论研究领域的著名学者，同时是 IEEE 会士，具有丰富的工业界和学术界工作经验。本书是在作者多年教学实践的基础上编写的，以期弥补现有教材在系统建模与控制理论讲述方面的不足。全书共分 17 章。前 13 章涉及多种动态系统的建模理论与方法，系统框图构建方法，用于系统分析与校正的时域法、根轨迹法和频域法；详细讨论了系统稳定性、快速性和准确性的定量计算，介绍了根轨迹的绘制法则以及利用根轨迹分析系统性能的方法，系统讲述了频率特性的绘制、性能分析以及串联校正方法。后 4 章属于现代控制理论范畴，讲述了现代控制理论中的状态空间分析与综合设计方法，系统介绍了控制系统的状态空间描述、运动分析、稳定性分析以及极点配置和状态观测器设计等内容。难能可贵的是，书中配有大量的 MATLAB 仿真程序与代码，它们可以配合课堂教学，帮助读者准确理解有关概念，掌握解题方法和技巧，并校验计算结果。

翻译本书的目的是为国内从事系统建模与控制理论教学的同行提供一本优秀的教材，同时为系统建模与控制理论技术的研究人员提供一本入门的参考书。衷心感谢作者、Wiley 出版社以及机械工业出版社的信任。在翻译本书的过程中，西北工业大学飞行力学与气动设计数智化研究所、陕西省试验飞机设计与试验技术工程实验室、西安市飞行器智能认知与控制实验室的研究生做了大量公式、符号和图表的校对工作，在此对他们的付出表示感谢。

我们十分珍惜翻译此书的机会，但由于水平有限，书中难免有疏漏和不妥之处，欢迎读者批评指正。

译　者

2023 年 5 月于西安

实话说，我从没想过会写一本控制课程的入门书籍。在我的教学生涯中，我曾用 Ogata[1]、Kuo[2]、Franklin 等[3]以及 Phillips 和 Parr[4]的教科书授课，并从 Qiu 和 Zhou[5]以及 Goodwin[6]的书中节选了讲义。在这些教材中，我获得了很多好的想法㊀。但是，这些书中的建模部分只是简单陈述了模型，并没有使用物理学原理进行推导，我有些失望。为了解决这个问题，我编写了刚体动力学（第 5 章）、直流电动机（第 6 章）以及倒立摆和磁悬浮系统（第 13 章）的讲义。但我意识到书中翔实的建模过程对很多人来说是“缺点”，而不是“特点”。因为学生认为这很难并且减少了他们学习控制部分的时间。然而，正如我的一位同事所说，当学生了解了动态模型的来源以及获得这些模型中使用的线性、近似或简化的方法时，他们就会提升自己的理解能力。

在职业生涯的早期，我觉得讲授控制系统入门课程的时候，似乎应该更多地阐述其中的技术，例如框图化简、根轨迹的绘制、伯德图和奈奎斯特图的绘制、劳斯 – 赫尔维茨检验等。但是，我后来认为这门课程应该是让一些物理系统实现你设计的功能，例如让一个末端夹持重物的机器臂旋转 30°，或者确保磁性轴承在承受各种载荷的情况下保持气隙，保持摆杆笔直向上等。我记得有位同事在他的一次授课中发表了自己的评论，他阐述了标准的单位反馈控制器框图，如图 1 所示，并告诉全体学生，控制器 $G_c(s)$ 的设计应确保 $C(s) \approx R(s)$。然后一个学生问：为什么不直接去掉这些方框，直接设置 $C(s) = R(s)$。似乎在控制系统入门课程的教学中，我们频繁而简单地化简框图，以至于学生很容易迷失在抽象概念中，无法理解它们所代表的真实含义。

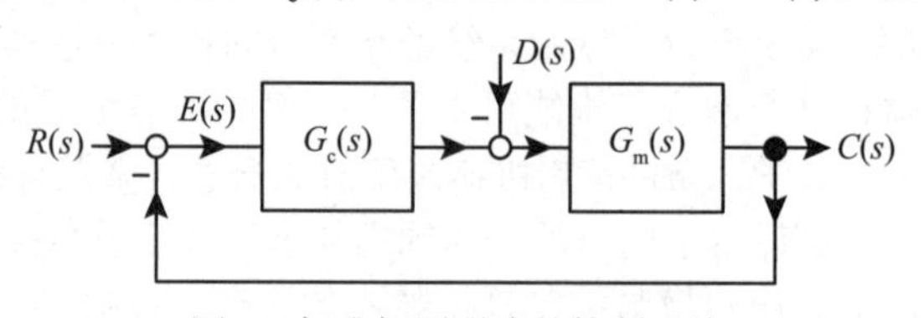

图 1　标准框图形式的控制系统

图 2 是为了帮助学生理解框图代表的含义。

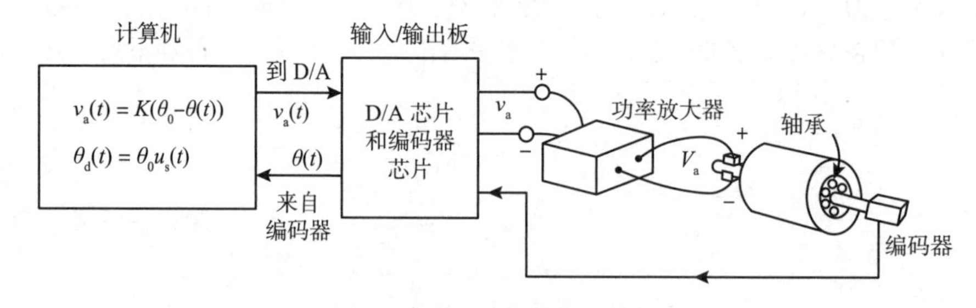

图 2　直流电动机的位置控制

在授课时，我们需要花时间对一些模型进行详细推导，这有助于学生理解并记住传递函数模型表示的意义。在干扰的建模中也出现了类似的问题，当干扰在框图模型中出现时，通常将其作为物理系统的输入。例如，一个电动机上可能有负载转矩，但在框图中，这个干扰 $D(s)$ 是作为电动机输入的电压来建模的。我解释了如何将该负载转矩建模为等效电压干扰，电压干扰对转子位置 / 速度的影响与实际负载转矩相同。在将微分方程模型转换为框图

㊀ 借用毕加索的话：好的想法是灵感，伟大的想法是窃取来的。

模型的标准步骤中，这种理解似乎没有出现。当然，一些好的物理实验也能帮助学生清晰地理解这些想法。

第 1 章对飞机、四旋翼无人机、倒立摆和磁悬浮钢球的运行进行了定性描述，用来提出对建模和控制的需求。

第 2 章是关于拉普拉斯变换理论的标准介绍，强调将部分分式法作为将时域与拉普拉斯域（复频域）关联的一种方式。

第 3 章讨论微分方程，通过特别关注终值定理（Final Value Theorem，FVT）来引入稳定性。这很重要，因为它通过 FVT $\lim_{s\to 0} sE(s)=0$ 显示误差 $e(t)\to 0$ 来影响渐近跟踪或阶跃输入的干扰抑制。本章还解释了如何使用劳斯 – 赫尔维茨检验来检查微分方程的稳定性。

第 4~6 章讨论建模。第 4 章介绍了质量 – 弹簧 – 阻尼系统，并使用它们来引入 Simulink 仿真。第 5 章介绍了应用于齿轮和滚动运动的刚体动力学。关于直流电动机的第 6 章使用物理学的第一原理来推导方程，用于直流电动机建模并解释光学编码器和转速表的工作原理。

第 7 章讨论框图，需要强调的是，框图只是物理系统的各种（拉普拉斯变换）变量之间关系的图形表示。本章中框图重新排列和化简的方法，为本书中所有框图化简提供了一种简单明了的方法。

第 8 章关于系统响应的内容也采用了相当标准的讲述方式，这章的目标是建立 s 域和时域之间的联系。

第 9 章使用内部模型原理对 PID 控制进行解释。解释了为什么控制器必须有一个积分器来抑制恒定干扰，其中 P 和 D 部分（通常）需要用来使闭环系统稳定。重要的是让学生理解为什么 PID 控制被应用在如此多的应用中。

在学习第 1~9 章之后，在学期结束之前，我们通常还会学习根轨迹法、伯德图和奈奎斯特图。学生似乎很好地理解了根轨迹，但这种方法在设计控制器时似乎没有那么有用。也就是说，我们必须为控制器提出某种形式（似乎无中生有），然后改变单个增益，看看闭环极点是否可以移动到能产生良好响应的位置。一个典型的例子是有一个形式为 $G(s)=\dfrac{b}{s(s+a)}$ 的开环模型，提出一个 $G_c(s)=K\dfrac{s+z}{s+p}$ 形式的控制器，然后做一个根轨迹来选择增益 K，这样闭环系统的两个“主导”极点会产生期望的响应。然而，使用这个控制器，实际上可以任意配置三个闭环极点。根轨迹法之后通常接着讲授伯德图、奈奎斯特图和奈奎斯特稳定性。根据我的经验，奈奎斯特的理论对学生来说总是比较难掌握的。在努力理解奈奎斯特理论后，使用伯德图（超前、滞后、超前 – 滞后等）来设计控制器以获得期望的增益和相位裕度仍然是一种试错方法。此外，增益和相位裕度与系统性能（调节时间、超调量等）之间没有直接的联系。这使得学生无法直接设计控制器。

在 PID 控制之后，我不是直接进行根轨迹法、伯德图和奈奎斯特图的讲授，而是首先学习第 10 章，介绍输出极点配置和二自由度（2DOF）控制器。从传递函数模型开始，这些方法提供了一种直接且系统的方法来设计输出反馈控制器，以实现跟踪和干扰抑制目标，同时通常还能够消除阶跃响应中的超调。

在我增加第 10 章（极点配置和二自由度控制器）之前，第一学期的课程结束于伯德图和奈奎斯特图（第 11 章）与根轨迹法（第 12 章）。在学习完第 10 章之后，通常一个学期内没有足够的时间来同时学习第 11 章和第 12 章。因此，我在第二学期开头讲授第 11 章。奈奎斯特理论是理解控制系统鲁棒性和灵敏度的基础。使用第 10 章中设计的单位输出反馈倒立摆控制器，奈奎斯特分析表明由此产生的稳定裕度在实际工作时对该系统来说太小。这里的重点是要表明，控制不仅仅是使闭环系统稳定。第 17 章阐述了这些观点。

第 12 章是关于根轨迹法的标准介绍。最后通过例题设计一个陷波滤波器，该滤波器抵消了靠近 $j\omega$ 轴的稳定开环极点，并且对这些极点位置的小扰动具有鲁棒性。

第 13 章利用物理学第一原理推导了倒立摆、磁悬浮钢球和轨道上的小车的微分方程模型。介绍了如何获得倒立摆和磁悬浮钢球的线性模型，以及如何使用第 9 章和第 10 章的方法对它们进行控制。

第 14 章与状态变量有关，给出了第 15 章状态反馈理论所需的基本线性（矩阵）代数的背景知识。

第 15 章讨论状态反馈，首先详细推导了轨道系统中小车的状态轨迹跟踪控制器。这遵循线性状态空间模型的状态反馈的一般方法，包括开发状态空间极点配置算法。此外，基于内部模型原理，详细介绍了伺服系统（直流电动机）的干扰抑制状态空间控制器。这里的一个重要目标是展示通过轨迹生成、极点配置和状态估计实现的轨迹跟踪（第 16 章），为在状态空间中设计反馈控制器提供了一个系统程序。这将与在第 10 章中给出的拉普拉斯域极点配置的系统程序进行比较。

第 16 章讨论状态和参数估计。当没有完整的状态测量时，状态估计（状态观测器）被表示为“要做什么”。这一章提出了一种观测器，该观测器使用光学编码器的输出提供电动机速度的平滑估计，并与编码器输出得到的噪声估计进行比较。通过对直流电动机模型参数的详细估计，解释如何使用最小二乘法进行参数估计。

第 17 章讨论鲁棒性和灵敏度。利用奈奎斯特理论和伯德灵敏度积分，使读者了解开环模型具有右半平面极点的控制系统的基本问题。具体考虑四种不同的倒立摆稳定控制器的鲁棒性和灵敏度：1）小车位置的输出反馈；2）小车位置和摆杆角度的线性组合的输出反馈；3）全状态反馈；4）小车位置输出反馈后的状态估计和状态反馈。

教学辅助配套材料 ⊖

本书每章均配有一套教学 PPT，同时针对每章的习题都有习题解答手册。此外，还提供一套完整的 MATLAB/Simulink 文件，配套应用于书中相关的示例和习题。这些教辅材料都可以从 Wiley 提供的配套网站 www.wiley.com/go/chiasson/anintroductiontosystemmodelingandcontrol 上找到。

预备知识及章节相关性

本书的基础是初等微分方程、拉普拉斯变换和（基于微积分的）大学一年级 / 二年级物理课程。第 14~16 章假设读者了解矩阵代数（矩阵乘法、行列式、逆运算等）。

通常第一学期的课程包含以下内容：

- 第 1 章：所有章节
- 第 2 章：所有章节
- 第 3 章：除 3.5.1 节和 3.5.2 节的所有章节
- 第 4 章：所有章节

⊖ 关于本书教辅资源，只有使用本书作为教材的教师才可以申请，需要的教师可向约翰・威立出版公司北京代表处申请，电话 010-84187869，电子邮件 ayang@wiley.com。——编辑注

- 第 5 章：5.1~5.3 节
- 第 6 章：6.1~6.4 节
- 第 7 章：所有章节
- 第 8 章：所有章节
- 第 9 章：9.1~9.4 节
- 第 10 章：10.1~10.3 节

第二学期可能学习的内容如下：

- 第 11 章：所有章节
- 第 12 章：所有章节
- 第 13 章：13.1 节、13.2 节，以及 13.3 节或 13.4 节
- 第 14 章：14.1~14.4 节
- 第 15 章：15.1~15.8 节
- 第 16 章：16.1 节
- 第 17 章：17.1~17.3 节

各章的逻辑相关性如图 3 所示。

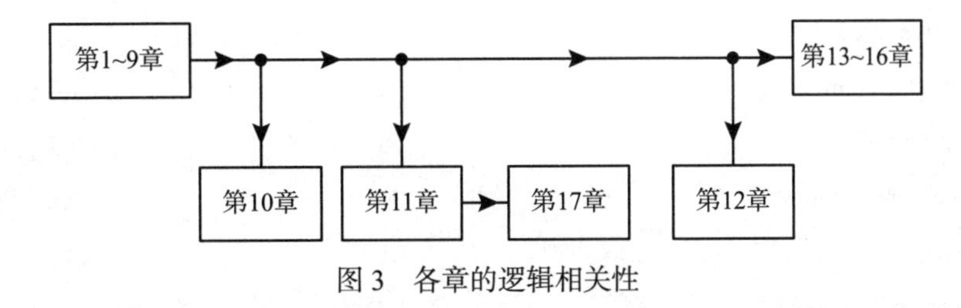

图 3　各章的逻辑相关性

致谢

我想借此机会感谢 Uri Rogers 博士为改进初稿提出了一些宝贵的建议，并指出了早期版本中的错误。我还要感谢 Marc Bodson 博士富有帮助的评论，并向我介绍了电机工作中的参数识别。在我职业生涯的早期，Edward Kamen 教授非常支持我讲授控制入门课程，对此我非常感激。感谢已故的 Bruce Francis 教授的评论和对本书早期版本的批注。我还要感谢 Aykut Satici 博士在这项工作的最后阶段提供了至关重要的帮助。感谢匿名审稿人对稿件提供了许多建设性的意见。感谢约翰·威立出版公司（John Wiley & Sons）允许我重复使用我的 *Modeling and High-Performance Control of Electric Machines* 一书第 1 章中的材料 [7]。Wiley 出版社的编辑 Brett Kurzman 以及他的制作团队成员 Sarah Lemore 和 Devi Ignasi 将我的文稿变成了一本书，非常感谢他们。最后，我要感谢许多我教过的学生，他们忍受了这本书的各种早期版本。

我非常欢迎所有的评论、批评和更正，这些意见可以发送至邮箱 chiasson@ieee.org。

约翰 · 基亚松

缩略语表

英文全称	缩略语	中文术语
digital to analog	D/A	数 / 模
alternating current	AC	交流电
analog to digital	A/D	模 / 数
clockwise	CW	顺时针
closed-loop	CL	闭环
counter clockwise	CCW	逆时针
decibel	dB	分贝
direct current motor	DCmotor	直流电动机
electromotive force	Emf	电动势
Final Value Theorem	FVT	终值定理
H-infinity control	H_∞	*H*- 无穷控制
inertial measurement unit	IMU	惯性测量单元
kinetic energy	KE	动能
multi-input multi-output	MIMO	多输入多输出
potential energy	PE	势能
proportional plus derivative	PD	比例微分
proportional plus integral	PI	比例积分
proportional plus integral plus derivative	PID	比例积分微分
region of convergence	ROC	收敛域
right half-plane	RHP	右半平面
single-input single-output	SISO	单输入单输出
two degree of freedom	2DOF	二自由度

目 录

* 带星号标记的部分可以跳过，不影响阅读的连续性。

引言

在本章中，我们将简单介绍一些物理控制系统，据此说明反馈控制的必要性，并给出物理控制系统的宏观架构。

1.1 飞机

图 1-1 所示为一个简单的螺旋桨驱动飞机的示例。飞机上有四种力：主要由机翼提供的升力，基本完全由风提供的阻力，由螺旋桨提供的推力，以及重力。

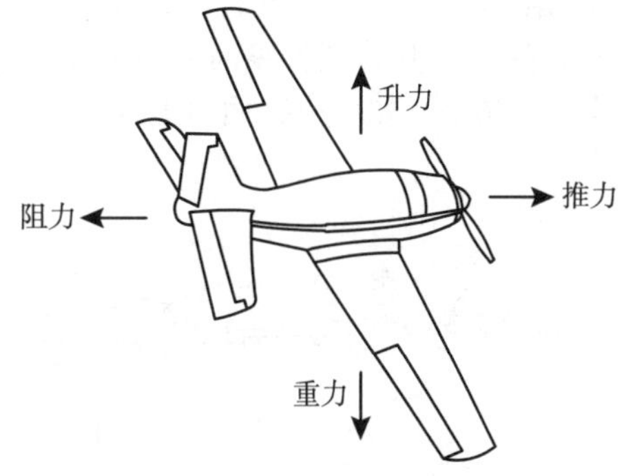

图 1-1 飞机受的四种力

升力是由于翼面上下表面所受气压的不同形成的。翼面是一个通用术语，这里指的是飞机的机翼、水平尾翼或垂直尾翼。图 1-2 显示了经过一个翼面（机翼）的气流流线。机翼上表面的空气比机翼下表面的空气传播速度更快（因为距离更远）。由于速度的差异，机翼上表面所受的气压要小于机翼下表面所受的气压。由此产生的向上的力就是我们所说的升力。我们把升力称为空气动力。图 1-3 显示了在风洞中流过机翼的气流流线。

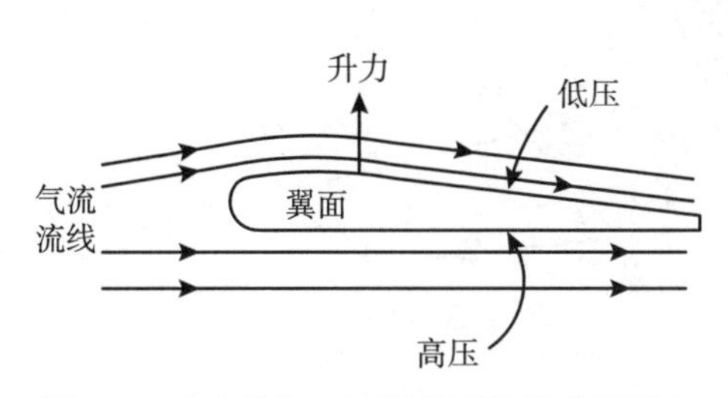

图 1-2 升力是由于机翼的形状导致机翼上方的压力小于其下方的压力形成的

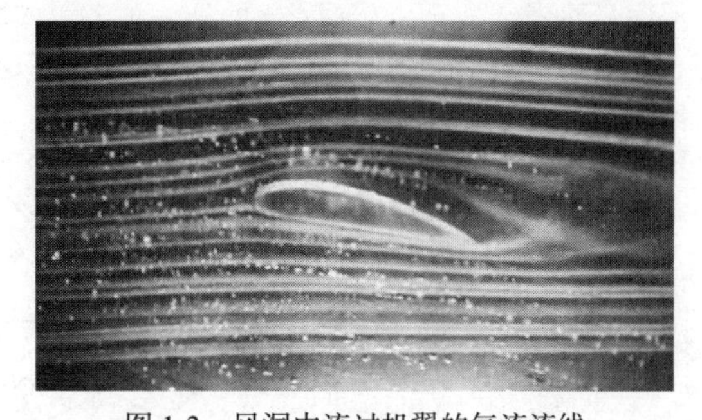
图 1-3 风洞中流过机翼的气流流线

来源：http://www.decodedscience.com/how-does-an-airplane-fly-lift-weight-thrust-and-drag-in-action/5200

图 1-4 中的水平圆柱形玻璃管（文丘里管）用于实验证明空气压力随着空气速度的增加而降低。文丘里管中来自右侧的原始气流被迫流过一个瓶颈进入直径减小的管。虽然不明显，但当速度低于超音速时，空气基本上是不可压缩的，所以瓶颈两侧空气的密度是相同的。瓶颈导致空气通过时速度增加。也就是说，单位时间内两根管子中流动的空气质量是相同的（因为空气不可压缩），因此它必须在左侧加速，因为那里的管的横截面更小。在文丘里管下方的 U 形管中充满水（称为压力计），并显示出左侧的空气压力小于右侧的空气压力的实验事实[⊖]。当

⊖ 换句话说就是空气在通过瓶颈时没有被压缩。

空气加速时，它的压力会下降，这被称为伯努利原理。翼面的关键是机翼的形状导致机翼上表面的空气速度增加，使机翼上表面所受压力降低，从而产生升力。

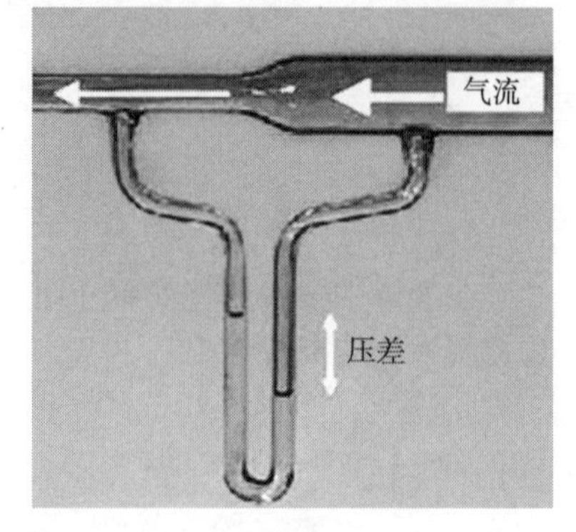

图 1-4　文丘里管显示了气流流过瓶颈，管的横截面减小了。在这种情况下，空气基本上是不可压缩的。所以当质量流量恒定时，空气通过瓶颈时速度加快。在文丘里管下方的 U 形管（称为压力计）中充满水，以显示左侧的压力相对于右侧的压力减小

来源：ComputerGeezer and Geof[8]. "Venturiflow" ,https://commons.wikimedia.org/wiki/File:VenturiFlow.png, 2010, Licensed under CC BY-SA 3.0

图 1-5 中，左图显示了与空气速度 v 对齐的机翼中心线。空速就是飞机相对于空气的速度。图 1-5 的右侧显示了机翼中心线与空速成角度 α。只要 α 不太大（8°~20° 之间，取决于飞机类型），升力随 α 的增加而增加。我们把 α 称为迎角。

让我们回到图 1-6 所示的飞机。机翼、水平尾翼和垂直尾翼统称为翼面。机翼上的副翼、水平尾翼上的升降舵和垂直尾翼上的方向舵称为操纵面。

如图 1-7 所示，操纵面通过铰链连接到翼面。飞行员可以围绕铰链旋转操纵面。如果操纵面向下偏转（相对于中心线），则由于操纵面上的（气动）力，翼面将向下低头。相反，如果操纵面向上偏转，将会导致翼面向上抬头。

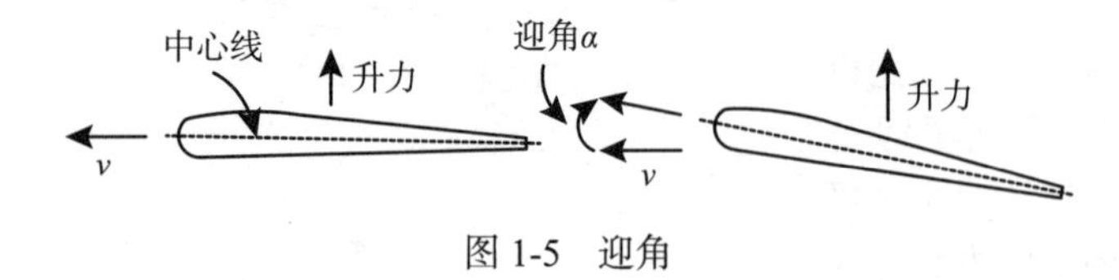

图 1-5　迎角

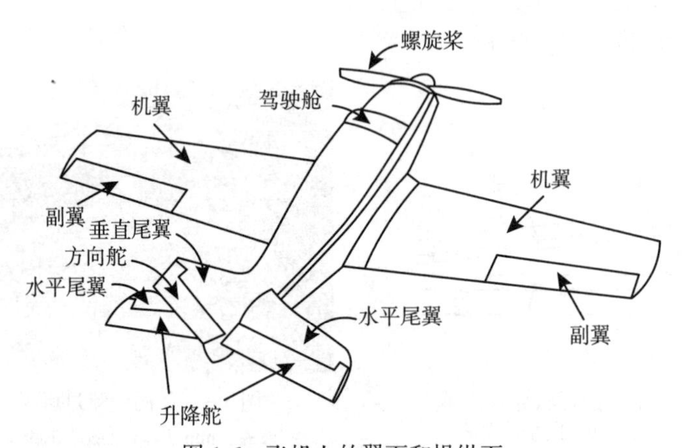

图 1-6　飞机上的翼面和操纵面

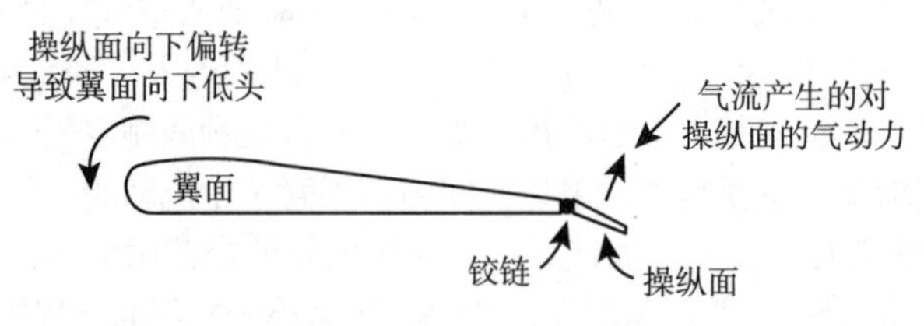

图 1-7　操纵面用于控制翼面俯仰。随着控制面向下偏转，翼面向下低头

1.1.1　使用升降舵控制俯仰

作为第一个关于如何使用操纵面的例子，我们考虑水平尾翼后缘的升降舵。图 1-8 显示了水平尾翼上的升降舵（操纵面）向上偏转，这导致飞机在其质心附近向上抬头。通过向上或向下偏转操纵面，飞行员可以使飞机分别向上抬头或向下低头。

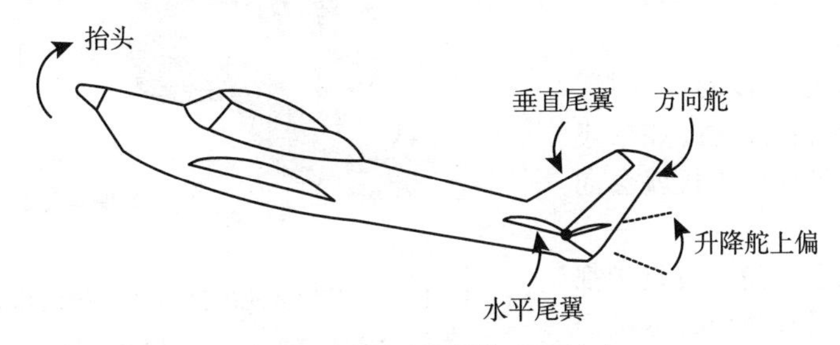

图 1-8　利用升降舵使飞机抬头

1.1.2　使用副翼控制滚转

图 1-9 显示了飞机左副翼下偏，右副翼上偏。两个副翼上的空气动力使飞机向驾驶员的右侧滚转。通过调整副翼的角度，飞行员可以使飞机向左或向右滚转。

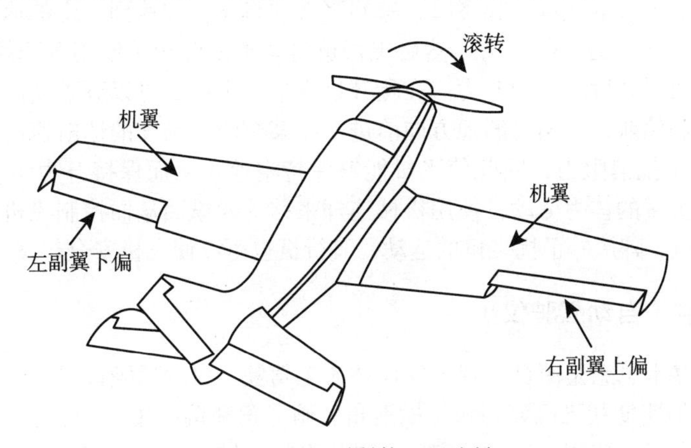

图 1-9　利用副翼使飞机滚转

1.1.3　使用方向舵控制偏航

最后的操纵面是垂直尾翼上的方向舵。如图 1-10 所示，如果驾驶员将方向舵向右偏转，那么飞机就会向右偏航，反之亦然。

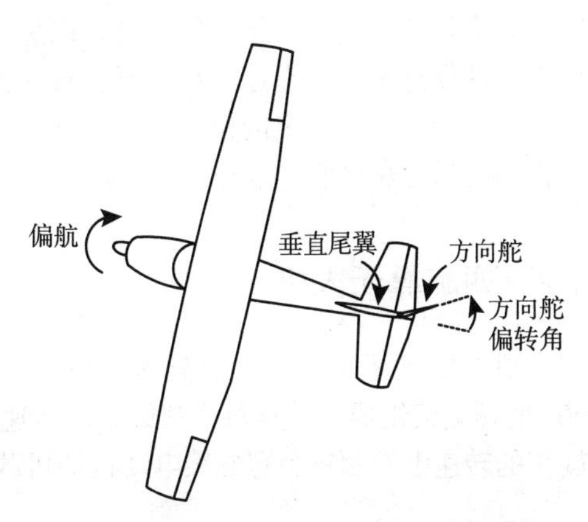

图 1-10　利用方向舵来改变飞机的航向

1.1.4　控制飞机

驾驶员有四个控制输入：

1）控制俯仰的升降舵。

2）控制滚转的副翼。

3）控制偏航的方向舵。

4）与螺旋桨相连以控制向前推力的发动机。

图 1-11 描述了小型飞机上的驾驶员如何控制升降舵、副翼和方向舵。飞行员将手放在操纵杆上（看起来有点像汽车的方向盘），如果飞行员将操纵杆拉向自己，飞机将向上抬头，反之，飞机将向下低头。请参见参考文献 [9] 中的 YouTube 动画。

图 1-11　飞行员使用操纵杆、踏板和油门控制飞机

来源：Steve Karp[9], “How It Works Flight Controls” , October 12, 2013, https://www.youtube.com/watch?v=AiTk5r-4coc

如果飞行员向右转动操纵杆，飞机就会向右滚转；反之，如果飞行员向左转动操纵杆，飞机就会向左滚转。

图 1-11 显示了驾驶员每只脚都踩在踏板上。踩压右踏板时飞机会向右偏航，踩压左踏板时飞机会向左偏航。

图 1-11 中没有显示油门㊀，飞行员可以使用它来控制发动机的转速，从而控制螺旋桨推力。

由飞机的俯仰、横滚和偏航所指定的角位置称为飞机的姿态。飞行员使用推力输入（螺旋桨）来保持机翼上方的气流。起飞时，螺旋桨必须将飞机加速到一定的速度，使流过机翼的气流足够快，以产生必要的升力。然后飞行员将调整俯仰角（使用升降舵）以获得迎角，该迎角提供到达目标高度所需的升力。在爬升过程中，飞行员可以分别使用副翼和方向舵控制倾斜（横滚）和偏航，以朝目的地方向前进。在某个固定高度的巡航速度下，螺旋桨主要产生足够的推力来抵消阻力，因此使飞机能够保持空速（从而保持升力）。对飞行员来说，第一代飞机需要大量的体力劳动，使用机械连杆来移动操纵面从而控制飞机。使用这些操纵输入，即使有横风、阵风等干扰飞机的运动，飞行员也可以使飞机安全起飞、巡航和着陆。

1.1.5　自动控制（自动驾驶仪）

自动控制的基本思想是用自动驾驶仪代替人工驾驶。自动驾驶仪只是一台计算机，其输入为空速、飞机加速度和飞机姿态角（横滚角、俯仰角和偏航角）。自动驾驶仪从安装在飞机外部的皮托管获得空速测量值，从安装在飞机上的三轴加速度计获得加速度，从安装在飞机上的三轴陀螺仪获得角速率。使用这些测量值，自动驾驶仪连续（通常每毫秒）确定方向舵、升降舵和副翼应处于何种角度，以保持飞机处于正确的姿态以及油门值，从而使发动机推力能够保持所需的空速。自动驾驶仪向操纵面发送所需的操纵面位置，电动机将操纵面移动到这些命令值所确定的位置。自动驾驶仪还向发动机发送所需的油门值，其中另一个电动机将油门保持在该值。这种自动驾驶仪在阵风作用在飞机上时仍能使飞机保持水平飞行。

1.2　四旋翼无人机

图 1-12 所示为一个四旋翼无人机，它基本上由连接在主体上的四个在同一平面、相隔 90° 的螺旋桨组成。调整每个螺旋桨的转速，可以控制每个螺旋桨产生的推力（气动力）。螺旋桨的转速由控制每个螺旋桨电动机的机载微处理器管理。

㊀　油门控制着进入发动机的燃油量。

首先，让我们看一个连接到电动机的单螺旋桨，如图 1-13 所示。为了方便讨论，我们视螺旋桨 / 电动机系统在一个光滑无摩擦表面上。因此，电动机底部可自由滑动或转动，而不会因工作台的任何摩擦而停止。

图 1-12 Parrot 四旋翼悬停的照片

来源：Aykut Satici 教授提供

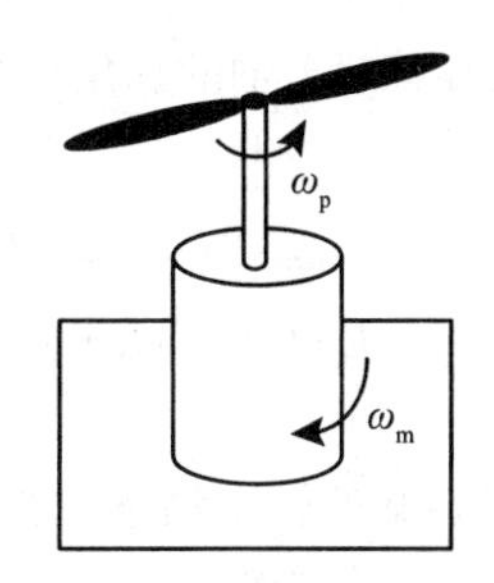

图 1-13 角动量守恒要求$J_p\omega_p = J_m\omega_m$

螺旋桨具有绕旋转轴的转动惯量J_p，同时电动机具有绕同一轴的转动惯量J_m。如图 1-13 中曲线箭头所示，如果螺旋桨逆时针旋转，则 $\omega_p > 0$，如果电动机顺时针旋转，则 $\omega_m > 0$。螺旋桨的角速度用ω_p表示，其角动量满足$L_p = J_p\omega_p$。电动机的角速度用ω_m表示，其角动量满足$L_m = -J_m\omega_m$。在没有外力作用于图 1-13 的电动机 - 螺旋桨系统的情况下，由角动量守恒原理可知，其总角动量是恒定的，即$L_p + L_m =$常数。在起动时，螺旋桨是关闭的，电动机是静止的，因此该常数为零。打开螺旋桨后，我们必须继续保持$L_p + L_m = 0$，即

$$J_p\omega_p - J_m\omega_m = 0 \tag{1.1}$$

因此，如果螺旋桨逆时针旋转，电动机必须顺时针旋转。通常情况下，$J_p \ll J_m$，所以$\omega_p \gg \omega_m$。

图 1-14 所示为飞行中的四旋翼的示意图。单位正交向量$\hat{x}_e$、$\hat{y}_e$、$\hat{z}_e$表示固定到地球的地球（惯性）坐标系[⊖]。$\hat{z}_e$从地面垂直向上，$\hat{x}_e$、$\hat{y}_e$与地球表面相切并相互正交。有$\hat{z}_e = \hat{x}_e \times \hat{y}_e$，所以$\hat{x}_e$、$\hat{y}_e$、$\hat{z}_e$形成一个右手坐标系。设$\hat{x}_b$、$\hat{y}_b$、$\hat{z}_b$是附加在四旋翼（刚体）的单位正交向量，其原点位于四旋翼的质心。单位向量$\hat{x}_b$指向四旋翼的前方，单位向量$\hat{y}_b$指向四旋翼的左侧，单位向量$\hat{z}_b$指向上方（从四旋翼的角度）。请注意，$\hat{z}_b = \hat{x}_b \times \hat{y}_b$，因此它们也形成右手坐标系。$\vec{r}_{cm}$是从$\hat{x}_e$、$\hat{y}_e$、$\hat{z}_e$坐标系的原点到四旋翼质心的向量，该质心是$\hat{x}_b$、$\hat{y}_b$、$\hat{z}_b$坐标系的原点。两组向量都跨越欧几里得三维空间，用$E^3$表示。

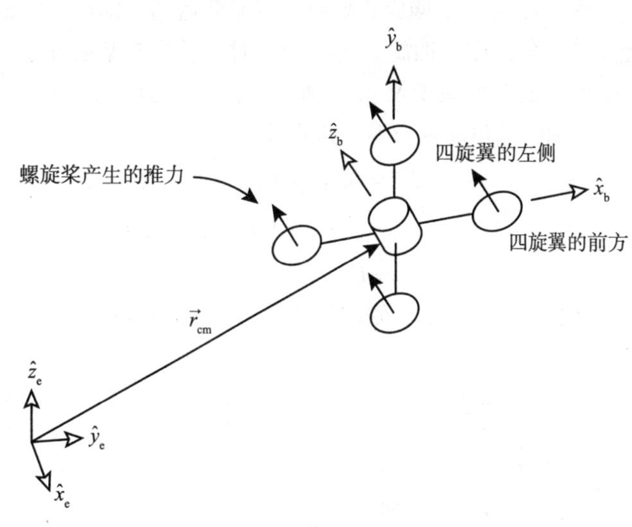

图 1-14 四旋翼的惯性坐标系和机体坐标系

⊖ 向量上的"帽子"表示它们是单位向量。

图 1-15 所示为四旋翼悬停的示意图，即$\hat{z}_b = \hat{z}_e$，所有螺旋桨以相同的角速度ω_p旋转，因此每个螺旋桨都产生相同的向上推力（力）f，其中$f = mg$，m为四旋翼的质量。注意在图 1-15 中，前后螺旋桨逆时针旋转，而左右螺旋桨顺时针旋转。因此，四个螺旋桨绕$\hat{z}_b$轴的总角动量L_{z_b}为零，如下所示

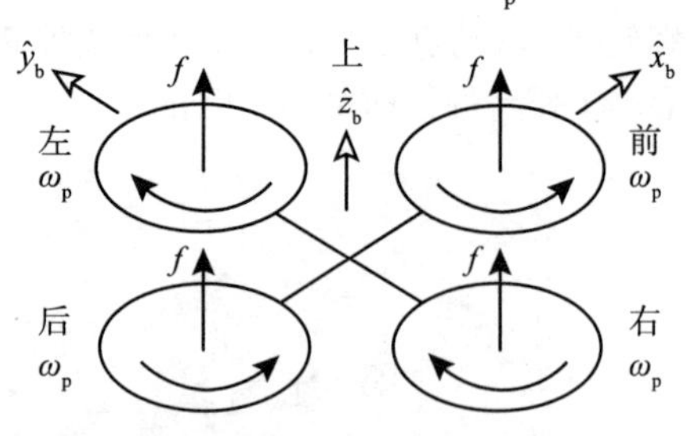

图 1-15　四旋翼悬停。前后螺旋桨逆时针旋转，左右螺旋桨顺时针旋转

$$
\begin{aligned}
L_{z_b} &= L_{z_b\text{-left}} + L_{z_b\text{-right}} + L_{z_b\text{-front}} + L_{z_b\text{-rear}} \\
&= -J_{z_b}\omega_p - J_{z_b}\omega_p + J_{z_b}\omega_p + J_{z_b}\omega_p \\
&= 0
\end{aligned}
\tag{1.2}
$$

式中，J_{z_b}是螺旋桨的转动惯量。在悬停状态下，$L_{z_b}=0$，四旋翼机体的角动量也必须为零，这样它才不会绕$\hat{z}_b$轴旋转。

由于四旋翼的结构，其推力始终沿$\hat{z}_b$方向。因此，必须旋转四旋翼机体，使其推力的一个分量沿行进方向。这是通过滚转、俯仰和偏航运动实现的。

图 1-16 显示了四旋翼如何进行滚转运动，即绕其$\hat{x}_b$轴转动。在图 1-16 中，p表示四旋翼体绕$\hat{x}_b$轴的角速度。四旋翼向右滚转时，右侧的螺旋桨速度降低$\Delta\omega_p$，其推力随之降低 Δf，同时左侧螺旋桨的速度增加$\Delta\omega_p$，其推力增加 Δf。

采用这种方法使四旋翼滚转，四个螺旋桨绕$\hat{z}_b$轴的总角动量L_{z_b}为零，如下所示

$$
\begin{aligned}
L_{z_b} &= L_{z_b\text{-left}} + L_{z_b\text{-right}} + L_{z_b\text{-front}} + L_{z_b\text{-rear}} \\
&= -J_{z_b}\left(\omega_p + \Delta\omega_p\right) - J_{z_b}\left(\omega_p - \Delta\omega_p\right) + J_{z_b}\omega_p + J_{z_b}\omega_p \\
&= 0
\end{aligned}
\tag{1.3}
$$

通过角动量守恒定律，四旋翼的机体在滚转运动期间不绕$\hat{z}_b$轴旋转。

图 1-17 显示了四旋翼如何进行俯仰运动，即绕其$\hat{y}_b$轴转动。在图 1-17 中，q表示四旋翼绕$\hat{y}_b$轴的角速度。四旋翼向下俯仰时，后螺旋桨的速度增加$\Delta\omega_p$，其推力随之增加Δf，同时前螺旋桨的速度减少$\Delta\omega_p$，其推力减小Δf。通过这种方式使四旋翼进行俯仰运动，四个螺旋桨绕$\hat{z}_b$轴的总角动量为零，如下所示

$$
\begin{aligned}
L_{z_b} &= L_{z_b\text{-left}} + L_{z_b\text{-right}} + L_{z_b\text{-front}} + L_{z_b\text{-rear}} \\
&= J_{z_b}\omega_p + J_{z_b}\omega_p - J_{z_b}\left(\omega_p - \Delta\omega_p\right) - J_{z_b}\left(\omega_p + \Delta\omega_p\right) \\
&= 0
\end{aligned}
\tag{1.4}
$$

在滚转运动的情况下，俯仰操纵期间，四旋翼的机体不围绕$\hat{z}_b$轴旋转。

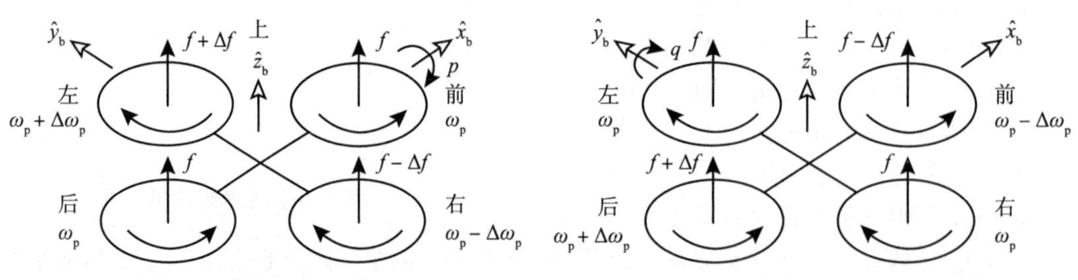

图 1-16　四旋翼进行滚转运动

图 1-17　四旋翼进行俯仰运动

最后，图 1-18 显示了如何使四旋翼绕其$\hat{z}_b$轴转动，即偏航运动。在图 1-18 中，r表示四旋翼绕$\hat{z}_b$轴的角速度。四旋翼向左偏航（从上方看逆时针）时，前后螺旋桨转速降低$\Delta\omega_p$，

每个螺旋桨产生的力随之降低 Δf，同时左右螺旋桨转速增加$\Delta\omega_p$，每个螺旋桨产生的升力增加 Δf。与俯仰和滚转运动不同，四个螺旋桨围绕$\hat{z}_b$轴的总角动量不为零。具体地说，它们的总角动量是

$$\begin{aligned} L_{z_b} &= L_{z_b\text{-left}} + L_{z_b\text{-right}} + L_{z_b\text{-front}} + L_{z_b\text{-rear}} \\ &= -J_{z_b}\left(\omega_p + \Delta\omega_p\right) - J_{z_b}\left(\omega_p + \Delta\omega_p\right) + J_{z_b}\left(\omega_p - \Delta\omega_p\right) + J_{z_b}\left(\omega_p - \Delta\omega_p\right) \\ &= -4J_{z_b}\left(\Delta\omega_p\right) \end{aligned} \tag{1.5}$$

L_{z_b}为负值表明螺旋桨的净角动量是顺时针方向的。由于角动量守恒，四旋翼的机体将逆时针旋转（向左）。用J_b表示四旋翼绕$\hat{z}_b$轴的转动惯量，其角动量必须为$L_b = J_b r = 4J_{z_b}(\Delta\omega_p)$，因此 $L_b + L_{z_b} = 4J_{z_b}(\Delta\omega_p) - 4J_{z_b}(\Delta\omega_p) = 0$。四旋翼的角速度为

$$r = \left(4J_{z_b} / J_b\right)\Delta\omega_p \tag{1.6}$$

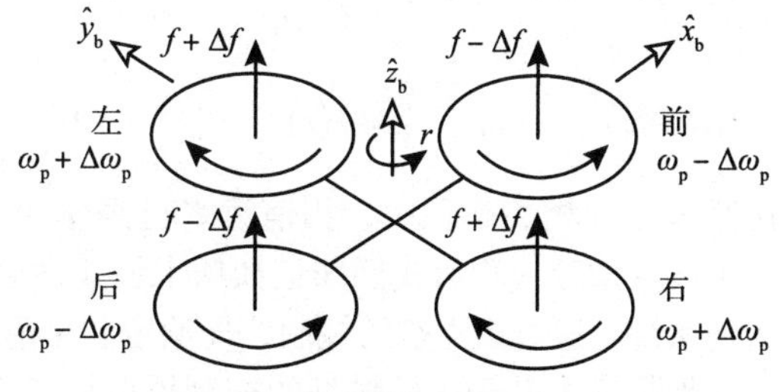

图 1-18　四旋翼进行偏航运动

1.2.1　自动控制

我们可以把四个螺旋桨的转速看作四旋翼的控制输入[㊀]。通常四旋翼有一个惯性测量单元（Inertial Measurement Unit，IMU），它由一个三轴加速度计、一个三轴速率陀螺和一个三轴磁力计组成。三轴加速度计提供四旋翼在$\hat{x}_b$、$\hat{y}_b$、$\hat{z}_b$三个方向的惯性加速度（即相对于地球的加速度）。三轴速率陀螺给出了四旋翼在$\hat{x}_b$、$\hat{y}_b$、$\hat{z}_b$坐标系下的角速度向量（p, q, r）。三轴磁力计给出在$\hat{x}_b$、$\hat{y}_b$、$\hat{z}_b$方向下周围的磁场环境[㊁]。使用IMU可以估计四旋翼相对于地球坐标系的方向（$\hat{x}_b$、$\hat{y}_b$、$\hat{z}_b$相对于$\hat{x}_e$、$\hat{y}_e$、$\hat{z}_e$的方向）以及四旋翼质心相对于地球的速度向量。根据四旋翼的方向、速度和位置，反馈控制器（微处理器上的算法）可以计算出每个螺旋桨的转速，以使四旋翼跟踪参考轨迹运动。

1.3　倒立摆

学术界的一个经典的控制问题是小车上的倒立摆。如图 1-19 所示，它由一个可以围绕支点自由旋转的长度为ℓ的摆杆组成。对小车施加适当的力 u 以保持摆杆垂直。具体来说，可以得到θ和x（比如每毫秒）的测量值，想要确定u（也是每毫秒）的值，使摆杆在x方向上维持固定位置，同时保持$\theta = 0$。在第 13 章中，将推导这个摆杆的非线性运动微分方程。现在仅说明如下

$$\left(J + m\ell^2\right)\frac{\mathrm{d}^2\theta}{\mathrm{d}t^2} = mg\ell\sin\left(\theta\right) - m\ell\frac{\mathrm{d}^2x}{\mathrm{d}t^2}\cos\left(\theta\right) \tag{1.7}$$

$$\left(M + m\right)\frac{\mathrm{d}^2x}{\mathrm{d}t^2} + m\ell\left(\frac{\mathrm{d}^2\theta}{\mathrm{d}t^2}\cos\left(\theta\right) - \left(\frac{\mathrm{d}\theta}{\mathrm{d}t}\right)^2\sin\left(\theta\right)\right) = u\left(t\right) \tag{1.8}$$

这里的重点是，对于任何输入 $u(t)$，微分方程的解都要给出小车的位置 $x(t)$ 和摆杆的角度 $\theta(t)$。

㊀ “内部”有一个控制器，通过控制连接到螺旋桨的电动机电压来控制螺旋桨转速。

㊁ 如果附近没有电线，那就像地球上的磁场一样。

这些方程可能看起来很复杂，但只是因为它们本来就复杂。为了简化它们，考虑$|\theta|$和$|\dot{\theta}|=|\mathrm{d}\theta/\mathrm{d}t|$很小这种情况，那么$\sin(\theta)\approx\theta$，$\cos(\theta)\approx 1$，$\left(\frac{\mathrm{d}\theta}{\mathrm{d}t}\right)^2\sin(\theta)\approx(\dot{\theta})^2\theta\approx 0$。所以式（1.7）和式（1.8）可以用线性微分方程来近似：

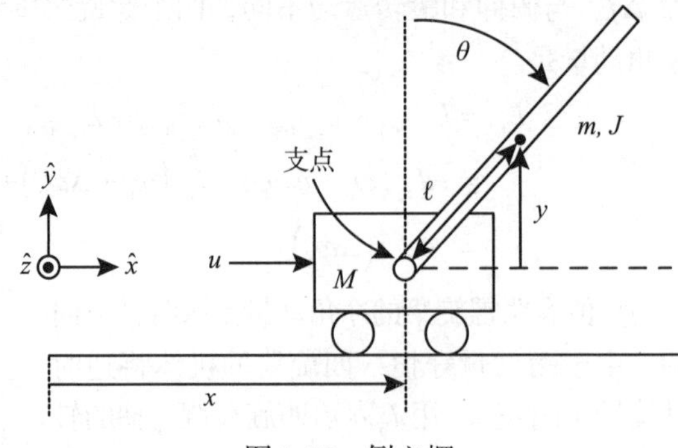

图 1-19 倒立摆

$$\left(J+m\ell^2\right)\frac{\mathrm{d}^2\theta}{\mathrm{d}t^2}=mg\ell\theta-m\ell\frac{\mathrm{d}^2x}{\mathrm{d}t^2} \tag{1.9}$$

$$(M+m)\frac{\mathrm{d}^2x}{\mathrm{d}t^2}+m\ell\frac{\mathrm{d}^2\theta}{\mathrm{d}t^2}=u(t) \tag{1.10}$$

在微分方程相关课程中，相信读者已经学习了线性微分方程。我们知道如何求解线性微分方程，也知道如何用线性微分方程模型控制物理系统。通过倒立摆的控制，即给定测量值 $x(t)$ 和 $\theta(t)$，可以选择输入值 $u(t)$ 以保持摆杆垂直。如果这个基于线性模型的控制器保持$|\theta|$和$|\dot{\theta}|$较小，那么线性模型就是实际倒立摆的一个有效近似，控制器对实际倒立摆也可以正常运行。

我们可以使用拉普拉斯变换将线性微分方程转换为代数方程。在第 2 章和第 3 章中，我们将全面回顾拉普拉斯变换。现在我们只关注倒立摆的拉普拉斯传递函数模型，如下所示

$$X(s)=\frac{1}{Mm\ell^2+J(M+m)}\frac{\left(J+m\ell^2\right)s^2-mg\ell}{s^2\left(s^2-\alpha^2\right)}U(s) \tag{1.11}$$

$$\theta(s)=-\frac{1}{Mm\ell^2+J(M+m)}\frac{m\ell}{s^2-\alpha^2}U(s) \tag{1.12}$$

$$\alpha^2=\frac{mg\ell(M+m)}{Mm\ell^2+J(M+m)} \tag{1.13}$$

1.3.1 控制问题

控制问题是指用$x(t)$和$\theta(t)$的测量值来确定施加到小车上的力$u(t)$，从而使摆杆不会掉落。控制算法是一个简单的函数，在给出 $x(t)$ 和 $\theta(t)$ 值的情况下计算出 $u(t)$ 的值。可以使用上述传递函数模型或者微分方程模型来设计控制器。在本书的前半部分，我们以传递函数模型为基础进行控制设计，在本书的后半部分，我们基于微分方程模型来进行控制。

1.4 磁悬浮

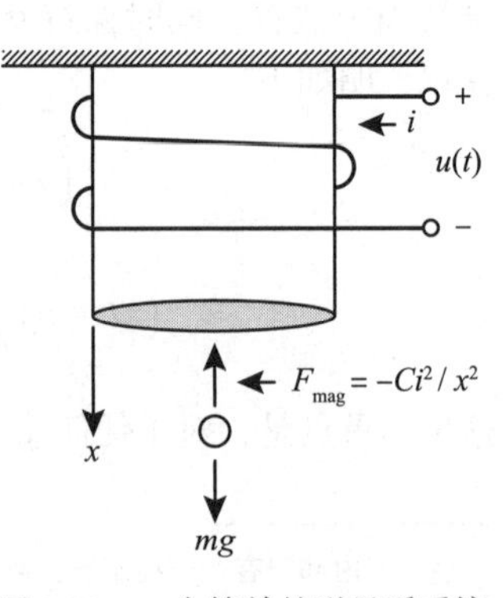

图 1-20 一个简单的磁悬浮系统

在这个例子中，我们考虑一个磁悬浮系统。图 1-20 中给出的原理图显示了一根电线缠绕在圆柱形铁心上，这就做成了电磁铁。

给线圈施加电压 $u(t)$，产生电流 $i(t)$。电流与铁心一起产生了在电磁铁下方延伸的磁场。然后，该磁场使钢球磁化，即将其变为磁铁。结果表明，钢球和电磁铁之间的磁引力是向上的，与电流的二次方成正比，与距离的二次方成反比。在数学上，表示为 $F_{\mathrm{mag}}=-Ci^2/x^2$，其中 C 是常数。请注意，

图中向下的 x 为正，$x=0$ 对应于铁心底部。

1.4.1 数学模型

使用电流指令放大器可以输出所需电流。使用这种放大器，我们可以将磁悬浮系统的输入电流设为 $i(t)$，磁悬浮系统的微分方程模型如下（见第 13 章）

$$\frac{\mathrm{d}x}{\mathrm{d}t}=v \tag{1.14}$$

$$m\frac{\mathrm{d}v}{\mathrm{d}t}=-C\frac{i^2}{x^2}+mg \tag{1.15}$$

式中，C 是常数，m 是钢球的质量，g 是重力加速度。该微分方程模型很重要，因为对于任何给定的线圈输入电流 $i(t)$，这些微分方程的解可以给出钢球位置 $x(t)$ 和速度 $v(t)=\dot{x}(t)$ 的值。然而，该模型是非线性的。在倒立摆的问题中，我们可以获得一个近似的线性模型。特殊情况下，我们令钢球的期望位置（恒定）为 x_0，然后选择电流 i_0 使钢球的加速度为零，即

$$0=-C\frac{i_0^2}{x_0^2}+mg \quad 或 \quad i_0=x_0\sqrt{\frac{mg}{C}} \tag{1.16}$$

满足 $\Delta x\triangleq x-x_0$，$\Delta\dot{x}\triangleq\dot{x}-\dot{x}_0=\dot{x}$，$u\triangleq i-i_0$。我们将在第 13 章中说明

$$m\Delta\ddot{x}=\frac{2g}{x_0}\Delta x-\frac{2g}{i_0}u \tag{1.17}$$

是 Δx 和 $\Delta\dot{x}$ 的有效线性模型，同时 u 很小。学习第 3 章后，可以推导出相应的拉普拉斯变换模型是

$$\Delta X(s)=-\frac{2g/i_0}{s^2-2g/x_0}U(s) \tag{1.18}$$

图 1-21 所示为 W. Barie 构建的磁悬浮系统 [10]。图中显示光通过球的顶部反射到光电探测器的传感器。使用此装置，可以观测到电磁铁下方球的位置。

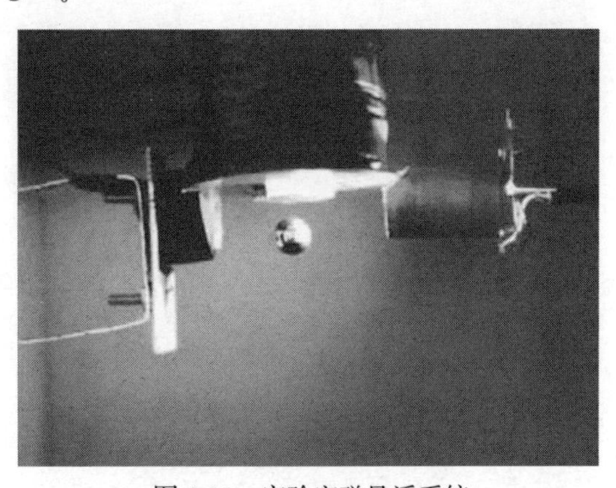

图 1-21 实验室磁悬浮系统

来源：Barie and Chiasson[10] "Linear and nonlinear state-space controllers for magnetic levitation", International Journal of Systems Science, vol.27, no.11, pp.1153-1163, November 1996. DOI-https://doi.org/10.1080/00207729608929322

1.4.2 控制问题

根据 $x(t)$ 和 $v(t)$ 的测量值，我们选择输入电压 $u(t)$ 使得钢球保持在电磁铁下方固定位置 x_0 处，即钢球不会下落，也不会被磁铁吸过去。根据 $x(t)$ 和 $v(t)$ 的值选择 $u(t)$ 的过程称为控制算法或控制器。控制算法利用微分方程模型或拉普拉斯变换模型。

1.5 一般控制问题

通常来说，有些物理系统需要被控制。涉及的步骤有：

1）确定这个系统的数学模型（通常是一组微分方程）。该模型描述了对于任何给定输入，输出变量如何变化。

2）设计控制算法。反馈控制算法通过微分方程处理系统输出的测量值，产生物理系统的输入，使系统输出达到期望的值。

3）对组合控制器和数学模型进行仿真，检查系统的输出是否按预期可控。如果没有，修改或（如果需要）重新设计控制器。如果控制器在仿真中不起作用，那么它在实践中也不会起作用。

4）最后一步是在实际物理系统上使控制器生效。

拉普拉斯变换

在第1章中，我们给出了用微分方程对物理系统进行建模的例子。对每个物理系统，我们使用微分方程模型来设计算法以控制系统。此外，这些算法也可以用微分方程来描述。为了降低用微分方程处理的困难，经典控制使用拉普拉斯变换。这种变换将微分方程转化为代数方程，大大简化了数学计算。在第9章和第10章中，我们将介绍基于物理系统的拉普拉斯变换模型设计反馈控制器的具体方法。所有这些都需要本章中涉及的拉普拉斯变换的背景知识。

定义1 拉普拉斯变换

在区间 $t \geqslant 0$ 的函数 $f(t)$ 是时间函数，将 f 的拉普拉斯变换 $L\{f\}$ 定义为

$$\mathcal{L}\{f(t)\} \triangleq \int_0^\infty e^{-st} f(t)\,dt \tag{2.1}$$

其中 $s = \sigma + j\omega$ 是复数。

注释 符号 $\triangleq$ 表示“根据定义”。所以 $\mathcal{L}\{f(t)\}$ 是根据定义度量 $\int_0^\infty e^{-st} f(t)\,dt$。

我们还使用 $F(s)$ 来定义 $\mathcal{L}\{f(t)\}$，即 $F(s) \triangleq \int_0^\infty e^{-st} f(t)\,dt$。

注意 收敛区域 式（2.1）中的积分不是对所有 $s = \sigma + j\omega \in \mathbb{C}$ 都存在。收敛区域是存在积分的 s 值的集合。下面的示例中说明了这点。

例1 单位阶跃函数 $u_s(t)$

单位阶跃函数 $u_s(t)$ 定义为

$$u_s(t) \triangleq \begin{cases} 1, & t \geqslant 0 \\ 0, & t < 0 \end{cases}$$

我们根据定义计算它的拉普拉斯变换

$$\begin{aligned}\mathcal{L}\{u_s(t)\} = \int_0^\infty e^{-st} u_s(t)\,dt = \int_0^\infty e^{-st}\,dt &= \left.\frac{e^{-st}}{-s}\right|_{t=0}^{\infty} \\ &= \lim_{t\to\infty} \frac{e^{-st}}{-s} - \left.\frac{e^{-st}}{-s}\right|_{t=0} \\ &= \lim_{t\to\infty} \frac{e^{-st}}{-s} + \frac{1}{s}\end{aligned}$$

现在

$$\lim_{t\to\infty} e^{-st} = \lim_{t\to\infty} e^{-(\sigma+j\omega)t} = \lim_{t\to\infty} e^{-\sigma t} e^{-j\omega t}$$

根据欧拉公式

$$e^{j\omega t} = \cos(\omega t) + j\sin(\omega t)$$

上式变为

$$\begin{aligned}\lim_{t\to\infty} e^{-st} = \lim_{t\to\infty} e^{-\sigma t} e^{-j\omega t} &= \lim_{t\to\infty} e^{-\sigma t}\left(\cos(\omega t) - j\sin(\omega t)\right) \\ &= \begin{cases} 0, & \sigma > 0 \\ \text{不存在}, & \sigma \leqslant 0 \end{cases}\end{aligned}$$

因此

$$\mathcal{L}\{u_s(t)\}=\frac{1}{s}\ \text{对于}\ \sigma=\mathrm{Re}\{s\}>0 \tag{2.2}$$

例 2 $f(t)=\mathrm{e}^{2t}$

考虑函数$f(t)=\mathrm{e}^{2t}$。利用拉普拉斯变换的定义，我们得到

$$\begin{aligned}\mathcal{L}\{\mathrm{e}^{2t}\}&=\int_0^\infty \mathrm{e}^{-st}\mathrm{e}^{2t}\mathrm{d}t=\int_0^\infty \mathrm{e}^{-(s-2)t}\mathrm{d}t\\&=\left.\frac{\mathrm{e}^{-(s-2)t}}{-(s-2)}\right|_{t=0}^{\infty}\\&=\lim_{t\to\infty}\frac{\mathrm{e}^{-(s-2)t}}{-(s-2)}-\left.\frac{\mathrm{e}^{-(s-2)t}}{-(s-2)}\right|_{t=0}\\&=\lim_{t\to\infty}\frac{\mathrm{e}^{-(s-2)t}}{-(s-2)}+\frac{1}{(s-2)}\end{aligned}$$

因为

$$\begin{aligned}\lim_{t\to\infty}\mathrm{e}^{-(s-2)t}=\lim_{t\to\infty}\mathrm{e}^{-(\sigma-2+\mathrm{j}\omega)t}&=\lim_{t\to\infty}\mathrm{e}^{-(\sigma-2)t}\mathrm{e}^{-\mathrm{j}\omega t}\\&=\lim_{t\to\infty}\mathrm{e}^{-(\sigma-2)t}\big(\cos(-\omega t)+\mathrm{j}\sin(-\omega t)\big)\\&=\begin{cases}0, & \sigma>2\\ \text{不存在}, & \sigma\leqslant 2\end{cases}\end{aligned}$$

可得到

$$\mathcal{L}\{\mathrm{e}^{2t}\}=\frac{1}{s-2}\text{对于}\ \sigma=\mathrm{Re}\{s\}>2 \tag{2.3}$$

例 3 $f(t)=\mathrm{e}^{(\sigma_0+\mathrm{j}\omega_0)t}=\mathrm{e}^{\sigma_0 t}\big(\cos(\omega_0 t)+\mathrm{j}\sin(\omega_0 t)\big)$

在这个例子中，我们考虑复变函数$f(t)=\mathrm{e}^{(\sigma_0+\mathrm{j}\omega_0)t}=\mathrm{e}^{\sigma_0 t}\big(\cos(\omega_0 t)+\mathrm{j}\sin(\omega_0 t)\big)$的拉普拉斯变换。计算

$$\begin{aligned}\mathcal{L}\left\{\mathrm{e}^{(\sigma_0+\mathrm{j}\omega_0)t}\right\}&=\int_0^\infty \mathrm{e}^{-st}\mathrm{e}^{(\sigma_0+\mathrm{j}\omega_0)t}\mathrm{d}t\\&=\int_0^\infty \mathrm{e}^{-[s-(\sigma_0+\mathrm{j}\omega_0)]t}\mathrm{d}t\\&=\left.\frac{\mathrm{e}^{-[s-(\sigma_0+\mathrm{j}\omega_0)]t}}{-[s-(\sigma_0+\mathrm{j}\omega_0)]}\right|_0^\infty\\&=\lim_{t\to\infty}\frac{\mathrm{e}^{-[s-(\sigma_0+\mathrm{j}\omega_0)]t}}{-[s-(\sigma_0+\mathrm{j}\omega_0)]}-\left.\frac{\mathrm{e}^{-[s-(\sigma_0+\mathrm{j}\omega_0)]t}}{-[s-(\sigma_0+\mathrm{j}\omega_0)]}\right|_0\\&=\lim_{t\to\infty}\frac{\mathrm{e}^{-(s-\sigma_0)t+\mathrm{j}\omega_0 t}}{-[s-(\sigma_0+\mathrm{j}\omega_0)]}+\frac{1}{s-(\sigma_0+\mathrm{j}\omega_0)}\end{aligned}$$

因为

$$\begin{aligned}\lim_{t\to\infty}\mathrm{e}^{-(s-\sigma_0)t+\mathrm{j}\omega_0 t}&=\lim_{t\to\infty}\mathrm{e}^{-(\sigma-\sigma_0)t}\mathrm{e}^{\mathrm{j}(\omega_0-\omega)t}\\&=\lim_{t\to\infty}\mathrm{e}^{-(\sigma-\sigma_0)t}\big(\cos((\omega_0-\omega)t)+\mathrm{j}\sin((\omega_0-\omega)t)\big)\\&=\begin{cases}0, & \sigma>\sigma_0\\ \text{不存在}, & \sigma\leqslant\sigma_0\end{cases}\end{aligned}$$

满足 $\sigma=\mathrm{Re}\{s\}>\sigma_0=\mathrm{Re}\{\sigma_0+\mathrm{j}\omega_0\}$，所以

$$\begin{aligned}\mathcal{L}\left\{\mathrm{e}^{(\sigma_0+\mathrm{j}\omega_0)t}\right\}&=\frac{1}{s-(\sigma_0+\mathrm{j}\omega_0)}\\&=\frac{1}{s-\sigma_0-\mathrm{j}\omega_0}\frac{s-\sigma_0+\mathrm{j}\omega_0}{s-\sigma_0+\mathrm{j}\omega_0}\\&=\frac{s-\sigma_0+\mathrm{j}\omega_0}{(s-\sigma_0)^2+\omega_0^2}\end{aligned}$$

例 4 $f(t)=\mathrm{e}^{(\sigma_0+\mathrm{j}\omega_0)t}$ **（续）**

对于 $\mathrm{Re}\{s\}>\sigma_0$，我们刚推导过：

$$\begin{aligned}\mathcal{L}\left\{\mathrm{e}^{(\sigma_0+\mathrm{j}\omega_0)t}\right\}&=\mathcal{L}\left\{\mathrm{e}^{\sigma_0 t}\cos(\omega_0 t)+\mathrm{j}\mathrm{e}^{\sigma_0 t}\sin(\omega_0 t)\right\}\\&=\frac{s-\sigma_0}{(s-\sigma_0)^2+\omega_0^2}+\mathrm{j}\frac{\omega_0}{(s-\sigma_0)^2+\omega_0^2}\end{aligned}$$

这意味着

$$\mathcal{L}\left\{\mathrm{e}^{\sigma_0 t}\cos(\omega_0 t)\right\}=\frac{s-\sigma_0}{(s-\sigma_0)^2+\omega_0^2} \tag{2.4}$$

$$\mathcal{L}\left\{\mathrm{e}^{\sigma_0 t}\sin(\omega_0 t)\right\}=\frac{\omega_0}{(s-\sigma_0)^2+\omega_0^2} \tag{2.5}$$

特殊情况下，对于 $\sigma_0=0$，我们有

$$\mathcal{L}\left\{\cos(\omega_0 t)\right\}=\frac{s}{s^2+\omega_0^2} \tag{2.6}$$

$$\mathcal{L}\left\{\sin(\omega_0 t)\right\}=\frac{\omega_0}{s^2+\omega_0^2} \tag{2.7}$$

2.1 拉普拉斯变换的性质

接下来，我们回顾拉普拉斯变换的一些可以简化计算的性质。第一个性质是对拉普拉斯变量 s 的微分。

性质 1 $\mathcal{L}\{tf(t)\}=-\frac{\mathrm{d}}{\mathrm{d}s}F(s)$

设

$$\mathcal{L}\{f(t)\}=F(s)\text{对于}\mathrm{Re}\{s\}>\sigma$$

那么

$$\mathcal{L}\{tf(t)\}=-\frac{\mathrm{d}}{\mathrm{d}s}F(s)\text{对于}\mathrm{Re}\{s\}>\sigma \tag{2.8}$$

证明

$$F(s)=\int_0^\infty \mathrm{e}^{-st}f(t)\mathrm{d}t$$

所以

$$\begin{aligned}-\frac{\mathrm{d}}{\mathrm{d}s}F(s)&=-\frac{\mathrm{d}}{\mathrm{d}s}\int_0^\infty \mathrm{e}^{-st}f(t)\mathrm{d}t=-\int_0^\infty(-t)\mathrm{e}^{-st}f(t)\mathrm{d}t\\&=\int_0^\infty t\mathrm{e}^{-st}f(t)\mathrm{d}t\end{aligned}$$

作为这个性质的一个例子，我们展示如何获得任意 n 的$t^n/n!$ 的拉普拉斯变换。

例5 $\mathcal{L}\left\{\dfrac{t^n}{n!}\right\}=\dfrac{1}{s^{n+1}}$

在前面的例子中已有

$$\mathcal{L}\{u_s(t)\}=\int_0^\infty e^{-st}dt=\frac{1}{s}\text{对于}\operatorname{Re}\{s\}>0$$

$$\frac{d}{ds}\int_0^\infty e^{-st}dt=\frac{d}{ds}\frac{1}{s}$$

$$\int_0^\infty te^{-st}dt=\frac{1}{s^2}$$

因此

$$\mathcal{L}\{t\}=\frac{1}{s^2}\text{对于}\operatorname{Re}\{s\}>0 \tag{2.9}$$

我们对

$$\int_0^\infty te^{-st}dt=\frac{1}{s^2}$$

两边的 s 进行微分，有

$$\int_0^\infty(-t)te^{-st}dt=-\frac{2}{s^3}$$

或者

$$\int_0^\infty\frac{t^2}{2}e^{-st}dt=\frac{1}{s^3}\text{对于}\operatorname{Re}\{s\}>0 \tag{2.10}$$

类似地，对于任意的$n=0,1,2,\cdots$，都有

$$\mathcal{L}\left\{\frac{t^n}{n!}\right\}=\frac{1}{s^{n+1}} \tag{2.11}$$

例6 $\mathcal{L}\{t\cos(\omega t)\}=\dfrac{s^2-\omega^2}{\left(s^2+\omega^2\right)^2}$

我们在之前的例子中可知

$$\mathcal{L}\{\cos(\omega t)\}=\frac{s}{s^2+\omega^2}\text{对于}\operatorname{Re}\{s\}>0$$

根据式（2.8）我们可以得到

$$\begin{aligned}\mathcal{L}\{t\cos(\omega t)\}&=-\frac{d}{ds}\frac{s}{s^2+\omega^2}=-\frac{1}{s^2+\omega^2}+\frac{s(2s)}{\left(s^2+\omega^2\right)^2}\\&=-\frac{s^2+\omega^2}{\left(s^2+\omega^2\right)^2}+\frac{s(2s)}{\left(s^2+\omega^2\right)^2}\\&=\frac{s^2-\omega^2}{\left(s^2+\omega^2\right)^2}\end{aligned} \tag{2.12}$$

性质 2 $\mathcal{L}\left\{e^{\alpha t}f(t)\right\}=F(s-\alpha)$

令

$$\mathcal{L}\left\{f(t)\right\}=F(s)\text{对于}\mathrm{Re}\{s\}>\sigma$$

则

$$\mathcal{L}\left\{e^{\alpha t}f(t)\right\}=F(s-\alpha)\text{对于}\mathrm{Re}\{s\}>\sigma+\alpha \tag{2.13}$$

证明

$$\begin{aligned}\mathcal{L}\left\{e^{\alpha t}f(t)\right\}&=\int_0^\infty e^{-st}e^{\alpha t}f(t)\mathrm{d}t=\int_0^\infty e^{-(s-\alpha)t}f(t)\mathrm{d}t\\&=F(s-\alpha)\end{aligned}$$

例 7 $f(t)=\cos(\omega t)$

已知

$$\mathcal{L}\left\{\cos(\omega t)\right\}=\frac{s}{s^2+\omega^2}\ \text{对于}\mathrm{Re}\{s\}>0$$

可得

$$\mathcal{L}\left\{e^{\alpha t}\cos(\omega t)\right\}=\frac{s-\alpha}{(s-\alpha)^2+\omega^2}\text{对于}\mathrm{Re}\{s\}>\alpha \tag{2.14}$$

性质 3 $\mathcal{L}\left\{\frac{\mathrm{d}}{\mathrm{d}t}f(t)\right\}=sF(s)-f(0)$

令

$$\mathcal{L}\left\{f(t)\right\}=F(s)\ \text{对于}\mathrm{Re}\{s\}>\sigma$$

则

$$\mathcal{L}\left\{\frac{\mathrm{d}}{\mathrm{d}t}f(t)\right\}=sF(s)-f(0)\text{对于}\mathrm{Re}\{s\}>\sigma \tag{2.15}$$

证明 根据拉普拉斯变换的定义可得

$$\mathcal{L}\left\{\frac{\mathrm{d}}{\mathrm{d}t}f(t)\right\}\triangleq\int_0^\infty e^{-st}f'(t)\mathrm{d}t$$

接下来用分部积分法，令

$$u=e^{-st},\mathrm{d}v=f'(t)\mathrm{d}t$$

并且

$$\mathrm{d}u=-se^{-st}\mathrm{d}t,v=f(t)$$

于是

$$\begin{aligned}\int_0^\infty \underbrace{e^{-st}f'(t)\mathrm{d}t}_{u\mathrm{d}v}&=\underbrace{e^{-st}f(t)}_{uv}\Big|_0^\infty-\int_0^\infty\underbrace{(-s)e^{-st}f(t)\mathrm{d}t}_{v\mathrm{d}u}\\&=\lim_{t\to\infty}e^{-st}f(t)-f(0)+s\int_0^\infty e^{-st}f(t)\mathrm{d}t\end{aligned}$$

对于$\mathrm{Re}\{s\}>\sigma$，存在$f(t)$的拉普拉斯变换，使$\lim_{t\to\infty}e^{-st}f(t)=0$对于$\mathrm{Re}\{s\}>\sigma$成立[⊖]。因此最后

⊖ 更准确地说，我们只关心具有这种形式的函数：$t^m e^{\sigma t}\cos(\omega t+\theta)$。其中$m\geqslant 0$，并且是一个整数，$\theta$、$\sigma$、$\omega$为常数。对于所有这样的函数，当$\mathrm{Re}\{s\}>\sigma$时，$\lim_{t\to\infty}e^{-st}f(t)=0$。

一个方程变为

$$\int_0^{\infty} \mathrm{e}^{-st} f'(t)\mathrm{d}t = sF(s) - f(0) \text{对于} \mathrm{Re}\{s\} > \sigma$$

例 8 $f(t)=\cos(\omega t)$

$f(t)=\cos(\omega t)$和它的导数分别为

$$f(t)=\cos(\omega t)$$
$$f'(t)=-\omega\sin(\omega t)$$

对于$\mathrm{Re}\{s\}>0$，$f(t)$和$f'(t)$的拉普拉斯变换都存在。于是利用

$$\mathcal{L}\{f'(t)\} = s\mathcal{L}\{f(t)\} - f(0)$$

我们可以得到

$$\begin{aligned}\mathcal{L}\{-\omega\sin(\omega t)\} &= s\mathcal{L}\{\cos(\omega t)\} - 1 \\ &= s\frac{s}{s^2+\omega^2} - \frac{s^2+\omega^2}{s^2+\omega^2} \\ &= -\frac{\omega^2}{s^2+\omega^2}\end{aligned}$$

或者，经过整理可以得到

$$\mathcal{L}\{\sin(\omega t)\} = \frac{\omega}{s^2+\omega^2} \text{对于} \mathrm{Re}\{s\} > 0$$

例 9 解微分方程 考虑一阶微分方程

$$\frac{\mathrm{d}x}{\mathrm{d}t} + ax = u_{\mathrm{s}}(t)$$

其中，输入 u_{s} 是阶跃输入，并且

$$X(s) \triangleq \mathcal{L}\{x(t)\}$$

我们有

$$\mathcal{L}\{\dot{x}(t)\} = sX(s) - x(0)$$

并且

$$\mathcal{L}\{u_{\mathrm{s}}(t)\} = \frac{1}{s}$$

对微分方程两边同时做拉普拉斯变换，可得到

$$\mathcal{L}\left\{\frac{\mathrm{d}x}{\mathrm{d}t} + ax\right\} = \mathcal{L}\{u_{\mathrm{s}}(t)\}$$

继而

$$sX(s) - x(0) + aX(s) = \frac{1}{s}$$

将$X(s)$提到公式左侧，可以得到

$$(s+a)X(s) = x(0) + \frac{1}{s}$$

化简得

$$X(s) = \frac{x(0)}{s+a} + \frac{1}{s(s+a)}$$

为了解出$x(t)$，我们需要计算

$$x(t)=\mathcal{L}^{-1}\left\{\frac{x(0)}{s+a}+\frac{1}{s(s+a)}\right\}$$
$$=\mathcal{L}^{-1}\left\{\frac{x(0)}{s+a}+\frac{1}{a}\frac{1}{s}-\frac{1}{a}\frac{1}{s+a}\right\}$$
$$=x(0)\mathrm{e}^{-at}+\frac{1}{a}u_s(t)-\frac{1}{a}\mathrm{e}^{-at}$$

第二个方程后面是部分分式展开，这涉及下一节的内容。

2.2 部分分式展开

在用拉普拉斯变换解微分方程时，最后一步通常是求有理函数s的拉普拉斯逆变换[⊖]，在之前的例子中，我们用了这样一个公式：

$$\frac{1}{s(s+a)}=\frac{1}{a}\frac{1}{s}-\frac{1}{a}\frac{1}{s+a}$$

即有理函数$\frac{1}{s(s+a)}$被分解为两个已知逆变换的更简单的函数。这个分解过程被称为部分分式展开。我们将通过一系列例子说明如何做到这一点。

例 10 $F(s)=\frac{1}{(s+2)(s+3)}$

将其改写为

$$F(s)=\frac{1}{(s+2)(s+3)}=\frac{A}{s+2}+\frac{B}{s+3}$$

于是

$$(s+2)F(s)=\frac{1}{s+3}=A+B\frac{s+2}{s+3}$$

因此

$$\lim_{s\to-2}(s+2)F(s)=\underbrace{\lim_{s\to-2}\frac{1}{s+3}}_{1}=\lim_{s\to-2}\left(A+B\frac{s+2}{s+3}\right)=A$$

这样

$$A=1$$

类似地，

$$(s+3)F(s)=\frac{1}{s+2}=A\frac{s+3}{s+2}+B$$

于是

$$\lim_{s\to-3}(s+3)F(s)=\underbrace{\lim_{s\to-3}\frac{1}{s+2}}_{-1}=\lim_{s\to-3}\left(A\frac{s+3}{s+2}+B\right)=B$$

⊖ 有理函数就是两个多项式之比。

或者说

$$B=-1$$

于是我们有

$$F(s)=\frac{1}{(s+2)(s+3)}=\frac{1}{s+2}-\frac{1}{s+3}$$

通过拉普拉斯变换可得

$$\mathcal{L}\left\{\mathrm{e}^{-at}\right\}=\frac{1}{s+a}$$

因此

$$f(t)=\mathcal{L}^{-1}\left\{\frac{1}{s+2}-\frac{1}{s+3}\right\}=\left(\mathrm{e}^{-2t}-\mathrm{e}^{-3t}\right)u_{\mathrm{s}}(t)$$

例 11 $F(s)=\dfrac{2s+12}{s^2+2s+5}$

我们要求它的拉普拉斯逆变换

$$F(s)=\frac{2s+12}{s^2+2s+5}$$

首先，公式

$$s^2+2s+5=0$$

的根为

$$s=\frac{-2\pm\sqrt{2^2-4\times5}}{2}=\frac{-2\pm\sqrt{-16}}{2}=-1\pm\mathrm{j}2$$

我们称$F(s)$的分母的根为$F(s)$的极点，可以把它写作

$$\begin{aligned}s^2+2s+5&=[s-(-1+2\mathrm{j})][s-(-1-2\mathrm{j})]\\&=(s+1-2\mathrm{j})(s+1+2\mathrm{j})\\&=(s+1)^2+4\end{aligned}$$

从拉普拉斯变换表可知

$$\mathcal{L}\left\{\mathrm{e}^{\sigma t}\sin(\omega t)u_{\mathrm{s}}(t)\right\}=\frac{\omega}{(s-\sigma)^2+\omega^2}$$

$$\mathcal{L}\left\{\mathrm{e}^{\sigma t}\cos(\omega t)u_{\mathrm{s}}(t)\right\}=\frac{s-\sigma}{(s-\sigma)^2+\omega^2}$$

确定$\sigma=-1$，$\omega=2$，那么$F(s)$可以重新写为

$$\begin{aligned}F(s)=\frac{2s+12}{s^2+2s+5}&=\frac{2s+12}{(s+1)^2+4}\\&=\frac{2(s+1)+10}{(s+1)^2+4}\\&=2\frac{s+1}{(s+1)^2+4}+5\frac{2}{(s+1)^2+4}\end{aligned}$$

用已有的拉普拉斯变换表可得

$$f(t)=2\mathrm{e}^{-t}\cos(2t)u_{\mathrm{s}}(t)+5\mathrm{e}^{-t}\sin(2t)u_{\mathrm{s}}(t)$$

我们可以用 MATLAB 来验证这个结果：

```
%Compute the Inverse Laplace Transform
syms F2 s t
F2 = (2*s+12)/(s^2+2*s+5)
ilaplace(F2,s,t)
```

MATLAB 的返回值应为

$$\exp(-t)\big(2\cos(2t)+5\sin(2t)\big)$$

我们需要处理复数，所以现在简单回顾一下复数运算。

题外话 复数回顾

令

$$c=a+\mathrm{j}b$$

表示一个复数，其中 a 和 b 是实数，$\mathrm{j}=\sqrt{-1}$。c 的共轭复数用 c^* 表示，定义为

$$c^*\triangleq a-\mathrm{j}b$$

注意

$$\left(c^*\right)^*=(a-\mathrm{j}b)^*=a+\mathrm{j}b=c$$

c 的大小定义为

$$|c|=\sqrt{cc^*}=\sqrt{(a+\mathrm{j}b)(a-\mathrm{j}b)}=\sqrt{a^2+b^2}$$

它也等于 c^* 的大小，即

$$\left|c^*\right|=\sqrt{c^*\left(c^*\right)^*}=\sqrt{(a-\mathrm{j}b)(a+\mathrm{j}b)}=\sqrt{a^2+b^2}$$

我们也可以用极坐标的形式表示复数。定义

$$\angle c\triangleq\tan^{-1}(b,a)$$

如图 2-1 所示，$\tan^{-1}(b,a)$在大多数计算机语言中表示为 atan2(b,a)，这样便于使$c=a+b\mathrm{j}$的角度在正确的象限内。例如，令 $c_1=-1+\mathrm{j}$，那么

$$\angle c_1=\tan^{-1}(1,-1)=\mathrm{atan2}(1,-1)=3\pi/4=2.3562$$

相反，如果我们考虑$c_2=1-\mathrm{j}$，那么

$$\angle c_2=\tan^{-1}(-1,1)=\mathrm{atan2}(-1,1)=-\pi/4=-0.7854$$

我们可以把 c 写成极坐标形式，即

$$\begin{aligned}c&=|c|\mathrm{e}^{\mathrm{j}\angle c}\\&=|c|\cos(\angle c)+\mathrm{j}|c|\sin(\angle c)\end{aligned}$$

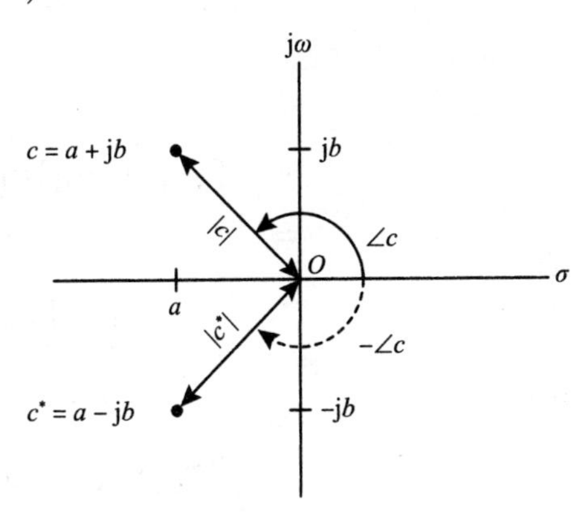

图 2-1 $c=a+\mathrm{j}b=|c|\mathrm{e}^{\mathrm{j}\angle c}$，$c^*=a-\mathrm{j}b=|c|\mathrm{e}^{-\mathrm{j}\angle c}$

于是我们得到

$$\begin{aligned}c^*=\big(|c|\cos(\angle c)+\mathrm{j}|c|\sin(\angle c)\big)^*&=|c|\cos(\angle c)-\mathrm{j}|c|\sin(\angle c)\\&=|c|\cos(-\angle c)+\mathrm{j}|c|\sin(-\angle c)\\&=|c|\mathrm{e}^{-\mathrm{j}\angle c}\end{aligned}$$

也就是

$$|c^*|=|c|$$
$$\angle c^*=-\angle c$$

下面我们证明$(c_1c_2)^*=c_1^*c_2^*$:

$$\begin{aligned}(c_1c_2)^*=\left((a_1+\mathrm{j}b_1)(a_2+\mathrm{j}b_2)\right)^*&=\left(|c_1|\mathrm{e}^{\mathrm{j}\angle c_1}|c_2|\mathrm{e}^{\mathrm{j}\angle c_2}\right)^*\\&=\left(|c_1||c_2|\mathrm{e}^{\mathrm{j}(\angle c_1+\angle c_2)}\right)^*\\&=|c_1||c_2|\mathrm{e}^{-\mathrm{j}(\angle c_1+\angle c_2)}\\&=|c_1|\mathrm{e}^{-\mathrm{j}\angle c_1}|c_2|\mathrm{e}^{-\mathrm{j}\angle c_2}\\&=c_1^*c_2^*\end{aligned}$$

类似地,

$$\left(\frac{c_1}{c_2}\right)^*=\frac{c_1^*}{c_2^*}$$
$$(c_1+c_2)^*=c_1^*+c_2^*$$

例 12 $F(s)=\dfrac{2s+12}{s^2+2s+5}$ **(续)**

我们用$F(s)$的复共轭极点对部分分式展开重做之前的例子。

$$F(s)=\frac{2s+12}{[s-(-1+2\mathrm{j})][s-(-1-2\mathrm{j})]}=\frac{\beta_1}{s-(-1+2\mathrm{j})}+\frac{\beta_2}{s-(-1-2\mathrm{j})}$$

那么

$$\begin{aligned}[s-(-1+2\mathrm{j})]F(s)&=[s-(-1+2\mathrm{j})]\frac{2s+12}{s^2+2s+5}\\&=\frac{2s+12}{s-(-1-2\mathrm{j})}\end{aligned}$$

并且

$$[s-(-1+2\mathrm{j})]F(s)=\beta_1+\frac{\beta_2[s-(-1+2\mathrm{j})]}{s-(-1-2\mathrm{j})}$$

因此

$$\lim_{s\to-1+2\mathrm{j}}[s-(-1+2\mathrm{j})]F(s)=\beta_1$$

同样,

$$\begin{aligned}\lim_{s\to-1+2\mathrm{j}}[s-(-1+2\mathrm{j})]F(s)=\lim_{s\to-1+2\mathrm{j}}\frac{2s+12}{s-(-1-2\mathrm{j})}&=\frac{2(-1+2\mathrm{j})+12}{-1+2\mathrm{j}-(-1-2\mathrm{j})}\\&=\frac{10+4\mathrm{j}}{4\mathrm{j}}\\&=1-2.5\mathrm{j}\end{aligned}$$

因此$\beta_1=1-2.5\mathrm{j}$。类似地,

$$\beta_2=\lim_{s\to-1-2j}\left[s-(-1-2j)\right]F(s)=\lim_{s\to-1-2j}\frac{2s+12}{s-(-1+2j)}$$
$$=\frac{2(-1-2j)+12}{-1-2j-(-1+2j)}$$
$$=\frac{10-4j}{-4j}$$
$$=1+2.5j$$

这里需要注意的一点是

$$\beta_2=\beta_1^*$$

永远都是这样。回到部分分式展开，我们已经证明了

$$F(s)=\frac{1-2.5j}{s-(-1+2j)}+\frac{1+2.5j}{s-(-1-2j)}$$

结果可以用 MATLAB 进行检验：

```
%Compute the Partial Fraction Expansion
% F2(s) = (2s+12)/(s^2+2s+5)
Fnum = [2 12];
Fden = [1 2 5];
[beta,poles,k] = residue(Fnum,Fden)
```

MATLAB 的返回值应为

```
beta =
1.0000 - 2.5000i
1.0000 + 2.5000i
poles =
-1.0000 + 2.0000i
-1.0000 - 2.0000i
k = []
```

现在我们将 $\beta_1=1-2.5j$ 转换为极坐标形式（见图 2-2）。我们有

$$\beta_1=|\beta_1|e^{j\angle\beta_1}=|1-2.5j|e^{j\angle(1-2.5j)}$$
$$=\sqrt{1^2+(2.5)^2}e^{j\tan^{-1}(-2.5,1)}$$
$$=2.693e^{-j1.19}$$
$$=2.693e^{-j68.2^\circ}$$

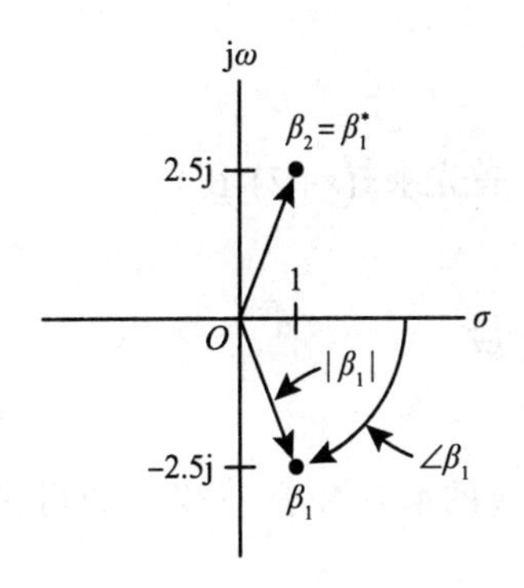

图 2-2　将 1−2.5j 转换为极坐标形式

再次用 MATLAB 检验我们的答案：

```
c = 1.0000 - 2.5000i
c_mag = abs(c)
c_angle = angle(c)
c_angle2 = atan2(imag(c),real(c))
c_angle3 = c_angle*180/pi
```

MATLAB 的返回值应为

```
c = 1.0000 - 2.5000i
c_mag = 2.6926
```

```
c_angle = -1.1903
c_angle2 = -1.1903
c_angle3 = -68.1986
```

把$\beta_1, \beta_2 = \beta_1^*$写成极坐标形式：

$$
\begin{aligned}
f(t) = \mathcal{L}^{-1}\{F(s)\} &= \mathcal{L}^{-1}\left\{\frac{\beta_1}{s-(-1+2\mathrm{j})} + \frac{\beta_1^*}{s-(-1-2\mathrm{j})}\right\} \\
&= \beta_1 \mathrm{e}^{(-1+2\mathrm{j})t} + \beta_1^* \mathrm{e}^{(-1-2\mathrm{j})t} \\
&= |\beta_1| \mathrm{e}^{\mathrm{j}\angle\beta_1} \mathrm{e}^{-t} \mathrm{e}^{2\mathrm{j}t} + |\beta_1| \mathrm{e}^{-\mathrm{j}\angle\beta_1} \mathrm{e}^{-t} \mathrm{e}^{-2\mathrm{j}t} \\
&= |\beta_1| \mathrm{e}^{-t}\left(\mathrm{e}^{\mathrm{j}(2t+\angle\beta_1)} + \mathrm{e}^{-\mathrm{j}(2t+\angle\beta_1)}\right) \\
&= 2|\beta_1| \mathrm{e}^{-t}\cos(2t+\angle\beta_1) \quad \text{通过欧拉公式} \\
&= 2|\beta_1| \mathrm{e}^{-t}\cos(2t)\cos(\angle\beta_1) - 2|\beta_1| \mathrm{e}^{-t}\sin(2t)\sin(\angle\beta_1)
\end{aligned}
$$

在例 11 中我们得到

$$
f(t) = 2\mathrm{e}^{-t}\cos(2t)u_s(t) + 5\mathrm{e}^{-t}\sin(2t)u_s(t)
$$

所以结果应该为

$$
2 = 2|\beta_1|\cos(\angle\beta_1) = 2\times 2.6932\cos(-1.19)
$$

$$
5 = -2|\beta_1|\sin(\angle\beta_1) = -2\times 2.6932\sin(-1.19)
$$

此式成立（用 MATLAB 来检查）。

例 13 多根问题

令

$$
F(s) = \frac{1}{s(s+2)^2}
$$

$F(s)$的部分分式展开为

$$
F(s) = \frac{1}{s(s+2)^2} = \frac{A_0}{s} + \frac{A_1}{s+2} + \frac{A_2}{(s+2)^2}
$$

首先乘$s(s+2)^2$得到

$$
1 = A_0(s+2)^2 + A_1 s(s+2) + A_2 s
$$

或

$$
1 = (A_0 + A_1)s^2 + (4A_0 + 2A_1 + A_2)s + 4A_0
$$

s 的系数相等，我们可以得到

$$
A_0 = 1/4, A_1 = -1/4, A_2 = -1/2
$$

因此

$$
\frac{1}{s(s+2)^2} = \frac{1/4}{s} - \frac{1/4}{s+2} - \frac{1/2}{(s+2)^2}
$$

最终可得到[⊖]

⊖ 回顾 $\mathcal{L}\{t\} = 1/s^2$ 和 $\mathcal{L}\{\mathrm{e}^{\alpha t} f(t)\} = F(s-\alpha)$，所以在 $\alpha = -2$ 时有 $\mathcal{L}\{\mathrm{e}^{-2t} t\} = 1/(s+2)^2$。

$$f(t)=\frac{1}{4}u_{s}(t)-\frac{1}{4}e^{-2t}-\frac{1}{2}te^{-2t}$$

例 14 $F(s)=\dfrac{1}{s(s+2)^2}$

对于例 13 的部分分式展开，更简单的方法如下：

$$F(s)=\frac{1}{s(s+2)^2}=\frac{A_0}{s}+\frac{A_1}{s+2}+\frac{A_2}{(s+2)^2}$$

通过乘$(s+2)^2$得到

$$\frac{1}{s}=\frac{A_0}{s}(s+2)^2+A_1(s+2)+A_2$$

然后设 $s=-2$，可以得到 $A_2=-1/2$。于是可以得到

$$\frac{1}{s(s+2)^2}=\frac{A_0}{s}+\frac{A_1}{s+2}-\frac{1/2}{(s+2)^2}$$

上式可变形为

$$\frac{1}{s(s+2)^2}+\frac{(1/2)s}{s(s+2)^2}=\frac{A_0}{s}+\frac{A_1}{s+2}$$

或者

$$\frac{1}{2}\frac{1}{s(s+2)}=\frac{A_0}{s}+\frac{A_1}{s+2}$$

就像例 13 的结果一样：$A_0=1/4, A_1=-1/4$。

例 15 $F(s)=\dfrac{1}{s(s^2+s+1)}$

我们可以用二次方程来解，即

$$s^2+s+1=0$$

解得

$$s=\frac{-1\pm\sqrt{1^2-4\times1\times1}}{2}=-\frac{1}{2}\pm j\frac{\sqrt{3}}{2}$$

于是$F(s)$可以写成

$$F(s)=\frac{1}{s(s^2+s+1)}=\frac{1}{s\left[s-\left(-1/2+j\sqrt{3}/2\right)\right]\left[s-\left(-1/2-j\sqrt{3}/2\right)\right]} \tag{2.16}$$

$$=\frac{1}{s\left[s+1/2-j\sqrt{3}/2\right]\left[s+1/2+j\sqrt{3}/2\right]}$$

$$=\frac{1}{s\left[(s+1/2)^2+3/4\right]} \tag{2.17}$$

然后我们可以用式（2.16）对复共轭极点进行展开。然而，还存在另外一种使用式

（2.17）的方法。可以写成[⊖]：

$$F(s)=\frac{1}{s\left[(s+1/2)^2+3/4\right]}=A_0\frac{1}{s}+A_1\underbrace{\frac{s+1/2}{(s+1/2)^2+3/4}}_{\mathcal{L}\left\{e^{-(1/2)t}\cos\left(\sqrt{3}/2t\right)\right\}}+A_2\underbrace{\frac{\sqrt{3}/2}{(s+1/2)^2+3/4}}_{\mathcal{L}\left\{e^{-(1/2)t}\sin\left(\sqrt{3}/2t\right)\right\}}$$

通过乘以 $s(s^2+s+1)$ 来消除分式，得到

$$1=A_0\left(s^2+s+1\right)+A_1s(s+1/2)+A_2s\sqrt{3}/2$$

或写成

$$1=A_0+\left(A_0+\frac{1}{2}A_1+\frac{1}{2}\sqrt{3}A_2\right)s+\left(A_0+A_1\right)s^2$$

解得

$$A_0=1$$
$$A_1=-1$$
$$A_2=-\frac{A_0+A_1/2}{\sqrt{3}/2}=-\frac{1}{\sqrt{3}}$$

于是

$$f(t)=u_s(t)-e^{-(1/2)t}\cos\left(\sqrt{3}/2t\right)-\sqrt{1/3}e^{-(1/2)t}\sin\left(\sqrt{3}/2t\right) \tag{2.18}$$

例 16 $F(s)=\frac{1}{s\left(s^2+s+1\right)}$ **（再次）**

让我们用“硬核”的方式重做前面式（2.16）的例子。有

$$\begin{aligned}F(s)&=\frac{1}{s\left[s-\left(-1/2+j\sqrt{3}/2\right)\right]\left[s-\left(-1/2-j\sqrt{3}/2\right)\right]}\\&=A\frac{1}{s}+\frac{\beta_1}{s-\left(-1/2+j\sqrt{3}/2\right)}+\frac{\beta_1^*}{s-\left(-1/2-j\sqrt{3}/2\right)}\end{aligned}$$

于是

$$A=\lim_{s\to0}sF(s)=\lim_{s\to0}\frac{1}{s^2+s+1}=1$$

并且

⊖ 在部分分式展开理论中，经常写为

$$F(s)=\frac{1}{s\left(s^2+s+1\right)}=B_0\frac{1}{s}+\frac{B_1s+B_2}{(s+1/2)^2+3/4}$$

通过令

$$B_1s+B_2=A_1(s+1/2)+A_2\left(\sqrt{3}/2\right)=A_1s+A_1/2+A_2\left(\sqrt{3}/2\right)$$

相当于

$$F(s)=\frac{1}{s\left(s^2+s+1\right)}=A_0\frac{1}{s}+A_1\frac{s+1/2}{(s+1/2)^2+3/4}+A_2\frac{1/2}{(s+1/2)^2+3/4}$$

然而，由于 $\frac{s+\frac{1}{2}}{\left(s+\frac{1}{2}\right)^2+3/4}$ 和 $\frac{\sqrt{3}/2}{\left(s+\frac{1}{2}\right)^2+3/4}$ 在拉普拉斯变换表中，因此使得 A_1 和 A_2 的展开更容易。

$$\begin{aligned}
\beta_1 &= \lim_{s\to -1/2+j\sqrt{3}/2}\left[s-\left(-1/2+j\sqrt{3}/2\right)\right]F(s)\\
&= \lim_{s\to -1/2+j\sqrt{3}/2}\frac{1}{s\left[s-\left(-1/2-j\sqrt{3}/2\right)\right]}\\
&= \frac{1}{\left(-1/2+j\sqrt{3}/2\right)\left[\left(-1/2+j\sqrt{3}/2\right)-\left(-1/2-j\sqrt{3}/2\right)\right]}\\
&= \frac{1}{\left(-1/2+j\sqrt{3}/2\right)2j\sqrt{3}/2}\\
&= \frac{1}{-1/2+j\sqrt{3}/2}\frac{\left(-1/2-j\sqrt{3}/2\right)}{\left(-1/2-j\sqrt{3}/2\right)}\frac{-j}{\sqrt{3}}\\
&= \frac{\left(-1/2-j\sqrt{3}/2\right)}{1/4+3/4}\frac{-j}{\sqrt{3}}\\
&= -\frac{1}{2}+j\frac{1}{2\sqrt{3}}
\end{aligned}$$

同时

$$\beta_1^* = -\frac{1}{2}-j\frac{1}{2\sqrt{3}}$$

为了给出和例 15 中相同形式的答案，我们必须将β_1转换为极坐标形式（见图 2-3）。且

$$|\beta_1| = \sqrt{1/4+1/12} = \sqrt{4/12} = \sqrt{\frac{1}{3}}$$

此外

$$\begin{aligned}
\angle\beta_1 = \tan^{-1}\left(\frac{1}{2\sqrt{3}},-\frac{1}{2}\right) &= 90^\circ+\tan^{-1}\left(\frac{\frac{1}{2}}{\frac{1}{2\sqrt{3}}}\right)\\
&= 90^\circ+\tan^{-1}\left(\sqrt{3}\right)\\
&= 150^\circ \text{或} 5\pi/6\ \text{rad}
\end{aligned}$$

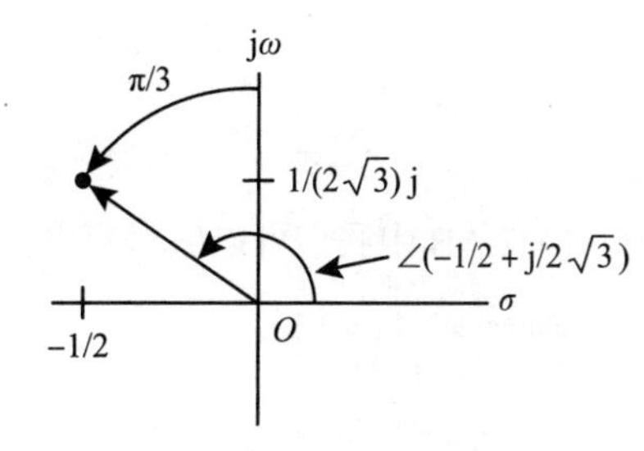

图 2-3 $\angle\beta_1 = \pi/2+\pi/3$

回顾之前我们的定义$\tan^{-1}(b,a)$与计算机语言命令 `atan2(b,a)` 相同。最终可得到

$$\begin{aligned}
f(t) &= u_s(t)+\sqrt{\frac{1}{3}}e^{-(1/2)t}e^{j\left(\sqrt{3}/2t+5\pi/6\right)}+\sqrt{\frac{1}{3}}e^{-(1/2)t}e^{-j\left(\sqrt{3}/2t+5\pi/6\right)}\\
&= u_s(t)+\sqrt{\frac{1}{3}}e^{-(1/2)t}\left(e^{j\left(\sqrt{3}/2t+5\pi/6\right)}+e^{-j\left(\sqrt{3}/2t+5\pi/6\right)}\right)\\
&= u_s(t)+\sqrt{\frac{1}{3}}e^{-(1/2)t}2\cos\left(\sqrt{3}/2t+5\pi/6\right) \quad \text{通过欧拉公式}\\
&= u_s(t)+\sqrt{\frac{1}{3}}e^{-(1/2)t}2\left(\cos\left(\sqrt{3}/2t\right)\cos(5\pi/6)-\sin\left(\sqrt{3}/2t\right)\sin(5\pi/6)\right)\\
&= u_s(t)+\sqrt{\frac{1}{3}}e^{-(1/2)t}2\left(\cos\left(\sqrt{3}/2t\right)\frac{-\sqrt{3}}{2}-\sin\left(\sqrt{3}/2t\right)\frac{1}{2}\right)\\
&= u_s(t)-e^{-(1/2)t}\cos\left(\sqrt{3}/2t\right)-\sqrt{1/3}e^{-(1/2)t}\sin\left(\sqrt{3}/2t\right)
\end{aligned} \tag{2.19}$$

结果和式（2.18）中的一样。

2.2.1 非严格正则有理函数

在所有部分分式的例子中我们得到了严格正则有理函数。也就是说，我们有

$$F(s)=\frac{b(s)}{a(s)},\deg\{b(s)\}<\deg\{a(s)\}$$

假设考虑：

$$F(s)=\frac{(s+2)(s+3)}{(s+1)(s+4)}=\frac{s^2+5s+6}{s^2+5s+4}$$

其中，$F(s)$是正则有理函数，因为$\deg\{b(s)\}\leqslant\deg\{a(s)\}$，但不是严格正则有理函数，因为$\deg\{b(s)\}=\deg\{a(s)\}$。为了使部分分式展开法有效，我们必须先将分子除以分母，如下所示：

$$\begin{aligned}F(s)&=\frac{s^2+5s+6}{s^2+5s+4}\\&=\frac{s^2+5s+4}{s^2+5s+4}+\frac{2}{s^2+5s+4}\\&=1+\frac{2}{s^2+5s+4}\\&=1+\frac{2}{(s+1)(s+4)}\\&=1+\frac{A}{s+1}+\frac{B}{s+4}\\&=1+\frac{2/3}{s+1}-\frac{2/3}{s+4}\end{aligned}$$

在 MATLAB 中我们可以编写程序：

```
Fnum = [1 5 6]
Fden = [1 5 4]
[beta,poles,k] = residue(Fnum,Fden)
```

它的返回值应该为

```
beta = -0.6667 0.6667
poles = -4 -1
k = 1
```

例 17 $F(s)=\dfrac{s^3}{s^2+5s+4}$

另一个例子是令$F(s)=\dfrac{s^3}{s^2+5s+4}$，它不是正则有理函数。我们首先用长除法将$s^2+5s+4$除以$s^3$，可得

$$\begin{array}{r|l} & s-5 \\ \hline s^2+5s+4 & s^3 \\ & \underline{s^3+5s^2+4s} \\ & 0-5s^2-4s \\ & \underline{-5s^2-25s-20} \\ & 21s+20 \end{array}$$

这样

$$F(s)=\frac{s^3}{s^2+5s+4}=s-5+\frac{21s+20}{s^2+5s+4}$$

接下来，我们对$\frac{21s+20}{s^2+5s+4}$做部分分式展开，得到

$$\frac{21s+20}{s^2+5s+4}=\frac{A}{s+1}+\frac{B}{s+4}=-\frac{1/3}{s+1}+\frac{64/3}{s+4}$$

最后得到

$$F(s)=\frac{s^3}{s^2+5s+4}=s-5-\frac{1/3}{s+1}+\frac{64/3}{s+4}$$

在 MATLAB 中我们可以编写程序：

```
Fnum = [1 0 0 0]
Fden = [1 5 4]
[beta,poles,k] = residue(Fnum,Fden)
```

它的返回值应该为

```
beta = 21.3333 -0.3333
poles = -4 -1
k = 1 -5
```

注意 在我们把拉普拉斯变换应用到物理系统中时，$F(s)$往往是严格正则有理函数。

2.3 极点和零点

在前述部分我们计算了拉普拉斯逆变换：

$$F_1(s)\triangleq\frac{1}{(s+2)(s+3)}$$

和

$$F_2(s)\triangleq\frac{2s+12}{s^2+2s+5}$$

这两个都是含 s 的两个多项式（有理函数）之比。还要注意分子多项式的次数小于或等于分母的次数。

一般来说，写为

$$F(s)=\frac{b(s)}{a(s)}$$

式中，$b(s)$为分子多项式，$a(s)$为分母多项式。在实践中，我们常用来处理物理系统，并且在物理系统中：

$$\deg\{b(s)\}<\deg\{a(s)\}$$

定义 2 $F(s)$的极点 $F(s)$的极点是$a(s)=0$的根。

定义 3 $F(s)$的零点 $F(s)$的零点是$b(s)=0$的根。

例 18 $F_1(s)\triangleq\frac{1}{(s+2)(s+3)}$

它的极点为

$$s=-2, s=-3$$

$F_1(s)$没有零点，因为分子永远不可能是 0。

例 19 $F_2(s)\triangleq\dfrac{2s+12}{s^2+2s+5}$

$$F_2(s)\triangleq\frac{2s+12}{s^2+2s+5}=\frac{2s+12}{[s-(-1+2\mathrm{j})][s-(-1-2\mathrm{j})]}$$

的极点为

$$s=-1+2\mathrm{j}, s=-1-2\mathrm{j}$$

$F_2(s)$在 $s=-6$ 处有一个零点。

2.4　极点和部分分式

考虑以下类型的$F(s)$：

$$F(s)=\frac{b(s)}{a(s)}=\frac{(s-z_1)(s-z_2)}{(s-p_1)(s-p_2)(s-p_3)}$$

其中，p_1, p_2, p_3各不相同，$F(s)$的部分分式展开为

$$F(s)=\frac{A_1}{s-p_1}+\frac{A_2}{s-p_2}+\frac{A_3}{s-p_3}$$

并且

$$f(t)=A_1\mathrm{e}^{p_1t}+A_2\mathrm{e}^{p_2t}+A_3\mathrm{e}^{p_3t}$$

这里的关键是我们只需要知道$F(s)$的极点就可以确定时域响应的形式。时域响应的形式是指函数$\mathrm{e}^{p_1t}, \mathrm{e}^{p_2t}, \mathrm{e}^{p_3t}$。零点对$A_1, A_2, A_3$的值有影响，但不会影响到时域响应的形式。

类似地，如果

$$F(s)=\frac{(s-z_1)(s-z_2)}{(s-p_1)(s-p_2)^2}$$

那么

$$F(s)=\frac{A_1}{s-p_1}+\frac{A_2}{s-p_2}+\frac{A_3}{(s-p_2)^2}$$

不用计算A_1, A_2, A_3，我们便可以知道

$$f(t)=A_1\mathrm{e}^{p_1t}+A_2\mathrm{e}^{p_2t}+A_3t\mathrm{e}^{p_2t}$$

再次强调，重点是我们只需要知道$F(s)$的极点便可确定时域响应的形式。

例 20 $F(s)=\dfrac{s+3}{(s+2)(s+6)}$

通过部分分式展开，我们可以得到

$$F(s)=\frac{(s+3)}{(s+2)(s+6)}=\frac{A}{s+2}+\frac{B}{s+6}$$

也就是说，这是在$F(s)$的极点处展开的。即使不用计算A，B，我们也可以知道

$$f(t)=A\mathrm{e}^{-2t}+B\mathrm{e}^{-6t}$$

当$t\to\infty$时，$f(t)$会趋于零。

例 21 $F(s)=\dfrac{s+3}{(s+2)(s-6)}$

通过部分分式展开法，我们可以得到

$$F(s)=\frac{s+3}{(s+2)(s-6)}=\frac{A}{s+2}+\frac{B}{s-6}$$

也就是说，这是关于$F(s)$的极点展开的。即使不用计算A，B，我们也可以知道

$$f(t)=A\mathrm{e}^{-2t}+B\mathrm{e}^{6t}$$

并且当$t\to\infty$时，$f(t)$不会趋于零。

例 22 $F(s)=\dfrac{2s+12}{s^2+2s+5}$

图 2-4 是$F(s)$的零极点图，即用 × 标记位于$-1\pm 2\mathrm{j}$处的两个极点，用○标记位于 −6 处的零点。通过部分分式展开法，我们可以得到

$$F(s)=\frac{2s+12}{[s-(-1+2\mathrm{j})][s-(-1-2\mathrm{j})]}=\frac{\beta_1}{s-(-1+2\mathrm{j})}+\frac{\beta_1^*}{s-(-1-2\mathrm{j})}$$

甚至不需要计算β_1，β_1^*，我们便可以知道

$$f(t)=\beta_1\mathrm{e}^{-t}\mathrm{e}^{2\mathrm{j}t}+\beta_1^*\mathrm{e}^{-t}\mathrm{e}^{-2\mathrm{j}t}=2|\beta_1|\mathrm{e}^{-t}\cos(2t+\angle\beta_1)$$

当$t\to\infty$时，$f(t)$会趋于零。

$F(s)$的极点是$-1\pm 2\mathrm{j}$，其中极点的实部决定了衰减速率为e^{-t}，极点的虚部决定了振荡速率为$\cos(2t+\angle\beta_1)$。

例 23 $F(s)=\dfrac{2s+12}{s^2-2s+5}$

函数$F(s)$的零极点图如图 2-5 所示。

通过部分分式展开法，我们可以得到

$$F(s)=\frac{2s+12}{[s-(1+2\mathrm{j})][s-(1-2\mathrm{j})]}=\frac{\beta_1}{s-(1+2\mathrm{j})}+\frac{\beta_1^*}{s-(1-2\mathrm{j})}$$

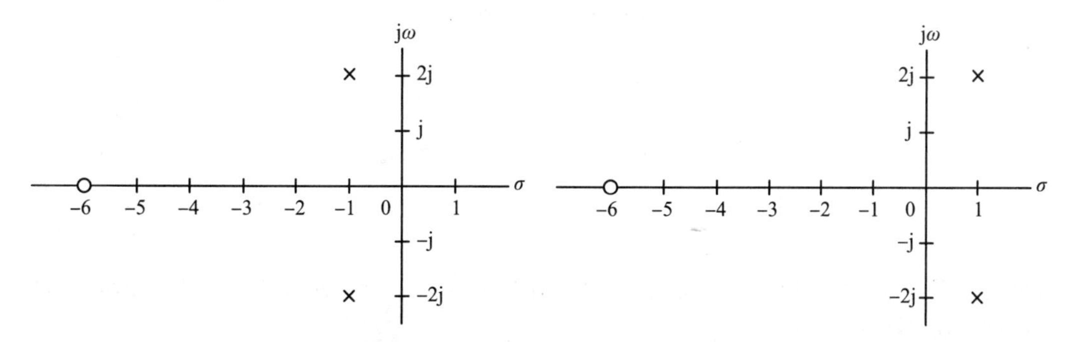

图 2-4　$F(s)$ 零点和极点的位置　　　图 2-5　$F(s)$ 零点和极点的位置

甚至不需要计算β_1，β_1^*，我们便可以知道

$$f(t)=\beta_1 e^t e^{2jt}+\beta_1^* e^t e^{-2jt}=2|\beta_1|e^t\cos(2t+\angle\beta_1)$$

并且当$t\to\infty$时，$f(t)$不会趋于零。$F(s)$极点的实部都是1，导致$f(t)$具有因子e^t，它将发散。

定义 4 左半开平面

令$s=\sigma+j\omega$，那么$\mathrm{Re}\{s\}=\sigma$且$\mathrm{Im}\{s\}=\omega$。如图2-6所示，左半开平面有：

$$\sigma=\mathrm{Re}\{s\}<0$$

定理 1 $f(t)$的渐近响应　已知$F(s)=\mathcal{L}\{f(t)\}$是严格正则有理函数，那么

$$f(t)\to 0当t\to\infty时 \tag{2.20}$$

当且仅当$F(s)$的所有极点都在左半开平面上。

证明 通过上面的例子，我们可以用部分分式展开的方法来计算拉普拉斯逆变换。

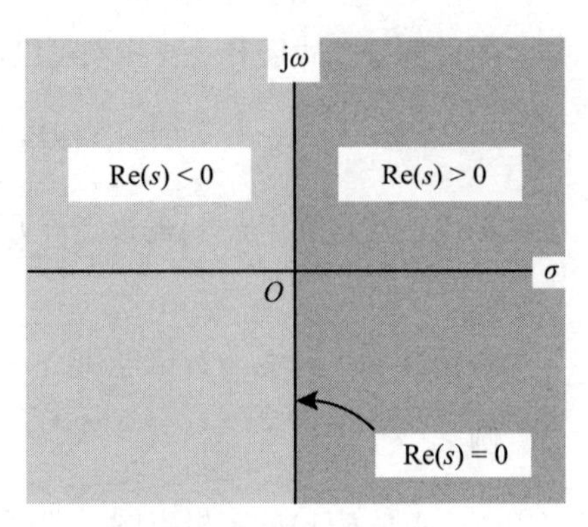

图2-6　左半开平面里Re{s}<0

附录　指数函数

定义指数函数e^s的一种方法是采用幂级数，定义方法如下

$$\begin{aligned}e^s &\triangleq 1+s+\frac{s^2}{2!}+\frac{s^3}{3!}+\frac{s^4}{4!}+\cdots\\&=\sum_{n=0}^{\infty}\frac{s^n}{n!}\end{aligned}$$

这个无穷级数对$s=\sigma+j\omega\in\mathbb{C}$的所有值都是收敛的（证明略），对任意$s\in\mathbb{C}$都有效。当$s=0$时，可以从这个定义得到$e^0=1$。

接下来

$$\begin{aligned}\frac{d}{ds}e^s &=\frac{d}{ds}\left(1+s+\frac{s^2}{2!}+\frac{s^3}{3!}+\frac{s^4}{4!}+\cdots\right)\\&=0+1+s+\frac{s^2}{2!}+\frac{s^3}{3!}+\cdots\\&=1+s+\frac{s^2}{2!}+\frac{s^3}{3!}+\cdots\\&=\sum_{n=0}^{\infty}\frac{s^n}{n!}\\&=e^s\end{aligned}$$

回顾一下初级代数，例如

$$2^3 2^7=2^{10}$$

这是具有相同底数的指数的一个性质（在本例中底数为2）。我们现在证明这个性质对e^s也成立。首先我们计算：

$$
\begin{aligned}
\mathrm{e}^{s_1}\mathrm{e}^{s_2} &= \left(1+s_1+\frac{s_1^2}{2!}+\frac{s_1^3}{3!}+\frac{s_1^4}{4!}+\cdots\right)\left(1+s_2+\frac{s_2^2}{2!}+\frac{s_2^3}{3!}+\frac{s_2^4}{4!}+\cdots\right)\\
&= 1+s_1+s_2+\frac{s_1^2}{2!}+s_1s_2+\frac{s_2^2}{2!}+\frac{s_1^3}{3!}+\frac{s_1s_2^2}{2!}+\frac{s_1^2s_2}{2!}+\frac{s_2^3}{3!}+\cdots\\
&= 1+s_1+s_2+\frac{1}{2!}\left(s_1^2+2s_1s_2+s_2^2\right)+\frac{1}{3!}\left(s_1^3+3s_1s_2^2+3s_1^2s_2+s_2^3\right)+\cdots
\end{aligned}
$$

接着我们计算

$$
\begin{aligned}
\mathrm{e}^{s_1+s_2} &= 1+s_1+s_2+\frac{\left(s_1+s_2\right)^2}{2!}+\frac{\left(s_1+s_2\right)^3}{3!}+\frac{\left(s_1+s_2\right)^4}{4!}+\cdots\\
&= 1+s_1+s_2+\frac{1}{2!}\left(s_1^2+2s_1s_2+s_2^2\right)+\frac{1}{3!}\left(s_1^3+3s_1s_2^2+3s_1^2s_2+s_2^3\right)+\cdots
\end{aligned}
$$

通过观察我们可以看出

$$
\mathrm{e}^{s_1}\mathrm{e}^{s_2}=\mathrm{e}^{s_1+s_2}
$$

这个性质就是我们把$\mathrm{e}^s \triangleq 1+s+\frac{s^2}{2!}+\frac{s^3}{3!}+\frac{s^4}{4!}+\cdots$叫作指数函数的原因。特别地，我们有

$$
\mathrm{e}^s\mathrm{e}^{-s}=\mathrm{e}^{s-s}=\mathrm{e}^0=1
$$

或是

$$
\mathrm{e}^{-s}=\frac{1}{\mathrm{e}^s}
$$

欧拉公式

设$s=\mathrm{j}\omega$是一个纯虚数，那么

$$
\begin{aligned}
\mathrm{e}^{\mathrm{j}\omega} &= 1+\mathrm{j}\omega+\frac{(\mathrm{j}\omega)^2}{2!}+\frac{(\mathrm{j}\omega)^3}{3!}+\frac{(\mathrm{j}\omega)^4}{4!}+\frac{(\mathrm{j}\omega)^5}{5!}+\frac{(\mathrm{j}\omega)^6}{6!}\cdots\\
&= 1+\mathrm{j}\omega-\frac{\omega^2}{2!}-\mathrm{j}\frac{\omega^3}{3!}+\frac{\omega^4}{4!}+\mathrm{j}\frac{\omega^5}{5!}+\frac{\omega^6}{6!}+\cdots\\
&= 1-\frac{\omega^2}{2!}+\frac{\omega^4}{4!}-\frac{\omega^6}{6!}+\cdots+\mathrm{j}\left(\omega-\frac{\omega^3}{3!}+\frac{\omega^5}{5!}+\cdots\right)\\
&= \cos(\omega)+\mathrm{j}\sin(\omega)
\end{aligned}
$$

$\cos(\omega)$和$\sin(\omega)$的幂级数展开为

$$
\cos(\omega)=\sum_{i=0}^{\infty}(-1)^i\frac{\omega^{2i}}{(2i)!}=1-\frac{\omega^2}{2!}+\frac{\omega^4}{4!}-\frac{\omega^6}{6!}+\cdots
$$

$$
\sin(\omega)=\sum_{i=1}^{\infty}(-1)^{i+1}\frac{\omega^{2i-1}}{(2i+1)!}=\omega-\frac{\omega^3}{3!}+\frac{\omega^5}{5!}+\cdots
$$

表达式

$$
\mathrm{e}^{\mathrm{j}\omega}=\cos(\omega)+\mathrm{j}\sin(\omega)
$$

称为欧拉公式。

注意 m 为非负整数，即$m\in\{0,1,2,\cdots\}$，用欧拉公式可以写为

$$
t^m\mathrm{e}^{(\sigma+\mathrm{j}\omega)t}=t^m\mathrm{e}^{\sigma t}\cos(\omega t)+\mathrm{j}t^m\mathrm{e}^{\sigma t}\sin(\omega t)
$$

结果证明线性定常微分方程的解仅由$At^m e^{\sigma t}\cos(\omega t)$和$Bt^m e^{\sigma t}\sin(\omega t)$组成，这就是指数函数在线性系统理论中频繁出现的原因。

指数函数

当e^s中的$s=\sigma$，即 s 为一个实数时，

$$\begin{aligned} e^{\sigma} &= 1+\sigma+\frac{\sigma^2}{2!}+\frac{\sigma^3}{3!}+\frac{\sigma^4}{4!}+\cdots \\ &= \sum_{n=0}^{\infty}\frac{\sigma^n}{n!} \end{aligned}$$

如上所示，当$\sigma=0$时可以得到$e^0=1$。同样可以得到

$$e^{\sigma}>0 \text{ 对于} \sigma>0$$

很明显这是因为$\sigma>0$时幂级数展开中的每一项都是正数。同样，$\sigma>0$时我们还有（如前所示）

$$e^{-\sigma}=\frac{1}{e^{\sigma}}>0 \text{当} e^{\sigma}>0 \text{时，对于} \sigma>0$$

因此

$$e^{\sigma}>0 \text{对于} -\infty<\sigma<+\infty$$

图 2-7 是指数函数的图像，其中 σ 被 x 取代。从图中木棍人的角度来看，这个图像是$y=e^x$的倒数图像。

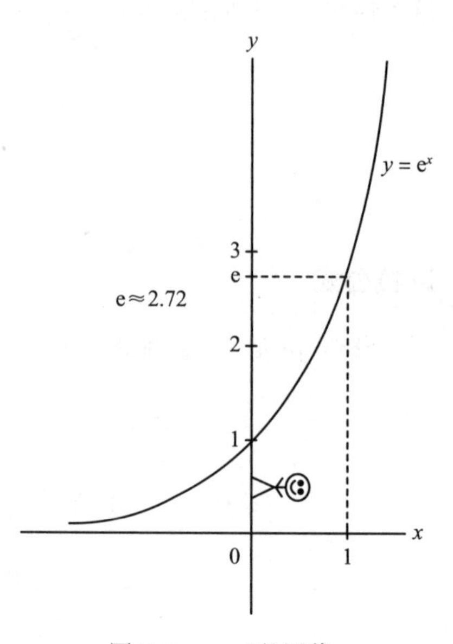

图 2-7　$y=e^x$的图像

自然对数函数

正如前文所示，从$x\in\mathbb{R}$到$y=e^x$的指数函数总是正的。对于任意$y>0$，可定义自然对数函数$\ln(y)$作为$y=e^x$的反函数。$x=\ln(y)$的图像如图 2-8 所示。根据$1=e^0$，我们可以得到 ln(1)=0。

现在我们知道：

$$\frac{d}{dy}\ln(y)=\frac{1}{y}\text{对于} y>0$$

这里要解释一下，指数函数将 x 映射到 $y=e^x$，所以它的反函数肯定是从$y=e^x$到 x，也就是说，

$$\ln(e^x)=x$$

也就是说，自然对数是$y=e^x$，$x\in\mathbb{R}$的反函数。然后将$x=\ln(e^x)$的两边同时对 x 求导可以得到

$$\begin{aligned} 1=\frac{d}{dx}x=\frac{d}{dx}\ln(e^x) &= \frac{d}{dy}\ln(y)\bigg|_{y=e^x}\frac{dy}{dx} \\ &= \frac{d}{dy}\ln(y)\bigg|_{y=e^x}\frac{d}{dx}e^x=\frac{d}{dy}\ln(y)\bigg|_{y=e^x}e^x \end{aligned}$$

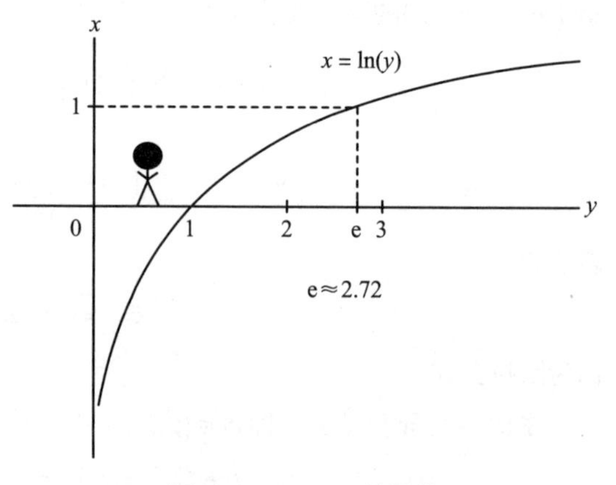

图 2-8　$x=\ln(y)$ 的图像

或者

$$\left.\frac{\mathrm{d}}{\mathrm{d}y}\ln(y)\right|_{y=\mathrm{e}^x}=\frac{1}{\mathrm{e}^x}\Rightarrow\frac{\mathrm{d}}{\mathrm{d}y}\ln(y)=\frac{1}{y}$$

习题

习题 1 欧拉公式

（a）$\mathrm{e}^{(\sigma+\mathrm{j}\omega)t}=a(t)+\mathrm{j}b(t), a(t)=?\quad b(t)=?$

（b）$\frac{\mathrm{d}}{\mathrm{d}t}\mathrm{e}^{(\sigma+\mathrm{j}\omega)t}=c(t)+\mathrm{j}d(t), c(t)=?\quad d(t)=?$

（c）$(\sigma+\mathrm{j}\omega)\mathrm{e}^{(\sigma+\mathrm{j}\omega)t}=c(t)+\mathrm{j}d(t), c(t)=?\quad d(t)=?$

习题 2 三角函数

（a）$\frac{\mathrm{d}}{\mathrm{d}t}\cos(\omega t)=?\quad \frac{\mathrm{d}}{\mathrm{d}t}\sin(\omega t)=?\quad \cos(\pi)=?\quad \sin(\pi)=?\quad \cos(\pi/2)=?$

（b）$\sin(\pi/2)=?\quad \cos(\pi/6)=?\quad \sin(\pi/6)=?\quad \cos(\pi/3)=?\quad \sin(\pi/3)=?$

习题 3 复数

（a）$(2+3\mathrm{j})^*=?$

（b）$\frac{1}{2-\mathrm{j}2}=a+\mathrm{j}b, a=?\quad b=?$

（c）$(2-2\mathrm{j})(1+2\mathrm{j})=a+\mathrm{j}b, a=?\quad b=?$

（d）$2-2\mathrm{j}=r\mathrm{e}^{\mathrm{j}\theta}, r=?\quad \theta=?$

习题 4 微积分

$$\frac{\mathrm{d}}{\mathrm{d}s}\int_0^\infty \mathrm{e}^{-st}x(t)\mathrm{d}t=?$$

习题 5 拉普拉斯逆变换

$$F(s)=\frac{3s^2+s+4}{s^3}$$

计算 $f(t)=\mathcal{L}^{-1}\{F(s)\}$，用 MATLAB 检查你的计算结果。

习题 6 拉普拉斯逆变换

$$F(s)=\frac{3s^2+4s+24}{(s-1)(s+2)(s+5)}$$

计算它的拉普拉斯逆变换，用 MATLAB 检查你的计算结果。

习题 7 拉普拉斯逆变换

令

$$F(s)=\frac{4}{s^2(s+1)}$$

计算它的拉普拉斯逆变换，用 MATLAB 检查你的计算结果。

习题 8 拉普拉斯逆变换

令

$$F(s)=\frac{3s}{s^2+2s+26}$$

计算它的拉普拉斯逆变换，用 MATLAB 检查你的计算结果。

习题 9 $\mathcal{L}\left\{\int_0^t x(\tau)\mathrm{d}\tau\right\}=\frac{1}{s}X(s)$

令

$$X(s)=\mathcal{L}\{x(t)\}$$

证明

$$\mathcal{L}\left\{\int_0^t x(\tau)\mathrm{d}\tau\right\}=\frac{1}{s}X(s)$$

提示：令$y(t)=\int_0^t x(\tau)\mathrm{d}\tau$，并且对$y(t)$应用拉普拉斯变换的性质 3。

习题 10 $\mathcal{L}\left\{\int_0^\infty g(t-\tau)u(\tau)\mathrm{d}\tau\right\}=G(s)U(s)$

令

$$U(s)=\mathcal{L}\{u(t)\},\ G(s)=\mathcal{L}\{g(t)\}$$

证明

$$\mathcal{L}\left\{\int_0^\infty g(t-\tau)u(\tau)\mathrm{d}\tau\right\}=G(s)U(s)$$

提示：

$$\begin{aligned}\mathcal{L}\left\{\int_0^\infty g(t-\tau)u(\tau)\mathrm{d}\tau\right\}&=\int_0^\infty \mathrm{e}^{-st}\int_0^\infty g(t-\tau)u(\tau)\mathrm{d}\tau\mathrm{d}t\\&=\int_0^\infty\int_0^\infty \mathrm{e}^{-s(t-\tau)}g(t-\tau)\mathrm{e}^{-s\tau}u(\tau)\mathrm{d}\tau\mathrm{d}t=\cdots\end{aligned}$$

习题 11 拉普拉斯逆变换

$$F(s)=\frac{s+1}{s^2}$$

计算它的拉普拉斯逆变换。

习题 12 拉普拉斯逆变换

$$F(s)=\frac{10}{s(s+1)}$$

计算它的拉普拉斯逆变换。

习题 13 拉普拉斯逆变换

$$F(s)=\frac{-10}{s(s-1)}$$

计算它的拉普拉斯逆变换。

习题 14 拉普拉斯逆变换

$$F(s)=\frac{s+1}{s(s+2)(s+3)}$$

计算它的拉普拉斯逆变换。

习题 15 拉普拉斯逆变换

$$F(s)=-\frac{s+1}{s(s+2)(s-3)}$$

计算它的拉普拉斯逆变换。

习题 16 拉普拉斯逆变换

$$F(s)=\frac{s+1}{(s+2)(s+3)}$$

计算它的拉普拉斯逆变换。

习题 17 拉普拉斯逆变换

$$F(s)=\frac{2s+12}{s^2-2s+5}=\frac{2s+12}{(s-1)^2+4}=A_1\frac{s-1}{(s-1)^2+4}+A_2\frac{2}{(s-1)^2+4}$$

计算它的拉普拉斯逆变换。要求首先计算A_1和A_2。

习题 18 拉普拉斯逆变换

$$F(s)=\frac{2s+12}{s(s^2-2s+5)}=\frac{A}{s}+\frac{\beta}{s-(1+2\mathrm{j})}+\frac{\beta^*}{s-(1-2\mathrm{j})}$$

计算它的拉普拉斯逆变换。要求首先计算 A 和 β。

拉普拉斯变换表

$f(t)$	$\mathcal{L}\{f(t)\}$	极数	ROC[⊖]
$u_s(t)$	$\frac{1}{s}$	$p=0$	$\mathrm{Re}\{s\}>0$
$tu_s(t)$	$\frac{1}{s^2}$	$p=0,0$	$\mathrm{Re}\{s\}>0$
$t^n u_s(t)$	$\frac{n!}{s^{n+1}}$	$p=0\ (n+1$次$)$	$\mathrm{Re}\{s\}>0$
$\mathrm{e}^{pt}u_s(t)$	$\frac{1}{s-p}$	$p=\sigma+\mathrm{j}\omega$	$\mathrm{Re}\{s\}>\sigma$
$t^n\mathrm{e}^{\sigma t}u_s(t)$	$\frac{n!}{(s-\sigma)^{n+1}}$	$p=\sigma\ (n+1$次$)$	$\mathrm{Re}\{s\}>\sigma$
$\sin(\omega t)u_s(t)$	$\frac{\omega}{\underbrace{s^2+\omega^2}_{(s-\mathrm{j}\omega)(s+\mathrm{j}\omega)}}$	$p=\pm\mathrm{j}\omega$	$\mathrm{Re}\{s\}>0$
$\cos(\omega t)u_s(t)$	$\frac{s}{\underbrace{s^2+\omega^2}_{(s-\mathrm{j}\omega)(s+\mathrm{j}\omega)}}$	$p=\pm\mathrm{j}\omega$	$\mathrm{Re}\{s\}>0$
$\mathrm{e}^{\sigma t}\sin(\omega t)u_s(t)$	$\frac{\omega}{\underbrace{(s-\sigma)^2+\omega^2}_{[s-(\sigma+\mathrm{j}\omega)][s-(\sigma-\mathrm{j}\omega)]}}$	$p=\sigma\pm\mathrm{j}\omega$	$\mathrm{Re}\{s\}>\sigma$
$\mathrm{e}^{\sigma t}\cos(\omega t)u_s(t)$	$\frac{s-\sigma}{\underbrace{(s-\sigma)^2+\omega^2}_{[s-(\sigma+\mathrm{j}\omega)][s-(\sigma-\mathrm{j}\omega)]}}$	$p=\sigma\pm\mathrm{j}\omega$	$\mathrm{Re}\{s\}>\sigma$
$t\sin(\omega t)u_s(t)$	$\frac{2\omega s}{\underbrace{(s^2+\omega^2)^2}_{(s-\mathrm{j}\omega)^2(s+\mathrm{j}\omega)^2}}$	$p=\pm\mathrm{j}\omega,\pm\mathrm{j}\omega$	$\mathrm{Re}\{s\}>0$
$t\cos(\omega t)u_s(t)$	$\frac{s^2-\omega^2}{\underbrace{(s^2+\omega^2)^2}_{(s-\mathrm{j}\omega)^2(s+\mathrm{j}\omega)^2}}$	$p=\pm\mathrm{j}\omega,\pm\mathrm{j}\omega$	$\mathrm{Re}\{s\}>0$

⊖ 收敛域。

拉普拉斯变换和 ROC

任何严格正则有理函数$F(s)=b(s)/a(s)$都在时间正半轴$[0,\ \infty)$上对应唯一的时域函数$f(t)$。因此，我们通常不关心收敛区域。也就是说，我们将微分方程转化为代数方程，利用拉普拉斯变换在 s 域中工作，用于反馈控制器的设计。在 s 域内完成设计后，利用拉普拉斯变换表在$[0,\ \infty)$上找到与之对应的（唯一的）时间函数。然而，在第 10 章的超调量和欠调附录中必须（并且已经）考虑到收敛区域。

拉普拉斯变换的性质

$$\mathcal{L}\left\{\int_0^t f(\tau)\mathrm{d}\tau\right\}=\frac{1}{s}F(s)$$

$$\mathcal{L}\left\{\frac{\mathrm{d}}{\mathrm{d}t}f(t)\right\}=sF(s)-f(0)$$

$$\mathcal{L}\left\{\mathrm{e}^{at}f(t)\right\}=F(s-a)$$

$$\mathcal{L}\left\{tf(t)\right\}=-\frac{\mathrm{d}}{\mathrm{d}s}F(s)$$

$$\mathcal{L}\left\{\int_0^\infty f_2(t-\tau)f_1(\tau)\mathrm{d}\tau\right\}=F_2(s)F_1(s)$$

三角函数表

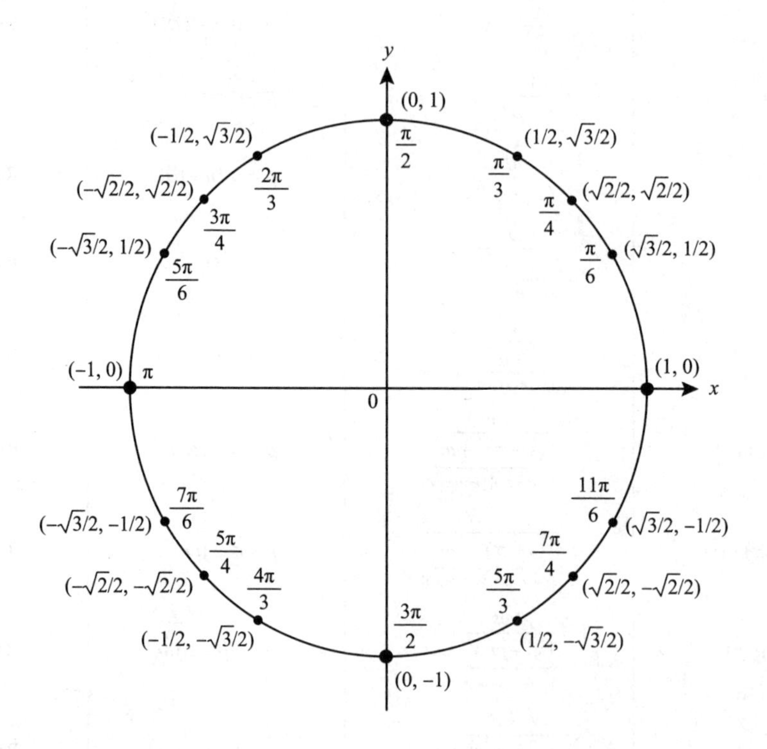

三角恒等式

$$e^{j\theta} = \cos(\theta) + j\sin(\theta)$$

$$a\cos(\theta) + b\sin(\theta) = \sqrt{a^2 + b^2}\cos\left(\theta + \tan^{-1}(b/a)\right)$$

$$\sin(2\theta) = 2\sin(\theta)\cos(\theta)$$

$$\cos(2\theta) = \cos^2(\theta) - \sin^2(\theta) = 2\cos^2(\theta) - 1 = 1 - 2\sin^2(\theta)$$

$$\cos^2(\theta) = \frac{1 + \cos(2\theta)}{2}$$

$$\sin^2(\theta) = \frac{1 - \cos(2\theta)}{2}$$

$$\cos(\theta_1 \pm \theta_2) = \cos(\theta_1)\cos(\theta_2) \mp \sin(\theta_1)\sin(\theta_2)$$

$$\sin(\theta_1 \pm \theta_2) = \sin(\theta_1)\cos(\theta_2) \pm \cos(\theta_1)\sin(\theta_2)$$

$$\cos(\theta_1)\cos(\theta_2) = \frac{1}{2}\cos(\theta_1 + \theta_2) + \frac{1}{2}\cos(\theta_1 - \theta_2)$$

$$\sin(\theta_1)\sin(\theta_2) = \frac{1}{2}\cos(\theta_1 - \theta_2) - \frac{1}{2}\cos(\theta_1 + \theta_2)$$

$$\sin(\theta_1)\cos(\theta_2) = \frac{1}{2}\sin(\theta_1 + \theta_2) + \frac{1}{2}\sin(\theta_1 - \theta_2)$$

$$\cos(\theta_1)\sin(\theta_2) = \frac{1}{2}\sin(\theta_1 + \theta_2) - \frac{1}{2}\sin(\theta_1 - \theta_2)$$

微分方程与稳定性

在后面的章节中，我们将使用物理学的基本原理推导出电动机、推车、倒立摆等的模型。每个系统的模型都是一个微分方程。为了便于以后处理这些模型，在本章中使用拉普拉斯变换求解微分方程。接下来我们将研究这些微分方程系统模型的稳定性。例如，保持倒立摆的直立是保证描述倒立摆的闭环微分方程稳定的问题。

3.1 微分方程

考虑微分方程：

$$\ddot{x}+\dot{x}+x=u \tag{3.1}$$

回想一下，如果 $X(s)=\mathcal{L}\{x(t)\}$，则 $\mathcal{L}\{\dot{x}\}=sX(s)-x(0)$，然后有

$$\begin{aligned}\mathcal{L}\{\ddot{x}\}&=s\mathcal{L}\{\dot{x}\}-\dot{x}(0)\\&=s\left(sX(s)-x(0)\right)-\dot{x}(0)\\&=s^2X(s)-sx(0)-\dot{x}(0)\end{aligned}$$

然后对式（3.1）两边进行拉普拉斯变换，得到

$$\mathcal{L}\{\ddot{x}+\dot{x}+x\}=U(s)$$

或

$$\underbrace{s^2X(s)-sx(0)-\dot{x}(0)}_{\mathcal{L}\{\ddot{x}\}}+\underbrace{sX(s)-x(0)}_{\mathcal{L}\{\dot{x}\}}+X(s)=\underbrace{U(s)}_{\mathcal{L}\{u\}}$$

整理得

$$\left(s^2+s+1\right)X(s)-sx(0)-\dot{x}(0)-x(0)=U(s)$$

最终得到

$$X(s)=\underbrace{\frac{1}{s^2+s+1}}_{G(s)}\underbrace{U(s)}_{\text{输入}}+\underbrace{\frac{sx(0)+\dot{x}(0)+x(0)}{s^2+s+1}}_{\text{零输入响应}} \tag{3.2}$$

零输入响应是拉普拉斯逆变换

$$\frac{sx(0)+\dot{x}(0)+x(0)}{s^2+s+1}$$

如果初始条件为 0，例如 $\dot{x}(0)=x(0)=0$，那么

$$X(s)=\underbrace{\frac{1}{s^2+s+1}}_{G(s)}\underbrace{U(s)}_{\text{输入}}$$

传递函数定义为比率

$$G(s) \triangleq \left.\frac{X(s)}{U(s)}\right|_{\dot{x}(0)=x(0)=0} = \frac{1}{s^2+s+1} \tag{3.3}$$

即当初始条件为 0 时，传递函数为$X(s)/U(s)$。

传递函数的阶次等于其分母的阶次。式（3.3）中给出的传递函数$G(s)$的阶次为 2。

在零初始条件下，将输入设为阶跃函数，即$u(t)=u_s(t)$。则

$$X(s)=G(s)U(s)=\frac{1}{s^2+s+1}\frac{1}{s}$$

根据式（2.18）或式（2.19），可以得到

$$x(t)=u_s(t)-\mathrm{e}^{-(1/2)t}\cos\left(\sqrt{3}/2t\right)u_s(t)-\sqrt{1/3}\mathrm{e}^{-(1/2)t}\sin\left(\sqrt{3}/2t\right)u_s(t)$$

需要注意的是$\lim\limits_{t\to\infty}x(t)=1$。

3.1.1 正弦稳态响应

现在考虑一个正弦输入的例子，也就是说，考虑微分方程

$$\frac{\mathrm{d}^2x}{\mathrm{d}t^2}+\frac{\mathrm{d}x}{\mathrm{d}t}+x=u(t) \tag{3.4}$$

其输入为

$$u(t)=U_0\cos(\omega t) \tag{3.5}$$

和初始条件

$$\dot{x}(0)=x(0)=0$$

我们有

$$\mathcal{L}\{U_0\cos(\omega t)\}=\frac{U_0 s}{s^2+\omega^2}$$

所以

$$\mathcal{L}\left\{\frac{\mathrm{d}^2x}{\mathrm{d}t^2}+\frac{\mathrm{d}x}{\mathrm{d}t}+x\right\}=\frac{U_0 s}{s^2+\omega^2}$$

通过假设初始条件为 0 变为

$$\left(s^2+s+1\right)X(s)=\frac{U_0 s}{s^2+\omega^2}$$

或

$$X(s)=\underbrace{\frac{1}{s^2+s+1}}_{G(s)}\underbrace{\frac{U_0 s}{s^2+\omega^2}}_{U(s)} \tag{3.6}$$

为了对$X(s)$进行部分分式展开，我们对其分母进行因式分解，得到

$$X(s)=\frac{U_0 s}{\left[s-\left(-1/2+\mathrm{j}\sqrt{3}/2\right)\right]\left[s-\left(-1/2-\mathrm{j}\sqrt{3}/2\right)\right](s-\mathrm{j}\omega)(s+\mathrm{j}\omega)}$$

部分分式展开的结果是

$$X(s)=\underbrace{\frac{\beta}{s-\left(-1/2+\mathrm{j}\sqrt{3}/2\right)}+\frac{\beta^*}{s-\left(-1/2-\mathrm{j}\sqrt{3}/2\right)}}_{\text{来自}G(s)\text{的极点}}+\underbrace{\frac{k}{s-\mathrm{j}\omega}+\frac{k^*}{s+\mathrm{j}\omega}}_{\text{来自}U(s)\text{的极点}}$$

接下来我们显式地计算k和k^*，而我们对β和β^*的显式值不感兴趣，可以得到

$$\begin{aligned}k=\lim_{s\to\mathrm{j}\omega}(s-\mathrm{j}\omega)X(s)=\lim_{s\to\mathrm{j}\omega}(s-\mathrm{j}\omega)G(s)U(s)&=\lim_{s\to\mathrm{j}\omega}(s-\mathrm{j}\omega)G(s)\frac{U_0s}{(s-\mathrm{j}\omega)(s+\mathrm{j}\omega)}\\&=\lim_{s\to\mathrm{j}\omega}G(s)\frac{U_0s}{s+\mathrm{j}\omega}\\&=G(\mathrm{j}\omega)\frac{U_0\mathrm{j}\omega}{2\mathrm{j}\omega}\\&=\frac{U_0}{2}G(\mathrm{j}\omega)\end{aligned}$$

那么

$$k^*=\frac{U_0}{2}G^*(\mathrm{j}\omega)=\frac{U_0}{2}G(-\mathrm{j}\omega)\tag{3.7}$$

其中

$$\begin{aligned}G^*(\mathrm{j}\omega)=\left(\frac{1}{(\mathrm{j}\omega)^2+\mathrm{j}\omega+1}\right)^*=\frac{1}{((\mathrm{j}\omega)(\mathrm{j}\omega))^*+(\mathrm{j}\omega)^*+1}&=\frac{1}{(-\mathrm{j}\omega)^2+(-\mathrm{j}\omega)+1}\\&=G(-\mathrm{j}\omega)\end{aligned}$$

可以得到

$$\begin{aligned}X(s)=&\frac{\beta}{s-(-1/2+\mathrm{j}\sqrt{3}/2)}+\frac{\beta^*}{s-(-1/2-\mathrm{j}\sqrt{3}/2)}+\frac{U_0}{2}G(\mathrm{j}\omega)\frac{1}{s-\mathrm{j}\omega}+\\&\frac{U_0}{2}G^*(\mathrm{j}\omega)\frac{1}{s+\mathrm{j}\omega}\end{aligned}\tag{3.8}$$

因此

$$\begin{aligned}x(t)&=\left(\beta\mathrm{e}^{(-1/2+\mathrm{j}\sqrt{3}/2)t}+\beta^*\mathrm{e}^{(-1/2-\mathrm{j}\sqrt{3}/2)t}\right)u_s(t)+\left(\frac{U_0}{2}G(\mathrm{j}\omega)\mathrm{e}^{\mathrm{j}\omega t}+\frac{U_0}{2}G^*(\mathrm{j}\omega)\mathrm{e}^{-\mathrm{j}\omega t}\right)u_s(t)\\&=\left(|\beta|\mathrm{e}^{\mathrm{j}\angle\beta}\mathrm{e}^{-1/2t}\mathrm{e}^{\mathrm{j}(\sqrt{3}/2)t}+|\beta|\mathrm{e}^{-\mathrm{j}\angle\beta}\mathrm{e}^{-1/2t}\mathrm{e}^{-\mathrm{j}(\sqrt{3}/2)t}\right)u_s(t)+\\&\quad\left(\frac{U_0}{2}|G(\mathrm{j}\omega)|\mathrm{e}^{\mathrm{j}\angle G(\mathrm{j}\omega)}\mathrm{e}^{\mathrm{j}\omega t}+\frac{U_0}{2}|G(\mathrm{j}\omega)|\mathrm{e}^{-\mathrm{j}\angle G(\mathrm{j}\omega)}\mathrm{e}^{-\mathrm{j}\omega t}\right)u_s(t)\\&=|\beta|\mathrm{e}^{-1/2t}\left(\mathrm{e}^{\mathrm{j}(\sqrt{3}/2t+\angle\beta)}+\mathrm{e}^{-\mathrm{j}(\sqrt{3}/2t+\angle\beta)}\right)u_s(t)+\\&\quad\frac{U_0}{2}|G(\mathrm{j}\omega)|\left(\mathrm{e}^{\mathrm{j}(\omega t+\angle G(\mathrm{j}\omega))}+\mathrm{e}^{-\mathrm{j}(\omega t+\angle G(\mathrm{j}\omega))}\right)u_s(t)\\&=2|\beta|\mathrm{e}^{-1/2t}\cos\left(\sqrt{3}/2t+\angle\beta\right)u_s(t)+U_0|G(\mathrm{j}\omega)|\cos(\omega t+\angle G(\mathrm{j}\omega))u_s(t)\end{aligned}\tag{3.9}$$

当$\mathrm{e}^{-1/2t}\to 0$，$t\to\infty$时，可以得到

$$x(t)\to x_{ss}(t)\triangleq U_0|G(\mathrm{j}\omega)|\cos(\omega t+\angle G(\mathrm{j}\omega))u_s(t)\tag{3.10}$$

如果传递函数$G(s)$的极点具有负实部，并且对系统施加正弦输入$u(t)=U_0\cos(\omega t)$，则正弦稳态输出$x_{ss}(t)$仅仅是输入的幅值乘以$|G(\mathrm{j}\omega)|$，相位偏移量为$\angle G(\mathrm{j}\omega)$。第 4 章介绍了 Simulink 仿真工具，该章的例 10 要求仿真这个例子。

例 1 不稳定系统

假设系统为

$$\frac{\mathrm{d}^2x}{\mathrm{d}t^2}-\frac{\mathrm{d}x}{\mathrm{d}t}+x=u(t) \tag{3.11}$$

其中

$$u(t)=U_0\cos(\omega t) \tag{3.12}$$

与

$$\dot{x}(0)=x(0)=0$$

则

$$X(s)=\underbrace{\frac{1}{s^2-s+1}}_{G(s)}\underbrace{\frac{U_0s}{s^2+\omega^2}}_{U(s)} \tag{3.13}$$

$X(s)$的部分分式展开得到[⊖]

$$X(s)=\underbrace{\frac{\beta}{s-\left(1/2+\mathrm{j}\sqrt{3}/2\right)}+\frac{\beta^*}{s-\left(1/2-\mathrm{j}\sqrt{3}/2\right)}}_{\text{来自}G(s)\text{的极点}}+\underbrace{\frac{k}{s-\mathrm{j}\omega}+\frac{k^*}{s+\mathrm{j}\omega}}_{\text{来自}U(s)\text{的极点}} \tag{3.14}$$

注意$G(s)$的极点在右半平面，时域响应相应为

$$\begin{aligned}x(t)&=\left(\beta\mathrm{e}^{\left(1/2+\mathrm{j}\sqrt{3}/2\right)t}+\beta^*\mathrm{e}^{\left(1/2-\mathrm{j}\sqrt{3}/2\right)t}\right)u_{\mathrm{s}}(t)+\left(\frac{U_0}{2}G(\mathrm{j}\omega)\mathrm{e}^{\mathrm{j}\omega t}+\frac{U_0}{2}G^*(\mathrm{j}\omega)\mathrm{e}^{-\mathrm{j}\omega t}\right)u_{\mathrm{s}}(t)\\&=2|\beta|\mathrm{e}^{1/2t}\cos\left(\sqrt{3}/2t+\angle\beta\right)u_{\mathrm{s}}(t)+U_0|G(\mathrm{j}\omega)|\cos\left(\omega t+\angle G(\mathrm{j}\omega)\right)u_{\mathrm{s}}(t)\end{aligned} \tag{3.15}$$

在这个例子中，$x(t)$没有正弦的稳态响应，因为$\mathrm{e}^{1/2t}$不会消失，结果是$2|\beta|\mathrm{e}^{1/2t}\cos\left(\sqrt{3}/2t+\angle\beta\right)u_{\mathrm{s}}(t)$最终在$\pm\infty$之间振荡。第 4 章的例 11 要求对这个例子进行仿真。

3.2 相量法求解

之前我们将输入$u(t)=U_0\cos(\omega t)u_{\mathrm{s}}(t)$应用到几个微分方程中，并证明了

$$U_0|G(\mathrm{j}\omega)|\cos\left(\omega t+\angle G(\mathrm{j}\omega)\right)u_{\mathrm{s}}(t)$$

是解的一部分。将$G(\mathrm{j}\omega)$作为微分方程的传递函数，现在证明这个表达式始终是具有特殊初始条件的微分方程的解。这是使用相量完成的。

例 2 相量法求解

再次考虑微分方程（3.4）和（3.5）给出的例子，但这次用复相量法求解。接下来考虑微分方程

$$\frac{\mathrm{d}^2x}{\mathrm{d}t^2}+\frac{\mathrm{d}x}{\mathrm{d}t}+x=u(t) \tag{3.16}$$

其输入为

⊖ 请注意$s^2-s+1=\left[s-\left(\frac{1}{2}+\frac{\mathrm{j}\sqrt{3}}{2}\right)\right]\left[s-\left(\frac{1}{2}-\frac{\mathrm{j}\sqrt{3}}{2}\right)\right]$。

$$u(t)=U_0\cos(\omega t)\text{对于}-\infty<t<\infty$$

首先求解这个微分方程，令输入为给出的复相量函数：

$$\boldsymbol{u}(t)=U_0\mathrm{e}^{\mathrm{j}\omega t}=U_0\cos(\omega t)+\mathrm{j}U_0\sin(\omega t)\ \text{对于}-\infty<t<\infty \tag{3.17}$$

加粗的 $\boldsymbol{u}$ 表示它是复数。原始输入 $u(t)$ 为

$$u(t)=\mathrm{Re}\{\boldsymbol{u}(t)\}=\mathrm{Re}\{U_0\mathrm{e}^{\mathrm{j}\omega t}\}$$

我们现在求这种形式的复相量解：

$$\boldsymbol{x}(t)=\boldsymbol{A}\mathrm{e}^{\mathrm{j}\omega t} \tag{3.18}$$

其中，$\boldsymbol{A}=|\boldsymbol{A}|\mathrm{e}^{\mathrm{j}\angle \boldsymbol{A}}\in\mathbb{C}$是复常数㊀。也就是说，我们想找到$\boldsymbol{A}\in\mathbb{C}$使$\boldsymbol{x}(t)=\boldsymbol{A}\mathrm{e}^{\mathrm{j}\omega t}$是微分方程的一个解：

$$\frac{\mathrm{d}^2\boldsymbol{x}}{\mathrm{d}t^2}+\frac{\mathrm{d}\boldsymbol{x}}{\mathrm{d}t}+\boldsymbol{x}=\boldsymbol{u}(t) \tag{3.19}$$

将式（3.17）与式（3.18）代入得到

$$\frac{\mathrm{d}^2}{\mathrm{d}t^2}\boldsymbol{A}\mathrm{e}^{\mathrm{j}\omega t}+\frac{\mathrm{d}}{\mathrm{d}t}\boldsymbol{A}\mathrm{e}^{\mathrm{j}\omega t}+\boldsymbol{A}\mathrm{e}^{\mathrm{j}\omega t}=U_0\mathrm{e}^{\mathrm{j}\omega t}$$

当$\boldsymbol{A}\mathrm{e}^{\mathrm{j}\omega t}$的导数是 $\mathrm{j}\omega\boldsymbol{A}\mathrm{e}^{\mathrm{j}\omega t}$ 时，上式变为

$$(\mathrm{j}\omega)^2\boldsymbol{A}\mathrm{e}^{\mathrm{j}\omega t}+\mathrm{j}\omega\boldsymbol{A}\mathrm{e}^{\mathrm{j}\omega t}+\boldsymbol{A}\mathrm{e}^{\mathrm{j}\omega t}=U_0\mathrm{e}^{\mathrm{j}\omega t}$$

计算的简单性是使用相量法求解的原因，我们有组合项：

$$\left((\mathrm{j}\omega)^2+\mathrm{j}\omega+1\right)\boldsymbol{A}\mathrm{e}^{\mathrm{j}\omega t}=U_0\mathrm{e}^{\mathrm{j}\omega t}$$

所以

$$\boldsymbol{A}=\underbrace{\frac{1}{(\mathrm{j}\omega)^2+\mathrm{j}\omega+1}}_{G(\mathrm{j}\omega)}U_0$$

即复变函数输入$\boldsymbol{u}(t)=U_0\mathrm{e}^{\mathrm{j}\omega t}$的微分方程（3.19）的解是简单的：

$$\boldsymbol{x}(t)=G(\mathrm{j}\omega)U_0\mathrm{e}^{\mathrm{j}\omega t}$$

因此，输入为$u(t)=U_0\cos(\omega t)$的式（3.16）的解为

$$\begin{aligned}x(t)&=\mathrm{Re}\{G(\mathrm{j}\omega)U_0\mathrm{e}^{\mathrm{j}\omega t}\}=\mathrm{Re}\{|G(\mathrm{j}\omega)|\mathrm{e}^{\mathrm{j}\angle G(\mathrm{j}\omega)}U_0\mathrm{e}^{\mathrm{j}\omega t}\}\\&=|G(\mathrm{j}\omega)|U_0\cos(\omega t+\angle G(\mathrm{j}\omega))\end{aligned} \tag{3.20}$$

更详细地写为

$$\begin{aligned}\boldsymbol{x}(t)=\underbrace{G(\mathrm{j}\omega)U_0}_{A}\mathrm{e}^{\mathrm{j}\omega t}=|G(\mathrm{j}\omega)|\mathrm{e}^{\mathrm{j}\angle G(\mathrm{j}\omega)}U_0\mathrm{e}^{\mathrm{j}\omega t}&=\underbrace{|G(\mathrm{j}\omega)|U_0\cos(\omega t+\angle G(\mathrm{j}\omega))}_{x_{\mathrm{R}}(t)}+\\&\mathrm{j}\underbrace{|G(\mathrm{j}\omega)|U_0\sin(\omega t+\angle G(\mathrm{j}\omega))}_{x_{\mathrm{I}}(t)}\end{aligned}$$

$$\boldsymbol{u}(t)=U_0\mathrm{e}^{\mathrm{j}\omega t}=\underbrace{U_0\cos(\omega t)}_{u_{\mathrm{R}}(t)}+\mathrm{j}\underbrace{U_0\sin(\omega t)}_{u_{\mathrm{I}}(t)}$$

㊀ 术语“相量”既可以指$\boldsymbol{A}\mathrm{e}^{\mathrm{j}\omega t}$，也可以指$\boldsymbol{A}$。

刚刚证明了$\boldsymbol{x}(t)$和$\boldsymbol{u}(t)$满足

$$\frac{\mathrm{d}^2}{\mathrm{d}t^2}\underbrace{\left(x_{\mathrm{R}}(t)+\mathrm{j}x_{\mathrm{I}}(t)\right)}_{G(\mathrm{j}\omega)U_0\mathrm{e}^{\mathrm{j}\omega t}}+\frac{\mathrm{d}}{\mathrm{d}t}\left(x_{\mathrm{R}}(t)+\mathrm{j}x_{\mathrm{I}}(t)\right)+x_{\mathrm{R}}(t)+\mathrm{j}x_{\mathrm{I}}(t)=\underbrace{u_{\mathrm{R}}(t)+\mathrm{j}u_{\mathrm{I}}(t)}_{U_0\mathrm{e}^{\mathrm{j}\omega t}}$$

令等式两边的实部和虚部相等，则有

$$\frac{\mathrm{d}^2}{\mathrm{d}t^2}x_{\mathrm{R}}(t)+\frac{\mathrm{d}}{\mathrm{d}t}x_{\mathrm{R}}(t)+x_{\mathrm{R}}(t)=u_{\mathrm{R}}(t)$$

$$\frac{\mathrm{d}^2}{\mathrm{d}t^2}x_{\mathrm{I}}(t)+\frac{\mathrm{d}}{\mathrm{d}t}x_{\mathrm{I}}(t)+x_{\mathrm{I}}(t)=u_{\mathrm{I}}(t)$$

当$u_{\mathrm{R}}(t)=U_0\cos(\omega t)$时，得到式（3.16）的解为$x_{\mathrm{R}}(t)=\mathrm{Re}\{\boldsymbol{x}(t)\}=\mathrm{Re}\{G(\mathrm{j}\omega)U_0\mathrm{e}^{\mathrm{j}\omega t}\}$。

现在我们来看式（3.16）的解，从$t=0$开始。对于$t>0$，输入$u(t)=U_0\cos(\omega t)u_{\mathrm{s}}(t)$，得到

$$x(t)=|G(\mathrm{j}\omega)|U_0\cos(\omega t+\angle G(\mathrm{j}\omega))u_{\mathrm{s}}(t) \tag{3.21}$$

满足微分方程（3.16），初始条件为

$$x(0)=|G(\mathrm{j}\omega)|U_0\cos(\angle G(\mathrm{j}\omega))$$

$$\dot{x}(0)=-\omega|G(\mathrm{j}\omega)|U_0\sin(\angle G(\mathrm{j}\omega))$$

也就是说，由式（3.21）给出的$x(t)$是微分方程（3.16）在初始条件$t=0$，输入为$U_0\cos(\omega t)u_{\mathrm{s}}(t)$时的唯一解。另一方面，由式（3.9）给出的$x(t)$是在零初始条件下的唯一解[⊖]。

例 3 相量法求解

让我们用复相量法重新考虑输入为式（3.12）的微分方程（3.11）。也就是说，考虑

$$\frac{\mathrm{d}^2x}{\mathrm{d}t^2}-\frac{\mathrm{d}x}{\mathrm{d}t}+x=u(t) \tag{3.22}$$

其输入为

$$u(t)=U_0\cos(\omega t)u_{\mathrm{s}}(t)$$

为了求解这个方程，我们首先取输入为给定的复相量函数：

$$\boldsymbol{u}(t)=U_0\mathrm{e}^{\mathrm{j}\omega t}=U_0\cos(\omega t)+\mathrm{j}U_0\sin(\omega t)\ \text{对于}-\infty<t<\infty$$

令$\boldsymbol{u}(t)=U_0\mathrm{e}^{\mathrm{j}\omega t}$，我们求微分方程的解$\boldsymbol{x}(t)$：

$$\frac{\mathrm{d}^2\boldsymbol{x}}{\mathrm{d}t^2}-\frac{\mathrm{d}\boldsymbol{x}}{\mathrm{d}t}+\boldsymbol{x}=\boldsymbol{u}(t) \tag{3.23}$$

相量形式为

$$\boldsymbol{x}(t)=\boldsymbol{A}\mathrm{e}^{\mathrm{j}\omega t} \tag{3.24}$$

将式（3.24）代入式（3.23）得到

$$\frac{\mathrm{d}^2}{\mathrm{d}t^2}\boldsymbol{A}\mathrm{e}^{\mathrm{j}\omega t}-\frac{\mathrm{d}}{\mathrm{d}t}\boldsymbol{A}\mathrm{e}^{\mathrm{j}\omega t}+\boldsymbol{A}\mathrm{e}^{\mathrm{j}\omega t}=U_0\mathrm{e}^{\mathrm{j}\omega t}$$

计算导数项得到

⊖ 式（3.16）与式（3.14）为同一微分方程。

$$(\mathrm{j}\omega)^2 \boldsymbol{A}\mathrm{e}^{\mathrm{j}\omega t} - \mathrm{j}\omega \boldsymbol{A}\mathrm{e}^{\mathrm{j}\omega t} + \boldsymbol{A}\mathrm{e}^{\mathrm{j}\omega t} = U_0 \mathrm{e}^{\mathrm{j}\omega t}$$

或

$$\left((\mathrm{j}\omega)^2 - \mathrm{j}\omega + 1\right)\boldsymbol{A}\mathrm{e}^{\mathrm{j}\omega t} = U_0 \mathrm{e}^{\mathrm{j}\omega t}$$

复相量 $\boldsymbol{A}$ 为

$$\boldsymbol{A} = \underbrace{\frac{1}{(\mathrm{j}\omega)^2 - \mathrm{j}\omega + 1}}_{G(\mathrm{j}\omega)} U_0$$

那么解就可以简单表示为

$$\boldsymbol{x}(t) = G(\mathrm{j}\omega) U_0 \mathrm{e}^{\mathrm{j}\omega t}$$

输入为$u(t)=U_0\cos(\omega t)$的式（3.22）的解为

$$x(t) = \mathrm{Re}\left\{G(\mathrm{j}\omega)U_0\mathrm{e}^{\mathrm{j}\omega t}\right\} = \mathrm{Re}\left\{\left|G(\mathrm{j}\omega)\right|\mathrm{e}^{\mathrm{j}\angle G(\mathrm{j}\omega)}U_0\mathrm{e}^{\mathrm{j}\omega t}\right\} = \left|G(\mathrm{j}\omega)\right|U_0\cos\left(\omega t + \angle G(\mathrm{j}\omega)\right)$$

最后，从$t=0$开始，输入为$u(t)=U_0\cos(\omega t)u_s(t)$的微分方程

$$\frac{\mathrm{d}^2 x}{\mathrm{d}t^2} - \frac{\mathrm{d}x}{\mathrm{d}t} + x = U_0\cos(\omega t)u_s(t)$$

的解为

$$x(t) = \left|G(\mathrm{j}\omega)\right|U_0\cos\left(\omega t + \angle G(\mathrm{j}\omega)\right)u_s(t)$$

初始条件为

$$x(0) = \left|G(\mathrm{j}\omega)\right|U_0\cos\left(\angle G(\mathrm{j}\omega)\right)$$
$$\dot{x}(0) = -\omega\left|G(\mathrm{j}\omega)\right|U_0\sin\left(\angle G(\mathrm{j}\omega)\right)$$

相反，式（3.15）是同一个微分方程的解，但初始条件为 0。式（3.15）中由于$G(s)$的极点（例如$1/2 \pm \mathrm{j}\sqrt{3}/2$）引起的响应不会消失，所以相量法得到的解并不是一个正弦稳态解。

3.2.1　小结

考虑一个一般的微分方程：

$$\frac{\mathrm{d}^3 x}{\mathrm{d}t^3} + a_2\frac{\mathrm{d}^2 x}{\mathrm{d}t^2} + a_1\frac{\mathrm{d}x}{\mathrm{d}t} + a_0 x = b_2\frac{\mathrm{d}^2 u}{\mathrm{d}t^2} + b_1\frac{\mathrm{d}u}{\mathrm{d}t} + b_0 u$$

与传递函数

$$G(s) = \frac{X(s)}{U(s)} = \frac{b_2 s^2 + b_1 s + b_0}{s^3 + a_2 s^2 + a_1 s + a_0}$$

当$u(t)=U_0\cos(\omega t)$时，相量解$x_{\mathrm{ph}}(t)$为

$$x_{\mathrm{ph}}(t) \triangleq \left|G(\mathrm{j}\omega)\right|U_0\cos\left(\omega t + \angle G(\mathrm{j}\omega)\right) \quad 对于 -\infty < t < \infty$$

然而，从$t=0$时刻开始，输入为$u(t)=U_0\cos(\omega t)u_s(t)$的解为

$$x(t) = \left|G(\mathrm{j}\omega)\right|U_0\cos\left(\omega t + \angle G(\mathrm{j}\omega)\right)u_s(t)$$

这是上述微分方程在特殊初始条件下的解：

$$x(0)=|G(\mathrm{j}\omega)|U_0\cos(\angle G(\mathrm{j}\omega))$$
$$\dot{x}(0)=-\omega|G(\mathrm{j}\omega)|U_0\sin(\angle G(\mathrm{j}\omega))$$
$$\ddot{x}(0)=-\omega^2|G(\mathrm{j}\omega)|U_0\cos(\angle G(\mathrm{j}\omega))$$

此外，如果$G(s)$的极点在左半平面上，那么这也是正弦稳态解，意味着对于任意的初始条件的解$x(t)$都有

$$x(t)\to x_{\mathrm{ss}}(t)=|G(\mathrm{j}\omega)|U_0\cos(\omega t+\angle G(\mathrm{j}\omega))u_{\mathrm{s}}(t)$$

注意 如果，$u(t)=U_0\cos(\omega t+\theta_0)$，并且$\boldsymbol{U}_0\triangleq U_0\mathrm{e}^{\mathrm{j}\theta_0}$，可以令

$$\boldsymbol{u}(t)=\boldsymbol{U}_0\mathrm{e}^{\mathrm{j}\omega t}=U_0\mathrm{e}^{\mathrm{j}\omega t+\theta_0}=U_0\cos(\omega t+\theta_0)+\mathrm{j}U_0\sin(\omega t+\theta_0)$$

与上文类似（见例 10），然后得到

$$\boldsymbol{x}(t)=\boldsymbol{A}\mathrm{e}^{\mathrm{j}\omega t}=G(\mathrm{j}\omega)U_0\mathrm{e}^{\mathrm{j}\theta_0}\mathrm{e}^{\mathrm{j}\omega t}=G(\mathrm{j}\omega)\boldsymbol{U}_0\mathrm{e}^{\mathrm{j}\omega t}$$

和

$$\begin{aligned}x(t)&=\mathrm{Re}\left\{G(\mathrm{j}\omega)\boldsymbol{U}_0\mathrm{e}^{\mathrm{j}\omega t}\right\}=\mathrm{Re}\left\{G(\mathrm{j}\omega)U_0\mathrm{e}^{\mathrm{j}\theta_0}\mathrm{e}^{\mathrm{j}\omega t}\right\}\\&=\mathrm{Re}\left\{|G(\mathrm{j}\omega)|\mathrm{e}^{\mathrm{j}\angle G(\mathrm{j}\omega)}U_0\mathrm{e}^{\mathrm{j}\theta_0}\mathrm{e}^{\mathrm{j}\omega t}\right\}\\&=|G(\mathrm{j}\omega)|U_0\cos(\omega t+\theta_0+\angle G(\mathrm{j}\omega))\end{aligned}$$

定义 1 频率响应

若微分方程的传递函数为$G(s)$，则

$$G(\mathrm{j}\omega)\triangleq G(s)\big|_{s=\mathrm{j}\omega}\text{对于}-\infty<\omega<\infty$$

是频率响应函数。

对任意的正弦输入$u(t)=U_0\cos(\omega t+\theta_0)$，可以使用频率响应函数$G(\mathrm{j}\omega)$得到对应微分方程的解$x(t)=|G(\mathrm{j}\omega)|\,U_0\cos(\omega t+\theta_0+\angle G(\mathrm{j}\omega))$。如第 11 章所述，频率响应在控制系统的分析中起着很大的作用。

3.3 终值定理

我们现在提出终值定理（FVT），因为它将成为贯穿全书的一个重要工具。我们将使用一系列的例子进行说明。

例 4 $F(s)=\dfrac{10}{s(s+1)}$

对于$F(s)=\dfrac{10}{s(s+1)}$，我们想看一下当$t\to\infty$时$f(t)$的特性。对$F(s)$进行部分分式展开：

$$F(s)=\frac{10}{s(s+1)}=\frac{A}{s}+\frac{B}{s+1}$$

我们可以立刻得到

$$f(t)=Au_{\mathrm{s}}(t)+B\mathrm{e}^{-t}u_{\mathrm{s}}(t)$$

因此

$$\lim_{t\to\infty}f(t)=A$$

通过部分分式法，我们可以计算 A：

$$A=\lim_{s\to 0}sF(s)=\lim_{s\to 0}s\frac{10}{s(s+1)}=10$$

因此

$$\lim_{t\to\infty}f(t)=\lim_{s\to 0}sF(s)=10$$

例 5 $F(s)=\dfrac{-10}{s(s-1)}$

对于$F(s)=\dfrac{-10}{s(s-1)}$，我们想看一下当$t\to\infty$时$f(t)$的特性。对$F(s)$进行部分分式展开：

$$F(s)=\frac{-10}{s(s-1)}=\frac{A}{s}+\frac{B}{s-1}$$

我们可以立刻得到

$$f(t)=Au_{\mathrm{s}}(t)+B\mathrm{e}^{t}u_{\mathrm{s}}(t)$$

这说明 $\lim_{t\to\infty}f(t)$ 不存在。同样，通过部分分式法，我们可以计算 A：

$$A=\lim_{s\to 0}sF(s)=\lim_{s\to 0}s\frac{-10}{s(s-1)}=10$$

在本例中，$\lim_{s\to 0}sF(s)=A$ 是单位阶跃函数在拉普拉斯逆变换计算中的系数。然而，当$t\to\infty$时$f(t)$的时间特性是由增长的指数项 e^{t} 决定的。

例 6 $F(s)=\dfrac{s+1}{s(s+2)(s+3)}$

我们想看看当$t\to\infty$时$f(t)$的特性。对$F(s)$进行部分分式展开：

$$F(s)=\frac{s+1}{s(s+2)(s+3)}=\frac{A}{s}+\frac{B}{s+2}+\frac{C}{s+3}$$

我们可以立刻得到

$$f(t)=Au_{\mathrm{s}}(t)+B\mathrm{e}^{-2t}u_{\mathrm{s}}(t)+C\mathrm{e}^{-3t}u_{\mathrm{s}}(t)$$

因此

$$\lim_{t\to\infty}f(t)=A$$

同样，通过部分分式的方法，计算 A 为

$$A=\lim_{s\to 0}sF(s)=\lim_{s\to 0}s\frac{s+1}{s(s+2)(s+3)}=\frac{1}{6}$$

因此

$$\lim_{t\to\infty}f(t)=\lim_{s\to 0}sF(s)=1/6$$

这里的要点是，$\lim_{s\to 0}sF(s)$只是$F(s)$部分分式展开中 $1/s$ 项的系数。本例中，它也是终值，即$\lim_{t\to\infty}f(t)$在 -2 和 -3 处由极点引起的部分响应消失了。

例 7 $F(s)=-\dfrac{s+1}{s(s+2)(s-3)}$

我们想看看当$t\to\infty$时$f(t)$的特性。对$F(s)$进行部分分式展开：

$$F(s)=-\frac{s+1}{s(s+2)(s-3)}=\frac{A}{s}+\frac{B}{s+2}+\frac{C}{s-3}$$

我们可以立刻得到

$$f(t)=Au_{\mathrm{s}}(t)+B\mathrm{e}^{-2t}+C\mathrm{e}^{3t}$$

这表明极限$\lim_{t\to\infty}f(t)$不存在。同样，通过部分分式法，可以计算A：

$$A=\lim_{s\to 0}sF(s)=\lim_{s\to 0}s\frac{-(s+1)}{s(s+2)(s-3)}=\frac{1}{6}$$

这里的要点是，$\lim_{s\to 0}sF(s)$只是$F(s)$部分分式展开中$1/s$项的系数（也就是单位阶跃函数在时间响应中的系数）。然而，当$t\to\infty$时$f(t)$的时间特性是由增长的指数项e^{3t}决定的，所以$f(t)$无终值。

例 8 $F(s)=\dfrac{2s+12}{s(s^2-2s+5)}$

我们想看看当$t\to\infty$时$f(t)$的特性。通过部分分式展开法，我们得到

$$F(s)=\frac{2s+12}{s[s-(1+2\mathrm{j})][s-(1-2\mathrm{j})]}=\frac{A}{s}+\frac{\beta}{s-(1+2\mathrm{j})}+\frac{\beta^*}{s-(1-2\mathrm{j})}$$

我们可以立即得到

$$f(t)=Au_{\mathrm{s}}(t)+\beta\mathrm{e}^{t}\mathrm{e}^{2\mathrm{j}t}+\beta^*\mathrm{e}^{t}\mathrm{e}^{-2\mathrm{j}t}=Au_{\mathrm{s}}(t)+2|\beta|\mathrm{e}^{t}\cos(2t+\angle\beta)$$

表明极限$\lim_{t\to\infty}f(t)$不存在，然而，我们仍然可以得到

$$A=\lim_{s\to 0}sF(s)=\lim_{s\to 0}s\frac{2s+12}{s(s^2-2s+5)}=\frac{12}{5}$$

同样地，这里的要点是$\lim_{s\to 0}sF(s)$只是$F(s)$部分分式展开中$1/s$项的系数。然而，当$t\to\infty$时$f(t)$的时间特性由$\mathrm{e}^{t}\cos(2t+\angle\beta)$这一项决定，它不会消失。

例 9 $F(s)=\dfrac{s+1}{(s+2)(s+3)}$

在本例中，$F(s)$在$s=0$处没有极点，部分分式展开可以得到如下形式

$$F(s)=\frac{s+1}{(s+2)(s+3)}=\frac{A}{s+2}+\frac{B}{s+3}$$

我们可以立即得到

$$f(t)=A\mathrm{e}^{-2t}u_{\mathrm{s}}(t)+B\mathrm{e}^{-3t}u_{\mathrm{s}}(t)$$

因此，$\lim_{t\to\infty}f(t)=0$。此外，$\lim_{s\to 0}sF(s)=0$，因为在部分分式展开中，在$s=0$处没有极点。

下面我们将介绍在本书其余部分中使用的终值定理。

定理 1 终值定理

令

$$F(s)=\frac{b(s)}{a(s)}$$

是有理函数[㊀]并且严格正则，即

㊀ 有理函数意味着它是两个多项式的比值。

$$\deg\{b(s)\} < \deg\{a(s)\}$$

设$f(t)$表示的是$F(s)$的拉普拉斯逆变换。

则极限$\lim_{t\to\infty} f(t)$存在，并由下述极限给出：

$$\lim_{t\to\infty} f(t) = \lim_{s\to 0} sF(s)$$

当且仅当$sF(s)$的所有极点都在左半平面内。

证明（概述）令

$$F(s) = \frac{(s-z_1)(s-z_2)}{s(s-p_1)(s-p_2)} = \frac{A}{s} + \frac{\beta_1}{s-p_1} + \frac{\beta_2}{s-p_2}$$

那么

$$f(t) = Au_s(t) + \beta_1 e^{p_1 t} + \beta_2 e^{p_2 t}$$

$sF(s)$的极点为p_1和p_2，并且$A = \lim_{s\to 0} sF(s)$。所以当且仅当p_1和p_2的实部是负的时候，$e^{p_1 t} \to 0$，$e^{p_2 t} \to 0$，或者说当且仅当p_1、p_2在左半平面上。

另外考虑：

$$F(s) = \frac{s-z_2}{(s-p_1)(s-p_2)} = \frac{\beta_1}{s-p_1} + \frac{\beta_2}{s-p_2}$$

那么

$$f(t) = \left(\beta_1 e^{p_1 t} + \beta_2 e^{p_2 t}\right) u_s(t)$$

$sF(s)$的极点为p_1和p_2，并且$\lim_{s\to 0} sF(s) = 0$。当且仅当$e^{p_1 t} \to 0$与$e^{p_2 t} \to 0$时，$\lim_{t\to\infty} f(t) = 0 = \lim_{s\to 0} sF(s)$，当且仅当$p_1$和$p_2$在左半平面时也成立。

注意 另一种描述终值定理的方法是，当且仅当$F(s)$在$s=0$最多有一个极点且其余极点都在左半平面内时极限$\lim_{t\to\infty} f(t)$存在。

例 10 $F(s) = \dfrac{10}{s(s+1)}$

在本例中

$$sF(s) = \frac{10}{s+1}$$

并且$sF(s)$的极点在左半平面内。因此$\lim_{t\to\infty} f(t) = \lim_{s\to 0} sF(s)$。这可以直接看出$F(s)$的部分分式展开式有以下形式

$$F(s) = \frac{A}{s} + \frac{B}{s+1}$$

相应的时域函数为

$$f(t) = Au_s(t) + Be^{-t} u_s(t)$$

则$\lim_{s\to 0} sF(s) = A$是单位阶跃的系数，也是终值，因为第二项消失了（它的极点在左半平面的 −1 处）。

例 11 $F(s) = \dfrac{-10}{s(s-1)}$

在本例中

$$sF(s) = -\frac{10}{s-1}$$

并且$sF(s)$的极点不在左半平面内。因此$\lim_{t\to\infty} f(t)$不存在。通过$F(s)$的部分分式展开可以直接得到这一点：

$$F(s) = \frac{A}{s} + \frac{B}{s-1}$$

相应的时域函数为

$$f(t) = Au_s(t) + Be^t u_s(t)$$

这里$\lim_{s\to 0} sF(s) = A$是单位阶跃的系数。不是终值，因为第二项并没有消失（它的极点在右半平面的 1 处）。

例 12 $F(s) = \dfrac{2s+12}{s^2+2s+5}$

在本例中

$$sF(s) = s\frac{2s+12}{[s-(-1+2\mathrm{j})][s-(-1-2\mathrm{j})]}$$

表明$sF(s)$的极点在左半平面内。通过终值定理极限$\lim_{t\to\infty} f(t) = \lim_{s\to 0} sF(s) = 0$。我们可以直接证明$F(s)$具有部分分式展开：

$$F(s) = \frac{\beta}{s-(-1+2\mathrm{j})} + \frac{\beta^*}{s-(-1-2\mathrm{j})}$$

相应的时域函数为

$$f(t) = \left(\beta e^{-t}e^{2\mathrm{j}t} + \beta^* e^{-t}e^{-2\mathrm{j}t}\right)u_s(t) = 2|\beta|e^{-t}\cos(2t + \angle\beta)u_s(t)$$

由复共轭极点引起的两项由于这些极点位于左半平面内而消失。极限$\lim_{s\to 0} sF(s) = 0$
在部分分式展开中没有$1/s$项。

例 13 $F(s) = \dfrac{2s+12}{s^2-2s+5}$

在本例中

$$sF(s) = s\frac{2s+12}{[s-(1+2\mathrm{j})][s-(1-2\mathrm{j})]}$$

并且$sF(s)$的极点不在左半平面内。因此极限$\lim_{t\to\infty} f(t)$不存在。这是由$F(s)$的部分分式展开的形式直接证明的：

$$F(s) = \frac{\beta}{s-(1+2\mathrm{j})} + \frac{\beta^*}{s-(1-2\mathrm{j})}$$

相应的时域函数为

$$f(t) = \left(\beta e^{t}e^{2\mathrm{j}t} + \beta^* e^{t}e^{-2\mathrm{j}t}\right)u_s(t) = 2|\beta|e^{t}\cos(2t + \angle\beta)u_s(t)$$

极限$\lim_{s\to 0} sF(s) = 0$在部分分式展开中没有$1/s$项。然而，由复共轭极点引起的两项由于这些极点位于右半平面内而不会消失。

例 14 $F(s) = \dfrac{s+1}{s^2}$

在本例中

$$sF(s)=s\frac{s+1}{s^2}=\frac{s+1}{s}$$

并且$sF(s)$在$s=0$处有一个极点，极点不在左半平面内。我们可以直接从$F(s)$的部分分式展开中得到，其有如下形式

$$F(s)=\frac{s+1}{s^2}=\frac{A}{s}+\frac{B}{s^2}$$

相应的时域函数为

$$f(t)=Au_{\mathrm{s}}(t)+Btu_{\mathrm{s}}(t)$$

极限$\lim_{t\to\infty}tu_{\mathrm{s}}(t)=\infty$表明$f(t)$没有终值。在本例中，$\lim_{s\to 0}sF(s)=\infty$甚至不是部分分式展开中$1/s$项的系数。

3.4 稳定传递函数

考虑到一般的三阶方程

$$\dddot{y}+a_2\ddot{y}+a_1\dot{y}+a_0y=b_2\ddot{u}+b_1\dot{u}+b_0u$$

在零初始条件下，即$y(0)=\dot{y}(0)=\ddot{y}(0)=0,u(0)=\dot{u}(0)=0$，可以得到

$$\left(s^3+a_2s^2+a_1s+a_0\right)Y(s)=\left(b_2s^2+b_1s+b_0\right)U(s)$$

或者

$$G(s)\triangleq\left.\frac{Y(s)}{U(s)}\right|_{\text{零初始条件}}=\frac{b_2s^2+b_1s+b_0}{s^3+a_2s^2+a_1s+a_0}$$

这是本书中讨论的传递函数的一个典型例子。也就是说，对于物理模型，我们认为传递函数是有理的和严格正则的。换句话说

$$G(s)=b(s)/a(s)$$

其中，$a(s)$和$b(s)$是s的多项式（使$G(s)$有理），并有$\deg\{b(s)\}<\deg\{a(s)\}$（使$G(s)$严格正则）。

定义2 稳定传递函数

如果$G(s)$的极点，即$a(s)=0$的根位于左半平面内，我们可以认为一个严格正则的有理传递函数$G(s)=b(s)/a(s)$是稳定的。

例15 设

$$G_1(s)=\frac{1}{s^2-s+1}$$

$G_1(s)$不稳定，其极点为$1/2\pm \mathrm{j}\sqrt{3}/2$，不在左半平面内。

设

$$G_2(s)=\frac{1}{s(s+2)}$$

$G_2(s)$不稳定，其极点为0，–2，并且0处极点不在左半平面内。

设

$$G_3(s)=\frac{1}{s^2+s+1}$$

$G_3(s)$稳定，其极点为$-1/2\pm \mathrm{j}\sqrt{3}/2$，位于左半平面内。

定义 3 稳定多项式

如果$a(s)=0$的根位于左半平面内，我们说多项式$a(s)$是稳定的。

例 16 设

$$a_1(s)=s^2-s+1$$

$a_1(s)$不稳定，其根为$1/2\pm \mathrm{j}\sqrt{3}/2$，不在左半平面内。

设

$$a_2(s)=s(s+2)$$

$a_2(s)$不稳定，其根为 0，−2，并且 0 处根不在左半平面内。

设

$$a_3(s)=s^2+s+1$$

$a_3(s)$稳定，其根为$-1/2\pm \mathrm{j}\sqrt{3}/2$，位于左半平面内。

3.4.1 终值定理与稳定传递函数

考虑微分方程：

$$\ddot{x}(t)+2\dot{x}(t)=u(t)$$

传递函数为

$$G(s)=\frac{X(s)}{U(s)}=\frac{1}{s(s+2)}$$

这个传递函数是不稳定的，因为它在$s=0$处有一个极点。假设$U(s)=1/s$，则$X(s)$为

$$X(s)=G(s)U(s)=\frac{1}{s(s+2)}\frac{1}{s}=\frac{1}{s^2(s+2)}$$

$sX(s)=\dfrac{1}{s(s+2)}$在$s=0$处有一个极点，并且由终值定理可知$\lim_{t\to\infty}x(t)$不存在。

现在考虑稳定的传递函数：

$$G(s)=\frac{1}{s+2}$$

对应的微分方程为

$$\dot{x}(t)+2x(t)=u(t)$$

然后阶跃输入$U(s)=1/s$，可以得到

$$X(s)=\frac{1}{s+2}\frac{1}{s}$$

并有

$$x(\infty)=\lim_{t\to\infty}x(t)=\lim_{s\to 0}sX(s)=\lim_{s\to 0}s\frac{1}{s+2}\frac{1}{s}=\frac{1}{2}$$

通常的情况是对微分方程应用一个输入，并对其输出（解）使用终值定理。

3.4.2 小结

设一个系统有微分方程模型

$$\ddot{y}+a_1\dot{y}+a_0y=b_1\dot{u}+b_0u$$

两边同时进行拉普拉斯变换得到 ⊖

$$s^2Y(s)-sy(0)-\dot{y}(0)+a_1\left(sY(s)-y(0)\right)+a_0Y(s)=b_1\left(sU(s)-u(0)\right)+b_0U(s)$$

重新排列得到

$$Y(s)=\underbrace{\frac{b_1s+b_0}{s^2+a_1s+a_0}}_{G(s)}\underbrace{U(s)}_{\text{输入}}+\underbrace{\frac{sy(0)+\dot{y}(0)+a_1y(0)-b_1u(0)}{s^2+a_1s+a_0}}_{\text{分母与}G(s)\text{相同}}$$

1）设$G(s)$稳定，所以式

$$s^2+a_1s+a_0=(s-p_1)(s-p_2)=0$$

的根在左半平面内。根据部分分式展开理论我们可得，对于任何初始条件：

$$\begin{aligned}\mathcal{L}^{-1}\left\{\frac{sy(0)+\dot{y}(0)+a_1y(0)-b_1u(0)}{s^2+a_1s+a_0}\right\}&=\mathcal{L}^{-1}\left\{\frac{sy(0)+\dot{y}(0)+a_1y(0)-b_1u(0)}{(s-p_1)(s-p_2)}\right\}\\&=A\mathrm{e}^{p_1t}u_s(t)+B\mathrm{e}^{p_2t}u_s(t)\to 0\end{aligned}$$

2）应用一个阶跃输入$u_s(t)$：

$$\begin{aligned}Y(s)&=G(s)\frac{1}{s}+\frac{sy(0)+\dot{y}(0)+a_1y(0)-b_1u(0)}{s^2+a_1s+a_0}\\&=\frac{b_1s+b_0}{s^2+a_1s+a_0}\frac{1}{s}+\frac{sy(0)+\dot{y}(0)+a_1y(0)-b_1u(0)}{s^2+a_1s+a_0}\end{aligned}$$

则

$$sY(s)=s\frac{b_1s+b_0}{(s-p_1)(s-p_2)}\frac{1}{s}+s\left(\frac{sy(0)+\dot{y}(0)+a_1y(0)-b_1u(0)}{(s-p_1)(s-p_2)}\right)$$

是稳定的，通过终值定理得到

$$\lim_{t\to\infty}y(t)=\lim_{s\to 0}sY(s)=\lim_{s\to 0}sG(s)\frac{1}{s}=G(0)=\frac{b_0}{a_0} \tag{3.25}$$

如果$G(s)$是不稳定的，那么式（3.25）是无效的。

3）应用一个正弦输入$u(t)=U_0\cos(\omega t)u_s(t)$：

$$Y(s)=\underbrace{\frac{b_1s+b_0}{s^2+a_1s+a_0}}_{G(s)}\underbrace{U_0\frac{s}{s^2+\omega^2}}_{\text{输入}}+\underbrace{\frac{sy(0)+\dot{y}(0)+a_1y(0)-b_1u(0)}{s^2+a_1s+a_0}}_{\frac{A}{s-p_1}+\frac{B}{s-p_2}}$$

第一项（带输入）的部分分式展开为

$$\begin{aligned}\frac{b_1s+b_0}{s^2+a_1s+a_0}U_0\frac{s}{s^2+\omega^2}&=\frac{b_1s+b_0}{(s-p_1)(s-p_2)}U_0\frac{s}{s^2+\omega^2}\\&=\frac{C}{s-p_1}+\frac{D}{s-p_2}+\frac{k}{s-\mathrm{j}\omega}+\frac{k^*}{s+\mathrm{j}\omega}\end{aligned}$$

⊖ $\mathcal{L}\{\ddot{y}\}=s\mathcal{L}\{\dot{y}\}-\dot{y}(0)=s\left(sY(s)-y(0)\right)-\dot{y}(0)=s^2Y(s)-sy(0)-\dot{y}(0)$。

拉普拉斯逆变换得到如下形式

$$\mathcal{L}^{-1}\left\{\frac{b_1 s+b_0}{s^2+a_1 s+a_0}U_0\frac{s}{s^2+\omega^2}\right\}=C\mathrm{e}^{p_1 t}u_s(t)+D\mathrm{e}^{p_2 t}u_s(t)+\underbrace{U_0|G(\mathrm{j}\omega)|\cos(\omega t+\angle G(\mathrm{j}\omega))}_{\text{相量解}}$$

$$\to U_0|G(\mathrm{j}\omega)|\cos(\omega t+\angle G(\mathrm{j}\omega))u_s(t)$$

也就是说，当$G(s)$是稳定的，我们可以得到

$$y(t)\to y_{\mathrm{ph}}(t)\triangleq \mathrm{Re}\{G(\mathrm{j}\omega)U_0\mathrm{e}^{\mathrm{j}\omega t}\}=|G(\mathrm{j}\omega)|U_0\cos(\omega t+\angle G(\mathrm{j}\omega)) \tag{3.26}$$

如果$G(s)$是不稳定的，那么式（3.26）是无效的。

3.5 劳斯－赫尔维茨稳定性检验

我们现在讲述的是劳斯－赫尔维茨稳定性检验。对于任意一个多项式，这个检验可以直接判断它的根是否在左半平面内。

回想一下一个严格正则的传递函数：

$$G(s)=\frac{b(s)}{a(s)},\deg\{b(s)\}<\deg\{a(s)\} \tag{3.27}$$

是稳定的，当且仅当下式的根

$$a(s)=s^n+a_{n-1}s^{n-1}+\cdots+a_1 s+a_0=0 \tag{3.28}$$

在左半平面内。参照图 3-1，这就相当于说$G(s)$是稳定的，当且仅当

$$a(s)\neq 0 \text{ 对于}\mathrm{Re}\{s\}\geqslant 0 \tag{3.29}$$

对于任意形式的多项式

$$a(s)=s^n+a_{n-1}s^{n-1}+\cdots+a_1 s+a_0$$

我们较难知道它的根在哪里。

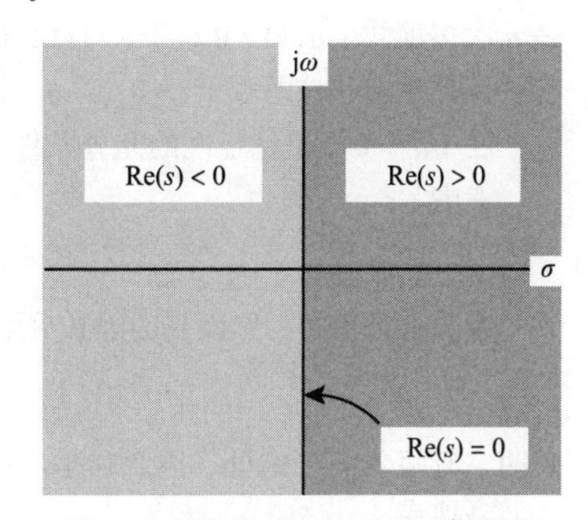

图 3-1 当且仅当 $a(s)$ 的所有根都在 $\mathrm{Re}(s)<0$ 时，$a(s)$ 稳定，也就是说根在左半平面内

先考虑二阶多项式

$$a(s)=s^2+a_1 s+a_0$$

假设$a(s)$是稳定的，它的根为

$$p_i=-1\pm \mathrm{j}2$$

那么

$$a(s)=(s-(-1+\mathrm{j}2))(s-(-1-\mathrm{j}2))=s^2+2s+5$$

注意$a(s)$的两个系数都是正的。

另一方面，假设$a(s)$是不稳定的，它的根为

$$p_i=1\pm \mathrm{j}2$$

那么

$$a(s)=(s-(1+\mathrm{j}2))(s-(1-\mathrm{j}2))=s^2-2s+5$$

注意系数a_1是负的。

另外，设$a(s)$具有共轭复根，即

$$p_i = \sigma \pm \mathrm{j}\omega$$

那么

$$a(s) \triangleq \left(s - (\sigma + \mathrm{j}\omega)\right)\left(s - (\sigma - \mathrm{j}\omega)\right) = s^2 - 2\sigma s + \sigma^2 + \omega^2$$

当且仅当$\sigma < 0$时$a(s)$是稳定的，这意味着系数$a_1 = -2\sigma$，$a_2 = \sigma^2 + \omega^2$都是正的。

任何多项式都可以分解为它的实根和共轭复根。例如，假设$a(s)$的阶次为 3，有一个实根p_1，一对共轭复根$\sigma_1 \pm \mathrm{j}\omega_1$，然后我们可以将$a(s)$写为

$$a(s) = (s - p_1)\left(s^2 - 2\sigma_1 s + \sigma_1^2 + \omega_1^2\right) \tag{3.30}$$

如果$a(s)$是稳定的，那么$p_1 < 0$，$\sigma_1 < 0$。显然$-p_1 > 0$，$-\sigma_1 > 0$使得式（3.30）每个因子的系数都为正。因此，把这个乘出来以后，我们有

$$\begin{aligned} a(s) &= (s - p_1)\left(s^2 + 2(-\sigma_1)s + \sigma_1^2 + \omega_1^2\right) \\ &= s^3 + \underbrace{\left(2(-\sigma_1) + (-p_1)\right)}_{a_2} s^2 + \underbrace{\left(\sigma_1^2 + 2(-p_1)(-\sigma_1) + \omega_1^2\right)}_{a_1} s + \underbrace{(-p_1)\left(\sigma_1^2 + \omega_1^2\right)}_{a_0} \end{aligned} \tag{3.31}$$

系数a_i必须是正的，我们刚刚证明了以下定理。

定理 2 稳定性的必要条件

设

$$a(s) = s^n + a_{n-1}s^{n-1} + \cdots + a_1 s + a_0$$

是 n 次多项式。$a(s) \neq 0$对于$\mathrm{Re}\{s\} \geqslant 0$（所有根位于左半平面内）的一个必要条件为它的所有系数都是正的，即对于$i = 0, \cdots, n-1$，$a_i > 0$。

注 1 $a_i > 0$不是稳定性的充分条件

考虑

$$a(s) = s^3 + s^2 + s + 1$$

它的系数都是正的。然而它的因式分解

$$a(s) = s^3 + s^2 + s + 1 = (s+1)\left(s^2 + 1\right)$$

表明它有两个根在$\pm\mathrm{j}$处，因此它是不稳定的。

多项式

$$a(s) = s^3 + s^2 + s + 2 = 0$$

的根为 $0.177 \pm \mathrm{j}1.203$ 和 -1.353，表示它是不稳定的。

3.5.1　劳斯 – 赫尔维茨稳定性判据

我们现在已经提出了稳定性的充要条件，即劳斯 – 赫尔维茨稳定性判据。我们从一个一般的四阶多项式开始：

$$a(s) = s^4 + a_3 s^3 + a_2 s^2 + a_1 s + a_0$$

接下来我们组成劳斯表，定义为

$$
\begin{array}{llll}
s^4 & 1 & a_2 & a_0 \\
s^3 & a_3 & a_1 & 0 \\
s^2 & c_1 \triangleq \dfrac{a_3 \cdot a_2 - a_1 \cdot 1}{a_3} & c_2 \triangleq \dfrac{a_3 \cdot a_0 - 0 \cdot 1}{a_3} & 0 \\
s & d_1 \triangleq \dfrac{c_1 \cdot a_1 - c_2 \cdot a_3}{c_1} & d_2 \triangleq \dfrac{c_1 \cdot 0 - 0 \cdot a_3}{c_1} & \\
s^0 & e_1 \triangleq \dfrac{d_1 \cdot c_2 - d_2 \cdot c_1}{d_1} & &
\end{array}
$$

我们现在可以陈述（但不证明）劳斯 – 赫尔维茨稳定性判据。

定理 3 劳斯 – 赫尔维茨稳定性判据

主要结果：组成劳斯表。当且仅当劳斯表的第一列元素都是正的，那么$a(s)$的所有根都在左半平面上（即$a(s)\neq 0$对于$\mathrm{Re}\{s\}\geqslant 0$）。

次要结果：如果劳斯表的第一列元素是非零的，则第一列符号的改变数等于右半平面$a(s)$根的个数。

证明 证明省略。这个结果的解释在参考文献 [11] 中给出。

注意 在实践中，控制系统必须稳定工作。如果不是这种情况，我们一般不会对右半平面内的极点感兴趣。

例 17 劳斯 – 赫尔维茨稳定性判据

考虑多项式

$$a(s)=4s^5+2s^4+9s^3+4s^2+5s+1$$

为了判断它的根是否在左半平面内，我们首先组成劳斯表。

$$
\begin{array}{llll}
s^5 & 4 & 9 & 5 \\
s^4 & 2 & 4 & 1 \\
s^3 & \dfrac{2\cdot 9-4\cdot 4}{2}=1 & \dfrac{2\cdot 5-1\cdot 4}{2}=3 & 0 \\
s^2 & \dfrac{1\cdot 4-3\cdot 2}{1}=-2 & \dfrac{1\cdot 1-0\cdot 2}{1}=1 & 0 \\
s & \dfrac{-2\cdot 3-1\cdot 1}{-2}=3.5 & \dfrac{-2\cdot 0-0\cdot 1}{-2}=0 & \\
s^0 & \dfrac{3.5\cdot 1-0\cdot(-2)}{3.5}=1 & &
\end{array}
$$

在s^2行，第一列有一个负的元素等于 –2，因此$a(s)$是不稳定的。

$a(s)$在右半平面内有两个根。这是因为在第一列有两个符号变化。第一个符号改变是从 1 到 –2（从s^3行到s^2行），第二个符号的改变是从 –2 到 3.5（从s^2行到s行）。

$$a(s)=4s^5+2s^4+9s^3+4s^2+5s+1=0$$

上式的根为

$$0.072\pm \mathrm{j}1.22, -0.212\pm \mathrm{j}0.849, -0.22$$

例 18 劳斯 – 赫尔维茨稳定性判据[12]

设

$$a(s)=s^3+\alpha s^2+s+1$$

我们使用劳斯－赫尔维茨稳定性判据来确定 α 的值，其中 $a(s)$ 的根在左半平面内。为此组成劳斯表

$$\begin{array}{lll} s^3 & 1 & 1 \\ s^2 & \alpha & 1 \\ s & \dfrac{\alpha\cdot 1-1\cdot 1}{\alpha}=\dfrac{\alpha-1}{\alpha} & \dfrac{\alpha\cdot 0-0\cdot 1}{\alpha}=0 \\ s^0 & \dfrac{\dfrac{\alpha-1}{\alpha}\cdot 1-0\cdot\alpha}{\dfrac{\alpha-1}{\alpha}}=1 & \end{array}$$

第一列是正的当且仅当

$$\alpha>0$$

并且

$$\frac{\alpha-1}{\alpha}>0$$

其中

$$\alpha>0$$
$$\alpha-1>0$$

即

$$\alpha>1$$

因此对于 $\alpha>1$，$a(s)$ 是稳定的，即根均在左半平面内。

对于 $0<\alpha<1$，第一列有两个符号变化。也就是说从 s^2 行到 s 行符号从 + 变为 −，从 s 行到 s^0 行符号从 − 变为 +。因此对于 $0<\alpha<1$，$a(s)$ 右半平面内有两个根。

例 19 劳斯－赫尔维茨稳定性判据[12]

我们使用劳斯－赫尔维茨稳定性判据来确定 K 的值，下式的根

$$a(s)\triangleq s^3+5s^2+2s+K-8$$

均在左半平面内。首先组成劳斯表。

$$\begin{array}{lll} s^3 & 1 & 2 \\ s^2 & 5 & K-8 \\ s & \dfrac{5\cdot 2-(K-8)\cdot 1}{5}=\dfrac{18-K}{5} & \dfrac{5\cdot 0-0\cdot 1}{5}=0 \\ s^0 & \dfrac{\dfrac{18-K}{5}(K-8)-0\cdot 5}{\dfrac{18-K}{5}}=K-8 & \end{array}$$

当且仅当下式成立时第一列元素是正的：

$$\frac{18-K}{5}>0$$
$$K-8>0$$

或者写为

$$18>K$$
$$K>8$$

即

$$8 < K < 18$$

对于$K > 18$，第一列有两个符号的变化，所以对于$K > 18$的K值，$a(s)$在右半平面内有两个根。

例 20 劳斯 – 赫尔维茨稳定性判据

设

$$a(s) = s^3 + 3Ks^2 + (K+2)s + 4$$

我们使用劳斯 – 赫尔维茨稳定性判据来确定K取哪个值时$a(s)$的根都在左半平面内。为此，我们首先组成劳斯表。

$$\begin{array}{llll}
s^3 & 1 & K+2 & 0 \\
s^2 & 3K & 4 & 0 \\
s & \dfrac{3K(K+2)-4}{3K} = \dfrac{3(K+2.528)(K-0.528)}{3K} & \dfrac{3K\cdot 0 - 0\cdot 1}{3K} = 0 & 0 \\
s^0 & \dfrac{\dfrac{3K(K+2)-4}{3K}\cdot 4 - 0\cdot 3K}{\dfrac{3K(K+2)-4}{3K}} = 4 & &
\end{array}$$

看s^2行，只有当$K > 0$时$a(s)$才是稳定的。s行要求

$$\frac{3K(K+2)-4}{3K} > 0$$

或者，由于稳定时要求$K > 0$，这个条件可以简化为

$$3K(K+2)-4 > 0$$

我们用二次方程来解：

$$3K(K+2)-4 = 3K^2+6K-4 = 0$$

得到

$$K = \frac{-6 \pm \sqrt{36-4\times 3\times(-4)}}{2\times 3} = -1 \pm \frac{\sqrt{21}}{3} = -2.528, 0.528$$

那么

$$3K^2+6K-4 = 3(K+2.528)(K-0.528)$$

并且

$$3(K+2.528)(K-0.528) > 0 \text{对于} K > 0.528 \text{ 或 } K < -2.528$$

所以s^2行需要$K > 0$，s行需要$K > 0.528$或者$K < -2.528$。因此，为了使两行的第一列元素都为正，必须有$K > 0.528$才能使$a(s)$稳定。

当$0 < K < 0.528$时，s^2行的第一列元素为正，s行的第一列元素为负。因此有两个符号的改变，表明$a(s)$在右半平面内有两个根。

$K = 0.528$时发生了什么？我们推论$a(s)$有两个根在$j\omega$轴上。当K略小于0.528时，$a(s)$在右半平面内有两个根，当K略大于0.528时，$a(s)$在右半平面内没有根。所以当$K = 0.528$时，$a(s)$有两个根在$j\omega$轴上。

例 21 一般二阶多项式

设

$$a(s)=s^2+a_1s+a_0$$

我们使用劳斯 – 赫尔维茨稳定性判据来确定a_1、a_0取什么值时$a(s)$是稳定的。劳斯表为

$$\begin{array}{lll} s^2 & 1 & a_0 \\ s & a_1 & 0 \\ s^0 & \dfrac{a_1\cdot a_0-0\cdot 1}{a_1}=a_0 & 0 \end{array}$$

当且仅当满足

$$a_1>0 和 a_0>0$$

时第一列是正的，即当且仅当系数均为正时二次多项式是稳定的。

例 22 一般三阶多项式

设

$$a(s)=s^3+a_2s^2+a_1s+a_0$$

我们使用劳斯 – 赫尔维茨稳定性判据来确定使$a(s)$稳定的a_0、a_1和a_2的值。劳斯表为

$$\begin{array}{lll} s^3 & 1 & a_1 \\ s^2 & a_2 & a_0 \\ s & \dfrac{a_2\cdot a_1-a_0\cdot 1}{a_2} & 0 \\ s^0 & \dfrac{\dfrac{a_2\cdot a_1-a_0\cdot 1}{a_2}\cdot a_0-0\cdot a_2}{\dfrac{a_2\cdot a_1-a_0\cdot 1}{a_2}}=a_0 & \end{array}$$

当且仅当

$$a_2>0, a_0>0,\ \frac{a_2\cdot a_1-a_0}{a_2}>0$$

成立时第一列是正的。等价地，这可简化为

$$a_2>0, a_0>0,\ a_2a_1-a_0>0$$

*3.5.2　特殊情况：劳斯表的一行元素为 0

这里我们考虑一种特殊情况，劳斯表的一行元素全部为 0。当然这也意味着它的第一列元素有 0，多项式$a(s)$是不稳定的。在这种情况下，$a(s)$在$\mathrm{j}\omega$轴上有根。正如前面所提到的，我们通常只对系统是否稳定感兴趣，所以这个结果没有很大的价值。然而，在第 12 章中，它是描述闭环系统根轨迹的工具之一。

例 23 某行元素全为 0[12]

回想一下我们在例 18 中考虑的问题

$$a(s)=s^3+\alpha s^2+s+1$$

它的劳斯表为

$$\begin{array}{lcc} s^3 & 1 & 1 \\ s^2 & \alpha & 1 \\ s & \dfrac{\alpha-1}{\alpha} & 0 \\ s^0 & 1 & \end{array}$$

它对$\alpha>1$是稳定的。当$0<\alpha<1$时，它在右半平面内有两个根。

那么当$\alpha=1$呢？当α略小于1时，它在右半平面内有两个根，当α略大于1时，所有根都在左半平面上。我们猜想当$\alpha=1$时，有两个根在$\mathrm{j}\omega$轴上。这确实是真的，但没有给出证据。现在我们解释如何找到$\alpha=1$时$\mathrm{j}\omega$轴上的两个根的位置。当$\alpha=1$时，劳斯表变为

$$\begin{array}{lcc} s^3 & 1 & 1 \\ s^2 & 1 & 1 \\ s & 0 & 0 \\ s^0 & 1 & \end{array}$$

注意，现在s行只有0，我们到它上面一行，即s^2行。回想一下劳斯表是如何形成的，s^2行的第一个元素是1，对应于s^2行。而s^2行的第二个元素也是1，对应于s^0行。我们用这两个系数形成辅助多项式，定义如下

$$1\cdot s^2+1\cdot s^0=s^2+1$$

辅助多项式的根为

$$s=\pm\mathrm{j}$$

它们也是$\alpha=1$时$a(s)$在$\mathrm{j}\omega$轴上的两个根的位置。具体来说，当$\alpha=1$时有

$$a(s)=s^3+s^2+s+1=(s+1)(s^2+1)$$

明确地展示了辅助多项式的根也是$a(s)$的根。

例 24 某行元素全为 0[12]

回想例 19，我们考虑下式的稳定性

$$a(s)\triangleq s^3+5s^2+2s+K-8$$

劳斯表为

$$\begin{array}{lcc} s^3 & 1 & 2 \\ s^2 & 5 & K-8 \\ s & \dfrac{18-K}{5} & 0 \\ s^0 & K-8 & \end{array}$$

这表明当$8<K<18$时，$a(s)$是稳定的。当$K>18$时，$a(s)$有两个根在右半平面。

当$K=18$呢？K略小于18时，$a(s)$的所有根都在左半平面内，当K的值略大于18时，它有两个根在右半平面内。所以对于$K=18$，我们认为在$\mathrm{j}\omega$轴上有两个根。为了找到这两个根的位置，我们在劳斯表中令$K=18$，得到

$$\begin{array}{lcc} s^3 & 1 & 2 \\ s^2 & 5 & 10 \\ s & 0 & 0 \\ s^0 & 10 & \end{array}$$

注意 s 行中只有 0，我们到它上面一行，也就是s^2行。s^2行的第一个元素是 5，对应于s^2行。而s^2行的第二个元素是 10，对应于s^0行。我们用这两个系数形成辅助多项式，定义如下

$$5\cdot s^2+10\cdot s^0=5\left(s^2+2\right)$$

辅助多项式的根为

$$s=\pm \mathrm{j}\sqrt{2}$$

它们也是$a(s)$两个根的位置，当$K=18$时，它们在$\mathrm{j}\omega$轴上。具体来说，当$K=18$时有

$$a(s)=s^3+5s^2+2s+10=\left(s^2+2\right)(s+5)$$

这表明辅助多项式的根也是$a(s)$的根。

那么当$K=8$呢？当$K=8$时劳斯表为

$$\begin{array}{ccc} s^3 & 1 & 2 \\ s^2 & 5 & 0 \\ s & 2 & 0 \\ s^0 & 0 & 0 \end{array}$$

当$K<8$时有一个根在右半平面，当 K 略大于 8 时所有的根都在左半平面内。所以我们认为$K=8$时有一个根在$\mathrm{j}\omega$轴上。这很容易理解为

$$a(s)\triangleq s^3+5s^2+2s+K-8\big|_{K=8}=s^3+5s^2+2s$$

这表明$a(s)$有一个根在$s=0$处。

例 25 某行元素全为 0

回想一下我们在例 20 中考虑的问题：

$$a(s)=s^3+3Ks^2+(K+2)s+4$$

它的劳斯表为

$$\begin{array}{lll} s^3 & 1 & K+2 \\ s^2 & 3K & 4 \\ s & \dfrac{3(K+2.582)(K-0.528)}{3K} & 0 \\ s^0 & 4 & \end{array}$$

使用这个表，它显示出当$K>0.528$时$a(s)$是稳定的。当 $0<K<0.528$ 时，可以看出$a(s)$在右半平面内有两个根。

那么当$K=0.528$时呢？我们推断$a(s)$在$\mathrm{j}\omega$轴上有两个根。这是因为当K略小于0.528时，多项式$a(s)$在右半平面内有两个根，当 K 略大于 0.528 时它的所有根都在左半平面内。我们认为当$K=0.528$时，$a(s)$有两个根在$\mathrm{j}\omega$轴上。为了找到这些根，我们将劳斯表中的K设置为 0.528，得到

$$\begin{array}{lll} s^3 & 1 & 2.528 \\ s^2 & 3(0.528) & 4 \\ s & 0 & 0 \\ s^0 & 4 & \end{array}$$

注意到 s 行只有 0。我们到它上面一行，即s^2行并形成如下定义的辅助多项式

$$3(0.528)s^2+4=3(0.528)(s^2+2.52)$$

辅助多项式的根为

$$s=\pm \mathrm{j}1.6$$

这些也是当$K=0.528$时$a(s)$在$\mathrm{j}\omega$轴上的两个根的位置。事实上当$K=0.528$时我们可以得到

$$\begin{aligned}a(s)&=s^3+3Ks^2+(K+2)s+4\big|_{K=0.528}\\&=s^3+3(0.528)s^2+(2.528)s+4\\&=(s+1.58)(s^2+2.52)\end{aligned}$$

明确地展示了辅助多项式的根也是$a(s)$的根。

例 26 某行元素全为 0

系统特征方程为

$$a(s)=s^3+2s^2+s+2$$

其劳斯表如下

$$\begin{array}{ccc}s^3 & 1 & 1\\ s^2 & 2 & 2\\ s & 0 & 0\\ s^0 & & \end{array}$$

s行元素都为 0。建立辅助方程

$$2s^2+2=2(s^2+1)$$

它存在根

$$s=\pm \mathrm{j}$$

由于辅助方程的根也是$a(s)$的根，因此 $\pm\mathrm{j}$ 是$a(s)$在$\mathrm{j}\omega$轴上的根。事实上，

$$a(s)=s^3+2s^2+s+2=(s+2)(s^2+1)$$

*3.5.3　特殊情况：第一列为 0，但该行其他元素不完全为 0

此处我们讨论在劳斯表的任一行中，出现第一个元素为 0，但是其余元素不完全为 0 的情况，我们通过下文举例讨论此种情况。

例 27 第一列中存在 0 元素

系统特征方程为

$$a(s)=s^4+s^3+5s^2+5s+2$$

使用劳斯－赫尔维茨稳定性判据判断其是否稳定，若不稳定则求解其在右半平面上根的个数。其劳斯表如下

$$\begin{array}{cccc}s^4 & 1 & 5 & 2\\ s^3 & 1 & 5 & 0\\ s^2 & 0 & \dfrac{1\cdot 2-0\cdot 1}{1}=2 & 0\\ s & & & \\ s^0 & & & \end{array}$$

由于s^2行中的0元素，劳斯表无法列完。此种情况下代表系统并不稳定。计算右半平面的根的个数需用一个很小的正数ϵ代替s^2行中第一列的0元素，然后继续进行计算，完成劳斯表：

$$\begin{array}{llll}
s^4 & 1 & 5 & 2 \\
s^3 & 1 & 5 & 0 \\
s^2 & \epsilon>0 & \dfrac{1\cdot 2-0\cdot 1}{1}=2 & 0 \\
s & \dfrac{\epsilon\cdot 5-2\cdot 1}{\epsilon}=5-\dfrac{2}{\epsilon} & 0 & \\
s^0 & \dfrac{(5-2/\epsilon)2-0.6}{5-2/\epsilon}=2 & &
\end{array}$$

由于ϵ为极小正数，则$5-2/\epsilon<0$，劳斯表第一列元素符号改变两次，所以$a(s)$在右半平面存在两个实根。

例 28 第一列中存在 0 元素

系统特征方程为

$$a(s)=s^3-3s+2$$

因为s项的系数为负，s^2项的系数为0，所以系统不稳定。使用劳斯－赫尔维茨稳定性判据求解右半平面上根的个数，排列劳斯表如下

$$\begin{array}{lll}
s^3 & 1 & -3 \\
s^2 & 0 & 2 \\
s & & \\
s^0 & &
\end{array}$$

由于s^2行中第一列元素为0，劳斯表无法列完。为了继续计算，则用一个很小的正数ϵ代替s^2行中第一列的0元素，然后继续进行计算，完成劳斯表：

$$\begin{array}{lll}
s^3 & 1 & -3 \\
s^2 & 0 & 2 \\
s & \dfrac{\epsilon\cdot(-3)-2\cdot 1}{\epsilon}=-3-2/\epsilon & 0 \\
s^0 & \dfrac{(-3-2/\epsilon)-0\cdot\epsilon}{-3-2/\epsilon}=2 &
\end{array}$$

由于ϵ为极小正数，则劳斯表第一列元素符号改变两次，所以$a(s)$在右半平面存在两个实根。事实上，$a(s)=s^3-3s+2=(s+2)(s-1)^2$，与劳斯－赫尔维茨稳定性判据结果相同。

例 29 劳斯－赫尔维茨稳定性判据

再次讨论系统特征方程为

$$a(s)=s^3-3s+2$$

因为s项的系数为负，s^2项的系数为0，所以系统不稳定。然后定义新的多项式：

$$\bar{a}(s)\triangleq(s+3)a(s)=(s+3)(s^3-3s+2)=s^4+3s^3-3s^2-7s+6$$

易知由于s^2项和s项的系数为负，系统不稳定。同样，$\bar{a}(s)$和$a(s)$在右半平面拥有相同的零点，排列劳斯表如下

$$
\begin{array}{llll}
s^4 & 1 & -3 & 6 \\
s^3 & 3 & -7 & 0 \\
s^2 & \dfrac{3\cdot(-3)-(-7)\cdot 1}{3}=-\dfrac{2}{3} & 6 & 0 \\
s & \dfrac{-\dfrac{2}{3}\cdot(-7)-6\cdot 3}{-\dfrac{2}{3}}=20 & & 0 \\
s^0 & \dfrac{20\cdot 6-0\cdot -\dfrac{2}{3}}{20}=6 & &
\end{array}
$$

劳斯表第一列元素符号改变两次，证明$\overline{a}(s)$和$a(s)$在右半平面存在两个根。

习题

习题 1 微分方程

使用拉普拉斯变换求解初始条件$x(0)=1,\dot{x}(0)=1$的微分方程

$$\ddot{x}+2\dot{x}+x=0$$

使用 MATLAB 检查计算结果。

习题 2 微分方程

使用拉普拉斯变换求解初始条件$x(0)=-1,\dot{x}(0)=+1$的微分方程

$$\ddot{x}-2\dot{x}+x=0$$

使用 MATLAB 检查计算结果

习题 3 拉普拉斯变换和终值定理

有

$$F(s)=\frac{2}{s(s-1)(s-2)}$$

（a）使用部分分式展开法求解$f(t)=\mathcal{L}^{-1}\{F(s)\}$，使用 MATLAB 检查结果。

（b）是否可通过终值定理求解$\lim_{t\to\infty}f(t)$？若可行，计算并解释原因。若不可行也解释原因。

习题 4 拉普拉斯变换

有

$$F(s)=\frac{2}{s(s+1)(s+2)}$$

（a）求解$f(t)=\mathcal{L}^{-1}\{F(s)\}$。

（b）是否可通过终值定理求解$\lim_{t\to\infty}f(t)$？若可行，计算并解释原因。若不可行也解释原因。

习题 5 微分方程

有微分方程

$$\frac{\mathrm{d}^2y}{\mathrm{d}t^2}+4y=u(t)$$

（a）计算这个微分方程的传递函数。

（b）假设零初始条件，$u(t)=u_s(t)$为阶跃信号，利用拉普拉斯变换的部分分式展开法求解微分方程。使用 MATLAB 检查结果。

（c）是否可通过终值定理求解$\lim_{t\to\infty}y(t)$？若可行，计算并解释原因。若不可行也解释原因。

习题 6 拉普拉斯变换

有

$$F(s)=\frac{1}{(s^2+1)(s+1)}$$

（a）使用部分分式展开法求解$f(t)=\mathcal{L}^{-1}\{F(s)\}$。使用 MATLAB 检查结果。

（b）是否可通过终值定理求解$\lim_{t\to\infty}f(t)$？若可行，计算并解释原因。若不可行也解释原因。

习题 7 微分方程

有微分方程

$$\frac{\mathrm{d}^2y}{\mathrm{d}t^2}+5\frac{\mathrm{d}y}{\mathrm{d}t}+6y=u(t)$$

（a）计算这个微分方程的传递函数。

（b）假设零初始条件，$u(t)=u_s(t)$为阶跃信号，利用拉普拉斯变换的部分分式展开法求解微分方程。使用 MATLAB 检查结果。

（c）是否可通过终值定理求解$\lim_{t\to\infty}y(t)$？若可行，计算并解释原因。若不可行也解释原因。

习题 8 传递函数和稳定性

某系统的微分方程如下

$$\ddot{x}+2\dot{x}+5x=\dot{u}+10u$$

其传递函数为

$$G(s)=\frac{X(s)}{U(s)}=\frac{s+10}{s^2+2s+5}$$

（a）这个传递函数稳定吗？请做出解释。

（b）当$U(s)=1/s, X(s)$如下

$$X(s)=G(s)\frac{1}{s}=\frac{s+10}{s^2+2s+5}\frac{1}{s}$$

是否可通过终值定理求解$\lim_{t\to\infty}x(t)$？若可行，计算并解释原因。若不可行也解释原因。

（c）当$U(s)=\frac{s}{s^2+\omega^2}, X(s)$如下

$$X(s)=G(s)\frac{s}{s^2+\omega^2}=\frac{s+10}{s^2+2s+5}\frac{s}{s^2+\omega^2}$$

是否可通过终值定理求解$\lim_{t\to\infty}x(t)$？若可行，计算并解释原因。若不可行也解释原因。

习题 9 微分方程

有阶跃响应$u_s(t)$，初始条件$x(0)=1$的微分方程：

$$\dot{x}-2x=u_s(t)$$

（a）使用拉普拉斯变换求解。

（b）当微分方程为

$$\dot{x}-2x=u(t)$$

求系统的传递函数$G(s)=X(s)/U(s)$。

（c）在问题（b）的回答中使$u(t)=u_s(t)$，$u_s(t)$为阶跃信号，则

$$X(s)=G(s)\frac{1}{s}$$

是否可通过终值定理求解$\lim_{t\to\infty}x(t)$？若可行，计算并解释原因。若不可行也解释原因。

习题 10 相量法

有三阶微分方程：

$$\dddot{y}+a_2\ddot{y}+a_1\dot{y}+a_0y=b_2\ddot{u}+b_1\dot{u}+b_0u \tag{3.32}$$

使

$$u(t)=U_0\cos(\omega t+\theta)=\mathrm{Re}\left\{U_0\mathrm{e}^{\mathrm{j}\theta_0}\mathrm{e}^{\mathrm{j}\omega t}\right\}=\mathrm{Re}\left\{\boldsymbol{U}_0\mathrm{e}^{\mathrm{j}\omega t}\right\} \tag{3.33}$$

其中

$$\boldsymbol{U}_0\triangleq U_0\mathrm{e}^{\mathrm{j}\theta_0}$$

（a）计算该系统的传递函数$G(s)$。

（b）$\boldsymbol{u}(t)\triangleq\boldsymbol{U}_0\mathrm{e}^{\mathrm{j}\omega t}$作为上述微分方程的输入可以使$\boldsymbol{y}(t)=\boldsymbol{A}\mathrm{e}^{\mathrm{j}\omega t}$，证明$\boldsymbol{A}=\boldsymbol{U}_0G(\mathrm{j}\omega)$是$\boldsymbol{y}(t)$的一个解。证明

$$y(t)=\mathrm{Re}\{\boldsymbol{y}(t)\}=\mathrm{Re}\left\{\boldsymbol{A}\mathrm{e}^{\mathrm{j}\omega t}\right\}=|G(\mathrm{j}\omega)|U_0\cos(\omega t+\theta_0+\angle G(\mathrm{j}\omega))$$

是式（3.32）在式（3.33）作为输入时的一个解。

习题 11 相量求解法和正弦稳态求解法

有微分方程

$$\frac{\mathrm{d}x}{\mathrm{d}t}-2x=2u \tag{3.34}$$

其输入为

$$u(t)=U_0\cos(\omega t)\text{对于}-\infty<t<\infty$$

为了求解该方程，首先考虑复值输入$\boldsymbol{u}(t)=U_0\mathrm{e}^{\mathrm{j}\omega t}$。注意

$$u(t)=\mathrm{Re}\{\boldsymbol{u}(t)\}=\mathrm{Re}\left\{U_0\mathrm{e}^{\mathrm{j}\omega t}\right\}=U_0\cos(\omega t)$$

（a）$\boldsymbol{u}(t)$作为微分方程的输入，$\boldsymbol{A}$是一个复常数，证明以下形式的解可行：

$$\boldsymbol{x}(t)=\boldsymbol{A}\mathrm{e}^{\mathrm{j}\omega t}$$

写出求解$\boldsymbol{A}$的详细步骤。

（b）$\boldsymbol{A}$和微分方程的传递函数$G(s)=X(s)/U(s)$是什么关系？

（c）使用$\omega=2$计算当$x(t)=|G(\mathrm{j}2)|U_0\cos(2t+\angle G(\mathrm{j}2))$时式（3.34）的相量解。当$u(t)=U_0\cos(2t)u_s(t)$，$x(t)=|G(\mathrm{j}2)|U_0\cos(2t+\angle G(\mathrm{j}2))u_s(t)$是式（3.34）在$t\geqslant0$的一个解，初始条件$x(0)$有一个特定的值，求出这个值。

（d）当输入为$u(t)=U_0\cos(2t)u_s(t)$，你在（c）中的回答是否为正弦稳态解？请解释为什么是或者为什么不是。提示：$G(s)$是否稳定？

习题 12 相量求解法和正弦稳态求解法

某系统由如下传递函数定义：

$$\frac{C(s)}{R(s)}=G_1(s)=\frac{6\sqrt{2}}{s+3}$$

（a）当输入$r(t)=10\cos(3t)$对于$-\infty<t<\infty$，计算相量解。

（b）当$c(0)=0$，使用相量求解法求解输入为$r(t)=10\cos(3t)u_s(t)$时，系统的正弦稳态响应。提示：$G_1(s)$是否稳定？

（c）当$c(0)=10$，使用相量求解法求解输入为$r(t)=10\cos(3t)u_s(t)$时，系统的正弦稳态响应。提示：参考（a）中的回答。

（d）令$G_2(s)=\dfrac{6\sqrt{2}}{s-3}$，输入仍为$r(t)=10\cos(3t)u_s(t)$。当$c(0)=0$时，求解系统的正弦稳态响应。提示：无需进行计算。

习题 13 相量法

有微分方程

$$\frac{\mathrm{d}^2x}{\mathrm{d}t^2}+a_1\frac{\mathrm{d}x}{\mathrm{d}t}+a_0x=b_1\frac{\mathrm{d}u}{\mathrm{d}t}+b_0u$$

其输入为

$$u(t)=U_0\cos(\omega t)\ \text{对于}-\infty<t<\infty$$

令

$$\boldsymbol{u}(t)=U_0\mathrm{e}^{\mathrm{j}\omega t}$$

于是

$$u(t)=\mathrm{Re}\{\boldsymbol{u}(t)\}=\mathrm{Re}\{U_0\mathrm{e}^{\mathrm{j}\omega t}\}=U_0\cos(\omega t)$$

（a）当$\boldsymbol{u}(t)$为上述微分方程的输入，证明以下形式的解可行：

$$\boldsymbol{x}(t)=\boldsymbol{A}\mathrm{e}^{\mathrm{j}\omega t}$$

写出求解$\boldsymbol{A}$的详细步骤。

（b）$\boldsymbol{A}$和微分方程的传递函数$G(s)=X(s)/U(s)$是什么关系？

（c）参考（a）和（b）中的回答，给出其输入为$u(t)=U_0\cos(\omega t)$时的相量解表达式。

（d）假设在$t=0$时，启动输入为$u(t)=U_0\cos(\omega t)u_s(t)$的系统。当$G(s)$为什么条件时，其相量解为正弦稳态解。

习题 14 正弦稳态响应

系统为

$$\frac{\mathrm{d}y}{\mathrm{d}t}+4y=8\sqrt{2}u$$

其传递函数为

$$G_1(s)=\frac{8\sqrt{2}}{s+4}$$

（a）$G_1(s)$是否稳定？

（b）当输入为$u(t)\triangleq10\cos(4t)u_s(t)$时，则

$$U(s)=10\frac{s}{s^2+4^2}$$

使用相量法求解。这个解是系统的正弦稳态解吗？请简要解释。

（c）系统为

$$\frac{\mathrm{d}y}{\mathrm{d}t}-4y=8\sqrt{2}u$$

其传递函数为

$$G_2(s)=\frac{8\sqrt{2}}{s-4}$$

$G_2(s)$是否稳定？

（d）对于（c）中的系统，当输入为$u(t)\triangleq 10\cos(4t)u_s(t)$时，则

$$U(s)=10\frac{s}{s^2+4^2}$$

使用相量法求解。这个解是系统的正弦稳态解吗？请简要解释。

习题 15 稳定性

$$\ddot{y}+2\dot{y}+2y=3\dot{u}+4u$$

则

$$Y(s)=G(s)U(s)$$

式中，$G(s)$为系统的传递函数。

（a）从微分方程计算$G(s)$。

（b）令$U(s)=\dfrac{U_0 s}{s^2+\omega^2}$，如$u(t)=U_0\cos(\omega t)u_s(t)$。$|G(\mathrm{j}\omega)|U_0\cos(\omega t+\angle G(\mathrm{j}\omega))u_s(t)$是上述微分方程的解吗？请简要解释。无需进行计算。

（c）令$U(s)=1/s$，如$u(t)=u_s(t)$。$y(t)$是上述微分方程具有任意初始条件的解，下式是否正确？请简要解释。

$$\lim_{t\to\infty}y(t)=\lim_{s\to 0}sY(s)$$

（d）令$U(s)=\dfrac{U_0 s}{s^2+\omega^2}$，如$u(t)=U_0\cos(\omega t)u_s(t)$。$y(t)$是任意初始条件下对应的解，下式是否正确？请简要解释。

$$y(t)\to|G(\mathrm{j}\omega)|U_0\cos(\omega t+\angle G(\mathrm{j}\omega))\text{对于}t\to\infty$$

（e）令$U(s)=1/s^2$，如$u(t)=tu_s(t)$。$y(t)$是上述微分方程在零初始状态下的解，下式是否正确？请简要解释。

$$\lim_{t\to\infty}y(t)=\lim_{s\to 0}sY(s)$$

习题 16 稳定性

$$\ddot{y}-2\dot{y}+2y=3\dot{u}+4u$$

则

$$Y(s)=G(s)U(s)$$

式中，$G(s)$为系统的传递函数。

（a）从微分方程计算$G(s)$。

（b）令$U(s)=\dfrac{U_0 s}{s^2+\omega^2}$，如$u(t)=U_0\cos(\omega t)u_s(t)$。$|G(\mathrm{j}\omega)|U_0\cos(\omega t+\angle G(\mathrm{j}\omega))u_s(t)$是上

述微分方程的解吗？请简要解释。无须进行计算。

（c）令 $U(s)=1/s$，如 $u(t)=u_{\mathrm{s}}(t)$。$y(t)$ 是上述微分方程具有任意初始条件的解，下式是否正确？请简要解释。

$$\lim_{t\to\infty} y(t)=\lim_{s\to 0} sY(s)$$

（d）令 $U(s)=\dfrac{U_0 s}{s^2+\omega^2}$，如 $u(t)=U_0\cos(\omega t)u_{\mathrm{s}}(t)$。$y(t)$ 是任意初始条件下对应的解，下式是否正确？请简要解释。

$$y(t)\to |G(\mathrm{j}\omega)|U_0\cos(\omega t+\angle G(\mathrm{j}\omega))\text{对于}t\to\infty$$

（e）令 $U(s)=1/s^2$，如 $u(t)=tu_{\mathrm{s}}(t)$。$y(t)$ 是上述微分方程在零初始状态下的解，下式是否正确？请简要解释。

$$\lim_{t\to\infty} y(t)=\lim_{s\to 0} sY(s)$$

习题 17 稳定性

$$\dddot{y}+a_2\ddot{y}+a_1\dot{y}+a_0 y=b_2\ddot{u}+b_1\dot{u}+b_0 u$$

使

$$Y(s)=G(s)U(s)$$

式中，$G(s)$ 为系统的传递函数。

（a）从微分方程计算 $G(s)$。

（b）令 $U(s)=\dfrac{U_0 s}{s^2+\omega^2}$，如 $u(t)=U_0\cos(\omega t)u_{\mathrm{s}}(t)$。下式总是微分方程的解吗？请简要回答。

$$|G(\mathrm{j}\omega)|U_0\cos(\omega t+\angle G(\mathrm{j}\omega))u_{\mathrm{s}}(t)$$

（c）令 $U(s)=1/s$，如 $u(t)=u_{\mathrm{s}}(t)$。$y(t)$ 是上述微分方程具有任意初始条件的解，下式是否正确？请简要解释。

$$\lim_{t\to\infty} y(t)=\lim_{s\to 0} sY(s)$$

（d）假设 $G(s)$ 稳定，$U(s)=1/(s^2+1)$，如 $u(t)=\sin(t)u_{\mathrm{s}}(t)$。$y(t)$ 是上述微分方程在零初始状态下的解，下式是否正确？请简要解释。

$$\lim_{t\to\infty} y(t)=\lim_{s\to 0} sY(s)$$

（e）令 $U(s)=U_0\dfrac{2}{s^2+2^2}$，如 $u(t)=U_0\sin(2t)u_{\mathrm{s}}(t)$。假设 $G(s)$ 如下

$$G(s)=\frac{s^2+4}{(s+2)(s+4)(s+5)}$$

使 $Y(s)=G(s)U(s)$，$\lim_{t\to\infty} y(t)=\lim_{s\to 0} sY(s)$ 是否正确？请简要解释。

习题 18 稳定性

$$\ddot{y}+a_1\dot{y}+a_0 y=b_1\dot{u}+b_0 u$$

则

$$Y(s)=G(s)U(s)$$

式中，$G(s)$ 为系统的传递函数。

（a）从微分方程计算$G(s)$。

（b）令$U(s)=\frac{U_0 s}{s^2+\omega^2}$，如$u(t)=U_0\cos(\omega t)u_s(t)$。下式总是微分方程的解吗？请简要解释。

$$|G(j\omega)|U_0\cos(\omega t+\angle G(j\omega))u_s(t)$$

（c）令$U(s)=1/s$，如$u(t)=u_s(t)$。$y(t)$是上述微分方程具有任意初始条件的解，下式是否正确？请简要解释。

$$\lim_{t\to\infty} y(t)=\lim_{s\to 0} sY(s)$$

（d）令$U(s)=\frac{U_0 s}{s^2+\omega^2}$，如$u(t)=U_0\cos(\omega t)u_s(t)$。在$t\to\infty$时，下式是否一直正确？请简要解释。

$$y(t)\to|G(j\omega)|U_0\cos(\omega t+\angle G(j\omega))u_s(t)$$

（e）令$U(s)=1/s$，如$u(t)=u_s(t)$。$y(t)$是上述微分方程在零初始条件下的解，下式是否正确？请简要解释。

$$\lim_{t\to\infty} y(t)=\lim_{s\to 0} sY(s)$$

习题 19 当$a_1>0$且$a_0>0$时，$s^2+a_1 s+a_0$稳定

使用求根公式证明，当$a_1>0$且$a_0>0$时，以下多项式方程的解在左半开平面中：

$$s^2+a_1 s+a_0=0$$

习题 20 稳定性检验[12]

尽量在不使用劳斯－赫尔维茨稳定性判据和解出根的情况下判断多项式的稳定性。若无法直接判断，则使用劳斯－赫尔维茨稳定性判据。

（a）s^3+s+2

（b）s^4+s^2+1

（c）s^4-1

（d）$-s^2-2s-2$

（e）$-s^3-2s^2-3s-1$

（f）s^3+2s^2+3s+1

（g）s^3+2s^2+3s-1

习题 21 劳斯－赫尔维茨检验[12]

当α为何值时，多项式$s^3+s^2+\alpha s+1$稳定。

习题 22 劳斯－赫尔维茨检验[12]

当α为何值时，多项式$s^3+s^2+s+\alpha$稳定。

习题 23 劳斯－赫尔维茨稳定性判据[12]

有

$$a(s)=s^3+(14-K)s^2+(6-K)s+79-18K$$

求解使$a(s)$稳定的K的取值范围。

习题 24 终值定理

$$X(s)=\frac{10}{s\left(s^3+5s^2+(K-6)s+K\right)}$$

求解$x(t)$的终值，其终值是一个关于K的函数。

习题 25 终值定理

$$C(s)=\frac{(s+10)(s+2)}{s^3+12s^2+20s+20K}\frac{R_0}{s}$$

求解$c(t)$的终值，其终值用R_0和K来表示。

习题 26 劳斯－赫尔维茨稳定性判据

$$a(s)=s^3+2s^2+s+2$$

使用劳斯－赫尔维茨稳定性判据计算$a(s)$是否稳定。

习题 27 劳斯－赫尔维茨稳定性判据

$$a(s)=s^4+2s^3+5s^2+4s+6$$

使用劳斯－赫尔维茨稳定性判据计算$a(s)$是否稳定。

习题 28 劳斯－赫尔维茨稳定性判据

当K为何值时，使下式所有根都在左半平面内：

$$a(s)=s^3+5s^2+(5K+6)s+3K=0$$

习题 29 劳斯－赫尔维茨稳定性判据

$$G(s)=\frac{s^2(s+10)}{s^3+10s^2+Ks+K}$$

（a）当K为何值时，$G(s)$稳定。

（b）有$R(s)=R_0/s$，令

$$E(s)\triangleq G(s)R(s)=\frac{s^2(s+10)}{s^3+10s^2+Ks+K}\frac{R_0}{s}$$

当K为何值时，使$e(t)\to 0$。

习题 30 最终误差

$$G(s)\triangleq\frac{2s(s+10)}{s^2(s+6)(s+10)+2K(s+2)}$$

并且$D(s)=D_0/s$，有

$$E(s)\triangleq G(s)D(s)=\frac{2s(s+10)}{s^2(s+6)(s+10)+2K(s+2)}\frac{D_0}{s}$$

当K为何值时，可使$e(\infty)\lim_{t\to\infty}e(t)=0$。

习题 31 劳斯－赫尔维茨稳定性判据

$$G(s)=\frac{K}{s^4+3s^3+3s^2+2s+K}$$

当K为何值时，可使$G(s)$稳定。

习题 32 劳斯表中某行元素全为 0

$$G(s)=\frac{K}{s^4+3s^3+3s^2+2s+K}$$

当K为何值时，可使$G(s)$有$\mathrm{j}\omega$轴上的根，这些根为何值。

习题 33 劳斯表中某行元素全为 0

$$a(s)=s^4+2s^3+5s^2+4s+6$$

求解$a(s)$在$\mathrm{j}\omega$轴上的根。

习题 34 劳斯表中某行元素全为 0

$$a(s)=s^3+2s^2+s+2$$

求解$a(s)$在$\mathrm{j}\omega$轴上的根。

习题 35 劳斯表中某行元素全为 0[12]

$$a(s)=s^3+(14-K)s^2+(6-K)s+79-18K$$

当K为何值时，可使$a(s)$有$\mathrm{j}\omega$轴上的根，并找到对应的根。

质量 – 弹簧 – 阻尼系统

物理系统的数学模型通常是一个微分方程，数学模型的建立是设计控制系统的基础。在本章中，我们使用牛顿运动定律推导了连接弹簧和阻尼器物体的微分方程，还在软件中对微分方程进行了初步模拟。

4.1 机械功

有一质量为 m 的物体，沿 x 轴做一维运动，力 F 作用在物体上，如图 4-1 所示。

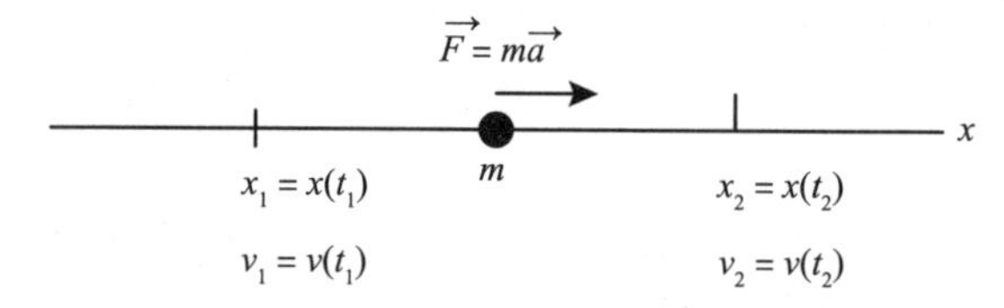

图 4-1 作用于质量为 m 的物体上的力

$x(t)$是物体在 t 时刻的位置，$v=\mathrm{d}x/\mathrm{d}t$是速度，$a=\mathrm{d}^2x/\mathrm{d}t^2$是加速度，由牛顿定律有

$$F=ma=m\frac{\mathrm{d}v}{\mathrm{d}t}=m\frac{\mathrm{d}^2x}{\mathrm{d}t^2} \tag{4.1}$$

由功的定义有，作用于物体上的力使物体从x_1运动到x_2时，作用于物体上的功 W 为

$$W\triangleq\int_{x_1}^{x_2}F(x)\mathrm{d}x \tag{4.2}$$

在上式中，假设力是位置 x 的函数。

然后改变积分中的变量，使其成为时间 t 的函数。设t_1时，物体在x_1位置，则$x_1\triangleq x(t_1)$。相应地，t_1时刻的速度为$v_1\triangleq\left.\frac{\mathrm{d}x}{\mathrm{d}t}\right|_{t_1}=v(t_1)$。同样，$t_2$时，物体在$x_2$位置，有$x_2\triangleq x(t_2),v_2\triangleq\left.\frac{\mathrm{d}x}{\mathrm{d}t}\right|_{t_2}=v(t_2)$。

改写功的计算式如下

$$W\triangleq\int_{x_1}^{x_2}F\mathrm{d}x=\int_{t_1}^{t_2}\underbrace{m\frac{\mathrm{d}v}{\mathrm{d}t}}_{F}\underbrace{v\mathrm{d}t}_{\mathrm{d}x}$$

则

$$W\triangleq\int_{t_1}^{t_2}m\frac{\mathrm{d}v}{\mathrm{d}t}v\mathrm{d}t=\int_{t_1}^{t_2}\frac{\mathrm{d}}{\mathrm{d}t}\left(\frac{mv^2}{2}\right)\mathrm{d}t=\left.\frac{mv^2}{2}\right|_{v_1}^{v_2}=\frac{1}{2}mv_2^2-\frac{1}{2}mv_1^2 \tag{4.3}$$

$\frac{1}{2}mv^2$为物体的动能，我们已经证明了对 m 做的功就是其动能的变化，则

$$\int_{x_1}^{x_2}F\mathrm{d}x=\frac{1}{2}mv_2^2-\frac{1}{2}mv_1^2 \tag{4.4}$$

4.2 质量 – 弹簧 – 阻尼系统建模

例 1 水平质量 – 弹簧 – 阻尼系统

质量 – 弹簧 – 阻尼系统如图 4-2 所示。

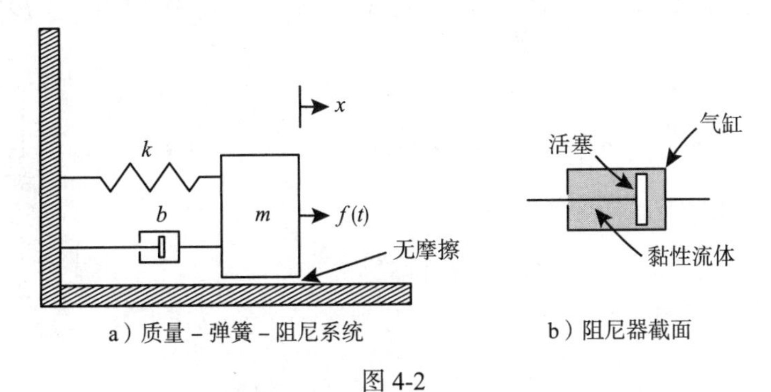

a）质量 – 弹簧 – 阻尼系统　　b）阻尼器截面

图 4-2

若 $x=0$，则弹簧既不压缩也不拉伸。在这种情况下，弹簧是松弛的。弹簧对物体 m 产生的力为

$$F_{\mathrm{mk}}=-kx$$

注意，当 $x>0$，弹簧将 m 向左拉；当 $x<0$，弹簧将 m 向右推。

由图 4-2b 的阻尼器横截面可知，阻尼器是由充满黏性流体的密闭气缸和气缸中的活塞共同组成的。如果活塞要移动，必须使流体从外面移动到另外一边，阻尼器作用于 m 上的力与其速度 $\dot{x}$ 成正比

$$F_{\mathrm{mb}}=-b\dot{x}$$

注意，当 $\dot{x}>0$，物体 m 随气缸向右移动，活塞在 $-x$ 方向上提供阻力以抵抗运动。同样，当当 $\dot{x}<0$，物体 m 随气缸向左移动，活塞在 $+x$ 方向上提供阻力以抵抗运动。这种阻力和速度成正比的阻尼器的力被称为黏性摩擦力。

$f(t)$ 为外力，运动方程为

$$m\frac{\mathrm{d}^2x}{\mathrm{d}t^2}=-kx-b\frac{\mathrm{d}x}{\mathrm{d}t}+f(t)$$

重新排列，即

$$m\frac{\mathrm{d}^2x}{\mathrm{d}t^2}+b\frac{\mathrm{d}x}{\mathrm{d}t}+kx=f(t) \tag{4.5}$$

进行零初始条件下的拉普拉斯变换，为

$$\left(ms^2+bs+k\right)X(s)=F(s)$$

或

$$X(s)=\frac{1}{ms^2+bs+k}F(s) \tag{4.6}$$

当初始条件不为零时，则

$$X(s)=\underbrace{\frac{1}{ms^2+bs+k}}_{\text{传递函数}}\underbrace{F(s)}_{\text{输入}}+\underbrace{\frac{mx(0)s+bx(0)+m\dot{x}(0)}{ms^2+bs+k}}_{\text{初始条件响应}} \tag{4.7}$$

例 2 垂直质量 – 弹簧 – 阻尼系统

图 4-3 所示为悬挂在天花板下的垂直质量 – 弹簧 – 阻尼系统。

运动方程为

$$m\frac{\mathrm{d}^2x}{\mathrm{d}t^2}=-kx-b\frac{\mathrm{d}x}{\mathrm{d}t}+mg+f(t)$$

重新排列，即

$$m\frac{\mathrm{d}^2x}{\mathrm{d}t^2}+b\frac{\mathrm{d}x}{\mathrm{d}t}+kx=mg+f(t) \tag{4.8}$$

进行零初始条件下的拉普拉斯变换，为

$$\left(ms^2+bs+k\right)X(s)=F(s)+\frac{mg}{s}$$

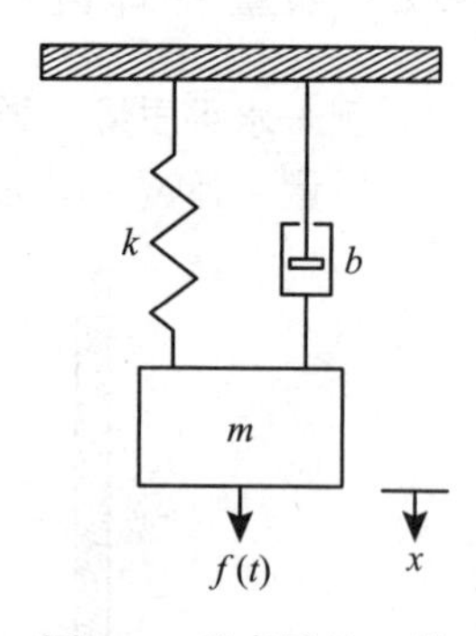

图 4-3　垂直质量 – 弹簧 – 阻尼系统

或

$$X(s)=\frac{1}{ms^2+bs+k}\left(F(s)+\frac{mg}{s}\right) \tag{4.9}$$

当初始条件不为零时，则

$$X(s)=\underbrace{\frac{1}{ms^2+bs+k}}_{\text{传递函数}}\left(F(s)+\frac{mg}{s}\right)+\frac{mx(0)s+bx(0)+m\dot{x}(0)}{ms^2+bs+k} \tag{4.10}$$

平衡条件

假设 $f(t)=0$，则运动方程为

$$m\frac{\mathrm{d}^2x}{\mathrm{d}t^2}+b\frac{\mathrm{d}x}{\mathrm{d}t}+kx=mg$$

当平衡时，物体 m 处于静止状态（不移动），则 $\dot{x}=\ddot{x}\equiv 0$。在平衡状态下有

$$kx_0=mg$$

或物体所在位置描述为

$$x_0=\frac{mg}{k} \tag{4.11}$$

意为弹簧必须被拉伸以产生一个向上的力来克服重力。

平衡点的运动方程

令

$$\Delta x=x-x_0$$

将 $x=\Delta x+x_0$ 代入式（4.8）中，则有

$$m\frac{\mathrm{d}^2}{\mathrm{d}t^2}(\Delta x+x_0)+b\frac{\mathrm{d}}{\mathrm{d}t}(\Delta x+x_0)+k(\Delta x+x_0)=mg+f(t)$$

重新排列，即

$$m\frac{\mathrm{d}^2}{\mathrm{d}t^2}\Delta x+b\frac{\mathrm{d}}{\mathrm{d}t}\Delta x+k\Delta x+\underbrace{m\frac{\mathrm{d}^2}{\mathrm{d}t^2}x_0+b\frac{\mathrm{d}}{\mathrm{d}t}x_0}_{0}+\underbrace{kx_0}_{mg}=mg+f(t)$$

最终可以得到

$$m\frac{\mathrm{d}^2}{\mathrm{d}t^2}\Delta x+b\frac{\mathrm{d}}{\mathrm{d}t}\Delta x+k\Delta x=f(t)$$

所以在平衡点位置的运动方程中，会消去重力项。但如图 4-4 所示，这个方程的解Δx是相对于平衡位置的。

通常书籍将图 4-3 中的 x 的参考位置视为平衡位置，则运动方程可以简化为

$$m\frac{\mathrm{d}^2}{\mathrm{d}t^2}x+b\frac{\mathrm{d}}{\mathrm{d}t}x+kx=f(t)$$

但是要关注 x 的意义。

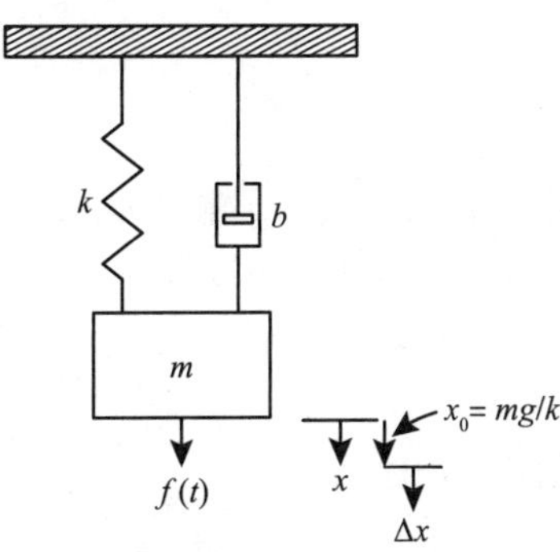

图 4-4　平衡点处的运动方程

例 3 具有两个物体的质量－弹簧－阻尼系统

在图 4-5 中，物体 M 和 m 由弹簧和阻尼器连接。

将外力$f(t)$视为输入，位置 y 视为输出。

M 和 m 的参考位置是 x 和 y。当$x=y$时，弹簧是松弛的（既不压缩也不拉伸）。所以弹簧作用在 m 上的力F_{mk}和作用在 M 上的力F_{Mk}分别如下

$$F_{\mathrm{mk}}=-k(y-x)$$
$$F_{\mathrm{Mk}}=+k(y-x)$$

也就是说，若 $y-x>0$，则弹簧在 $-y$ 方向拉 m，在 $+x$ 方向拉 M。

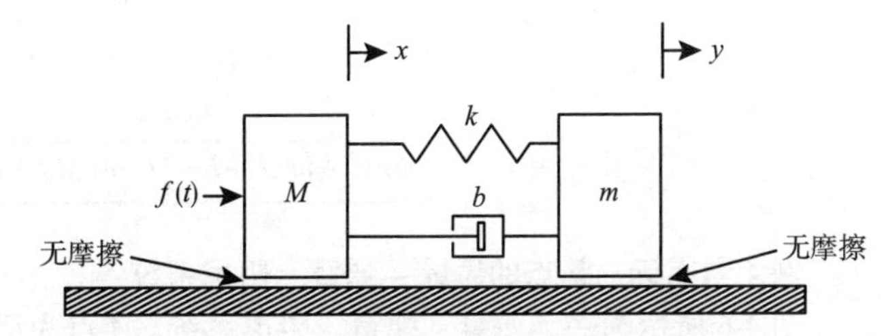

图 4-5　两个物体由弹簧和阻尼器连接

阻尼器作用于 m 和 M 上的力F_{mb}和F_{Mb}可以由两物体之间的相对速度$\dot{y}-\dot{x}$表示为

$$F_{\mathrm{mb}}=-b(\dot{y}-\dot{x})$$
$$F_{\mathrm{Mb}}=+b(\dot{y}-\dot{x})$$

当$\dot{y}-\dot{x}>0$时，气缸向右移动的速度比活塞快，因此活塞在气缸（还有物体 m）上产生阻力，阻止其向右运动。在相同的条件下，气缸也会向右拖动活塞（还有物体 M）。

运动方程为

$$m\frac{\mathrm{d}^2y}{\mathrm{d}t^2}=F_{\mathrm{mk}}+F_{\mathrm{mb}}$$
$$M\frac{\mathrm{d}^2x}{\mathrm{d}t^2}=F_{\mathrm{Mk}}+F_{\mathrm{Mb}}+f(t)$$

或

$$m\frac{\mathrm{d}^2y}{\mathrm{d}t^2}=-k(y-x)-b(\dot{y}-\dot{x})$$

$$M\frac{\mathrm{d}^2x}{\mathrm{d}t^2}=k(y-x)+b(\dot{y}-\dot{x})+f(t)$$

重新排列，即

$$m\frac{\mathrm{d}^2 y}{\mathrm{d}t^2}+b\dot{y}+ky=kx+b\dot{x}$$

$$M\frac{\mathrm{d}^2 x}{\mathrm{d}t^2}+b\dot{x}+kx=ky+b\dot{y}+f(t)$$

对上式进行零初始条件下的拉普拉斯变换有

$$(ms^2+bs+k)Y(s)=(bs+k)X(s)$$

$$(Ms^2+bs+k)X(s)=(bs+k)Y(s)+F(s)$$

由于输入为$f(t)$，输出为$y(t)$，所以消去上两式中的$X(s)$。求解第一个式子中的$X(s)$，代入第二个式子，可以得到

$$(Ms^2+bs+k)\frac{ms^2+bs+k}{bs+k}Y(s)=(bs+k)Y(s)+F(s)$$

解出$Y(s)$如下

$$(Ms^2+bs+k)(ms^2+bs+k)Y(s)=(bs+k)^2Y(s)+(bs+k)F(s)$$

或

$$\begin{aligned}Y(s)&=\frac{bs+k}{(Ms^2+bs+k)(ms^2+bs+k)-(bs+k)^2}F(s)\\&=\underbrace{\frac{bs+k}{Mms^4+(Mb+bm)s^3+(Mk+km)s^2}}_{\text{传递函数}}F(s)\end{aligned}$$

例 4 具有无质量点的质量 – 弹簧 – 阻尼系统

图 4-6 所示为一个质量 – 弹簧 – 阻尼系统。A 点为活塞和弹簧的连接点，可以作为 y 的参考位置。将$f(t)$作为输入，将 A 点的位置 y 作为输出。

A 点没有质量，但可以使用牛顿方程解决本问题。首先认为 A 点有小质量 m_A，建立完方程后使$m_A\to 0$，则

$$m\frac{\mathrm{d}^2 x}{\mathrm{d}t^2}=k(y-x)+f(t)$$

$$m_A\frac{\mathrm{d}^2 y}{\mathrm{d}t^2}=-k(y-x)-b\frac{\mathrm{d}y}{\mathrm{d}t}$$

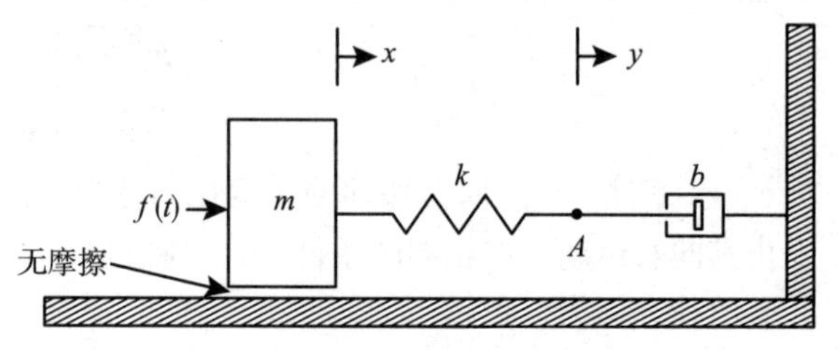

图 4-6 质量 – 弹簧 – 阻尼系统

或

$$m\frac{\mathrm{d}^2 x}{\mathrm{d}t^2}+kx=ky+f(t)$$

$$m_A\frac{\mathrm{d}^2 y}{\mathrm{d}t^2}+b\frac{\mathrm{d}y}{\mathrm{d}t}+ky=kx$$

使$m_A\to 0$，并且对上式进行零初始条件下的拉普拉斯变换有

$$(ms^2+k)X(s)=kY(s)+F(s)$$

$$(bs+k)Y(s)=kX(s)$$

由于 y 为输出，则消除$X(s)$有

$$\left(ms^2+k\right)\frac{bs+k}{k}Y(s)=kY(s)+F(s)$$

或

$$\left(ms^2+k\right)\left(bs+k\right)Y(s)=k^2Y(s)+kF(s)$$

或

$$Y(s)=\frac{k}{\left(ms^2+k\right)\left(bs+k\right)-k^2}F(s)$$
$$=\underbrace{\frac{k}{bms^3+kms^2+bks}}_{\text{传递函数}}F(s)$$

例 5 位置输入和无质量点

在图 4-7 中，质量－弹簧－阻尼系统的输入为位置 y，输出为物体 m 的位置 x。弹簧 k_1 的右侧没有物体，所以用 m_p 表示与弹簧相连的活塞的质量。随后使 $m_p\to 0$。

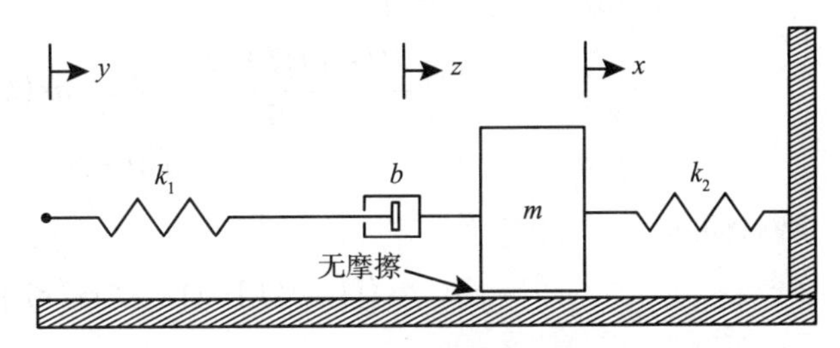

图 4-7 以位置 y 为输入的质量－弹簧－阻尼系统

以 z 表示活塞的位置，当 $y=z$ 时，弹簧为松弛状态。阻尼器的活塞和气缸之间的相对速度为 $\dot{z}-\dot{x}$。

m 和 m_p 的运动方程为

$$m\ddot{x}=-k_2x+b\left(\dot{z}-\dot{x}\right)$$
$$m_p\ddot{z}=-b\left(\dot{z}-\dot{x}\right)-k_1\left(z-y\right)$$

或

$$m\ddot{x}+k_2x+b\dot{x}=b\dot{z}$$
$$m_p\ddot{z}+b\dot{z}+k_1z=b\dot{x}+k_1y$$

由于 y 为输入，x 为输出，则取上述方程的拉普拉斯变换为

$$\left(ms^2+bs+k_2\right)X(s)=bsZ(s)$$
$$\left(m_ps^2+bs+k_1\right)Z(s)=bsX(s)+k_1Y(s)$$

消除 $Z(s)$，有

$$\left(m_ps^2+bs+k_1\right)\frac{ms^2+bs+k_2}{bs}X(s)=bsX(s)+k_1Y(s)$$

或

$$\left(m_ps^2+bs+k_1\right)\left(ms^2+bs+k_2\right)X(s)=b^2s^2X(s)+k_1bsY(s)$$

使 $m_p=0$，解出 $X(s)$ 有

$$X(s)=\frac{k_1bs}{\left(bs+k_1\right)\left(ms^2+bs+k_2\right)-b^2s^2}Y(s)$$
$$=\underbrace{\frac{k_1bs}{bms^3+mk_1s^2+\left(bk_1+bk_2\right)s+k_1k_2}}_{\text{传递函数}}Y(s)$$

4.3 仿真

有一个一阶微分方程组：

$$\frac{\mathrm{d}x}{\mathrm{d}t}=-ax+bu$$
$$x(0)=x_0$$

在数字计算机上实现此方程，就需要将其转换为离散时间。用$x(kT)$和$u(kT)$表示kT时刻$x(t)$和$u(t)$的值。使用后向差分估计$(k+1)T$时刻的导数

$$\left.\frac{\mathrm{d}x}{\mathrm{d}t}\right|_{t=(k+1)T}=\frac{x((k+1)T)-x(kT)}{T}$$

然后取系统的离散时间形式如下

$$\frac{x((k+1)T)-x(kT)}{T}=-ax(kT)+bu(kT)$$
$$x(0)=x_0$$

重新排列得

$$x((k+1)T)=(1-aT)x(kT)+Tbu(kT)$$
$$x(0)=x_0$$

例如，假设$x_0=1$，$u(t)=\cos(t)$则

$$\begin{aligned}x(T)&=(1-aT)x(0)+Tb\cos(0)\\x(2T)&=(1-aT)x(T)+Tb\cos(T)\\x(3T)&=(1-aT)x(2T)+Tb\cos(2T)\\\vdots&=\qquad\vdots\end{aligned}$$

该递归离散时间模型用于在数字计算机上实现连续时间系统。

以输入u为单位阶跃输入，该系统的Simulink框图如图4-8所示。

当仿真运行时，Simulink将框图转换为离散时间形式并运行程序。输入u为单位阶跃输入，u上方为Simulink库的常数模块，其中为“1”。虽然使用了$1/s$模块（积分器），但仿真仍是一个时域过程。模块应当使用积分符号$\int$，但常用$1/s$表示。

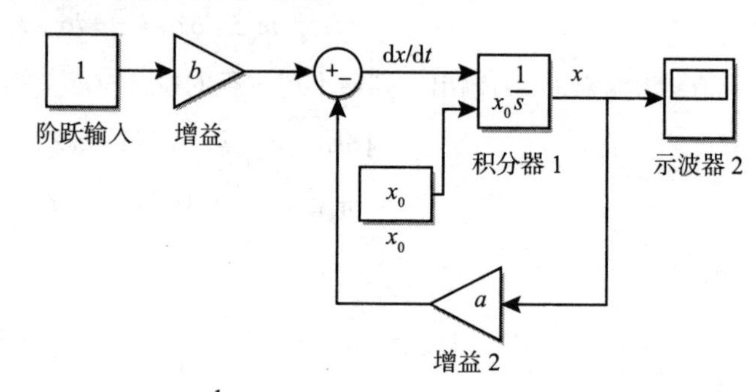

图4-8　$\frac{\mathrm{d}x}{\mathrm{d}t}=-ax+bu, x(0)=x_0$的Simulink框图

$$\frac{\mathrm{d}x}{\mathrm{d}t}=-ax+bu$$

在拉普拉斯域中（假设零初始状态下）为

$$X(s)=\frac{b}{s+a}U(s)$$

Simulink框图如图4-9所示。

Simulink 随后将其转换为

$$x\left((k+1)T\right)=(1-aT)x(kT)+Tbu(kT)$$

然后在数字计算机上生成 C 代码。当使用传递函数的时候，Simulink 假设初始条件为零。

在这两例中，u 作为单位阶跃输入，“1” 被放入 Simulink 库中的 constant 模块，则 $u(kT)=1$（$k=0,1,2,\cdots$）。

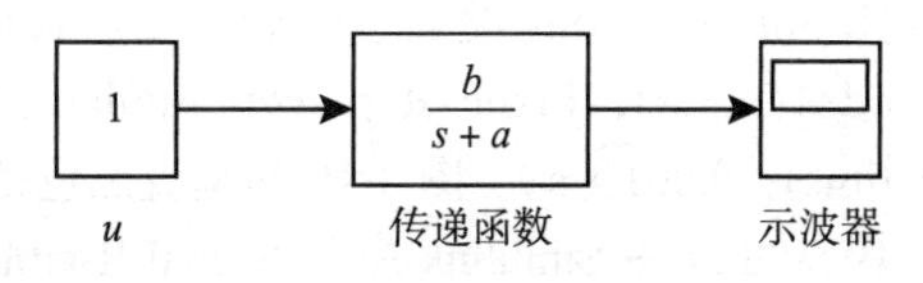

图 4-9 $X(s)=\dfrac{b}{s+a}U(s)$ 的 Simulink 框图

图 4-10 所示为例 1 中的水平弹簧质点系统的仿真框图。此框图的左上角显示了已选择的 Simulation 值。右侧是 DEBUG 和 MODELING。单击 MODELING，选择后单击 Model Settings 打开 Configuration_Parameters 对话框，如图 4-11 所示。

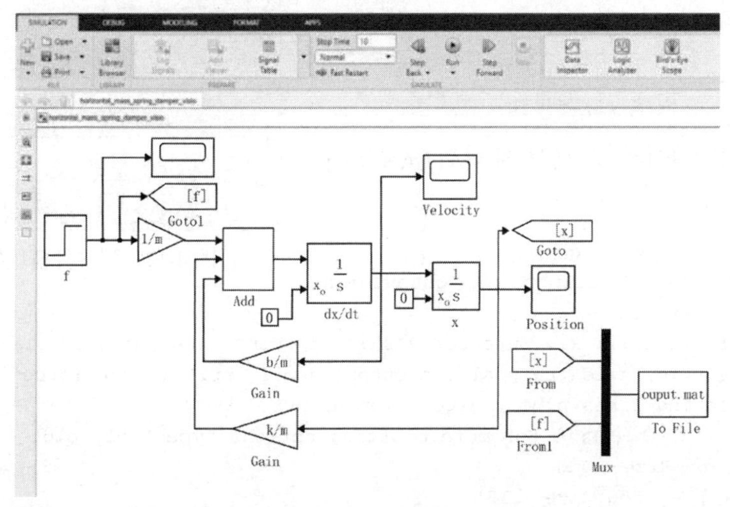

图 4-10 $m\dfrac{d^2x}{dt^2}=-kx-b\dfrac{dx}{dt}+f(t)$ 的仿真

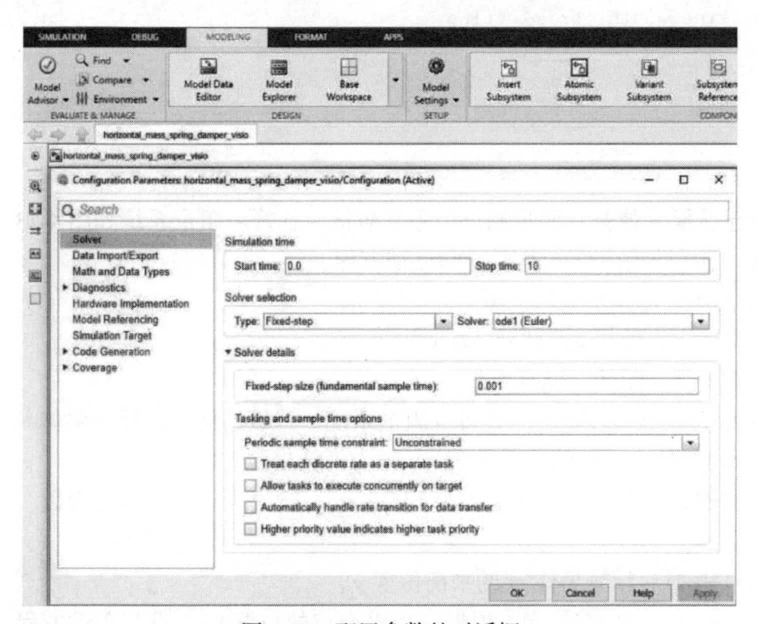

图 4-11 配置参数的对话框

在图 4-11 的 Simulation time 模块中，已设置 Start time：0.0 和 Stop time：10（s）。注意 Solver options 设置为 Type：fixed-step，Solver：ode1(Euler)，Fixed-step size (fundamental sample time)：0.001（s）。图 4-10 的垂直黑色条为 Mux 模块，可以在 Simulink 库的 Signal Routing 中找到。双击 To File 模块可以打开如图 4-12 的对话框。数据存储在名为 output.mat 的 MATLAB 数据文件中。这个文件中的数据被称为 outputdata，是由三行数组（矩阵）组成的，第一行为时间，第二行为位置 x，第三行为输入力 f。

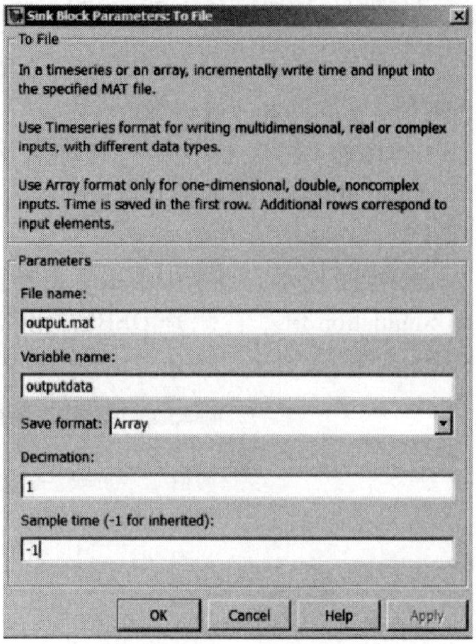

在运行 Simulink 文件之前，请运行如下 MATLAB 程序：

```
% Data file
m = 2; b = 4; k = 16; f = 8;
```

运行 Simulink 程序，随后转到 MATLAB 运行以下程序绘制数据。

图 4-12　到文件模块的对话框

```
% Data Processing file
load output.mat % Brings the outputdata
into the workspace
t = outputdata(1,:); x = outputdata(2,:); f_input = outputdata(3,:);
% t is the time, x is the position output and f_input is the force input.
% The following lines plot the position output
p1 = plot(t,x,’ b.’ ); % For more plotting options type "help plot"
set(gca,’ FontSize’ ,11)
title(’ x(t)’ ,’ FontSize’ ,18)
ylabel(’ x(t)’ ,’ FontSize’ ,16)
xlabel (’ Time in seconds’ ,’ FontSize’ ,16)
% Set the line width for plotting
set(p1,'LineWidth',2); set(p1,’ MarkerSize’ ,10);
```

习题

习题 1 垂直质量 – 弹簧 – 阻尼系统　垂直质量 – 弹簧 – 阻尼系统如图 4-13 所示。

（a）使用牛顿运动定律写下物体 m 的运动方程。

（b）当 $f(t)=0$，计算系统的平衡点 x_0。

（c）令 $\Delta x \triangleq x-x_0$，使用 Δx 重写运动方程。

习题 2 垂直质量 – 弹簧 – 阻尼系统

图 4-14 所示为一个垂直质量 – 弹簧 – 阻尼系统，弹簧连接天花板和物体 m，活塞连接地板和物体 m。$f(t)$ 是外力，m 的位置是 y，$y=0$ 为弹簧松弛。

（a）写出 m 的运动方程，计算输入为 $f(t)+mg$，输出为 $y(t)$ 的传递函数。传递函数的初始条件为零。

（b）当 $f(t)=0$ 时，计算物体 m 的平衡位置 y_0。

（c）令 $\Delta y=y-y_0$，且 $f(t)\neq 0$，根据距离平衡点的位置 Δy，重写运动方程。计算输入为

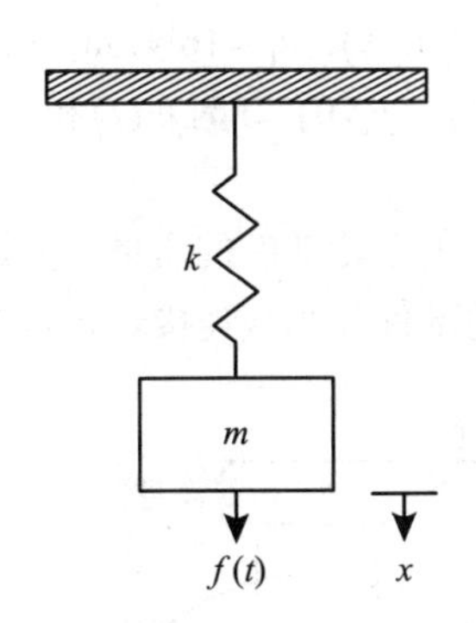

图 4-13 垂直质量－弹簧－阻尼系统

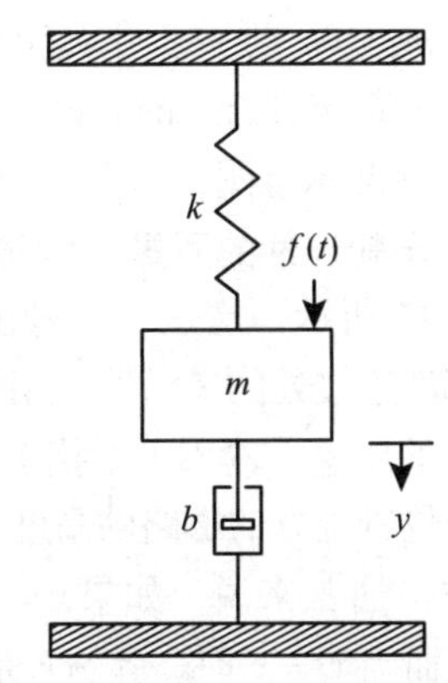

图 4-14 垂直质量－弹簧－阻尼系统

$f(t)$，输出为$\Delta y(t)$的传递函数。传递函数的初始条件为零。

（d）当$m=2\text{kg}$，$b=4\text{N}/(\text{m}/\text{s})$，$k=16\text{N}/\text{m}$，$f(t)=2u_s(t)$时，$\Delta y(t)$是否有终值？简要解释。如果有终值，则使用终值定理进行计算。

（e）对本系统进行仿真模拟。实现仿真框图并画出零初始条件下的$\Delta y(t)$。$\Delta y(t)$的终值是否和（d）中一致？

习题 3 运动质量－弹簧－阻尼系统

如图4-15所示，在一个卡车的后面加上了质量－弹簧－阻尼系统，其中卡车的位置x是输入，质量m的位置y是输出。

（a）求出物体m的运动方程。

（b）计算从输入$x(t)$到输出$y(t)$的传递函数。

（c）假设$m=2\text{kg}$，$b=4\text{N}/(\text{m}/\text{s})$，$k=16\text{N}/\text{m}$，令输出为

$$x(t)=\begin{cases}2t, & 0\leqslant t\leqslant 1\\ 2, & t>1\end{cases}$$

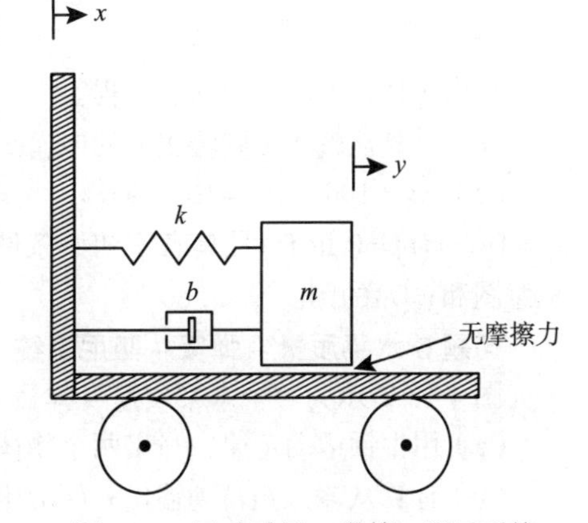

图 4-15 运动质量－弹簧－阻尼系统

$y(t)$是否具有终值？解释为什么具有或为什么不具有。如果它确实有一个终值，就用终值定理来计算它。

（d）对该系统进行Simulink仿真。打印出Simulink示意图，以及将初始条件设置为0的$x(t)$和$y(t)$的图。$y(t)$是否满足（c）中找到的终值？

习题 4 垂直质量－弹簧－阻尼系统

考虑图4-16中的质量－弹簧－阻尼系统。令减振器活塞的质量为m_p，之后会让它趋于0。

（a）写下这个质量－弹簧－阻尼系统的运动方程。

（b）找到这个系统的平衡点(x_{01},x_{02})。

（c）重写由y_1和y_2表示的运动学方程，如下

$$y_1=x_1-x_{01}$$
$$y_2=x_2-x_{02}$$

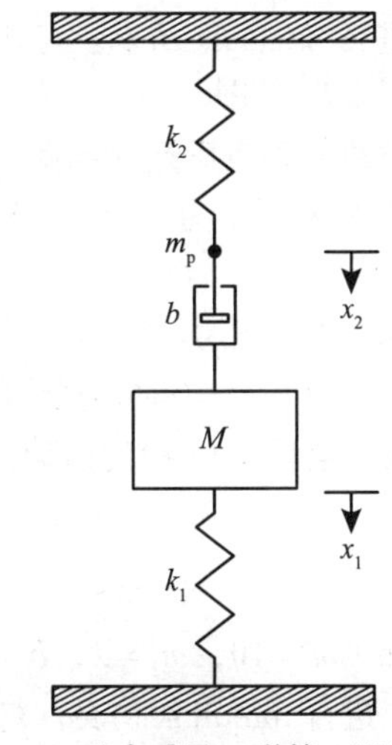

图 4-16 垂直质量－弹簧－阻尼系统

（d）令 $m_p = 0$，进一步令 $y_2(0) = \dot{y}_2(0) = 0$，$y_1(0) = 0$，但 $\dot{y}_1(0)$ 是任意的。计算 $Y_1(s)$。

（e）对该系统进行 Simulink 仿真。令 $M = 2\text{kg}$，$b = 4\text{N}/(\text{m/s})$，$k_1 = 16\text{N/m}$，$k_2 = 16\text{N/m}$。打印出 Simulink 示意图，以及 $y_2(0) = \dot{y}_2(0) = 0$，$y_1(0) = (0)$，$\dot{y}_1(0) = 1$ 时 $y_1(t)$ 和 $y_2(t)$ 的图。

习题 5 车轮部件的质量－弹簧－阻尼模型[1]

如图 4-17 所示，这是一个附在车身上的车轮模型。m_2 为车轮部件的质量，弹簧 k_2 表示轮胎与车轮部件连接处的灵活性。用弹簧 k_1 和减振器 b 将车轮部件和车身连接。m_1 是该部件悬挂的车身部分的质量。输入（干扰）是 x，它是在某个固定位置上方的道路的高度，输出 x_1 是车身的位置。通常来说，如果 $x = x_2$，弹簧 k_2 是松弛的，而当 $x_1 = x_2$ 时，弹簧 k_1 是松弛的。

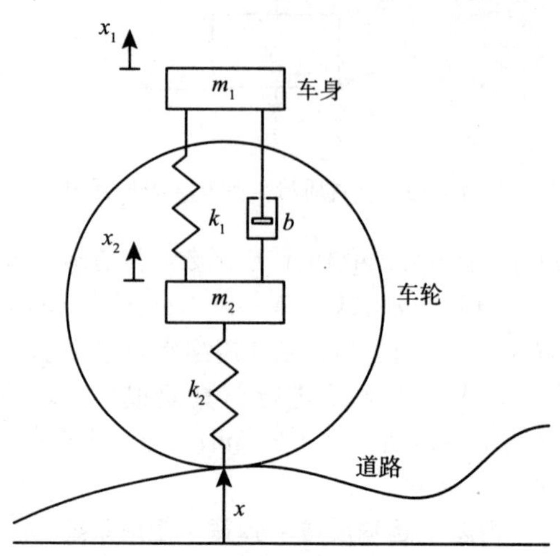

图 4-17　垂直质量－弹簧－阻尼模型的悬架系统

（a）写出运动方程。

（b）当输入 $x = 0$ 时，找到该系统的平衡点 (x_{01}, x_{02})。

（c）令

$$y_1 \triangleq x_1 - x_{01}$$
$$y_2 \triangleq x_2 - x_{02}$$

求由 y_1 和 y_2 表示的运动学方程。

（d）计算从输入 x 到输出 y 的传递函数。

（e）$m_1 = 100$，$m_2 = 10$，$b = 1$，$k_1 = 16$，$k_2 = 16$，$x(t) = 0.1u_s(t)$ 且具有零初始条件的情况下，对系统进行 Simulink 仿真。打印出仿真示意图和 $y_1(t)$ 的图。

习题 6 水平质量－弹簧－阻尼系统

图 4-18 所示为一个水平质量－弹簧－阻尼系统。

（a）用牛顿运动定律，写出两个物体 m_1 和 m_2 的运动方程。

（b）计算从输入 $f(t)$ 到输出 $x_2(t)$ 的传递函数。

（c）$m_1 = 4$，$m_2 = 2$，$b = 4$，$k_1 = 16$，$k_2 = 16$，$f(t) = 8u_s(t)$ 且具有零初始条件的情况下，对系统进行 Simulink 仿真。打印出仿真示意图和 $x_1(t)$ 及 $x_2(t)$ 的图。

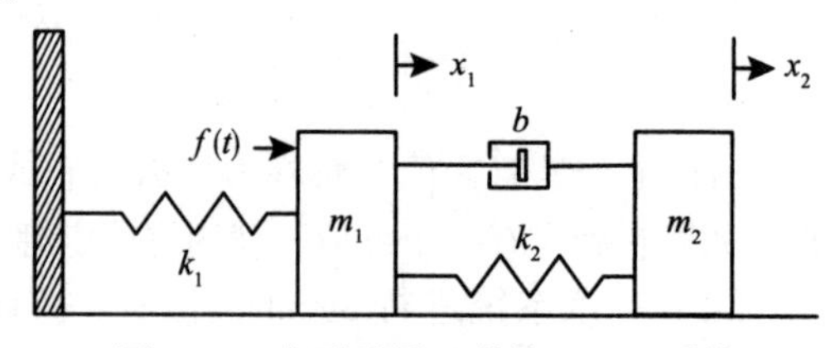

图 4-18　水平质量－弹簧－阻尼系统

习题 7 垂直质量－弹簧－阻尼系统

图 4-19 所示为一个垂直质量－弹簧－阻尼系统。

（a）用牛顿运动定律，写出两个物体 m_1 和 m_2 的运动方程。

（b）当 $f(t) = 0$ 时，找到该系统的平衡点 (x_{01}, x_{02})。

（c）重写（a）中的运动方程，用 y_1 和 y_2 表示为

$$y_1 = x_1 - x_{01}$$
$$y_2 = x_2 - x_{02}$$

（d）$m_1 = 10$，$m_2 = 2$，$b = 1$，$k_1 = 16$，$k_2 = 16$，$f(t) = u_s(t)$ 且具有零初始条件的情况下，对系统进行 Simulink 仿真。打印出仿真示意图和 $y_1(t)$ 及 $y_2(t)$ 的图。

习题 8 终值定理

在例 5 中，我们展示了图 4-7 所示系统的传递函数为

$$G(s)=\frac{X(s)}{Y(s)}=\frac{k_1bs}{bms^3+mk_1s^2+(bk_1+bk_2)s+k_1k_2}$$

回想一下，$Y(s)$是弹簧左侧的位置（输入），而$X(s)$是物体 m 的位置（输出）。令$m=2\text{kg}$，$b=4\text{N}/(\text{m}/\text{s})$，$k_1=k_2=16\text{N}/\text{m}$。

（a）使用 MATLAB 计算$G(s)$的极点。$G(s)$是否稳定？

（b）令$Y(s)=y_0/s$为阶跃输入。可否用终值定理来计算$\lim_{t\to\infty}x(t)$？如果可以，请进行计算，如果不能，请解释为什么。

（c）例 5 中的结果表明

$$\left(m_{\text{p}}s^2+bs+k_1\right)Z(s)=bsX(s)+k_1Y(s)$$

或（设置$m_{\text{p}}=0$）

$$Z(s)=\frac{bs}{bs+k_1}G(s)Y(s)+\frac{k_1}{bs+k_1}Y(s)$$

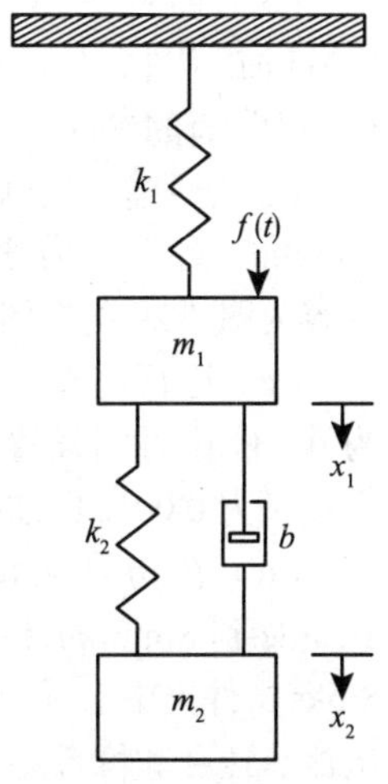

图 4-19　垂直质量 - 弹簧 - 阻尼系统

可否用终值定理来计算$\lim_{t\to\infty}z(t)$？如果可以，请进行计算，如果不能，请解释为什么。

（d）对（b）和（c）中的答案进行实际解释。

习题 9 直流电动机仿真

描述直流电动机的微分方程为

$$\begin{aligned}L\frac{\text{d}i}{\text{d}t}&=-Ri-K_{\text{b}}\omega_{\text{R}}+V_{\text{S}}\\J\frac{\text{d}\omega_{\text{R}}}{\text{d}t}&=K_{\text{T}}i-f\omega_{\text{R}}-\tau_{\text{L}}\\\frac{\text{d}\theta_{\text{R}}}{\text{d}t}&=\omega_{\text{R}}\end{aligned}\qquad(4.12)$$

参数为$J=6\times10^{-5}\text{kg}/\text{m}^2$，$K_{\text{T}}=K_{\text{b}}=0.07\text{Nm}/\text{A}(\text{V}/\text{rad}/\text{s})$，$f=0.4\times10^{-3}\text{Nm}/\text{rad}/\text{s}$，$R=2\Omega$，$L=0.002\text{H}$，$V_{\max}=40\text{V}$，$I_{\max}=5\text{A}$。对于一个阶跃输入电压，设置$V_{\text{S}}=10\text{V}$，对于一个斜坡输入电压，设置$V_{\text{S}}(t)=t$。将开始时间设置为 0，停止时间设置为 0.2s。使用固定步长为 0.001s 的欧拉积分。Simulink 框图如图 4-20 所示。

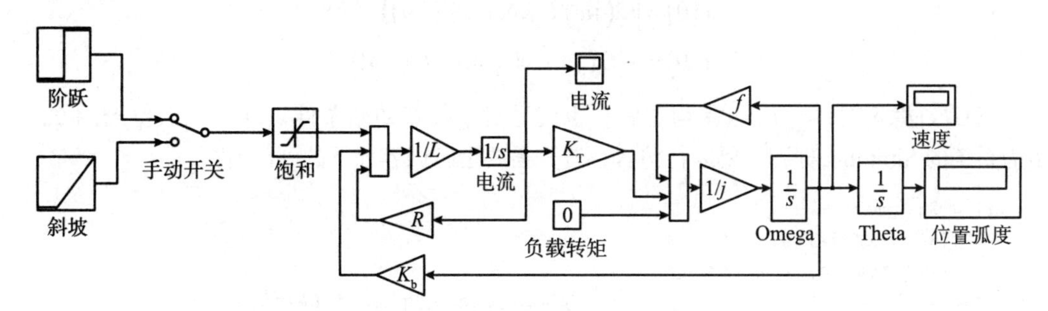

图 4-20　直流电动机 Simulink 仿真

其中，Saturation 模块可以在 Simulink 库中的 Discontinuities 文件夹中找到。如果双击这个模块，会出现如图 4-21 所示的对话窗口。

Manual switch 模块可以在 Simulink 库中的 Signal Routing 文件夹中找到。

（a）创建一个后缀名为 .m 的 MATLAB 文件，命名为 DC_sim_data.m，内容为所有的参数。

（b）创建一个后缀名为 .slx 的 Simulink 文件，命名为 DC_sim.slx，内容为图 4-20 的框图。

（c）运行仿真，将开始时间设置为 0，停止时间设置为 0.2s，使用固定步长为 0.001s 的欧拉积分。

（d）在仿真调试后，添加一个 To File 到 Simulink 模块中（在库里的 Sinks 文件夹中），用于存放输入电压、电流、速度和位置。

（e）针对阶跃输入的情况，打印 .m 文件、Simulink 框图的截屏（类似于图 4-20），以及每个存储的变量相对于时间的 MATLAB 图。

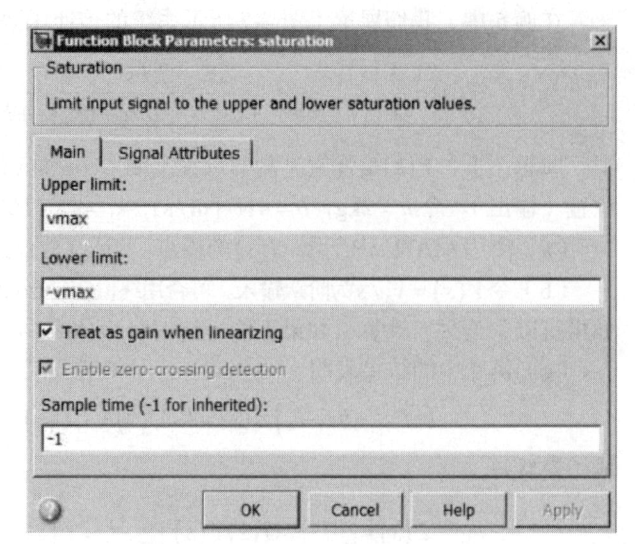

图 4-21 Saturation 模块的对话窗口

注意 图 4-20 的仿真框图没有使用 I_{max}。通常来说，会在放大器内部放置一个电流传感器来起到保护作用。如果电流的大小超过 I_{max}，该放大器会立即关闭。

习题 10 稳定微分方程的仿真

在第 3 章中，我们使用相量法求微分方程的一个解。

$$\frac{d^2x}{dt^2}+\frac{dx}{dt}+x=U_0\cos(\omega t) \tag{4.13}$$

以及

$$X(s)=\underbrace{\frac{1}{s^2+s+1}}_{G(s)}\underbrace{U_0\frac{s}{s^2+\omega^2}}_{U(s)}$$

相量解用 $x_{ph}(t)=|G(j\omega)|U_0\cos(\omega t+\angle G(j\omega))$ 表示。这实际上是在初始条件下对式（4.13）的唯一解，则

$$x(0)=|G(j\omega)|U_0\cos(\angle G(j\omega))$$
$$\dot{x}(0)=-|G(j\omega)|\omega U_0\sin(\angle G(j\omega))$$

当 $G(s)$ 稳定时，$x_{ph}(t)$ 也是稳态解，也就是对于任意初始条件 $x(t)\to x_{ph}(t)$。图 4-22 所示为系统的 Simulink 框图。要运行仿真，首先需要运行内容如下的 .m 文件。

```
U0 = 2; omega = 2;
% G(jw) = 1/(jw)^2+jw+1)
G = 1/((i*omega)^2 + i*omega + 1);
Gmag = abs(G); Gphase = angle(G); Gphase_deg = Gphase*180/pi;
```

要实现输入 $U_0\cos(\omega t)$，需要打开 Sine Wave 模块的对话框（标记为U0cos(ωt)），并如图 4-23 所示进行填写。

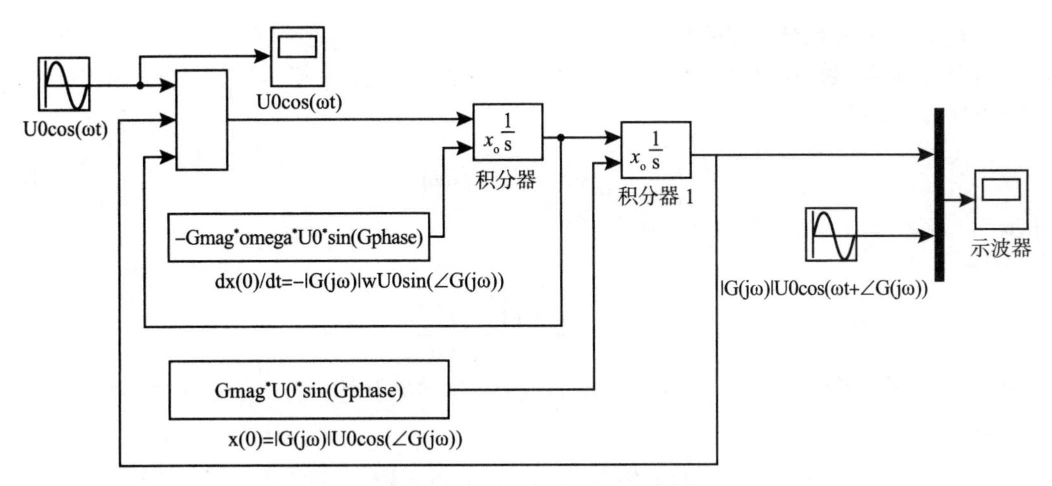

图 4-22 $\frac{d^2x}{dt^2}+\frac{dx}{dt}+x=U_0\cos(\omega t)$的 Simulink 框图

为了实现输入相量解$|G(j\omega)|U_0\cos(\omega t+\angle G(j\omega))$，打开 Sine Wave 模块的对话框（标记为$|G(j\omega)|\mathrm{U0cos}(\omega t+\angle G(j\omega))$），并如图 4-24 所示进行填写。

（a）实现此仿真并运行 15s，利用输出示波器生成绘图。

（b）将初始条件设置为 0 并运行 15s，利用输出示波器生成绘图。

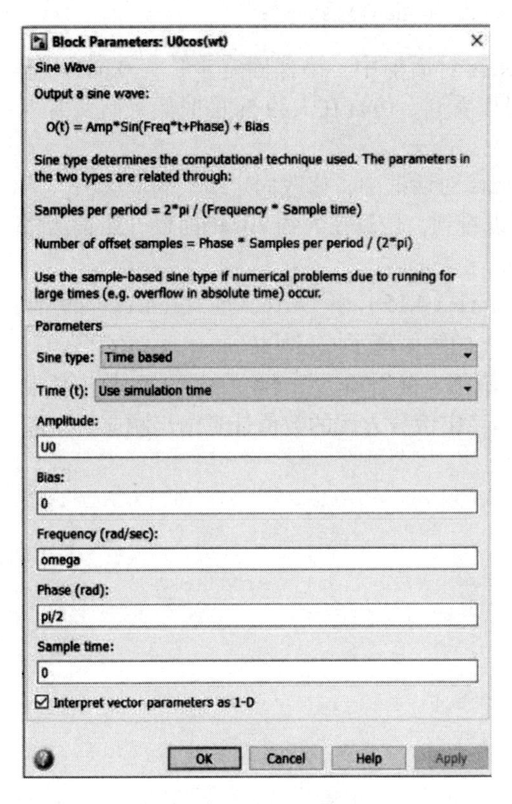

图 4-23 针对$U_0\sin(\omega t+\pi/2)=U_0\cos(\omega t)$的 Sine Wave 模块的对话框

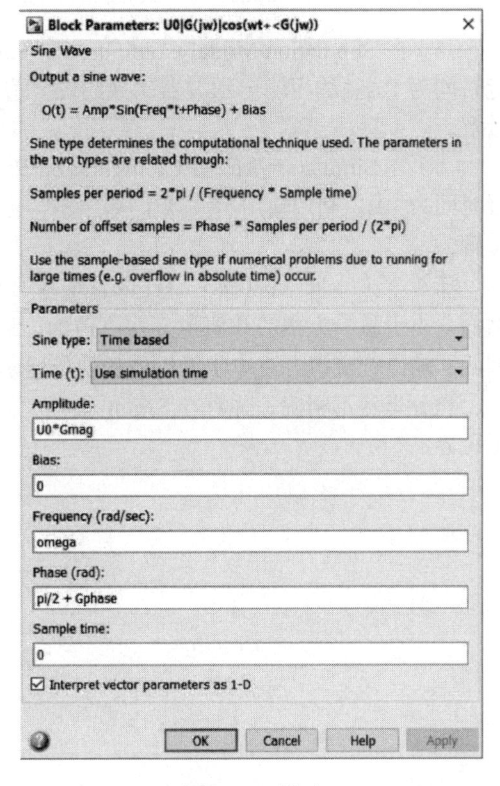

图 4-24 针对$|G(j\omega)|U_0\sin(\omega t+\pi/2+\angle G(j\omega))=|G(j\omega)|U_0\cos(\omega t+\angle G(j\omega))$的 Sine Wave 模块的对话框

习题 11 不稳定微分方程的仿真

这个问题与习题 10 相似，除了有一个不稳定的微分方程。在第 3 章，我们使用相量法求微分方程的一个解。

$$\frac{d^2x}{dt^2}-\frac{dx}{dt}+x=U_0\cos(\omega t) \tag{4.14}$$

以及

$$X(s)=\underbrace{\frac{1}{s^2-s+1}}_{G(s)}\underbrace{U_0\frac{s}{s^2+\omega^2}}_{U(s)}$$

相量解用$x_{ph}(t)=|G(j\omega)|U_0\cos(\omega t+\angle G(j\omega))$表示。这实际上是在初始条件下对式（4.14）的唯一解，则

$$x(0)=|G(j\omega)|U_0\cos(\angle G(j\omega)) \tag{4.15}$$

$$\dot{x}(0)=-|G(j\omega)|\omega U_0\sin(\angle G(j\omega)) \tag{4.16}$$

当$G(s)$不稳定时，没有稳态解，也就是对于任意初始条件$x(t)\nrightarrow x_{ph}(t)$。为了仿真该系统，对习题 10 的 Simulink 仿真进行修改。特别的是，需要运行内容如下的 .m 文件。

```
U0 = 2; omega = 2;
% G(jw) = 1/(jw)^2-jw+1)
G = 1/((i*omega)^2 - i*omega + 1);
Gmag = abs(G); Gphase = angle(G); Gphase_deg = Gphase*180/pi;
```

（a）在 Simulation/Model Configuration Parameters 对话框中，确保固定步长为 0.001。运行时间为 10s。利用输出示波器生成绘图。应该可以看到，仿真在大约 5s 的时候开始偏离相量解。

（b）在 Simulation/Model Configuration Parameters 对话框中，修改固定步长为 0.0001。运行时间为 10s。利用输出示波器生成绘图。应该可以看到，仿真在大约 10s 的时候开始偏离相量解。

注意 $|G(j\omega)|U_0\cos(\omega t+\angle G(j\omega))$是具有初始条件（4.15）和（4.16）的式（4.14）的解。然而，由于微分方程的数值积分并不精确，Simulink 的解偏离了$|G(j\omega)|U_0\cos(\omega t+\angle G(j\omega))$。因此，输出响应包含对应于无界增长的传递函数的不稳定极点项。如（b）所示，即使步长很小，积分仍然不精确，并且在 Simulink 中，这个不稳定微分方程的数值计算输出响应再次趋于无界。

刚体转动动力学

5.1 转动惯量

本章首先简要回顾刚体定轴转动的运动方程（见图 5-1）。

为了得到运动方程，首先计算圆柱体的动能。用 ω 表示圆柱体的角速度，用ρ表示圆柱体材料的质量密度。假设圆柱体是由 n（这里的 n 会非常大）个非常小的质元Δm_i组成的，其中质元 i 的质量为

$$\Delta m_i = \rho r_i \Delta\theta \Delta\ell \Delta r$$

如图 5-2 所示，每一个质元Δm_i都以相同的角速度 ω 转动，因此Δm_i的线速度为$v_i = r_i\omega$，r_i是质元Δm_i与转轴之间的距离。所以Δm_i的动能KE_i可以表示为

$$KE_i = \frac{1}{2}\Delta m_i v_i^2 = \frac{1}{2}\Delta m_i \left(r_i\omega\right)^2$$

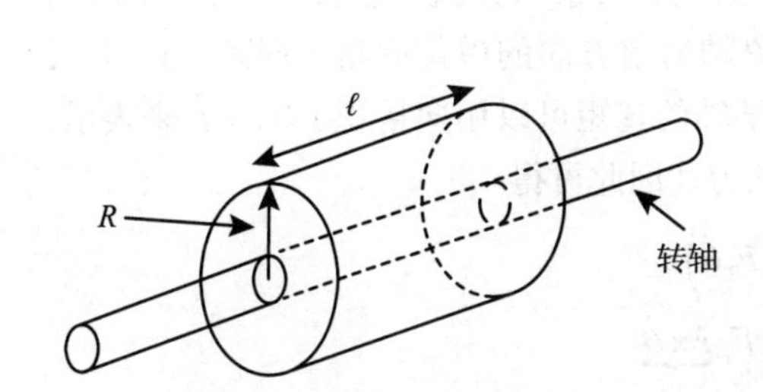

图 5-1 定轴转动的圆柱体

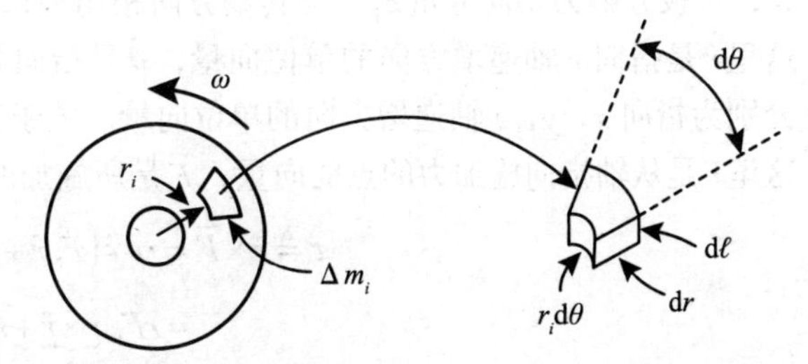

图 5-2 圆柱体被认为是由质元Δm_i组成的

则总动能为

$$KE = \sum_{i=1}^{n}\left(KE\right)_i = \sum_{i=1}^{n}\frac{1}{2}\Delta m_i v_i^2 = \sum_{i=1}^{n}\frac{1}{2}\Delta m_i\left(r_i\omega\right)^2 = \frac{1}{2}\omega^2\sum_{i=1}^{n}\Delta m_i r_i^2$$

如果认为质元质量极小，则$\Delta m_i \to 0$，且$n \to \infty$。此时，上式中的

$$\sum_{i=1}^{n}\Delta m_i r_i^2$$

可表达为积分形式

$$J = \iiint_{圆柱体} r^2 \mathrm{d}m$$

我们将 J 称为转动惯量。通过 J 可以将圆柱体的动能表达为以下形式

$$KE = \frac{1}{2}J\omega^2$$

取轴半径为 0，则圆柱体的转动惯量（假设密度ρ为常数）为

$$J = \int_0^R\int_0^\ell\int_0^{2\pi} r^2\rho r\mathrm{d}\theta\mathrm{d}\ell\mathrm{d}r = \frac{1}{2}\left(\pi R^2\ell\rho\right)R^2 = \frac{1}{2}MR^2$$

式中，M是圆柱体的总质量。

5.2 牛顿转动运动定律

我们将利用动能推导转矩和角加速度间的关系。回想理论力学基础中，外力对某质量所做的功等于其动能的变化。考虑一个作用于圆柱体上的外力$\overline{F}$，如图5-3所示。

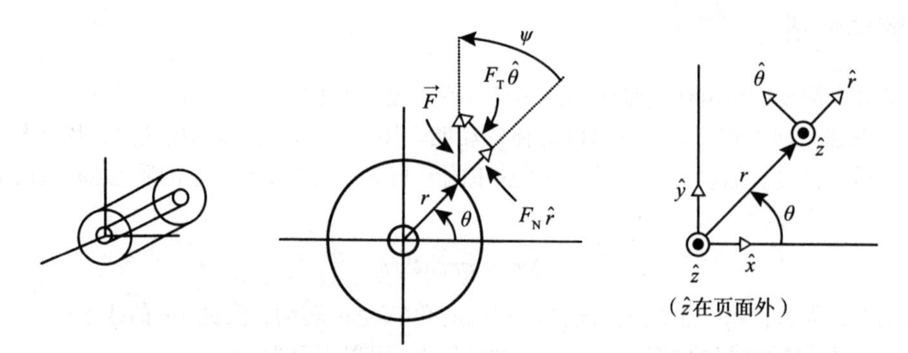

图5-3 极坐标下，施加在圆柱体上的力$\overline{F}$可分解为法向和切向两个分量

假设圆柱体围绕定轴z轴转动。如图5-3所示，极坐标系下，施加于圆柱体位置(r,θ)的力$\overline{F}$，可被分解为切向分量F_T（与转动方向相切）和法向分量F_N，力的表达式为$\overline{F}=F_N\hat{r}+F_T\hat{\theta}$，这里$\hat{r}$是指向$r$轴递增方向的单位向量，$\hat{\theta}$是指向$\theta$轴递增方向的单位向量。同理，$\hat{x}$，$\hat{y}$，$\hat{z}$分别为指向$x$，$y$，$z$轴递增方向的单位向量。关于某轴的转矩可以用向量积$\overline{\tau}\triangleq\overline{r}\times\overline{F}$来表示，这里$\overline{r}$是从轴指向施加力的点的向量，$\overline{F}$是所施加的力。因此可得

$$
\begin{aligned}
\overline{\tau}\triangleq\overline{r}\times\overline{F}&=r\hat{r}\times\left(F_N\hat{r}+F_T\hat{\theta}\right)\\
&=rF_N\underbrace{\hat{r}\times\hat{r}}_{\overline{0}}+rF_T\underbrace{\hat{r}\times\hat{\theta}}_{\hat{z}}\\
&=rF_T\hat{z}\\
&=r\left|\overline{F}\right|\sin(\psi)\hat{z}
\end{aligned}
\tag{5.1}
$$

式中，ψ是$\overline{r}$到$\overline{F}$的夹角。回想基础理论力学中，向量积$\overline{r}\times\overline{F}$的大小被定义为$|\overline{r}|\left|\overline{F}\right|\sin(\psi)=r\left|\overline{F}\right|\sin(\psi)$，$\overline{r}\times\overline{F}$的方向沿着转轴垂直于$\overline{r}$和$\overline{F}$所在平面，正方向则由右手定则[⊖]确定。$F_T=\left|\overline{F}\right|\sin(\psi)$为切向分量且

$$\overline{\tau}=\tau\hat{z}=rF_T\hat{z}$$

其标量形式为

$$\tau=rF_T$$

我们之所以通过式（5.1）定义转矩是因为此式显示了转动的成因，即与角加速度相关。更具体一点来说，绕轴的转动运动是由所施加力的切向分量F_T引起的，且所施加的切向力F_T离转轴越远，转动越容易。也就是说，不管是r还是F_T增加，都会引起转矩（转动的起因）的增加，这也与人的经验一致（比如说开门）。

综上所述，$\overline{\tau}$是一个沿着转轴的向量，其大小为

⊖ 弯曲你右手的手指，从第一个向量$\overline{r}$的方向转向第二个向量$\overline{F}$，此时，你的拇指指向就是$\overline{r}\times\overline{F}$的方向。

$$|\vec{\tau}| = |\tau| = |rF_{\mathrm{T}}|$$

（回想一下，角速度向量$\vec{\omega} = \omega\hat{z}$的指向同样也沿着转轴，这里$\omega$是角速率。）

让外力$\vec{F}$作用于圆柱体并转动了极小的位移$\mathrm{d}\vec{s} \triangleq \mathrm{d}s\hat{\theta} = r\mathrm{d}\theta\hat{\theta}$，则其所做的功可以由下式表达

$$\mathrm{d}W = \vec{F} \cdot \mathrm{d}\vec{s} = F_{\mathrm{T}} r\mathrm{d}\theta = \tau\mathrm{d}\theta$$

除以$\mathrm{d}t$后，可以表示出传送到圆柱体的功率（功的时间导数）为

$$\frac{\mathrm{d}W}{\mathrm{d}t} = \tau\frac{\mathrm{d}\theta}{\mathrm{d}t} = \tau\omega$$

由于功率等于动能的变化率，因此可以得出

$$\frac{\mathrm{d}W}{\mathrm{d}t} = \frac{\mathrm{d}}{\mathrm{d}t}\left(\frac{1}{2}J\omega^2\right) = \tau\frac{\mathrm{d}\theta}{\mathrm{d}t} \tag{5.2}$$

也可以写成

$$J\omega\frac{\mathrm{d}\omega}{\mathrm{d}t} = \tau\omega$$

因此可得转矩和角加速度的基本关系为

$$\tau = J\frac{\mathrm{d}\omega}{\mathrm{d}t} \tag{5.3}$$

可以看出，施加的转矩等于转动惯量乘以角加速度。这是刚体绕固定轴转动动力学的基本方程。

5.2.1 黏性转动摩擦

几乎总是有摩擦力，同样，在轴和轴承㊀之间也有黏性摩擦转矩。如图 5-4 所示。

通常，摩擦力与角速度成正比，这种摩擦的模型称为黏性摩擦，数学上表示为

$$\vec{\tau} = -f\vec{\omega} = -f\omega\hat{z}$$

或者，其标量形式为

$$\tau = -f\omega$$

其中，$f > 0$为黏性摩擦系数。

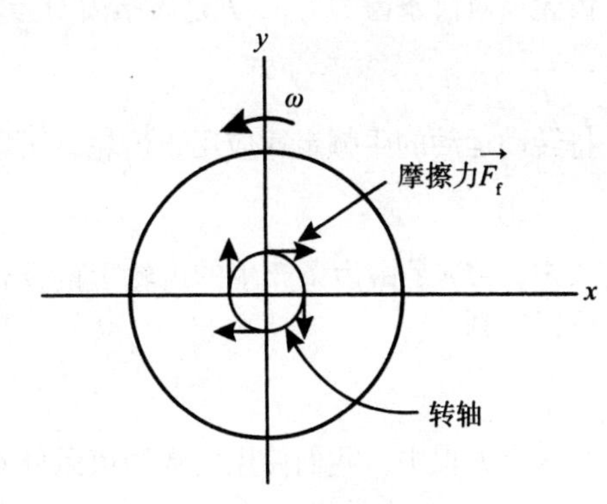

图 5-4 黏性摩擦转矩

5.2.2 转矩的符号规定

假设转轴是沿着z轴的。则转矩为

$$\vec{\tau} \triangleq \vec{r} \times \vec{F} = r|\vec{F}|\sin(\psi)\hat{z} = \underbrace{rF_{\mathrm{T}}}_{\tau}\hat{z} = \tau\hat{z}$$

式中，ψ是$\vec{r}$到$\vec{F}$的夹角。向量积$\vec{r} \times \vec{F}$在$\hat{z}$方向上的分量为$r|\vec{F}|\sin(\psi)$。注意$\vec{r} \times \vec{F}$的方向垂直于$\vec{r}$和$\vec{F}$。

在工程应用中，设计的系统可以使施加的力与转动运动相切，也就是说，$\psi = \frac{\pi}{2}$，所以

㊀ 一个有趣的例外是磁轴承，其转轴被磁场悬浮，因此没有机械接触。

$F_{\mathrm{T}}=\left|\vec{F}\right|\sin(\psi)=\left|\vec{F}\right|$。此外，在工程课本中，转矩的符号规定由弯曲箭头表示，如图 5-5 所示。

如果$\tau=rF_{\mathrm{T}}>0$，转矩就会令圆柱体沿着弯曲箭头指示的方向绕着 z 轴转动。另一方面，如果$\tau=rF_{\mathrm{T}}<0$，转矩就会令圆柱体沿着与弯曲箭头相反的方向绕着 z 轴转动。物理课本中，更喜欢写成$\vec{\tau}\triangleq\tau\hat{z}$。

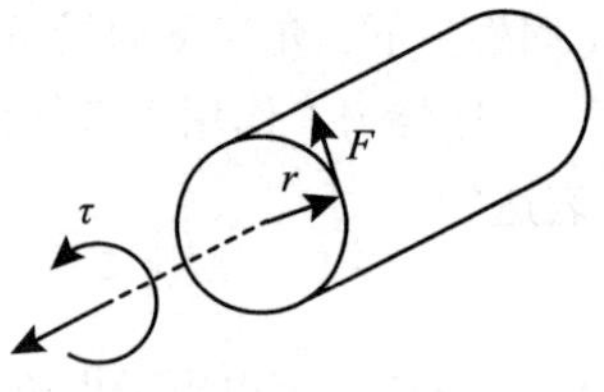

图 5-5 转矩的符号规定

例 1 齿条齿轮装置

某齿条齿轮装置如图 5-6 所示，用于将转动运动变为直线运动，反之亦然。在图 5-6 中，齿轮的轴线固定不动。施加于轴上的转矩 τ 会使齿轮转动，通过齿轮齿和齿条齿的接触使得齿条沿 x 的方向移动。

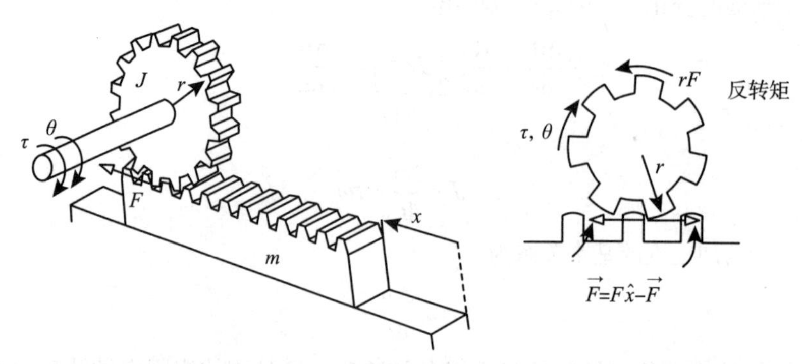

图 5-6 齿条齿轮系统。F 是齿轮齿和齿条齿上的力。$-F$ 是齿条齿对齿轮齿的反作用力

我们将输入取为转矩 τ（由电动机产生），输出是位置 x。由于齿轮齿和齿条齿啮合在一起，所以角度 θ 和位置 $x=r\theta$ 之间存在代数关系。m 是齿条的质量，J 是齿轮的转动惯量。设 F 为齿轮齿对齿条齿的力，$-F$ 是齿条齿对齿轮齿的反作用力。将牛顿定律应用于齿条的质量，有

$$m\ddot{x}=F$$

将转动运动的牛顿定律应用于齿轮，可以得到

$$J\ddot{\theta}=\tau-Fr$$

式中，$-Fr$ 是由齿条产生的齿轮上的反作用转矩。将第一个方程乘以 r，再加上第二个方程，可以得到

$$J\ddot{\theta}+mr\ddot{x}=\tau$$

在这个方程中，我们使用代数约束条件 $\theta=x/r$ 来消除 θ，重新排列可以得到

$$\left(J+mr^2\right)\ddot{x}=r\tau$$

传递函数为

$$\frac{X(s)}{\tau(s)}=\frac{r}{J+mr^2}\frac{1}{s^2}$$

能量守恒定律

利用能量守恒重新推导齿条齿轮系统的传递函数。齿条齿轮系统的动能为

$$KE=\frac{1}{2}J\dot{\theta}^2+\frac{1}{2}m\dot{x}^2=\frac{1}{2}J\dot{x}^2/r^2+\frac{1}{2}m\dot{x}^2=\frac{1}{2}\left(J/r^2+m\right)\dot{x}^2$$

如式（5.2）所示，所做的功率等于动能的变化量。因此

$$\tau\frac{\mathrm{d}\theta}{\mathrm{d}t}=\frac{\mathrm{d}(KE)}{\mathrm{d}t}$$

代入 KE 得

$$\tau\frac{1}{r}\frac{\mathrm{d}x}{\mathrm{d}t}=\left(J/r^2+m\right)\dot{x}\ddot{x}$$

也可表示成

$$r\tau=\left(J+mr^2\right)\ddot{x}$$

那么 τ 到 x 的传递函数是

$$\frac{X(s)}{\tau(s)}=\frac{r}{J+mr^2}\frac{1}{s^2}$$

例 2 连接弹簧的齿条齿轮系统

图 5-7 展示了某齿条齿轮系统，齿条通过弹簧连接到某墙壁上，在齿条和支撑表面之间还有黏性摩擦阻尼。转矩 τ（由电动机产生）为输入，位置 x 为输出。r 是齿轮的半径，J_{p}是齿轮围绕其中心的转动惯量，J_{m}是电动机的转动惯量，b 是齿条与其表面之间的黏性摩擦系数，k 为弹簧的弹性系数，m 为齿条的质量。

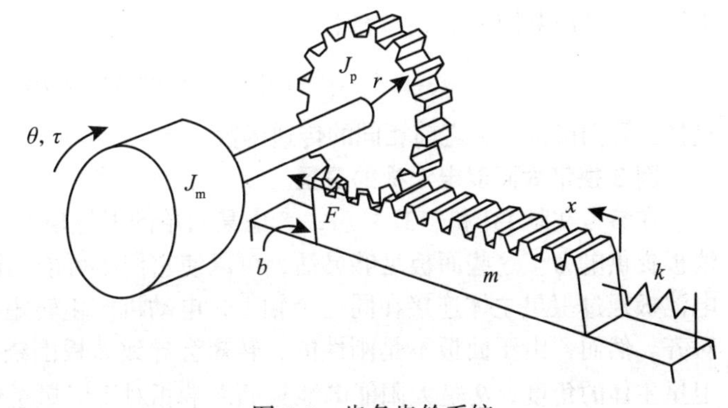

图 5-7　齿条齿轮系统

输入转矩 τ，输出是位置 x。首先用牛顿定律找到传递函数。F 是齿轮齿和齿条齿上的力，$-F$ 是齿条齿对齿轮齿的反作用力，使齿轮产生反作用转矩 $-rF$。可得这个系统模型的方程式为

$$\left(J_{\mathrm{m}}+J_{\mathrm{p}}\right)\ddot{\theta}=\tau-Fr$$
$$m\ddot{x}=F-b\dot{x}-kx$$

以及代数约束

$$x=r\theta$$

F 是未知的，通常是不可测的。因此，我们将 F 从这两个方程式中去除掉，得到

$$\left(J_{\mathrm{m}}+J_{\mathrm{p}}\right)\ddot{\theta}+rm\ddot{x}=\tau-r\left(b\dot{x}+kx\right)$$

通过替换 $\theta=x/r$（即 $\dot{x}=r\dot{\theta}$ 以及 $\ddot{x}=r\ddot{\theta}$）得到

$$\left(J_{\mathrm{m}}+J_{\mathrm{p}}\right)\ddot{x}/r+rm\ddot{x}=\tau-rb\dot{x}-rkx$$

重新排列

$$\left(J_{\mathrm{m}}+J_{\mathrm{p}}+mr^2\right)\ddot{x}+r^2b\dot{x}+kr^2x=\tau r$$

取初始条件为零的拉普拉斯变换，得到

$$\left(J_{\mathrm{m}}+J_{\mathrm{p}}+mr^2\right)s^2X(s)+r^2bsX(s)+kr^2X(s)=r\tau(s)$$

传递函数为

$$X(s)=\frac{r}{\left(J_{\mathrm{m}}+J_{\mathrm{p}}+mr^{2}\right)s^{2}+r^{2}bs+kr^{2}}\tau(s)$$

现在用能量守恒定律来找到运动方程，参考式（5.3），可以看到，如果外部转矩τ使得系统转动$\mathrm{d}\theta$的角度，则在系统上所做的功$\mathrm{d}W$为$\tau\mathrm{d}\theta$。通过能量守恒定律得知其等于$J_{\mathrm{m}}+J_{\mathrm{p}}$和$m$动能的变化，加上弹性势能的变化，再加上由于黏性摩擦而耗散的热量。根据τ，系统的输入功率为$P=\mathrm{d}W/\mathrm{d}t$，因为$P=\mathrm{d}W/\mathrm{d}t=\tau\mathrm{d}\theta/\mathrm{d}t$，所以

$$\begin{aligned}\underbrace{\tau\frac{\mathrm{d}\theta}{\mathrm{d}t}}_{\text{输入机械功率}}&=\frac{\mathrm{d}}{\mathrm{d}t}\left(\underbrace{\frac{1}{2}\left(J_{\mathrm{m}}+J_{\mathrm{p}}\right)\dot{\theta}^{2}+\frac{1}{2}m\dot{x}^{2}}_{\mathrm{KE}}+\underbrace{\frac{1}{2}kx^{2}}_{\mathrm{PE}}\right)+\underbrace{(b\dot{x})\dot{x}}_{\text{耗散功率}}\\&=\left(J_{\mathrm{m}}+J_{\mathrm{p}}\right)\dot{\theta}\ddot{\theta}+m\dot{x}\ddot{x}+kx\dot{x}+b\dot{x}^{2}\end{aligned}$$

使用代数约束条件，则

$$\tau\frac{\mathrm{d}(x/r)}{\mathrm{d}t}=\left(J_{\mathrm{m}}+J_{\mathrm{p}}\right)(\dot{x}/r)(\ddot{x}/r)+m\dot{x}\ddot{x}+kx\dot{x}+b\dot{x}^{2}$$

乘以r^{2}，抵消共同因子$\dot{x}$，得到

$$\tau r=\left(J_{\mathrm{m}}+J_{\mathrm{p}}+mr^{2}\right)\ddot{x}+r^{2}b\dot{x}+kr^{2}x$$

这样，我们得到了和之前相同的传递函数。

例 3 携带太阳能电池板的卫星

在参考文献 [3] 和 [13] 之后，考虑某简单的卫星模型，如图 5-8a 所示，它利用太阳能电池板提供电力。这些面板足够灵活，可以使它们尽可能不影响卫星进入轨道。这两块太阳能电池板通过卫星主体连接在同一个轴上，电动机产生转矩τ来转动电池板，使电池板与太阳对齐。然而，由于面板不是刚性的，转矩会导致面板围绕其转轴振荡。θ是电动机轴相对于卫星主体的角度，θ_{p}是太阳能电池板的末端相对于卫星主体的角度。我们使用扭转弹簧和转动阻尼器系统对该系统进行建模，如图 5-8b 所示。

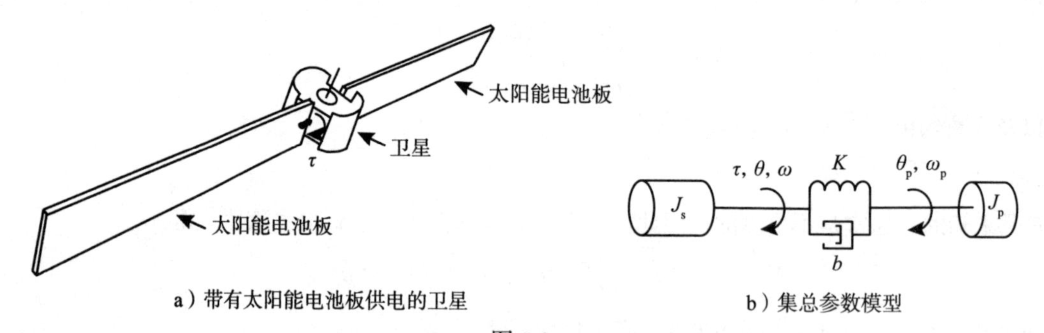

a）带有太阳能电池板供电的卫星　　b）集总参数模型

图 5-8

扭转弹簧的系数为常数K，转动阻尼器的系数为常数b（通常非常小），卫星主体的转动惯量为J_{s}，两个太阳能电池板的转动惯量为J_{p}。但太阳能电池板不是刚性的，所以它们实际上是没有转动惯量的。然而J_{p}被认为是太阳能电池板的“等效”转动惯量，与集总参数模型是否能够近似柔性太阳能电池板动力学模型直接相关㊀。扭转弹簧的常系数K用于模拟当太

㊀ K, b, J_{p}的值（近似）模拟了柔性面板的力学动力学，可通过测量数据在实验中得到。

阳能电池板的轴被电动机的转矩转动时所产生的转矩。电动机轴上的转矩为$-K\left(\theta-\theta_{\mathrm{p}}\right)$，而太阳能电池板轴上的（反作用）转矩为$K\left(\theta-\theta_{\mathrm{p}}\right)$。当电动机转动太阳能电池板轴时，电池板会以越来越小的振幅振荡（来回转动），直到最终停止。转动阻尼器用于模拟内部阻尼结构。该阻尼引起的能量损失作为热量耗散。在电动机轴上的阻尼转矩为$-b\left(\frac{\mathrm{d}\theta}{\mathrm{d}t}-\frac{\mathrm{d}\theta_{\mathrm{p}}}{\mathrm{d}t}\right)$，而太阳能电池板轴上的（反作用）转矩为$b\left(\frac{\mathrm{d}\theta}{\mathrm{d}t}-\frac{\mathrm{d}\theta_{\mathrm{p}}}{\mathrm{d}t}\right)$。综合计算一下，这个卫星系统的动力学方程是

$$J_{\mathrm{s}}\frac{\mathrm{d}^2\theta}{\mathrm{d}t^2}=-K\left(\theta-\theta_{\mathrm{p}}\right)-b\left(\frac{\mathrm{d}\theta}{\mathrm{d}t}-\frac{\mathrm{d}\theta_{\mathrm{p}}}{\mathrm{d}t}\right)+\tau \tag{5.4}$$

$$J_{\mathrm{p}}\frac{\mathrm{d}^2\theta_{\mathrm{p}}}{\mathrm{d}t^2}=K\left(\theta-\theta_{\mathrm{p}}\right)+b\left(\frac{\mathrm{d}\theta}{\mathrm{d}t}-\frac{\mathrm{d}\theta_{\mathrm{p}}}{\mathrm{d}t}\right) \tag{5.5}$$

计算拉普拉斯变换（初始条件为零）并重新排列，得到

$$s^2J_{\mathrm{s}}\theta(s)+bs\theta(s)+K\theta(s)=bs\theta_{\mathrm{p}}(s)+K\theta_{\mathrm{p}}(s)+\tau(s)$$

$$s^2J_{\mathrm{p}}\theta_{\mathrm{p}}(s)+bs\theta_{\mathrm{p}}(s)+K\theta_{\mathrm{p}}(s)=bs\theta(s)+K\theta(s)$$

进一步重新排列为

$$\theta(s)=\frac{bs+K}{s^2J_{\mathrm{s}}+bs+K}\theta_{\mathrm{p}}(s)+\frac{1}{s^2J_{\mathrm{s}}+bs+K}\tau(s) \tag{5.6}$$

$$\theta_{\mathrm{p}}(s)=\frac{bs+K}{s^2J_{\mathrm{p}}+bs+K}\theta(s) \tag{5.7}$$

消除$\theta_{\mathrm{p}}(s)$，得到

$$\theta(s)=\frac{bs+K}{s^2J_{\mathrm{s}}+bs+K}\frac{bs+K}{s^2J_{\mathrm{p}}+bs+K}\theta(s)+\frac{1}{s^2J_{\mathrm{s}}+bs+K}\tau(s)$$

求解$\theta(s)$，有

$$\theta(s)=\frac{s^2J_{\mathrm{p}}+bs+K}{s^2\left(J_{\mathrm{p}}J_{\mathrm{s}}s^2+b\left(J_{\mathrm{p}}+J_{\mathrm{s}}\right)s+K\left(J_{\mathrm{p}}+J_{\mathrm{s}}\right)\right)}\tau(s)$$

易得$\theta_{\mathrm{p}}(s)$为

$$\theta_{\mathrm{p}}(s)=\frac{bs+K}{s^2J_{\mathrm{p}}+bs+K}\theta(s)=\frac{bs+K}{s^2\left(J_{\mathrm{p}}J_{\mathrm{s}}s^2+b\left(J_{\mathrm{p}}+J_{\mathrm{s}}\right)s+K\left(J_{\mathrm{p}}+J_{\mathrm{s}}\right)\right)}\tau(s)$$

综上所述

$$\theta(s)=\frac{s^2J_{\mathrm{p}}+bs+K}{s^2\left(J_{\mathrm{p}}J_{\mathrm{s}}s^2+b\left(J_{\mathrm{p}}+J_{\mathrm{s}}\right)s+K\left(J_{\mathrm{p}}+J_{\mathrm{s}}\right)\right)}\tau(s) \tag{5.8}$$

$$\theta_{\mathrm{p}}(s)=\frac{bs+K}{s^2\left(J_{\mathrm{p}}J_{\mathrm{s}}s^2+b\left(J_{\mathrm{p}}+J_{\mathrm{s}}\right)s+K\left(J_{\mathrm{p}}+J_{\mathrm{s}}\right)\right)}\tau(s) \tag{5.9}$$

假设测量了电动机轴的角度θ。θ的传感器与执行器（电动机）位于同一刚体上，我们将其称为已配置的传感器和执行器外壳。另一方面，假设测量了太阳能电池板的角度θ_{p}。这个角度传感器位于其中一个太阳能电池板的末端。由于执行器和传感器不在同一刚体上，我们

称之为非共置的传感器和执行器套件。

5.3 齿轮

这个展示是根据参考文献 [1] 中的内容改编而来。利用先前研究的基础刚体动力学，现在将讲述如图 5-9 所示的双齿轮系统模型推导。

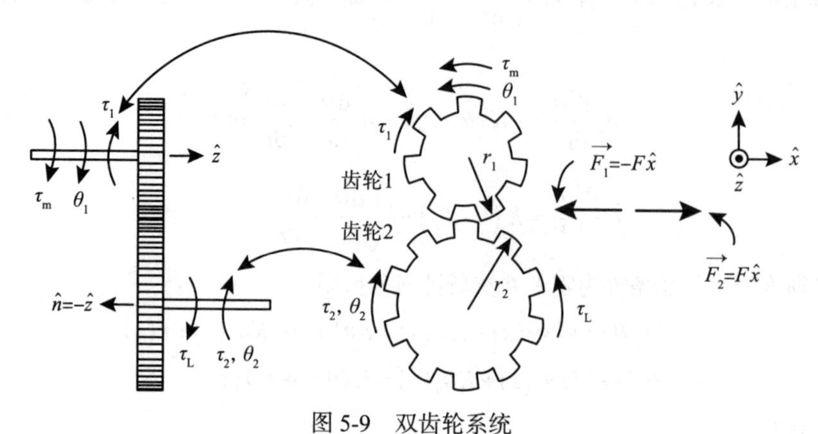

图 5-9 双齿轮系统

来源：Sharon Katz

在图 5-9 中，τ_1是齿轮 2 施加在齿轮 1 上的转矩，$\overrightarrow{F}_1$是齿轮 2 施加在齿轮 1 上的力，τ_2是齿轮 1 施加在齿轮 2 上的转矩，$\overrightarrow{F}_2$是齿轮 1 施加在齿轮 2 上的力，θ_1是齿轮 1 转动的角度，θ_2是齿轮 2 转动的角度，n_1是齿轮 1 上的齿数，n_2是齿轮 2 上的齿数，r_1是齿轮 1 的半径，r_2是齿轮 2 的半径。

在图 5-9 中，已标注有$\overrightarrow{F}_1=-F\hat{x}$以及$\overrightarrow{F}_2 \triangleq F\hat{x}$，根据牛顿第三定律，$\overrightarrow{F}_1$和$\overrightarrow{F}_2$大小相等，方向相反。如图 5-9 所示，根据$\overrightarrow{F}_1 \triangleq F(-\hat{x})$，当$F>0$时，意味着齿轮 1 上的力沿着$-\hat{x}$的方向。另外，令$\vec{r}_1 \triangleq r_1(-\hat{y})$，所以$\vec{\tau}_1=\vec{r}_1\times\overrightarrow{F}_1=r_1F(-\hat{y})\times(-\hat{x})=r_1F(-\hat{z})=r_1F\hat{n}$。也就是说，$\vec{\tau}_1=\tau_1\hat{n}$，其中$\tau_1=r_1F$和$\hat{n}\triangleq-\hat{z}$是单位向量。同样，对于$\overrightarrow{F}_2 \triangleq F\hat{x}$，当$F>0$时，意味着齿轮 2 上的力沿着$\hat{x}$的方向。写下$\vec{r}_2 \triangleq r_2\hat{y}$后，可得出$\vec{\tau}_2=\vec{r}_2\times\overrightarrow{F}_2=r_2F(-\hat{z})=-\tau_2\hat{z}=\tau_2\hat{n}$，同时$\tau_2=r_2F$。

5.3.1 两个齿轮间的代数关系

在齿轮间有三个重要的代数关系

1）齿轮有不同的半径，但每个齿轮上的齿的大小相同，以便它们能够啮合在一起。因此，每个齿轮表面上的齿数与齿轮的半径成正比。例如，如果$r_2=2r_1$，那么$n_2=2n_1$。一般来说，

$$\frac{r_2}{r_1}=\frac{n_2}{n_1}$$

2）当有$\tau_1=r_1F$和$\tau_2=r_2F$时，可以得出

$$\frac{\tau_2}{\tau_1}=\frac{r_2}{r_1}$$

3）由于每个齿轮上的齿可以啮合在一起，因此沿着每个齿轮的周长移动的距离是相同的。换句话说，就是$\theta_1r_1=\theta_2r_2$，或者

$$\frac{\theta_2}{\theta_1}=\frac{r_1}{r_2}$$

前两个代数关系可以概括为

$$\frac{\tau_2}{\tau_1}=\frac{r_2}{r_1}=\frac{n_2}{n_1}$$

所以这些比率是这样更容易理解且更容易被记住——因为已知齿轮 2 的半径是大于齿轮 1 的，则齿轮 2 表面的齿数更多（因为其周长较大），并且齿轮 2 上的转矩也更大（因为它的半径较大）。

最后一个代数关系概括为

$$\frac{r_1}{r_2}=\frac{\theta_2}{\theta_1}=\frac{\omega_2}{\omega_1}$$

写成 $\theta_1 r_1=\theta_2 r_2$ 会更容易记住，也可理解为每个齿轮表面移动的距离与它们啮合在一起时移动的距离相同。

5.3.2 两个齿轮间的动态关系

考虑如图 5-10 所示的双齿轮系统。电动机转矩 τ_m 作用于齿轮 1，转矩 τ_L 是作用于齿轮 2 的负载转矩。

在图 5-10 中，使用了以下符号。J_1 是电动机轴的转动惯量，J_2 是输出轴的转动惯量，f_1 是电动机轴的黏性摩擦系数，f_2 是输出轴的黏性摩擦系数，θ_1 是齿轮 1 转动的角度，θ_2 是齿轮 2 转动的角度，ω_1 是齿轮 1 的角速度，ω_2 是齿轮 2 的角速度，τ_1 是由齿轮 2 施加在齿轮 1 上的转矩，τ_2 是由齿轮 1 施加在齿轮 2 上的转矩。

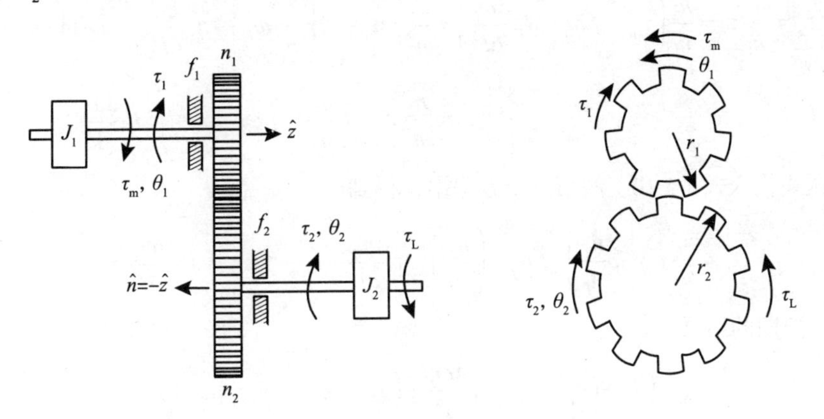

图 5-10 双齿轮系统的动力学方程

来源：Sharon Katz

对于转矩 τ_m，τ_1，τ_2，τ_L 的符号规定如图 5-10 所示。需要指出的是，如果 $\tau_m>0$，$\tau_1>0$，它们符号相反，同样地，如果 $\tau_2>0$，$\tau_L>0$，这两个转矩符号也相反。负载转矩如图 5-11 所示，其中齿轮 2 上的负载转矩为 $\tau_L=r_2 mg$，r_2 是齿轮 2 的半径。

现在，我们综合上述来推导齿轮动力学方程。回想一下，刚体动力学的基本方程为

$$\tau=J\frac{\mathrm{d}\omega}{\mathrm{d}t}$$

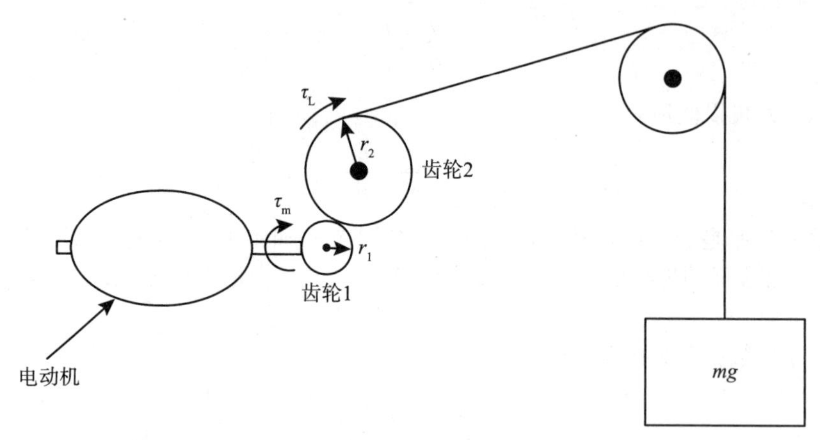

图 5-11 负载转矩示意图

来源：Sharon Katz

式中，τ 是刚体上的总转矩；J 是刚体的转动惯量；$\mathrm{d}\omega/\mathrm{d}t$ 是其围绕固定转轴的角加速度。这两个齿轮的运动方程为

$$\tau_m - \tau_1 - f_1\omega_1 = J_1\frac{\mathrm{d}\omega_1}{\mathrm{d}t}$$
$$\tau_2 - \tau_L - f_2\omega_2 = J_2\frac{\mathrm{d}\omega_2}{\mathrm{d}t} \tag{5.10}$$

通常，已知输入（电动机）转矩 τ_m，输出位置 θ_2 和角速度 ω_2 可通过测量得到。因此，需要消除变量 τ_1，τ_2，ω_1，其方法如下

$$\begin{aligned}\tau_2 = \frac{n_2}{n_1}\tau_1 &= \frac{n_2}{n_1}\left(\tau_m - f_1\omega_1 - J_1\frac{\mathrm{d}\omega_1}{\mathrm{d}t}\right) = \frac{n_2}{n_1}\left(\tau_m - f_1\left(\frac{n_2}{n_1}\omega_2\right) - J_1\frac{\mathrm{d}}{\mathrm{d}t}\left(\frac{n_2}{n_1}\omega_2\right)\right)\\ &= \frac{n_2}{n_1}\tau_m - \left(\frac{n_2}{n_1}\right)^2 f_1\omega_2 - \left(\frac{n_2}{n_1}\right)^2 J_1\frac{\mathrm{d}\omega_2}{\mathrm{d}t}\end{aligned} \tag{5.11}$$

将 τ_2 的表达式代入式（5.10）的第二个方程中，得到

$$\frac{n_2}{n_1}\tau_m - \left(\frac{n_2}{n_1}\right)^2 f_1\omega_2 - \left(\frac{n_2}{n_1}\right)^2 J_1\frac{\mathrm{d}\omega_2}{\mathrm{d}t} - \tau_L - f_2\omega_2 = J_2\frac{\mathrm{d}\omega_2}{\mathrm{d}t}$$

重新排列，预期的结果是

$$\frac{n_2}{n_1}\tau_m = \underbrace{\left(J_2 + (n_2/n_1)^2 J_1\right)}_{J}\frac{\mathrm{d}\omega_2}{\mathrm{d}t} + \underbrace{\left(f_2 + (n_2/n_1)^2 f_1\right)}_{f}\omega_2 + \tau_L \tag{5.12}$$

令 $n = n_1/n_2$ 表示齿轮比，$J \triangleq J_2 + n^2J_1$ 表示影响到输出轴的总转动惯量，$f \triangleq f_2 + n^2f_1$ 表示影响到输出轴上的总黏性摩擦系数。式 (5.12) 可以简化为

$$n\tau_m = J\frac{\mathrm{d}\omega_2}{\mathrm{d}t} + f\omega_2 + \tau_L \tag{5.13}$$

齿轮的净效应是在电动机轴上将电动机转矩从 τ_m 增加到输出轴上的 $n\tau_m$，将 n^2J_1 与输出轴的转动惯量相加，并将 n^2f_1 与输出轴的黏性摩擦系数相加。

注意 所有的东西都可以被看作电动机轴，而不是输出（负载）轴。因此，首先将 $\omega_2 = (n_1/n_2)\omega_1$ 代入式（5.12）中，得到

$$\frac{n_2}{n_1}\tau_{\mathrm{m}}=\left(J_2+\left(\frac{n_2}{n_1}\right)^2 J_1\right)\frac{\mathrm{d}}{\mathrm{d}t}\left(\frac{n_1}{n_2}\omega_1\right)+\left(f_2+\left(\frac{n_2}{n_1}\right)^2 f_1\right)\left(\frac{n_1}{n_2}\omega_1\right)+\tau_{\mathrm{L}}$$

将两边分别乘以n_1/n_2，则

$$\tau_{\mathrm{m}}=\left(J_2+\left(\frac{n_2}{n_1}\right)^2 J_1\right)\left(\frac{n_1}{n_2}\right)^2\frac{\mathrm{d}\omega_1}{\mathrm{d}t}+\left(f_2+\left(\frac{n_2}{n_1}\right)^2 f_1\right)\left(\frac{n_2}{n_1}\right)^2\omega_1+\frac{n_1}{n_2}\tau_{\mathrm{L}}$$

或者最后为

$$\tau_{\mathrm{m}}=\left(\left(\frac{n_1}{n_2}\right)^2 J_2+J_1\right)\frac{\mathrm{d}\omega_1}{\mathrm{d}t}+\left(\left(\frac{n_1}{n_2}\right)^2 f_2+f_1\right)\omega_1+\frac{n_1}{n_2}\tau_{\mathrm{L}}$$

在该公式中，输入轴上的负载转矩比输出轴上减少了n_1/n_2，并且$(n_1/n_2)^2 J_2$已经被添加到了电动机轴的转动惯量中，$(n_1/n_2)^2 f_2$也已经被添加到了电动机轴的黏性摩擦系数中。

例 4 轧机（改编自参考文献 [3]）

如图 5-12 所示，展示了某轧机，其中，厚度为T的铝板进入滚筒，出来后厚度为x。施加在齿轮 1 上的电动机转矩τ_{m}会引起施加在齿轮 2 上的转矩τ_2，进而在齿条和顶辊上产生力F。力F将铝板的厚度减小到x。控制的问题是测量输出厚度x，并使用该测量值去选择电动机转矩τ_{m}，从而使$x(t)\to x_{\mathrm{d}}$，其中x_{d}是期望的厚度。我们现在推导出该系统的数学模型。顶辊上滚轧板向上（反作用）的力为

$$F_{\mathrm{L}}=k(T-x)$$

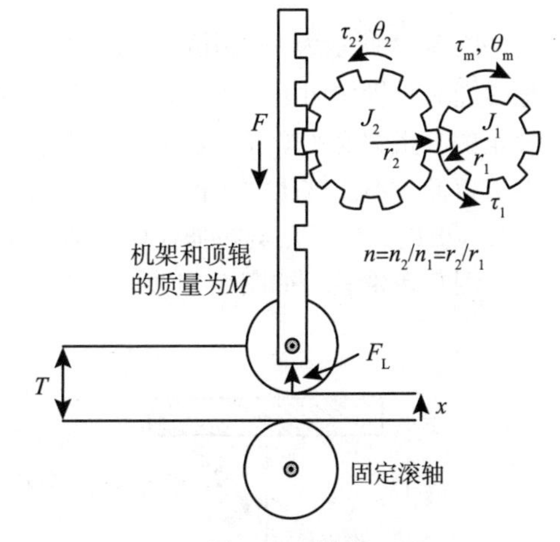

图 5-12 轧机

式中，k是常数。齿轮比为$n=n_2/n_1=r_2/r_1$，齿轮轴上的黏性摩擦力为 0，即$f_1=f_2=0$。设f_{rack}为齿条和支撑结构（未显示）之间的黏性摩擦系数，则$-f_{\mathrm{rack}}\frac{\mathrm{d}}{\mathrm{d}t}(T-x)$为齿条上的黏性摩擦力。通过$n_2/n_1=r_2/r_1$以及$f_1=f_2=0$，式（5.12）中的齿轮方程可以写为

$$\frac{r_2}{r_1}\tau_{\mathrm{m}}=\left(J_2+(r_2/r_1)^2 J_1\right)\frac{\mathrm{d}\omega_2}{\mathrm{d}t}+\tau_{\mathrm{L}} \tag{5.14}$$

其中，$\tau_{\mathrm{L}}=r_2F$。当$T-x=r_2\theta_2=r_1\theta_{\mathrm{m}}$，角速度$\omega_2$以及角加速度$\mathrm{d}\omega_2/\mathrm{d}t$可以写为

$$\omega_2=\frac{1}{r_2}\frac{\mathrm{d}}{\mathrm{d}t}(T-x),\frac{\mathrm{d}\omega_2}{\mathrm{d}t}=\frac{1}{r_2}\frac{\mathrm{d}^2(T-x)}{\mathrm{d}t^2}$$

将$\mathrm{d}\omega_2/\mathrm{d}t$和$\tau_{\mathrm{L}}=r_2F$代入式（5.14）中，得到

$$\frac{r_2}{r_1}\tau_{\mathrm{m}}=\left(J_2+(r_2/r_1)^2 J_1\right)\frac{1}{r_2}\frac{\mathrm{d}^2(T-x)}{\mathrm{d}t^2}+r_2F$$

将牛顿方程应用于齿条和顶辊（总质量为M），则

$$M\frac{\mathrm{d}^2(T-x)}{\mathrm{d}t^2}=F-f_{\mathrm{rack}}\frac{\mathrm{d}}{\mathrm{d}t}(T-x)-F_{\mathrm{L}}=F-f_{\mathrm{rack}}\frac{\mathrm{d}}{\mathrm{d}t}(T-x)-k(T-x)$$

从上述推导的方程中消除F，我们最终可以得到一个厚度为x的微分方程模型

$$\underbrace{\left(J_2+\left(r_2/r_1\right)^2 J_1+r_2^2 M\right)}_{J_{\mathrm{eq}}}\frac{\mathrm{d}^2\left(T-x\right)}{\mathrm{d}t^2}+r_2^2 f_{\mathrm{rack}}\frac{\mathrm{d}}{\mathrm{d}t}\left(T-x\right)+r_2^2 k\left(T-x\right)=\frac{r_2^2}{r_1}\tau_{\mathrm{m}}$$

通过 $y\triangleq T-x,a_1\triangleq r_2^2 f_{\mathrm{rack}}/J_{\mathrm{eq}}$，$a_0\triangleq r_2^2 k/J_{\mathrm{eq}},b_0\triangleq r_2^2/\left(r_1 J_{\mathrm{eq}}\right)$，以及 $u\triangleq\tau_{\mathrm{m}}$，模型可以被简化为

$$\ddot{y}+a_1\dot{y}+a_0 y=b_0 u$$

传递函数为

$$G(s)=\frac{Y(s)}{U(s)}=\frac{b_0}{s^2+a_1 s+a_0}$$

当 $a_1>0$，$a_0>0$ 时，这个传递函数是稳定的。可以看到相当复杂的机械装置也可以用一个二阶传递函数来描述，并可以进一步设计反馈控制器来调节铝板的厚度。这种控制器将在第 9 章和第 10 章中进行设计。

5.3.3　张力

图 5-13 所示为一个用绳子或是缆绳绑在天花板上的一个质量块 m。质量块 m 旁的张力 T_1 是缆绳对质量块向上的力，靠近天花板的张力 T_1 是缆绳对天花板向下的力。由于质量块 m 是静止的，张力必须等于 mg 才能抵消重力。思考绳子、缆绳等上的张力，将其想象成一个只能被拉伸（不能被压缩）的弹簧，但其弹性系数本质上是无穷大($k=\infty$)。因此，当缆绳的两端被拉开时，缆绳不会拉伸任何距离，而是产生恢复力。

例 5 单滑轮　如图 5-14 所示，展示了由长度为 l 的绳子绕滑轮连接的两个物体 m_1 和 m_2。

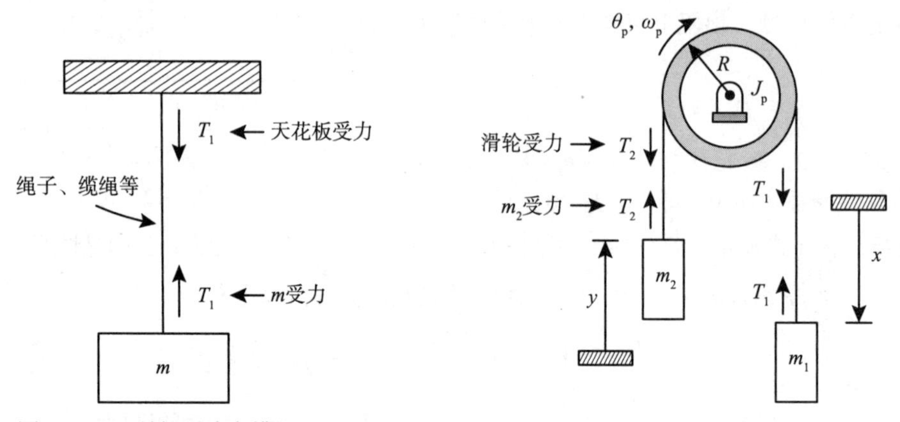

图 5-13　T_1 是绳子或者缆绳的张力　　　　图 5-14　无质量滑轮

绳子两边的重力都处于张力之下，因此它也在“暗中”提供了恢复力。在滑轮的右侧 $T_1>0$，这意味着在 m_1 上有一个向上的力，在滑轮的右侧有一个向下的力 T_1。同样地，在左侧，$T_2>0$ 意味着在 m_2 上有一个向上的力，并且在滑轮的左侧也有一个向下的力 T_2。

长度为 ℓ 的绳子使得当 $x=0$ 时，也有 $y=0$。这暗示着 $x=y$。同样，当 $x=y=0$ 时 $\theta_{\mathrm{p}}=0$。绳子不会在滑轮转动时滑动，所以代数约束为

$$y=x=R\theta_{\mathrm{p}}$$

运动方程为

$$J_{\mathrm{p}}\frac{\mathrm{d}\omega_{\mathrm{p}}}{\mathrm{d}t}=RT_1-RT_2$$

$$m_1\frac{d^2x}{dt^2}=m_1g-T_1$$

$$m_2\frac{d^2y}{dt^2}=-m_2g+T_2$$

我们通常将滑轮的质量视为0。也就是说，我们设置了一个$J_p=0$。然后立即得到$T_1=T_2$，并且使用$y=x$将运动方程简化为

$$m_1\frac{d^2x}{dt^2}=m_1g-T_1$$

$$m_2\frac{d^2x}{dt^2}=-m_2g+T_1$$

将两个方程来抵消T_1，最终得到

$$\frac{d^2x}{dt^2}=\frac{m_1-m_2}{m_1+m_2}g$$

习题6会举例说明滑轮的重要性。

5.4　滚动柱体

本章将进行滚动柱体（无滑动）的运动模型建模。

5.4.1　结合平移和转动运动

如图5-15a所示，展示了一个质量为m，转动惯量为J的圆柱体，它以平移速度v向右移动，但其主轴没有转动速度，即$\omega=0$。它的动能是$\frac{1}{2}mv^2$。在图5-15b中，同一圆柱体绕着主轴转动，没有平移速度，即$v=0$。它的动能是$\frac{1}{2}J\omega^2$。

如图5-16所示，展示了相同的圆柱体，其质心（在转轴上）以速度v_{cm}向右移动，同时它也以角速度ω绕其主轴转动。

圆柱体顶部的点Q相对于转轴以$r\omega\hat{x}$的速度向右移动。所以点Q的总速度为

$$v_Q\hat{x}=v_{cm}\hat{x}+r\omega\hat{x}$$

圆柱体底部的点P相对于转轴以$-r\omega\hat{x}$的速度移动，而转轴（质心）则以$v_{cm}\hat{x}$的速度向右移动。所以P的总速度为

$$v_P\hat{x}=v_{cm}\hat{x}-r\omega\hat{x}$$

总动能为

$$\frac{1}{2}mv_{cm}^2+\frac{1}{2}J\omega^2$$

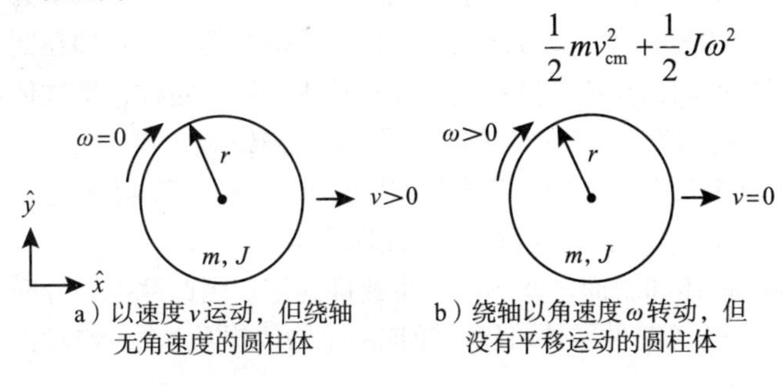

a）以速度v运动，但绕轴无角速度的圆柱体
b）绕轴以角速度ω转动，但没有平移运动的圆柱体

图5-15

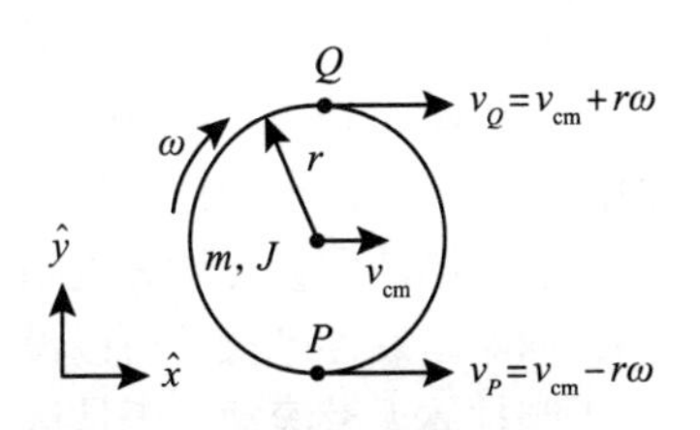

图5-16　平移运动和转动运动

5.4.2　无滑滚动

我们现在引入防滑条件。考虑图 5-17 中的圆柱体，其质量为 m，绕其转轴的转动惯量为 J（图 5-17 中 $-\hat{z}$ 的方向）。

圆柱体的质心位于圆柱体中点的转轴上。圆柱体无滑滚动意味着

$$x = r\theta$$

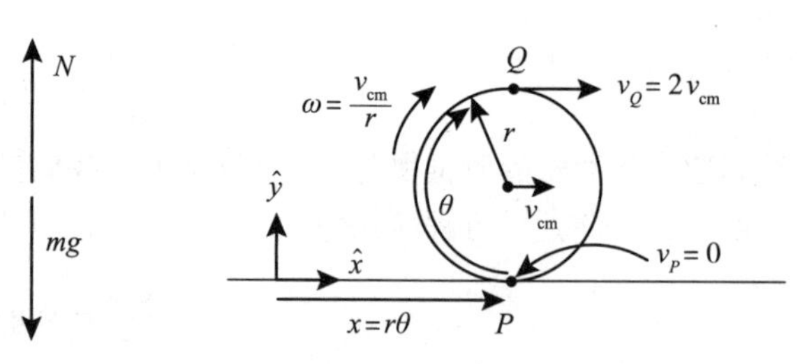

图 5-17　圆柱体在平面上滚动且不滑动

式中，θ 是圆柱体转动的角度，x 是圆柱体沿表面转动的距离。根据时间 t 区分这两个方面：

$$\frac{\mathrm{d}x}{\mathrm{d}t} = r\omega$$

该表面提供了一个向上的法向量 N 来抵消向下的重力 mg。

如图 5-17 所示，圆柱体质心的速度 v_{cm} 为

$$v_{cm} = \frac{\mathrm{d}x}{\mathrm{d}t}$$

这仅仅是因为圆柱体的质心直接位于圆柱体与水平面的接触点 P 之上，并且该接触点在垂直方向上以速度 $\mathrm{d}x/\mathrm{d}t$ 向右移动。

圆柱体以角速度 ω 围绕其质心转动：

$$\omega = \frac{\mathrm{d}\theta}{\mathrm{d}t} = \frac{\mathrm{d}\left(x/r\right)}{\mathrm{d}t} = \frac{\dot{x}}{r} = \frac{v_{cm}}{r}$$

利用已有的无滑滚动条件：

$$v_Q = v_{cm} + r\omega = 2v_{cm}$$
$$v_P = v_{cm} - r\omega = 0$$

注意，圆柱体表面与平面的接触点 P 处速度为零。由于圆柱体上没有力或转矩，它的动能的计算公式为

$$KE = \frac{1}{2}mv_{cm}^2 + \frac{1}{2}J\omega^2 = \frac{1}{2}m\dot{x}^2 + \frac{1}{2}\frac{J}{r^2}\dot{x}^2 = \frac{1}{2}\left(m + \frac{J}{r^2}\right)\dot{x}^2$$

5.4.3　圆柱体沿斜面向下滚动

图 5-18 展示了一个圆柱体沿斜面向下滚动的示意图。假设该圆柱体质量为 m，转动惯量为 J，若沿斜面向上取 x 轴正方向，垂直于斜面方向取 y 轴方向。则存在一个大小为 $mg\sin(\phi)$ 的重力分量，能够使得圆柱体沿斜面朝 $-x$ 方向滚动。由于摩擦力的存在，即在圆柱体与斜面的接触点处存在一个大小为 F_f 的力作用于圆柱体（而根据牛顿第三定律，圆柱体会在斜面上产生一个相互作用力 F_f）。正是这个力 F_f 产生转矩，使圆柱体转动。

根据图 5-19 所示的情况，我们可以想象齿条齿轮装置中的作用力 F_f。在这里，齿条是斜面的表面部分，小齿轮是圆柱体，它们的啮合关系可模拟表面的相互作用。

我们继续假设无滑移的情况，即圆柱体和斜面之间的接触点速度为零。因此摩擦是静摩擦，而不是黏性摩擦，所以没有能量损失。（黏性摩擦可以想象成两个物体相互摩擦 / 滑动。）由于圆柱体无滑滚动，于是得到如下条件

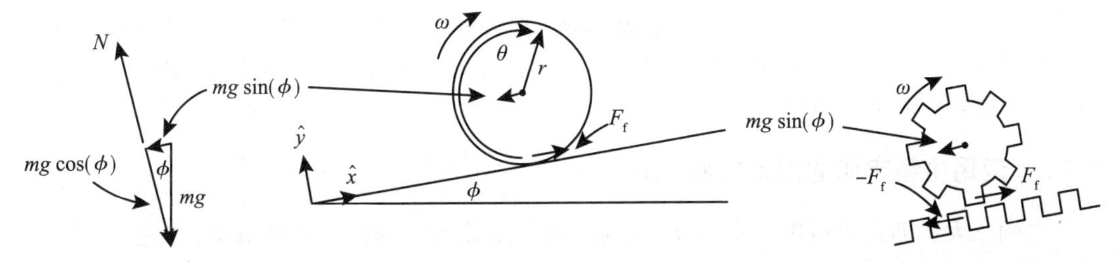

图 5-18　在重力作用下的圆柱体沿斜面向下滚动

图 5-19　斜面与圆柱体模型的表面相互作用关系可用齿条齿轮装置模拟

$$x = r\theta$$

$$v_{cm} = \frac{dx}{dt} = r\omega$$

当圆柱体沿着斜面向下滚动时，随着 x 值的减少，可以得到 $\omega < 0$。

5.4.4　静摩擦与动摩擦

摩擦力 F_f（见图 5-18）为静摩擦。在第 4 章中，已经讨论了黏性摩擦，即两个润滑表面之间相互滑动的摩擦。例如，阻尼器的活塞和气缸之间的介质是一种起润滑作用的流体（油 / 润滑剂）㊀。然而，当两个粗糙（非润滑）表面相互滑动时，此时的摩擦描述为动摩擦。如图 5-20 所示，在斜面上有一个质量为 m 的方块。

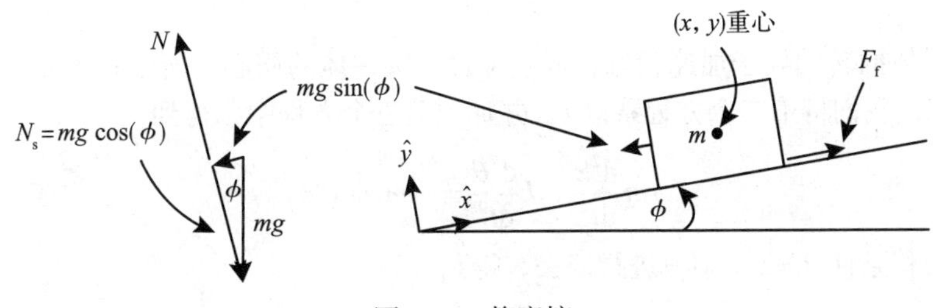

图 5-20　静摩擦

由经验可知，如果角度 ϕ 太小，那么方块将不会沿斜面下滑。这是由于在方块底面和斜面之间有一个静摩擦力 F_f，这个摩擦力抵消了重力分量 $mg\sin(\phi)$。其中，静摩擦力 F_f 产生的大小范围为 $0 \leqslant F_f \leqslant F_{fmax}$。

$$F_{fmax} = \mu_s N_s = \mu_s mg\cos(\phi)$$

式中，F_{fmax} 为两个表面之间的最大静摩擦，$N_s = mg\cos(\phi)$ 为重力在方块上（垂直于斜面）的法向力，μ_s 为经验确定㊁的静摩擦系数。若重力分量 $mg\sin(\phi)$ 小于 $F_{fmax} = \mu_s mg\cos(\phi)$，方块会静止在斜面上不动。随着角度 ϕ 的不断增加，静摩擦力也随之增加，以抵消重力分量 $mg\sin(\phi)$。

然而，如果角度 ϕ 增加到足够大的程度，使重力分量 $mg\sin(\phi)$ 大于最大可能静摩擦力大小 $F_{fmax} = \mu_s mg\cos(\phi)$，方块就会沿斜面向下滑动。当方块滑下时，它受到两个粗糙（非润滑）表面之间的动摩擦的作用。动摩擦 F_{kf} 可以表示为

$$F_{kf} = \mu_k mg\cos(\phi)$$

㊀ 由滚珠轴承支承的轴是润滑的，因此采用黏性摩擦建模。

㊁ 当我们说通过“经验”得到，意思是它是一个由多次实验确定的常数。

式中，μ_k也是经验确定的常数。实际上$\mu_k \ll \mu_s$，所以动摩擦要小于静摩擦。也就是说，在方块开始滑动后，它受到的摩擦会显著减少。上文描述的动摩擦模型，是两个粗糙（非润滑）表面相互滑动所产生的情况。

5.4.5 运用牛顿定律的运动方程

牛顿三大运动定律适用于非加速坐标系。由三大定律推导出的转动定律$\tau = Jd\omega/dt$在非加速坐标系中也同样有效。然而事实上，若转轴通过刚体的质心[14]，$\tau = Jd\omega/dt$在加速坐标系中仍然成立。

例如图5-18中的滚动圆柱体。由于在$+\hat{y}$方向上对圆柱体施加了力$N = mg\cos(\phi)$，抵消了在$-\hat{y}$方向上的重力分量$mg\cos(\phi)$，因此圆柱体无法沿着y方向移动。此时圆柱体与斜面接触点处有一个静摩擦力F_f作用在圆柱上㊀。以圆柱体质心为原点建立(x, y)坐标系。得到圆柱体的运动方程：

$$m\frac{d^2y}{dt^2} = -mg\cos(\phi) + N = 0 \tag{5.15}$$

$$m\frac{d^2x}{dt^2} = -mg\sin(\phi) + F_f \tag{5.16}$$

$$J\frac{d^2\theta}{dt^2} = -rF_f \tag{5.17}$$

$$x = r\theta \tag{5.18}$$

虽然圆柱体的转轴处于加速状态，但它穿过了圆柱体的质心，所以式（5.17）仍然有效。为了消除力F_f，我们将第二个方程乘以r，并加到第三个方程中，得到

$$rm\frac{d^2x}{dt^2} + J\frac{d^2\theta}{dt^2} = -rmg\sin(\phi)$$

利用无滑移条件$\theta = x/r$对θ进行消去，得到

$$rm\frac{d^2x}{dt^2} + \frac{J}{r}\frac{d^2x}{dt^2} = -rmg\sin(\phi)$$

或

$$\frac{d^2x}{dt^2} = -\underbrace{\frac{mr^2}{mr^2 + J}g\sin(\phi)}_{\text{常数}}$$

5.4.6 运用牛顿运动方程解决刚体问题小结

对于刚体的平移运动，在惯性坐标系㊁中采用牛顿定律$F = ma$来获得运动中的刚体质心。F是作用在刚体上的所有力的总和。如式（5.15）和式（5.16），作用在圆柱体质心坐标(x, y)上的三种外力分别为mg、F_f和N。

对于刚体的转动运动，我们使用$\tau = Jd\omega/dt$（其中τ是作用在转动惯量为J的刚体上所有与其转轴相关的转矩之和）。即使转轴处于加速状态，只要转轴经过刚体的质心[14]，这个方

㊀ 注意，在圆柱体与斜面的接触点，圆柱体底部的速度为零。因此这是静摩擦，而不是黏性摩擦。圆柱体只要滚动无滑动，就不会有黏性摩擦。

㊁ 特指坐标系没有做加速运动。

程仍然成立。例如，在式（5.17）中，我们将转轴设为正在加速的圆柱体的体轴线。对于这个轴，唯一的转矩是$-rF_{\mathrm{f}}$。由于重力mg作用于圆柱体的质心，因此其力臂为零。

5.4.7 由能量守恒导出的运动方程

圆柱体的动能计算公式为

$$KE=\frac{1}{2}m\dot{x}^2+\frac{1}{2}J\omega^2=\frac{1}{2}m\dot{x}^2+\frac{1}{2}\frac{J}{r^2}\dot{x}^2=\frac{1}{2}\left(m+\frac{J}{r^2}\right)\dot{x}^2 \tag{5.19}$$

在图 5-21 中，圆柱体的轴线（质心位于轴线上）位于$x\hat{x}+y\hat{y}$处。由于$d\cos(\phi)=r$，可以得出圆柱体的轴线在距离地面高度$\left(x-d\sin(\phi)\right)\sin(\phi)+d$的位置（见习题 18）。因此，圆柱体的重力势能可以计算得到：

$$PE=mg\left(x\sin(\phi)-d\sin^2(\phi)+d\right) \tag{5.20}$$

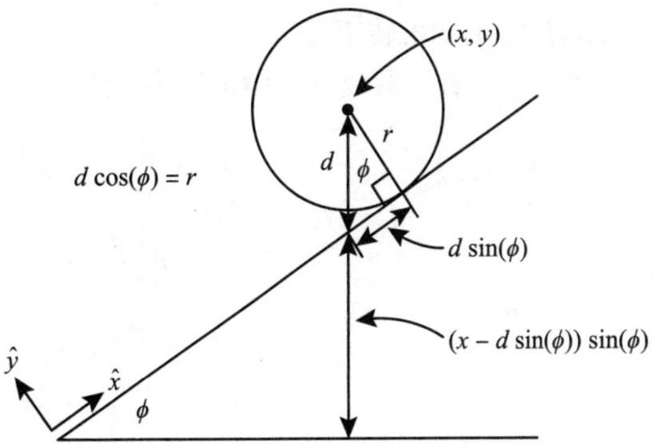

图 5-21 地面上轴线高度

圆柱体总能量为

$$KE+PE=\frac{1}{2}\left(m+\frac{J}{r^2}\right)\dot{x}^2+mg\left(x\sin(\phi)-d\sin^2(\phi)+d\right)$$

由于总能量是固定的，所以式子可以写为

$$\frac{\mathrm{d}}{\mathrm{d}t}(KE+PE)=\left(m+\frac{J}{r^2}\right)\dot{x}\ddot{x}+mg\dot{x}\sin(\phi)=0$$

消去$\dot{x}$，可以将式子重新写为

$$\frac{\mathrm{d}^2x}{\mathrm{d}t^2}=-\frac{mr^2}{mr^2+J}g\sin(\phi) \tag{5.21}$$

注意 图 5-22 显示了质量为 m 的方块沿光滑无摩擦斜面向下滑动的情况。

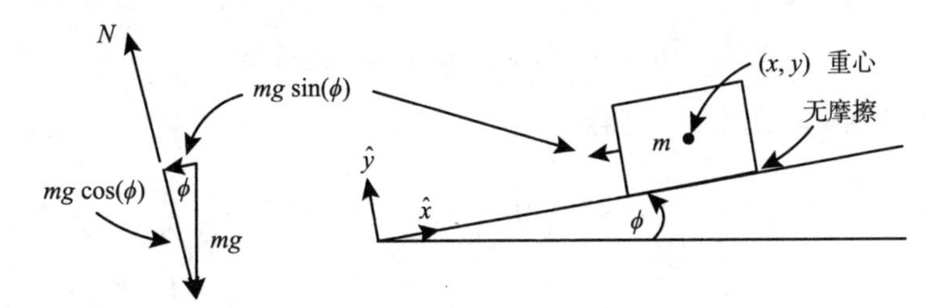

图 5-22 质量为 m 的方块在无摩擦斜面上向下滑动

用(x,y)表示方块质量中心在坐标系中的位置，可以得到运动方程：

$$m\frac{\mathrm{d}^2y}{\mathrm{d}t^2}=-mg\cos(\phi)+N=0$$

$$m\frac{\mathrm{d}^2x}{\mathrm{d}t^2}=-mg\sin(\phi)$$

或者表示为

$$\frac{d^2x}{dt^2} = -g\sin(\phi) \tag{5.22}$$

对比式（5.21）和式（5.22）可知，在图 5-21 中，滚动的圆柱体沿斜面向下的加速度比质量同样为 m 的方块要慢。这是因为滚动圆柱体的部分重力势能用来做转动运动（动能）和平移运动（动能），而不是像图 5-22 中的方块那样全部用来做平移运动。

5.4.8　沿斜面向上运动的电动缸

假设圆柱体内部有一个电动机，产生转矩 τ_m。图 5-23、图 5-24 与图 5-18、图 5-19 相同，仅仅增加了电动机转矩 τ_m。

和上文一样，假设 (x,y) 为圆柱体质量中心在坐标系中的位置，可得到电动缸的运动方程：

$$m\frac{d^2y}{dt^2} = -mg\cos(\phi) + N = 0$$

$$m\frac{d^2x}{dt^2} = -mg\sin(\phi) + F_f$$

$$J\frac{d^2\theta}{dt^2} = \tau_m - rF_f$$

$$x = r\theta$$

为了消除力 F_f，我们将第二个方程乘以 r，并加到第三个方程中，得到

$$rm\frac{d^2x}{dt^2} + J\frac{d^2\theta}{dt^2} = \tau_m - rmg\sin(\phi)$$

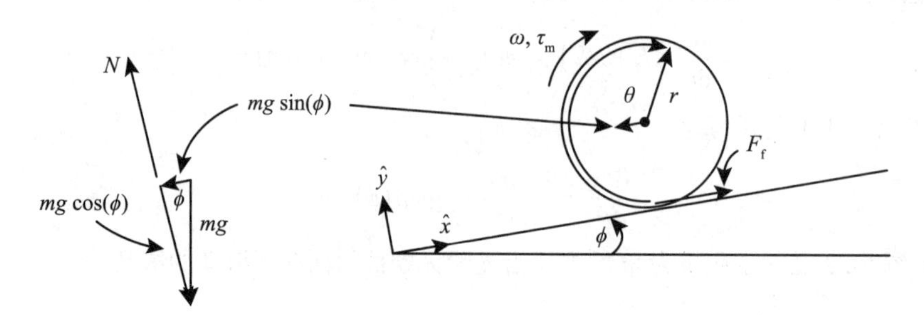

图 5-23　电动缸沿斜面向上运动

利用无滑移条件 $x = r\theta$ 消去 θ，得到

$$rm\frac{d^2x}{dt^2} + \frac{J}{r}\frac{d^2x}{dt^2} = \tau_m - rmg\sin(\phi)$$

或表示为

$$\frac{d^2x}{dt^2} = \frac{r}{mr^2+J}\tau_m - \frac{mr^2}{mr^2+J}g\sin(\phi)$$

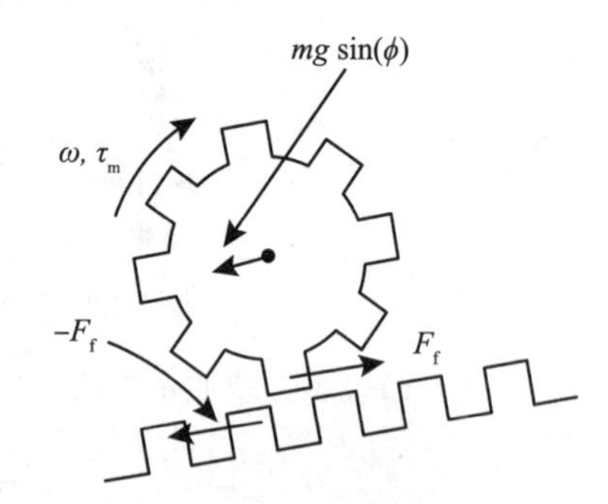

图 5-24　斜面与圆柱体的相互作用模拟为齿轮齿条系统

5.4.9　由能量守恒导出的运动方程

由式（5.19）和式（5.20）中的动能和势能表达式，可以得到图 5-23 中的电动缸的机械能表达式：

$$KE + PE = \frac{1}{2}\left(m + \frac{J}{r^2}\right)\dot{x}^2 + mg\left(x\sin(\phi) - d\sin^2(\phi) + d\right)$$

电动缸能量的变化率等于电动机输入电动缸的机械功率$\tau_{\mathrm{m}}\omega$，即

$$\frac{\mathrm{d}}{\mathrm{d}t}(KE+PE)=\tau_{\mathrm{m}}\omega$$

联立方程可以得到

$$\frac{\mathrm{d}}{\mathrm{d}t}(KE+PE)=\left(m+\frac{J}{r^2}\right)\dot{x}\ddot{x}+mg\dot{x}\sin(\phi)=\tau_{\mathrm{m}}\omega=\tau_{\mathrm{m}}\frac{\dot{x}}{r}$$

消去$\dot{x}$，可以将式子重新写为

$$\frac{\mathrm{d}^2x}{\mathrm{d}t^2}=\frac{\tau_{\mathrm{m}}}{r\left(m+\frac{J}{r^2}\right)}-\frac{m}{m+\frac{J}{r^2}}g\sin(\phi)=\frac{r}{mr^2+J}\tau_{\mathrm{m}}-\frac{mr^2}{mr^2+J}g\sin(\phi)$$

习题

习题 1 转动惯量

（a）摆杆绕端点的转动惯量。如图 5-25 所示，质量密度均匀为ρ的圆柱形杆，长度为ℓ，其圆形截面为a，可以绕枢轴转动。

可知摆杆关于枢轴的转动惯量为$m\frac{\ell^2}{3}$，其中$m=\rho a\ell$是摆杆的质量。计算杆上由于重力而产生的绕枢轴的转矩，用其给出摆杆绕枢轴的运动方程。

（b）摆杆绕质心的转动惯量。如图 5-26 所示，质量密度均匀为ρ的圆柱形杆，长度为2ℓ，其圆形截面为a，可以绕通过质心（为原点）的枢轴转动。

可知摆杆关于转轴的转动惯量为$\frac{m\ell^2}{3}$。计算杆上由于重力而产生的绕枢轴的转矩，进而得到摆杆绕枢轴的运动方程。

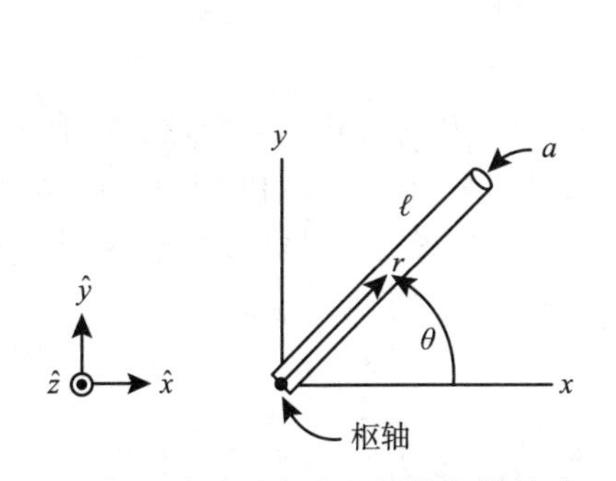

图 5-25 密度均匀的摆杆绕枢轴转动

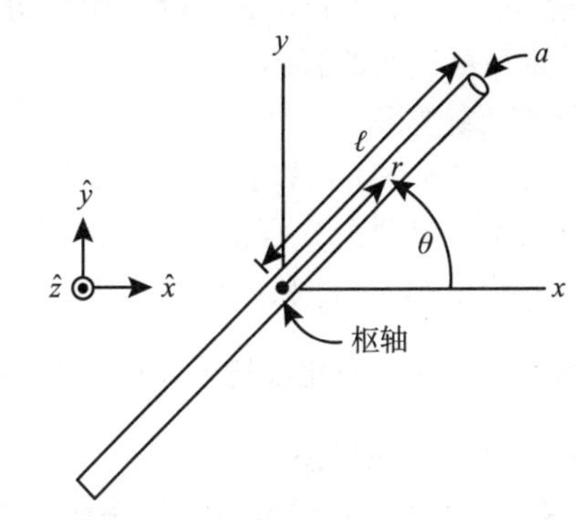

图 5-26 长度为2ℓ的摆杆绕质心转动

习题 2 传递函数

在图 5-27 所示的机械系统中，缆线无滑移地缠绕在电缆盘上。图中以力$f(t)$作为输入，以质量为m的方块的位移x作为输出。y位于弹簧k_2的左侧。弹性系数k_2和k_3适用于线性弹簧，而弹性系数k_1适用于扭力弹簧。当$\theta=0$，$y=x=0$时，弹簧是松弛的。质量为m的方块和地板之间存在黏性摩擦力，摩擦系数为b_2。电缆盘与其导轨之间存在摩擦系数为b_1的扭力摩擦。

（a）写出m和J的运动方程。提示：用$f(t)$求输入转矩。y和θ之间存在什么关系？

（b）若$F(s)=\mathcal{L}\{f(t)\}$，$X(s)=\mathcal{L}\{x(t)\}$，计算传递函数

$$T(s) \triangleq \frac{X(s)}{F(s)}$$

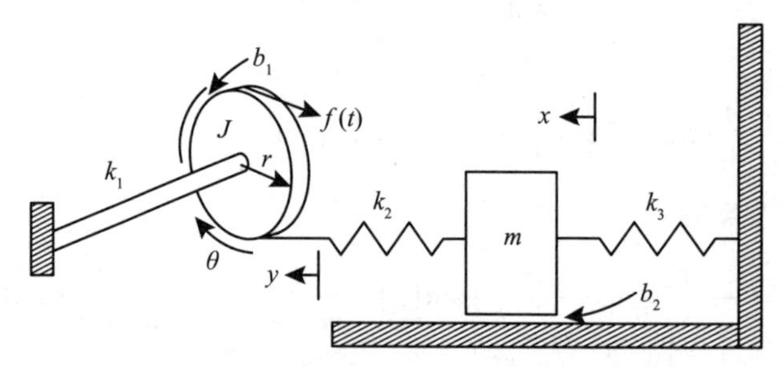

图 5-27 带有扭转和线性的质量 – 弹簧 – 阻尼系统

习题 3 缠绕缆线

在图 5-28 中，为了提起质量为 m 的物体，现以一个总转动惯量为 J 的钢筒为轴缠绕缆线。轴的后端通过一个阻尼系数为 b 的转动阻尼器与壁面相连。轴的输入量为转矩 τ，物体的重量 mg 也对转轴产生一个扰动（输入）转矩。以转轴的角位置 θ 作为输出量，其与 ω 和 τ 具有相同的符号约定。忽略缆线的质量，假设缆线和钢筒之间没有滑移，可得 $v = r\dot{\theta}$ 和 $\dot{v} = r\ddot{\theta}$。

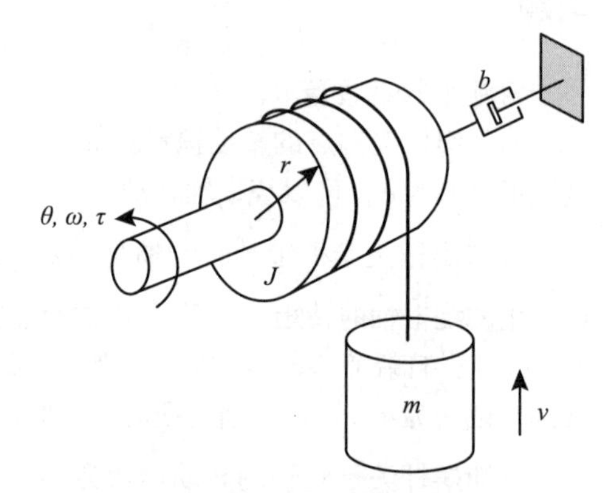

图 5-28 缠绕带有负载物的缆线

（a）给出轴的运动方程。缆线上的张力为 $mg + m\dot{v}$。

（b）转轴的角位置 θ 为输出量，转矩 τ 和物体的重量 mg（干扰量）为输入量。在零初始条件下用这两个输入的拉普拉斯变换找到对应 $\theta(s)$ 的拉普拉斯变换的表达式。

习题 4 齿轮方程

齿轮方程（5.13）可以在拉普拉斯域从方程集（5.10）中推导出来。可设初始条件为零，计算式（5.10）中两个方程的拉普拉斯变换。用 $\omega_1(s) = (n_2/n_1)\omega_2(s)$ 和 $\tau_1(s) = (n_1/n_2)\tau_2(s)$ 对第一个方程中的 $\omega_1(s)$ 和 $\tau_1(s)$ 进行替换。然后消去 $\tau_2(s)$，得到 $\omega_2(s)$ 关于 $\tau_m(s)$ 和 $\tau_L(s)$ 的单一代数方程。为了简化表达式，取 $J = J_2 + \left(\frac{n_2}{n_1}\right)^2 J_1$ 和 $f = f_2 + \left(\frac{n_2}{n_1}\right)^2 f_1$。

习题 5 齿轮系统建模

图 5-29 显示了电梯轿厢的齿轮系统。输入轴的转动惯量为 J_1，电动机对其施加一个大小为 τ_m 的转矩。输出轴由齿轮 2 和转动惯量为 J_2 的滑轮组成。当滑轮转动时，质量为 M 的电梯轿厢可以上升或下降（假设缆绳在滑轮上无滑动）。配重的质量为 m，滑轮的半径为 r_p，电梯轿厢的位置用 z 表示。由于滑轮与缆绳之间没有滑移，我们可以记 $z = r_p\theta_2$。当 $z = 0$ 时，电梯在地面层，配重距地面距离为 L。配重在地面上的位置 z_c 可记为 $z_c = L - z$。齿轮间的代数关系为

$$\frac{\omega_1}{\omega_2} = \frac{\theta_1}{\theta_2} = n = \frac{n_2}{n_1} = \frac{r_2}{r_1} = \frac{\tau_2}{\tau_1}$$

（a）写出输入（电动机）轴转动运动的牛顿方程。

（b）如图 5-29 所示，负载转矩为 $\tau_{\mathrm{L}}=r_{\mathrm{p}}\left(T_1-T_2\right)$，其中 T_1、T_2 为缆绳受到的张力。使用牛顿运动方程

$$M\frac{\mathrm{d}^2z}{\mathrm{d}t^2}=T_1-Mg$$

$$m\frac{\mathrm{d}^2\left(L-z\right)}{\mathrm{d}t^2}=T_2-mg$$

遵循

$$\tau_{\mathrm{L}}=r_{\mathrm{p}}\left(T_1-T_2\right)=r_{\mathrm{p}}\left(M-m\right)\frac{\mathrm{d}^2z}{\mathrm{d}t^2}+r_{\mathrm{p}}\left(Mg-mg\right)=r_{\mathrm{p}}^2\left(M-m\right)\frac{\mathrm{d}^2\theta_2}{\mathrm{d}t^2}+r_{\mathrm{p}}\left(M-m\right)g$$

用负载转矩的这个表达式写出输出轴角度 θ_2 的转动运动方程。

（c）利用（a）和（b）得出的答案，写出在输入 τ_{m} 下的关于 θ_2 的单一微分方程。即从方程中消去 τ_1，τ_2，ω_1，θ_1。

（d）利用（c）的答案，写出以电动机转矩 τ_{m} 为输入的电梯轿厢位置 z 的微分方程。

习题 6 为什么要用滑轮?

图 5-30 展示了一个用于提拉质量为 m 物体的双滑轮系统。我们可以对左侧滑轮施加一个向下的力 F，用来带动右侧滑轮与 m 物体一起上升。该系统的设置为：若 $y=0$，则 $x=x_0$，$\theta_{\mathrm{p2}}=\theta_{\mathrm{p1}}=0$。有 $y(t)=R\theta_{\mathrm{p1}}(t)=R\theta_{\mathrm{p2}}(t)$，缆绳长度是常数为 $\ell=y(t)+2R\pi+2x(t)+x_{\mathrm{p}}$。

（a）用 T_1、T_2、F 和 x 表示质量为 m 的物体和两个滑轮（转动惯量均为 J_{p}）的运动方程。也就是说，需要从方程组中消去 θ_{p2} 和 θ_{p1}。

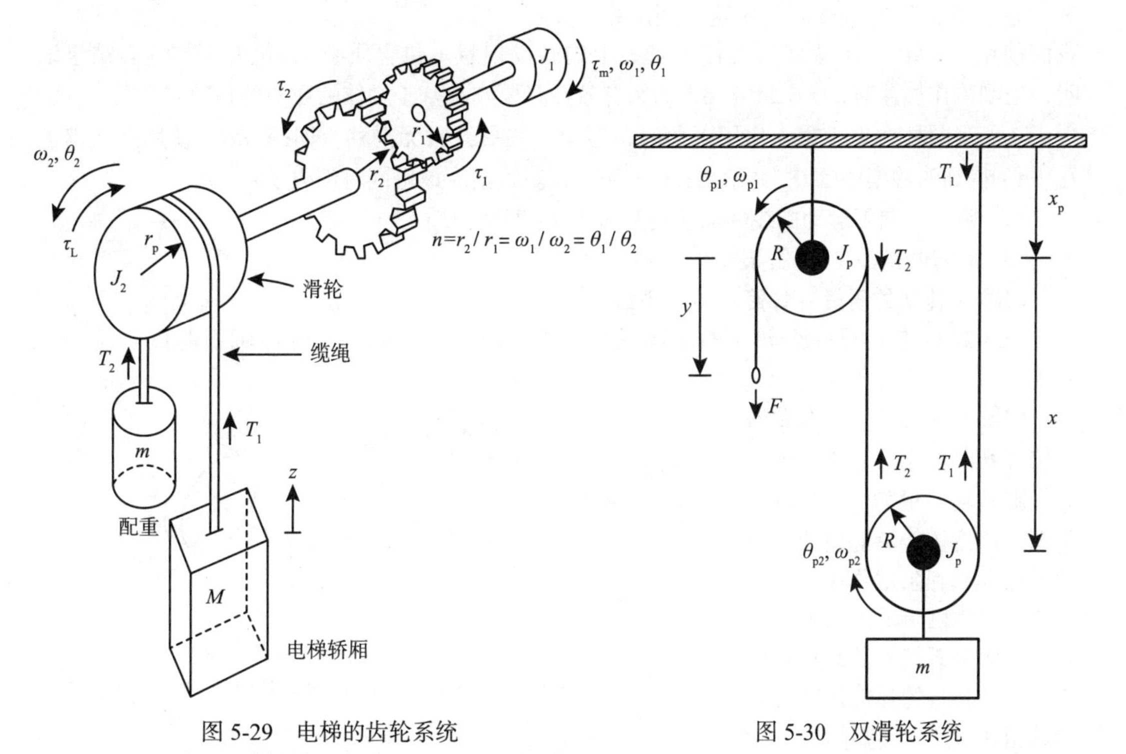

图 5-29　电梯的齿轮系统

来源：改编自 Palm[15]. System Dynamics, Second Edition, McGraw-Hill, 2010

图 5-30　双滑轮系统

（b）当$J_p = 0$时，通过消去T_1、T_2，简化问题（a）中得到的结果。

（c）保持$m\dfrac{d^2x}{dt^2}=0$，需要多大的力F？如果只有一个滑轮（见图5-14），需要多大的力F来保持$m\dfrac{d^2x}{dt^2}=0$？注意，如果想举起一个重量为mg的物体，双滑轮系统只需要一个大小为$F = mg/2$的力。

（d）假设右滑轮从$x(0)=x_0$处开始运动，左滑轮从$y(0)=0$开始。然后施加力F将质量为m的物体在t_f时刻上升到$x=0$处，即$x(t_f)=0$，$y(t_f)=2x_0$。注意，如果想将一个重量为mg的物体上升距离x_0，那么施加的力F将拉长缆绳$2x_0$长度。

习题7 张力[16]

图5-31所示为半径为R，质量为m，密度均匀的实心圆柱体，其转动惯量为$J=\dfrac{mR^2}{2}$。两根绳子缠绕在圆柱体的两端，绳子的顶部与天花板相连。根据对称性，每根绳子上产生的张力是相同的，记为T_1。注意，张力T_1是绳子施加在圆柱体上的力。还有一个向下的重力mg作用在圆柱体上。z表示圆柱体的转轴与天花板间的距离。

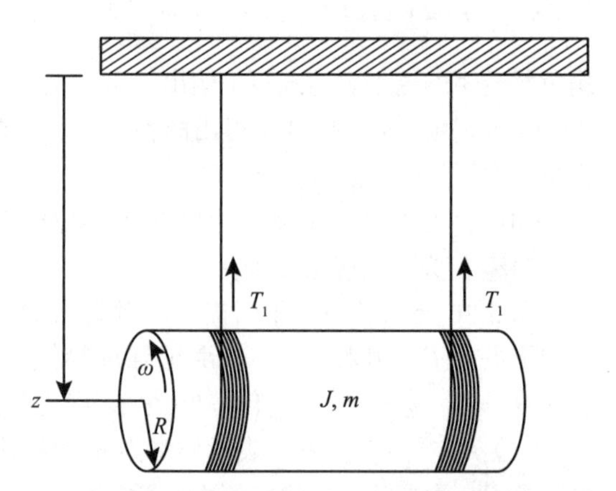

图5-31 由于重力使得绳子逐渐展开缠绕

（a）写出圆柱体的运动方程。（提示：应该有两个方程，$m d^2z/dt^2=\cdots$和$J d^2\theta/dt^2=\cdots$。）

注意 牛顿的运动方程在惯性（非加速）坐标系下是正确的。然而，在这个问题中，我们使用$\tau = J d^2\theta/dt^2$表示圆柱体的轴线上的转动惯量（包含质心），是向下加速。结果证明，当刚体在加速时，$\tau = J d^2\theta/dt^2$仍然有效，只要它是基于刚体的质心的计算量。

（b）当圆柱体由于重力作用下落时，假设导线展开时无滑移，即$z = R\theta$。使用此式消去在（a）得到的答案中的θ，并给出z的运动方程。答案应该也同时消去了T_1。

（c）圆柱体向下运动的线性加速度是多少？（答案：$2g/3$）

（d）T_1的值是多少？（答案：$mg/6$）

习题8 转动的质量-弹簧-阻尼系统

图5-32的左边是一个转动的流体系统，该系统用于抑制非刚性曲轴引起的滑轮的角振动。

曲轴角ϕ是输入，滑轮的角位置θ_p是输出。皮带轮内部的气缸转动惯量为J_d，被流体包围。该流体能够对由曲轴引起的振动起到阻尼作用。采用图5-32右侧所示的转动质量-弹簧-阻尼系统对系统进行建模。扭转弹簧的弹性系数为k，当其扭转时产生转矩。

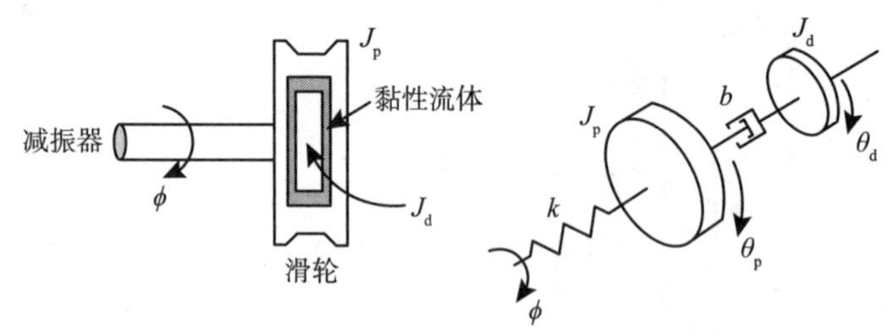

图5-32 转动的质量-弹簧-阻尼系统

来源：改编自Palm[15]. System Dynamics, Second Edition, McGraw-Hill, 2010

（a）写出该系统的微分方程模型。

（b）计算从ϕ到θ_p的传递函数，即$G(s)=\theta_p(s)/\phi(s)$。

习题 9 卫星系统仿真

带太阳能电池板卫星的微分方程模型如下：

$$J_s\frac{d^2\theta}{dt^2}=-K(\theta-\theta_p)-b\left(\frac{d\theta}{dt}-\frac{d\theta_p}{dt}\right)+\tau$$

$$J_p\frac{d^2\theta_p}{dt^2}=K(\theta-\theta_p)+b\left(\frac{d\theta}{dt}-\frac{d\theta_p}{dt}\right)$$

使用参考文献 [13] 中给出的参数：

$$J_s=5\text{kg}\cdot\text{m}^2, J_p=1\text{kg}\cdot\text{m}^2, K=0.15\text{N}\cdot\text{m/rad}，b=0.05\text{N}\cdot\text{m/rad/s}$$

做出该系统在$\tau=u_s(t)-u_t(t-1)$的 Simulink 仿真模型，并给出 50s 的$\theta_p(t)$和$\theta(t)$图。

习题 10 卫星系统仿真

卫星系统的传递函数模型如下：

$$\theta(s)=\frac{s^2J_p+bs+K}{s^2\left(J_pJ_ss^2+b(J_p+J_s)s+K(J_p+J_s)\right)}\tau(s)$$

$$\theta_p(s)=\frac{bs+K}{s^2J_p+bs+K}\theta(s)$$

使用参考文献 [13] 中给出的参数：

$$J_s=5\text{kg}\cdot\text{m}^2, J_p=1\text{kg}\cdot\text{m}^2, K=0.15\text{N}\cdot\text{m/rad}，b=0.05\text{N}\cdot\text{m/rad/s}$$

做出该系统在$\tau=u_s(t)-u_t(t-1)$的 Simulink 仿真模型，并给出 50s 的$\theta_p(t)$和$\theta(t)$图。

习题 11 卫星系统仿真

卫星系统的传递函数模型如下：

$$\theta_p(s)=\frac{bs+K}{s^2\left(J_pJ_ss^2+b(J_p+J_s)s+K(J_p+J_s)\right)}\tau(s)$$

$$\theta(s)=\frac{bs+K}{s^2J_s+bs+K}\theta_p(s)+\frac{1}{s^2J_s+bs+K}\tau(s)$$

使用参考文献 [13] 中给出的参数：

$$J_s=5\text{kg}\cdot\text{m}^2, J_p=1\text{kg}\cdot\text{m}^2, K=0.15\text{N}\cdot\text{m/rad}，b=0.05\text{N}\cdot\text{m/rad/s}$$

做出该系统在$\tau=u_s(t)-u_t(t-1)$的 Simulink 仿真模型，并给出 50s 的$\theta_p(t)$和$\theta(t)$图。

习题 12 悬挂梁（改编自参考文献 [17]）

如图 5-33 所示，横梁通过枢轴连接到墙上，并由连接在横梁和天花板上的弹簧k_1支撑。梁关于枢轴的转动惯量为J。施加的输入力$f(t)$总是垂直于梁。梁的偏转角用θ表示，当梁位于水平位置时，$\theta=0$。假设偏转角很小，使$\sin(\theta)\approx\theta$。弹簧$k_1$与枢轴的距离是$\ell_1$，弹簧$k_2$与枢轴的距离是$\ell_2$。当$\theta=0$和$\omega=0$时，两个弹簧都是松弛的（既不压缩也不拉伸）。

（a）横梁和物块之间的运动方程为

$$J\ddot{\theta}=\underbrace{-k_1(\ell_1\sin(\theta))\ell_1}_{\tau_{k_1}}\underbrace{-m_1g\cos(\theta)\ell_2/2}_{\tau_{m_1}}+\underbrace{k_2(\omega-\ell_2\sin(\theta))\ell_2}_{\tau_{k_2}}+\underbrace{\ell_2f(t)}_{\tau_f}$$

$$m_2 \frac{\mathrm{d}^2\omega}{\mathrm{d}t^2} = -m_2 g - k_2\left(\omega - \ell_2 \sin(\theta)\right)$$

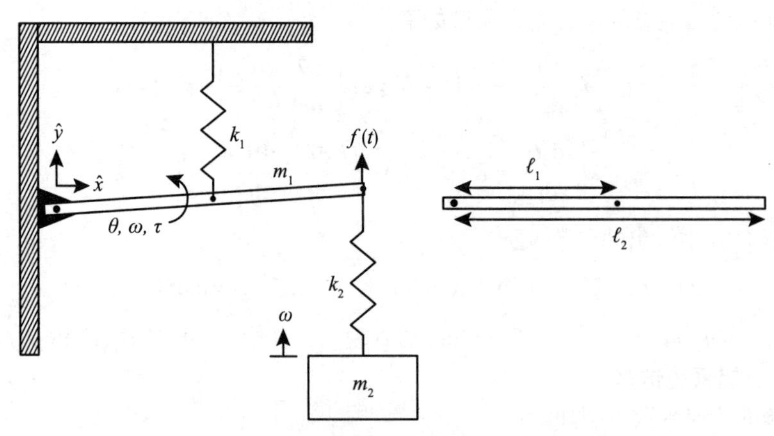

图 5-33　悬挂在天花板上和墙面铰接的横梁

（b）假设 θ 很小，使 $\sin(\theta)\approx\theta$，$\cos(\theta)\approx 1$。用这些近似值重写运动方程。

（c）当外力 $f(t)$ 为 0 时，系统的平衡点为

$$\theta = \theta_0(\text{常数}), \dot{\theta} = 0$$
$$\omega = \omega_0(\text{常数}), \dot{\omega} = 0$$

设 $\theta=\theta_0, \omega=\omega_0, \dot{\theta}=\dot{\omega}=0$，计算 θ_0, ω_0 的平衡值。解应满足 $\theta_0<0$，$\omega_0<0$。能否给出一个物理上的理由来解释为什么满足式子成立？

（d）令

$$\Delta\theta \triangleq \theta - \theta_0$$
$$\Delta\omega \triangleq \omega - \omega_0$$

式中，$\Delta\theta, \Delta\omega$ 是横梁的角度和物块的位置相对于平衡位置的变化量。有

$$\frac{\mathrm{d}^2\Delta\theta}{\mathrm{d}t^2} = \frac{\mathrm{d}^2\theta}{\mathrm{d}t^2}, \frac{\mathrm{d}\Delta\theta}{\mathrm{d}t} = \frac{\mathrm{d}\theta}{\mathrm{d}t} \text{ 和 } \frac{\mathrm{d}^2\Delta\omega}{\mathrm{d}t^2} = \frac{\mathrm{d}^2\omega}{\mathrm{d}t^2}, \frac{\mathrm{d}\Delta\omega}{\mathrm{d}t} = \frac{\mathrm{d}\omega}{\mathrm{d}t}$$

将 $\theta=\Delta\theta+\theta_0$ 和 $\omega=\Delta\omega+\omega_0$ 代入（b）部分的答案，用 $\Delta\theta$，$\Delta\omega$ 重写运动方程。

（e）计算从外力 $F(s)$ 变换到 $\Delta W(s)$ 的传递函数。

习题 13 转动运动

图 5-34 中有一个圆柱体和一个滑块，在各自的斜面上，由一根穿过滑轮的绳子连接在一起。滑轮的半径是 R_p，无质量，有 $m_\mathrm{p}=J_\mathrm{p}=0$。半径为 R 的圆柱体的质量为 m_cyl，转动惯量为 J。假设圆柱体的质心在转轴上，且滚动时无滑移。斜面对圆柱体有一个摩擦力 F_f。若 $F_\mathrm{f}>0$，则摩擦力在圆柱体上顺时针方向产生转矩。由于

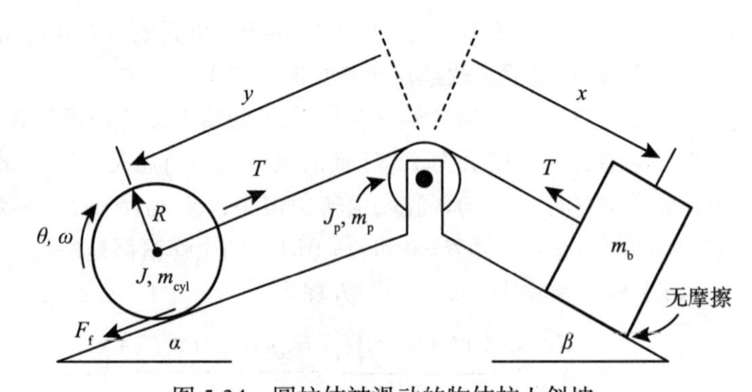

图 5-34　圆柱体被滑动的物体拉上斜坡

来源：改编自 Palm [15]. System Dynamics, Second Edition, McGraw-Hill, 2010

滑轮无质量，绳子和圆柱体间的张力 T 与绳子和滑块间的张力是一样的。假设绳子在张力下的拉伸可以忽略不计，约束 $x+y=d$ 必然成立。注意，无滑移条件要求 $\mathrm{d}y/\mathrm{d}t=-R\mathrm{d}\theta/\mathrm{d}t$。

写出质量为 m_{b} 的滑块的运动方程。假设在此滑块的斜面上，摩擦大小为零。将结果用 x 表示 T 和 F_{f}，并将 θ 从最后的方程中消去。

习题 14 刚体动力学

在图 5-35 中，圆柱体的质量为 m_{cyl}，转动惯量为 J_{cyl}，半径为 R，无滑移地滚动，有 $y=-R\theta$。质量为 m 的物体位于 $x=z+\ell$，其中 ℓ 是常数。滑轮绳的总长度为 $2z+y$，为常数，即 $2z+y=d$，d 为常数。于是有

$$2x+y=d+2\ell$$

滑轮 1 的半径是 R_{p1}，无质量，所以 $J_{\mathrm{p1}}=0$。同样，滑轮 2 的半径为 R_{p2}，也无质量，所以 $J_{\mathrm{p2}}=0$。

（a）用牛顿定律的转动运动解释为什么 $T_1=T_2=T_3$。

（b）用 $T_1=T_2=T_3$ 表示圆柱体 - 滑轮系统的运动方程为

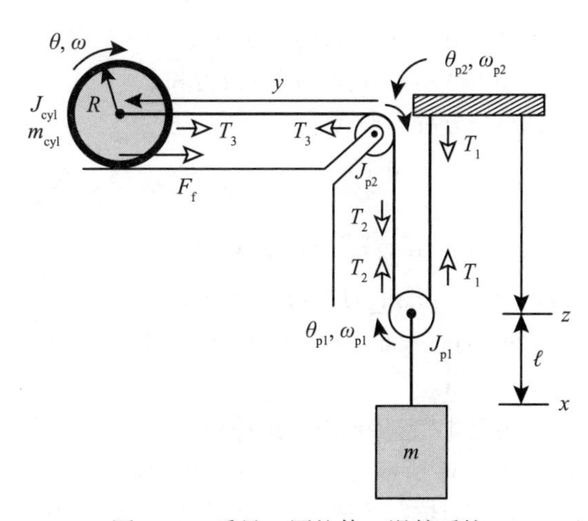

图 5-35 质量 - 圆柱体 - 滑轮系统

来源：改编自 Palm [15]. SystemDynamics, Second Edition, McGraw-Hill, 2010

$$m\frac{\mathrm{d}^2x}{\mathrm{d}t^2}=-2T_1+mg, J_{\mathrm{cyl}}\frac{\mathrm{d}^2\theta}{\mathrm{d}t^2}=-RF_{\mathrm{f}}, m_{\mathrm{cyl}}\frac{\mathrm{d}^2y}{\mathrm{d}t^2}=-T_1-F_{\mathrm{f}}$$

（c）从（b）的方程中消除张力、静摩擦力、y 和 θ，得到质量 m 的单一方程 $\frac{\mathrm{d}^2x}{\mathrm{d}t^2}=\cdots$。

习题 15 通过能量守恒对刚体进行动力学建模

在图 5-36 中，圆柱体的质量为 m_{cyl}，转动惯量为 J_{cyl}，半径为 R，无滚动，有 $y=-R\theta$。质量为 m 的物体位于 $x=z+\ell$，其中 ℓ 是常数。滑轮绳的总长度为 $2z+y$，为常数，即 $2z+y=d$，d 为常数。于是有

$$2x+y=d+2\ell$$

滑轮 1 的半径是 R_{p1}，无质量，所以 $J_{\mathrm{p1}}=0$。同样，滑轮 2 的半径为 R_{p2}，也无质量，所以 $J_{\mathrm{p2}}=0$。

（a）用牛顿定律的转动运动解释为什么 $T_1=T_2=T_3$。

（b）通过能量守恒，圆柱体的动能（转动和平移运动）加上质量为 m 的物体的动能和势能为常数。利用这个推导出质量为 m 的物体的运动方程。最终答案应该消去 $\omega, \dot{y}$。

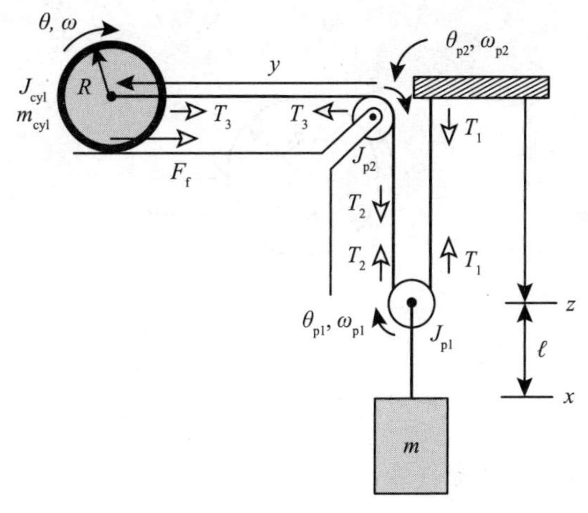

图 5-36 质量 - 圆柱体 - 滑轮系统

习题 16 带有动摩擦的滑块斜面模型

图 5-37 所示为一个在斜面上滑动的滑块。滑块与斜面的粗糙表面之间的动摩擦系数为 μ_{k}。

两个滑轮均无质量，所以$T_1 = T_2 = T_3$，滑轮转动时与绳子无滑移。用ℓ表示绳子的长度，可得约束条件

$$x + 2z = \ell$$

$$y + z = 常数$$

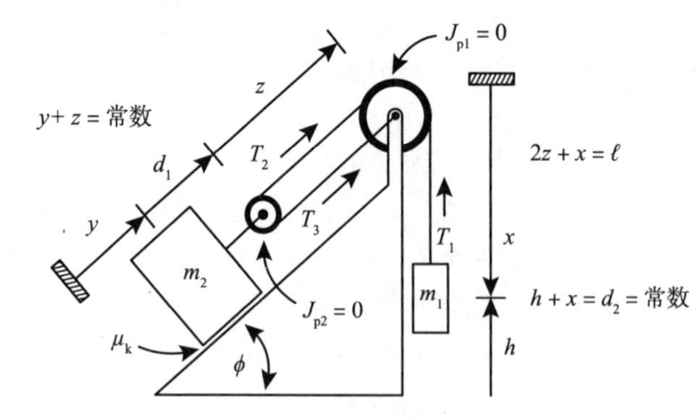

图 5-37　$m_1 g$拉动滑块沿斜面运动

（a）给出m_1和m_2的运动方程。

（b）从运动方程中消去张力和y，得到单一方程的形式

$$\frac{d^2x}{dt^2} = \cdots$$

（c）利用能量守恒推导出（b）的答案。注意m_2的质心在水平面上为$y\sin(\phi)$，m_1的质心在水平面上为$h = d_2 - x$。

习题 17 静摩擦与动摩擦[16]

图 5-38 所示为质量为m、转动惯量为J、半径为R的圆柱体以恒定角速度ω在水平面上无滑滚动。

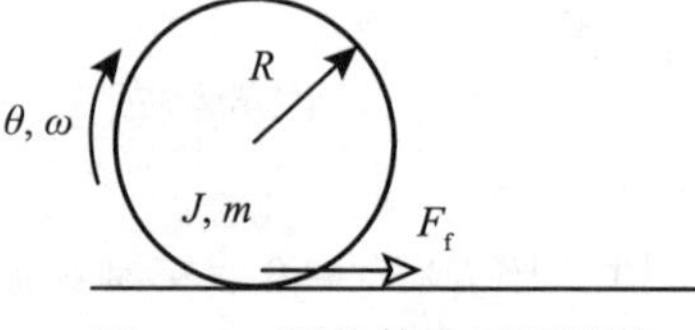

图 5-38　圆柱体在平面滚动

（a）圆柱体质心（转轴）的速度v_{cm}是多少？

（b）静摩擦F_f的值是多少？

图 5-39a 显示了以恒定角速度ω_0转动的圆柱体，但平动速度为零$(v_{cm} = 0)$。图 5-39b 为相同的圆柱体被放置在粗糙平面上，圆柱体继续转动，但有滑移。两个粗糙表面之间的动摩擦$F_{kf} = \mu_k mg$使圆柱体运动的角速度变慢，直至无滑移地转动。

（c）由于动摩擦是恒定的，所以圆柱体上的转矩为恒定值。也就是有

$$J\frac{d\omega}{dt} = -R\mu_k mg$$

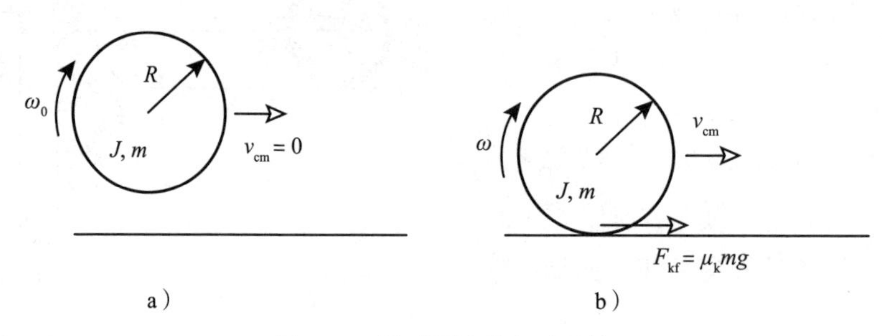

图 5-39　滑动圆柱体与动摩擦

假设初始条件为$\omega(t) = \omega_0$。

$$m\frac{dv_{cm}}{dt} = \mu_k mg$$

初始条件$v_{cm}(0) = 0$。求解圆柱体停止滑移的时间t_f，即时间$v_{cm}(t_f) = R\omega(t_f)$。用$J = \frac{mR^2}{2}$来简化表达式。

（d）使用在（c）中得到的答案来计算$v_{cm}(t_f)$和$\omega(t_f)$。

习题 18 圆柱体沿斜面下滑

图 5-40 中，一个半径为 r 的圆柱体沿着斜面向下滚动。由 $d = r/\cos(\phi)$，可知质心离水平面的高度为 $\left(x - d\sin(\phi)\right)\sin(\phi) + d$。提示：圆柱体的轴线位置为 $x\hat{x} + y\hat{y}$。通过圆柱体质心的垂线在 $x - d\sin(\phi)$ 处与斜面相交，即在 $\left(x - d\sin(\phi)\right)\hat{x} + 0\hat{y}$ 处。

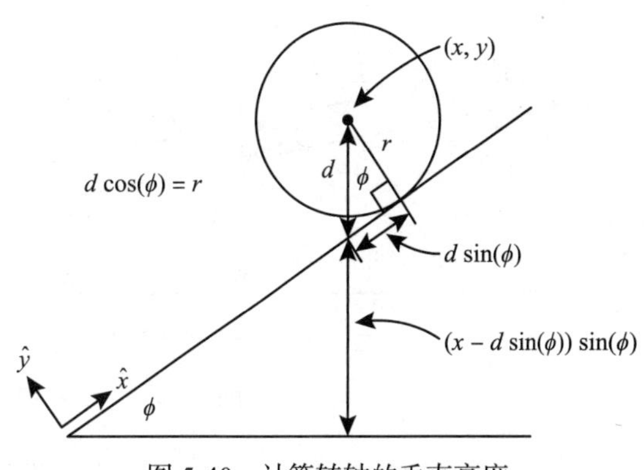

图 5-40 计算转轴的垂直高度

习题 19 能量守恒求解车辆方程

假设一辆汽车沿着图 5-41 所示的斜面向下运动。车身质量为 m，前轮总质量为 m_F，总转动惯量为 J_F，半径为 r_F。后轮总质量为 m_B，总转动惯量为 J_B，半径为 r_B。车辆沿斜坡运动而无滑移。设 (x, y) 为车体质心坐标。前轮的质心在它的轴上，后轮的质心也在它的轴上。倾斜角为 ϕ。如图 5-41 所示，后轮在斜面 $x_B = x + \ell_B$ 处，其中 x 是小车的质心沿 x 轴的位置。同样，前轮在斜面 $x_F = x - \ell_F$ 处。

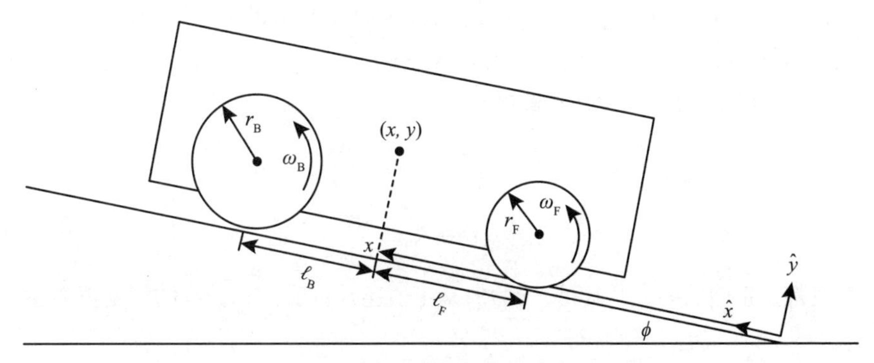

图 5-41 车辆沿斜面滚动

（a）写出两个车轮和车身的总动能。

（b）写出两个车轮和车身的总势能。提示：如图 5-42 所示，注意以下几点：

（i）车体质心高度为（见习题 18）

$$\left(x - d_m\sin(\phi)\right)\sin(\phi) + d_m = x\sin(\phi) + \underbrace{d_m\cos^2(\phi)}_{d_0}$$

（ii）后轮质心高度为

$$\left(x + \ell_B - d_B\sin(\phi)\right)\sin(\phi) + d_B = x\sin(\phi) + \underbrace{\ell_B\sin(\phi) + d_B\cos^2(\phi)}_{d_1}$$

（iii）前轮质心高度为

$$\left(x - \ell_F - d_F\sin(\phi)\right)\sin(\phi) + d_F = x\sin(\phi)\underbrace{-\ell_F\sin(\phi) + d_F\cos^2(\phi)}_{d_2}$$

（c）利用无滑移条件写出 ω_B，ω_F 和 $\dot{x}$ 之间的关系。

（d）从表达式中消去 ω_B，ω_F，写出总能量 KE。

（e）利用总能量守恒定律，即 $\dfrac{d}{dt}(KE + PE) = 0$ 来表示运动方程为

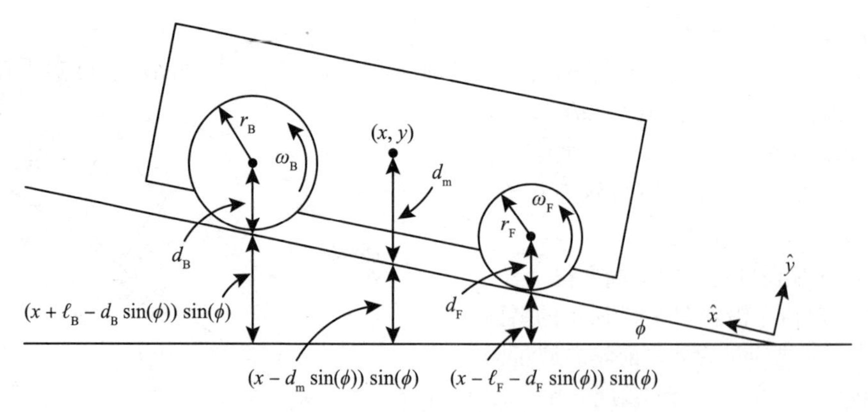

图 5-42　车辆各轴和质心的垂直高度

$$\ddot{x} = -\frac{m_B + m_F + m}{J_B / r_B^2 + m_B + J_F / r_F^2 + m_F + m} g\sin(\phi)$$

习题 20 车辆运动方程

使用牛顿方程重做第 19 题，计算前后轮的转动运动，用牛顿方程计算前后轮和车辆的平移运动。可以先列出五个微分方程。图 5-43 显示了斜面上车辆质心与车轮之间的几何关系。后轮质心的 x 坐标为 $x_B = x + \ell_B$，前轮质心的 x 坐标为 $x_F = x - \ell_F$。最终的式子中需要消除掉变量 ω_B，ω_F，F_F 和 F_B。通过无滑移条件可知

$$x_B = x + \ell_B = r_B\theta_B + \ell_B \Rightarrow \frac{dx_B}{dt} = r_B\omega_B$$

$$x_F = x - \ell_F = r_F\theta_F - \ell_F \Rightarrow \frac{dx_F}{dt} = r_F\omega_F$$

你的答案都是正确的吗？尤其是，$\ddot{x}$ 的值是正值还是负值？ω_B，ω_F 的值是正值还是负值？

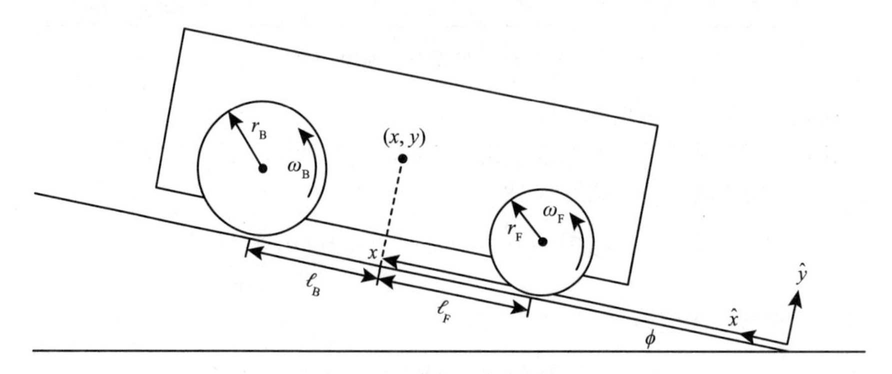

图 5-43　车辆沿斜面滚动

直流电动机中的物理学原理

本章我们将通过一些基础物理学科的基本概念包括电学和磁学等，解释直流电动机的工作原理。首先会回顾应用在直流电动机模型中的磁场、磁场力、法拉第定律和感应电动势等的概念。本章中提到的所有物理概念均参考于 Halliday 和 Resnick 著作的《物理学》[18]一书。

6.1 磁场力

电动机工作的基本原理是磁场对电流受力的作用。实际上，这个实验现象就是用来定义磁场的。如果把一根通电导线放在磁铁的两极之间（见图 6-1），导线就会受到一个力的作用。

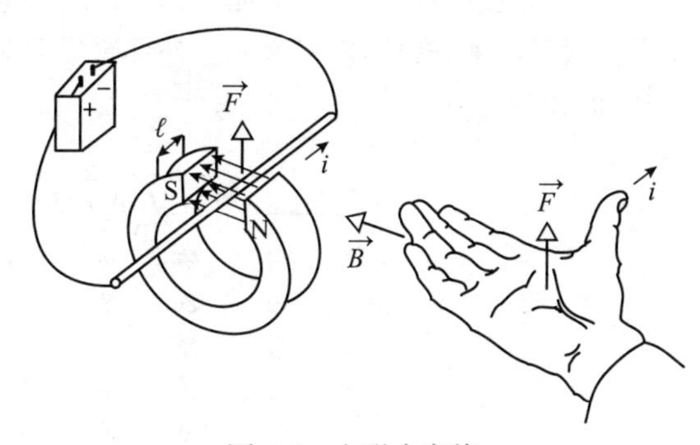

图 6-1 电磁力定律。

来源：改编自 Haber-Schaim et al. [19]. PSSC Physics, 7th Edition, Kendall/Hunt, Dubuque, IA, 1991

实验发现，这个力的大小与导线中电流 i 的大小和磁体两极之间导线的长度 ℓ 成正比。即 F_{magnetic} 与 ℓi 成正比。小罗盘指针在某点处的指向即定义为磁场 $\vec{B}$ 在该点处的方向。这个方向由图 6-1 中 N 极和 S 极之间的箭头表示。当磁场 $\vec{B}$ 的方向垂直于导线时，定义磁感应场 $\vec{B}$ 的强度（幅值）为

$$B=\left|\vec{B}\right|\triangleq\frac{F_{\text{magnetic}}}{\ell i}$$

式中，F_{magnetic} 为磁场力；i 为电流；ℓ 为垂直于磁场的带电导线长度。即 B 为比例常数，使 $F_{\text{magnetic}}=i\ell B$。如图 6-1 所示，力的方向可以用右手定则确定：用右手手指指向磁场的方向，把拇指指向电流的方向，可以得到力的方向是从手背穿过手心的方向。

进一步的实验表明，如果导线平行于 $\vec{B}$ 场（磁场），而非像图 6-1 那样垂直，那么导线上不被施加任何力。如果如图 6-2 所示，导线与 $\vec{B}$ 之间形成大小为 θ 的角，则磁场力大小与 $\vec{B}$ 垂直于导线上的分量成正比；即与 $B_{\perp}=B\sin(\theta)$ 成正比。这对电磁力定律进行了总结：设 $\vec{\ell}$ 表示向量，其大小为导线在磁场中的长度 ℓ，其方向定义为导线电流的正方向；可以得到，长度为 ℓ、电流为 i 的导线所受到的磁场力公式为

$$\vec{F}_{\text{magnetic}}=i\vec{\ell}\times\vec{B}$$

用标量表示，$F_{\text{magnetic}}=i\ell B\sin(\theta)=i\ell B_{\perp}$。再次强调，$B_{\perp}\triangleq B\sin(\theta)$ 是 $\vec{B}$ 垂直于导线上的分量。[1]

[1] 设计电动机使导体与外部磁场垂直。

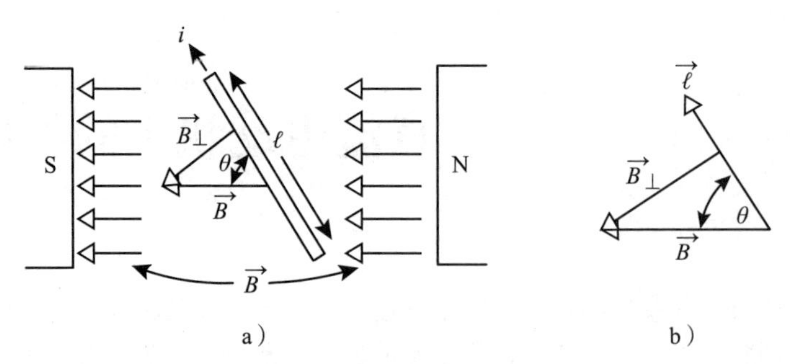

图 6-2 只有垂直于导线的磁场$B_\perp$对电流产生力

例 1 直线直流电动机[20]

如图 6-3 中所示的简单直线直流电动机，一个滑动杆安装在由两个导轨组成的简单电路上。外部磁场从页面外部向页面内部穿过闭环电路的回路，用符号⊗表示进入回路平面。合上开关会使电流在电路内部流动，外部磁场会对可以自由移动的杆产生一个作用力。接下来计算杆上的力。

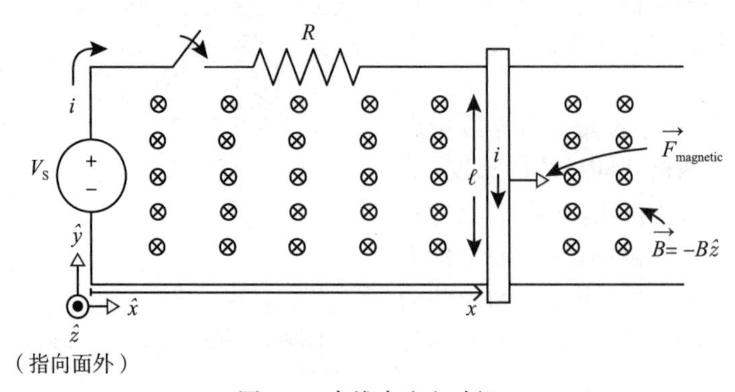

图 6-3 直线直流电动机

由于磁场是恒定的，且指向页面里（由⊗表示），因此需要用向量符号表示，$\vec{B}=-B\hat{z}$，$B>0$。根据右手定则，滑动杆上产生的磁场力方向指向右侧。又由于$\vec{\ell}=-\ell\hat{y}$，得到磁场力的大小公式为

$$\vec{F}_{\text{magnetic}}=i\vec{\ell}\times\vec{B}=i\left(-\ell\hat{y}\right)\times\left(-B\hat{z}\right)=i\ell B\hat{x}$$

求解滑动杆的运动方程，设f为杆的黏性（滑动）摩擦系数，可得摩擦力为$F_{\mathrm{f}}=-f\mathrm{d}x/\mathrm{d}t$。用$m_1$表示杆的质量，通过牛顿定律可得到

$$i\ell B-f\mathrm{d}x/\mathrm{d}t=m_1\mathrm{d}^2x/\mathrm{d}t^2$$

假设在$t=0$时合上开关，在杆开始移动之前，电流是$i\left(0^+\right)=V_{\mathrm{S}}\left(0^+\right)/R$。然而，事实上，当滑动杆移动时，电流并非恒为此值，而是随着电磁感应而减少。这将在后面内容中解释。

6.2 单回路电动机

直流电动机建模的第一步，就是建立一个简单的单回路电动机。首先，解释转矩是如何产生的，以及在单回路中的电流如何通过每转动半圈进行一次换向，以保持转矩是个常数。

6.2.1 转矩的产生

如图 6-4 中的磁系统，从永磁体中切割出一块圆柱体状的磁心，并用软铁心代替。“软”铁是指材料容易磁化的铁（永磁体则被称为“硬”铁）。软磁材料的一个重要性质是，这种材料表面的磁场方向倾向于垂直于表面。因此，圆柱体状的软铁心表面和定子永磁体之间的空隙处产生的气隙磁场是垂直于表面呈放射状指向的；此外，磁场的大小相当恒定（均匀）。

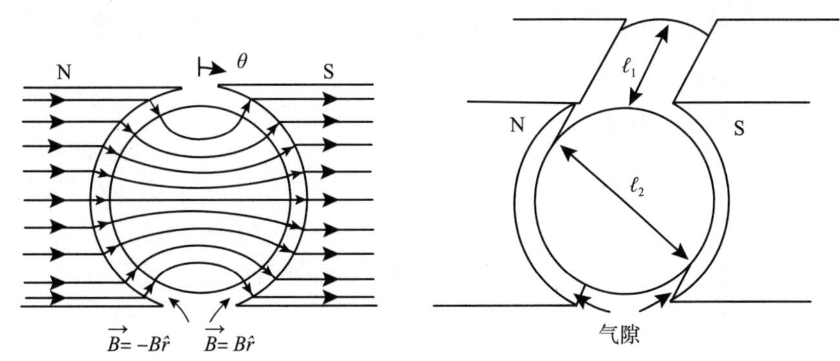

图 6-4 在中空的永磁体内放置圆柱体状软铁心产生径向气隙磁场

由永磁体产生的气隙磁场的数学描述可以简单表示为

$$\vec{B}=\begin{cases}+B\hat{r} & 对于 0<\theta<\pi \\ -B\hat{r} & 对于 \pi<\theta<2\pi\end{cases}$$

式中，$B>0$ 为磁场的大小或强度；θ 为气隙中的任意位置。

图 6-5 显示了绕在图 6-4 铁心周围的转子环路。转子的长度为 ℓ_1，其直径为 ℓ_2。转子环路上的转矩可以通过线圈环路 a 和 a′ 处的磁场力来计算。在环路的另外两个方向，即前后两个方向，磁场的强度可以忽略不计，因此在这两个方面不会产生显著的力。如图 6-5b 所示，转子角位置为从转子环路的垂直面方向到侧面 a 走过的角度 θ_R。

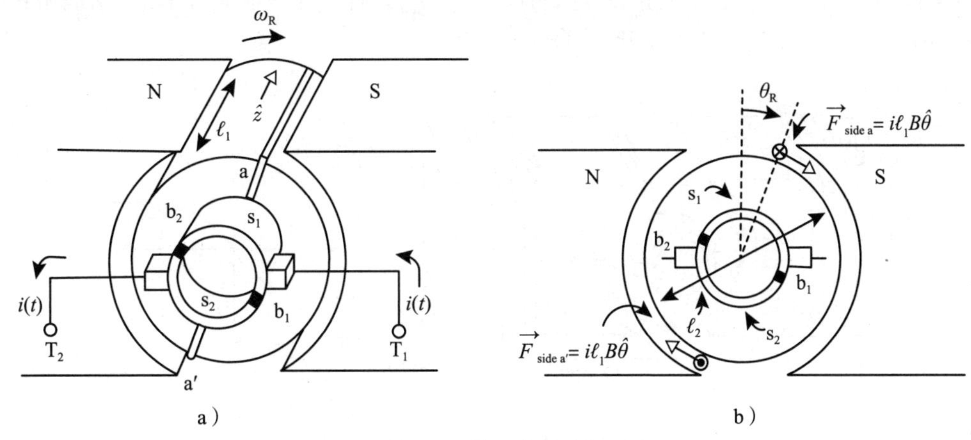

图 6-5 单回路电动机

来源：改编自 Matsch and Morgan [21].Electromagnetic and Electromechanical Machines,3rd edition,John Wiley & Sons,New York,1986

图 6-6 显示了图 6-5 中使用的柱坐标系。这里的 $\hat{r},\hat{\theta},\hat{z}$ 表示单位柱坐标向量。单位向量 $\hat{z}$ 表示图 6-5b 中沿转子转轴指向页面内方向上的单位向量，$\hat{\theta}$ 方向与增大 θ 的方向一致，$\hat{r}$ 方向为

增大 r 的方向。

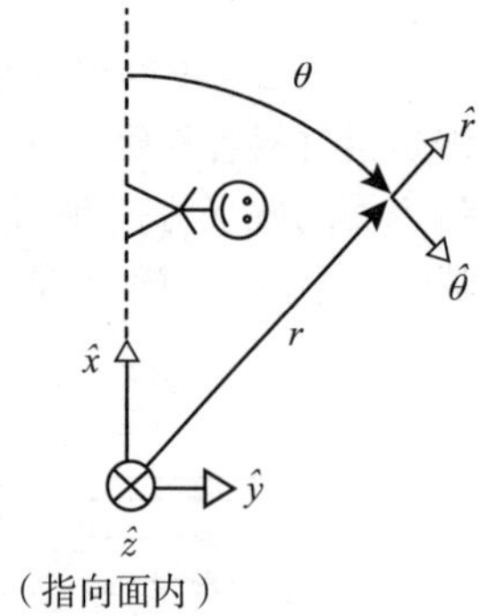

回到图 6-5，对于 $i>0$，电流环路 a 端处的电流进入页面（由 $\otimes$ 表示），在环路 a′端处向外流出页面（由 $\odot$ 表示）。因此，在 a 端处，有 $\vec{\ell}=\ell_1\hat{z}$（因为 $\vec{\ell}$ 指向正电流流动方向），a 端处的磁场力为

$$\vec{F}_{\text{side a}}=i\vec{\ell}\times\vec{B}=i\left(\ell_1\hat{z}\right)\times\left(B\hat{r}\right)=i\ell_1B\hat{\theta}$$

它与图 6-5b 所示的运动方向相切。得到的转矩为

$$\vec{\tau}_{\text{side a}}=\left(\ell_2/2\right)\hat{r}\times\vec{F}_{\text{side a}}=\left(\ell_2/2\right)i\ell_1B\hat{r}\times\hat{\theta}=\left(\ell_2/2\right)i\ell_1B\hat{z}$$

同理，转子环路 a′端处的磁场力为

$$\vec{F}_{\text{side a}'}=i\vec{\ell}\times\vec{B}=i\left(-\ell_1\hat{z}\right)\times\left(-B\hat{r}\right)=i\ell_1B\hat{\theta}$$

（指向面内）

图 6-6　图 6-5 中的柱坐标系

所对应的转矩为

$$\vec{\tau}_{\text{side a}'}=\left(\ell_2/2\right)\hat{r}\times\vec{F}_{\text{side a}'}=\left(\ell_2/2\right)i\ell_1B\hat{r}\times\hat{\theta}=\left(\ell_2/2\right)i\ell_1B\hat{z}$$

转子环路的总转矩为

$$\vec{\tau}_{\text{m}}=\vec{\tau}_{\text{side a}}+\vec{\tau}_{\text{side a}'}=2\left(\ell_2/2\right)i\ell_1B\hat{z}=\ell_1\ell_2Bi\hat{z}$$

转矩方向为 z 轴（转子转轴）方向。在标量形式下，表示为

$$\tau_{\text{m}}=K_{\text{T}}i$$

式中，$K_{\text{T}}\triangleq\ell_1\ell_2B$。该力与永磁体在气隙中产生的磁场 $\vec{B}$ 的强度大小 B 成正比。

6.2.2　绕线式直流电动机

为了增加气隙中的磁场强度，可以将永磁体替换为软铁材料，在用导线在磁铁外部缠绕，如图 6-7a 所示。这个绕组称为磁场绕组，它所携带的电流称为磁场电流。在正常工作中，磁场电流保持恒定。在电流水平较低的时候，气隙中的磁场强度与磁场电流 i_{f} 成比例（即 $B=K_{\text{f}}i_{\text{f}}$），随着电流的增加而饱和。可以写成 $B=f\left(i_{\text{f}}\right)$ 这种形式，其中 $f(\cdot)$ 是一条饱和曲线，满足 $f(0)=0$，$f'(0)=K_{\text{f}}$，如图 6-7b 所示。

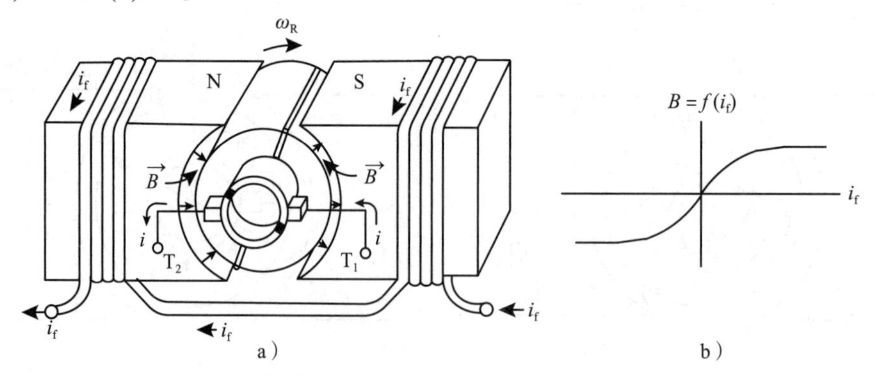

图 6-7　a）带磁场绕组的直流电动机，b）气隙内磁场强度

6.2.3　单回路电动机的换向

在转矩表达式 $\tau_{\text{m}}=K_{\text{T}}i$ 的推导中，我们假设转子环路[⊖]的 S 极下侧的电流是穿过页面向里

⊖ 转子回路也称为电枢绕组，其中的电流称为电枢电流。

的，N 极下侧的电流是穿过页面向外的，如图 6-8a 所示。为了满足这个假设，每次转子环路通过垂直方向时，环路中的电流方向必须改变。这个改变电流方向的过程称为换向，通过图 6-8 的换向片 s_1、s_2 和电刷 b_1、b_2，在 $\theta_R = 0$ 和 $\theta_R = \pi$ 完成改变。换向片紧紧地固定在环路上，与环路一起转动。电刷固定在空间某处，能够随着环路的转动，与换向片之间产生滑动电接触。

图 6-8a~d 可以帮助我们了解如何使用电刷和换向片实现电流的换向。在图 6-8a 中，电流通过电刷 b_1 进入换向片 s_1，并从此处流入（穿过页面向里⊗）环路的 a 端，从 a′ 端流出（穿过页面向外⊙）环路，流入换向片 s_2，最后从电刷 b_2 流出。此刻，环路的 a 端在 S 极处，而 a′ 端在 N 极处。图 6-8b 显示了换向前的转子环路，参数内容与图 6-8a 相同。

当 $\theta_R = \pi$ 时（见图 6-8c），环路两端的换向片同时与电刷发生短路，使得环路中的电流降为零。

随后，当 $\pi < \theta_R < 2\pi$ 时（见图 6-8d），电流重新开始通过电刷 b_1 向换向片 s_2 流动，并从此处流入（穿过页面向里⊗）环路的 a′ 端，从 a 端流出（穿过页面向外⊙）环路。也就是说，电流在环路中通过图 6-8a 和图 6-8b 的装置逆变了方向。通过这种方式满足电路需要，此刻环路的 a 端在 N 极处，而 a′ 端在 S 极处。通过电刷和换向片的作用方式，环路中的电流方向每半圈逆变一次。

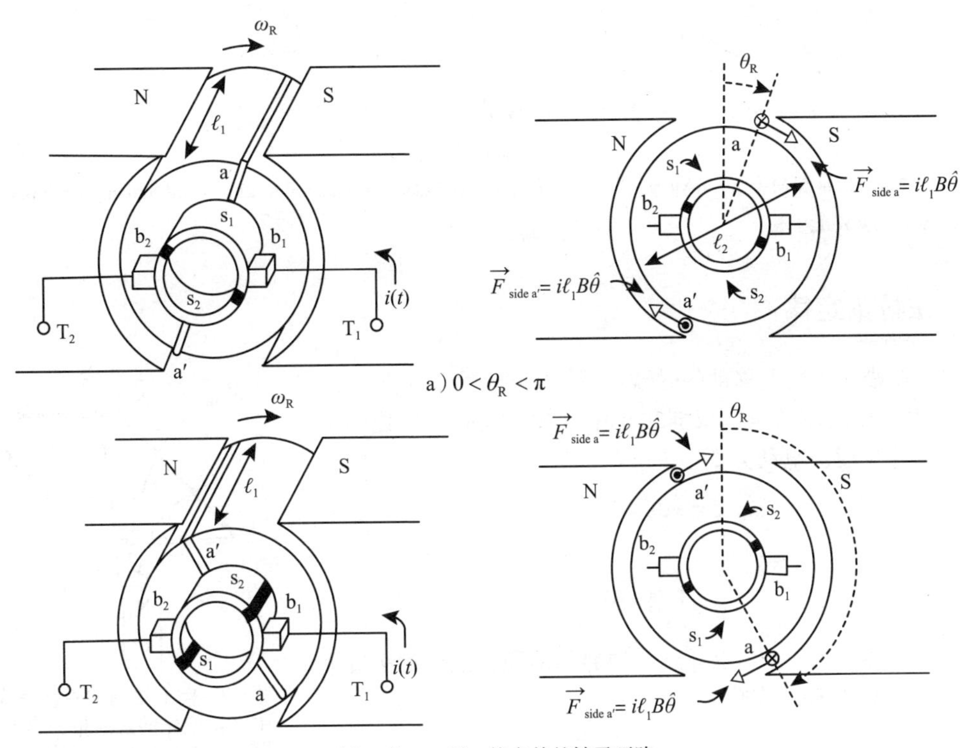

a）$0 < \theta_R < \pi$

b）$0 < \theta_R < \pi$ 时，换向前的转子环路

图 6-8

来源：改编自 Matsch and Morgan[21]. Electromagnetic and Electromechanical Machines, 3rd edition, John Wiley & Sons, New York, 1986

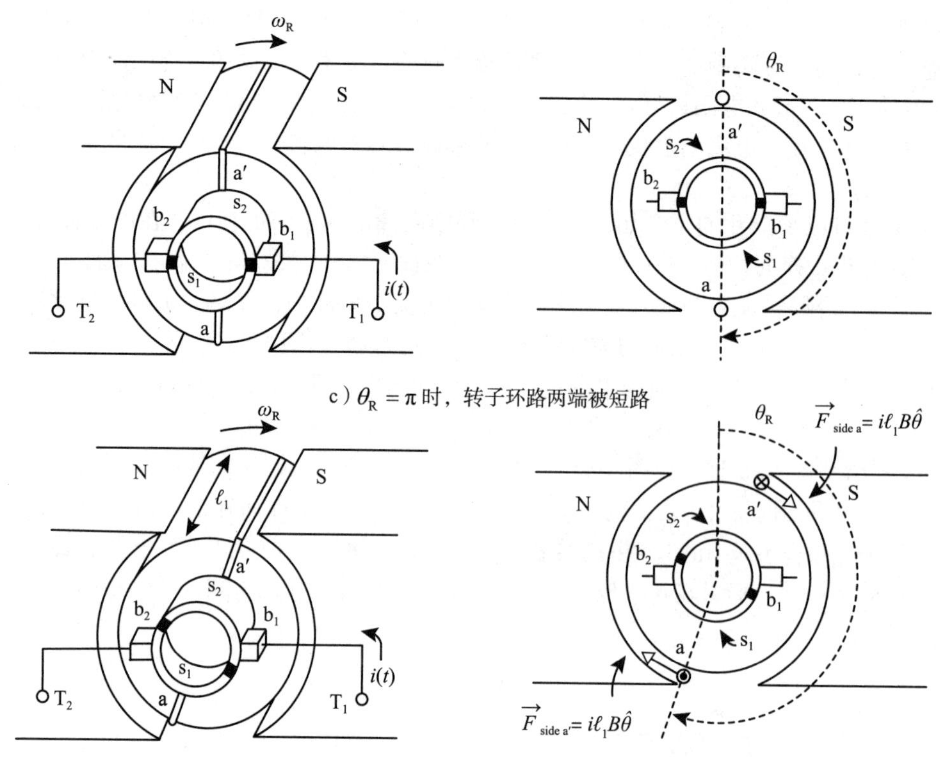

c）$\theta_R = \pi$ 时，转子环路两端被短路

d）$\pi < \theta_R < 2\pi$ 时，换向后的转子环路

图 6-8（续）

来源：改编自 Matsch and Morgan[21]. Electromagnetic and Electromechanical Machines, 3rd edition, John Wiley & Sons, New York, 1986

6.3　法拉第定律

图 6-9 描述了向上移动的磁铁穿越线圈的现象，能够在线圈中产生变化的磁通量。根据法拉第定律，线圈中变化的磁通量能够产生感应电动势 ξ㊀。

$$\xi = -\mathrm{d}\phi / \mathrm{d}t$$

其中

$$\phi = \int_S \vec{B} \cdot \mathrm{d}\vec{S}$$

是环路中的磁通量，S 是以环路为边界的面积。现在对法拉第定律进行一些详细的回顾。

$\vec{B}$

N

S

$\vec{V}_{\text{magnet}}$

图 6-9　向上移动的磁铁在线圈中产生变化的磁通量，进而在电路中产生感应电动势和电流

6.3.1　面元向量 $\mathrm{d}\vec{S}$

面元 $\mathrm{d}\vec{S}$ 是一个向量，其大小是极小面积 $\mathrm{d}S$，其方向垂直于面元。由于面的法线的方向有两种可能，我们需要约定法线正方向。通常，这个发现的正方向与边界的正反方向运动有关。

㊀ ξ 是希腊字母 “xi”，发音为 “ksee”。

为了清楚地描述这一点，图 6-10a 显示了一个小的面元，法线方向在正 z 方向上。在本例中，使用$\hat{n}=\hat{z}$，$\mathrm{d}S=\mathrm{d}x\mathrm{d}y$，面元向量由下式表示

$$\mathrm{d}\vec{S}\triangleq\mathrm{d}x\mathrm{d}y\hat{z}$$

图中曲线箭头表示了围绕曲面边界的相应运动方向。
在图 6-10b 中显示了法线方向沿负 z 方向的情况。在这种情况下$\hat{n}=-\hat{z}$，$\mathrm{d}S=\mathrm{d}x\mathrm{d}y$，因此，面元向量被定义为

$$\mathrm{d}\vec{S}=-\mathrm{d}x\mathrm{d}y\hat{z}$$

图 6-10b 中的曲线箭头表示面元的正运动方向，与图 6-10a 相反。

如图 6-10 所示，向量面元$\mathrm{d}\vec{S}$定义为一个向量，其大小为面元的面积，其方向垂直于曲面。人们可以选择法线，并确定相应的沿表面的正传播方向。

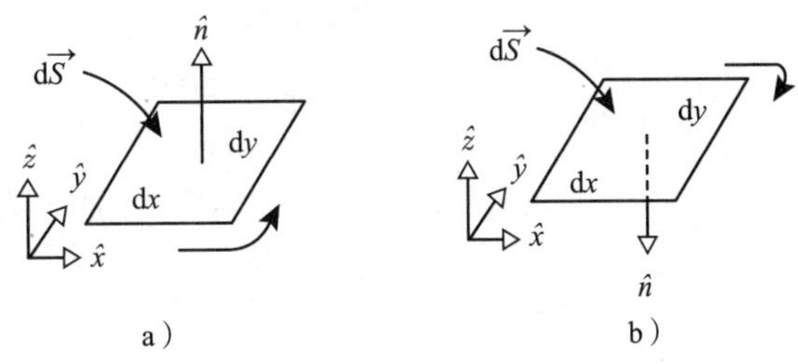

图 6-10　a）沿法线向上的面元的正方向运动，b）沿法线向下的面元的正方向运动

如图 6-11 所示，两个面元可以被连接在一起，并在整个表面上移动的定义如图中所示。注意，沿着两个连接的表面要素的共同边界，移动的方向互相“抵消”，导致一个净移动路径围绕两个面元。面元的法线必须都向上或都向下；也就是说，从一个面元到另一个面元的法线必须是连续的。

图 6-12 显示了$x-y$平面上的一个表面，其矩形边界由面元$\mathrm{d}\vec{S}\triangleq\mathrm{d}x\mathrm{d}y\hat{n}=\mathrm{d}x\mathrm{d}y\hat{z}$组成。在每个面元的中间符号$\odot$只是表示法线是$\hat{n}=\hat{z}$（在页面外）。只有那些在矩形边界上有边的面元，它们围绕邻近面元运动符号才不会“抵消”。因此，绕该表面矩形边界的运动方向是逆时针的，取其为绕该表面的正运动方向。

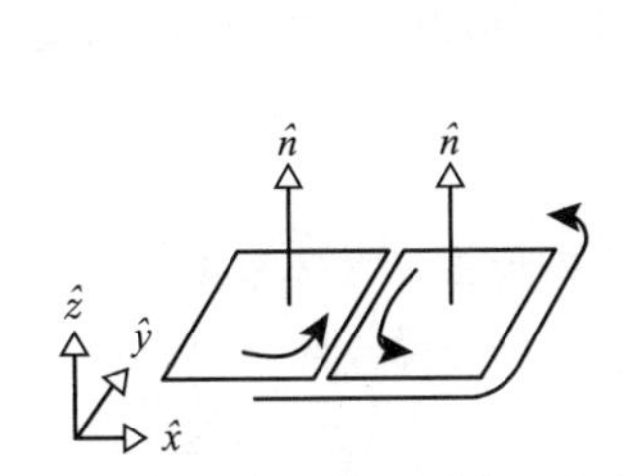

图 6-11　围绕两个连接面元的正方向运动

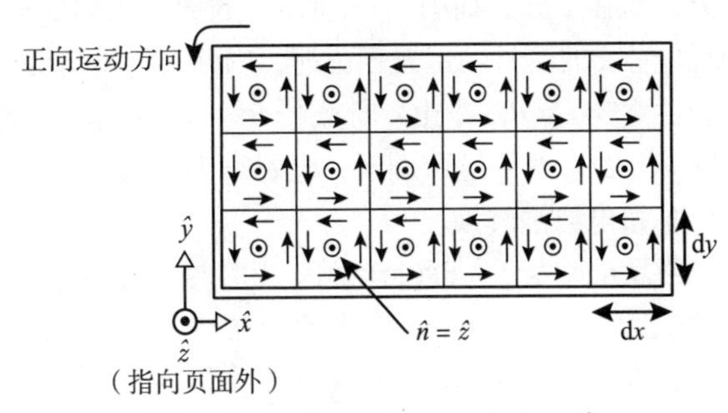

图 6-12　沿表面边界的正方向运动

6.3.2　解析符号ξ

现在可以给出感应电动势ξ值的正负值的解释。法拉第定律指出，环路中的感应电动势（电压）由

$$\xi=-\mathrm{d}\phi/\mathrm{d}t$$

给出，其中

$$\phi=\int_S\vec{B}\cdot\mathrm{d}\vec{S}$$

若$\xi>0$，感应电动势将迫使电流沿表面的正方向运动，若$\xi<0$，则感应电动势将迫使电流向相反的方向移动。现在通过一些例子说明法拉第定律。具体来说，它被用来计算直线直流电动机中的感应电动势、单回路电动机中的感应电动势和单回路电动机中的自感应电压。

6.3.3 直线直流电动机中的反电动势

图6-13所示为直线直流电动机，现在计算它产生的反电动势。磁场恒定指向纸面，即$\vec{B}=-B\hat{z}$，其中$B>0$。磁棒上的磁力为$F_{\text{magnetic}}=i\ell B\hat{x}$。为了计算电路环路中的感应电压，令$\hat{n}=\hat{z}$为表面法线，因此$\mathrm{d}\vec{S}=\mathrm{d}x\mathrm{d}y\hat{z}$，其中$\mathrm{d}\boldsymbol{S}=\mathrm{d}x\mathrm{d}y$。然后

$$\phi=\int_{\mathrm{S}}\vec{B}\cdot\mathrm{d}\vec{S}=\int_0^\ell\int_0^x(-B\hat{z})\cdot(\mathrm{d}x\mathrm{d}y\hat{z})=\int_0^\ell\int_0^x-B\mathrm{d}x\mathrm{d}y=-B\ell x$$

因此感应（反）电动势由下式给出：

$$\xi=-\mathrm{d}\phi/\mathrm{d}t=-\mathrm{d}(-B\ell x)/\mathrm{d}t=B\ell v$$

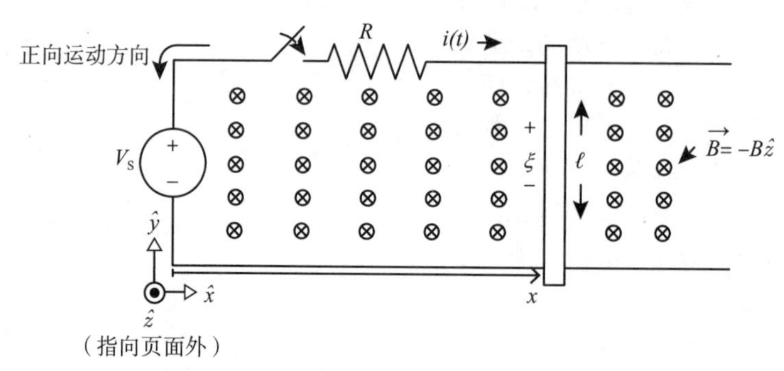

图6-13 $\mathrm{d}\vec{S}=\mathrm{d}x\mathrm{d}y\hat{z}$，正行进方向为逆时针方向

在磁通计算中，表面的法线被认为是在$+\hat{z}$方向。通过将差分磁通面$\mathrm{d}\vec{S}$以类似于图6-11的方式放在一起。如图6-13所示，表面的正向移动方向是环路的逆时针方向。这里源电压V_{S}和反电势ξ的符号约定是相反的，因此，当反电势$\xi=B\ell v>0$，与外加源电压V_{S}相对。

注意 $\phi=-B\ell x$是由外部磁场$\vec{B}=-B\hat{z}$引起的电路磁通。由于电路中的电流i，还存在一个磁通$\psi=Li$。对于这个例子，电感很小，只有$L=0$。

1. 机电能量转换

当反电动势$\xi=B\ell v$与电流i相对时，电力被这个反电动势吸收。具体来说，反电动势吸收的电能为：$i\xi=iB\ell v$，产生的机械功率为$F_{\text{magnetic}}v=i\ell Bv$。也就是说，被反电势吸收的电功率重新成为机械功率，这也是能量守恒的必然结果。另一种方法是注意到$V_{\mathrm{S}}i$是由电源提供的电功率，由于$V_{\mathrm{S}}-B\ell v=Ri$，我们可以写成

$$V_{\mathrm{S}}i=Ri^2+i(B\ell v)=Ri^2+F_{\text{magnetic}}v$$

也就是说，来自电源的功率$V_{\mathrm{S}}i$包含了Ri^2在电阻R中作为热量耗散的量和转化为机械功率的$F_{\text{magnetic}}v$的量。

2. 直线直流电动机的运动方程

现在推导出直线直流电动机中杆的运动方程。当环路的电感L为零时，杆的质量为m，黏性摩擦系数为f，由此可见

$$V_{\mathrm{S}}-B\ell v=Ri$$

$$m_1\frac{\mathrm{d}v}{\mathrm{d}t}=i\ell B-fv$$

消去电流 i，得到

$$m_1\frac{\mathrm{d}^2x}{\mathrm{d}t^2}=\ell B\left(V_\mathrm{S}-B\ell v\right)/R-fv=-\left(\frac{B^2\ell^2}{R}+f\right)\frac{\mathrm{d}x}{\mathrm{d}t}+\frac{\ell B}{R}V_\mathrm{S}$$

或

$$m_1\frac{\mathrm{d}^2x}{\mathrm{d}t^2}+\left(\frac{B^2\ell^2}{R}+f\right)\frac{\mathrm{d}x}{\mathrm{d}t}=\frac{\ell B}{R}V_\mathrm{S} \tag{6.1}$$

这是用 V_S 作为控制输入和 x 在测量输出处的位置的杆的运动方程。

6.3.4 单回路电动机中的反电动势

现在计算由永磁体的外部磁场在单回路电动机中感应的反电动势。为此，考虑图 6-14 所示转子环路的磁通面。该曲面是半径为 $\ell_2/2$、长度为 ℓ_1 的半圆柱体，以转子环路为边界。圆柱面在气隙中，已知磁场是径向的，大小恒定，即

$$\vec{B}=\begin{cases}+B\hat{r} & 对于 0<\theta<\pi \\ -B\hat{r} & 对于 \pi<\theta<2\pi\end{cases} \tag{6.2}$$

在曲面的圆柱形部分，面元选取为

$$\mathrm{d}\vec{S}=\left(\ell_2/2\right)\mathrm{d}\theta\mathrm{d}z\hat{r}$$

从圆柱体的轴向外，如图 6-15 所示。图 6-15 也显示了相应的正向运动方向。在圆柱面的两端（半圆盘），$\vec{B}$ 场非常弱，使得通过这两个半圆盘的磁通可以忽略不计。

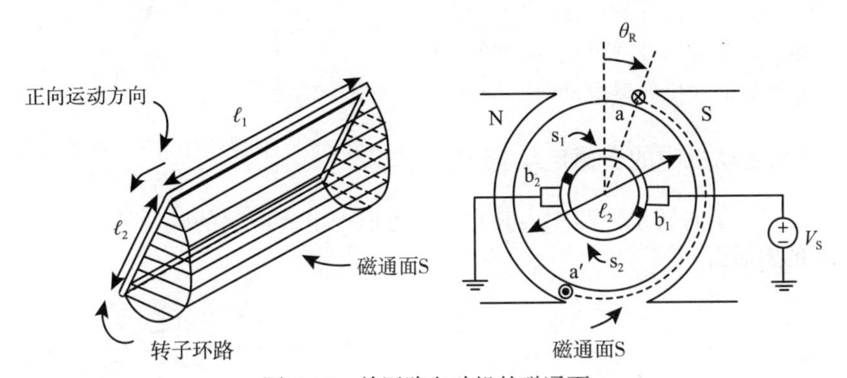

图 6-14 单回路电动机的磁通面

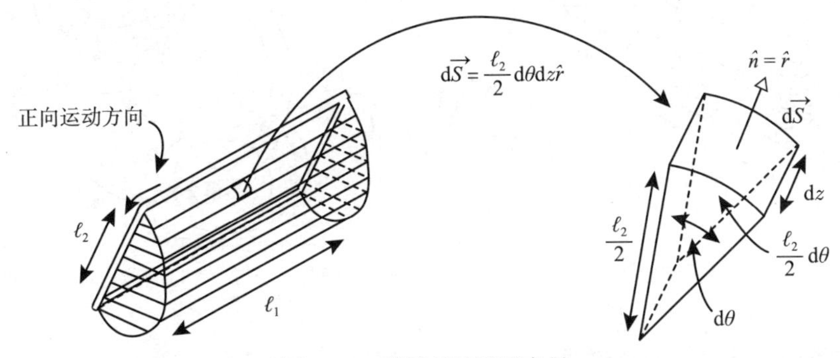

图 6-15 磁通面的面元向量

忽略通过表面两端的磁通。磁通 $\phi(\theta_R)$，$0<\theta_R<\pi$ 由下式给出：

$$
\begin{aligned}
\phi(\theta_R) &= \int_S \vec{B}\times d\vec{S} \\
&= \int_0^{\ell_1}\int_{\theta=\theta_R}^{\theta=\pi}(B\hat{r})\cdot\left(\frac{\ell_2}{2}d\theta dz\hat{r}\right)+\int_0^{\ell_1}\int_{\theta=\pi}^{\theta=\pi+\theta_R}(-B\hat{r})\cdot\left(\frac{\ell_2}{2}d\theta dz\hat{r}\right) \\
&= \int_0^{\ell_1}\int_{\theta=\theta_R}^{\theta=\pi}B\frac{\ell_2}{2}d\theta dz+\int_0^{\ell_1}\int_{\theta=\pi}^{\theta=\pi+\theta_R}-B\frac{\ell_2}{2}d\theta dz \\
&= \frac{\ell_1\ell_2 B}{2}(\pi-\theta_R)-\frac{\ell_1\ell_2 B}{2}\theta_R \\
&= -\ell_1\ell_2 B(\theta_R-\pi/2)
\end{aligned}
\tag{6.3}
$$

这个推导是基于这样一个事实：$\vec{B}$ 场沿长度 $(\ell_2/2)(\pi-\theta_R)$ 径向向外，沿长度 $(\ell_2/2)\theta_R$ 径向向内（见图 6-14）。在习题 8 中，读者将被要求证明这一点，即

$$\phi(\theta_R)=-\ell_1\ell_2 B(\theta_R-\pi/2-\pi)\text{对于}\pi<\theta_R<2\pi \tag{6.4}$$

图 6-16 给出了磁通与转子角 θ_R 的关系。

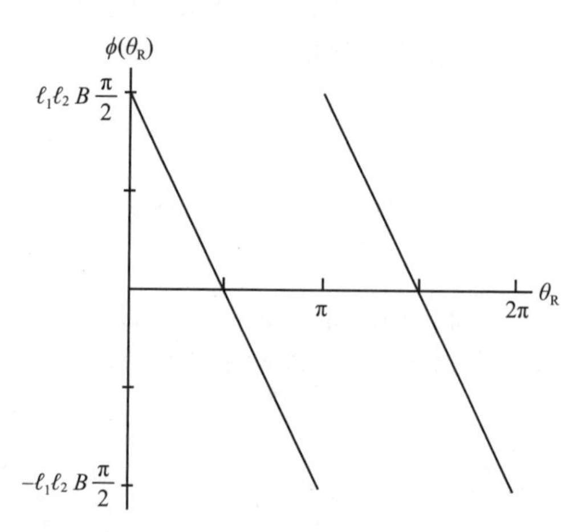

图 6-16　外磁场作用下的转子磁通 $\phi(\theta_R)$ 与转子角 θ_R 的关系图

由式（6.3）和式（6.4）计算转子环路中的感应电动势为

$$\xi=-\frac{d\phi}{dt}=(\ell_1\ell_2 B)\frac{d\theta_R}{dt}=K_b\omega_R$$

式中，$K_b\triangleq\ell_1\ell_2 B$ 称为反电动势常数。

电压源 V_S 和外部磁场作用下转子环路的总电动势为 $V_S-K_b\omega_R$。如何从施加的电压 V_S 中减去 ξ 值？如图 6-15 所示，环的正方向与 V_S 相反，如果 $\xi>0$，则与外加电压 V_S 相反。标准的术语是将 $\xi\triangleq K_b\omega_R$ 称为电动机的反电动势。

6.3.5　单回路电动机中的自感电动势

现在已经完成了对转子环路中由其自身（电枢）电流产生的磁通的计算。为此，考虑图 6-17 所示的磁通面。

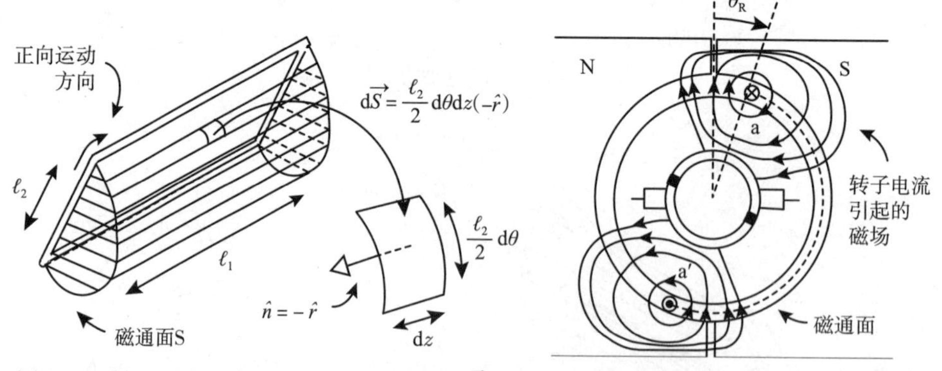

图 6-17　转子环路电感的计算。面元向量是 $d\vec{S}=-r_R d\theta dz\hat{r}$，其产生的正向运动方向如曲线箭头所示。这个方向与正电流方向重合，即 $i>0$

设 $r_R=\ell_2/2$ 为转子半径，注意磁通面上由电枢电流引起的磁场为

$$\vec{B}(r_R,\theta-\theta_R,i)=iK(r_R,\theta-\theta_R)(-\hat{r})$$

其中

$$K(r_R,\theta-\theta_R)>0 \quad 对于0<\theta-\theta_R<\pi$$
$$K(r_R,\theta-\theta_R)<0 \quad 对于\pi<\theta-\theta_R<2\pi$$

$K(r_R,\theta-\theta_R)$的精确表达式不容易计算，但在这里的分析中不需要。相反，关键是对于$i>0$，当$\theta_R\leqslant\theta\leqslant\theta_R+\pi$时，如图6-17所示，转子环路中的电流在磁通面上产生的磁场为$\vec{B}(r_R,\theta-\theta_R,i)$。为了方便起见，面元被选为$d\vec{S}=r_R d\theta dz(-\hat{r})$，使环绕表面的正方向与环路中电流$i$的正方向一致。

然后计算转子环路中的磁通ψ[⊖]为

$$\begin{aligned}\psi(i)&=\int_S\vec{B}\cdot d\vec{S}=\int_0^{\ell_1}\int_{\theta_R}^{\theta_R+\pi}iK(r_R,\theta-\theta_R)(-\hat{r})\cdot(-r_R d\theta dz\hat{r})\\&=i\int_0^{\ell_1}\int_{\theta_R}^{\theta_R+\pi}K(r_R,\theta-\theta_R)r_R d\theta dz\\&=Li\end{aligned}$$

其中

$$L\triangleq\int_0^{\ell_1}\int_{\theta_R}^{\theta_R+\pi}K(r_R,\theta-\theta_R)r_R d\theta dz>0 \tag{6.5}$$

最后一个方程表示环路中的磁通（由于环路中的电流）与环路中的电流i成比例。比例常数L被称为环路的电感。如果$-d\psi/dt=-Ldi/dt>0$，那么如图6-17所示，感应电动势将迫使电流从a侧穿过页面向里⊗，并从a′侧穿过页面向外⊙。也就是说，该感应电动势与电枢电流i和源电压V_S具有相同的符号约定。

将转子锁定在θ_R的角度，使外部磁场不能在转子环路中诱发电动势，根据基尔霍夫电压定律给出描述转子环路中电流i的方程

$$V_S-Ri-L\frac{di}{dt}=0$$

或者

$$V_S=Ri+L\frac{di}{dt}$$

式中，R是环路的电阻，V_S是施加到环路上的源电压。转子环路及其等效电路如图6-18所示。

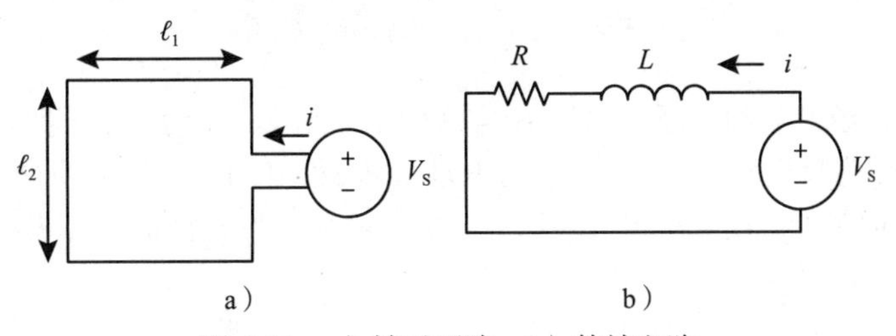

图6-18 a）转子环路，b）等效电路

⊖ 符号ψ被用于将该通量与回路中由于外部永久磁铁而产生的通量ϕ区分开来。然而，使用内向法线的总通量是$\psi-\phi$，因为在6.3节中，外向法线是用来计算ϕ的。

6.4 直流电动机动力学方程

现在可以给出直流电动机的完整方程组。由电压源 V_S、外部永磁体以及转子环路中变化的电流 i 引起的环路总电压为

$$V_S - K_b\omega_R - L\frac{di}{dt}$$

这个电压在环路中形成电流并对抗环路的电阻，也就是说，

$$V_S - K_b\omega_R - L\frac{di}{dt} = Ri$$

或者

$$L\frac{di}{dt} = -Ri - K_b\omega_R + V_S$$

这种关系通常用图6-19中给出的等效电路来说明。回想一下，外部磁场作用于环路中的电流所产生的转矩 τ_m 为

$$\tau_m = K_T i$$

式中，$K_T \triangleq \ell_1\ell_2 B$ 称为转矩常数。通过将轴和齿轮连接到转子的一端，这种电动机的转矩可以用来做功（提升重量等）。设 $-f\omega_R$ 为摩擦转矩（由电刷、轴承等引起），其中 f 为黏性摩擦系数，设 τ_L 为负载转矩（如由提起重物引起的）。然后根据牛顿定律，

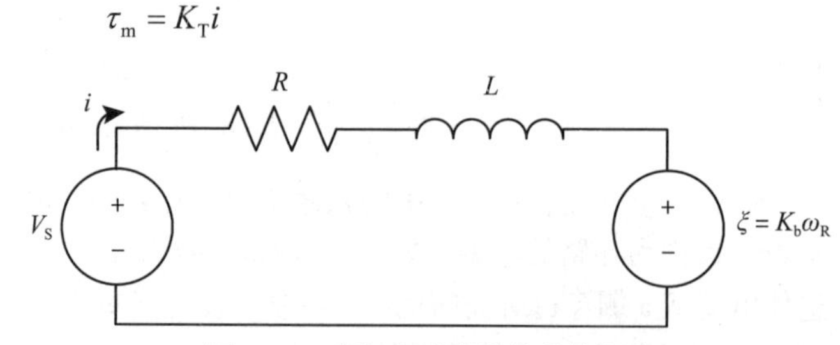

图6-19　电枢电动力学的等效电路

$$\tau_m - \tau_L - f\omega_R = J\frac{d\omega_R}{dt}$$

式中，J 为转子转动惯量。建立表征直流电动机特性的方程组

$$\begin{aligned} L\frac{di}{dt} &= -Ri - K_b\omega_R + V_S \\ J\frac{d\omega_R}{dt} &= K_T i - f\omega_R - \tau_L \\ \frac{d\theta_R}{dt} &= \omega_R \end{aligned} \tag{6.6}$$

直流电动机伺服系统及其相关原理图如图6-20所示。图中，R 为转子环路电阻，L 为转子环路电感，$\xi = K_b\omega_R$ 为反电动势，$\tau_m = K_T i$ 为电动机转矩，J 为转子转动惯量，f 为黏性摩擦系数。τ_m、θ_R 和 τ_L 的正方向用曲线箭头表示。τ_L 的曲线箭头与 τ_m 的曲线箭头相反，这意味着如果负载转矩为正，则与正的电动机转矩 τ_m 相反。

6.4.1 机电能量转换

直流电动机产生的机械功率为 $\tau_m\omega_R = K_T i\omega_R = i\ell_1\ell_2 B\omega_R$，而反电动势吸收的电能为 $i\xi = iK_b\omega_R = i\ell_1\ell_2 B\omega_R$。我们在前文中通过直接计算得到 $K_T = K_b = \ell_1\ell_2 B$，这也表明能量守恒是成立的。即反电动势吸收的电功率 $iK_b\omega_R$ 等于产生的机械功率 $\tau_m\omega_R$。另一种看待能量转换的方法是把电学方程写成

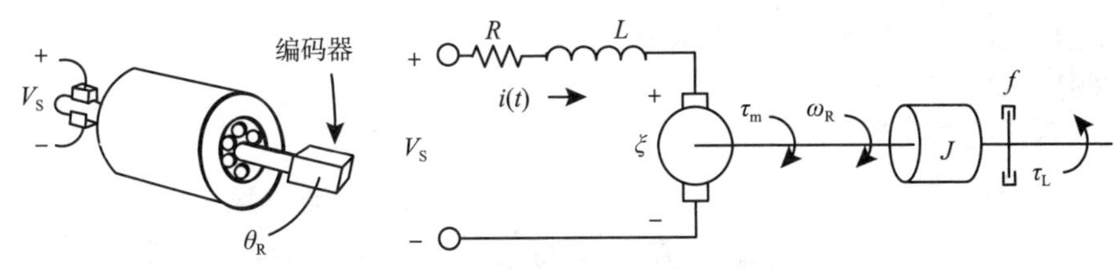

图 6-20 直流电动机及其原理图

$$V_S = Ri + L\frac{\mathrm{d}i}{\mathrm{d}t} + \xi$$

电压源$V_S(t)$输出的功率为

$$\begin{aligned} V_S(t)i(t) &= Ri^2 + Li\frac{\mathrm{d}i}{\mathrm{d}t} + iK_b\omega_R \\ &= Ri^2 + \frac{\mathrm{d}}{\mathrm{d}t}\left(\frac{1}{2}Li^2\right) + K_T i\omega_R \\ &= Ri^2 + \frac{\mathrm{d}}{\mathrm{d}t}\left(\frac{1}{2}Li^2\right) + \tau_m\omega_R \end{aligned}$$

因此，电源输出的功率$V_S(t)i(t)$转化为电阻R中的热损失，转化为环路电感L中储存的磁能，而$i\xi$值转化为机械能$\tau_m\omega_R$。

注意 电压和电流限制 电动机输入端子T_1、T_2可施加的电压V_S，受输出电压放大器能力的限制，即$|V_S| \leqslant V_{max}$。如图 6-21 所示，$V_c(t)$是命令给放大器的电压，从放大器到电动机的实际电压V_S受V_{max}的限制。

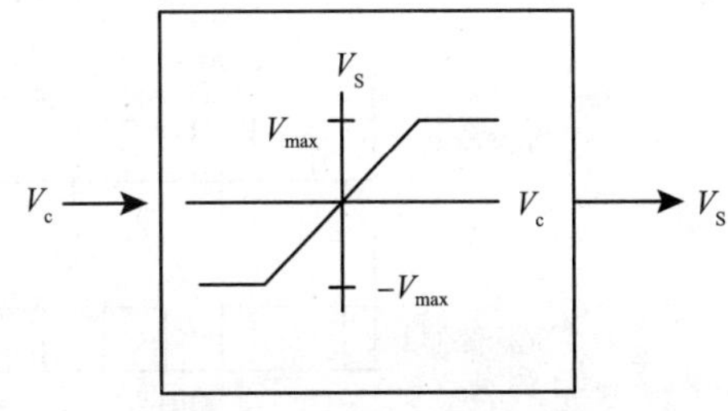

图 6-21 放大器的饱和模型

另外，如前所述，在过热或引起换相问题之前，转子环路可以处理的电流是有限的。一般有两种电流极限（额定值），连续电流极限I_{max_cont}和峰值电流极限I_{max_peak}。连续电流极限I_{max_cont}是电动机长期使用时承受的电流。即转子绕组因欧姆损耗而耗散的热量等于电刷热传导带走的热量和与空气的热对流带走的热量，从而达到热平衡。峰值电流极限I_{max_peak}是电动机在短时间内（通常只有几秒钟）可以承受的电流量。

6.5 光学编码器模型

在工业中常用的位置传感器是光学编码器，如图 6-22 所示[22,23]。一种光学编码器由一组窗户组成，这些窗户均匀地围绕着一个圆形圆盘，当它与光源对齐时，光源通过窗户照射进来。有光时探测器发出高电压，无光时发出低电压。对于图 6-22a 的设置，有 12 个窗口（线或槽），因此圆盘（即电动机）每完成一圈转动，就会有 12 个脉冲。使用数字电子电路，人们可以检测到一个脉冲上升或下降，因此在一圈 12 个脉冲中，脉冲上升或下降的次数总共是 24 次。注意，每次脉冲高或低时，电动机已转动$2\pi/24\,\mathrm{rad}$或$360°/24 = 15°$。通过简单地计算N的上升和下降边缘的脉冲，可知转子的位置在$15°$。

为了检测转动方向，我们使用了两个光探测器，如图 6-22b 所示。具体来说，窗口的长度与窗口之间距离的长度相同。两个光探测器放置的距离等于 1/2 个窗口的长度。从光探测器出来的电压波形的一个周期对应于从一个窗口开始到下一个窗口的距离，这个周期的电压波形为 360°，如图 6-22b 所示。因此，两个光探测器的间隔为 90°，也就是说，它们是正交的。

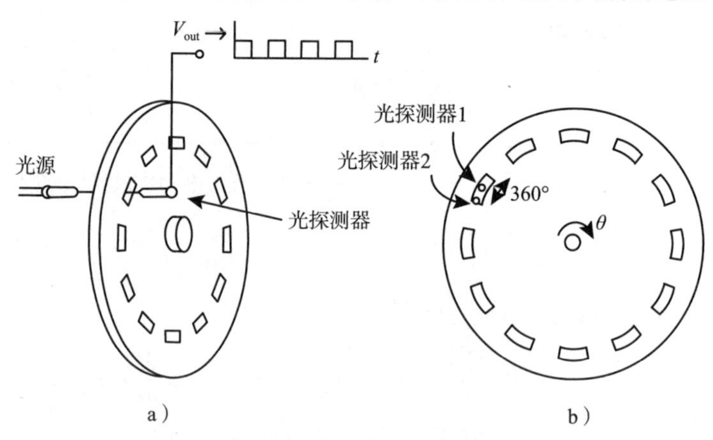

图 6-22　光学编码器原理图

来源：改编自 deSilva [23]. Mechatronics: An Integrative Approach, CRC Press, Boca Raton, FL, 2004

图 6-23a 显示了转子顺时针转动时两个光探测器的电压波形。图 6-23 中的垂直虚线指的是编码器盘在图 6-22b 所示位置的时间。如图 6-23a 所示，顺时针转动时，光探测器 1 的电压比光探测器 2 的电压相位落后 90°，即光探测器 2 的电压先降为零，四分之一周期后，光探测器 1 的电压下降。

图 6-23b 为转子逆时针转动时两个光探测器的电压波形。在这种情况下，光检测器 2 的电压波形比光检测器 1 的电压波形相位落后 90°。

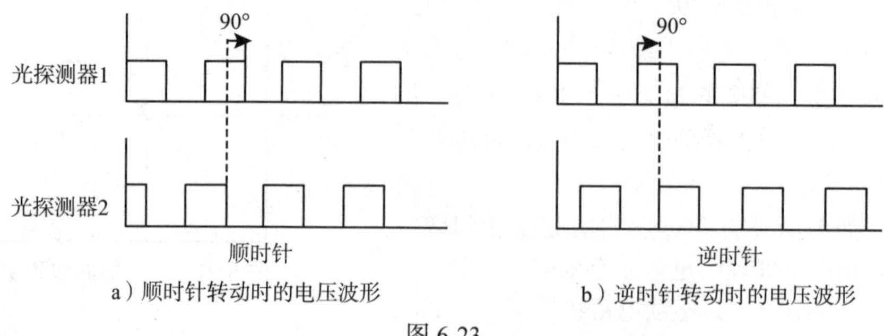

a）顺时针转动时的电压波形　　b）逆时针转动时的电压波形

图 6-23

编码器通过电子电路来检测两个光探测器电压信号的相对相位，并利用该信息来确定脉冲的上升或下降边缘是应该增加计数（顺时针运动）还是减少计数（逆时针运动）。

如果光学编码器有N_{w}个窗口（线 / 槽），那么每转有$2N_{\mathrm{w}}$个上升和下降边缘，分辨率为$2\pi/\left(2N_{\mathrm{w}}\right)$ rad。如果计算来自两个光探测器的电压脉冲，每一圈将有 $4N_{\mathrm{w}}$（等间隔）的上升和下降边缘，从而实现$2\pi/\left(4N_{\mathrm{w}}\right)$rad 的分辨率。例如，当$N_{\mathrm{w}}=500$时，编码器的分辨率是$2\pi/2000$ rad或$360°/2000=0.18°$。

6.5.1　编码器模型

设 N_{enc} 表示编码器每转输出的计数。那么轴的位置由下式决定

$$\theta_{\mathrm{m}}(t)=\frac{2\pi}{N_{\mathrm{enc}}}N(t)\ \mathrm{rad}$$

这是整数计数 N 到角位置的转换。

6.5.2 速度的后向差分估计

光学编码器给出了位置的测量，但没有小车的速度。然而，人们可以使用这种测量来推断速度。最直接的方法是计算位置的后向差并除以采样周期，即

$$\omega_{\mathrm{bd}}(kT) \triangleq \frac{2\pi}{N_{\mathrm{enc}}}\left(\frac{N(kT)-N(kT-T)}{T}\right)$$

式中，T 是样本之间的时间，$N(kT)$是在kT时刻的光学编码器计数。

通过位置测量的微分估计速度的误差可以发现：在任何离散时间kT，$N(kT)$的误差最多为一个编码器计数。特别是，$N(kT)$最多只能小一个编码器计数。$N(kT)$永远不会太大，因为编码器的工作方式如图 6-24 所示。

因此，对于$\theta(kT)$在弧度上的真实位置，我们有

$$\theta(kT) = \frac{2\pi}{N_{\mathrm{enc}}}N(kT)+\frac{2\pi}{N_{\mathrm{enc}}}e(kT)$$

式中，$e(kT)$表示编码器无法感知的正分数计数，即对于所有k，$0\leqslant e(kT)<1$。速度可以写成

$$\omega(kT) = \left(\frac{\theta(kT)-\theta(kT-T)}{T}\right) = \frac{2\pi}{N_{\mathrm{enc}}}\left(\frac{N(kT)-N(kT-T)}{T}\right)+ \frac{2\pi}{N_{\mathrm{enc}}}\left(\frac{e(kT)-e(kT-T)}{T}\right)$$

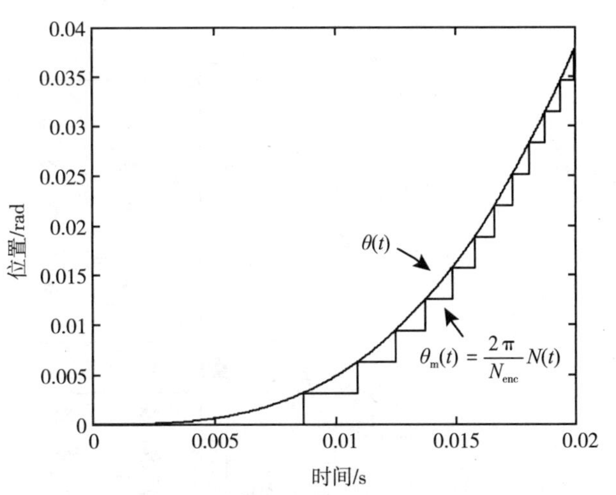

图 6-24 $\theta(t)$与编码器输出$(2\pi/N_{\mathrm{enc}})N(t)$的关系图

当$0\leqslant e(kT)\leqslant 1$，$0\leqslant e(kT-T)\leqslant 1$时，有

$$|e(kT)-e(kT-T)|\leqslant 1$$

在估计速度时，计算误差的界限就很简单了。由于速度估计由

$$\omega_{\mathrm{bd}}(kT) = \frac{2\pi}{N_{\mathrm{enc}}}\left(\frac{N(kT)-N(kT-T)}{T}\right)$$

给出，且$e(kT)-e(kT-T)$的差值为± 1，因此

$$\left|\omega_{\mathrm{bd}}(kT)\text{的误差}\right| = \frac{2\pi}{N_{\mathrm{enc}}}\left|\frac{e(kT)-e(kT-T)}{T}\right| \leqslant \frac{2\pi/N_{\mathrm{enc}}}{T}$$

随着采样率的增加（T 变小），误差变大。另一方面，随着采样率的降低，误差变小，但后向差分逼近变得不那么有效。

$$\omega(kT) \approx \frac{2\pi}{N_{\mathrm{enc}}}\left(\frac{N(kT)-N(kT-T)}{T}\right)$$

计算 $\omega(kT)$时的误差是由于编码器的分辨率为$2\pi/N_{\mathrm{enc}}$ 以及近似导数的有限差分的准确性。减少这种误差的一种方法是使用分辨率更高的编码器。这种编码器通常更贵，而且不能以更高的速度工作（随着速度的增加，大量的脉冲快速进入，以至于脉冲检测电路无法跟上）。

*6.6　直流电动机转速表

转速表是一种通过输出与电动机转速成正比的电压来测量直流电动机转速的装置。首先考虑的是用于简单直线直流电动机的转速表。

6.6.1　用于直线直流电动机的转速表

图 6-25 显示了添加到直线直流电动机的转速表。直流电动机内的磁场为 $\vec{B}_1 = -B_1\hat{z}\left(B_1 > 0\right)$，转速表内的磁场为 $\vec{B}_2 = -B_2\hat{z}\left(B_2 > 0\right)$。这两根杆用绝缘材料紧紧地连接在一起。电动机力（上杆上的磁力）为 $F_m = i\ell_1 B_1$，电动机的感应（反）电动势 $\xi = V_b = B_1\ell_1 v$，其中 v 为电动机转速（bar）。

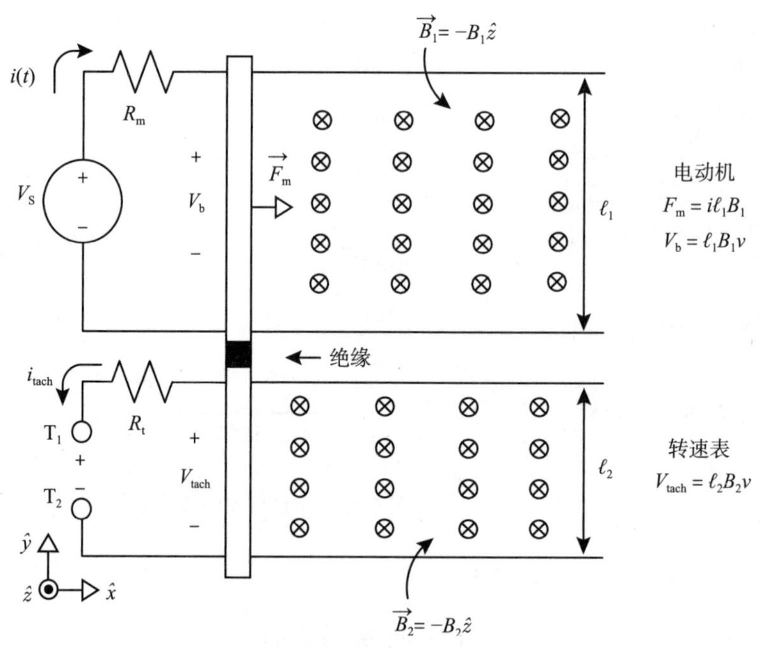

图 6-25　直流测速（发电机）

转速表中的感应（反）电动势为 $\xi = V_{tach} = B_2\ell_2 v$，这样，通过测量端子 T_1 和 T_2 之间的电压，就可以计算出电动机的转速 v。注意转速表和电动机具有相同的物理结构。事实上，转速表就像是一台发电机，输出与速度成正比的电压。

6.6.2　单回路直流电动机转速表

单回路直流电动机转速表是通过将另一个回路连接到轴上并使其在外部磁场中转动作为直流发电机来构造的。也就是说，转速表回路中不断变化的磁通根据法拉第定律产生一个感应电动势，该电动势与轴的速度成正比。为了了解这一点，考虑图 6-26，其中一个电动机回路由电压 V_S 驱动，连接到同一轴的是第二个回路，称为转速表。

两个环都在外部径向磁场中转动，图 6-26 中没有显示，但图 6-27 中显示了转速表环。特别要指出，转速表的端子 T_1 和 T_2 没有施加电压，就像电动机的情况一样。相反，转速表的端子 T_1 和 T_2 之间测量到电压 V_{tach}。具体地说，用同样的方法计算直流电动机的反电动势，我们可以计算转速表回路中由于外部磁场而产生的磁通。计算如下（见图 6-27）

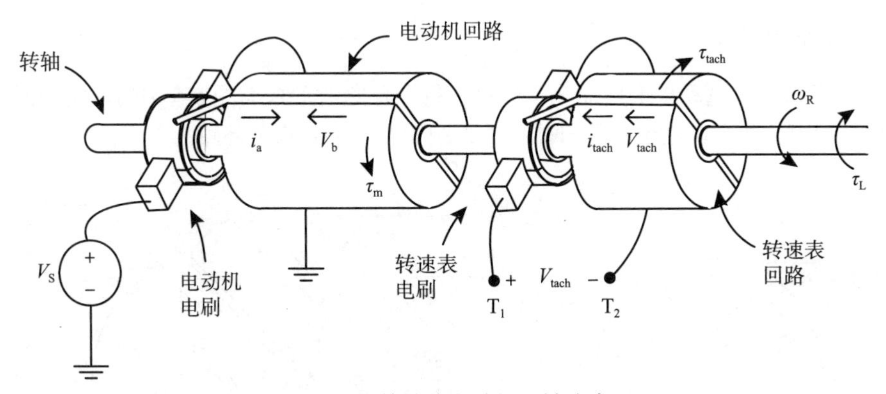

图 6-26 单回路电动机和转速表

来源：由 Sharon Katz 提供

$$
\begin{aligned}
\phi &= \int_S \vec{B}\cdot d\vec{S} = \int_0^{\ell_1}\int_{\theta_R}^{\pi}\left(B\hat{r}\right)\cdot\left(\frac{\ell_2}{2}d\theta dz\hat{r}\right) + \int_0^{\ell_1}\int_{\pi}^{\pi+\theta_R}\left(-B\hat{r}\right)\cdot\left(\frac{\ell_2}{2}d\theta dz\hat{r}\right) \\
&= \int_0^{\ell_1}\int_{\theta_R}^{\pi} B\frac{\ell_2}{2}d\theta dz + \int_0^{\ell_1}\int_{\pi}^{\pi+\theta_R} -B\frac{\ell_2}{2}d\theta dz \\
&= \left(\ell_1\ell_2 B/2\right)\left(\pi-\theta_R\right) - \left(\ell_1\ell_2 B/2\right)\theta_R \\
&= -\ell_1\ell_2 B\theta_R + \left(\ell_1\ell_2 B/2\right)\pi
\end{aligned}
$$

感应电动势是

$$
V_{tach} = -d\phi/dt = \left(\ell_1\ell_2 B\right)d\theta_R/dt = K_{b\text{-}tach}\omega_R
$$

式中，$K_{b\text{-}tach} = \ell_1\ell_2 B$是一个常数，取决于转速表转子的尺寸和转速表外部磁场的强度。这说明端子T_1和T_2之间的电压与角速度成正比，因此可以用来测量转速。

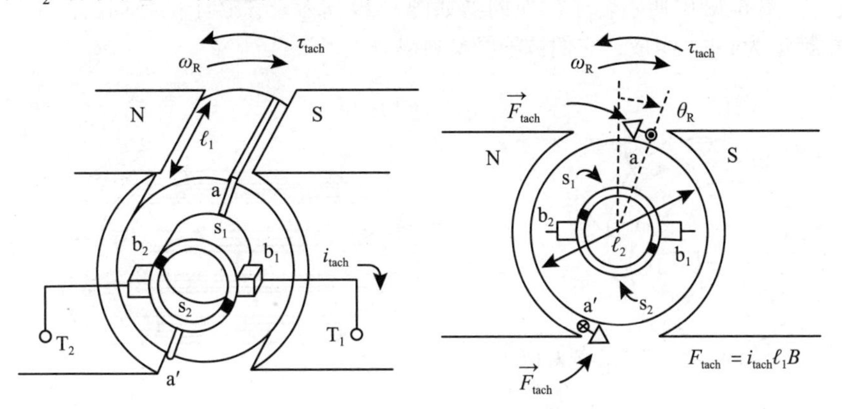

图 6-27 直流转速表的剖面图

来源：改编自 Matsch and Morgan[21] Electromagnetic and Electromechanical Machines, 3rd edition, John Wiley & Sons, New York, 1986

*6.7 多回路直流电动机

用图 6-5 的单回路电动机来说明直流电动机的基本物理原理。然而，它不是一个实用的电动机。可在转子的周围放置转子环路来改善，从而产生更多的转矩。然而，这些额外的转子环路需要一个更复杂的方式来换向它们的电流，将稍后进行解释。

6.7.1　增加转矩产生

图 6-28 显示了在电动机上增加几个环路，每个环路的形式与图 6-5 中的环路相似。现在，转子中有八个槽，两个环路位于每对插槽（相距 180°），共八个环路。

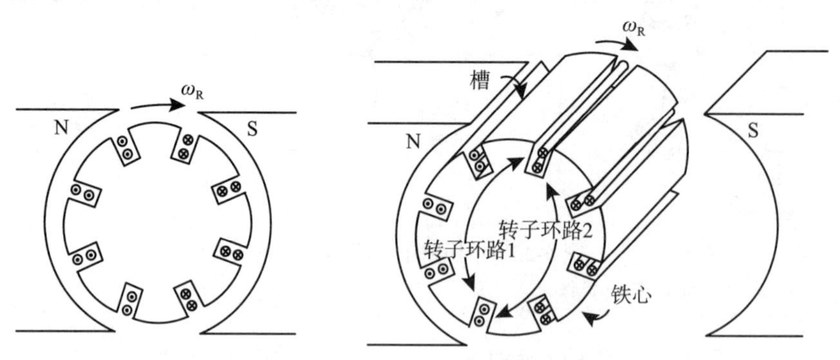

图 6-28　直流电动机的多环电枢

转子上的转矩现在为$\tau_m = n\ell_1\ell_2 Bi$，其中$n = 8$为转子环路数，$B$ 为外磁场在气隙中产生的径向磁场强度。当然，必须找到某种方法，以确保每半圈的电流是反向的，以便（对于正转矩）S 极面下面的所有环路的电流将进入页面（⊗）和 N 极面下面的所有环路的电流从页面流出（⊙）。这个过程称为换向，是下一步要考虑的。

6.7.2　电枢电流的换向

如图 6-28 所示，当转子环路顺时针转动过垂直位置时，顶部环路的电流必须由从页面流出转变为进入页面。也就是说，每转半圈，每个转子环路内的电流必须反向。这是使用换向器完成的，图 6-28 中所示转子的换向器如图 6-29 所示。该转子的换向器由 8 个铜段（在图 6-31a 中标记为a~h）组成，它们被绝缘材料隔开。

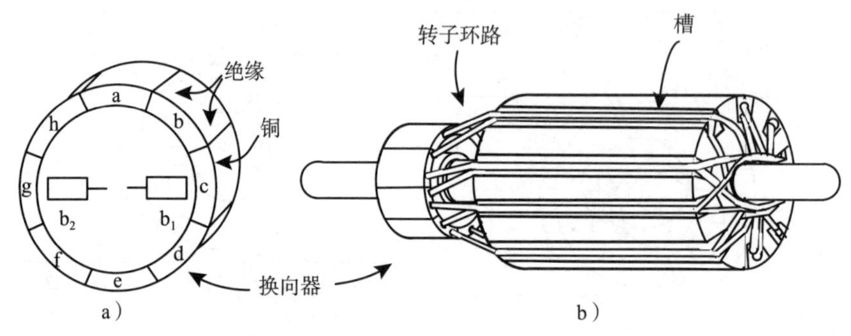

图 6-29　换向器为图 6-28 中的转子

如图 6-28 所示，转子环路的每一端连接到换向器的适当铜段，电流每转半圈就会反向，因为它转动过了垂直方向。为了解释这一切，考虑图 6-31a，它明确地显示了转子环路的两端是如何连接到换向器的节段。图 6-28 中的 8 个转子环路标注为$1-1'$，…，$8-8'$。如图 6-31a 所示，每个环路的两端电连接（焊接）到特定的一对换向器节段。例如，环路$1-1'$的两端分别连接到换向器段 a 和 b。换向器和转子环路一起刚性转动，而两个电刷（标记为b_1和b_2）保持静止。电刷通常由碳材料制成，并机械地压在换向器表面，实现电接触，也就是说，当换向器转动时，与电刷摩擦的特定部分产生电接触。图 6-30 所示为一个带转速表的实际直流电动机转子的照片。

如前所述，要获得正转矩，必须是每当环路的一边在 S 极面下面时，电流必须进入页面（⊗），而环路的另一边在 N 极面下面，电流必须从页面外流出。（⊙）当环路一侧从一个极面下转动到另一个极面下时，环路中的电流必须反向（换向）。现在解释一下电枢环路，换向器和电刷之间的连接机制是如何在每个半圈中反转每个转子环路的电流的。

图 6-30 直流电动机的转子（左）和转速表（右）的照片。注意，直流电动机的绕组槽是倾斜的

来源：由田纳西大学 J. D.Birdwell 教授提供

参考图 6-31a，电枢电流 i 进入电刷 b_1，进入换向器段 c。由于对称，这个电枢电流的一半（即 $i/2$）通过环路 3 – 3′ 进入换向器段 d，然后通过环路 4 – 4′ 进入换向器段 e，再通过环路 5 – 5′ 进入换向器段 f，接着通过环路 6 – 6′ 进入换向器段 g，最后通过电刷 b_2 输出。电流的这条路径（电路）用粗体表示。同样地，对于电枢电流的另一半也有平行路径。具体来说，电枢电流 $i/2$ 的另一半通过环路 2 – 2′ 进入换向器段 b，然后通过环路 1 – 1′ 进入换向器段 a，再通过环路 8 – 8′ 进入换向器段 h，接着通过环路 7 – 7′ 进入换向器段 g，最后通过电刷 b_2 输出。此路径（电路）以不加粗的方式表示。因此，对于图 6-31a 所示位置的转子，从 b_1 到 b_2 有两个并联电路，每个电路由四个串联的环路组成，每个电路承载一半的电枢电流。在 S 极面下的环的两边有它们的电流进入页面，而这些环路的另一边（在 N 极面下）有它们的电流出页面，因此产生正转矩。图 6-31a 中的环路的边是 45° 分开。

图 6-31b 显示了转子相对图 6-31a 转动 45°/2。在这种情况下，电刷 b_1 使两个换向器段 b 和段 c 短路，而电刷 b_2 使两个换向器段 f 和段 g 短路。

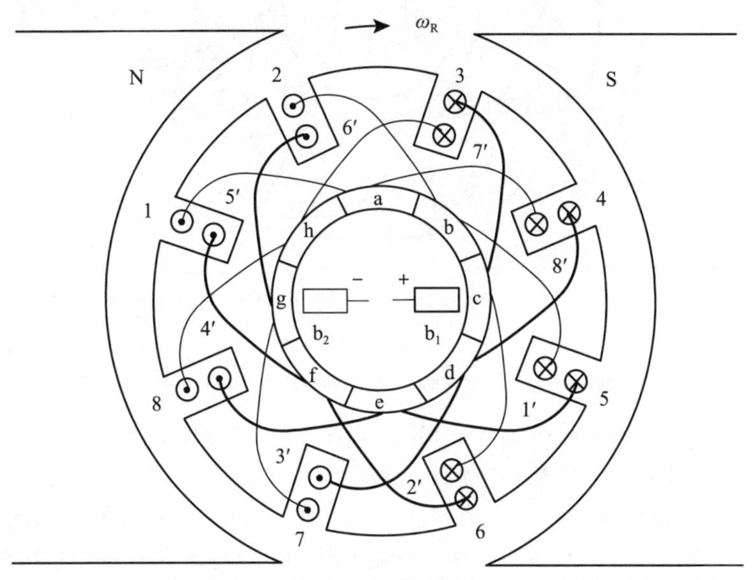

a）四组转子环路和换向器。笔刷在空间中保持固定，也就是说，它们不转动

图 6-31

来源：改编自 Chapman[20].Electric Machinery Fundamentals, McGraw-Hill, New York, 1985

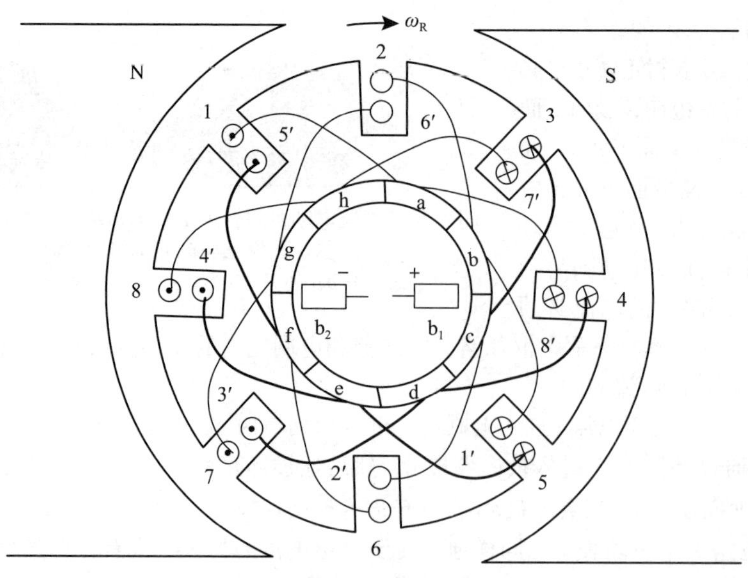

b）转子转动 45°/2 相对于图 6-31a

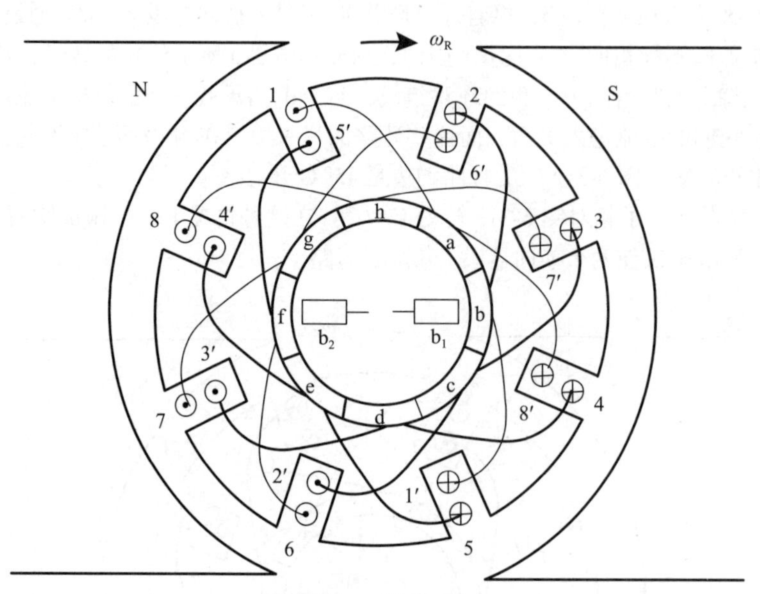

c）转子转动 45° 相对于图 6-31a

图 6-31（续）

来源：改编自 Chapman[20]. Electric Machinery Fundamentals, McGraw-Hill, New York, 1985

环路2－2′的末端连接到换向器段 b 和段 c（现在一起短路），所以这个环路中的电流现在为零。同样，环路6－6′的两端连接到换向器段 f 和段 g，这个环路中的电流也是零。对于剩下的环路，$i/2$经过环路3－3′进入换向器段 d，然后通过环路4－4′进入换向器段 e，再通过环路 5－5′ 进入换向器段 f，最后，通过电刷b_2输出。这些环路在图中以粗体表示。类似地，$i/2$经过环路1－1′进入换向器段 a，然后通过环路8－8′进入换向器段 h，然后通过环路7－7′进入换向器段 g，最后通过电刷b_2输出。

电动机继续转动，考虑它现在已经移动了额外的45°/2，使它有图 6-31c 所示的位置。现在电流进入电刷b_1，并进入换向器段 b。根据对称性，电流$i/2$的一半通过环路2－2′进入换向器段 c，然后通过环路3－3′进入换向器段 d，再通过环路4－4′进入换向器段 e，接着通过环路 5－5′ 进入换向器段 f，最后通过电刷b_2输出。电流的这条路径（电路）用粗体表示。同样地，另一半电流通过环路1－1′进入换向器段 a，然后通过环路8－8′进入换向器段 h，再通过环路7－7′进入换向器段 g，接着通过环路6－6′进入换向器段 f，最后通过电刷b_2输出。此路径（电路）不使用粗体表示。

如图 6-31a~c 所示，环路2－2′和6－6′中的电流反转，因为这两个环路转动超过垂直位置。总而言之，有两条平行路径，每条路径由四个环路组成，当任何一个环路到达垂直位置时，该环路中的电流就会反向。这样，在 S 极面下的环路的所有边都有它们的电流进入页面，在 N 极面下的所有边都有它们的电流流出页面，产生正转矩。

注意 本文给出的换向电流方案来自参考文献 [20]。然而，还有其他的方案，读者可参考文献 [20,21,24,25] 进行了解。

无刷直流电动机

直流电动机的换向器需要定期清洗，若电刷本身磨损，则必须定期更换。永磁同步电动机没有这样的缺点。随着现代电力电子技术和功能强大的数字信号处理器的出现，永磁同步电动机已经制成精密运动控制执行器。它们的制造商提供内部控制环路，以便用户使用，其描述该驱动器的方程具有与直流电动机[7]的方程组（6.6）相同的形式。因此，它们被称为无刷直流电动机。在相当长的一段时间内，它们已经取代了直流电动机作为运动控制驱动的工业标准。

习题

习题 1 法拉第定律

考虑图 6-32，磁铁向上移动至平面方形铜线环。

（a）使用法线$\hat{n}_1$，大致画出当磁铁在铜环下方时，环路的磁通作为 t 的函数$\phi_1(t)$。磁铁在环路中产生的磁通$\phi_1(t)$是增加还是减少？

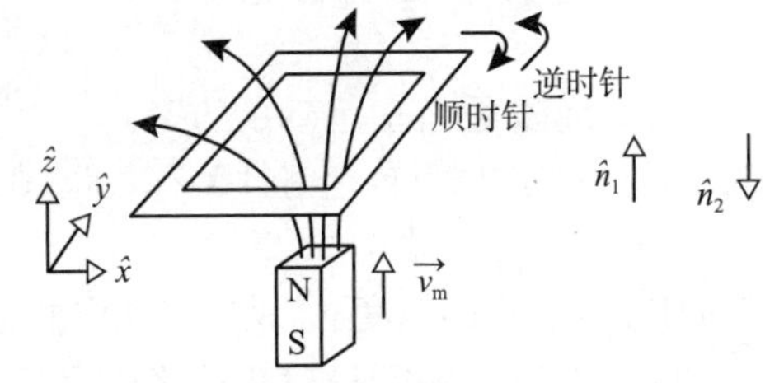

图 6-32　由于磁铁的移动，线圈中的感应电动势（一）

（b）用法向坐标轴$\hat{n}_1$，绕环路为边界的表面正运动的方向是什么（顺时针还是逆时针）？

（c）图 6-32 中感应电流的方向是什么（顺时针还是逆时针）？设$\psi_1(i)$为环路中由感应电流引起的磁通。当磁铁在环的下方时，$\psi_1(i)$是正的还是负的？当磁铁在环的下方，但向上移动时，$\psi_1(i)$是增加还是减少？

（d）使用法线$\hat{n}_2$，粗略地画出当磁铁在铜环下面时，环路的磁通$\phi_2(t)$作为 t 的函数。磁铁在环路中产生的磁通是增加还是减少？

（e）用法向的椭球球体$\hat{n}_2$，绕环路为边界的表面正运动的方向是什么（顺时针还是逆时针）？

（f）图 6-32 中感应电流的方向是什么（顺时针还是逆时针）？$\psi_2(i)$是由感应电流引起的环路磁通。当磁铁在环路的下方时，$\psi_2(i)$是正的还是负的？当磁铁在环路的下方，但向上移动时，$\psi_2(i)$是增加还是减少？

习题 2 法拉第定律

考虑图 6-33，磁铁位于平面铜线环的下方，并从铜线环向下移动。

（a）使用法线$\hat{n}_1$，粗略地画出环路的磁通$\phi_1(t)$作为t的函数。磁铁在环路中产生的磁通是增加还是减少？

（b）使用法线$\hat{n}_1$，绕环路为边界的表面正运动的方向是什么（顺时针还是逆时针）?

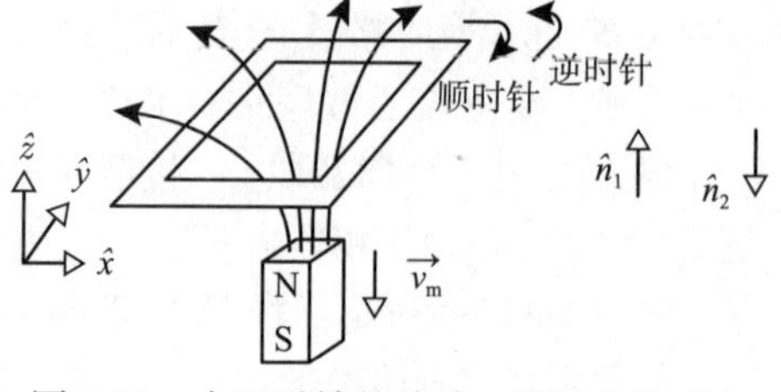

图 6-33　由于磁铁的移动，线圈中的感应电动势（二）

（c）图 6-33 中感应电流的方向是什么（顺时针还是逆时针）？设$\psi_1(i)$为环路中由感应电流引起的磁通。当磁铁在环路的下方时，$\psi_1(i)$是正的还是负的？当磁铁在环路下面移动时，$\psi_1(i)$是增加还是减少？

（d）使用法线$\hat{n}_2$，粗略地画出环路的磁通$\phi_2(t)$作为t的函数。磁铁在环路中产生的磁通是增加还是减少?

（e）使用法线$\hat{n}_2$，绕环路为边界的表面正运动的方向是什么（顺时针还是逆时针）?

（f）图 6-33 中感应电流的方向是什么（顺时针还是逆时针）？$\psi_2(i)$是由感应电流引起的环路磁通。当磁铁在环路的下方时，$\psi_2(i)$是正的还是负的？当磁铁在环路下面移动时，$\psi_2(i)$是增加还是减少？

习题 3 直线直流电动机

考虑图 6-34 中的简单直线直流电动机，其中$B>0$。将环路所包围的表面的法线取$\hat{n}=-\hat{z}$。

（a）磁力$\vec{F}_{\text{magnetic}}$是多少?

（b）通过表面的磁通是多少?

（c）绕磁通面正运动的方向是什么?（顺时针或逆时针）

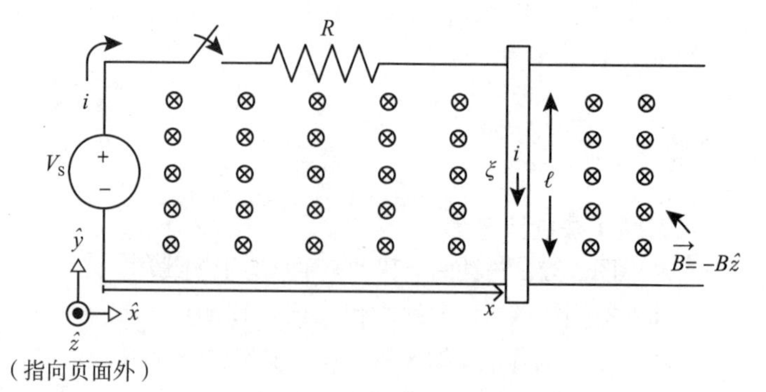

图 6-34　直线直流电动机

（d）基于磁感应强度B、杠的长度ℓ和杆的速度v，请问线圈中的感应电动势ξ为?

（e）V_S和ξ是否具有相同的符号约定？ξ值是正的还是负的?

（f）设R为电路的电阻，m_1为滑杆的质量，f为滑杆与轨道之间的黏性摩擦系数。假设电路环路的电感为零。写出电动机中电流i的方程和滑杆位置x的微分方程。与式（6.1）类似，消去电流，得到输入V_S时滑杆的运动方程。

习题 4 直线直流电动机

考虑图 6-35 中的直线直流电动机，其中磁场$\vec{B}=B\hat{z}\,(B>0)$指向页面外。闭合开关会使电流在导线环路中流动。

（a）用B,i和ℓ表示滑杆上的磁力$\vec{F}_{\text{magnetic}}$，求磁力的大小和方向。

（b）将环路所包围表面的法向定义为$\hat{n}=\hat{z}$。通过表面的磁通是多少?

（c）基于磁感应强度B、杆的长度ℓ和杆的速度v，线圈中的感应电动势ξ为?

（d）环路中感应电动势的符号规定是什么（也就是说，如果$\xi>0$，它的作用是顺时针推动电流还是逆时针推动电流）?

（e）V_S 和 ξ 是否具有相同的符号约定？在 ξ 上方和 ξ 下方画 + 号和 − 号，表示 ξ 的符号约定。

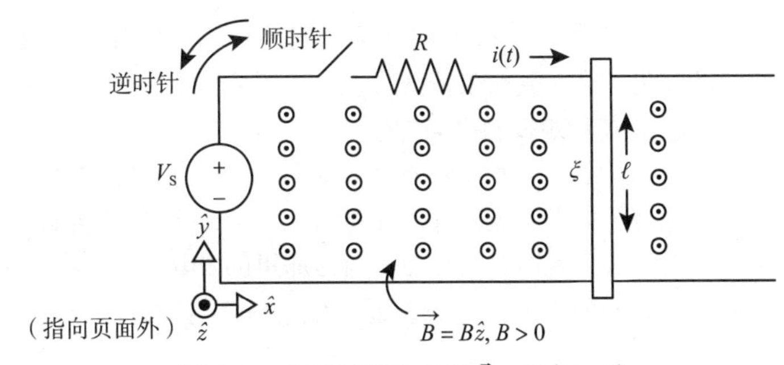

图 6-35　直线直流电动机 $\vec{B} = B\hat{z}\,(B > 0)$

习题 5 直流电动机的转矩

单回路直流电动机如图 6-36 所示。

（a）利用磁力定律，计算径向磁场作用于 a 面电流所产生的对 a 面的力 $\vec{F}_{\text{side a}}$。

（b）给出由 $\vec{F}_{\text{side a}}$ 引起的到 a 面的转矩 $\vec{\tau}_{\text{side a}}$ 的定义并计算它。

（c）使用 $\vec{\tau}_{\text{side a'}} = \vec{\tau}_{\text{side a}}$ 计算转子上的总转矩，并给出电动机转矩常数 K_T 的表达式。

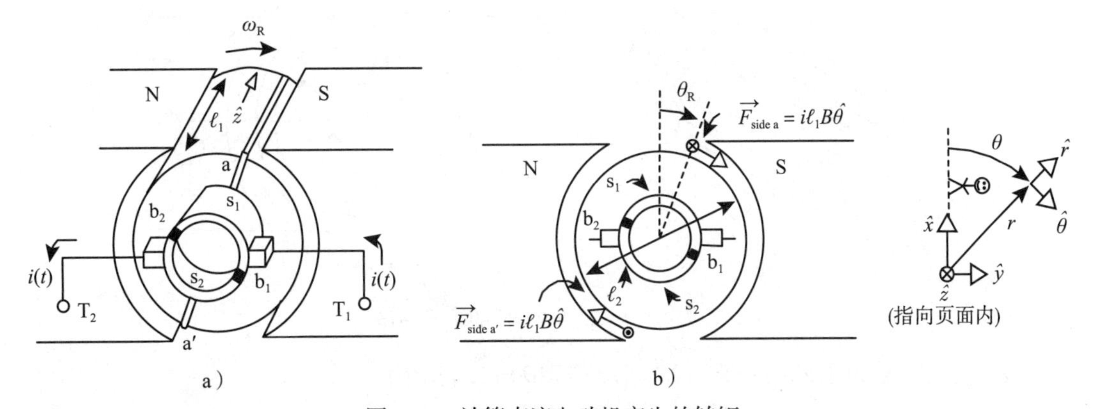

图 6-36　计算直流电动机产生的转矩

习题 6 单回路电动机的反电动势

考虑单回路电动机，其磁通面如图 6-37 所示。连接到电刷的电压源迫使电流从 a 侧流入（⊗），并从 a′ 侧流出（⊙）。

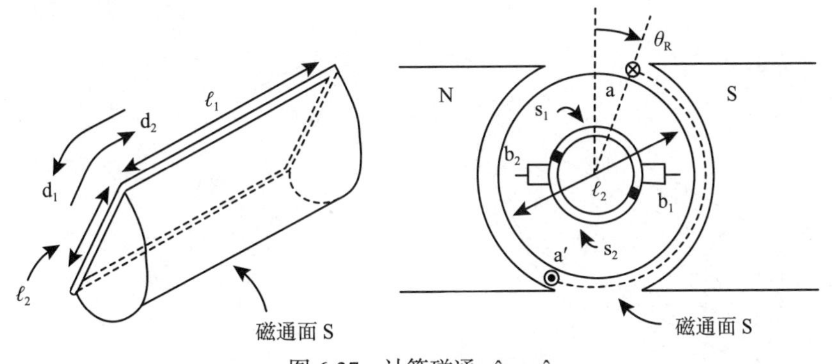

图 6-37　计算磁通，$\hat{n} = -\hat{r}$

（a）将电动机在角位置 θ_R 表示出，即 $0 < \theta_R < \pi$，并使用向内法线（$\hat{n} = -\hat{r}$），根据气隙中径向磁场的大小 B、电动机轴向长度 ℓ_1、电动机直径 ℓ_2 和转子角度 θ_R 计算通过表面的磁通。

（b）绕磁通面 S（d_1 或 d_2）的正向运动方向是什么？

（c）转子环路中产生的电动势 ξ 值是多少？线圈周围的感应电动势 ξ 的符号约定是什么？

（也就是说，如果$\xi>0$，它是向d_1方向还是d_2方向推动电流？）V_S和ξ是否具有相同的符号约定？解释为什么ξ值现在是负的。为转子环路画一个如图 6-19 所示的等效电路。

习题 7 高斯定律和磁通守恒

图 6-14 中的磁通面被选择为两端各有两个半盘的半柱面，因为柱面上的 B 场已由式（6.2）给出，并且可以取在两个半盘上为零。如果取磁通面为以矩形环为边界的平面，那么就不清楚如何计算这个表面上的磁通，因为那里的 B 场是未知的。用高斯定律$\phi=\oint_S\vec{B}\cdot d\vec{S}=0$，两个表面都有相同的磁通。一般来说，根据高斯定律，只要边界是环路，就可以用任何表面计算磁通。

习题 8 单回路直流电动机的磁通

图 6-38 所示为$\pi<\theta_R<2\pi$时的转子环路。

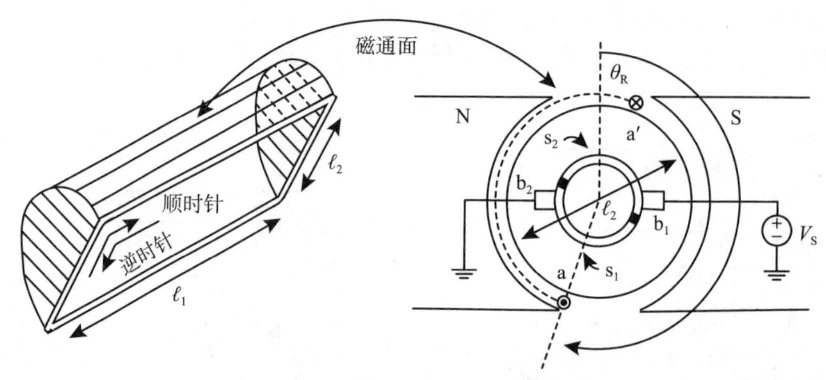

图 6-38　$\pi<\theta_R<2\pi$ 时的转子环路

（a）使用图 6-39 所示的磁通面$d\vec{S}=(\ell_2/2)d\theta dz\hat{r}$，表示为

$$\phi(\theta_R)=(\theta_R-\pi/2-\pi)\ell_1\ell_2 B \text{ 对于} \pi<\theta_R<2\pi$$

绘制$\phi(\theta_R)(0<\theta_R<2\pi)$（注意，在文本中计算当$0<\theta_R<2\pi$时的$\phi(\theta_R)$）。计算反电动势$\xi$值并给出其符号约定，即如果$\xi=-d\phi(\theta_R)/dt>0$，它将迫使电流沿顺时针方向还是逆时针方向流动？$\xi$和$V_S$是否具有相同的符号约定？（是的，解释。）画出如图 6-19 所示的等效电路图，以说明符号约定。

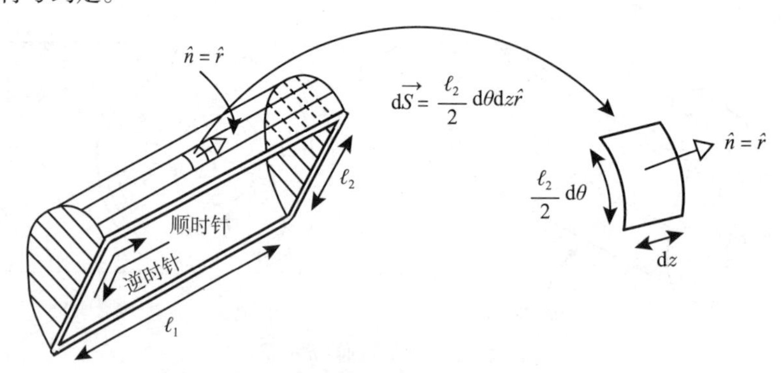

图 6-39　磁通面与法线放射状向外

（b）使用图 6-40 所示的磁通面和$d\vec{S}=(l_2/2)d\theta dz(-\hat{r})$，表示为

$$\phi(\theta_R)=-(\theta_R-\pi/2-\pi)\ell_1\ell_2 B \text{ 对于} \pi<\theta_R<2\pi$$

如图 6-16 所示为绘制的关系图。计算反电动势并给出其符号约定，即如果$-d\phi(\theta_R)/dt$将

迫使电流沿顺时针或逆时针方向流动。ξ 和 V_S 是否具有相同的符号约定?(不，它们是相反的。请解释。)画出如图 6-19 所示的等效电路图，以说明符号约定。

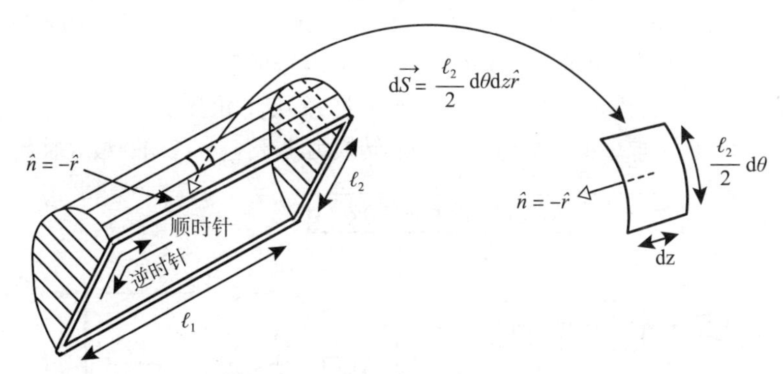

图 6-40　磁通面与法线径向向内

(c) 注意 (b) 中的磁通面法线被认为是径向向内的，而当 ($0 < \theta_R < \pi$) 时被认为是径向向外的(见图 6-15)。解释为什么以这种方式每半转反转磁通面法线会产生如图 6-19 所示的等效电路，这对所有转子角位置都有效。

提示：注意 V_S 的 + 面现在通过电刷 b_1 与环路的 a′ 面电气连接，而当图 6-15 ($0 < \theta_R < \pi$) 时，V_S 的 + 面通过电刷 b_1 与环路的 a 面电气连接。也就是说，环路中 V_S 的符号约定每半圈改变一次。因此，也有必要改变磁通的符号约定，从而改变 ξ 值的符号约定，以使 V_S 和 ξ 值的符号约定对所有 θ_R 都具有相同的关系。

(d) 当 $d\vec{S} = (\ell_2/2) d\theta dz\hat{r} (0 < \theta_R < \pi)$，$d\vec{S} = (\ell_2/2) d\theta dz(-\hat{r})(\pi < \theta_R < 2\pi)$，$\phi(\theta_R) = -(\theta_R \bmod \pi - \pi/2)\ell_1\ell_2 B$，对于所有 θ_R，$\xi = -d\phi(\theta_R)/dt$ 具有如图 6-19 所示的符号约定。

习题 9 直流电动机的仿真

图 6-41 所示为直流电动机的 Simulink 框图。设 $V_{max} = 40\text{V}$，$I_{max} = 5\text{A}$，$K_b = K_T = 0.07\text{V}/(\text{rad}\cdot\text{s})(=\text{N}\cdot\text{m}/\text{A})$，$J = 6\times10^{-5}\ \text{kg}\cdot\text{m}^2$，$R = 2\Omega$，$L = 2\text{mH}$，$\tau_L = 0$，$f = 0.0004\text{N}\cdot\text{m}/(\text{rad}\cdot\text{s})$。在阶跃输入 $V_S(t) = 10\text{V}$ 的情况下实现此模拟。给出 (a) $\theta(t)$，(b) $\omega(t)$，(c) $i(t)$ 和 (d) $V_S(t)$ 的图像。

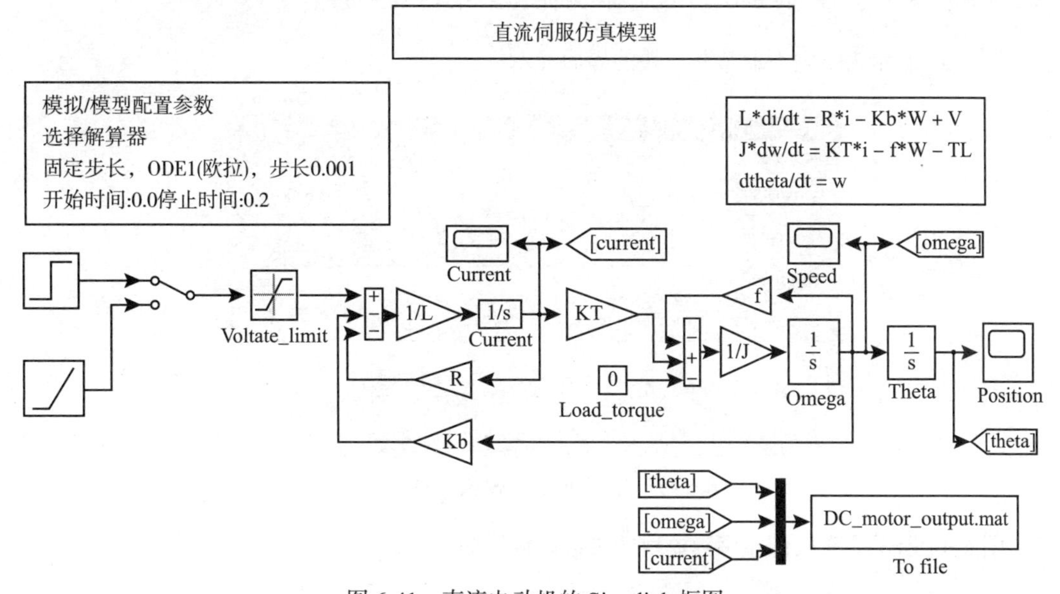

图 6-41　直流电动机的 Simulink 框图

习题 10 用光学编码器模拟直流电动机

图 6-42 显示了带编码器模型的开环直流电动机的 Simulink 框图。设$K_b = K_T = 0.07\text{V}/(\text{rad}\cdot\text{s})(=\text{N}\cdot\text{m}/\text{A})$，$J = 6\times10^{-5}\text{kg}\cdot\text{m}^2$，$R = 2\Omega$，$L = 2\text{mH}$，$\tau_L = 0$，$f = 0.0004\text{N}\cdot\text{m}/(\text{rad}\cdot\text{s})$。进一步，设$N_{enc} = 4\times1024 = 4096$，为每转出光学编码器的脉冲数（上升边和下降边）。角π在 MATLAB 中表示为“pi”。$N_{enc}/(2\pi)$的灰色增益块将角度转换为计数。层函数（用$floor(x)=[x]$表示）向下取整函数块将$N_{enc}/(2\pi)$转换为小于$N_{enc}/(2\pi)$的最大整数。

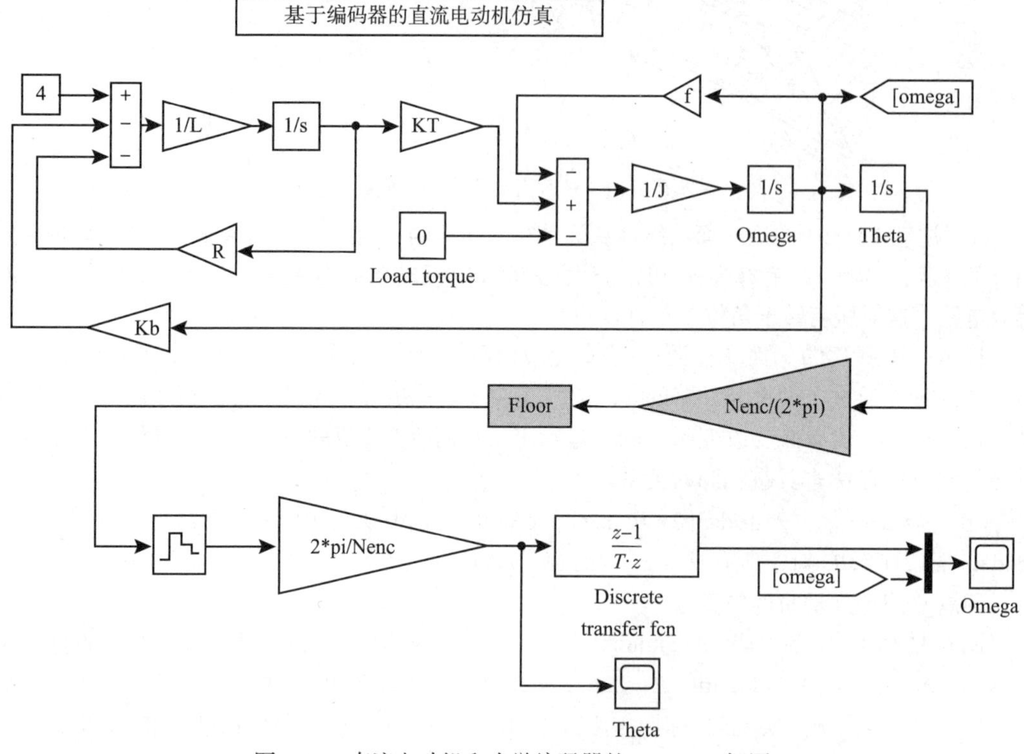

图 6-42　直流电动机和光学编码器的 Simulink 框图

图 6-43 所示为“向下取整”模块的界面显示。

Function Block Parameters: Rounding Function

Rounding

Rounding operations.

Parameters

Function: floor

Sample time (-1 for inherited):

-1

OK　Cancel　Help　Apply

图 6-43　“向下取整”模块的界面显示

图 6-44 所示为离散传递函数模块的参数设置界面。

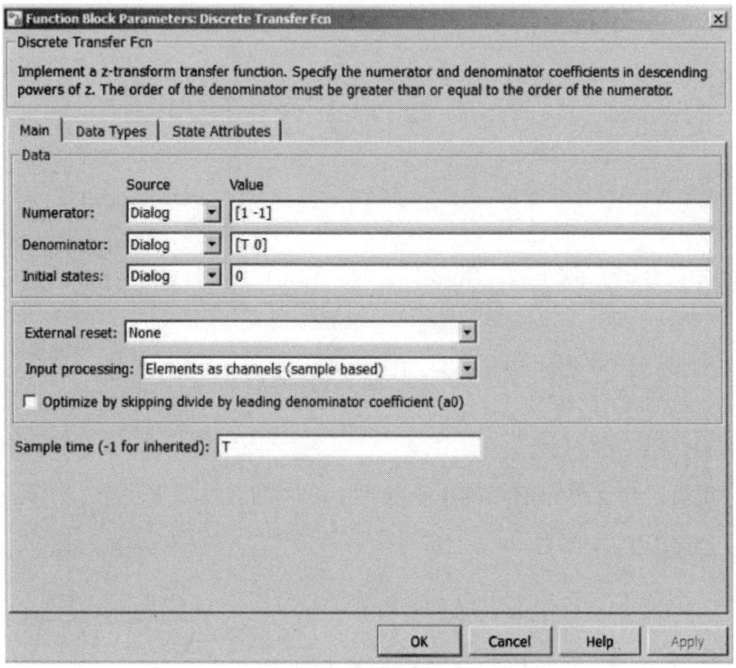

图 6-44　离散传递函数模块的参数设置界面

图 6-45 所示为零阶保持器模块的参数设置界面。

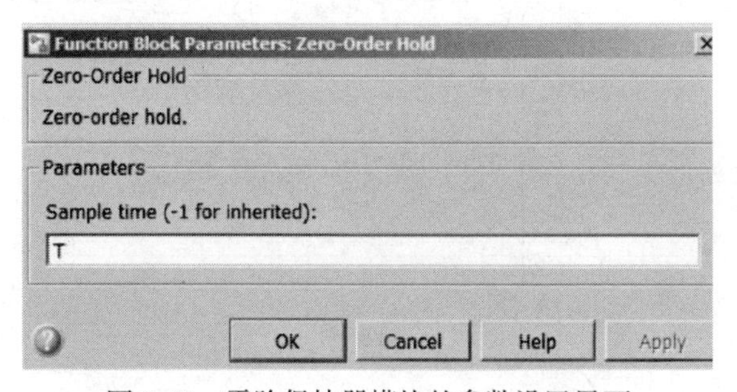

图 6-45　零阶保持器模块的参数设置界面

（a）完成图 6-42 的仿真。

（b）在仿真中表明，向后差分误差以 $2\pi/\left(N_{\text{enc}}\cdot T\right)$ 为界。

习题 11 带有磁场绕组和齿轮系统的直流电动机

图 6-46 所示为带有磁场绕组（见图 6-7）和附加的齿轮系统的直流电动机示意图。示意图展现了电池连接在绕组上产生的磁场电流 i_{f}，原因是为了表明施加在磁场绕组上的电压是恒定的。因此，磁场绕组中的电流如 $i_{\text{f}}\left(t\right)=I_{\text{f}}$ 是恒定的。那么，反电动势“常数”为

$$K_{\text{b}}=K_{\text{f}}I_{\text{f}}$$

转矩常数必须等于多少？写下微分方程模拟该系统。最终答案必须消除 τ_1，τ_2，θ_{m} 和 ω_{m}。

习题 12 直流电动机和轧机

在第 5 章的例 4 中，建立了如图 6-47 所示的简单轧机的机械模型。进料的厚度记为 T，离开滚轮的材料厚度记为 x，$T-x$ 为齿条移动的距离。推导出该滚轮系统的力学模型为

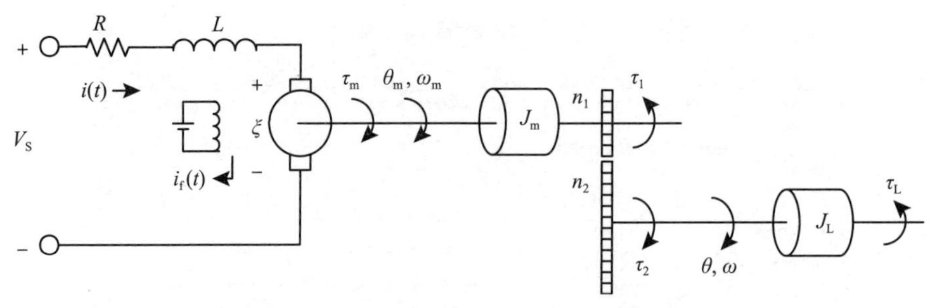

图 6-46 带磁场绕组和齿轮系统的直流电动机

$$J_{eq}\frac{d^2(T-x)}{dt^2}+r_2^2 f_{rack}\frac{d}{dt}(T-x)+r_2^2 k(T-x)=\frac{r_2^2}{r_1}\tau_m$$

其中，$J_{eq} \triangleq J_2+(r_2/r_1)^2 J_1+r_2^2 M$。

式中，f_{rack} 是齿条与支撑它的结构（未显示）之间的黏性摩擦系数，因此$-f_{rack}\frac{d}{dt}(T-x)$是施加在齿条上的相应的摩擦力。

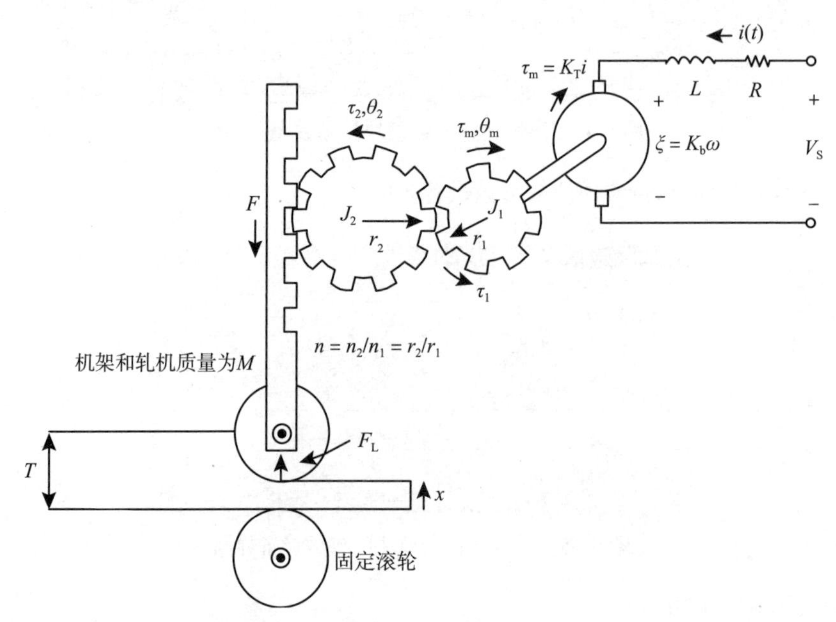

图 6-47 由直流电动机驱动的轧机

（a）将电动机电流的方程添加到该模型中。最终答案应该是以电动机电压V_S为输入，以输出项$T-x$和电动机电流 i 为变量的两个耦合的微分方程。也就是说，它的形式应该为

$$J_{eq}\frac{d^2(T-x)}{dt^2} = \cdots$$

$$L\frac{di}{dt} = \cdots$$

（b）令电动机电感$L=0$，计算从V_S到$y=T-x$的传递函数。这个传递函数是稳定的吗？

框图

使用拉普拉斯变换是为了将微分方程转化为代数方程。本章将重点讲述如何通过框图表示这些代数方程，这也是学习控制器设计（第 9 章和第 10 章）的基础。

7.1 直流电动机框图

直流电动机伺服系统（用于定位）通常由直流电动机、放大器、位置传感器和电流传感器组成。为了对直流电动机进行控制，需要先在 s 域中建立系统模型。回想直流电动机的动力学方程：

$$
\begin{aligned}
L\frac{\mathrm{d}i}{\mathrm{d}t} &= -Ri(t) - K_{\mathrm{b}}\omega(t) + v_{\mathrm{a}}(t) \\
J\frac{\mathrm{d}\omega}{\mathrm{d}t} &= -f\omega(t) + K_{\mathrm{T}}i(t) - \tau_{\mathrm{L}}(t) \\
\frac{\mathrm{d}\theta}{\mathrm{d}t} &= \omega(t)
\end{aligned}
\tag{7.1}
$$

在零初始条件下对直流电动机方程（7.1）进行拉普拉斯变换得到

$$
\begin{aligned}
sLI(s) &= -RI(s) - K_{\mathrm{b}}\omega(s) + V_{\mathrm{a}}(s) \\
sJ\omega(s) &= -f\omega(s) + K_{\mathrm{T}}I(s) - \tau_{\mathrm{L}}(s) \\
s\theta(s) &= \omega(s)
\end{aligned}
\tag{7.2}
$$

移项组合之后我们得到

$$
\begin{aligned}
(sL+R)I(s) &= V_{\mathrm{a}}(s) - K_{\mathrm{b}}\omega(s) \\
(sJ+f)\omega(s) &= K_{\mathrm{T}}I(s) - \tau_{\mathrm{L}}(s) \\
s\theta(s) &= \omega(s)
\end{aligned}
\tag{7.3}
$$

这些方程的框图如图 7-1 所示，框图是一种简单的表示拉普拉斯变换变量传递关系的图形化方法。

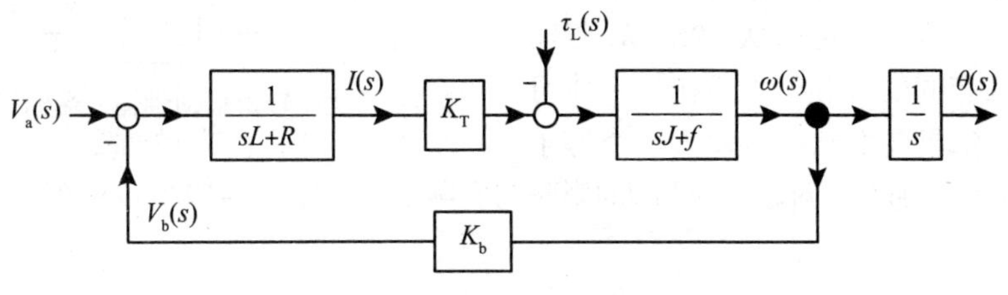

图 7-1　某直流电动机的框图

从图 7-1 可以看出

$$I(s)=\frac{1}{sL+R}\left(V_a(s)-K_b\omega(s)\right)$$
$$\omega(s)=\frac{1}{sJ+f}\left(K_T I(s)-\tau_L(s)\right)$$
$$\theta(s)=\frac{1}{s}\omega(s) \tag{7.4}$$

在图 7-1 中，空心节点“○”表示求和，而实心节点“●”则表示相同的变量被传送到不同的环节。

对于直流电动机，通常会发现电感 L 可以忽略（但是也有例外，如例 6），所以我们设置 $L=0$，图 7-1 的框图可简化成图 7-2。

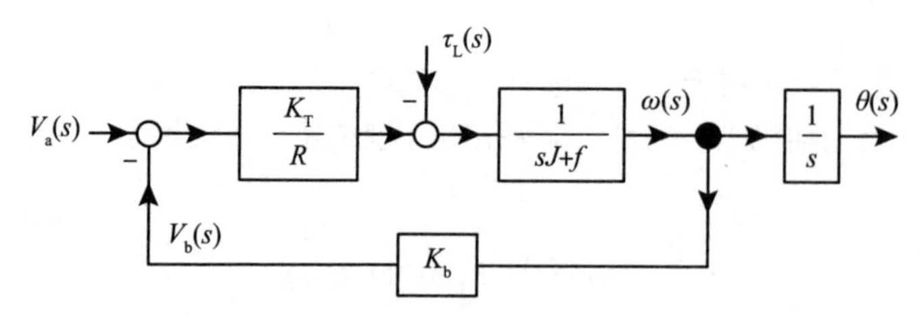

图 7-2　$L=0$ 的直流电动机的框图

接着，我们将负载转矩（干扰输入）$\tau_L(s)$ 移动到 K_T/R 框的左侧，则可得到图 7-3 的等效框图。

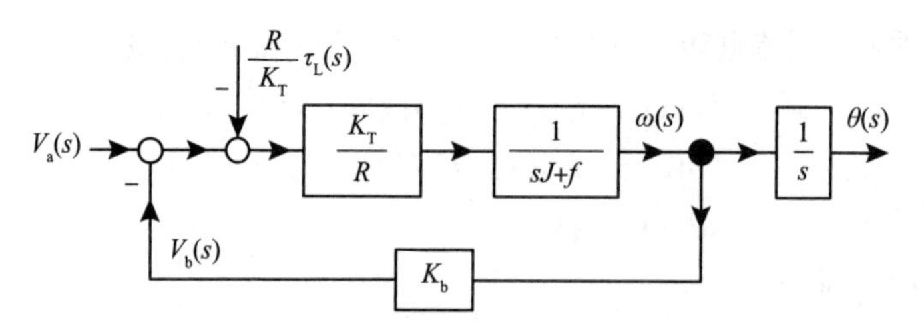

图 7-3　扰动转矩向输入端前移的直流电动机的等效框图

最后，我们可以将扰动 $R\tau_L(s)/K_T$ 移至与 $V_a(s)$ 相同的求和节点中，得到图 7-4 的等效框图。

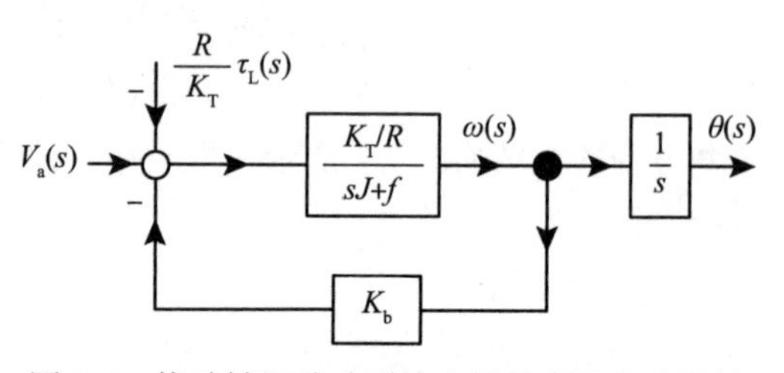

图 7-4　扰动转矩移动到输入端的直流电动机的等效框图

注意　$\frac{R\tau_T}{K_T}$ 的单位是 $\frac{(\Omega)(\mathrm{N\cdot m})}{\mathrm{N\cdot m/A}}=\Omega\cdot\mathrm{A}=\mathrm{V}$，与电压的单位一致。也可以从 $-R\tau_L/K_T$ 与输入电压 V_a 进入相同的求和节点看出。具体可以这样理解，如果向电动机中输入一个等于 $-R\tau_L/K_T$ 的电压，那么它对输出 ω 和 θ 的影响与实际负载转矩 τ_L 对输出 ω 和 θ 的影响相同。

7.2　框图化简

在许多控制系统中，框图可以简化为图 7-5 中所示的标准结构。

举例说明，图 7-4 的框图中每个环节的传递函数如下

$$G(s)=\frac{K_{\mathrm{T}}/R}{sJ+f}$$
$$H(s)=K_{\mathrm{b}}$$
$$R(s)=V_{\mathrm{a}}(s)-\frac{R}{K_{\mathrm{T}}}\tau_{\mathrm{L}}(s)$$
$$C(s)=\omega(s) \tag{7.5}$$

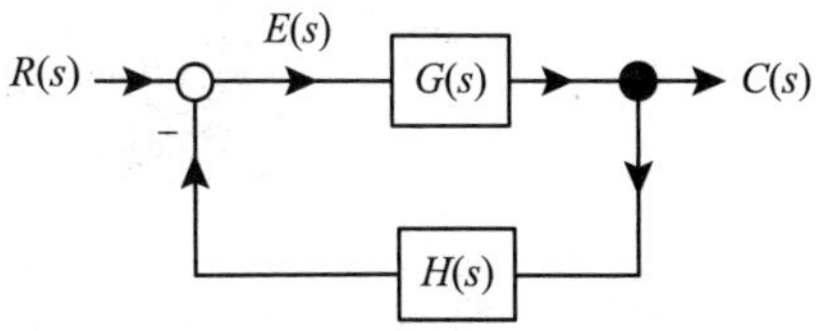

图 7-5　标准框图

如果我们想得到从$R(s)$到$C(s)$的传递函数，推导如下

$$E(s)=R(s)-H(s)C(s)$$
$$C(s)=G(s)E(s)$$
$$=G(s)R(s)-G(s)H(s)C(s)$$

对最后一个方程进行一项合并得到

$$\big(1+G(s)H(s)\big)C(s)=G(s)R(s)$$

可以进一步写成

$$C(s)=\frac{G(s)}{1+G(s)H(s)}R(s) \tag{7.6}$$

式（7.6）是控制系统的一个常见表达式。

接下来，我们也可以通过下面的推导计算从输入$R(s)$到误差$E(s)$的传递函数

$$E(s)=R(s)-H(s)C(s)$$
$$=R(s)-H(s)G(s)E(s)$$

移项合并后，它变成

$$\big(1+H(s)G(s)\big)E(s)=R(s)$$

最后，得到$E(s)$

$$E(s)=\frac{1}{1+H(s)G(s)}R(s) \tag{7.7}$$

我们在后面会反复使用式（7.7）分析控制系统。

例 1 直流电动机的传递函数

我们将式（7.5）代入图 7-4 的直流电动机框图。可以得到

$$\omega(s)=\frac{\dfrac{K_{\mathrm{T}}/R}{sJ+f}}{1+K_{\mathrm{b}}\dfrac{K_{\mathrm{T}}/R}{sJ+f}}\left(V_{\mathrm{a}}(s)-\frac{R}{K_{\mathrm{T}}}\tau_{\mathrm{L}}(s)\right)=\frac{K_{\mathrm{T}}/R}{sJ+f+K_{\mathrm{b}}K_{\mathrm{T}}/R}\left(V_{\mathrm{a}}(s)-\frac{R}{K_{\mathrm{T}}}\tau_{\mathrm{L}}(s)\right)$$

$$=\frac{\dfrac{K_{\mathrm{T}}}{RJ}}{s+\dfrac{f+K_{\mathrm{b}}K_{\mathrm{T}}/R}{J}}\left(V_{\mathrm{a}}(s)-\frac{R}{K_{\mathrm{T}}}\tau_{\mathrm{L}}(s)\right)$$

然后令$a\triangleq\dfrac{f+K_{\mathrm{b}}K_{\mathrm{T}}/R}{J}$，$b\triangleq\dfrac{K_{\mathrm{T}}}{RJ}$，$K_{\mathrm{L}}\triangleq\dfrac{R}{K_{\mathrm{T}}}$，可以简化直流电动机的框图（见图 7-6）。

我们将展示一个简单的十分有趣的实验，在无须知道电动机的所有参数，即L，R，K_{T}，J和f的情况下来估计a和b的值。

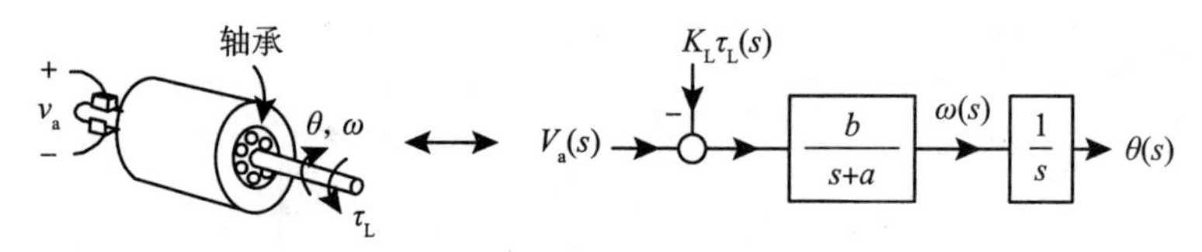

图 7-6　直流电动机的框图

对应到控制问题是测量位置$\theta(t)$，并使用它计算出每个时刻t施加于电动机的电压$v_a(t)$，以使转子转到所需的角度θ_d。这个过程是必需的，即使有一个负载转矩τ_L作用于它也是如此，这部分内容将在以后的章节中讲述。

图 7-7 所示为一个简单控制系统，即直流电动机的框图模型，以电压为输入，角位置为输出。一个传感器（光学编码器）连接到电动机轴上，用于位置测量。在图 7-7 的虚线框内是图 7-6 中的直流电动机模型。如果电动机有任何负载转矩的话，也包含在虚线框内。

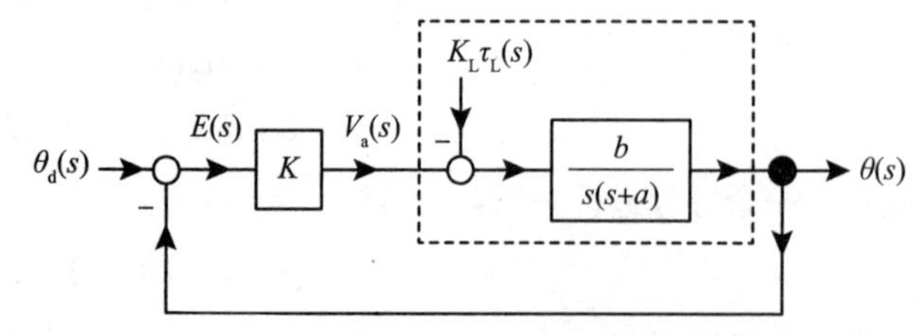

图 7-7　直流电动机的简单比例反馈框图

从控制的角度来看，我们能做的就是向电动机输入电压，然后测量转子轴的角度位置。在图中，θ_d是期望角度位置。对于许多应用，我们将会选择一个阶跃信号作为θ_d的值，即

$$\theta_d(t)=\theta_0 u_s(t)$$

也可以表达为

$$\theta_d(s)=\frac{\theta_0}{s}$$

在初始时间$t=0$，我们取$\theta(0)=0$，并希望电动机轴转动到角度位置θ_0。误差信号为

$$e(t)=\theta_0-\theta(t)$$

在拉普拉斯域则可表达为

$$E(s)=\frac{\theta_0}{s}-\theta(s)$$

图 7-7 的控制器结构显示，施加给电动机的电压可简单表示为

$$v_a(t)=K\left(\theta_0-\theta(t)\right)$$

或者用拉普拉斯变化表示为

$$V_a(s)=K\left(\frac{\theta_0}{s}-\theta(s)\right)$$

也就是说，施加到电动机上的电压（通过增益K）与期望的转子位置θ_0和其实际（测量）位置$\theta(t)$之间的误差成正比。因此，这种控制结构被称为比例反馈。我们接下来对其进行详细研究。

一个控制系统通常可由图 7-8 的框图来表示。

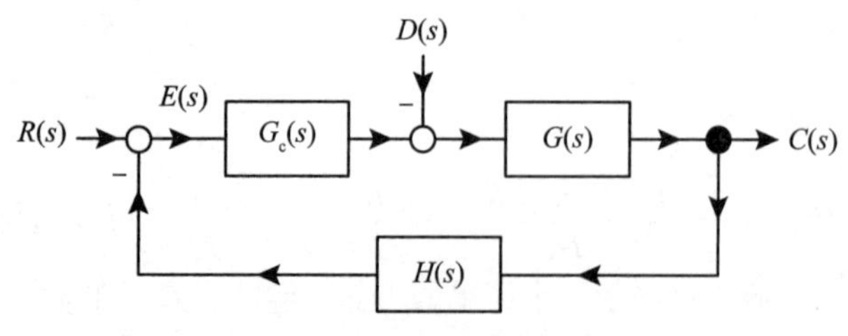

图 7-8　典型的控制系统框图

图 7-7 所示的直流电动机控制系统也具有这种形式：

$$G(s)=\frac{b}{s(s+a)} \quad （开环传递函数）$$

$$H(s)=1$$

$$G_c(s)=K \quad （控制器传递函数）$$

$$D(s)=K_L\tau_L(s) \quad （扰动输入）$$

$$R(s)=\frac{\theta_0}{s} \quad （参考输入）$$

让我们通过框图化简来计算输出和误差传递函数。只需重新排列图 7-8 的框图，以获得图 7-9 的等效框图。

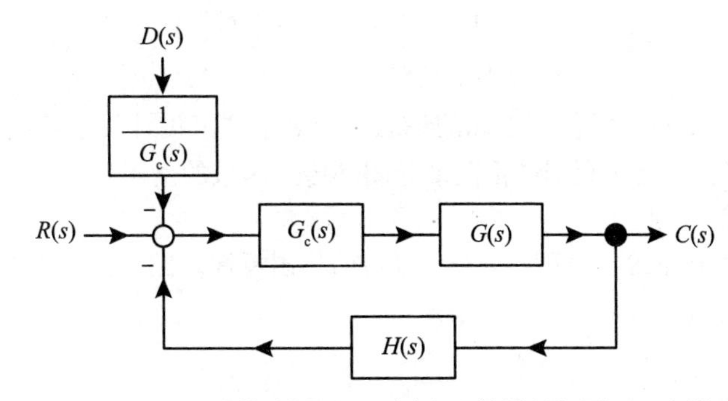

图 7-9　图 7-8 的等效框图。$E(s)$在此等效的框图上已失效

然后，与我们推导出式（7.6）的过程类似，可得

$$\begin{aligned}C(s)&=\frac{G_c(s)G(s)}{1+H(s)G_c(s)G(s)}\left(R(s)-\frac{1}{G_c(s)}D(s)\right)\\&=\frac{G_c(s)G(s)}{1+H(s)G_c(s)G(s)}R(s)-\frac{G(s)}{1+H(s)G_c(s)G(s)}D(s)\end{aligned} \tag{7.8}$$

例 2 闭环传递函数

图 7-7 中展示的是比例控制系统，我们使用式（7.8）来计算其输出 $\theta(s)$。可得

$$\begin{aligned}\theta(s)&=\frac{K\dfrac{b}{s(s+a)}}{1+K\dfrac{b}{s(s+a)}}\frac{\theta_0}{s}-\frac{\dfrac{b}{s(s+a)}}{1+K\dfrac{b}{s(s+a)}}\frac{K_L\tau_{L0}}{s}\\&=\frac{Kb}{s^2+as+Kb}\frac{\theta_0}{s}-\frac{b}{s^2+as+Kb}\frac{K_L\tau_{L0}}{s}\end{aligned}$$

对于直流电动机，参数 a、b 为正。所以，当$K>0$时，

$$s\theta(s)=\frac{Kb}{s^2+as+Kb}\theta_0-\frac{b}{s^2+as+Kb}K_L\tau_{L0}$$

是稳定的。根据终值定理可得

$$\lim_{t\to\infty}\theta(t)=\lim_{s\to 0}s\theta(s)=\theta_0-\frac{K_L\tau_{L0}}{K}$$

如果负载转矩为零，即 $\tau_{L0}=0$，则电动机的角位置趋于期望值 θ_0；如果 $\tau_{L0}\neq 0$，则电动机的角位置与期望值 θ_0 会有终值误差。我们将在后面的章节中看到如何处理非零负载转矩。本节只关注如何从框图中获得闭环传递函数。

当我们进行控制系统的设计时，常会用到误差 $E(s)$。参照图 7-8，并使用式（7.8），计算出误差信号 $E(s)$ 为[⊖]

$$E(s)=R(s)-H(s)C(s)=R(s)-\left(\frac{H(s)G_c(s)G(s)}{1+H(s)G_c(s)G(s)}R(s)-\frac{H(s)G(s)}{1+H(s)G_c(s)G(s)}D(s)\right)$$

$$=\frac{1}{1+H(s)G_c(s)G(s)}R(s)+\frac{H(s)G(s)}{1+H(s)G_c(s)G(s)}D(s) \tag{7.9}$$

另外，我们主要考虑单位反馈，即 $H(s)=1$。在这种情况下，最后一个表达式可以简化为

$$E(s)=\frac{1}{1+G_c(s)G(s)}R(s)+\frac{G(s)}{1+G_c(s)G(s)}D(s)$$

第 9 章和第 10 章将经常使用上面的最后一个表达式来设计反馈控制器 $G_c(s)$。在本章的其余部分，我们将介绍更多利用结构图推导闭环传递函数的例子。

例 3 框图化简

图 7-10 所示为某系统的框图。可将 $H_1(s)$ 前移出反馈环路，得到图 7-11 的框图。图 7-11 与图 7-12 的框图等效。

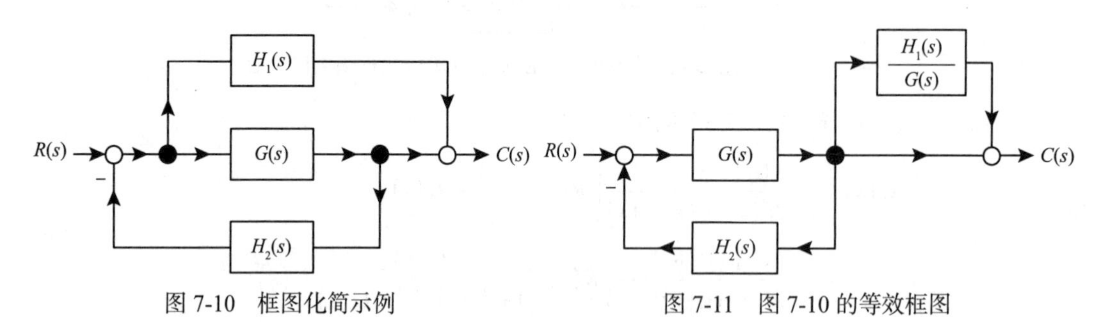

图 7-10　框图化简示例　　　图 7-11　图 7-10 的等效框图

最后，将图 7-12 简化为图 7-13 的框图。

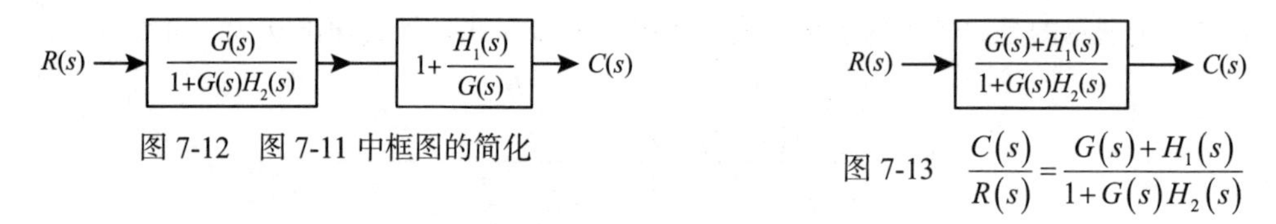

图 7-12　图 7-11 中框图的简化

图 7-13　$\dfrac{C(s)}{R(s)}=\dfrac{G(s)+H_1(s)}{1+G(s)H_2(s)}$

例 4 框图化简

图 7-14 所示为某系统的框图。我们首先移动 H_3 使其包含另外两个反馈环路（见图 7-15）。接下来，简化图 7-15 中两个底部的反馈环路，得到图 7-16 的框图。对图 7-16 的环节进行简单的重新排列，可得到图 7-17 的框图。

⊖ 注意，在图 7-9 中，进入 $G_c(s)$ 的信号不再是 $E(s)$。因此，对于图 7-9，我们不能使用式（7.7）来计算 $E(s)$。

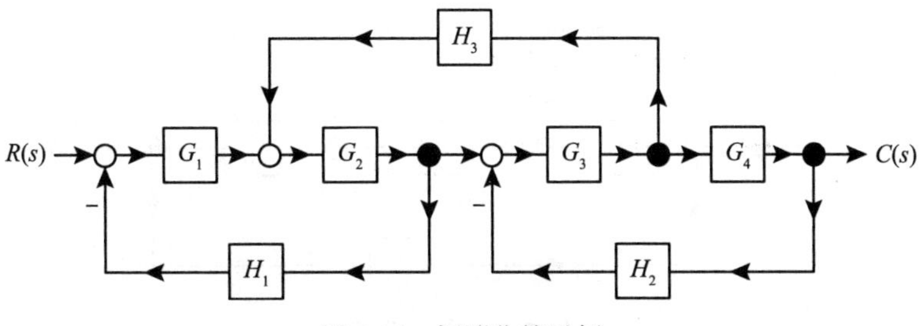

图 7-14　框图化简示例

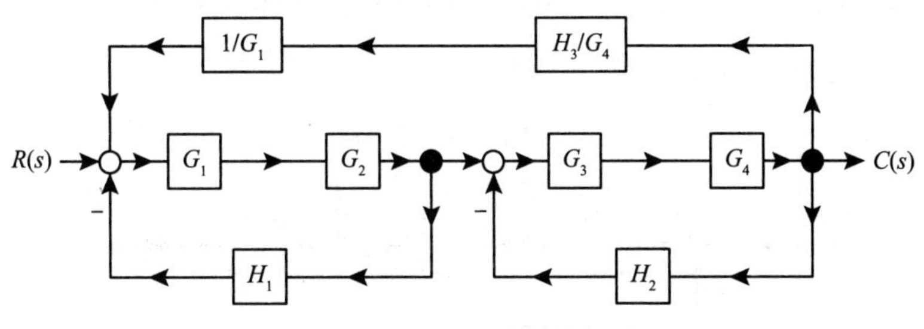

图 7-15　图 7-14 的等效框图

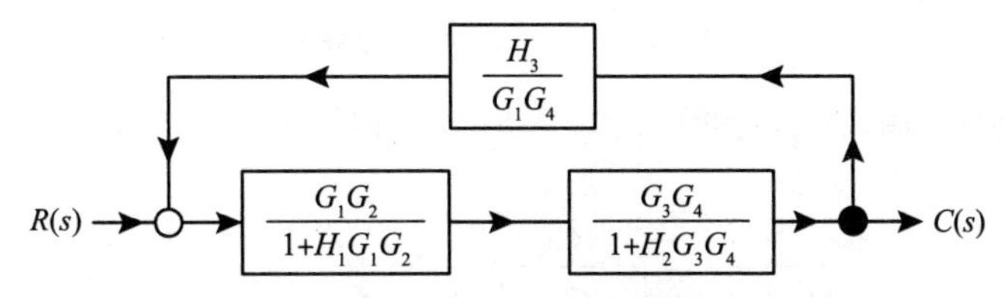

图 7-16　图 7-15 的等效框图

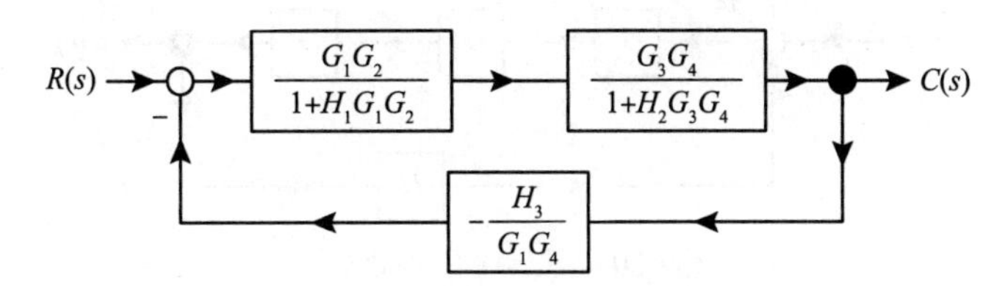

图 7-17　图 7-16 的等效框图

从图 7-17 的框图中，易得输出响应$C(s)$为

$$C(s)=\frac{\dfrac{G_1G_2}{1+H_1G_1G_2}\dfrac{G_3G_4}{1+H_2G_3G_4}}{1-\dfrac{H_3}{G_1G_2}\dfrac{G_1G_2}{1+H_1G_1G_2}\dfrac{G_3G_4}{1+H_2G_3G_4}}R(s)$$

例 5 框图化简

图 7-18 所示为某系统的框图。

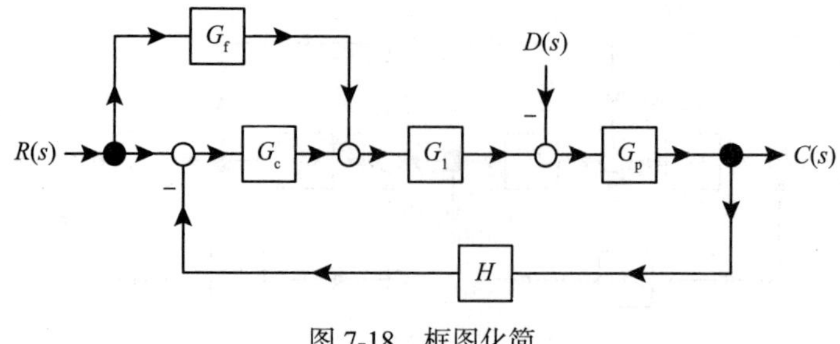

图 7-18　框图化简

首先重新排列这个框图，使其两个输入都包含$R(s)$，如图 7-19 所示。

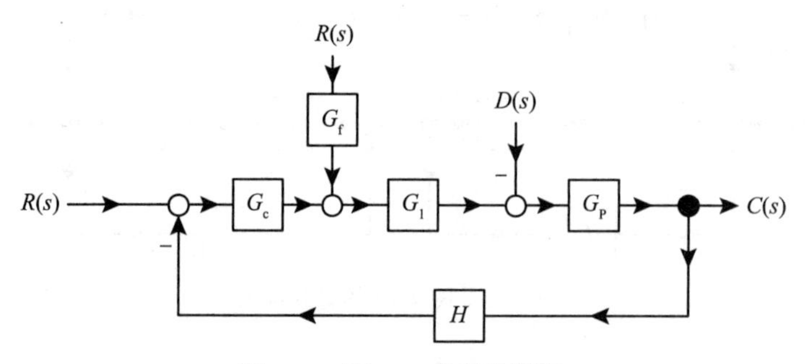

图 7-19　图 7-18 的等效框图

然后，我们将扰动输入$D(s)$和第二个输入$R(s)$移至第一个求和节点，得到图 7-20 的框图。

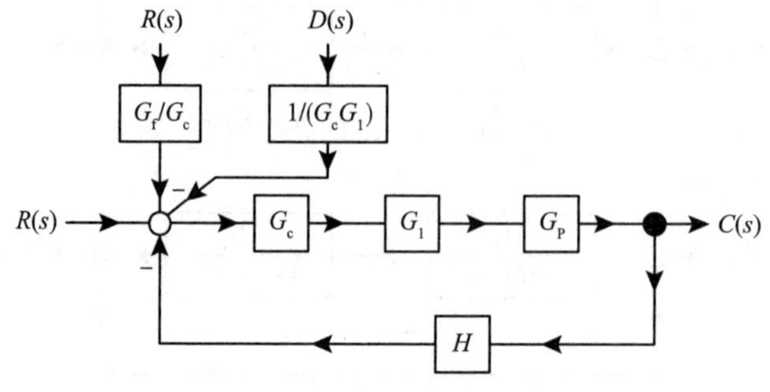

图 7-20　图 7-18 的等效框图

从最后一个框图中，易得输出响应$C(s)$为

$$C(s)=\frac{G_cG_1G_p}{1+HG_cG_1G_p}\left(R(s)+\frac{G_f}{G_c}R(s)-\frac{1}{G_cG_1}D(s)\right)$$

$$=\frac{G_1G_p(G_c+G_f)}{1+HG_cG_1G_p}R(s)-\frac{G_p}{1+HG_cG_1G_p}D(s)$$

例 6 直流电动机的电流指令放大器

直流电动机的输入是电压v_a，但是从转矩方程$J\mathrm{d}\omega/\mathrm{d}t=-f\omega+K_Ti-\tau_L$可以看出，其转矩$K_Ti$与电流成正比。由于电动机的转矩与电流直接相关，因此可以看出如果将电流作为输入，计算将更为方便。为了解决电压是实际输入端的问题，可以增加一个允许电流指令的内部电流控制回路。具体如图 7-21 所示，电流通过一个比例控制器被感知和反馈（通常使用放大器内部的模拟电子设备）。这种放大器被称为电流指令放大器。为了获得期望电流，电压可以被控制到任意大小。为了便于分析，我们再次列出有关直流电动机的方程式（7.4）。

$$I(s)=\frac{-K_{\mathrm{b}}\omega(s)+V_{\mathrm{a}}(s)}{sL+R}$$

$$\omega(s)=\frac{K_{\mathrm{T}}I(s)-\tau_{\mathrm{L}}(s)}{sJ+f}$$

$$\theta(s)=\frac{1}{s}\omega(s)$$

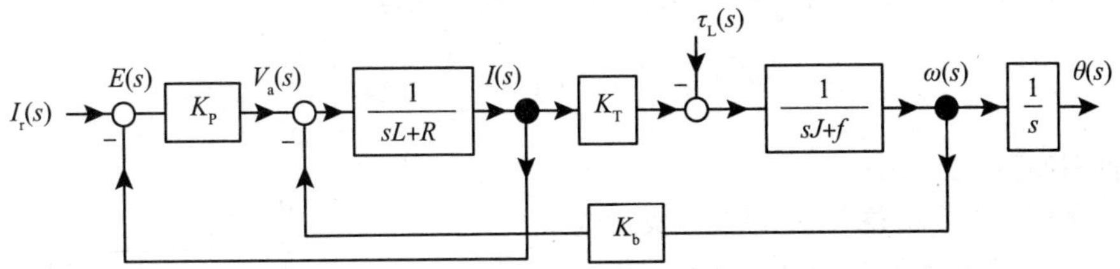

图 7-21 带有内部电流控制回路的直流电动机

在图 7-21 中，$I_{\mathrm{r}}(s)$是参考（期望）电流，$I(s)$是电动机中被测量的电流，$K_{\mathrm{P}}>0$是比例增益。我们想证明可以通过调节增益让$i_{\mathrm{r}}(t)\to i(t)$。要做到这一点，必须计算传递函数$G(s)=\omega(s)/I_{\mathrm{r}}(s)$，可通过将图 7-21 的框图等效变换为图 7-22 来实现。

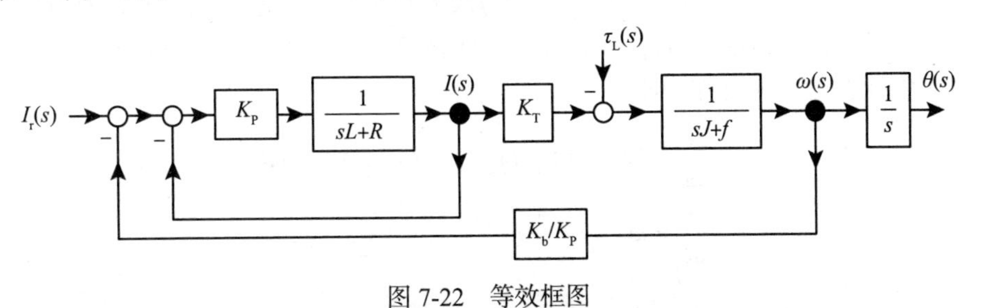

图 7-22 等效框图

通过计算内环的传递函数，可以将图 7-22 的等效框图化简为图 7-23 的框图。然后将负载转矩$\tau_{\mathrm{L}}(s)$移动到与$I_{\mathrm{r}}(s)$相同的节点，以得到图 7-24 的等效框图。

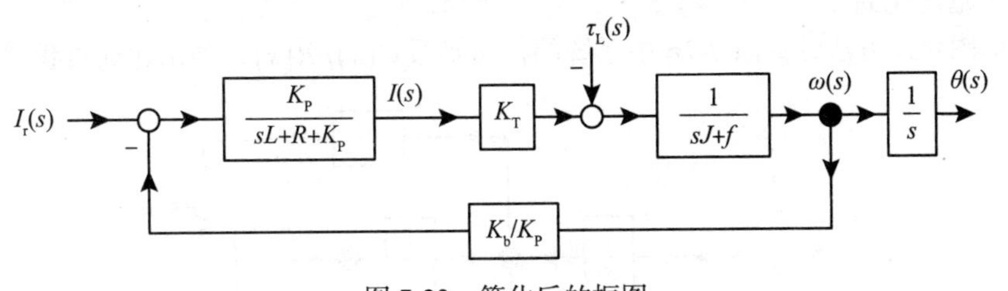

图 7-23 简化后的框图

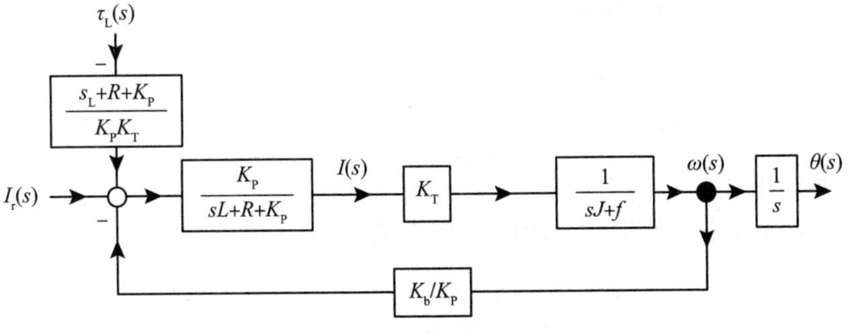

图 7-24 等效框图

通过图 7-24 的框图可立即给出输出 $\omega(s)$

$$\omega(s)=\frac{\dfrac{K_P}{sL+R+K_P}\dfrac{K_T}{sJ+f}}{1+\dfrac{K_b}{K_P}\dfrac{K_P}{sL+R+K_P}\dfrac{K_T}{sJ+f}}\left(I_r(s)-\frac{1}{\dfrac{K_PK_T}{sL+R+K_P}}\tau_L(s)\right)$$

现在使用高增益反馈，即令 $K_P\to\infty$。$\omega(s)$的表达式简化为

$$\omega(s)=\frac{K_T}{sJ+f}\left(I_r(s)-\frac{1}{K_T}\tau_L(s)\right)$$

对应的框图如图 7-25 所示。

综上所述，如果增益 K_P 足够大，实际电流 $i(t)$ 被迫相当快地跟随 $i_r(t)$，因此 i_r 基本上等于 i。但是注意到不能使增益 K_P 任意大。这很容易解释，因为输入放大器的电压是

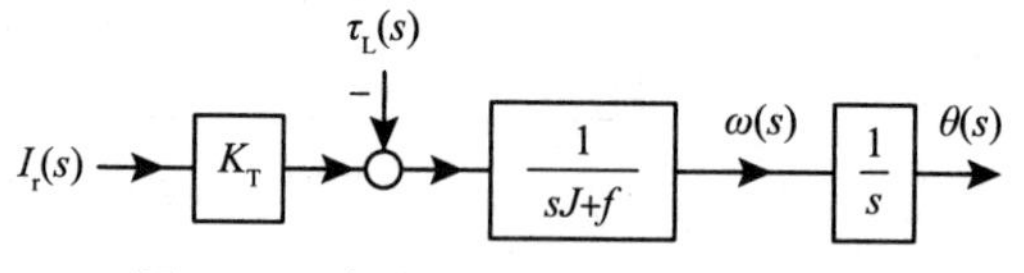

图 7-25　直流电动机的电流指令模型

$$v_a(t)=K_P\left(i_r(t)-i(t)\right)$$

因此，大增益 K_P 可能导致 $v_a(t)$ 大于 V_{max}，使得放大器饱和。也就是说，可以设计典型的电流控制器让 $i(t)$ 足够快地趋近于 $i_r(t)$，以使 $i_r(t)$ 可以被看作等于 $i(t)$。下面的低阶系统可用来设计直流电动机的速度或角度控制器。

$$\frac{d\omega}{dt}=(K_T/J)i_r(t)-(f/J)\omega(t)-\tau_L/J$$

$$\frac{d\theta}{dt}=\omega$$

习题

习题 1 框图化简

使用框图化简方法计算图 7-26 中系统的传递函数 $C(s)/R(s)$，列出化简过程。

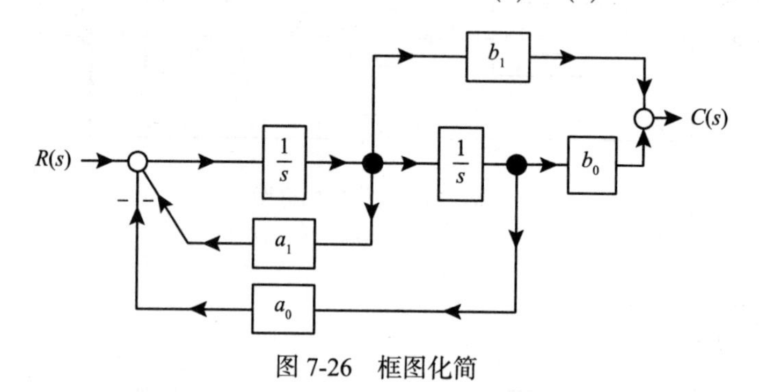

图 7-26　框图化简

习题 2 框图化简

使用框图化简方法计算图 7-27 中所示的系统的传递函数 $C(s)/R(s)$。

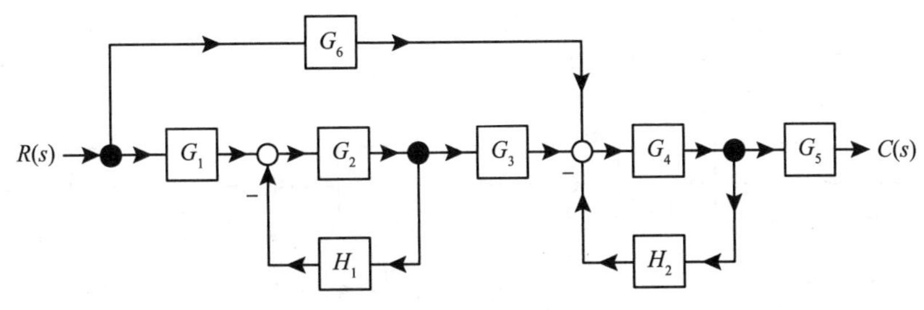

图 7-27　框图化简

习题 3 框图化简

某控制系统的框图如图 7-28 所示。

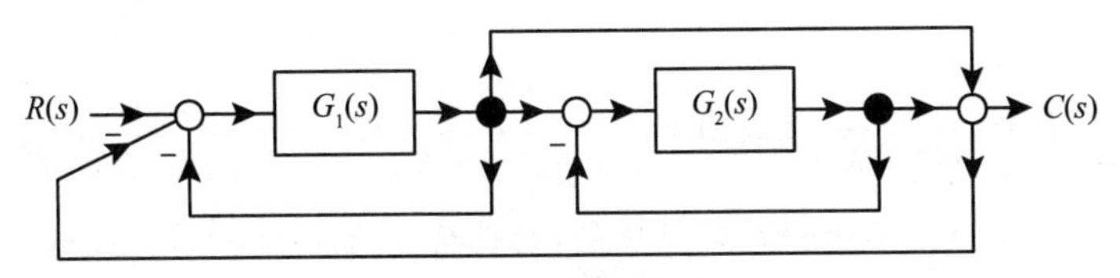

图 7-28　框图化简

使用框图化简法计算传递函数$C(s)/R(s)$。提示：注意，这个框图与图 7-29 的框图等效。

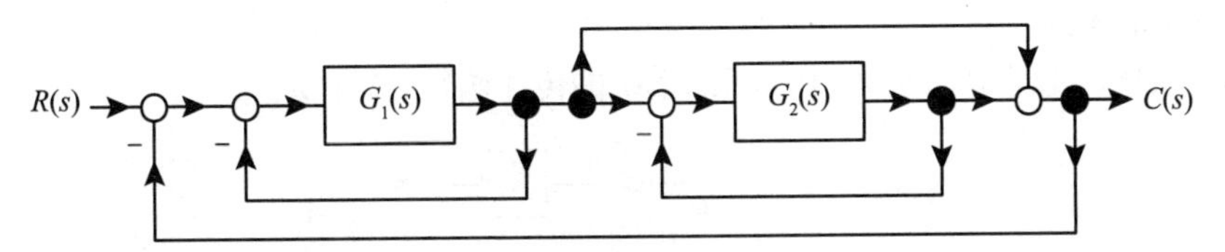

图 7-29　图 7-28 的等效框图

习题 4 建模和框图化简

图 7-30 所示为一个与惯性矩为J_1的刚体连接的惯性矩为J_m的伺服电动机示意图。柔性轴采用常数为K的扭转弹簧建模。电动机轴有黏性摩擦（黏性摩擦系数为B_m），输出轴有黏性摩擦（黏性摩擦系数为B_1）。电动机转矩为$K_T i_a$，反电动势为$v_b = K_b \omega_m$。τ_1是由弹簧产生的输出轴上的转矩，由$\tau_1 = K(\theta_m - \theta_1)$得到。

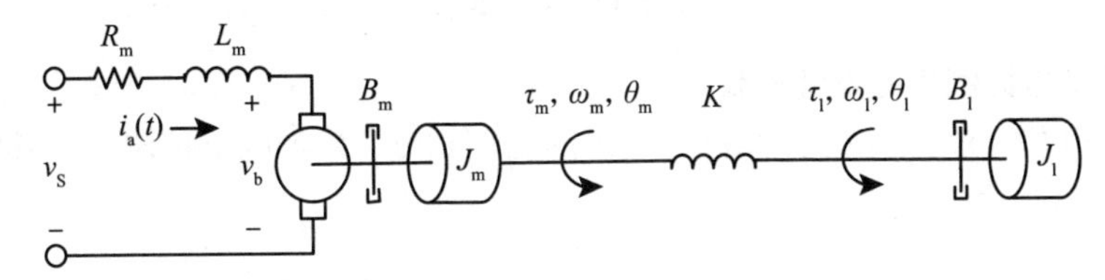

图 7-30　柔性输出轴的电动机

（a）写下描述这个模型的微分方程。

（b）在初始条件为零时，对（a）中的微分方程进行拉普拉斯变换，得到它们在拉普拉斯域中为

$$(sL_m + R_m)I_a(s) = -K_b s\theta_m(s) + V_S(s)$$

$$(J_m s^2 + B_m s + K)\theta_m(s) = K_T I_a(s) + K\theta_1(s)$$

$$(J_1 s^2 + B_1 s + K)\theta_1(s) = K\theta_m(s) \tag{7.10}$$

（c）部分方程的框图如图 7-31 所示。用等效的框图重新绘制，使两个循环不相交。提示：将在 $\theta_{\mathrm{m}}(s)$处连接的线移到 $\theta_{\mathrm{l}}(s)$的右侧。

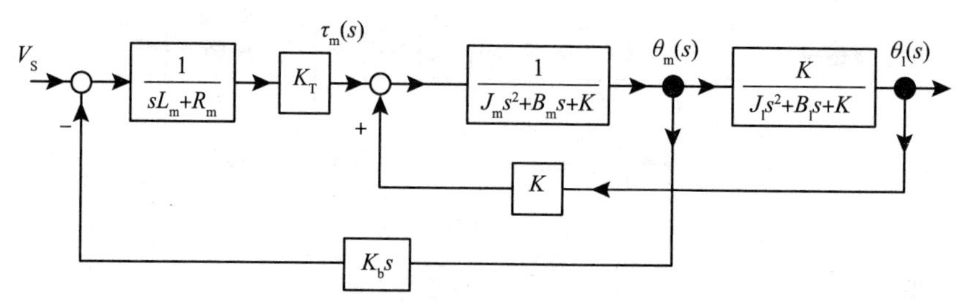

图 7-31　输出轴灵活的电动机的框图

（d）令

$$G_1(s)=\frac{K_{\mathrm{T}}}{sL_{\mathrm{m}}+R_{\mathrm{m}}},G_2(s)=\frac{1}{J_{\mathrm{m}}s^2+B_{\mathrm{m}}s+K},G_3(s)=\frac{K}{J_{\mathrm{l}}s^2+B_{\mathrm{l}}s+K}$$

根据 $G_1(s)$、$G_2(s)$、$G_3(s)$、$K_{\mathrm{b}}s$ 和 K 计算从 $V_{\mathrm{S}}(s)$到 $\theta_{\mathrm{l}}(s)$的传递函数。提示：首先计算

$$G_4(s)=\frac{\theta_{\mathrm{l}}(s)}{\tau_{\mathrm{m}}(s)}$$

习题 5 框图化简

使用框图化简法计算图 7-32 中所示的系统的传递函数 $C(s)/R(s)$。

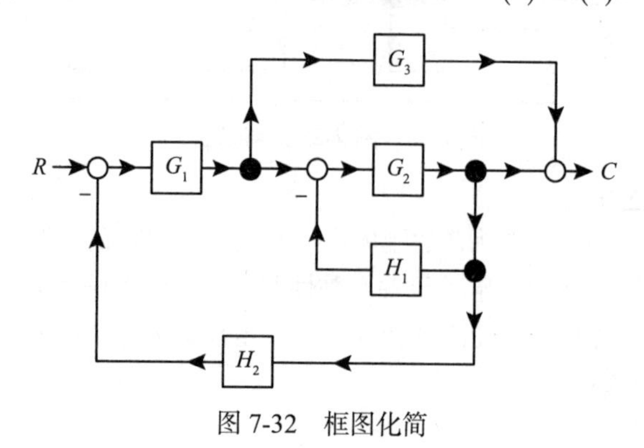

图 7-32　框图化简

习题 6 高增益比例积分电流控制

考虑一个由 $K_{\mathrm{P}}+K_{\mathrm{I}}/s=K_{\mathrm{P}}(s+\alpha)/s$ 给出的比例积分（PI）电流控制器，其中 $K_{\mathrm{I}}=\alpha K_{\mathrm{P}}$。如图 7-33 的框图所示。

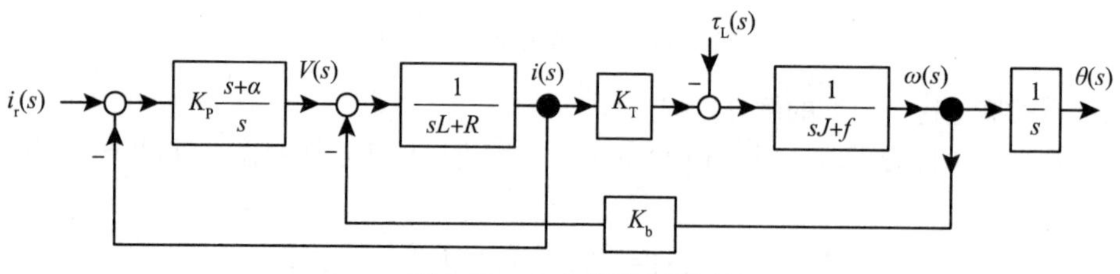

图 7-33　PI 电流控制器

在（a）~（c）中令 $\tau_{\mathrm{L}}=0$

（a）使用框图化简计算 $G(s)=\omega(s)/i_{\mathrm{r}}(s)$。

（b）证明当$K_P \to \infty$时，$G(s)=\omega(s)/i_r(s) \to K_T/(sJ+f)$。

（c）计算传递函数$i(s)/i_r(s)$，并证明$K_P \to \infty$时，$i(s)/i_r(s) \to 1$。

习题 7 仿真框图

通过框图化简的方法来简化图 7-34 的仿真框图，以得到

$$Y(s)=\frac{b_3s^3+b_2s^2+b_1s+b_0}{s^3+a_2s^2+a_1s+a_0}R(s)$$

当每个框用积分器或常数表示时，我们称之为仿真图。提示：将具有b_j，$j=0,1,2,3$的方框从反馈环路中移至左侧。

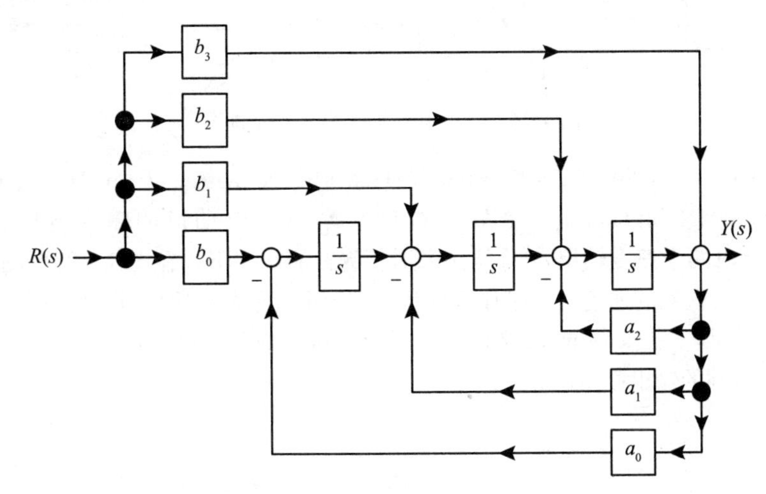

图 7-34　三阶传递函数的仿真框图

习题 8 直流电动机的框图化简

在图 7-35 所示的框图中，利用框图化简法求出通过$R(s)$和$D(s)$表示的输出$C(s)$。提示：第一步是将$D(s)$移动到$V_a(s)$所在的节点上。

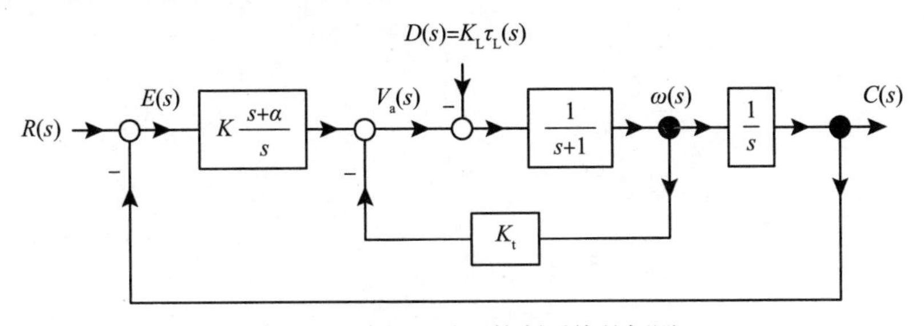

图 7-35　直流电动机控制系统的框图

习题 9 仿真

式（7.1）所表示的直流电动机 Simulink 仿真图与框图分别如图 7-6 与图 7-36 所示。图 7-36 所示为直流电动机的 Simulink 结构图。

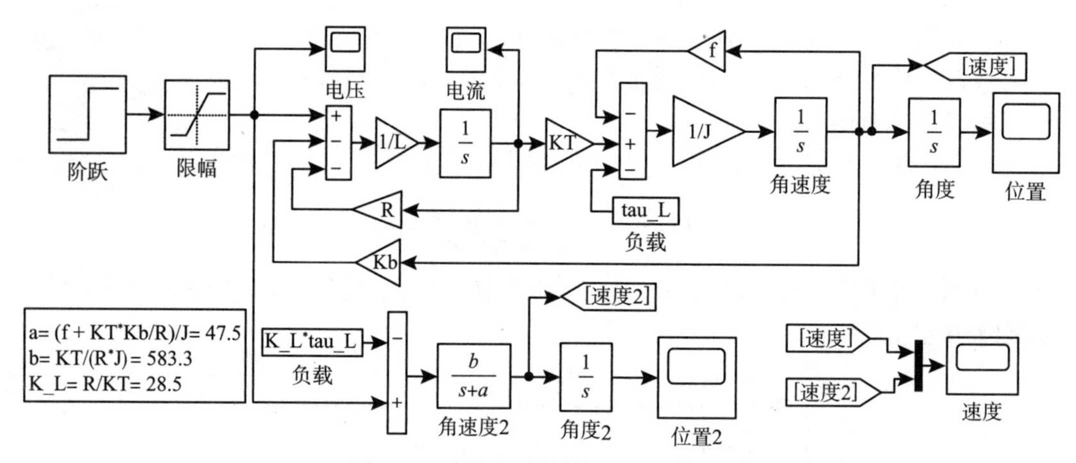

图 7-36　直流电动机的 Simulink 框图

令$V_{\max}=40\text{V}$，$I_{\max}=5\text{A}$，$K_b=K_T=0.07\text{V}/(\text{rad}\cdot\text{s})(=\text{N}\cdot\text{m}/\text{A})$，$J=6\times10^{-5}\text{kg}\cdot\text{m}^2$，$R=2\Omega$，$L=2\text{mH}$，$f=0.0004\text{N}\cdot\text{m}/(\text{rad}\cdot\text{s})$。令$K_L=R/K_T$，$\tau_L=0$。电动机的输入电压为阶跃信号$V_S(t)=10\text{V}$，此时两个速度输出$\omega(t)$是什么形状呢？回想一下，在图 7-6 的框图模型中，电感被设为零。此时得到的速度输出是什么形状？与上个问题相近吗？（回答：是的，如果你的模拟做得正确的话。）提交你的 .m 文件（给定电动机参数后，可直接计算 a、b、K_L 的值），以及 Simulink 得到的输出截图。

第 8 章 系统响应

8.1 一阶系统响应

图 8-1 所示为直流电动机框图。

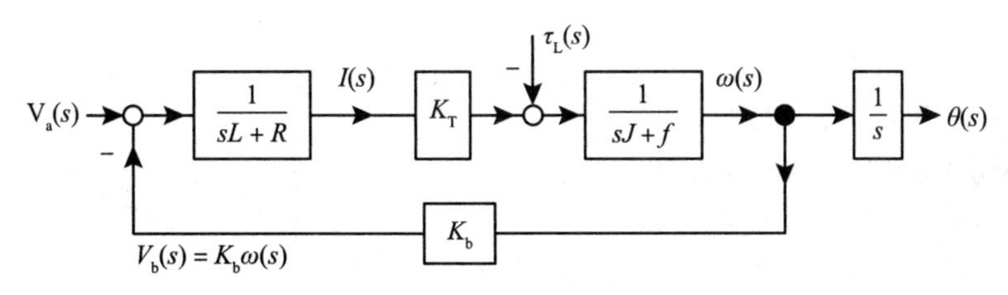

图 8-1　直流电动机框图

令 $L=0, a\triangleq\dfrac{f+\dfrac{K_bK_T}{R}}{J}, b\triangleq\dfrac{K_T}{RJ}, K_L\triangleq\dfrac{R}{K_T}$，以简化框图为图 8-2。

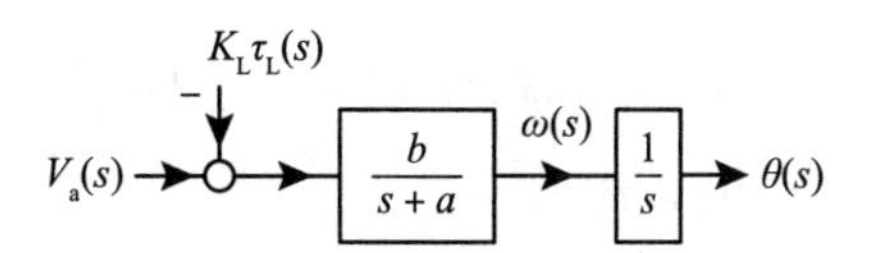

图 8-2　直流电动机的简化框图

我们关注电动机角速度 $\omega(t)$ 对阶跃输入电压的响应，移除 θ 的积分器并定义

$$T_m\triangleq 1/a$$
$$K_m\triangleq b/a$$

得到了一个一阶系统，其框图如图 8-3 所示。

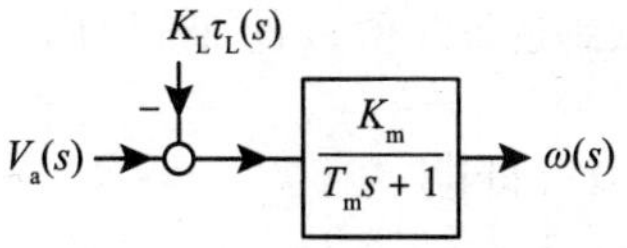

图 8-3　一阶传递函数的时间常数形式

从输入电压到速度的开环传递函数为

$$G(s)=\frac{K_m}{T_ms+1}$$

注意，分母的首项系数是 T_m 而不是 1。这是传递函数的时间常数形式，其中 T_m 是时间常数。

现在设置 $\tau_L=0$，$\omega(s)$ 由下式给出

$$\omega(s)=\frac{K_m}{T_ms+1}V_a(s) \tag{8.1}$$

设置输入电压为阶跃输入 $V_a(s)=V_0/s$。速度响应 $\omega(s)$ 为

$$\omega(s)=\frac{K_m}{T_ms+1}\frac{V_0}{s}=V_0K_m\left(\frac{1}{s}-\frac{1}{s+1/T_m}\right) \tag{8.2}$$

其中，最后一个表达式是部分分式展开。计算拉普拉斯逆变换，$\omega(t)$ 由下式给出

$$\omega(t)=V_0K_m\left(1-e^{-t/T_m}\right)u_s(t) \tag{8.3}$$

用表格说明 $\omega(t)$ 的值

t	$\frac{\omega(t)}{V_0K_m}=1-e^{-t/T_m}$
0	$1-e^{-0}=0$
T_m	$1-e^{-1}=0.632$
$2T_m$	$1-e^{-2}=0.86$
$3T_m$	$1-e^{-3}=0.95$
$4T_m$	$1-e^{-4}=0.98$

然后使用这些值来绘制图8-4。

注意，时间常数T_m有时间单位。它是系统对输入的响应速度的衡量。T_m值越小，系统响应越快。例如，如果ω_0是期望的最终角速度，我们选择

$$V_0=\frac{\omega_0}{K_m}$$

然后，阶跃输入电压$V_a(s)=\frac{\omega_0}{K_m}\frac{1}{s}$的速度响应为

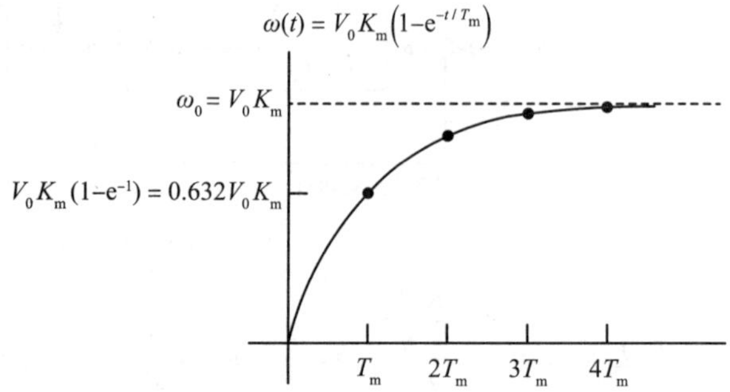

图8-4　一阶系统的阶跃响应

$$\omega(t)=\omega_0\left(1-e^{-t/T_m}\right)u_s(t) \tag{8.4}$$

$t>4T_m$时，$\omega(t)$在ω_0的2%以内变化。即$0.98\omega_0\leqslant\omega_0(1-e^{-\frac{t}{T_m}})\leqslant\omega_0$。因此，$T_m$值越小，$\omega(t)$越快到达最终值$\omega_0$的2%以内。

8.1.1　证明

假设电动机有一个可以用来测量角速度的传感器（如编码器或转速表）。然后对电动机施加恒定电压V_0，记录电动机转速以得到与图8-4相似的曲线。实测速度曲线为ω_0，参数K_m由下式给出

$$K_m=\omega_0/V_0 \tag{8.5}$$

速度曲线还用于确定时间t_m，其中$\omega(t_m)=\left(1-e^{-1}\right)\omega_0=0.632\omega_0$。这是时间常数，即通过式（8.4）我们得到

$$T_m=t_m \tag{8.6}$$

通过实验确定T_m和K_m的值，电动机的传递函数为$G(s)=\frac{K_m}{T_ms+1}$。

8.2　二阶系统响应

现在考虑按照图8-5设置的电动机的角位置θ的响应。如图8-5所示，一个位置传感器（编码器）连接到电动机上，用于将转子角度值输入计算机。以$\theta_d(t)=\theta_0u_s(t)$为期望的转子角度，那么电压

$$v_a(t)=K\left(\theta_0-\theta(t)\right)$$

通过数 / 模（D/A）转换器连接到放大器。

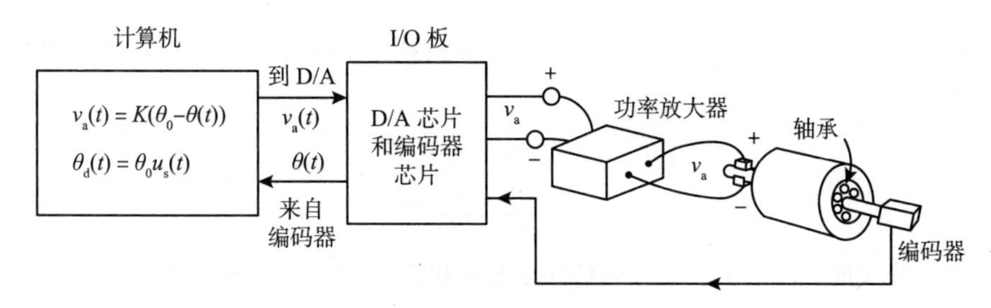

图 8-5　直流电动机的位置控制

为了研究响应$\theta(t)$，我们只需要使用图 8-5 的框图模型，如图 8-6 所示。

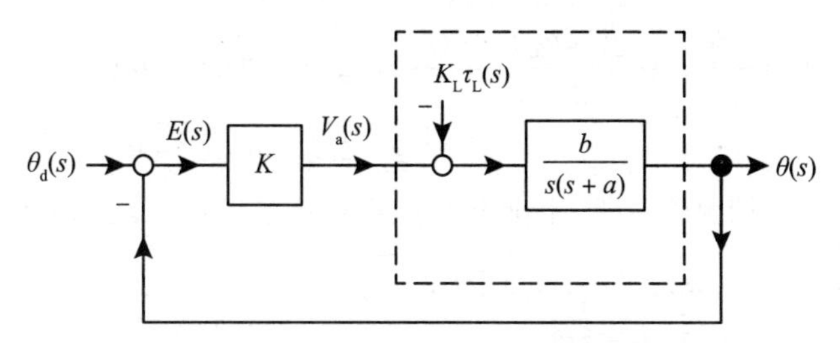

图 8-6　直流电动机的比例反馈位置控制

在分析这个简单的反馈控制系统之前，先改用更为通用的符号，设置$R(s)=\theta_d(s)$和$C(s)=\theta(s)$。同时暂时使$\tau_L=0$。从输入参考位置$R(s)$到输出位置$C(s)$的传递函数计算为

$$C(s)=\frac{\dfrac{bK}{s(s+a)}}{1+\dfrac{bK}{s(s+a)}}R(s)=\frac{bK}{s^2+as+bK}R(s)$$

得到

$$\frac{C(s)}{R(s)}=\frac{bK}{s^2+as+bK} \tag{8.7}$$

作为闭环传递函数。

对于该直流电动机，有$a>0$，$b>0$，同时选择$K>0$。当$R(s)=R_0/s$，$\omega_n{}^2\triangleq bK$，$2\zeta\omega_n\triangleq a$（所以$\zeta\triangleq\dfrac{a}{2\omega_n}$）时，式（8.7）可以改写为标准形式

$$C(s)=\frac{\omega_n^2}{s^2+2\zeta\omega_n s+\omega_n^2}\frac{R_0}{s} \tag{8.8}$$

$\zeta>0$表示阻尼比，$\omega_n>0$表示固有频率。数值

$$sC(s)=\frac{\omega_n^2}{s^2+2\zeta\omega_n s+\omega_n^2}R_0$$

是稳定的，因此根据终值定理

$$c(\infty)\triangleq\lim_{t\to\infty}c(t)=\lim_{s\to0}sC(s)=\lim_{s\to0}s\frac{\omega_n^2}{s^2+2\zeta\omega_n s+\omega_n^2}\frac{R_0}{s}=R_0$$

即当$t \to \infty$时，$c(t) \to R_0$。

8.2.1 瞬态响应和闭环极点

我们刚刚证明了$c(t)$为R_0的最终期望值。为了找到完整的解$c(t)$，将对$C(s)$进行部分分式展开，系统为

$$C(s) = \underbrace{\frac{\omega_n^2}{s^2 + 2\zeta\omega_n s + \omega_n^2}}_{\text{传递函数}} \underbrace{\frac{R_0}{s}}_{\text{输入}} \tag{8.9}$$

为了进行部分分式展开，必须首先找到传递函数的极点p_1和p_2。这两个极点是下式的根

$$s^2 + 2\zeta\omega_n s + \omega_n^2 = 0$$

根据二次公式求解，得到

$$\begin{aligned} p_i = \frac{-2\zeta\omega_n \pm \sqrt{(2\zeta\omega_n)^2 - 4\omega_n^2}}{2} &= -\zeta\omega_n \pm \sqrt{(\zeta^2 - 1)\omega_n^2} \\ &= -\zeta\omega_n \pm \omega_n\sqrt{\zeta^2 - 1} \end{aligned} \tag{8.10}$$

我们对$\zeta > 0$和$\omega_n > 0$的情况感兴趣，因此这些极点位于左半开平面。包括$\zeta = 0$，考虑下式

$$\begin{array}{ll} 0 < \zeta < 1 & p_1, p_2 = -\zeta\omega_n \pm j\omega_n\sqrt{1-\zeta^2} \\ \zeta = 1 & p_1, p_2 = -\omega_n \\ \zeta > 1 & p_1 = -\zeta\omega_n + \omega_n\sqrt{\zeta^2 - 1}, p_2 = -\zeta\omega_n - \omega_n\sqrt{\zeta^2 - 1} \\ \zeta = 0 & p_1, p_2 = \pm j\omega_n \end{array} \tag{8.11}$$

当$\zeta > 0$时，两个极点都在左半开平面内，闭环传递函数

$$G(s) \triangleq \frac{\omega_n^2}{s^2 + 2\zeta\omega_n s + \omega_n^2}$$

是稳定的。如果$\zeta = 0$，则极点位于$j\omega$轴上的$\pm j\omega_n$处。

图 8-7 显示了$0 < \zeta < 1$情况下p_1和p_2极点的位置。在图中$\omega_d \triangleq \omega_n\sqrt{1-\zeta^2}$称为阻尼频率。注意，对于$0 \leqslant \zeta \leqslant 1$，有

$$\begin{aligned} |p_i|^2 &= \left|-\zeta\omega_n \pm j\omega_n\sqrt{1-\zeta^2}\right|^2 \\ &= (-\zeta\omega_n)^2 + \left(\pm\omega_n\sqrt{1-\zeta^2}\right)^2 \\ &= \zeta^2\omega_n^2 + \omega_n^2(1-\zeta^2) \\ &= \omega_n^2 \end{aligned} \tag{8.12}$$

也就是说，对于$0 \leqslant \zeta \leqslant 1$，极点位于以原点为中心、半径为$\omega_n$的半圆上。图 8-8 对此进行了说明。图 8-8 更详细地显示了$\zeta = 0$时，两个极点位于$\pm j\omega_n$处。当ζ从 0 增加到 1 时，两个极点在左半平面上划出一个半圆。当$\zeta = 1$时，两个极点在$-\omega_n$处重叠。当ζ增加至大于 1 时，其中一个极点指向原点，同时另一个极点转到$-\infty$。

现在让我们继续进行$0 < \zeta < 1$情况下的部分分式展开。在这种情况下，有一对共轭复极点，由下式给出：

$$p_1, p_2 = -\zeta\omega_n \pm j\omega_n\sqrt{1-\zeta^2}$$

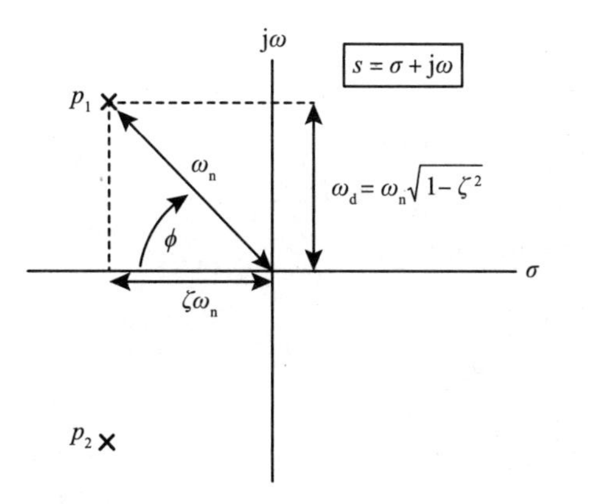

图 8-7　$0<\zeta<1$时的闭环极点p_1和p_2

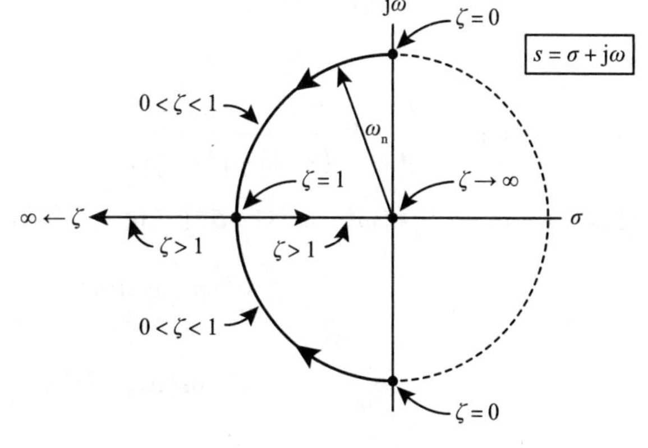

图 8-8　$0\leqslant\zeta<\infty$时闭环极点p_1和p_2的轨迹

那么

$$
\begin{aligned}
C(s)&=\frac{\omega_n^2}{s^2+2\zeta\omega_n s+\omega_n^2}\frac{R_0}{s}\\
&=\frac{\omega_n^2}{\left(s-\left(-\zeta\omega_n+j\omega_n\sqrt{1-\zeta^2}\right)\right)\left(s-\left(-\zeta\omega_n-j\omega_n\sqrt{1-\zeta^2}\right)\right)}\frac{R_0}{s}\\
&=\frac{R_0}{s}+\frac{\beta}{s-\left(-\zeta\omega_n+j\omega_n\sqrt{1-\zeta^2}\right)}+\frac{\beta^*}{s-\left(-\zeta\omega_n-j\omega_n\sqrt{1-\zeta^2}\right)}
\end{aligned}
\tag{8.13}
$$

在时域中

$$
\begin{aligned}
c(t)&=R_0u_s(t)+\underbrace{\beta e^{-\zeta\omega_n t}e^{+j\omega_n\sqrt{1-\zeta^2}t}+\beta^*e^{-\zeta\omega_n t}e^{-j\omega_n\sqrt{1-\zeta^2}t}}_{\text{瞬态}}\\
&=R_0u_s(t)+\underbrace{2|\beta|e^{-\zeta\omega_n t}\cos\left(\left(\omega_n\sqrt{1-\zeta^2}t\right)+\angle\beta\right)}_{\text{瞬态}}
\end{aligned}
\tag{8.14}
$$

注意，响应的瞬态部分根据传递函数极点的实部$-\zeta\omega_n$以指数衰减。我们希望瞬态部分快速消失，因此希望$c(t)\to R_0$要快。也就是说，我们希望两个极点的实部尽可能位于左半平面。图 8-8 表明，应该取$\zeta=1$，这会使两个极点都处于$-\omega_n$。如果取$\zeta>1$，那么其中一个极点指向$-\infty$，另一个指向原点。

现在，计算式（8.13）和式（8.14）中β和β^*的表达式是一件相当麻烦的事情。因此，我们通过下式重写$C(s)$以使用不同的方法进行部分分式展开

$$
C(s)=\frac{\omega_n^2}{s^2+2\zeta\omega_n s+\omega_n^2}\frac{R_0}{s}=\frac{R_0}{s}+\frac{A_1(s+\zeta\omega_n)+A_2\omega_n\sqrt{1-\zeta^2}}{(s+\zeta\omega_n)^2+\omega_n^2(1-\zeta^2)}
$$

乘以$s\left(s^2+2\zeta\omega_n s+\omega_n^2\right)$得到

$$
\omega_n^2R_0=\left(s^2+2\zeta\omega_n s+\omega_n^2\right)R_0+s\left(A_1(s+\zeta\omega_n)+A_2\omega_n\sqrt{1-\zeta^2}\right)
$$

s中的等式项要求A_1和A_2满足

$$
\begin{aligned}
&s^2:0=(R_0+A_1)s^2\Rightarrow A_1=-R_0\\
&s^1:0=\left(2\zeta\omega_n R_0+A_1\zeta\omega_n+A_2\omega_n\sqrt{1-\zeta^2}\right)s\Rightarrow A_2=-R_0\zeta/\sqrt{1-\zeta^2}
\end{aligned}
$$

$$s^0:\omega_n^2R_0=\omega_n^2R_0$$

那么

$$C(s)=\frac{R_0}{s}-R_0\frac{s+\zeta\omega_n}{(s+\zeta\omega_n)^2+\omega_n^2(1-\zeta^2)}-\frac{R_0\zeta}{\sqrt{1-\zeta^2}}\frac{\omega_n\sqrt{1-\zeta^2}}{(s+\zeta\omega_n)^2+\omega_n^2(1-\zeta^2)} \tag{8.15}$$

可以看出 $\sigma=-\zeta\omega_n$ 和 $\omega^2={\omega_n}^2(1-\zeta^2)$，相关的拉普拉斯变换如下

$$e^{\sigma t}\sin(\omega t)u_s(t)\leftrightarrow\frac{\omega}{(s-\sigma)^2+\omega^2}$$

$$e^{\sigma t}\cos(\omega t)u_s(t)\leftrightarrow\frac{s-\sigma}{(s-\sigma)^2+\omega^2}$$

对于 $t\geqslant 0$，我们有

$$c(t)=R_0u-R_0e^{-\zeta\omega_n t}\cos\left(\omega_n\sqrt{1-\zeta^2}t\right)-R_0\frac{\zeta}{\sqrt{1-\zeta^2}}e^{-\zeta\omega_n t}\sin\left(\omega_n\sqrt{1-\zeta^2}t\right) \tag{8.16}$$

$$=R_0-R_0\frac{e^{-\zeta\omega_n t}}{\sqrt{1-\zeta^2}}\left(\sqrt{1-\zeta^2}\cos\left(\omega_n\sqrt{1-\zeta^2}t\right)+\zeta\sin\left(\omega_n\sqrt{1-\zeta^2}t\right)\right)$$

$$=R_0-R_0\frac{e^{-\zeta\omega_n t}}{\sqrt{1-\zeta^2}}\left(\sin(\phi)\cos\left(\omega_n\sqrt{1-\zeta^2}t\right)+\cos(\phi)\sin\left(\omega_n\sqrt{1-\zeta^2}t\right)\right)$$

$$=R_0-R_0\frac{e^{-\zeta\omega_n t}}{\sqrt{1-\zeta^2}}\sin\left(\omega_n\sqrt{1-\zeta^2}t+\phi\right) \tag{8.17}$$

其中

$$\sin(\phi)\triangleq\sqrt{1-\zeta^2},\cos(\phi)\triangleq\zeta \tag{8.18}$$

所以

$$\phi\triangleq\tan^{-1}\left(\frac{\sqrt{1-\zeta^2}}{\zeta}\right) \tag{8.19}$$

这是图 8-7 所示的角度 ϕ。式（8.17）的瞬态部分衰减为 $e^{-\zeta\omega_n t}$，其中 $-\zeta\omega_n$ 是闭环极点的虚部，以频率 $\omega_d=\omega_n\sqrt{1-\zeta^2}$ 进行振荡。ω_d 被称为阻尼频率。图 8-9 显示了单位阶跃响应 $c(t)$ 对于 ζ 在 0.1~2 之间时的曲线图。

对于 $\zeta\geqslant 1$，响应是不振荡的，只是稳定地增加到最终值 1（见例 1 和例 2）。另一种情况，对于 $0<\zeta<1$，响应是振荡的，并且随着 ζ 越来越接近 0，响应变得越来越振荡。

8.2.2 峰值时间 t_p 和超调百分比 M_p

当 $0<\zeta<1$ 时，输出响应以频率 $\omega_d=\omega_n\sqrt{1-\zeta^2}$ 振荡。图 8-10 显示了这种二阶系统对单位阶跃输入的响应。峰值时间 t_p 是响应 $c(t)$ 到达峰值的时间。利用式（8.16），我们现在推导峰值时间和相应的峰值 $c(t_p)$ 的表达式。稍后将展示如何使用这些表达式从实验数据估计传递函数模型 $G(s)=\dfrac{b}{s(s+a)}$ 的参数 a 和 b。

当 $0<\zeta<1$ 时，输出响应是振荡的，当 $\dot{c}(t)=0$ 时，峰值超调发生在时间 t_p。结合 $\sigma\triangleq-\zeta\omega_n$ 和 $\omega_d\triangleq\omega_n\sqrt{1-\zeta^2}$，将式（8.16）改写为

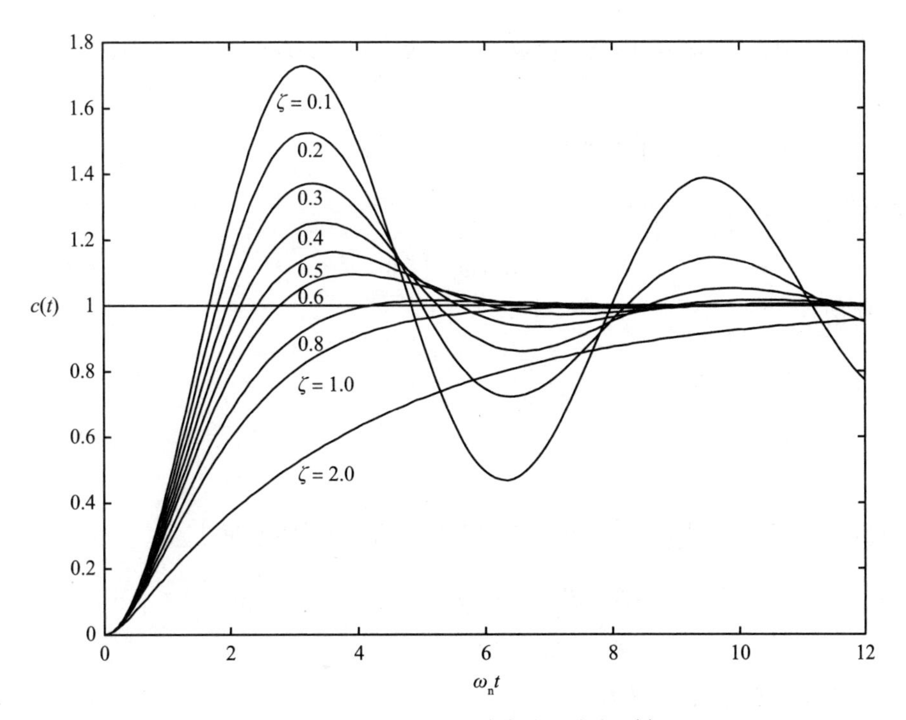

图 8-9　$0<\zeta\leqslant 2$时的单位阶跃响应$c(t)$

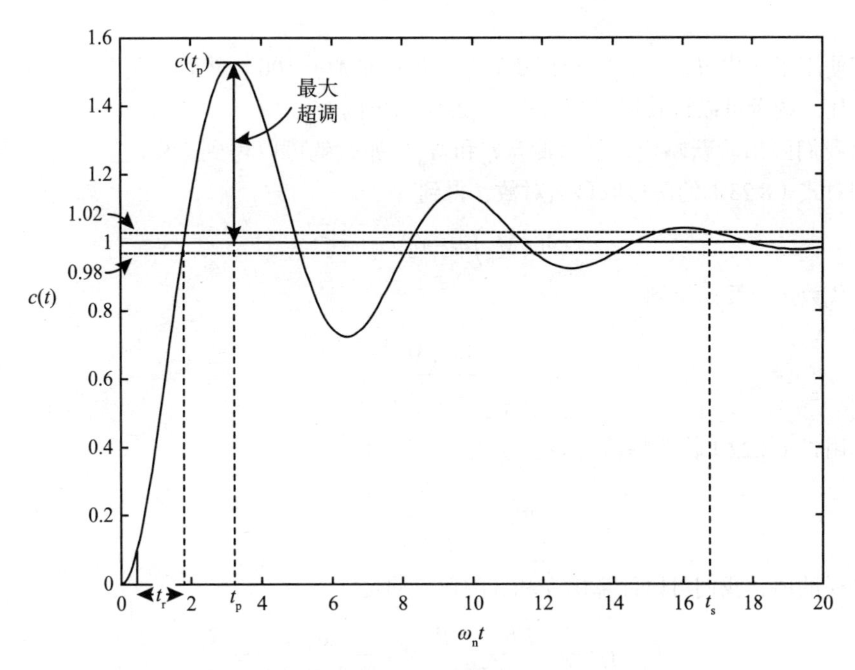

图 8-10　上升时间t_r、峰值时间t_p和调节时间t_s

$$c(t)=R_0-R_0\mathrm{e}^{\sigma t}\cos(\omega_d t)+R_0\frac{\sigma}{\omega_d}\mathrm{e}^{\sigma t}\sin(\omega_d t) \tag{8.20}$$

微分后得到

$$\begin{aligned}\frac{\mathrm{d}}{\mathrm{d}t}c(t)&=-R_0\sigma\mathrm{e}^{\sigma t}\cos(\omega_\mathrm{d}t)+R_0\omega_\mathrm{d}\mathrm{e}^{\sigma t}\sin(\omega_\mathrm{d}t)+R_0\frac{\sigma^2}{\omega_\mathrm{d}}\mathrm{e}^{\sigma t}\sin(\omega_\mathrm{d}t)+R_0\sigma\mathrm{e}^{\sigma t}\cos(\omega_\mathrm{d}t)\\&=R_0\mathrm{e}^{\sigma t}\left(\frac{\sigma^2}{\omega_\mathrm{d}}+\omega_\mathrm{d}\right)\sin(\omega_\mathrm{d}t)\end{aligned}\tag{8.21}$$

$\frac{\mathrm{d}c}{\mathrm{d}t}=0$的解是下式的解

$$\sin(\omega_\mathrm{d}t_\mathrm{p})=0$$

最小的非零解是

$$t_\mathrm{p}=\frac{\pi}{\omega_\mathrm{d}}=\frac{\pi}{\omega_\mathrm{n}\sqrt{1-\zeta^2}}\tag{8.22}$$

$c(t)$在t_p处的值是

$$\begin{aligned}c(t_\mathrm{p})&=R_0-R_0\mathrm{e}^{\sigma t_\mathrm{p}}\cos(\omega_\mathrm{d}t_\mathrm{p})+R_0\frac{\sigma}{\omega_\mathrm{d}}\mathrm{e}^{\sigma t_\mathrm{p}}\sin(\omega_\mathrm{d}t_\mathrm{p})\\&=R_0-R_0\mathrm{e}^{\sigma t_\mathrm{p}}\cos(\pi)\\&=R_0+R_0\mathrm{e}^{-\pi\zeta/\sqrt{1-\zeta^2}}\end{aligned}$$

注意$c(\infty)=R_0$。超调量M_p定义为

$$M_\mathrm{p}\triangleq\frac{c(t_\mathrm{p})-c(\infty)}{c(\infty)}=\mathrm{e}^{-\pi\zeta/\sqrt{1-\zeta^2}}\tag{8.23}$$

其中我们使用了等式$c(\infty)=R_0$。超调率简单来说就是$M_\mathrm{p}\times100$。然而，我们通常将M_p表示为超调百分比，读者可以将其理解为由式（8.23）给出的M_p。

如果我们画出阶跃响应，然后测量t_p和M_p，那么就可以得到ζ和ω_n。为了解释这一过程，我们对式（8.23）的两边取自然对数，得到

$$\ln(M_\mathrm{p})=-\pi\zeta/\sqrt{1-\zeta^2}$$

经过一些代数运算我们得到

$$\zeta=\sqrt{\frac{\ln^2(M_\mathrm{p})}{\pi^2+\ln^2(M_\mathrm{p})}}\tag{8.24}$$

接下来，用式（8.22）作为峰值时间，ω_n由下式给出

$$\omega_\mathrm{n}=\frac{\pi}{t_\mathrm{p}\sqrt{1-\zeta^2}}\tag{8.25}$$

有了ζ和ω_n的值，我们可以计算出 a 和 b 的值，回忆

$$C(s)=\frac{Kb}{s^2+as+Kb}\frac{R_0}{s}=\frac{\omega_\mathrm{n}^2}{s^2+2\zeta\omega_\mathrm{n}s+\omega_\mathrm{n}^2}\frac{R_0}{s}$$

所以

$$\begin{aligned}Kb&=\omega_\mathrm{n}^2\\a&=2\zeta\omega_\mathrm{n}\end{aligned}$$

最后，我们设定增益K的值，使用它的值来计算b。

8.2.3 调节时间 t_s

在式（8.17）中，当$0<\zeta<1$时，二阶阶跃响应是

$$c(t)=R_0-R_0\frac{e^{-\zeta\omega_n t}}{\sqrt{1-\zeta^2}}\sin\left(\omega_n\sqrt{1-\zeta^2}t+\phi\right) \tag{8.26}$$

调节时间通常定义为$c(t)$在其最终值的 2% 以内并保持在这个区间的时间，如图 8-11 所示。

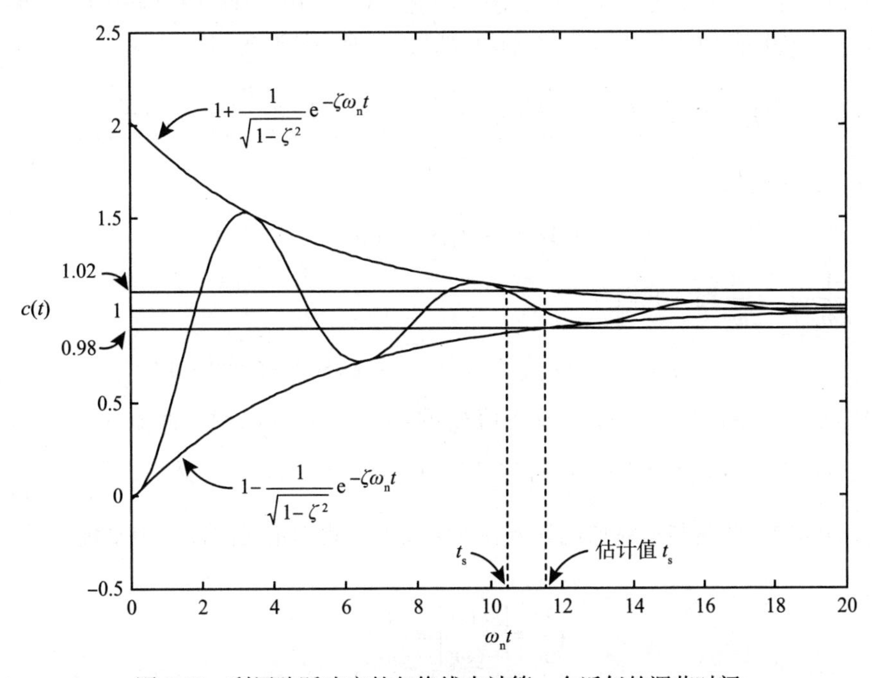

图 8-11　利用阶跃响应的包络线来计算一个近似的调节时间

计算$c(t)$与$(1\pm0.02)R_0$其中一条直线相交并停留在这两条直线内的时间较为困难。一种简化方法是计算$c(t)$的包络线与$(1\pm0.02)R_0$其中一条直线相交的时间。$c(t)$的包络线由下式给出

$$R_0\pm R_0\frac{e^{-\zeta\omega_n t}}{\sqrt{1-\zeta^2}} \tag{8.27}$$

并在图 8-11 中与阶跃响应一起绘制。

现在使用包络线来获得一个关于调节时间的上限t_{sb}。对于 2% 的标准我们设定

$$R_0+R_0\frac{e^{-\zeta\omega_n t_{sb}}}{\sqrt{1-\zeta^2}}=1.02R_0$$

来确定t_{sb}。求解如下

$$\frac{e^{-\zeta\omega_n t_{sb}}}{\sqrt{1-\zeta^2}}=0.02$$

$$e^{-\zeta\omega_n t_{sb}}=0.02\sqrt{1-\zeta^2}$$

$$-\zeta\omega_n t_{sb}=\ln\left(0.02\sqrt{1-\zeta^2}\right)$$

最后，调节时间的上限t_{sb}由下式给出

$$t_s \leqslant t_{sb} = -\frac{\ln\left(0.02\sqrt{1-\zeta^2}\right)}{\zeta\omega_n} \tag{8.28}$$

然而，请注意当$\zeta \to 1$或$\zeta \to 0$时，上限t_{sb}趋于∞。因此，对于这两个极限情况，这不是一种有效的近似方法。这是一个问题，因为相比于$0<\zeta<1$，我们关注的是为了保持超调量很小而使ζ接近 1 的情况。为了求解这个问题，将使用另一种获得调节时间上限的方法。由于我们关注ζ接近 1 的情况，接下来简单计算$\zeta=1$时的调节时间。

$$C(s) = \frac{\omega_n^2}{s^2+2\zeta\omega_n s+\omega_n^2}\frac{R_0}{s} = \frac{\omega_n^2}{(s+\omega_n)^2}\frac{R_0}{s} = \frac{1}{s}R_0 - \frac{R_0}{s+\omega_n} - \omega_n\frac{R_0}{(s+\omega_n)^2}$$

接下来$c(t)$由下式给出

$$c(t) = R_0 - R_0\left(e^{-t\omega_n} + t\omega_n e^{-t\omega_n}\right)$$

当$t = t_s = \left.\frac{4}{\zeta\omega_n}\right|_{\zeta=1} = \frac{4}{\omega_n}$时，我们有

$$c(t_s) = e^{-t_s\omega_n} + t_s\omega_n e^{-t_s\omega_n} = e^{-4} + 4e^{-4} = 5e^{-4} = 0.092 \approx 0.1$$

在调节时间时，输出响应$c(t)$与最终值R_0的误差在 10% 以内，而不是 2%。但是，当$t_s \triangleq \left.\frac{5}{\zeta\omega_n}\right|_{\zeta=1}$成立时，$c(t_s)=0.04$，此时与最终值的误差在4%以内。然而，当$t_s \triangleq \left.\frac{6}{\zeta\omega_n}\right|_{\zeta=1}$成立时，$c(t_s)=0.017$，此时与最终值的误差在 2% 以内。我们定义闭环共轭复极点对的时间常数为

$$\left|\frac{1}{\sigma}\right| = \left|\frac{1}{-\zeta\omega_n}\right| = \frac{1}{\zeta\omega_n} \tag{8.29}$$

当ζ接近 1 时，取$t_s \triangleq \frac{4}{\zeta\omega_n}, \frac{5}{\zeta\omega_n}$或者$\frac{6}{\zeta\omega_n}$，导致$c(t)$分别在其最终值的 10%、4% 或 2% 以内。

重点注意 闭环极点在左半平面的位置越远，瞬态消失的速度越快，系统达到最终值的速度也就越快。

8.2.4 上升时间 t_r

如图 8-10 所示，上升时间定义为响应$c(t)$从$0.1R_0$到第一次达到R_0的时间。㊀ 作为粗略的近似，我们可以在图 8-9 中看到$\zeta<0.5$时的阶跃响应，阶跃响应$c(t)$在$\omega_n t_1 \approx 0.2$时达到$0.1R_0$，在$\omega_n t_2 \approx 0.2$时首次达到R_0。上升时间由下式给出

$$t_r = t_2 - t_1 \approx \frac{2-0.2}{\omega_n} = \frac{1.8}{\omega_n} \tag{8.30}$$

注意 虽然这给了我们一个代入数字的公式，但它不是很有用，因为我们通常希望ζ接近 1（这样超调不会太大），而式（8.30）是基于$\zeta<0.5$给出的。

8.2.5 M_p、t_p、t_s的小结

结合

㊀ R_0是阶跃输入的响应值，也就是$c(t)$。

$$C(s)=\frac{\omega_n^2}{s^2+2\zeta\omega_n s+\omega_n^2}\frac{R_0}{s}$$

$c(t)$的超调百分比、峰值时间和调节时间如下

$$M_p \triangleq \frac{c(t_p)-c(\infty)}{c(\infty)}=e^{-\pi\zeta/\sqrt{1-\zeta^2}} \text{其中} t_p=\frac{\pi}{\omega_n\sqrt{1-\zeta^2}} \tag{8.31}$$

当ζ接近 1 时，$t_s \triangleq \frac{4}{\zeta\omega_n}$，$\frac{5}{\zeta\omega_n}$，$\frac{6}{\zeta\omega_n}$导致$c(t)$分别在其最终值的 10%、4%、2% 以内（8.32）

$$\text{当}\zeta<0.5\text{时，} t_r=\frac{1.8}{\omega_n} \tag{8.33}$$

t_s的表达式中假设ζ接近 1。一般来说，我们会关注超调量、调节时间和上升时间。然而，式（8.31）~ 式（8.33）仅适用于没有零点的二阶系统，这限制了使用范围。

8.2.6 选择比例控制器的增益

回到无负载转矩直流电动机角位置的比例控制系统，如图 8-12 所示，闭环传递函数由下式给出

$$\frac{\theta(s)}{\theta_d(s)}=\frac{K\frac{b}{s(s+a)}}{1+K\frac{b}{s(s+a)}}=\frac{Kb}{s^2+as+Kb}$$

假设$b=1$同时$a=4$，那么对于阶跃输入

$$\theta_d(s)=\frac{\theta_0}{s}$$

有

$$\theta(s)=\frac{K}{s^2+4s+K}\frac{\theta_0}{s} \tag{8.34}$$

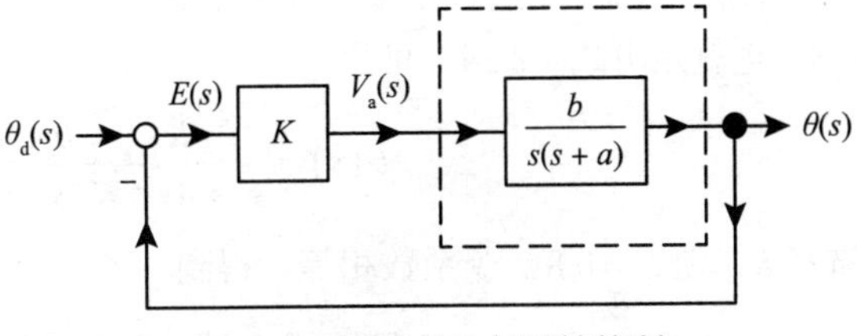

图 8-12 简单的比例反馈控制

结合$K>0$，s^2+4s+K的 根在左半平面上，所以

$$s\theta(s)=\frac{K}{s^2+4s+K}\theta_0$$

是稳定的。根据终值定理

$$\theta(\infty)=\lim_{t\to\infty}\theta(t)=\lim_{s\to 0}s\theta(s)=\theta_0$$

然而，$\theta(t)$指向θ_0的行为是由左半平面中闭环极点的位置决定的。观察当控制增益K从 0~ ∞ 变化时，这些极点的位置。我们设置

$$s^2+4s+K=0$$

根据二次公式，有

$$s=\frac{-4\pm\sqrt{16-4K}}{2}=-2\pm\sqrt{4-K}$$

闭环极点可以方便地写成

$$p_i = \begin{cases} -2 \pm \sqrt{4-K}, & 0 \leqslant K \leqslant 4 \\ -2 \pm \mathrm{j}\sqrt{K-4}, & 4 < K \end{cases}$$

然后，我们可以很容易地为闭环极点构造下表的值：

K	闭环极点
0	$s = 0, -4$
2	$s = -2 \pm \sqrt{2} = -3.414, -0.596$
4	$s = -2, -2$
8	$s = -2 \pm 2\mathrm{j}$
13	$s = -2 \pm 3\mathrm{j}$

从这个表中，得到了如图 8-13 所示的闭环极点的示意图，它被称为根轨迹。如何使用 MATLAB 生成图 8-13 的图形，请参见例 10（根轨迹将在第 12 章中详细研究）。

根轨迹的一些观察结论：

- 当$K > 0$时，两个极点都在左半平面上。
- 当$K > 4$时，有一对闭环共轭复极点，因此响应将是振荡的。
- 我们通常希望极点在左半平面上越远越好，这意味着我们希望$K \geqslant 4$。
- K的值必须足够小，这样响应就不会太振荡，以避免放大器饱和。

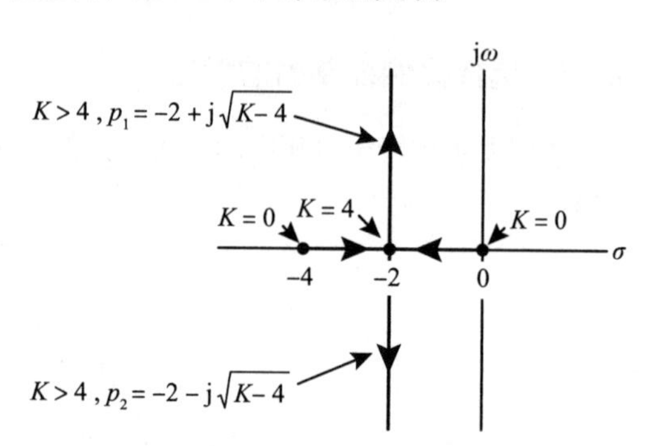

图 8-13　K从 0~∞变化时的闭环极点示意图

最后，假设要选择K的值使阻尼比ζ等于 0.8。也就是由式（8.34）可得

$$\theta(s) = \frac{K}{s^2 + 4s + K}\frac{\theta_0}{s} = \frac{\omega_{\mathrm{n}}^2}{s^2 + 2\zeta\omega_{\mathrm{n}}s + \omega_{\mathrm{n}}^2}\frac{\theta_0}{s}$$

选择K，使$\zeta = 0.8$。令系数相等，得到

$$4 = 2\zeta\omega_{\mathrm{n}} = 2 \times 0.8\omega_{\mathrm{n}}\text{以及}K = \omega_{\mathrm{n}}^2$$

求解K得到

$$K = \left(\frac{4}{2 \times 0.8}\right)^2 = 6.25$$

我们也可以从图 8-14 的几何图中得到

$$\tan(\phi) = \left.\frac{\omega_{\mathrm{n}}\sqrt{1-\zeta^2}}{\zeta\omega_{\mathrm{n}}}\right|_{\zeta=0.8} = 0.75 = \frac{\sqrt{K-4}}{2}$$

$$\Rightarrow K = (3/2)^2 + 4 = 6.25$$

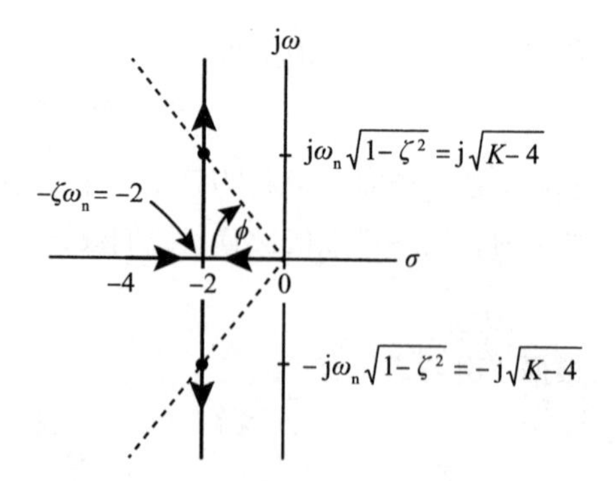

图 8-14　选择K，使$\zeta = 0.8$

8.3　带零点的二阶系统

现在考虑如图 8-15 所示的直流电动机的速度控制而不是位置控制。这里ω_0是期望的最终速度，角速度ω_{n}是通过（数值上）从编码器获得的位置测量值进行微分得到的。输入放大器的电压为

$$v_a(t)=K\left(\omega_0-\omega(t)\right)+Kz\int_0^t\left(\omega_0-\omega(\tau)\right)\mathrm{d}\tau$$

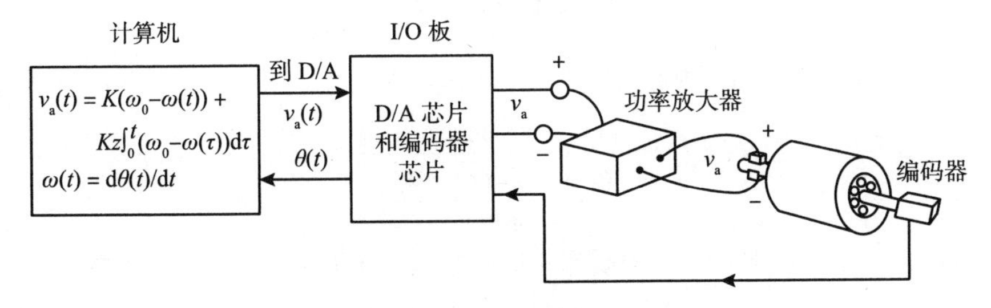

图 8-15 直流电动机的速度控制系统

在拉普拉斯域中误差$E(s)$为

$$E(s)=\frac{\omega_0}{s}-\omega(s)$$

电压$V_a(s)$为

$$V_a(s)=KE(s)+Kz\frac{1}{s}E(s)=K\frac{s+z}{s}E(s)$$

这种设置称为比例积分（PI）控制器。系统框图如图 8-16 所示。

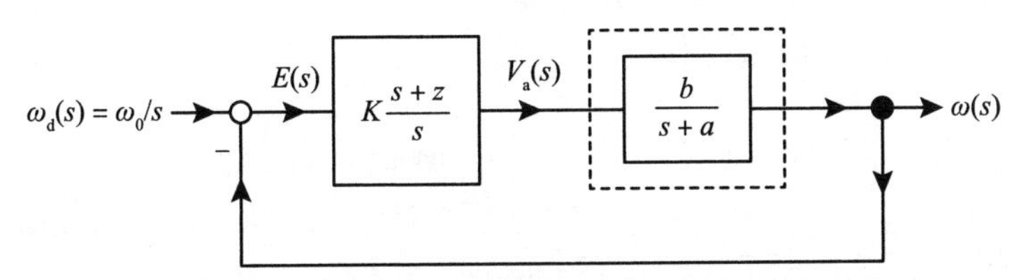

图 8-16 直流电动机 PI 速度控制系统框图

速度$\omega(s)$由下式给出

$$\omega(s)=\frac{\dfrac{K(s+z)}{s}\dfrac{b}{s+a}}{1+\dfrac{K(s+z)}{s}\dfrac{b}{s+a}}\frac{\omega_0}{s}=\frac{Kb(s+z)}{s^2+as+Kb(s+z)}\frac{\omega_0}{s}$$

$$=\underbrace{\frac{Kb(s+z)}{s^2+(a+Kb)s+Kbz}}_{\text{闭环传递函数}}\underbrace{\frac{\omega_0}{s}}_{\text{输入}} \tag{8.35}$$

电动机参数为正，所以$a>0$，$b>0$。取$K>0$，$z>0$，则式

$$s^2+(a+Kb)s+Kbz=0$$

的根在左半开平面上。因此

$$s\omega(s)=\frac{Kb(s+z)}{s^2+(a+Kb)s+Kbz}\omega_0$$

是稳定的，根据终值定理我们有

$$\omega(\infty)=\lim_{s\to 0}s\omega(s)=\omega_0$$

这就是选择$G_c(s)=K\dfrac{s+z}{s}$的原因。习题 12 需证明如果$G_c(s)=K$，那么$\omega(\infty)\neq\omega_0$。

现在设置 $C(s) \triangleq \omega(s)$，定义

$$\omega_{\mathrm{n}}^2 \triangleq Kbz, 2\zeta\omega_{\mathrm{n}} \triangleq a + Kb, \alpha \triangleq \frac{z}{\zeta\omega_{\mathrm{n}}}$$

注意，$Kb = \omega_{\mathrm{n}}{}^2 / z = \omega_{\mathrm{n}} / (\alpha\zeta)$。现在可以把式（8.35）改写为

$$C(s) = \underbrace{\frac{\omega_{\mathrm{n}}}{\alpha\zeta} \frac{s + \alpha\zeta\omega_{\mathrm{n}}}{s^2 + 2\zeta\omega_{\mathrm{n}} s + \omega_{\mathrm{n}}^2}}_{\text{闭环传递函数}} \frac{\omega_0}{s} \tag{8.36}$$

我们想知道 $s = -z = -\alpha\zeta\omega_{\mathrm{n}}$ 处的零点对瞬态响应的影响。接下来，闭环传递函数

$$G_{\mathrm{cl}}(s) \triangleq \frac{\omega_{\mathrm{n}}}{\alpha\zeta} \frac{s + \alpha\zeta\omega_{\mathrm{n}}}{s^2 + 2\zeta\omega_{\mathrm{n}} s + \omega_{\mathrm{n}}^2} \tag{8.37}$$

二阶系统的零点为 $-\alpha\zeta\omega_{\mathrm{n}}$。图 8-17 给出了当 $0 < \zeta < 1$ 时，$G_{\mathrm{cl}}(s)$ 的零点和两个复共轭极点的图像。

对于 $\omega_0 = 1$，$\zeta = 0.6$ 和 $\omega_{\mathrm{n}} = 1$ 的情况，图 8-18 所示为单位阶跃响应 $c(t)$ 对于 $\alpha = 1, 2, 4$ 和 100 的图。对于 $0 < \alpha \ll 100$，我们看到阶跃响应相比于不含零点的二阶系统有更大的超调量。为了了解为什么有更大的超调量，首先分解 $C(s)$

$$C(s) = \frac{\omega_{\mathrm{n}}^2}{s^2 + 2\zeta\omega_{\mathrm{n}} s + \omega_{\mathrm{n}}^2} \frac{1}{s} + \frac{1}{\alpha\zeta\omega_{\mathrm{n}}} s \frac{\omega_{\mathrm{n}}^2}{s^2 + 2\zeta\omega_{\mathrm{n}} s + \omega_{\mathrm{n}}^2} \frac{1}{s} \tag{8.38}$$

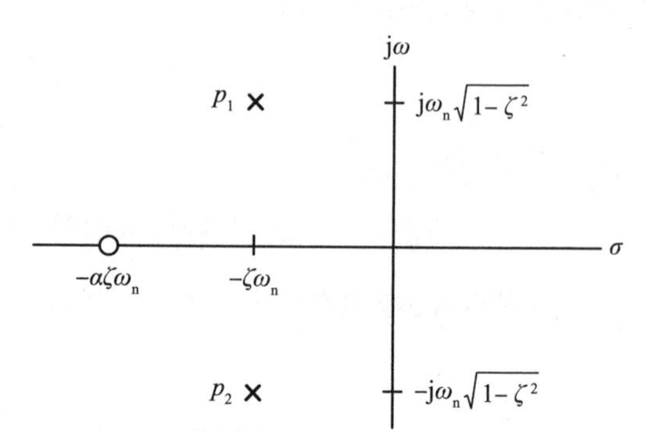

图 8-17　$\alpha > 0$ 时 $G_{\mathrm{cl}}(s) = \frac{\omega_{\mathrm{n}}}{\alpha\zeta} \frac{s + \alpha\zeta\omega_{\mathrm{n}}}{s^2 + 2\zeta\omega_{\mathrm{n}} s + \omega_{\mathrm{n}}{}^2}$ 的零点和极点图

注意，当 $\alpha \to \infty$ 时，$C(s)$ 的表达式还原为不含零点的二阶系统的表达式。特别是，图 8-18 所显示的 $\alpha = 100$ 时的图像本质上是一个不含零点的二阶系统的响应。

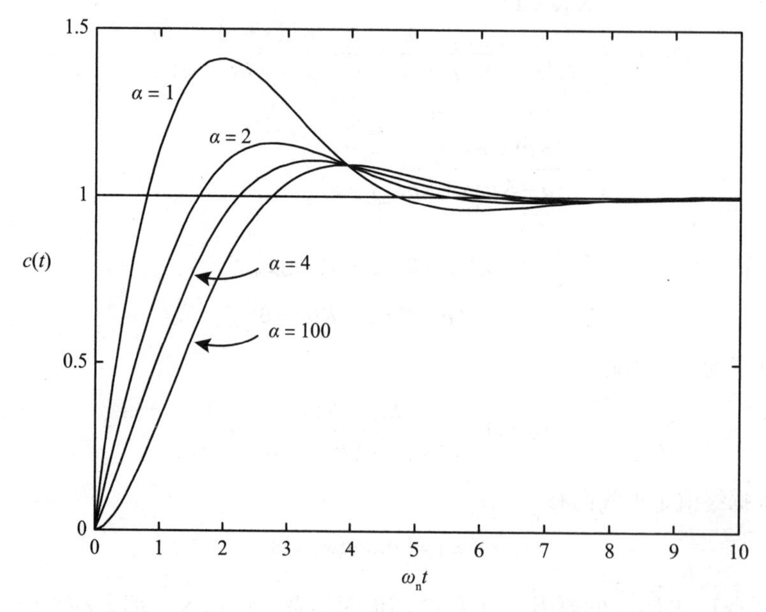

图 8-18　$\alpha = 1, 2, 4, 100(\zeta = 0.6,\ \omega_{\mathrm{n}} = 1)$ 的单位阶跃响应

下一步使

$$C_1(s) \triangleq \frac{\omega_n^2}{s^2+2\zeta\omega_n s+\omega_n^2}\frac{1}{s}$$

所以

$$C(s)=C_1(s)+\frac{1}{\alpha\zeta\omega_n}sC_1(s)$$

在时域中$c(t)$可以写成

$$c(t)=c_1(t)+\frac{1}{\alpha\zeta\omega_n}\frac{\mathrm{d}c_1(t)}{\mathrm{d}t} \tag{8.39}$$

图 8-19 所示为$c_1(t)$和比例导数$\frac{1}{\alpha\zeta\omega_n}\frac{\mathrm{d}c_1(t)}{\mathrm{d}t}$，以及两者相加之和的图像。我们发现当$\alpha>0$变小时，超调量增大这一现象，导数项$\frac{1}{\alpha\zeta\omega_n}\frac{\mathrm{d}c_1(t)}{\mathrm{d}t}$是超调量增加的来源。这里$\alpha>0$，所以零点$-\alpha\zeta\omega_n$处于左半开平面（见图 8-17）。一个所有零点在左半开平面的闭环系统，被称为最小相位系统。

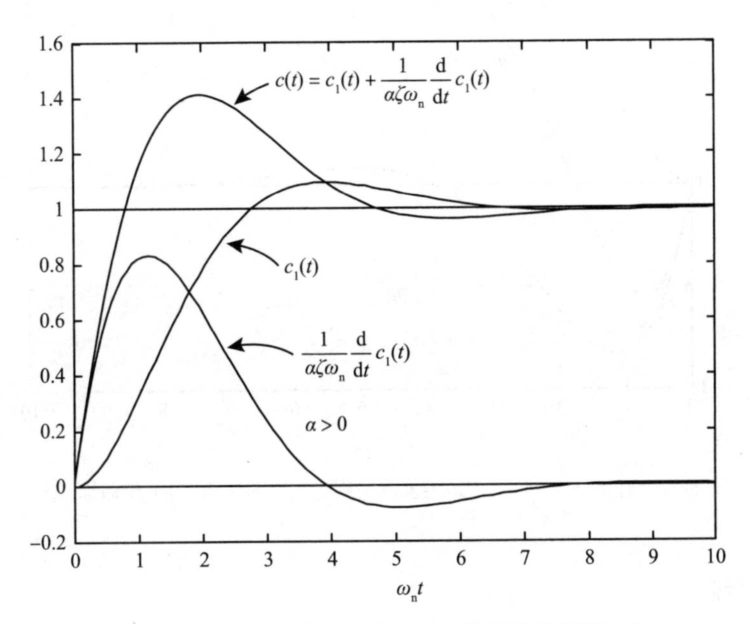

图 8-19 零点在左半平面的二阶系统的单位阶跃响应

8.3.1 右半平面零点

如果$\alpha<0$，则零点$-\alpha\zeta\omega_n$位于右半开平面。一个任何零点在右半开平面的闭环系统，称为非最小相位系统。图 8-20 显示了这种情况下的零点和极点图。零点与稳定性无关，只有极点与稳定性有关，这个系统仍然是稳定的，当$t\to\infty$时，$c(t)\to 1$。

图 8-21 所示为阶跃响应，我们看到$c(t)$在返回并达到其最终值 1 之前首先为负。也就是说，响应与期望的方向相反，但随后返回并稳定在期望值。这种类型的响应被称为欠调。

注意 任何具有奇数个右半平面实零点的稳定闭环传递函数都有欠调的阶跃响应[26]。

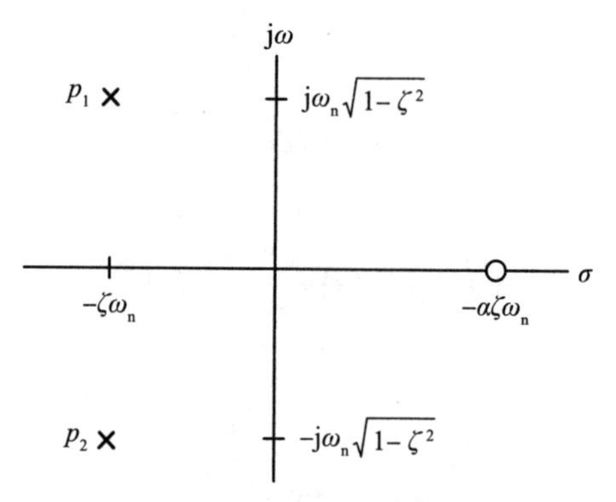

图 8-20　当$\alpha<0$时$G(s)=\frac{\omega_n}{\alpha\zeta}\frac{s+\alpha\zeta\omega_n}{s^2+2\zeta\omega_n s+\omega_n^{\ 2}}$的零点和极点图

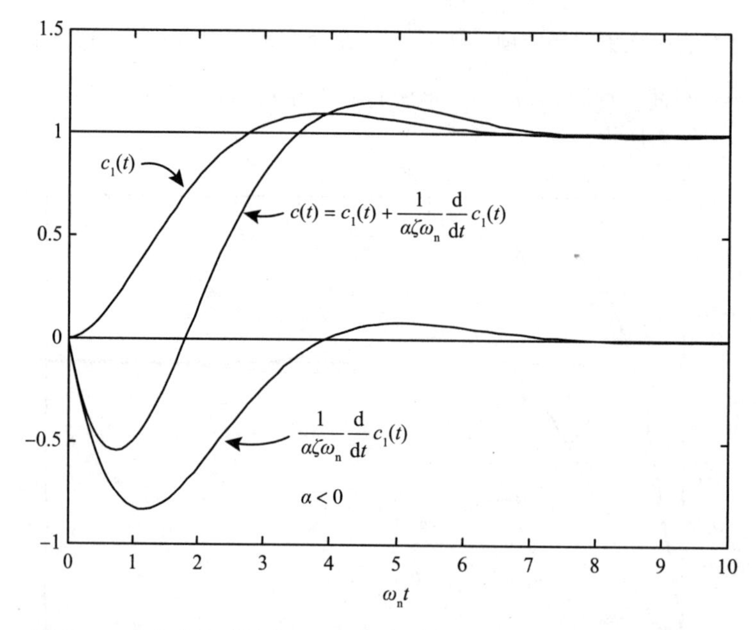

图 8-21　在右半开平面（$\alpha<0$）具有零点的二阶系统的单位阶跃响应

8.4　三阶系统

最后，考虑有一个实极点和一对共轭复极点的三阶系统。具体地说，当$0<\zeta<1$，$\alpha>0$时，三阶闭环传递函数为

$$G(s)=\frac{\alpha\zeta\omega_n}{s+\alpha\zeta\omega_n}\frac{\omega_n^2}{s^2+2\zeta\omega_n s+\omega_n^2} \tag{8.40}$$

这个系统的极点为（见图 8-22）

$$p_1=-\zeta\omega_n+\mathrm{j}\omega_n\sqrt{1-\zeta^2}, p_2=-\zeta\omega_n-\mathrm{j}\omega_n\sqrt{1-\zeta^2}, p_3=-\alpha\zeta\omega_n$$

我们来看看它的单位阶跃响应

$$C(s)=G(s)\frac{1}{s}=\frac{\alpha\zeta\omega_n}{s+\alpha\zeta\omega_n}\frac{\omega_n^2}{s^2+2\zeta\omega_n s+\omega_n^2}\frac{1}{s}$$

当$\zeta > 0$，$\omega_n > 0$，$\alpha > 0$时

$$sC(s) = \frac{\alpha\zeta\omega_n}{s + \alpha\zeta\omega_n} \frac{\omega_n^2}{s^2 + 2\zeta\omega_n s + \omega_n^2}$$

是稳定的。根据终值定理，我们有$c(\infty) = \lim_{t\to\infty} c(t) = \lim_{s\to 0} sC(s) = 1$。

图 8-23 显示了实际极点位置的不同数值的阶跃响应。接下来重写$C(s)$为

$$C(s) = \frac{\alpha\zeta\omega_n}{s + \alpha\zeta\omega_n} \frac{\omega_n^2}{s^2 + 2\zeta\omega_n s + \omega_n^2} \frac{1}{s}$$

$$= \frac{1}{\frac{s}{\alpha\zeta\omega_n} + 1} \frac{\omega_n^2}{s^2 + 2\zeta\omega_n s + \omega_n^2} \frac{1}{s} \tag{8.41}$$

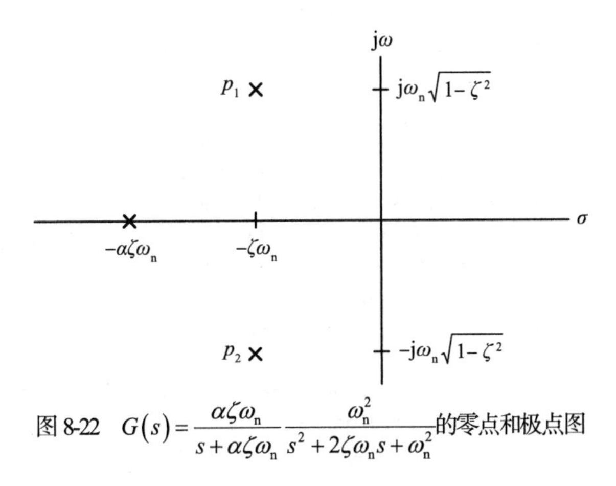

图 8-22 $G(s) = \frac{\alpha\zeta\omega_n}{s + \alpha\zeta\omega_n} \frac{\omega_n^2}{s^2 + 2\zeta\omega_n s + \omega_n^2}$的零点和极点图

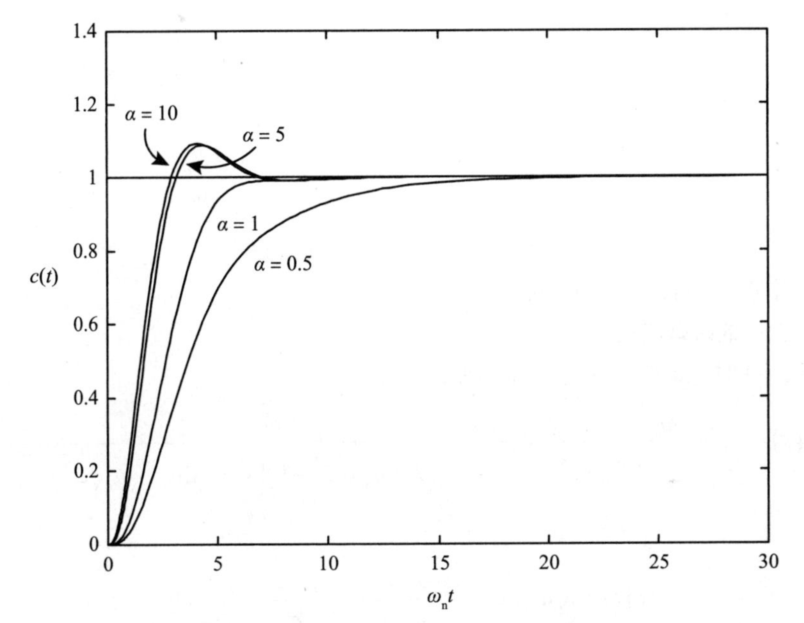

图 8-23 $\alpha = 0.5, 1, 5, 10, \zeta = 0.6, \omega_n = 1$时，具有一个实极点和一对共轭复极点的三阶系统的单位阶跃响应

当$\alpha \to \infty$时，$C(s)$的表达式简化为先前研究过的不含零点的二阶系统。例如，在图 8-23 中，$\alpha = 10$的图像本质上对应于一个二阶系统的图像。注意到随着α的减小，$-\alpha\zeta\omega_n$的极点向$j\omega$轴移动，响应变得更加迟缓，因为它需要更长的时间才能稳定到最终值。

附录 根轨迹 MATLAB 文件

```
% RootLocus for G(s) = K*b/(s*(s+a))
close all; clear; clc
a = 4;b = 1;
% Open loop transfer function G(s) = b/(s*(s+a)) = b/(s ^2+a*s)
den = [1 a 0]; num = [b]; tf_openloop = tf(num,den);
% Plot the CLPs for K going from 0 to 100 in steps of 1.
```

```
K = [0:1:100];
rlocus(tf_openloop,K)
% The input to the rlocus command is the OPEN LOOP transfer fn.
% It plots the poles of the CLOSED LOOP transfer fn.
% G_cl(s) = KG(s)/(1 + KG(s)) = Kb/(s^2 + as + Kb)
% Make the linewidth thicker, the marker size and font size bigger.
h = findobj(gca, ' Type' , ' line' );
set(h, ' LineWidth' , 4); set(h, ' MarkerSize' , 15); set(gca,' FontSize' ,20)
% Set range of x-axis [-5,0] and y-axis [-10,10]
v = [-5 0.5 -10 10]; axis(v);
title(' G(s)= b/(s^2+as)' ,' FontSize' ,20)
xlabel(' Re(s)' ,' FontSize' ,20); ylabel (' Im(s)' ,' FontSize' ,20)
K = 6.25
% The next command gives the CLPs for this value of K
p = rlocus(num,den,K)
```

习题

习题 1 $\zeta=1$的阶跃响应

（a）当$\zeta=1$时，计算下式的拉普拉斯逆变换

$$C(s)=\frac{\omega_n^2}{s^2+2\zeta\omega_n s+\omega_n^2}\frac{R_0}{s}=\frac{\omega_n^2}{(s+\omega_n)^2}\frac{R_0}{s}$$

（b）证明对于所有$t>0$，$dc/dt>0$。

习题 2 $\zeta>1$的阶跃响应

（a）当$\zeta>1$时，证明下式的拉普拉斯逆变换

$$C(s)=\frac{\omega_n^2}{s^2+2\zeta\omega_n s+\omega_n^2}\frac{R_0}{s}=\frac{\omega_n^2}{\left(s-\left(-\zeta\omega_n+\omega_n\sqrt{\zeta^2-1}\right)\right)\left(s-\left(-\zeta\omega_n-\omega_n\sqrt{\zeta^2-1}\right)\right)}\frac{R_0}{s}$$

为

$$c(t)=R_0u_s(t)+\frac{\omega_n^2}{p_1-p_2}\frac{R_0}{p_1}e^{p_1t}+\frac{\omega_n^2}{p_2-p_1}\frac{R_0}{p_2}e^{p_2t}$$

其中

$$p_1=-\zeta\omega_n+\omega_n\sqrt{\zeta^2-1}$$
$$p_2=-\zeta\omega_n-\omega_n\sqrt{\zeta^2-1}$$

（b）证明对于所有$t>0$，$dc/dt>0$。

习题 3 $0<\zeta<1$的阶跃响应

当$0<\zeta<1$时，回想一下式（8.13）中给出的部分分式展开，即

$$C(s)=\frac{\omega_n^2}{s^2+2\zeta\omega_n s+\omega_n^2}\frac{R_0}{s}=\frac{R_0}{s}+\frac{\beta}{s-\left(-\zeta\omega_n+j\omega_n\sqrt{1-\zeta^2}\right)}+\frac{\beta^*}{s-\left(-\zeta\omega_n-j\omega_n\sqrt{1-\zeta^2}\right)}$$

计算β和β^*，然后化简

$$c(t)=R_0u_s(t)+\beta e^{-\zeta\omega_n t}e^{+j\omega_n\sqrt{1-\zeta^2}t}u_s(t)+\beta^*e^{-\zeta\omega_n t}e^{-j\omega_n\sqrt{1-\zeta^2}t}u_s(t)$$

成为

$$c(t)=R_0u_s(t)-R_0\frac{e^{-\zeta\omega_n t}}{\sqrt{1-\zeta^2}}\sin\left(\omega_n\sqrt{1-\zeta^2}t+\phi\right)u_s(t)$$

其中

$$\phi=\tan^{-1}\left(\sqrt{1-\zeta^2}/\zeta\right)$$

习题 4 二阶阻尼系统

令

$$G(s)=\frac{\omega_n^2}{s^2+2\zeta\omega_n s+\omega_n^2}$$

同时

$$C(s)=\frac{\omega_n^2}{s^2+2\zeta\omega_n s+\omega_n^2}\frac{1}{s}$$

设$\omega_n>0$，给出以下问题的答案并做简单的解释。

（a）当ζ的值为多少时，$G(s)$是稳定的？

（b）当ζ的值为多少时，$c(t)$有峰值超调？

（c）当ζ的值为多少时，$c(t)$没有峰值超调？

（d）当ζ的值为多少时，两个极点都在左半平面的最远处？

（e）当ζ的值为多少时，极点都在$\pm j\omega_n$？

习题 5 s 平面区域

标准二阶传递函数由下式给出

$$G(s)=\frac{\omega_n^2}{s^2+2\zeta\omega_n s+\omega_n^2}$$

（a）画出s平面中$0.6\leqslant\zeta\leqslant 0.8$，$\omega_n\geqslant 0.5$的区域。对于（b）和（c），假设将单位阶跃输入应用于上述传递函数以产生单位阶跃输出响应。

（b）在（a）指定的区域中，ζ和ω_n的值是多少可使输出响应中的超调量M_p最小？最小M_p值是多少？

（c）在（a）指定的区域中，ζ和ω_n的值是多少可使对单位阶跃输出响应有最长的调节时间t_s？此调节时间的值是多少？

习题 6 瞬态响应的模型参数

阶跃输入$r(t)=R_0u_s(t)\left(R(s)=R_0/s\right)$应用于系统，其框图模型由图 8-24 给出。相应的阶跃响应测量如图 8-25 所示。在该阶跃响应中，峰值时间为$t_p=\frac{\pi}{1.6}\approx 1.96$，峰值$c(t_p)=2.2$。开环传递函数$G(s)$为

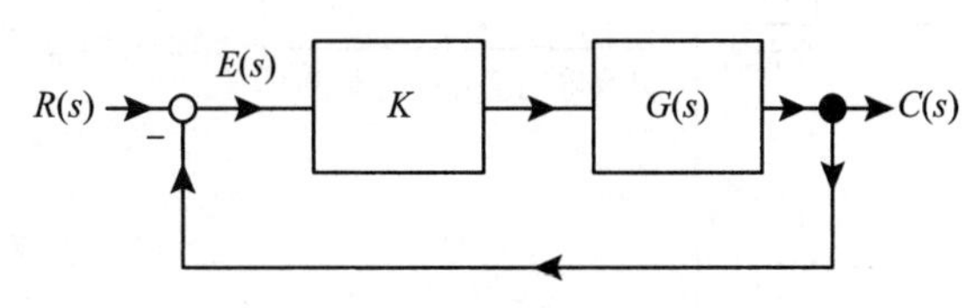

图 8-24 二阶系统的阶跃响应

$$G(s)=\frac{b}{s(s+a)}$$

其中$a>0$，$b>0$有待确定。取$K=2$，得到如图 8-25 所示的阶跃响应。

（a）R_0和M_p的值是多少？

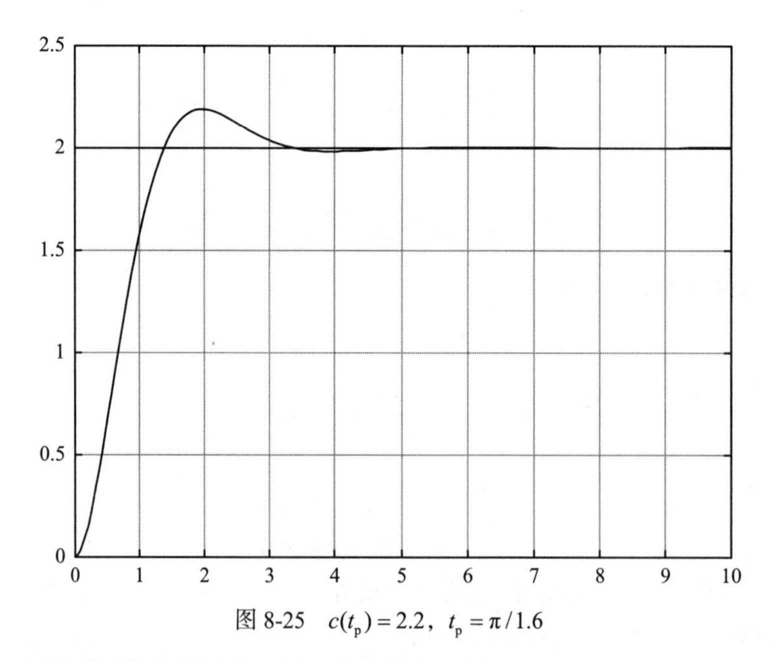

图 8-25　$c(t_p)=2.2$，$t_p=\pi/1.6$

（b）用闭环传递函数计算输出 $C(s)$，参考输入 $R(s)=R_0/s$。

（c）ζ 和 ω_n 对应的值是多少？

（d）a 和 b 的值是多少？（答案：$a=2.4$，$b=2$）

习题 7 从速度响应辨识电动机模型

第 7 章的例 9 比较了两种不同的模拟直流电动机的方法。在这个例题中，我们使用传递函数模型 $G(s)=\dfrac{b}{s(s+a)}$，其中 $a\triangleq\dfrac{f+\dfrac{K_bK_T}{R}}{J}$，$b\triangleq\dfrac{K_T}{RJ}$。如第 7 章例 9，设 $V_{max}=40\text{V}$，$I_{max}=5\text{A}$，$K_b=K_T=0.07\text{V}/(\text{rad}\cdot\text{s})(\text{N}\cdot\text{m}/\text{A})$，$J=6\times10^{-5}\text{kg}\cdot\text{m}^2$，$R=2\Omega$，$f=0.0004\text{N}\cdot\text{m}/(\text{rad}\cdot\text{s})$。图 8-26 所示为仿真传递函数模型 $G(s)=b/s(s+a)$ 中关于参数 a 和 b 如何直接辨识的 Simulink 框图。其思想是放置一个阶跃输入电压，并使用光学编码器测量电动机的角位置响应。然后对角位置进行微分来计算角速度 ω。通过得知输入和测量 / 计算输出速度，可以如 8.1 节所示计算传递函数模型的参数 a 和 b（有关光学编码器建模的详细信息，请参阅第 6 章，特别是该章的例 10）。

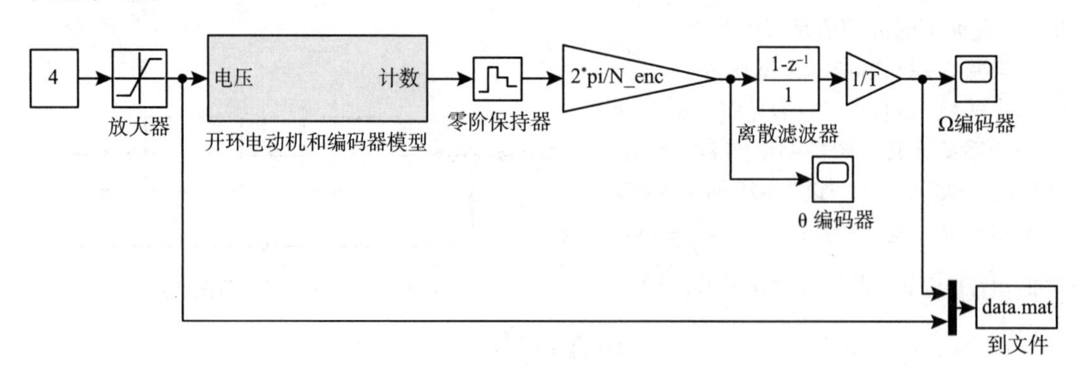

图 8-26　利用光学编码器的输出值来计算速度的 Simulink 仿真

（a）构建如图 8-26 和图 8-27 所示的 Simulink 仿真。图 8-26 中名为开环电动机和编码器模型的子系统模块内部是图 8-27 中给出的 Simulink 框图。

为了开始构建Simulink系统，首先绘制图8-27中的四个模块（传递函数，积分器，增益，取整函数），其中没有（椭圆形）输入端口和（椭圆形）输出端口。然后选择这四个模块，右键单击并选择 Create Subsystem from Selection。该操作将自动创建输入和输出端口。然后完成图 8-26 其余的部分。运行此 Simulink 模拟所需的代码为

```
clear;clc;close all
N_enc = 4*1024;resolution = 360/N_enc;Vmax = 40;Imax = 5;
% step size of the simulation
T = 0.001;
% motor Parameters
R = 2;KT = 0.07;Kb = KT;L = 0.002;f = 0.0004;J = 6e-5;
speed_error = 2*pi/N_enc/T;
a = (f + Kb*KT/R)/J;b = KT/(R*J);
```

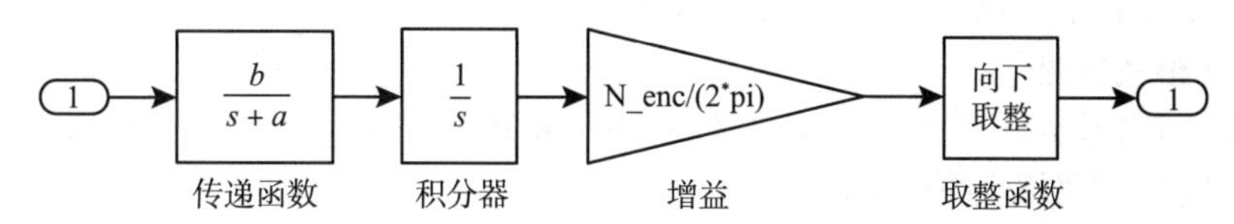

图 8-27　一个直流电动机和光学编码器的 Simulink 设置

（b）输入阶跃电压$V(t)=4\text{V}$，运行仿真 0.2s。然后打开 omega_bd 的 scope 模块，找出电动机的最终转速ω_0和时间t_{m}，其中$\omega(t_{\text{m}})=(1-\text{e}^{-1})\omega_0=0.632\omega_0$。用式（8.5）和式（8.6）来识别传递函数模型$G(s)=\dfrac{K_{\text{m}}}{s(T_{\text{m}}s+1)}$中的$K_{\text{m}}$和$T_{\text{m}}$。则传递函数模型$G(s)=\dfrac{b}{s(s+a)}$中，$a=\dfrac{1}{T_{\text{m}}}$，$b=K_{\text{m}}/T_{\text{m}}$。

（c）把（b）中计算的参数值记为a_{est}和b_{est}，其中“est”是“estimated”的缩写。将这些值与（a）的仿真中使用的用于计算标准化误差$e_{\text{a}}=\dfrac{a-a_{\text{est}}}{a}$和$e_{\text{b}}=\dfrac{b-b_{\text{est}}}{b}$的值进行比较。

习题 8 比例反馈

考虑图 8-12 中$b=1$，$a=4$时的比例反馈系统。它表明增益$K=6.25$导致阻尼比$\zeta=0.8$。

（a）当$K=6.25$时，ω_{n}的值是多少？

（b）仿真该系统并绘制输入$r(t)=2u_{\text{s}}(t)$时的$c(t)$。根据图像确定M_{p}和t_{p}的值。从这些测量值计算ζ和ω_{n}。这时ζ的值等于 0.8 吗？ω_{n}的值与（a）中计算的值是否一致？（回答：是，并且写出步骤。）

习题 9 比例反馈

考虑一个卫星跟踪天线，其运动方程为

$$J\frac{\text{d}^2\theta}{\text{d}t^2}+f\frac{\text{d}\theta}{\text{d}t}=T_{\text{c}}$$

式中，θ是天线相对于地面的仰角，J是天线的惯性矩，f是支撑天线的轴承的黏性摩擦，T_{c}是旋转天线的电动机产生的转矩。从$T_{\text{c}}(s)$到$\theta(s)$的开环传递函数是

$$\theta(s)=\frac{1}{s(Js+f)}T_{\text{c}}(s)$$

仰角的反馈用于保持天线指向正确的方向。比例反馈由下式给出

$$T_c(s)=K\big(\theta_r(s)-\theta(s)\big)$$

式中，θ_r是天线指向的参考（期望的）仰角。该反馈系统的框图如图 8-28 所示。

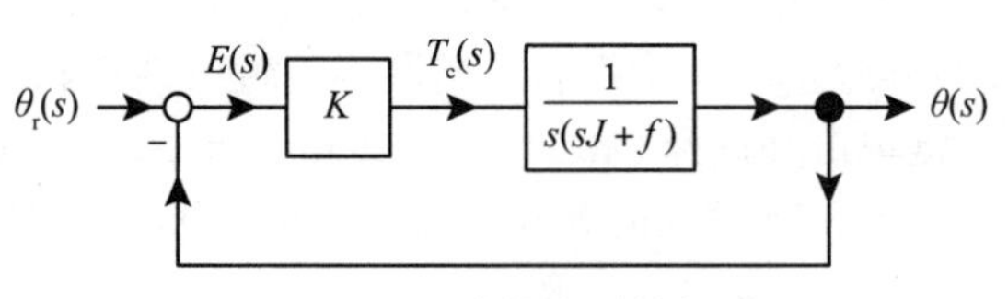

图 8-28　天线指向系统框图

（a）给出从$\theta_r(s)$到$\theta(s)$的闭环传递函数。

（b）当$f=2$，$J=1$时，在s平面上画出K从0到无穷时可能的根位置。

（c）令

$$\theta_r(t)=\theta_0 u_s(t)$$

作为阶跃输入参考。当K的值为多少时，θ的最终值将等于θ_0？简要解释。

（d）当K的值为多少时，响应$\theta(t)$在达到最终值之前会振荡？

（e）当K的值为多少时，阻尼比ζ等于 0.6？

习题 10 根轨迹图

运行本章附录中给出的 MATLAB 文件 Chapter8_RootLocus.m，绘制图 8-13。

习题 11 右半平面零点的影响

考虑图 8-29 所示的闭环系统。

（a）计算闭环传递函数$C(s)/R(s)$，并证明当$\alpha=-2$，$\zeta=1/2$，$\omega_n=1$时，其具有式（8.36）的形式。

（b）令$R(s)=1/s$，证明$C(s)$可以写成式（8.38）的形式。

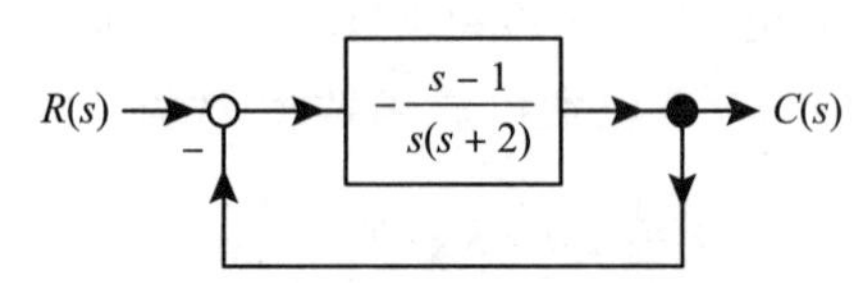

图 8-29　零点在右半平面的系统

（c）图 8-30 所示为$c_1(t)=L^{-1}\left\{\frac{1}{s^2+s+1}\frac{1}{s}\right\}$的图像。在这个图像中，画出$c_2(t)\triangleq L^{-1}\left\{-s\left(\frac{1}{s^2+s+1}\frac{1}{s}\right)\right\}$和完整的响应$c(t)=c_1(t)+c_2(t)$。

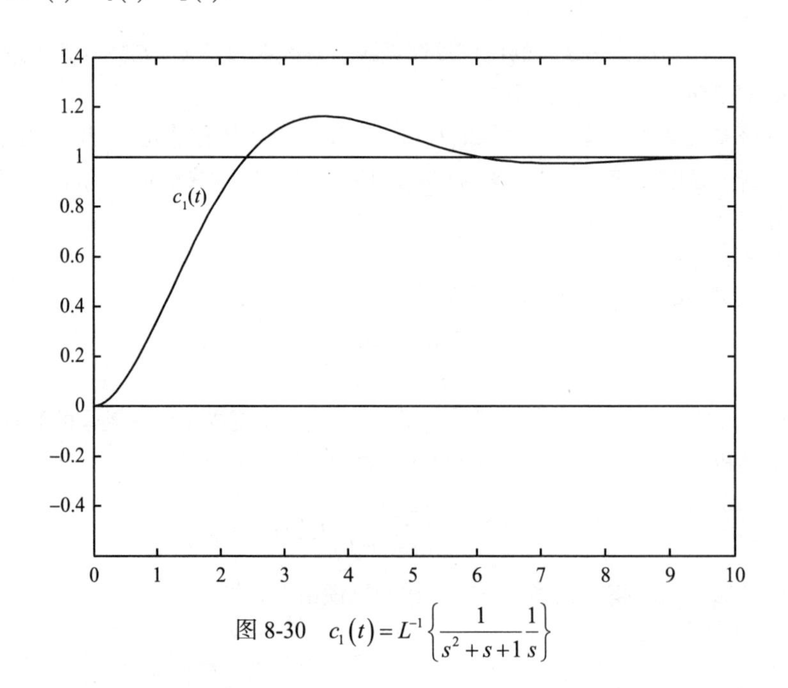

图 8-30　$c_1(t)=L^{-1}\left\{\frac{1}{s^2+s+1}\frac{1}{s}\right\}$

习题 12 直流电动机的比例速度控制

考虑仅使用如图 8-31 所示的比例控制器的直流电动机的速度控制。

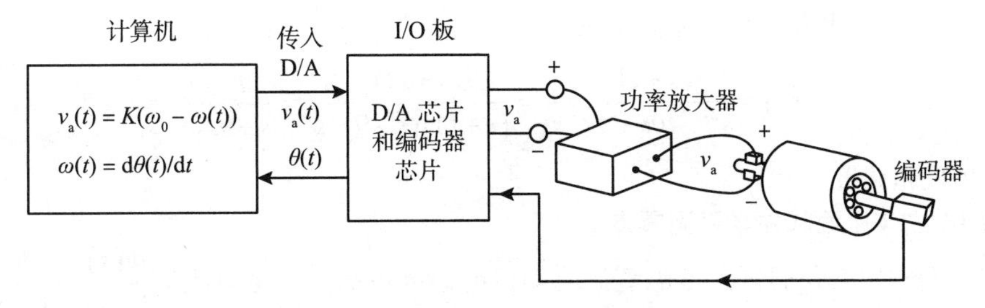

图 8-31 直流电动机的比例速度控制

相应的框图如图 8-32 所示。

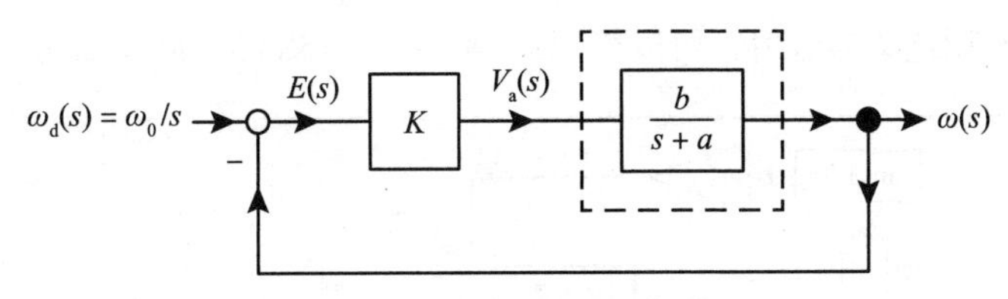

图 8-32 比例速度控制器框图

（a）计算$\omega(s)$。

（b）当$a>0$，$b>0$时，证明$s\omega(s)$在$K>0$时是稳定的。

（c）当$K>0$时，证明 $\omega(\infty)\neq\omega_0$。

（d）设$\omega_0=0.5$，$\tau_L=0$，$a=11$，$b=2.5$，在 Simulink 中仿真该系统。对$K=2$，$K=50$，在同一个图上画出$\omega(t)$和$\omega_d(t)=\omega_0 u_s(t)$。对于每一个 K 的值，$\omega(\infty)$与ω_0有多近？对于每一个 K 的值，闭环极点的值是多少？假设$V_{max}=5.0V$，即输入电压限制在$-5\leqslant v_a(t)\leqslant 5$。在达到饱和极限之前可以选择的 K 的最大值是多少？

习题 13 使用 PI 速度控制器抑制干扰

再考虑图 8-33 所示的直流电动机的 PI 速度控制器。但此时负载转矩τ_L不为零。

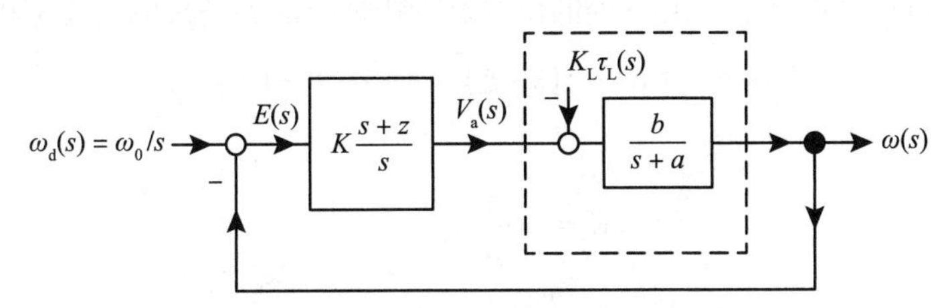

图 8-33 直流电动机 PI 速度控制框图

（a）$\omega_d(s)=\omega_0/s$，$\tau_L(s)=\tau_{L0}/s$，用框图化简法计算 $\omega(s)$。

（b）当$a>0$，$b>0$时，证明$s\omega(s)$对于$K>0$，$z>0$是稳定的。

（c）证明对于 τ_{L0}的任意值，$\omega(\infty)=\omega_0$。也就是说，PI 控制器消除了负载转矩对最终速度的影响。

（d）设$\omega_0=0.5$，$a=11$，$b=2.5$，$K_L=91$，$\tau_{L0}=0.014$，$K=3.6$，$z=22$，仿真该系统。在同一张图上画出$\omega(t)$和$\omega_d(t)=\omega_0 u_s(t)$。$\omega(\infty)=\omega_0$吗？闭环极点的值是多少？你应该发现

$\omega(s)=\dfrac{9(s+22)}{s^2+20s+198}\dfrac{\omega_0}{s}$，当 $\omega_n=\sqrt{198}=14.7$，$\zeta=0.71$，$\alpha=2.2$时，它符合式（8.36）的形式。因此，预计会出现显著的超调量。

（e）令 $z=11$，重做（d），你会发现

$$\omega(s)=\frac{9(s+11)}{s^2+20s+99}\frac{\omega_0}{s}=\frac{9(s+11)}{(s+11)(s+9)}\frac{\omega_0}{s}=\frac{9}{s+9}\frac{\omega_0}{s}$$

预计不会出现超调量。

习题 14 右半平面和左半平面零点

在这个例题中，我们再次考虑直流电动机的速度控制。传递函数是$\dfrac{\omega(s)}{V_a(s)}=\dfrac{b}{s+a}$，其中 $a\triangleq\dfrac{f+K_bK_T/R}{J}$，$b\triangleq\dfrac{K_T}{RJ}$，同时$K_b=K_T=0.07\text{V}/(\text{rad}\cdot\text{s})(=\text{N}\cdot\text{m}/\text{A})$，$J=6\times10^{-5}\text{kg}\cdot\text{m}^2$，$R=2\Omega$，$f=0.0004\text{N}\cdot\text{m}/(\text{rad}\cdot\text{s})$，$K_L=R/K_T$，$V_{max}=40\text{V}$，$I_{max}=5\text{A}$。图 8-34 所示为闭环系统的 Simulink 框图。利用这些参数值，可以得到$a=47.5$，$b=583.3$，$K_L=28.6$。取$\tau_L=0$。

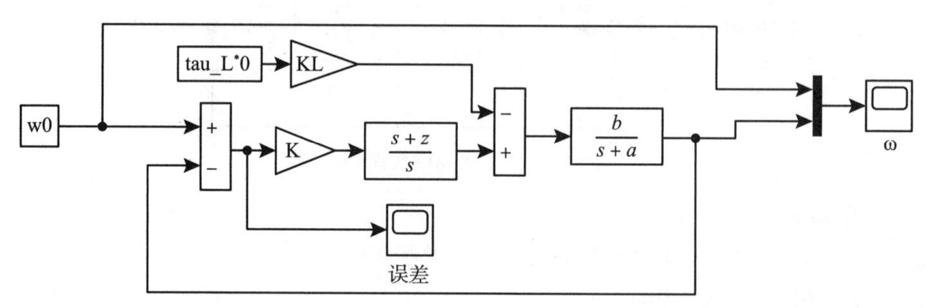

图 8-34 K 和 z 的值可以导致左半平面或右半平面存在零点

闭环传递函数为

$$\omega(s)=\frac{K\dfrac{s+z}{s}\dfrac{b}{s+a}}{1+K\dfrac{s+z}{s}\dfrac{b}{s+a}}\frac{\omega_0}{s}=\underbrace{\frac{Kb(s+z)}{s^2+(Kb+a)s+Kbz}}_{G_{CL}(s)}\frac{\omega_0}{s}$$

这个习题的重点是观察零点在$-z$处的位置对阶跃响应$\omega(t)$的影响。使K和z满足

$$s^2+(Kb+a)s+Kbz=(s+r_1)(s+r_2)=s^2+(r_1+r_2)s+r_1r_2$$

也就是

$$K=\frac{r_1+r_2-a}{b}$$

$$z=\frac{r_1r_2}{Kb}=\frac{r_1r_2}{r_1+r_2-a}$$

（a）仿真该系统，当$r_1=r_2=20$时$G_{CL}(s)$均为-20。你会发现$K=-0.0129$，$z=-53.3$。注意欠调。

（b）仿真该系统，当$r_1=r_2=50$时$G_{CL}(s)$均为-50。你会发现$K=0.09$，$z=47.62$。有超调量吗？

（c）仿真该系统，当$r_1=r_2=100$时$G_{CL}(s)$均为-100。你会发现$K=0.261$，$z=65.6$。有超调量吗？

第 9 章

跟踪与干扰抑制

9.1 伺服机构

在开发跟踪与干扰抑制反馈控制器之前，我们首先回顾如何将微分方程模型描述的物理系统抽象为框图。在本章和接下来的章节中，反馈控制器将使用这样的框图模型来开发，所以记住它们来自哪里以及它们代表什么是很重要的。具体来说，考虑一个用于定位应用的伺服机构（伺服系统），如机械臂和机床。物理硬件由伺服电动机（在我们的例子中是直流电动机）、功率放大器和位置传感器（编码器）组成，如图 9-1 所示。完整伺服机构的示意图如图 9-2 所示，其中包括一个简单的比例反馈控制器。

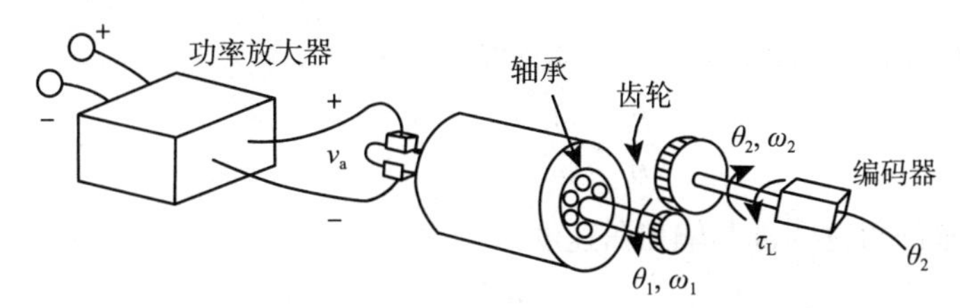

图 9-1 直流电动机、功率放大器、齿轮、伺服系统的编码器

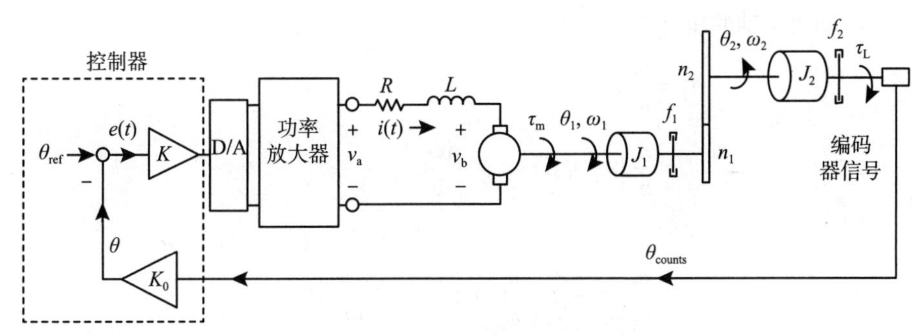

图 9-2 伺服机构示意图

注意编码器（位置传感器）在输出轴上而不是电动机轴上。这个简单的控制器做以下工作：输出轴的位置$\theta\left(\triangleq \theta_2\right)$从编码器[⊖]中获得，并从所需的（参考）位置$\theta_{ref}$中减去。$e(t)=\theta_{ref}-\theta$为误差。然后将误差乘以增益，并作为指令电压输出到使用数模转换器$(\mathrm{D/A})$的放大器。整个控制理论的重点是给出了一个基于误差信号的计算输出电压的程序，上述过程叫作比例控制。

为了确定要在这个控制器中使用的K的值，我们必须首先开发一个捕捉其动态行为的系统模型。利用图 9-2 中给出的伺服机构示意图建立了一个模型。在原理图中，K_T为电动机转

⊖ 每当转子旋转一定距离时，编码器就会发出一个脉冲。例如，一个 $N_{enc}=2000$ 脉冲 转速的编码器，每当电动机轴转动 $2\pi/2000\mathrm{rad}$ 时，就会输出一个脉冲。这些脉冲由编码器计数，这个（整数）值被发送到计算机控制器。将这个整数脉冲数乘以$K_0=2\pi/2000$，得到以 rad 为单位的电动机位置，参考第 6 章。

矩常数（$\tau_{\mathrm{m}} = K_{\mathrm{T}} i$）；$K_{\mathrm{b}} = K_{\mathrm{T}}$ 为反电动势常数（$v_{\mathrm{b}} = K_{\mathrm{b}} \omega_{\mathrm{m}}$）；$K$ 是放大器增益；$K_0 = 2\pi / N_{\mathrm{enc}}$，其中 N_{enc} 是每转编码器脉冲的数量（$\theta = K_0 \theta_{\mathrm{counts}}$）；$J_1$ 为电动机轴的转动惯量；J_2 为输出轴的转动惯量；f_1 为电动机轴的黏性摩擦系数；f_2 为输出轴的黏性摩擦系数；n_1 是电动机轴上的齿轮齿数；n_2 为输出轴上的齿轮齿数；$n = n_2 / n_1$ 为传动比；$J = J_1 + n^2 J_2$ 为反映到电动机轴上的总惯性；$f = f_1 + n^2 f_2$ 为反映到电动机轴上的总黏性摩擦系数。

为了进一步研究这个系统的数学模型，请参考第 5 章中所给出的两个齿轮的运动方程

$$\begin{aligned} \tau_{\mathrm{m}} - \tau_1 - f_1 \omega_1 &= J_1 \frac{\mathrm{d}\omega_1}{\mathrm{d}t} \\ \tau_2 - \tau_{\mathrm{L}} - f_2 \omega_2 &= J_2 \frac{\mathrm{d}\omega_2}{\mathrm{d}t} \end{aligned} \tag{9.1}$$

τ_1 为齿轮 2 作用于齿轮 1 的转矩，τ_2 为齿轮 1 作用于齿轮 2 的转矩。两个齿轮之间的转矩关系由下式给出

$$\frac{\tau_2}{\tau_1} = \frac{r_2}{r_1} = \frac{n_2}{n_1} \tag{9.2}$$

进一步，由于 $r_1\theta_1 = r_2\theta_2$，因此 $r_1\omega_1 = r_2\omega_2$，我们有

$$\frac{\theta_2}{\theta_1} = \frac{\omega_2}{\omega_1} = \frac{r_1}{r_2} = \frac{n_1}{n_2} \tag{9.3}$$

特别地，电动机轴的角速度 ω_1 与输出角速度 ω_2 有关

$$\omega_1 = \frac{n_2}{n_1} \omega_2 \tag{9.4}$$

参考输入（电动机）轴的所有参数，我们有

$$\begin{aligned} \tau_1 &= \frac{n_1}{n_2} \tau_2 \\ &= \frac{n_1}{n_2} \left(\tau_{\mathrm{L}} + f_2 \omega_2 + J_2 \frac{\mathrm{d}\omega_2}{\mathrm{d}t} \right) \\ &= \frac{n_1}{n_2} \left(\tau_{\mathrm{L}} + f_2 \left(\frac{n_1}{n_2} \omega_1 \right) + J_2 \frac{\mathrm{d}\left(\frac{n_1}{n_2} \omega_1 \right)}{\mathrm{d}t} \right) \\ &= \frac{n_1}{n_2} \tau_{\mathrm{L}} + \left(\frac{n_1}{n_2} \right)^2 f_2 \omega_1 + \left(\frac{n_1}{n_2} \right)^2 J_2 \frac{\mathrm{d}\omega_1}{\mathrm{d}t} \end{aligned} \tag{9.5}$$

将该表达式代替 τ_1 代入式（9.1）的第一个方程可得

$$\tau_{\mathrm{m}} = \underbrace{\left(\left(\frac{n_1}{n_2} \right)^2 J_2 + J_1 \right)}_{J} \frac{\mathrm{d}\omega_1}{\mathrm{d}t} + \underbrace{\left(\left(\frac{n_1}{n_2} \right)^2 f_2 + f_1 \right)}_{f} \omega_1 + \frac{n_1}{n_2} \tau_{\mathrm{L}} \tag{9.6}$$

$J \triangleq J_1 + (n_1 / n_2)^2 J_2$ 总惯性反映到输入轴，$f \triangleq f_1 + (n_1 / n_2)^2 f_2$，总黏性摩擦系数反映到输入轴，可以简洁地写成

$$\tau_{\mathrm{m}} = J \frac{\mathrm{d}\omega_{\mathrm{m}}}{\mathrm{d}t} + f \omega_{\mathrm{m}} + \frac{n_1}{n_2} \tau_{\mathrm{L}} \tag{9.7}$$

其中$\omega_{\mathrm{m}} \triangleq \omega_1$，$\theta_{\mathrm{m}} \triangleq \theta_1$。电动机方程由下式给出

$$L\frac{\mathrm{d}i(t)}{\mathrm{d}t} = -Ri(t) - v_{\mathrm{b}}(t) + v_{\mathrm{a}}(t)$$
$$v_{\mathrm{b}}(t) = K_{\mathrm{b}}\omega_{\mathrm{m}}(t)$$
$$\tau_{\mathrm{m}}(t) = K_{\mathrm{T}}i(t)$$

该伺服系统描述为

$$L\frac{\mathrm{d}i(t)}{\mathrm{d}t} = -Ri(t) - K_{\mathrm{b}}\omega_{\mathrm{m}}(t) + v_{\mathrm{a}}(t)$$
$$J\frac{\mathrm{d}\omega_{\mathrm{m}}(t)}{\mathrm{d}t} = K_{\mathrm{T}}i(t) - f\omega_{\mathrm{m}}(t) - \frac{n_1}{n_2}\tau_{\mathrm{L}}(t)$$
$$\frac{\mathrm{d}\theta_{\mathrm{m}}(t)}{\mathrm{d}t} = \omega_{\mathrm{m}}(t)$$
$$\theta(t) \triangleq \theta_2(t) = \frac{n_1}{n_2}\theta_{\mathrm{m}}(t)$$
$$v_{\mathrm{a}}(t) = K\left(\theta_{\mathrm{ref}}(t) - \theta(t)\right)$$

在s域中处理这些方程更容易。对这些方程做拉普拉斯变换，使用通用符号$r \triangleq \theta_{\mathrm{ref}}$，$c \triangleq \theta$

$$(sL+R)I(s) = V_{\mathrm{a}}(s) - K_{\mathrm{b}}\omega_{\mathrm{m}}(s)$$
$$(Js+f)\omega_{\mathrm{m}}(s) = K_{\mathrm{T}}I(s) - \frac{n_1}{n_2}\tau_{\mathrm{L}}(s)$$
$$s\theta_{\mathrm{m}}(s) = \omega_{\mathrm{m}}(s)$$
$$C(s) \triangleq \theta_2(s) = \frac{n_1}{n_2}\theta_{\mathrm{m}}(s)$$
$$V_{\mathrm{a}}(s) = K\left(R(s) - C(s)\right) \tag{9.8}$$

图 9-3 所示的框图只是用图形的方式来表示式（9.8）中所给出的代数关系。

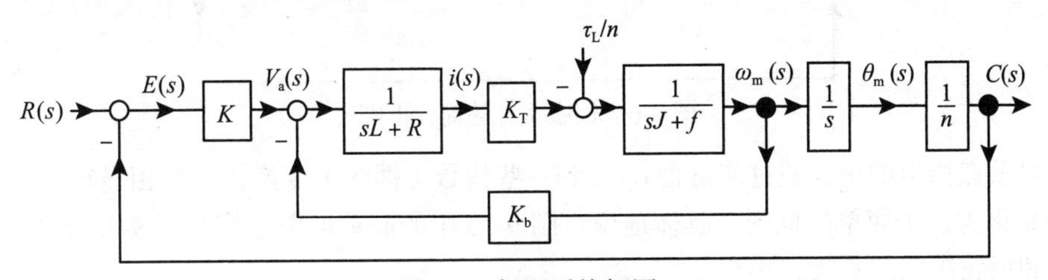

图 9-3　伺服系统框图

简化该框图的一种方法是通过设置$L=0$将电枢电感设为可忽略不计，并将负载τ_{L}/n移动到与V_{a}相同的求和结点上。这就得到了如图 9-4 所示的等效框图。

内环的传递函数，即从$V_{\mathrm{a}}(s) - \frac{R}{nK_{\mathrm{T}}}\tau_{\mathrm{L}}(s)$到$\omega_{\mathrm{m}}(s)$

$$\frac{\dfrac{K_{\mathrm{T}}/R}{sJ+f}}{1+K_{\mathrm{b}}\dfrac{K_{\mathrm{T}}/R}{sJ+f}} = \frac{b'}{s+a}$$

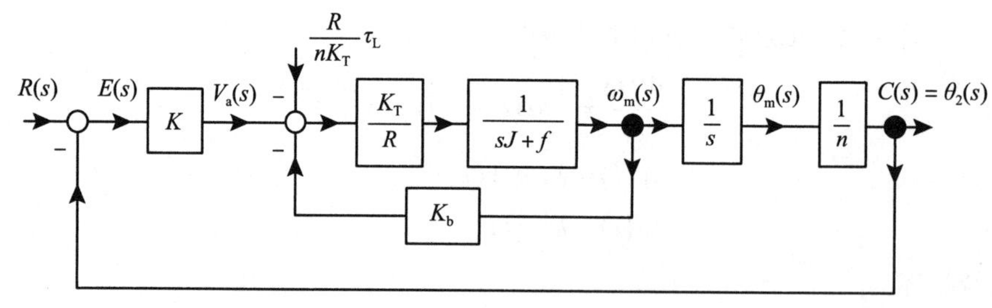

图 9-4　$L=0$ 时伺服系统的等效框图

其中

$$b' \triangleq \frac{K_T}{RJ}, a \triangleq \frac{f+K_bK_T/R}{J}$$

然后我们就有了如图 9-5 所示的等效框图。

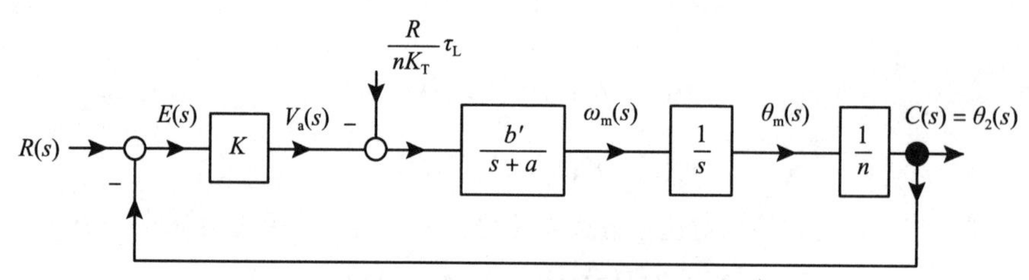

图 9-5　和图 9.4 等效的框图

最后，根据

$$b \triangleq \frac{b'}{n}, K_L \triangleq \frac{R}{nK_T}$$

系统框图简化为图 9-6。

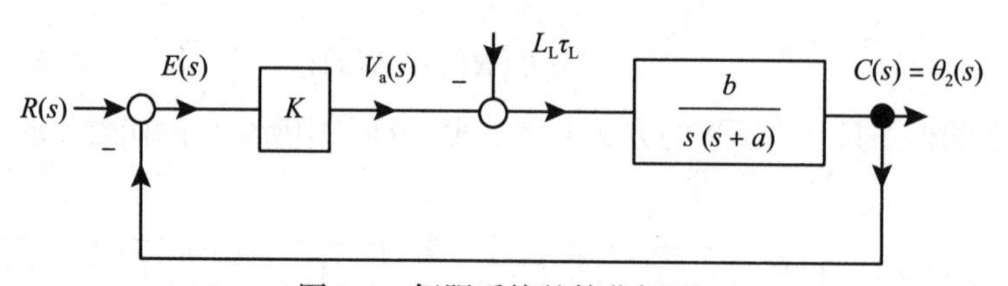

图 9-6　伺服系统的简化框图

需要重点指出的是，通过使近似$L=0$和一些代数（框图）变换，一个相当复杂的控制系统已经简化为这个简单的框图。具体地说，图 9-7b 中的简单框图建模是图 9-7a 中的放大器、电动机和齿轮组成的系统。

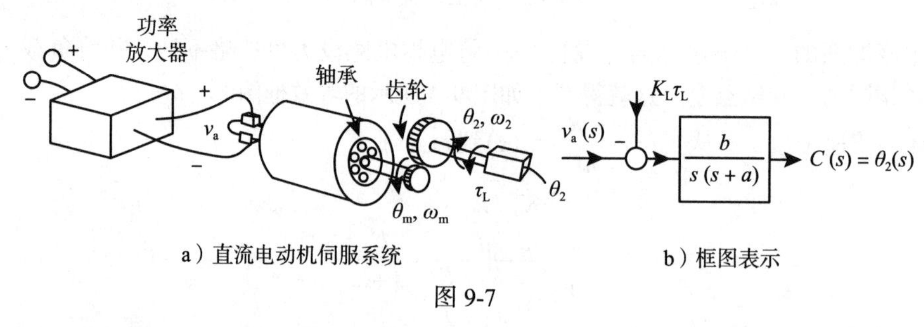

a）直流电动机伺服系统　　b）框图表示

图 9-7

然而，虽然这个系统和原始系统从输入V_a到输出C在数学上是等价的$(L=0)$，但在框图内部并不存在一对一的等价。例如，考虑干扰 $D(s)\triangleq K_L\tau_L(s)$。常数 $K_L=\dfrac{R}{nK_T}$ 的单位为 $\dfrac{\Omega}{N\cdot m/A}=\dfrac{\Omega\cdot A}{N\cdot m}=\dfrac{V}{N\cdot m}$，因此 $K_L\tau_L$ 的单位为 V。这与前面的图是一致的，因为在相同的合成点输入电压 $V_a(s)=K\big(R(s)-C(s)\big)$ 加到量 $-K_L\tau_L(s)$。这并不是说负载就是电压。相反，如果 $-K_L\tau_L(s)$ 给定的电压应用到直流电动机上，那么对输出位置 $c(t)$ 的影响与实际负载转矩相同。

最后，设

$$G_m(s)=\frac{b}{s(s+a)},D(s)=K_L\tau_L(s)$$

所以将伺服系统框图变为图 9-8。

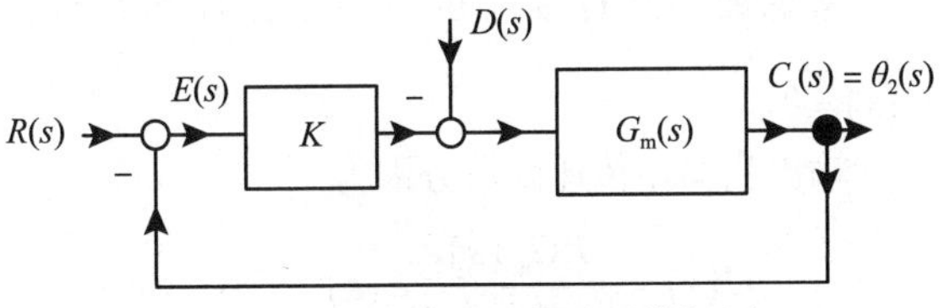

图 9-8　标准形式的伺服系统框图

控制增益 K 通常由传递函数 $G_c(s)=b_c(s)/a_c(s)$ 指定的更通用的控制器取代，其中下标“c”表示控制器。事实上，自动控制理论的重点是提供一种选择 $G_c(s)$ 的方法，以保证任意负载转矩作用于系统时，输出 $c(t)$ 可以实现任何指令角度。图 9-9 的框图是分析控制系统跟踪与干扰抑制的标准形式。例如，图 9-8 的伺服系统框图是 $G_c(s)=K$ 时的情况。

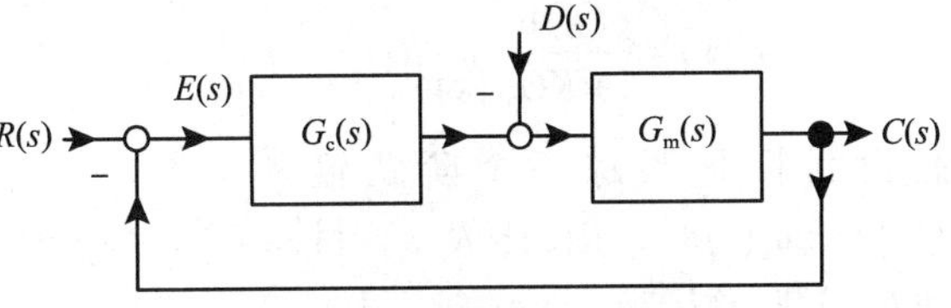

图 9-9　控制系统的标准框图形式

图 9-9 中从 $R(s)$ 和 $D(s)$ 到 $C(s)$ 和 $E(s)$ 的传递函数需要设计反馈控制器。为了计算它们，将图 9-9 的框图重新绘制为图 9-10。

通过观察图 9-10，我们有

$$\begin{aligned}C(s)&=\frac{G_c(s)G_m(s)}{1+G_c(s)G_m(s)}\left(R(s)-\frac{1}{G_c(s)}D(s)\right)\\&=\frac{G_c(s)G_m(s)}{1+G_c(s)G_m(s)}R(s)-\frac{G_m(s)}{1+G_c(s)G_m(s)}D(s)\end{aligned}\tag{9.9}$$

误差 $E(s)$ 由下式给出

$$\begin{aligned}E(s)&=R(s)-C(s)\\&=\frac{1}{1+G_c(s)G_m(s)}R(s)\\&\quad+\frac{G_m(s)}{1+G_c(s)G_m(s)}D(s)\end{aligned}\tag{9.10}$$

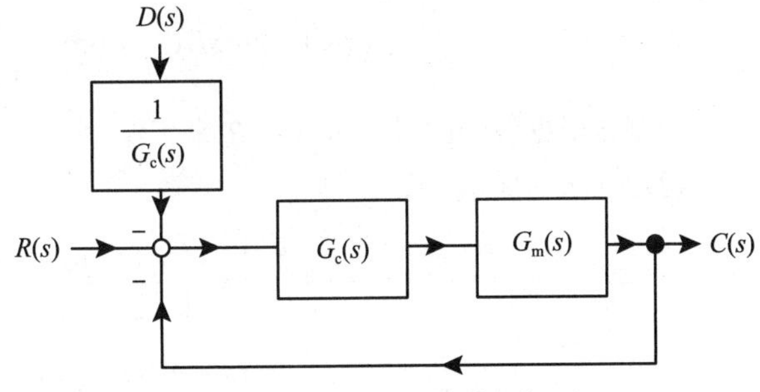

图 9-10　与图 9-9 等效的框图

从根本上来说，控制器 $G_c(s)$ 的设计是为了实现闭环系统的两个目标：

1）跟踪：如果参考设置为 $r(t)=\pi/6$，那么 $R(s)=(\pi/6)/s$，则要求当 $t\to\infty$ 时 $c(t)\to\pi/6$，即输出必须跟踪输入。

2）抗扰：如果参考设置为 $r(t)=\pi/6$，则无论电动机负载是多少，$c(t)\to\pi/6$。例如，如果一个机械臂要移动 $\pi/6$，无论它承载了多少重量，它都必须这样做。

9.2 直流伺服电动机的控制

现在通过一系列的例子来说明跟踪与干扰抑制的思路。本节将基于具有开环模型$G_{\mathrm{m}}(s)=\dfrac{1}{s(s+1)}$的直流伺服系统，使用不同的控制器进行跟踪与干扰抑制。

9.2.1 跟踪

首先考虑$G_{\mathrm{c}}(s)=K$给出的简单比例控制器。

例 1 跟踪一个阶跃输入

考虑如图 9-11 所示的单位反馈控制系统，其中$G_{\mathrm{m}}(s)=\dfrac{1}{s(s+1)}$，恒定控制增益为$K$，$D(s)=0$。

输出和误差传递函数分别为

$$C(s)=\frac{KG_{\mathrm{m}}(s)}{1+KG_{\mathrm{m}}(s)}R(s)$$

$$E(s)=\frac{1}{1+KG_{\mathrm{m}}(s)}R(s)$$

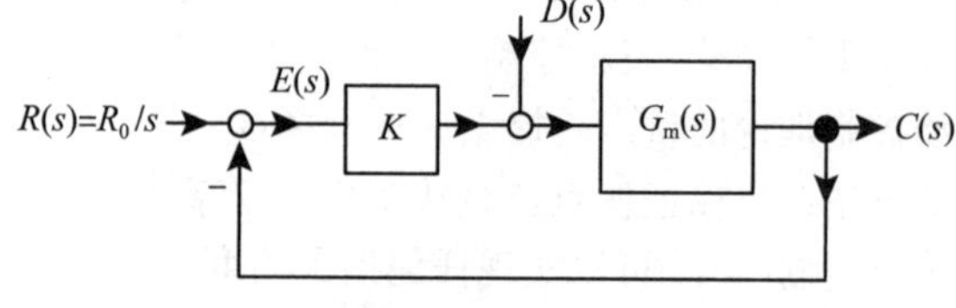

图 9-11　跟踪$D(s)=0$的阶跃输入

假设目标是跟踪一个阶跃输入。当$r(t)=R_0u_{\mathrm{s}}(t)$时，$R(s)=R/s$，目标是当$t\to\infty$时得到误差$e(t)\to 0$，这意味着$c(t)\to R_0$。求解$E(s)$我们得到

$$E(s)=\frac{1}{1+K\dfrac{1}{s(s+1)}}\frac{R_0}{s}=\frac{s(s+1)}{s(s+1)+K}\frac{R_0}{s}=\frac{s+1}{s^2+s+K}R_0$$

注意，前向开环传递函数$KG_{\mathrm{m}}(s)=K\dfrac{1}{s(s+1)}$的极点在清除分母中的分数后重新出现在$E(s)$的分子中。特别是$K\dfrac{1}{s(s+1)}$中的“$s$”抵消了$R(s)$中的“$s$”。对于$K>0$，$s^2+s+K$是一个稳定多项式，因此遵循$sE(s)=\dfrac{s(s+1)}{s^2+s+K}R_0$是稳定的。根据终值定理我们有

$$e(\infty)=\lim_{s\to 0}sE(s)=\lim_{s\to 0}s\frac{s(s+1)}{s(s+1)+K}\frac{R_0}{s}=0$$

这个控制器根据我们的目标$c(t)\to R_0$来工作。

稳定性从何而来？令$K=1$

$$\begin{aligned}s^2+s+1&=\left[s-\left(-\frac{1}{2}+\frac{\mathrm{j}\sqrt{3}}{2}\right)\right]\left[s-\left(-\frac{1}{2}-\frac{\mathrm{j}\sqrt{3}}{2}\right)\right]\\&=(s-p_1)(s-p_2)\end{aligned}$$

当$p_1=-1/2+\mathrm{j}\sqrt{3}/2$，$p_2=p_1^*=-1/2-\mathrm{j}\sqrt{3}/2$时，进行$E(s)$的部分分式展开

$$\begin{aligned}E(s)=\frac{s(s+1)}{s(s+1)+K}\frac{R_0}{s}&=\frac{s+1}{(s-p_1)(s-p_2)}R_0\\&=\frac{\beta}{s-p_1}+\frac{\beta^*}{s-p_2}\end{aligned}$$

其中$\beta=\beta_1+\mathrm{j}\beta_2=|\beta|\mathrm{e}^{\mathrm{j}\angle\beta}$，$|\beta|^2=\beta_1^2+\beta_2^2$，$\angle\beta=\tan^{-1}(\beta_2/\beta_1)$。

在时域中，我们有

$$
\begin{aligned}
e(t)&=\beta\mathrm{e}^{p_1t}+\beta^*\mathrm{e}^{p_2t}\\
&=|\beta|\mathrm{e}^{\mathrm{j}\angle\beta}\mathrm{e}^{-(1/2)t+\mathrm{j}(\sqrt{3}/2)t}+|\beta|\mathrm{e}^{-\mathrm{j}\angle\beta}\mathrm{e}^{-(1/2)t-\mathrm{j}(\sqrt{3}/2)t}\\
&=2|\beta|\mathrm{e}^{-(1/2)t}\cos\left((\sqrt{3}/2)t+\angle\beta\right)\to 0 \text{ 当 } t\to\infty\text{时}
\end{aligned}
$$

回想闭环传递函数的极点决定了瞬态响应的形式。当闭环极点p_1和p_2在左半开平面内时，瞬态消失。闭环极点的实部$(\mathrm{Re}\{p_1\}=\mathrm{Re}\{p_2\}=-1/2)$确定瞬态响应$e(t)$消失的速度，因此，通常选择增益$K$，使闭环系统的极点尽可能位于左半平面。

例 2 跟踪一个线性输入

考虑与前一个例子相同的系统，但现在让参考输入$r(t)$是图 9-12 中的斜坡函数。具体来说，设$r(t)=\omega_0t$，其中ω_0是常数$\left(R(s)=\dfrac{\omega_0}{s^2}\right)$，$D(s)=0$

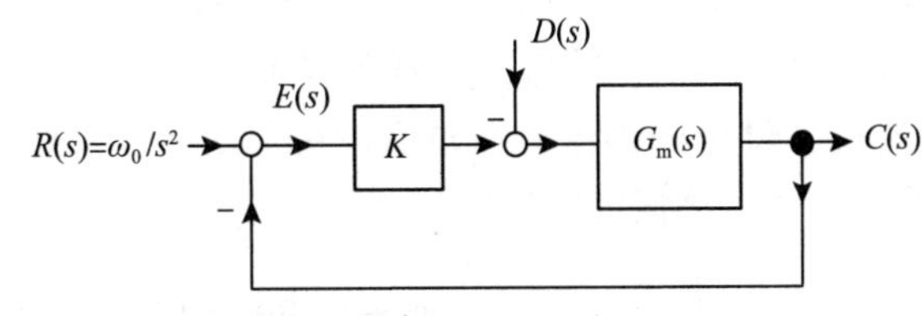

图 9-12 跟踪$D(s)=0$的斜坡输入

误差$E(s)$为

$$
E(s)=\frac{1}{1+K\dfrac{1}{s(s+1)}}\frac{\omega_0}{s^2}=\frac{s(s+1)}{s(s+1)+K}\frac{\omega_0}{s^2}=\frac{s+1}{s^2+s+K}\frac{\omega_0}{s}
$$

再次注意，$KG_{\mathrm{m}}(s)$在$s=0$的极点抵消了$R(s)$在$s=0$的其中一个极点。对于$K>0$，可以得出s^2+s+K是稳定的，因此$sE(s)=\dfrac{s+1}{s^2+s+K}\omega_0$是稳定的。根据终值定理我们得到

$$
e(\infty)=\lim_{s\to 0}sE(s)=\lim_{s\to 0}\frac{s+1}{s(s+1)+K}\omega_0=\frac{\omega_0}{K}
$$

因此，当$t\to\infty$，$e(t)$不趋于 0 时，渐近跟踪无法实现。然而，如图 9-13 所示，电动机跟随输入的误差是有限的，可以通过使K变大来减小误差。

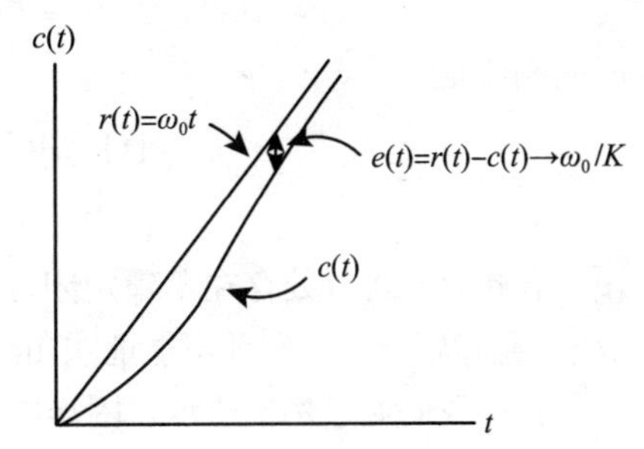

图 9-13 斜坡输入和使用比例控制器的误差

稳定性从何而来？需要证明稳定性才能使用终值定理。更详细地说，令$K=1$，则

$$
\begin{aligned}
E(s)&=\frac{s(s+1)}{s(s+1)+K}\frac{\omega_0}{s^2}\\
&=\frac{s+1}{s(s-p_1)(s-p_2)}\omega_0, p_i=\left(-1\pm\mathrm{j}\sqrt{3}\right)/2\\
&=\frac{A}{s}+\frac{\beta}{s-p_1}+\frac{\beta^*}{s-p_2}\\
&=\frac{\omega_0}{s}+\frac{\beta}{s-p_1}+\frac{\beta^*}{s-p_2} \text{ 当 } \omega_0=\lim_{s\to 0}sE(s)\text{时}
\end{aligned}
$$

因为极点在左半开平面上$(\mathrm{Re}(p_1)=\mathrm{Re}(p_2)<0)$，由此可见

$$
e(t)=\omega_0u_{\mathrm{s}}(t)+\beta\mathrm{e}^{p_1t}+\beta^*\mathrm{e}^{p_2t}\to\omega_0
$$

同样，当闭环极点在左半平面时，瞬态响应消失。

简单的比例控制器无法在跟踪斜坡输入$r(t)=\omega_0 t$时使终值误差为零。如果要使终值误差为零，则需要使用不同的控制器。

例 3 积分控制器

考虑图 9-14 中控制器$G_c(s)=K/s$的系统，即积分控制器。

接下来

$$E(s)=\frac{1}{1+\frac{K}{s}\frac{1}{s(s+1)}}\frac{\omega_0}{s^2}=\frac{s^2(s+1)}{s^2(s+1)+K}\frac{\omega_0}{s^2}=\frac{s+1}{s^3+s^2+K}\omega_0$$

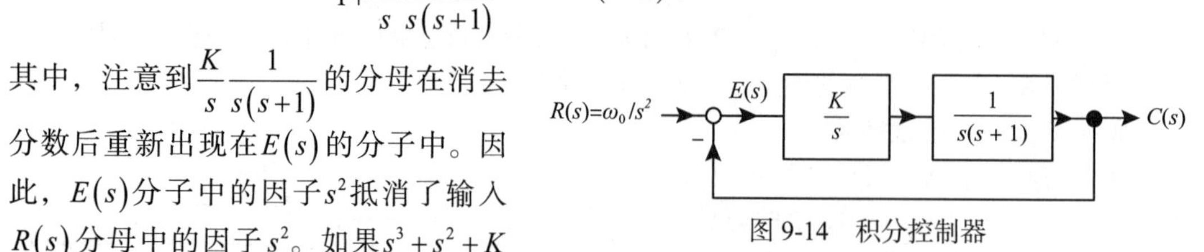

图 9-14　积分控制器

其中，注意到$\frac{K}{s}\frac{1}{s(s+1)}$的分母在消去分数后重新出现在$E(s)$的分子中。因此，$E(s)$分子中的因子$s^2$抵消了输入$R(s)$分母中的因子$s^2$。如果$s^3+s^2+K$是稳定的，终值定理会给出

$$e(\infty)=\lim_{s\to 0}sE(s)=\lim_{s\to 0}s\frac{s+1}{s^3+s^2+K}\omega_0=0$$

这里的困难在于无论K取任何值，s^3+s^2+K都不稳定，要明白这一点，只需注意$s^3+s^2+K=s^3+s^2+0s+K$，并且记住稳定的必要条件是所有系数都是正的。为了强调稳定性，令$K=1$，则s^3+s^2+1的根为$-1.47, 0.23\pm \mathrm{j}0.79$。误差响应是通过对$E(s)$进行部分分式展开得到的

$$\begin{aligned}E(s)=\frac{s+1}{s^3+s^2+1}\omega_0&=\frac{s+1}{(s+1.47)(s-(0.23+\mathrm{j}0.79))(s-(0.23-\mathrm{j}0.79))}\omega_0\\&=\frac{A}{s+1.47}+\frac{\beta}{s-(0.23+\mathrm{j}0.79)}+\frac{\beta^*}{s-(0.23-\mathrm{j}0.79)}\end{aligned}$$

时间响应是

$$\begin{aligned}e(t)&=A\mathrm{e}^{-1.47t}+\beta\mathrm{e}^{0.23t}\mathrm{e}^{\mathrm{j}0.79t}+\beta^*\mathrm{e}^{0.23t}\mathrm{e}^{-\mathrm{j}0.79t}\\&=A\mathrm{e}^{-1.47t}+2|\beta|\mathrm{e}^{0.23t}\cos(0.79t+\angle\beta)\end{aligned}$$

由于在$0.23\pm \mathrm{j}0.79$处存在不稳定闭环极点的复共轭对，误差$e(t)$不会趋近于零。记住，除非$sE(s)$是稳定的，否则并不能证明$\lim_{s\to 0}sE(s)=0$。

正如我们通过例子所示，困难的问题不在于使$\lim_{s\to 0}sE(s)=0$，而在于使闭环系统稳定。如前所述，恒定增益（比例）控制器将提供闭环稳定性，但在斜坡输入时$\lim_{s\to 0}sE(s)=0$。另一方面，积分控制器给出$\lim_{s\to 0}sE(s)=0$，不是闭环稳定性。让我们把两者结合起来看看是否可行。具体地说，使

$$G_c(s)=K\frac{s+\alpha}{s}=K+\frac{\alpha K}{s}$$

这被称为比例(K)积分$(\alpha K/s)$控制器或 PI 控制器。

例 4 PI 控制器

接下来，考虑与前面的例子相同的系统，使用如图 9-15 所示的 PI 控制器。

在框图中，误差$E(s)$由下式给出

$$E(s)=\frac{1}{1+K\frac{s+\alpha}{s}\frac{1}{s(s+1)}}R(s)=\frac{s^2(s+1)}{s^2(s+1)+K(s+\alpha)}\frac{\omega_0}{s^2}$$
$$=\frac{s+1}{s^3+s^2+Ks+\alpha K}\omega_0$$

正向开环系统$K\frac{s+\alpha}{s}\frac{1}{s(s+1)}$的分母再次出现在$E(s)$的分子中。因此，$E(s)$分子中的"$s^2$"抵消了$R(s)$分母中的"$s^2$"。那么，如果$s^3+s^2+Ks+\alpha K$是稳定的，则终值定理给出

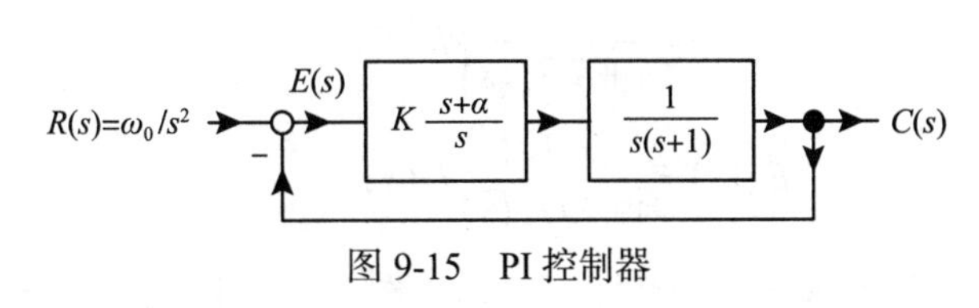

图 9-15 PI 控制器

$$e(\infty)=\lim_{s\to 0}sE(s)=\lim_{s\to 0}s\frac{s+1}{s^3+s^2+Ks+\alpha K}\omega_0=0$$

为了检验$s^3+s^2+Ks+\alpha K$的稳定性，我们使用了劳斯－赫尔维茨检验。劳斯表是

s^3	1	K
s^2	1	αK
s	$\frac{K-\alpha K}{1}$	0
s^0	αK	

当且仅当$\alpha K>0$，$K-\alpha K=K(1-\alpha)>0$时，第一列为正，或者

$$K>0\text{且}0<\alpha<1$$

例如，$K=1$，$\alpha=1/2$，$E(s)$的分母是

$$s^3+s^2+s+1/2=(s+0.65)(s-[-0.176+\mathrm{j}0.861])(s-[-0.176-\mathrm{j}0.861])$$

接下来，当$r=-0.65$，$p_i=-0.176\pm\mathrm{j}0.861$时，$E(s)$的部分分式展开为

$$E(s)=\frac{s+1}{(s-r)(s-p_1)(s-p_2)}\omega_0=\frac{A}{s-r}+\frac{\beta}{s-p_1}+\frac{\beta^*}{s-p_2}$$

相应的时间响应为

$$e(t)=A\mathrm{e}^{-0.65t}+\beta\mathrm{e}^{-0.176t}\mathrm{e}^{\mathrm{j}0.861t}+\beta^*\mathrm{e}^{-0.176t}\mathrm{e}^{-\mathrm{j}0.861t}$$
$$=A\mathrm{e}^{-0.65t}+2|\beta|\mathrm{e}^{-0.176t}\cos(0.861t+\angle\beta)\to 0\ \text{当}t\to\infty\text{时}$$

通常来说，在控制器中加入积分器会使闭环系统不稳定，而加入比例（恒定增益）控制则会使闭环系统稳定。

9.2.2 干扰抑制

现在考虑让电动机（机械臂）在外部负载（重量）作用下移动指定度数的问题。

例 5 恒负载转矩与比例控制器

考虑图 9-16 框图中的控制系统。令

$$G_{\mathrm{m}}(s)=\frac{1}{s(s+1)}$$

设干扰为恒定负载转矩（见图 9-17）。

$$\tau_{\mathrm{L}}(t)=\tau_{\mathrm{L0}}u_{\mathrm{s}}(t)$$

设$D(s)=K_{\mathrm{L}}\tau_{\mathrm{L}}(s)=K_{\mathrm{L}}\tau_{\mathrm{L0}}/s$。

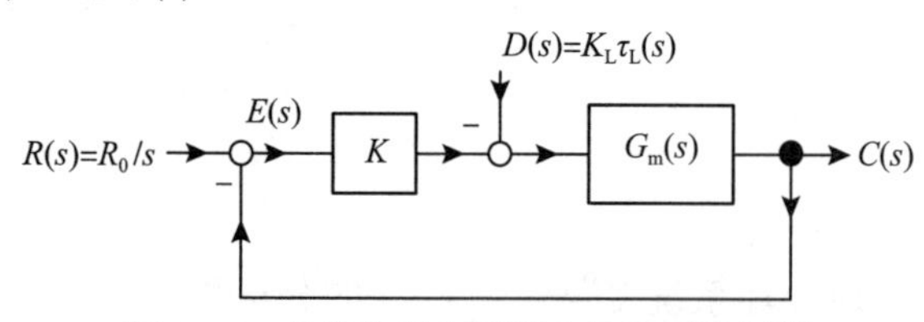

图 9-16　负载作用在系统上的比例控制器

由式（9.10）可知，$E(s)=E_{\mathrm{R}}(s)+E_{\mathrm{D}}(s)$，其中

$$E_{\mathrm{R}}(s)=\frac{1}{1+KG_{\mathrm{m}}(s)}R(s)$$

$$E_{\mathrm{D}}(s)=\frac{G_{\mathrm{m}}(s)}{1+KG_{\mathrm{m}}(s)}D(s)$$

对于$K>0$，$R(s)=R_0/s$，例1表明$e_{\mathrm{R}}(t)=\mathcal{L}^{-1}\{E_{\mathrm{R}}(s)\}\to 0$。这里关注的是干扰抑制，即$t\to\infty$时是否存在$e_{\mathrm{D}}(t)=\mathcal{L}^{-1}\{E_{\mathrm{D}}(s)\}\to 0$。$E_{\mathrm{D}}(s)$由下式明确给出

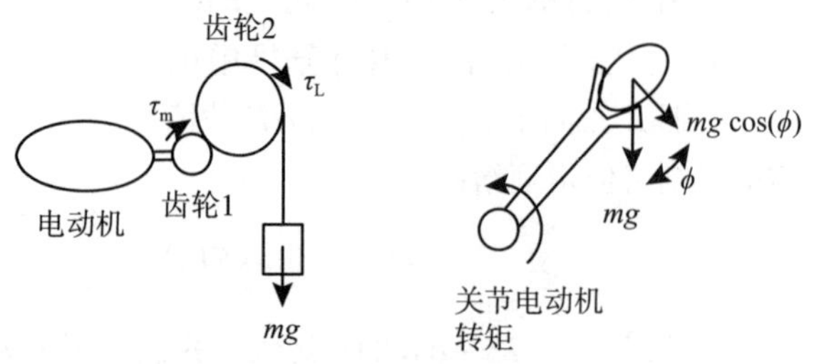

图 9-17　直流电动机上负载转矩的例子

$$E_{\mathrm{D}}(s)=\frac{G_{\mathrm{m}}(s)}{1+KG_{\mathrm{m}}(s)}D(s)=\frac{\dfrac{1}{s(s+1)}}{1+K\dfrac{1}{s(s+1)}}K_{\mathrm{L}}\tau_{\mathrm{L}}(s)=\frac{K_{\mathrm{L}}}{s^2+s+K}\frac{\tau_{\mathrm{L0}}}{s}$$

$E_{\mathrm{D}}(s)$是由于负载转矩引起的位置响应误差。负载转矩$\tau_{\mathrm{L}}(s)=\tau_{\mathrm{L0}}/s$，对于$K>0$，可以得出$s^2+s+K$是稳定的，因此负载转矩引起的最终位置误差为

$$e_{\mathrm{D}}(\infty)=\lim_{s\to 0}sE_{\mathrm{D}}(s)=\lim_{s\to 0}s\frac{K_{\mathrm{L}}}{s^2+s+K}\frac{\tau_{\mathrm{L0}}}{s}=\frac{K_{\mathrm{L}}\tau_{\mathrm{L0}}}{K}$$

误差

$$\begin{aligned}r(t)-c(t)=e(t)=e_{\mathrm{R}}(t)+e_{\mathrm{D}}(t)&\to e_{\mathrm{R}}(\infty)+e_{\mathrm{D}}(\infty)\\&=0+K_{\mathrm{L}}\tau_{\mathrm{L0}}/K\end{aligned}$$

移项后得到

$$c(\infty)=r(\infty)-e(\infty)=R_0-K_{\mathrm{L}}\tau_{\mathrm{L0}}/K$$

这里的结论是，最终的输出位置取决于负载转矩τ_{L0}的值。这通常是不可接受的，因为通常负载转矩是未知的，并且无论负载如何，精确定位电动机是很重要的[⊖]。

我们现在得到结论，即使是有未知的恒定负载转矩作用的系统，PI控制器也能实现最终误差为零。

例6 带PI控制器的恒负载转矩

设$G_{\mathrm{c}}(s)=K_{\mathrm{p}}+\dfrac{K_{\mathrm{I}}}{s}=K\dfrac{s+\alpha}{s}$，其中$K_{\mathrm{p}}=K$，$K_{\mathrm{I}}=\alpha K$。图9-18的框图说明了这一点。

误差$E_{\mathrm{D}}(s)$由下式给出

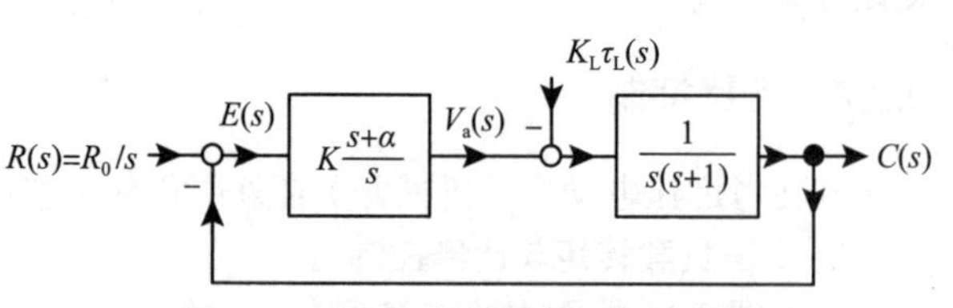

图 9-18　用于干扰抑制的 PI 控制器

⊖ 注意，如果增益K可以变大，那么干扰项$K_{\mathrm{L}}\tau_{\mathrm{L0}}/K$可以忽略不计。

$$E_{\mathrm{D}}(s)=\frac{G_{\mathrm{m}}(s)}{1+G_{\mathrm{c}}(s)G_{\mathrm{m}}(s)}D(s)=\frac{\dfrac{1}{s(s+1)}}{1+K\dfrac{s+\alpha}{s}\dfrac{1}{s(s+1)}}\frac{K_{\mathrm{L}}\tau_{\mathrm{L0}}}{s}$$
$$=\frac{s}{s^2(s+1)+K(s+\alpha)}\frac{K_{\mathrm{L}}\tau_{\mathrm{L0}}}{s}$$
$$=\frac{1}{s^3+s^2+Ks+\alpha K}K_{\mathrm{L}}\tau_{\mathrm{L0}}$$

注意，与跟踪情况相反，清除$E_{\mathrm{D}}(s)$中的分数后，只有$G_{\mathrm{c}}(s)$的分母“s”重新出现在分子中。这个“s”抵消了$\tau_{\mathrm{L}}(s)$中的$1/s$。现在，通过劳斯检验，$s^3+s^2+Ks+\alpha K$对于$K>0$和$0<\alpha<1$是稳定的，因此$sE_{\mathrm{D}}(s)$也是稳定的。终值定理给出

$$e_{\mathrm{D}}(\infty)=\lim_{s\to 0}sE_{\mathrm{D}}(s)=\lim_{s\to 0}s\frac{K_{\mathrm{L}}}{s^3+s^2+Ks+\alpha K}\tau_{\mathrm{L0}}=0$$

因此，负载转矩τ_{L0}对最终位置没有影响。

对 PI 控制器的解释

我们只是分析了图 9-19 框图中给出的系统。特别地，当$R(s)=R_0/s$，$\tau_{\mathrm{L}}(s)=\tau_{\mathrm{L0}}/s$时，可以选择$K$和$\alpha$的数值，使闭环系统稳定，$e(\infty)=\lim_{s\to 0}sE(s)=0$。

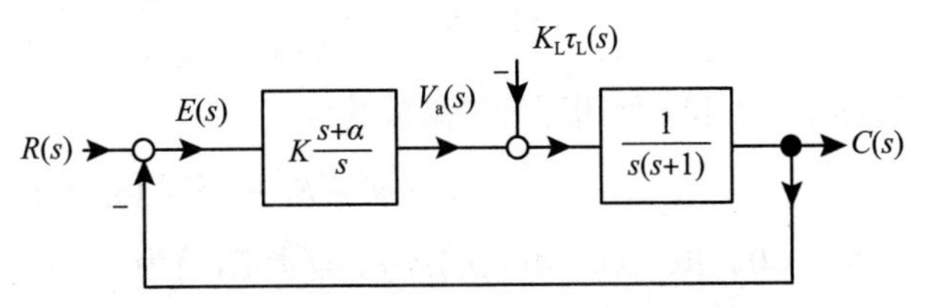

图 9-19 $v_{\mathrm{a}}(t)\to K_{\mathrm{L}}\tau_{\mathrm{L0}}$来抵消负载转矩的影响

$V_{\mathrm{a}}(s)$是施加到电动机上的电压，由下式给出

$$V_{\mathrm{a}}(s)=K\frac{s+\alpha}{s}E(s)=KE(s)+\frac{\alpha K}{s}E(s) \tag{9.11}$$

在时域中

$$v_{\mathrm{a}}(t)=Ke(t)+\alpha K\int_0^t e(\tau)\mathrm{d}\tau$$

为了计算$v_{\mathrm{a}}(t)$，我们需要知道误差$e(t)$。当$R(s)=R_0/s$，$\tau_{\mathrm{L}}(s)=\tau_{\mathrm{L0}}/s$时，有

$$E(s)=\underbrace{\frac{s^2(s+1)}{s^3+s^2+Ks+\alpha K}\frac{R_0}{s}}_{E_{\mathrm{R}}(s)}+\underbrace{\frac{K_{\mathrm{L}}s}{s^3+s^2+Ks+\alpha K}\frac{\tau_{\mathrm{L0}}}{s}}_{E_{\mathrm{D}}(s)} \tag{9.12}$$

我们注意到，当取$K>0$和$0<\alpha<1$时，$E(s)$是稳定的。那么$sV_{\mathrm{a}}(s)=sKE(s)+\alpha KE(s)$也是稳定的，根据终值定理有

$$v_{\mathrm{a}}(\infty)=\lim_{t\to\infty}v_{\mathrm{a}}(t)=\lim_{s\to 0}sV_{\mathrm{a}}(s)$$
$$=\lim_{s\to 0}\big(sKE(s)+\alpha KE(s)\big)$$
$$=\alpha KE(0)$$
$$=K_{\mathrm{L}}\tau_{\mathrm{L0}}$$

仅仅和积分器的输出有关。当$v_{\mathrm{a}}(\infty)=K_{\mathrm{L}}\tau_{\mathrm{L0}}$时，我们看到积分器的输出正好达到抵消负载转矩干扰所需的电压（见图 9-20）。

9.2.3　直流伺服 PI 控制器小结

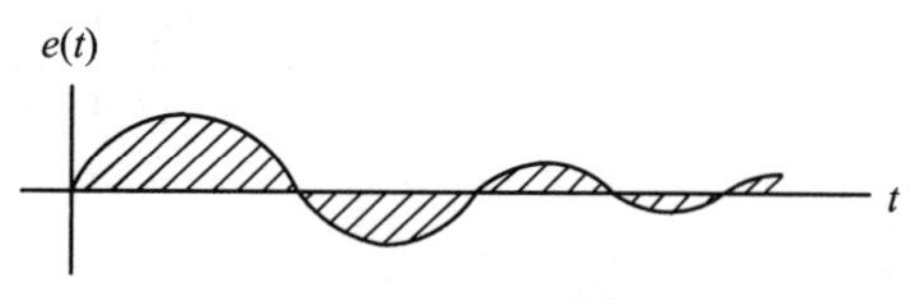

图 9-20　阴影面积是$\int_0^\infty e(t)\mathrm{d}t$和 $v_a(\infty)=\alpha K\int_0^\infty e(t)\mathrm{d}t=K_L\tau_{L0}$

结果表明，当$K>0$和$0<\alpha<1$时，控制器$G_c(s)=K(s+\alpha)/s$控制具有传递函数$G_m(s)=\dfrac{1}{s(s+1)}$的电动机在任何恒定负载干扰下都能以零终值误差跟踪$r(t)=R_0+\omega_0 t$形式的输入。然后控制系统的设计者想要选择K和α使闭环极点在左半平面的远处，以使瞬态快速消失。记住，闭环极点决定瞬态响应。回想式（9.9）和式（9.10）

$$C(s)=\frac{G_c(s)G_m(s)}{1+G_c(s)G_m(s)}R(s)-\frac{G_m(s)}{1+G_c(s)G_m(s)}K_L\tau_L(s)$$

$$E(s)=\underbrace{\frac{1}{1+G_c(s)G_m(s)}R(s)}_{E_R(s)}+\underbrace{\frac{G_m(s)}{1+G_c(s)G_m(s)}K_L\tau_L(s)}_{E_D(s)}$$

计算误差$E(s)$得到

$$E(s)=\frac{s^2(s+1)}{s^3+s^2+Ks+\alpha K}\left(\frac{R_0}{s}+\frac{\omega_0}{s^2}\right)+\frac{K_L s}{s^3+s^2+Ks+\alpha K}\frac{\tau_{L0}}{s}$$

选择增益K和α使闭环传递函数的极点

$$s^3+s^2+Ks+\alpha K=(s-r)(s-p_1)(s-p_2)$$

满足$r<0$，$\mathrm{Re}(p_1)=\mathrm{Re}(p_2)<0$。误差$E(s)$为

$$E(s)=\frac{(s+1)(R_0 s+\omega_0)}{(s-r)(s-p_1)(s-p_2)}+\frac{1}{(s-r)(s-p_1)(s-p_2)}K_L\tau_{L0}$$

或者，在时域中，我们有

$$e(t)=A\mathrm{e}^{rt}+B\mathrm{e}^{p_1 t}+B^*\mathrm{e}^{p_2 t}+\left(C\mathrm{e}^{rt}+D\mathrm{e}^{p_1 t}+D^*\mathrm{e}^{p_2 t}\right)K_L\tau_{L0}$$

当$r<0$，$\mathrm{Re}(p_1)=\mathrm{Re}(p_2)<0$时，结果为

$$e(t)\to 0 \text{ 当 } t\to\infty \text{时}$$

9.2.4　比例积分微分控制

比例积分微分（Proportional plus Integral plus Derivative，PID）控制器定义为

$$G_c(s)=K_P+\frac{K_I}{s}+K_D s=\frac{K_D s^2+K_P s+K_I}{s}$$

或者说，在时域中，

$$v_a(t)=K_P e(t)+K_I\int_0^t e(\tau)\mathrm{d}\tau+K_D\frac{\mathrm{d}e}{\mathrm{d}t}$$

图 9-21 的框图说明了这一点。

PI 控制器$K_P+\dfrac{K_I}{s}$的优点已经讨论过了。微分控制项$K_D s$被用来迫使瞬态更快地消失。也就是说，如下所示，$K_D s$项允许控制设计者将闭环极点置于左半平面的更远处。然而，在此之前，讨论一个关于微分控制器$K_D s$的实际问题。

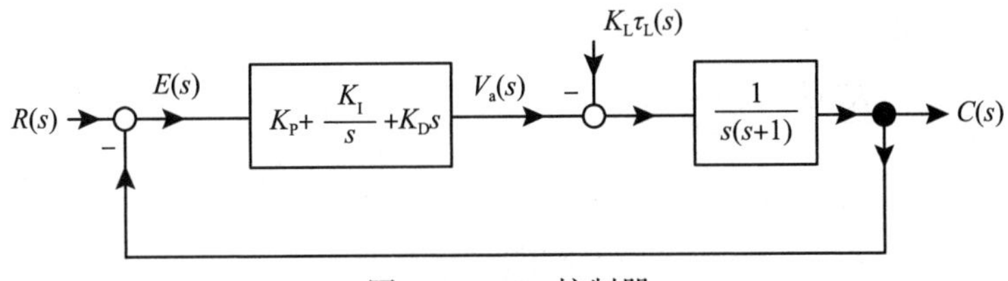

图 9-21 PID 控制器

微分控制器的实际问题

带噪声的信号微分会放大噪声。大多数信号含有高频低幅噪声。例如，直流电源接收 60Hz 的交流信号，并将其整流为直流电压。由于这个过程（全波整流），在直流输出上有一个 120Hz 的小振幅信号（即噪声）（见图 9-22）。

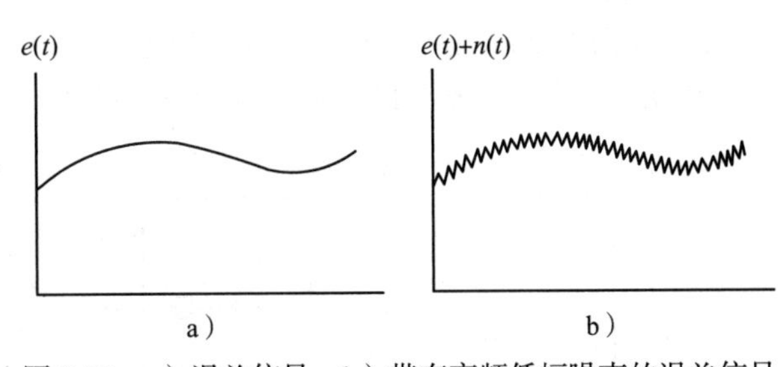

图 9-22 a）误差信号，b）带有高频低幅噪声的误差信号

如果测量直流伺服电动机系统中的误差信号$e(t)$，则实际得到信号$e(t)+n(t)$，其中$n(t)$为噪声项。数值微分这个信号近似为

$$\dot{e}(t)+\dot{n}(t)\approx\frac{e(t)-e(t-\Delta t)+n(t)-n(t-\Delta t)}{\Delta t}$$

由于$n(t)-n(t-\Delta t)$的差值可能与$e(t)-e(t-\Delta t)$具有相同（或更高）的数量级，因此$\dot{n}(t)$可以与$\dot{e}(t)$具有相同的数量级。例如，设噪声[⊖]为$n(t)=0.01\sin(2\pi(120t))\approx 0.01\sin(754t)$。因此，即使$n(t)$很小，$\dot{n}(t)=7.54\cos(754t)$也很重要。第 6 章对用于测量角位置的光学编码器进行了讨论并建立了模型。利用$\theta(t)$样本之间的时间Δt，角速度$\omega(t)=\dot{\theta}(t)$可以用$\dot{\theta}(t)=(\theta(t)-\theta(t-\Delta t))/\Delta t$计算，但这个估计包含高频噪声。

微分反馈的实际实现

处理差分放大高频噪声的一种方法是如图 9-23 所示用$K_Ds/(\tau s+1)$代替K_Ds。对于$\tau>0$（通常较小），我们有

$$\frac{K_Ds}{\tau s+1}\approx\begin{cases}K_Ds, & |s|\ll 1/\tau\\ K_D/\tau, & |s|\gg 1/\tau\end{cases}$$

在低频时，$K_Ds/(\tau s+1)$作为微分因子，而在高频时，它作为比例增益。这个 PID 控制器如图 9-23 所示。

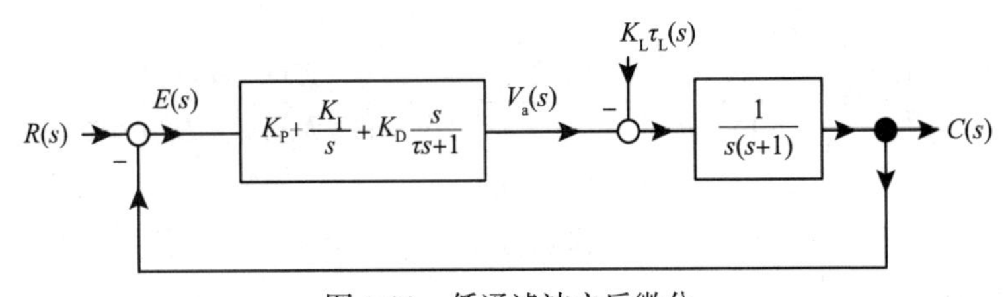

图 9-23 低通滤波之后微分

⊖ 当使用全波整流器将 120Hz 交流插座转换为直流时，可能是放大器直流母线上噪声的模型。

闭环传递函数（取$\tau=0$）为

$$\frac{C(s)}{R(s)}=\frac{\dfrac{K_{D}s^{2}+K_{P}s+K_{I}}{s}\dfrac{1}{s(s+1)}}{1+\dfrac{K_{D}s^{2}+K_{P}s+K_{I}}{s}\dfrac{1}{s(s+1)}}=\frac{K_{D}s^{2}+K_{P}s+K_{I}}{s^{3}+(1+K_{D})s^{2}+K_{P}s+K_{I}} \tag{9.13}$$

请注意，由于PID控制器的零点，闭环传递函数现在有两个零点。回想一下第8章，左半开平面上的零点会增大阶跃响应中的超调量。

当参考输入$R(s)$为阶跃输入时，图9-23中的PID控制装置会对这个阶跃函数进行微分，而在$t=0$处阶跃函数是不可微的。这可以通过使用如图9-24所示的PI-D控制体系结构来避免。PI-D表示法用于表明PI控制器处于正向路径，D控制器处于反馈路径。

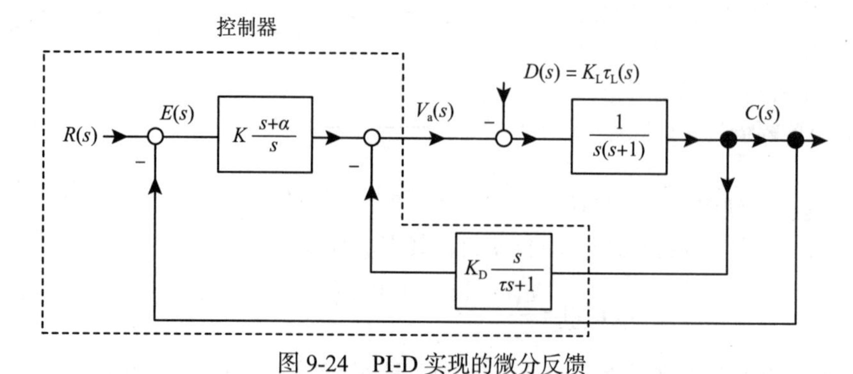

图9-24　PI-D实现的微分反馈

为了分析这个设置，我们首先做一个简单框图变换以获得图9-25的等效系统。

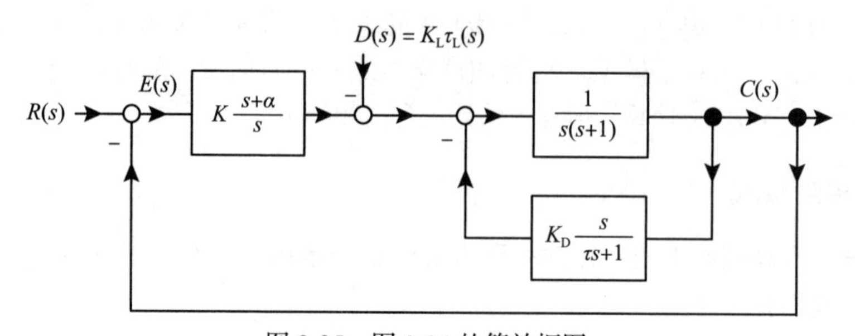

图9-25　图9-24的等效框图

为了设置K、α和K_{D}的值，我们取$\tau=0$，因为它很小。当然，在实施过程中使用$K_{D}s/(\tau s+1)$。因此，图9-25的框图化简为图9-26。

取$D(s)=0$，闭环传递函数为

$$\frac{C(s)}{R(s)}=\frac{\dfrac{K(s+\alpha)}{s}\dfrac{1}{s(s+1+K_{D})}}{1+\dfrac{K(s+\alpha)}{s}\dfrac{1}{s(s+1+K_{D})}}=\frac{K(s+\alpha)}{s^{3}+(1+K_{D})s^{2}+Ks+\alpha K}$$

注意，使用PI-D控制架构，现在闭环传递函数中只有一个零点，而使用图9-23的PID架构的式（9.13）中有两个零点。

使用PI-D控制器，$E_{R}(s)$和$E_{D}(s)$分别为

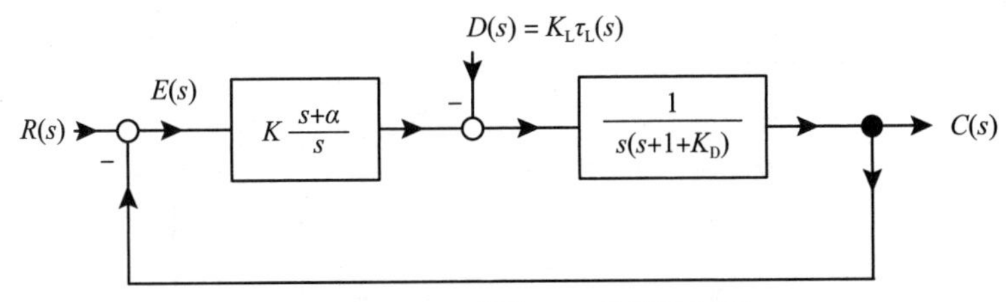

图 9-26　$\tau=0$时图 9-25 的等效框图

$$E_R(s)=\frac{1}{1+K\frac{s+\alpha}{s}\frac{1}{s+1+K_D}\frac{1}{s}}R(s)=\frac{s^2(s+1+K_D)}{s^3+(1+K_D)s^2+Ks+\alpha K}R(s)$$

和

$$E_D(s)=\frac{\frac{1}{s+1+K_D}\frac{1}{s}}{1+K\frac{s+\alpha}{s}\frac{1}{s+1+K_D}\frac{1}{s}}D(s)=\frac{s}{s^3+(1+K_D)s^2+Ks+\alpha K}D(s)$$

由于参数K_D、K和α是由控制工程师选择的，因此$s^3+(1+K_D)s^2+Ks+\alpha K$的系数可以任意选择。换句话说，控制系统设计者可以将闭环极点的位置配置在左半平面的任何位置。这就是在直流伺服电动机控制器中使用微分反馈的原因。

总之，用于直流伺服电动机的 PI-D 控制器允许实现阶跃和斜坡输入的跟踪，抑制恒定负载转矩干扰，并能够将闭环极点配置在任何所需位置。通常情况下，人们希望闭环极点尽可能远地位于左半平面，以便瞬态快速消失。然而，这通常意味着控制收益必须相当大。为了解释，我们在方程中代入一些实际数字。误差$E_R(s)$由下式给出

$$E_R(s)=\frac{s^2(s+1+K_D)}{s^3+(1+K_D)s^2+Ks+\alpha K}R(s)$$

假设将闭环极点放在-10、$-10+\mathrm{j}10$和$-10-\mathrm{j}10$

$$\begin{aligned}s^3+(1+K_D)s^2+Ks+\alpha K&=(s+10)(s-(-10+\mathrm{j}10))(s-(-10-\mathrm{j}10))\\&=(s+10)(s^2+20s+200)\\&=s^3+30s^2+400s+2000\end{aligned}$$

这意味着我们必须如图 9-27 所示选择$1+K_D=30$或$K_D=29$，$K=400$，$\alpha K=2000$或$\alpha=5$。让系统从$\theta(0)=0$和$\omega(0)=0$的静止开始。应用步长参考输入$r(t)=R_0u_s(t)$，在$t=0$处，我们有$c(0^+)=\theta(0^+)=0$，$\omega(0^+)=0$和

$$e(0^+)=r(0^+)-c(0^+)=R_0$$

那么$t=0$时，施加在电动机上的电压为

$$v_a(0)=400e(0)+2000\int_0^0 e(t)\mathrm{d}t-29\omega(0)=400e(0)=400R_0$$

这表明，在应用参考输入$r(t)=R_0u_s(t)$之后，需要放大器的输出（电动机的输入）为$400R_0$。特别是，如果$R_0=0.1\mathrm{rad}(5.7°)$，则要求放大器输出40V，这大约是一个小型直流伺服放大器的饱和极限。这里的重点是，在实践中，不能任意配置闭环极点，而是受到物理约束如放大器饱和的限制。这些物理约束不包括在设计所依据的模型中。

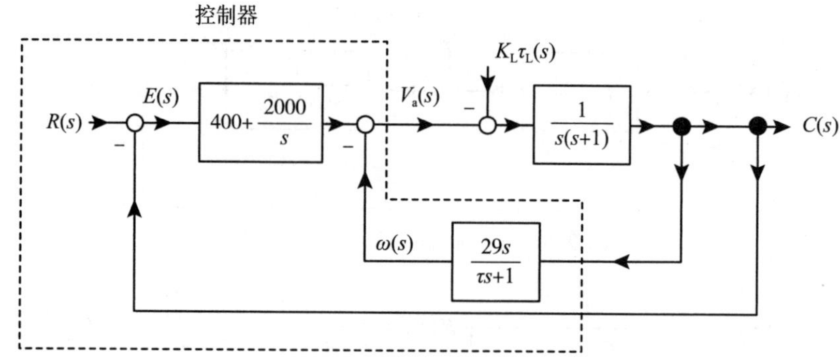

图 9-27 PID 控制器设计的例子

9.3 跟踪与干扰抑制理论

上一节的例子提供了背景，介绍了阶跃输入的跟踪与干扰抑制的一般方法。需要以下定义来说明跟踪与干扰抑制的一般方法。

定义 1 类型编号

使

$$G(s)=\frac{b(s)}{s^j\bar{a}(s)} \tag{9.14}$$

其中，$\bar{a}(0)\neq 0$。那么$G(s)$是一个j型系统也就是说它在原点有j个极点。

例 7 传递函数及其类型编号

下面给出了一些传递函数及其类型号。

$G(s)=\frac{1}{s^2}$　　类型2　$\bar{a}(s)=1$

$G(s)=\frac{1}{s(s+1)^2}$　　类型1　$\bar{a}(s)=(s+1)^2$

$G(s)=\frac{1}{s+2}$　　类型 0　$\bar{a}(s)=s+2$

$G(s)=\frac{s+1}{s(s^2+2s+2)}$　　类型 1　$\bar{a}(s)=s^2+2s+2$

定义 2 输入类型编号

如果系统的参考输入$R(s)$是由下式给出

$$R(s)=\frac{R_0}{s^j}$$

那么$R(s)$被认为是j类型的参考输入。

类似地，如果系统的干扰输入$D(s)$由下式给出

$$D(s)=\frac{D_0}{s^j}$$

则$D(s)$被称为j型干扰输入。

定理 1 稳态误差为零的跟踪

现在考虑图 9-28 的框图中设置的一般跟踪问题。

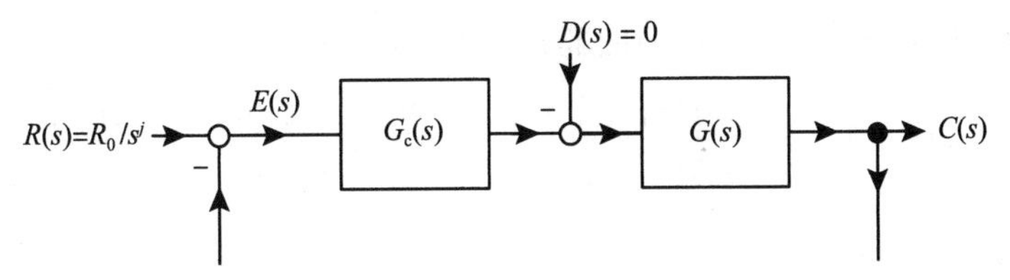

图 9-28 跟踪 j 型输入的框图

这里是平台（物理系统）的传递函数

$$G(s)=b(s)/a(s),\ \deg\{b(s)\}<\deg\{a(s)\}$$

被认为是严格正则的，控制器的传递函数为

$$G_{c}(s)=b_{c}(s)/a_{c}(s),\ \deg\{b_{c}(s)\}\leqslant\deg\{a_{c}(s)\}$$

假设是正则的。跟踪误差$E_{R}(s)$由下式给出

$$E_{R}(s)=\frac{1}{1+G_{c}(s)G(s)}R(s)=\frac{1}{1+\dfrac{b_{c}(s)}{a_{c}(s)}\dfrac{b(s)}{a(s)}}R(s)=\frac{a_{c}(s)a(s)}{a_{c}(s)a(s)+b_{c}(s)b(s)}R(s)$$

对于某个正整数j，设参考输入为

$$R(s)=\frac{R_{0}}{s^{j}}\quad 或\quad r(t)=R_{0}\frac{t^{j-1}}{(j-1)!}$$

那么误差$e_{R}(t)$趋向 0，即

$$\lim_{t\to\infty}e_{R}(t)=\lim_{t\to\infty}(r(t)-c(t))=0$$

如果

1）闭环系统稳定，即

$$a_{c}(s)a(s)+b_{c}(s)b(s)$$

的所有根都在左半开平面上。

2）正向开环传递函数$G_{c}(s)G(s)$是j或更大的类型数。

注意 输入$R(s)=R_{0}/s^{j}$，条件 2 要求正向开环传递函数$G_{c}(s)G(s)$也必须至少包含$1/s^{j}$的因子。

证明 已知条件 1 和条件 2 成立。为了证明$t\to\infty$时$e(t)\to 0$，我们计算误差$E(s)$，由下式给出

$$E_{R}(s)=\frac{1}{1+G_{c}(s)G(s)}R(s)=\frac{1}{1+\dfrac{b_{c}(s)}{a_{c}(s)}\dfrac{b(s)}{a(s)}}\frac{R_{0}}{s^{j}}=\frac{a_{c}(s)a(s)}{a_{c}(s)a(s)+b_{c}(s)b(s)}\frac{R_{0}}{s^{j}}$$

根据条件 2 $G_{c}(s)G(s)$至少是j型，所以$a_{c}(s)a(s)=s^{j}\bar{a}(s)$。因子$s^{j}$抵消了$R(s)$的分母，结果是

$$E_{R}(s)=\frac{\bar{a}(s)}{a_{c}(s)a(s)+b_{c}(s)b(s)}R_{0}$$

通过条件 1，闭环系统是稳定的。也就是多项式的根

$$a_{c}(s)a(s)+b_{c}(s)b(s)=(s-p_{1})\cdots(s-p_{n})$$

满足$\mathrm{Re}(p_i)<0$，其中$i=1,\cdots,n$。$E(s)$的部分分式展开得到⊖

$$E_{\mathrm{R}}(s)=\frac{\bar{a}(s)}{(s-p_1)\cdots(s-p_n)}R_0=\frac{A_1}{s-p_1}+\frac{A_2}{s-p_2}+\cdots+\frac{A_n}{s-p_n}$$

在时域中它变成

$$e_{\mathrm{R}}(t)=A_1\mathrm{e}^{p_1t}+\cdots+A_n\mathrm{e}^{p_nt}$$

同样，当$\mathrm{Re}(p_i)<0$，其中$i=1,\cdots,n$时，可得$e_{\mathrm{R}}(t)\to 0$。

定理 2 零稳态误差的干扰抑制

现在考虑干扰抑制问题。图 9-29 的框图说明了设置过程。

假设传递函数$G(s)$是严格正则的，即

$$G(s)=b(s)/a(s),\ \deg\{b(s)\}<\deg\{a(s)\}$$

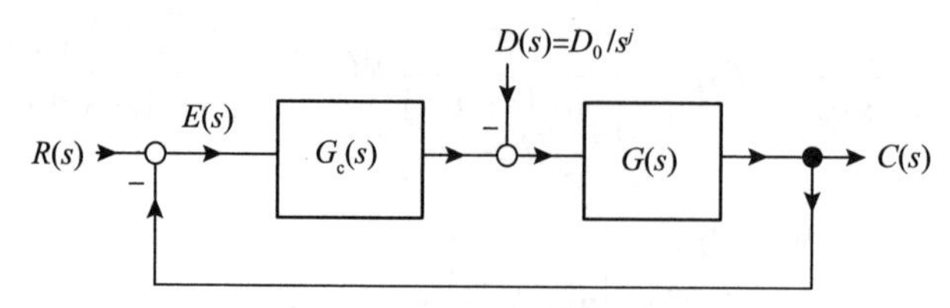

图 9-29　抑制j型干扰的框图

假设控制器传递函数是正则的，即

$$G_{\mathrm{c}}(s)=b_{\mathrm{c}}(s)/a_{\mathrm{c}}(s),\deg\{b_{\mathrm{c}}(s)\}\leqslant\deg\{a_{\mathrm{c}}(s)\}$$

误差$E(s)$为

$$E(s)=\underbrace{\frac{1}{1+G_{\mathrm{c}}(s)G(s)}R(s)}_{E_{\mathrm{R}}(s)}+\underbrace{\frac{G(s)}{1+G_{\mathrm{c}}(s)G(s)}D(s)}_{E_{\mathrm{D}}(s)}$$

由干扰引起的误差$E_{\mathrm{D}}(s)$为

$$E_{\mathrm{D}}(s)=\frac{G(s)}{1+G_{\mathrm{c}}(s)G(s)}D(s)=\frac{\dfrac{b(s)}{a(s)}}{1+\dfrac{b_{\mathrm{c}}(s)}{a_{\mathrm{c}}(s)}\dfrac{b(s)}{a(s)}}D(s)=\frac{a_{\mathrm{c}}(s)b(s)}{a_{\mathrm{c}}(s)a(s)+b_{\mathrm{c}}(s)b(s)}D(s)\tag{9.15}$$

对于某个正整数j，设干扰为

$$D(s)=D_0/s^j \text{ 因此 } d(t)=D_0\frac{t^{j-1}}{(j-1)!}$$

那么误差$e_{\mathrm{D}}(t)\triangleq\mathcal{L}^{-1}\{E_{\mathrm{D}}(s)\}$趋于 0，即

$$\lim_{t\to\infty}e_{\mathrm{D}}(t)=0$$

如果

1）闭环系统稳定，即

$$a_{\mathrm{c}}(s)a(s)+b_{\mathrm{c}}(s)b(s)$$

⊖　这是假设两个极点是不同的。如果相同，证明很容易修改，得到相同的最终结果。

的所有根都在左半开平面上。

2）控制器传递函数$G_c(s)$是j或更大的类型数。

注意 与跟踪问题$G_c(s)G(s)$必须是j型相比，控制器$G_c(s)$本身必须是j型

证明 我们假定上述条件1和2成立。误差$E_D(s)$由下式给出

$$E_D(s)=\frac{a_c(s)b(s)}{a_c(s)a(s)+b_c(s)b(s)}\frac{D_0}{s^j}$$

根据这个定理的条件2，$a_c(s)=s^j\bar{a}_c(s)$，因此

$$E_D(s)=\frac{\bar{a}_c(s)b(s)}{a_c(s)a(s)+b_c(s)b(s)}D_0=\frac{\bar{a}_c(s)b(s)}{(s-p_1)\cdots(s-p_n)}D_0$$
$$=\frac{A_1}{s-p_1}+\frac{A_2}{s-p_2}+\cdots+\frac{A_n}{s-p_n}$$

根据条件1，闭环系统是稳定的，因此当$t\to\infty$时，$\mathrm{Re}(p_i)<0$，其中$i=1,\cdots,n$。

$$e_D(t)=A_1\mathrm{e}^{p_1t}+\cdots+A_n\mathrm{e}^{p_nt}\to 0$$

9.4 内部模型原理

跟踪与干扰抑制定理的证明说明了如何用更一般的参考信号和干扰信号达到相同的结果。下面的例子说明了这一点。

例 8 抑制正弦干扰

图9-30所示的控制系统具有开环传递函数$G(s)=\dfrac{1}{s(s+1)}$。设计一个控制器跟踪$R(s)=R_0/s$，抑制正弦干扰$D(s)=\dfrac{D_0}{s^2+1}$，即$d(t)=D_0\sin(t)$。考虑控制器$G_c(s)=K\dfrac{s+\alpha}{s^2+1}$，它的极点包含$D(s)$的极点。

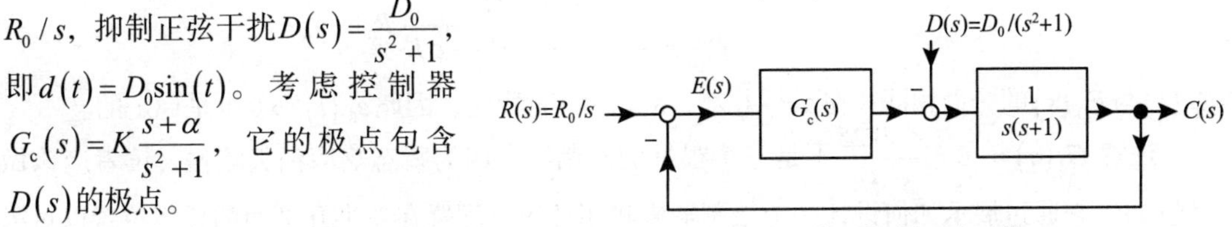

图 9-30 渐近抑制正弦干扰

对于$G_c(s)$，由于干扰导致的误差$E_D(s)$为

$$E_D(s)=\frac{G(s)}{1+G_c(s)G(s)}D(s)=\frac{\dfrac{1}{s(s+1)}}{1+K\dfrac{s+\alpha}{s^2+1}\dfrac{1}{s(s+1)}}\frac{D_0}{s^2+1}$$
$$=\frac{s^2+1}{s^4+s^3+s^2+(K+1)s+\alpha K}\frac{D_0}{s^2+1}$$
$$=\frac{1}{s^4+s^3+s^2+(K+1)s+\alpha K}D_0$$

$G_c(s)$分母上的因子s^2+1再次出现在$E_D(s)$分子上，以抵消$D(s)$分母上的因子s^2+1。那么如果$s^4+s^3+s^2+(K+1)s+\alpha K$是稳定的，则$e_D(t)\to 0$。为了验证这一点，我们建立了劳斯表

$$
\begin{array}{llll}
s^4 & 1 & 1 & \alpha K \\
s^3 & 1 & K+1 & 0 \\
s^2 & \dfrac{1-(K+1)}{1}=-K & \alpha K & 0 \\
s & \dfrac{-K(K+1)-\alpha K}{-K}=\dfrac{K(K+1+\alpha)}{K} & 0 & \\
s^0 & \alpha K & &
\end{array}
$$

稳定性要求$-K>0$，$K+1+\alpha>0$和$\alpha K>0$或者

$$K<0,-(K+\alpha)<1,\alpha<0$$

例如，选择$\alpha=-0.25$，$K=-0.6$，使$s^4+s^3+s^2+0.4s+0.15$的根为$-0.17\pm \mathrm{j}0.63$，$-0.33\pm \mathrm{j}0.49$。误差响应是

$$e_{\mathrm{D}}(t)=4.7\mathrm{e}^{-0.17t}\sin(0.63t+0.37)-4.1\mathrm{e}^{-0.33t}\sin(0.49t+0.4)\to 0$$

然而，瞬态响应消失缓慢。我们还有

$$
\begin{aligned}
E_{\mathrm{R}}(s) &=\frac{1}{1+G_{\mathrm{c}}(s)G(s)}R(s)\\
&=\frac{1}{1+K\dfrac{s+\alpha}{s^2+1}\dfrac{1}{s(s+1)}}\frac{R_0}{s}\\
&=\frac{s(s+1)(s^2+1)}{s^4+s^3+s^2+(K+1)s+\alpha K}\frac{R_0}{s}\\
&=\frac{(s+1)(s^2+1)}{s^4+s^3+s^2+(K+1)s+\alpha K}R_0
\end{aligned}
$$

$E_{\mathrm{R}}(s)$与$E_{\mathrm{D}}(s)$的分母相同，在$\alpha=-0.25$，$K=-0.6$时稳定，因此$e_{\mathrm{R}}(t)\to 0$也是稳定的。

注意 $G_{\mathrm{c}}(s)=-0.6\dfrac{s-0.25}{s^2+1}$不是一个很好的控制器，因为瞬态响应消失缓慢。读者应该做习题 11，它通过展示如何设计一个控制器来将闭环极点配置在左半开平面的任何位置以对第 10 章进行预览。

这个例子和前面的例子可以总结为内部模型原理[27-29]。这就是说，为了跟踪给定的参考信号，正向开环传递函数$G_{\mathrm{c}}(s)G(s)$必须包含与参考信号相同的不稳定极点，闭环系统必须是稳定的。同样，为了实现对干扰的渐近抑制，前向开环控制器$G_{\mathrm{c}}(s)$必须（单独）包含与干扰信号相同的不稳定极点，同时闭环系统是稳定的。

从内部模型原理的角度，很好地提出了一种锁相环的反馈设计方法[30]。

9.5 设计实例：飞机俯仰的 PI–D 控制

在参考文献 [31] 中，小型飞机从升力角$\delta(s)$到俯仰角$\theta(s)$（弧度）的传递函数为（见图 9-31）

$$\frac{\theta(s)}{\delta(s)}=G(s)=\frac{1.51s+0.1774}{s^3+0.739s^2+0.921s}$$

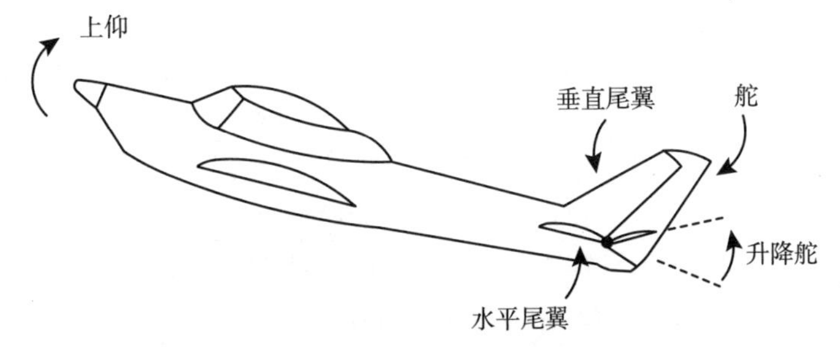

图 9-31 用升降舵让飞机上升

阶跃输入为 0.2rad 时，设计规格为：超调量小于 10%，上升时间小于 2s，调节时间小于 10s，最终误差小于 2%。我们取最大提升度为$25°(0.436\text{rad})$，即$-25° \leqslant \delta \leqslant 25°$。

这是一类系统，所以只要闭环系统稳定，最终误差应该为零，但是需要一个积分器来抑制干扰。飞机机身和机翼上的空气湍流导致飞机俯仰发生变化。如图 9-32 所示，这种干扰被建模为迎角的等效（未知）偏差。我们考虑如图 9-32 所示的单位反馈的 PI-D 控制器。设$R(s)=R_0/s$，其中$R_0=0.2\text{rad}$或$0.2\times(180/\pi)=11.5°$，令$D(s)=0$。

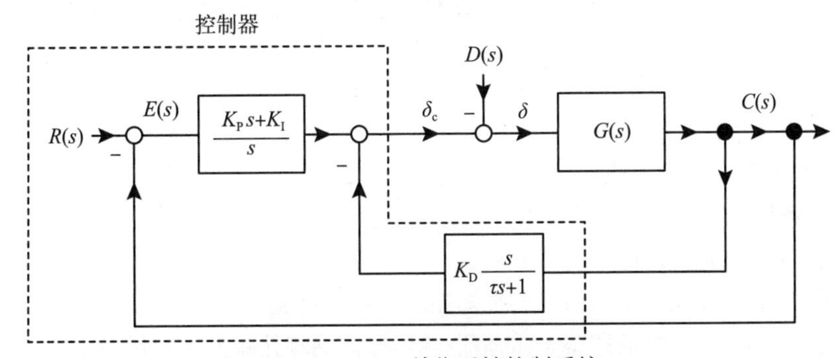

图 9-32 PI-D 单位反馈控制系统

如何选择反馈增益？我们想让闭环极点在左半平面的远处，这样瞬态响应就会很快消失，但又想确保控制增益不会大到使执行器饱和（迎角）。由于复杂的共轭闭环极点或闭环系统的零点，可能会存在显著的超调量。首先，注意指令迎角δ_c（控制器的输出）为

$$\delta_c(t)=K_P e(t)+K_I\int_0^t e(t')\mathrm{d}t'+K_D\frac{\mathrm{d}c(t)}{\mathrm{d}t}$$

其中，我们设置$\tau=0$来简化表达式。当$t=0$时

$$\delta_c(0)=K_P e(0)+K_I\int_0^0 e(t')\mathrm{d}t'+K_D\dot{c}(0)=K_P\left(R_0-c(0)\right)=K_P R_0$$

现在，当$-0.436\leqslant\delta\leqslant 0.436$，$R_0=0.2\text{rad}$，导致$K_P\leqslant 0.436/0.2=2.18$以避免执行器饱和。接下来，我们计算闭环传递函数$G_{CL}(s)$（同样，$\tau=0$以简化计算）。首先设置

$$G_2(s)\triangleq\frac{\dfrac{1.51s+0.1774}{s^3+0.739s^2+0.921s}}{1+K_D s\dfrac{1.51s+0.1774}{s^3+0.739s^2+0.921s}}=\frac{1.51s+0.1774}{s^3+(1.51K_D+0.739)s^2+(0.1774K_D+0.921)s}$$

则闭环传递函数为

$$G_{CL}(s)=\frac{\left(\frac{K_Ps+K_I}{s}\right)\frac{1.51s+0.1774}{s^3+(1.51K_D+0.739)s^2+(0.1774K_D+0.921)s}}{1+\left(\frac{K_Ps+K_I}{s}\right)\frac{1.51s+0.1774}{s^3+(1.51K_D+0.739)s^2+(0.1774K_D+0.921)s}}$$

$$=\frac{(K_Ps+K_I)(1.51s+0.1774)}{s\left(s^3+(1.51K_D+0.739)s^2+(0.1774K_D+0.921)s\right)+(K_Ps+K_I)(1.51s+0.1774)}$$

$$=\frac{(K_Ps+K_I)(1.51s+0.1774)}{s^4+(1.51K_D+0.739)s^3+(1.51K_P+0.1774K_D+0.921)s^2+(0.1774K_P+1.51K_I)s\ 0.1774K_I}$$

$G_{CL}(s)$的零点由$G(s)$的开环零点和PI-D控制器的零点组成。闭环极点是

$$a_{CL}(s)=s^4+(1.51K_D+0.739)s^3+(1.51K_P+0.1774K_D+0.921)s^2+(0.1774K_P+1.51K_I)s+0.1774K_I$$

注意，我们可以使用K_I来设置最后一个系数的值，然后使用K_P来设置s项的系数值，最后使用K_D来设置s^2项的系数。然而，我们无法设置s^3项的值。更一般地说，我们只能任意设置$a_{CL}(s)$四个系数中的三个。反馈控制中的一个基本问题是如何选择增益。在本应用中，我们希望找到达到上述规格的增益值[㊀]。参考文献 [32] 中给出了一个选择增益的程序，如下所示：

1）设置$K_I=K_D=0$并调整K_P值“直到闭环响应振荡”。

假设闭环系统可以在$K_P>0$的小值下保持稳定。

2）利用该K_P值调整K_I值，使误差为零。

通常，随着K_I的增加，输出将变得更加振荡，甚至可能变得不稳定。

3）利用K_P和K_D的这些值调整K_D的值以减弱振荡响应并减少超调量。

无法保证这个启发式程序会产生令人满意的结果。

将比例增益设置为$K_P=2.18$，这是在不使执行器饱和的情况下可获得的最大值，阶跃参考值为0.2rad。K_P固定在该值时，K_P在 0.2~2 之间变化。选择$K_I=1$得到图 9-33 所示的响应。

最后，微分增益K_D从 1 变化到 2($\tau=0.05$)，并且选择值$K_D=1.5$。输出响应如图 9-34 所示。

图 9-34 所示的响应不完全符合规范。超调量为$(0.223-0.2)/0.2=0.115$或11.5%（非规定的10%），10s 时输出在最终值的$(0.207-0.2)/0.2=0.035$或3.5%（非规定的 2%）范围内。然而，上升时间约为 1.6s，在 2s 规格范围内。升降舵的相应指令如图 9-35 所示，该指令未饱和。

尝试实现该规范的主要困难是限制比例增益以防止升降舵角度饱和。事实证明，只要增加增益并允许升降舵角度饱和，就可以满足规范要求。然而，一旦执行器处于饱和状态，其输出就会一直保持在最大值，直到其脱离饱和状态。例如，如果飞行员调高，然后决定立即调低，飞机将不会对新指令做出反应，直到执行器保持饱和。

另一种方法不是使执行器饱和，而是简单地将参考斜坡增加到 0.2rad。将参考输入设置为

$$r(t)=\begin{cases}\frac{0.2}{1.5}t, & 0\leqslant t\leqslant 1.5\\ 0.2, & t>1.5\end{cases}$$

㊀ 这些规格大概是飞机飞行员认为必要的。当这些规格第一次提出时，还不能找到满足这些规格的控制器。

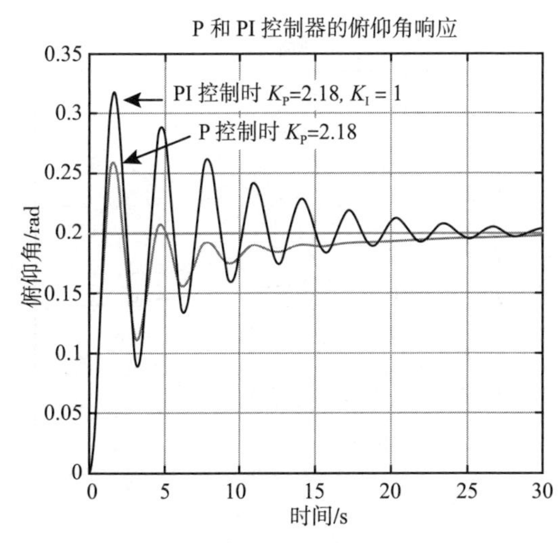

图 9-33 P 和 PI 控制器的输出响应

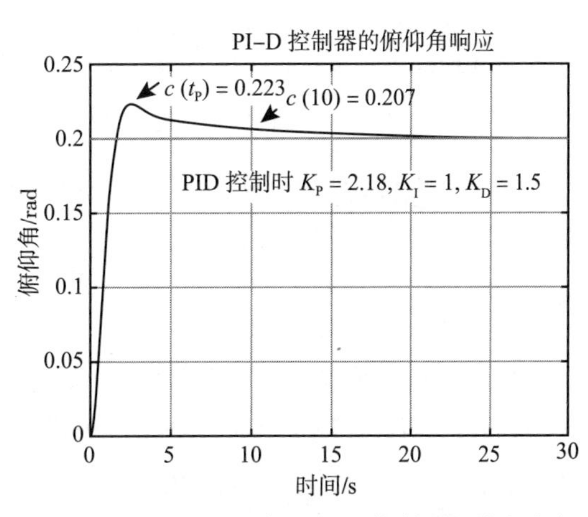

图 9-34 无执行器约束的 PI-D 控制器的输出响应

在此基础上，经过多次试验，将增益设定为$K_P=12$，$K_I=0.25$，$K_D=2$。注意，使用斜坡作为参考输入允许比例增益更大。俯仰角响应$c(t)$和参考$r(t)$如图 9-36 所示。图 9-37 给出了此响应对应的迎角。闭环传递函数为

$$G_{CL}(s)=\frac{(K_P s+K_I)(1.51s+0.1774)}{s^4+s^3(1.51K_D+0.739)+s^2(1.51K_P+0.1774K_D+0.921)+s(0.1774K_P+1.51K_I)+0.1774K_I}$$

注意到$G_{CL}(0)=1$所以

$$\lim_{t\to\infty}c(t)=\lim_{s\to 0}sC(s)=\lim_{s\to 0}sG_{CL}(s)\frac{0.2}{s}=0.2$$

当然，由于开环系统是类型 1，我们已经知道阶跃参考输入会被跟踪。将增益值代入得到

$$\begin{aligned}G_{CL}(s)&=\frac{(12s+0.25)(1.51s+0.1774)}{s^4+3.759s^3+19.396s^2+2.5063s+0.04435}\\&=\frac{18.12(s+0.0208)(s+0.1175)}{(s^2+3.627s+18.92)(s+0.111)(s+0.0211)}\end{aligned}$$

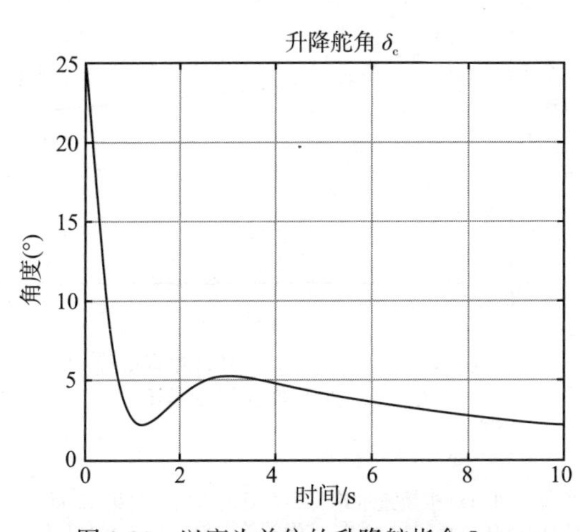

图 9-35 以度为单位的升降舵指令δ_c

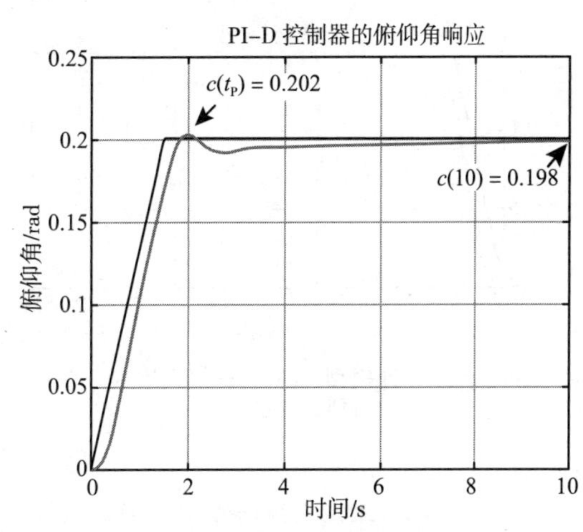

图 9-36 俯仰角和斜坡参考

G_{CL}的一个重要发现是，它在−0.0208和−0.1175处的两个零点实质上分别抵消了在−0.0211和−0.111处的两个极点[1]。这意味着在$C(s)=G_{\mathrm{CL}}(s)\dfrac{0.2}{s}$的部分分式展开中，$\dfrac{1}{s+0.111}$和$\dfrac{1}{s+0.0211}$项的系数很小（为什么？）。事实上，拉普拉斯逆变换为

$$c(t)=\mathcal{L}^{-1}\left\{G_{\mathrm{CL}}(s)\frac{0.2}{s}\right\}$$
$$=0.2u_{\mathrm{s}}(t)+0.0029\mathrm{e}^{-0.0211t}-0.0115\mathrm{e}^{-0.111t}-0.191\mathrm{e}^{-1.81t}\big(\cos(3.95t)+0.4603\sin(3.95t)\big)$$

其中，$\mathrm{e}^{-0.0211t}$的0.0029系数和$\mathrm{e}^{-0.111t}$的−0.0115系数比$\mathrm{e}^{-1.81t}$前面的−0.191系数小20倍以上。因此，虽然$\mathrm{e}^{-0.0211t}$和$\mathrm{e}^{-0.111t}$衰减缓慢，但它们对瞬态响应的影响相对不明显。

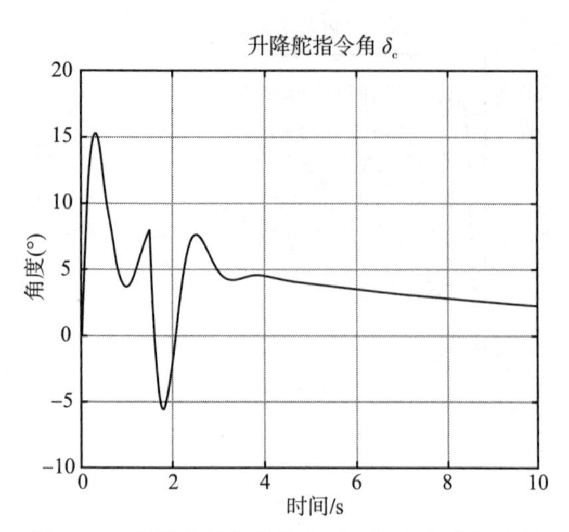

图 9-37　斜坡参考作为输入时，迎角角度与时间

9.5.1　参数不确定性（鲁棒性）

到目前为止，我们已经强调了反馈控制可以提供跟踪与干扰抑制。然而，反馈控制一个极其重要的特性是，即使设计中使用的模型参数不确定（几乎总是不确定），它也能很好地工作。例如，假设传递函数的真值模型[2]为

$$G_{\mathrm{truth}}(s)=\frac{\theta(s)}{\delta(s)}=\frac{s+0.12}{s^3+0.4s^2+s} \tag{9.16}$$

利用使用设计模型$G(s)$获得的相同增益，图9-38显示了使用真值模型$G_{\mathrm{truth}}(s)$和原始模型$G(s)$的俯仰角响应。图9-39显示了两种模型对应的升降舵指令角。

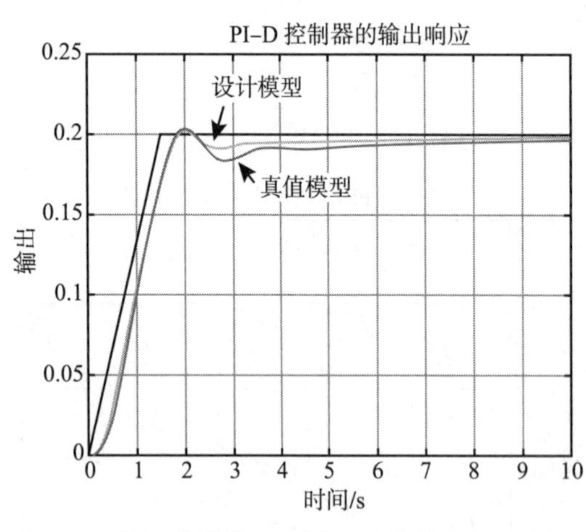

图 9-38　使用设计模型$G(s)$和真值模型$G_{\mathrm{truth}}(s)$的俯仰角响应

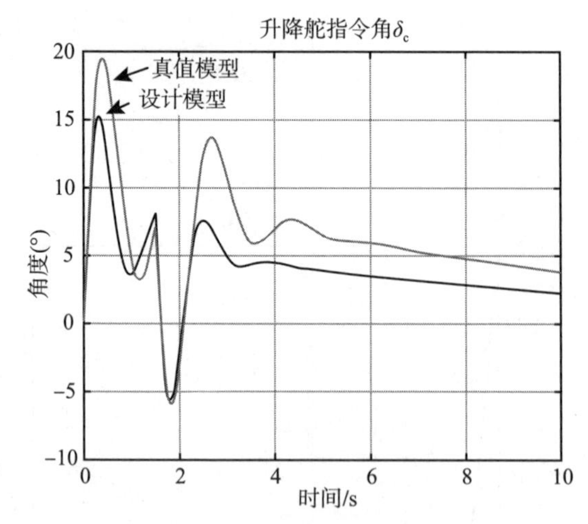

图 9-39　使用设计模型$G(s)$和真值模型$G_{\mathrm{truth}}(s)$的升降舵指令角δ_{c}

---

[1] 这个消去是在稳定极点和零点之间。这种情况并不少见，可以从根轨迹理论得到最好的理解。见第12章。

[2] 所谓“真值”模型，我们简单地说，把它作为$\theta(s)/\delta(s)$的精确模型。然而，“确切的”模型永远不为人知。

尽管参数（$G(s)$和$G_{\mathrm{truth}}(s)$的分子和分母系数）非常不同，但这两个响应非常接近。这是使用闭环反馈的基本优势。也就是说，即使控制器是使用其参数值稍微偏离其实际值的模型设计的，实际系统的响应仍然可以很好。习题 17 要求证明，如果使用 I-PD 控制架构，阶跃输入（不使执行器饱和）可以满足规范。

*9.6 模型不确定性和反馈

我们已经看到反馈迫使系统渐近地跟踪阶跃或斜坡输入并抵抗恒定干扰，即进行跟踪和干扰抑制。现在来看看反馈在实际系统控制中是重要工具的另一个原因：它显著降低了模型中的不确定性对系统性能的影响，因此我们再次观察图 9-40 的直流电动机，其框图模型如图 9-41 所示[⊖]。

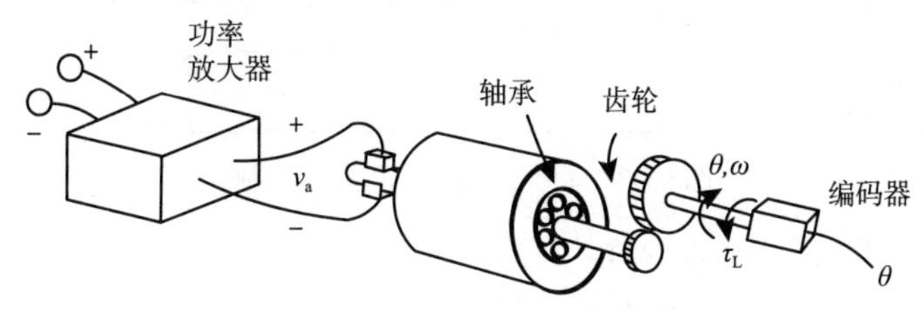

图 9-40　直流电动机伺服系统

将速度作为输出，设置$L=0$，并定义$K_m=\dfrac{K_T}{Rf+K_bK_T}, T_m=\dfrac{RJ}{Rf+K_bK_T}, K_L=\dfrac{R}{K_T}$，图 9-41 的框图简化为图 9-42 的框图。

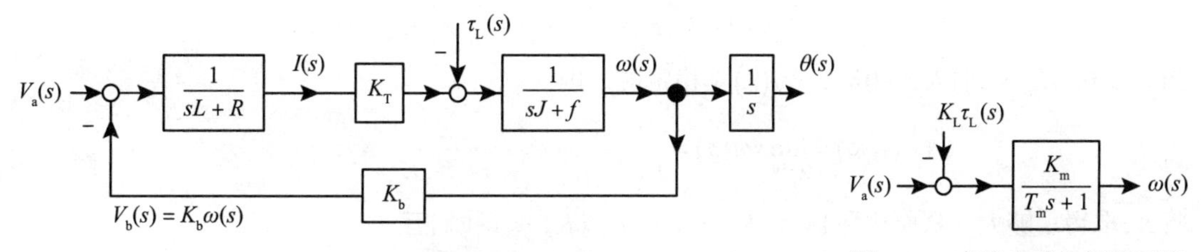

图 9-41　直流电动机伺服系统框图

来源：改编自 G. F. Franklin,J. D. Powell, and A. Emami-Naeini, Feedback Control of Dynamic Systems, Addison Wesley, Reading,MA, 1986

图 9-42　直流电动机伺服系统的简化框图

9.6.1 开环控制

我们首先来看开环速度控制。$V_a(s)=V_0/s$，$\tau_L(s)=\tau_{L0}/s$，$\omega(s)$由下式给出

$$\omega(s)=\underbrace{\frac{K_m}{T_m s+1}}_{G(s)}\frac{V_0}{s}-\frac{K_m}{T_m s+1}\frac{K_L\tau_{L0}}{s}$$

当$T_m>0$时表示$s\omega(s)$由是稳定的，因此

$$\omega(\infty)=\lim_{s\to 0}s\omega(s)=K_mV_0-K_mK_L\tau_{L0}$$

我们看到的第一个问题是，最终速度取决于负载转矩τ_{L0}。现在我们取$\tau_{L0}=0$。然后，ω_0

⊖ 改编自参考文献 [33]。

为所需的最终速度，设置

$$V_0 = \frac{\omega_0}{K_m}$$

使得$\omega(\infty)=\omega_0$。我们看到，开环控制需要精确的K_m值。

9.6.2 闭环控制

图 9-43 所示为一个简单的速度比例反馈控制系统的框图。注意，要求在电动机上添加传感器（转速表或光学编码器），以便测量 / 计算速度。

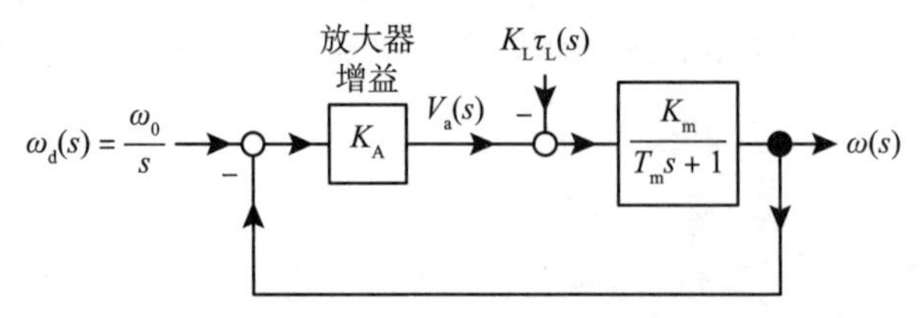

图 9-43　简单的速度比例反馈控制

当$\omega_d(s)=\omega_0/s$和$\tau_L(s)=\tau_{L0}/s$时，我们得到

$$\begin{aligned}\omega(s) &= \frac{\frac{K_A K_m}{T_m s+1}}{1+\frac{K_A K_m}{T_m s+1}}\frac{\omega_0}{s}-\frac{\frac{K_m}{T_m s+1}}{1+\frac{K_A K_m}{T_m s+1}}\frac{K_L\tau_{L0}}{s} \\ &= \frac{K_A K_m}{T_m s+1+K_A K_m}\frac{\omega_0}{s}-\frac{K_m}{T_m s+1+K_A K_m}\frac{K_L\tau_{L0}}{s}\end{aligned}$$

当$T_m>0$，$K_m>0$且$K_A>0$时，$s\omega(s)$是稳定的，因此

$$\omega(\infty)=\lim_{s\to 0}s\omega(s)=\frac{K_A K_m}{1+K_A K_m}\omega_0-\frac{K_m}{1+K_A K_m}K_L\tau_{L0}$$

将K_A取得足够大，从而达到$1+K_A K_m \gg 1, K_L\tau_{L0}/K_A \ll 1$我们有

$$\omega(\infty)=\frac{K_A K_m}{1+K_A K_m}\omega_0-\frac{K_m}{1+K_A K_m}K_L\tau_{L0}\approx\omega_0-\frac{1}{K_A}K_L\tau_{L0}\approx\omega_0$$

因此，即使K_m值和作用在系统上的负载转矩存在不确定性，我们也可以进行近似跟踪。

9.6.3 加快响应速度

为了继续比较开环和闭环控制，让我们来看看加速输出的响应。图 9-44 显示了开环控制系统，其中开环控制器为$G_c(s)=\frac{T_m s+1}{T_d s+1}$。$\omega_0$为所需最终速度，$\tau_L=0$设置$R(s)=\frac{\omega_0}{K_m}\frac{1}{s}$。然后

$$\omega(s)=\frac{T_m s+1}{T_d s+1}\frac{K_m}{T_m s+1}\frac{\omega_0}{K_m}\frac{1}{s}=\frac{K_m}{T_d s+1}\frac{\omega_0}{K_m}\frac{1}{s}$$

当$T_m>0$时，这是一个稳定的零极点抵消。在时域中，我们有

$$\omega(t)=\left(1-e^{-t/T_d}\right)\omega_0$$

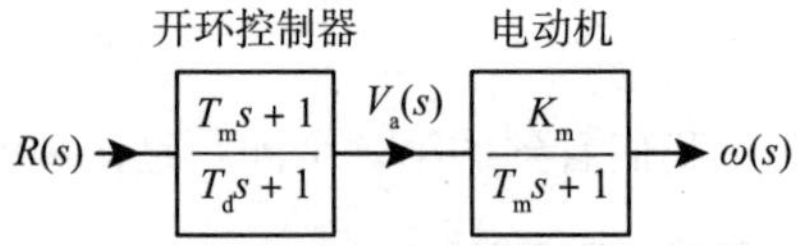

没有开环控制器$G_c(s)=\frac{T_m s+1}{T_d s+1}$，但相同的参考输入

开环控制器　电动机
$R(s)$ → $\frac{T_m s+1}{T_d s+1}$ → $V_a(s)$ → $\frac{K_m}{T_m s+1}$ → $\omega(s)$

图 9-44　加快响应速度的开环控制器

$R(s)=\dfrac{\omega_0}{K_m}\dfrac{1}{s}$，输出响应为

$$\omega(t)=\left(1-e^{-t/T_m}\right)\omega_0$$

具体设置$T_d=T_m/10$所以

$$\omega(t)=\left(1-e^{-t/T_d}\right)\omega_0=\left(1-e^{-10t/T_m}\right)\omega_0$$

则$\omega(t)\to\omega_0$比使用开环控制器$G_c(s)=\dfrac{T_m s+1}{T_d s+1}$快十倍。然而，除了精确的$T_m$值之外，还需要精确的$T_m$值来获得响应中的速度。最重要的是，如果存在负载转矩，开环控制器不能减少其对输出响应的影响。

另一方面，让我们回到图 9-43 的闭环控制系统（$\tau_L=0$和$R(s)=\omega_0/s$），其中

$$\omega(s)=\frac{\dfrac{K_A K_m}{T_m s+1}}{1+\dfrac{K_A K_m}{T_m s+1}}\frac{\omega_0}{s}=\frac{K_A K_m}{T_m s+1+K_A K_m}\frac{\omega_0}{s}=\frac{\dfrac{K_A K_m}{1+K_A K_m}}{\underbrace{\dfrac{T_m}{1+K_A K_m}}_{T_d}s+1}\frac{\omega_0}{s}$$

使$K_A\gg 1/K_m$，因此

$$\frac{K_A K_m}{1+K_A K_m}\approx 1, T_d\triangleq\frac{T_m}{1+K_A K_m}\approx\frac{T_m}{K_A K_m}\ll T_m$$

因此，$\omega(t)=(1-e^{-t/T_d})\ \omega_0\to\omega_0$由于反馈所以速度快得多。利用这种闭环反馈，我们不需要T_m或K_m的精确值；我们只需要使反馈增益K_A变大。这通常被称为高增益反馈。

9.6.4 通过反馈降低灵敏度

接下来看带输出的直流电动机的速度控制

$$\omega(s)=\underbrace{\frac{K_m}{T_m s+1}}_{G(s)}\frac{V_0}{s}$$

假设K_m的实际值为$K_m+\Delta K_m$，使ΔK_m成为我们估算K_m的误差

$$\Delta G(s)=\frac{K_m+\Delta K_m}{T_m s+1}-\frac{K_m}{T_m s+1}=\frac{\Delta K_m}{T_m s+1}$$

对于开环控制器$G_c(s)=\dfrac{T_m s+1}{T_d s+1}$，假设的响应是$\omega(s)=G(s)G_c(s)R(s)$（见图 9-45）。

然而，如图 9-46 所示，实际响应应该是

$$\omega(s)+\Delta\omega(s)=\left(G(s)+\Delta G(s)\right)G_c(s)R(s)=G(s)G_c(s)R(s)+\Delta G(s)G_c(s)R(s)$$

误差为

$$\Delta\omega(s)=\Delta G(s)G_c(s)R(s)$$

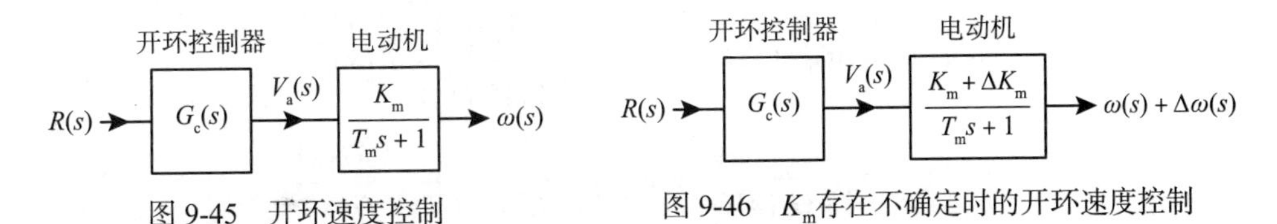

图 9-45 开环速度控制　　图 9-46 K_m存在不确定时的开环速度控制

相对误差为

$$\frac{\Delta\omega(s)}{\omega(s)}=\frac{\Delta G(s)G_c(s)R(s)}{G(s)G_c(s)R(s)}=\frac{\Delta G(s)}{G(s)}=\frac{\dfrac{\Delta K_m}{T_m s+1}}{\dfrac{K_m}{T_m s+1}}=\frac{\Delta K_m}{K_m}$$

输出响应（的拉普拉斯变换）的相对变化量与K_m的相对变化量相同。特别考虑在阶跃输入$R(s)=R_0/s$下速度的终值，可得到

$$\frac{\Delta\omega(\infty)}{\omega(\infty)}=\frac{\lim\limits_{s\to 0}s\Delta\omega(s)}{\lim\limits_{s\to 0}s\omega(s)}=\frac{\lim\limits_{s\to 0}s\Delta G(s)G_c(s)R_0/s}{\lim\limits_{s\to 0}sG(s)G_c(s)R_0/s}=\frac{\Delta G(0)G_c(0)R_0}{G(0)G_c(0)R_0}=\frac{\Delta G(0)}{G(0)}=\frac{\Delta K_m}{K_m}$$

速度终值的相对误差（百分比）与K_m的相对误差（百分比）相同。

当使用比例反馈控制器时重复此计算过程，反馈结构如图9-47所示。其中$G_c(s)=K_A$并且$G(s)=\dfrac{K_m}{T_m s+1}$，则$\omega(s)$计算结果为

$$\omega(s)=\frac{G_c(s)G(s)}{1+G_c(s)G(s)}R(s)=\frac{K_A\dfrac{K_m}{T_m s+1}}{1+K_A\dfrac{K_m}{T_m s+1}}R(s)=\frac{K_A K_m}{T_m s+1+K_A K_m}R(s)$$

考虑到K_m的值存在误差ΔK_m，因此$\Delta G(s)=\dfrac{\Delta K_m}{T_m s+1}$。首先计算由开环系统中的变化量$\Delta G(s)$引起的闭环传递函数的变化。闭环传递函数为

$$G_{CL}(s)\triangleq\frac{G_c(s)G(s)}{1+G_c(s)G(s)}$$

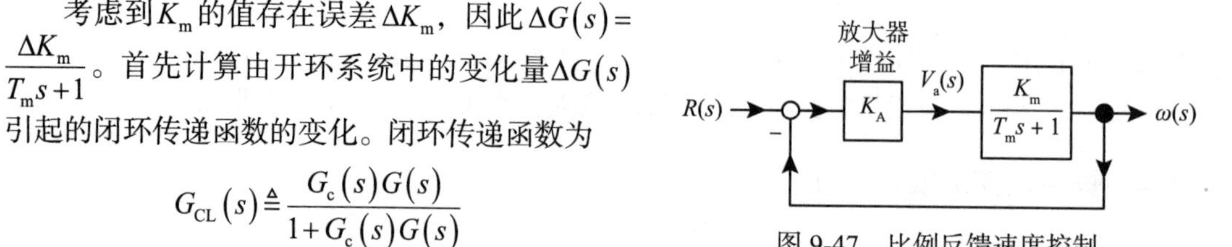

图9-47　比例反馈速度控制

且

$$\omega(s)=G_{CL}(s)R(s)$$

由于$G(s)$的改变而引起的$G_{CL}(s)$的改变为

$$\Delta G_{CL}(s)=\frac{\Delta G_{CL}(s)}{\Delta G(s)}\Delta G(s)\approx\left(\frac{\mathrm{d}}{\mathrm{d}G}G_{CL}(s)\right)\Delta G(s)=\frac{G_c(s)}{\left(1+G_c(s)G(s)\right)^2}\Delta G(s)$$

可计算得到

$$\frac{\mathrm{d}}{\mathrm{d}G}\left(\frac{G_c(s)G(s)}{1+G_c(s)G(s)}\right)=\frac{G_c(s)}{1+G_c(s)G(s)}-\frac{G_c(s)G(s)}{\left(1+G_c(s)G(s)\right)^2}G(s)=\frac{G_c(s)}{\left(1+G_c(s)G(s)\right)^2}$$

继而

$$\omega(s)+\Delta\omega(s)=\left(G_{CL}(s)+\Delta G_{CL}(s)\right)R(s)$$

于是

$$\begin{aligned}\Delta\omega(s)&=\Delta G_{CL}(s)R(s)\approx\frac{G_c(s)\Delta G(s)}{\left(1+G_c(s)G(s)\right)^2}R(s)\\&=\underbrace{\frac{G_c(s)G(s)}{1+G_c(s)G(s)}R(s)}_{\omega(s)}\frac{1}{1+G_c(s)G(s)}\frac{\Delta G(s)}{G(s)}\end{aligned}$$

上述方程可写为

$$\frac{\Delta\omega(s)}{\omega(s)}=\frac{1}{1+G_{c}(s)G(s)}\frac{\Delta G(s)}{G(s)} \tag{9.17}$$

对于图 9-47 的比例反馈速度控制系统，可得到

$$\frac{\Delta\omega(s)}{\omega(s)}=\frac{1}{1+K_{A}\dfrac{K_{m}}{T_{m}s+1}}\frac{\dfrac{\Delta K_{m}}{T_{m}s+1}}{\dfrac{K_{m}}{T_{m}s+1}}=\frac{1}{1+K_{A}\dfrac{K_{m}}{T_{m}s+1}}\frac{\Delta K_{m}}{K_{m}}$$

在阶跃输入 $R(s)=R_{0}/s$ 并且 $1+K_{A}K_{m}\gg 1$ 的情况下可得到

$$\frac{\Delta\omega(\infty)}{\omega(\infty)}=\frac{\lim\limits_{s\to 0}s\Delta\omega(s)}{\lim\limits_{s\to 0}s\omega(s)}=\frac{1}{1+K_{A}K_{m}}\frac{\Delta K_{m}}{K_{m}}\ll\frac{\Delta K_{m}}{K_{m}}$$

重点考虑

$$\frac{1}{1+K_{A}K_{m}}\frac{\Delta K_{m}}{K_{m}}\ll\frac{\Delta K_{m}}{K_{m}}$$

上式左侧是闭环系统的最终速度的变化率，右侧是开环系统的电动机速度的变化率。

9.6.5 结论

参数不确定性 ΔK_{m} 对闭环系统最终速度响应 $\omega(\infty)$ 的影响比对开环系统的影响小得多。

注意 式（9.17）中的 $S(s)\triangleq\dfrac{1}{1+G_{c}(s)G(s)}$ 称作灵敏度函数。关于这个函数，在第 17 章中有详细介绍。

例 9 运算放大器

考虑运算放大器（运放）反馈控制系统的简化模型，如图 9-48 所示。

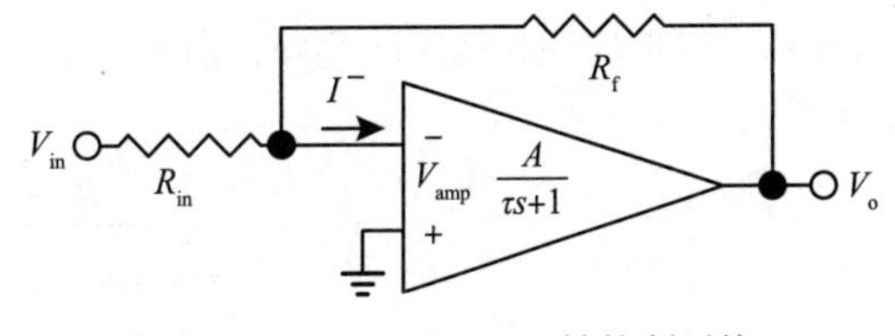

图 9-48 运算放大器反馈控制系统

放大器增益为

$$\frac{V_{o}(s)}{V_{amp}(s)}=\frac{A}{\tau s+1}$$

其中 A 是一个非常大（10^{5} 或更高）的正值并且 τ 非常小（$1/10^{5}$ 或更小）。首先计算传递函数 $V_{o}(s)/V_{in}(s)$，V_{amp} 表示运算放大器从“+”端到“−”端的电压降，并且 V_{amp} 的值非常小（$\approx 10^{-5}$ V）。于是，流入运算放大器“−”端的电流 I^{-} 为

$$I^{-}=\frac{V_{in}-(-V_{amp})}{R_{in}}+\frac{V_{o}-(-V_{amp})}{R_{f}} \tag{9.18}$$

然而，运算放大器的输入阻抗非常大（$10^{6}\Omega$ 或更高），因此 $I^{-}\approx 0$。将 $V_{o}=\dfrac{A}{\tau s+1}V_{amp}$ 和 $I^{-}=0$ 代入式（9.18）可得

$$\frac{V_{in}+\dfrac{V_{o}}{A/(\tau s+1)}}{R_{in}}+\frac{V_{o}+\dfrac{V_{o}}{A/(\tau s+1)}}{R_{f}}=0$$

求解V_o可得

$$V_o=-\frac{\dfrac{A}{\tau s+1}\dfrac{R_f}{R_{in}+R_f}}{1+\dfrac{A}{\tau s+1}\dfrac{R_{in}}{R_{in}+R_f}}V_{in}=-\frac{\dfrac{A}{\tau s+1}\dfrac{R_f}{R_{in}+R_f}}{1+\underbrace{\left(\dfrac{R_{in}}{R_f}\right)}_{\beta}\underbrace{\left(\dfrac{A}{\tau s+1}\dfrac{R_f}{R_{in}+R_f}\right)}_{G(s)}}V_{in} \tag{9.19}$$

由于A很大，因此当$|s|<1/\tau$时，

$$V_o=-\frac{\dfrac{A}{\tau s+1}\dfrac{R_f}{R_{in}+R_f}}{1+\dfrac{A}{\tau s+1}\dfrac{R_{in}}{R_{in}+R_f}}V_{in}\approx-\frac{\dfrac{A}{\tau s+1}\dfrac{R_f}{R_{in}+R_f}}{\dfrac{A}{\tau s+1}\dfrac{R_{in}}{R_{in}+R_f}}V_{in}=-\frac{R_f}{R_{in}}V_{in}$$

另一方面，当$|s|\gg1/\tau$时，$V_o\to0$。总结下来就是

$$V_o\approx\begin{cases}-\dfrac{R_f}{R_{in}}V_{in}, & |s|<1/\tau\\ 0, & |s|\gg1/\tau\end{cases}$$

令$\beta\triangleq R_{in}/R_f$，式（9.19）可以用框图形式表示，如图 9-49 所示。

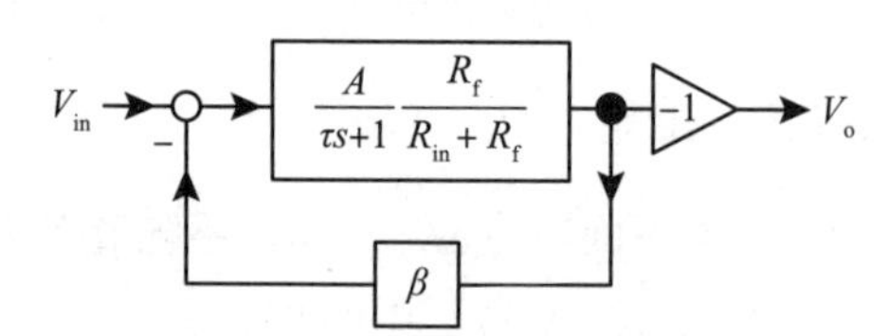

图 9-49　运算放大器反馈的框图表示

利用上述框图，我们得到传递函数V_o/V_{in}如下

$$\frac{V_o}{V_{in}}=-\frac{\dfrac{A}{\tau s+1}\dfrac{R_f}{R_{in}+R_f}}{1+\beta\left(\dfrac{A}{\tau s+1}\dfrac{R_f}{R_{in}+R_f}\right)}=-\frac{A\dfrac{R_f}{R_{in}+R_f}}{\tau s+1+\beta A\dfrac{R_f}{R_{in}+R_f}}$$

当$\beta A>0$时传递函数稳定。此外，由于A非常大，当$|s|<1/\tau$时，上式可化简为

$$\frac{V_o}{V_{in}}=-\frac{A\dfrac{R_f}{R_{in}+R_f}}{\tau s+1+\beta A\dfrac{R_f}{R_{in}+R_f}}\approx-\frac{1}{\beta}=-\frac{R_f}{R_{in}}$$

在已知电阻R_f和R_{in}的情况下，可在无须准确了解A和τ的值的情况下，在$|s|<1/\tau$的范围内得到一个恒定增益的放大器。例如，即使A和τ的值随温度变化很大，但在$R_f/R_{in}=10$的情况下仍有$V_o=-10V_{in}$。总而言之，为了一个可靠稳定的低增益$(1/\beta=10)$而放弃了随温度变化较大的高增益$(A\sim10^5)$。以上讨论的便是大家所熟悉的由 Harold S. Black 在 1927 年发明的用于真空管放大器的负反馈放大器。这对当时的贝尔电话公司来说是一项重要的发明，因为人们能够在不失真的情况下远距离通话，即使到现在它仍然是运算放大器的一项关键发明。

习题

习题 1 跟踪

在图 9-50 所示的单位反馈控制系统中，开环传递函数是由$G(s)=1/s^2$给出的双积分器。当$D(s)=0$时误差为

$$E(s)=\frac{1}{1+G_c(s)G(s)}R(s)$$

考虑控制器的传递函数为

$$G_c(s)=K\frac{s+1}{s+10}$$

（a）为使闭环传递函数$E(s)/R(s)$稳定，K该如何取值？

（b）设参考输入为

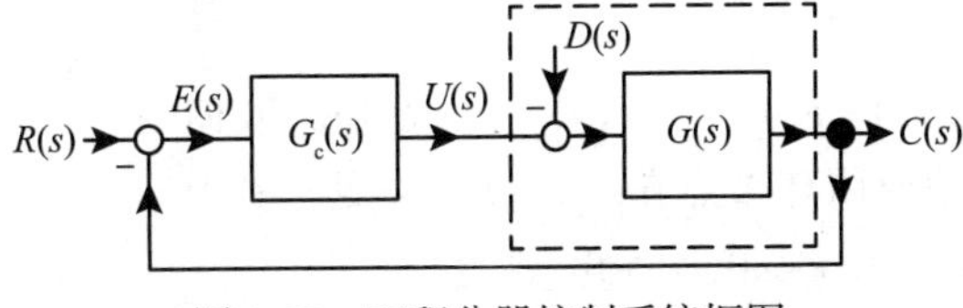

图 9-50　双积分器控制系统框图

$$R(s)=\frac{R_0}{s}$$

则K该如何取值可使得

$$\lim_{t\to\infty}e(t)=0?$$

习题 2 跟踪与干扰抑制

考虑如图 9-51 所示的控制系统，其中$G(s)=\dfrac{1}{s-1}$。

（a）令$R(s)=R_0/s$，$D(s)=0$，并且$G_c(s)=K/s$，计算$E(s)$。当K取值多少时$e(t)\to 0$？并做详细解释。

（b）令$R(s)=R_0/s$，$D(s)=0$，并且$G_c(s)=K$，计算$E(s)$。用K表示最终误差$e(\infty)=\lim_{t\to\infty}e(t)$的值是多少？并做详细解释。

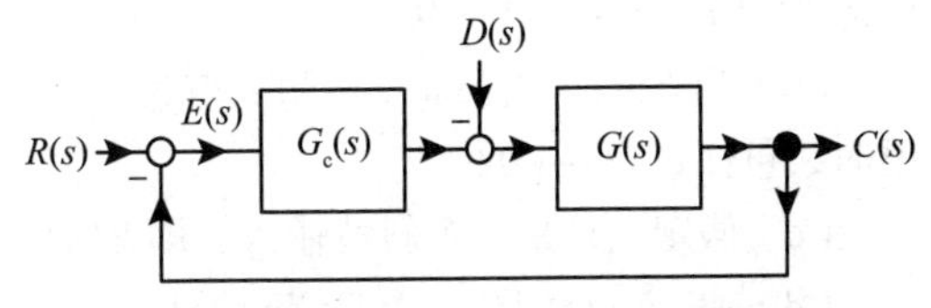

图 9-51　不稳定系统的跟踪与干扰抑制

（c）令$R(s)=0$，$D(s)=D_0/s$，并且$G_c(s)=K$，计算$E(s)$。用K表示最终误差$e(\infty)=\lim_{t\to\infty}e(t)$的值是多少？并做详细解释。

习题 3 跟踪与干扰抑制

考虑如图 9-52 中的控制系统，其中开环传递函数为

$$G(s)=\frac{b}{s+a},a>0,b>0$$

（a）令$G_c(s)=\dfrac{K}{s}$，计算$E(s)$。K取何值时可使$e(t)\to 0$？并做详细解释。

（b）令$G_c(s)=K\dfrac{s+\alpha}{s}$，计算$E(s)$。$K$和$\alpha$取何值时闭环极点在$-r_1,-r_2$处，其中$r_1>0$，$r_2>0$？

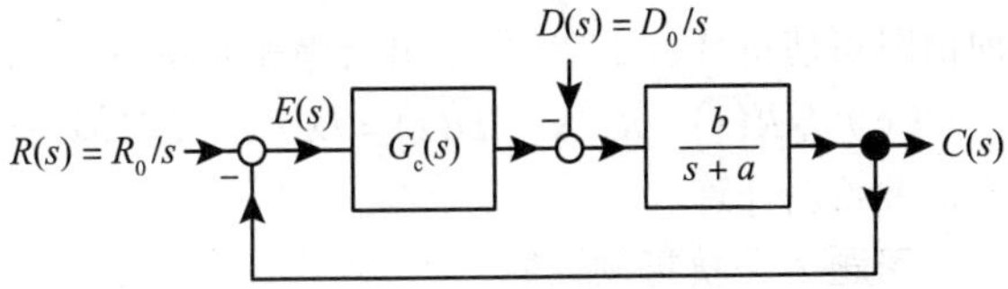

图 9-52　极点配置和干扰抑制

注意

$$(s+r_1)(s+r_2)=s^2+(r_1+r_2)s+r_1r_2$$

（c）利用（b）中设计的控制器，在斜坡干扰$D(s)=D_0/s^2$下，误差终值$e(\infty)=\lim_{t\to\infty}e(t)$是多少？

习题 4 跟踪与干扰抑制

考虑图 9-53 中的控制系统，其中开环系统为

$$G(s)=\frac{b}{s(s+a)},a>0,b>0$$

（a）令$G_c(s)=\frac{K}{s}$，计算$E_D(s)$。K取何值时可使阶跃干扰引起的误差趋近于零？并做详细解释。

（b）令$G_c(s)=\frac{b_1s+b_0}{s+a_0}$，计算$E(s)=E_R(s)+E_D(s)$。$b_1$，$b_0$和$a_0$取何值时闭环极点在$-r_1$，$-r_2$，$-r_3$处？其中$r_1>0$，$r_2>0$，$r_3>0$。注意

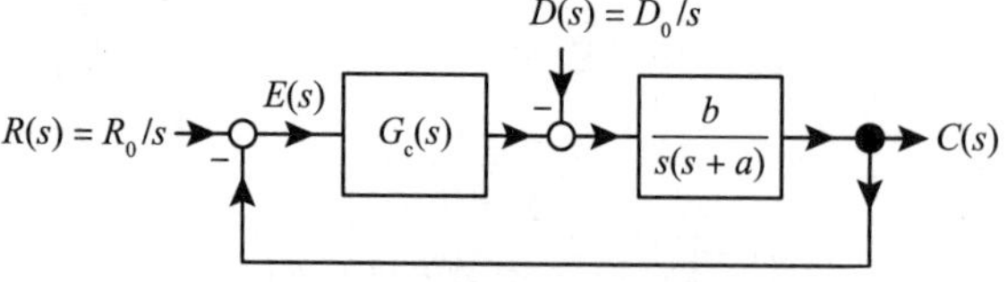

图 9-53　极点配置和干扰抑制

$$(s+r_1)(s+r_2)(s+r_3)=s^3+(r_1+r_2+r_3)s^2+(r_1r_2+r_1r_3+r_2r_3)s+r_1r_2r_3$$

（c）利用（b）中设计的控制器，在$R(s)=R_0/s$和$D(s)=D_0/s$的条件下计算误差终值$e(\infty)$。

习题 5 跟踪与干扰抑制

当$a>0$，$b>0$时，考虑图 9-54 中的控制系统。

（a）令$G_c(s)=K\frac{s+\alpha}{s}$，计算$E_D(s)$。$K$取何值时可使$e_D(t)\to 0$？

（b）当$R(s)=R_0/s$时，K和α取何值时，可使$e_R(t)\to 0$？

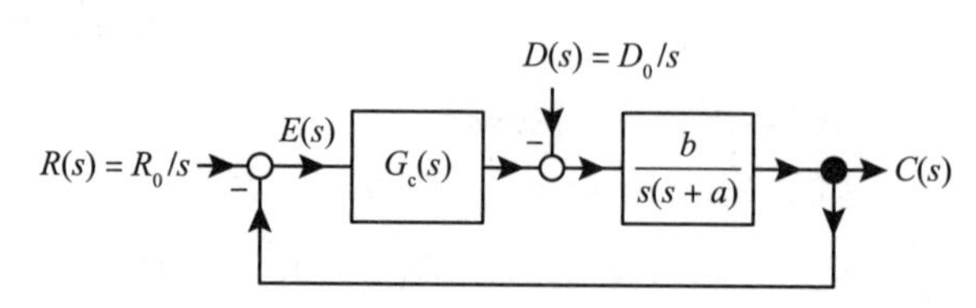

图 9-54　极点配置和干扰抑制

（c）假定$r(t)$是一个斜坡输入，即$R(s)=R_0/s^2$。K和α取何值时，可使$e_R(t)\to 0$？

（d）假定$r(t)$是一个阶跃输入，即$R(s)=R_0/s$，并且干扰为$D(s)=D_0/s^2$，计算$e(\infty)=\lim_{t\to\infty}e(t)$，表示为关于$K$和$\alpha$的函数。

习题 6 跟踪与干扰抑制

在图 9-55 所示的反馈控制系统中，控制器为

$$G_c(s)=K\frac{s+1/2}{s}$$

（a）令$R(s)=R_0/s$，$D(s)=0$。K取何值时可使$e(t)\to 0$？

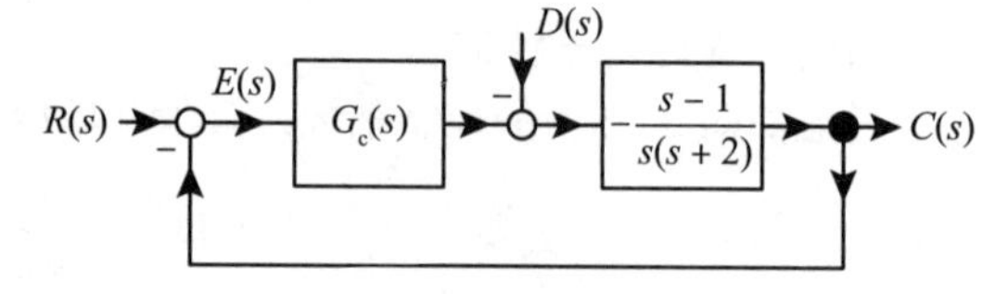

图 9-55　非最小相位系统控制器设计

（b）令$R(s)=R_0/s$，$D(s)=D_0/s$。K取何值时可使$e(t)\to 0$？只需给出结果和简单解释，不需要重新计算。

（c）令$R(s)=R_0/s^2$，$D(s)=D_0/s$。K取何值时可使$e(t)\to 0$？只需给出结果和简单解释，不需要重新计算。

习题 7 干扰抑制性能

图 9-56 展示了直流电动机伺服控制系统的结构。

在（a）~（d）中，只考虑由干扰$D(s)$引起的误差。

（a）令$G_c(s)=K$，$D(s)=D_0/s$。计算$e_D(\infty)=\lim_{t\to\infty}e_D(t)$。

（b）令$G_c(s)=K\frac{s+2}{s}$，$D(s)=D_0/s$。计算$e_D(\infty)=\lim_{t\to\infty}e_D(t)$。

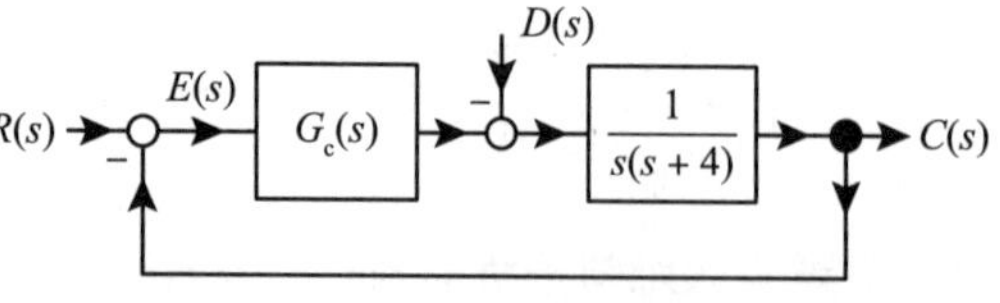

图 9-56　直流电动机的干扰抑制

（c）令$G_c(s)=K\frac{s+2}{s}$，$D(s)=D_0/s^2$。计算$e_D(\infty)=\lim_{t\to\infty}e_D(t)$。

（d）令$G_c(s)=K\dfrac{s+2}{s^2}$，$D(s)=D_0/s^2$。计算$e_D(\infty)=\lim_{t\to\infty}e_D(t)$。

习题 8 卫星跟踪与干扰抑制

图 9-57 中的卫星为地球同步卫星，它绕地球公转的速度与地球绕地轴公转的速度相同。因此，卫星总是在地球的同一位置上方。要求天线始终指向地球上的同一位置，以便在美国和欧洲之间正确地传递信号。

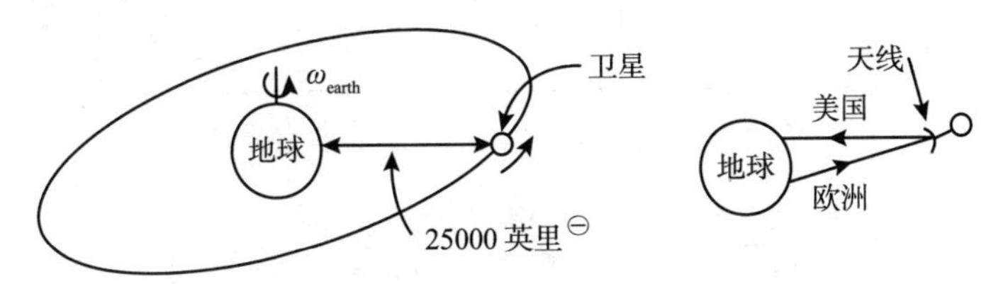

图 9-57 地球同步卫星$\omega_{earth}=\omega_{satellite}=1$转 / 天

卫星的数学模型为

$$J\frac{d^2\theta}{dt^2}=\tau$$

式中，J是卫星的转动惯量，$\tau=2rF$是由于喷流造成的转矩，θ是卫星天线的角度位置。喷流产生的转矩是控制输入（见图 9-58）。在s域中，模型为

$$\frac{\theta(s)}{\tau(s)}=G_p(s)=\frac{1}{J}\frac{1}{s^2}$$

该控制系统的框图如图 9-59 所示，其中$D(s)$表示辐射压力等干扰转矩。

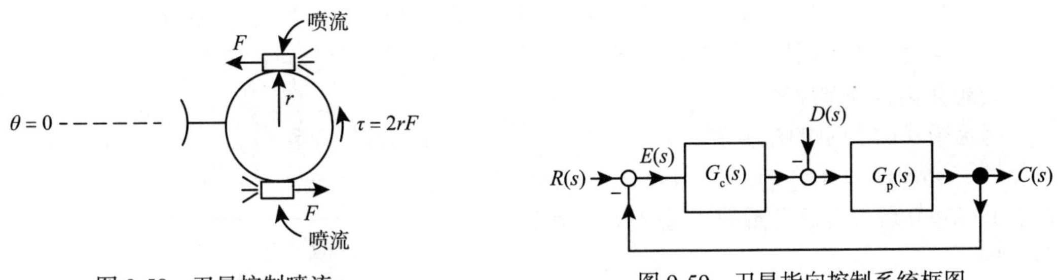

图 9-58 卫星控制喷流

图 9-59 卫星指向控制系统框图

（a）$C(s)=G_1(s)R(s)+G_2(s)D(s)$，用$G_c,G_p$表示$G_1,G_2$。

（b）$E(s)=T_1(s)R(s)+T_2(s)D(s)$，用$G_c,G_p$表示$T_1,T_2$。

跟踪：在（c）~（i）中假设$D(s)=0$。

（c）令$R(s)=1/s^2$，即$r(t)=t$。为跟踪这个输入信号，$G_c(s)$应满足什么条件？

（d）控制器$G_c(s)=K$能否在（c）中跟踪信号$R(s)=1/s^2$，请解释原因。

（e）控制器$G_c(s)=K(s+\alpha)/s$能否在（c）中跟踪信号$R(s)=1/s^2$，请解释原因。

考虑引入一个陀螺仪来稳定闭环系统。陀螺仪是测量角速度的仪器，新的控制结构如图 9-60 所示。假设$D(s)=0$并且$K_g>0$。

（f）令$\omega(s)=\dfrac{0.01}{s+0.01K_g}\big(V(s)-D(s)\big)$，因此图 9-60 的框图可化简为图 9-61。

（g）为跟踪$r(t)=tu_s(t)$，即$R(s)=1/s^2$，$G_c(s)$应满足什么条件？

⊖ 1mile=1609.344m。——编辑注

（h）当$G_c(s)=K/s$时，能否跟踪（g）中的$R(s)=1/s^2$？请解释原因。

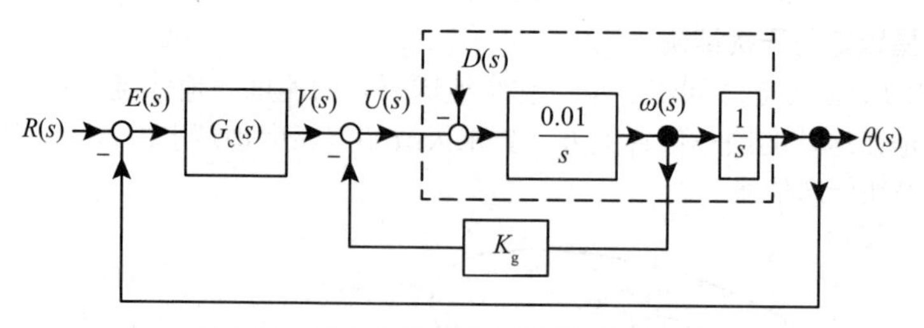

图 9-60　引入陀螺仪的卫星指向控制系统

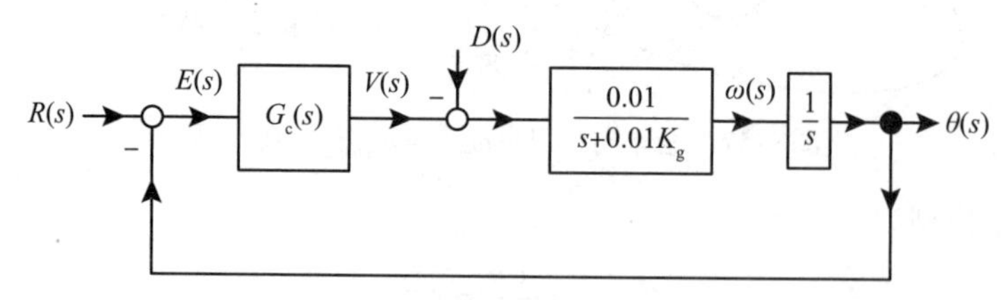

图 9-61　卫星陀螺仪控制系统框图化简

（i）当$G_c(s)=K(s+\alpha)/s$时，能否跟踪（g）中的$R(s)=1/s^2$？K,K_g,α的取值应分别为多少？

干扰抑制：对于（j）~（k）部分，使用图9-61中的框图，其中$R(s)=0$。

（j）为抵抗干扰$D(s)=1/s$，$G_c(s)$应满足什么条件？

（k）当$G_c(s)=K/s$时，能否抵抗（j）中的干扰$D(s)=1/s$？请解释原因。

（l）当$G_c(s)=K(s+\alpha)/s$时，能否抵抗（j）中的干扰$D(s)=1/s$？请解释原因。不需要使用劳斯－赫尔维茨判据，因为可以调节控制器参数将三个闭环极点配置在$-r_1,-r_2,-r_3$处。

习题9 内部模型原理

考虑图9-62所示的控制系统。

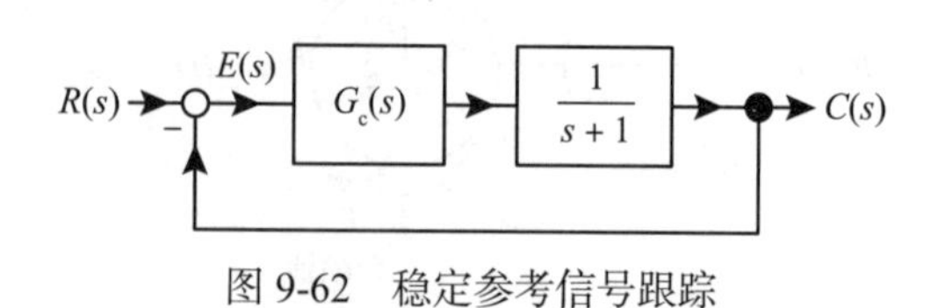

图 9-62　稳定参考信号跟踪

（a）令$R(s)=1/(s+2)$，即$r(t)=\mathrm{e}^{-2t}$，那么$G_c(s)=K>0$是否可以渐近地跟踪$R(s)$？请解释原因。

（b）令$R(s)=\dfrac{1}{(s^2+2s+2)(s+3)(s+6)}$，那么$G_c(s)=K>0$是否能够跟踪$R(s)$？请解释原因。

（c）关于跟踪渐近趋近于零的稳定参考信号，你能得出什么结论？对你的结论做一个简要的解释。

习题10 正弦干扰抑制

考虑图9-63的反馈系统，其阶跃参考输入为$r(t)=R_0u_s(t)$，存在正弦干扰$d(t)=D_0\sin(t)$。

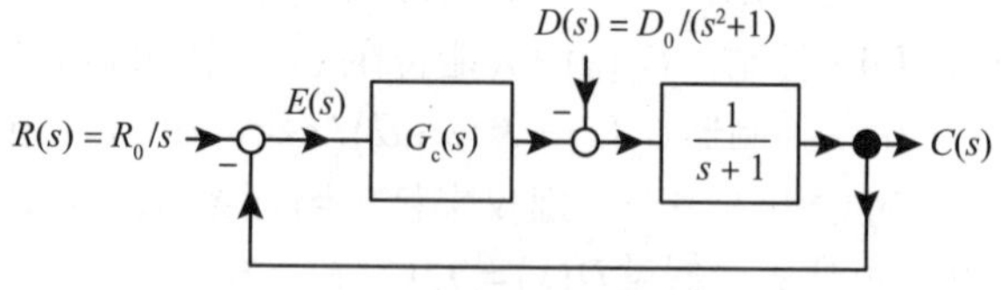

图 9-63　正弦干扰抑制

（a）考虑控制器$G_c(s)=K\dfrac{s+\alpha}{s^2+1}$，它的分母与干扰的分母相同。对于什么值的$K$和$\alpha$将使最终干扰误差$e_D(\infty)$为零？

（b）令$D(s)=\dfrac{D_0}{s^2+1}$，使用（a）部分设计的相同的控制器，令$R(s)=R_0/s$。对于什么值的K和α将使最终干扰误差$e(\infty)$为有界值？计算$e(\infty)$关于R_0,K,α的表达式。

习题 11 正弦干扰抑制

让我们重新考虑例 8，其框图如图 9-64 所示。

我们“预览”下一章的知识并将控制器设置为以下形式：

$$G_c(s)=\frac{b_c(s)}{a_c(s)}=\underbrace{\frac{b_3s^3+b_2s^2+b_1s+b_0}{s+a_0}}_{\bar{G}_c(s)}\frac{1}{s^2+1}$$

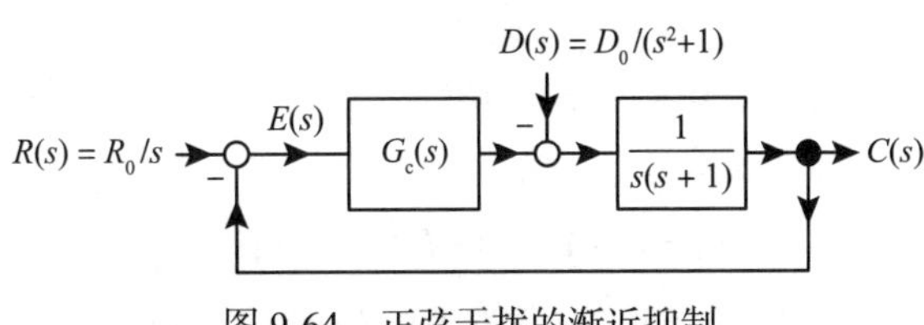

图 9-64　正弦干扰的渐近抑制

注意$G_c(s)$是正则的，但不是严格正则的。根据内部模型原理，为了渐近地抑制干扰，需要存在因子$\frac{1}{s^2+1}$。正如第 10 章所述，因子$\bar{G}_c(s)$能够让我们将闭环极点配置在任何所需的位置。

（a）计算$E_D(s)$。

（b）根据（a）的答案来说明存在控制器参数b_3,b_2,b_1,b_0,a_0，使得$E_D(s)$的分母是$s^5+f_4s^4+f_3s^3+f_2s^2+f_1s+f_0$，其中系数$f_4,\cdots,f_0$可以任意指定。

习题 12 跟踪与干扰抑制

考虑图 9-65 中的导弹，控制目标为保持角度θ为零，即导弹轴与速度向量$\vec{v}$共线，控制输入是推力角δ。

该导弹控制系统的框图如图 9-66 所示。

推力角δ与θ之间的传递函数为

$$G(s)\triangleq\frac{\theta(s)}{\delta(s)}=\frac{1}{s^2-1}$$

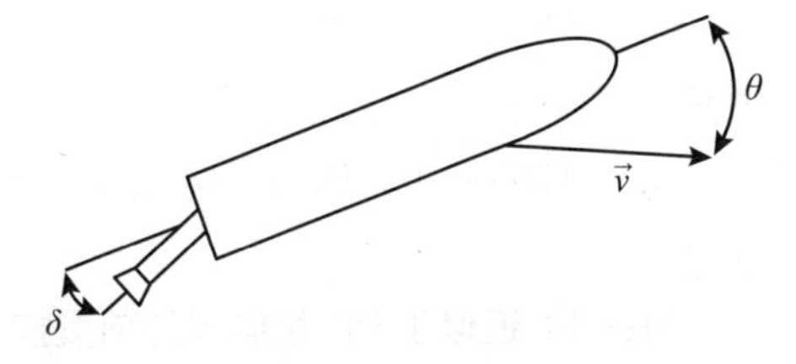

图 9-65　导弹姿态控制

陀螺反馈由$H(s)=K_ts$给出。目标是保持导弹指向与其速度相同的方向，也就是说，通过改变推力角δ来保持$\theta=0$。由于空气动力作用在导弹上，因此导弹的速度和姿态就会有偏差。我们可以将这些气动力建模为框图中所示的干扰$D(s)$。在接下来的所有描述中，令$\theta_{ref}(s)=0$。因此需要设计一个控制器，消除（或减少）干扰$D(s)$对维持$\theta=0$的影响。

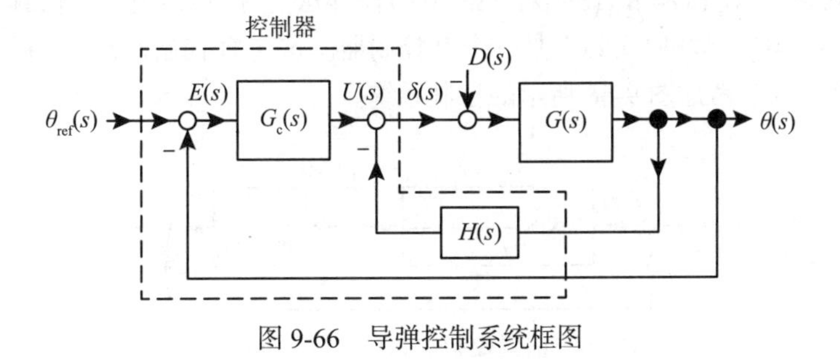

图 9-66　导弹控制系统框图

（a）证明：

$$E_D(s)=\frac{G(s)}{1+\big(G_c(s)+H(s)\big)G(s)}D(s)$$

（b）令$G_c(s)=K$，$K_t=0$，并且$D(s)=D_0/s$。计算$e_D(\infty)$，解释并写出过程。

（c）令$G_c(s)=K$，$K_t=1$，并且$D(s)=D_0/s$。计算$e_D(\infty)$，解释并写出过程。

（d）令$G_c(s)=K(s+\alpha)/s$，$K_t>0$，并且$D(s)=D_0/s$。$e_D(\infty)$能够收敛到零吗？解释并

写出过程。

习题 13 跟踪与干扰抑制

考虑图 9-67 所示的控制系统。

（a）误差可以写为

$$E(s)=T_1(s)R(s)+T_2(s)D(s)$$

写出$T_1(s)$和$T_2(s)$关于$G_c(s)$和$G_m(s)$的表达式。

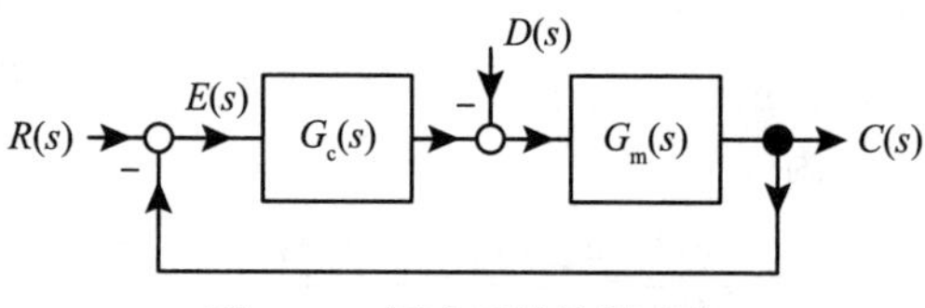

图 9-67　标准反馈控制系统

在（b）~（g）中令$G_m(s)=\dfrac{2}{s(s+6)}$。

（b）当$D(s)=0$，为跟踪$r(t)=R_0u_s(t)$，$G_c(s)$至少应达到几类系统？

（c）当$D(s)=0$，$R(s)=R_0/s$，控制器$G_c(s)=K/s$能够使$e(\infty)=0$吗？请解释原因并展示过程。

（d）当$D(s)=0$，$R(s)=R_0/s^2$，$r(t)=R_0tu_s(t)$，控制器$G_c(s)=K\dfrac{s+2}{s+10}\dfrac{1}{s}$能够使$e(\infty)=0$吗？如果可以，$K$的值是多少？解释并展示过程。

（e）令$R(s)=0$，$D(s)=D_0/s,d(t)=D_0u_s(t)$。$G_c(s)$为抑制此干扰至少需要达到几类系统？

（f）令$R(s)=0$，$D(s)=D_0/s$，控制器$G_c(s)=K\dfrac{s+2}{s+10}\dfrac{1}{s}$能够使$e(\infty)=0$吗？解释并展示过程。

（g）令$R(s)=0$，$D(s)=D_0/s^2$，使用控制器$G_c(s)=K\dfrac{s+2}{s+10}\dfrac{1}{s}$，计算$e(\infty)$。解释并展示过程。

习题 14 近似于 PD 控制器的前置控制器

前置控制器$G_c(s)$如下所示，其中$\alpha<20$。

$$G_c(s)=K_D\frac{s+\alpha}{s/20+1}=20K_D\frac{s+\alpha}{s+20}$$

对于$|s|\ll 20$，即$|s/20|\ll 1$，有$G_c(s)\approx K_D(s+\alpha)=K_Ds+\alpha K_D$，表明它大致是一个 PD 控制器。对于$|s/20|\gg 1$，$G_c(s)=K_D(s+\alpha)/(s/20+1)\approx 20K_D$。换句话说，在低频下，$G_c(s)$作为一个 PD 控制器，其在高频时实际上是一个 P 控制器。这与 D 控制器K_Ds相反，当$|s|\to\infty$时，K_Ds的增益趋近于∞。考虑图 9-68 所示的控制系统。

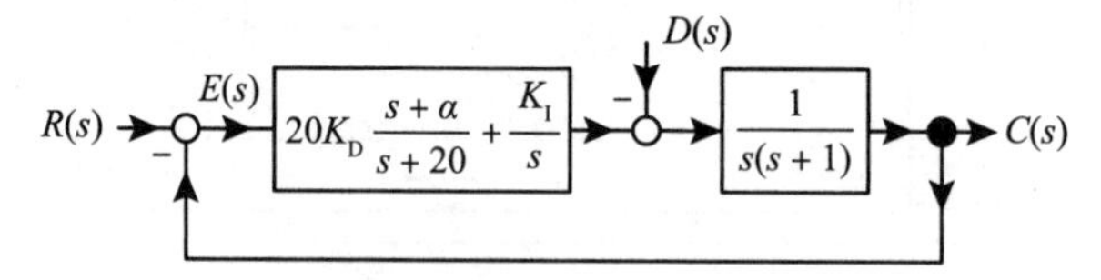

图 9-68　具有前置控制器和积分控制器的控制系统

如图 9-69 所示，为了达到设计系统的目的，使用如下近似：

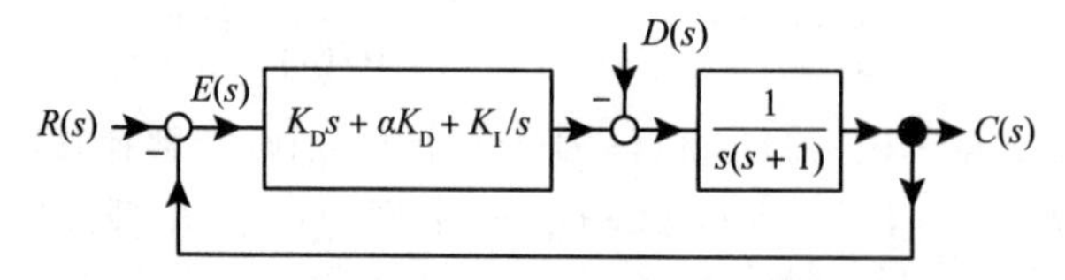

图 9-69　前置控制器被 PD 控制器取代以确定增益值

$$G_{\mathrm{c}}(s)=K_{\mathrm{D}}\frac{s+\alpha}{s/20+1}+\frac{K_{\mathrm{I}}}{s}\approx K_{\mathrm{D}}s+\alpha K_{\mathrm{D}}+\frac{K_{\mathrm{I}}}{s}$$

（a）计算控制器$K_{\mathrm{D}}s+\alpha K_{\mathrm{D}}+\frac{K_{\mathrm{I}}}{s}$中的参数$K_{\mathrm{D}},\alpha,K_{\mathrm{I}}$，使得闭环极点配置在$-3,-1\pm\mathrm{j}$。

（b）利用（a）中计算的$K_{\mathrm{D}},\alpha,K_{\mathrm{I}}$的值，使用MATLAB求得实际系统的闭环极点，也就是说控制器选取为$K_{\mathrm{D}}\frac{s+\alpha}{\frac{s}{20}+1}+\frac{K_{\mathrm{I}}}{s}$。

之后的题目中使用$G_{\mathrm{c}}(s)=K_{\mathrm{D}}\frac{s+\alpha}{\frac{s}{20}+1}+\frac{K_{\mathrm{I}}}{s}$。

（c）设$D(s)=0,R(s)=R_0/s^2$。那么$e(\infty)=0$吗？请解释原因。

（d）设$D(s)=0,R(s)=R_0/s^3\left(r(t)=R_0t^2/2\right)$。计算$e(\infty)$。

（e）设$R(s)=0,D(s)=D_0/s$，那么$e_{\mathrm{D}}(\infty)=0$吗？请解释原因。

（f）利用$r(t)=2t$和$d(t)=(1/2)u_{\mathrm{s}}(t)$模拟这个系统，在单独的图上画出误差$e(t)$和$v_{\mathrm{a}}(t)$。

习题 15 内部模型原理

考虑图 9-70 中的控制系统。

（a）令$R(s)=\frac{1}{s^2+1},D(s)=\frac{D_0}{s}$，那么控制器$G_{\mathrm{c}}(s)=K\frac{s+\alpha}{s^2+1}$可以使$e(t)\to 0$吗？请解释原因。

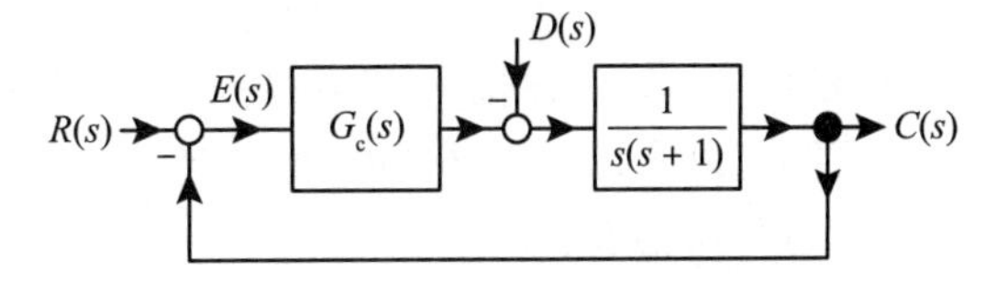

图 9-70 内部模型原理

（b）令$R(s)=\frac{2}{s}+\frac{1}{s^2+1},D(s)=0$，那么控制器$G_{\mathrm{c}}(s)=K\frac{s+\alpha}{s^2+1}$可以使$e(t)\to 0$吗？请解释原因。

（c）令控制输入为$R(s)=\frac{1}{s^2+1}$，考虑控制器

$$G_{\mathrm{c}}(s)=\frac{b_{\mathrm{c}}(s)}{a_{\mathrm{c}}(s)}\triangleq\frac{(f_3-f_4+1)s^3+(f_2-f_4+f_6)s^2+(f_1-f_4+f_5)s+f_0}{s^3+(f_6-1)s^2+(f_5-f_6)s+f_4-f_5}\frac{1}{s^2+1}$$

证明误差$E(s)$为

$$E(s)=\frac{\left(s^3+(f_6-1)s^2+(f_5-f_6)s+f_4-f_5\right)s(s+1)}{s^7+f_6s^6+f_5s^5+f_4s^4+f_3s^3+f_2s^2+f_1s+f_0}R_0$$

引入f_i可以根据需要配置闭环极点。获取这个控制器$G_{\mathrm{c}}(s)$的过程将在第 10 章给出。

习题 16 内部模型原理

考虑图 9-71 所示的直流电动机控制系统，其开环传递函数为$G(s)=\frac{1}{s(s+1)}$。令$r(t)=\sin(t)$或$R(s)=\frac{1}{s^2+1}$。根据例 8 可知使用控制器$G_{\mathrm{c}}(s)=K\frac{s+\alpha}{s^2+1}$，可以渐近跟踪该参考输入。但是，由于瞬态响应衰减缓慢，因此该控制器性能较差。

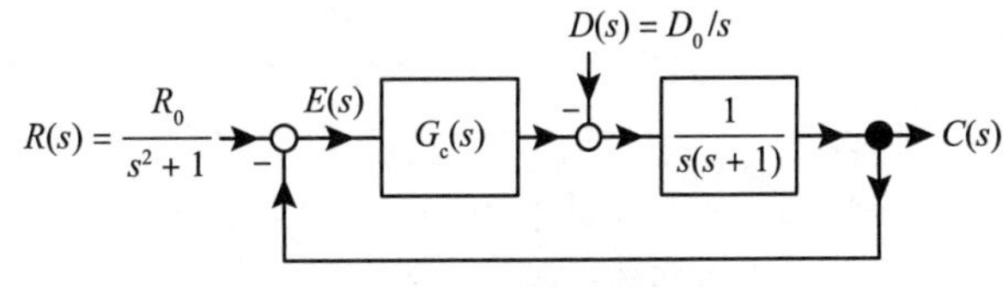

图 9-71 跟踪正弦信号

我们在直流电动机的轴上增加一个转速表来进行速度测量，观察利用它是否可以获得更好的性能。转速表的输出是与电动机速度成比例的电压V_{t}，即$V_{\mathrm{tach}}=K_{\mathrm{t}}\omega$，其中$K_{\mathrm{t}}$是可调增益，如图 9-72 所示。

（a）引入转速表后，令$G_{\mathrm{c}}(s)=K_{\mathrm{P}}+K\frac{s+\alpha}{s^2+1}$。证明使用增益$K,\alpha,K_{\mathrm{t}}$和$K_{\mathrm{P}}$可以将闭环极点

配置在任何期望的位置。

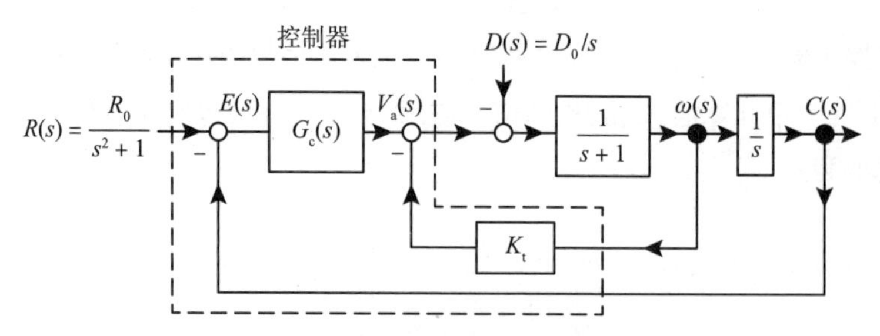

图 9-72　使用转速表加速系统响应

（b）令$G_c(s)=K_P+\dfrac{K_I}{s}+K\dfrac{s+\alpha}{s^2+1}$，重复步骤（a）。在$G_c(s)$中引入积分器后有什么优势？

习题 17 俯仰控制与 I–PD 控制器

如文中所述，再次考虑飞机俯仰控制的传递函数，即

$$\frac{\theta(s)}{\delta(s)}=G(s)=\frac{1.51s+0.1774}{s^3+0.739s^2+0.921s}$$

设计规格仍然是：超调量小于10%，上升时间小于2s，调节时间小于10s，最终误差小于2%。最大升降舵角取为25°（0.436rad），即$-25°\leqslant\delta\leqslant25°$。控制器使用如图 9-73 所示的 I-PD 架构，此时升降舵指令（取$\tau=0$）为

$$\delta_c(t)=K_I\int_0^t e(t')\mathrm{d}t'+K_Pc(t)+K_D\frac{\mathrm{d}c(t)}{\mathrm{d}t}$$

特别地，在$t=0$时刻，升降舵指令变成$\delta_c(0)=K_I\int_0^0 e(t')\mathrm{d}t'+K_Pc(0)+K_D\dot{c}(0)=0$。因此，在执行器不饱和的情况下，$K_P$和$K_D$可能会比 PI-D 控制器中的对应值大得多。此外，闭环系统只有开环传递函数$G(s)$的一个零点。

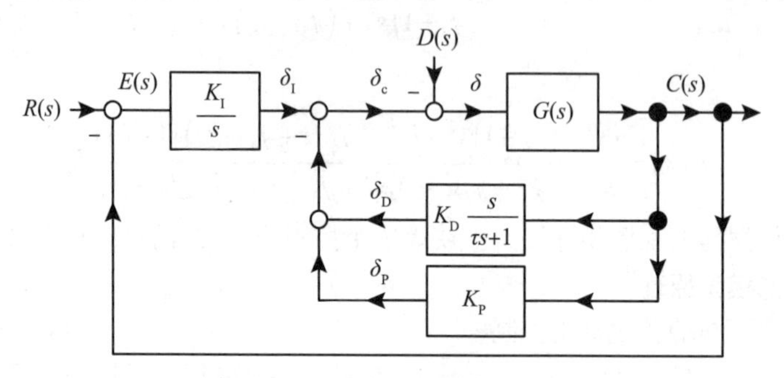

图 9-73　I-PD 标准反馈控制系统

令$R(s)=R_0/s$，其中$R_0=0.2\text{rad}(11.5\text{deg})$并且令$D(s)=0$。

（a）计算内环传递函数$G_2(s)=C(s)/\delta_I(s)$。

（b）计算整体闭环传递函数$G_{CL}(s)=\dfrac{G_2(s)G(s)}{1+G_2(s)G(s)}$。

（c）闭环极点是否与使用 PI-D 和 PID 控制器获得的闭环极点相同？

（d）构建并模拟运行此系统。选择的K_P,K_D,K_I的值是多少？上升时间（上升到$0.9R_0$的时间）、调节时间（2% 标准）和$D(s)=0$时的响应超调量各是多少？

（e）用在（d）中选择的增益值计算$G_{CL}(s)$，以零极点多项式的形式给出。多项式中有没有稳定的零极点抵消？

极点配置、二自由度控制器和内部稳定性

给定一个传递函数模型$G(s)$，本章首先展示了如何设计控制器$G_c(s)$，以使闭环极点可以配置在任何所需的位置。极点配置是一个非常简单的过程，然而，$G_c(s)$的零点和$G(s)$的零点往往会导致闭环阶跃响应的明显超调。因此，本章还展示了如何通过滤波器$G_f(s)$（传递函数）传递阶跃参考输入来消除这种超调。这种使用两个传递函数$G_c(s)$和$G_f(s)$的控制器称为二自由度（Two Degree of Freedom，2DOF）控制器。最后，本章提出了内部稳定性的概念，它要求在控制器传递函数$G_c(s)$和模型传递函数$G(s)$之间不存在不稳定的零极点抵消。

10.1 输出极点配置

在使用内部模型原理跟踪参考信号$R(s)$或抑制干扰信号$D(s)$时，由于使$G_c(s)G(s)$包含$R(s)$的极点，$G_c(s)$包含$D(s)$的极点的过程相对简单，因此最直接的困难是如何使闭环系统稳定。给出一个由严格正则传递函数描述的物理系统，本节将展示如何设计控制器以保证闭环稳定性，同时实现跟踪与干扰抑制的目标。

例 1 二阶控制系统的极点配置

考虑图 10-1 的控制系统，其开环传递函数为$G(s)=\dfrac{b}{s(s+a)}$。

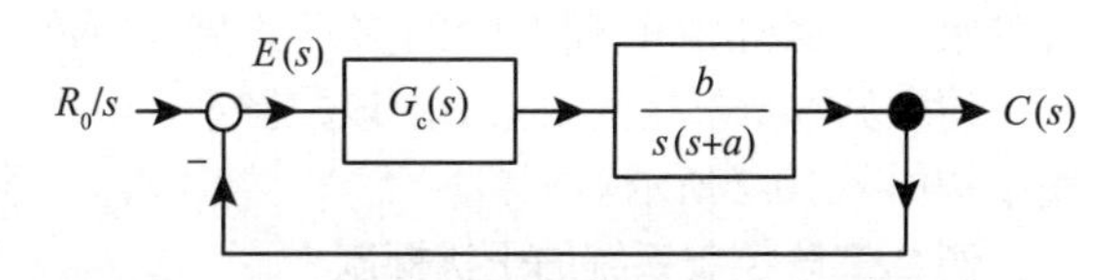

图 10-1 二阶控制系统的极点配置

在这个例子中，我们希望能够跟踪一个阶跃信号。由于$G(s)$是 1 型系统，因此需通过简单地设计$G_c(s)$来实现闭环系统的稳定性。极点配置控制器由下式给出：

$$G_c(s)=\frac{b_c(s)}{a_c(s)}=\frac{b_1s+b_0}{s+a_0}$$

为了便于解释，$G_c(s)$的分母选择为一阶首一多项式[㊀]，小于$G(s)=\dfrac{b}{s(s+a)}$的分母多项式。然后$G_c(s)$的分子选择为与其分母具有相同阶数的多项式[㊁]。将$G_c(s)$选择为上述这种形式，我们现在证明存在b_1,b_0和a_0，可以将闭环极点配置在任意位置。我们有

$$\begin{aligned}E(s)&=\frac{1}{1+\dfrac{b_1s+b_0}{s+a_0}\dfrac{b}{s(s+a)}}\frac{R_0}{s}\\&=\frac{(s+a_0)s(s+a)}{s(s+a)(s+a_0)+(b_1s+b_0)b}\frac{R_0}{s}\\&=\frac{(s+a_0)(s+a)}{s^3+(a+a_0)s^2+(aa_0+bb_1)s+bb_0}R_0\end{aligned}$$

㊀ 首一多项式表示多项式的首项系数为 1。
㊁ $G_c(s)$是正则的，但不是严格正则的。

其中

$$s^3 + f_2 s^2 + f_1 s + f_0$$

$E_R(s)$的期望分母设为

$$s^3 + (a + a_0)s^2 + (aa_0 + bb_1)s + bb_0 = s^3 + f_2 s^2 + f_1 s + f_0$$

s次幂的系数相等

$$\begin{aligned} bb_0 &= f_0 \\ aa_0 + bb_1 &= f_1 \\ a + a_0 &= f_2 \end{aligned}$$

或

$$\begin{aligned} b_0 &= f_0 / b \\ a_0 &= f_2 - a \\ b_1 &= \frac{f_1 - aa_0}{b} = \frac{f_1 - af_2 + a^2}{b} \end{aligned}$$

如果我们想要三个闭环极点在$-r_1, -r_2, -r_3$处，我们只需设置：

$$\begin{aligned} s^3 + f_2 s^2 + f_1 s + f_0 &= (s + r_1)(s + r_2)(s + r_3) \\ &= s^3 + \underbrace{(r_1 + r_2 + r_3)}_{f_2} s^2 + \underbrace{(r_1 r_2 + r_1 r_3 + r_2 r_3)}_{f_1} s + \underbrace{r_1 r_2 r_3}_{f_0} \end{aligned}$$

从第二行到第三行我们做了一个三阶多项式的展开。关于二阶到七阶的多项式展开，请参见本章末尾的附录B。该控制系统结构如图10-2所示。

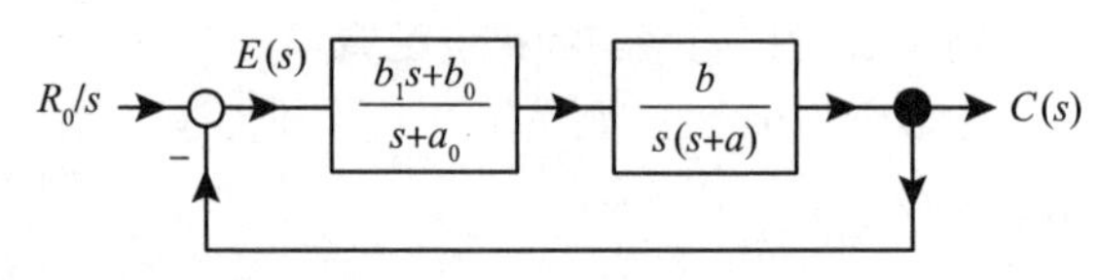

图10-2 二阶系统的极点配置

例2 二阶控制系统的干扰抑制

考虑前面的例子，对常值干扰进行抑制。控制系统如图10-3所示。

为了配置闭环极点，$G_c(s)$选择为

$$G_c(s) = \frac{b_c(s)}{a_c(s)} = \underbrace{\frac{b_2 s^2 + b_1 s + b_0}{s + a_0}}_{\bar{G}_c(s)} \frac{1}{s}$$

为了便于解释，$G_c(s)$写为$\bar{G}_c(s)$和$1/s$的乘积。根据内部模型原理，可用$1/s$因子来抑制阶跃干扰，因子$\bar{G}_c(s)$的确定如下。观察$G(s) = \dfrac{b}{s(s+a)}$，注意到$G(s)$的

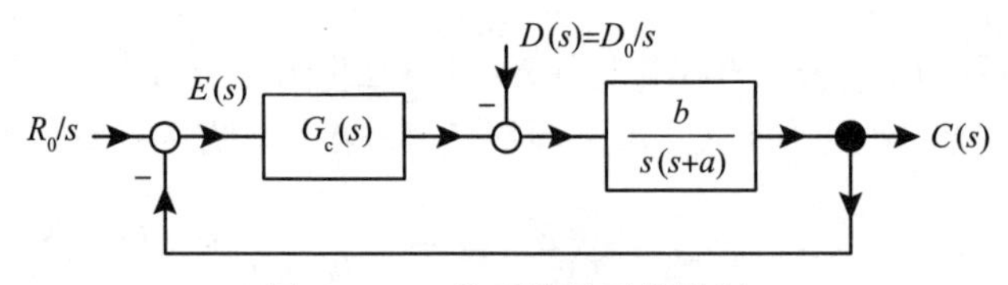

图10-3 二阶系统的干扰抑制

分母是二阶的。$\bar{G}_c(s)$的分母被设置为一个比$G(s)$的分母小一阶的多项式，在这个例子中设为$s + a_0$。$G_c(s)$的分母$s(s + a_0)$是二阶。$G_c(s) = \bar{G}_c(s)\dfrac{1}{s}$的分子选择为具有相同阶次的多项式，在本例中为$b_2 s^2 + b_1 s + b_0$。注意$G_c(s)$是正则的，但不是严格正则的。

计算$E_D(s)$，有

$$E_{\mathrm{D}}(s)=\frac{G(s)}{1+G_{\mathrm{c}}(s)G(s)}\frac{D_0}{s}=\frac{\dfrac{b}{s(s+a)}}{1+\dfrac{b_2s^2+b_1s+b_0}{s+a_0}\dfrac{1}{s}\dfrac{b}{s(s+a)}}\frac{D_0}{s}$$
$$=\frac{s(s+a_0)b}{s^2(s+a_0)(s+a)+bb_2s^2+bb_1s+bb_0}\frac{D_0}{s}$$
$$=\frac{(s+a_0)b}{s^4+(a+a_0)s^3+(aa_0+bb_2)s^2+bb_1s+bb_0}D_0$$

根据

$$s^4+f_3s^3+f_2s^2+f_1s+f_0$$

可将$E_{\mathrm{D}}(s)$的期望分母设为

$$s^4+(a+a_0)s^3+(aa_0+bb_2)s^2+bb_1s+bb_0=s^4+f_3s^3+f_2s^2+f_1s+f_0$$

需要将$G_{\mathrm{c}}(s)$的系数设为

$$b_0=f_0/b$$
$$b_1=f_1/b$$
$$a_0=f_3-a$$
$$b_2=(f_2-aa_0)/b=(f_2-af_3+a^2)/b$$

例 3 跟踪正弦信号

考虑图 10-4 所示的控制系统。要求该系统能够渐近跟踪参考信号$r(t)=R_0\sin(t)$，即$R(s)=R_0/(s^2+1)$。

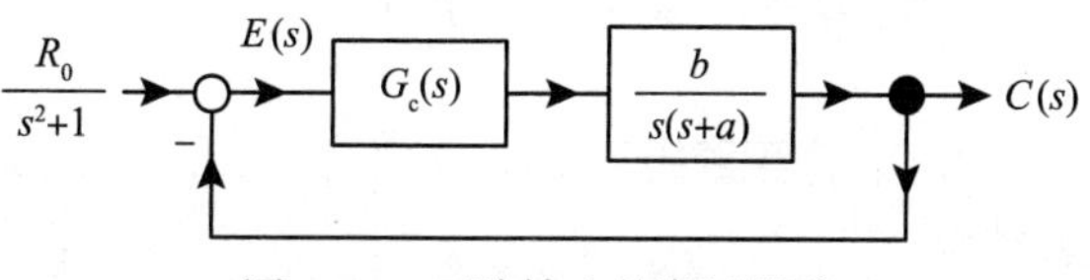

图 10-4 正弦输入的渐近跟踪

为了能够任意地配置闭环极点，$G_{\mathrm{c}}(s)$选择为如下形式

$$G_{\mathrm{c}}(s)=\frac{b_{\mathrm{c}}(s)}{a_{\mathrm{c}}(s)}=\underbrace{\frac{b_3s^3+b_2s^2+b_1s+b_0}{s+a_0}}_{\bar{G}_{\mathrm{c}}(s)}\frac{1}{s^2+1}$$

为了便于解释，根据内部模型原理，$G_{\mathrm{c}}(s)$必须含有因子$\frac{1}{s^2+1}$来跟踪正弦参考输入。$\bar{G}_{\mathrm{c}}(s)$的分母阶数比$G(s)$的分母小一阶。最后，$G_{\mathrm{c}}(s)$的分子设为与其分母相同的阶次。注意$G_{\mathrm{c}}(s)$是正则的。于是，误差为

$$E(s)=\frac{1}{1+G_{\mathrm{c}}(s)G(s)}R(s)$$
$$=\frac{1}{1+\dfrac{b_3s^3+b_2s^2+b_1s+b_0}{s+a_0}\dfrac{1}{s^2+1}\dfrac{b}{s(s+a)}}\frac{R_0}{s^2+1}$$
$$=\frac{(s+a_0)s(s+a)(s^2+1)}{(s+a_0)s(s+a)(s^2+1)+bb_3s^3+bb_2s^2+bb_1s+bb_0}\frac{R_0}{s^2+1}$$
$$=\frac{(s+a_0)s(s+a)}{s^5+(a+a_0)s^4+(aa_0+bb_3+1)s^3+(a+a_0+bb_2)s^2+(aa_0+bb_1)s+bb_0}R_0$$

根据

$$s^5+f_4s^4+f_3s^3+f_2s^2+f_1s+f_0$$

$E_{\mathrm{R}}(s)$的期望分母为

$$\begin{aligned}&s^5+(a+a_0)s^4+(aa_0+bb_3+1)s^3+(a+a_0+bb_2)s^2+(aa_0+bb_1)s+bb_0\\&=s^5+f_4s^4+f_3s^3+f_2s^2+f_1s+f_0\end{aligned}$$

$G_{\mathrm{c}}(s)$的参数需要设为

$$\begin{aligned}b_0&=\frac{f_0}{b}\\a_0&=f_4-a\\b_1&=\frac{f_1-aa_0}{b}=\frac{f_1-af_4+a^2}{b}\\b_2&=\frac{f_2-a-a_0}{b}=\frac{f_2-f_4}{b}\\b_3&=\frac{f_3-aa_0-1}{b}=\frac{f_3-af_4+a^2-1}{b}\end{aligned}$$

例 4 极点配置

考虑图 10-5 中给出的控制系统，其中

$$G(s)=\frac{s-2}{(s-1)(s-3)}$$

系统需要跟踪阶跃输入并抑制阶跃干扰。

为了任意配置闭环极点，$G_{\mathrm{c}}(s)$选择为

$$G_{\mathrm{c}}(s)=\underbrace{\frac{b_2s^2+b_1s+b_0}{s+a_0}}_{\bar{G}_{\mathrm{c}}(s)}\frac{1}{s}$$

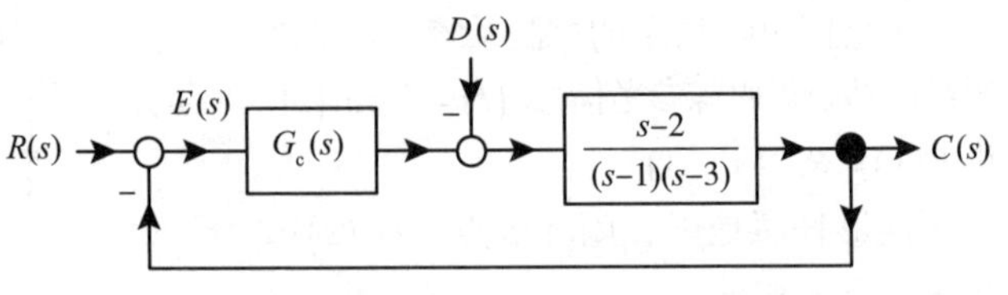

图 10-5　具有一个右半平面零点的不稳定系统

根据内部模型原理，为跟踪阶跃输入并抑制阶跃干扰，$G_{\mathrm{c}}(s)$必须具有因子$1/s$。$\bar{G}_{\mathrm{c}}(s)$的分母阶次应比$G(s)$的阶次小一阶。最后，$G_{\mathrm{c}}(s)$的分子阶次应与其分母阶次相同。于是

$$\begin{aligned}E_{\mathrm{R}}(s)&=\frac{1}{1+G_{\mathrm{c}}(s)G(s)}R(s)\\&=\frac{1}{1+\frac{b_2s^2+b_1s+b_0}{s+a_0}\frac{1}{s}\frac{s-2}{(s-1)(s-3)}}\frac{R_0}{s}\\&=\frac{s(s+a_0)(s-1)(s-3)}{s(s+a_0)(s-1)(s-3)+(b_2s^2+b_1s+b_0)(s-2)}\frac{R_0}{s}\\&=\frac{(s+a_0)(s-1)(s-3)}{s^4+(b_2+a_0-4)s^3+(b_1-2b_2-4a_0+3)s^2+(3a_0+b_0-2b_1)s-2b_0}R_0\end{aligned}$$

接下来要解的方程是

$$\begin{aligned}&s^4+(b_2+a_0-4)s^3+(b_1-2b_2-4a_0+3)s^2+(3a_0+b_0-2b_1)s-2b_0\\&=s^4+f_3s^3+f_2s^2+f_1s+f_0\end{aligned}$$

写为矩阵形式为

$$\begin{bmatrix} f_3 \\ f_2 \\ f_1 \\ f_0 \end{bmatrix} = \begin{bmatrix} 1 & 0 & 0 & 1 \\ -2 & 1 & 0 & -4 \\ 0 & -2 & 1 & 3 \\ 0 & 0 & -2 & 0 \end{bmatrix} \begin{bmatrix} b_2 \\ b_1 \\ b_0 \\ a_0 \end{bmatrix} + \begin{bmatrix} -4 \\ 3 \\ 0 \\ 0 \end{bmatrix}$$

求解$G_c(s)$的参数可以得到

$$\begin{bmatrix} b_2 \\ b_1 \\ b_0 \\ a_0 \end{bmatrix} = \begin{bmatrix} 1 & 0 & 0 & 1 \\ -2 & 1 & 0 & -4 \\ 0 & -2 & 1 & 3 \\ 0 & 0 & -2 & 0 \end{bmatrix}^{-1} \left(\begin{bmatrix} f_3 \\ f_2 \\ f_1 \\ f_0 \end{bmatrix} - \begin{bmatrix} -4 \\ 3 \\ 0 \\ 0 \end{bmatrix} \right)$$

$$= \begin{bmatrix} 5 & 2 & 1 & 1/2 \\ -6 & -3 & -2 & -1 \\ 0 & 0 & 0 & -1/2 \\ -4 & -2 & -1 & -1/2 \end{bmatrix} \left(\begin{bmatrix} f_3 \\ f_2 \\ f_1 \\ f_0 \end{bmatrix} - \begin{bmatrix} -4 \\ 3 \\ 0 \\ 0 \end{bmatrix} \right)$$

这可以简化为

$$\begin{bmatrix} b_2 \\ b_1 \\ b_0 \\ a_0 \end{bmatrix} = \begin{bmatrix} f_0/2 + f_1 + 2f_2 + 5f_3 + 14 \\ -f_0 - 2f_1 - 3f_2 - 6f_3 - 15 \\ -f_0/2 \\ -f_0/2 - f_1 - 2f_2 - 4f_3 - 10 \end{bmatrix} \tag{10.1}$$

为了将闭环极点配置在$-r_1,-r_2,-r_3,-r_4$处，我们简化为[⊖]

$$\begin{aligned} s^4 + f_3 s^3 + f_2 s^2 + f_1 s + f_0 &= (s+r_1)(s+r_2)(s+r_3)(s+r_4) \\ &= s^4 + \underbrace{(r_1+r_2+r_3+r_4)}_{f_3} s^3 + \\ &\quad \underbrace{(r_1r_2+r_1r_3+r_1r_4+r_2r_3+r_2r_4+r_3r_4)}_{f_2} s^2 + \\ &\quad \underbrace{(r_1r_2r_3+r_1r_2r_4+r_1r_3r_4+r_2r_3r_4)}_{f_1} s + \underbrace{r_1r_2r_3r_4}_{f_0} \end{aligned}$$

根据式（10.1）将四个闭环极点均置于-1，则控制器为

$$G_c(s) = \frac{50.5s^2 - 66s - 0.5}{s - 42.5}\frac{1}{s} = \frac{50.5(s-1.3145)(s+0.0075)}{s-42.5}\frac{1}{s} \tag{10.2}$$

图 10-6 所示为闭环系统的单位阶跃响应，超调量之高令人无法接受，此问题将在 10.2 节中讨论（见图 10-24 和习题 9）。

10.1.1 干扰模型

抑制干扰的方法依赖于能够对进入系统与控制输入在同一位置的干扰进行建模。虽然看起来限制极大，但通常是可以做到的，如下文所示。回顾直流电动机方程

⊖ 请参阅本章末尾关于多项式展开的附录。

$$L\frac{\mathrm{d}i}{\mathrm{d}t}=-Ri(t)-K_{\mathrm{b}}\omega(t)+u(t)$$

$$J\frac{\mathrm{d}\omega}{\mathrm{d}t}=K_{\mathrm{T}}i(t)-f\omega(t)-\tau_{\mathrm{L}}(t)$$

$$\frac{\mathrm{d}\theta}{\mathrm{d}t}=\omega(t)$$

控制输入是第一个方程中的电压$u(t)$，而干扰是第二个方程中的负载转矩。在这个模型中，干扰不会在输入$u(t)$的同一位置进入物理系统。我们现在演示如何确定在输入电压相同位置的等效干扰。初始条件为零时对这些方程作拉普拉斯变换，可得到

$$sLI(s)=-RI(s)-K_{\mathrm{b}}\omega(s)+V_{\mathrm{a}}(s)$$

$$sJ\omega(s)=K_{\mathrm{T}}I(s)-f\omega(s)-\tau_{\mathrm{L}}(s)$$

$$s\theta(s)=\omega(s)$$

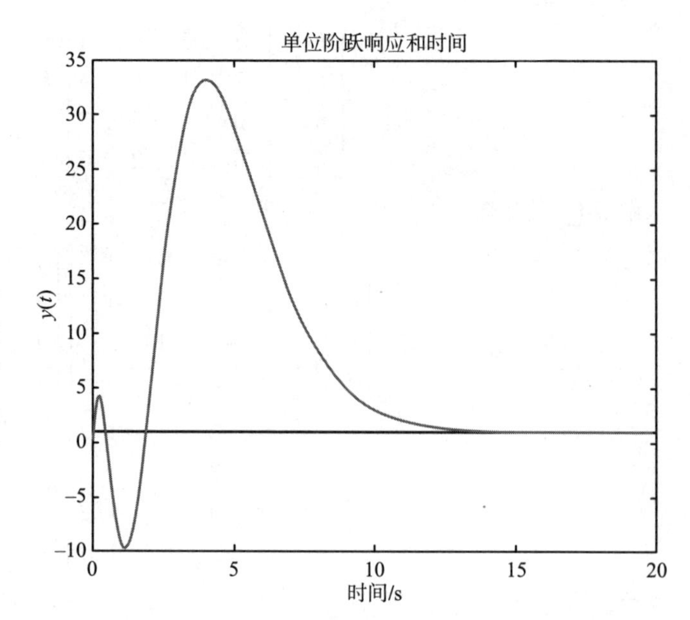

图 10-6　所有极点都为 −1 时的阶跃响应

经过重新排列，这组方程可以写成

$$I(s)=\frac{1}{sL+R}\left(V_{\mathrm{a}}(s)-K_{\mathrm{b}}\omega(s)\right)$$

$$\omega(s)=\frac{1}{sJ+f}\left(K_{\mathrm{T}}I(s)-\tau_{\mathrm{L}}(s)\right)$$

$$\theta(s)=\frac{1}{s}\omega(s)$$

相应的框图如图 10-7 所示。

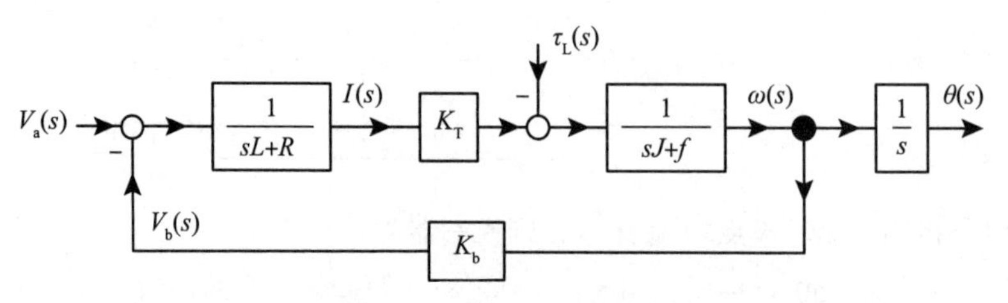

图 10-7　直流电动机框图

一个简单的框图等效结果如图 10-8 所示。

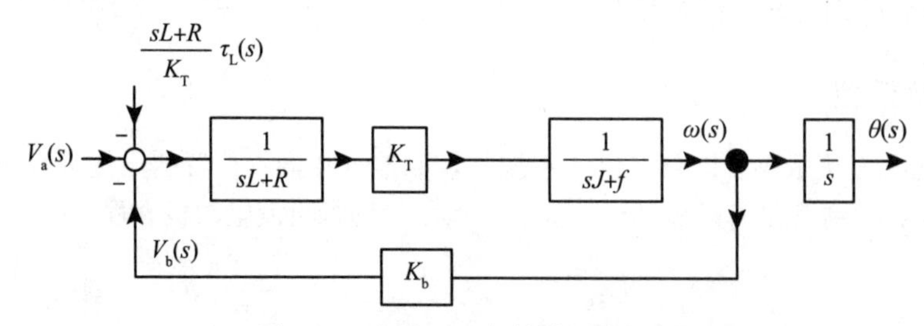

图 10-8　在输入处的等效干扰框图

根据图 10-8，直流电动机的方程可以写成如下等效形式

$$L\frac{\mathrm{d}i}{\mathrm{d}t}=-Ri(t)-K_{\mathrm{b}}\omega(t)+v_{\mathrm{a}}(t)-\left(\frac{L}{K_{\mathrm{T}}}\dot{\tau}_{\mathrm{L}}(t)+\frac{R}{K_{\mathrm{T}}}\tau_{\mathrm{L}}(t)\right)$$

$$J\frac{\mathrm{d}\omega}{\mathrm{d}t}=K_{\mathrm{T}}i(t)-f\omega(t)$$

$$\frac{\mathrm{d}\theta}{\mathrm{d}t}=\omega(t)$$

此时输入电压处的等效干扰为

$$d(t)=\frac{L}{K_{\mathrm{T}}}\dot{\tau}_{\mathrm{L}}(t)+\frac{R}{K_{\mathrm{T}}}\tau_{\mathrm{L}}(t)$$

由于$t>0$时，$\tau_{\mathrm{L}}(t)=\tau_{\mathrm{L0}}u_{\mathrm{s}}(t)$使$\dot{\tau}_{\mathrm{L}}(t)=0$，则可得到$d(t)=\frac{R}{K_{\mathrm{T}}}\tau_{\mathrm{L}}(t)$。具有等效电压干扰的直流电动机的方程为

$$L\frac{\mathrm{d}i}{\mathrm{d}t}=-Ri(t)-K_{\mathrm{b}}\omega(t)+v_{\mathrm{a}}(t)-\frac{R}{K_{\mathrm{T}}}\tau_{\mathrm{L0}}$$

$$J\frac{\mathrm{d}\omega}{\mathrm{d}t}=K_{\mathrm{T}}i(t)-f\omega(t)$$

$$\frac{\mathrm{d}\theta}{\mathrm{d}t}=\omega(t)$$

注意 恒定负载转矩τ_{L0}等价于恒定电流干扰$\tau_{\mathrm{L0}}/K_{\mathrm{T}}$，恒定电流干扰又相当于恒定电压干扰$R\tau_{\mathrm{L0}}/K_{\mathrm{T}}$。

10.1.2　初始条件对控制设计的影响

在设计反馈控制器时，我们一般选取初始条件为零，当初始条件不为零时我们观察一下会发生什么。选取以下系统

$$\ddot{y}-2\dot{y}+2y=\dot{u}-u$$

这个方程的拉普拉斯变换是

$$s^2Y(s)-sy(0)-\dot{y}(0)-2sY(s)+2y(0)+2Y(s)=sU(s)-u(0)-U(s)$$

或

$$Y(s)=\underbrace{\frac{s-1}{s^2-2s+2}}_{G(s)}U(s)+\frac{sy(0)+\dot{y}(0)-2y(0)-u(0)}{s^2-2s+2}$$

可以观察到一个关键点是初始条件项的分母与开环传递函数的分母相同，如图 10-9 的框图所示。

考虑这个系统的标准反馈控制器，如图 10-10 所示。

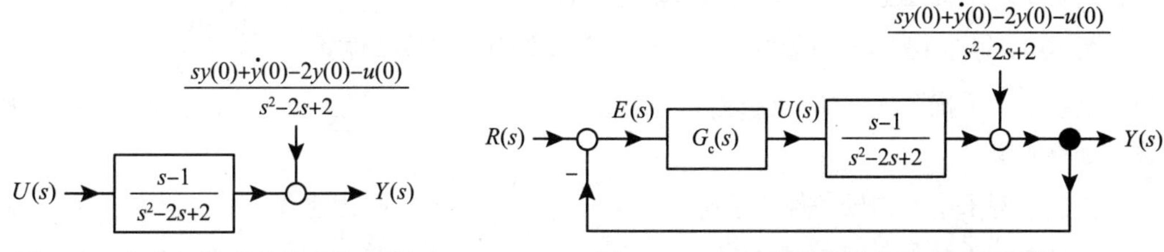

图 10-9　包含初始条件的系统框图

图 10-10　包含初始条件的反馈控制系统

设计控制器$G_c(s)$，使闭环传递函数$Y(s)/R(s)$是稳定的。控制器为

$$G_c(s)=\frac{-2s+13}{s+7}$$

将闭环极点配置在 $-1,-1,-1$ 处。在初始条件非零的情况下有

$$\begin{aligned}Y(s)&=G(s)U(s)+\frac{sy(0)+\dot{y}(0)-2y(0)-u(0)}{s^2-2s+2}\\&=G(s)G_c(s)\big(R(s)-Y(s)\big)+\frac{sy(0)+\dot{y}(0)-2y(0)-u(0)}{s^2-2s+2}\end{aligned}$$

求解$Y(s)$可得到

$$Y(s)=\underbrace{\frac{G(s)G_c(s)}{1+G(s)G_c(s)}}_{G_{CL}(s)}R(s)+\underbrace{\frac{1}{1+G(s)G_c(s)}\frac{sy(0)+\dot{y}(0)-2y(0)-u(0)}{s^2-2s+2}}_{Y_{IC}(s)}$$

初始条件响应$Y_{IC}(s)$为

$$\begin{aligned}Y_{IC}(s)&\triangleq\frac{1}{1+\dfrac{s-1}{s^2-2s+2}\dfrac{-2s+13}{s+7}}\frac{sy(0)+\dot{y}(0)-2y(0)-u(0)}{s^2-2s+2}\\&=\frac{(s^2-2s+2)(s+7)}{s^3+3s^2+3s+1}\frac{sy(0)+\dot{y}(0)-2y(0)-u(0)}{s^2-2s+2}\\&=\frac{(s+7)\big(sy(0)+\dot{y}(0)-2y(0)-u(0)\big)}{(s+1)(s+1)(s+1)}\end{aligned}$$

注意开环传递函数的分母抵消了初始条件项的分母，于是有

$$y_{IC}(t)=\mathcal{L}^{-1}\{Y_{IC}(s)\}=\mathcal{L}^{-1}\left\{\frac{(s+7)\big(sy(0)+\dot{y}(0)-2y(0)-u(0)\big)}{(s+1)(s+1)(s+1)}\right\}\to 0$$

进一步地，

$$\begin{aligned}Y(s)/R(s)=G_{CL}(s)=\frac{G(s)G_c(s)}{1+G(s)G_c(s)}&=\frac{\dfrac{s-1}{s^2-2s+2}\dfrac{-2s+13}{s+7}}{1+\dfrac{s-1}{s^2-2s+2}\dfrac{-2s+13}{s+7}}\\&=\frac{(s-1)(-2s+13)}{(s+1)(s+1)(s+1)}\end{aligned}$$

结论

闭环初始条件响应$Y_{IC}(s)$的分母始终与闭环传递函数$Y(s)/R(s)=G_{CL}(s)$的分母相同。因此，只要闭环系统是稳定的，初始条件响应渐近趋于零。

图 10-11 与图 10-10 是等效的框图。在这个框图中，初始条件项$\dfrac{sy(0)+\dot{y}(0)-2y(0)-u(0)}{s-1}$现在是一个“干扰”项。那么$G_c(s)$是否需要在$s=1$处配置一个极点来抑制这种“干扰”呢？答案是不需要。

在这个例子中，初始条件“干扰”$\dfrac{sy(0)+\dot{y}(0)-u(0)}{s-1}$在$s=1$处有一个极点。然而，$G(s)$在$s=1$处有一个零点，因此闭环传递函数$G_{CL}(s)$在$s=1$处也有一个零点，即

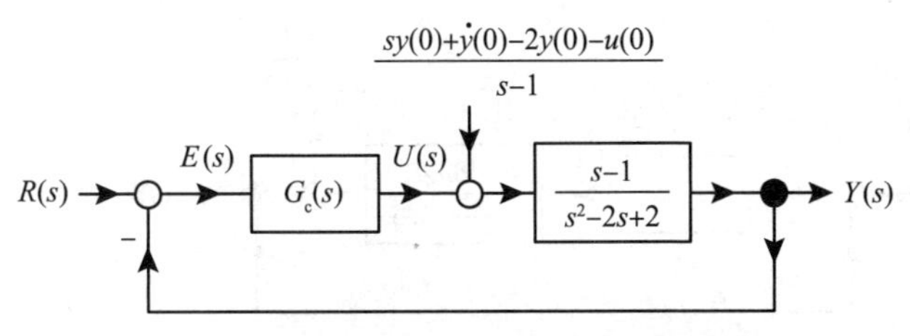

图 10-11 图 10-10 的等效框图

$$
\begin{aligned}
Y_{\mathrm{IC}}(s) &= \frac{\dfrac{s-1}{s^2-2s+2}}{1+\dfrac{-2s+13}{s+7}\dfrac{s-1}{s^2-2s+2}} \frac{sy(0)+\dot{y}(0)-2y(0)-u(0)}{s-1} \\
&= \underbrace{\frac{(s+7)(s-1)}{s^3+3s^2+3s+1}}_{G_{\mathrm{CL}}(s)} \frac{sy(0)+\dot{y}(0)-2y(0)-u(0)}{s-1}
\end{aligned}
$$

我们通过将$sy(0)+\dot{y}(0)-2y(0)-u(0)$除以$s-1$便简单地实现了将因子$s-1$进行消去，因此图 10-11 与图 10-10 等价。使用图 10-10 的框图表示初始条件可以避免与干扰抑制相混淆。

例 5 倒立摆

图 10-12 描绘了手推车上的倒立摆。摆杆的长度ℓ可以自由地围绕推车枢轴旋转。控制目标是对小车施加一个外力u，使摆角保持在$\theta=0$。

在第 13 章中，我们推导了倒立摆的数学模型，接下来总结一下这个模型。M是推车的质量，m是长度为2ℓ的摆杆的质量，$J=m\ell^2/2$是摆杆绕其质心$(x+\ell\sin(\theta),y)$的转动惯量，u是外力输入。推车的位置x和杆的角度θ都为已知测量值。当θ很小时，杆的质心近似位于$(x+\ell\theta,y)$。在混用符号的情况下我们还用y表示系统输出，定义为

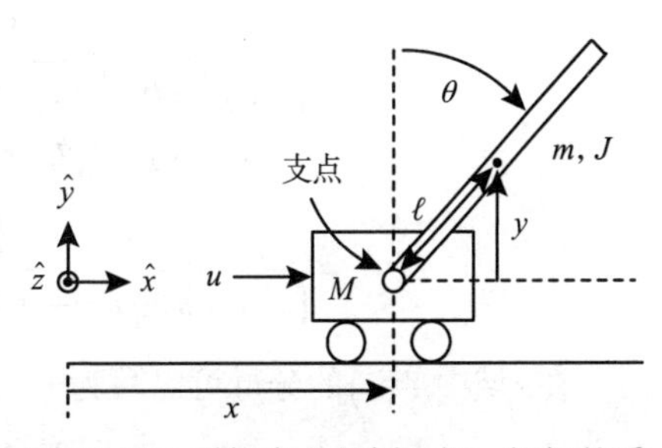

图 10-12 手推车上的倒立摆。摆杆的质心位于$(x+\ell\sin(\theta),y)$

$$
y \triangleq x+\left(\ell+\frac{J}{m\ell}\right)\theta
$$

如第 13 章所示，从$U(s)$到$Y(s)$的传递函数为

$$
Y(s)=X(s)+\left(\ell+\frac{J}{m\ell}\right)\theta(s)=\underbrace{-\frac{\kappa mg\ell}{s^2\left(s^2-\alpha^2\right)}}_{G_{\mathrm{Y}}(s)}U(s)+\frac{p_{\mathrm{Y}}(s)}{s^2\left(s^2-\alpha^2\right)}
$$

其中

$$
p_{\mathrm{Y}}(s)=\left(\left(J/(m\ell)+\ell\right)s^2-\kappa g(m\ell)^2\right)\left(s\theta(0)+\dot{\theta}(0)\right)+\left(s^2-\alpha^2\right)\left(sx(0)+\dot{x}(0)\right)
$$

$$
\alpha^2=\frac{mg\ell(M+m)}{Mm\ell^2+J(M+m)},\kappa=\frac{1}{Mm\ell^2+J(M+m)}
$$

考虑倒立摆的单位反馈控制系统，如图 10-13 所示。

在无参考和干扰输入的情况下，控制器只需要稳定闭环系统即可。我们设计了一个最小阶控制器，允许任意配置极点来稳定闭环系统。$G_c(s)$选择如下

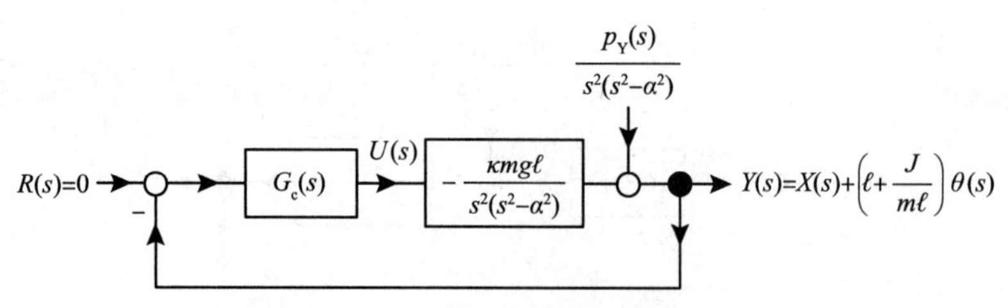

图 10-13　倒立摆的闭环控制器

$$G_c(s)=\frac{b_c(s)}{a_c(s)}=\frac{b_3s^3+b_2s^2+b_1s+b_0}{s^3+a_2s^2+a_1s+a_0}$$

当$U(s)=-G_c(s)Y(s)$时，输出$Y(s)$满足

$$Y(s)=-G_Y(s)G_c(s)Y(s)+\frac{p_Y(s)}{s^2(s^2-\alpha^2)}$$

求解$Y(s)$可以得到

$$\begin{aligned}Y(s)&=\frac{1}{1+G_Y(s)G_c(s)}\frac{p_Y(s)}{s^2(s^2-\alpha^2)}\\&=\frac{1}{1+\dfrac{b_3s^3+b_2s^2+b_1s+b_0}{s^3+a_2s^2+a_1s+a_0}\dfrac{-\kappa mg\ell}{s^2(s^2-\alpha^2)}}\frac{p_Y(s)}{s^2(s^2-\alpha^2)}\\&=\frac{(s^3+a_2s^2+a_1s+a_0)p_Y(s)}{(s^3+a_2s^2+a_1s+a_0)s^2(s^2-\alpha^2)+(-\kappa mg\ell)(b_3s^3+b_2s^2+b_1s+b_0)}\end{aligned}$$

在s域中$Y(s)$的分母可以写为

$$s^7+a_2s^6+(a_1-\alpha^2)s^5+(a_0-\alpha^2a_2)s^4+(-a_1\alpha^2-\kappa mg\ell b_3)s^3+\\(-a_0\alpha^2-\kappa mg\ell b_2)s^2-\kappa mg\ell b_1s-\kappa mg\ell b_0$$

根据

$$s^7+f_6s^6+f_5s^5+f_4s^4+f_3s^3+f_2s^2+f_1s+f_0$$

$Y(s)$的分母的期望值必须设为

$$\begin{aligned}-\kappa mg\ell b_0&=f_0\\-\kappa mg\ell b_1&=f_1\\-a_0\alpha^2-\kappa mg\ell b_2&=f_2\\-a_1\alpha^2-\kappa mg\ell b_3&=f_3\\a_0-a_2\alpha^2&=f_4\\a_1-\alpha^2&=f_5\\a_2&=f_6\end{aligned}$$

写为矩阵形式为

$$\begin{bmatrix} -\kappa mg\ell & 0 & 0 & 0 & 0 & 0 & 0 \\ 0 & -\kappa mg\ell & 0 & 0 & 0 & 0 & 0 \\ 0 & 0 & -\kappa mg\ell & 0 & -\alpha^2 & 0 & 0 \\ 0 & 0 & 0 & -\kappa mg\ell & 0 & -\alpha^2 & 0 \\ 0 & 0 & 0 & 0 & 1 & 0 & -\alpha^2 \\ 0 & 0 & 0 & 0 & 0 & 1 & 0 \\ 0 & 0 & 0 & 0 & 0 & 0 & 1 \end{bmatrix} \begin{bmatrix} b_0 \\ b_1 \\ b_2 \\ b_3 \\ a_0 \\ a_1 \\ a_2 \end{bmatrix} = \begin{bmatrix} f_0 \\ f_1 \\ f_2 \\ f_3 \\ f_4 \\ f_5+\alpha^2 \\ f_6 \end{bmatrix}$$

求矩阵的逆为

$$\begin{bmatrix} b_0 \\ b_1 \\ b_2 \\ b_3 \\ a_0 \\ a_1 \\ a_2 \end{bmatrix} = \frac{1}{\kappa mg\ell} \begin{bmatrix} -1 & 0 & 0 & 0 & 0 & 0 & 0 \\ 0 & -1 & 0 & 0 & 0 & 0 & 0 \\ 0 & 0 & -1 & 0 & -\alpha^2 & 0 & -\alpha^4 \\ 0 & 0 & 0 & -1 & 0 & -\alpha^2 & 0 \\ 0 & 0 & 0 & 0 & \kappa mg\ell & 0 & \alpha^2\kappa mg\ell \\ 0 & 0 & 0 & 0 & 0 & \kappa mg\ell & 0 \\ 0 & 0 & 0 & 0 & 0 & 0 & \kappa mg\ell \end{bmatrix} \begin{bmatrix} f_0 \\ f_1 \\ f_2 \\ f_3 \\ f_4 \\ f_5+\alpha^2 \\ f_6 \end{bmatrix}$$

Quanser[34] 倒立摆的参数值为$\kappa mgl = 36.5705, \alpha^2 = 29.256$。因此

$$G_{\mathrm{Y}}(s) = \frac{-36.5705}{s^2(s^2 - 29.256)} = \frac{-36.5705}{s^2(s+5.4089)(s-5.4089)}$$

将 7 个闭环极点配置在－5 处，控制器为

$$\begin{aligned} G_{\mathrm{c}}(s) &= -\frac{1041.6s^3 + 6113.7s^2 + 2990.8s + 2136.3}{s^3 + 35s^2 + 554.3s + 5399} \\ &= -\frac{1041.6(s+5.4088)(s^2 + 0.4308s + 0.3792)}{(s+20.833)(s^2 + 14.1672s + 259.1533)} \end{aligned}$$

在习题 22 中，需要模拟这个控制系统。

警告

该控制器导致闭环系统具有较小的稳定裕度（见 11.9 节）。这意味着如果$G_{\mathrm{Y}}(s)$的参数值与实际值有微小的偏差，那么基于$G_{\mathrm{Y}}(s)$设计的控制器可能无法稳定闭环系统。此外，该闭环系统还具有较高的灵敏度，这意味着即使是微小的干扰也可能导致摆角偏离$\theta = 0$，导致线性模型$G_{\mathrm{Y}}(s)$不再是非线性倒立摆模型的有效近似。因此，这个基于$G_{\mathrm{Y}}(s)$的控制器$G_{\mathrm{c}}(s)$可能无法将摆杆恢复到直立位置。第 13 章和第 15 章将展示如何为倒立摆设计一个具有良好稳定裕度和低灵敏度的状态空间控制器，如第 17 章所述。

极点配置说明 在所有的例子中，控制器都是正则的，但不是严格正则的。通常需要有一个严格正则的控制器（见 11.6 节）。这实施起来很简单，如习题 13 和习题 14 所示。本章的附录 A 给出了极点配置算法的一般陈述和证明。

10.2 二自由度控制器

我们已经看到，比例积分（PI）控制器通常会导致闭环传递函数的左半平面产生零点，

在第 8 章中可以看到这样的零点会导致在阶跃响应中产生超调。一般来说，$G_c(s)G(s)$具有零点意味着闭环阶跃响应中存在显著超调。在本节中，将展示如何通过滤波器$G_f(s)$（传递函数）传递阶跃参考输入来消除这种超调。这种使用两个传递函数$G_c(s)$和$G_f(s)$的控制器被称为二自由度控制器。为了说明原理，考虑图 10-14 所示的 PI-D 伺服电动机控制系统。可以认为ω的测量值是从转速表（见图6-26和图6-30）或从光学编码器信号的后向差分计算（见6.5节）获得的。

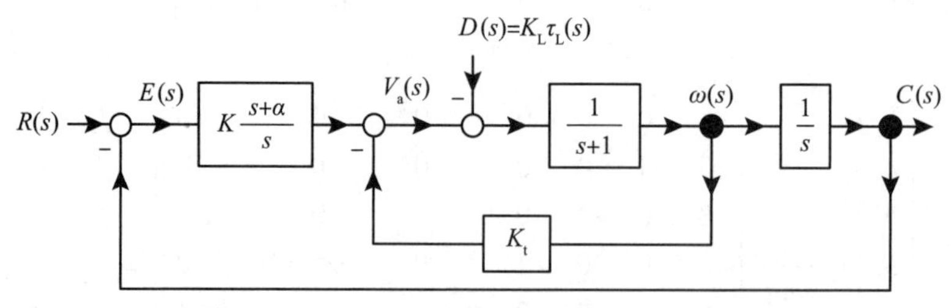

图 10-14 PI-D 控制器

通过简单的框图变换可以给出如图 10-15 所示的等效系统框图。

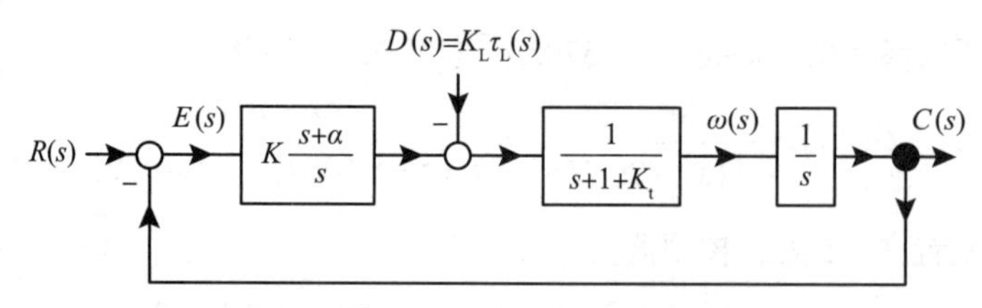

图 10-15 图 10-14 的等效系统框图

首先令$D(s)=K_L\tau_L(s)=0$，我们有

$$E_R(s)=\frac{1}{1+K\dfrac{s+\alpha}{s}\dfrac{1}{s+1+K_t}\dfrac{1}{s}}R(s)=\frac{s^2(s+1+K_t)}{s^3+(1+K_t)s^2+Ks+\alpha K}R(s)$$

由于参数K_t,K和α是由控制工程师选择的，因此$s^3+(1+K_t)s^2+Ks+\alpha K$的系数可以任意选择。换句话说，通过调节控制器增益$K_t,K$和$\alpha$，我们可以将闭环极点配置在任何所需的位置。设闭环极点的理想位置为$-r_1,-r_2,-r_3$，需要合理选择以上控制器增益，使得

$$\begin{aligned}s^3+(1+K_t)s^2+Ks+\alpha K&=(s+r_1)(s+r_2)(s+r_3)\\&=s^3+(r_1+r_2+r_3)s^2+(r_1r_2+r_1r_3+r_2r_3)s+r_1r_2r_3\end{aligned}$$

于是，我们将增益设为

$$\begin{aligned}K_t&=r_1+r_2+r_3-1\\K&=r_1r_2+r_1r_3+r_2r_3\\\alpha&=\frac{r_1r_2r_3}{K}=\frac{r_1r_2r_3}{r_1r_2+r_1r_3+r_2r_3}\end{aligned}\tag{10.3}$$

现在让我们看一下在阶跃输入信号下产生的输出$C(s)$，其中我们重点关注阶跃响应中是否有超调量。当$D(s)=0$时有

$$C(s)=\frac{K\frac{s+\alpha}{s}\frac{1}{s+1+K_{t}}\frac{1}{s}}{1+K\frac{s+\alpha}{s}\frac{1}{s+1+K_{t}}\frac{1}{s}}\frac{R_{0}}{s}=\frac{K(s+\alpha)}{s^{3}+(1+K_{t})s^{2}+Ks+\alpha K}\frac{R_{0}}{s}$$

$$=\frac{K(s+\alpha)}{(s+r_{1})(s+r_{2})(s+r_{3})}\frac{R_{0}}{s}$$

由于$sC(s)$是稳定的，根据终值定理可得出

$$c(\infty)=\lim_{s\to0}sC(s)=\lim_{s\to0}s\frac{K(s+\alpha)}{s^{3}+(1+K_{t})s^{2}+Ks+\alpha K}\frac{R_{0}}{s}=R_{0}$$

我们能够将闭环极点配置在$-r_1,-r_2,-r_3$处并实现渐近跟踪。然而，如图 10-16 所示，$c(t)$会出现超调量。

正如上文所述，此控制系统的阶跃响应总是会有超调。

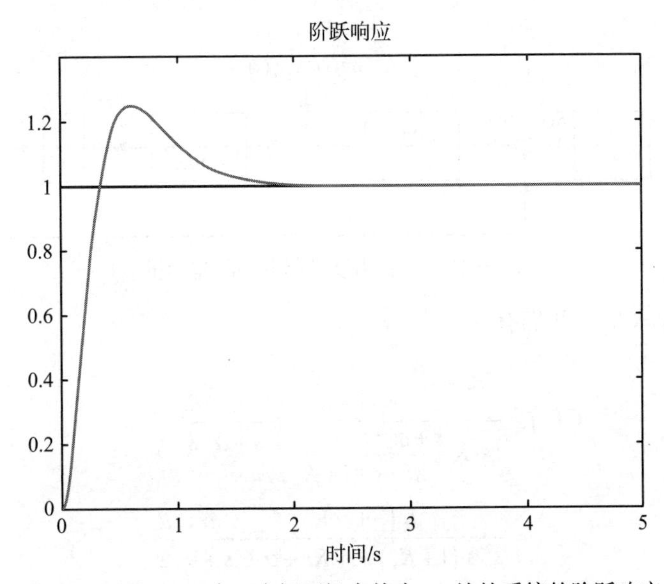

图 10-16 图 10-14 中三个闭环极点均在 −5 处的系统的阶跃响应

10.2.1 稳定 2 型系统有超调量

2 型闭环稳定系统的阶跃响应会有超调量。

根据

$$L(s)\triangleq K\frac{s+\alpha}{s}\frac{1}{s+1+K_{t}}\frac{1}{s}$$

图 10-15 可重构为图 10-17 所示。

$L(s)$为 2 型系统，如前所述，通过选择控制器增益K_t,K和α可使闭环传递函数$\frac{L(s)}{1+L(s)}$是稳定的。根据本章附录 C 中的定理 2，该系统的阶跃响应必会有超调量。

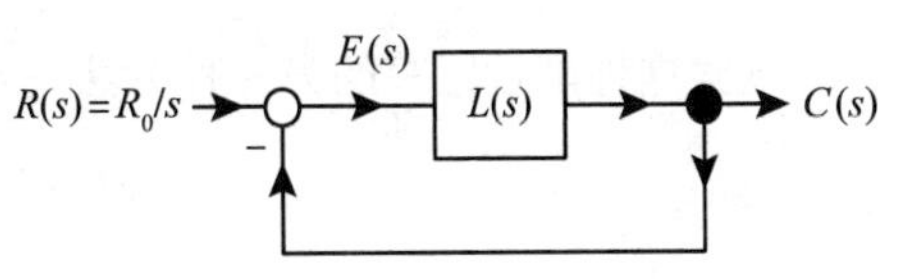

图 10-17 具有阶跃输入的稳定的 2 型系统

10.2.2　具有实数极点并且无零点的稳定系统无超调量

什么样的闭环系统在阶跃响应中没有超调量？附录 C 中的定理 4 表明，如果闭环传递函数满足稳定、有实极点且无零点，那么其阶跃响应将不会出现超调量。例如下列闭环系统

$$C(s)=\underbrace{\frac{K(s+\alpha)}{(s+r_1)(s+r_2)(s+r_3)}}_{\text{闭环传递函数}}\frac{R_0}{s}$$

我们选择$r_i,i=1,2,3$为正实数，但需要消去位于$-\alpha$处的零点，其中$\alpha=\dfrac{r_1r_2r_3}{r_1r_2+r_1r_3+r_2r_3}$。由于$\alpha>0$，因此传递函数

$$\frac{\alpha}{s+\alpha}$$

是稳定的，并且我们把它作为一个参考输入滤波器。具体地，考虑如图 10-18 所示的二自由度控制系统。

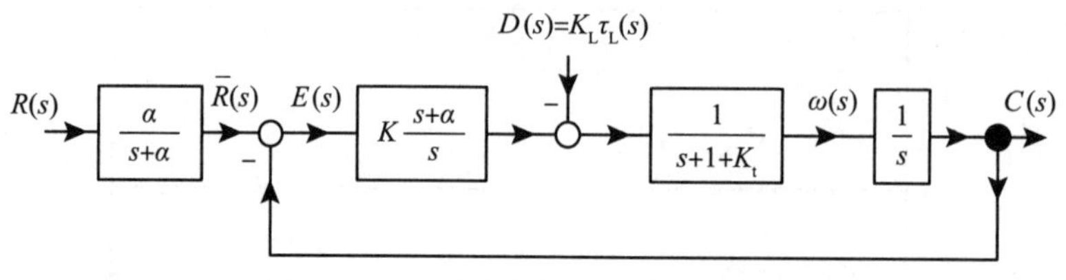

图 10-18　二自由度控制器消除超调量

当$D(s)=K_{\mathrm{L}}\tau_{\mathrm{L}}(s)=0$时，我们有

$$\begin{aligned}C(s)&=\frac{K\dfrac{s+\alpha}{s}\dfrac{1}{s+1+K_{\mathrm{t}}}\dfrac{1}{s}}{1+K\dfrac{s+\alpha}{s}\dfrac{1}{s+1+K_{\mathrm{t}}}\dfrac{1}{s}}\frac{\alpha}{s+\alpha}\frac{R_0}{s}\\&=\frac{K(s+\alpha)}{s^3+(1+K_{\mathrm{t}})s^2+Ks+\alpha K}\frac{\alpha}{s+\alpha}\frac{R_0}{s}\\&=\frac{\alpha K}{(s+r_1)(s+r_2)(s+r_3)}\frac{R_0}{s}\end{aligned}\tag{10.4}$$

请注意，$C(s)$的最后一个表达式涉及稳定的零极点抵消。图 10-18 控制系统的阶跃响应如图 10-19 所示。正如附录 C 中的定理 4，不会出现超调量。

系统仍然有渐近跟踪，因为$sC(s)$是稳定的，根据终值定理：

$$c(\infty)=\lim_{s\to0}sC(s)=\lim_{s\to0}\underbrace{\frac{K(s+\alpha)}{s^3+(1+K_{\mathrm{t}})s^2+Ks+\alpha K}}_{\to1}\underbrace{\frac{\alpha}{s+\alpha}}_{\to1}R_0=R_0$$

观察这种渐近跟踪的另一种方法是定义

$$\bar{R}(s)\triangleq\frac{\alpha}{s+\alpha}\frac{R_0}{s}=\frac{R_0}{s}-\frac{R_0}{s+\alpha}$$

因此$\bar{r}(t)=R_0u_{\mathrm{s}}(t)-R_0\mathrm{e}^{-\alpha t}u_{\mathrm{s}}(t)$是反馈回路的输入，并且$\bar{r}(t)\to r(t)=R_0u_{\mathrm{s}}(t)$。此外，由于控制器$G_{\mathrm{c}}(s)$是类型 1，因此该控制器还能抑制常值干扰。这种方法要求闭环传递函数的极点是实数并且零点在左半平面内。

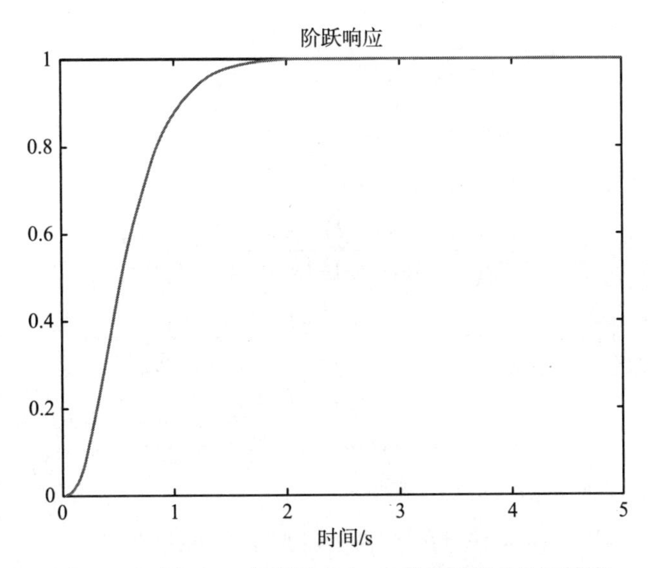

图 10-19　图 10-18 闭环极点在 −5 处的系统的阶跃响应

如下所示的二自由度控制器能够跟踪斜坡输入吗？设斜坡输入为$R(s)=\omega_0/s^2$，于是

$$\bar{R}(s)=\frac{\alpha}{s+\alpha}\frac{\omega_0}{s^2}=\frac{\omega_0}{s^2}-\frac{\omega_0/\alpha}{s}+\frac{\omega_0}{\alpha}\frac{1}{s+\alpha}$$
$$=\mathcal{L}\underbrace{\left\{\omega_0 t-\frac{\omega_0}{\alpha}u_s(t)+\frac{\omega_0}{\alpha}\mathrm{e}^{-\alpha t}\right\}}_{\bar{r}(t)}$$

$\bar{r}(t)=\omega_0 t-\dfrac{\omega_0}{\alpha}u_s(t)+\dfrac{\omega_0}{\alpha}\mathrm{e}^{-\alpha t}$是反馈回路的输入，当$L(s)$为类型 2 时，输出$c(t)$将渐近跟踪$\omega_0 t-\dfrac{\omega_0}{\alpha}u_s(t)$。但是，如果参考输入是$R(s)\triangleq\omega_0\dfrac{1}{s^2}+\dfrac{\omega_0}{\alpha}\dfrac{1}{s}$，那么输出将渐近跟踪$\omega_0 t$，请解释原因。

10.2.3　具有实数极点和单右半平面零点的稳定系统无超调量

现在考虑一个右半平面存在零点的例子。

例 6　一个右半平面零点

考虑图 10-20 的反馈控制系统，其中开环系统的传递函数为

$$G(s)=-\frac{s-1}{s(s+2)}$$

为了任意配置闭环极点，$G_c(s)$选择为

$$G_c(s)=\frac{b_1 s+b_0}{s+a_0}$$

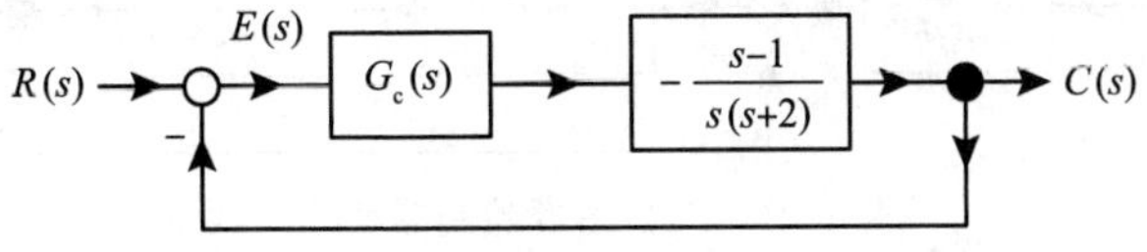

图 10-20　右半平面存在一个零点的开环系统

$G(s)$为类型 1，在闭环稳定的情况下，能够跟踪阶跃输入。设$R(s)=R_0/s$并计算得到

$$
\begin{aligned}
E(s) &= \frac{1}{1+G(s)G_c(s)}R(s) \\
&= \frac{1}{1-\dfrac{s-1}{s(s+2)}\dfrac{b_1 s+b_0}{s+a_0}}\frac{R_0}{s} \\
&= \frac{s(s+2)(s+a_0)}{s(s+2)(s+a_0)-(s-1)(b_1 s+b_0)}\frac{R_0}{s} \\
&= \frac{s(s+2)(s+a_0)}{s^3+(a_0-b_1+2)s^2+(2a_0-b_0+b_1)s+b_0}\frac{R_0}{s} \\
&= \frac{(s+2)(s+a_0)}{s^3+(a_0-b_1+2)s^2+(2a_0-b_0+b_1)s+b_0}R_0
\end{aligned}
$$

设闭环极点期望配置在$-r_1,-r_2,-r_3$处，这要求

$$
\begin{aligned}
s^3+(a_0-b_1+2)s^2+(2a_0-b_0+b_1)s+b_0 &= (s+r_1)(s+r_2)(s+r_3) \\
&= s^3+(r_1+r_2+r_3)s^2+(r_1r_2+r_1r_3+r_2r_3)s+r_1r_2r_3
\end{aligned}
$$

解线性方程组

$$
\begin{aligned}
a_0-b_1+2 &= r_1+r_2+r_3 \\
2a_0+b_1-b_0 &= r_1r_2+r_1r_3+r_2r_3 \\
b_0 &= r_1r_2r_3
\end{aligned}
$$

控制器$G_c(s)$的系数为

$$
\begin{aligned}
b_1 &= \frac{-2(r_1+r_2+r_3)+r_1r_2+r_1r_3+r_2r_3+r_1r_2r_3+4}{3} \\
a_0 &= \frac{r_1+r_2+r_3+r_1r_2+r_1r_3+r_2r_3+r_1r_2r_3-2}{3} \\
b_0 &= r_1r_2r_3
\end{aligned}
$$

闭环响应$C(s)$为

$$
C(s)=\frac{G(s)G_c(s)}{1+G(s)G_c(s)}R(s)=\frac{-\dfrac{s-1}{s(s+2)}\dfrac{b_1 s+b_0}{s+a_0}}{1-\dfrac{s-1}{s(s+2)}\dfrac{b_1 s+b_0}{s+a_0}}\frac{R_0}{s}=\frac{-(s-1)b_1(s+b_0/b_1)}{(s+r_1)(s+r_2)(s+r_3)}\frac{R_0}{s}
$$

选择闭环极点的位置以使位于$-b_0/b_1$处的零点在左半开平面上[⊖]。于是传递函数

$$
\frac{b_0/b_1}{s+b_0/b_1}
$$

是稳定的，并作为参考输入滤波器，如图 10-21 所示。

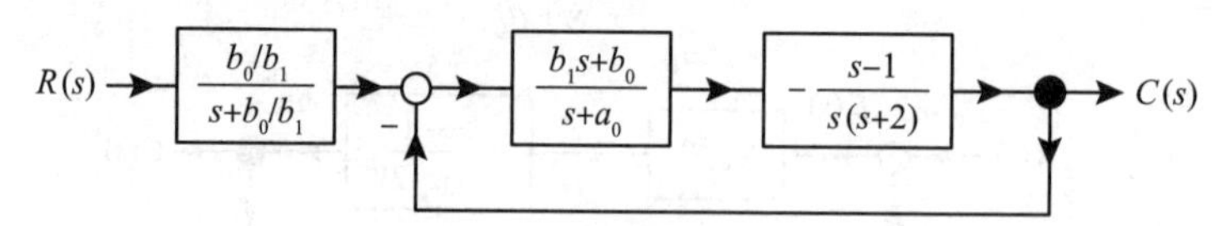

图 10-21　二自由度控制器消除超调量

⊖ 例如，若$r_1=r_2=r_3=r$则$b_1(r)=(-6r+3r^2+r^3+4)/3$，一些计算表明当$r>0$时，$b_1(r)>0$。因此，当$r>0$且$b_0/b_1>0$时，零点$-b_0/b_1$在左半开平面上。

闭环响应$C(s)$为

$$
\begin{aligned}
C(s)&=\frac{G(s)G_c(s)}{1+G(s)G_c(s)}\frac{b_0/b_1}{s+b_0/b_1}R(s)\\
&=\frac{-\dfrac{s-1}{s(s+2)}\dfrac{b_1s+b_0}{s+a_0}}{1-\dfrac{s-1}{s(s+2)}\dfrac{b_1s+b_0}{s+a_0}}\frac{b_0/b_1}{s+b_0/b_1}\frac{R_0}{s}\\
&=\frac{-(s-1)b_1(s+b_0/b_1)}{s^3+(a_0-b_1+2)s^2+(2a_0+b_1-b_0)s+b_0}\frac{b_0/b_1}{s+b_0/b_1}\frac{R_0}{s}\\
&=-\underbrace{\frac{(s-1)b_0}{(s+r_1)(s+r_2)(s+r_3)}}_{G_{CL}(s)}\frac{R_0}{s}
\end{aligned}
$$

由于$G_{CL}(s)$在所有实极点和只有一个右半平面零点的情况下是稳定的，根据本章附录C中的定理5，系统不存在超调量。但系统会有欠调。回顾第8章，任何具有奇数个右半平面实零点的稳定闭环传递函数的阶跃响应都会有欠调现象[26]。

例7 两个右半平面零点

回顾例4，我们考虑图10-22所示的控制系统。

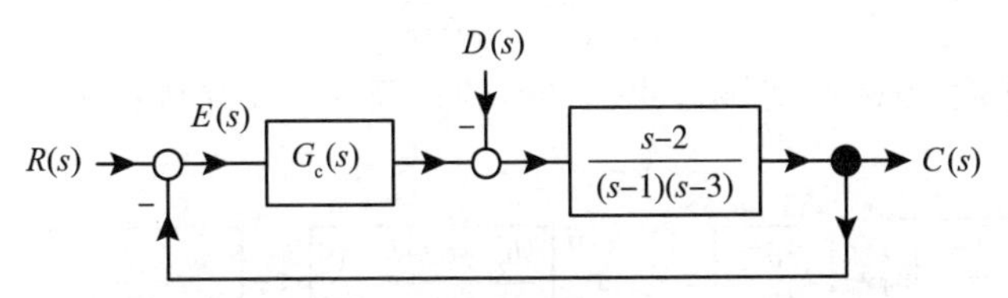

图10-22 有两个右半平面零点的闭环系统

一个以下形式的控制器

$$
\frac{b_2s^2+b_1s+b_0}{s+a_0}\frac{1}{s}
$$

可以让我们在左半开平面中任意配置闭环极点，同时能够跟踪阶跃输入并抑制常值干扰。然而，如图10-6所示，阶跃响应中具有很大的超调量。现在我们来说明如何利用参考输入滤波器来消除超调量。当$D(s)=0$时，选择例4中式（10.1）的增益，可得到

$$
\begin{aligned}
C(s)&=\frac{G_c(s)G(s)}{1+G_c(s)G(s)}R(s)\\
&=\frac{(b_2s^2+b_1s+b_0)(s-2)}{s^4+(a_0+b_2-4)s^3+(b_1-4a_0-2b_2+3)s^2+(3a_0+b_0-2b_1)s-2b_0}\frac{R_0}{s}\\
&=\frac{(b_2s^2+b_1s+b_0)(s-2)}{s^4+f_3s^3+f_2s^2+f_1s+f_0}\frac{R_0}{s}
\end{aligned}
$$

注意，闭环传递函数的零点由控制器$G_c(s)$的零点和开环模型$G(s)$的零点组成。如前文一样令

$$
\begin{aligned}
f_3&=r_1+r_2+r_3+r_4\\
f_2&=r_1r_2+r_1r_3+r_1r_4+r_2r_3+r_2r_4+r_3r_4\\
f_1&=r_1r_2r_3+r_1r_2r_4+r_1r_3r_4+r_2r_3r_4
\end{aligned}
$$

$$f_0 = r_1 r_2 r_3 r_4$$

设$r_1 = r_2 = r_3 = r_4 = r$，则闭环响应$C(s)$为

$$C(s) = \frac{(b_2 s^2 + b_1 s + b_0)(s-2)}{(s+r)^4} R_0$$

如式（10.2）所示，四个闭环极点均在 −1 处时，控制器为

$$G_c(s) = \frac{50.5s^2 - 66s - 0.5}{s - 42.5}\frac{1}{s} = \frac{50.5(s-1.3145)(s+0.0075)}{s-42.5}\frac{1}{s}$$

这样闭环传递函数在右半平面$z_1 = 2$和$z_2 = 1.3145$处有两个零点，并且在左半平面$z_3 = -0.0075$处有一个零点。为了对两个右半平面零点z_1和z_2构建一个参考滤波器，我们构造了多项式

$$(s-z_1)(s-z_2) = (s-1.3145)(s-2) = s^2 - 3.3145s + \underbrace{2.629}_{\omega_0^2} \tag{10.5}$$

滤波器

$$\frac{\omega_0^2}{(s+\omega_0)^2}$$

将防止在 2 和 1.3145 处的两个右半平面零点产生超调量（见附录 C 中的定理 6）。最后滤波器

$$\frac{\alpha}{s+\alpha} = \frac{0.0075}{s+0.0075}$$

将防止由于左半平面 −0.0075 处的零点而产生的超调量。该控制系统的完整框图如图 10-23 所示。

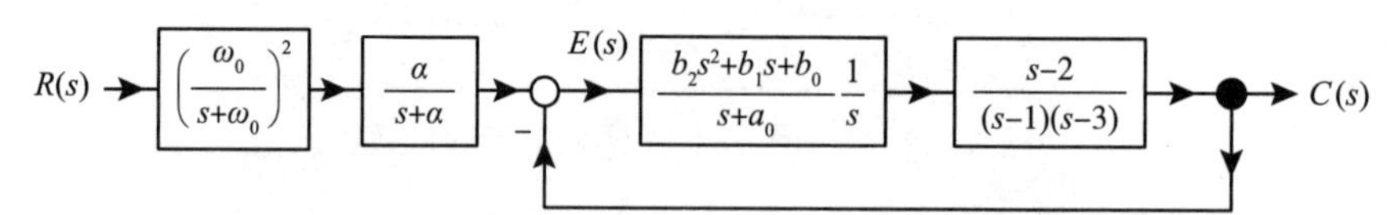

图 10-23　有两个右半平面零点系统的参考滤波器

图 10-24 是这个二自由度控制器的单位阶跃响应，其闭环极点为 −1。习题 9 要求在有参考输入滤波器和没有参考输入滤波器的情况下模拟该系统的阶跃响应。

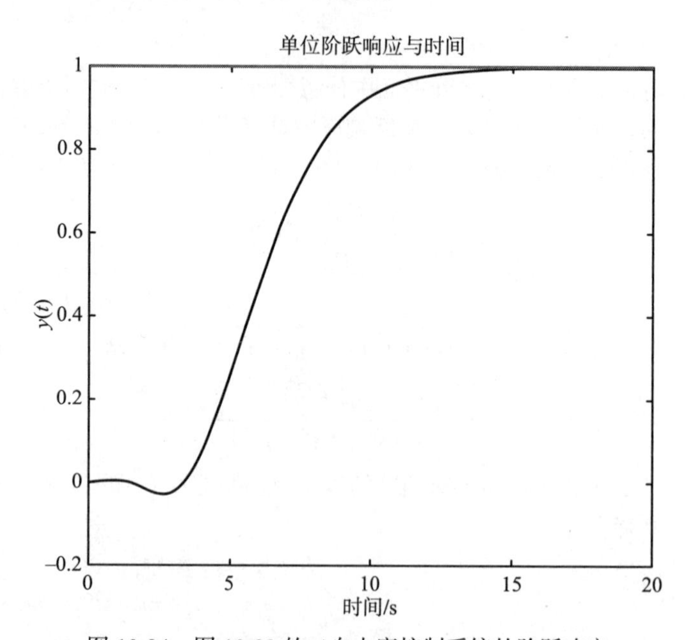

图 10-24　图 10-23 的二自由度控制系统的阶跃响应

重点注意

1）对于物理系统的任何开环模型，都存在反馈控制器无法克服的基本限制。当控制具有右半开平面极点的系统时，这些限制主要表现为鲁棒性问题[35,36]。这意味着根据模型$G(s) = \frac{s-2}{(s-1)(s-3)}$设计的控制器，如果与实际系统略有不同，则可能导致闭环系统不稳定。例如，习题 9 中（c）要求使用与前

面相同的控制器$G_c(s)$，但设置$G(s)=\dfrac{s-2}{(s-0.9)(s-3)}$，能看出闭环系统是不稳定的。在学习奈奎斯特理论之后，我们将更详细地讨论这一点（见第 11 章习题 30）。

2）在这个简单的例子中，系统在靠近两个极点的右半平面中也有一个零点。正如第 17 章所解释的，这是一个难以解决的问题，没有控制器可以实现这样一个鲁棒的闭环系统。

10.2.4　用二自由度控制器消除超调量

参考图 10-25，这是一个二自由度控制器的框图，让我们更全面地观察一般的参考滤波器$G_f(s)$是如何消除超调量的[5,6,37,38]。

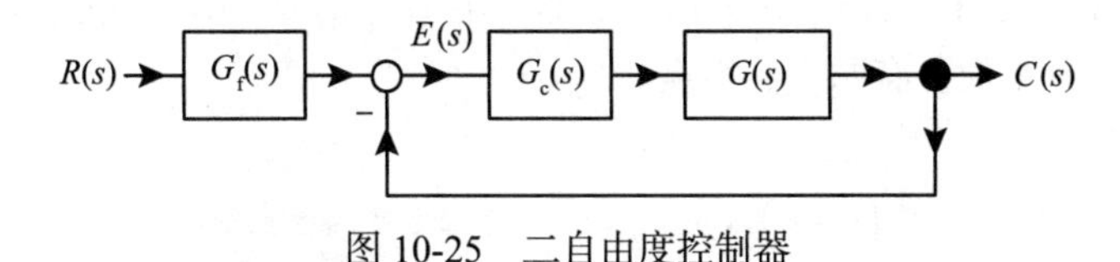

图 10-25　二自由度控制器

设$G_c(s)G(s)$至少是类型 1 系统，令

$$G_{CL}(s)=\frac{G_c(s)G(s)}{1+G_c(s)G(s)}=\frac{n(s)}{d(s)}$$

其中$d(s)$的所有实根都在左半开平面上。

1）$G_{CL}(s)$没有右半平面零点。

设$n(s)$的所有根都在左半开平面上。令

$$G_f(s)=\frac{n(0)}{n(s)}$$

于是

$$C(s)=G_f(s)G_{CL}(s)\frac{R_0}{s}$$

的拉普拉斯逆变换将没有超调量并且$c(\infty)=R_0$。证明请参见附录 C 中的定理 4。

注意，$n(s)$的根可以是实数也可以是复数，它们只需要在左半开平面上即可。

2）$G_{CL}(s)$有一个右半平面零点。

设$n(s)=\bar{n}(s)(s-z)$，其中$\bar{n}(s)$的根都在左半开平面中，并且$z>0$。即$G_{CL}(s)$有一个右半平面零点。令

$$G_f(s)=\frac{\bar{n}(0)}{\bar{n}(s)}$$

于是

$$C(s)=G_f(s)G_{CL}(s)\frac{R_0}{s}$$

的拉普拉斯逆变换将不会有超调量并且$c(\infty)=R_0$。证明请参见附录 C 中的定理 5。然而这一阶跃反应会发生欠调现象。此外，左半平面内的闭环极点配置得越靠左（以减少调节时间），欠调的幅度越大。证明请参见附录 E 中的定理 10。

3）$G_{CL}(s)$有两个右半平面共轭复根零点。

令$n(s)=\bar{n}(s)\left(s^2-2\zeta\omega_0 s+\omega_0^2\right)$，其中$\zeta>0,\omega_0>0$并且$\bar{n}(s)$的根在左半开平面上。于是

$G_{\mathrm{CL}}(s)$在右半开平面上有一对复数零点$\zeta\omega_0 \pm \mathrm{j}\omega_0\sqrt{1-\zeta^2}$。将参考输入滤波器设置为

$$G_{\mathrm{f}}(s)=\frac{\bar{n}(0)}{\bar{n}(s)}\left(\frac{\omega_0}{s+\omega_0}\right)^2$$

于是

$$C(s)=G_{\mathrm{f}}(s)G_{\mathrm{CL}}(s)\frac{R_0}{s}$$

的拉普拉斯逆变换将不会有超调量并且$c(\infty)=R_0$。证明请参见附录 C 中的定理 6。

4）$G_{\mathrm{CL}}(s)$有两个右半平面实零点。

设$n(s)=\bar{n}(s)(s-z_1)(s-z_2)$，其中$\bar{n}(s)$的根都在左半开平面中，并且$z_1>0, z_2>0$。也就是说$G_{\mathrm{CL}}(s)$在右半开平面上有两个实零点。
根据

$$(s-z_1)(s-z_2)=s^2-(z_1+z_2)s+z_1z_2$$

和

$$\omega_0 \triangleq \sqrt{z_1z_2}$$

可将参考输入滤波器设置为

$$G_{\mathrm{f}}(s)=\frac{\bar{n}(0)}{\bar{n}(s)}\left(\frac{\omega_0}{s+\omega_0}\right)^2$$

于是

$$C(s)=G_{\mathrm{f}}(s)G_{\mathrm{CL}}(s)\frac{R_0}{s}$$

的拉普拉斯逆变换将不会有超调量并且$c(\infty)=R_0$。证明请参阅附录 C 中的定理 6。

注意 实际上（d）部分可以在（c）部分中考虑，只要让$\zeta \geqslant 1$即可。也就是说，令$2\zeta\omega_0=z_1+z_2$并且$\omega_0 \triangleq \sqrt{z_1z_2}$，于是对于$z_1>0, z_2>0$有

$$\zeta=\frac{z_1+z_2}{2\sqrt{z_1z_2}} \geqslant 1$$

5）$G(0)\neq 0 \Rightarrow$超调量总是可以消除[37]。

设$G(s)$为系统的开环传递函数模型，并且$G(0)\neq 0$。于是可通过二自由度控制器使阶跃响应无超调量并且$c(\infty)=R_0$。

证明在参考文献 [37] 中给出，也可参见参考文献 [5]。这一证明十分有意义，但它同时也指出在一般情况下，不能任意配置1~4 情况中的闭环极点。

注意 如果$G(s)$的所有零点都在左半开平面内，并且参考输入$r(t)$足够平滑（可以连续微分足够多次），则存在一个二自由度控制器，可以将闭环极点任意配置在左半开平面内，以零误差跟踪参考输入。如参考文献 [39] 所示。但是一般来说，这样的设计对于控制器参数[38]的变化不具有鲁棒性。

10.3 内部稳定性

图 10-26 展示了标准单位反馈控制系统。

这个系统有两个外部输入，即参考输入$R(s)$和扰动输入$D(s)$。我们关注的是它们对$E(s)$,$U(s)$和$C(s)$的影响，总共包含六个传递函数。这六个传递函数在式（10.6）~式（10.8）中给出。这是我们第一次考虑从外部输入$R(s)$和$D(s)$到物理系统输入$U(s)$的传递函数。这些传递函数必须是稳定的，因为我们不希望物理系统的输入是发散的。实际上，我们需要这六个传递函数都是稳定的。

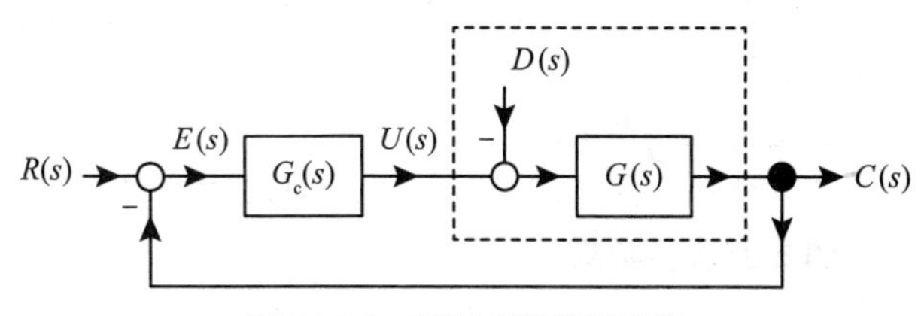

图 10-26 标准反馈控制系统

$$E(s)=\frac{1}{1+G_c(s)G(s)}R(s)+\frac{G(s)}{1+G_c(s)G(s)}D(s) \tag{10.6}$$

$$C(s)=\frac{G_c(s)G(s)}{1+G_c(s)G(s)}R(s)-\frac{G(s)}{1+G_c(s)G(s)}D(s) \tag{10.7}$$

$$U(s)=\frac{G_c(s)}{1+G_c(s)G(s)}R(s)+\frac{G_c(s)G(s)}{1+G_c(s)G(s)}D(s) \tag{10.8}$$

注意 式（10.6）~式（10.8）中有六个传递函数，其中有两个相等，另有两个差一个负号。所以实际上只有四个不同的传递函数，于是这四个传递函数被称为“四人组”[40]。

定义 1 内部稳定

如果式（10.6）~式（10.8）的六个传递函数是稳定的，那么图 10-26 中的系统则被认为具有内部稳定性。

设系统模型的传递函数和控制器的传递函数分别为

$$G(s)=\frac{b(s)}{a(s)},G_c(s)=\frac{b_c(s)}{a_c(s)} \tag{10.9}$$

假设$G(s)$是严格正则的，即$\deg\{b(s)\}<\deg\{a(s)\}$，并且$G_c(s)$为正则的，即$\deg\{b_c(s)\}\leqslant\deg\{a_c(s)\}$。将式（10.9）代入式（10.6）~式（10.8）并通分化简得到

$$E(s)=\frac{a_c(s)a(s)}{a_c(s)a(s)+b_c(s)b(s)}R(s)+\frac{a_c(s)b(s)}{a_c(s)a(s)+b_c(s)b(s)}D(s)$$
$$C(s)=\frac{b_c(s)b(s)}{a_c(s)a(s)+b_c(s)b(s)}R(s)-\frac{a_c(s)b(s)}{a_c(s)a(s)+b_c(s)b(s)}D(s)$$
$$U(s)=\frac{a(s)b_c(s)}{a_c(s)a(s)+b_c(s)b(s)}R(s)+\frac{b_c(s)b(s)}{a_c(s)a(s)+b_c(s)b(s)}D(s)$$

多项式

$$a_c(s)a(s)+b_c(s)b(s)$$

称为闭环系统的特征多项式㊀。如果特征多项式的所有根都在左半开平面内，则表明式（10.6）~式（10.8）的所有传递函数都是稳定的。

观察 注意$\dfrac{C(s)}{R(s)}=\dfrac{b_c(s)b(s)}{a_c(s)a(s)+b_c(s)b(s)}$，这表明闭环零点仅是开环系统$G(s)$的零点和控

㊀ “特征”一词来自在状态空间中与控制系统一起工作（见第 15 章），而不是与传递函数一起工作。一个特征值仅是特征方程的一个根。

制器$G_c(s)$的零点，反馈不会改变零点的位置。

虽然没有明确说明，但我们一直假设$\{a(s),b(s)\}$和$\{a_c(s),b_c(s)\}$是互质的。现在我们来定义什么是互质。

定义2 互质多项式

如果没有s_0使$a(s_0)=b(s_0)=0$，那么两个多项式$\{a(s),b(s)\}$是互质的。

例8 互质多项式

令

$$a(s)=(s+1)(s-1)$$
$$b(s)=s-1$$

那么多项式$a(s)$和$b(s)$不是互质的，因为

$$a(1)=b(1)=0$$

注意它们都有因子$s-1$。

例9 互质多项式

令

$$a(s)=(s+1)(s^2+1)$$
$$b(s)=s-1$$

由于$b(s)=0$，因此仅当$s=1$并且$a(1)\neq 0$时，多项式$a(s)$和$b(s)$是互质的。

注意当且仅当它们没有公因数时，$a(s)$和$b(s)$才是互质的。当我们写为

$$G(s)=\frac{b(s)}{a(s)}$$

并说$\{a(s),b(s)\}$是互质的，这就相当于说$a(s)$和$b(s)$没有公因式。$G_c(s)=\dfrac{b_c(s)}{a_c(s)}$同理。

定义3 互质传递函数

我们说传递函数

$$G(s)=\frac{b(s)}{a(s)}$$

如果$a(s)$和$b(s)$是互质的，那么其为互质传递函数。

注意 如前文所述，我们一直假设传递函数$G(s)$和$G_c(s)$都是互质传递函数，但有时为了强调仍然会使用这个术语。这是一个非常合理的假设，例如，假设一个物理系统的传递函数为

$$G(s)=\frac{s+3}{s(s+1)(s+2)}$$

那就没有必要把它写为

$$G(s)=\frac{(s+3)(s+4)}{s(s+1)(s+2)(s+4)}$$

控制器传递函数也是一样的。

10.3.1 环内不稳定零极点抵消（不利情况）

回顾前文，如果

$$a_c(s)a(s)+b_c(s)b(s)=0$$

的所有根都在左半平面上，那么可以保证所有的传递函数都是稳定的。然而，我们必须注意，当计算闭环传递函数时，需要在分母上有完整的特征多项式。当控制器传递函数$G_c(s)$和模型传递函数$G(s)$之间存在零极点抵消时，会出现计算失误。我们将在下面的例子中解释这个问题。

例 10 不稳定零极点抵消

设$R(s)=R_0/s$，$D(s)=D_0/s$，考虑图 10-27 的控制系统，其开环传递函数为

$$G(s)=\frac{b(s)}{a(s)}=\frac{1}{s-1}$$

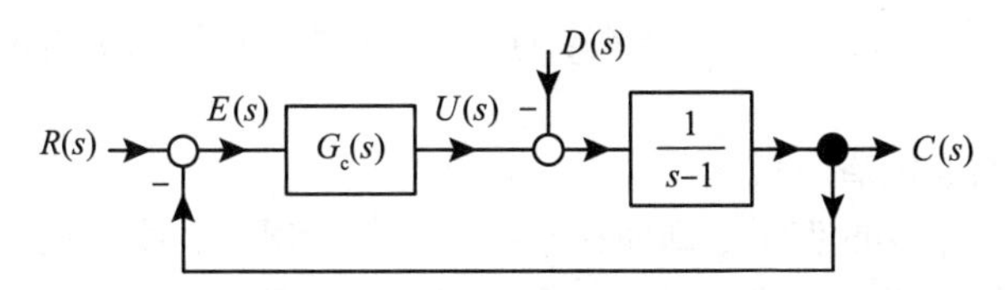

图 10-27 不稳定的零极点抵消

误差$E(s)$为

$$E(s)=\frac{1}{1+G_c(s)G(s)}R(s)+\frac{G(s)}{1+G_c(s)G(s)}D(s)$$

假设我们选择的控制器为

$$G_c(s)=\frac{b_c(s)}{a_c(s)}=\frac{s-1}{s(s+1)}$$

误差变为

$$\begin{aligned}E(s)&=\frac{1}{1+\frac{s-1}{s(s+1)}\frac{1}{s-1}}R(s)+\frac{\frac{1}{s-1}}{1+\frac{s-1}{s(s+1)}\frac{1}{s-1}}D(s)\\&=\frac{s(s+1)(s-1)}{s(s+1)(s-1)+(s-1)}R(s)+\frac{s(s+1)}{s(s+1)(s-1)+(s-1)}D(s)\\&=\frac{s(s+1)(s-1)}{(s^2+s+1)(s-1)}R(s)+\frac{s(s+1)}{(s^2+s+1)(s-1)}D(s)\\&=\underbrace{\frac{s(s+1)}{s^2+s+1}}_{E_R(s)}R(s)+\underbrace{\frac{s(s+1)}{s^2+s+1}\frac{1}{s-1}}_{E_D(s)}D(s)\end{aligned}$$

首先注意闭环特征多项式

$$a_c(s)a(s)+b_c(s)b(s)=(s^2+s+1)(s-1)$$

是不稳定的。然而，计算$E_R(s)$为

$$E_R(s)=\frac{s(s+1)(s-1)}{(s^2+s+1)(s-1)}\frac{R_0}{s}=\frac{s+1}{s^2+s+1}R_0$$

这个计算使用了一个不稳定的零极点抵消来消除$s=1$处的极点。在下式中也有所体现：

$$G_{\mathrm{c}}(s)G(s)=\frac{s-1}{s(s+1)}\frac{1}{s-1}=\frac{1}{s(s+1)}$$

其中$G_{\mathrm{c}}(s)$的不稳定零点抵消了$G(s)$的不稳定极点。

另一方面，计算$E_{\mathrm{D}}(s)$可得到

$$E_{\mathrm{D}}(s)=\frac{s(s+1)}{(s^2+s+1)(s-1)}\frac{D_0}{s}=\frac{s+1}{(s^2+s+1)(s-1)}D_0$$

没有不稳定的零极点抵消，并且由于$E_{\mathrm{D}}(s)$在$s=1$处存在不稳定的极点而导致$|e_{\mathrm{D}}(t)|\to\infty$，因此$E_{\mathrm{D}}(s)$是不稳定的。回顾定义 1，内部稳定性要求式（10.6）~ 式（10.8）的所有传递函数都是稳定的。在本例中，$E_{\mathrm{R}}(s)/R(s)$是稳定的（由于不稳定的零极点抵消），但$E_{\mathrm{D}}(s)/D(s)$是不稳定的。

例 11 不稳定零极点抵消

重新考虑前面$D(s)=0$的例子。即使在干扰为零的情况下，我们也证明了这种零极点抵消是行不通的。为了解释以上现象，给出一个物理系统模型

$$G(s)=\frac{1}{s-1}$$

然而，没有一个模型是十分完美的，因此我们不知道极点在$s=1$附近的精确位置。我们的模型实际上是

$$G(s)\triangleq\frac{1}{s-p}$$

其中$p\approx1$。也就是说，系统使用的模型为$p=1$，但实际上$p\approx1$，它接近于 1，但不完全等于 1。在前面的示例中，我们选择控制器为

$$G_{\mathrm{c}}(s)=\frac{s-1}{s(s+1)}$$

于是有

$$E_{\mathrm{R}}(s)=\frac{1}{1+\dfrac{s-1}{s(s+1)}\dfrac{1}{s-p}}R(s)=\frac{s(s+1)(s-p)}{s^3+(1-p)s^2+(1-p)s-1}\frac{R_0}{s}$$

多项式

$$s^3+(1-p)s^2+(1-p)s-1$$

对于所有p都不稳定，因为s^0项的系数为负（劳斯 – 赫尔维茨准则）。进一步计算：

$$s^3+(1-p)s^2+(1-p)s-1\big|_{p=1}=(s^2+s+1)(s-1)$$

只有当p恰好等于 1 时分子项$s-p|_{p=1}=s-1$才能消去分母中的$s-1$。这在实际中是不会发生的。

例 12 不稳定零极点抵消

考虑图 10-28 所示的闭环控制系统，其中开环系统具有传递函数

$$G(s)=\frac{b(s)}{a(s)}=\frac{s-1}{s(s+1)}$$

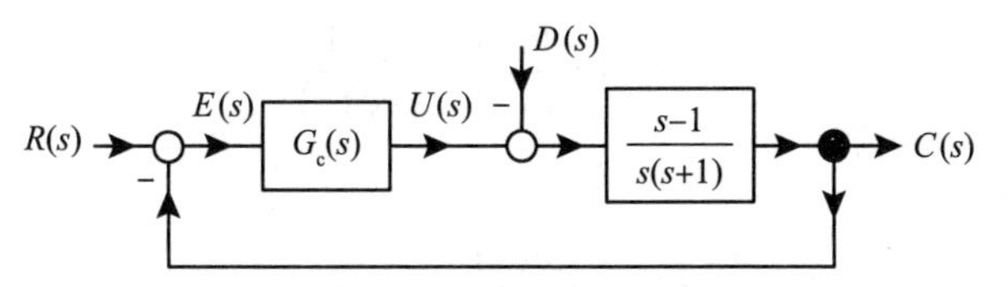

图 10-28 不稳定的零极点抵消

误差$E(s)$为

$$E(s)=\frac{1}{1+G_c(s)G(s)}R(s)+\frac{G(s)}{1+G_c(s)G(s)}D(s)$$

如果我们做了一个（不切实际的）假设，即系统的这个模型是精确的。那么，如果选择

$$G_c(s)=\frac{K}{s-1}$$

可得到

$$\begin{aligned}E(s)&=\frac{1}{1+\frac{K}{s-1}\frac{s-1}{s(s+1)}}R(s)+\frac{\frac{s-1}{s(s+1)}}{1+\frac{K}{s-1}\frac{s-1}{s(s+1)}}D(s)\\&=\frac{s(s+1)(s-1)}{(s^2+s+K)(s-1)}\frac{R_0}{s}+\frac{(s-1)^2}{(s^2+s+K)(s-1)}\frac{D_0}{s}\\&=\frac{s+1}{s^2+s+K}R_0+\frac{s-1}{s^2+s+K}\frac{D_0}{s}\end{aligned}$$

当$K>0$时，$G(s)$的分子和$G_c(s)$的分母的“完美”不稳定零极点抵消可导致$sE(s)$是稳定的，因此根据终值定理

$$e(\infty)=-\frac{D_0}{K}$$

我们可认为，如果我们选择的增益K足够大，那么最终误差将会很小，因此这个控制器可以接受。然而，事实并非如此，为解释这一点，考虑如下系统：

$$\begin{aligned}U(s)&=\frac{G_c(s)}{1+G_c(s)G(s)}R(s)+\frac{G_c(s)G(s)}{1+G_c(s)G(s)}D(s)\\&=\frac{\frac{K}{s-1}}{1+\frac{K}{s-1}\frac{s-1}{s(s+1)}}R(s)+\frac{\frac{K}{s-1}\frac{s-1}{s(s+1)}}{1+\frac{K}{s-1}\frac{s-1}{s(s+1)}}D(s)\\&=\frac{s(s+1)K}{(s^2+s+K)(s-1)}\frac{R_0}{s}+\frac{K}{s^2+s+K}\frac{D_0}{s}\end{aligned}$$

这表明阶跃参考输入$R(s)=R_0/s$将导致物理系统的实际输入$u(t)$是发散的。同样，即使有完美的（不可能）零极点抵消，控制器$G_c(s)=\frac{K}{s-1}$也是不可用的。

例 13 不稳定零极点抵消

再次考虑前面的例子，其中

$$G(s)=\frac{b(s)}{a(s)}=\frac{s-1}{s(s+1)}$$

实际上我们的模型是

$$G(s)=\frac{b(s)}{a(s)}=\frac{s-z}{s(s+1)}$$

其中z接近于 1，但不等于 1。当$K=1$时，我们有

$$E_{\mathrm{R}}(s)=\frac{1}{1+\frac{1}{s-1}\frac{s-z}{s(s+1)}}R(s)=\frac{s(s+1)(s-1)}{s^3-z}R_0$$

显然是不稳定的。只有当$z=1$时，s^3-z才等于$(s-1)(s^2+s+1)$，不稳定极点和零点才会抵消。

重申一下，根据定义，当且仅当式（10.6）~ 式（10.8）的六个传递函数是稳定的，图 10-26 中的系统才是内部稳定的。即使在$G_{\mathrm{c}}(s)G(s)$中存在"精确的"不稳定的零极点抵消，六个传递函数中也至少有一个是不稳定的（请参阅本章附录 D）。另一方面，如果没有不稳定的零极点抵消并且六个传递函数中的一个是稳定的，那么其他的也都是稳定的。

10.3.2 环外不稳定零极点抵消（有利情况）

我们前面已经证明，模型传递函数$G(s)$和控制器传递函数$G_{\mathrm{c}}(s)$之间不稳定的零极点抵消永远不会导致控制系统稳定。然而，我们一直在闭环传递函数$G_{\mathrm{CL}}(s)$和$R(s)$与$D(s)$之间进行不稳定的零极点抵消，即在闭环外部。接下来让我们更详细地研究一下这个问题，考虑图 10-29 所示的控制系统。

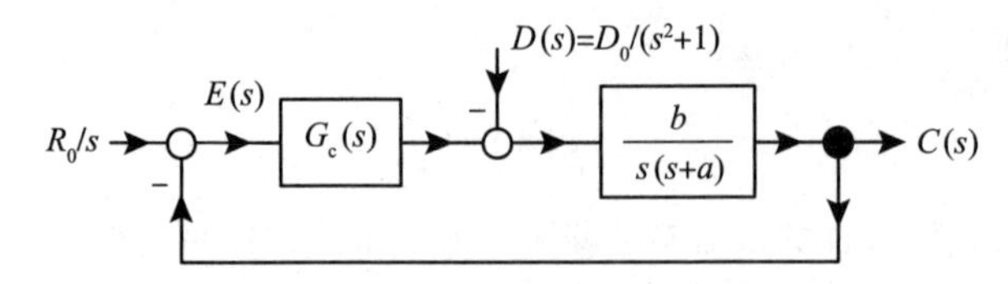

图 10-29　闭环传递函数与干扰抑制

内部模型原理告诉我们选择以下形式的控制器：

$$G_{\mathrm{c}}(s)=\frac{b_3s^3+b_2s^2+b_1s+b_0}{s+a_0}\frac{1}{s^2+1}$$

于是

$$\begin{aligned}E_{\mathrm{D}}(s)&=\frac{G(s)}{1+G_{\mathrm{c}}(s)G(s)}D(s)\\&=\frac{\frac{b}{s(s+a)}}{1+\frac{b_3s^3+b_2s^2+b_1s+b_0}{s+a_0}\frac{1}{s^2+1}\frac{b}{s(s+a)}}\frac{D_0}{s^2+1}\\&=\underbrace{\frac{(s+a_0)(s^2+1)b}{s^5+(a+a_0)s^4+(aa_0+bb_3+1)s^3+(a+a_0+bb_2)s^2+(aa_0+bb_1)s+bb_0}}_{G_{\mathrm{CL}}(s)}\frac{D_0}{s^2+1}\end{aligned}$$

$$= \frac{(s+a_0)b}{s^5+f_4s^4+f_3s^3+f_2s^2+f_1s+f_0}D_0$$

根据内部模型原理，我们在其分母 $G_c(s)$ 上强制引入因子 s^2+1，使其能够在闭环传递函数 $G_{CL}(s)$ 的分子上抵消 $D(s)$ 分母上的 s^2+1。虽然这是一个不稳定的零极点抵消，但它在闭环之外进行。如果没有完全抵消会发生什么？举个例子，假设干扰是

$$D(s) = \frac{D_0}{s^2+1+\epsilon}$$

于是

$$\begin{aligned} E_D(s) &= \frac{(s+a_0)(s^2+1)b}{s^5+f_4s^4+f_3s^3+f_2s^2+f_1s+f_0}\frac{D_0}{s^2+1+\epsilon} \\ &= \frac{(s+a_0)(s^2+1+\epsilon-\epsilon)b}{s^5+f_4s^4+f_3s^3+f_2s^2+f_1s+f_0}\frac{D_0}{s^2+1+\epsilon} \\ &= \frac{(s+a_0)b}{s^5+f_4s^4+f_3s^3+f_2s^2+f_1s+f_0}D_0 - \\ &\quad \underbrace{\frac{(s+a_0)b}{s^5+f_4s^4+f_3s^3+f_2s^2+f_1s+f_0}}_{H(s)}\frac{\epsilon D_0}{s^2+1+\epsilon} \end{aligned}$$

由于 $H(s)$ 是稳定的，因此稳态响应为

$$e_D(t) \to -\epsilon D_0 \left|H\left(j\sqrt{1+\epsilon}\right)\right| \sin\left(\left(\sqrt{1+\epsilon}\right)t + \angle H\left(j\sqrt{1+\epsilon}\right)\right)$$

误差 $e_D(t)$ 不会趋近于零，但它仍然有界且很小（假设 ϵ 表示很小）。闭环特征多项式

$$\begin{aligned} &s^5+(a+a_0)s^4+(aa_0+bb_3+1)s^3+(a+a_0+bb_2)s^2+(aa_0+bb_1)s+bb_0 \\ &= s^5+f_4s^4+f_3s^3+f_2s^2+f_1s+f_0 \end{aligned}$$

保持不变，使得六个闭环系统传递函数稳定。

综上所述，可以提出以下几点：

1）没有物理系统可以处理无界的参考输入或干扰输入，因此，在应用中我们认为它们是有界的。

2）有界干扰 $D(s)$ 在 $j\omega$ 轴上具有简单极点，例如 $D(s)=D_0/s, D(s)=D_0/(s^2+\omega^2)$。因此，稳定闭环传递函数的零点与干扰的极点之间的不精确抵消仍然会导致如图所示的有界误差信号。

3）有界参考输入在 $j\omega$ 轴上也有简单极点，如 $R(s)=R_0/s, R(s)=R_0/(s^2+\omega^2)$。在有界干扰的情况下，闭环传递函数的零点和参考输入极点之间的不精确抵消导致误差信号保持有界。我们还考虑了无界的斜坡参考输入，即 $R(s)=\omega_0/s^2$ 或等效的 $r(t)=tu_s(t)$。然而，在任何应用程序中，斜坡信号将只应用于有限的时间。例如，具有斜坡分量的典型参考输入是

$$r(t) = \begin{cases} \omega_0 t, & 0 \leqslant t \leqslant \theta_0/\omega_0 \\ \theta_0, & \theta_0/\omega_0 < t \end{cases}$$

这是一个有界参考信号。

10.4 设计实例：飞机俯仰二自由度控制

如第 9 章所述，考虑一架小型飞机的俯仰角控制（见图 10-30），其传递函数如下[31]

$$\frac{\theta(s)}{\delta(s)}=G(s)=\frac{1.51s+0.1774}{s^3+0.739s^2+0.921s}$$

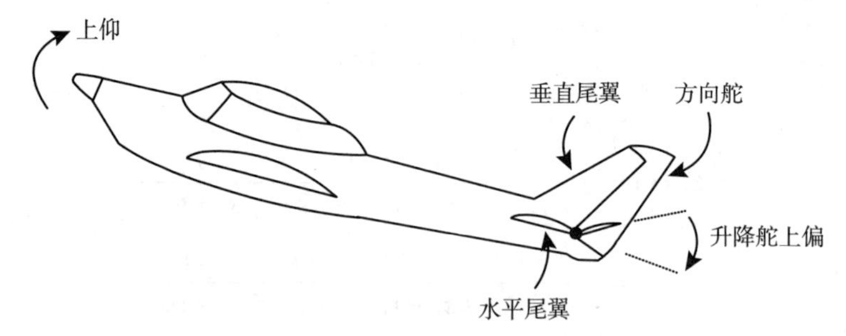

图 10-30　使用升降舵使飞机上升

阶跃输入为0.2rad（11.5°）时，设计要求为：超调量小于 10%，上升时间小于 2s，调节时间小于 10s，最终误差小于 2%。取最大操纵量为 25°（0.436rad），即 $-25°\leqslant\delta\leqslant 25°$。升降舵操纵量 δ 以 rad 为单位，俯仰角 $c(t)=\theta(t)$。飞机上任何由阵风等引起的对俯仰角的干扰在建模时都被认为是升降舵的等效干扰输入。

图 10-31 展示了使用的二自由度控制结构。$G_c(s)$用于配置闭环极点，$G_f(s)$用于消除左半平面零点对俯仰角响应的影响。

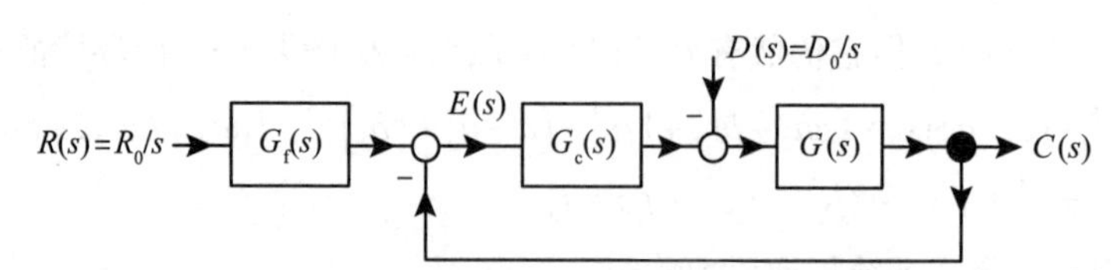

图 10-31　采用极点配置二自由度控制器

最小阶控制器实现任意极点配置的形式为

$$G_c(s)=\frac{b_3s^3+b_2s^2+b_1s+b_0}{s^2+a_1s+a_0}\frac{1}{s}$$

于是

$$\frac{C(s)}{R(s)}=\frac{\dfrac{b_3s^3+b_2s^2+b_1s+b_0}{s^2+a_1s+a_0}\dfrac{1}{s}\dfrac{1.51s+0.1774}{s^3+0.739s^2+0.921s}}{1+\dfrac{b_3s^3+b_2s^2+b_1s+b_0}{s^2+a_1s+a_0}\dfrac{1}{s}\dfrac{1.51s+0.1774}{s^3+0.739s^2+0.921s}}$$

$$=\frac{\left(b_2s^2+b_1s+b_0\right)(1.51s+0.1774)}{s\left(s^2+a_1s+a_0\right)\left(s^3+0.739s^2+0.921s\right)+\left(b_3s^3+b_2s^2+b_1s+b_0\right)(1.51s+0.1774)}$$

$$=\frac{\left(b_2s^2+b_1s+b_0\right)(1.51s+0.1774)}{a_{\mathrm{CL}}(s)}$$

其中

$$a_{\mathrm{CL}}(s)=s^6+(a_1+0.739)s^5+(a_0+0.739a_1+1.51b_3+0.921)s^4+$$
$$(0.739a_0+0.921a_1+1.51b_2+0.1774b_3)s^3+$$
$$(0.921a_0+1.51b_1+0.1774b_2)s^2+(1.51b_0+0.1774b_1)s+0.1774b_0$$

设所需闭环特征多项式为

$$a_{\mathrm{CL}}(s)=s^6+f_5s^5+f_4s^4+f_3s^3+f_2s^2+f_1s+f_0$$

其中，$f_i,i=0,1,\cdots,5$参数值待定。所选控制器的参数需满足

$$\begin{bmatrix} f_5\\ f_4\\ f_3\\ f_2\\ f_1\\ f_0 \end{bmatrix}=\begin{bmatrix} 0 & 0 & 0 & 0 & 1 & 0\\ 1.51 & 0 & 0 & 0 & 0.739 & 1\\ 0.1774 & 1.51 & 0 & 0 & 0.921 & 0.739\\ 0 & 0.1774 & 1.51 & 0 & 0 & 0.921\\ 0 & 0 & 0.1774 & 1.51 & 0 & 0\\ 0 & 0 & 0 & 0.1774 & 0 & 0 \end{bmatrix}\begin{bmatrix} b_3\\ b_2\\ b_1\\ b_0\\ a_1\\ a_0 \end{bmatrix}+\begin{bmatrix} 0.739\\ 0.921\\ 0\\ 0\\ 0\\ 0 \end{bmatrix}$$

因此

$$\begin{bmatrix} b_3\\ b_2\\ b_1\\ b_0\\ a_1\\ a_0 \end{bmatrix}=\begin{bmatrix} 0 & 0 & 0 & 0 & 1 & 0\\ 1.51 & 0 & 0 & 0 & 0.739 & 1\\ 0.1774 & 1.51 & 0 & 0 & 0.921 & 0.739\\ 0 & 0.1774 & 1.51 & 0 & 0 & 0.921\\ 0 & 0 & 0.1774 & 1.51 & 0 & 0\\ 0 & 0 & 0 & 0.1774 & 0 & 0 \end{bmatrix}^{-1}\times\left(\begin{bmatrix} f_5\\ f_4\\ f_3\\ f_2\\ f_1\\ f_0 \end{bmatrix}-\begin{bmatrix} 0.739\\ 0.921\\ 0\\ 0\\ 0\\ 0 \end{bmatrix}\right) \tag{10.10}$$

10.4.1 关于极点配置的重要探讨

结果表明，在使用极点配置算法时，闭环极点位置的选择对良好的性能至关重要。虽然可以任意地配置闭环极点，但不能选择控制器的零点。如果可能的话，我们不希望控制器在右半平面上有任何零点，因为这会导致欠调。我们的目的是将闭环极点配置在左半平面足够远的地方，以获得快速响应（不使执行器饱和），同时在左半开平面中仍然有控制器的零点，以便它们对响应的影响可以通过参考输入滤波器消除。由于这些原因，选择闭环极点的位置通常不是一件容易的事情。

继续选择闭环极点。我们将其中一个闭环极点放在$-0.1774/1.51=-0.1175$处，以抵消$G(s)$在该位置的零点。闭环特征多项式有如下形式

$$a_{\mathrm{CL}}(s)=(s+0.1175)(s+r)\left(s^2+2\zeta_1\omega_{n1}s+\omega_{n1}^2\right)\left(s^2+2\zeta_2\omega_{n2}s+\omega_{n2}^2\right)$$

请注意，选择$\zeta=1$会导致在$-\omega_n$处有两个极点，即两个相同的实极点。MATLAB代码可将表达式转换为如下形式

$$a_{\mathrm{CL}}(s)=s^6+f_5s^5+f_4s^4+f_3s^3+f_2s^2+f_1s+f_0$$

详见附录B。“调节”过程现在包括$r,\zeta_1,\omega_{n1},\zeta_2,\omega_{n2}$的参数值调节。在选定好参数值之后，必须首先检查控制器$G_{\mathrm{c}}(s)$的零点，即$b_3s^3+b_2s^2+b_1s+b_0=0$的根是否在左半开平面中。如果不是，则为$r,\zeta_1,\omega_{n1},\zeta_2,\omega_{n2}$选择一组新值。如果$G_{\mathrm{c}}(s)$的零点在左半开平面内，那么下一步检查是否满足设计标准，使执行器不饱和。接下来尽力使所有闭环极点为负实根，但这会导致

$G_c(s)$的零点位于右半开平面。这迫使我们需要考虑有共轭复极点对。经过多次尝试，选择闭环特征多项式为

$$a_{CL}(s)=(s+0.1175)(s+1.6)(s^2+5s+25)(s^2+5s+25)$$

然后控制器为

$$\begin{aligned}G_c(s)&=\frac{54.34s^3+238.4s^2+678.8s+662.3}{s^2+10.98s+1.28}\frac{1}{s}\\&=\frac{54.34(s+1.49)(s-(-1.45+j2.47))(s-(-1.45-j2.47))}{(s+0.1175)(s+10.86)}\frac{1}{s}\end{aligned}$$

注意$G_c(s)$的零点都在左半开平面中。如前文所述，我们使用控制器$G_c(s)$将其中一个闭环极点配置于$G(s)$的零点–0.1175处。这导致$G_c(s)$在这个零点处有一个极点，如习题 16 所预期的那样。

然后选择参考输入滤波器

$$G_f(s)=\frac{b_0}{b_3s^3+b_2s^2+b_1s+b_0}=\frac{662.3}{54.34s^3+238.4s^2+678.8s+662.3}$$

来消去$G_c(s)$的零点。使用上述二自由度控制器，俯仰角响应$\theta(t)$和相应的升降舵指令$\delta_c(t)$如图 10-32 所示。上升时间约 1.5s，超调量为零，2% 调节时间为 3.1s。如第 9 章所做的［见式（9.16）］，将模型$G(s)=\dfrac{1.51s+0.1774}{s^3+0.739s^2+0.921s}$替换为“真值”模型$G_{truth}(s)=\dfrac{s+0.12}{s^3+0.4s^2+s}$。图 10-33 展示了控制器仍然能达到给定的指标，上升时间为 1.53s，零超调，2% 调节时间为 3.15s。

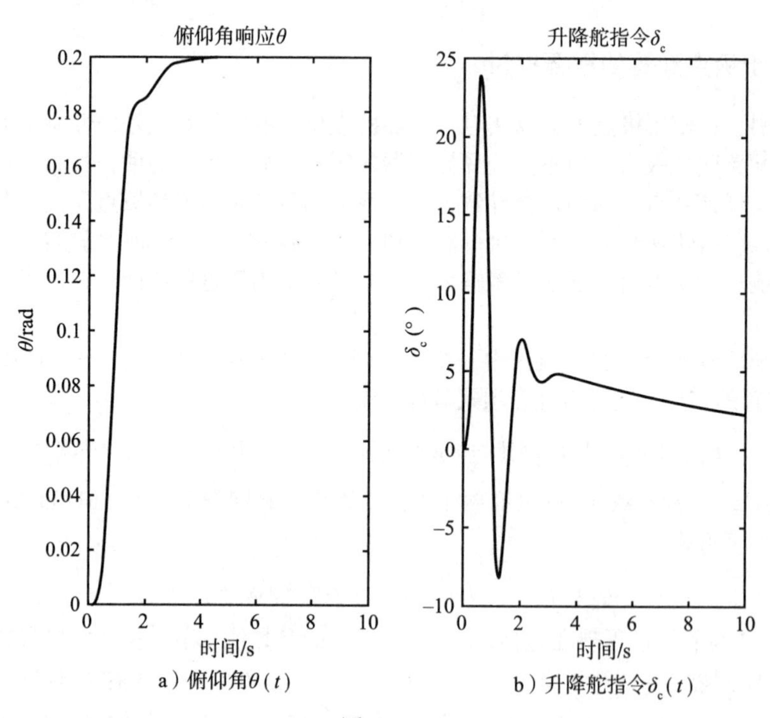

a）俯仰角$\theta(t)$　　b）升降舵指令$\delta_c(t)$

图 10-32

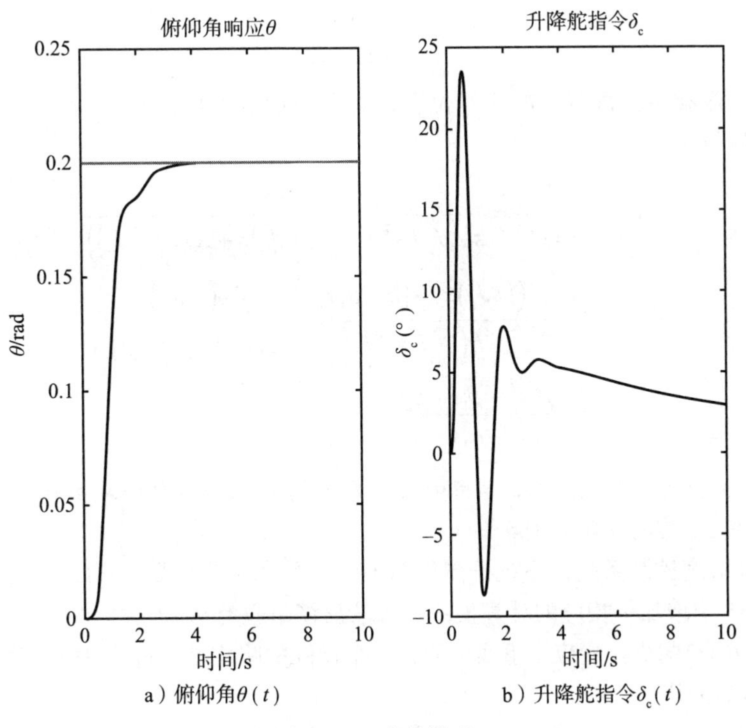

a）俯仰角$\theta(t)$　　b）升降舵指令$\delta_c(t)$

图 10-33　真值模型

10.5　设计实例：带太阳能电池板的卫星（配置情况）

在第 5 章中，提出了一个简单的带有太阳能电池板的卫星质量 – 弹簧 – 阻尼模型（见图 10-34）。描述这个集总参数模型的微分方程为

$$J_s\frac{d^2\theta}{dt^2}=-K\left(\theta-\theta_p\right)-b\left(\frac{d\theta}{dt}-\frac{d\theta_p}{dt}\right)+\tau$$

$$J_p\frac{d^2\theta_p}{dt^2}=K\left(\theta-\theta_p\right)+b\left(\frac{d\theta}{dt}-\frac{d\theta_p}{dt}\right)$$

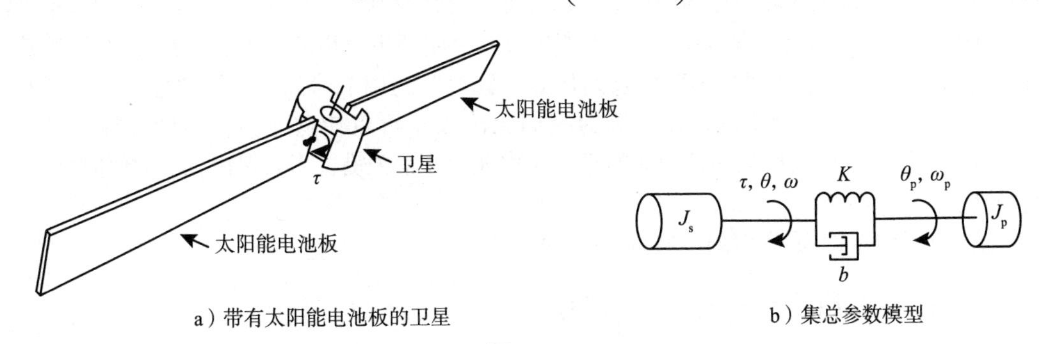

a）带有太阳能电池板的卫星　　b）集总参数模型

图 10-34

经过拉普拉斯变换可得到

$$\theta(s)=\frac{bs+K}{s^2J_s+bs+K}\theta_p(s)+\frac{1}{s^2J_s+bs+K}\tau(s) \tag{10.11}$$

$$\theta_p(s)=\frac{bs+K}{s^2J_p+bs+K}\theta(s) \tag{10.12}$$

为获得传感器在执行器上的相对位置，需要测量电动机轴角θ。根据式（10.11）和式（10.12）可得到$\theta(s)$为

$$\begin{aligned}G(s)=\frac{\theta(s)}{\tau(s)}&=\frac{s^2J_p+bs+K}{s^2\left(J_pJ_ss^2+b\left(J_p+J_s\right)s+K\left(J_p+J_s\right)\right)}\\&=\frac{\left(1/J_s\right)s^2+\left(b/\left(J_sJ_p\right)\right)s+K/\left(J_sJ_p\right)}{s^2\left(s^2+b\left(1/J_p+1/J_s\right)s+K\left(1/J_p+1/J_s\right)\right)}\\&=\frac{\beta_2s^2+\beta_1s+\beta_0}{s^2\left(s^2+\alpha_1s+\alpha_0\right)}\end{aligned}$$

其中$\beta_2,\beta_1,\beta_0,\alpha_1,\alpha_2$定义明显。令$J_s=5\text{kg}\cdot\text{m}^2$，$J_p=1\text{kg}\cdot\text{m}^2$，$K=0.15\text{N}\cdot\text{m}/\text{rad}$，$b=0.05\text{N}\cdot\text{m}/(\text{rad}\cdot\text{s})$，且$|\tau|\leqslant 5$，参考文献 [13]。

采用二自由度控制系统，系统框图如图 10-35 所示。使用式（10.12），为了从θ中获取θ_p，在图 10-35 中增加了相应的计算模块。虽然反馈量只有θ，但我们的目标是设计$G_c(s)$和$G_f(s)$以获得$\theta_p(t)$的更佳响应。事实证明，一个良好的响应是通过让θ缓慢旋转，以便将θ_p平滑旋转到所需的值。

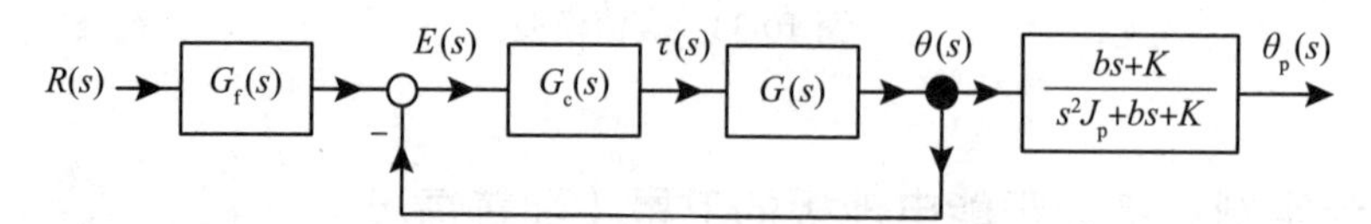

图 10-35　相对位置的二自由度控制器

最小阶控制器实现任意极点配置和恒定干扰抑制的形式为

$$G_c(s)=\frac{b_4s^4+b_3s^3+b_2s^2+b_1s+b_0}{s^3+a_2s^2+a_1s+a_0}\frac{1}{s}$$

我们从七个闭环极点中选取两个配置在$G(s)$的两个零点处，即$s^2+\left(\frac{b}{J_p}\right)s+K/J_p$的特征根处。这样可避免开环零点的超调量。这种抵消是在控制环内部完成的，因为它对$G(s)$零点的不确定性不太敏感（见 9.6 节）。选择其余六个闭环极点以获得$\theta_p(t)$的“良好”响应，即“快速”的上升时间，“较小”的超调量和“较短”的调节时间。对于“好”“快”“小”和“短”并没有一个精确的范围，因为我们无法预见可以使这些指标达到怎样的程度。$\theta_p(t)-\theta(t)$是太阳能电池板轴被扭曲的量，此物理量非常关键，当其保持较小的值时轴就不会断裂。

输入记为$R(s)$，误差$E(s)=R(s)-\theta(s)$可写为

$$\begin{aligned}E(s)&=\frac{1}{1+G_c(s)G(s)}R(s)\\&=\frac{1}{1+\dfrac{b_4s^4+b_3s^3+b_2s^2+b_1s+b_0}{s^3+a_2s^2+a_1s+a_0}\dfrac{1}{s}\dfrac{\beta_2s^2+\beta_1s+\beta_0}{s^2\left(s^2+\alpha_1s+\alpha_0\right)}}R(s)\end{aligned}$$

$$=\frac{\left(s^3+a_2s^2+a_1s+a_0\right)s^2\left(s^2+\alpha_1s+\alpha_0\right)}{\left(s^3+a_2s^2+a_1s+a_0\right)s^3\left(s^2+\alpha_1s+\alpha_0\right)+\left(b_4s^4+b_3s^3+b_2s^2+b_1s+b_0\right)\left(\beta_2s^2+\beta_1s+\beta_0\right)}R(s)$$

将$E(s)$的分母展开为s的幂级数为

$$\begin{aligned}a_{\text{CL}}(s)=&s^8+(\alpha_1+a_2)s^7+(\alpha_0+a_1+\alpha_1a_2+\beta_2b_4)s^6+\\&(a_0+\alpha_1a_1+\alpha_0a_2+\beta_1b_4+\beta_2b_3)s^5+\\&(\alpha_0a_1+\alpha_1a_0+\beta_0b_4+\beta_1b_3+\beta_2b_2)s^4+(\alpha_0a_0+\beta_0b_3+\beta_1b_2+\beta_2b_1)s^3+\\&(\beta_0b_2+\beta_1b_1+\beta_2b_0)s^2+(\beta_0b_1+\beta_1b_0)s+\beta_0b_0\end{aligned}$$

期望的闭环多项式$s^8+f_7s^7+f_6s^6+f_5s^5+f_4s^4+f_3s^3+f_2s^2+f_1s+f_0$和控制器参数$b_4,b_3,b_2,b_1,b_0,a_2,a_1,a_0$必须满足

$$\begin{bmatrix}f_7\\f_6\\f_5\\f_4\\f_3\\f_2\\f_1\\f_0\end{bmatrix}=\begin{bmatrix}0&0&0&0&0&1&0&0\\\beta_2&0&0&0&0&\alpha_1&1&0\\\beta_1&\beta_2&0&0&0&\alpha_0&\alpha_1&1\\\beta_0&\beta_1&\beta_2&0&0&0&\alpha_0&\alpha_1\\0&\beta_0&\beta_1&\beta_2&0&0&0&\alpha_0\\0&0&\beta_0&\beta_1&\beta_2&0&0&0\\0&0&0&\beta_0&\beta_1&0&0&0\\0&0&0&0&\beta_0&0&0&0\end{bmatrix}\begin{bmatrix}b_4\\b_3\\b_2\\b_1\\b_0\\a_2\\a_1\\a_0\end{bmatrix}+\begin{bmatrix}\alpha_1\\\alpha_0\\0\\0\\0\\0\\0\\0\end{bmatrix}$$

选取

$$a_{\text{CL}}(s)=s^8+f_7s^7+f_6s^6+f_5s^5+f_4s^4+f_3s^3+f_2s^2+f_1s+f_0$$

令它等于

$$\begin{aligned}a_{\text{CL}}(s)=&\left(s^2+(b/J_{\text{p}})s+K/J_{\text{p}}\right)\left(s^2+2\zeta_2\omega_{n2}s+\omega_{n2}^2\right)\left(s^2+2\zeta_3\omega_{n3}s+\omega_{n3}^2\right)\times\\&\left(s^2+2\zeta_4\omega_{n4}s+\omega_{n4}^2\right)\end{aligned}$$

代入给定的参数值，可得$s^2+(b/J_{\text{p}})s+K/J_{\text{p}}=s^2+0.05s+0.15$的零点为$-0.025\pm \text{j}0.387$。此外仍有六个闭环极点需要配置。然而在此之前，注意到图 10-35 中$\theta(s)$为传递函数$(bs+K)/(s^2J_{\text{p}}+bs+K)$的输入，$\theta_{\text{p}}(s)$为输出。这表明$\theta(t)$的平滑无振荡响应可导致$\theta_{\text{p}}(t)$的无振荡响应。因此，为了保持$\theta(t)$不振荡，可以选择参考输入$r(t)$在 50s 内上升到 1，然后保持恒定在 1，如图 10-36 所示。“调谐”过程现在包括$\zeta_2,\omega_{n2},\zeta_3,\omega_{n3},\zeta_4,\omega_{n4}$的改变。与俯仰控制设计中一样，在调节这些参数后，必须检查控制器$G_{\text{c}}(s)$的零点（即$b_4s^4+b_3s^3+b_2s^2+b_1s+b_0=0$的根）是否在左半开平面中。如果没有，则重新考虑$\zeta_2,\omega_{n2},\zeta_3,\omega_{n3},\zeta_4,\omega_{n4}$的取值。如果$G_{\text{c}}(s)$的零点位于左半开平面，那么我们需检查其是否满足规范，执行器是否饱和。经过迭代计算，最终选取$\zeta_2=1,\omega_{n2}=0.5,\zeta_3=1,\omega_{n3}=0.5,\zeta_4=1,\omega_{n4}=0.5$（即把六个闭环极点都配置在 −0.5 处），图 10-36 给出了θ和θ_{p}的响应。控制器$G_{\text{c}}(s)$的零点为$-0.143\pm\text{j}0.087$，$-0.147\pm\text{j}0.377$。为使$\theta_{\text{p}}(t)$响应为低幅振荡，作为参考输入的斜坡信号至关重要。注意到差值$\theta_{\text{p}}(t)-\theta(t)$维持小量。在给定模型参数的情况下，开环传递函数为

$$G(s)=\frac{\beta_2s^2+\beta_1s+\beta_0}{s^2\left(s^2+\alpha_1s+\alpha_0\right)}=\frac{0.2\left(s^2+0.05s+0.15\right)}{s^2\left(s^2+0.06s+0.18\right)}$$

按照刚才讨论的方式选择闭环极点，控制器传递函数为

$$G_c(s)=\frac{16.97s^4+9.854s^3+4.6875s^2+0.9375s+0.0781}{s^4+2.99s^3+0.297s^2+0.441s}$$
$$=\frac{16.97(s^2+0.28678s+0.028087)(s^2+0.2939s+0.16385)}{s(s+2.94)(s^2+0.05s+0.15)}$$

注意到$G_c(s)$的极点包括两个$G(s)$的零点，根据习题16可知这是我们所期望的。对于未配置的情况，请参阅习题24。

观察 前向传递函数$G_c(s)G(s)$是类型3，然而$\theta(t)$并未跟踪类型2的参考输入$r(t)$，如图10-36所示，这是为什么？如果设置为$G_f(s)=1$能否跟踪$r(t)$？

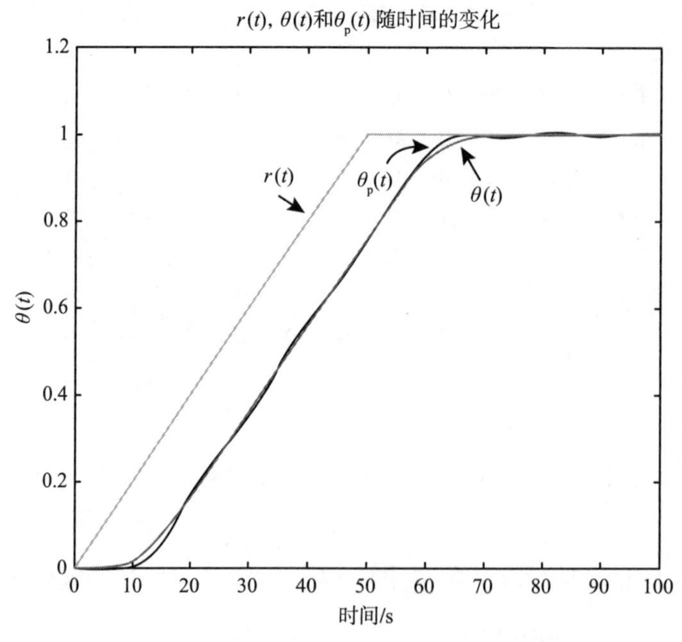

图 10-36　参考输入$r(t)$的响应$\theta(t)$和$\theta_p(t)$

附录A　输出极点配置

到目前为止对于所有的信号$R(s),D(s)$和传递函数$G(s)$，我们考虑的拉普拉斯变换都是s域内两个多项式之比，即它们的形式是$R(s)=n_R(s)/d_R(s)$，$D(s)=n_D(s)/d_D(s)$，$G(s)=n(s)/d(s)$，其中$n_R(s),d_R(s),n_D(s),d_D(s),n(s),d(s)$都是$s$域内的多项式函数。我们称$R(s)$和$D(s)$为有理信号，$G(s)$为有理传递函数。我们继续假设我们处理的是有理信号和传递函数，并且假设$G(s)$是严格正则的（真实的物理系统模型），对于$R(s)$和$D(s)$也是如此（作者不认为有不同于此的物理情况）。回想一下，我们之前考虑的参考输入

$$R(s)=\frac{1}{s},R(s)=\frac{1}{s^2},R(s)=\frac{1}{s^2+1}$$

以及相同形式的干扰$D(s)$。当然我们也可以有这样的信号

$$D(s)=\frac{\alpha s+\beta}{s^2+\omega_0^2}$$

我们还假设$d_{\mathrm{R}}(s),d_{\mathrm{D}}(s)$是首一的，即它们的前导（最高次）系数为 1。例如，将$R(s)=\dfrac{1}{2s^2+8}$写为$R(s)=\dfrac{1/2}{s^2+4}$，并且令$d_{\mathrm{R}}(s)=s^2+4$。

为实现跟踪与干扰抑制，$G_{\mathrm{c}}(s)$的分母需包含首一多项式$d_{\mathrm{RD}}(s)$。例如，假设$G(s)=\dfrac{1}{s(s+1)}$，$R(s)=\dfrac{R_0}{s^2+1}$并且$D(s)=\dfrac{D_0}{s}$。根据内部模型原理，控制器$G_{\mathrm{c}}(s)$必须在其分母中包含$s(s^2+1)$以跟踪$R(s)$并且抑制$D(s)$。因此$d_{\mathrm{RD}}(s)=s(s^2+1)$。

考虑图 10-37 的一般单输入单输出（SISO）控制系统。

我们考虑渐近跟踪，也就是说，最终想要得到当$t\to\infty$时，$e(t)\to 0$。我们有以下定理（见参考文献 [5,6,17]）。

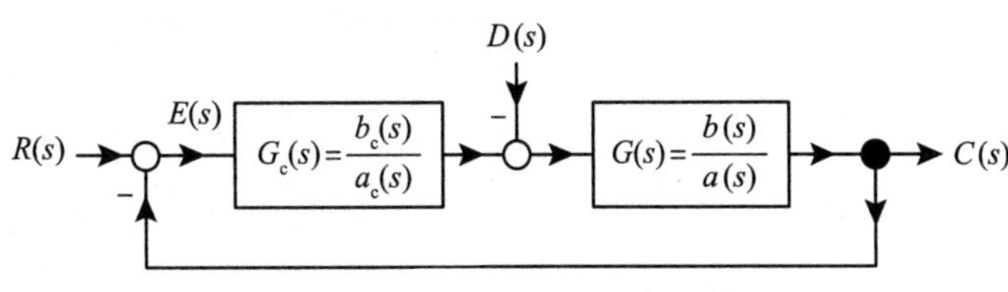

图 10-37　一般的跟踪与干扰抑制问题

定理 1 跟踪与干扰抑制和极点配置

设开环系统传递函数模型为

$$G(s)=\frac{b(s)}{a(s)}=\frac{b_{n-1}s^{n-1}+\cdots+b_0}{s^n+a_{n-1}s^{n-1}+\cdots+a_0} \tag{10.13}$$

其中$b(s)$和$a(s)$是互质的。设$d_{\mathrm{RD}}(s)$是控制器为了实现跟踪与干扰抑制目标所必须在分母上的首一多项式。

令

$$k\triangleq\deg\{d_{\mathrm{RD}}(s)\}$$

控制器便可写为如下结构：

$$G_{\mathrm{c}}(s)=\frac{b_{\mathrm{c}}(s)}{a_{\mathrm{c}}(s)}=\underbrace{\frac{\bar{b}_{\mathrm{c}}(s)}{\bar{a}_{\mathrm{c}}(s)}}_{\bar{G}_{\mathrm{c}}(s)}\frac{1}{d_{\mathrm{RD}}(s)}=\frac{\bar{b}_{n+k-1}s^{n+k-1}+\cdots+\bar{b}_0}{s^{n-1}+\bar{a}_{n-2}s^{n-2}+\cdots+\bar{a}_1s+\bar{a}_0}\frac{1}{d_{\mathrm{RD}}(s)} \tag{10.14}$$

注意，我们已经规定了$\bar{b}_{\mathrm{c}}(s)\triangleq b_{\mathrm{c}}(s)$，同时还要求$d_{\mathrm{RD}}(s)$和$b(s)$是互质的，这样控制器和模型传递函数之间就没有不稳定的零极点抵消。多项式计算结果为

$$b(s)=b_{n-1}s^{n-1}+\cdots+b_0$$

$$d_{\mathrm{RD}}(s)a(s)=d_{\mathrm{RD}}(s)\left(s^n+a_{n-1}s^{n-1}+\cdots+a_0\right)$$

上述两式是互质的（没有公因式）。

然后可以选择$\bar{G}_{\mathrm{c}}(s)$控制器参数

$$\bar{a}_0,\bar{a}_1,\cdots,\bar{a}_{n-2},\bar{b}_0,\bar{b}_1,\cdots,\bar{b}_{n+k-1}$$

这样闭环极点便可以任意配置。

注意 $\bar{a}_{\mathrm{c}}(s)$选取为$n-1$阶，比$G(s)$的分母的阶数小 1。因此$G_{\mathrm{c}}(s)$的分母的阶数，即$d_{\mathrm{RD}}(s)\bar{a}_{\mathrm{c}}(s)$的阶次为$n-1+k$。$G_{\mathrm{c}}(s)$的分子，即$\bar{b}_{\mathrm{c}}(s)=b_{\mathrm{c}}(s)$与其分母阶数相同，即$n-1+k$阶。

证明 为了证明结论我们假设$d_{\mathrm{RD}}(s)=s$（因此$k=1$），令

$$G(s)=\frac{b_2s^2+b_1s+b_0}{s^3+a_2s^2+a_1s+a_0}$$

控制器选择为

$$G_c(s)=\bar{G}_c(s)\frac{1}{s}=\frac{\bar{b}_3s^3+\bar{b}_2s^2+\bar{b}_1s+\bar{b}_0}{s^2+\bar{a}_1s+\bar{a}_0}\frac{1}{s}$$

误差为

$$\begin{aligned}E(s)&=\frac{1}{1+\dfrac{\bar{b}_3s^3+\bar{b}_2s^2+\bar{b}_1s+\bar{b}_0}{s^2+\bar{a}_1s+\bar{a}_0}\dfrac{1}{s}\dfrac{b_2s^2+b_1s+b_0}{s^3+a_2s^2+a_1s+a_0}}R(s)\\&=\frac{1}{1+\dfrac{\bar{b}_3s^3+\bar{b}_2s^2+\bar{b}_1s+\bar{b}_0}{s^2+\bar{a}_1s+\bar{a}_0}\dfrac{b_2s^2+b_1s+b_0}{\underbrace{s^4+a_2s^3+a_1s^2+a_0s}_{d_{RD}(s)a(s)}}}R(s)\\&=\frac{\left(s^2+\bar{a}_1s+\bar{a}_0\right)\left(s^4+a_2s^3+a_1s^2+a_0s\right)}{\left(s^2+\bar{a}_1s+\bar{a}_0\right)\left(s^4+a_2s^3+a_1s^2+a_0s\right)}R(s)+\\&\quad\left(\bar{b}_3s^3+\bar{b}_2s^2+\bar{b}_1s+\bar{b}_0\right)\left(b_2s^2+b_1s+b_0\right)\end{aligned}$$

为配置闭环极点，需满足对于任意f_i有

$$\begin{aligned}&\left(s^2+\bar{a}_1s+\bar{a}_0\right)\underbrace{\left(s^4+a_2s^3+a_1s^2+a_0s\right)}_{d_{RD}(s)a(s)}+\left(\bar{b}_3s^3+\bar{b}_2s^2+\bar{b}_1s+\bar{b}_0\right)\underbrace{\left(b_2s^2+b_1s+b_0\right)}_{b(s)}\\&=s^6+f_5s^5+f_4s^4+f_3s^3+f_2s^2+f_1s+f_0\end{aligned}\tag{10.15}$$

式（10.15）被称为丢番图方程。根据s的幂相等，式（10.15）等价于矩阵方程

$$\begin{matrix}1\\s\\s^2\\s^3\\s^4\\s^5\\s^6\end{matrix}\underbrace{\begin{bmatrix}0&0&0&b_0&0&0&0\\a_0&0&0&b_1&b_0&0&0\\a_1&a_0&0&b_2&b_1&b_0&0\\a_2&a_1&a_0&0&b_2&b_1&b_0\\1&a_2&a_1&0&0&b_2&b_1\\0&1&a_2&0&0&0&b_2\\0&0&1&0&0&0&0\end{bmatrix}}_{S}\begin{bmatrix}\bar{a}_0\\\bar{a}_1\\1\\\bar{b}_0\\\bar{b}_1\\\bar{b}_2\\\bar{b}_3\end{bmatrix}=\begin{bmatrix}f_0\\f_1\\f_2\\f_3\\f_4\\f_5\\1\end{bmatrix}\tag{10.16}$$

矩阵$\boldsymbol{S}$被称为西尔维斯特合成矩阵。如果$\boldsymbol{S}$是可逆的，那么我们可以求解式（10.16）控制器的系数并实现极点配置。

我们现在证明了当且仅当两个多项式$d_{RD}(s)a(s)=s\left(s^3+a_2s^2+a_1s+a_0\right)$和$b(s)=b_3s^3+b_2s^2+b_1s+b_0$互质时矩阵$\boldsymbol{S}$才是可逆的。

假设$s\left(s^3+a_2s^2+a_1s+a_0\right)$和$b_3s^3+b_2s^2+b_1s+b_0$是互质的，则$\boldsymbol{S}$是可逆的。考虑通过将$s^2+\bar{a}_1s+\bar{a}_0$替换为$\bar{a}_2s^2+\bar{a}_1s+\bar{a}_0$而对式（10.15）进行微小修改，则可以写为

$$\begin{aligned}&\left(\bar{a}_2s^2+\bar{a}_1s+\bar{a}_0\right)\underbrace{\left(s^4+a_2s^3+a_1s^2+a_0s\right)}_{d_{RD}(s)a(s)}+\left(\bar{b}_3s^3+\bar{b}_2s^2+\bar{b}_1s+\bar{b}_0\right)\underbrace{\left(b_2s^2+b_1s+b_0\right)}_{b(s)}\\&=f_6s^6+f_5s^5+f_4s^4+f_3s^3+f_2s^2+f_1s+f_0\end{aligned}\tag{10.17}$$

式（10.16）变为

$$\begin{matrix}1\\s\\s^2\\s^3\\s^4\\s^5\\s^6\end{matrix}\underbrace{\begin{bmatrix}0&0&0&b_0&0&0&0\\a_0&0&0&b_1&b_0&0&0\\a_1&a_0&0&b_2&b_1&b_0&0\\a_2&a_1&a_0&0&b_2&b_1&b_0\\1&a_2&a_1&0&0&b_2&b_1\\0&1&a_2&0&0&0&b_2\\0&0&1&0&0&0&0\end{bmatrix}}_{S}\begin{bmatrix}\bar{a}_0\\\bar{a}_1\\\bar{a}_2\\\bar{b}_0\\\bar{b}_1\\\bar{b}_2\\\bar{b}_3\end{bmatrix}=\begin{bmatrix}f_0\\f_1\\f_2\\f_3\\f_4\\f_5\\f_6\end{bmatrix}\tag{10.18}$$

注意这与式（10.16）中的西尔维斯特合成矩阵$\boldsymbol{S}$相同。证明是用反证法，假设$\boldsymbol{S}$是不可逆的，则它的列是线性相关的，那么有一个非零向量

$$\begin{bmatrix}\bar{a}_0&\bar{a}_1&\bar{a}_2&\bar{b}_0&\bar{b}_1&\bar{b}_2&\bar{b}_3\end{bmatrix}^{\mathrm{T}}$$

这样

$$\begin{bmatrix}0&0&0&b_0&0&0&0\\a_0&0&0&b_1&b_0&0&0\\a_1&a_0&0&b_2&b_1&b_0&0\\a_2&a_1&a_0&0&b_2&b_1&b_0\\1&a_2&a_1&0&0&b_2&b_1\\0&1&a_2&0&0&0&b_2\\0&0&1&0&0&0&0\end{bmatrix}\begin{bmatrix}\bar{a}_0\\\bar{a}_1\\\bar{a}_2\\\bar{b}_0\\\bar{b}_1\\\bar{b}_2\\\bar{b}_3\end{bmatrix}=\begin{bmatrix}0\\0\\0\\0\\0\\0\\0\end{bmatrix}$$

对于这些特定的值$\bar{a}_0,\bar{a}_1,\bar{a}_2,\bar{b}_0,\bar{b}_1,\bar{b}_2,\bar{b}_3$（这些值并不都是零），我们有

$$\left(\bar{a}_2s^2+\bar{a}_1s+\bar{a}_0\right)\left(s^4+a_2s^3+a_1s^2+a_0s\right)+\left(\bar{b}_3s^3+\bar{b}_2s^2+\bar{b}_1s+\bar{b}_0\right)\left(b_2s^2+b_1s+b_0\right)=0$$

可立刻得到$\bar{a}_2=0$，于是上式化简为

$$\left(\bar{a}_1s+\bar{a}_0\right)\left(s^4+a_2s^3+a_1s^2+a_0s\right)+\left(\bar{b}_3s^3+\bar{b}_2s^2+\bar{b}_1s+\bar{b}_0\right)\left(b_2s^2+b_1s+b_0\right)=0$$

或

$$\left(\bar{a}_1s+\bar{a}_0\right)\underbrace{\left(s^4+a_2s^3+a_1s^2+a_0s\right)}_{d_{\mathrm{RD}}(s)\,a(s)\text{ 有 }n+k\text{阶}}=-\underbrace{\left(\bar{b}_3s^3+\bar{b}_2s^2+\bar{b}_1s+\bar{b}_0\right)}_{\bar{b}_{\mathrm{c}}(s)\text{ 有 }n-1+k\text{阶}}\left(b_2s^2+b_1s+b_0\right)\tag{10.19}$$

我们已经指出$\bar{a}_2=0$。如果$\bar{a}_1=\bar{a}_0=\bar{b}_3=\bar{b}_2=\bar{b}_1=\bar{b}_0=0$，那么最后一个等式显然成立。然而，假设$\boldsymbol{S}$是奇异的，那么我们也可以选择一组值，使它们不全为零。

现在$s^4+a_2s^3+a_1s^2+a_0s$（通常为$n+k$阶的$d_{\mathrm{RD}}(s)a(s)$）的根必须除以式（10.19）的右侧。然而，$\bar{b}_3s^3+\bar{b}_2s^2+\bar{b}_1s+\bar{b}_0$（通常为$n+k-1$阶的$\bar{b}_{\mathrm{c}}(s)$）只有三个因子（通常为$n+k-1$个因子），而$s^4+a_2s^3+a_1s^2+a_0s$有四个因子（通常为$n+k$个因子）。因此$s^4+a_2s^3+a_1s^2+a_0s$的四个因子不能全部除开$\bar{b}_3s^3+\bar{b}_2s^2+\bar{b}_1s+\bar{b}_0$的三个因子。因此，它们当中至少有一个必须被$b_2s^2+b_1s+b_0$除，这与$d_{\mathrm{RD}}(s)a(s)=s\left(s^3+a_2s^2+a_1s+a_0\right)$和$b(s)=b_2s^2+b_1s+b_0$互质的假设相矛盾。$\boldsymbol{S}$为奇异矩阵时产生了矛盾，因此$\boldsymbol{S}$必须是非奇异的。

（仅当）$\boldsymbol{S}$是可逆矩阵时，我们证明$d_{\mathrm{RD}}(s)a(s)=s\left(s^3+a_2s^2+a_1s+a_0\right)$和$b(s)=b_3s^3+b_2s^2+b_1s+b_0$是互质的。证明采用反证法，假设它们不是互质的，那么存在一个s_0，使得$s_0\left(s_0^3+a_2s_0^2+a_1s_0+a_0\right)=0$并且$b_3s_0^3+b_2s_0^2+b_1s_0+b_0=0$。令$s=s_0$，那么无论我们如何选取$s^2+\bar{a}_1s+\bar{a}_0$和$\bar{b}_3s^3+\bar{b}_2s^2+\bar{b}_1s+\bar{b}_0$，式（10.15）左侧都为零。为了获得一个矛盾，设s_1为不

是这两个多项式的公共零点的任意数（特别注意，$s_1 \neq s_0$）。选择满足条件$s^6 + f_5 s^5 + f_4 s^4 + f_3 s^3 + f_2 s^2 + f_1 s + f_0 = (s - s_1)^6$的系数$f_i$。由于$\boldsymbol{S}$是可逆的，那么

$$\begin{bmatrix} \bar{a}_0 \\ \bar{a}_1 \\ 1 \\ \bar{b}_0 \\ \bar{b}_1 \\ \bar{b}_2 \\ \bar{b}_3 \end{bmatrix} = \begin{bmatrix} 0 & 0 & 0 & b_0 & 0 & 0 & 0 \\ a_0 & 0 & 0 & b_1 & b_0 & 0 & 0 \\ a_1 & a_0 & 0 & b_2 & b_1 & b_0 & 0 \\ a_2 & a_1 & a_0 & 0 & b_2 & b_1 & b_0 \\ 1 & a_2 & a_1 & 0 & 0 & b_2 & b_1 \\ 0 & 1 & a_2 & 0 & 0 & 0 & b_2 \\ 0 & 0 & 1 & 0 & 0 & 0 & 0 \end{bmatrix}^{-1} \begin{bmatrix} f_0 \\ f_1 \\ f_2 \\ f_3 \\ f_4 \\ f_5 \\ 1 \end{bmatrix}$$

因此，我们可以找到多项式的系数$s^2 + \bar{a}_1 s + \bar{a}_0$和$\bar{b}_3 s^3 + \bar{b}_2 s^2 + \bar{b}_1 s + \bar{b}_0$，使得式（10.15）成立。然而，式（10.15）的右侧现在是$(s - s_1)^6$，当$s = s_0$时，$(s - s_1)^6$不为零，但是式子左侧是零。这一矛盾表明，如果$\boldsymbol{S}$是可逆的，那么$s(s^3 + a_2 s^2 + a_1 s + a_0)$与$b_3 s^3 + b_2 s^2 + b_1 s + b_0$必须是互质的。

附录 B　多项式展开

在 MATLAB/Simulink 中参阅 Chapter10_students 文件夹中的 .m 文件，了解三到七阶多项式的展开。前两个是

$$(s + r_1)(s + r_2) = s^2 + (r_1 + r_2)s + r_1 r_2$$

$$(s + r_1)(s + r_2)(s + r_3) = s^3 + (r_1 + r_2 + r_3)s^2 + (r_1 r_2 + r_1 r_3 + r_2 r_3)s + r_1 r_2 r_3$$

接下来考虑四阶展开的系数。也就是说，计算下式的系数$f_i, i = 0, \cdots, 3$

$$(s + r_1)(s + r_2)(s + r_3)(s + r_4) = s^4 + f_3 s^3 + f_2 s^2 + f_1 s + f_0$$

或

$$(s^2 + 2\zeta_1 \omega_{n1} s + \omega_{n1}^2)(s^2 + 2\zeta_2 \omega_{n2} s + \omega_{n2}^2) = s^4 + f_3 s^3 + f_2 s^2 + f_1 s + f_0$$

MATLAB 中的代码为

```
% Fourth-Order Multinomial Expansion
close all; clc; clear
s = sym(' s' );
r1 = 2; r2 = 2; r3 = 2; r4 = 2;
zeta1 = 0.5; wn1 = 5; zeta2 = 0.6; wn2 = 4;
a_cl = (s+r1)*(s+r2)*(s+r3)*(s+r4);
% a_cl = (s^2+2*zeta1*wn1*s+wn1^2)*(s^2+2*zeta2*wn2*s+wn2^2);
a_cl = expand(a_cl); pretty(a_cl)
ff = sym2poly(a_cl);
f3 = ff(2); f2 = ff(3); f1 = ff(4); f0 = ff(5);
f = [f3; f2; f1; f0];
```

附录 C　超调量

定理 2　2 型系统的超调量[5,6]

考虑图 10-38 的框图，其中$L(s) = G_c(s)G(s)$是 2 型的互质传递函数，即

$$L(s)=\frac{b_L(s)}{a_L(s)}=\frac{b_L(s)}{s^2\bar{a}_L(s)}$$

其中，$\bar{a}_L(0)\neq 0$（注意到$b_L(0)\neq 0$，因为$b_L(s)$和$a_L(s)$是互质的）。进一步，假设闭环系统是稳定的。

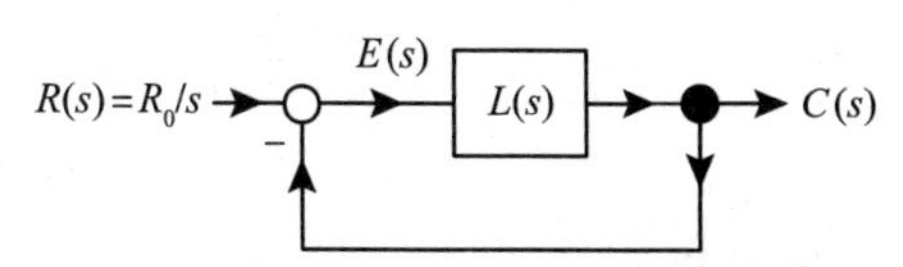

图 10-38 具有阶跃输入的稳定的 2 型系统

那么系统的阶跃响应总是会有超调量，其阶跃响应为

$$c(t)=\mathcal{L}^{-1}\left\{\frac{L(s)}{1+L(s)}\frac{R_0}{s}\right\}$$

无论闭环极点位于左半开平面的哪个位置都会有超调量。

证明

$$E(s)=\frac{1}{1+L(s)}\frac{R_0}{s}=\frac{s^2\bar{a}_L(s)}{s^2\bar{a}_L(s)+b_L(s)}\frac{R_0}{s}=\frac{s\bar{a}_L(s)}{s^2\bar{a}_L(s)+b_L(s)}R_0$$

我们已知闭环系统是稳定的，即$s^2\bar{a}_L(s)+b_L(s)=0$的根$p_1,\cdots,p_n$对于$i=1,\cdots,n$满足$\mathrm{Re}\{p_i\}<0$。假设这些根是不同的，我们有

$$E(s)=\frac{s\bar{a}_L(s)}{s^2\bar{a}_L(s)+b_L(s)}R_0=\frac{s\bar{a}_L(s)}{(s-p_1)\cdots(s-p_n)}R_0=\sum_{i=1}^{n}\frac{A_i}{s-p_i}$$

根据

$$\frac{1}{s-p_i}=\int_0^\infty \mathrm{e}^{-st}\mathrm{e}^{p_i t}\mathrm{d}t \text{ 对于 } \mathrm{Re}\{s\}>\mathrm{Re}\{p_i\}$$

将上式进行拉普拉斯逆变换得到

$$e(t)=\sum_{i=1}^{n}A_i\mathrm{e}^{p_i t}$$

由于$E(s)$是稳定的，因此（见图 10-39）

$$\alpha\triangleq\max\{\mathrm{Re}\{p_i\}\}<0$$

于是对于$\mathrm{Re}\{s\}>\alpha$积分

$$E(s)=\int_0^\infty \mathrm{e}^{-st}e(t)\mathrm{d}t$$

存在。特别地，当$s=0$时积分存在，于是

$$\int_0^\infty e(t)\mathrm{d}t=E(s)\big|_{s=0}=E(0)=\frac{0\cdot\bar{a}_L(0)}{0^2\cdot\bar{a}_L(0)+b_L(0)}R_0=0$$

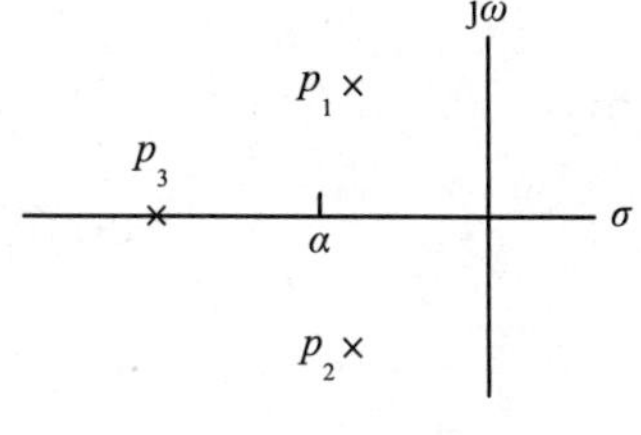

图 10-39 由于$E(s)$是稳定的，因此$\alpha\triangleq\max\{\mathrm{Re}\{p_i\}\}<0$。因此对于$\mathrm{Re}\{s\}>\alpha$，积分$E(s)=\int_0^\infty \mathrm{e}^{-st}e(t)\mathrm{d}t$存在，其中包含$s=0$

现在，如果$R_0>0$，则$e(0)=0-R_0<0$，此时$e(t)=c(t)-r(t)$。因此，使积分$\int_0^\infty e(t)\mathrm{d}t$为零的唯一方法是$e(t)=c(t)-R_0$最终必须为正，这意味着$c(t)$最终必须大于$R_0$，因此存在超调量。当$R_0<0$时类似的参数同样适用。

定理 3 无超调量的级联稳定系统[5]

设$G_1(s)$和$G_2(s)$为两个稳定的传递函数。假设对于所有t都有

$$g_1(t)\triangleq\mathcal{L}^{-1}\{G_1(s)\}>0$$
$$G_1(0)>0$$

并且

$$G_2(0)>0$$

其中

$$c_2(t)\triangleq \mathcal{L}^{-1}\{G_2(s)/s\}$$

无超调量。

那么系统$G_1(s)G_2(s)$的单位阶跃响应没有超调量，即

$$c(t)\triangleq \mathcal{L}^{-1}\left\{G_2(s)G_1(s)\frac{1}{s}\right\}$$

无超调量。

证明 现在$c_2(0)=0$并且由于$G_2(s)$是稳定的，根据终值定理可知$c_2(\infty)=\lim\limits_{s\to 0}sG_2(s)\frac{1}{s}=G_2(0)$。所以$c_2(t)$没有超调量可写作对于任意的$t$

$$c_2(t)\leqslant G_2(0)$$

由于$G_1(s)G_2(s)$是稳定的，因此有

$$c(\infty)=\lim_{s\to 0}sG_2(s)G_1(s)\frac{1}{s}=G_2(0)G_1(0)>0$$

当$c(0)=0$，我们想得到对于任意的t，都有

$$c(t)\leqslant G_2(0)G_1(0)$$

为此，可以写作

$$c(t)=\int_0^t g_1(t-\tau)c_2(\tau)\mathrm{d}\tau$$

由于$c_2(t)\leqslant G_2(0)$并且对任意的$0\leqslant\tau\leqslant t$有$g_1(t-\tau)>0$，因此

$$g_1(t-\tau)c_2(t)\leqslant g_1(t-\tau)G_2(0)$$

于是

$$\begin{aligned}c(t)&=\int_0^t g_1(t-\tau)c_2(\tau)\mathrm{d}\tau\leqslant\int_0^t g_1(t-\tau)\mathrm{d}\tau G_2(0)\\&=\int_0^t g_1(\tau)\mathrm{d}\tau G_2(0)\\&\leqslant\int_0^\infty g_1(\tau)\mathrm{d}\tau G_2(0)\ \text{当}\ g_1(\tau)>0\ \text{对于所有的}\ \tau\\&=G_1(0)G_2(0)\\&=c(\infty)\end{aligned}$$

因此$c(t)$没有超调量。

定理4 有实数极点并且无零点的稳定系统[5]

假设闭环传递函数$G_{\mathrm{CL}}(s)$是稳定的，具有实数极点并且没有零点，那么阶跃响应就没有超调量。

证明 已知闭环传递函数为

$$G_{\mathrm{CL}}(s)=G_{\mathrm{CL}}(0)\frac{-p_1}{s-p_1}\frac{-p_2}{s-p_2}\cdots\frac{-p_n}{s-p_n}$$

其中对于$i=1,2,\cdots n$，有$p_i<0$（负实数）。阶跃响应是

$$C(s)=G_{\mathrm{CL}}(0)\frac{-p_1}{s-p_1}\frac{-p_2}{s-p_2}\cdots\frac{-p_n}{s-p_n}\frac{1}{s}$$

的拉普拉斯逆变换。

令

$$G_1(s)=\frac{-p_1}{s-p_1},G_2(s)=\frac{-p_2}{s-p_2}$$

于是对于$t\geqslant 0$

$$g_1(t)=\mathcal{L}^{-1}\{G_1(s)\}=-p_1\mathrm{e}^{p_1t}>0$$

并且由于p_2是负实数，$c_2(t)$可由下式给出

$$c_2(t)\triangleq\mathcal{L}^{-1}\left\{G_2(s)\frac{1}{s}\right\}=1-\mathrm{e}^{p_2t}$$

并且无超调量。因此根据前面的定理 3，$c_{12}(t)$可由下式给出

$$c_{12}(t)\triangleq\mathcal{L}^{-1}\left\{G_1(s)G_2(s)\frac{1}{s}\right\}$$

并且无超调量。然后我们继续将定理 3 应用于

$$G_3(s)\left(g_3(t)=-p_3\mathrm{e}^{p_3t}\right)$$

以及

$$G_{12}(s)\triangleq G_1(s)G_2(s)$$

可总结出

$$c_{123}(t)\triangleq\mathcal{L}^{-1}\left\{G_1(s)G_2(s)G_3(s)\frac{1}{s}\right\}$$

无超调量。继续用这种方式计算下去，就会得出结论：

$$c(t)\triangleq\mathcal{L}^{-1}\left\{G_{\mathrm{CL}}(0)G_1(s)G_2(s)\cdots G_n(s)\frac{1}{s}\right\}=G_{\mathrm{CL}}(0)\mathcal{L}^{-1}\left\{\frac{-p_1}{s-p_1}\frac{-p_2}{s-p_2}\cdots\frac{-p_n}{s-p_n}\frac{1}{s}\right\}$$

无超调量。

定理 5 具有实数极点和一个 RHP 零点的稳定系统[5]

假设闭环传递函数$G_{\mathrm{CL}}(s)$具有实极稳定性，且在右半开平面上有 1 个零点。那么阶跃响应就没有超调量。

注意 虽然这个阶跃响应不会有超调量，但它会有欠调，因为它有一个单一的右半平面零点（见第 8 章）。

证明 已知闭环传递函数为

$$G_{\mathrm{CL}}(s)=G_{\mathrm{CL}}(0)\frac{s-z}{-z}\frac{-p_1}{s-p_1}\frac{-p_2}{s-p_2}\cdots\frac{-p_n}{s-p_n}$$

其中对于$i=1,2,\cdots n$，有$p_i<0$（负实数）和$z>0$。阶跃响应是

$$C(s)=G_{\mathrm{CL}}(0)\frac{s-z}{-z}\frac{-p_1}{s-p_1}\frac{-p_2}{s-p_2}\cdots\frac{-p_n}{s-p_n}\frac{1}{s}$$

的拉普拉斯逆变换。

并且

$$G_1(s)=\frac{s-z}{-z}\frac{-p_1}{s-p_1},\ G_2(s)=\frac{-p_2}{s-p_2}$$

可见对于$t\geqslant 0$

$$g_2(t)=\mathcal{L}^{-1}\{G_2(s)\}=-p_2\mathrm{e}^{p_2 t}>0$$

并且

$$c_{1z}(t)\triangleq\mathcal{L}^{-1}\left\{\frac{s-z}{-z}\frac{-p_1}{s-p_1}\frac{1}{s}\right\}=\mathcal{L}^{-1}\left\{\frac{1}{s}-\frac{z-p_1}{z}\frac{1}{s-p_1}\right\}=1-\frac{z-p_1}{z}\mathrm{e}^{p_1 t}$$

当$\frac{z-p_1}{z}>0$时，可以得出随着t从 0 ~ ∞，$c_{1z}(t)$从$1-\frac{z-p_1}{z}$~1 单调递增。因此$c_{1z}(t)$没有超调量。再次使用定理 3 可得

$$c_{12z}(t)\triangleq\mathcal{L}^{-1}\left\{G_1(s)G_2(s)\frac{1}{s}\right\}=\mathcal{L}^{-1}\left\{\frac{s-z}{-z}\frac{-p_1}{s-p_1}\frac{-p_2}{s-p_2}\frac{1}{s}\right\}$$

没有超调量。继续这个过程可得到

$$c(t)\triangleq G_{\mathrm{CL}}(0)\mathcal{L}^{-1}\left\{\frac{s-z}{-z}\frac{-p_1}{s-p_1}\frac{-p_2}{s-p_2}\cdots\frac{-p_n}{s-p_n}\frac{1}{s}\right\}$$

无超调量。

定理 6 具有实数极点和两个 RHP 零点的稳定系统[5]

假设闭环传递函数$G_{\mathrm{CL}}(s)$是稳定的，具有实极点和两个右半平面零点。也就是说

$$G_{\mathrm{CL}}(s)=G_{\mathrm{CL}}(0)\frac{s^2-2\zeta\omega_0 s+\omega_0^2}{\omega_0^2}\frac{-p_1}{s-p_1}\frac{-p_2}{s-p_2}\cdots\frac{-p_n}{s-p_n}$$

其中$\omega_0>0,\zeta>0$。引入了参考输入滤波器：

$$\frac{\omega_0^2}{(s+\omega_0)^2}$$

单位阶跃响应

$$\mathcal{L}^{-1}\left\{G_{\mathrm{CL}}(s)\frac{\omega_0^2}{(s+\omega_0)^2}\frac{1}{s}\right\}$$

无超调量。

注意 如果$0<\zeta<1$，那么右半平面的两个零点就是共轭复根。如果$\zeta\geqslant 1$，那么右半平面的两个零点是实根。

证明 我们要证明的是

$$G_{\mathrm{CL}}(s)=G_{\mathrm{CL}}(0)\frac{\omega_0^2}{(s+\omega_0)^2}\frac{s^2-2\zeta\omega_0 s+\omega_0^2}{\omega_0^2}\frac{-p_1}{s-p_1}\frac{-p_2}{s-p_2}\cdots\frac{-p_n}{s-p_n}$$

的单位阶跃响应无超调量。为了证明这一点，我们首先证明了单位阶跃响应

$$\mathcal{L}^{-1}\left\{\frac{s^2-2\zeta\omega_0 s+\omega_0^2}{(s+\omega_0)^2}\frac{1}{s}\right\}=1-2\omega_0 t\mathrm{e}^{-t\omega_0}(1+\zeta)$$

无超调量。阶跃响应的任何极值点都是

$$\frac{\mathrm{d}}{\mathrm{d}t}\left(1-2\omega_0 t\mathrm{e}^{-t\omega_0}(1+\zeta)\right)=0$$

的根。

唯一的解是$t=\dfrac{1}{\omega_0}$，它对应于该阶跃响应的最小值。在$t=0$和$t=\infty$时它取到最大值1。因此它没有超调量。由于

$$G_1(s)=\frac{s^2-2\zeta\omega_0 s+\omega_0^2}{(s+\omega_0)^2}\frac{1}{s},G_2(s)=\frac{-p_2}{s-p_2}$$

定理3同样适用于此

$$\mathcal{L}^{-1}\left\{G_1(s)G_2(s)\frac{1}{s}\right\}$$

无超调量。以这种方式继续进行推导，可得

$$c(t)\triangleq G_{\mathrm{CL}}(0)\mathcal{L}^{-1}\left\{\frac{s^2-2\zeta\omega_0 s+\omega_0^2}{(s+\omega_0)^2}\frac{1}{s}\frac{-p_1}{s-p_1}\frac{-p_2}{s-p_2}\cdots\frac{-p_n}{s-p_n}\right\}$$

没有超调量。

定理7 左半平面零点超调量[6]

设$G(s)$为物理系统的传递函数。假设控制器$G_{\mathrm{c}}(s)$使$\dfrac{G_{\mathrm{c}}(s)G(s)}{1+G_{\mathrm{c}}(s)G(s)}$稳定，对于所有的$i=1,2,\cdots,n$和部分$\alpha>0$，闭环极点$p_i$满足$\mathrm{Re}\{p_i\}<-\alpha$。进一步，设$z$是$G(s)$的零点（即$G(z)=0$），并且$-\alpha<z<0$。也就是说，$z$是$G(s)$在左半开平面上的零点，但在所有闭环极点的右边。于是

$$c(t)=\mathcal{L}^{-1}\{C(s)\}=\mathcal{L}^{-1}\left\{\frac{G_{\mathrm{c}}(s)G(s)}{1+G_{\mathrm{c}}(s)G(s)}\frac{1}{s}\right\}$$

会有超调量。

证明 我们有

$$E(s)=R(s)-C(s)=\frac{1}{1+G_{\mathrm{c}}(s)G(s)}\frac{1}{s}$$

并且对于$\mathrm{Re}\{s\}>-\alpha$

$$\int_0^{\infty}e(t)\mathrm{e}^{-st}\mathrm{d}t=\frac{1}{1+G_{\mathrm{c}}(s)G(s)}\frac{1}{s}$$

特别地，当$z>-\alpha$并且$G(z)=0$，可得

$$\int_0^{\infty}e(t)\mathrm{e}^{-zt}\mathrm{d}t=\frac{1}{1+G_{\mathrm{c}}(z)G(z)}\frac{1}{z}=\frac{1}{z}<0 \text{ 当 } z<0$$

于是

$$\int_0^{\infty}(r(t)-c(t))\mathrm{e}^{-zt}\mathrm{d}t=\int_0^{\infty}e(t)\mathrm{e}^{-zt}\mathrm{d}t<0$$

由于$r(t)=u_{\mathrm{s}}(t)$并且$c(0)=0$，因此$e(0)=1$。所以$e(t)$一开始是正的，但它对时间的积分是负的，所以$e(t)$最终是负的。最后$e(t)$为负意味着$c(t)>r(t)=1$，因此存在超调量。

附录 D　不稳定零极点抵消

定理 8 不稳定零极点抵消

设模型传递函数和控制器的传递函数分别为

$$G(s)=\frac{b(s)}{a(s)},\ G_c(s)=\frac{b_c(s)}{a_c(s)}$$

$G(s)$被认为是严格正则的，$G_c(s)$被认为是正则的。

在图 10-40 所示的单位反馈系统中，假设在$G(s)$与$G_c(s)$之间存在不稳定零极点抵消。然后，即使有完全的零极点抵消，以下六个传递函数中的一个（或多个）将是不稳定的：

$$E(s)=\frac{a_c(s)a(s)}{a_c(s)a(s)+b_c(s)b(s)}R(s)+\frac{a_c(s)b(s)}{a_c(s)a(s)+b_c(s)b(s)}D(s)$$

$$C(s)=\frac{b_c(s)b(s)}{a_c(s)a(s)+b_c(s)b(s)}R(s)-\frac{a_c(s)b(s)}{a_c(s)a(s)+b_c(s)b(s)}D(s)$$

$$U(s)=\frac{a(s)b_c(s)}{a_c(s)a(s)+b_c(s)b(s)}R(s)+\frac{b_c(s)b(s)}{a_c(s)a(s)+b_c(s)b(s)}D(s)$$

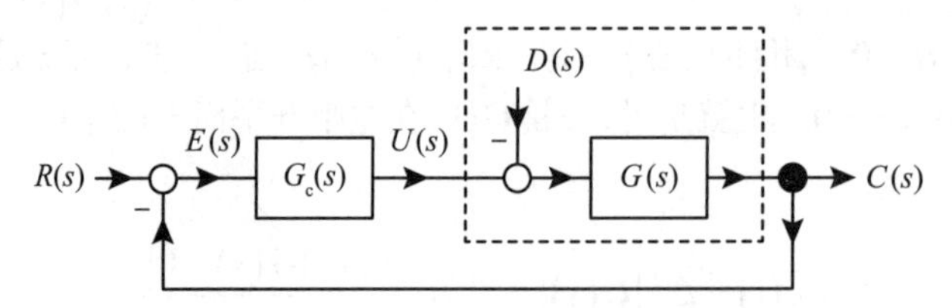

图 10-40　标准的单位反馈控制系统

证明 假设

$$G(s)=\frac{b(s)}{a(s)}=\frac{b(s)}{(s-1)\bar{a}(s)},G_c(s)=\frac{b_c(s)}{a_c(s)}=\frac{(s-1)\bar{b}_c(s)}{a_c(s)}$$

因此，在表达式$1+G(s)G_c(s)$中，$G(s)$的不稳定极点被$G_c(s)$的不稳定零点抵消。这六个传递函数可以写为

$$E(s)=\frac{a_c(s)(s-1)\bar{a}(s)}{a_c(s)(s-1)\bar{a}(s)+(s-1)\bar{b}_c(s)b(s)}R(s)+\frac{a_c(s)b(s)}{a_c(s)(s-1)\bar{a}(s)+(s-1)\bar{b}_c(s)b(s)}D(s)$$

$$C(s)=\frac{(s-1)\bar{b}_c(s)b(s)}{a_c(s)(s-1)\bar{a}(s)+(s-1)\bar{b}_c(s)b(s)}R(s)-\frac{a_c(s)b(s)}{a_c(s)(s-1)\bar{a}(s)+(s-1)\bar{b}_c(s)b(s)}D(s)$$

$$U(s)=\frac{(s-1)\bar{a}(s)(s-1)\bar{b}_c(s)}{a_c(s)(s-1)\bar{a}(s)+(s-1)\bar{b}_c(s)b(s)}R(s)+\frac{(s-1)\bar{b}_c(s)b(s)}{a_c(s)(s-1)\bar{a}(s)+(s-1)\bar{b}_c(s)b(s)}D(s)$$

在“完全”抵消之后我们可以得到

$$E(s)=\frac{a_c(s)\bar{a}(s)}{a_c(s)\bar{a}(s)+\bar{b}_c(s)b(s)}R(s)+\frac{a_c(s)b(s)}{(s-1)\left(a_c(s)\bar{a}(s)+\bar{b}_c(s)b(s)\right)}D(s)$$

$$C(s)=\frac{\bar{b}_c(s)b(s)}{a_c(s)\bar{a}(s)+\bar{b}_c(s)b(s)}R(s)-\frac{a_c(s)b(s)}{(s-1)\left(a_c(s)\bar{a}(s)+\bar{b}_c(s)b(s)\right)}D(s)$$

$$U(s)=\frac{\bar{a}(s)(s-1)\bar{b}_{\mathrm{c}}(s)}{a_{\mathrm{c}}(s)\bar{a}(s)+\bar{b}_{\mathrm{c}}(s)b(s)}R(s)+\frac{\bar{b}_{\mathrm{c}}(s)b(s)}{a_{\mathrm{c}}(s)\bar{a}(s)+\bar{b}_{\mathrm{c}}(s)b(s)}D(s)$$

即使完全抵消，$E_{\mathrm{D}}(s)/D(s)$和$C_{\mathrm{D}}(s)/D(s)$在$s=1$处仍有一个极点，因此是不稳定的。类似地，如果

$$G(s)=\frac{b(s)}{a(s)}=\frac{(s-1)\bar{b}(s)}{a(s)},G_{\mathrm{c}}(s)=\frac{b_{\mathrm{c}}(s)}{a_{\mathrm{c}}(s)}=\frac{b_{\mathrm{c}}(s)}{(s-1)\bar{a}_{\mathrm{c}}(s)}$$

可以得到

$$\begin{aligned}U(s)&=\underbrace{\frac{a(s)b_{\mathrm{c}}(s)}{a_{\mathrm{c}}(s)a(s)+b_{\mathrm{c}}(s)b(s)}R(s)}_{U_{\mathrm{R}}(s)}+\underbrace{\frac{b_{\mathrm{c}}(s)b(s)}{a_{\mathrm{c}}(s)a(s)+b_{\mathrm{c}}(s)b(s)}D(s)}_{U_{\mathrm{D}}(s)}\\&=\frac{a(s)b_{\mathrm{c}}(s)}{(s-1)\bar{a}_{\mathrm{c}}(s)a(s)+b_{\mathrm{c}}(s)(s-1)\bar{b}(s)}R(s)+\frac{b_{\mathrm{c}}(s)(s-1)\bar{b}(s)}{(s-1)\bar{a}_{\mathrm{c}}(s)a(s)+b_{\mathrm{c}}(s)(s-1)\bar{b}(s)}D(s)\\&=\frac{a(s)b_{\mathrm{c}}(s)}{(s-1)\left(\bar{a}_{\mathrm{c}}(s)a(s)+b_{\mathrm{c}}(s)\bar{b}(s)\right)}R(s)+\frac{b_{\mathrm{c}}(s)\bar{b}(s)}{\bar{a}_{\mathrm{c}}(s)a(s)+b_{\mathrm{c}}(s)\bar{b}(s)}D(s)\end{aligned}$$

因此$U_{\mathrm{R}}(s)/R(s)$在$s=1$处有一个极点，是不稳定的。

附录 E　欠调

在第 8 章中指出，如果一个稳定系统的右半平面零点个数为奇数，则该系统的阶跃响应将出现欠调。例如假设$c(t)\to 1$，那么欠调意味着这个响应最初（立刻）在 0 时刻变为负值，然后最终收敛于 1，参阅参考文献 [26] 以获取该结论的证明。然而在这里，我们将欠调简单地理解为，阶数为 1（或更高）系统的单位阶跃响应在收敛到终值 1 之前的任何时候都是负的。

定理 9 左半平面系统的欠调[5,6]

考虑图 10-41 的框图，其中$L(s)=G_{\mathrm{c}}(s)G(s)$的阶数为 1 或更高。在闭环系统稳定的情况下，设$z_0$表示$L(s)$在右半平面上的根，即$L(z_0)=G_{\mathrm{c}}(z_0)G(z_0)=0$，$\mathrm{Re}(z_0)>0$。那么单位阶跃响应就会有欠调。

证明 对于单位阶跃输入我们有$C(s)=\dfrac{G_{\mathrm{c}}(s)G(s)}{1+G_{\mathrm{c}}(s)G(s)}\dfrac{1}{s}$，其中$C(z_0)=0$。由于闭环系统是稳定的，存在$\alpha>0$，使得所有闭环极点$p_i$都满足$\mathrm{Re}\{p_i\}<-\alpha<0$。因此

$$C(s)=\int_0^{\infty}c(t)\mathrm{e}^{-st}\mathrm{d}t\ \ 对于\ \mathrm{Re}\{s\}>-\alpha$$

特别是

$$\int_0^{\infty}c(t)\mathrm{e}^{-z_0t}\mathrm{d}t=C(z_0)=\frac{G_{\mathrm{c}}(z_0)G(z_0)}{1+G_{\mathrm{c}}(z_0)G(z_0)}\frac{1}{z_0}=0$$

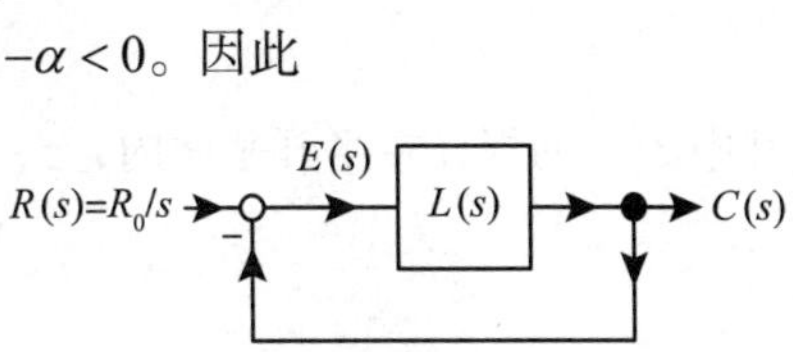

$R(s)=R_0/s$　$E(s)$　$L(s)$　$C(s)$

图 10-41　右半平面为零的稳定系统阶跃响应

初始值是$c(0)=0$，由于$L(s)$至少是一阶系统，当$t\to\infty$时可以得到$c(t)\to 1$。这表明$c(t)$从 0 开始，以正值结束。所以必须存在$c(t)$为负的时间长度才能满足$\int_0^{\infty}c(t)\mathrm{e}^{-z_0t}\mathrm{d}t=0$。也就是说，无论闭环极点位于左半平面的哪个位置，阶跃响应$c(t)$都会有欠调。

在一个右半平面为零的稳定闭环系统的阶跃响应中，欠调量$|y(t_{\min})|$与调节时间t_{s}之间存在权衡，其中$y(t_{\min})$与t_{s}如图 10-42 所示。

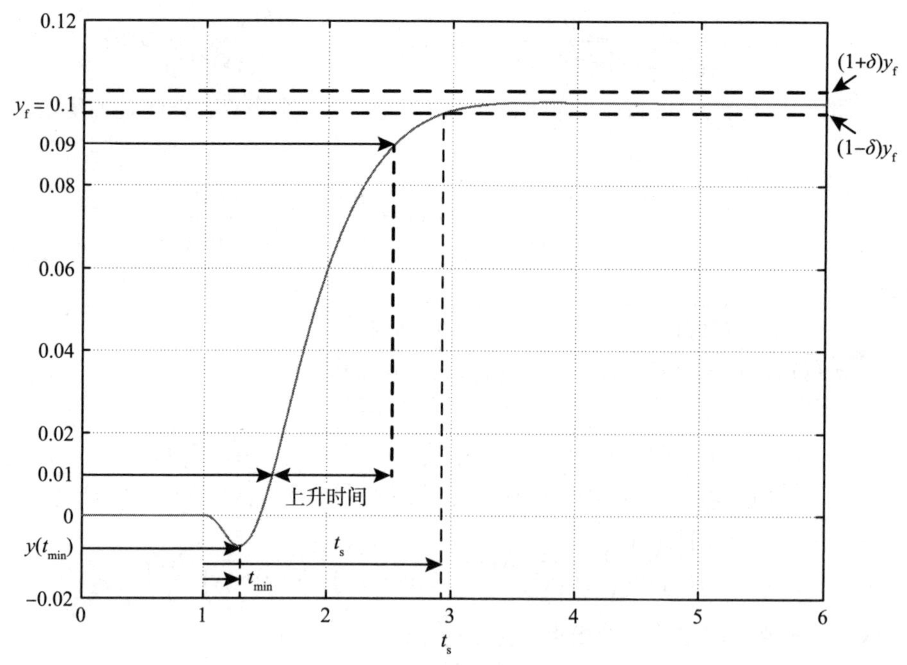

图 10-42　$y(t_{min})$与调节时间t_s的关系

设δ表示误差容限，通常被认为是0.02或2%。此外，让y_f表示$y(t)$的最终值，即$\lim_{t\to\infty} y(t)=y_f$。回顾一下，调节时间是指最小的时间$t_s$，使$t>t_s$时，我们有

$$\left|\frac{y(t)-y_f}{y_f}\right|<\delta$$

我们可以把这个条件重写为

$$(1-\delta)y_f<y(t)<(1+\delta)y_f \text{ 对于 } t>t_s$$

我们有下面的定理连接$y(t_{min})$和t_s。

定理 10 欠调幅值与调节时间[5,6]

设

$$G(s)=\frac{\bar{n}(s)(s-z)}{d(s)}$$

其中$d(s)$的根在左半开平面内，$z>0$。让δ为此调节时间的误差容限。那么

$$\frac{|y(t_{min})|}{y_f}\geqslant\frac{1-\delta}{e^{zt_s}-1}$$

注意，当$z>0$时，我们有$e^{zt_s}\geqslant 1$，当$t_s>0$时，$e^{zt_s}\to 1$。因此把闭环极点进一步放在左半平面上，使t_s变小，结果是$\frac{|y(t_{min})|}{y_f}\to\infty$。

证明 用单位阶跃输入输出

$$Y(s)=G(s)\frac{1}{s}=\frac{\bar{n}(s)(s-z)}{d(s)}\frac{1}{s}=\int_0^\infty y(t)e^{-st}dt$$

在$s=z$我们有

$$\int_0^{\infty} y(t)\mathrm{e}^{-zt}\mathrm{d}t = \frac{\bar{n}(s)(s-z)}{d(s)}\frac{1}{s}\bigg|_{s=z} = 0$$

然后

$$\int_0^{\infty} y(t)\mathrm{e}^{-zt}\mathrm{d}t = \int_0^{t_s} y(t)\mathrm{e}^{-zt}\mathrm{d}t + \int_{t_s}^{\infty} y(t)\mathrm{e}^{-zt}\mathrm{d}t = 0$$

而且

$$\int_0^{t_s} y(t)\mathrm{e}^{-zt}\mathrm{d}t \geqslant \int_0^{t_s} y(t_{\min})\mathrm{e}^{-zt}\mathrm{d}t = y(t_{\min})\int_0^{t_s}\mathrm{e}^{-zt}\mathrm{d}t = y(t_{\min})\frac{1-\mathrm{e}^{-zt_s}}{z}$$

$$\int_{t_s}^{\infty} y(t)\mathrm{e}^{-zt}\mathrm{d}t \geqslant \int_{t_s}^{\infty}(1-\delta)y_f\mathrm{e}^{-zt}\mathrm{d}t = (1-\delta)\frac{\mathrm{e}^{-zt_s}}{z}y_f$$

因此

$$0 = \int_0^{t_s} y(t)\mathrm{e}^{-zt}\mathrm{d}t + \int_{t_s}^{\infty} y(t)\mathrm{e}^{-zt}\mathrm{d}t \geqslant y(t_{\min})\frac{1-\mathrm{e}^{-zt_s}}{z} + (1-\delta)\frac{\mathrm{e}^{-zt_s}}{z}y_f$$

或

$$-y(t_{\min})\frac{1-\mathrm{e}^{-zt_s}}{z} \geqslant (1-\delta)\frac{\mathrm{e}^{-zt_s}}{z}y_f$$

或

$$\frac{-y(t_{\min})}{y_f} \geqslant \frac{1-\delta}{\mathrm{e}^{zt_s}-1}$$

由于存在欠调，我们有$y(t_{\min})<0$，因此$|y(t_{\min})|=-y(t_{\min})$，最后得到

$$\frac{|y(t_{\min})|}{y_f} \geqslant \frac{1-\delta}{\mathrm{e}^{zt_s}-1}$$

习题

习题 1 最小阶数控制器

一个具有开环传递函数$G(s)$的系统处于一个统一的反馈控制结构中，如图 10-43 所示。在(a)~(d)中，请给出最小阶控制器$G_c(s)$的形式。允许任意放置磁极，同时实现对参考信号的渐近跟踪和对干扰输入的渐近抑制。

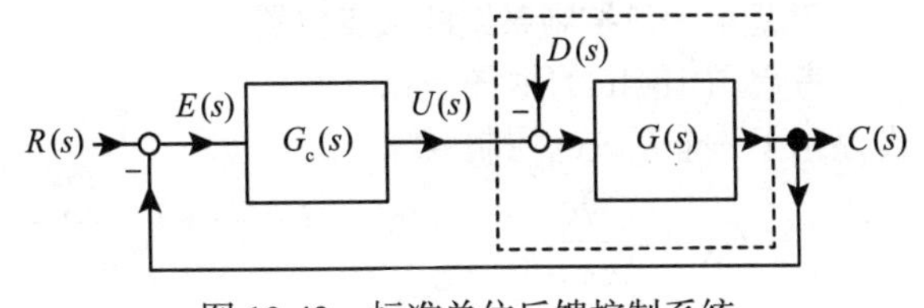

图 10-43 标准单位反馈控制系统

（a）$G(s)=\dfrac{s+2}{s(s+4)}, R(s)=R_0/s, D(s)=D_0/s$

（b）$G(s)=\dfrac{s+2}{s(s+4)}, R(s)=R_0/s, D(s)=0$

（c）$G(s)=\dfrac{s+2}{s(s+4)}, R(s)=R_0/s, D(s)=D_0/(s^2+\omega^2)$

（d）$G(s)=\dfrac{s+2}{s(s+4)}, R(s)=R_0/(s^2+\omega^2), D(s)=D_0/s$

习题2 最小阶数控制器

一个具有开环传递函数$G(s)$的系统处于一个统一的反馈控制结构中，如图10-44所示。

对于(a)~(d)部分，请给出最小阶控制器$G_c(s)$的形式，允许任意配置极点，同时实现对参考信号的渐近跟踪和对干扰输入的渐近抑制。

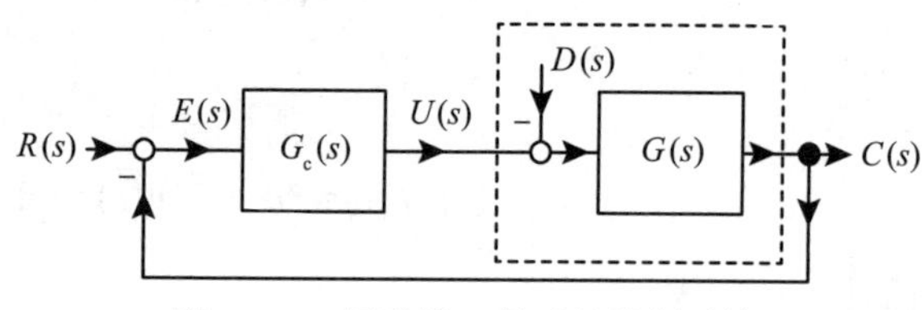

图10-44　标准统一的反馈控制系统

（a）$G(s)=\dfrac{1}{s\left(s^2-2s+2\right)},R(s)=R_0/s,D(s)=D_0/s$

（b）$G(s)=\dfrac{1}{s\left(s^2-2s+2\right)},R(s)=R_0/s,D(s)=0$

（c）$G(s)=\dfrac{1}{s\left(s^2-2s+2\right)},R(s)=R_0/s,D(s)=D_0/\left(s^2+\omega^2\right)$

（d）$G(s)=\dfrac{1}{s\left(s^2-2s+2\right)},R(s)=R_0/\left(s^2+\omega^2\right),D(s)=D_0/s$

习题3 极点位置

考虑图10-45中的反馈系统，其中$G_c(s)=\dfrac{b_1s+b_0}{s+a_0}$，$G(s)=\dfrac{1}{s^2-1}$，$R(s)=\dfrac{R_0}{s}$。

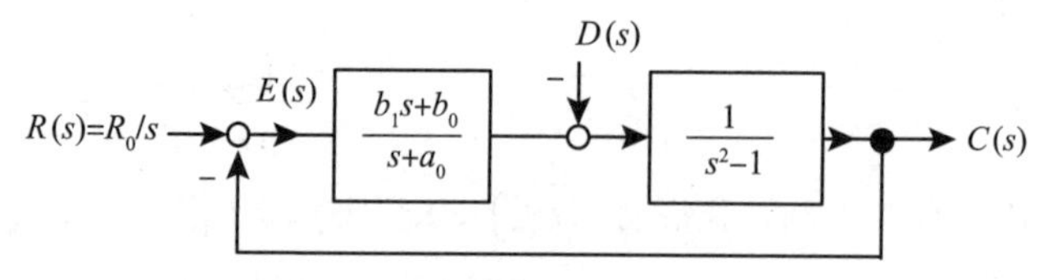

图10-45　不稳定系统的极点位置

（a）当$D(s)=0$时，计算$E(s)$。

（b）找到b_1，b_0和a_0的值，使闭环极点位于−1，−1，−1。需要注意的是

$$(s+r_1)(s+r_2)(s+r_3)=s^3+(r_1+r_2+r_3)s^2+(r_1r_2+r_1r_3+r_2r_3)s+r_1r_2r_3$$

（c）在$D(s)=0$的情况下，使用（b）中设计的控制器，计算$sE(s)$。$sE(s)$是否稳定？简要解释一下。如果$sE(s)$是稳定的，那么$e(\infty)$的值是多少？

习题4 一阶控制系统的极点位置

考虑图10-46的框图，该图显示了一个系统的控制系统

$$G(s)=\frac{b}{s+a}$$

这可以模拟直流电动机从电压输入到速度输出的传递函数。

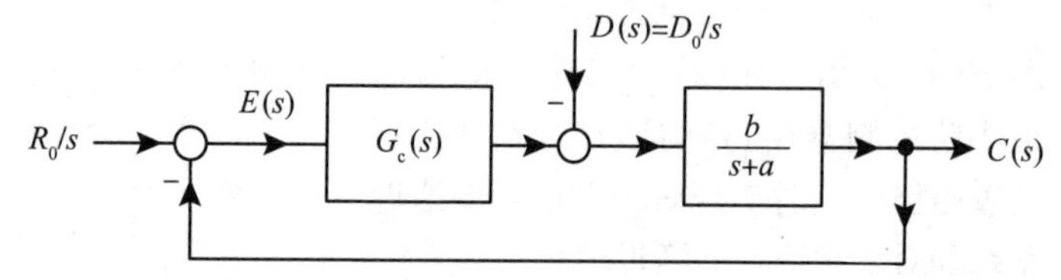

图10-46　使用极点配置的跟踪与干扰抑制

（a）在$r_1>0$，$r_2>0$的情况下，让所需的闭环特征多项式为

$$s^2+f_1s+f_0=(s+r_1)(s+r_2)=s^2+(r_1+r_2)s+r_1r_2$$

设计最小阶控制器$G_c(s)$，无阶跃干扰并将极点配置在$-r_1,-r_2$。

（b）计算闭环传递函数$C_R(s)/R(s)$。证明它在以下位置有一个零点$z=-b_0/b_1=-f_0/(f_1-a)=-r_1r_2/(r_1+r_2-a)$。因此，对于$r_1+r_2>a$，零点在左半开平面中。因此对于$r_1+r_2<a$，

零点在右半开平面中。

（c）仿真这个控制系统，$R_0=1$，$D_0=0$，$a=10$，$b=2$。对以下两种情况进行仿真：1）零点在左半开平面内；2）零点在右半开平面上。这两种情况中，哪一种在阶跃响应中存在欠调？注意：在实践中阶跃响应的欠调是不可取的。

习题 5 稳定的二阶系统和超调量

有一个控制系统如图 10-47 所示。那么

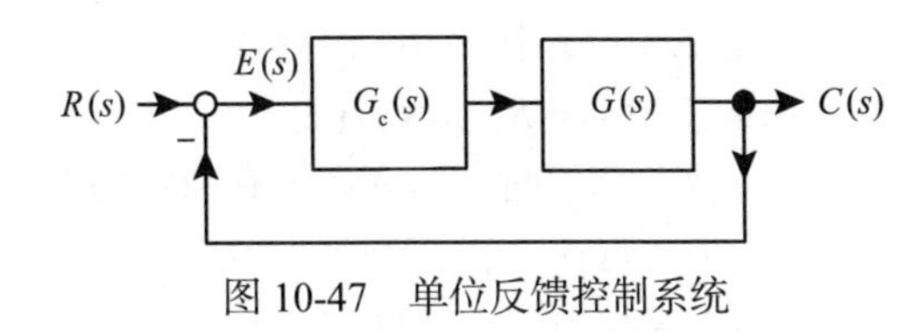

图 10-47 单位反馈控制系统

$$C(s)=\underbrace{\frac{G_c(s)G(s)}{1+G_c(s)G(s)}}_{G_{CL}(s)}R(s)$$

（a）让

$$G(s)=\frac{1}{(s+3)}\frac{1}{s},G_c(s)=\frac{3(s+1/3)}{s}$$

计算闭环传递函数$G_{CL}(s)$，阶跃响应会有超调量吗？

（b）图 10-48 显示了添加到控制系统中的一个参考滤波器。你能设计一个参考滤波器$G_f(s)$，使阶跃响应无超调量吗？如果可以，请这样做。

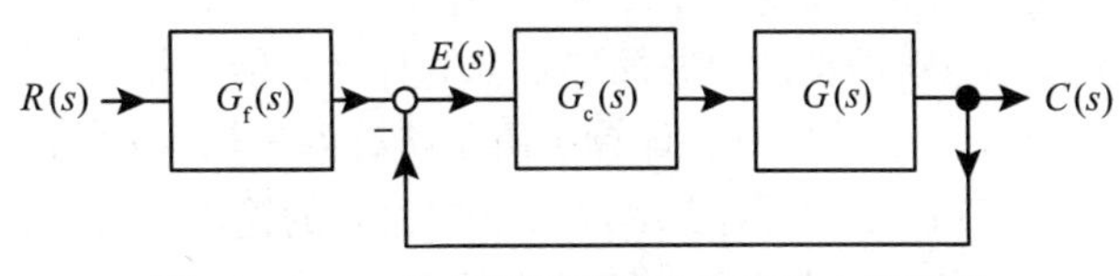

图 10-48 二自由度控制器的参考输入滤波器

习题 6 抑制正弦波的干扰

考虑图 10-49 中所示的控制系统。

（a）给出最小阶控制器$G_c(s)$的形式，它将跟踪阶跃输入，抑制正弦干扰，同时允许人们任意地配置闭环极点。

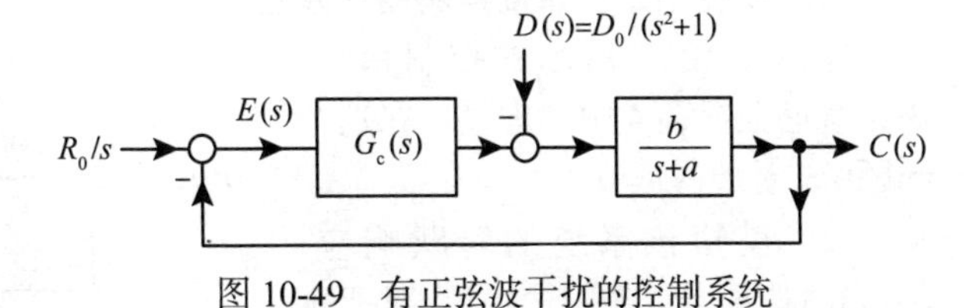

图 10-49 有正弦波干扰的控制系统

（b）计算$E_D(s)$。最终答案必须是两个多项式的比值。

（c）计算控制器的参数值，使闭环特性多项式为$s^4+f_3s^3+f_2s^2+f_1s+f_0$。准确求解控制器参数$a,b$和$f_i$，$i=0,\cdots,3$。

（d）在$a=10$，$b=2$的情况下，所有的闭环极点都在-3。

习题 7 使用二自由度控制器消除超调量

考虑图 10-50 中所示的控制系统，其中有

$$G_c(s)=\frac{b_c(s)}{a_c(s)}=\frac{b_1s+b_0}{s+a_0}$$

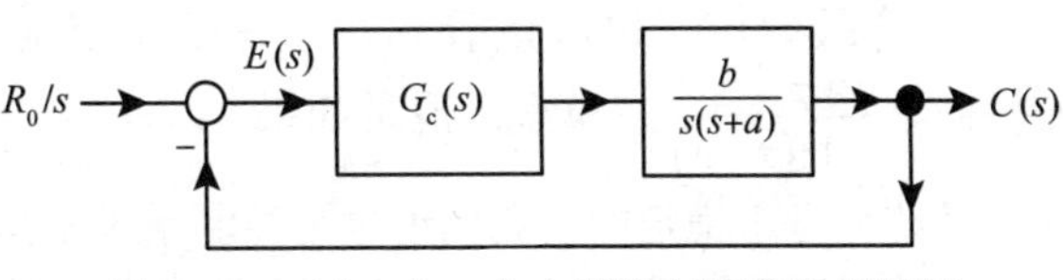

图 10-50 用一个二自由度控制器消除超调量

（a）计算从$R(s)$到$C(s)$的闭环传递函数。

（b）说明如何指定控制器参数a_0、b_1和b_0，使闭环特征多项式为

$$s^3+f_2s^2+f_1s+f_0$$

（c）说明如何选择f_0，f_1，f_2，使闭环极点位于$-r_1$，$-r_2$，$-r_3$，$r_1>0$，$r_2>0$，$r_3>0$，有了

这个选择，添加一个参考输入滤波器（二自由度控制器）以确保阶跃响应没有超调量。画一个包括参考输入滤波器的框图。对于你选择的r_1，r_2，r_3的值，所设计的参考输入滤波器是否稳定？

（d）在$R_0=0.1$，$b=2$，$a=10$的情况下模拟二自由度控制器设计。

习题 8 控制设计

考虑图 10-51 中所示的控制系统。

（a）在$R(s)=R_0/s$和$D(s)=0$的情况下，K为何值时会使$e(t)\to 0$？

（b）K为何值时，闭环系统有稳定的实极？

（c）在$D(s)=D_0/s$和$R(s)=R_0/s$的情况下计算$C(s)$。

（d）回顾一下，任何稳定的 2 型系统的阶跃响应都会有超调量。在$D(s)=0$的情况下，能否在图 10-51 的控制系统中加入一个参考输入滤波器，以确保不会出现超调量？如果可以，请画出新控制系统的框图，并简要解释为什么它能工作。

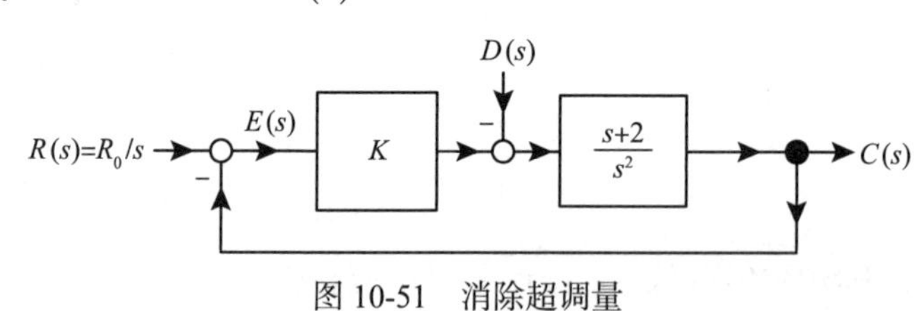

图 10-51　消除超调量

（e）在(c)部分，计算了由于阶梯参考输入$R(s)=R_0/s$和阶梯干扰$D(s)=D_0/s$而产生的响应$C(s)$。让$C_D(s)$表示仅由干扰引起的输出响应，即把参考输入$R(s)$设为零。能否在干扰输入上加一个滤波器，使对阶跃干扰的响应$C_D(s)$没有超调量吗？如果可以，请画一个框图来说明。如果不能，请简要解释原因。

习题 9 使用二自由度控制器消除超调量

考虑图 10-52 所示的控制系统，该系统已在习题 4 中考虑过。在这个问题中，让$D(s)=0$。

（a）模拟该系统的阶跃响应，$G_c(s)$的选择与习题 4 相同，即把所有闭环极点放在 −1。在同一张图上画出$r(t)$和$c(t)$。

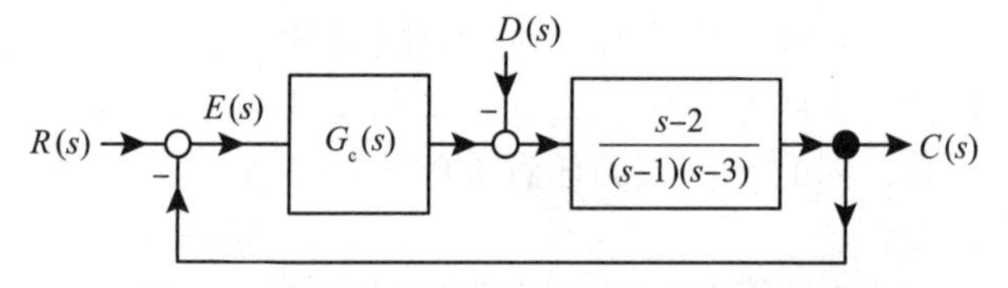

图 10-52　消除右半平面零点的系统的超调量

（b）在模拟中加入习题 7 中的参考输入滤波器。模拟(a)中的阶跃响应。在同一张图上画出$r(t)$和$c(t)$。

（c）使用(a)中设计的$G_c(s)$和(b)中的参考输入滤波器，让$G(s)=\dfrac{s-2}{(s-0.9)(s-3)}$。模拟一下阶跃响应。你应该看到，它是不稳定的。这里的重点是，控制器的设计是基于$G(s)=\dfrac{s-2}{(s-1)(s-3)}$的模型，但是如果$G(s)=\dfrac{s-2}{(s-0.9)(s-3)}$更接近于代表实际的开环系统，闭环系统将是不稳定的。我们说这个控制系统不是稳健的，因为开环系统模型的一个小变化就会导致闭环系统不稳定。每当开环系统在右半开平面上有一个极点时，对控制设计者来说，这应该是一个“红旗”，说明鲁棒性将是一个问题。这一点将在后面学习奈奎斯特理论后进行解释。

习题 10 使用极点定位的跟踪与干扰抑制

考虑图 10-53 中给出的控制系统，$a>0$，$b>0$。

（a）设计一个最小阶的控制器，分别实现$R(s)$和$D(s)$的跟踪与干扰抑制，同时允许任意的极点配置。

（b）在$a=10$，$b=2$，$\omega=1$，$R_0=1$，$D_0=0.1$的情况下模拟设计。在同一图上画出$c(t)$和$r(t)$。

（c）将干扰$D(s)$设置为0，使用(a)中设计的控制器，添加一个输入参考滤波器，使阶跃响应中没有超调量（也没有欠调）。你的设计是否导致任何零点都在右半开平面上？如果是的话，试着改变闭环极点的位置（提示：应该发现把所有的闭环极点放在 −10 处会导致所有的零点都在左半开平面上。然而，把所有的极点放在−1的结果是所有的零点都在右半开平面上）。仿真你的设计，并在同一图上绘制$c(t)$和$r(t)$。

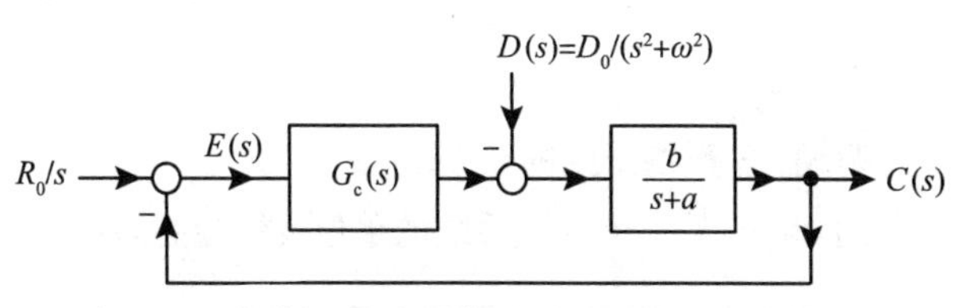

图 10-53　抑制正弦波干扰的同时跟踪一个阶梯输入

习题 11 使用极点定位的跟踪与干扰抑制

考虑图 10-54 中给出的控制系统。

（a）设计一个最小阶的控制器，分别实现$R(s)$和$D(s)$的跟踪与干扰抑制，同时允许任意的极点配置。

（b）在$a=10$，$b=2$，$R_0=1$，$D_0=0.1$的情况下模拟该控制。在同一图上画出$c(t)$和$r(t)$。

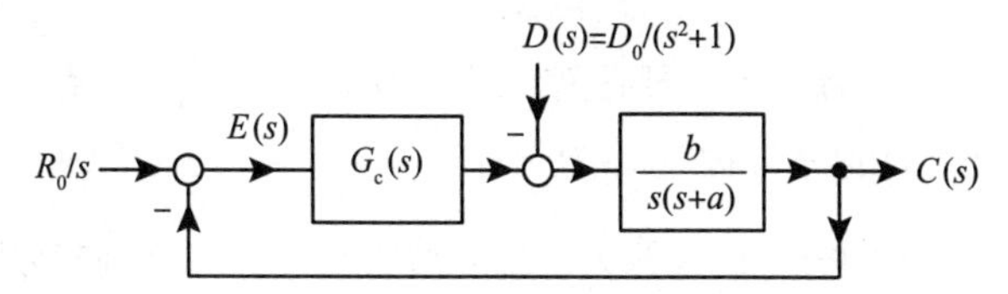

图 10-54　抑制正弦波干扰的同时跟踪一个阶梯输入

（c）添加一个参考输入滤波器，在干扰设置为零的情况下，使阶跃响应没有超调量。在同一张图上画出$c(t)$和$r(t)$。

注意 抑制正弦波干扰是运动控制系统中的一个实际问题。参见参考文献 [41,42]。这种基于内部模型原理的方法被称为谐波消除[43,44]。

习题 12 双重积分器系统的极点配置

考虑图 10-55 中的控制系统，其中

$$G(s)=\frac{1}{s^2}$$

其目的是跟踪阶梯输入并抑制阶梯干扰。

（a）给出最小阶控制器的形式，它将跟踪阶梯输入，抑制阶梯干扰，同时允许人们任意分配闭环极点。

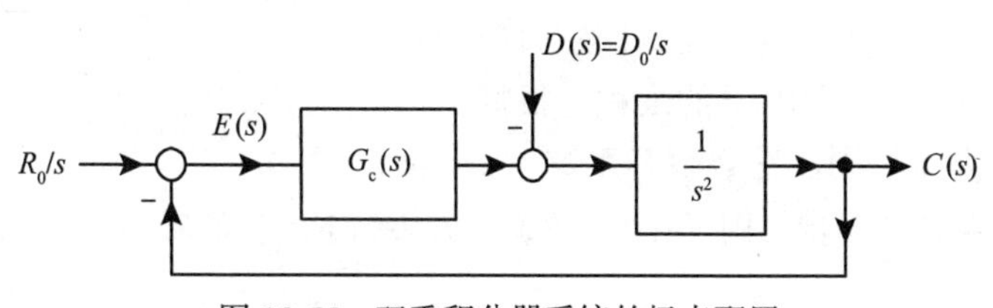

图 10-55　双重积分器系统的极点配置

（b）计算$E_R(s)$。必须将$E_R(s)$还原为两个多项式的比值。

（c）选择控制器的参数，使闭环特征多项式为$s^4+f_3s^3+f_2s^2+f_1s+f_0$。

（d）选择四个闭环极点都在 −1，所以$r_1=r_2=r_3=r_4=1$。注意：用这个表达式找到在(a)~(c)中设计的控制器的参数数值，并明确给出$G_c(s)$。

$$\begin{aligned}(s+r_1)(s+r_2)(s+r_3)(s+r_4)=s^4&+(r_1+r_2+r_3+r_4)s^3+\\&(r_1r_2+r_1r_3+r_1r_4+r_2r_3+r_2r_4+r_3r_4)s^2+\\&(r_1r_2r_3+r_1r_2r_4+r_1r_3r_4+r_2r_3r_4)s+r_1r_2r_3r_4\end{aligned}$$

（e）在$R(s)=R_0/s$和$D(s)=D_0/s$时，计算$C(s)$。

（f）在$D_0=0$，所以$D(s)=0$的情况下，能否设计一个参考输入滤波器，以确保由于$R(s)=R_0/s$而产生的阶跃响应$C_R(s)$没有超调量？如果可以，请画出完整控制系统的框图，并简要解释为什么它能工作。也就是说，什么条件能确保没有超调量，你的设计是否满足这些条件？另一方面，如果不可能用参考输入滤波器来防止超调量，请解释原因。

习题 13 严格正则的$G_c(s)$

图 10-56 是一个开环系统的单位反馈控制系统$G(s)=\dfrac{b}{s(s+a)}$。

人们通常希望有一个严格正则的控制器，使$|G(s)G_c(s)|$在大的$|s|$下快速衰减，以避免在高频下模型不确定性的影响。要做到这一点，请考虑控制器

$$G_c(s)=\frac{b_1 s+b_0}{s^2+a_1 s+a_0}$$

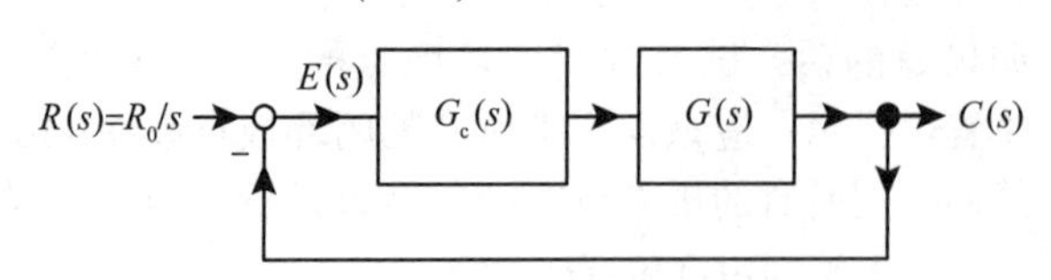

图 10-56 具有严格正则的$G_c(s)$的极点配置

解释一下，要跟踪一个阶梯输入，$G(s)$的系数为$1/s$，所以控制器不需要有这个系数。$G_c(s)$的分母被选择为与$G(s)=\dfrac{b}{s(s+a)}$的分母多项式具有相同阶数的单项多项式。然后，$G_c(s)$的分子被选择为比其分母的阶数小 1，以使其严格正则。

（a）找出控制器参数a_0, a_1, b_1, b_0的值，使闭环特征多项式由以下公式给出

$$s^4+f_3 s^3+f_2 s^2+f_1 s+f_0$$

（b）使用(a)中的控制器，模拟这个控制系统，$a=2$，$b=1.5$，$R_0=1$，闭环极点在-2。

习题 14 严格正则的$G_c(s)$

图 10-57 显示了一个$G(s)=\dfrac{b}{s(s+a)}$的单位反馈控制系统。让我们设计一个严格正则的适当的极点配置控制器，它也能抑制恒定干扰。要做到这一点，让控制器的形式为

$$G_c(s)=\underbrace{\frac{b_2 s^2+b_1 s+b_0}{s^2+a_1 s+a_0}}_{\bar{G}_c(s)}\frac{1}{s}$$

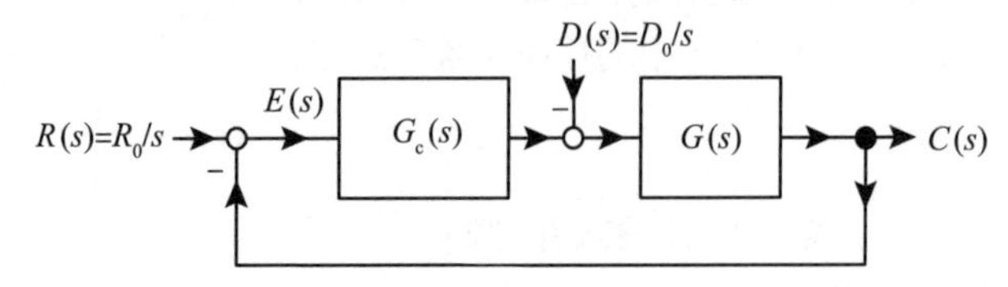

图 10-57 严格正则的$G_c(s)$的干扰抑制

为了解释，$G_c(s)$被写成$\bar{G}_c(s)$和$1/s$两个因子的乘积。根据内部模型原则，它必须有系数$1/s$来抑制阶跃干扰。因子$\bar{G}_c(s)$的确定方法如下。我们看一下$G(s)=\dfrac{b}{s(s+a)}$，注意$G(s)$的分母是二阶的。然后将$\bar{G}_c(s)$的分母设定为与$G(s)$的分母同阶的多项式。$G_c(s)=\bar{G}_c(s)\dfrac{1}{s}$的分子被设定为比其分母小一阶的多项式，因此它是严格正则的。

（a）找到控制器参数a_1, a_0, b_2, b_1, b_0，使闭环特征多项式为

$$s^5+f_4 s^4+f_3 s^3+f_2 s^2+f_1 s+f_0$$

（b）使用(a)中的控制器，模拟这个控制系统，$a=2$，$b=1.5$，$R_0=1$，$D_0=1$，闭环极点在-5。

习题 15 稳定的零极点抵消

考虑图 10-58 的闭环控制系统，其中开环系统具有传递函数

$$G(s)=\frac{b(s)}{a(s)}=\frac{s+2}{s(s+1)}$$

设

$$G_c(s)=\frac{K}{s+2}$$

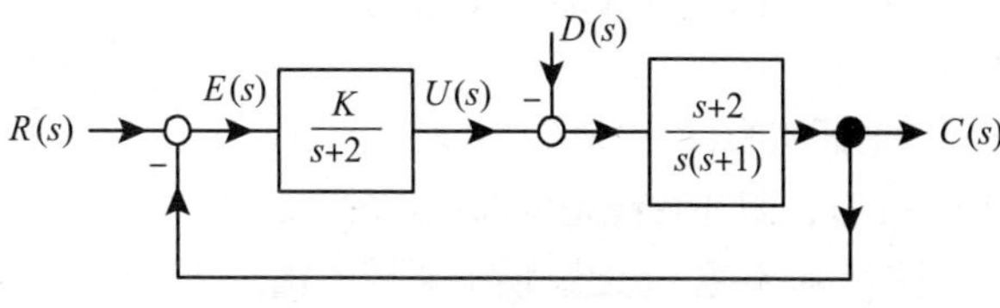

图 10-58　稳定的零极点抵消

（a）证明表征内部稳定性的六个传递函数在$K>0$时是稳定的。注意只需要证明四个传递函数$E(s)/R(s)$，$E(s)/D(s)$，$C(s)/R(s)$，$U(s)/R(s)$是稳定的。

（b）现在让开环系统具有传递函数$G(s)=\dfrac{s+z}{s(s+1)}$，其中$z>0$，已知接近 2，但不一定等于 2。用$G_c(s)=\dfrac{K}{s+2}$表明，对于$K>0$和$0<z\leqslant 3$，所有六个表征内部稳定性的传递函数都稳定。这意味着，尽管我们取$z=2$，但它可以随着$0<z\leqslant 3$而变化，闭环系统仍然是稳定的。

习题 16 稳定零极点抵消

考虑图 10-59 的闭环控制系统，其中开环系统具有传递函数

$$G(s)=\frac{b(s)}{a(s)}=\frac{s+2}{s(s+1)(s+3)}$$

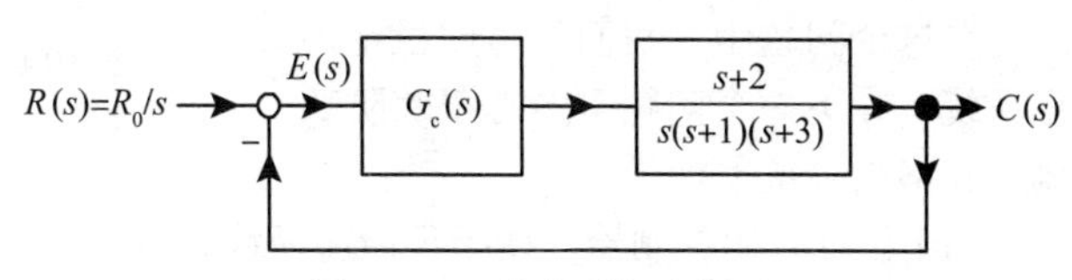

图 10-59　稳定零极点抵消

（a）设计一个最小阶控制器，将闭环极点放于$-2,-4,-8,-6$和-10。注意选择一个闭环极点来抵消-2处的开环零点。

（b）如果你正确做了（a）中的设计，应该发现

$$G_c(s)=\frac{b_c(s)}{a_c(s)}=\frac{185s^2+1160s+1920}{(s+2)(s+24)}$$

这里的重点是，$G_c(s)$的分母必须包含因子$s+2$，以抵消-2处的开环零点。说明为什么必须如此。提示：我们希望

$$C(s)=\frac{\dfrac{b_c(s)}{a_c(s)}\dfrac{b(s)}{a(s)}}{1+\dfrac{b_c(s)}{a_c(s)}\dfrac{b(s)}{a(s)}}R(s)=\frac{b_c(s)b(s)}{a_c(s)a(s)+b_c(s)b(s)}R(s)$$

$$=\frac{(185s^2+1160s+1920)(s+2)}{(s+2)(s+4)(s+6)(s+8)(s+10)}R(s)$$

这就要求$a_c(s),b_c(s)$，满足

$$a_c(s)a(s)+b_c(s)b(s)=(s+2)(s+4)(s+6)(s+8)(s+10)$$

解释为什么$a_c(-2)=0$。

习题 17 无边界参考和干扰

已经指出，没有控制系统能够跟踪无边界参考或干扰。让我们看看图 10-60 的控制系统。设$D(s)=0,R(s)=\dfrac{R_0}{s-2}$。所以$r(t)=R_0\mathrm{e}^{2t}$是一个无边界的参考输入。设控制器为

$$G_c(s)=K(s+2)/(s-2)$$

（a）计算$E_R(s)$并表明，假设$R(s)$的极点和闭环传递函数的零点完全抵消，可以设置K值来实现$e_R(t)\to 0$。

（b）计算$U(s)$并表明$u(t)$趋向于无界。

（c）证明当$G_c(s)=K(s+2)/(s-2)$且$K>1$时，闭环系统是内部稳定的。

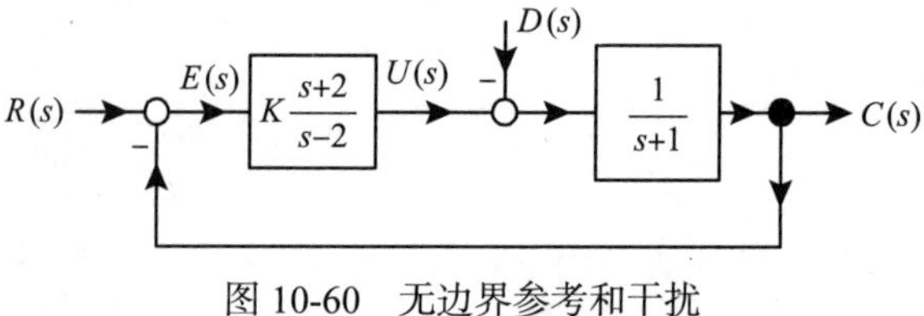

图 10-60　无边界参考和干扰

注意 控制系统无法跟踪R_0e^{2t}，因为$u(t)$是无界的。也就是说，无法跟踪R_0e^{2t}的问题是，它是无界的，因为闭环系统是内部稳定的。

习题 18 非最小相位系统

考虑图 10-61 中的控制系统以及参考文献 [45] 中的开环系统

$$G(s)=\frac{s-1}{s^2-s-2}$$

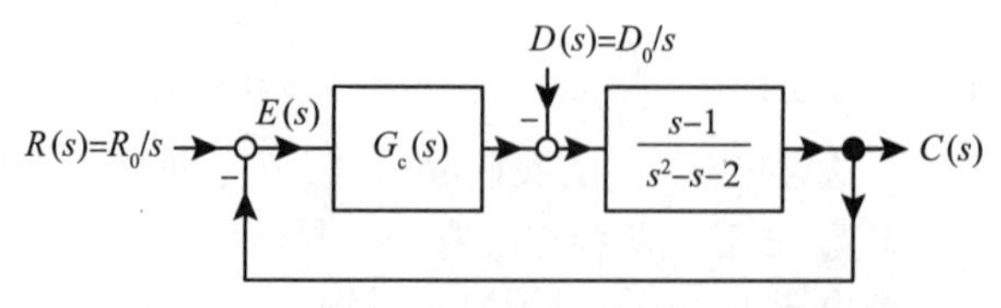

图 10-61　不稳定非最小相位系统的极点配置

在这个问题中，我们只考虑稳定闭环系统。在下一个问题中考虑跟踪阶跃输入和抑制阶跃干扰。

（a）设计一阶控制器，使闭环传递函数具有下式给出的特征多项式

$$s^3+f_2s^2+f_1s+f_0$$

（b）当$r>0$时，将所有闭环极点置于$-r$。计算$e_R(\infty)$和$e_D(\infty)$。仿真$R_0=1$，$D_0=0.2$且闭环极点为-5的控制系统。

（c）现在考虑一个二自由度控制器，如图 10-62 所示。当$D(s)=0$时，你能设计一个参考输入滤波器，使阶跃响应中没有超调量吗？如果能，请这样做。

（d）当$D(s)=0$且使用（c）中的控制系统时，是否会出现欠调？解释为什么会或为什么不会。

（e）仿真（c）中的控制系统，$R_0=1$，$D_0=0$且闭环极点为-5。

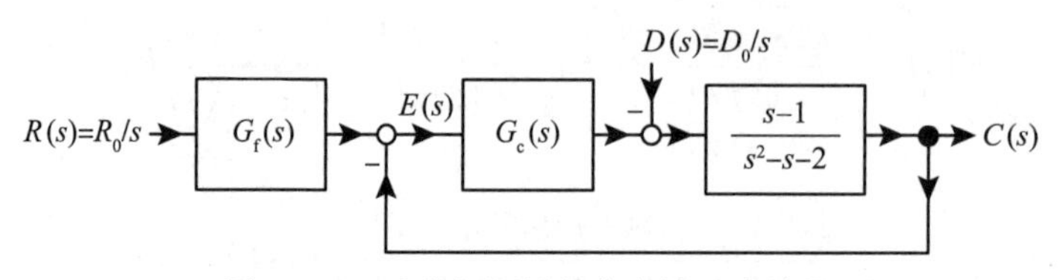

图 10-62　消除超调量的参考输入滤波器

习题 19 非最小相位系统

考虑图 10-63 的控制系统，其开环传递函数来自参考文献 [45]，由

$$G(s)=\frac{s-1}{s^2-s-2}$$

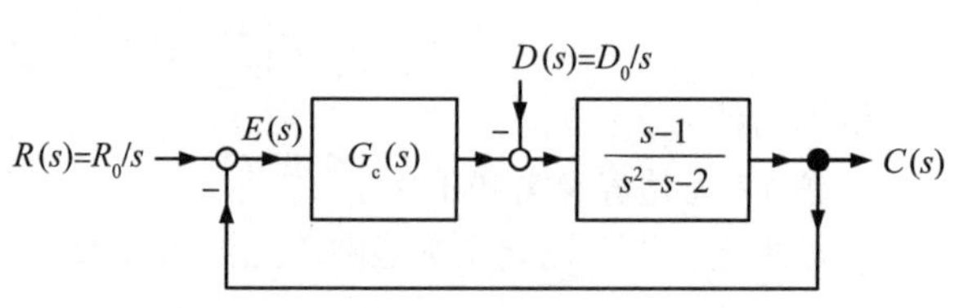

图 10-63　不稳定非最小相位系统的跟踪与干扰抑制

（a）设计一个跟踪阶跃输入、抑制恒定干扰的控制器，其闭环特征多项式由下式给出：

$$s^4+f_3s^3+f_2s^2+f_1s+f_0$$

（b）当$r>0$时，将所有闭环极点置于$-r$。计算$e_{\mathrm{R}}(\infty)$和$e_{\mathrm{D}}(\infty)$。仿真$R_0=1$，$D_0=0.1$的控制系统。将$r(t)$和$c(t)$画在同一张图上。

（c）在$D(s)=0$的情况下，使用（a）和（b）中设计的控制器，是否可以设计参考输入滤波器，以使阶跃响应中没有超调量。如果是，请这样做。如果不是，请解释原因（见图10-64）。

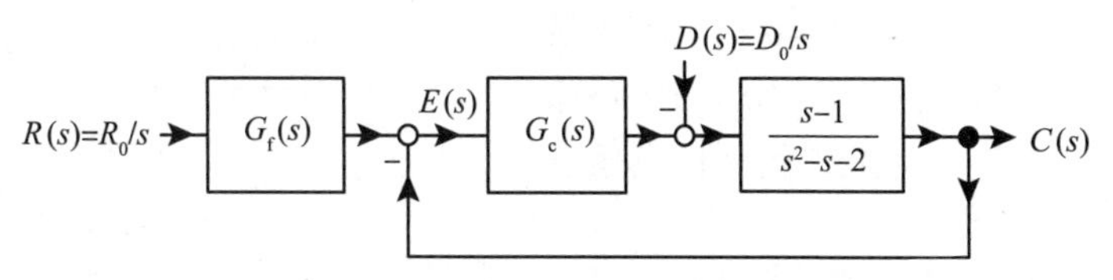

图 10-64 消除超调量的参考输入滤波器

（d）当$D(s)=0$且使用（b）中的控制系统时，阶跃响应是否会出现欠调？解释为什么会或为什么不会。

（e）仿真（c）中的控制系统，$R_0=1$，$D_0=0$且闭环极点为-5。将$r(t)$和$c(t)$画在同一张图上。

习题 20 非分配控制

两个质量块m_1和m_2通过弹簧和阻尼器连接，如图10-65所示。质量块m_1具有力（控制）输入$u(t)$，目的是控制第二个质量块的位置x_2。

在此设置中，执行器（控制输入u）位于质量块m_1上，而我们假设有传感器测量m_2的位置，即输出为$y(t)=x_2(t)$。在这种情况下执行器和传感器不位于同一刚体上，则称为非分配控制。

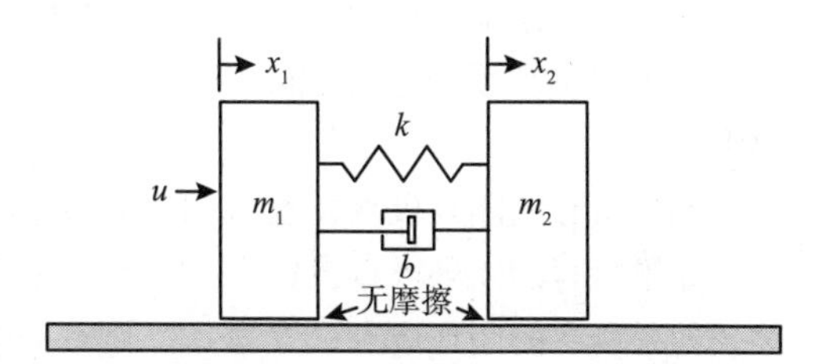

图 10-65 质量－弹簧－阻尼系统的控制

（a）传递函数为

$$G(s)=\frac{Y(s)}{U(s)}=\frac{bs+k}{s^2\left(m_1m_2s^2+(m_1+m_2)bs+(m_1+m_2)k\right)}$$

（b）令$m_1=1,m_2=1,k=2,b=0{,}1$。给出最小阶单位反馈控制器$G_{\mathrm{c}}(s)=b_{\mathrm{c}}(s)/a_{\mathrm{c}}(s)$将跟踪单位阶跃输入$R(s)=R_0/s$并允许闭环极点任意配置。

（c）使用最小阶控制器查找误差$E(s)$。

（d）对于期望的闭环多项式，其形式为$a_{\mathrm{CL}}=s^7+f_6s^6+\cdots+f_2s^2+f_1s+f_0$，根据最小阶控制器的系数和$G(s)$的系数，写下系数$f_i$的线性方程组。

（e）以矩阵的形式重写（d）中的回答。

（f）在MATLAB程序中确定系数$f_i,i=1,\cdots,6$使得闭环极点位于$-r_1,-r_2,-r_3,-r_4,-r_5,-r_6$。然后将该代码添加到该程序中，以求解$b_{\mathrm{c}}(s),a_{\mathrm{c}}(s)$系数的（e）的矩阵方程。

（g）对整个系统进行Simulink仿真。模型$G(s)$和控制器$G_{\mathrm{c}}(s)$应位于单独的Simulink模块中。

如果所有闭环极点都设置为-1，则$G_{\mathrm{c}}(s)$的零点结果为-0.145，-0.484，0.498。

习题 21 分配控制

两个质量块m_1和m_2通过弹簧和阻尼器连接，如图10-66所示。质量块m_1有力（控制）输入$u(t)$，目的是控制第一个质量块的位置x_1。

在此设置中，执行器（控制输入u）位于质量块m_1上，我们假设有一个传感器来测量m_1的位置，即输出为$y(t)=x_1(t)$。执行器和传感器位于同一刚体上的这种情况称为分配控制。

（a）传递函数为

$$G(s)=\frac{Y(s)}{U(s)}=\frac{m_2s^2+bs+k}{s^2\left(m_1m_2s^2+(m_1+m_2)bs+(m_1+m_2)k\right)}$$

（b）令$m_1=1,m_2=1,k=2,b=0,1$。给出最小阶单位反馈控制器$G_c(s)=b_c(s)/a_c(s)$将跟踪单位阶跃输入$R(s)=R_0/s$并允许闭环极点任意配置。

（c）使用最小阶控制器查找误差$E(s)$。

（d）对于期望的闭环多项式，其形式为$a_{CL}=s^7+f_6s^6+\cdots+f_2s^2+f_1s+f_0$，根据最小阶控制器的系数和$G(s)$的系数，写下系数$f_i$的线性方程组。

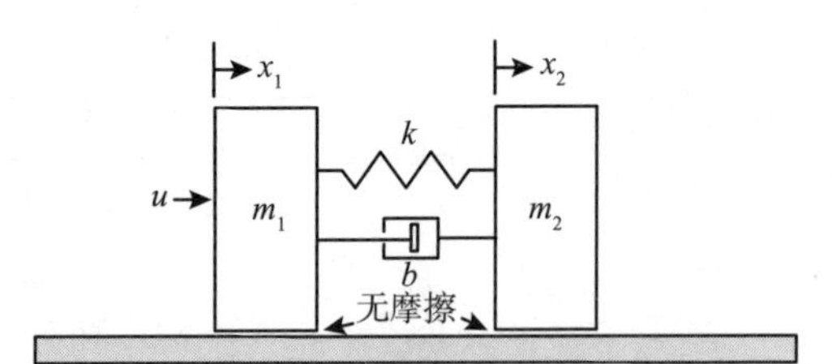

图10-66　质量－弹簧－阻尼系统的控制

（e）以矩阵的形式重写（d）中的回答。

（f）在MATLAB程序中确定系数$f_i,i=1,\cdots,6$使得闭环极点位于$-r_1,-r_2,-r_3,-r_4,-r_5,-r_6$。然后将该代码添加到该程序中，以求解$b_c(s),a_c(s)$系数的（e）的矩阵方程。

（g）对整个系统进行Simulink仿真。模型$G(s)$和控制器$G_c(s)$应位于单独的Simulink模块中。

如果所有的闭环极点设置为-1，则$G_c(s)$的零点为$-0.0047\pm j0.46,-0.145$。

如果所有的闭环极点设置为-2，则$G_c(s)$的零点为$267.95,-1.38,-0.366$。

如果所有的闭环极点设置为-3，则$G_c(s)$的零点为$0.508\pm j2.98,-0.418$。

习题22 倒立摆

模拟习题5的倒立摆反馈控制系统。取$\alpha^2=29.256$和$\beta_0=\kappa mgl=36.5705$。这些值对应于Quanser[34]的倒立摆的参数。图10-67所示为进行仿真的Simulink框图。

当使用传递函数块时，Simulink假设初始条件为零。为了使系统远离零初始条件，如图10-67所示，对推车的水平运动施加冲击力⊖。配置闭环极点时，确保水平力的最大指令的绝对值不超过10N，即$|u|\leqslant 10$。提示：尝试将所有闭环极点设置为-5。

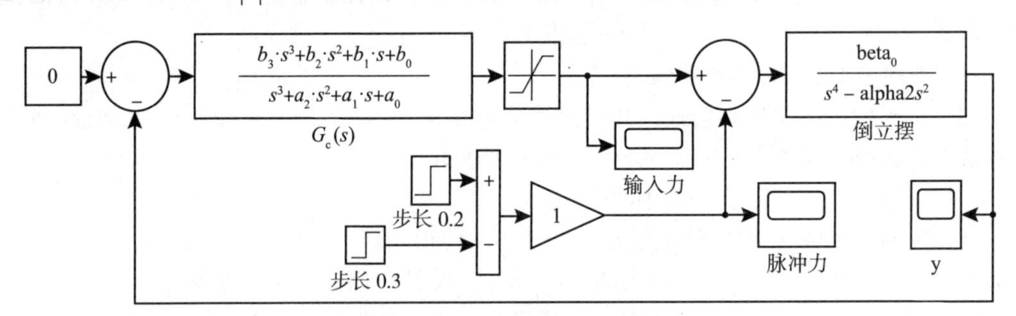

图10-67　倒立摆的Simulink框图

⊖ 在这种情况下，只作用很短的时间，t从0.2~0.3s。

习题 23 飞机俯仰控制

在 10.4 节中，根据参考文献 [31] 给出的传递函数模型，设计了小型飞机俯仰控制器

$$\frac{\theta(s)}{\delta(s)}=G(s)=\frac{1.51s+0.1774}{s^3+0.739s^2+0.921s}$$

在这个问题中，控制器不需要抵抗阶跃干扰。$G(s)$是一阶系统，因此只要闭环系统稳定，阶跃参考输入的最终误差将为零。

设计规范为：超调量小于10%，上升时间小于2s，调节时间小于10s，最终误差小于2%。

如参考文献 [31] 所示，参考输入为0.2rad（11.5°）。升降舵角度（执行器）限制在±0.436rad 或±25°。

（a）使用图 10-68 中给出的单位反馈控制结构，设计一个最小阶控制器$G_c(s)$，将闭环极点置于$-r_1,\cdots,-r_5$，其中$r_i>0$。

（b）设$r_i=5$，$i=1,\cdots,5$，所以闭环极点都在−5。三个零点的值是多少？

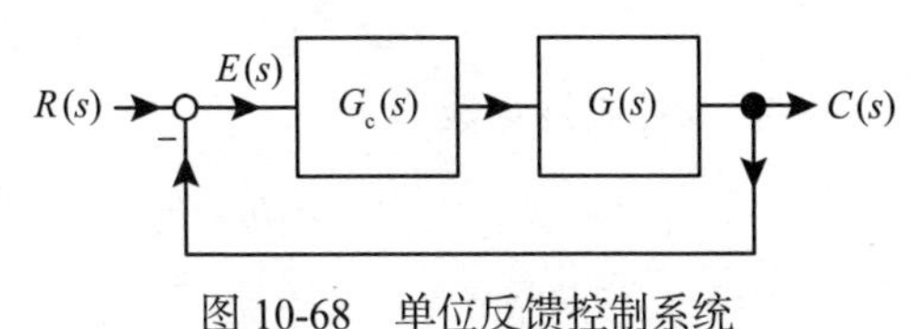

图 10-68 单位反馈控制系统

（c）对于（a）和（b）中的设计，你能否找到一个参考输入滤波器，以便阶跃响应中没有欠调？如果能，请这样做。

（d）仿真你的设计。它符合规格吗？如果没有，离满足规范有还差多少？出现欠调时的上升时间定义如图 10-42 所示。关于上升时间的更一般定义，参见图 4-6 [5]。

习题 24 带有太阳能电池板的卫星（非同位配置情况）

考虑本文在非同位配置的情况下对卫星太阳能电池板的控制。也就是说，传感器位于太阳能电池板的末端，用于测量θ_p。文中表明，拉普拉斯变换变量$\theta(s),\theta_p(s),\tau(s)$满足

$$\theta(s)=\frac{bs+K}{s^2J_s+bs+K}\theta_p(s)+\frac{1}{s^2J_s+bs+K}\tau(s)$$

$$\theta_p(s)=\frac{bs+K}{s^2J_p+bs+K}\theta(s)$$

从$\tau(s)$到$\theta_p(s)$的传递函数为

$$G_p(s)=\frac{\theta_p(s)}{\tau(s)}=\frac{\left(b/\left(J_sJ_p\right)\right)s+K/\left(J_sJ_p\right)}{s^2\left(\left(s^2+b\left(1/J_p+1/J_s\right)s+K\left(1/J_p+1/J_s\right)\right)\right.}=\frac{\beta_1s+\beta_0}{s^2\left(s^2+\alpha_1s+\alpha_0\right)}$$

$\beta_2,\beta_1,\beta_0,\alpha_1,\alpha_2$定义明显。再次设置$J_s=5\text{kg}\cdot\text{m}^2$，$J_p=1\text{kg}\cdot\text{m}^2$，$K=0.15\text{N}\cdot\text{m}/\text{rad}$，$b=0.05\text{N}\cdot\text{m}/(\text{rad}\cdot\text{s})$，如参考文献 [13] 所示。$G(s)$的零点为$bs+K=0$的根，即$-K/b=-0.15/0.05=-3$。

该问题的目标是设计一个用于控制卫星太阳能电池板的二自由度控制器。即在图 10-69 的框图中确定$G_f(s),G_c(s)$，从而得到θ_p的阶跃输入响应。

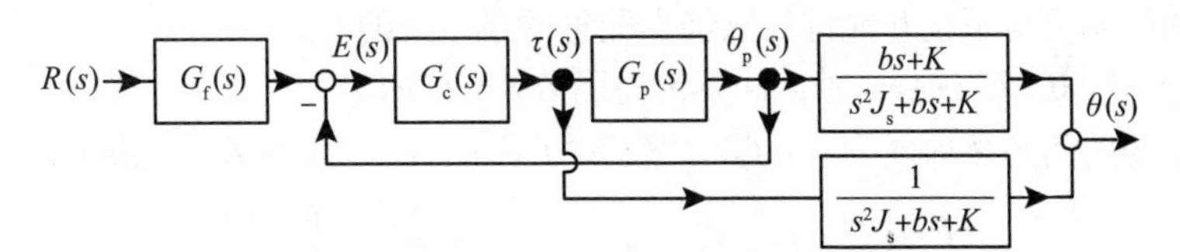

图 10-69 非同位配置的二自由度控制器

使用图 10-70 的简化框图来设计 $G_c(s)$。

（a）给出最小阶控制器 $G_c(s)$，允许任意配置闭环极点，并提供对常数干扰的渐近抑制。

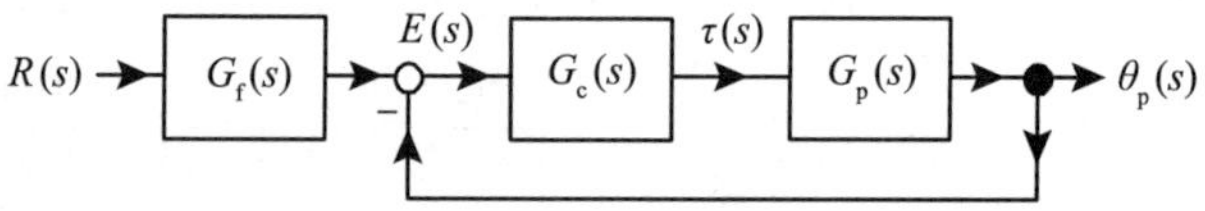

图 10-70　非同位配置的二自由度控制器的简化结构图

（b）当 $G_p(s)=\dfrac{\beta_1 s+\beta_0}{s^2\left(s^2+\alpha_1 s+\alpha_0\right)}$，由（a）得到的 $G_c(s)$ 的表达式以及 $G_f(s)=1$ 时，计算 $E(s)/R(s)$，将其写成两个多项式的比值。

（c）设所需的闭环多项式为 $s^8+f_7 s^7+f_6 s^6+f_5 s^5+f_4 s^4+f_3 s^3+f_2 s^2+f_1 s+f_0$，并定义

$$\boldsymbol{f}\triangleq\begin{bmatrix}f_7 & f_6 & f_5 & f_4 & f_3 & f_2 & f_1 & f_0\end{bmatrix}^{\mathrm{T}}\in\mathbb{R}^8$$

设 $\boldsymbol{c}\in\mathbb{R}^8$ 为控制器系数

$$\boldsymbol{c}\triangleq\begin{bmatrix}b_4 & b_3 & b_2 & b_1 & b_0 & a_2 & a_1 & a_0\end{bmatrix}^{\mathrm{T}}\in\mathbb{R}^8$$

矩阵 $\boldsymbol{A}\in\mathbb{R}^{8\times 8}$ 与向量 $\boldsymbol{d}\in\mathbb{R}^8$ 如下所示

$$\boldsymbol{f}=\boldsymbol{A}\boldsymbol{c}+\boldsymbol{d}$$

（d）选择闭环极点的位置，使用相同的参考输入 $r(t)$ 进行 Simulink 仿真，如图 10-36 所示。选择闭环极点得到 $G_s(s)$ 的零点，即 $b_4 s^4+b_3 s^3+b_2 s^2+b_1 s+b_0=0$ 的根都在左半平面内。选择参考滤波器输入

$$G_f(s)=\frac{b_0}{b_4 s^4+b_3 s^3+b_2 s^2+b_1 s+b_0}$$

你能选择闭环极点都是真实的吗？在不饱和转矩 τ 的情况下，可以将极点配置在左半平面中多远？在单张图上显示 $r(t)$，$\theta(t)$，$\theta_p(t)$。在单独的图上显示 $\theta_p(t)-\theta(t)$。

习题 25 带挠性轴的直流电动机

在参考文献 [3] 中，采用从电压输入到挠性轴角位置的传递函数对具有挠性轴的直流电动机进行建模

$$G(s)=\frac{1}{s(s+1)}\frac{2500}{\left(s^2+s+2500\right)}=\frac{2500}{s^4+2s^3+2501s^2+2500s}$$

在该问题中，使用二自由度控制系统，如图 10-71 所示。

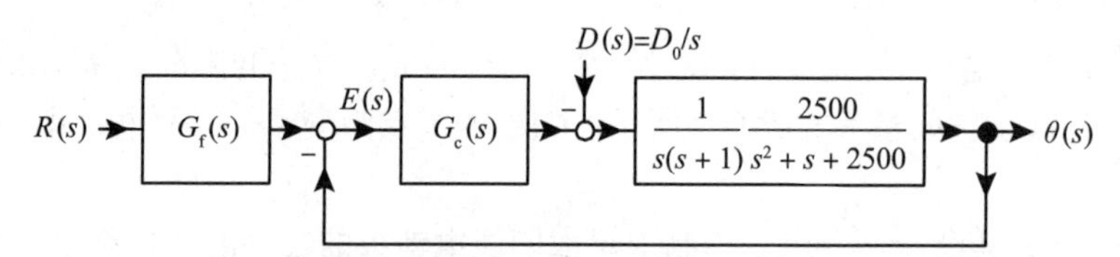

图 10-71　具有挠性轴的直流电动机的二自由度控制系统

（a）给出抑制恒定干扰并允许任意极点配置的最小阶的形式。

（b）当 $D(s)=0$，$G_f(s)=1$ 时，计算传递函数 $E(s)/R(s)$。

（c）设期望的闭环多项式为 $s^8+f_7 s^7+f_6 s^6+f_5 s^5+f_4 s^4+f_3 s^3+f_2 s^2+f_1 s+f_0$ 并定义

$$\boldsymbol{f}\triangleq\begin{bmatrix}f_7 & f_6 & f_5 & f_4 & f_3 & f_2 & f_1 & f_0\end{bmatrix}^{\mathrm{T}}\in\mathbb{R}^8$$

设 $\boldsymbol{c}\in\mathbb{R}^8$ 为控制器系数

$$c \triangleq \begin{bmatrix} b_4 & b_3 & b_2 & b_1 & b_0 & a_2 & a_1 & a_0 \end{bmatrix}^{\mathrm{T}} \in \mathbb{R}^8$$

矩阵$\boldsymbol{A} \in \mathbb{R}^{8\times 8}$与向量$\boldsymbol{d} \in \mathbb{R}^8$如下所示

$$\boldsymbol{f} = \boldsymbol{A}\boldsymbol{c} + \boldsymbol{d}$$

（d）选择闭环极点的位置，使 2% 调节时间为 1s 或更短，超调量不超过 10%。这可能需要一段时间，因为必须尝试选择实极点、复共轭极点或它们的某种混合，目的是使控制器的零点位于左半开平面，并满足规范。所以选择在 −10 处和$\zeta = 0.05$，$w_n = 50$的两组复共轭极点中选择四个。也就是集合

$$\begin{aligned} a_{\mathrm{CL}}(s) &= s^8 + f_7 s^7 + f_6 s^6 + f_5 s^5 + f_4 s^4 + f_3 s^3 + f_2 s^2 + f_1 s + f_0 \\ &= (s+r_1)(s+r_2)(s+r_3)(s+r_4)\left(s^2 + 2\zeta_3\omega_{n3}s + \omega_{n3}^2\right)\left(s^2 + 2\zeta_4\omega_{n4}s + \omega_{n4}^2\right) \end{aligned}$$

其中，$r_1 = r_2 = r_3 = r_4 = 10, \zeta_3 = 0.05, \omega_{n3} = 50, \zeta_4 = 0.05, \omega_{n4} = 50$。你需要修改本章附录 B 中的多项式展开代码，让 MATLAB 自动求解$f_i, i = 1,\cdots,7$。检查$G_{\mathrm{c}}(s)$的零点是否在左半平面中。

（e）使用参考输入$r(t) = u_{\mathrm{s}}(t)$进行 Simulink 仿真。应该选择闭环极点，以使控制器$G_{\mathrm{c}}(s)$的零点在左半平面内，即

$$b_4 s^4 + b_3 s^3 + b_2 s^2 + b_1 s + b_0 = 0$$

参考滤波器的输入为

$$G_{\mathrm{f}}(s) = \frac{b_0}{b_4 s^4 + b_3 s^3 + b_2 s^2 + b_1 s + b_0}$$

将$r(t)$与$\theta(t)$画在同一张图里。

习题 26 带挠性轴的直流电动机[3]

在参考文献 [3] 中，采用从电压输入到挠性轴角位置的传递函数对具有挠性轴的直流电动机进行建模

$$G(s) = \frac{1}{s(s+1)} \frac{2500}{\left(s^2 + s + 2500\right)} = \frac{2500}{s^4 + 2s^3 + 2501s^2 + 2500s}$$

此外，参考文献 [3] 中选择的控制器是一个超前、滞后和陷波控制器的级联，由下式给出

$$G_{\mathrm{c}}(s) = 91 \frac{s+2}{s+13} \frac{s+0.05}{s+0.01} \frac{s^2 + 0.8s + 3600}{s^2 + 120s + 3600} \tag{10.20}$$

如果将滞后控制器$\dfrac{s+0.05}{s+0.01}$替换为 PI 控制器$\dfrac{s+0.05}{s}$，控制器现在正在执行此操作

$$\begin{aligned} G_{\mathrm{c}}(s) &= 91 \frac{s+2}{s+13} \frac{s+0.05}{s} \frac{s^2 + 0.8s + 3600}{s^2 + 120s + 3600} \\ &= \frac{91s^4 + 259.35s^3 + 3.2776\times 10^5 s^2 + 6.7159\times 10^5 s + 32760}{s^4 + 133s^3 + 5160s^2 + 46800s} \end{aligned} \tag{10.21}$$

控制系统如图 10-72 所示。

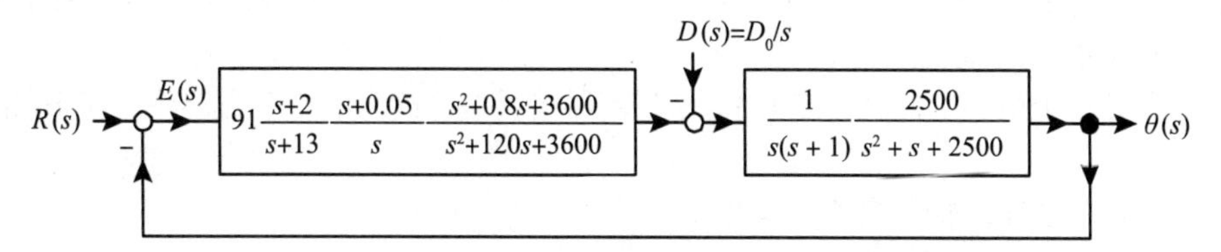

图 10-72　超前滤波器，PI 控制器和陷波滤波器的级联

故闭环特征多项式为

$$a_{\mathrm{CL}}(s)=s^8+135s^7+7927s^6+392253s^5+13558760s^4+130595175s^3 \\ +936395850s^2+1678968200s+81900000$$

闭环极点为

$$-61.632\pm \mathrm{j}9.0903,-0.65275\pm \mathrm{j}49.941,-4.0148\pm \mathrm{j}7.4573,-2.3505,-0.050174 \tag{10.22}$$

（a）实现恒定干扰抑制的最小阶极点配置控制器为

$$G_{\mathrm{c}}(s)=\frac{b_4s^4+b_3s^3+b_2s^2+b_1s+b_0}{s^3+a_2s^2+a_1s+a_0}\frac{1}{s}$$

使用图 10-73 设计的控制器，计算式（10.22）中给出的闭环极点的控制器系数。结果表明，$G_{\mathrm{c}}(s)$ 由式（10.21）给出。

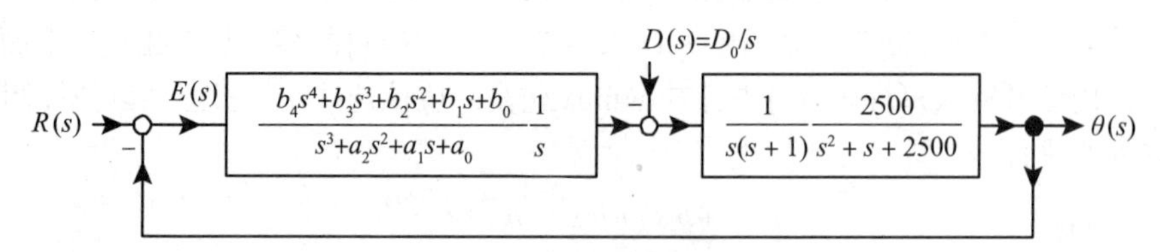

图 10-73　极点配置控制器

（b）用单位阶跃参考输入模拟（a）的系统。

注意 单位反馈形式的单输入单输出系统的控制器 $G_{\mathrm{c}}(s)$ 由闭环极点的位置唯一确定。作为另一个习题，使用式（10.20）中给出的控制器计算八个闭环极点。然后，具有 $G_{\mathrm{c}}(s)$ 形式（非最小阶）的极点配置算法

$$G_{\mathrm{c}}(s)=\frac{b_4s^4+b_3s^3+b_2s^2+b_1s+b_0}{s^4+a_3s^3+a_2s^2+a_1s+a_0}$$

并被设计为具有相同的八个闭环极点，将由式（10.20）设计的控制器给出。

习题 27 俯仰角控制

参考文献 [3] 中给出了小型飞机从升降舵角 δ（°）到俯仰角 θ（°）的传递函数模型

$$\frac{\theta(s)}{\delta(s)}=G(s)=\frac{160(s+2.5)(s+0.7)}{(s^2+5s+40)(s^2+0.03s+0.06)}=160\frac{s^2+3.2s+1.75}{s^4+5.03s^3+40.21s^2+1.5s+2.4}$$

对于 5° 阶跃输入，性能规范是上升时间为 1s 或更短，且超调量不超过 10%。在参考文献 [3] 中，设计了反馈控制器（并且没有参考输入滤波器）

$$G_{\mathrm{PID}}(s)\triangleq 1.5\frac{s+3}{s+20}\left(1+\frac{0.15}{s}\right)=\frac{1.5}{20}\frac{s+3}{s/20+1}\left(1+\frac{0.15}{s}\right)$$

$$\approx 0.075s+\frac{0.034}{s}+0.236\ \text{对于}\ |s|\ll 20$$

也就是说，它近似为一个 PID 控制器。接下来可以设计一个使用如图 10-74 所示的极点配置的二自由度控制器。

（a）设计一个最小阶控制器 $G_{\mathrm{c}}(s)$，该控制器渐近地抵抗恒定的干扰，并允许任意配置闭环极点。

（b）设期望的闭环特征多项式具有以下形式

$$f(s)=s^8+f_7s^7+f_6s^6+f_5s^5+f_4s^4+f_3s^3+f_2s^2+f_1s+f_0$$

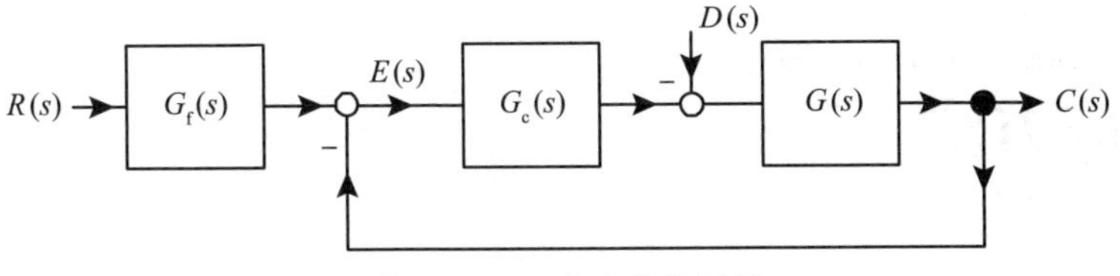

图 10-74 二自由度控制器

确定控制器的系数 $f_i, i = 0, \cdots, 7$。

（c）与本文设计的俯仰角控制器一样，闭环极点的位置选择对于满足性能规范至关重要。一种方法是令 $a_{\mathrm{CL}}(s)$ 有如下形式：

$$a_{\mathrm{CL}}(s) = \left(s^2 + 2\zeta_1\omega_{n1}s + \omega_{n1}^2\right)\left(s^2 + 2\zeta_2\omega_{n2}s + \omega_{n2}^2\right)\left(s^2 + 3.2s + 1.75\right)(s + r_1)(s + r_2)$$

注意，指定两个闭环极点来抵消（稳定极点 / 零点抵消）开环俯仰角模型的两个零点，以消除它们对阶跃响应的影响。如 10.4 节的俯仰角控制所示，需要在左半平面中“足够远”地配置另外两对复共轭极点。这需要几次迭代才能正确完成。尝试设置 $\zeta_1 = \zeta_2 = 0.5$，$\omega_{n1} = 10$，$\omega_{n2} = 20$，以便

$$\left(s^2 + 2\zeta_1\omega_{n1}s + \omega_{n1}^2\right)\left(s^2 + 2\zeta_2\omega_{n2}s + \omega_{n2}^2\right) = \left(s^2 + 20s + 400\right)\left(s^2 + 10s + 100\right)$$

注意，这两对复共轭极点的实部分别为 −10 和 −20。然后将两个实极点放在 −5、−6(或用另一对复共轭极点替换)。最后

$$\begin{aligned} a_{\mathrm{CL}}(s) &= \left(s^2 + 2\zeta_1\omega_{n1}s + \omega_{n1}^2\right)\left(s^2 + 2\zeta_2\omega_{n2}s + \omega_{n2}^2\right)\left(s^2 + 3.2s + 1.75\right)(s + r_1)(s + r_2) \\ &= \left(s^2 + 20s + 400\right)\left(s^2 + 10s + 100\right)\left(s^2 + 3.2s + 1.75\right)(s + 5)(s + 6) \\ &= s^8 + 44.2s^7 + 1193s^6 + 18064s^5 + 1.7558\times10^5 s^4 + 1.0520\times10^6 s^3 + \\ &\quad 3.4063\times10^6 s^2 + 4.925\times10^6 s + 2.1\times10^6 \end{aligned}$$

通过这种方式选择 $a_{\mathrm{CL}}(s)$，计算 $G_{\mathrm{c}}(s)$ 的零点，即 $b_4s^4 + b_3s^3 + b_2s^2 + b_1s + b_0 = 0$ 的根，并验证它们在左半平面上。使用此方法指定输入参考滤波器 $G_{\mathrm{f}}(s)$ 以消除 $G_{\mathrm{c}}(s)$ 的零点。采用这种二自由度设计，闭环传递函数将不会有零根，但阶跃响应仍可能有超调量，因为闭环极点并不全都是真的。

当 $R(s) = 5/s$（5° 俯仰角）时，仿真所设计的二自由度控制系统，以度为单位在同一张图上显示参考输入和输出。在不同的图上显示升降舵偏角（以度为单位）。

注意 对于参考文献 [3] 中解决的实际问题，在此问题中设计的二自由度控制器不适用。在参考文献 [3] 中要求控制器的最终形式为 $G_{\mathrm{C}}(s) = \bar{G}_{\mathrm{c}}(s)\dfrac{s+a}{s}$。也就是说，PI 控制器可以从 $G_{\mathrm{c}}(s)$ 中分解出来，而二自由度控制器的情况并非如此，因为它没有实零根。在二自由度控制器中，升降舵指令为 $\delta(s) = G_{\mathrm{c}}(s)E(s)$。然而在参考文献 [3] 中有两个升降舵，$\delta_{\mathrm{e}}$ 由驾驶员设置，$\delta_{\mathrm{t}}(\mathrm{trim})$ 由自动驾驶仪设置。这两个升降舵指令为 $\delta_{\mathrm{e}}(s) = 1.5\dfrac{s+3}{s+20}E(s)$，$\delta_{\mathrm{t}}(s) = 1.5\dfrac{s+3}{s+20}\dfrac{0.15}{s}E(s)$。所以升降舵指令为 $\delta(s) = \delta_{\mathrm{e}}(s) + \delta_{\mathrm{t}}(s) = 1.5\dfrac{s+3}{s+20}\dfrac{s+0.15}{s}E(s)$。

频率响应方法

11.1 伯德图

第 3 章介绍了微分方程的传递函数。例如，下式给出的三阶微分方程

$$\dddot{y}+a_2\ddot{y}+a_1\dot{y}+a_0y=b_2\ddot{u}+b_1\dot{u}+b_0u$$

取初始条件为 0 的拉普拉斯变换，例如$y(0)=\dot{y}(0)=\ddot{y}(0)=0$，$u(0)=\dot{u}(0)=0$，可以得到

$$\left(s^3+a_2s^2+a_1s+a_0\right)Y(s)=\left(b_2s^2+b_1s+b_0\right)U(s)$$

所以得到传递函数

$$G(s)\triangleq\left.\frac{Y(s)}{U(s)}\right|_{\text{零初始条件}}=\frac{b_2s^2+b_1s+b_0}{s^3+a_2s^2+a_1s+a_0}$$

对于输入$u(t)=U_0\cos(\omega t)$，$-\infty<t<\infty$，在第 3 章中已给出

$$y(t)=\left|G(\mathrm{j}\omega)\right|U_0\cos\left(\omega t+\angle G(\mathrm{j}\omega)\right)$$

是微分方程的解 ㊀。

频率响应$G(\mathrm{j}\omega)$展示了微分方程如何处理任意正弦输入$U_0\cos(\omega t)$。已经发现，通过绘制系统的频率响应，可以对系统（微分方程）有相当深入的了解。特别地，设$G(\mathrm{j}\omega)$的极点坐标形式为

$$G(\mathrm{j}\omega)=\left|G(\mathrm{j}\omega)\right|\mathrm{e}^{\mathrm{j}\angle G(\mathrm{j}\omega)} \tag{11.1}$$

绘制$G(\mathrm{j}\omega)$的伯德图。伯德图为

$$20\log_{10}\left|G(\mathrm{j}\omega)\right| \text{ 与 } \log_{10}(\omega) \tag{11.2}$$

并有

$$\angle G(\mathrm{j}\omega) \text{ 与 } \log_{10}(\omega) \tag{11.3}$$

令$20\log_{10}\left|G(\mathrm{j}\omega)\right|$的单位为贝尔或分贝（以亚历山大·格雷厄姆·贝尔命名），$G(\mathrm{j}\omega)$的单位为度。

考虑一个具有稳定极点的一阶系统的具体例子

$$G(\mathrm{j}\omega)=\frac{1}{\tau\mathrm{j}\omega+1},\left|G(\mathrm{j}\omega)\right|=\left|\frac{1}{\tau\mathrm{j}\omega+1}\right|=\frac{1}{\sqrt{(\tau\omega)^2+1}} \text{ 其中 } \tau>0 \tag{11.4}$$

注意，我们将$G(\mathrm{j}\omega)$写成了时间常数的形式，而$G(\mathrm{j}\omega)=\dfrac{1/\tau}{\mathrm{j}\omega+1/\tau}$为零极点形式。事实证明，时间常数形式更便于绘制伯德图。极点$p=1/\tau$被称为断点或拐角频率。

㊀ 如果$G(s)$是稳定的，那么它也是任何一组初始条件的稳态解。

11.1.1 伯德幅频图

$20\log_{10}|G(\mathrm{j}\omega)|$与$\log_{10}(\omega)$的值见下表。注意，表中的频率选择为断点$1/\tau$的10倍幂。

ω	$\log_{10}(\omega)$	$20\log_{10}\lvert G(\mathrm{j}\omega)\rvert$ dB
0	$-\infty$	$20\log_{10}\lvert 1/1\rvert=0$
$0.1/\tau$	$-1+\log_{10}(1/\tau)$	$20\log_{10}\left\lvert\dfrac{1}{0.1\mathrm{j}+1}\right\rvert\approx 0$
$1/\tau$	$\log_{10}(1/\tau)$	$20\log_{10}\left\lvert\dfrac{1}{\mathrm{j}+1}\right\rvert=20\log_{10}\lvert 1/\sqrt{2}\rvert=-3$
$10/\tau$	$1+\log_{10}(1/\tau)$	$20\log_{10}\left\lvert\dfrac{1}{10\mathrm{j}+1}\right\rvert=20\log_{10}\lvert 1/\sqrt{101}\rvert\approx-20$
$100/\tau$	$2+\log_{10}(1/\tau)$	$20\log_{10}\left\lvert\dfrac{1}{100\mathrm{j}+1}\right\rvert\approx 20\log_{10}\lvert 1/100\rvert=-40$
$1000/\tau$	$3+\log_{10}(1/\tau)$	$20\log_{10}\left\lvert\dfrac{1}{1000\mathrm{j}+1}\right\rvert\approx 20\log_{10}\lvert 1/1000\rvert=-60$
∞	∞	$20\log_{10}\left\lvert\dfrac{1}{\infty\mathrm{j}+1}\right\rvert=20\log_{10}\lvert 0\rvert=-\infty$

11.1.2 半对数图

利用式（11.4）给出的$G(\mathrm{j}\omega)$，并使用上表㊀，绘制$20\log_{10}|G(\mathrm{j}\omega)|$与$\log_{10}(\omega)$的图，如图11-1所示。

这幅图是一个半对数图，简单地说，横坐标（横轴）的距离是$\log_{10}(\omega)$，而纵坐标（纵轴）是线性比例。然而，尽管水平距离为$\log_{10}(\omega)$，但上面标注的为ω，如图11-1所示。例如，标记为$\omega=10^0=1$的点其实为$\log(10^0)=0$的点，因此它是横坐标的零点。标记为$\omega=5$的点为$\log_{10}(5)=0.7$，因此它与标记为10^0的点相距0.7。类似地，标记为10^1的点为$\log(10^1)=1$，与标记为10^0的点的距离为1。

11.1.3 渐近幅频图

为了更好地理解图11-1的伯德幅频图，标记

$$20\log_{10}\left|\frac{1}{\tau\mathrm{j}\omega+1}\right|\approx\begin{cases}0, & \omega<1/\tau\\ -3, & \omega=1/\tau\\ 20\log_{10}\left(\dfrac{1}{\omega\tau}\right)=-20\log_{10}\left(\dfrac{\omega}{1/\tau}\right), & \omega>1/\tau\end{cases}\tag{11.5}$$

$\omega<1/\tau$与$\omega>1/\tau$两个区域的渐近幅频图由式（11.5）给出，如图11-2所示。

㊀ 事实上，使用MATLAB。

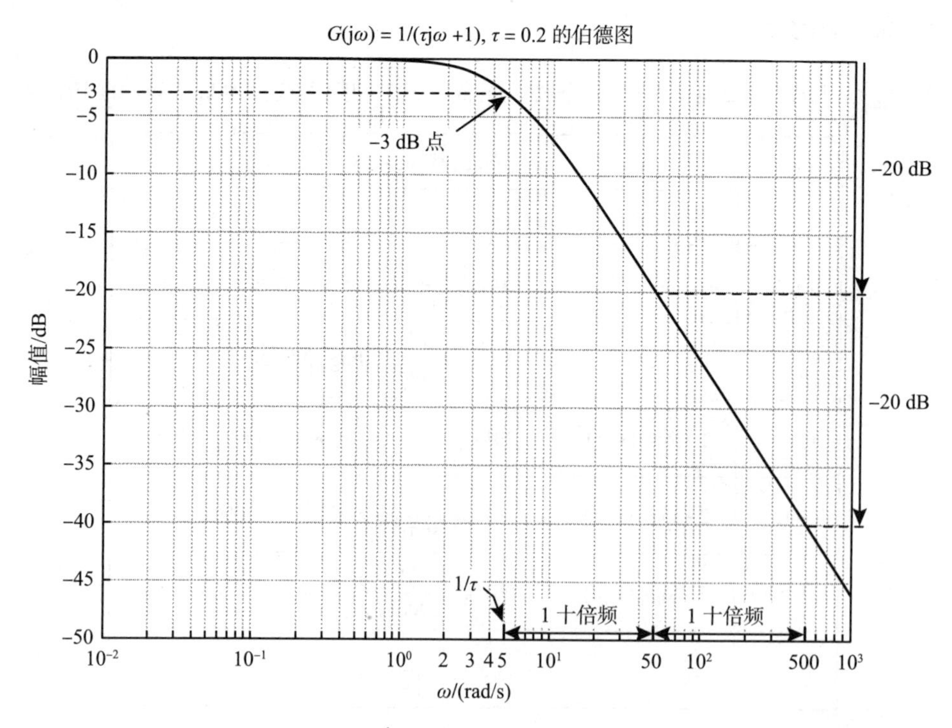

图 11-1　$G(s)=\dfrac{1}{j\omega/5+1}$的伯德幅频图，其中 $\tau=1/5=0.2$

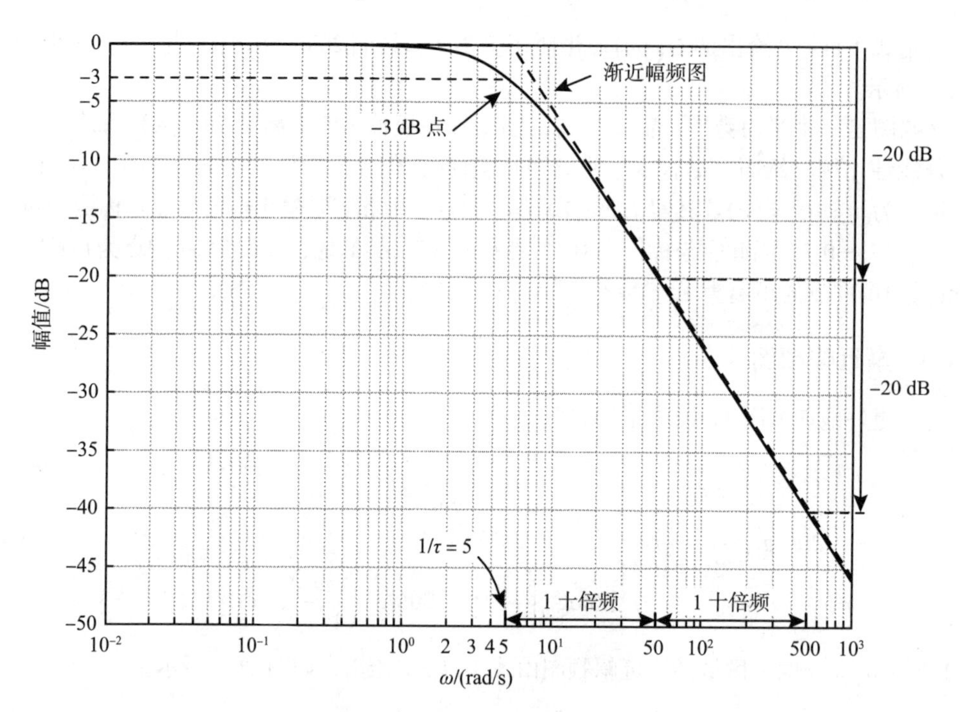

图 11-2　$G(j\omega)=\dfrac{1}{\tau j\omega+1}$的渐近幅频图，其中 $\tau=1/5=0.2$

每个 10 的倍数称为十倍频，例如，$10^2(1/\tau)$称为高于$1/\tau$的二进位，$10^{-1}(1/\tau)$称为低于$1/\tau$的一个进位。当$k\geqslant 1$时，$\omega=10^k(1/\tau)$称为高于$1/\tau$的k进位，可以得到

$$-20\log_{10}\left(\frac{\omega}{1/\tau}\right)=-20\log_{10}\left(\frac{10^k\left(1/\tau\right)}{1/\tau}\right)=-20k\ \text{dB}$$

与

$$\log_{10}\omega=\log_{10}\left(10^k\frac{1}{\tau}\right)=k+\log_{10}\left(\frac{1}{\tau}\right)$$

这意味着在$1/\tau$之上的每十倍频，幅度下降20dB。同样，为了强调，图11-2显示断点$1/\tau$后的每十倍频（10的倍数）下降20dB。

11.1.4 伯德相位图

伯德相位图为$\angle G(\mathrm{j}\omega)$与$\log_{10}(\omega)$。我们首先得到下表。

ω	$\log_{10}(\omega)$	$\angle G(\mathrm{j}\omega)=\angle\frac{1}{\tau\mathrm{j}\omega+1}=-\tan^{-1}\left(\frac{\omega}{1/\tau}\right)$
0	$-\infty$	$-\tan^{-1}(0)=0^\circ$
$(0.1)(1/\tau)$	$-1+\log_{10}(1/\tau)$	$-\tan^{-1}(0.1)=-5.7^\circ$
$1/\tau$	$\log_{10}(1/\tau)$	$-\tan^{-1}(1)=-45^\circ$
$10(1/\tau)$	$1+\log_{10}(1/\tau)$	$-\tan^{-1}(10)=-84.3^\circ$
$100(1/\tau)$	$2+\log_{10}(1/\tau)$	$-\tan^{-1}(100)\approx-90^\circ$

相位图如图11-3所示。

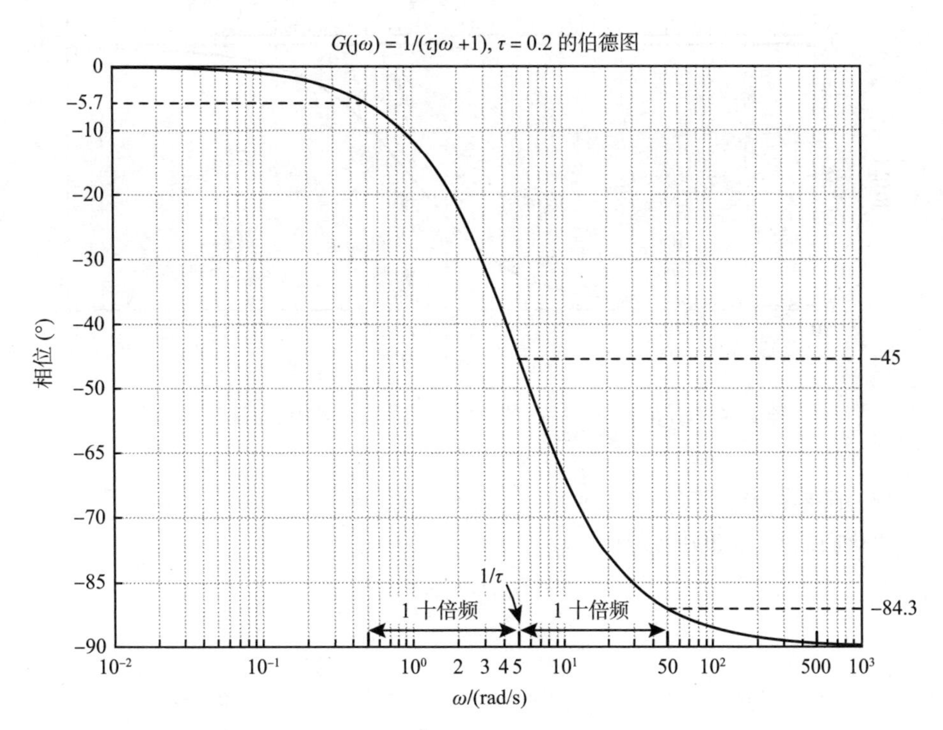

图11-3　$G(\mathrm{j}\omega)=\frac{1}{\tau\mathrm{j}\omega+1}$的伯德相位图，其中$1/\tau=5$

11.1.5　简单例题

（1）带一阶不稳定极点的伯德图

让我们考虑一下 $G(\mathrm{j}\omega)=\dfrac{1}{-\tau\mathrm{j}\omega+1}$ 的伯德图。特别地，设 $\tau=0.2$，所以 $1/\tau=5$，$G(\mathrm{j}\omega)=\dfrac{1}{-0.2\mathrm{j}\omega+1}$。本例中

$$\left|G(\mathrm{j}\omega)\right|=\left|\frac{1}{-\tau\mathrm{j}\omega+1}\right|=\frac{1}{\sqrt{(\tau\omega)^2+1}}$$

因此，幅频图与图 11-2 相同，对于角度图有

$$\angle G(\mathrm{j}\omega)=\angle\frac{1}{-\tau\mathrm{j}\omega+1}=-\tan^{-1}\left(-\frac{\omega}{1/\tau}\right)=\tan^{-1}\left(\frac{\omega}{1/\tau}\right)$$

这是图 11-3 中角度值的负值，$G(\mathrm{j}\omega)=\dfrac{1}{-\tau\mathrm{j}\omega+1}$ 的伯德图如图 11-4 所示。

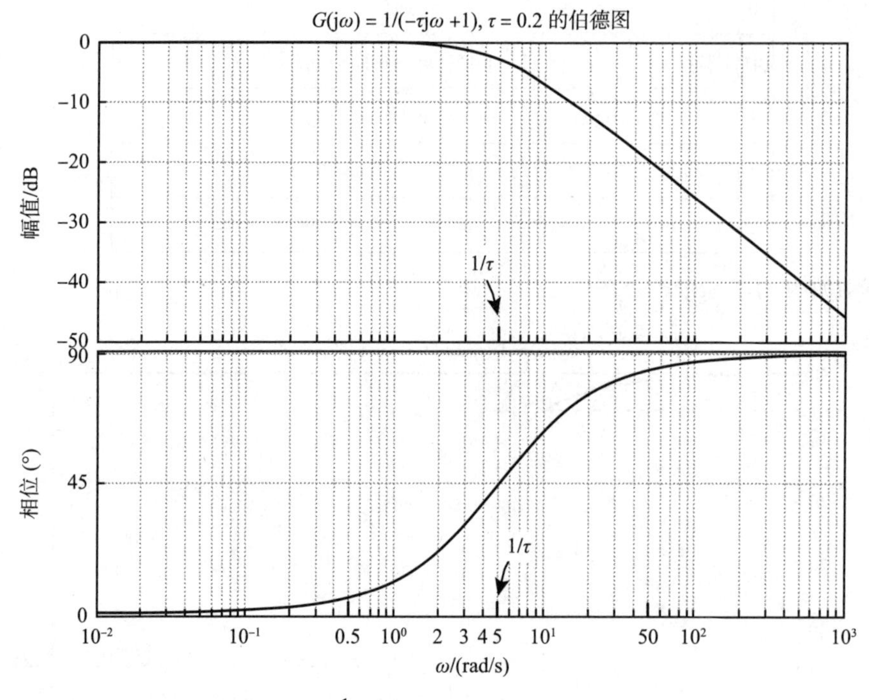

图 11-4　$G(\mathrm{j}\omega)=\dfrac{1}{-\tau\mathrm{j}\omega+1}$ 的幅频和相位图，其中 $\tau=1/5=0.2$

（2）带一阶零点的伯德图

现在让我们考虑下式的伯德图

$$G(\mathrm{j}\omega)=\tau\mathrm{j}\omega+1$$

本例中

$$20\log_{10}\left|G(\mathrm{j}\omega)\right|=20\log_{10}\left|\tau\mathrm{j}\omega+1\right|=20\log_{10}\sqrt{(\tau\omega)^2+1}=-20\log_{10}\frac{1}{\sqrt{(\tau\omega)^2+1}}$$

$\tau = 0.2$时为图 11-2 幅频图的负值，对于角度值可以得到

$$\angle G(\mathrm{j}\omega) = \angle(\tau \mathrm{j}\omega + 1) = \tan^{-1}\left(\frac{\omega}{1/\tau}\right)$$

这是图 11-3 中角度值的负值。因此，$G(\mathrm{j}\omega) = \tau \mathrm{j}\omega + 1$的伯德图如图 11-5 所示。

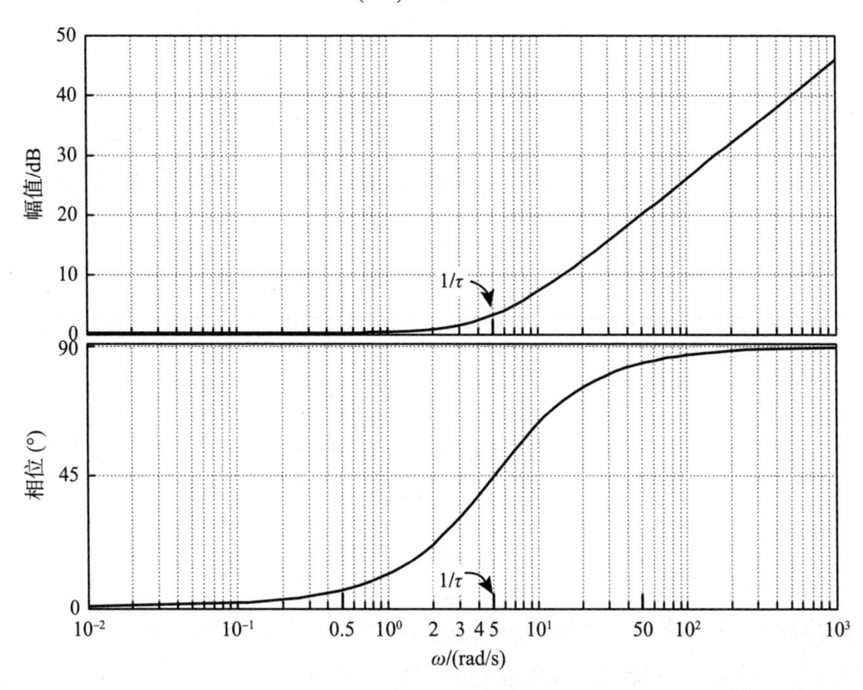

图 11-5 $G(\mathrm{j}\omega) = \tau \mathrm{j}\omega + 1$的幅频和相位图，其中$\tau = 1/5 = 0.2$

当$\tau = 0.2$时，例 1 要求读者绘制下式的伯德图

$$G(\mathrm{j}\omega) = -\tau \mathrm{j}\omega + 1$$

（3）极点在原点的伯德图

现在考虑$G(\mathrm{j}\omega) = \dfrac{1}{\mathrm{j}\omega}$，可以得到

$$20\log_{10}|G(\mathrm{j}\omega)| = 20\log_{10}\left|\frac{1}{\mathrm{j}\omega}\right| = -20\log_{10}\omega$$

且有

$$\angle G(\mathrm{j}\omega) = -90^\circ$$

绘制幅频图的一个简单方法是从$\omega = 10^0 = 1$开始，其中$20\log_{10}|G(\mathrm{j}1)| = -20\log_{10}|1| = 0$，$\omega = 10$时，$20\log_{10}|G(\mathrm{j}\omega)| = -20\log_{10}|10| = -20$。然后在这两点间画一条直线，如图 11-6 所示。

11.1.6 更多的伯德图示例

例 1 $G(\mathrm{j}\omega) = 1/\mathrm{j}\omega(\mathrm{j}\omega + 5)$

现在考虑传递函数

$$G(\mathrm{j}\omega) = \frac{1}{\mathrm{j}\omega(\mathrm{j}\omega + 5)} = \frac{1}{5}\frac{1}{\mathrm{j}\omega(0.2\mathrm{j}\omega + 1)}.$$

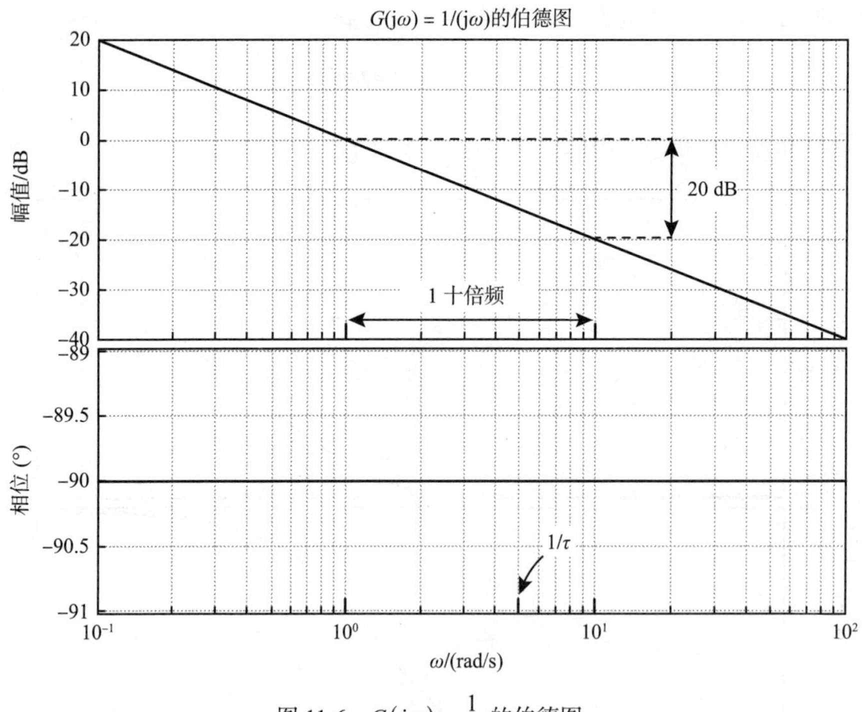

图 11-6　$G(\mathrm{j}\omega)=\dfrac{1}{\mathrm{j}\omega}$ 的伯德图

绘制伯德图的第一步是将实极点形式的传递函数以时间常数的形式表示，也就是将 $\dfrac{1}{\mathrm{j}\omega+5}$ 写为 $\dfrac{1}{5}\dfrac{1}{0.2\mathrm{j}\omega+1}$。然后通过对数的性质可以得到

$$\begin{aligned}20\log_{10}\left|G(\mathrm{j}\omega)\right| &= 20\log_{10}\left|\frac{1}{5}\frac{1}{\mathrm{j}\omega(0.2\mathrm{j}\omega+1)}\right| \\ &= 20\log_{10}\left|\frac{1}{5}\right|+20\log_{10}\left|\frac{1}{\mathrm{j}\omega}\right|+20\log_{10}\left|\frac{1}{0.2\mathrm{j}\omega+1}\right|\end{aligned}$$

图 11-7 显示了 $20\log_{10}\left|\dfrac{1}{\mathrm{j}\omega}\right|$ 与 $20\log_{10}\left|\dfrac{1}{0.2\mathrm{j}\omega+1}\right|$ 的幅频图。

如图 11-8 所示，下一步是绘制图

$$20\log_{10}\left|\frac{1}{\mathrm{j}\omega}\right|+20\log_{10}\left|\frac{1}{0.2\mathrm{j}\omega+1}\right|$$

只需要绘制 $20\log_{10}\left|\dfrac{1}{\mathrm{j}\omega}\right|$ 到断点 $1/\tau=5$ 的图像，因为当 $\omega<1/\tau=5$ 时，$20\log_{10}\left|\dfrac{1}{0.2\mathrm{j}\omega+1}\right|\approx 0$（当 $\omega<1/\tau=5$ 时，$20\log_{10}\left|\dfrac{1}{0.2\mathrm{j}\omega+1}\right|$ 的渐近图为 0）。在断点之后，曲线图下降到 −40dB/ 十倍频，因为 $20\log_{10}\left|\dfrac{1}{\mathrm{j}\omega}\right|$ 与 $20\log_{10}\left|\dfrac{1}{0.2\mathrm{j}\omega+1}\right|$ 都下降到 −20dB/ 十倍频，我们将它们相加。

为了完成绘图，我们将常数项 $20\log_{10}\left|1/5\right|=-14\mathrm{dB}$ 加入图 11-8，即可获得图 11-9 的伯德图。在图 11-9 中，还显示了图 11-8 的曲线图，以表明图 11-9 是通过将图 11-8 中的曲线图降低 14dB 而获得的。

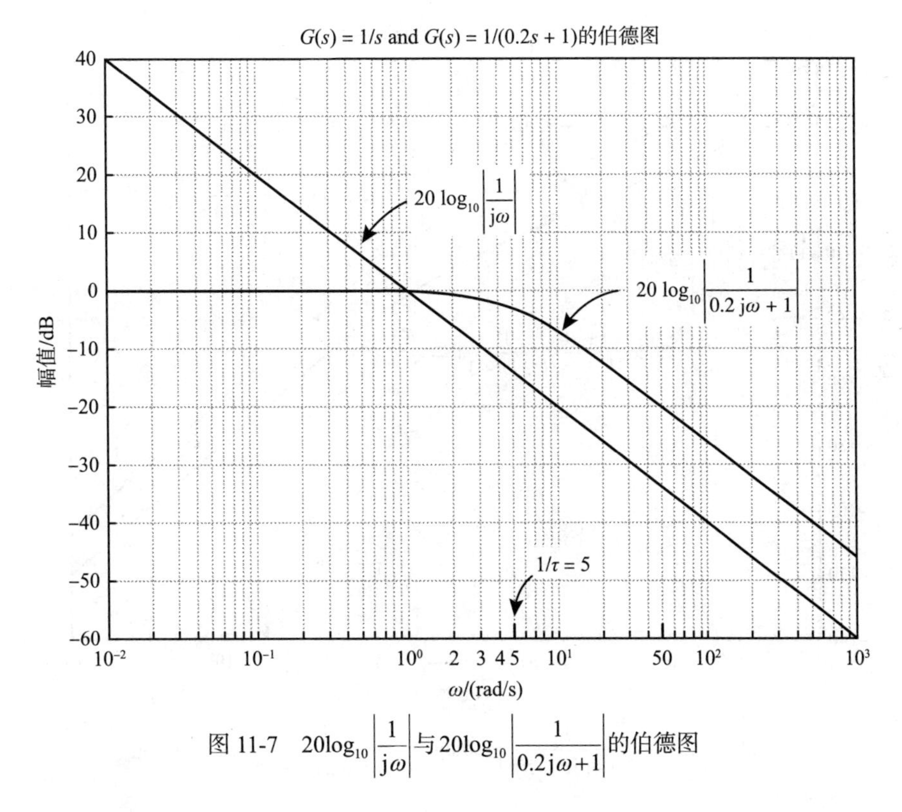

图 11-7 $20\log_{10}\left|\frac{1}{\mathrm{j}\omega}\right|$与$20\log_{10}\left|\frac{1}{0.2\mathrm{j}\omega+1}\right|$的伯德图

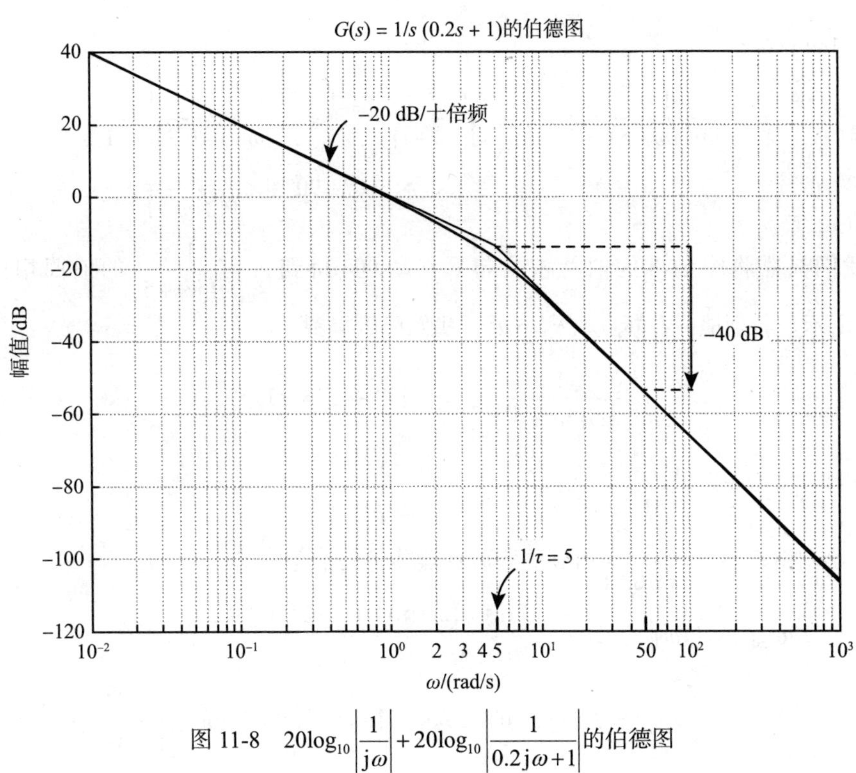

图 11-8 $20\log_{10}\left|\frac{1}{\mathrm{j}\omega}\right|+20\log_{10}\left|\frac{1}{0.2\mathrm{j}\omega+1}\right|$的伯德图

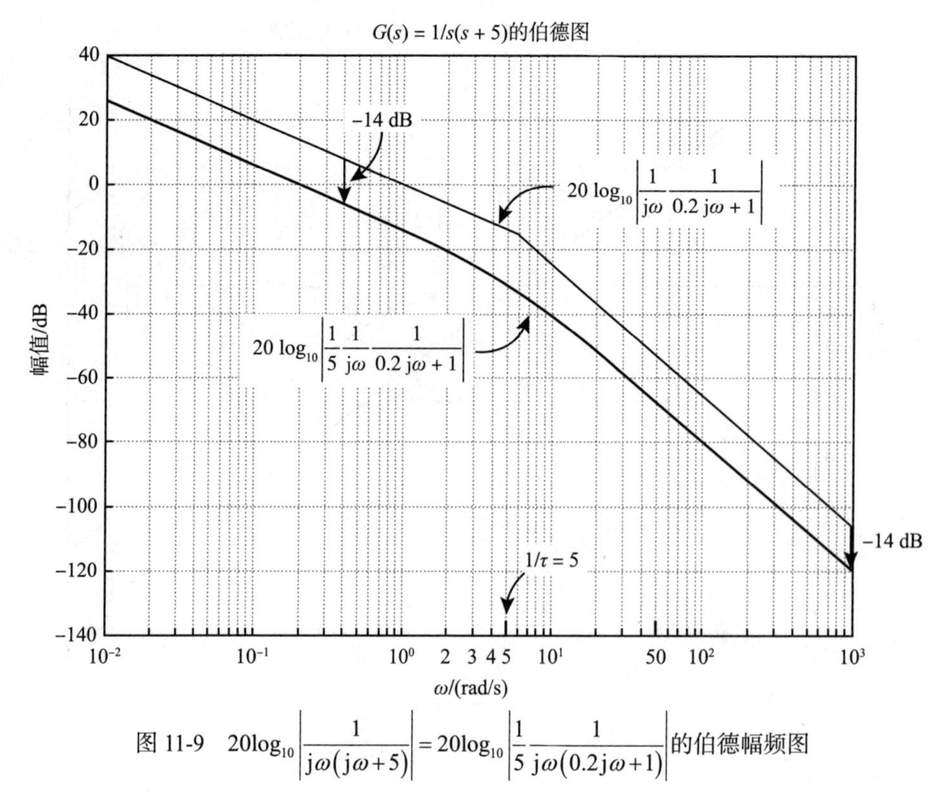

图 11-9　$20\log_{10}\left|\dfrac{1}{j\omega(j\omega+5)}\right|=20\log_{10}\left|\dfrac{1}{5}\dfrac{1}{j\omega(0.2j\omega+1)}\right|$的伯德幅频图

绘制$\dfrac{1}{j\omega(j\omega+5)}$的伯德图，需要注意

$$\begin{aligned}\angle\frac{1}{j\omega(j\omega+5)}=\angle\frac{1}{5}\frac{1}{j\omega(0.2j\omega+1)}&=\angle\frac{1}{5}+\angle\frac{1}{j\omega}+\angle\frac{1}{0.2j\omega+1}\\&=0^\circ-90^\circ+\angle\frac{1}{0.2j\omega+1}\end{aligned}$$

因此，我们只需将图 11-3 的伯德相图向下移动 90° 得到$\angle\dfrac{1}{j\omega(j\omega+5)}$的伯德相位图。如图 11-10 所示。特别地，在断点$1/\tau=5$处，我们可以得到

$$\angle\frac{1}{j\omega(j\omega+5)}\bigg|_{\omega=1/\tau}=-90^\circ-45^\circ=-135^\circ$$

例 2 $G_c(j\omega)=\dfrac{j\omega+0.1}{j\omega+0.01}$

现在绘制由$G_c(s)=\dfrac{s+0.1}{s+0.01}$得到的滞后补偿器[⊖]的伯德图

$$\begin{aligned}20\log_{10}|G_c(j\omega)|&=20\log_{10}\left|\frac{0.1}{0.01}\frac{j\omega/0.1+1}{j\omega/0.01+1}\right|\\&=\underbrace{20\log_{10}|10|}_{20\text{dB}}+20\log_{10}|j\omega/0.1+1|+20\log_{10}\left|\frac{1}{j\omega/0.01+1}\right|\end{aligned}$$

⊖ 补偿器只是控制器的另一个名称。

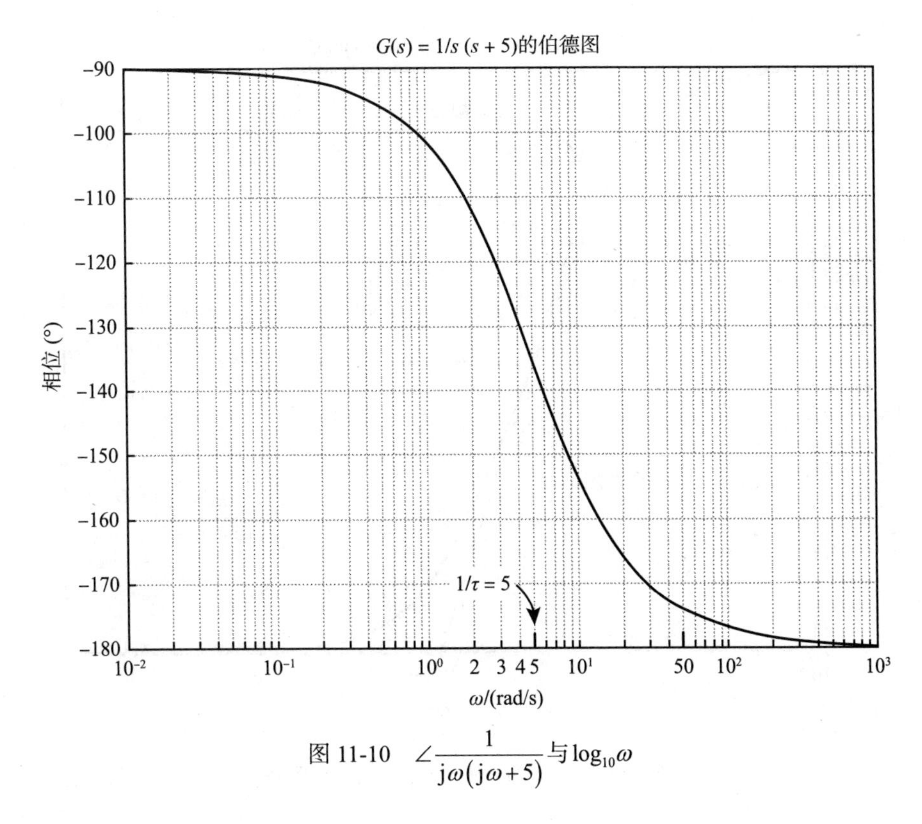

图 11-10 $\angle\frac{1}{j\omega(j\omega+5)}$ 与 $\log_{10}\omega$

每项的渐近近似值为

$$20\log_{10}|10| = 20\text{dB}$$

$$20\log_{10}\left|\frac{1}{j\omega/0.01+1}\right| = \begin{cases} 0, & \omega < 0.01 \\ -20\log_{10}\left(\dfrac{\omega}{0.01}\right), & \omega > 0.01 \end{cases}$$

$$20\log_{10}|j\omega/0.1+1| = \begin{cases} 0, & \omega < 0.1 \\ 20\log_{10}\left(\dfrac{\omega}{0.1}\right), & \omega > 0.1 \end{cases}$$

渐近幅频图由下式给出

$$20\log_{10}|G_c(j\omega)| = \begin{cases} 20\log_{10}|10|, & \omega < 0.01 \\ 20\log_{10}|10| - 20\log_{10}\left(\dfrac{\omega}{0.01}\right), & 0.01 < \omega < 0.1 \\ \underbrace{20\log_{10}|10| - 20\log_{10}\left(\dfrac{\omega}{0.01}\right) + 20\log_{10}\left(\dfrac{\omega}{0.1}\right)}_{0\text{dB}}, & 0.1 < \omega \end{cases}$$

渐近幅频图与实际幅频图如图 11-11 所示。

我们现在考虑相位图

$$\angle G_c(j\omega) = \angle(j\omega/0.1+1) + \angle\frac{1}{j\omega/0.01+1} \text{ 与 } \log_{10}(\omega)$$

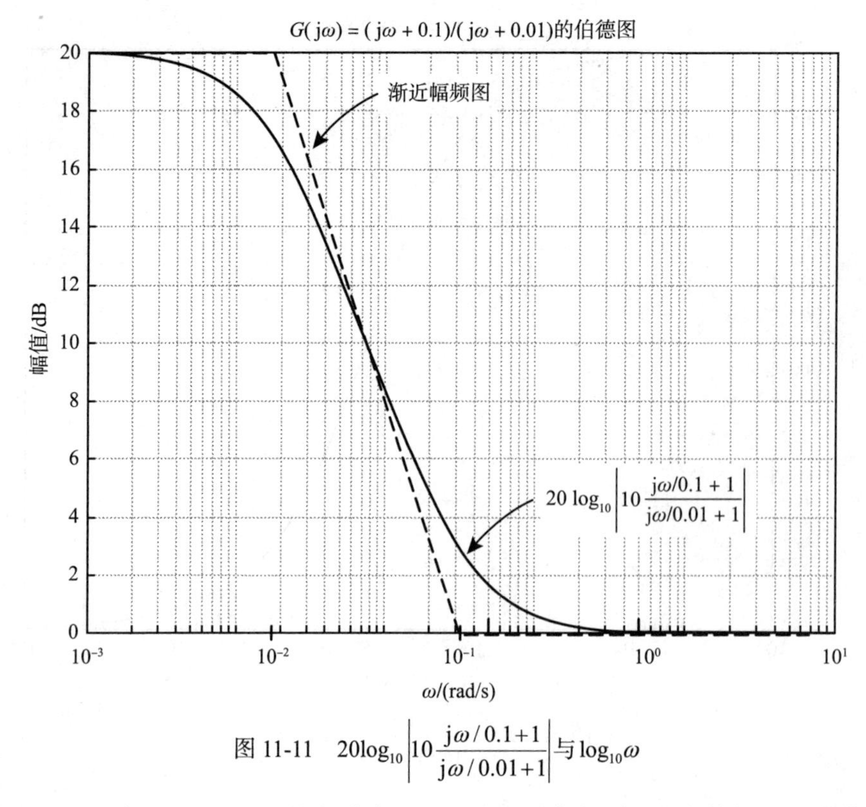

图 11-11　$20\log_{10}\left|10\dfrac{j\omega/0.1+1}{j\omega/0.01+1}\right|$ 与 $\log_{10}\omega$

如图 11-12 所示。由于$s=-0.01$处的极点与$s=0.1$处的零点相隔一个十倍频（10 的倍数），因此角度图可以使用下表直接绘制。

ω	$\angle(j\omega/0.1+1)$	$\angle\dfrac{1}{j\omega/0.01+1}$	$\angle(j\omega/0.1+1)+\angle\dfrac{1}{j\omega/0.01+1}$
0.001	≈ 0	$\approx -5.7°$	$\approx -5.7°$
0.01	$\approx 5.7°$	$\approx -45°$	$\approx -39.3°$
0.1	$\approx 45°$	$\approx -90°$	$\approx -45°$
1	$\approx 90°$	$\approx -90°$	$\approx 0°$

虽然该表没有捕捉到这一点，但图 11-12 显示，相位大约在$\omega=0.03$时处于最小值。

例 3 $G_c(j\omega)=\dfrac{j\omega+2}{j\omega+4}$

现在来画一个具有超前补偿器的伯德图

$$G_c(s)=\frac{s+2}{s+4}$$

可以得到

$$\begin{aligned}20\log_{10}\left|G_c(j\omega)\right| &= 20\log_{10}\left|\frac{2}{4}\frac{j\omega/2+1}{j\omega/4+1}\right| \\ &= \underbrace{20\log_{10}\left|\frac{1}{2}\right|}_{-6\text{dB}}+20\log_{10}\left|j\omega/2+1\right|+20\log_{10}\left|\frac{1}{j\omega/4+1}\right|\end{aligned}$$

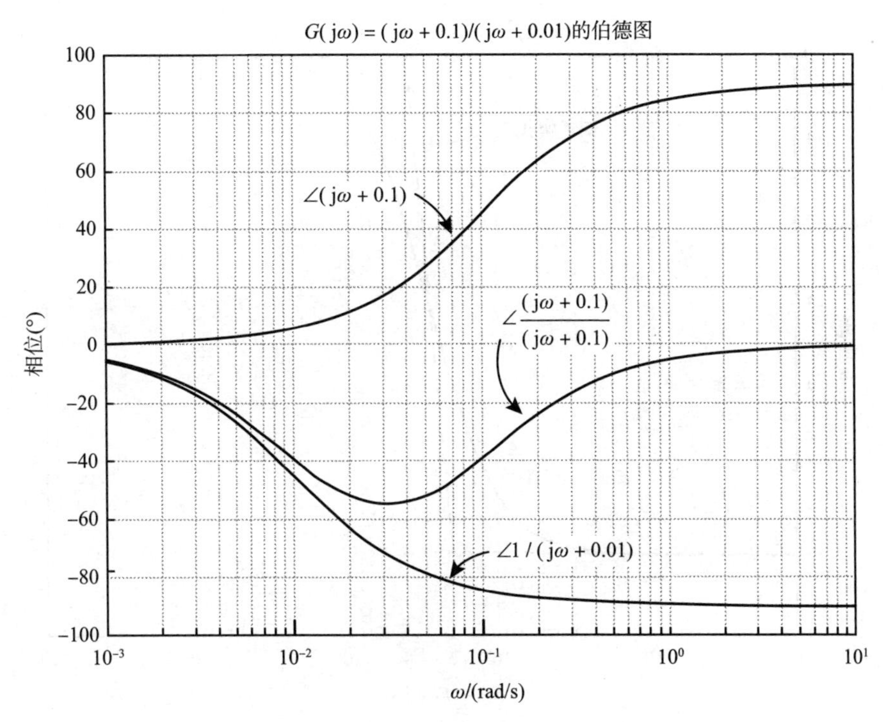

图 11-12 $\angle G_{\mathrm{c}}(\mathrm{j}\omega)=\angle(\mathrm{j}\omega/0.1+1)+\angle\dfrac{1}{\mathrm{j}\omega/0.01+1}$ 与 ω

每项的渐近近似值为

$$20\log_{10}|1/2|=-6\mathrm{dB}$$

$$20\log_{10}|\mathrm{j}\omega/2+1|=\begin{cases}0, & \omega<2\\ 20\log_{10}\left(\dfrac{\omega}{2}\right), & \omega>2\end{cases}$$

$$20\log_{10}\left|\frac{1}{\mathrm{j}\omega/4+1}\right|=\begin{cases}0, & \omega<4\\ -20\log_{10}\left(\dfrac{\omega}{4}\right), & \omega>4\end{cases}$$

渐近幅频图如图 11-13 所示。

$$20\log_{10}|G_{\mathrm{c}}(\mathrm{j}\omega)|=\begin{cases}20\log_{10}|1/2|, & \omega<2\\ 20\log_{10}|1/2|+20\log_{10}\left(\dfrac{\omega}{2}\right), & 2<\omega<4\\ \underbrace{20\log_{10}|1/2|+20\log_{10}\left(\dfrac{\omega}{2}\right)-20\log_{10}\left(\dfrac{\omega}{4}\right)}_{0}, & 4<\omega\end{cases}$$

图 11-14 是 $\angle\dfrac{\mathrm{j}\omega+2}{\mathrm{j}\omega+4}$ 与 $\log_{10}\omega$ 的图像。

该图还包括 $\angle(\mathrm{j}\omega/2+1)=\angle(\mathrm{j}\omega+2)$ 与 $\angle\dfrac{1}{\mathrm{j}\omega/4+1}=\angle\dfrac{1}{\mathrm{j}\omega+4}$。

使用下表绘制相位图。

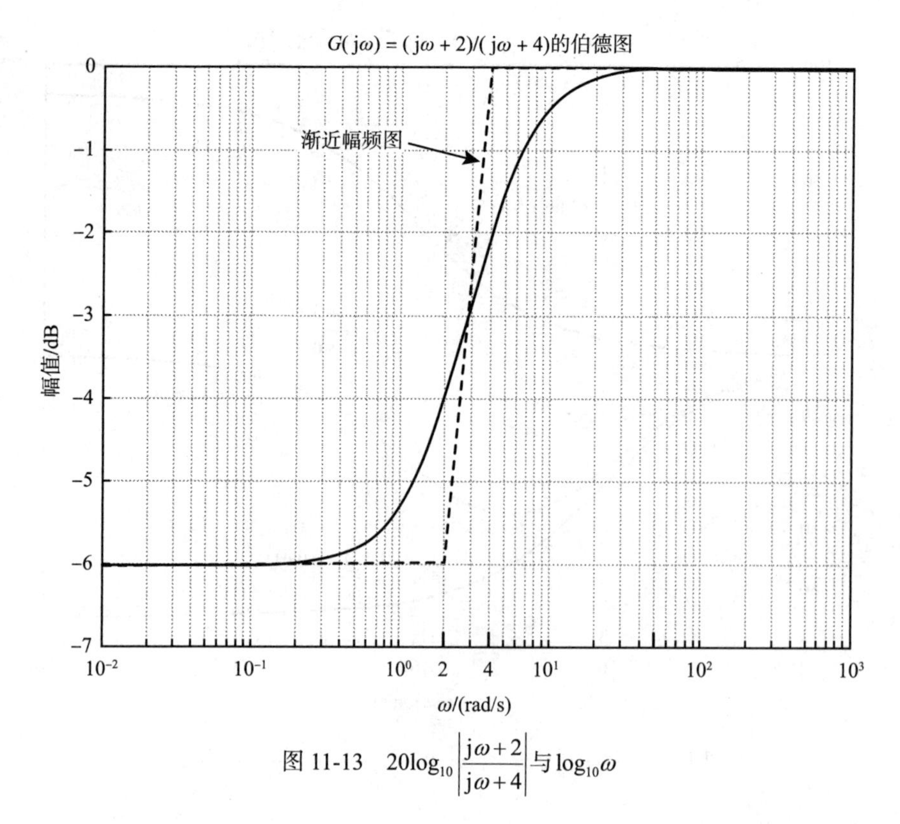

图 11-13 $20\log_{10}\left|\dfrac{j\omega+2}{j\omega+4}\right|$与$\log_{10}\omega$

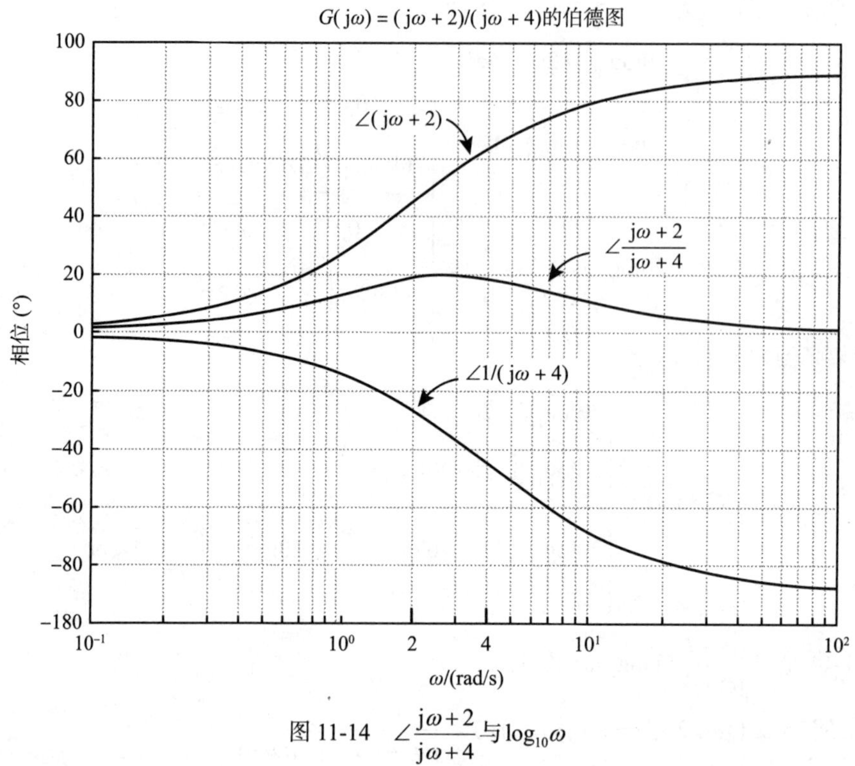

图 11-14 $\angle\dfrac{j\omega+2}{j\omega+4}$与$\log_{10}\omega$

ω	$\angle(j\omega/2+1)$	$\angle(j\omega/4+1)$	$\angle(j\omega/2+1)+\angle\frac{1}{j\omega/4+1}$
0.2	5.7°	0°	5.7°
2	45°	$\tan^{-1}(1/2)=26.6°$	18.4°
4	$\tan^{-1}(2)=63.2°$	45°	18.2°
20	84.3°	$\tan^{-1}(5)=78.7°$	5.6°
40	90°	84.3°	5.7°
∞	90°	90°	0°

ω在 2 和 4 之间出现最大相位。

例 4 $G(j\omega)=\frac{(j\omega+40)(j\omega/0.4+1)}{(j\omega/400+1)(j\omega+4)^3}$

传递函数为

$$G(j\omega)=\frac{(j\omega+40)(j\omega/0.4+1)}{(j\omega/400+1)(j\omega+4)^3}$$

第一步是将其转换为时间常数形式

$$G(j\omega)=\frac{40}{4^3}\frac{(j\omega/40+1)(j\omega/0.4+1)}{(j\omega/400+1)(j\omega/4+1)^3}$$

我们绘制

$$20\log_{10}|G(j\omega)|=\underbrace{20\log_{10}|40/64|}_{-4.1\text{dB}}+20\log_{10}|j\omega/40+1|+20\log_{10}|j\omega/0.4+1|+$$
$$20\log_{10}|1/(j\omega/400+1)|+60\log_{10}|1/(j\omega/4+1)|$$

如图 11-15 的上半部分所示。让我们概括一下如何绘制渐近幅频图：

1）从$\omega=0.01$开始，只有常数项起作用，因此幅频为$20\log_{10}|40/64|=-4.1\text{dB}$。

2）在$\omega=0.4$的第一个断点（零点）处，以 20dB/ 十倍频的速率上升，直到$\omega=4$的第二个断点。然后我们达到 –4.1+（20dB/ 十倍频）×（1 个十倍频）≈16dB。

3）由于$\omega=4$存在三重（极点）断点，我们以 –40dB/ 十倍频的速率下降（上升了 20dB/ 十倍频，三重断点使其下降了 –60dB/ 十倍频，所以总和下降了 –40dB/ 十倍频）。在$\omega=40$时为 16dB+（–40dB/ 十倍频）×（1 个十倍频）= –24dB。

4）然后，由于$\omega=40$处的（零）断点，我们以 –20dB/ 十倍频下降直到$\omega=400$。则幅频为 –24dB+（–20dB/ 十倍频）×（1 个十倍频）≈ –44dB。

5）$\omega=400$处的最终（极点）断点的幅度下降了额外的 –20dB/ 十倍频，因此在$\omega=4000$处，幅频为 –44dB +（–40dB/ 十倍频）×（1 个十倍频）≈ –84dB。

为了了解相位图的意义，我们制作了下表。

ω	$\angle G(j\omega)$
0.04	0°
0.4	$\approx\angle(j\omega/0.4+1)\big\vert_{\omega=0.4}=45°$

（续）

4	$\approx\angle\left(\mathrm{j}\omega/0.4+1\right)\big|_{\omega=4}-3\times\angle\left(\mathrm{j}\omega/4+1\right)\big|_{\omega=4}$
	$=90°-3\times45°=-45°$
40	$\approx\angle\left(\mathrm{j}\omega/0.4+1\right)\big|_{\omega=40}-3\times\angle\left(\mathrm{j}\omega/4+1\right)\big|_{\omega=40}+\angle\left(\mathrm{j}\omega/40+1\right)\big|_{\omega=40}$
	$=90°-3\times90°+45°=-135°$
400	$\approx\angle\left(\mathrm{j}\omega/0.4+1\right)\big|_{\omega=400}-3\times\angle\left(\mathrm{j}\omega/4+1\right)\big|_{\omega=400}+\angle\left(\mathrm{j}\omega/40+1\right)\big|_{\omega=400}$
	$-\angle\left(\mathrm{j}\omega/400+1\right)\big|_{\omega=400}=90°-3\times90°+90°-45°=-135°$
4000	$\approx\angle\left(\mathrm{j}\omega/0.4+1\right)\big|_{\omega=4000}-3\times\angle\left(\mathrm{j}\omega/4+1\right)\big|_{\omega=4000}+\angle\left(\mathrm{j}\omega/40+1\right)\big|_{\omega=4000}$
	$-\angle\left(\mathrm{j}\omega/400+1\right)\big|_{\omega=4000}=90°-3\times90°+90°-90°=-180°$

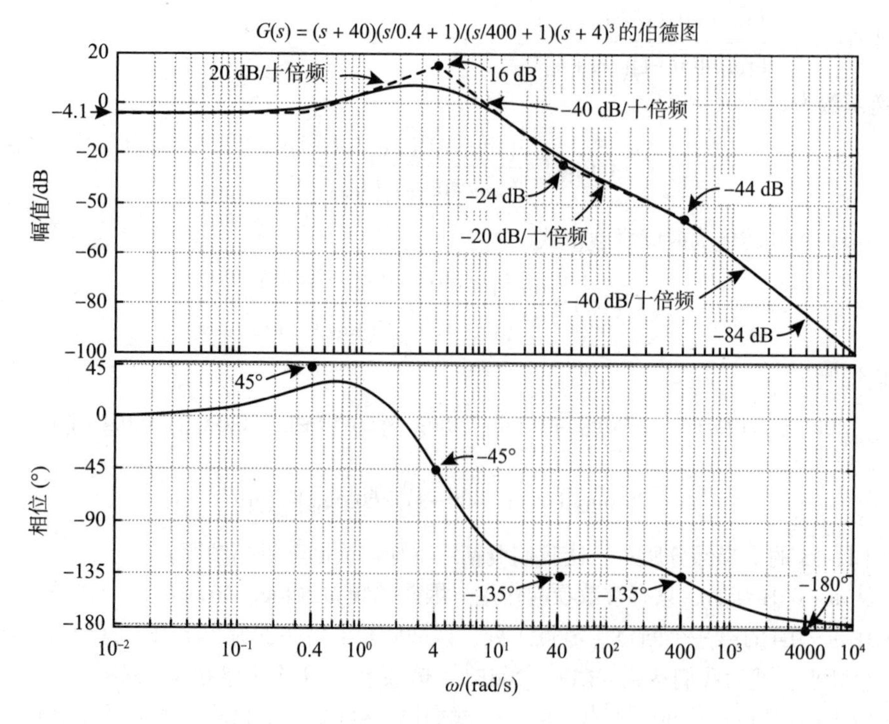

图 11-15　$G(\mathrm{j}\omega)=\dfrac{(\mathrm{j}\omega+40)(\mathrm{j}\omega/0.4+1)}{(\mathrm{j}\omega/400+1)(\mathrm{j}\omega+4)^3}$的伯德图

在相位图（见图 11-15 的底部图）中，在 $\omega=0.4$处可以看出，角度不接近 45° 的近似角度。这是因为在 $\omega=0.4$时，我们得到$\angle(\mathrm{j}\omega/0.4+1)\big|_{\omega=0.4}=45°$ 与$\angle\left(\mathrm{j}\omega/4+1\right)\big|_{\omega=0.4}\approx0$。然而，$\angle\left(\mathrm{j}\omega/4+1\right)\big|_{\omega=0.4}=5.7°$ 。因此

$$\begin{aligned}\angle G\left(\mathrm{j}\omega\right)\big|_{\omega=0.4}&=\angle\left(\mathrm{j}\omega/0.4+1\right)\big|_{\omega=0.4}-3\angle\left(\mathrm{j}\omega/4+1\right)\big|_{\omega=0.4}\\&=45°-3\times5.7°\\&=27.9°\end{aligned}$$

同样，在 $\omega=40$时，表达式为

$$\angle G\left(\mathrm{j}\omega\right)\big|_{\omega=40}=\angle\left(\mathrm{j}\omega/0.4+1\right)\big|_{\omega=40}-3\angle\left(\mathrm{j}\omega/4+1\right)\big|_{\omega=40}+\angle\left(\mathrm{j}\omega/40+1\right)\big|_{\omega=40}$$

我们使用 $\angle(\mathrm{j}\omega/4+1)\big|_{\omega=40}=90^\circ$，但实际上为 $\angle(\mathrm{j}\omega/4+1)\big|_{\omega=40}=84.3^\circ$。此外，取 $\angle(\mathrm{j}\omega/400+1)\big|_{\omega=40}=0$，但实际上为 $\angle(\mathrm{j}\omega/400+1)\big|_{\omega=40}=5.7^\circ$。因此，$\omega=40$ 时的相位为

$$
\begin{aligned}
\angle G(\mathrm{j}\omega)\big|_{\omega=40} &= \angle(\mathrm{j}\omega/0.4+1)\big|_{\omega=40}-3\angle(\mathrm{j}\omega/4+1)\big|_{\omega=40}+\angle(\mathrm{j}\omega/40+1)\big|_{\omega=40}- \\
&\quad \angle(\mathrm{j}\omega/400+1)\big|_{\omega=40} \\
&= 90^\circ-3(84.3^\circ)+45^\circ-5.7^\circ=-123.6^\circ
\end{aligned}
$$

11.1.7 具有复极点的伯德图

现在来看下式的伯德图

$$G(s)=\frac{\omega_n^2}{s^2+2\zeta\omega_n s+\omega_n^2}$$

其中 $0<\zeta<1$，因此极点为复共轭对，那么

$$G(\mathrm{j}\omega)=\frac{1}{(\mathrm{j}\omega/\omega_n)^2+2\zeta\mathrm{j}\omega/\omega_n+1}=\frac{1}{1-(\omega/\omega_n)^2+\mathrm{j}2\zeta\omega/\omega_n}$$

我们可以直接得到

$$G(\mathrm{j}0)=1, G(\mathrm{j}\omega_n)=\frac{1}{2\zeta\mathrm{j}}$$

并且由于

$$G(\mathrm{j}\omega)\approx\frac{1}{(\mathrm{j}\omega/\omega_n)^2} \quad 对于\ \omega\gg\omega_n$$

渐近幅频图由下式给出

$$20\log_{10}\left|\frac{1}{(\mathrm{j}\omega/\omega_n)^2}\right|=\begin{cases}0, & \omega<\omega_n \\ 20\log_{10}\left|\dfrac{1}{(\mathrm{j}\omega/\omega_n)^2}\right|=-40\log_{10}|\omega/\omega_n|, & \omega>\omega_n\end{cases}$$

伯德幅频图如图 11-16 所示。我们仍然认为 ω_n 是一个（双）断点，并注意到，在断点之后，幅频图以 -40dB/ 十倍频速度减小。

11.1.8 峰值和谐振值

谐振值 ω_r 是伯德幅频图的最大频率，令

$$\frac{\mathrm{d}}{\mathrm{d}\omega}\left|\frac{1}{(\mathrm{j}\omega/\omega_n)^2+2\zeta\mathrm{j}\omega/\omega_n+1}\right|=0$$

ω 的求解给出了谐振频率

$$\omega_r\triangleq\omega_n\sqrt{1-2\zeta^2}\quad 对于\ 0<\zeta<1/\sqrt{2}=0.707$$

然后发现幅频图的相应峰值为

$$|G(\mathrm{j}\omega_r)|=\frac{1}{2\zeta\sqrt{1-\zeta^2}}$$

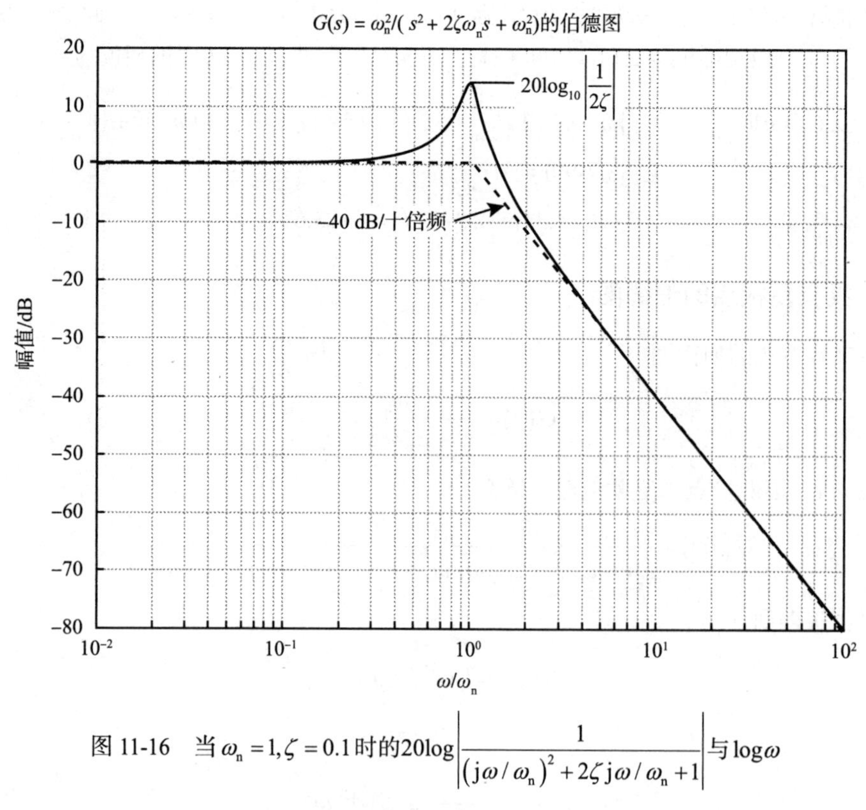

图 11-16　当 $\omega_n=1,\zeta=0.1$ 时的 $20\log\left|\dfrac{1}{(j\omega/\omega_n)^2+2\zeta j\omega/\omega_n+1}\right|$ 与 $\log\omega$

对于 $\zeta \ll 1$，可以得到 $\omega_r \approx \omega_n$，$|G(j\omega_r)| \approx \dfrac{1}{2\zeta}$。图 11-17a 展示了 $\zeta=0.1,0.2,0.3,0.5,0.7,1.0$ 时的幅频图。

11.1.9　相位图

下式的相位图为

$$\angle G(j\omega)=\angle\frac{1}{(j\omega/\omega_n)^2+2\zeta j\omega/\omega_n+1}=-\tan^{-1}\left(\frac{2\zeta(\omega/\omega_n)}{1-(\omega/\omega_n)^2}\right) \text{ 与 } \log_{10}\omega/\omega_n$$

图 11-18 显示了如何计算 $\angle G(j\omega)$。

接下来制作数值表。

ω	$\log_{10}\omega$	$\angle G(j\omega)=-\tan^{-1}\left(\dfrac{2\zeta(\omega/\omega_n)}{1-(\omega/\omega_n)^2}\right)$
0	$-\infty$	0°
$0.1\omega_n$	$-1+\log_{10}\omega_n$	$-\tan^{-1}\left(\dfrac{2\zeta/10}{1-1/100}\right)\approx-\tan^{-1}(\zeta/5)$
ω_n	$\log_{10}\omega_n$	$-\tan^{-1}\left(\dfrac{2\zeta}{0}\right)\approx-90°$
$10\omega_n$	$1+\log_{10}\omega_n$	$-\tan^{-1}\left(\dfrac{20\zeta}{1-100}\right)\approx-180°+\tan^{-1}(\zeta/5)$
∞	∞	−180°

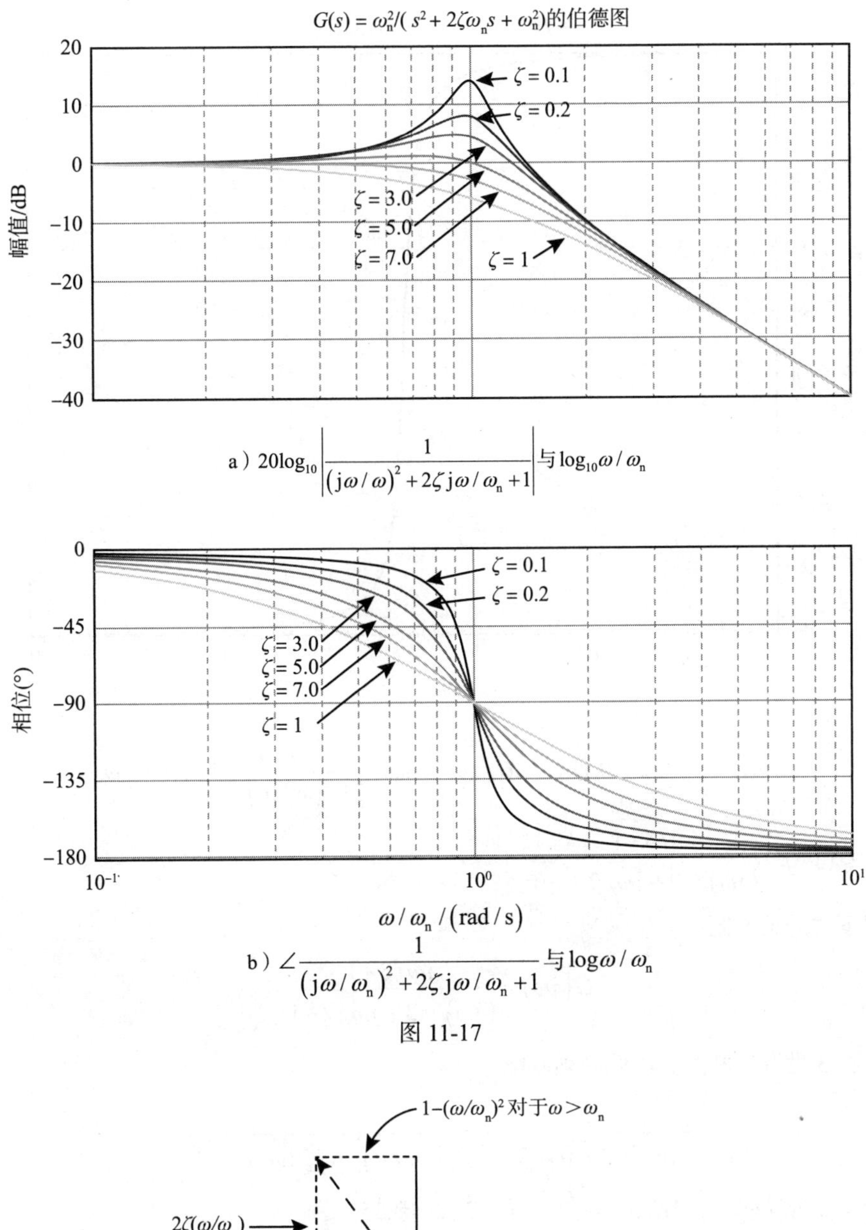

a）$20\log_{10}\left|\frac{1}{(j\omega/\omega)^2+2\zeta j\omega/\omega_n+1}\right|$与$\log_{10}\omega/\omega_n$

b）$\angle\frac{1}{(j\omega/\omega_n)^2+2\zeta j\omega/\omega_n+1}$与$\log\omega/\omega_n$

图 11-17

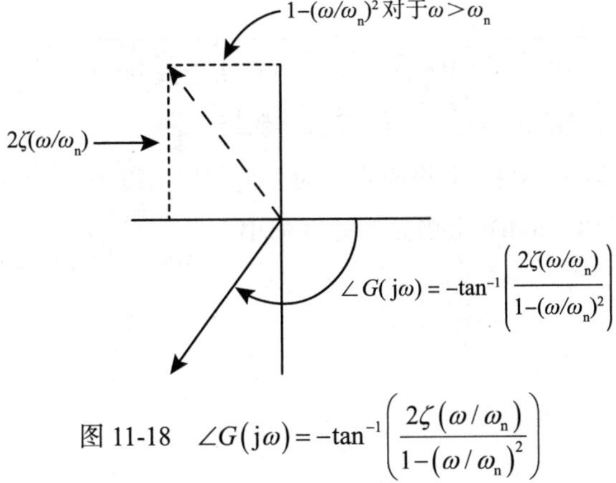

图 11-18 $\angle G(j\omega)=-\tan^{-1}\left(\frac{2\zeta(\omega/\omega_n)}{1-(\omega/\omega_n)^2}\right)$

$\omega_n=1$，$\zeta=0.1$的相位图如图 11-19 所示。图 11-17b 展示了$\zeta=0.1,0.2,0.3,0.5,0.7,1.0$时的伯德相位图。

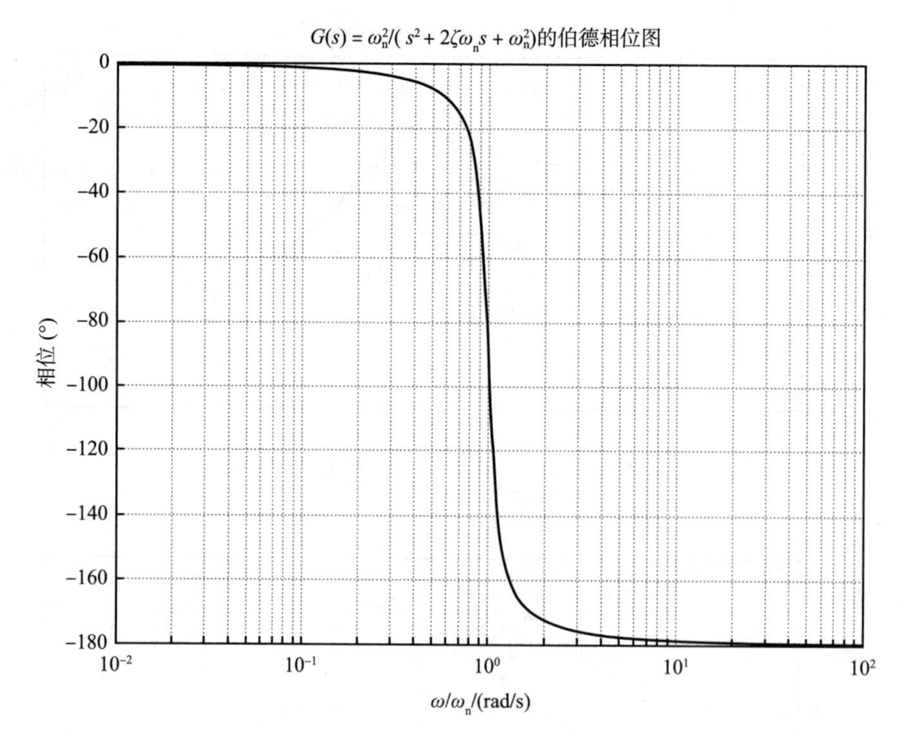

图 11-19　当$\zeta=0.1$时，$\angle G(\mathrm{j}\omega)=-\tan^{-1}\left(\dfrac{2\zeta(\omega/\omega_n)}{1-(\omega/\omega_n)^2}\right)$与$\log_{10}\omega/\omega_n$

例 5 $G(\mathrm{j}\omega)=\dfrac{\mathrm{j}\omega/3+1}{(\mathrm{j}\omega)^2/2+\mathrm{j}\omega/2+1}$

考虑下式的伯德图

$$G(\mathrm{j}\omega)=\frac{\mathrm{j}\omega/3+1}{(\mathrm{j}\omega)^2/2+\mathrm{j}\omega/2+1}$$

由于零点在 3 处存在断点，因此必须匹配

$$\frac{1}{(\mathrm{j}\omega)^2/2+\mathrm{j}\omega/2+1}=\frac{1}{(\mathrm{j}\omega/\omega_n)^2+2\zeta\mathrm{j}\omega/\omega_n+1}$$

其中，$\omega_n^2=2, 2\zeta/\omega_n=1/2$或$\omega_n=\sqrt{2}, \zeta=1/2\sqrt{2}=0.35$。

如图 11-20 所示，当$\omega>\sqrt{2}$（双极断点）时，振幅以 −40dB/ 十倍频的速度减小，直到达到（零）断点，然后仅以 −20dB/ 十倍频的速度减小。$\dfrac{\mathrm{j}\omega/3+1}{(\mathrm{j}\omega)^2/2+\mathrm{j}\omega/2+1}$的相位图如图 11-21 所示。

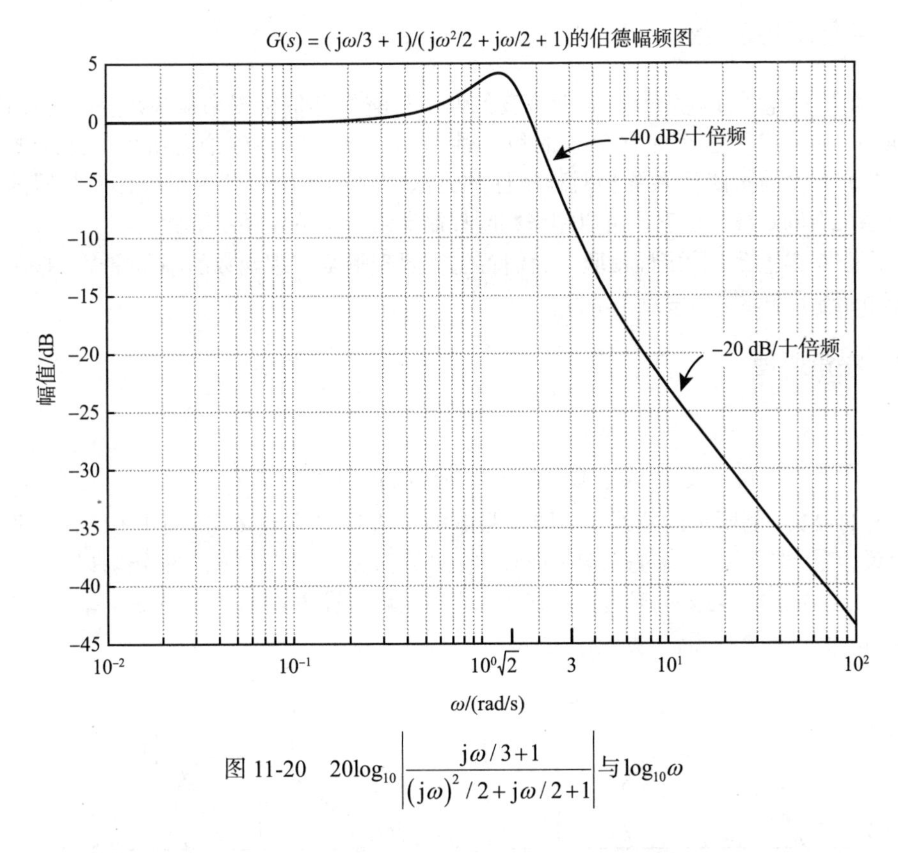

图 11-20　$20\log_{10}\left|\dfrac{j\omega/3+1}{(j\omega)^2/2+j\omega/2+1}\right|$ 与 $\log_{10}\omega$

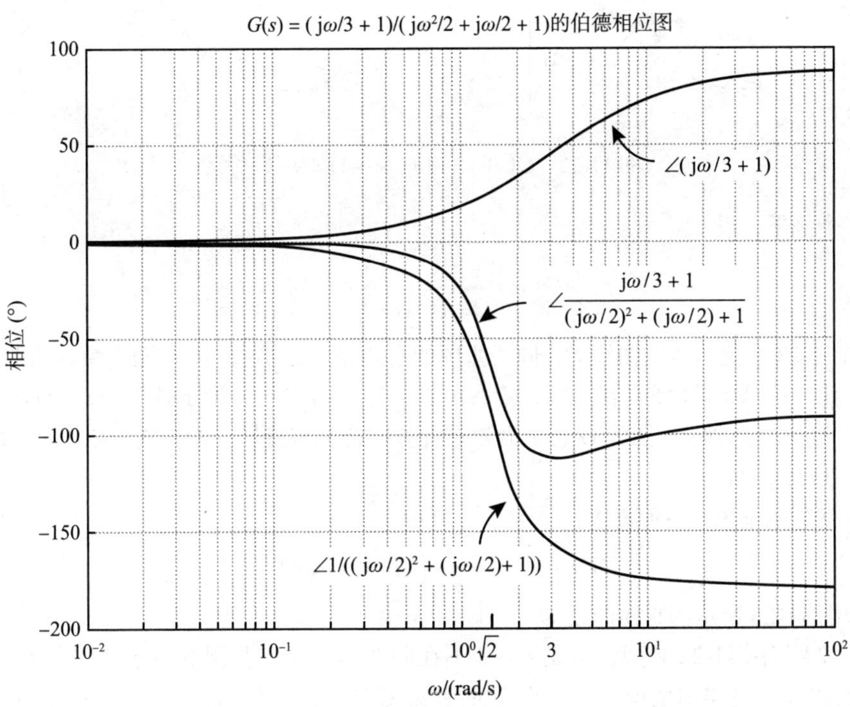

图 11-21　$\angle\dfrac{j\omega/3+1}{(j\omega)^2/2+j\omega/2+1}$ 与 $\log_{10}\omega$

11.2　奈奎斯特理论

奈奎斯特理论关注稳定性。它允许我们通过检查开环伯德图来检验系统的闭环稳定性。H. Nyquist[48] 开发了这个非常重要的稳定性检验。奈奎斯特理论之所以如此重要，是因为它提供了一种衡量闭环系统相对稳定性的方法。这意味着尽管用于设计控制器的开环模型$G(s)$存在不确定性，但它仍可以用来判断控制器是否保持闭环系统稳定。

为了发展奈奎斯特稳定性检验，我们首先需要理解复有理函数的幅角原理。接下来将通过一系列的例子来证明这一点。

11.2.1　幅角原理

设

$$G(s)=s+1=s-(-1)=|s+1|e^{j\angle(s+1)}$$

并考虑图 11-22 左侧所示的曲线 C。同一张图的右边是“s”绕 C 转一圈时 $G(s)$ 的曲线。更详细地说，让“s”顺时针绕 C 转一圈，依次经过 s_0、s_1、s_2、s_3，并分别以 $\angle(s_i+1)=0$，$-\pi/2$，$-\pi$，$-3\pi/2$，-2π 回到 s_0。图像 $G(s)$ 沿顺时针方向绕原点旋转一圈，其中依次为$\angle G(s_i)=0$，$-\pi/2$，$-\pi$，$-3\pi/2$，-2π。

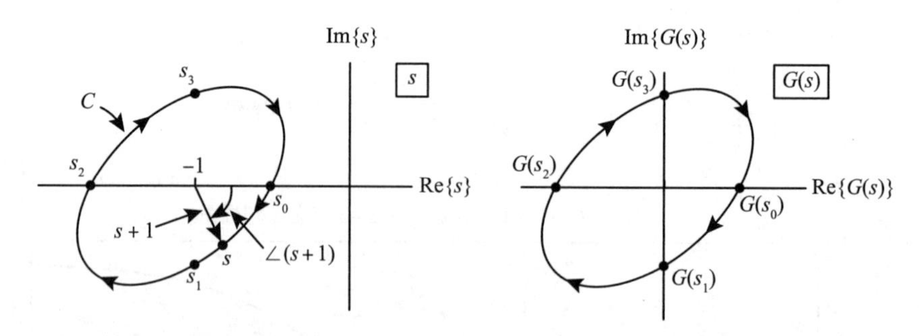

图 11-22　$G(s)=s+1=s-(-1)=|s+1|e^{j\angle(s+1)}$

第二个例子，设

$$G(s)=\frac{1}{s+1}=\frac{1}{|s+1|}e^{-j\angle(s+1)}$$

并考虑图 11-23 左侧所示的曲线 C。同一张图的右边是“s”绕 C 转一圈时 $G(s)$ 的曲线。更详细地说，让“s”顺时针绕 C 转一圈，依次经过 s_0、s_1、s_2、s_3，并分别以$\angle(s_i+1)=0$，$-\pi/2$，$-\pi$，$-3\pi/2$，-2π回到 s_0。图像 $G(s)$ 沿顺时针方向绕原点旋转一圈，其中依次为$\angle G(s_i)=0$，$\pi/2$，π，$3\pi/2$，2π。

在第三个例子中，我们再次让

$$G(s)=s+1=s-(-1)=|s+1|e^{j\angle(s+1)}$$

但是考虑图 11-24 所示的封闭曲线 C。

图 11-24 与图 11-22 相似，只是$s=-1$不在曲线内。同一张图的右边是“s”绕 C 转一圈时 $G(s)$ 的曲线。更详细地说，让“s”顺时针绕 C 转一圈，依次经过 s_0、s_1、s_2、s_3，并分别以$\angle(s_i+1)=0$，$-\pi/4$，0，$\pi/4$，0回到 s_0。图像 $G(s)$ 不绕原点旋转，因为$\angle(s+1)$在 s 绕 C 旋转时角度不改变2π。

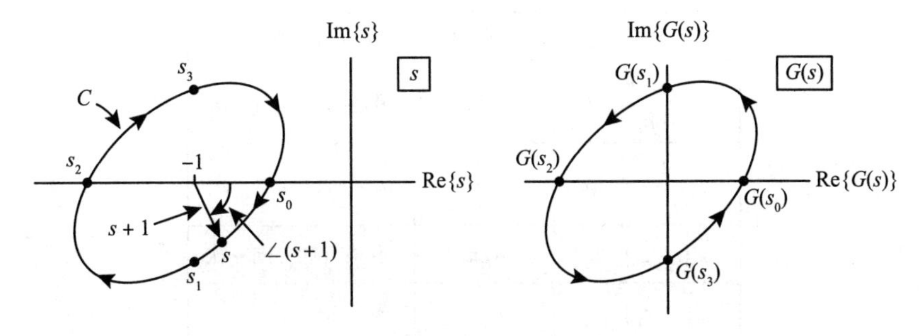

图 11-23 $G(s)=\frac{1}{s+1}=\frac{1}{|s+1|}\mathrm{e}^{-\mathrm{j}\angle(s+1)}$

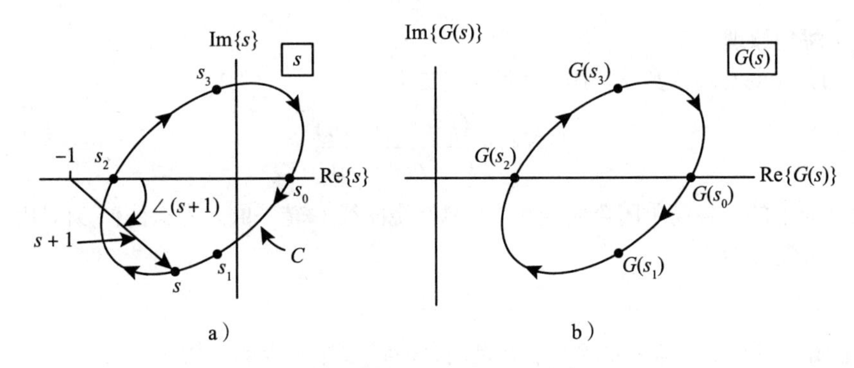

图 11-24 $G(s)=|s+1|\mathrm{e}^{\mathrm{j}\angle(s+1)}$

作为一个更一般的例子，考虑图 11-25 和传递函数

$$G(s)=\frac{(s-z_1)(s-z_2)}{(s-p_1)(s-p_2)}=\frac{|s-z_1|\mathrm{e}^{\mathrm{j}\angle(s-z_1)}|s-z_2|\mathrm{e}^{\mathrm{j}\angle(s-z_2)}}{|s-p_1|\mathrm{e}^{\mathrm{j}\angle(s-p_1)}|s-p_2|\mathrm{e}^{\mathrm{j}\angle(s-p_2)}}$$

$$=\frac{|s-z_1||s-z_2|}{|s-p_1||s-p_2|}\mathrm{e}^{\mathrm{j}\angle(s-z_1)}\mathrm{e}^{\mathrm{j}\angle(s-z_2)}\mathrm{e}^{-\mathrm{j}\angle(s-p_1)}\mathrm{e}^{-\mathrm{j}\angle(s-p_2)}$$

注意z_2在曲线外，而z_1, p_1, p_2在封闭轮廓内。

下表给出了当“s”绕轮廓线时，每个极点的角度变化和 G(s) 的零点。

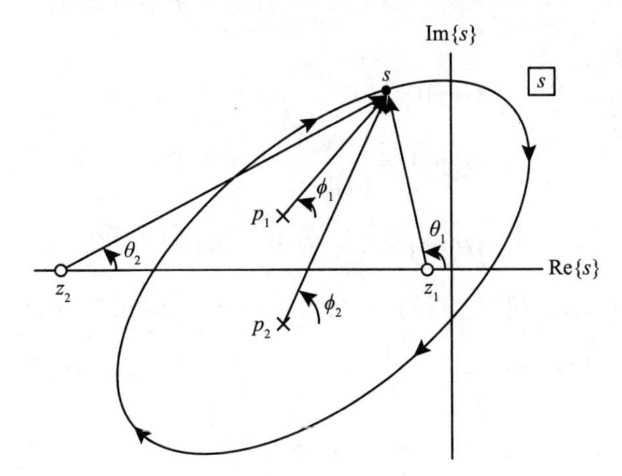

图 11-25 $G(s)=\frac{|s-z_1||s-z_2|}{|s-p_1||s-p_2|}\mathrm{e}^{\mathrm{j}\angle(s-z_1)}\mathrm{e}^{\mathrm{j}\angle(s-z_2)}\mathrm{e}^{-\mathrm{j}\angle(s-p_1)}\mathrm{e}^{-\mathrm{j}\angle(s-p_2)}$

极点 / 零点	角度变化	$G(s)$ 绕原点运动
$\angle\frac{1}{s-p_1}=-\phi_1$	$+2\pi$	沿逆时针方向一次
$\angle\frac{1}{s-p_2}=-\phi_2$	$+2\pi$	沿逆时针方向一次
$\angle(s-z_1)=\theta_1$	-2π	沿顺时针方向一次
$\angle(s-z_2)=\theta_2$	0	零

从表中我们可以看到，当 s 沿顺时针方向绕闭合曲线一周时，图像 $G(s)$ 沿逆时针方向绕原点一周。

定理 1 幅角原理

设 $G(s)$ 是 s 的有理函数（s 中两个多项式之比）

$$G(s)=\frac{(s-z_1)(s-z_2)}{(s-p_1)(s-p_2)}$$

设 C 为复平面上的一条简单闭合曲线[⊖]。顺时针绕曲线 C 转一圈。那么图像 $G(s)$ 沿顺时针方向绕原点的次数 N 为

$$N=Z-P$$

式中，Z 是闭合曲线 C 中零点的个数；P 是闭合曲线 C 中极点的个数。

证明 一般的证明是对图 11-24 中给出的例子的简单概括。

例 6 幅角原理

设

$$G(s)=\frac{1}{(s+1)(s+3)}$$

选择封闭曲线 C 将右侧半平面围合，如图 11-26 所示。

对于 $\omega \geqslant 0$，我们可以得到

$$G(\mathrm{j}\omega)=\frac{1}{(\mathrm{j}\omega+1)(\mathrm{j}\omega+3)}=\frac{(1-\mathrm{j}\omega)(3-\mathrm{j}\omega)}{(1+\omega^2)(9+\omega^2)}=\frac{3-\omega^2-\mathrm{j}4\omega}{(1+\omega^2)(9+\omega^2)}$$

计算得到

$$G(\mathrm{j}0)=1/3$$

$$G(\mathrm{j}\sqrt{3})=\frac{-\mathrm{j}4\sqrt{3}}{(4)(12)}=-\mathrm{j}0.144$$

$$G(\mathrm{j}\omega)\approx-\frac{1}{\omega^2}\ \text{对于}\ \omega\ \text{值很大}$$

在曲线 C 的半圆部分，我们已得到 $s=R\mathrm{e}^{\mathrm{j}\theta}$，$-\pi/2\leqslant\theta\leqslant\pi/2$，则有

$$G(R\mathrm{e}^{\mathrm{j}\theta})=\frac{1}{(R\mathrm{e}^{\mathrm{j}\theta}+1)(R\mathrm{e}^{\mathrm{j}\theta}+3)}\approx\frac{1}{R^2}\mathrm{e}^{-\mathrm{j}2\theta}\ \text{当}\ R\ \text{值很大}$$

制作一个当 $-\pi/2\leqslant\theta\leqslant\pi/2$ 时 $G(R\mathrm{e}^{\mathrm{j}\theta})$ 的值的表。

⊖ 术语“简单”是指曲线 C 不交叉，例如，它不是数字 8。

θ	$G\left(Re^{j\theta}\right)\approx e^{-j2\theta}/R^2$
$\pi/2$	$e^{-j\pi}/R^2=-1/R^2$
$\pi/4$	$e^{-j\pi/2}/R^2=-j/R^2$
0	$e^{j0}/R^2=1/R^2$
$-\pi/4$	$e^{j\pi/2}/R^2=j/R^2$
$-\pi/2$	$e^{j\pi}/R^2=-1/R^2$

最后，对于$\omega\leqslant0$，图像$G(j\omega)$就是$\omega\geqslant0$时图像的复共轭。

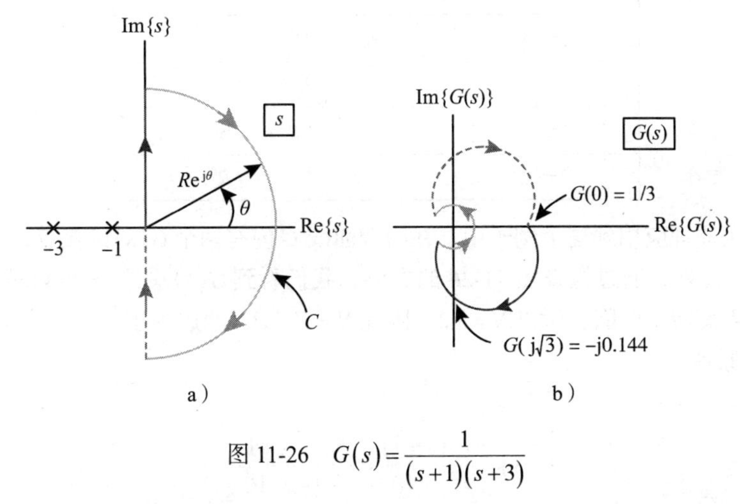

图 11-26　$G(s)=\dfrac{1}{(s+1)(s+3)}$

现在把幅角原理应用到这个例子当中。在闭合曲线C内没有$G(s)$的极点或零点，所以$P=Z=0$。此外，通过检查图 11-26 的右侧，我们看到$G(s)$在这条曲线上的图像不绕原点旋转，因此$N=0$。由此我们直接验证了$N=Z-P$。

例 7 幅角原理

我们再一次考虑传递函数

$$G(s)=\frac{1}{(s+1)(s+3)}$$

现在选择封闭曲线C来包围左半平面，如图 11-27 所示。

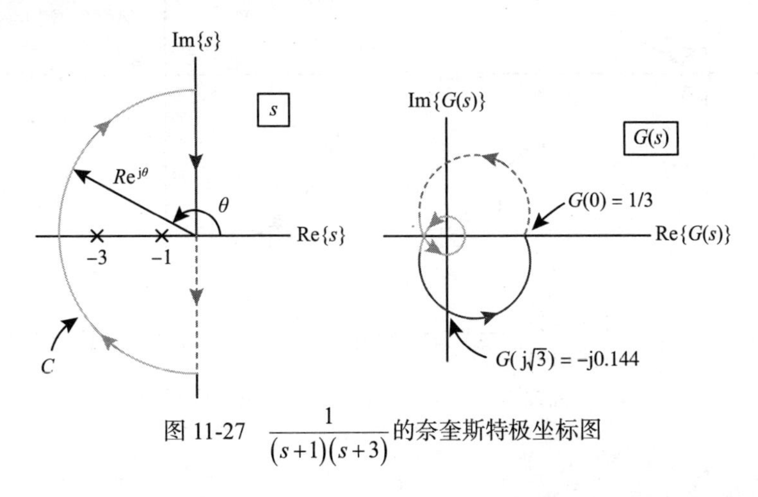

图 11-27　$\dfrac{1}{(s+1)(s+3)}$的奈奎斯特极坐标图

对于$-\infty<\omega<\infty$，图像$G(\mathrm{j}\omega)$的图像与例 6 相同，除了方向箭头相反，因为与前面的例子相比，我们是沿着$\mathrm{j}\omega$轴的反方向前行。在曲线C的半圆部分，可以得到$s=R\mathrm{e}^{\mathrm{j}\theta}$，其中$-\pi/2\leqslant\theta\leqslant-3\pi/2$。因为$R$很大，我们可以这样写

$$G\left(R\mathrm{e}^{\mathrm{j}\theta}\right)=\frac{1}{\left(R\mathrm{e}^{\mathrm{j}\theta}+1\right)\left(R\mathrm{e}^{\mathrm{j}\theta}+3\right)}\approx\frac{1}{R^2}\mathrm{e}^{-\mathrm{j}2\theta}$$

我们将当$-\pi/2\leqslant\theta\leqslant-3\pi/2$时的$G\left(R\mathrm{e}^{\mathrm{j}\theta}\right)$的值制成表格。

θ	$G\left(R\mathrm{e}^{\mathrm{j}\theta}\right)\approx\mathrm{e}^{-\mathrm{j}2\theta}/R^2$
$-\pi/2$	$\mathrm{e}^{\mathrm{j}\pi}/R^2=-1/R^2$
$-3\pi/4$	$\mathrm{e}^{\mathrm{j}3\pi/2}/R^2=-\mathrm{j}/R^2$
$-\pi$	$\mathrm{e}^{\mathrm{j}2\pi}/R^2=1/R^2$
$-5\pi/4$	$\mathrm{e}^{\mathrm{j}5\pi/2}/R^2=\mathrm{j}/R^2$
$-3\pi/2$	$\mathrm{e}^{\mathrm{j}3\pi}/R^2=-1/R^2$

现在我们把幅角原理应用到这个例子中。在闭合曲线C内有两个$G(s)$的极点，没有零点，所以$P=2,Z=0$。此外，通过检查图 11-26 的右侧，我们看到$G(s)$沿这条曲线的图像确实沿逆时针方向绕原点旋转了两圈，所以$N=-2$。因此$N=Z-P$，两边等于 -2。

例 8 幅角原理

设

$$G(s)=\frac{10(s+1)}{s(s-10)}=-\frac{s+1}{s(-s/10+1)}$$

这个传递函数在$s=10$和$s=0$处有一个极点。如图 11-28 所示，取封闭曲线C将右侧半平面围合。为了避免$s=0$处的极点，我们取路径$s=r\mathrm{e}^{\mathrm{j}\theta}$，且$-\pi/2\leqslant\theta\leqslant\pi/2$，然后令$r\to0$。为了包围右半平面，让$s=R\mathrm{e}^{\mathrm{j}\theta}$，其中$-\pi/2\leqslant\theta\leqslant\pi/2$且$R\to\infty$。

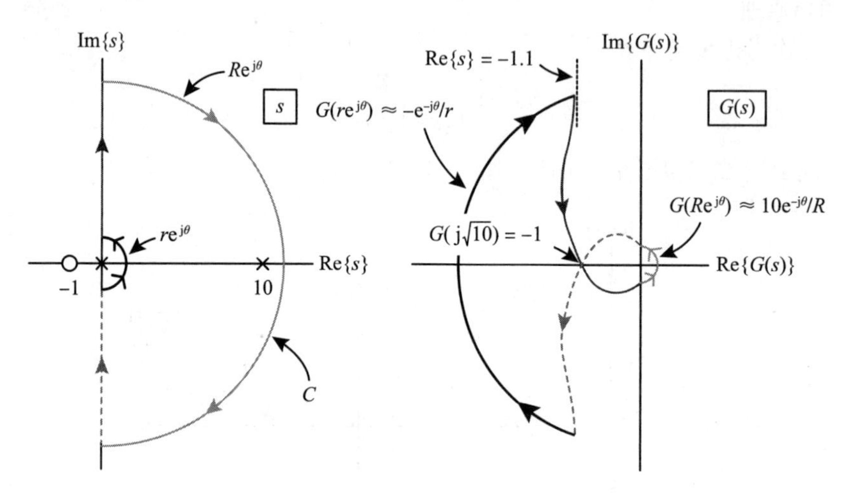

图 11-28　$G(s)=\dfrac{10(s+1)}{s(s-10)}$的奈奎斯特极坐标图。当$\omega\to0$时，$G(\mathrm{j}\omega)$（蓝色）的曲线渐近于垂直线$\mathrm{Re}\{s\}=-(1/10+1)$

对于$s=\mathrm{j}\omega$，我们可以得到

$$G(\mathrm{j}\omega)=-\frac{\mathrm{j}\omega+1}{\mathrm{j}\omega(-\mathrm{j}\omega/10+1)}=-\frac{(\mathrm{j}\omega+1)(-\mathrm{j}\omega)(\mathrm{j}\omega/10+1)}{\omega^2(\omega^2/100+1)}$$

$$=\frac{-\omega^2(1+1/10)+\mathrm{j}\omega(1-\omega^2/10)}{\omega^2(\omega^2/100+1)}\to-(1+1/10)+\frac{\mathrm{j}}{\omega}\text{ 当 }\omega\to 0$$

因此

$$G(\mathrm{j}\sqrt{10})=-\frac{10(1+1/10)}{10(10/100+1)}=-1$$

$$G(\mathrm{j}\omega)\approx-(1+1/10)+\mathrm{j}/\omega\text{ 对于}0<\omega\ll 1$$

$$G(\mathrm{j}\omega)\approx-\mathrm{j}\,10/\omega\text{ 对于 }\omega\gg 1$$

对于$s=r\mathrm{e}^{\mathrm{j}\theta}$，我们可以得到

$$G(r\mathrm{e}^{\mathrm{j}\theta})=\frac{10(r\mathrm{e}^{\mathrm{j}\theta}+1)}{r\mathrm{e}^{\mathrm{j}\theta}(r\mathrm{e}^{\mathrm{j}\theta}-10)}\approx\frac{10}{r\mathrm{e}^{\mathrm{j}\theta}(-10)}=-\mathrm{e}^{-\mathrm{j}\theta}/r$$

当$-\pi/2\leqslant\theta\leqslant\pi/2$时给出$G(r\mathrm{e}^{\mathrm{j}\theta})$的数值表如下

θ	$G(r\mathrm{e}^{\mathrm{j}\theta})\approx-\mathrm{e}^{-\mathrm{j}\theta}/r$
$-\pi/2$	$-\mathrm{e}^{\mathrm{j}\pi/2}/r=-\mathrm{j}/r$
$-\pi/4$	$-\mathrm{e}^{\mathrm{j}\pi/4}/r$
0	$-1/r$
$+\pi/4$	$-\mathrm{e}^{-\mathrm{j}\pi/4}/r$
$+\pi/2$	$-\mathrm{e}^{-\mathrm{j}\pi/2}/r=\mathrm{j}/r$

最后，对于$-\pi/2\leqslant\theta\leqslant\pi/2$的$s=R\mathrm{e}^{\mathrm{j}\theta}$值，我们可以得到

$$G(R\mathrm{e}^{\mathrm{j}\theta})=\frac{10(R\mathrm{e}^{\mathrm{j}\theta}+1)}{R\mathrm{e}^{\mathrm{j}\theta}(R\mathrm{e}^{\mathrm{j}\theta}-10)}\approx\frac{10R\mathrm{e}^{\mathrm{j}\theta}}{R\mathrm{e}^{\mathrm{j}\theta}R\mathrm{e}^{\mathrm{j}\theta}}=10\mathrm{e}^{-\mathrm{j}\theta}/R$$

数值表为

θ	$G(R\mathrm{e}^{\mathrm{j}\theta})\approx 10\mathrm{e}^{-\mathrm{j}\theta}/R$
$+\pi/2$	$-\mathrm{j}\,10/R$
0	$10/R$
$-\pi/2$	$\mathrm{j}\,10/R$

使用这些结果，我们可以得到如图 11-28 右侧所示的图像$G(s)$。

现在我们把幅角原理应用到这个例子中。在闭合曲线C内$G(s)$有一个极点，在C内$G(s)$无零点。所以$P=1,Z=0$。此外，通过检查图 11-28 的右侧，我们看到$G(s)$在这条曲线上的图像确实沿逆时针方向绕原点一圈，因此$N=-1$。即$N=Z-P$，两边均为 -1。

11.2.2　奈奎斯特极坐标图

定义 1 奈奎斯特曲线

奈奎斯特曲线是一个简单的封闭曲线，它包围了右半平面，其运动方向为顺时针方向。

例 9 奈奎斯特曲线

图 11-29 显示了奈奎斯特曲线的两个例子。在这两个例子中，我们令 $R\to\infty$。右边的例子显示了在原点 $\mathrm{j}\omega$ 轴上的开环极点的情况，令 $r\to 0$，使用向右半圆绕行绕过它。

定义 2 奈奎斯特极坐标图

奈奎斯特极坐标图是当 s 以顺时针方式围绕奈奎斯特曲线时 $G(s)$ 的图。

例 10 奈奎斯特极坐标图

设 $G(s)=\dfrac{1}{(s+1)(s+3)}$，如例 6，其极坐标图如图 11-30 右侧所示。这与图 11-26 相同，只是我们令 $R=\infty$，以使 $s=R\mathrm{e}^{\mathrm{j}\theta}$ 的像映射到原点，即 $G\left(R\mathrm{e}^{\mathrm{j}\theta}\right)\Big|_{R=\infty}=0$。

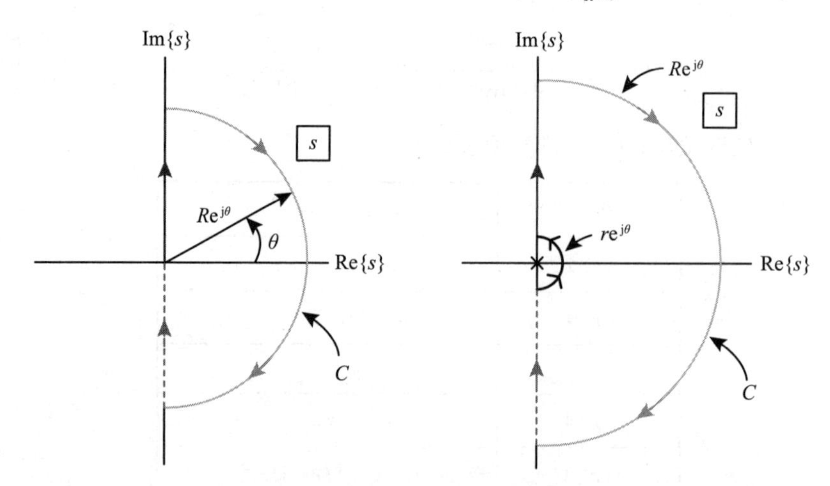

图 11-29　奈奎斯特曲线的例子

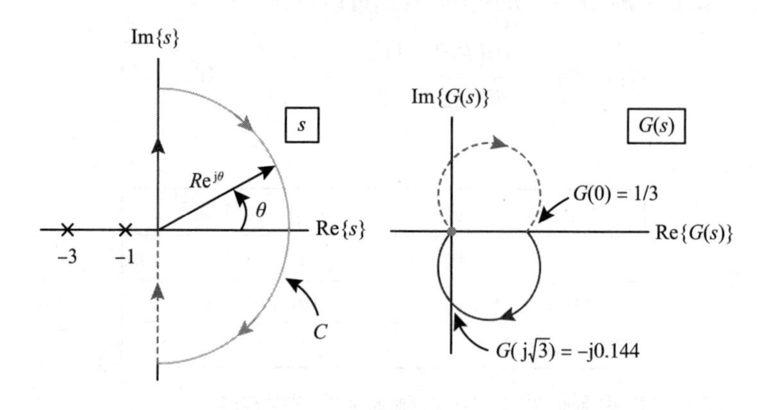

图 11-30　$G(s)=\dfrac{1}{(s+1)(s+3)}$ 的奈奎斯特极坐标图

奈奎斯特极坐标图的一个关键是 $\mathrm{j}\omega$ 轴的部分可以从 $G(\mathrm{j}\omega)$ 的伯德图中绘制出来，如图 11-31 所示。

参见本章附录，其中给出了绘制极坐标图的 MATLAB 代码。MATLAB 指令奈奎斯特仅画当$-\infty<\omega<\infty$时的$G(\mathrm{j}\omega)$的极坐标图（如果$G(s)$在$s=0$处有一个极点，奈奎斯特指令将不绘制当$r\to 0$时$G\left(re^{\mathrm{j}\theta}\right)$对应的极坐标图的部分）。

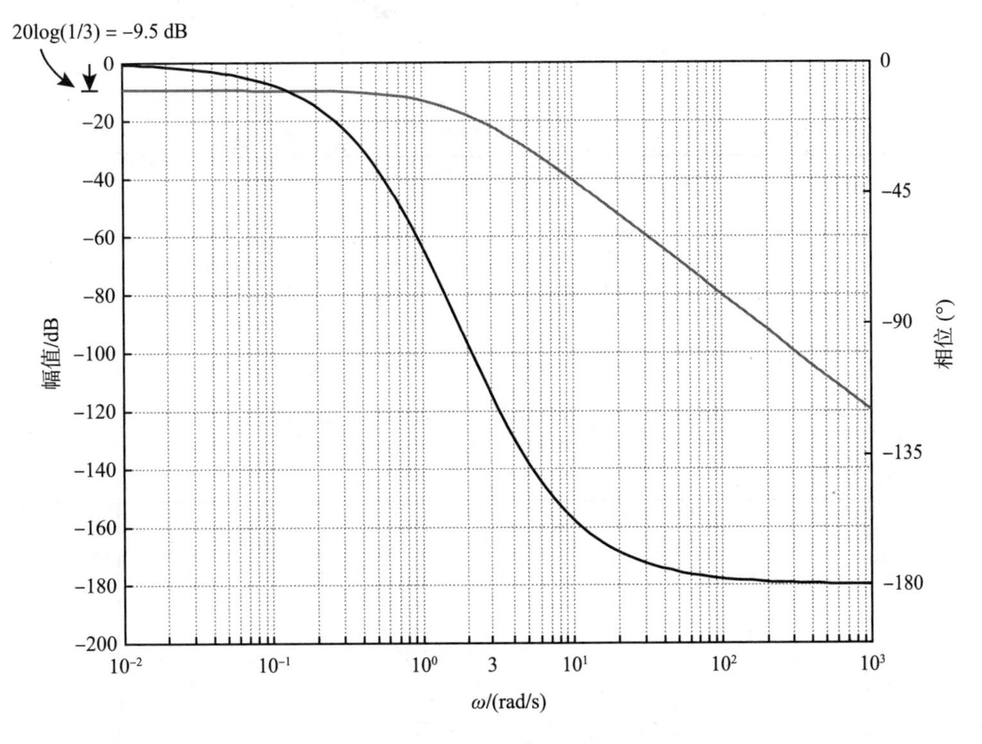

图 11-31　$G(s)=\dfrac{1}{(s+1)(s+3)}$的伯德图

例 11 奈奎斯特极坐标图

设$G(s)=\dfrac{10(s+1)}{s(s-10)}=-\dfrac{s+1}{s(-s/10+1)}$，如例 8 所示。

图11-32与图11-28相同，只是当$s=Re^{\mathrm{j}\theta}$的图像映射到原点时令$R=\infty$，即$G\left(Re^{\mathrm{j}\theta}\right)\Big|_{R=\infty}=0$。如例 10 所示，由$\mathrm{j}\omega$轴引起的奈奎斯特极坐标图的部分可以用$G(s)$的伯德图来描绘，如图 11-33 所示。如附录所述，使用 MATLAB 指令奈奎斯特绘制极坐标图，并将其与图 11-32 中的图进行比较。

11.2.3　奈奎斯特稳定性检验

设开环传递函数为$G(s)=\dfrac{1}{(s+1)(s+3)}$，考虑单位反馈系统中的简单比例控制，如图 11-34 所示。

闭环传递函数为

$$\frac{C(s)}{R(s)}=\frac{KG(s)}{1+KG(s)}=\frac{\dfrac{K}{(s+1)(s+3)}}{1+\dfrac{K}{(s+1)(s+3)}}=\frac{K}{(s+1)(s+3)+K}$$

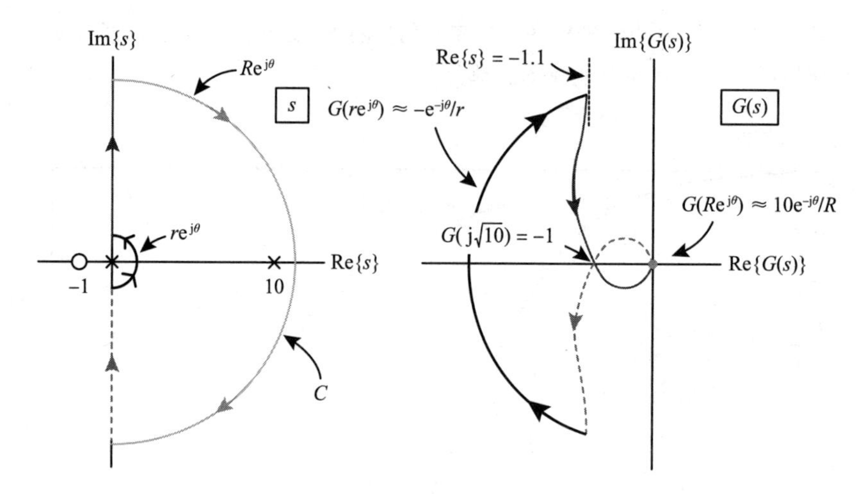

图 11-32　$G(s)=\dfrac{10(s+1)}{s(s-10)}$的奈奎斯特极坐标图

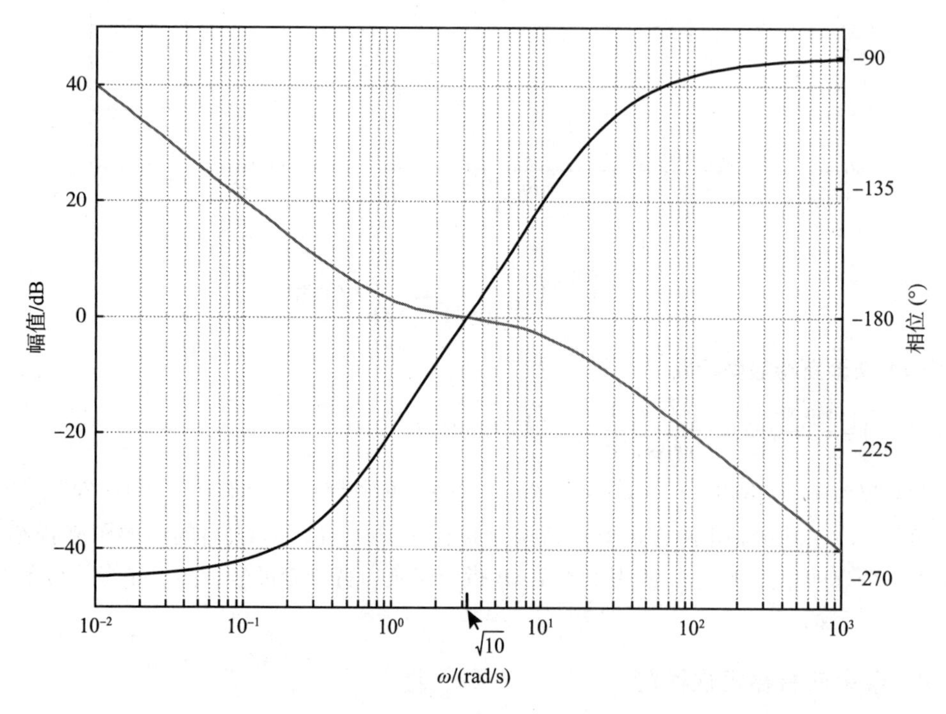

图 11-33　$G(s)=\dfrac{10(s+1)}{s(s-10)}$的伯德图，$G\left(\mathrm{j}\sqrt{10}\right)=-1$

可以从下式得到 s 的值为闭环极点。

$$1+KG(s)=1+\frac{K}{(s+1)(s+3)}=\frac{(s+1)(s+3)+K}{(s+1)(s+3)}=0$$

因此，当且仅当下式成立，闭环系统是稳定的。

$$1+KG(s)\neq 0 \text{ 对于 } \mathrm{Re}\{s\}\geqslant 0$$

或者为

$$\frac{1}{K}+G(s)\neq 0 \text{ 对于 } \mathrm{Re}\{s\}\geqslant 0$$

奈奎斯特稳定性检验是通过将幅角原理应用于

$$\frac{1}{K}+G(s)$$

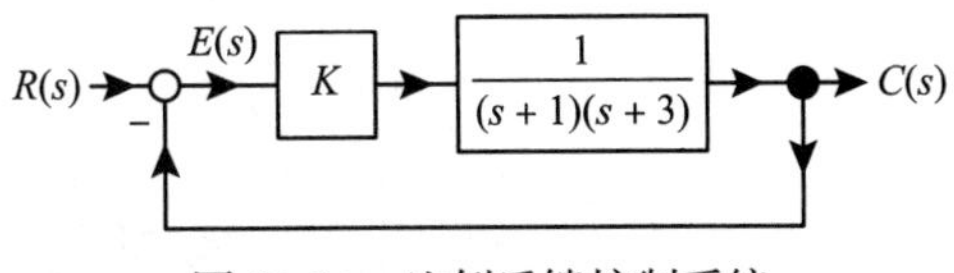

图 11-34 比例反馈控制系统

如图 11-35 左侧所示，用曲线 C 包围右半平面。对应的极坐标图如图 11-35 右侧所示。令 $R\to\infty$，以便将完整的右半平面包围在 C 内，因此 $G\left(Re^{j\theta}\right)\Big|_{R\to\infty}$ 映射到图 11-35 右侧的原点。

当$K>0$时，将极坐标图向右平移$1/K$，得到图 11-36。

通过检验得到$1/K+G(s)$的极点就是$G(s)$的极点，它们不在曲线 C 内。此外，当$K>0$时，$1/K+G(s)$不绕原点旋转，因此$N=0$。根据幅角原理可以得到

$$N=Z-P$$

因此

$$Z=N+P=0+0=0$$

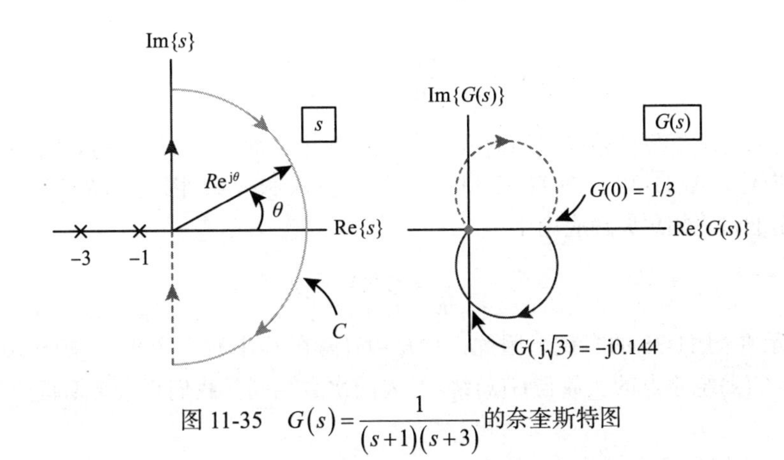

图 11-35 $G(s)=\dfrac{1}{(s+1)(s+3)}$的奈奎斯特图

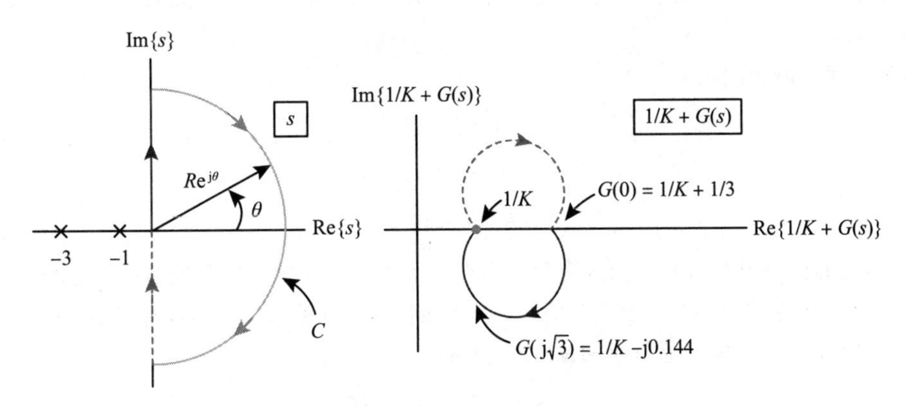

图 11-36 当$K>0$时$1+KG(s)$的奈奎斯特图

所以$1/K+G(s)$在右半平面上没有零点，因此闭环系统是稳定的。

有一种更简单的方法检验，如图11-37所示。我们观察到当且仅当$G(s)$绕$-1/K$旋转时，$1/K+G(s)$绕原点旋转。因此，如图11-37所示，绘制$G(s)$的奈奎斯特图，然后在图上标记$-1/K$点。可以看到，当$K>0$时，$G(s)$的极坐标图不在$-1/K$附近，因此$N=0$。

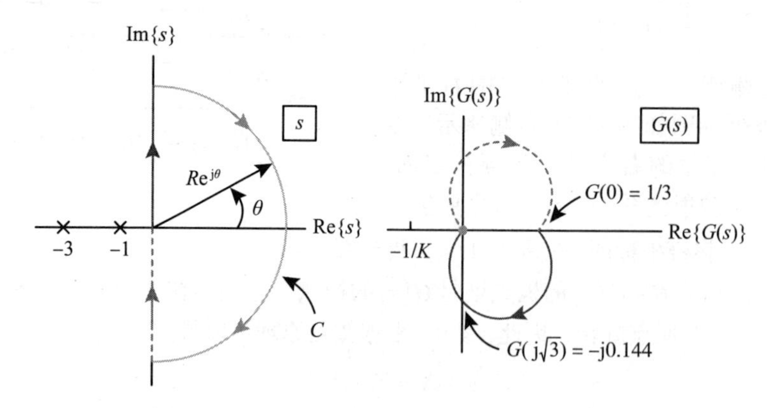

图11-37　当$K>0$时$1/K+G(s)$的奈奎斯特图

例12 奈奎斯特稳定性检验[3]

设

$$G(s)=\frac{10(s+1)}{s(s-10)}=-\frac{s+1}{s(-s/10+1)}$$

如图11-38左侧所示，我们始终采用曲线C来包围右半平面。图11-38的右侧显示了C绕一圈时的$G(s)$图像。图11-38与图11-28相同，只是我们令$R=\infty$，因此$G\left(Re^{j\theta}\right)=0$。奈奎斯特稳定性检验是通过将幅角原理应用于

$$\frac{1}{K}+G(s)$$

极坐标图显示在图11-38的右侧。因此，$1/K+G(s)$在C中有一个极点在$s=10$处。因此，$P=1$。$1/K+G(s)$绕原点的次数与$G(s)$绕$-1/K$的次数相同。我们将奈奎斯特检验分为两种情况：

情况1：如图11-38右侧所示，考虑$-\infty<-1/K<-1(0<K<1)$。当$G(s)$绕$-1/K$顺时针旋转一圈时$N=1$。

幅角原理告诉我们

$$N=Z-P$$

所以

$$Z=N+P=1+1=2$$

因此，$1/K+G(s)=0$在右半平面内有两个零点。当$0<K<1$时闭环系统是不稳定的。

情况2：现在考虑$-1<-1/K<0(K>1)$。如图11-39所示，当$G(s)$沿逆时针方向绕$-1/K$一圈时$N=-1$。根据幅角原理$N=Z-P$有

$$Z=N+P=-1+1=0$$

所以$1/K+G(s)=0$在右半平面内无零点。当$K>1$时闭环系统是稳定的。

检验：将劳斯－赫尔维茨稳定性检验用于$s(s-10)+10K(s+1)=s^2+10(K-1)s+10K=0$。

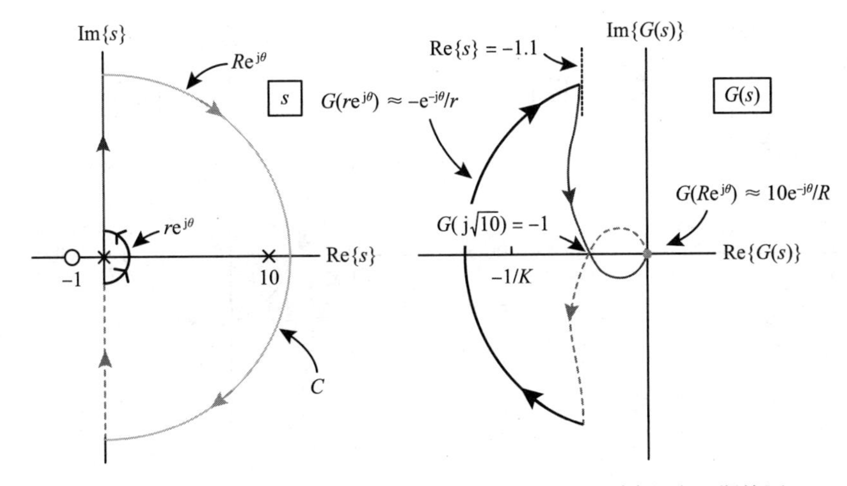

图 11-38 当$0<K<1$或$-\infty<-1/K<-1$时，$1/K+G(s)$的奈奎斯特图

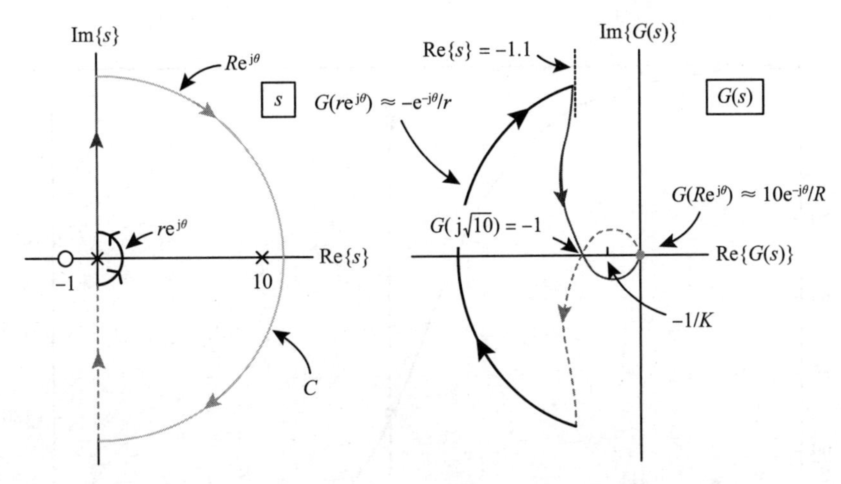

图 11-39 当$K>1$或$-1<-1/K<0$时，$1/K+G(s)$的奈奎斯特图

注意 奈奎斯特稳定性检验似乎比劳斯 - 赫尔维茨检验复杂得多。然而，如前所述，基于极坐标图的奈奎斯特检验将为我们提供闭环系统相对稳定性的度量。

例 13 奈奎斯特稳定性检验

在本例中，我们将开环系统设为$G(s)=\dfrac{1}{(s+1)\left(s^2+\sqrt{2}s+1\right)}$，其中$s^2+\sqrt{2}s+1=\left[s-\left(-1/\sqrt{2}+j/\sqrt{2}\right)\right]\left[s-\left(-1/\sqrt{2}-j/\sqrt{2}\right)\right]$。我们想知道当$K>0$时下式根的值都在左半平面中。

$$1+KG(s)=0$$

同样地，当$K>0$时，$\dfrac{1}{K}+G(s)=0$的零点并不在右半平面内。

考虑图 11-40 左侧所示的封闭曲线 C，该曲线包围右半平面。图 11-40 右侧的图显示了 $G(s)$ 作为 s 绕曲线 C 一圈时的图像。当 $R\to\infty$ 时，$G\left(Re^{j\theta}\right)\to 0$。当 $s=j\omega$ 时，我们使用图 11-41 所示的伯德图画当 $\omega\geqslant 0$ 时的 $G(j\omega)$ 图像。特别是伯德图显示了$\angle G(j\,1.55)=-180^\circ$，$20\log_{10}\left|G(j\,1.55)\right|=20\log_{10}\left|-1/4.8\right|=-13.6\text{dB}$或$G(j\,1.55)=-1/4.8$。

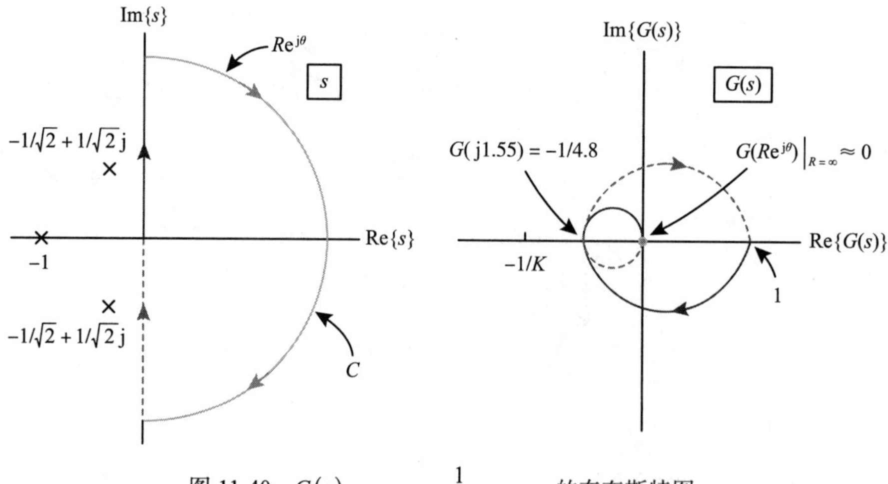

图 11-40　$G(s)=\dfrac{1}{(s+1)(s^2+\sqrt{2}s+1)}$的奈奎斯特图

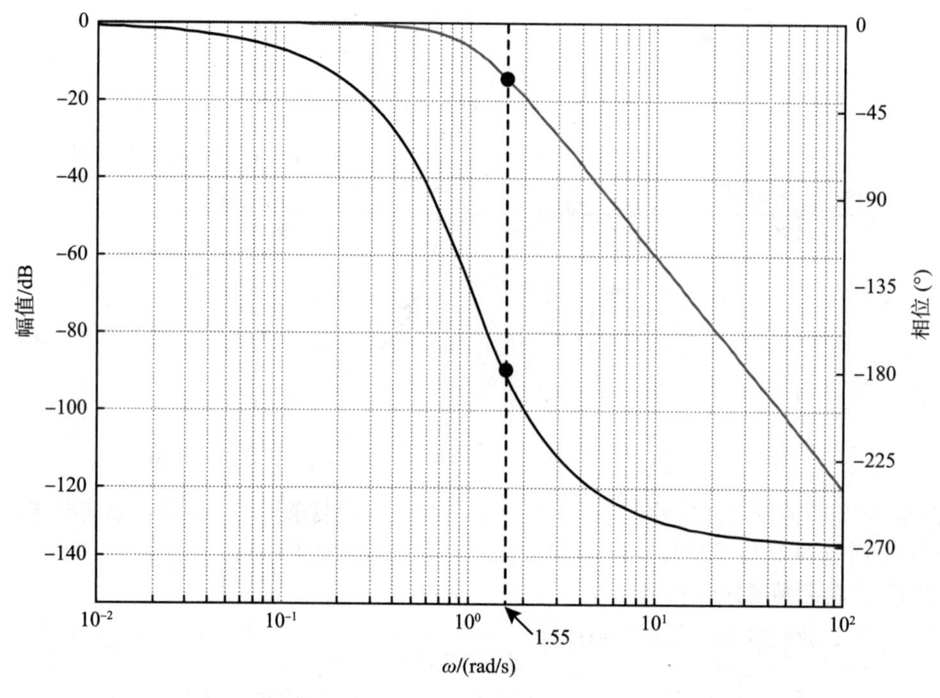

图 11-41　$G(s)=\dfrac{1}{(s+1)(s^2+\sqrt{2}s+1)}$的伯德图

情况 1：考虑$-1/K<-1/4.8(0<K<4.8)$。从图 11-40 右侧可以看到当$N=0$，$P=0$时有

$$Z=N+P=0$$

因此，当$0<K<4.8$时，$1/K+G(s)$在右半平面内无零点，闭环系统稳定。

情况 2：接下来考虑如图 11-42 所示的$-1/4.8<-1/K(K>4.8)$。从图 11-42 右侧可以看出，当$N=2$，$P=0$时可以得到

$$Z=N+P=2+0=2$$

因此，当$K>4.8$时，$1/K+G(s)$在右半平面内有两个零点，闭环系统稳定。

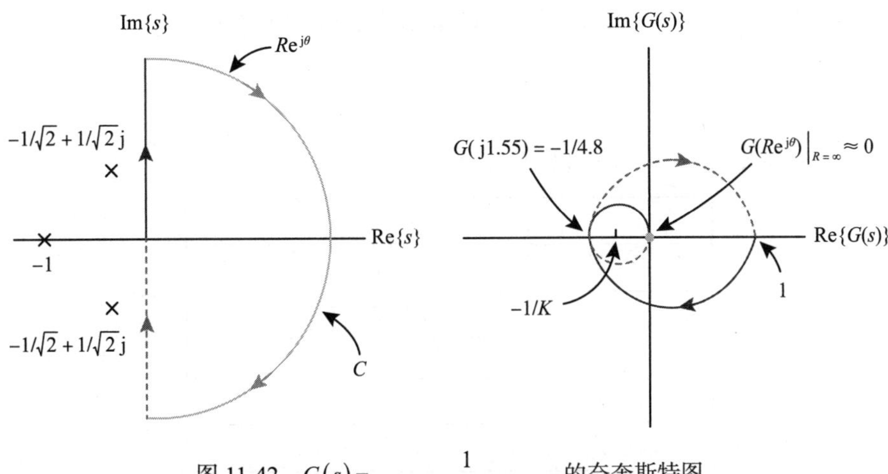

图 11-42　$G(s)=\dfrac{1}{(s+1)\left(s^2+\sqrt{2}s+1\right)}$的奈奎斯特图

检验：对$(s+1)\left(s^2+\sqrt{2}s+1\right)+K=0$使用劳斯－赫尔维茨检验。

例 14 奈奎斯特稳定性检验

在本例中，将开环系统设为

$$G(s)=\frac{1}{s(s+1)^2}$$

我们想知道，对于哪些K值，$1+KG(s)$的零点全部在左半平面内。同样，我们也想知道对于哪些K值，$1/K+G(s)$没有零点在右半平面内。图 11-43 的左侧显示了包含右半平面的闭合曲线C，其中$r\to 0$，$R\to\infty$。当$R\to\infty$时，$G\left(Re^{j\theta}\right)\to 0$。$\omega$很小时可以得到

$$G(j\omega)=\frac{1}{j\omega(j\omega+1)^2}=\frac{(-j\omega+1)^2}{j\omega(j\omega+1)^2(-j\omega+1)^2}=\frac{-2\omega-j\left(1-\omega^2\right)}{\omega\left(\omega^2+1\right)^2}\approx -2-\frac{j}{\omega}$$

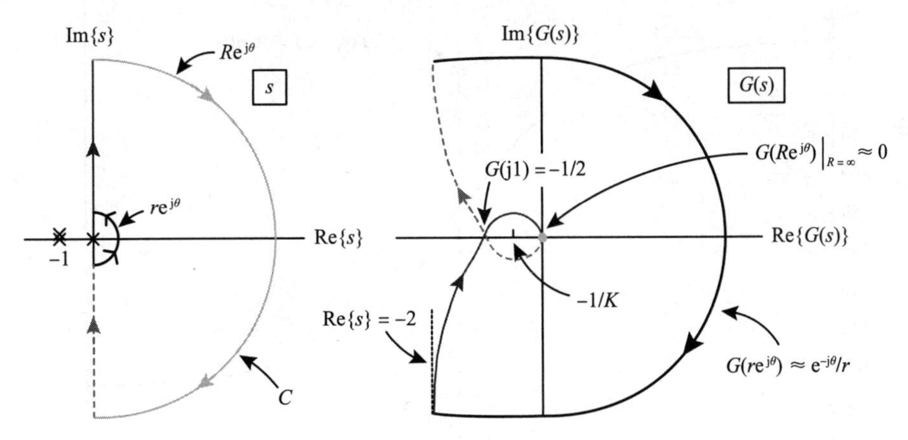

图 11-43　$G(s)=\dfrac{1}{s(s+1)^2}$的奈奎斯特图

图 11-43 右侧给出的$\omega>0$的$G(j\omega)$示意图是使用图 11-44 的伯德图绘制的。具体来说，伯德图显示$G(j\omega)$以$\angle G(j\omega)\approx -90^\circ$和$|G(j\omega)|\to\infty$开始。当$\omega=1$时，可以得

到 $G(\mathrm{j}1)=-1/2$ 或 $\angle G(\mathrm{j}\omega)=-180°$，$20\log_{10}|G(\mathrm{j}1)|=20\log_{10}\left(\frac{1}{2}\right)=-6\mathrm{dB}$。当 $\omega\to\infty$ 时可以得到 $\angle G(\mathrm{j}\omega)=-270°$，$G(\mathrm{j}\omega)\to 0$。为了完成 $G(\mathrm{j}\omega)$ 的绘图，我们写出

$$G\left(r\mathrm{e}^{\mathrm{j}\theta}\right)=\frac{1}{r\mathrm{e}^{\mathrm{j}\theta}\left(r\mathrm{e}^{\mathrm{j}\theta}+1\right)^2}\approx\frac{1}{r\mathrm{e}^{\mathrm{j}\theta}}=\frac{1}{r}\mathrm{e}^{-\mathrm{j}\theta}$$

制作当 $-\pi/2\leqslant\theta\leqslant\pi/2$ 时的 $G\left(r\mathrm{e}^{\mathrm{j}\theta}\right)$ 数值表如下

θ	$G\left(r\mathrm{e}^{\mathrm{j}\theta}\right)\approx\mathrm{e}^{-\mathrm{j}\theta}/r$
$-\pi/2$	$\mathrm{e}^{\mathrm{j}\pi/2}/r=\mathrm{j}/r$
$-\pi/4$	$\mathrm{e}^{\mathrm{j}\pi/4}/r$
0	$1/r$
$+\pi/4$	$\mathrm{e}^{-\mathrm{j}\pi/4}/r$
$+\pi/2$	$\mathrm{e}^{-\mathrm{j}\pi/2}/r=-\mathrm{j}/r$

综上所述，我们得到了图 11-43 右侧的奈奎斯特图。

情况 1：考虑如图 11-43 所示的 $-1/2<-1/K<0(K>2)$。可以看到 $N=2,\ P=0$，所以

$$Z=N+P=2$$

这告诉我们，对于 $K>2$，$1/K+G(s)$ 在右半平面中有两个零点。

情况 2：考虑如图 11-45 所示的 $-1/K<-1/2(0<K<2)$。可以看到 $N=0,\ P=0$，所以

$$Z=N+P=0$$

这告诉我们当 $0<K<2$ 时，$1/K+G(s)$ 在右半平面中没有零点。闭环系统在 $0<K<2$ 时稳定。

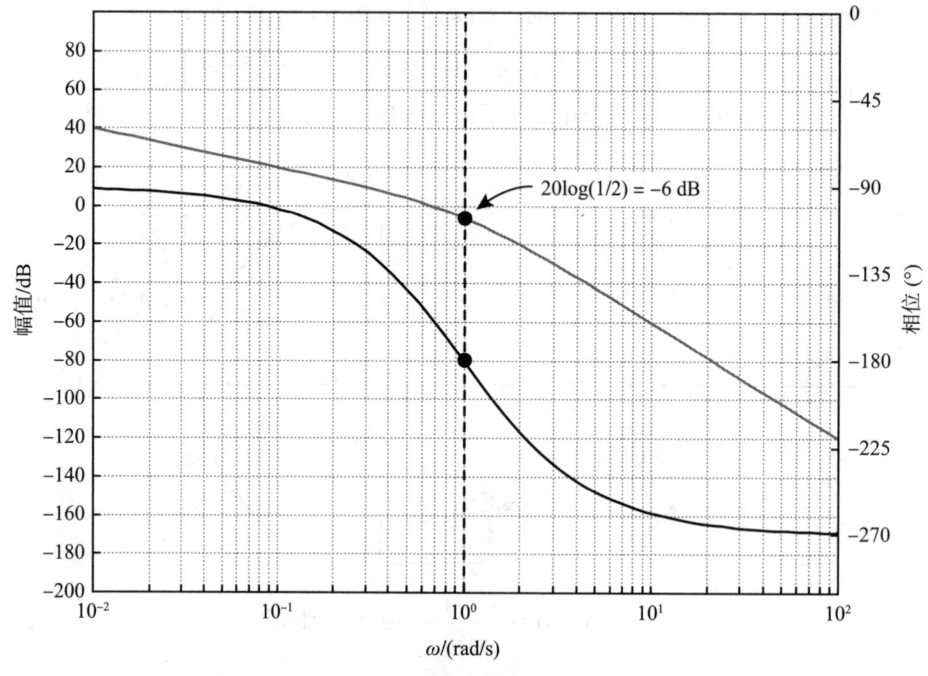

图 11-44　$G(s)=\frac{1}{s(s+1)^2}$ 的伯德图

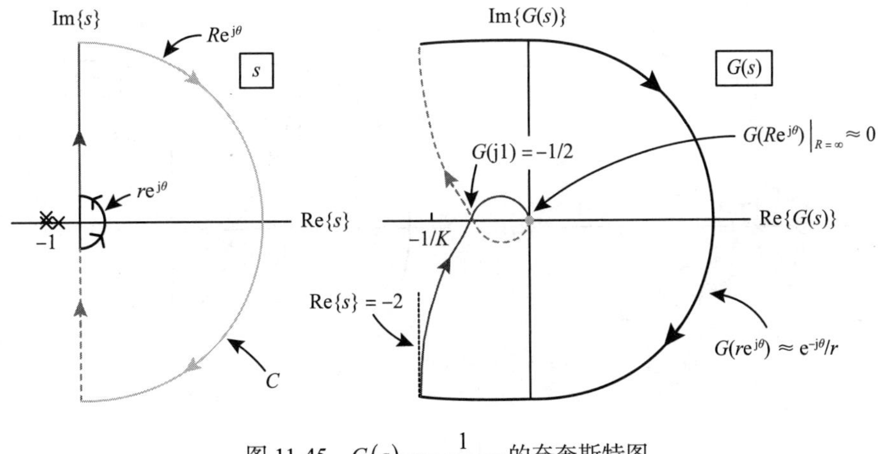

图 11-45 $G(s)=\dfrac{1}{s(s+1)^2}$ 的奈奎斯特图

例 15 奈奎斯特稳定性检验[3]

设开环系统的传递函数为

$$G(s)=\frac{100(s/10+1)}{s(s-1)(s/100+1)}=-\frac{100(s/10+1)}{s(-s+1)(s/100+1)}$$

我们想确定 K 的值以确定下式在左半平面内零点的个数

$$1+KG(s)=0$$

同样地，我们想要确定

$$1/K+G(s)=0$$

在右半平面内没有零点。像往常一样，在 s 平面中选择一条封闭的曲线，它包围了右半平面，如图 11-46 左侧所示。同样地，令 $r\to 0$，$R\to\infty$。

对于 $G(\mathrm{j}\omega)$ 我们可以得到

$$\begin{aligned}G(\mathrm{j}\omega)&=-\frac{100(\mathrm{j}\omega/10+1)}{\mathrm{j}\omega(-\mathrm{j}\omega+1)(\mathrm{j}\omega/100+1)}\\&=-\frac{100(\mathrm{j}\omega/10+1)(\mathrm{j}\omega+1)(-\mathrm{j}\omega/100+1)}{\mathrm{j}\omega(-\mathrm{j}\omega+1)(\mathrm{j}\omega/100+1)(\mathrm{j}\omega+1)(-\mathrm{j}\omega/100+1)}\\&=\frac{-\left(109\omega+\dfrac{1}{10}\omega^3\right)+\mathrm{j}\left(-\dfrac{89}{10}\omega^2+100\right)}{\dfrac{1}{10000}\omega^5+\dfrac{10001}{10000}\omega^3+\omega}\\&\to -109+\mathrm{j}\frac{100}{\omega}\ \text{当}\ \omega\to 0\end{aligned}$$

我们使用图 11-47 中的伯德图绘制当 $\omega>0$ 时的 $G(\mathrm{j}\omega)$。对于小 ω 值可以得到 $\angle G(\mathrm{j}\omega)\approx$ 90°（$-90°$ 是因为极点在 $s=0$，$+180°$ 是因为常数值为 -1）并且 $|G(\mathrm{j}\omega)|=\infty$。随着 ω 的增加，$|G(\mathrm{j}\omega)|$ 的幅值会减小，而 $\angle G(\mathrm{j}\omega)$ 会增加到 180°，当 $\omega=3.35$ 时，$|G(\mathrm{j}3.35)|=9$。如图 11-46 所示，当 $\omega\to\infty$，$\angle G(\mathrm{j}\omega)$ 的角度结束于 180°，$G(\mathrm{j}\omega)\to 0$。

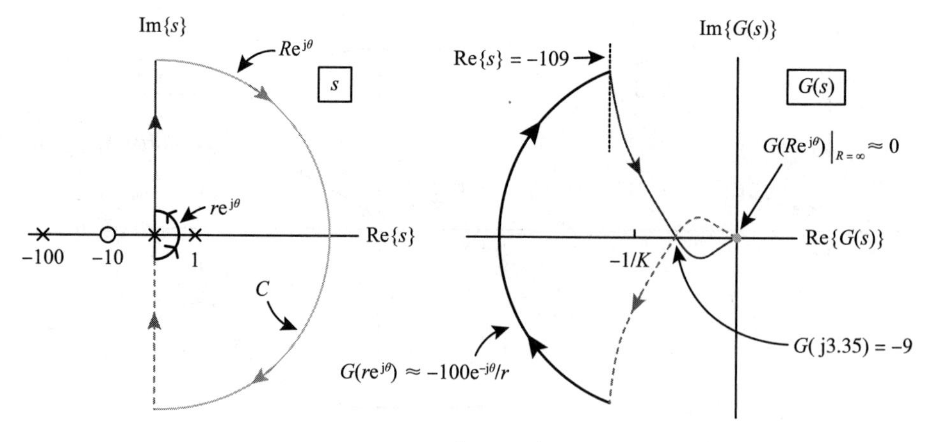

图 11-46　$G(s)=\dfrac{100(s/10+1)}{s(s-1)(s/100+1)}$的奈奎斯特图

对于$s=Re^{j\theta}$，可以看到当$R=\infty$时$G\left(Re^{j\theta}\right)=0$。为了使极点绕原点，令$s=re^{j\theta}$，那么

$$G\left(re^{j\theta}\right)=\frac{100\left(re^{j\theta}/10+1\right)}{re^{j\theta}\left(re^{j\theta}-1\right)\left(re^{j\theta}/100+1\right)}\approx-\frac{100}{re^{j\theta}}=-\frac{100}{r}e^{-j\theta}$$

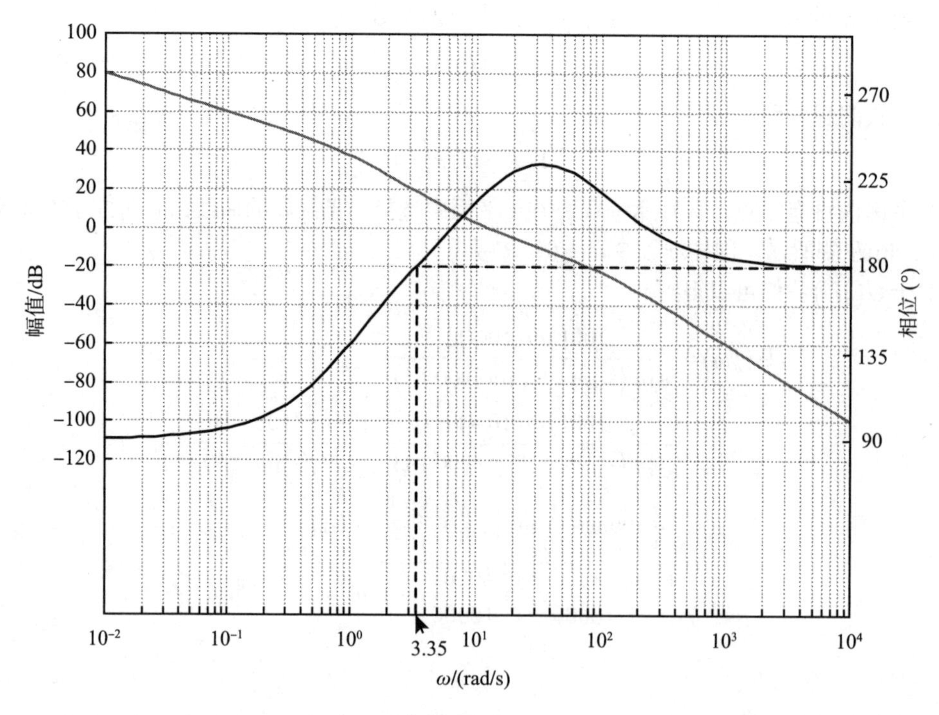

图 11-47　$G(s)=\dfrac{100\left(\dfrac{s}{10}+1\right)}{s(s-1)\left(\dfrac{s}{100}+1\right)}$，$G(j3.352)=-9$的伯德图

为了绘制$G\left(re^{j\theta}\right)\approx-100e^{-j\theta}/r$在$-\pi/2\leqslant\theta\leqslant\pi/2$时的伯德图，制作下表。

θ	$G\left(re^{j\theta}\right)\approx -100e^{-j\theta}/r$
$-\pi/2$	$-100e^{j\pi/2}/r=-j100/r$
$-\pi/4$	$-100e^{j\pi/4}/r$
0	$-100/r$
$\pi/4$	$-100e^{-j\pi/4}/r$
$\pi/2$	$-100e^{-j\pi/2}/r=j100/r$

然后使用此表来完成图 11-46 右侧的奈奎斯特图，我们考虑两种情况来检查闭环系统的稳定性。

情况 1：考虑$-1/K<-9\left(0<K<1/9\right)$，$P=1$（有一个开环极点）且$N=1$，因此

$$Z=N+P=2$$

表明$1/K+G(s)$在右半平面有两个零点，闭环系统对于$0<K<1/9$是不稳定的。

情况 2：考虑$-9<-1/K<0\left(K>1/9\right)$，$P=1$（有一个开环极点）且$N=-1$，因此

$$Z=N+P=-1+1=0$$

表明$1/K+G(s)$在右半平面没有零点，闭环系统对于$K>1/9$是稳定的。

11.3 相对稳定性：增益和相位裕度

首先观察以下奈奎斯特包围标准，具体来说，对于$K>0$，以下表述等价：

1）$G(j\omega),-\infty<\omega<\infty$绕过$-1/K+j0$点$N$次。⊖

2）$1/K+G(j\omega),-\infty<\omega<\infty$绕过原点$N$次。

3）$1+KG(j\omega),-\infty<\omega<\infty$绕过原点$N$次。

4）$KG(j\omega),-\infty<\omega<\infty$绕过$-1+j0$点$N$次。

如图 11-48 所示，$G(s)$为反馈系统的开环传递函数。

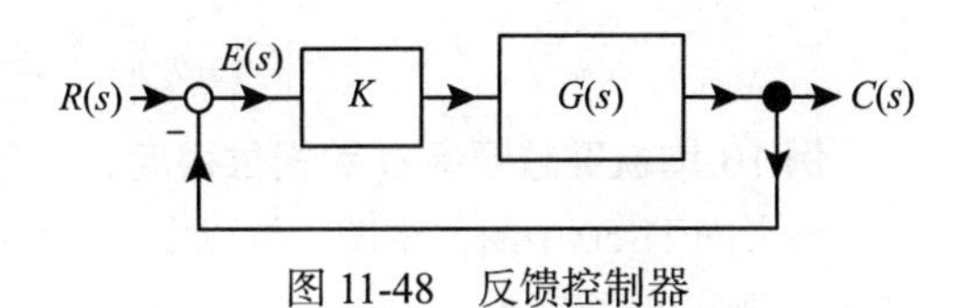

图 11-48 反馈控制器

表述 3 是描述奈奎斯特稳定性的原始表述，这需要在每次K变化时，重新绘制$1+KG(j\omega)$。然后，我们观察表述 2 是和表述 3 等价的，这意味着绘制$G(j\omega),-\infty<\omega<\infty$后将其每次偏移$1/K$。最后，使用表述 1 做奈奎斯特稳定性测试，因为只画了$G(j\omega),-\infty<\omega<\infty$一次，然后绕$-1/K+j0$点。表述 4 提供了最直接的方法解释增益和相位裕度的概念，即相对稳定性。因此，考虑开环传递系统

$$G(s)=\frac{2}{(s+1)\left(s^2+\sqrt{2}s+1\right)}$$

除了分子为 2，该系统与例 13 相同。图 11-49 展示了$K\dfrac{2}{(s+1)\left(s^2+\sqrt{2}s+1\right)}$的奈奎斯特图，在本例中$P=0$。如图 11-49 右侧所示，$0<K<2.4$，奈奎斯特图没有包围$-1+j0$点，所以$1+KG(s)=0$在右半平面没有零点。也就是说，闭环系统在$0<K<2.4$时稳定。当系统不稳定之前，增益$K$可增加到 2.4，即增益裕度为 2.4。通常，增益裕度被描述为$20\log_{10}2.4=7.6\text{dB}$。

⊖ $-1/K+j0$和$-1/K$相同，j0强调此点在复平面上。

图 11-49 右侧显示了一个以原点为中心的半径为 1 的虚线圆。一条从原点到虚线圆上的线与 $G(j\omega)$ 相交。

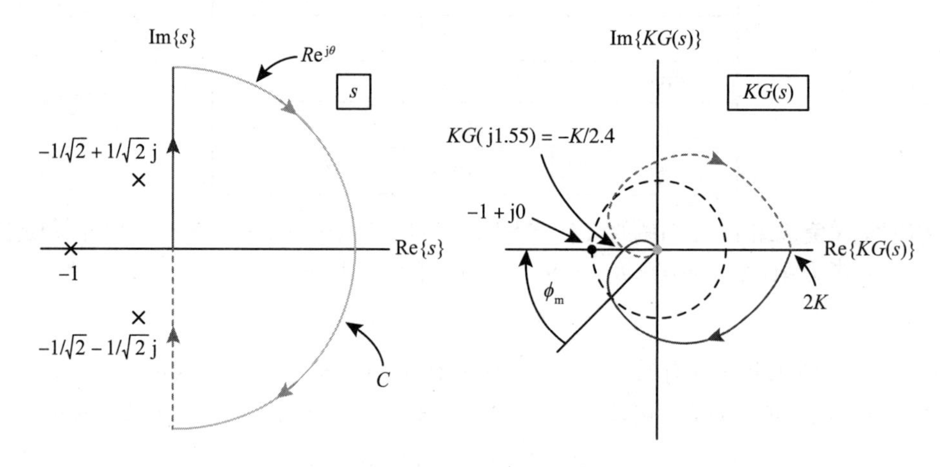

图 11-49　$KG(s)=K\dfrac{2}{(s+1)\left(s^2+\sqrt{2}s+1\right)}, G(j1.55)=-1/2.4, |G(j1)|=1$

这条线和负实轴之间的角 ϕ_m 为相位裕度。它是奈奎斯特图在封闭 $-1+j0$ 点之前可以旋转的值，也可以写成

$$\phi_m=\angle G(j\omega_g)+180°$$

其中，ω_g 是 $\angle G(j\omega_g)=1$ 时的 ω 值。在图 11-49 中，是 $\angle G(j\omega_g)<0$ 的典型情况。

有定义如下。

定义 3 增益穿越频率 ω_g

增益穿越频率是 ω_g 在下点时的值：

$$|G(j\omega_g)|=1 \Leftrightarrow 20\log|G(j\omega_g)|=0$$

例 16 增益穿越频率 ω_g 和相位裕度

参考图 11-50 中的伯德图，可以发现在增益穿越频率 $\omega_g=1, 20\log_{10}|G(j1)|=0\text{dB}$，$\angle G(j1)=-135°$，则相位裕度为

$$\phi_m=\angle G(j\omega_g)+180°=-135°+180°=45°$$

我们也可以从开环伯德图中获取增益裕度，首先定义了相位穿越频率。

定义 4 相位穿越频率

相位穿越频率是 ω_ϕ 在点 $\angle G(j\omega_\phi)=-180°$ 时的值。

例 17 增益和相位裕度

参考图 11-50 中的伯德图，可以发现在相位穿越频率 $\omega_\phi=1.55$，$20\log_{10}|G(j1.55)|=20\log_{10}|-1/2.4|=-7.6\text{dB}$，则增益裕度为 7.6dB。

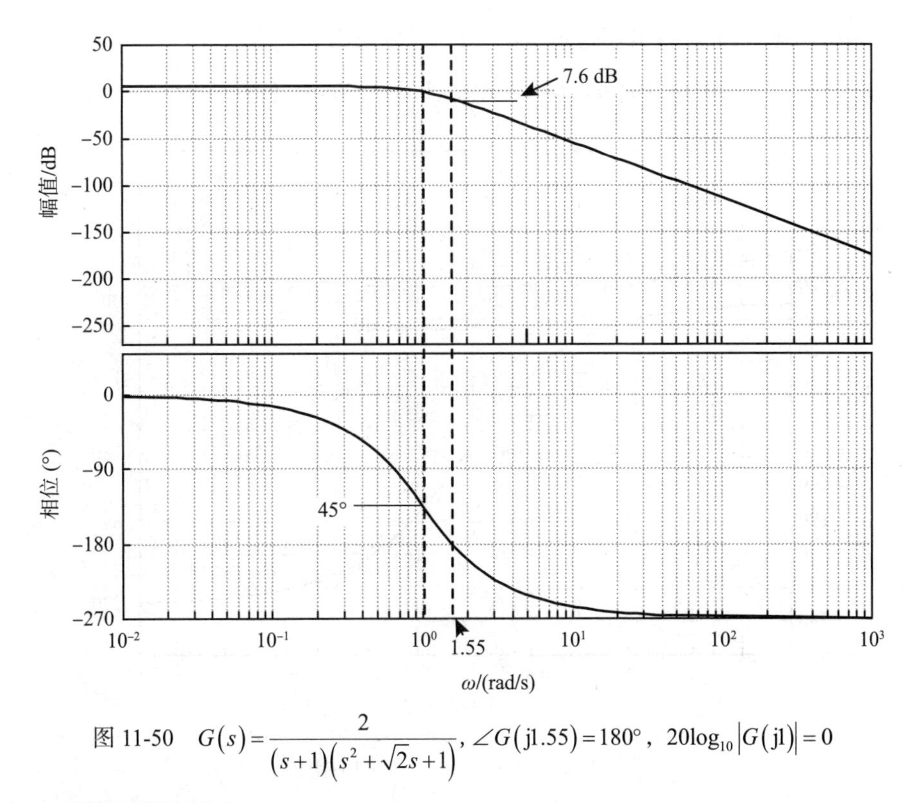

图 11-50 $G(s)=\dfrac{2}{(s+1)\left(s^2+\sqrt{2}s+1\right)}$, $\angle G(\mathrm{j}1.55)=180°$，$20\log_{10}|G(\mathrm{j}1)|=0$

例 18 增益和相位裕度

再次考虑例 14，其中开环传递函数是 $G(s)=\dfrac{1}{s(s+1)^2}$，图 11-51 是 $KG(s)$（并非例 14 中的 $G(s)$）的奈奎斯特图。

在此例中，$P=0$（$0<K<2$），从图 11-51 的右侧可以看出 $N=0$，$Z=N+P=0$，所以闭环系统是稳定的。$K>2$时，奈奎斯特图环绕$-1+\mathrm{j}0$点，则增益裕度是 2 或$20\log_{10}2=6\mathrm{dB}$，相位裕度为

$$\phi_{\mathrm{m}}=\angle G\left(\mathrm{j}\omega_{\mathrm{g}}\right)+180=-159°+180°=21°$$

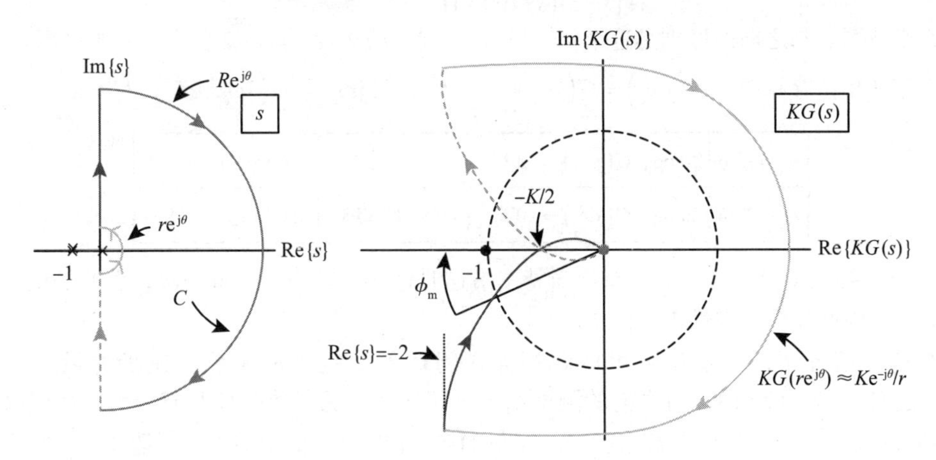

图 11-51 $K\dfrac{1}{s(s+1)^2}$的奈奎斯特图，$G(\mathrm{j}1)=-\dfrac{1}{2}, G(\mathrm{j}0.68)=1\mathrm{e}^{-\mathrm{j}159°}$

从图 11-52 中的伯德图可以看出穿越频率 $\omega_\phi = 1$，可以写出

$$-20\log_{10}\left|G\left(\mathrm{j}\omega_\phi\right)\right| = -20\log_{10}(1/2) = 20\log_{10}(2) = 6\mathrm{dB}$$

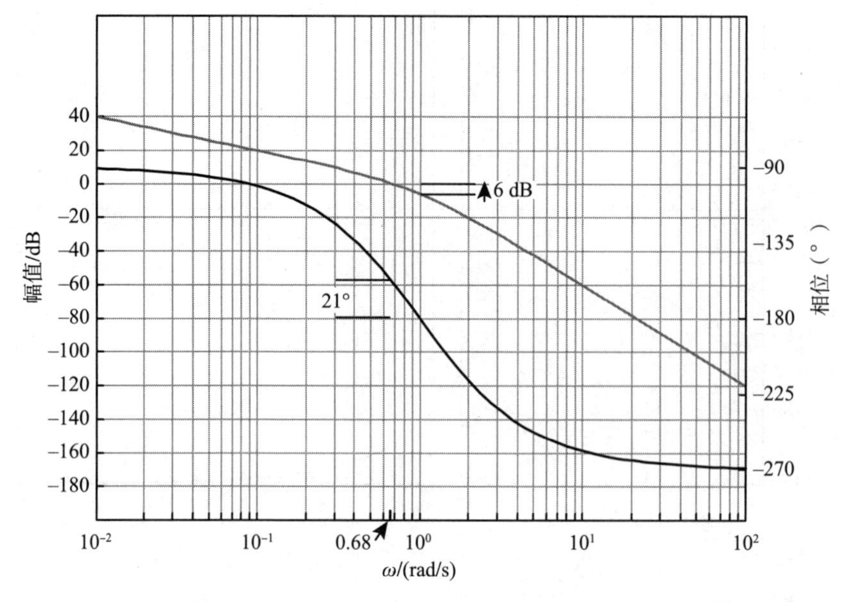

图 11-52　$G(s) = \dfrac{1}{s(s+1)^2}$ 的伯德图

总之，在穿越频率上可得到的重要信息有

$\omega_g = 0.68$	$20\log_{10}\left\|G\left(\mathrm{j}\omega_g\right)\right\| = 0\mathrm{dB}$	$\angle G\left(\mathrm{j}\omega_g\right) = -159°$
$\omega_\phi = 1$	$20\log_{10}\left\|G\left(\mathrm{j}\omega_\phi\right)\right\| = 20\log_{10}(1/2) = -6\mathrm{dB}$	$\angle G\left(\mathrm{j}\omega_\phi\right) = -180°$

例 19 增益和相位裕度

现在考虑例 15 中的 $G(s) = \dfrac{100(s/10+1)}{s(s-1)(s/100+1)}$，图 11-53 是 $KG(s)$（并非例 15 中的 $G(s)$）的奈奎斯特图。与之前的区别是这个例子里 $G\left(r\mathrm{e}^{\mathrm{j}\theta}\right), -\pi/2 \leqslant \theta \leqslant \pi/2$ 包含了左半平面。增益穿越频率和相位穿越频率 $G\left(\mathrm{j}\omega_g\right) = \left|G\left(\mathrm{j}\omega_g\right)\right|\mathrm{e}^{\mathrm{j}\angle G\left(\mathrm{j}\omega_g\right)}$ 和 $G\left(\mathrm{j}\omega_\phi\right) = \left|G\left(\mathrm{j}\omega_\phi\right)\right|\mathrm{e}^{\mathrm{j}\angle G\left(\mathrm{j}\omega_\phi\right)}$ 为

$\omega_g = 12.6$	$20\log_{10}\left\|G\left(\mathrm{j}\omega_g\right)\right\| = 0\mathrm{dB}$	$\angle G\left(\mathrm{j}\omega_g\right) = -140°$
$\omega_\phi = 3.35$	$20\log_{10}\left\|G\left(\mathrm{j}\omega_\phi\right)\right\| = 20\log_{10}(\|-9\|) = 19.1\mathrm{dB}$	$\angle G\left(\mathrm{j}\omega_\phi\right) = -180°$

由于 $P = 1$，要维持稳定性，需要奈奎斯特图沿逆时针方向环绕 $-1+\mathrm{j}0$ 一次，也就是说，必须使 $N = -1$。因此闭环稳定性需 $K > 1/9$。

在这种情况下，增益裕度可以解释为在闭环不稳定之前 K 可以减少的量。这个量是 $20\log_{10}(1/9) = -19.1\mathrm{dB}$（与之前的测试结果进行比较，为了维持闭环稳定性，$K$ 可以增加到不超过增益裕度）。这个增益裕度表示在图 11-54 中给出的伯德图中。但请注意，它用向下的箭头强调 19dB 是闭环系统变得不稳定之前增益可以减少的量。

增益穿越频率 $\angle G\left(\mathrm{j}\omega_g\right) = -140°$，因此在奈奎斯特图不再环绕 $-1+\mathrm{j}0$ 之前，也就是闭环系统不稳定之前，奈奎斯特极坐标图可以旋转 $40°$。如图 11-54 所示，相位裕度为 $40°$。

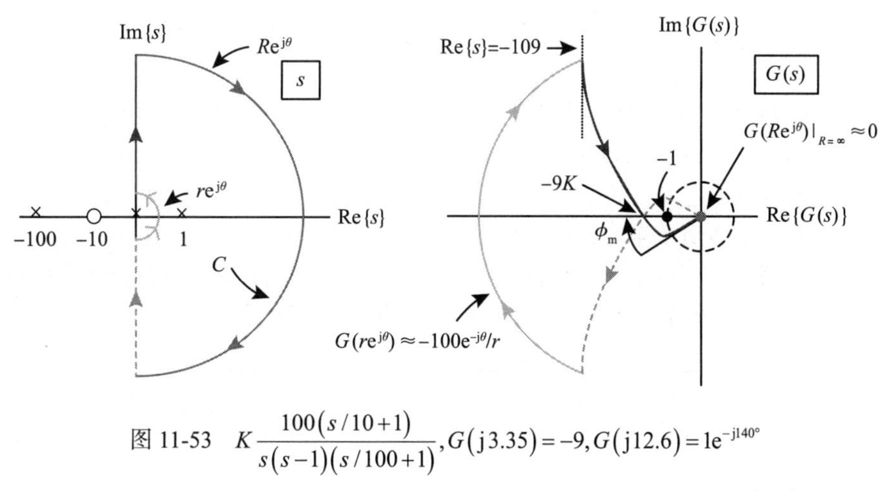

图 11-53 $K\dfrac{100(s/10+1)}{s(s-1)(s/100+1)}, G(j3.35)=-9, G(j12.6)=1e^{-j140^\circ}$

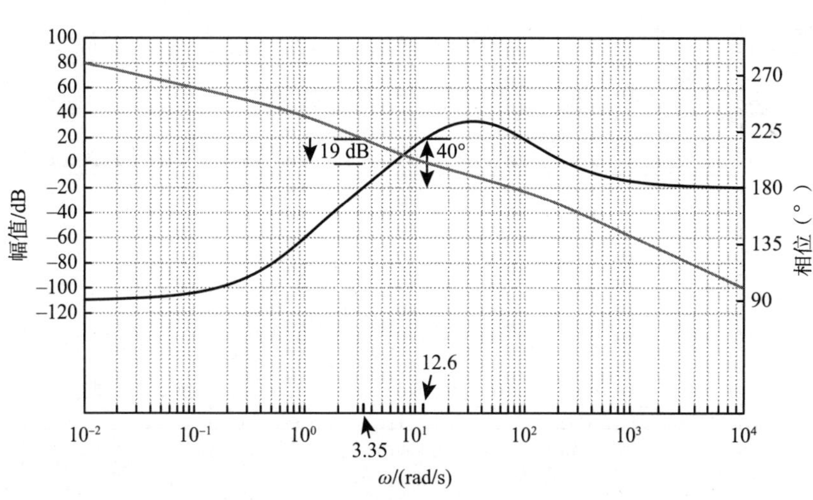

图 11-54 $\dfrac{100(s/10+1)}{s(s-1)(s/100+1)}$的伯德图

11.3.1 相对稳定性

增益裕度和相位裕度给出了相对稳定性的指标，也就是说，增益裕度越大，在闭环系统变得不稳定之前，能增加的增益就越多。同样，相位裕度越大，在闭环系统变得不稳定之前，奈奎斯特图的旋转量就越大，举一个简单的例子，物理系统的名义模型为

$$G_o(s)=\frac{s-2}{(s-1)(s-3)}$$

但是，控制设计者不知道的是，传递函数

$$G(s)=\frac{s-2}{(s-0.9)(s-3)}$$

是物理系统的“真实”模型（注意，$G_o(s)$和$G(s)$具有相同数量的右半平面极点）。为了描述这种差异，写下

$$G(s)=G_o(s)\frac{G(s)}{G_o(s)}=G_o(s)\Delta(s)\text{ ，}\Delta(s)\triangleq\frac{G(s)}{G_o(s)}=\frac{s-1}{s-0.9}$$

控制器是基于$G_o(s)$设计的，但是实际系统为$G_o(s)\Delta(s)$。图 11-55 所示为$\Delta(s)$的伯德图。

奈奎斯特图是$G_c(j\omega)G_o(j\omega)$的，$\Delta(j\omega)=|\Delta(j\omega)|e^{j\angle\Delta(j\omega)}$，对原奈奎斯特图进行了旋转和放缩，若相位裕度和增益裕度都太小，由于模型的（未知）不确定性$\Delta(j\omega)$，可能导致闭环系统是不稳定的。希望增益裕度和相位裕度“足够大”以确保闭环系统存在不确定性时也是稳定的。裕度应该多大呢？这是不可能知道的。如果给出规范，那么系统至少应拥有 35° 的相位裕度，这意味着闭环系统即使存在不确定性，也能保持稳定。

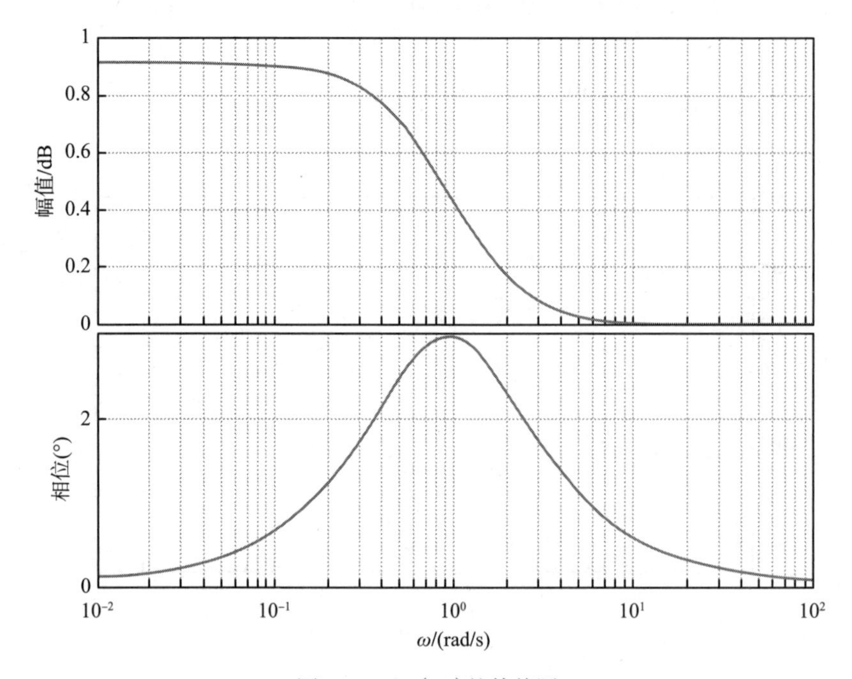

图 11-55 $\Delta(j\omega)$的伯德图

习题 30 考虑使用了第 10 章中涉及的控制器对该系统进行奈奎斯特分析。该控制器将所有的闭环极点配置在 −1 处。可以看出这个控制器的稳定性裕度非常小。事实上，若这个控制器被用于系统模型$G(s)=G_o(s)\Delta(s)=\dfrac{s-2}{(s-0.9)(s-3)}$，闭环系统将稳定。一个控制器可以处理的模型不确定性越多（通过保持闭环系统的稳定），则该系统的鲁棒性越强。只要$G(s)$与$G_o(s)$具有相同的右半平面极点，且$G_c(j\omega)G(j\omega)$和$G_c(j\omega)G_o(j\omega)$绕点$-1+j0$的次数相同，则闭环系统稳定。

作为增益裕度和相位裕度的另一个选择，图 11-56 所示为一个闭环稳定系统的奈奎斯特图。考虑到模型$G_o(j\omega)$中的不确定性，更重要的是使$G_c(j\omega)G_o(j\omega)$不要过于靠近点$-1+j0$。从$-1+j0$到$G_c(j\omega)G_o(j\omega)$的复向量为$G_c(j\omega)G_o(j\omega)-(-1+j0)=1+G_c(j\omega)G_o(j\omega)$。定义如下

$$\beta\triangleq\min_{\omega\geqslant0}\left|1+G_c(j\omega)G_o(j\omega)\right|$$

这个标准是找到使β足够大的$G_c(j\omega)$。模型存在不确定性，可确保闭环稳定性β（类似增益裕度和相位裕度）的大小也是未知的。但可以计算每个控制器的β作为控制器处理模型不确定性的相对度量。

H_∞（H- 无穷）控制面积可以给出使在模型不确定下的闭环系统稳定的定量条件。设计者开发了一个针对当前应用的不确定性模型，并使用H_∞控制理论提供了可测试的条件，以确定闭环系统是否能够在这些不确定性的情况下保持稳定。对这一理论的基本介绍见参考文献［5,49］。

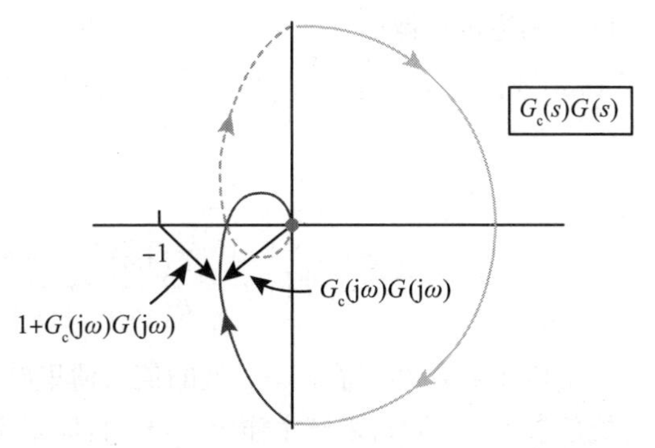

图 11-56　从$-1+\mathrm{j}0$到$G_c(\mathrm{j}\omega)G(\mathrm{j}\omega)$的复向量为$1+G_c(\mathrm{j}\omega)G(\mathrm{j}\omega)$

11.4　闭环带宽

以物理系统的传递函数$G(s)$为例，设$G_c(s)$为使闭环系统稳定的控制器的传递函数，闭环传递函数$T(s)$为

$$T(s)=\frac{G_c(s)G(s)}{1+G_c(s)G(s)}$$

在 11.5 节中，讨论了基于$G(\mathrm{j}\omega)$开环伯德图的控制器设计。也就是说，我们正在考虑频率响应$G(\mathrm{j}\omega),-\infty<\omega<\infty$的设计问题。因此，需要引入傅里叶变换。使闭环系统为三阶，则

$$T(s)=\frac{b_2s^2+b_1s+b_0}{s^3+a_2s^2+a_1s+a_0}$$

$r(t)$为参考输入，$y(t)$为输出，闭环系统在时域内用微分方程表示：

$$\frac{\mathrm{d}^3}{\mathrm{d}t^2}y(t)+a_2\frac{\mathrm{d}^2}{\mathrm{d}t}y(t)+a_1\frac{\mathrm{d}}{\mathrm{d}t}y(t)+a_0y(t)=b_2\frac{\mathrm{d}^2}{\mathrm{d}t}r(t)+a_1\frac{\mathrm{d}}{\mathrm{d}t}r(t)+a_0r(t)\tag{11.6}$$

将$y(t)$和$r(t)$的傅里叶分别定义为

$$Y(\mathrm{j}\omega)\triangleq\int_{-\infty}^{+\infty}y(t)\mathrm{e}^{-\mathrm{j}\omega t}\mathrm{d}t$$

$$R(\mathrm{j}\omega)\triangleq\int_{-\infty}^{+\infty}r(t)\mathrm{e}^{-\mathrm{j}\omega t}\mathrm{d}t$$

傅里叶变换定义在$-\infty<t<\infty$上，但让所有信号在$t<0$时为零，即$r(t)=0\ (t<0)$和$y(t)=0\ (t<0)$。通过这个例子，可以得出

$$Y(\mathrm{j}\omega)=Y(s)\big|_{s=\mathrm{j}\omega}\ \text{和}\ R(\mathrm{j}\omega)=R(s)\big|_{s=\mathrm{j}\omega}$$

信号$y(t)$和$r(t)$可以用傅里叶反变换恢复（见参考文献［50，51］）：

$$y(t)=\frac{1}{2\pi}\int_{-\infty}^{+\infty}Y(\mathrm{j}\omega)\mathrm{e}^{\mathrm{j}\omega t}\mathrm{d}\omega$$

$$r(t)=\frac{1}{2\pi}\int_{-\infty}^{+\infty}R(\mathrm{j}\omega)\mathrm{e}^{\mathrm{j}\omega t}\mathrm{d}\omega$$

可解释为，$y(t)$是由正弦信号$Y(\mathrm{j}\omega)\mathrm{e}^{\mathrm{j}\omega t}\mathrm{d}\omega$从$\omega=-\infty$到$\omega=+\infty$上的积分构成的。$Y(\mathrm{j}\omega)\mathrm{d}\omega$是$y(t)$在$\omega$和$\omega+\mathrm{d}\omega$之间的频率分量。类似的解释适用于$r(t)$和$R(\mathrm{j}\omega)\mathrm{d}\omega$。对两式求傅里叶反变换对$t$的微分为

$$\frac{\mathrm{d}}{\mathrm{d}t}y(t)=\frac{1}{2\pi}\int_{-\infty}^{+\infty}\mathrm{j}\omega Y(\mathrm{j}\omega)\mathrm{e}^{\mathrm{j}\omega t}\mathrm{d}\omega$$

$$\frac{\mathrm{d}}{\mathrm{d}t}r(t)=\frac{1}{2\pi}\int_{-\infty}^{+\infty}\mathrm{j}\omega R(\mathrm{j}\omega)\mathrm{e}^{\mathrm{j}\omega t}\mathrm{d}\omega$$

也就是说，$\mathrm{d}y/\mathrm{d}t$的傅里叶变换是$\mathrm{j}\omega Y(\mathrm{j}\omega)$，$\mathrm{d}r/\mathrm{d}t$的傅里叶变换是$\mathrm{j}\omega R(\mathrm{j}\omega)$。因此，对式（11.6）两边进行傅里叶变换：

$$(\mathrm{j}\omega)^3 Y(\mathrm{j}\omega)+a_2(\mathrm{j}\omega)^2 Y(\mathrm{j}\omega)+a_1(\mathrm{j}\omega)Y(\mathrm{j}\omega)+a_0 Y(\mathrm{j}\omega)=b_2(\mathrm{j}\omega)^2 R(\mathrm{j}\omega)+a_1(\mathrm{j}\omega)^2 R(\mathrm{j}\omega)+a_0 R(\mathrm{j}\omega)$$

或

$$T(\mathrm{j}\omega)=\frac{Y(\mathrm{j}\omega)}{R(\mathrm{j}\omega)}=\frac{b_2(\mathrm{j}\omega)^2+b_1(\mathrm{j}\omega)+b_0}{(\mathrm{j}\omega)^3+a_2(\mathrm{j}\omega)^2+a_1(\mathrm{j}\omega)+a_0}$$

这就是传递函数$T(s)$在$s=\mathrm{j}\omega$处的值。傅里叶变换现在被用来解释闭环系统（微分方程）如何处理参考输入$r(t)$来产生输出$y(t)$。具体来说，输出$y(t)$可以写成

$$y(t)=\frac{1}{2\pi}\int_{-\infty}^{+\infty}Y(\mathrm{j}\omega)\mathrm{e}^{\mathrm{j}\omega t}\mathrm{d}\omega=\frac{1}{2\pi}\int_{-\infty}^{+\infty}T(\mathrm{j}\omega)R(\mathrm{j}\omega)\mathrm{e}^{\mathrm{j}\omega t}\mathrm{d}\omega$$

$R(\mathrm{j}\omega)$是$r(t)$在ω和$\omega+\mathrm{d}\omega$之间的频率分量。由这个表达式可知$y(t)$在这个区间之间的频率分量可以写作$T(\mathrm{j}\omega)R(\mathrm{j}\omega)\mathrm{d}\omega$。即$y(t)$是正弦信号$T(\mathrm{j}\omega)R(\mathrm{j}\omega)\mathrm{e}^{\mathrm{j}\omega t}\mathrm{d}\omega$从$\omega=-\infty$到$\omega=+\infty$上的积分构成的。

为了使$y(t)$追踪上$r(t)$的目标，需找到一个控制器$G_{\mathrm{c}}(\mathrm{j}\omega)$使闭环传递函数

$$T(\mathrm{j}\omega)=\frac{G_{\mathrm{c}}(\mathrm{j}\omega)G(\mathrm{j}\omega)}{1+G_{\mathrm{c}}(\mathrm{j}\omega)G(\mathrm{j}\omega)}$$

满足

$$T(\mathrm{j}\omega)\approx\begin{cases}1, & |\omega|\leqslant\omega_{\mathrm{B}}\\0, & |\omega|>\omega_{\mathrm{B}}\end{cases}\tag{11.7}$$

将ω_B作为闭环系统的带宽，如图 11-57 所示，为了了解跟踪的实现过程，假设在$|\omega|>\omega_{\mathrm{B}}$时，$R(\mathrm{j}\omega)\approx 0$，则

$$\begin{aligned}y(t)&=\frac{1}{2\pi}\int_{-\infty}^{+\infty}T(\mathrm{j}\omega)R(\mathrm{j}\omega)\mathrm{e}^{\mathrm{j}\omega t}\mathrm{d}\omega\\&\approx\frac{1}{2\pi}\int_{-\omega_{\mathrm{B}}}^{+\omega_{\mathrm{B}}}T(\mathrm{j}\omega)R(\mathrm{j}\omega)\mathrm{e}^{\mathrm{j}\omega t}\mathrm{d}\omega \text{ 当 } R(\mathrm{j}\omega)\approx 0 \text{ 对于 } |\omega|>\omega_{\mathrm{B}}\\&\approx\frac{1}{2\pi}\int_{-\omega_{\mathrm{B}}}^{+\omega_{\mathrm{B}}}R(\mathrm{j}\omega)\mathrm{e}^{\mathrm{j}\omega t}\mathrm{d}\omega \text{ 当 } T(\mathrm{j}\omega)\approx 1 \text{ 对于 } |\omega|\leqslant\omega_{\mathrm{B}}\\&\approx\frac{1}{2\pi}\int_{-\infty}^{+\infty}R(\mathrm{j}\omega)\mathrm{e}^{\mathrm{j}\omega t}\mathrm{d}\omega \text{ 当 } R(\mathrm{j}\omega)\approx 0 \text{ 对于 } |\omega|>\omega_{\mathrm{B}}\\&=r(t)\end{aligned}$$

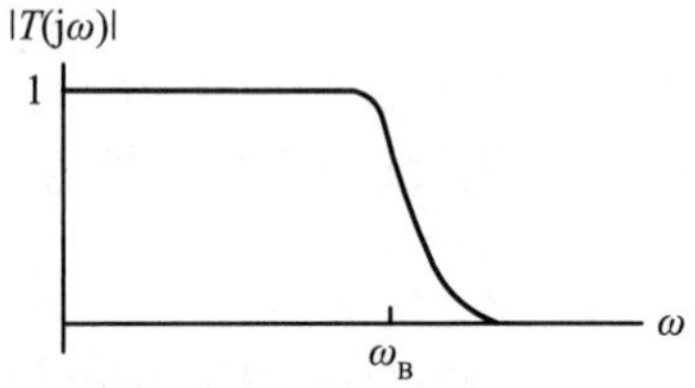

图 11-57　$|T(\mathrm{j}\omega)|$和ω

也就是说，如果控制器可以设计成在$|\omega|\leqslant\omega_{\mathrm{B}}$且$R(\mathrm{j}\omega)\approx 0$的频率范围内满足$T(\mathrm{j}\omega)\approx 1$（$|T(\mathrm{j}\omega)|\approx 1, \angle T(\mathrm{j}\omega)\approx 0$），则在此频率区间外应当具有较好的跟踪性。当$T(s)$稳定且$r(t)=R_0\cos(\omega t)$时，第 3 章已经证明

$$y(t)\to y_{\mathrm{ss}}(t)=|T(\mathrm{j}\omega)|R_0\cos(\omega t+\angle T(\mathrm{j}\omega))\approx R_0\cos(\omega t) \text{ 对于 } |\omega|\leqslant\omega_{\mathrm{B}}$$

但是，对于典型输入为阶跃输入来说，如果$r(t)=u_{\mathrm{s}}(t)$，那么其傅里叶变换不存在

$$\int_{-\infty}^{\infty}u_{\mathrm{s}}(t)\mathrm{e}^{-\mathrm{j}\omega t}\mathrm{d}t=\int_{0}^{\infty}u_{\mathrm{s}}(t)\mathrm{e}^{-\mathrm{j}\omega t}\mathrm{d}t=\left.\frac{\mathrm{e}^{-\mathrm{j}\omega t}}{-\mathrm{j}\omega}\right|_0^{\infty}=\underbrace{\lim_{t\to\infty}\frac{\mathrm{e}^{-\mathrm{j}\omega t}}{-\mathrm{j}\omega}}_{\text{不收敛}}+\frac{1}{\mathrm{j}\omega}$$

为了解决这个问题，将$r(t)=u_s(t)$替换为$r(t)=e^{-\alpha t}u_s(t)$，并认为α极小，则在相当短时间区间内$e^{-\alpha t}\approx 1$。$e^{-\alpha t}u_s(t)$的傅里叶变换为

$$\int_{-\infty}^{\infty} e^{-\alpha t}u_s(t)e^{-j\omega t}dt=\frac{1}{\alpha+j\omega}$$

那么控制器设计成闭环带宽$\omega_B=10$，则对于$|\omega|>\omega_B$，则$|R(j\omega)|=\left|\frac{1}{\alpha+j\omega}\right|\leqslant\frac{1}{10}\ll\frac{1}{\alpha}$，此处$\frac{1}{\alpha}$是$|R(j\omega)|$的峰值（$\alpha$极小）。换句话说，如果设计的控制器带宽为10，则期望其可以良好地跟踪阶跃响应。

注意 利用柯西留数定理可以证明$\frac{1}{2\pi}\int_{-\infty}^{+\infty}\frac{1}{\alpha+j\omega}e^{j\omega t}d\omega=e^{-\alpha t}u_s(t)$[52]。

定义 5 闭环带宽

假设一个闭环系统的伯德图如图 11-57 所示。即在$|\omega|\leqslant\omega_B$时，$T(j0)=1,|T(j\omega)|\approx 1$，在$|\omega|>\omega_B$时$|T(j\omega)|\to 0$。定义闭环带宽$\omega_B$满足

$$|T(j\omega_B)|=|T(0)|/\sqrt{2}=1/\sqrt{2}$$

或等同于，

$$20\log_{10}|T(j\omega_B)|=20\log_{10}\left(1/\sqrt{2}\right)=-3\text{dB}$$

例 20 闭环带宽

图 11-2 是下式在$\tau=0.2$时的伯德图

$$T(j\omega)=\frac{1}{\tau j\omega+1}=\frac{1/\tau}{j\omega+1/\tau}$$

认为这是一个闭环系统的伯德图。在极点（断点）$p=1/\tau=5$处，可以看到幅值图从其低频值 0dB（幅值为 1）下降了 –3dB（$\frac{1}{\sqrt{2}}$的因子）。因此该系统的带宽$\omega_B=5$。如果$\tau=0.1$，则$1/\tau=10$，那么带宽$\omega_B=10$，极点$p=-1/\tau$在左半平面越远离虚轴，带宽就越大。

在图 11-3 中，当$\angle T(j\omega)\approx 0$时，频率须低于$0.1\omega_B$，即$|\omega|<0.1\omega_B$时，$T(j\omega)\approx 1$才合理。

例 21 闭环带宽

当$\omega_n=1$，$\zeta=0.1$时，图 11-16 是下式的伯德图：

$$T(s)=\frac{\omega_n^2}{s^2+2\zeta\omega_n s+\omega_n^2}$$

闭环极点位于$p_i=-\zeta\omega_n\pm j\omega_n\sqrt{1-\zeta^2}$。阻尼系数$\zeta=0.1$较小，则图 11-16 中的幅值峰值很大。在配置闭环极点时，通常不让ζ小于 0.6 左右。在双断点ω_n有$|G(j\omega_n)|=\frac{1}{2\zeta}$。若$\zeta$很接近 1，幅值图下降$1/2(-6\text{dB})$。若$\zeta=0.6$，幅值图下降$\frac{1}{1.2}(-1.6\text{dB})$。不计算每个$\zeta$值的 3dB 带宽，取带宽$\omega_B=\omega_n$。则在$|\omega|\leqslant\omega_B=\omega_n$时，$|T(j\omega)|\to 0$随着$|\omega|$的增大，超过$\omega_B=\omega_n$。$\omega_n$越大，左半平面极点离虚轴越远，带宽越大。当$\zeta\geqslant 0.6$时，由图 11-17 的相位图知$\angle T(j\omega)\approx 0$时，频率必须小于$0.1\omega_B=0.1\omega_n$。也就是说，$|\omega|<0.1\omega_B$时，$T(j\omega)\approx 1$才合理。

分别用于例 20 和例 21 的图 11-2 和图 11-16 的伯德图具有式（11.7）给出的闭环系统理想图像。现在看开环传递函数$G_c(s)G(s)$应具有的性质，因此闭环传递函数$T(s)=\frac{G_c(s)G(s)}{1+G_c(s)G(s)}$具有理想图像。考虑图 11-58 的一般单位反馈系统。

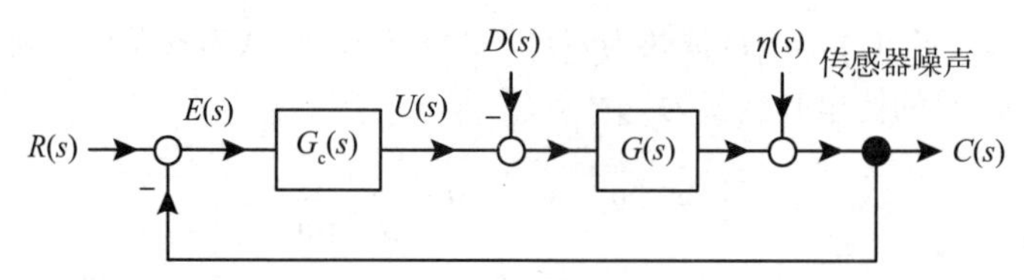

图 11-58　闭环系统图

框图中包含传感器噪声 η。这种噪声通常有界且高频。输出 $C(s)$ 为

$$C(s)=\underbrace{\frac{G_c(s)G(s)}{1+G_c(s)G(s)}}_{T(s)}R(s)-\frac{G(s)}{1+G_c(s)G(s)}D(s)+\underbrace{\frac{1}{1+G_c(s)G(s)}}_{S(s)}\eta(s)$$

$G(s)$ 是严格正则的，$G_c(s)$ 是（至少）正则的。有

$$\left|G_c(j\omega)G(j\omega)\right|\to 0 \text{ 当 } |\omega|\to\infty$$

另一种看待带宽 ω_B 的方式是将其作为频率 $|\omega|\leqslant\omega_B$ 时，$G_c(j\omega)G(j\omega)\gg 1$。如果成立，则有

$$T(j\omega)=\frac{G_c(j\omega)G(j\omega)}{1+G_c(j\omega)G(j\omega)}\approx\frac{G_c(j\omega)G(j\omega)}{G_c(j\omega)G(j\omega)}=1 \text{ 对于 } |\omega|\leqslant\omega_B$$

特别地，如果控制器被设计成干扰抑制积分器，那么当 $\omega\to 0$，$\left|G_c(j\omega)G(j\omega)\right|\to\infty$，$\left|T(j\omega)\right|\to 1$。

当 $|\omega|>\omega_B$，我们希望 $\left|G_c(j\omega)G(j\omega)\right|\to 0$ 和 ω 增长得一样快，于是

$$T(j\omega)=\frac{G_c(j\omega)G(j\omega)}{1+G_c(j\omega)G(j\omega)}\approx 0 \text{ 对于 } |\omega|>\omega_B$$

$G(j\omega)$ 是一个物理系统，所以它是严格正则的。在第 10 章中，采用极点配置算法取 $G_c(j\omega)$ 正好正则。若想指定 $G_c(j\omega)$ 严格正则，以便 $|\omega|>\omega_B$ 时，使 $\left|G_c(j\omega)G(j\omega)\right|$ 更快趋近于零。如第 10 章的例 13 和例 14，直接修改极点位置使 $G_c(j\omega)$ 严格正则。

我们希望带宽 ω_B 包含 $R(j\omega)$ 的大部分频率，即在 $|\omega|>\omega_B$ 时 $R(j\omega)\approx 0$，则有推论：

$$C_R(j\omega)\triangleq\frac{G_c(j\omega)G(j\omega)}{1+G_c(j\omega)G(j\omega)}R(j\omega)\approx R(j\omega)$$

也就是说，只要 $R(j\omega)$ 的频率含量在 $T(j\omega)$ 带宽 ω_B 范围内，闭环系统就能很好地跟踪参考输入 $R(j\omega)$。

干扰抑制发生在 $|\omega|<\omega_B$ 时，有 $\left|G_c(j\omega)\right|\gg 1$：

$$C_D(j\omega)\triangleq-\frac{G(j\omega)}{1+G_c(j\omega)G(j\omega)}D(s)\approx-\frac{1}{G_c(j\omega)}D(j\omega)\approx 0 \text{ 对于 } |\omega|<\omega_B$$

此外 $\left|G(j\omega)\right|\to 0$ 和 $|\omega|\to\infty$，所以 $\left|G_c(j\omega)G(j\omega)\right|\to 0$。结果 $\left|C_D(j\omega)\right|\to 0$ 和 $|\omega|\to\infty$。

11.4.1　结论

稳定控制器 $G_c(j\omega)$ 被设计 $|\omega|<\omega_B$ 时 $\left|G_c(j\omega)\right|\gg 1$ 和 $|\omega|>\omega_B$ 时 $\left|G_c(j\omega)\right|\to 0$，可以实现良好跟踪和干扰抑制。

测量噪声对输出的影响是

$$C_\eta(j\omega)\triangleq\frac{1}{1+G_c(j\omega)G(j\omega)}\eta(j\omega)\approx\begin{cases}0 & |\omega|\leqslant\omega_B\\ \eta(j\omega) & |\omega|>\omega_B\end{cases}$$

这表明输出端的低频噪声经反馈后衰减，而高频噪声基本不变。然而即使有反馈，低频传感器噪声对执行器来说也是一个问题。为了解释上述结论，控制器的输出 $U_\eta(s)$（执行器指令）由于传感器的测量噪声较大：

$$U_\eta(s) \triangleq -\frac{G_c(j\omega)}{1+G_c(j\omega)G(j\omega)}\eta(j\omega) \approx \begin{cases} -\dfrac{1}{G(j\omega)}\eta(j\omega) & |\omega| \leqslant \omega_B \\ -G_c(j\omega)\eta(j\omega) \to 0 & |\omega| > \omega_B \end{cases}$$

$G(s)$是严格正则的，由于低频噪声的分化$1/G(s)$是非正则的⊖。正如第 9 章解释的那样，这样会放大噪声。因此对于$|\omega| \leqslant \omega_B$，基本无噪声的传感器是非常重要的。换句话说，闭环带宽的选择必须使其不包含任何显著的 $\eta(j\omega)$。

11.5 滞后和超前补偿

考虑图 11-59 中给出的标准单位反馈控制器。

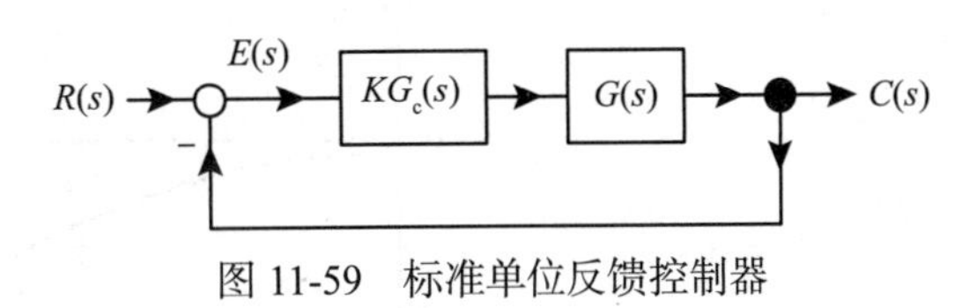

图 11-59 标准单位反馈控制器

首先考虑 $G_c(s)=1$ 的情况，这是一个比例反馈控制问题。则 $E(s)=\dfrac{1}{1+KG(s)}R(s)$。更具体地说，令

$$G(s)=\frac{1}{(s+1)(s+2)(s+4)}, R(s)=\frac{1}{s}$$

如果闭环系统是稳定的，则

$$e(\infty)=\lim_{s\to 0} s\frac{1}{1+K\dfrac{1}{(s+1)(s+2)(s+4)}}\frac{1}{s}=\lim_{s\to 0}\frac{1}{1+K\dfrac{1}{(s+1)(s+2)(s+4)}}=\frac{1}{1+K/8}$$

在闭环系统稳定的情况下，增益越大，稳态误差越小。然而，增加开环增益 K 通常会降低相位裕度。当增益增加到一定程度时，闭环系统将变得不稳定。如图 11-60 所示，其中 $K>1$ 表明 $KG(j\omega)$ 与 $G(j\omega)$ 相比相位裕度减小。

11.5.1 滞后补偿

考虑补偿器为

$$G_c(s)=\frac{0.01}{0.1}\frac{s+0.1}{s+0.01}=\frac{s/0.1+1}{s/0.01+1}$$

则有

$$G_c(0)=1 \text{ 和 } G_c(j\omega) \to \frac{0.01}{0.1}=\frac{1}{10}$$

当 $\omega \to \infty$ 时

⊖ 以 $G(s)=\dfrac{b}{s(s+a)}$ 为例，则 $-\eta(s)/G(s)=-\dfrac{1}{b}(s^2+as)\eta(s)$，传感器噪声 $\eta(s)$ 被区分了两次。

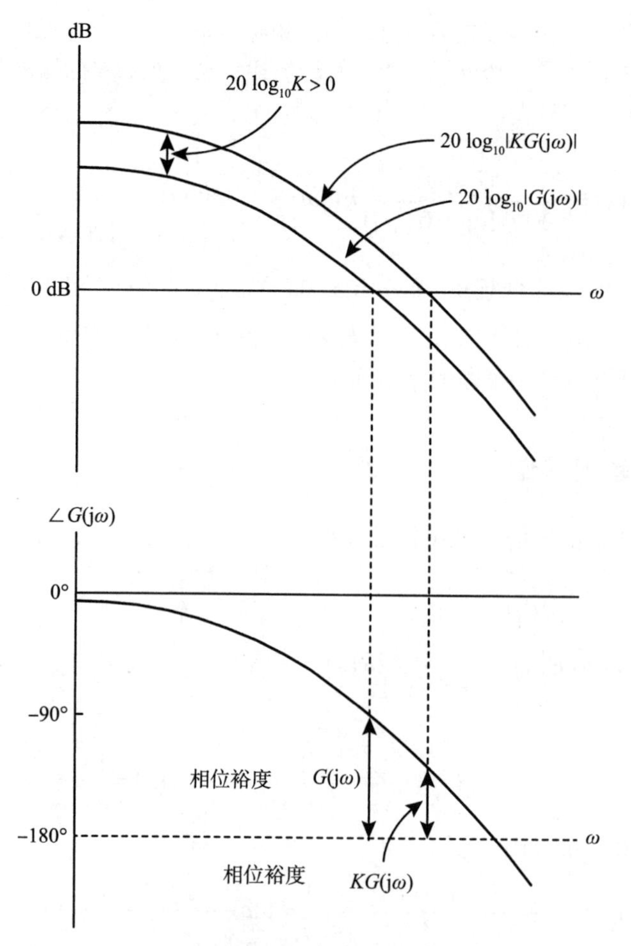

图 11-60　增加增益如何减小相位裕度

则

$$KG_c(0)=K \text{ 和 } KG_c(j\omega)\to\frac{K}{10}$$
$$\text{当 } \omega\to\infty \text{ 时}$$

$G_c(j\omega)$的伯德图如 11-61 所示，$\omega_p=0.01$，$\omega_z=0.1$。首先，滞后补偿器（控制器）的两个断点都在低频（即$\omega_p<\omega_z$），并且都远低于增益穿越频率ω_g $\left(\left|G(j\omega_g)\right|=1\right)$（即$\omega_p<\omega_z\ll\omega_g$）。图 11-62 所示为$KG_c(j\omega)G(j\omega)$的伯德图和$KG(j\omega)$的伯德图，因子$KG_c(j\omega)$在低频时具有增益$K$和 0 相位，而频率高于$\omega_z$ 10 倍时，增益$K(\omega_p/\omega_z)=K/10$和 0 相位。因此，如图 11-62 所示，$KG_c(j\omega)G(j\omega)$的增益穿越频率比$KG(j\omega)$小，因此相位裕度变大。

11.5.2　超前补偿

超前补偿器$KG_c(s)$的形式为

$$KG_c(s)=K\frac{s/\omega_z+1}{s/\omega_p+1}=K\frac{\omega_p}{\omega_z}\frac{s+\omega_z}{s+\omega_p}$$

其中

$$\omega_z<\omega_p$$

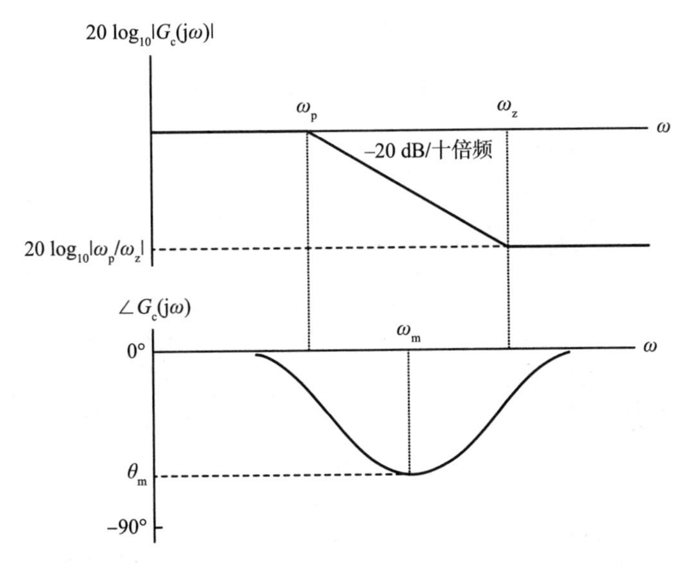

图 11-61　滞后补偿器 $G_c(j\omega)=\dfrac{s/\omega_z+1}{s/\omega_p+1}$，$\omega_p<\omega_z$ 的伯德图

在低频时，$|s|\ll\omega_p$，则有

$$KG_c(s)=K\frac{s/\omega_z+1}{s/\omega_p+1}=K\frac{1}{\omega_z}\frac{s+\omega_z}{s/\omega_p+1}$$

$$\approx K\frac{1}{\omega_z}(s+\omega_z)$$

$$=\underbrace{K\frac{1}{\omega_z}}_{K_D}s+\underbrace{K}_{K_P}$$

这大概是一个 PD 控制器，在高频时，有

$$KG_c(s)=K\frac{s/\omega_z+1}{s/\omega_p+1}\approx K\frac{\omega_p}{\omega_z}$$

这变成了一个比例控制器，因此避免了高频噪声的放大（由于微分控制器）。总之超前补偿器可以被认为近似一个 PD 补偿器，在高频没有放大噪声的问题。$G_c(j\omega)=\dfrac{s/\omega_z+1}{s/\omega_p+1}$的伯德图为图 11-63，其中（与滞后补偿器相反）有$\omega_z<\omega_p$。

证明∠$G(j\omega)$的最大值，用θ_m表示，发生在$\omega_m\triangleq\sqrt{\omega_z\omega_p}$或$\log_{10}\omega_m=\frac{1}{2}(\log_{10}\omega_z+\log_{10}\omega_p)$时。记作

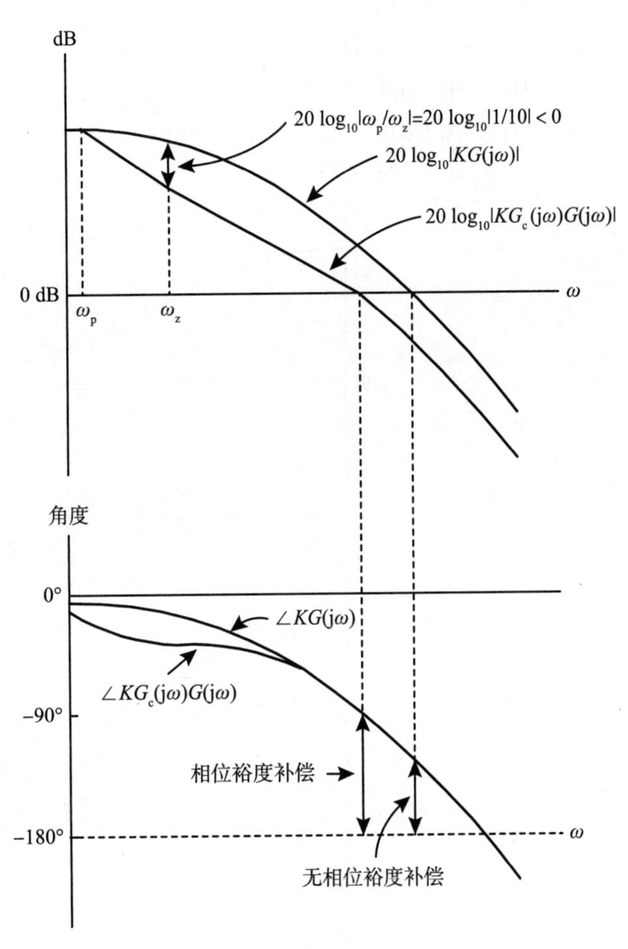

图 11-62　滞后补偿器的$KG_c(j\omega)G(j\omega)$和$KG(j\omega)$

$$KG_c(0)=K$$

$$KG_c(j\omega)\to\frac{\omega_p}{\omega_z}K>K \text{ 当 } \omega\to\infty$$

超前补偿器（和滞后补偿器相比）的关键是 $KG(j\omega)$ $(|G(j\omega_g)|=1)$ 增益穿越频率 ω_g 大于 ω_z 且小于 ω_p，也就是

$$\omega_z<\omega_g<\omega_p$$

图 11-64 显示了 $KG_c(j\omega)G(j\omega)$ 的超前补偿伯德图和 $KG(j\omega)$ 的未补偿伯德图。在图 11-46 中，$\angle G_c(j\omega)$ 在（原）增益穿越频率 ω_g 附近增加了正相位，但也增加了增益 $|G(j\omega)|$，使 $KG_c(j\omega)G(j\omega)$ 的（新）增益穿越频率 ω_{g2} 向右移动，刚好超过 ω_p。增加了足够的相位使 $KG_c(j\omega)G(j\omega)$ 的相位裕度大于 $KG(j\omega)$ 的相位裕度。

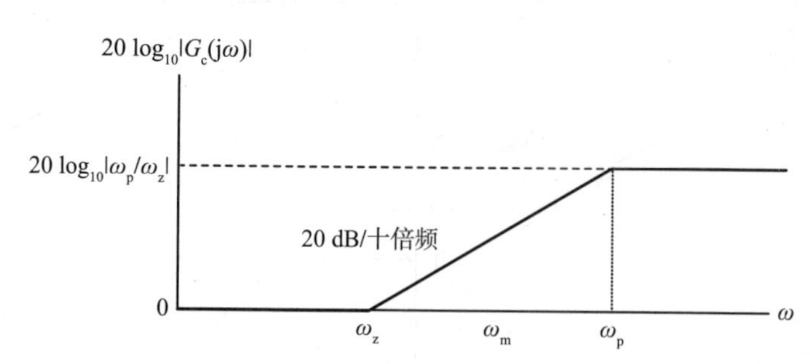

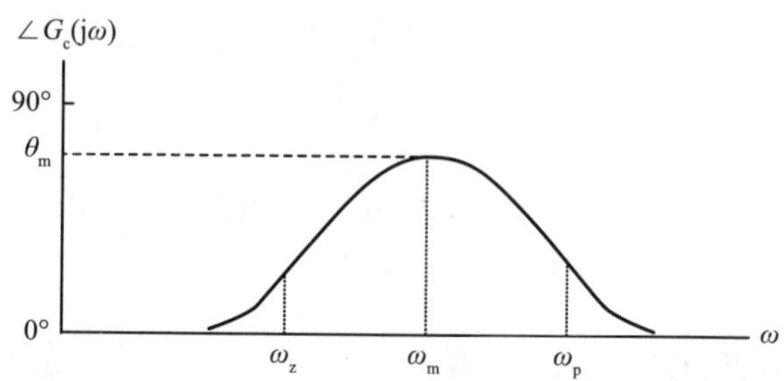

图 11-63　$G_c(j\omega)=\dfrac{s/\omega_z+1}{s/\omega_p+1}$，$\omega_z<\omega_p$ 的超前滤波器

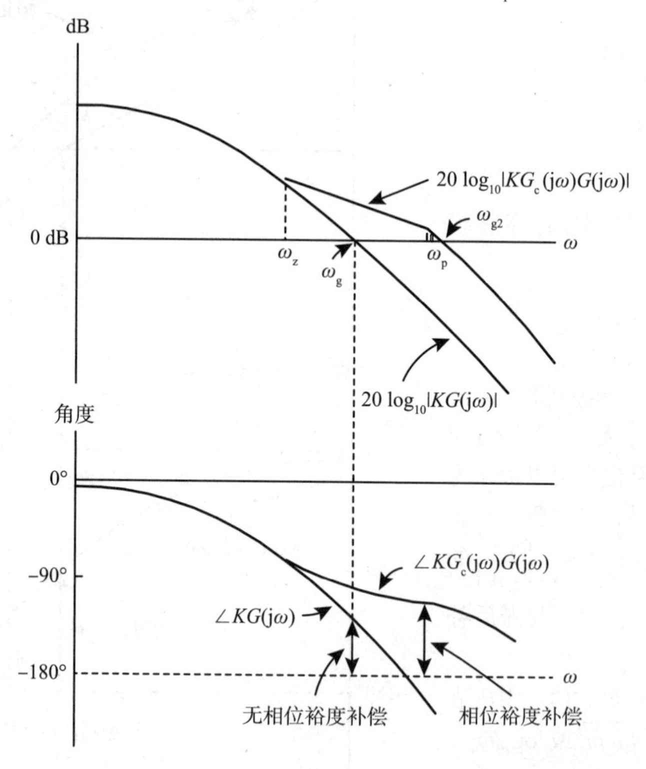

图 11-64　超前补偿器的 $KG_c(j\omega)G(j\omega)$ 和 $KG(j\omega)$

11.6 基于超前滞后补偿的双积分器控制

设开环系统为双积分器，即

$$G(s)=\frac{1}{s^2}$$

考虑图 11-65 的单位反馈控制结构。

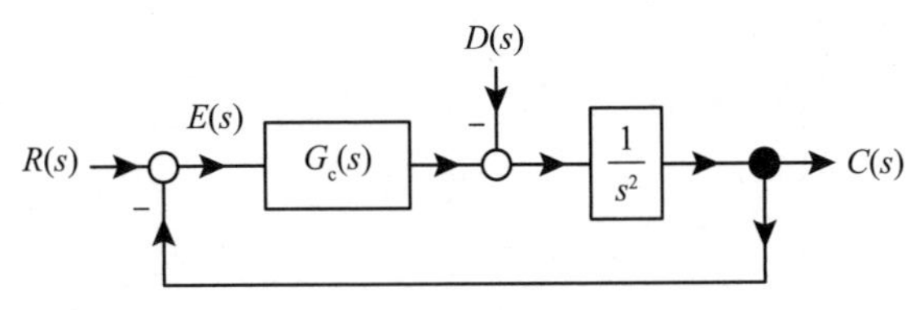

图 11-65 单位反馈控制结构

$G(\mathrm{j}\omega)=\frac{1}{(\mathrm{j}\omega)^2}$的伯德图如图 11-66 所示。

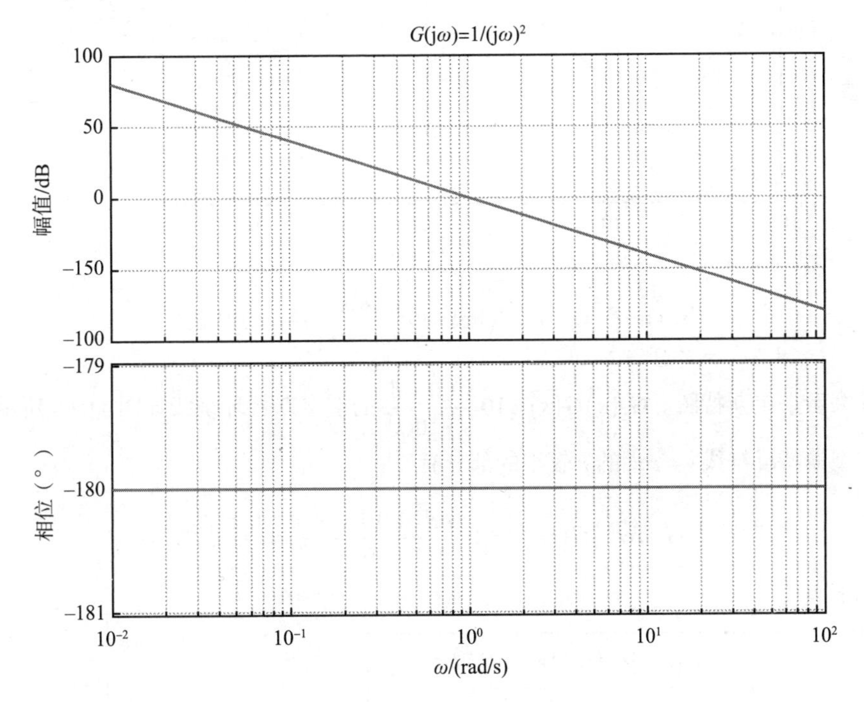

图 11-66 $G(\mathrm{j}\omega)=\frac{1}{(\mathrm{j}\omega)^2}$的伯德图

开环系统是不稳定的，需使闭环系统稳定。考虑使用超前控制器$G_c(s)=K\frac{s+z_c}{s+p_c}$。增益穿越频率$\omega_{cg}=1\mathrm{rad/s}$，因此选择零点使$z_c=0.1$，来使它比增益穿越频率低 10 倍。接下来选择极点使$p_c=10$，来使它比增益穿越频率高 10 倍。这样$\frac{s+0.1}{s+10}$在$\omega=\omega_{cg}=1$时增进约 90°（实际是 78.6°），相应的增益$\left.\frac{\mathrm{j}\omega+0.1}{\mathrm{j}\omega+10}\right|_{\omega=\omega_{cg}=1}=0.1$。选择$K=10$，使超前补偿器的增益为 1，从而使增益穿越频率保持在$\omega=1$。即选择控制器为

$$G_c(s)=10\frac{s+0.1}{s+10}$$

图 11-67 所示为 $G_c(j\omega)G(j\omega)$ 的伯德图。在 $\omega=\omega_{cg}=1$ 处，有 $G_c(j\omega)G(j\omega)=1e^{-j101.4^\circ}$，则相位裕度为 $180^\circ-101.4^\circ=78.6^\circ$。

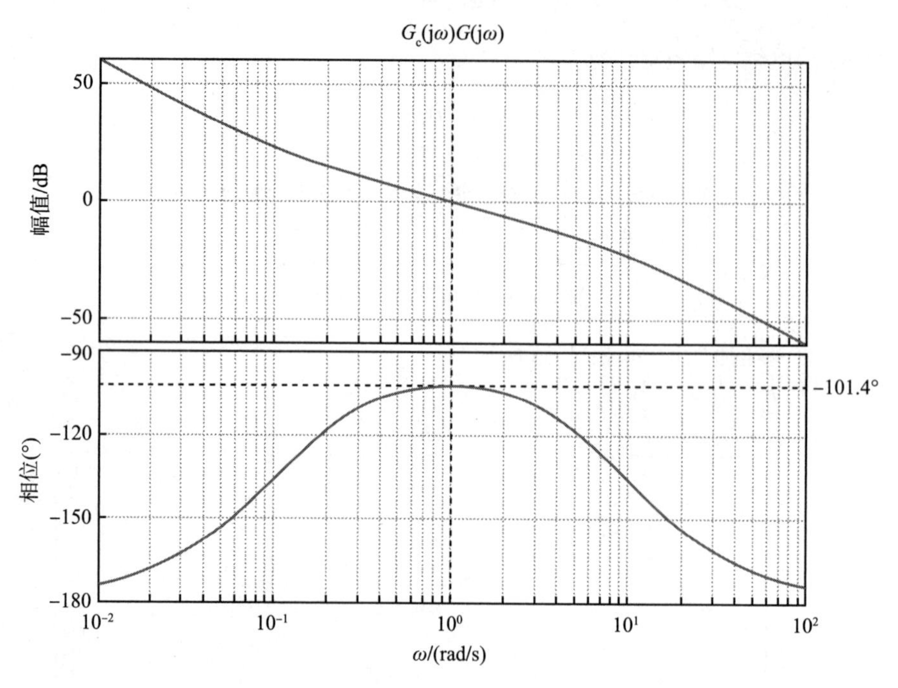

图 11-67　$G_c(j\omega)G(j\omega)=10\frac{j\omega+0.1}{j\omega+10}\frac{1}{(j\omega)^2}$ 的伯德图

现在来看奈奎斯特图。$G_c(s)G(s)=10\frac{s+0.1}{s+10}\frac{1}{s^2}$ 的奈奎斯特环绕线如图 11-68 所示。

在奈奎斯特环绕线 $s=re^{j\theta}$ 的 r 较小的部分有

$$G_c\left(re^{j\theta}\right)G\left(re^{j\theta}\right)=10\frac{re^{j\theta}+0.1}{re^{j\theta}+10}\frac{1}{r^2e^{j2\theta}}\approx\frac{0.1}{r^2}e^{-j2\theta}$$

以此计算下表值

θ	$G\left(re^{j\theta}\right)G_c\left(re^{j\theta}\right)\approx 0.1e^{-j2\theta}/r^2$
$-\pi/2$	$0.1e^{j180^\circ}/r^2$
$-\pi/4$	$0.1e^{j90^\circ}/r^2$
0	$0.1/r^2$
$+\pi/4$	$0.1e^{-j90^\circ}/r^2$
$+\pi/2$	$0.1e^{-j180^\circ}/r^2$

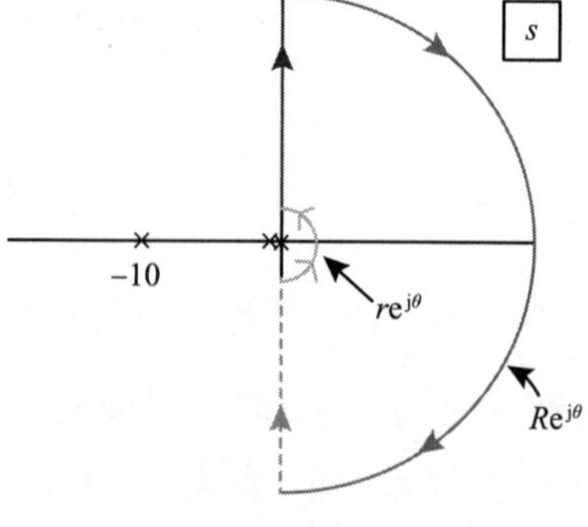

图 11-68　$G_c(s)G(s)=10\frac{s+0.1}{s+10}\frac{1}{s^2}$ 的奈奎斯特环绕线

从上表和伯德图中，可以得到极坐标图的草图如图 11-69 所示 ⊖。

从图 11-68 的奈奎斯特环绕线可以看出 $P=0$。图 11-69 的极坐标图显示 $N=0$，则 $Z=P+N=0$。对于 $K>0$，$KG_c(s)G(s)$ 的极坐标图与图 11-69 相同，增益裕度无限大。奈奎斯特图不是按照比例绘制的，但结果表明其相位裕度为 78.6°。

接下来看阶跃响应，有一个单位阶跃输入

$$C(s)=\underbrace{\frac{G_c(s)G(s)}{1+G_c(s)G(s)}}_{G_{CL}(s)}R(s)=\frac{10\frac{s+0.1}{s+10}\frac{1}{s^2}}{1+10\frac{s+0.1}{s+10}\frac{1}{s^2}}\frac{1}{s}=\frac{10(s+0.1)}{s^3+10s^2+10s+1}\frac{1}{s}$$

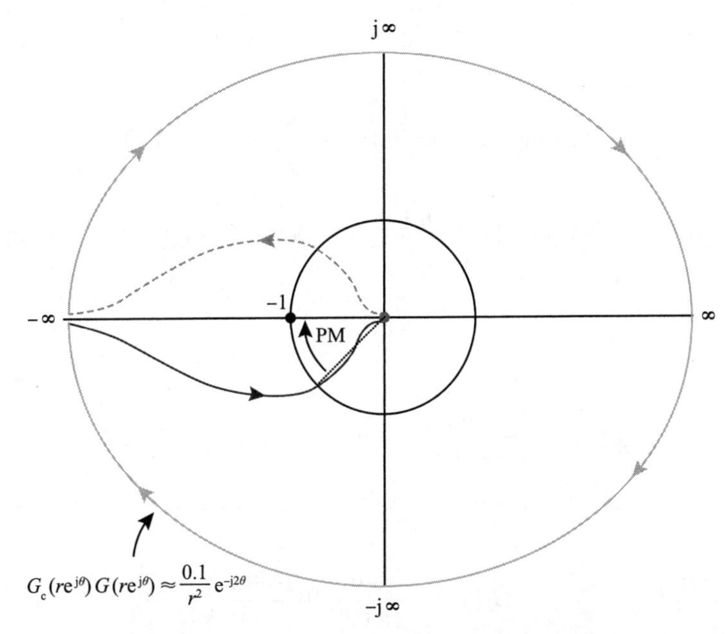

图 11-69 $G_c(s)G(s)=10\frac{s+0.1}{s+10}\frac{1}{s^2}$ 的极坐标图

闭环极点分别为 −0.11，−1 和 −8.9。$C(s)$ 的部分分式展开式为

$$C(s)=\frac{R_0}{s}+\frac{A_1}{s+1}+\frac{A_2}{s+8.9}+\frac{A_3}{s+0.11}$$

当闭环极点为 −0.11 时，值得关注的是由于它导致的瞬态响应 $A_3e^{-0.11t}$ 的部分逐渐变为 0。但 −0.1 处的零点由于 A_3 很小，基本抵消了 −0.11 处的极点。具体地说，

$$A_3=\lim_{s\to-0.11}(s+0.11)\frac{10(s+0.1)}{(s+1)(s+8.9)(s+0.11)}\frac{1}{s}=\left.\frac{10(s+0.1)}{(s+1)(s+8.9)}\frac{1}{s}\right|_{s=-0.11}=0.116$$

⊖ 这里有更多 $\omega\to0$ 的奈奎斯特图的细节

$$\begin{aligned}G_c(j\omega)G(j\omega)&=10\frac{j\omega+0.1}{j\omega+10}\frac{1}{(j\omega)^2}=-10\frac{(j\omega+0.1)(-j\omega+10)}{(j\omega+10)(-j\omega+10)}\frac{1}{\omega^2}=-10\frac{\omega^2+1+j9.9\omega}{\omega^2+100}\frac{1}{\omega^2}\\&\approx-\frac{1}{10}\frac{1}{\omega^2}-j0.99\frac{1}{\omega}，\text{当}\omega\text{较小时}\end{aligned}$$

这个计算表明（见图 11-69）对于所有的 $\omega>0$ 时，$G_c(j\omega)G(j\omega)$ 的虚部为负。$\omega=0$ 时，$G_c(j\omega)G(j\omega)$ 的 $\omega>0$ 的图和 $G_c(j\omega)G(j\omega)$ 的 $\omega<0$ 的图分别连接了 $G_c(re^{j\theta})G(re^{j\theta})\big|_{\theta=\pi/2,\,r=0}$ 和 $G_c(re^{j\theta})G(re^{j\theta})\big|_{\theta=-\pi/2,\,r=0}$。

完整响应为

$$c(t)=u_s(t)+0.116e^{-0.11t}-1.3e^{-1.0t}+0.14e^{-8.9t}$$

主控制器为 $G_c(s)=K\dfrac{s+0.1}{s+10}$ ($K=10$)，第 11 章给出的根轨迹法表明，K 值越大，闭环零点越来越接近 $G_c(s)$ 的零点。因此，在研究了根轨迹法之后，这种近似的零极点抵消就不足为奇了。

阶跃干扰 $D(s)=D_0/s$ 引起的误差 $E_D(s)$ 为

$$E_D(s)=\frac{\frac{1}{s^2}}{1+10\frac{s+0.1}{s+10}\frac{1}{s^2}}\frac{D_0}{s}=\frac{1}{s^2+10\frac{s+0.1}{s+10}}\frac{D_0}{s}$$

终值误差为

$$e_D(\infty)=\lim_{s\to 0}sE_D(s)=\lim_{s\to 0}s\frac{1}{s^2+10\frac{s+0.1}{s+10}}\frac{D_0}{s}=10D_0$$

终值误差过大，所以加入滞后补偿器 $\dfrac{s+0.1}{s+0.01}$ 以干扰衰减。选择这个滞后补偿器是因为

$$\left.\frac{s+0.1}{s+0.01}\right|_{s=0}=10$$

和

$$\frac{j\omega+0.1}{j\omega+0.01}\approx 1 \text{ 对于 } j\omega\gg 0.1$$

也就是说，它在低频段提供了十倍增益，但不改变增益穿越点或相位裕度。（超前滞后）控制器现在是

$$G_c(j\omega)=\frac{s+0.1}{s+0.01}10\frac{s+0.1}{s+10}$$

对于阶跃干扰，可以看到

$$E_D(s)=\frac{\frac{1}{s^2}}{1+\frac{s+0.1}{s+0.01}10\frac{s+0.1}{s+10}\frac{1}{s^2}}\frac{D_0}{s}=\frac{1}{s^2+\frac{s+0.1}{s+0.01}10\frac{s+0.1}{s+10}}\frac{D_0}{s}$$

则

$$e_D(\infty)=\lim_{s\to 0}s\frac{1}{s^2+\frac{s+0.1}{s+0.01}10\frac{s+0.1}{s+10}}\frac{D_0}{s}=D_0$$

最终干扰误差减小了 10 倍。由单位阶跃输入引起的闭环响应现在是

$$C(s)=\frac{\frac{s+0.1}{s+0.01}10\frac{s+0.1}{s+10}\frac{1}{s^2}}{1+\frac{s+0.1}{s+0.01}10\frac{s+0.1}{s+10}\frac{1}{s^2}}\frac{1}{s}=\frac{10s^2+2s+0.1}{s^4+10.01s^3+10.1s^2+2s+0.1}\frac{1}{s}$$

$$=\frac{10(s+0.1)^2}{(s+0.08)(s+0.16)(s+0.87)(s+8.9)}\frac{1}{s}$$

注意接近位于两个 −0.1 零点的两个闭环极点 −0.08 和 −0.16。计算新的增益和相位裕度 $G_c(s)G(s)=\dfrac{s+0.1}{s+0.01}10\dfrac{s+0.1}{s+10}\dfrac{1}{s^2}$ 如图 11-70 所示。

伯德图中相位裕度为 73.5°，但注意 $\left|\dfrac{j\omega+0.1}{j\omega+0.01}\right|_{\omega=\omega_{cg}=1}=1.005$，但 $\angle\left.\dfrac{j\omega+0.1}{j\omega+0.01}\right|_{\omega=\omega_{cg}=1}=-5.1°$，这就可以解释为什么这个图比图 11-67 的相位裕度减少了 5°。为了理解增益裕度，观察奈奎斯特图，奈奎斯特等值线如图 11-71 所示。

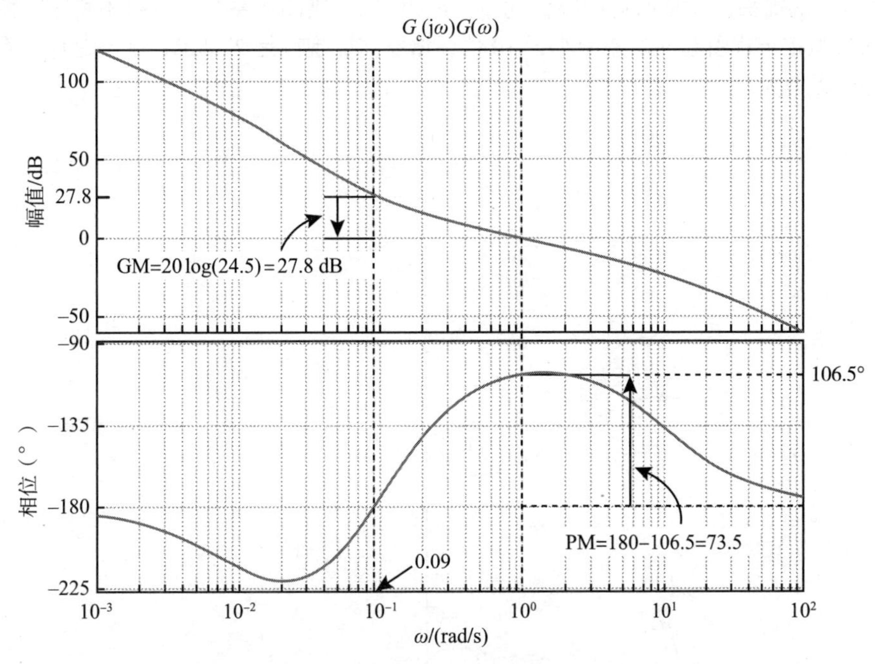

图 11-70 $G_c(s)G(s)=\dfrac{s+0.1}{s+0.01}10\dfrac{s+0.1}{s+10}\dfrac{1}{s^2}$ 的伯德图

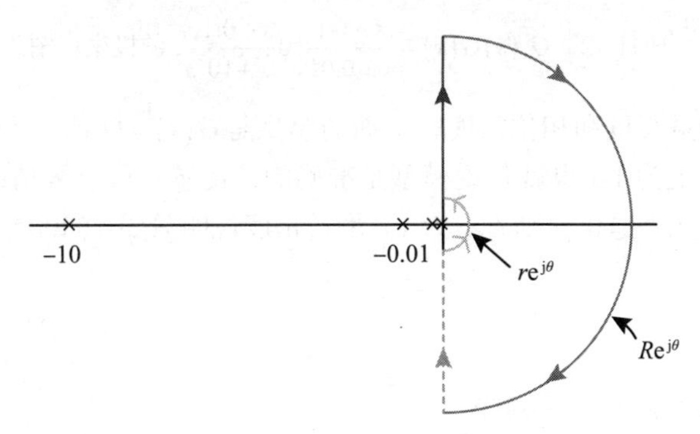

图 11-71 $G_c(s)G(s)=\dfrac{s+0.1}{s+0.01}10\dfrac{s+0.1}{s+10}\dfrac{1}{s^2}$ 的奈奎斯特等值线图

在这种情况下

$$G\left(re^{j\theta}\right)G_c\left(re^{j\theta}\right)=\frac{re^{j\theta}+0.1}{re^{j\theta}+0.01}10\frac{re^{j\theta}+0.1}{re^{j\theta}+10}\frac{1}{r^2e^{j2\theta}}\approx\frac{1}{r^2}e^{-j2\theta}$$

奈奎斯特等值线图和图 11-69 相同，利用这一点以及图 11-70，极坐标图如图 11-72 所示[⊖]。图 11-71 显示了 $P=0$。图 11-72 显示了极坐标绕 $-1+\mathrm{j}0$ 逆时针和顺时针各一圈，则 $N=0$。$Z=P+N=0$，则闭环系统是稳定的。如果将 $G_{\mathrm{c}}(s)G(s)$ 乘以任何小于 $1/24.5=0.0408$ 的因子，则极坐标图不再逆时针绕 $-1+\mathrm{j}0$ 一圈，仅顺时针绕一圈，则 $N=1$，这种情况下 $Z=P+N=1$，闭环系统不稳定。因此，增益裕度为 0.0408 或 $20\log(0.0408)=-27.8\mathrm{dB}$。符号表示在闭环系统不稳定之前，增益可以减少这个值。然而，通常将这个增益裕度表示为正数 27.8dB，并使用图 11-70 所示的箭头，如果增益图降低此量（或更多），则闭环系统将变得不稳定。滞后补偿器的加入将恒定干扰引起的误差减小了 10 倍，增益裕度现在是 27.8dB，并不是像没有滞后补偿器时那样无穷大。

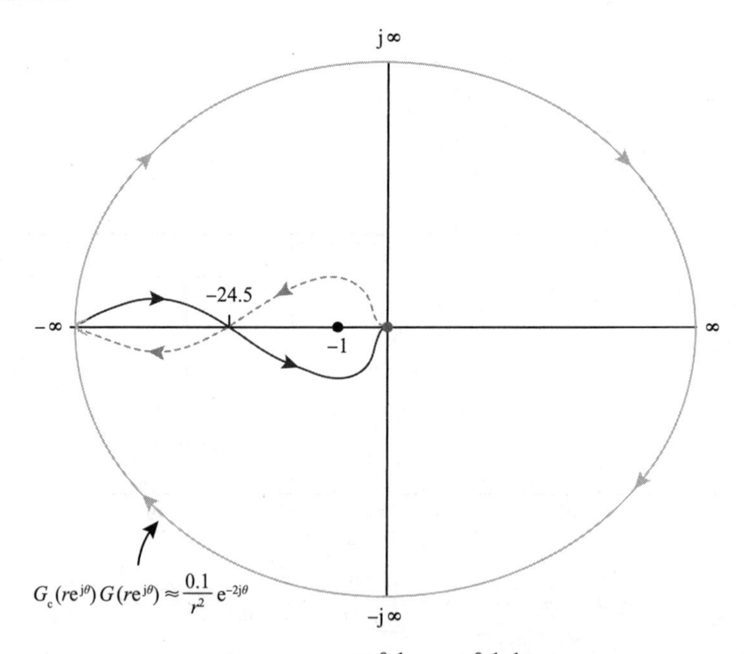

图 11-72　$G_{\mathrm{c}}(s)G(s)=\dfrac{s+0.1}{s+0.01}10\dfrac{s+0.1}{s+10}\dfrac{1}{s^2}$ 的极坐标图

为什么要关心增益裕度和相位裕度，上面的模型是 $G(s)=1/s^2$，但对于传感器来说可能是 k/s^2，其中 k 名义上为 1。也就是说模型是准确的，传感器可以被精确校准为 $k=1$，但随着时间的推移，电子元件退化，则 k 不为 1。增益裕度说明只要 $0.0408\leqslant k\leqslant\infty$，则闭环系统保持稳定。

⊖ 对于更多在 $\omega\to0$ 的奈奎斯特图的细节

$$
\begin{aligned}
G_{\mathrm{c}}(\mathrm{j}\omega)G(\mathrm{j}\omega)=\frac{\mathrm{j}\omega+0.1}{\mathrm{j}\omega+0.01}10\frac{\mathrm{j}\omega+0.1}{\mathrm{j}\omega+10}\frac{1}{(\mathrm{j}\omega)^2}
&=-\frac{(\mathrm{j}\omega+0.1)(-\mathrm{j}\omega+0.01)(\mathrm{j}\omega+0.1)(-\mathrm{j}\omega+10)}{(\mathrm{j}\omega+0.01)(-\mathrm{j}\omega+0.01)(\mathrm{j}\omega+10)(-\mathrm{j}\omega+10)}\frac{1}{\omega^2}\\
&=-\frac{\omega^4+1.892\omega^2+0.001+\mathrm{j}\left(9.81\omega^3-0.0801\omega\right)}{\omega^4+100\omega^2+0.01}\frac{1}{\omega^2}\\
&\approx-\frac{0.1}{\omega^2}+\mathrm{j}\frac{8.01}{\omega}，\text{当}\omega\text{较小时}
\end{aligned}
$$

这个计算表明（见图 11-72）对于所有的 $\omega>0$ 时，$G_{\mathrm{c}}(\mathrm{j}\omega)G(\mathrm{j}\omega)$ 的虚部为正。从图 11-71 所示的奈奎斯特等值线来看，它连接到 $G_{\mathrm{c}}\left(re^{\mathrm{j}\theta}\right)G\left(re^{\mathrm{j}\theta}\right)\Big|_{\substack{\theta=\pi/2\\ r=0}}$。

11.7 带输出的倒立摆$Y(s)=X(s)+\left(\ell+\dfrac{J}{m\ell}\right)\theta(s)$

在第 10 章的例 5 中，为带输出的倒立摆设计了一个极点配置反馈控制器

$$y(t)=x(t)+\left(\ell+\frac{J}{m\ell}\right)\theta(t)$$

从$U(s)$到$Y(s)$的传递函数为（见第 13 章）

$$Y(s)=X(s)+\left(\ell+\frac{J}{m\ell}\right)\theta(s)=\underbrace{-\frac{\kappa mg\ell}{s^2\left(s^2-\alpha^2\right)}}_{G_Y(s)}U(s)+\frac{p_Y(s)}{s^2\left(s^2-\alpha^2\right)}$$

此处

$$p_Y(s)\triangleq\left(\left(\ell+J/(m\ell)\right)s^2-\kappa g(m\ell)^2\right)\left(s\theta(0)+\dot{\theta}(0)\right)+\left(s^2-\alpha^2\right)\left(sx(0)+\dot{x}(0)\right)$$

$$\alpha^2=\frac{mg\ell(M+m)}{Mm\ell^2+J(M+m)},\kappa=\frac{1}{Mm\ell^2+J(M+m)}$$

倒立摆的单位反馈系统如图 11-73 所示。利用 Quanser 的参数，倒立摆的传递函数为

$$G_Y(s)=\frac{-36.57}{s^2\left(s^2-29.26\right)}=\frac{-36.57}{s^2(s+5.409)(s-5.409)}$$

为了用最小阶控制器配置任意闭环极点，选择$G_c(s)$为

$$G_c(s)=\frac{b_c(s)}{a_c(s)}=\frac{b_3s^3+b_2s^2+b_1s+b_0}{s^3+a_2s^2+a_1s+a_0}$$

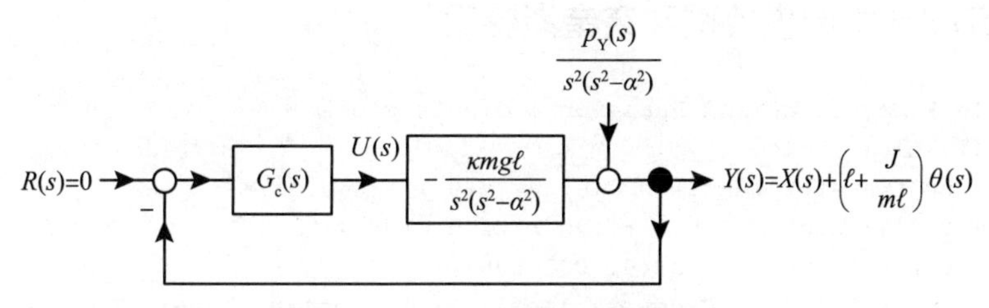

图 11-73 倒立摆的闭环控制器

当闭环极点都位于 –5 时，在第 10 章的例 5 中有闭环控制器

$$\begin{aligned}G_c(s)&=-\frac{1041.6s^3+6113.7s^2+2990.8s+2136.3}{s^3+35s^2+554.3s+5399}\\&=-1041.6\frac{(s+5.409)\left(s^2+0.46s+0.3792\right)}{(s+20.835)\left(s^2+14.17s+259.13\right)}\end{aligned}$$

这种控制器是由奈奎斯特理论设计的。图 11-74a 所示为奈奎斯特等值线，图 11-74b 所示为$G_c(s)G_Y(s)$的奈奎斯特图。从奈奎斯特图中可以看出，闭环传递函数

$$\frac{KG_c(s)G_Y(s)}{1+KG_c(s)G_Y(s)}$$

在$-1.135<-\dfrac{1}{K}<-0.76$或$0.881=\dfrac{1}{1.135}<\dfrac{1}{K}<\dfrac{1}{0.76}=1.282$时，系统是稳定的。相位裕度原来

约为 7°。小增益裕度和相位裕度表明，该控制器在实践中很难（几乎不可能）实现，即模型参数有一点偏差，该控制器对应的闭环系统可能不稳定。在第 17 章中将进行更多讨论并说明用于倒立摆的状态空间控制器鲁棒性相当好。

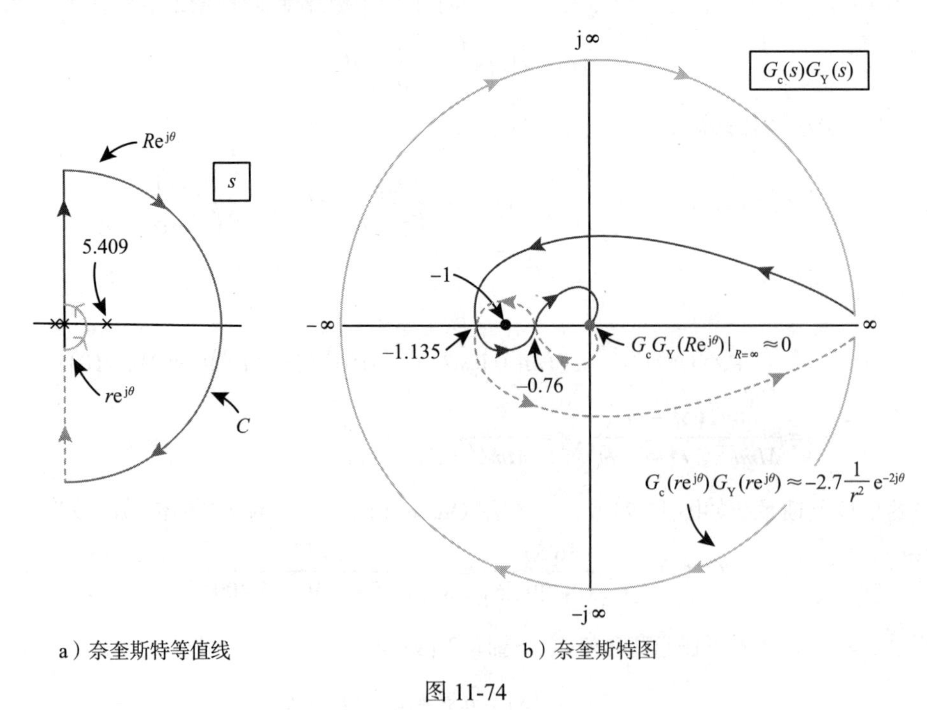

a）奈奎斯特等值线　　b）奈奎斯特图

图 11-74

附录　MATLAB 中的伯德图和奈奎斯特图

```
% Example 1 Magnitude and Phase on a single plot
close all; clear; clc
% Open-loop transfer function G(s) = (s+0.1)/(s+0.01)
den = [1 0.01]; num = [1 0.1]; sys = tf(num,den);
[mag phase wout] = bode(sys,{0.0001 100});
h = plotyy(wout,20*log10(squeeze(mag)),wout,squeeze(phase),' semilogx' ,' semilo
gx' );
grid on; set(h(1),' FontSize' ,20);set(h(2),' FontSize' ,20)
set(get(h(1),' Children' ),' LineWidth' ,5)
%set(get(h(1),' Children' ),' LineStyle' ,Dashed)
set(get(h(2),' Children' ),' LineWidth' ,5)
set(h(1),' YTick' ,[-10, 0,5,10,15,20]); set(h(2),' YTick' ,[-90, -67.5, -45,
-22.5 0])
set(h(1),' Ycolor' ,[0 0 1])
% Set color of right side to same color as left side
h1_color = get(h(1),' YColor' ); set(h(2),' YColor' ,h1_color)
set(get(h(2),' Children' ),' Color' ,h1_color)
title(' Bode Diagram of G(j\omega)= (1+j0.1\omega) / (1+j0.01\
omega)' ,' FontSize' ,20)
xlabel(' \omega rad/sec' ,' FontSize' ,20)
set(get(h(1),' Ylabel' ),' String' ,' Magnitude in dB' ,' FontSize' ,20)
set(get(h(2),' Ylabel' ),' String' ,' Phase in degrees' ,' FontSize' ,20)
```

```
% Example 2 Separate Magnitude and Phase Plot
close all; clear; clc
% Gc(s) = (s+0.1)/(s+0.01)
den = [1 0.01]; num = [1 0.1];tf_openloop = tf(num,den);
h = bodeplot(tf_openloop); grid on
ax = findobj(gcf,' type' ,' axes' ); set(ax,' LineWidth' ,0.5);
ax = findall(gcf,' Type' ,' axes' ); set(ax,' GridColor' ,' black' )
options = getoptions(h);
options.MagVisible = ' on' ; options.PhaseVisible = ' on' ;
options.Title.String = ' Bode Diagram of G(j\omega)= (1+j0.1\omega) / (1+j0.01\
omega)' ;
options.XLabel.String = ' omega' ; options.YLabel.String = {' Magnitude' ,
' Phase' };
options.Xlim ={[0.0001,100]};
options.TickLabel.FontSize = 25;
options.Title.FontSize = 25; options.XLabel.FontSize = 25; options.YLabel.
FontSize = 25;
setoptions(h,options);
% workarounds for line width
lin_width = findobj(gcf,' type' ,' line' );
set(lin_width,' linewidth' ,4);

%Example 1 Nyquist
close all; clear; clc
% Gc(s) = 1/(s+1)(s+3)
den1 = [1 4 3]; num1 = [1];tf1 = tf(num1,den1);w = {0.01,100};
nyquist(tf1,w)

% Example 2 Nyquist
figure
% Gc(s) = 10*(s+1)/s(s-10)
den2 = [1 -10 0]; num2 = [10 10];tf2 = tf(num2,den2);w = {0.1,1000};
nyquist(tf2,w);
```

习题

习题 1 一阶不稳定零点的伯德图

在 $\tau=-0.2$ 时，画出 $G(\mathrm{j}\omega)=-\tau\mathrm{j}\omega+1$ 的伯德图（幅值和相位）。根据文中的例题，应该可以快速做到这一点。

在习题 2~7 中，求出对应给定伯德图的传递函数 $G(s)$。使用 MATLAB，由 $G(s)$ 的表达式重新绘制伯德图。在每个伯德图中，极点和零点的断点都是整数，并且间隔至少十倍。这意味着，不可能存在如 $G(s)=(s+2)/(s+6)$ 的伯德图，因为 2 和 6 之间没有间隔十倍。

习题 2 伯德图

在图 11-75 中，$G(s)$ 只有一个实极点。

习题 3 伯德图

$G(s)$ 有两个实极点，使用图 11-76 所示伯德图确定 $G(s)$。

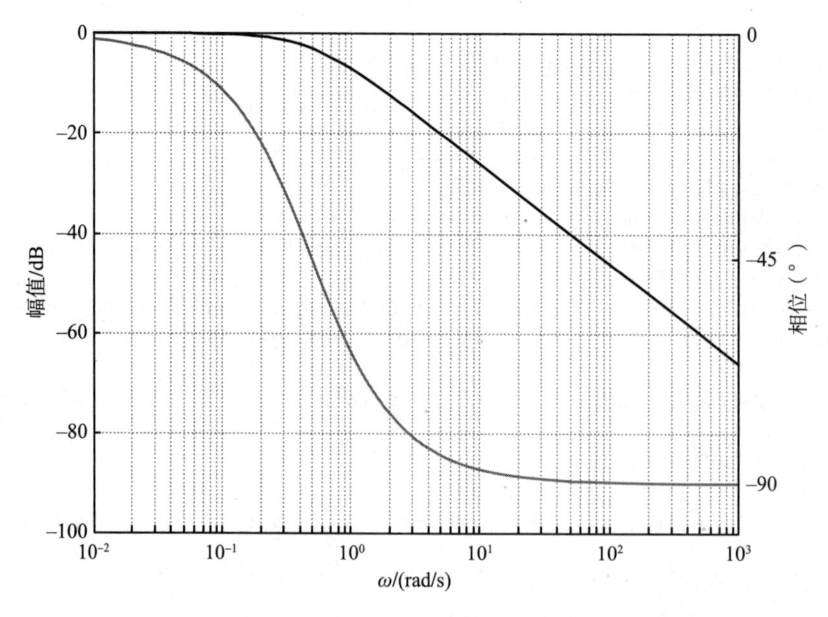

图 11-75　$G(s)=?$

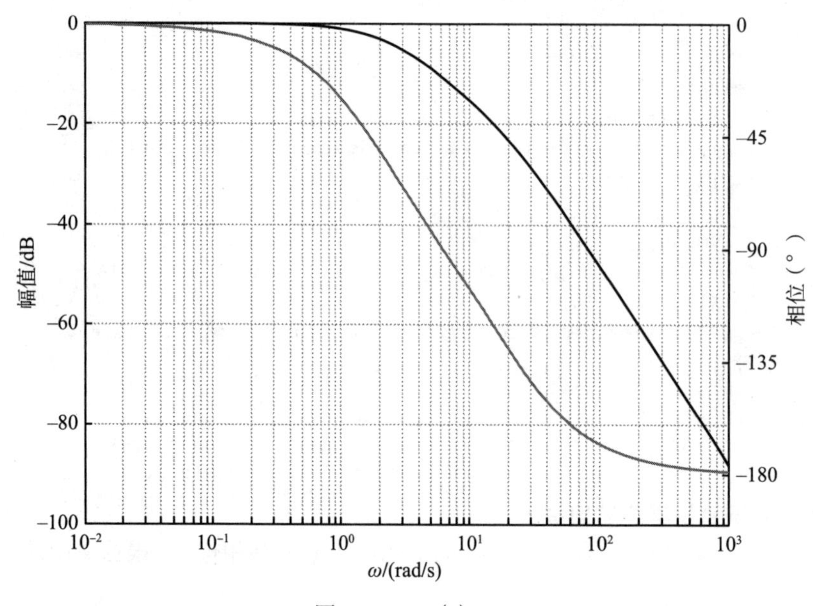

图 11-76　$G(s)=?$

习题 4 伯德图

$G(s)$有两个实极点，使用图 11-77 所示伯德图确定$G(s)$。

习题 5 伯德图

$G(s)$有一个共轭复极点，断点为 10。使用图 11-78 所示伯德图确定$G(s)$，从中可以得知$20\log_{10}|G(\mathrm{j}10)|=1.94$。

习题 6 伯德图

$G(s)$有一个实零点和一个断点为 10 的共轭复极点。使用图 11-79 所示伯德图确定$G(s)$。

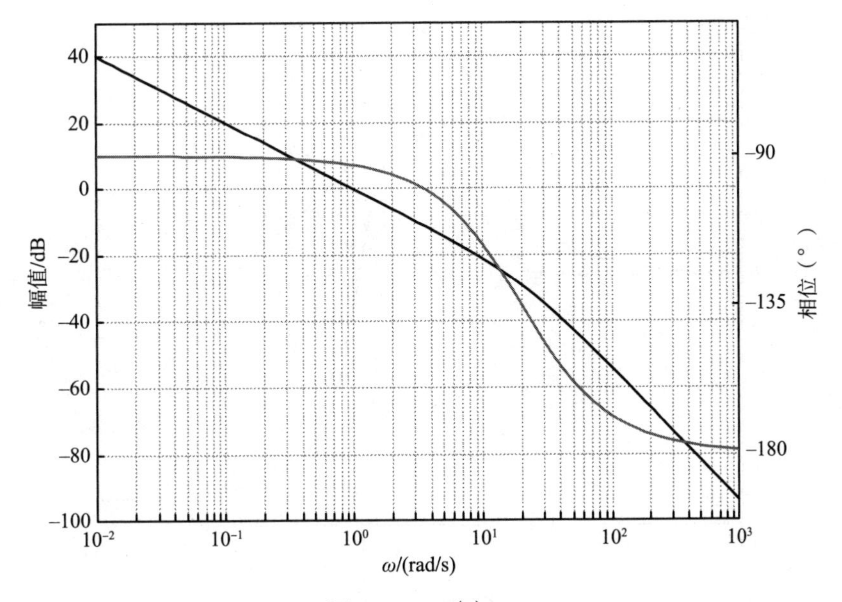

图 11-77　$G(s)=?$

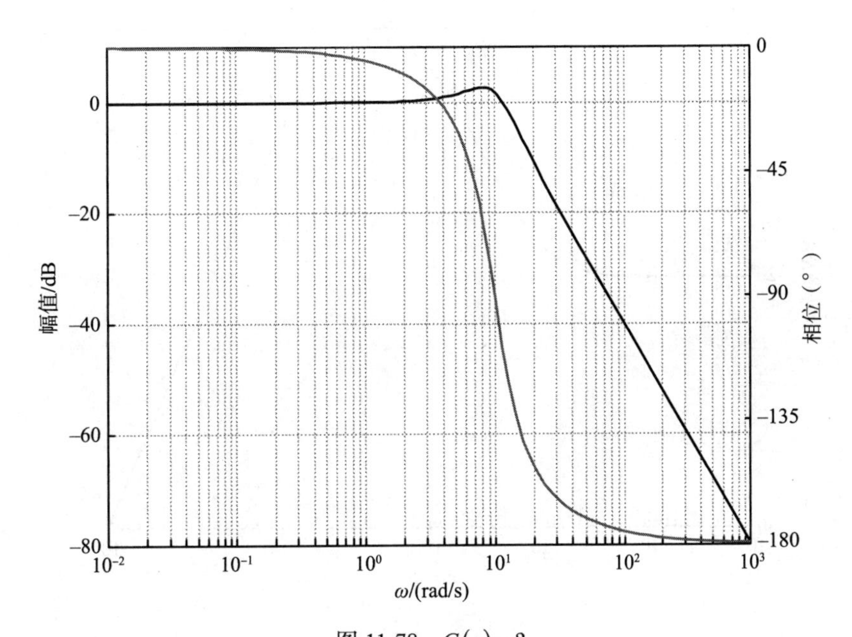

图 11-78　$G(s)=?$

习题 7 伯德图

$G(s)$有一个实零点和两个实极点。使用图 11-80 所示伯德图确定$G(s)$。

习题 8 伯德图

传递函数$G(s)$的渐近伯德幅频图如图 11-81 所示。

（a）设$G_1(s)$有如图 11-81 所示的伯德幅频图。假设$G_1(s)$的所有极点和零点都在左半开平面或在$\mathrm{j}\omega$轴上，求传递函数$G_1(s)$。

（b）设$G_2(s)$有如图 11-81 所示的伯德幅频图。假设$G_2(s)$的所有极点和零点都在右半开平面或在$\mathrm{j}\omega$轴上，求传递函数$G_2(s)$。

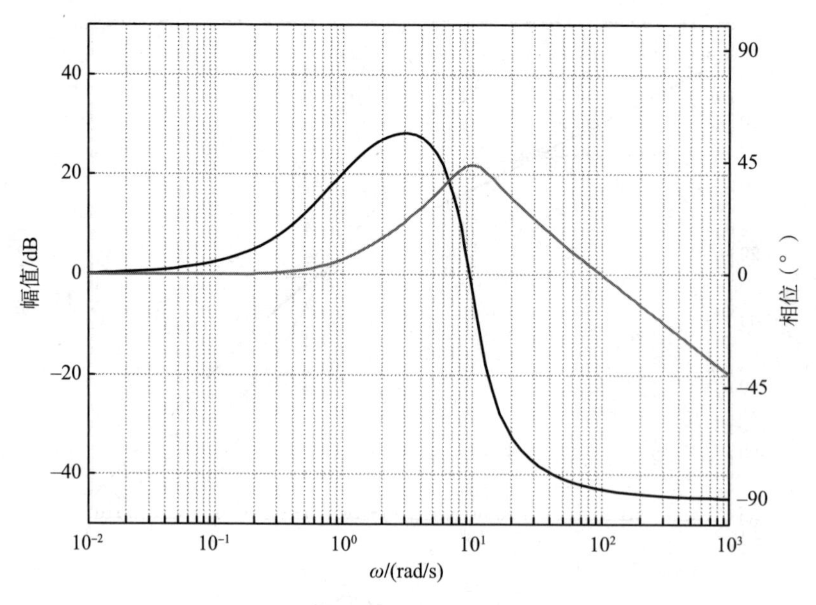

图 11-79　$G(s)=?$

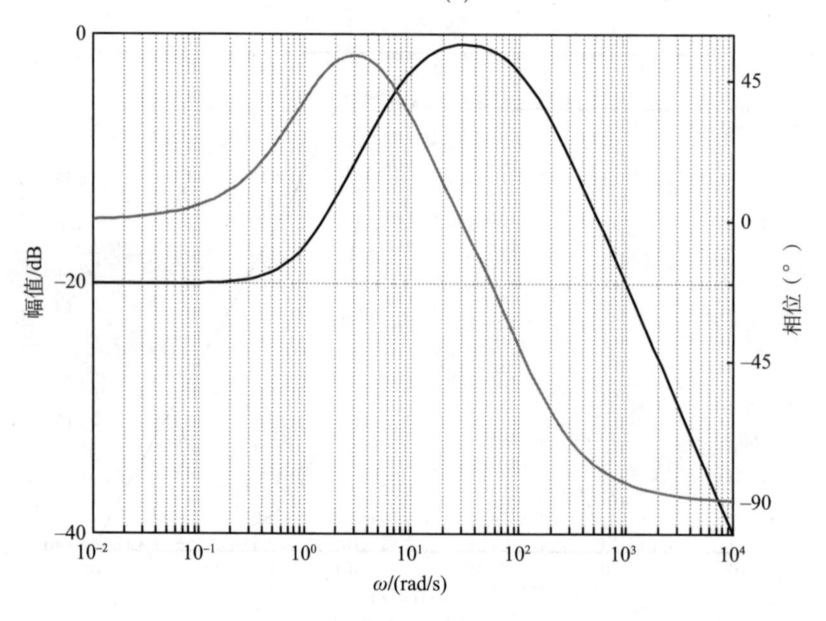

图 11-80　$G(s)=?$

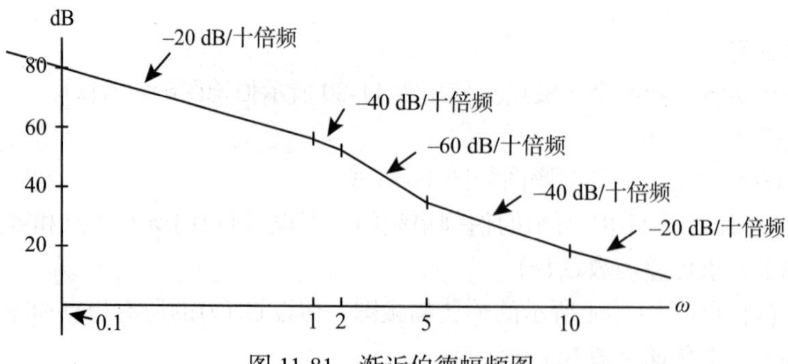

图 11-81　渐近伯德幅频图

习题 9 幅角原理

设 $G(s)=1/(s-1)$，奈奎斯特等值线如图 11-82 所示。按照例 6 的步骤画出相应的奈奎斯特图，并且验证幅角原理。

习题 10 幅角原理

设 $G(s)=1/(s-1)$，奈奎斯特等值线如图 11-83 所示。按照例 7 的步骤画出相应的奈奎斯特图，并且验证幅角原理。

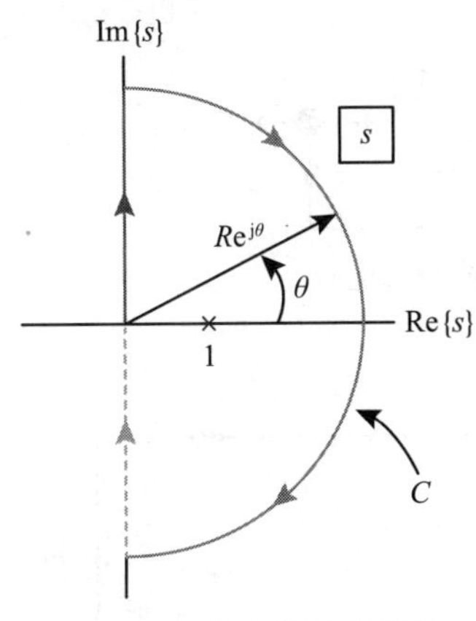

图 11-82 奈奎斯特等值线

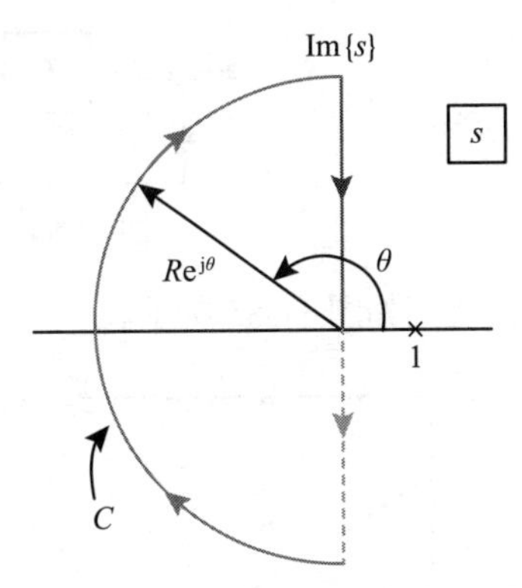

图 11-83 奈奎斯特等值线

习题 11 $1+K\dfrac{10(s+1)}{s(s-10)}$ 的劳斯 – 赫尔维茨检验

使用劳斯 – 赫尔维茨检验检查例 12。

习题 12 $G(s)=\dfrac{1}{(s+1)(s^2+\sqrt{2}s+1)}$ 的极坐标图

（a）相位穿越频率为 ω_ϕ，使 $\angle G(j\omega_\phi)=180°$，对于例 13 中的传递函数，计算 $G(j\omega)$，设虚部为 0，使 $\omega_\phi=1.55$，$G(j1.55)=-1/4.8$。

（b）证明 $G(j1)=\dfrac{1}{2}e^{-j3\pi/4}$。

习题 13 $1+K\dfrac{1}{(s+1)(s^2+\sqrt{2}s+1)}$ 的劳斯 – 赫尔维茨检验

使用劳斯 – 赫尔维茨检验检查例 13。

习题 14 $\dfrac{1}{s(s+1)^2}$ 的极坐标图

（a）相位穿越频率为 ω_ϕ，使 $\angle G(j\omega_\phi)=180°$，对于例 14 中的传递函数，使 $\omega_\phi=1$，$G(j1)=-1/2$。

（b）增益穿越频率为 ω_g，使 $G(j\omega_g)=1$，对于例 14 中的传递函数，使 $\omega_g=0.68$，$\angle G(j\omega_g)=-159°$。

习题 15 $1+K\dfrac{1}{s(s+1)^2}$ 的劳斯 – 赫尔维茨检验

使用劳斯 – 赫尔维茨检验检查例 14。

习题 16 $G(s)=\dfrac{100(s/10+1)}{s(s-1)(s/100+1)}$ 的极坐标图

（a）相位穿越频率为 ω_ϕ，使 $\angle G(j\omega_\phi)=-180°$，对于例 15 中的传递函数，使 $\omega_\phi=3.35$，

$G(\mathrm{j}3.35)=-9$。

（b）增益穿越频率为 ω_{g}，使 $\left|G(\mathrm{j}\omega_{\mathrm{g}})\right|=1$，对于例 15 中的传递函数，计算 ω_{g} 和 $\angle G(\mathrm{j}\omega_{\mathrm{g}})$。

习题 17 $1+KG(s)=\dfrac{100(s/10+1)}{s(s-1)(s/100+1)}$ 的劳斯－赫尔维茨检验

使用劳斯－赫尔维茨检验检查例 15。

习题 18 奈奎斯特稳定性检验

考虑图 11-84 中的比例反馈系统

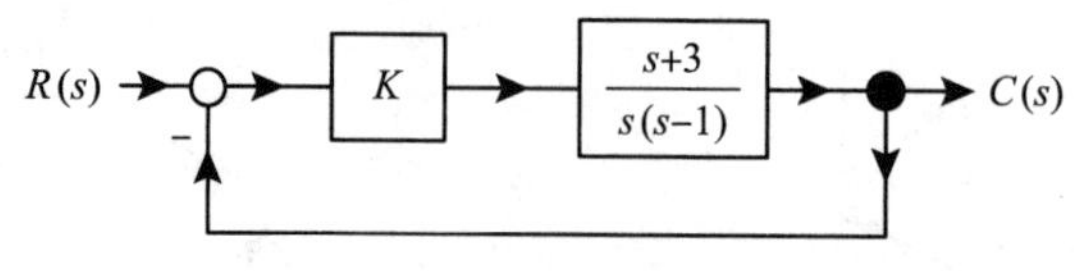

图 11-84　比例反馈控制系统

$G(s)$ 的伯德图如图 11-85 所示。

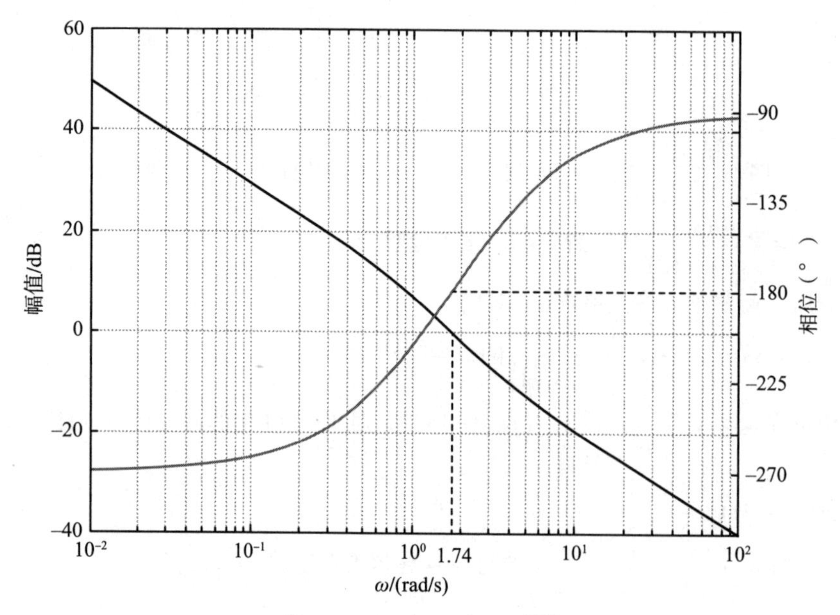

图 11-85　$G(\mathrm{j}1.74)=1\mathrm{e}^{-\mathrm{j}180^{\circ}}$

（a）画出 $G(s)$ 在 s 平面上的奈奎斯特环绕线。

（b）画出 $G(s)$ 在 $G(s)$ 平面上的奈奎斯特图。

（c）利用奈奎斯特理论进行稳定性分析，分别求出闭环传递函数在右半开平面零个极点、一个极点、两个极点时对应的 K 值。提示：绘制 $G(\mathrm{j}\omega)$，然后检查它在 $-\infty<K<\infty$ 时绕 $-1/K$ 点多少次。

习题 19 非最小相位系统的奈奎斯特稳定性检验

简单比例反馈控制系统如图 11-86 所示。

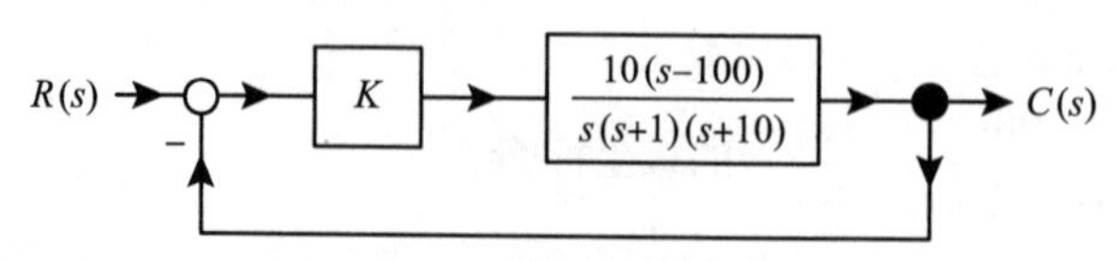

图 11-86　比例反馈控制系统

$G(s)$的伯德图如图 11-87 所示。

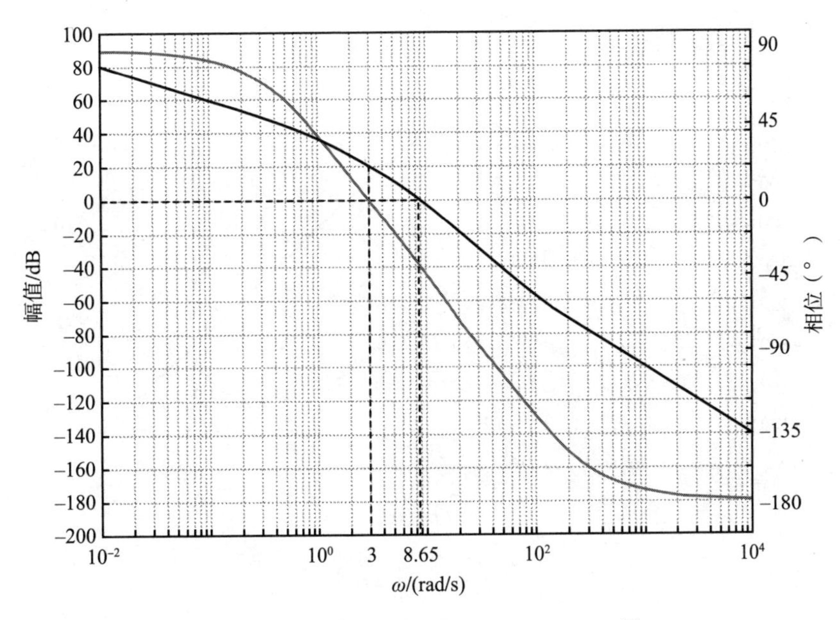

图 11-87　$G(\mathrm{j}3)=10\mathrm{e}^{\mathrm{j}0^\circ}$ 和 $G(\mathrm{j}8.65)=1\mathrm{e}^{-\mathrm{j}39^\circ}$

（a）画出$G(s)$在 s 平面上的奈奎斯特环绕线。

（b）画出$G(s)=\dfrac{10(s-100)}{s(s+1)(s+10)}$在$G(s)$平面上的奈奎斯特图。

（c）利用奈奎斯特理论进行稳定性分析，分别求出闭环传递函数当右半开平面零个极点、一个极点、两个极点时对应的 K 值。提示：绘制$G(\mathrm{j}\omega)$，然后检查它在$-\infty<K<\infty$时绕$-1/K$点多少次。

习题 20 奈奎斯特稳定性检验

简单比例反馈控制系统如图 11-88 所示。

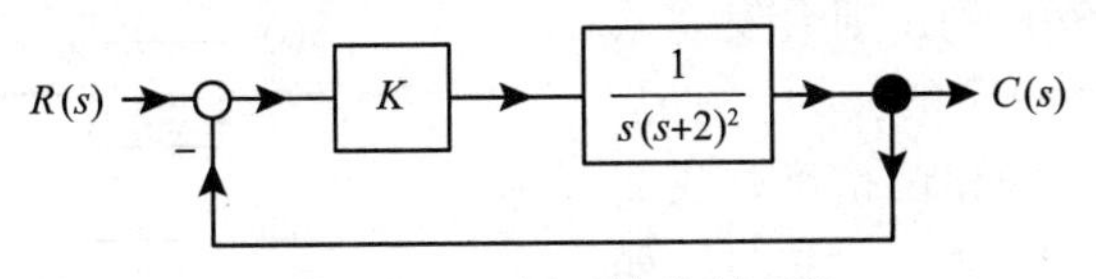

图 11-88　比例反馈控制系统

$G(s)=\dfrac{1}{s(s+2)^2}$的伯德图如图 11-89 所示。

（a）画出$G(s)$在 s 平面上的奈奎斯特环绕线。

（b）画出$G(s)=\dfrac{1}{s(s+2)^2}$在$G(s)$平面上的奈奎斯特图。

（c）利用奈奎斯特理论进行稳定性分析，分别求出闭环传递函数当右半开平面零个极点、一个极点、两个极点时对应的 K 值。提示：绘制$G(\mathrm{j}\omega)$，然后检查它在$-\infty<K<\infty$时绕$-1/K$点多少次。

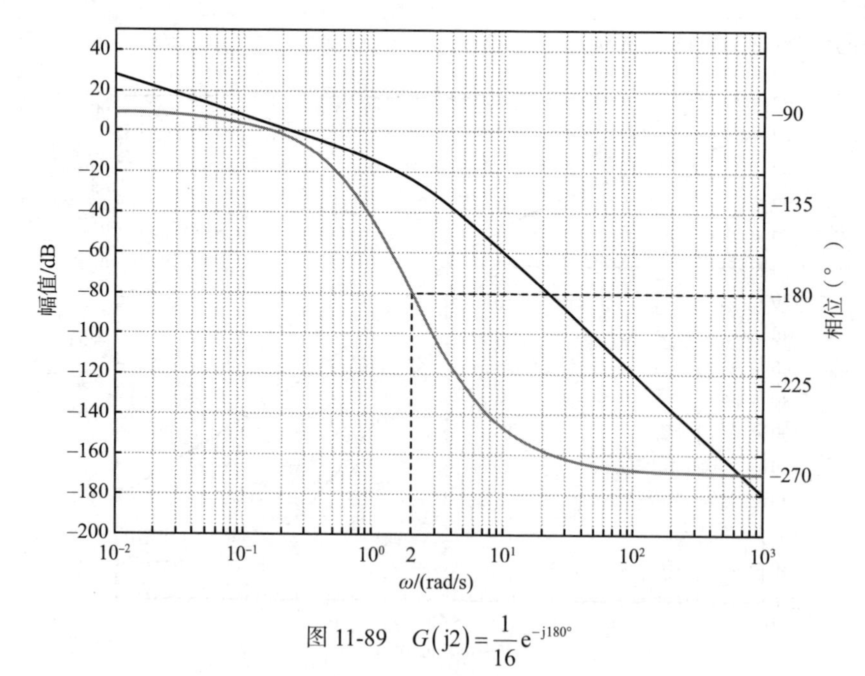

图 11-89　$G(\mathrm{j}2)=\dfrac{1}{16}\mathrm{e}^{-\mathrm{j}180°}$

习题 21 非最小相位系统的奈奎斯特稳定性检验

有

$$G(s)=\frac{1}{2}\frac{s-1}{s(s+1)}$$

（a）画出$G(s)$的伯德图，使用此伯德图帮助绘制这个传递函数的奈奎斯特极坐标图。

（b）利用奈奎斯特理论进行稳定性分析，分别求出闭环传递函数当右半开平面零个极点、一个极点、两个极点时对应的K值。提示：绘制$G(\mathrm{j}\omega)$，然后检查它在$-\infty<K<\infty$时绕$-1/K$点多少次。

（c）使用劳斯－赫尔维茨检验检查（b）中的答案。

（d）如果（c）解答正确，则会发现系统对于$K>0$不是闭环稳定的。为了使系统拥有标准的增益裕度和相位裕度，我们在$K>0$时向开环系统中增加一个负号，如图 11-90 所示。画出$-G(s)$的伯德图，使用此伯德图帮助绘制$-G(s)$的奈奎斯特极坐标图。

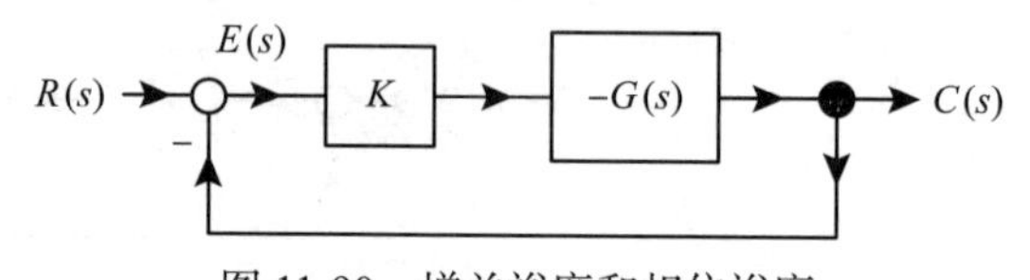

图 11-90　增益裕度和相位裕度

习题 22 增益裕度和相位裕度

图 11-91 所示为一个开环系统的伯德图。

（a）计算这个系统的传递函数。

（b）$G(s)$是一个单位反馈系统，如图 11-92 所示。计算$K=1$时的闭环增益裕度和相位裕度。

习题 23 增益裕度和相位裕度

例 12 中给定系统

$$G(s)=\frac{20(s+1)}{s(s-10)}=-\frac{2(s+1)}{s(-s/10+1)}$$

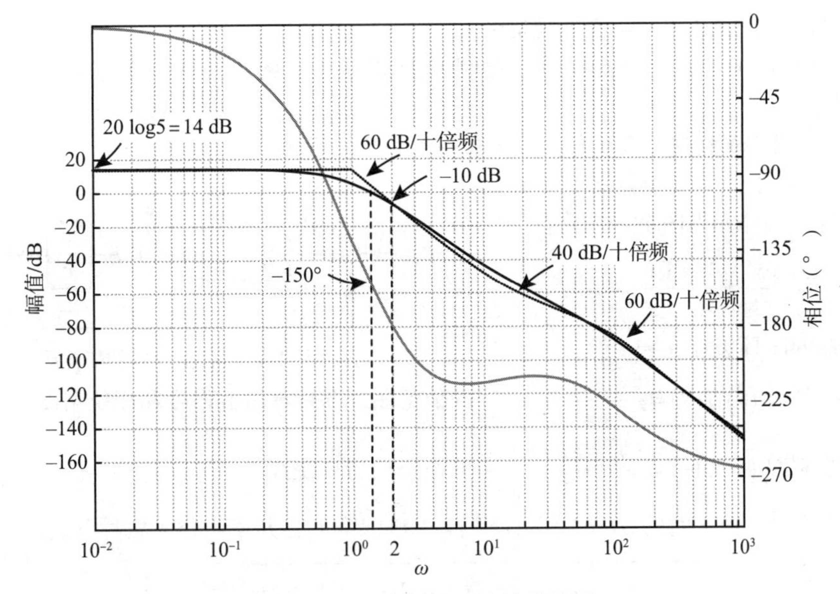

图 11-91　一个开环系统的伯德图

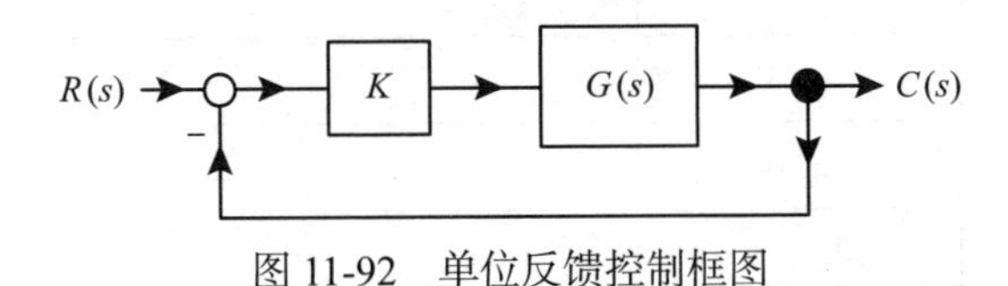

图 11-92　单位反馈控制框图

（a）画出 $G(s)$ 的奈奎斯特环绕线和奈奎斯特极坐标图。

（b）填写下表

$\omega_g = ?$	$20\log_{10}\left\|G(j\omega_g)\right\| = 0\text{dB}$	$\angle G(j\omega_g) = ?$
$\omega_\phi = ?$	$20\log_{10}\left\|G(j\omega_\phi)\right\| = ?\text{dB}$	$\angle G(j\omega_\phi) = -180°$

（c）增益裕度和相位裕度是多少？在伯德图上标出增益裕度和相位裕度。

习题 24 增益裕度和相位裕度

令 $G(s) = \dfrac{1}{s(s+1)}$

（a）画出 $G(s)$ 的伯德图，从伯德图画奈奎斯特极坐标图并填写下表。

$\omega_g = ?$	$20\log_{10}\left\|G(j\omega_g)\right\| = 0\text{dB}$	$\angle G(j\omega_g) = ?$
$\omega_\phi = ?$	$20\log_{10}\left\|G(j\omega_\phi)\right\| = ?\text{dB}$	$\angle G(j\omega_\phi) = -180°$

（b）增益裕度和相位裕度是多少？在伯德图上标出增益裕度和相位裕度。

习题 25 MATLAB 中的奈奎斯特指令

使用 MATLAB 中的奈奎斯特指令绘制例 13 的极坐标图（参见本章附录）。将此图与图 11-40 相比较。

习题 26 MATLAB 中的奈奎斯特指令

使用 MATLAB 中的奈奎斯特指令绘制例 14 的极坐标图（参见本章附录）。将此图与图 11-43 相比较。

习题 27 MATLAB 中的奈奎斯特指令

使用 MATLAB 中的奈奎斯特指令绘制例 15 的极坐标图（参见本章附录）。将此图与图 11-46 相比较。

习题 28 极点配置法下双积分器的增益裕度和相位裕度

在第 10 章中，为双积分器习题设计了极点配置控制器，如图 11-93 所示。

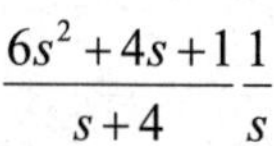

$$\frac{6s^2+4s+1}{s+4}\frac{1}{s}$$

控制器的闭环极点在 -1。

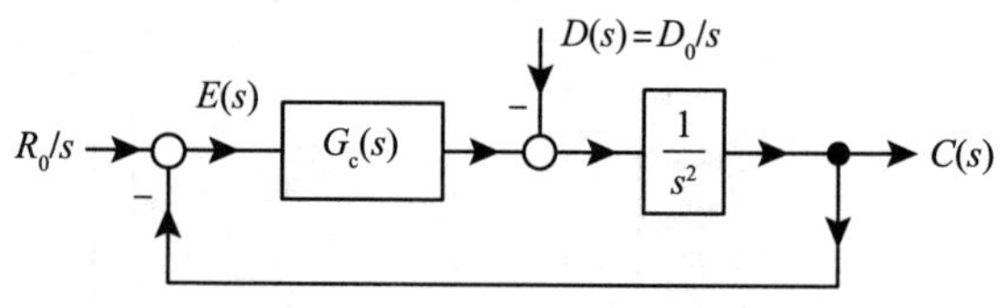

图 11-93　双积分器的极点配置

（a）绘制 $G_c(s)G(s)=\dfrac{6s^2+4s+1}{s+4}\dfrac{1}{s}\dfrac{1}{s^2}$ 的伯德图，并计算增益裕度和相位裕度。

（b）绘制 $G_c(s)G(s)=\dfrac{6s^2+4s+1}{s+4}\dfrac{1}{s}\dfrac{1}{s^2}$ 的奈奎斯特环绕线。

（c）求出当 r 极小时的 $G\left(re^{j\theta}\right)G_c\left(re^{j\theta}\right)\approx 0.25e^{-j3\theta}/r^3$，并使用公式填写下表

θ	$G\left(re^{j\theta}\right)G_c\left(re^{j\theta}\right)\approx 0.25e^{-j3\theta}/r^3$
$-\pi/2$	
$-\pi/3$	
$-\pi/4$	
0	
$+\pi/4$	
$+\pi/3$	
$+\pi/2$	

（d）使用（a）（b）（c）的答案，绘制 $G_c(s)G(s)=\dfrac{6s^2+4s+1}{s+4}\dfrac{1}{s}\dfrac{1}{s^2}$ 的极坐标图。

习题 29 伯德图和奈奎斯特定理

图 11-94 所示为某系统的伯德幅频图。

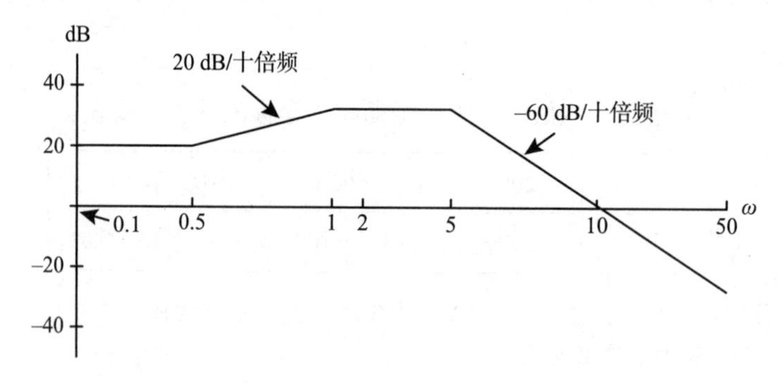

图 11-94　$G(s)=?$

（a）假设极点和零点都在左半平面上，求传递函数 $G(s)$。

（b）$G(j9.05)=2.25e^{-j180°}$，$G(j12.6)=1e^{-j202.8°}$，绘制奈奎斯特图。

（c）闭环系统是否稳定？使用奈奎斯特定理解释稳定或不稳定。

习题 30 具有两个右半平面极点和一个右半平面零点的系统

在第 10 章的例 7 中，考虑了图 11-95 所示的控制系统。

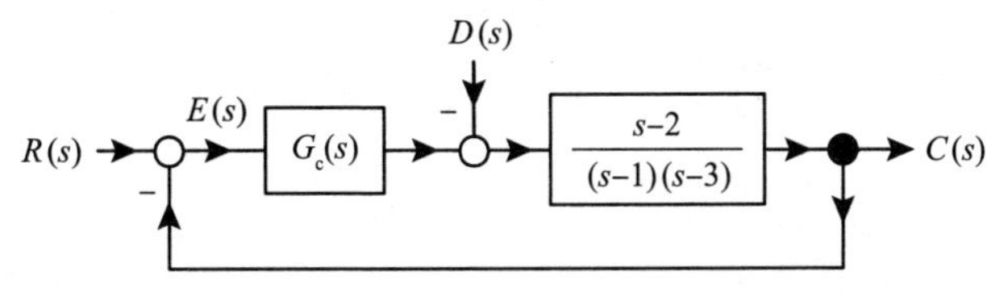

图 11-95　具有右半平面极点和零点的系统

开环传递模型为$G(s)=\dfrac{s-2}{(s-1)(s-3)}$，控制器为

$$G_c(s)=\frac{50.5s^2-66s-0.5}{s-42.5}\frac{1}{s}=\frac{50.5(s-1.3145)(s+0.0075)}{s-42.5}\frac{1}{s}$$

当所有的四个闭环零点都为 −1 时，该控制器不具有鲁棒性，即$G(s)$的微小变化将导致闭环系统不稳定。使用奈奎斯特定理详细研究该问题。

$G_c(s)G(s)$的伯德图如图 11-96 所示。$G_c(s)G(s)$的奈奎斯特环绕线和奈奎斯特图如图 11-97 所示。奈奎斯特图中环绕 −1 三圈。

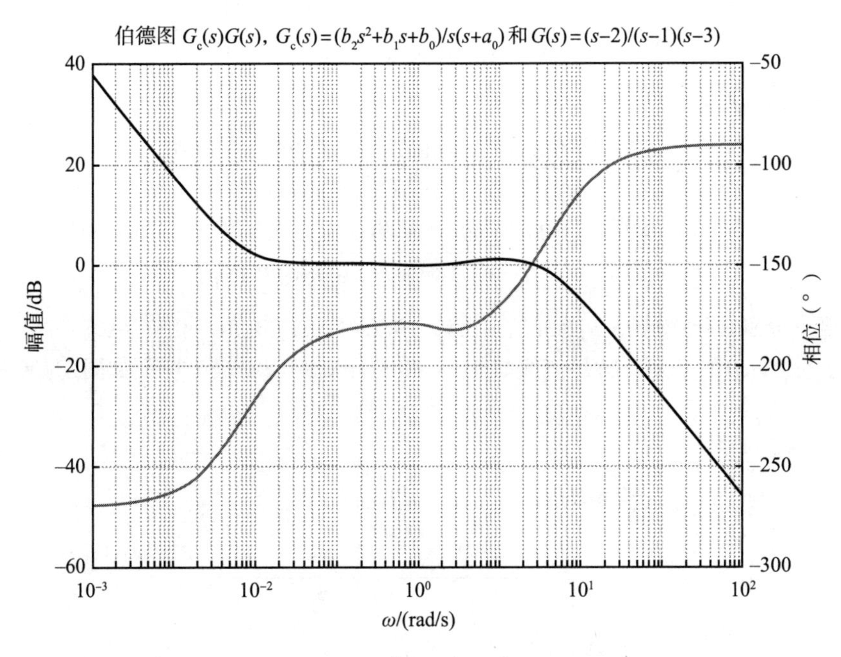

图 11-96　$G_c(s)G(s)=\dfrac{50.5s^2-66s-0.5}{s-42.5}\dfrac{1}{s}\dfrac{s-2}{(s-1)(s-3)}$的伯德图

当$|G(j\omega)|$接近于 1 时，$\angle G(j\omega)$接近于 −180°（奈奎斯特图并不是按照比例绘制的）。伯德图与之对应，其中幅值约为 0dB 时，相位约为 −180°。

（a）使用奈奎斯特定理计算闭环系统$\dfrac{KG_c(s)G(s)}{1+KG_c(s)G(s)}$稳定时 K 的值。

（b）求闭环系统不稳定时 K 的区间，求出每个区间对应的右半平面上闭环极点的个数。

习题 31 求出带太阳能电池板（收起情况）卫星的增益裕度和相位裕度

第 10 章中建立了传感器和执行器安装在太阳能电池板上的卫星的传递函数模型

$$G(s)=\frac{\theta(s)}{\tau(s)}=\frac{0.2\left(s^2+0.05s+0.15\right)}{s^2\left(s^2+0.06s+0.18\right)}$$

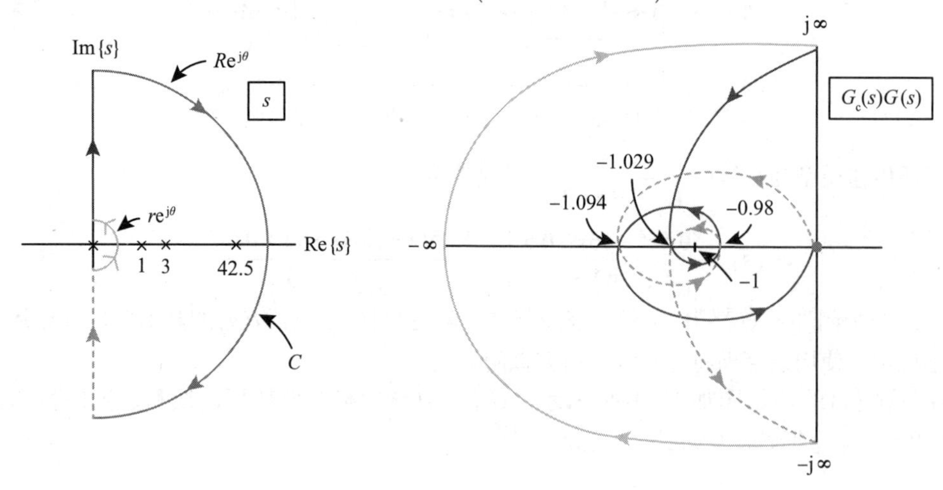

图 11-97　$G_c(s)G(s)$的奈奎斯特环绕线和奈奎斯特图

反馈控制器的传递函数为

$$\begin{aligned}G_c(s)&=\frac{16.97s^4+9.854s^3+4.6875s^2+0.9375s+0.0781}{s^4+2.99s^3+0.297s^2+0.441s}\\&=\frac{16.97\left(s^2+0.28678s+0.028087\right)\left(s^2+0.2939s+0.16385\right)}{s(s+2.94)\left(s^2+0.05s+0.15\right)}\end{aligned}$$

八个闭环极点分别位于$-0.025\pm \mathrm{j}0.387$，$-0.5$，$-0.5$，$-0.5$，$-0.5$，$-0.5$，$-0.5$。

（a）$G_c(s)G(s)$的奈奎斯特环绕线如图 11-98 所示。对应的极坐标图如图 11-99 所示。

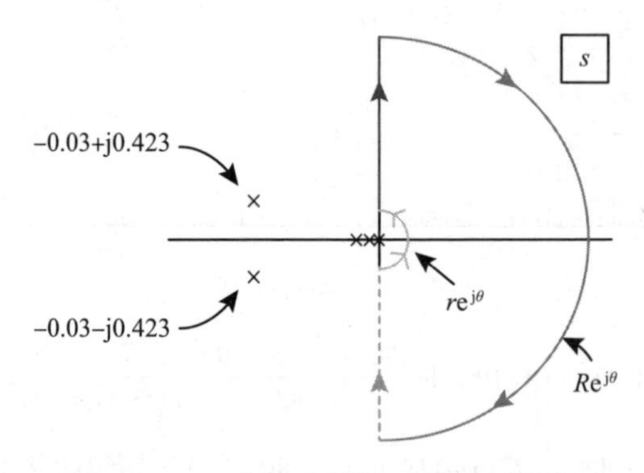

图 11-98　$G_c(s)G(s)$的奈奎斯特环绕线

利用奈奎斯特定理判断闭环系统是否稳定。也就是确定 P 和 N 以计算 $Z=N+P$。

（b）使用 MATLAB 绘制$-\infty<\omega<\infty$时的$G_c(\mathrm{j}\omega)G(\mathrm{j}\omega)$的伯德图。利用伯德图和极坐标图，计算系统的增益裕度和相位裕度，并在伯德图上标注。可以使用 MATLAB 中的 margin 指令。

习题 32 柔性轴直流电动机二自由度控制器的增益裕度和相位裕度

第 10 章习题 25 研究了带柔性轴的二自由度直流电动机。控制系统如图 11-100 所示。

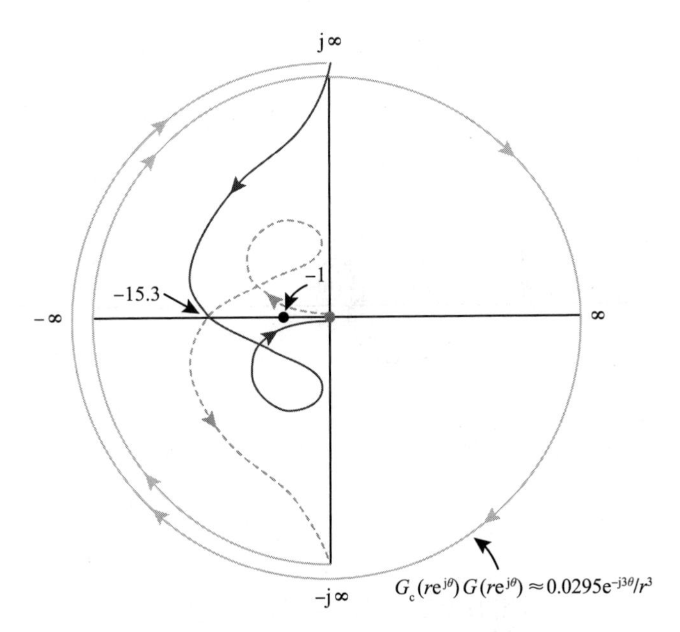

图 11-99 $G_c(s)G(s)$的极坐标图

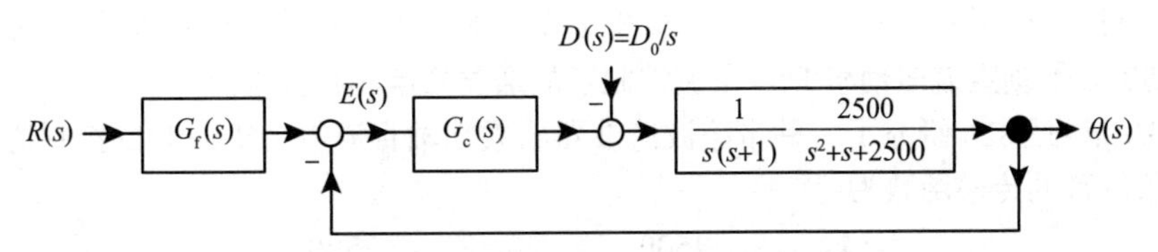

图 11-100 带柔性轴的二自由度直流电动机

从输入电压到柔性轴角度位置的传递函数模型为[3]（见图 11-100）

$$G(s)=\frac{1}{s(s+1)}\frac{2500}{(s^2+s+2500)}=\frac{2500}{s^4+2s^3+2501s^2+2500s}$$

控制器为

$$G_c(s)=\frac{563.352s^4+4013.3616s^3+1453504s^2+10100000s+25000000}{s^4+48s^3+3428s^2+106596s}$$

控制器零点为$-0.63408\pm j50.615,-3.4986\pm j2.2543$。$G_c(s)G(s)$的奈奎斯特环绕线如图 11-101 所示，奈奎斯特图如图 11-102 所示。

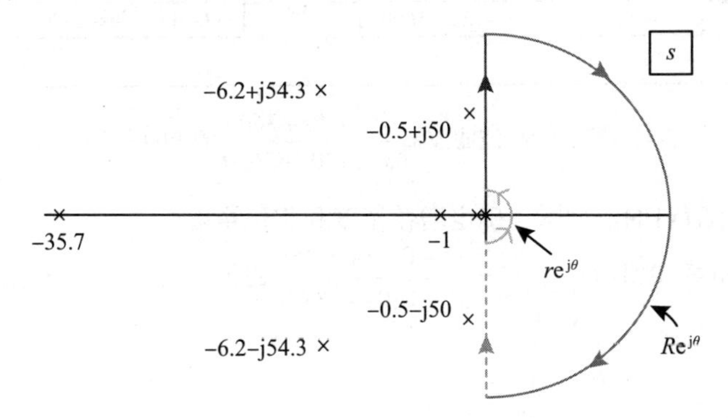

图 11-101 $G_c(s)G(s)$的奈奎斯特环绕线

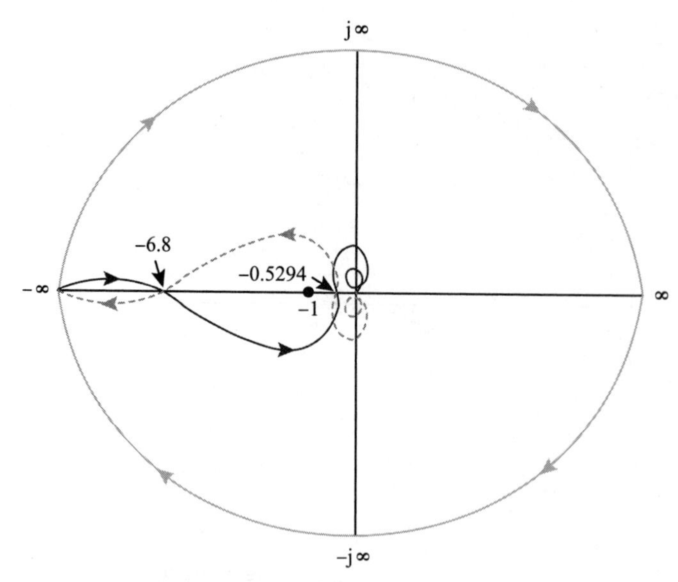

图 11-102　$G_c(s)G(s)$的极坐标图

（a）使用奈奎斯特环绕线和极坐标图确定 Z 和 P 以计算 Z，证明闭环系统是稳定的。

（b）绘制 $G_c(s)G(s)$的伯德图，结合极坐标图，确定系统的增益裕度和相位裕度。

习题 33 柔性轴直流电动机 PID 陷波控制器的增益裕度和相位裕度

在第 10 章习题 26 研究了一种带陷波滤波器的柔性轴直流电动机的 PID 控制器。从输入到柔性轴角位置的传递函数为[3]

$$G(s)=\frac{1}{s(s+1)}\frac{2500}{\left(s^2+s+2500\right)}=\frac{2500}{s^4+2s^3+2501s^2+2500s}$$

控制器为

$$G_c(s)=91\frac{s+2}{s+13}\frac{s+0.05}{s}\frac{s^2+0.8s+3600}{s^2+120s+3600}$$

修改了参考文献［3］中给出的控制器（见第 10 章习题 26）。图 11-103 所示为该控制系统的框图。

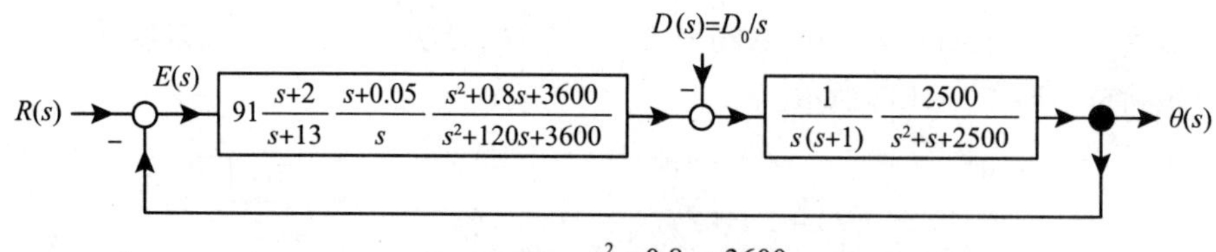

图 11-103　带陷波滤波器$\frac{s^2+0.8s+3600}{s^2+120s+3600}$的 PID 控制器

（a）绘制 $G_c(s)G(s)$的伯德图，确定增益裕度和相位裕度。

（b）绘制 $1\leqslant\omega\leqslant10^4$ 时 $G_{\text{notch}}(s)=\frac{s^2+0.8s+3600}{s^2+120s+3600}$ 的伯德图，可以看出 $\omega=60\text{rad/s}$时幅值的陷波。

根轨迹

当$m<n$时，设开环传递函数$G(s)$为

$$G(s)=\frac{b(s)}{a(s)}=\frac{b_m s^m+b_{m-1}s^{m-1}+\cdots+b_1 s+b_0}{s^n+a_{n-1}s^{n-1}+\cdots+a_1 s+a_0} \tag{12.1}$$

图 12-1 所示为一个比例反馈控制器。

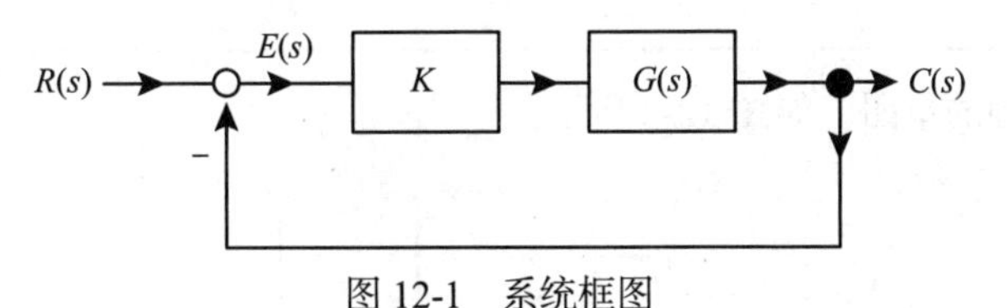

图 12-1　系统框图

闭环传递函数为

$$\frac{C(s)}{R(s)}=\frac{KG(s)}{1+KG(s)}=\frac{K\frac{b(s)}{a(s)}}{1+K\frac{b(s)}{a(s)}}=\frac{Kb(s)}{a(s)+Kb(s)} \tag{12.2}$$

在这个简单的比例反馈控制器中，着重研究随着K值变化闭环极点的运动。具体来说，当K从 0 到∞时，需确定根的位置：

$$a(s)+Kb(s)=0$$

如果需要确定$K<0$时根的位置，只需要将$G(s)$替换为$-G(s)$，仍取$K\geqslant 0$。

我们将多项式$a(s)+Kb(s)$称为闭环特征多项式，其根为闭环极点。根轨迹就是当K从 0 到∞变化时$a(s)+Kb(s)=0$根的图。使用“蛮力”来做一个例子，就是直接解出根。

例 1 $\frac{1}{s(s+4)}$的根轨迹

令

$$G(s)=\frac{1}{s(s+4)}$$

则闭环传递函数为

$$\frac{C(s)}{R(s)}=\frac{KG(s)}{1+KG(s)}=\frac{K\frac{1}{s(s+4)}}{1+K\frac{1}{s(s+4)}}=\frac{K}{s^2+4s+K}$$

我们需要解出下式的根

$$s^2+4s+K=0$$

其中$K\geqslant 0$。运用二次方程式求解根为

$$s=\frac{-4\pm\sqrt{16-4K}}{2}=-2\pm\sqrt{4-K}$$

闭环极点为 K 的函数

$$p_1,p_2=\begin{cases}-2+\sqrt{4-K},-2-\sqrt{4-K}, & 0\leqslant K\leqslant 4\\ -2\pm \mathrm{j}\sqrt{K-4}, & 4\leqslant K\end{cases}$$

下表为 $K=0,2,4,8$ 时的值

K	p_1,p_2	K	p_1,p_2
0	$0,-4$	4	$-2,-2$
2	$-2+\sqrt{2},-2-\sqrt{2}$	8	$-2\pm \mathrm{j}2$

使用此表画出根轨迹的草图，如图 12-2 所示。

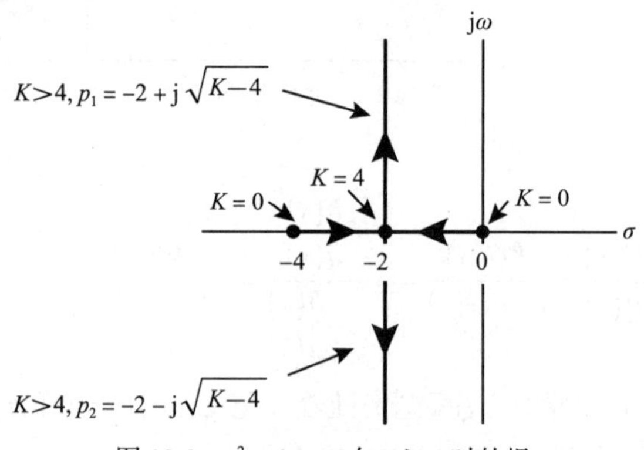

图 12-2 s^2+4s+K 在 $K\geqslant 0$ 时的根

12.1 角度条件和根轨迹的规则

我们想提出一个绘制根轨迹的流程来代替求解根。计算机可以用数值方法求解根并绘制根轨迹，但通过学习草图的绘制可以更深入地了解其中的信息。本流程基于 W. Evans [53] 的角度条件，为了便于后续学习，首先回顾式（12.2）并定义回差

$$1+KG(s)=1+K\frac{b(s)}{a(s)}=\frac{a(s)+Kb(s)}{a(s)}$$

观察回差，我们有如下发现：

1）回差的零点是下式的根，也就是闭环极点。

$$a(s)+Kb(s)=0$$

2）回差的极点是下式的根，也就是开环极点。

$$a(s)=0$$

根轨迹是 $K\geqslant 0$ 时 $1+KG(s)=0$ 的零点，若 s_0 满足

$$1+KG(s_0)=0$$

则等同于满足

$$G(s_0)=-\frac{1}{K}$$

一般来说，s_0和$G(s_0)$是复数。为了让s_0在根轨迹上，必须让$G(s_0)$等于一个负实数。也就是说，在极坐标下，s_0必须满足

$$|G(s_0)|e^{j\angle G(s_0)}=-\frac{1}{K}=\frac{1}{K}e^{j\pi}$$

即，若s_0在根轨迹上，则$G(s_0)$满足角度条件

$$\angle G(s_0)=\pi(2\ell+1),\ell=0,\pm1,\pm2,\cdots$$

K的对应值易由下式求出

$$K=\frac{1}{|G(s_0)|}$$

这里的关键发现是，只要知道开环传递函数$G(s_0)$就可以确定s_0是否是闭环极点。

使用这个结论重新做例 1。

例 2 $\frac{1}{s(s+4)}$的角度条件

有

$$G(s)=\frac{1}{s(s+4)}=\frac{1}{|s|e^{j\angle s}|s+4|e^{j\angle(s+4)}}=\frac{1}{|s||s+4|}e^{-j\angle s}e^{-j\angle(s+4)}$$

于是

$$\angle G(s)=-\angle s-\angle(s+4)$$

图 12-3a 为根轨迹上的“s”点。s向量是从原点到点s的向量，$s+4=s-(-4)$向量是从-4到点s的向量，$\angle s$和$\angle(s+4)$的角度如图 12-3b 所示。

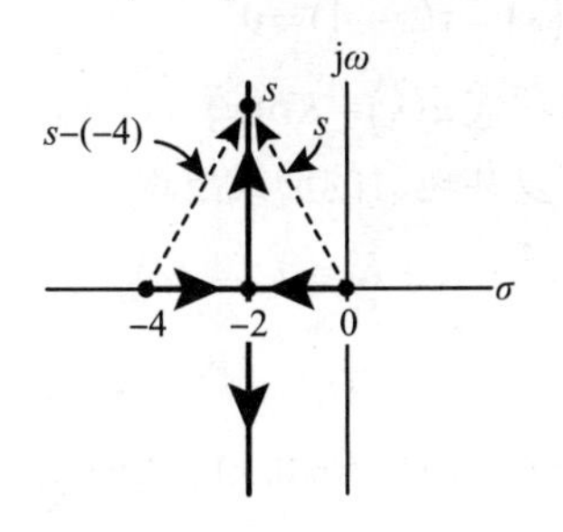

a）向量“s”和向量“$s-(-4)$”

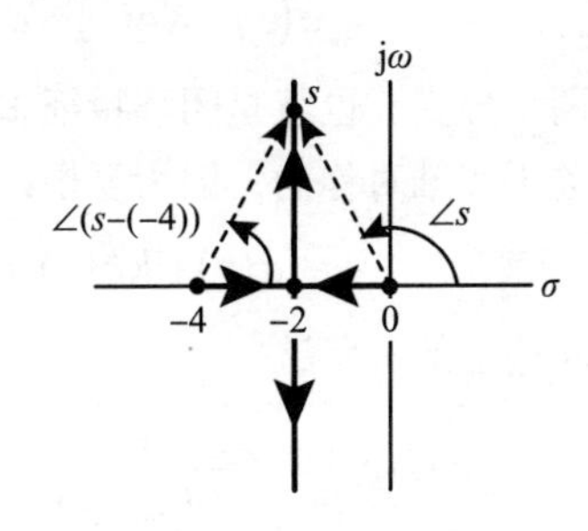

b）角度$\angle s$和$\angle(s-(-4))$

图 12-3

从图 12-3b 中可以看出

$$\angle s+\angle(s+4)=\pi$$

则

$$\angle G(s)=-\angle s-\angle(s+4)=-\pi$$

例如，在根轨迹上选择

$$s=-2+2j$$

则

$$G(-2+2\mathrm{j})=\frac{1}{(-2+\mathrm{j}2)(-2+2\mathrm{j}+4)}=\frac{1}{(-2+2\mathrm{j})(2+2\mathrm{j})}=-\frac{1}{8}$$

角度为

$$\angle G(-2+2\mathrm{j})=\angle(-1/8)=\pi$$

选择另一个不在根轨迹上的值

$$s=-4+2\mathrm{j}$$

则

$$G(-4+2\mathrm{j})=\frac{1}{(-4+\mathrm{j}2)(-4+2\mathrm{j}+4)}=\frac{1}{(-4+2\mathrm{j})(2\mathrm{j})}=-\frac{1}{4+8\mathrm{j}}$$

此时$\angle G(-4+2\mathrm{j})=\angle-\dfrac{1}{4+8\mathrm{j}}=117°$，于是

$$\angle G(-4+2\mathrm{j})\neq\pi(2\ell+1),\ \ell=0,\pm1,\pm2,\cdots$$

令$s=-1$，那么$\angle s=\pi$，$\angle(s-(-1))=0$，并且$\angle G(s)=-\angle s-\angle(s+4)=-\pi$，那么$s=-1$在根轨迹上。

另一方面，如果$s=-5$，则$\angle s=\pi$，$\angle(s-(-5))=\pi$，并且$\angle G(s)=-\angle s-\angle(s-(-5))=-2\pi$，那么$s=-5$不在根轨迹上。

对这个例子进行总结，回差为

$$1+KG(s)=1+K\frac{b(s)}{a(s)}=\frac{a(s)+Kb(s)}{a(s)}$$

其零点在闭环极点上。

1）根轨迹开始于开环极点，这是因为当$K=0$时，下式为闭环极点的根。

$$a(s)+Kb(s)=a(s)=s(s+4)=0$$

2）根轨迹有两个分支，也就是闭环特征多项式$a(s)+Kb(s)=s^2+4s+K$的次数。

3）根轨迹是关于实轴对称的，因为复根以复共轭对的形式出现。

$$a(s)+Kb(s)=s^2+4s+K=0$$

4）任意在根轨迹上的s_0满足

$$\angle G(s_0)=\angle\frac{1}{s_0(s_0+4)}=\pi(2\ell+1),\ \ell=0,\pm1,\pm2,\cdots$$

5）$K=4$时，分离点出现在$s=-2$，这也是闭环特征多项式的重根。也就是说，

$$1+K\frac{1}{s(s+4)}\bigg|_{K=4}=\frac{s^2+4s+K}{s(s+4)}\bigg|_{K=4}=\frac{(s+2)^2}{s(s+4)}$$

这只是因为当根轨迹脱离实轴时，两个根必须相遇在一起，之后以复共轭对的形式离开实轴。在这个分离点

$$\left.\frac{\mathrm{d}}{\mathrm{d}s}\left(1+4\frac{1}{s(s+4)}\right)\right|_{s=-2} = \left.\frac{\mathrm{d}}{\mathrm{d}s}\left(\frac{(s+2)^2}{s(s+4)}\right)\right|_{s=-2}$$

$$= \left.-\left(\frac{1}{s(s+4)}\right)^2\left(\frac{\mathrm{d}}{\mathrm{d}s}\left(s^2+4s\right)\right)(s+2)^2\right|_{s=-2} +$$

$$\left.\left(\frac{1}{s(s+4)}\frac{\mathrm{d}}{\mathrm{d}s}(s+2)^2\right)\right|_{s=-2}$$

$$= 0$$

下面通过另一个（较长的）例子来说明使用角度条件绘制根轨迹的方法。

例 3 $\frac{1}{s(s+2)(s+4)}$ 的根轨迹

闭环系统如图 12-4 所示。

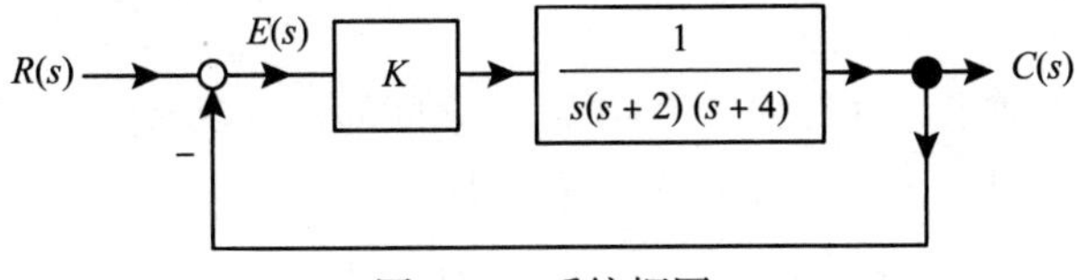

图 12-4　系统框图

开环传递函数为

$$G(s)=\frac{1}{s(s+2)(s+4)}=\frac{1}{|s||s+2||s+4|}\mathrm{e}^{-\mathrm{j}(\angle s+\angle(s+2)+\angle(s+4))}$$

闭环极点是下式的零点

$$1+KG(s)=1+K\frac{1}{s(s+2)(s+4)}=\frac{s(s+2)(s+4)+K}{s(s+2)(s+4)}$$

等价于

$$G(s)=-\frac{1}{K}\Rightarrow\angle G(s)=\pi(2\ell+1),\ \ell=0,\pm1,\pm2,\cdots$$

然后开始画根轨迹的草图

（1）$K=0$时

$$s(s+2)(s+4)+K=0$$

则$s=0,-2,-4$，根轨迹开始于开环极点。

（2）$K=\infty$时

$$G(s)=\frac{1}{s(s+2)(s+4)}=-\frac{1}{K}$$

当$K\to\infty$时，三个根趋于无穷，即$|s|\to\infty$。注意当$|s|\to\infty$时

$$|G(s)|\approx\frac{1}{|s|^3}\to 0$$

即$G(s)$在无穷处有三个零点。

（3）实轴上的根轨迹

1）s 为实数且$-2<s<0$时（见图12-5），$\angle s=\pi$，$\angle(s+2)=0$，$\angle(s+4)=0$，那么

$$\angle G(s)=-\angle s-\angle(s+2)-\angle(s+4)=-\pi$$

这些 s 的值在根轨迹上，由图12-5中 –2 和 0 之间的粗线表示。

2）s 为实数且$-4<s<-2$时，$\angle s=\pi$，$\angle(s+2)=\pi$，$\angle(s+4)=0$，那么

$$\begin{aligned}\angle G(s)&=-\angle s-\angle(s+2)-\angle(s+4)\\&=-2\pi\end{aligned}$$

这些 s 的值不在根轨迹上。

3）s 为实数且$s<-4$时，$\angle s=\pi$，$\angle(s+2)=\pi$，$\angle(s+4)=\pi$，那么

$$\begin{aligned}\angle G(s)&=-\angle s-\angle(s+2)-\angle(s+4)\\&=-3\pi\end{aligned}$$

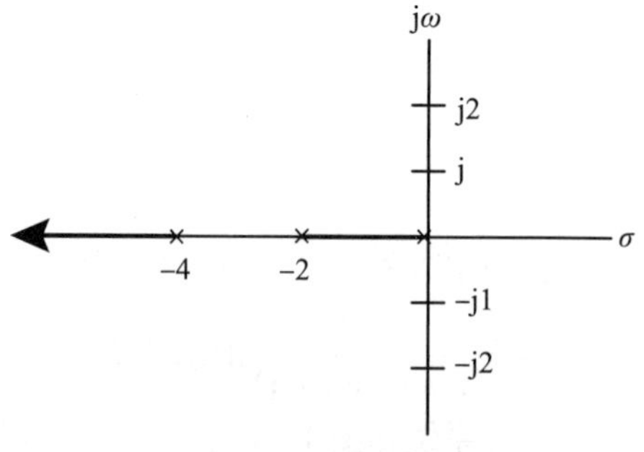

图12-5　实轴上的根轨迹

这些 s 的值在根轨迹上，由图12-5中 –4 到$-\infty$之间的粗线表示。

4）最后，s 为实数且$s>0$时，$\angle s=0$, $\angle(s+2)=0$, $\angle(s+4)=0$，那么

$$\angle G(s)=-\angle s-\angle(s+2)-\angle(s+4)=0$$

这些 s 的值不在根轨迹上。

（4）分离点

分离点出现在当 K 的值满足

$$1+K\frac{1}{s(s+2)(s+4)}=\frac{s(s+2)(s+4)+K}{s(s+2)(s+4)}$$

有多个零点时，也就是说，s_b是K_b的分离点，使得

$$1+K_b\frac{1}{s(s+2)(s+4)}=\frac{s(s+2)(s+4)+K_b}{s(s+2)(s+4)}=\frac{(s-s_b)^2(s-s_1)}{s(s+2)(s+4)}$$

因为两个脱离实轴的分支必须首先相遇（双根），然后离开实轴成为复共轭对。因此马上就能得到

$$\left.\frac{\mathrm{d}}{\mathrm{d}s}\left(\frac{(s-s_b)^2(s-s_1)}{s(s+2)(s+4)}\right)\right|_{s=s_b}=0$$

所以在二重根s_b处有

$$\left.\frac{\mathrm{d}}{\mathrm{d}s}\left(1+K_b\frac{1}{s(s+2)(s+4)}\right)\right|_{s=s_b}=K_b\left.\frac{\mathrm{d}}{\mathrm{d}s}\underbrace{\left(\frac{1}{s(s+2)(s+4)}\right)}_{G(s)}\right|_{s=s_b}=0$$

在分离点处，必须有$1+K_bG(s_b)=0$和$\left.\frac{\mathrm{d}G(s)}{\mathrm{d}s}\right|_{s_b}=0$，在本例中，候选分离点是

$$\begin{aligned}\frac{\mathrm{d}}{\mathrm{d}s}G(s) &= -\left(\frac{1}{s(s+2)(s+4)}\right)^2\frac{\mathrm{d}}{\mathrm{d}s}\big(s(s+2)(s+4)\big)\\ &= -\left(\frac{1}{s(s+2)(s+4)}\right)^2\frac{\mathrm{d}}{\mathrm{d}s}\left(s^3+6s^2+8s\right)\\ &= 0\end{aligned}$$

解

$$3s^2+12s+8=0$$

得到候选分离点

$$s=\frac{-12\pm\sqrt{12^2-4\times3\times8}}{6}=-2\pm2/\sqrt{3}=-0.845,\ -3.146$$

如图 12-6 所示，只有$s=-0.845$位于实轴的根轨迹上，因此是唯一的分离点。也就是说，当$K\geqslant0$时，只有$s=-0.845$满足$1+KG(s)=0$。

（5）$\mathrm{j}\omega$轴上的截距

现在使用劳斯－赫尔维茨检验来检查根轨迹的分支是否和$\mathrm{j}\omega$轴相遇（交叉）。也就是说，是否存在$K\geqslant0$的值使式

$$1+K\frac{1}{s(s+2)(s+4)}=\frac{s(s+2)(s+4)+K}{s(s+2)(s+4)}=0$$

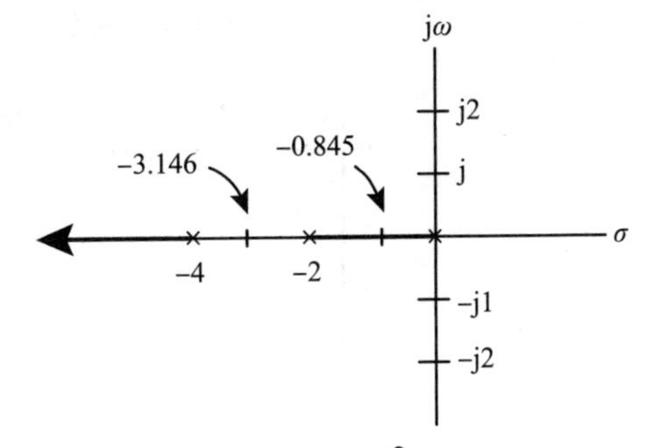

图 12-6　$\mathrm{d}G/\mathrm{d}s=0$在$-2\pm\frac{2}{\sqrt{3}}=-0.845,\ -3.146$

的零点在$\mathrm{j}\omega$轴上？为了求解，使用劳斯－赫尔维茨检验

$$s(s+2)(s+4)+K=s^3+6s^2+8s+K$$

劳斯表为

s^3	1	8
s^2	6	K
s	$\frac{48-K}{6}$	0
1	K	

当$0<K<48$时是稳定的，当$K>48$时有两个右半平面极点。当$K=48$时，在$\mathrm{j}\omega$轴上有两个极点㊀。要找到这两个极点，首先将$K=48$代入劳斯表，s行全为零，使用s^2行构造辅助方程

$$6s^2+48=0$$

方程的根是$s=\pm\mathrm{j}2\sqrt{2}=\pm\mathrm{j}2.83$，是$\mathrm{j}\omega$轴上的极点㊀，如图 12-7 所示。
此时给出根轨迹草图，如图 12-8 所示。此图实际上是使用 MATLAB 完成的。

㊀ 见参考文献［1,2］或［5］。

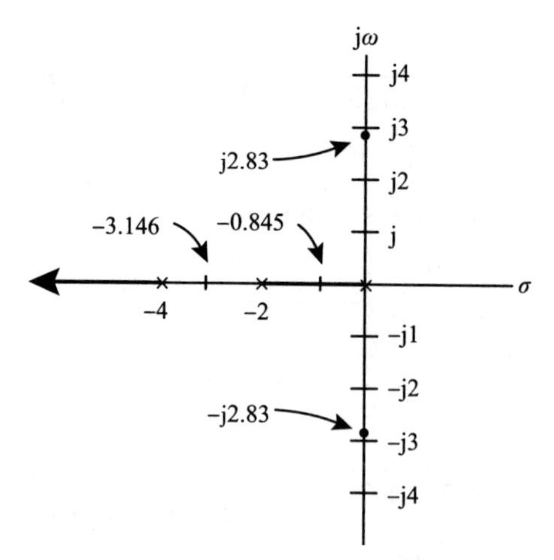

图 12-7　jω轴上的截距$s=\pm j2\sqrt{2}=\pm j2.83$

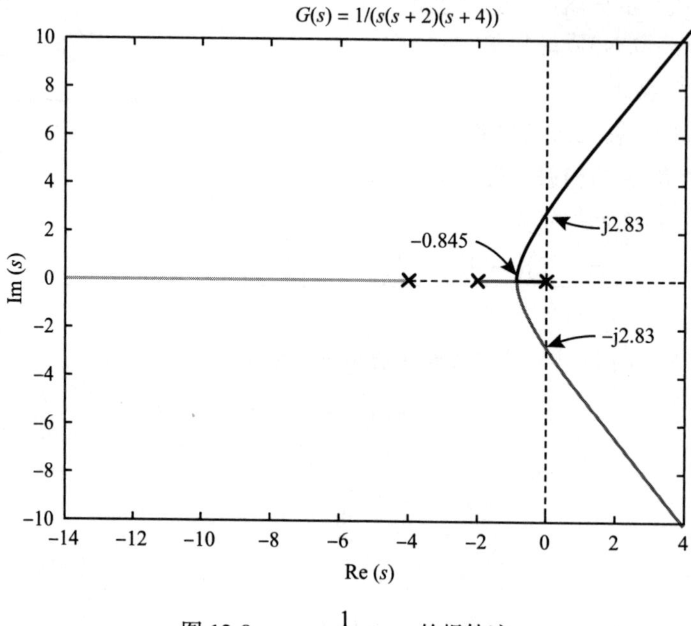

图 12-8　$\frac{1}{s(s+2)(s+4)}$的根轨迹

```
% Root Locus of G(s) = 1/(s(s+2)(s+4)) = 1/(s^3+6s^2+8s)
den = [1 6 8 0];
num = [1];
rlocus(tf(num,den))
% Pretty up the plot by making the linewidth thicker,
% the marker size and font size bigger.
h = findobj(gca, 'Type', 'line');
set(h, 'LineWidth', 6)
set(h, 'MarkerSize', 20)
set(gca,'FontSize',24)
% Set range of x-axis [-10,0] and y-axis [-2,2]
v = [-10 10 -10 10];
axis(v)
```

```
axis square
% Title the plot and label the axes
str_G = ' G(s) = 1/(s(s+2)(s+4))' ;
title(str_G,' FontSize' ,20)
xlabel(' Re(s)' ,' FontSize' ,20)
ylabel (' Im(s)' ,' FontSize' ,20)
```

这个例子说明了绘制根轨迹的一系列规则，到目前为止规则有：

1）根轨迹开始于开环极点。

2）根轨迹终止于闭环极点。

3）根轨迹是关于实轴对称的。

4）根轨迹上的所有 s 向量都满足角度条件。

5）与实轴分离的点为 $\mathrm{d}G/\mathrm{d}s=0$ 的解。

6）使用劳斯－赫尔维茨检验可以求出 $\mathrm{j}\omega$ 轴上的截距。

12.2 渐近线及其实轴交点

接下来求根轨迹渐近线及其与实轴的交点。

当 $m<n$ 时，开环传递函数可以写成

$$G(s)=\frac{b(s)}{a(s)}=\frac{b_m s^m+b_{m-1}s^{m-1}+\cdots+b_1 s+b_0}{s^n+a_{n-1}s^{n-1}+\cdots+a_1 s+a_0}=\frac{b_m\left(s^m+\dfrac{b_{m-1}}{b_m}s^{m-1}+\cdots+\dfrac{b_1}{b_m}s+\dfrac{b_0}{b_m}\right)}{s^n+a_{n-1}s^{n-1}+\cdots+a_1 s+a_0}$$

当 s 较大时，也就是 $|s|$ 较大时，根轨迹渐近于一条直线，这条直线被称为渐近线，其与实轴的夹角由下式给出：

$$\theta_\ell=\frac{2\ell+1}{n-m}\pi,\ \ell=0,1,2,\ \cdots,\ n-m-1$$

而且，这些渐近线相交于实轴（见参考文献 [1,2] 或 [5]）

$$\sigma_1=-\frac{a_{n-1}-b_{m-1}/b_m}{n-m}$$

在 $m=0$ 的特殊情况下

$$G(s)=\frac{b_0}{s^n+a_{n-1}s^{n-1}+\cdots+a_1 s+a_0}$$

令 $b_{-1}=0$，于是

$$\sigma_1=-\frac{a_{n-1}-b_{-1}/b_0}{n-m}=-\frac{a_{n-1}-0}{n-m}$$

这个规则使用下面的例子进行解释。

例 4 $G(s)=\dfrac{1}{s(s+2)(s+4)}$ **的渐近线**

有

$$G(s)=\frac{1}{s(s+2)(s+4)}=\frac{1}{s^3+6s^2+8s}$$

将其放于图 12-9 的闭环系统中。

渐近线与实轴的夹角为$(n=3, m=0)$

$$\begin{aligned}\theta_\ell &=\frac{(2\ell+1)\pi}{3-0},\ \ell=0,1,2\\ &=\frac{\pi}{3},\frac{3\pi}{3},\frac{5\pi}{3}\\ &=\frac{\pi}{3},\pi,-\frac{\pi}{3}\end{aligned}$$

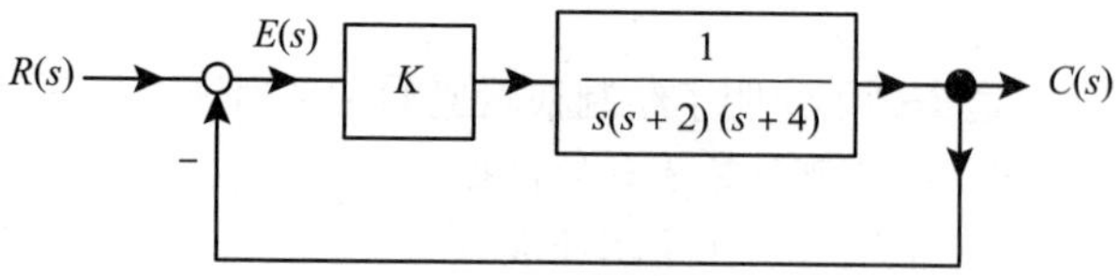

图 12-9　系统框图

渐近线与实轴相交于

$$\begin{aligned}\sigma_1 &=-\frac{a_{n-1}-b_{m-1}/b_m}{n-m}, n=3, m=0\\ &=-\frac{6-0}{3-0}\ \text{当}a_2=6\\ &=-2\end{aligned}$$

图 12-10 在图 12-7 上增加$\frac{\pi}{3}$，$-\pi/3$两条渐近线。从几何上看，这两条渐近线在$\pm \mathrm{j}\,2\tan(\pi/3)=\pm \mathrm{j}2\sqrt{3}=\pm \mathrm{j}\,3.46$。第三条渐近线的角度为$\pi$，恰好为实轴上的根轨迹分支。

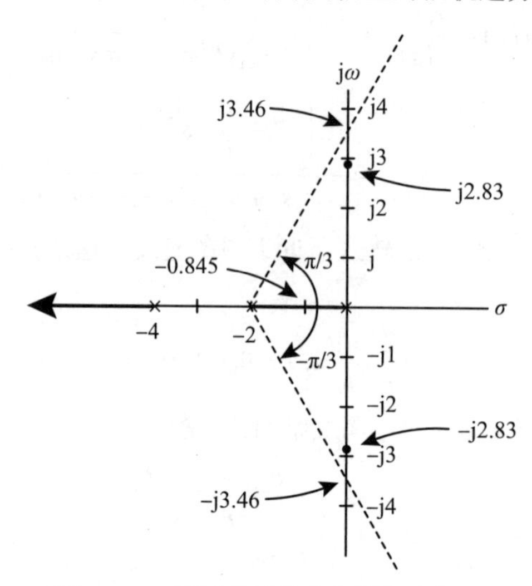

图 12-10　渐近线及其在实轴上的截距

将这两条渐近线加入图 12-8，得到图 12-11。

例 5 $G(s)=\frac{s+4}{s(s+2)}$ 的根轨迹

图 12-12 所示的闭环系统，开环传递函数为

$$G(s)=\frac{s+4}{s(s+2)}=\frac{|s+4|}{|s||s+2|}\mathrm{e}^{\mathrm{j}(\angle(s+4)-\angle s-\angle(s+2))}$$

闭环极点为下式的零点

$$1+KG(s)=1+K\frac{s+4}{s(s+2)}=\frac{s(s+2)+K(s+4)}{s(s+2)}$$

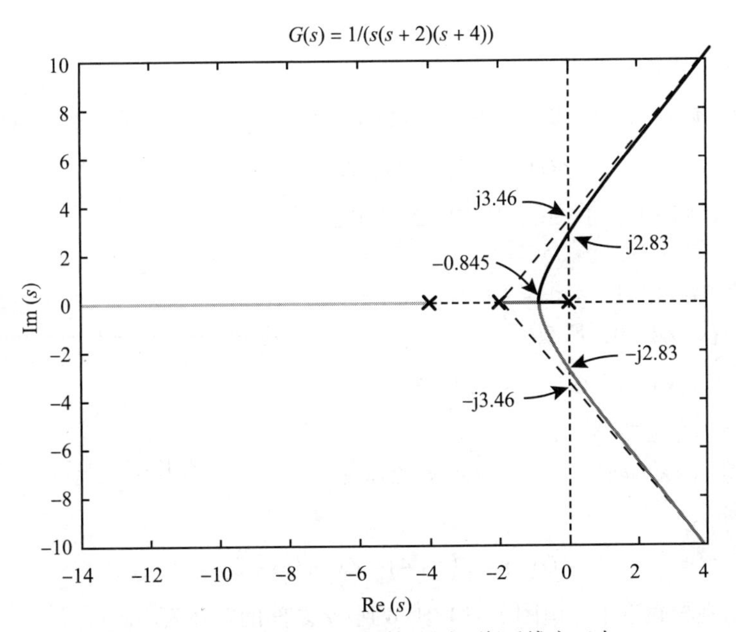

图 12-11　带三条渐近线的根轨迹图，渐近线交于点 −2

闭环极点满足下式角度条件

$$
\begin{aligned}
&G(s)=-\frac{1}{K}\\
&\quad\Rightarrow \angle G(s)=\pi(2\ell+1),\ \ell=0,\pm1,\pm2,\cdots\\
&\quad\Rightarrow \angle(s+4)-\angle s-\angle(s+2)=\pi(2\ell+1),\ \ell=0,\pm1,\pm2,\cdots
\end{aligned}
$$

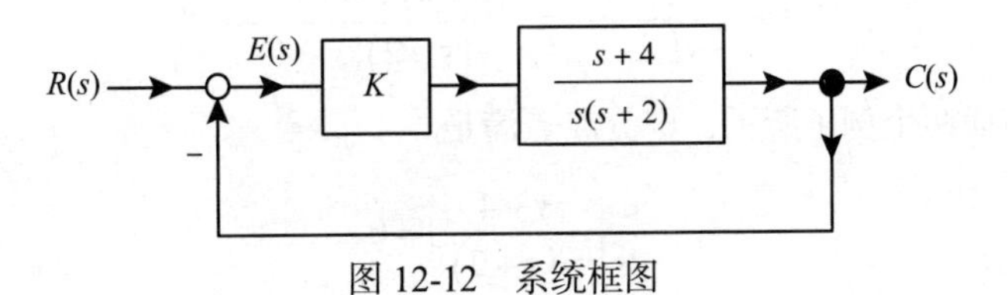

图 12-12　系统框图

画出根轨迹草图。

（1）$K=0$

则

$$s(s+2)+K(s+4)=s(s+2)=0$$

求出 $s=0,-2$，根轨迹开始于开环极点。

（2）$K=\infty$

则

$$G(s)=\frac{s+4}{s(s+2)}=-\frac{1}{K}$$

$K\to\infty$ 时，开环传递函数 $G(s)\to 0$。这需要 $s\to -4$ 或者 $|s|\to\infty$，当 $|s|\to\infty$ 时

$$|G(s)|\approx\frac{1}{|s|}\to 0$$

因此，开环传递函数 $G(s)$ 在 −4 处有一个零点，在 $|s|=\infty$ 处有一个零点。根轨迹终止于开环

零点。

（3）实轴上的根轨迹

1）当 s 为实数且 $-2<s<0$ 时（见图 12-13）。$\angle s=\pi$, $\angle(s+2)=0$，$\angle(s+4)=0$，因此

$$\angle G(s)=\angle(s+4)-\angle s-\angle(s+2)=-\pi$$

这些 s 的值在根轨迹上，由图 12-13 中 -2 和 0 之间的粗线表示。

2）当 s 为实数且 $-4<s<-2$ 时，$\angle s=\pi$，$\angle(s+2)=\pi$，$\angle(s+4)=0$，那么

$$\angle G(s)=\angle(s+4)-\angle s-\angle(s+2)=0$$

这些 s 的值不在根轨迹上。

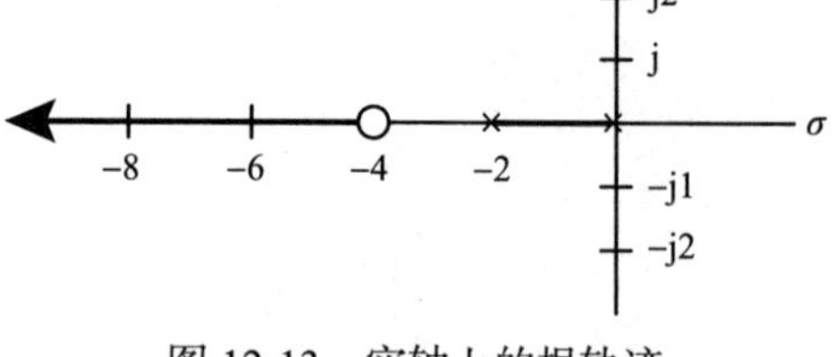

图 12-13　实轴上的根轨迹

3）s 为实数且 $s<-4$ 时，$\angle s=\pi$，$\angle(s+2)=\pi$，$\angle(s+4)=\pi$，那么

$$\angle G(s)=\angle(s+4)-\angle s-\angle(s+2)=-\pi$$

这些 s 的值在根轨迹上，由图 12-13 中 -4 到 $-\infty$ 之间的粗线表示。

4）最后，s 为实数且 $s>0$ 时，$\angle s=0$, $\angle(s+2)=0$, $\angle(s+4)=0$，那么

$$\angle G(s)=-\angle s-\angle(s+2)-\angle(s+4)=0$$

这些 s 的值不在根轨迹上。

（4）分离点

分离点位于 K 的

$$1+K\frac{s+4}{s(s+2)}=\frac{s(s+2)+K(s+4)}{s(s+2)(s+4)}$$

有多个零点，如前面两个例子所示，则分离点满足

$$\frac{\mathrm{d}}{\mathrm{d}s}\underbrace{\left(\frac{s+4}{s(s+2)}\right)}_{G(s)}=0$$

因为

$$\frac{\mathrm{d}}{\mathrm{d}s}G(s)=\frac{1}{s(s+2)}-\frac{s+4}{(s(s+2))^2}\frac{\mathrm{d}}{\mathrm{d}s}(s^2+2s)\quad=\frac{s(s+2)-(s+4)(2s+2)}{(s(s+2))^2}$$

$$=-\frac{s^2+8s+8}{(s(s+2))^2}$$

分离点需解下式

$$s^2+8s+8=0$$

候选分离点为

$$s=\frac{-8\pm\sqrt{64-32}}{2}=-4\pm2\sqrt{2}=-6.828,-1.172$$

如图 12-14 中所示 $\mathrm{d}G/\mathrm{d}s=0$ 的两个根都在实轴的根轨迹上，所以都是分离点。

（5）jω轴上的截距

使用劳斯－赫尔维茨检验检查根轨迹上是否有分支与jω轴相交。即是否存在$K\geqslant 0$的值使得

$$1+K\frac{s+4}{s(s+2)}=\frac{s(s+2)+K(s+4)}{s(s+2)}=0$$

的零点在jω轴上？为了求解，使用劳斯－赫尔维茨检验

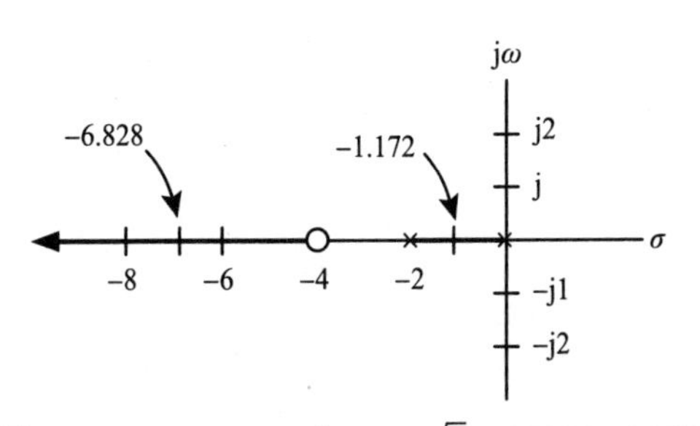

图 12-14　$\mathrm{d}G/\mathrm{d}s=0$在$-2\pm 2\sqrt{2}=-6.828,-1.172$

$$s(s+2)+K(s+4)=s^2+(K+2)s+4K$$

这是一个二阶多项式，所以对$K>0$是稳定的。由于关注对$K\geqslant 0$时的根轨迹，因此根轨迹在jω轴上无截距。

（6）渐近线

当$n=2,\ m=1$时，有

$$\begin{aligned}\theta_\ell&=\frac{\pi(2\ell+1)}{n-m},\ \ell=0,1,\cdots,n-m-1\\&=\frac{\pi(2\ell+1)}{2-1},\ \ell=0\\&=\pi\end{aligned}$$

所以只有一条与实轴夹角$\theta_0=\pi$的渐近线，其与实轴的交点为

$$\begin{aligned}\sigma_1&=-\frac{a_{n-1}-b_{m-1}/b_m}{n-m},\ n=3,m=1\\&=-\frac{2-4/1}{2-1}\ \text{当}\ a_2=2\\&=2\end{aligned}$$

在这个例子中，渐近线并没有提供新的信息，因为从实轴上的根轨迹得知根轨迹沿负实轴向外。

（7）草图

绘制$K=0$时的根轨迹，可以看到两个分支分别从开环极点 0，−2 开始。随着K的增大，两个分支在实轴上移动，直到在分离点$-4+2\sqrt{2}$相遇。接下来两个分支脱离实轴，向另一个分离点$-4-2\sqrt{2}$移动。在另一个分离点相遇后，一个分支向开环零点 −4 移动，另一个分支向$|s|=\infty$移动，但是根轨迹规则中不能确定离开实轴的根轨迹形状。在图 12-15 画成了一个圆，但实际上并不明确。

利用角度条件，可以证明实轴之外的根轨迹是圆形。注意图 12-15 中的圆可以写成

$$s=-4+\sqrt{8}\mathrm{e}^{\mathrm{j}\theta},\ 0\leqslant\theta\leqslant 2\pi$$

为了证明这些点在根轨迹上，我们计算

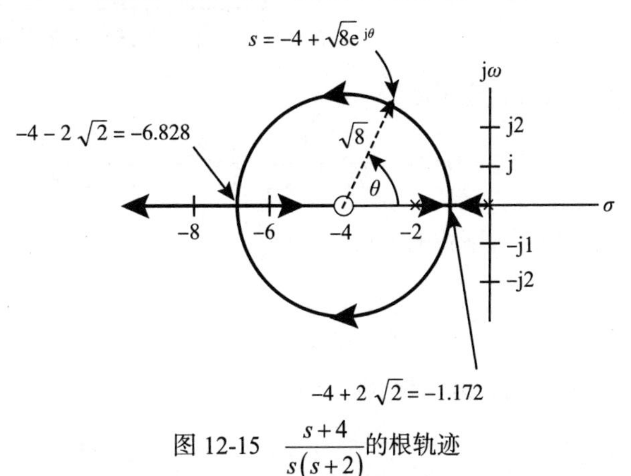

图 12-15　$\dfrac{s+4}{s(s+2)}$的根轨迹

$$G(s)\Big|_{s=-4+\sqrt{8}e^{j\theta}}=\frac{s+4}{s(s+2)}\Big|_{s=-4+\sqrt{8}e^{j\theta}}=\frac{\sqrt{8}e^{j\theta}}{\left(-4+\sqrt{8}e^{j\theta}\right)\left(-2+\sqrt{8}e^{j\theta}\right)}$$

$$=\frac{\sqrt{8}e^{j\theta}}{8-6\sqrt{8}e^{j\theta}+8e^{2j\theta}}$$

$$=\frac{\sqrt{8}}{8e^{-j\theta}-6\sqrt{8}+8e^{j\theta}}$$

$$=\frac{\sqrt{8}}{16\cos(\theta)-6\sqrt{8}}$$

$$=-\frac{\sqrt{8}}{\underbrace{6\sqrt{8}}_{16.97}-16\cos(\theta)}$$

也就是

$$G\left(-4+\sqrt{8}e^{j\theta}\right)=-\frac{\sqrt{8}}{\underbrace{16.97-16\cos(\theta)}_{>0\text{ 对于所有的 }\theta}}$$

使 $\angle G\left(-4+\sqrt{8}e^{j\theta}\right)=\pi$，则可以得到

$$s=-4+\sqrt{8}e^{j\theta},0\leqslant\theta\leqslant 2\pi$$

在根轨迹上。

12.3　分离角

分离角是最后一条绘制根轨迹的规则，通过下面这个例子说明。

例 6 $G(s)=\dfrac{1}{s\left(s^2+2s+2\right)}$ 的根轨迹

闭环系统结构图如图 12-16 所示。

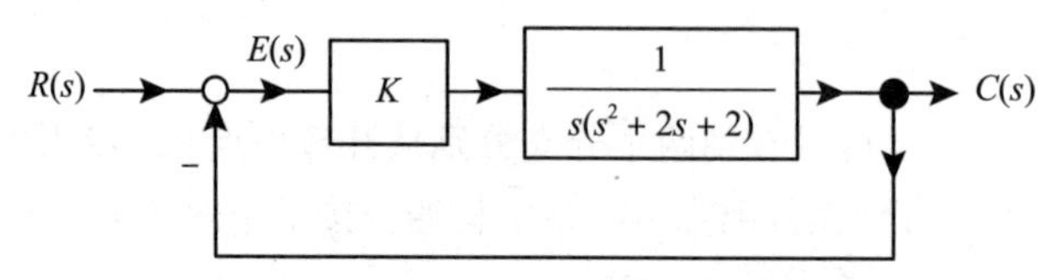

图 12-16　闭环系统框图

开环传递函数为

$$G(s)=\frac{1}{s\left(s^2+2s+2\right)}=\frac{|s+4|}{|s||s-(-1+j)||s-(-1-j)|}e^{-j(\angle s+\angle(s-(-1+j))+\angle s-(-1-j))}$$

闭环极点为下式的零点

$$1+KG(s)=1+K\frac{1}{s\left(s^2+2s+2\right)}=\frac{s^3+2s^2+2s+K}{s\left(s^2+2s+2\right)}$$

闭环极点必须满足角度条件

$$G(s)=-\frac{1}{K}$$

$$\Rightarrow \angle G(s) = \pi(2\ell+1),\ \ell = 0, \pm 1, \pm 2, \cdots$$

或

$$-\angle s - \angle[(s-(-1+\mathrm{j})] - \angle[s-(-1-\mathrm{j})] = \pi(2\ell+1),\ \ell = 0, \pm 1, \pm 2, \cdots$$

画出根轨迹草图。

（1）$K=0$

则

$$s^3 + 2s^2 + 2s + K = s(s^2+2s+2) = s[s-(-1+\mathrm{j})][s-(-1-\mathrm{j})] = 0$$

求出$s = 0, -1 \pm \mathrm{j}$，根轨迹开始于开环极点。

（2）$K=\infty$

则

$$G(s) = \frac{1}{s(s^2+2s+2)} = -\frac{1}{K}$$

$K \to \infty$时，开环传递函数$G(s) \to 0$。这需要$|s| \to \infty$，当$|s| \to \infty$时

$$|G(s)| \approx \frac{1}{|s|^3} \to 0$$

因此，开环传递函数$G(s)$在 -4 处有一个零点，在$|s| = \infty$处有三个零点。根轨迹终止于开环零点。

（3）实轴上的根轨迹

1）当s为实数且$-\infty < s < 0$时，如图 12-17 所示。$\angle s = \pi$，$\angle[s-(-1+\mathrm{j})] = -\angle[s-(-1-\mathrm{j})]$，因此

$$\angle G(s) = -\angle s \underbrace{-\angle[(s-(-1+\mathrm{j})] - \angle[s-(-1-\mathrm{j})]}_{0} = -\angle s = -\pi$$

这些s的值在根轨迹上。

2）当s为实数且$s > 0$时，$\angle s = 0, \angle[s-(-1+\mathrm{j})] = -\angle[s-(-1-\mathrm{j})]$，那么

$$\angle G(s) = -\angle s \underbrace{-\angle[s-(-1+\mathrm{j})] - \angle[s-(-1-\mathrm{j})]}_{0} = -\angle s = 0$$

这些s的值不在根轨迹上。

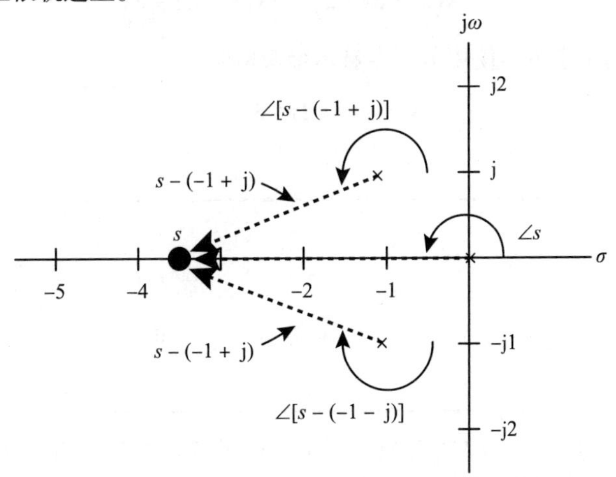

图 12-17　$\angle[s-(-1+\mathrm{j})] + \angle[s-(-1-\mathrm{j})] = 0$在实轴上

图 12-18 所示为实轴上的根轨迹。

（4）分离点

分离点位于 K 的

$$1+K\frac{1}{s\left(s^2+2s+2\right)}=\frac{s^3+2s^2+2s+K}{s\left(s^2+2s+2\right)}$$

有多个零点，如前文例子所示，则分离点满足

$$\frac{\mathrm{d}}{\mathrm{d}s}\left(1+K\frac{1}{s\left(s^2+2s+2\right)}\right)=K\frac{\mathrm{d}}{\mathrm{d}s}\underbrace{\left(\frac{1}{s\left(s^2+2s+2\right)}\right)}_{G(s)}=0$$

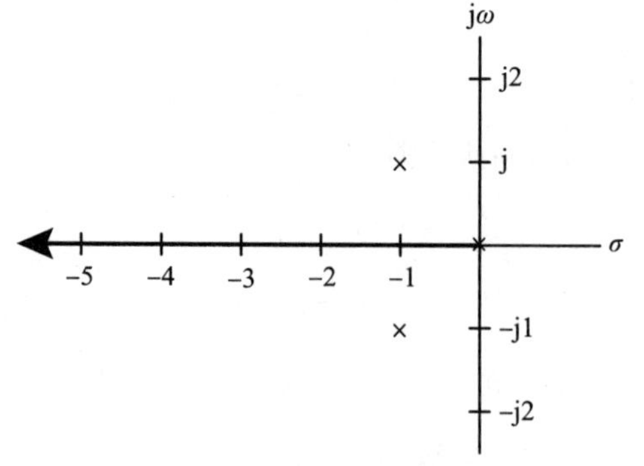

图 12-18　实轴上的根轨迹

有

$$\begin{aligned}\frac{\mathrm{d}}{\mathrm{d}s}G(s)&=-\frac{1}{\left[s\left(s^2+2s+2\right)\right]^2}\frac{\mathrm{d}}{\mathrm{d}s}\left(s^3+2s^2+2s\right)\\&=-\frac{1}{\left[s\left(s^2+2s+2\right)\right]^2}\left(3s^2+4s+2\right)\\&=0\end{aligned}$$

需解下式

$$3s^2+4s+2=0$$

得到

$$s=\frac{-4\pm\sqrt{16-24}}{6}=-\frac{2}{3}\pm\mathrm{j}\frac{\sqrt{2}}{3}$$

两个根都不在实轴上，所以都不是分离点。

（5）$\mathrm{j}\omega$轴上的截距

现在使用劳斯 - 赫尔维茨检验来检查根轨迹的分支是否和$\mathrm{j}\omega$轴相遇（交叉）。也就是说，是否存在$K\geqslant 0$的值使

$$1+K\frac{1}{s\left(s^2+2s+2\right)}=\frac{s^3+2s^2+2s+K}{s\left(s^2+2s+2\right)}$$

的零点在$\mathrm{j}\omega$轴上？为了求解，使用劳斯 - 赫尔维茨检验

$$s^3+2s^2+2s+K=0$$

劳斯表为

s^3	1	2
s^2	2	K
s	$\frac{4-K}{2}$	0
1	K	

当$0<K<4$时是稳定的，当$K>4$时有两个右半平面极点。当$K=4$时，在$\mathrm{j}\omega$轴上有两个根。使用s^2行构造辅助方程来求解这两个根。有

$$2s^2 + K = 2s^2 + 4 = 0$$

解出

$$s = \pm \mathrm{j}\sqrt{2}$$

这些截距点如图 12-19 所示。

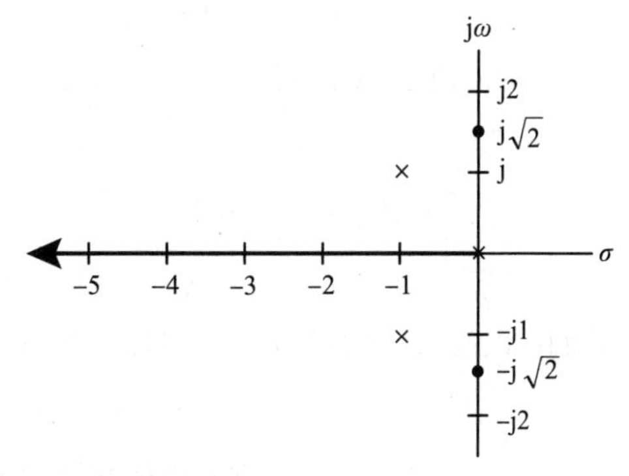

图 12-19 jω轴截距点

（6）渐近线

渐近线与实轴的夹角由$(n=3, m=0)$求出

$$\theta_\ell = \frac{\pi(2\ell+1)}{n-m},\ \ell = 0,1,\cdots,n-m-1$$

$$= \frac{\pi(2\ell+1)}{3-0},\ \ell = 0,1,2$$

这三个渐近线的角度是

$$\theta_0 = \pi/3, \theta_1 = \pi, \theta_2 = 5\pi/3(-\pi/3)$$

它们与实轴的交点是在

$$\sigma_1 = -\frac{a_{n-1} - b_{m-1}/b_m}{n-m},\ n=3, m=0$$

$$= -\frac{2-0}{3-0} \text{ 当 } a_2 = 2, b_0 = 1$$

$$= -2/3$$

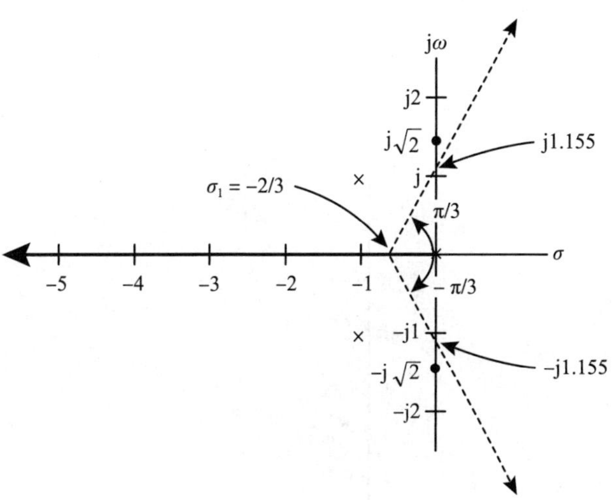

图 12-20 渐近线及其实轴截距

图 12-20 显示了在$\pi/3$和$-\pi/3$处的两条渐近线。从几何学中可以看到这两个渐近线在$\pm\mathrm{j}(2/3)\tan(\pi/3) = \pm\mathrm{j}1.155$处与jω轴相交。第三条渐近线的角度为π，并且正好遵循从实轴上的根轨迹中找到的π处的分支。

（7）分离角

开环传递函数具有复共轭极点对，这一性质使得我们可以利用角度条件来计算这些极点的分离角。顾名思义，我们要确定根轨迹分支离开开环复极点的角度。对于$K=0$，根为$s=0$, $s=-1+\mathrm{j}$以及$s=-1-\mathrm{j}$。随着K逐渐增加，闭环极点（根轨迹分支）将离开这些开环极点。我们想计算从复共轭极点对开始的两个分支离开它们的角度。当考虑K仅大于零时，从$-1+\mathrm{j}$开始的根轨迹分支会稍微远离这一点。这可以由图 12-21 中的点“s”来表示。这里观察到的关键是，s被认为非常接近$-1+\mathrm{j}$（认为s比图 12-21 中所示的更接近$-1+\mathrm{j}$）。所以有

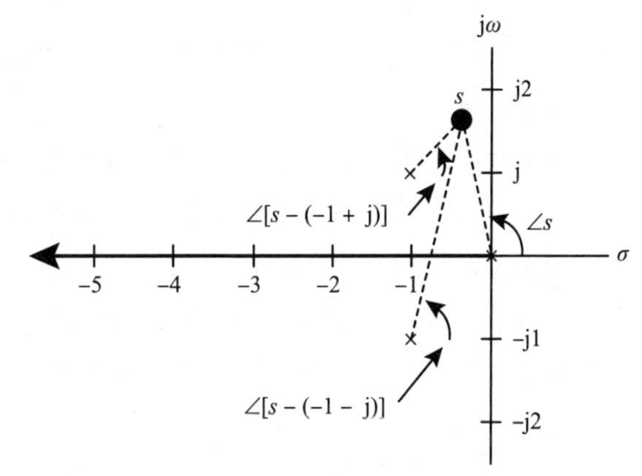

图 12-21 在$-1+\mathrm{j}$处与开环极点的分离角度

$$\angle s \approx \pi/2 + \pi/4 = 3\pi/4$$
$$\angle\left[s-(-1-\mathrm{j})\right] \approx \pi/2$$

角度条件是

$$-\angle s - \angle\left[s-(-1+\mathrm{j})\right] - \angle\left[s-(-1-\mathrm{j})\right] = \pi(2\ell+1),\ \ell = 0, \pm1, \pm2, \cdots$$

当我们考虑 K 仅大于零时，根轨迹上的点“s”接近于 $-1+\mathrm{j}$。角度条件变为

$$-\pi/2 - \angle\left[s-(-1+\mathrm{j})\right] - 3\pi/4 = \pi(2\ell+1),\ \ell = 0, \pm1, \pm2, \cdots$$

求解 $\angle\left[s-(-1+\mathrm{j})\right]$ 的结果是

$$\angle\left[s-(-1+\mathrm{j})\right] = -5\pi/4 - \pi(2\ell+1), \ell = 0, \pm1, \pm2, \cdots$$

我们可以取 ℓ 为任意整数，所以取为 0。则

$$\angle\left[s-(-1+\mathrm{j})\right] = -5\pi/4 - \pi = -\pi/4 - 2\pi$$

或者 $\angle\left[s-(-1+\mathrm{j})\right] = -\pi/4$。由于根轨迹相对于实轴是对称的，则 $\angle\left[s-(-1-\mathrm{j})\right] = \pi/4$。图 12-22 显示了根轨迹上的分离角。

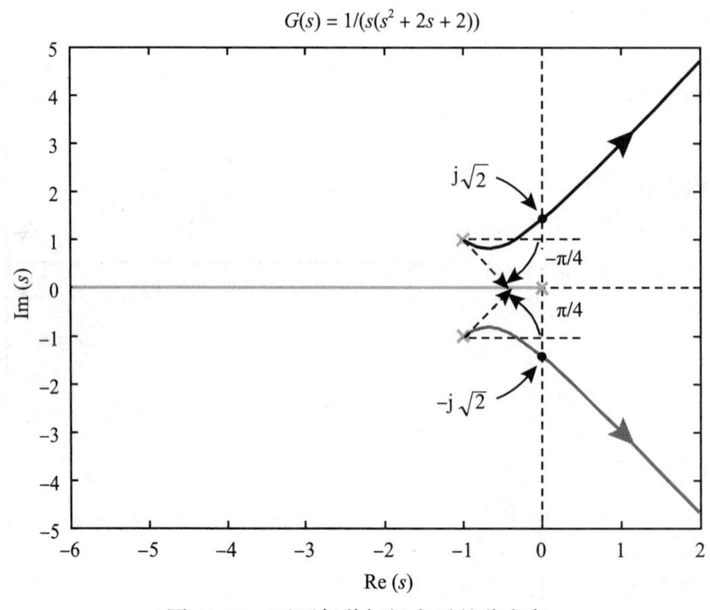

图 12-22　开环复共轭极点对的分离角

（8）草图

根轨迹从开环极点开始。由于没有分离点，从 $s=0$ 开始的根轨迹分支只是沿着负实轴继续延伸到 $-\infty$，这是实轴上的根轨迹。从 $-1+\mathrm{j}$ 开始的根轨迹分支以 $-\pi/4$ 的角度离开该点。然而，随着 K 的增加，它必将在 $\mathrm{j}\sqrt{2}$ 处穿过 $\mathrm{j}\omega$ 轴，然后当 $K\to\infty$，它必将接近它的渐近线。类似的解释也适用于从 $-1-\mathrm{j}$ 开始的分支。图 12-22 是使用计算机程序（MATLAB）绘制的，理解根轨迹规则后，就不会对计算机所绘制的图感到惊讶。

例 7 $G(s)=\dfrac{s+2}{s^2+2s+2}$ 的根轨迹

考虑图 12-23 中的闭环系统。

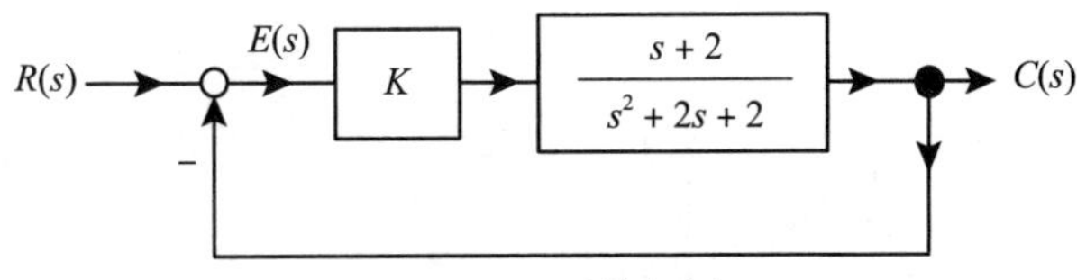

图 12-23　系统框图

开环传递函数为

$$\begin{aligned}G(s) &= \frac{s+2}{s^2+2s+2}\\ &= \frac{|s+2|}{|s|s-(-1+\mathrm{j})|\ |s-(-1-\mathrm{j})|}\mathrm{e}^{\mathrm{j}(\angle(s+2)-\angle[s-(-1+\mathrm{j})]-\angle[s-(-1-\mathrm{j})])}\end{aligned}$$

闭环极点是

$$1+KG(s)=1+K\frac{s+2}{s^2+2s+2}=\frac{s^2+(K+2)s+2K}{s^2+2s+2}$$

或者，等效地，

$$G(s)=-\frac{1}{K}\Rightarrow\angle G(s)=\pi(2\ell+1),\ \ell=0,\pm1,\pm2,\cdots$$

则角度条件为

$$\angle(s+2)-\angle[s-(-1+\mathrm{j})]-\angle[s-(-1-\mathrm{j})]=\pi(2\ell+1),\ \ell=0,\pm1,\pm2,\cdots$$

请绘制出根轨迹。

（1）$K=0$

当$K=0$时，$s^2+2s+2+K(s+2)$的根为$s=-1\pm\mathrm{j}$。根轨迹从开环的极点开始。

（2）$K=\infty$

由

$$G(s)=\frac{s+2}{s^2+2s+2}=-\frac{1}{K}$$

我们看到，当$K\to\infty$时，开环传递函数$G(s)\to0$。这意味着$s\to-2$或$|s|\to\infty$。因此，开环传递函数$G(s)$在$s=-2$处有一个零点，在$|s|=\infty$处也有一个零点。根轨迹在开环零点上结束。

（3）实轴上的根轨迹

1）当 s 为实数且 $-\infty<s<-2$ 时，有$\angle(s+2)=\pi$。如图 12-24 所示，$\angle[s-(-1+\mathrm{j})]=-\angle[s-(-1-\mathrm{j})]$。则

$$\angle G(s)=\angle(s+2)\underbrace{-\angle[s-(-1+\mathrm{j})]-\angle[s-(-1-\mathrm{j})]}_{0}=\pi$$

s 的这些值都在根轨迹上。

2）当 s 为实数且$s>-2$时，$\angle(s+2)=0,\ \angle[s-(-1+\mathrm{j})]=-\angle[s-(-1-\mathrm{j})]$，则

$$\angle G(s)=-\angle(s+2)\underbrace{-\angle[s-(-1+\mathrm{j})]-\angle[s-(-1-\mathrm{j})]}_{0}=0$$

s 的这些值都不在根轨迹上。实轴上的根轨迹如图 12-25 所示。

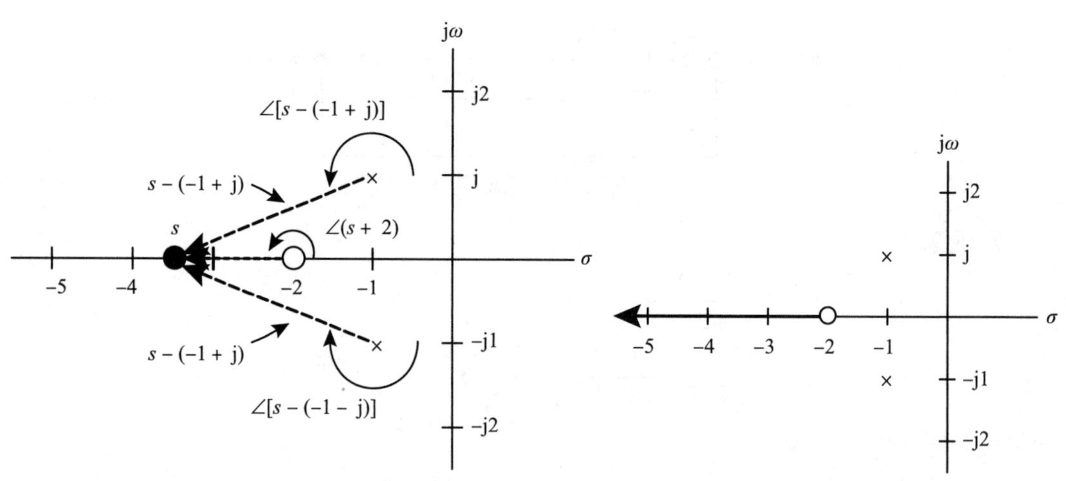

图 12-24　实轴上$\angle\left[s-\left(-1+\mathrm{j}\right)\right]+\angle\left[s-\left(-1-\mathrm{j}\right)\right]=0$　　图 12-25　实轴上的根轨迹

（4）分离点

分离点出现在具有多个零点的 K 值处。

$$1+K\frac{s+2}{s^2+2s+2}=\frac{s^2+\left(K+2\right)s+2K}{s^2+2s+2}$$

这意味着

$$\frac{\mathrm{d}}{\mathrm{d}s}\left(1+K\frac{s+2}{s^2+2s+2}\right)=K\frac{\mathrm{d}}{\mathrm{d}s}\underbrace{\left(\frac{s+2}{s^2+2s+2}\right)}_{G(s)}=0$$

则有

$$\begin{aligned}\frac{\mathrm{d}}{\mathrm{d}s}G\left(s\right)&=-\frac{s+2}{\left(s^2+2s+2\right)^2}\frac{\mathrm{d}}{\mathrm{d}s}\left(s^2+2s+2\right)+\frac{1}{s^2+2s+2}\frac{\mathrm{d}}{\mathrm{d}s}\left(s+2\right)\\&=-\frac{\left(s+2\right)\left(2s+2\right)+s^2+2s+2}{\left(s^2+2s+2\right)^2}\\&=-\frac{3s^2+8s+6}{\left(s^2+2s+2\right)^2}\end{aligned}$$

需要求解下式

$$3s^2+8s+6=0$$

可得到

$$s=\frac{-4\pm\sqrt{16-8}}{6}=-2\pm\sqrt{2}=-3.1414,-0.586$$

其中只有 −3.1414 在实轴上的根轨迹上，因此是唯一的分离点。

（5）jω轴上的截距

现在使用劳斯－赫尔维茨检验来检查根轨迹的分支是否和jω轴相遇（交叉）。也就是说，是否存在$K\geqslant 0$的值使下式为零

$$1+K\frac{s+2}{s^2+2s+2}=\frac{s^2+\left(K+2\right)s+2K+2}{s^2+2s+2}$$

注意，对于所有$K \geqslant 0$，其根在左半平面上，因此没有与jω轴相交。

$$s^2 + (K+2)s + 2K + 2 = 0$$

（6）渐近线

渐近线与实轴的夹角由下式给出

$$\begin{aligned}\theta_\ell &= \frac{\pi(2\ell+1)}{n-m},\ \ell = 0,1,\cdots,n-m-1\\ &= \frac{\pi(2\ell+1)}{2-1},\ \ell=0\\ &= \pi\end{aligned}$$

有一条渐近线，其相对于实轴的角度为$\theta_0 = \pi$。它在实轴上的截距是

$$\begin{aligned}\sigma_1 &= -\frac{a_{n-1} - b_{m-1}/b_m}{n-m},\ n=2, m=1\\ &= -\frac{2-2}{2-1}\ \text{当}\ a_2 = 2, b_1 = 1, b_0 = 2\\ &= 0\end{aligned}$$

因此只有一条渐近线，它与实轴上的根轨迹重合。

（7）分离角

当$K=0$时，根为$s=0,\ s=-1+\mathrm{j}$和$s=-1-\mathrm{j}$。当K逐渐增加时，闭环极点将离开这些根，我们计算了两个分支离开两个复共轭极点的角度。当K仅大于0时，从$-1+\mathrm{j}$开始的根轨迹分支比这个点稍微小一点，由图12-26中的点“s”表示。观察的关键是，s被认为是非常接近$-1+\mathrm{j}$的（认为s比图12-26中所示的更接近$-1+\mathrm{j}$）。

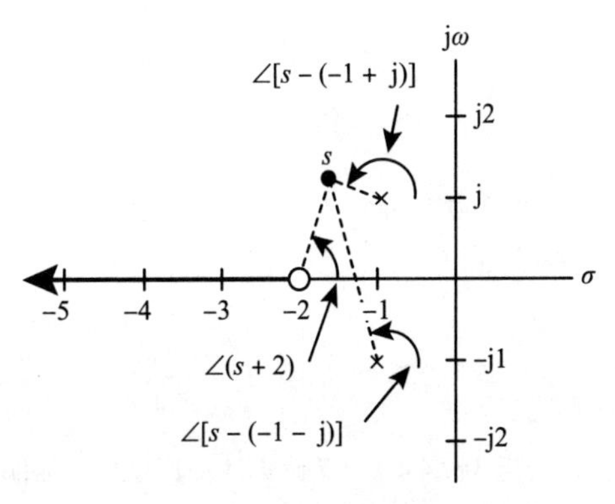

图12-26　在$-1+\mathrm{j}$处偏离开环极点的角度

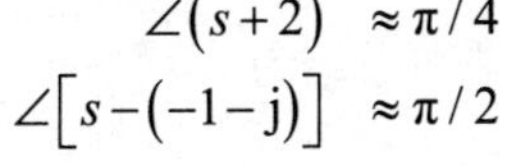

$$\angle(s+2) \approx \pi/4$$
$$\angle[s-(-1-\mathrm{j})] \approx \pi/2$$

因此，角度条件为

$$\angle(s+2) - \angle[s-(-1+\mathrm{j})] - \angle[s-(-1-\mathrm{j})] = \pi(2\ell+1),\ \ell = 0,\pm1,\pm2,\cdots$$

当K刚好大于零时，我们可以把角度条件近似地写成

$$\pi/4 - \angle[s-(-1+\mathrm{j})] - \pi/2 = \pi(2\ell+1),\ \ell = 0,\pm1,\pm2,\cdots$$

求解$\angle[s-(-1+\mathrm{j})]$的结果是

$$\angle[s-(-1+\mathrm{j})] = -\pi/4 - \pi(2\ell+1),\ \ell = 0,\pm1,\pm2,\cdots$$

我们可以取为任意整数，所以取为0。则

$$\angle[s-(-1+\mathrm{j})] = -5\pi/4$$

或者$\angle[s-(-1+\mathrm{j})] = 3\pi/4$。由于根轨迹相对于实轴对称，则$\angle[s-(-1-\mathrm{j})] = -3\pi/4$。图12-27显示了根轨迹上的分离角。

（8）草图

根轨迹从 $-1\pm j$ 的开环极点开始，使它们位于计算的分离角。我们不知道实轴的形状，于是在图 12-27 中将其绘制为圆形。然而，分支必须相对于实轴对称，并且必须在 $-2-\sqrt{2}=-3.414$ 处的分离（或切入）点汇合。之后，其中一个分支必须在实轴上指向 $-\infty$，另一个必须在 -3 处到达开环零点。使用角度条件后，可以得出根轨迹偏离实轴的部分是圆形的。具体地说，下式中的点在根轨迹上。

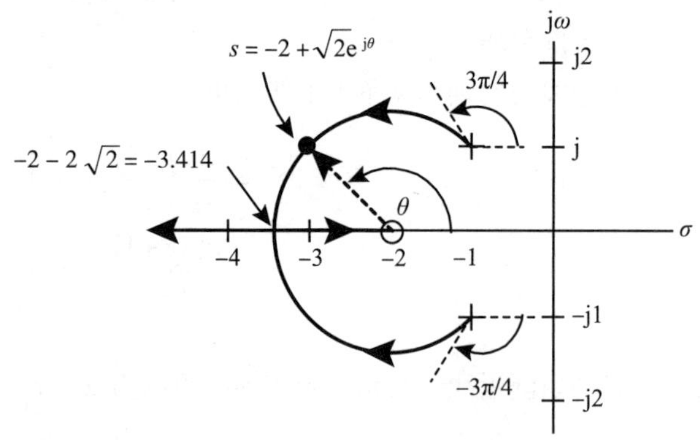

图 12-27　$\dfrac{s+2}{s^2+2s+2}$ 的根轨迹图

$$s=-2+\sqrt{2}e^{j\theta},3\pi/4<\theta<7\pi/4$$

我们有

$$\begin{aligned}
G(s)\Big|_{s=-2+\sqrt{2}e^{j\theta}}=\frac{s+2}{s^2+2s+2}\Big|_{s=-2+\sqrt{2}e^{j\theta}}&=\frac{\sqrt{2}e^{j\theta}}{\left(-2+\sqrt{2}e^{j\theta}\right)^2+2\left(-2+\sqrt{2}e^{j\theta}\right)+2}\\
&=\frac{\sqrt{2}e^{j\theta}}{4-4\sqrt{2}e^{j\theta}+2e^{2j\theta}-4+2\sqrt{2}e^{j\theta}+2}\\
&=\frac{\sqrt{2}}{-2\sqrt{2}+2e^{j\theta}+2e^{-j\theta}}\\
&=\frac{\sqrt{2}}{4\cos(\theta)-2\sqrt{2}}\\
&=-\frac{\sqrt{2}/4}{1/\sqrt{2}-\cos(\theta)}
\end{aligned}$$

当 $3\pi/4<\theta<7\pi/4$ 时，$1/\sqrt{2}-\cos(\theta)>0$。则计算结果可总结为

$$G\left(-2+\sqrt{2}e^{j\theta}\right)=-\frac{\sqrt{2}/4}{\underbrace{1/\sqrt{2}-\cos(\theta)}_{>0\ \text{对于}\ 3\pi/4<\theta<7\pi/4}}$$

因此，对于 $3\pi/4<\theta<7\pi/4$，我们有

$$\angle G\left(-2+\sqrt{2}e^{j\theta}\right)=\pi$$

则下式中的点在根轨迹上。

$$s=-2+\sqrt{2}e^{j\theta},3\pi/4<\theta<7\pi/4$$

例 8 $G(s)=\dfrac{s+3}{s(s+5)(s+6)\left(s^2+2s+2\right)}$

我们有如图 12-28 所示的闭环系统。

开环传递函数为

$$G(s)=\frac{s+3}{s(s+5)(s+6)(s^2+2s+2)}$$

$$=\frac{|s+3|}{|s||s+5||s+6||s-(-1+\mathrm{j})||s-(-1-\mathrm{j})|}\times$$

$$\mathrm{e}^{\mathrm{j}\left(\angle(s+3)-\angle s-\angle(s+5)-\angle(s+6)-\angle[s-(-1+\mathrm{j})]-\angle[s-(-1-\mathrm{j})]\right)}$$

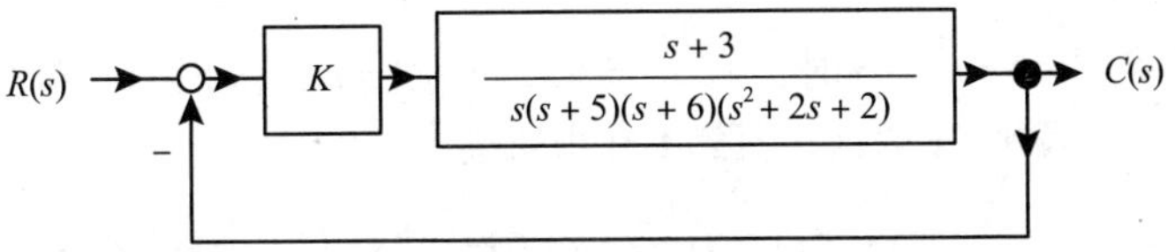

图 12-28 比例控制 $G(s)=\dfrac{s+3}{s(s+5)(s+6)(s^2+2s+2)}$

闭环极点为

$$1+KG(s)=1+K\frac{s+3}{s(s+5)(s+6)(s^2+2s+2)}$$

$$=\frac{s^5+13s^4+54s^3+82s^2+60s+K(s+3)}{s(s+5)(s+6)(s^2+2s+2)}$$

同样地，闭环极点满足

$$G(s)=-\frac{1}{K}$$

则角度条件为

$$\angle G(s)=\pi(2\ell+1),\ \ell=0,\pm1,\pm2,\cdots$$

或者

$$\angle(s+3)-\angle s-\angle(s+5)-\angle(s+6)-\angle[s-(-1+\mathrm{j})]-\angle[s-(-1-\mathrm{j})]$$
$$=\pi(2\ell+1),\ \ell=0,\pm1,\pm2,\cdots$$

（1）$K=0$

当$K=0$时有

$$s(s+5)(s+6)(s^2+2s+2)+K(s+3)=s(s+5)(s+6)[s-(-1+\mathrm{j})][s-(-1-\mathrm{j})]$$

根为$s=0,-5,-6,-1\pm\mathrm{j}$。根轨迹从开环极点开始。

（2）$K=\infty$

由下式

$$G(s)=\frac{s+3}{s(s+5)(s+6)(s^2+2s+2)}=-\frac{1}{K}$$

可知，当$K\to\infty$时，开环传递函数$G(s)\to0$。这意味着$s\to-3$或$|s|\to\infty$。

请注意，当$|s|\to\infty$时有

$$|G(s)|\approx\frac{1}{|s|^4}\to0$$

因此，开环传递函数$G(s)$在$s=-3$处有 1 个零点，在$|s|=\infty$处有 4 个零点。根轨迹在开环零点上结束。

（3）实轴上的根轨迹

1）当s为实数且$-3<s<0$时（见图 12-29）。有$\angle s=\pi$，$\angle(s+3)=0$，$\angle(s+5)=\angle(s+6)=0$，$\angle[s-(-1+\mathrm{j})]=-\angle[s-(-1-\mathrm{j})]$，因此，$s$ 的这些值都在根轨迹上。

$$\begin{aligned}\angle G(s)&=\angle(s+3)-\angle s-\angle(s+5)-\angle(s+6)-\angle[s-(-1+\mathrm{j})]-\angle[s-(-1-\mathrm{j})]\\&=-\pi\end{aligned}$$

2）当 s 为实数且 $-5<s<-3$ 时，有 $\angle s=\pi,\angle(s+3)=\pi,\angle(s+5)=\angle(s+6)=0,\angle[s-(-1+\mathrm{j})]=-\angle[s-(-1-\mathrm{j})]$，因此，$s$ 的这些值都不在根轨迹上。

$$\begin{aligned}\angle G(s)&=\angle(s+3)-\angle s-\angle(s+5)-\angle(s+6)-\angle[s-(-1+\mathrm{j})]-\angle[s-(-1-\mathrm{j})]\\&=0\end{aligned}$$

3）当s为实数且$-6<s<-5$时，有$\angle s=\pi$，$\angle(s+3)=\pi$，$\angle(s+5)=\pi,\angle(s+6)=0,\angle[s-(-1+\mathrm{j})]=-\angle[s-(-1-\mathrm{j})]$，因此，$s$ 的这些值都在根轨迹上。

$$\angle G(s)=-\pi$$

4）当 s 为实数且$s<-6$时，有$\angle s=\pi$，$\angle(s+3)=\pi$，$\angle(s+5)=\pi$，$\angle(s+6)=\pi$，$\angle[s-(-1+\mathrm{j})]=-\angle[s-(-1-\mathrm{j})]$，因此，$s$ 的这些值都不在根轨迹上。

$$\angle G(s)=-2\pi$$

5）最后，当 s 为实数且$s>0$时，有

$$\angle G(s)=0$$

因此，s 的这些值都不在根轨迹上。

实轴上的根轨迹如图 12-29 所示。

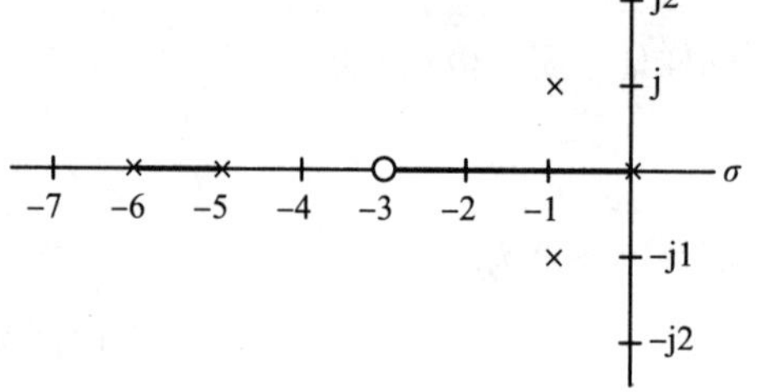

图 12-29　实轴上的根轨迹

（4）分离点

分离点出现在具有多个零点的 K 值处。

$$1+K\frac{s+3}{s(s+5)(s+6)(s^2+2s+2)}=\frac{s^5+13s^4+54s^3+82s^2+60s+K(s+3)}{s(s+5)(s+6)(s^2+2s+2)}$$

因此，任何一个分离点都必须满足下式

$$\frac{\mathrm{d}}{\mathrm{d}s}\underbrace{\left(\frac{s+3}{s^5+13s^4+54s^3+82s^2+60s}\right)}_{G(s)}=0$$

经过计算后，简化为求解下式

$$g(s)\triangleq s^5+13.5s^4+66s^3+142s^2+123s+45=0$$

其根为$s=-5.53,-0.656\pm\mathrm{j}\,0.468,-3.33\pm\mathrm{j}\,1.2$，因此唯一的分离点是 -5.53，如图 12-30 所示。

我们可以猜到这个答案，而不必求解$g(s)=0$。为此，请记住，分离点只能发生在实轴的根轨迹上。针对实轴上的根轨迹，当$-6<s<-5$时，$g(s)$的值见下表

s	$g(s)$
−5	42.50
−5.5	3.75
−6	−117.0

注意，当s值从−5过渡为−6时$g(s)$的符号发生了变化，因此在该区间内必然有一个根。

同样，针对实轴上的根轨迹，当$-3<s<0$时，$g(s)$的值见下表。在这种情况下，$g(s)$的符号没有发生变化，因此我们可以猜测$g(s)$在这个区间内没有根，所以当$-3<s<0$时，没有分离点。

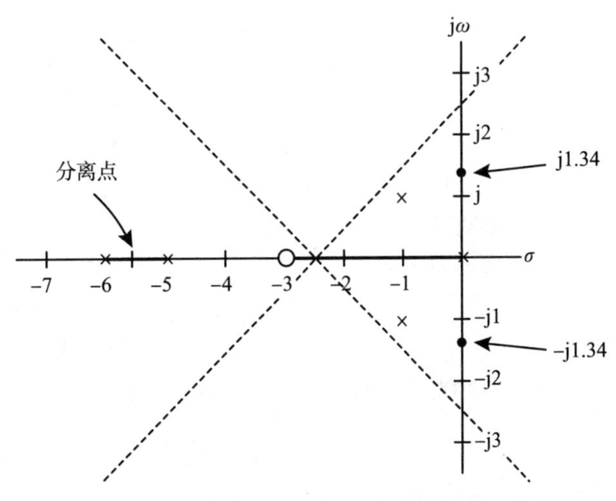

图 12-30　分离点，jω轴上的截距和渐近线

s	$g(s)$
0	45.0
−1	10.5
−2	23.0
−3	22.5

（5）$\mathrm{j}\omega$轴上的截距

使用劳斯－赫尔维茨检验检查根轨迹上是否有分支与$\mathrm{j}\omega$轴相交。即是否存在$K\geqslant 0$的值使得

$$s^5+13s^4+54s^3+82s^2+60s+K(s+3)=0$$

劳斯表如下

$$\begin{array}{llll}
s^5 & 1 & 54 & 60+K \\
s^4 & 13 & 82 & 3K \\
s^3 & 47.7 & 60+0.77K & 0 \\
s^2 & 0.212(309-K) & 3K & 0 \\
s & \dfrac{3940-105K-0.163K^2}{0.202(309-K)} & 0 & \\
1 & 3K & &
\end{array}$$

为保持s^2行的稳定性，$K<309$。当$3940-105K-0.163K^2=-0.163(K-35)(K+679.7)$，$s$行需要$K<35$，而最后一行需要$K>0$。因此当满足下式时，系统稳定。

$$0<K<35$$

对于$35<K<309$和$K>309$，在第一列有两个符号变化，因此有两个右半平面极点。在

劳斯表的s^2行中设置$K=35$，得到辅助方程

$$0.212\times(309-35)s^2+3\times 35=0$$

则根为

$$s=\pm \mathrm{j}\sqrt{1.8}=\pm \mathrm{j}\,1.34$$

这些交叉的数据如图 12-30 所示。

（6）渐近线

开环传递函数为

$$G(s)=\frac{s+3}{s^5+13s^4+54s^3+82s^2+60s}$$

渐近线相对于实轴的角度由下式给出$(n=5, m=1)$

$$\begin{aligned}\theta_\ell &= \frac{\pi(2\ell+1)}{n-m},\ \ell=0,1,\cdots,n-m-1\\ &= \frac{\pi(2\ell+1)}{5-1},\ \ell=0,1,\cdots,3\end{aligned}$$

或者

$$\theta_0=\pi/4,\ \theta_1=3\pi/4,\ \theta_2=5\pi/4,\ \theta_3=7\pi/4$$

它们在实轴上的交集是

$$\begin{aligned}\sigma_1 &= -\frac{a_{n-1}-b_{m-1}/b_m}{n-m},\ n=2,\ m=1\\ &= -\frac{13-3}{5-1}\ \text{当}\ a_4=13,\ b_1=1,\ b_0=3\\ &= -2.5\end{aligned}$$

这些渐近线如图 12-30 所示。

（7）分离角

我们现在计算开环极点的复共轭对在$-1\pm \mathrm{j}$处的分离角。考虑从$-1\pm \mathrm{j}$开始的分支，K刚好大于 0，因此根仍然接近该点（不认为s比图 12-31 所示的更接近$-1\pm \mathrm{j}$），可以近似写出下式：

$$\begin{aligned}&\underbrace{\angle(s+3)}_{\tan^{-1}(1/2)}-\underbrace{\angle s}_{3\pi/4}-\underbrace{\angle(s+5)}_{\tan^{-1}(1/4)}-\underbrace{\angle(s+6)}_{\tan^{-1}(1/5)}-\angle[s-(-1+\mathrm{j})]-\underbrace{\angle[s-(-1-\mathrm{j})]}_{\pi/2}\\ &=\pi(2\ell+1),\ \ell=0,\pm1,\pm2,\cdots\end{aligned}$$

重新排列后有

$$\begin{aligned}\angle[s-(-1+\mathrm{j})] &= \tan^{-1}(1/2)-3\pi/4-\tan^{-1}(1/4)-\tan^{-1}(1/5)-\pi/2-\pi(2\ell+1),\\ &\quad \ell=0,\pm1,\pm2,\cdots\\ &= -3.9057-\pi(\text{令}\,\ell=0)\\ &= -7.0473\ \mathrm{rad}(-43.8^\circ)\end{aligned}$$

（8）草图

图 12-30 用于绘制图 12-32 所示的根轨迹。

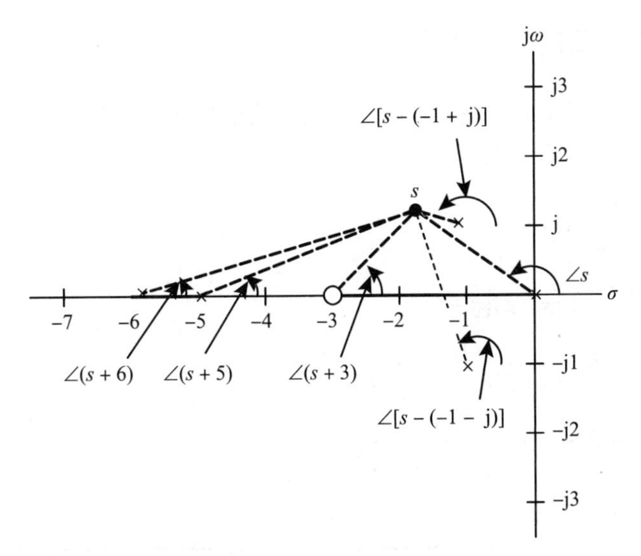

图 12-31　偏离 $-1+\mathrm{j}$ 的角度

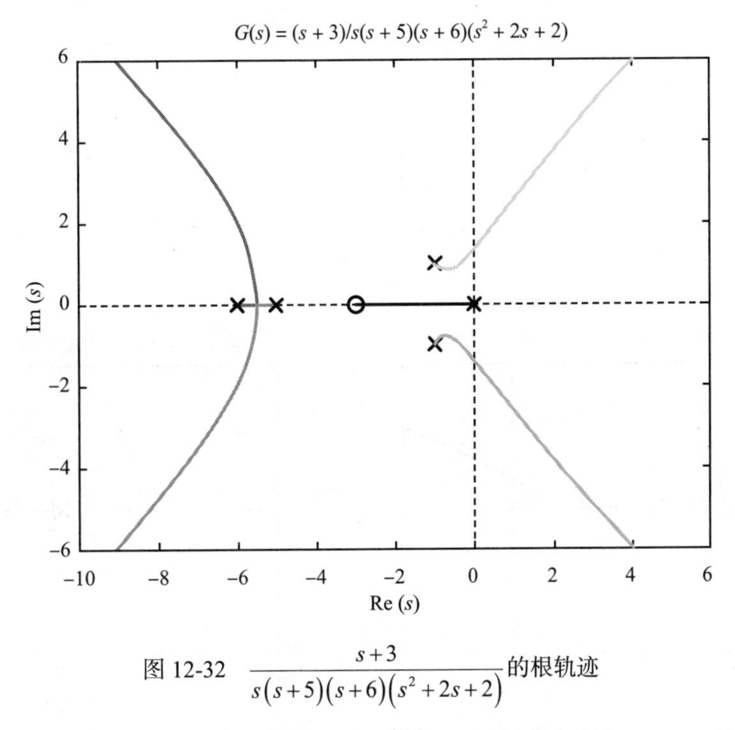

图 12-32　$\dfrac{s+3}{s(s+5)(s+6)(s^2+2s+2)}$ 的根轨迹

根轨迹的两个分支分别从 −5 和 −6 的开环极点开始，直到分离点 −5.53。然后这两个分支渐近地转到夹角分别为 $3\pi/4$ 和 $5\pi/4$ 的两个渐近线。从开环极点等于 0 处开始的分支在 −3 处正好到达开环零点。最后，分别从 $-1+\mathrm{j}$ 和 $-1-\mathrm{j}$ 的复共轭极对开始的两个分支分别在 −43.8° 和 43.8° 处分离。然后，它们分别在 $\mathrm{j}\,1.34$ 和 $-\mathrm{j}\,1.34$ 处穿过 $\mathrm{j}\omega$ 轴，并分别到达 $\pi/4$ 和 $-\pi/4$ 处的两个渐近线。

当然，图 12-32 是使用计算机程序（MATLAB）绘制的，但是理解根轨迹规则后，我们就不会对计算机所绘制的图感到惊讶。

12.4 开环极点对根轨迹的影响

图12-33显示了使用比例控制的不同开环系统的根轨迹。每个系统都有一组不同的开环极点，并且没有零点。这四个例子是：

(1) $G_c(s)G(s)=K\dfrac{1}{s(s+2)}$

(2) $G_c(s)G(s)=K\dfrac{1}{s(s+2)(s+4)}$

(3) $G_c(s)G(s)=K\dfrac{1}{s(s+2)(s+4)(s+6)}$

(4) $G_c(s)G(s)=K\dfrac{1}{s(s+2)(s^2+8s+32)}$

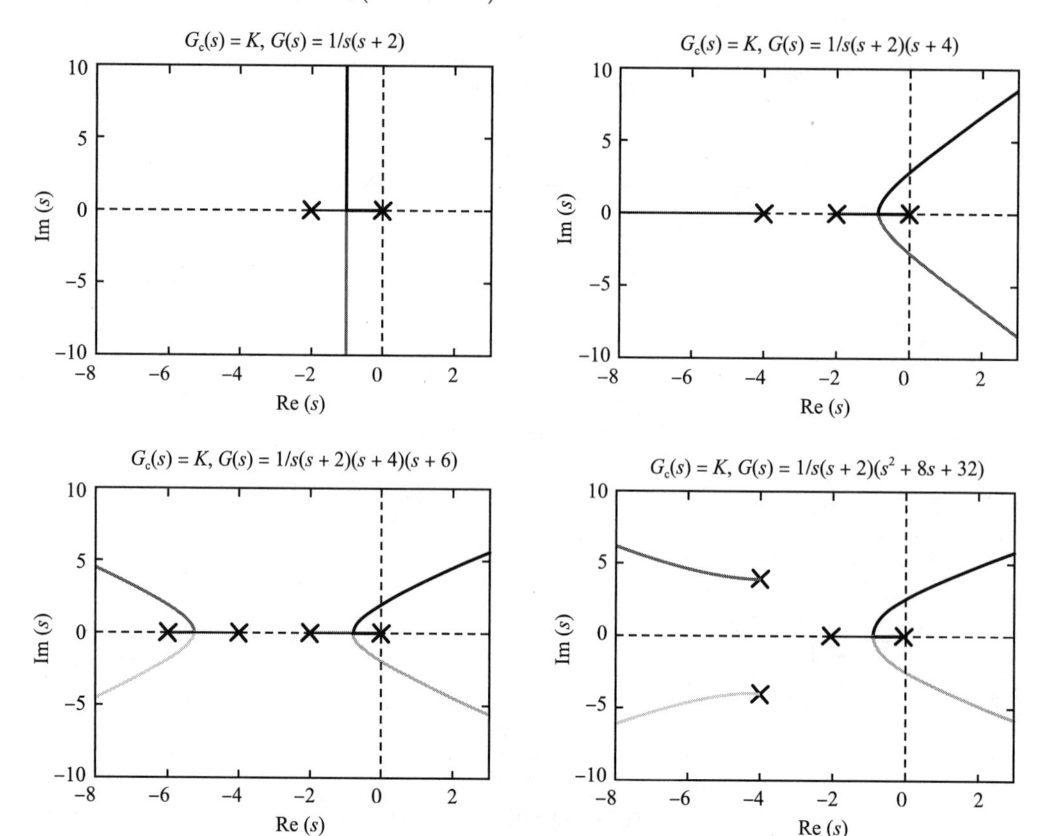

图12-33　开环极点对根轨迹的影响

12.5 开环零点对根轨迹的影响

图12-34显示了开环系统$G(s)=\dfrac{1}{s(s+2)}$在四个不同控制器下的根轨迹。

(1) $G_c(s)G(s)=K\dfrac{1}{s(s+2)}$ 比例控制器

（2）$G_c(s)G(s)=K(s+4)\dfrac{1}{s(s+2)}$比例微分控制器

（3）$G_c(s)G(s)=K\dfrac{s+6}{s+4}\dfrac{1}{s(s+2)}$先导控制器

（4）$G_c(s)G(s)=K\dfrac{s+1}{s}\dfrac{1}{s(s+2)}$比例积分控制器

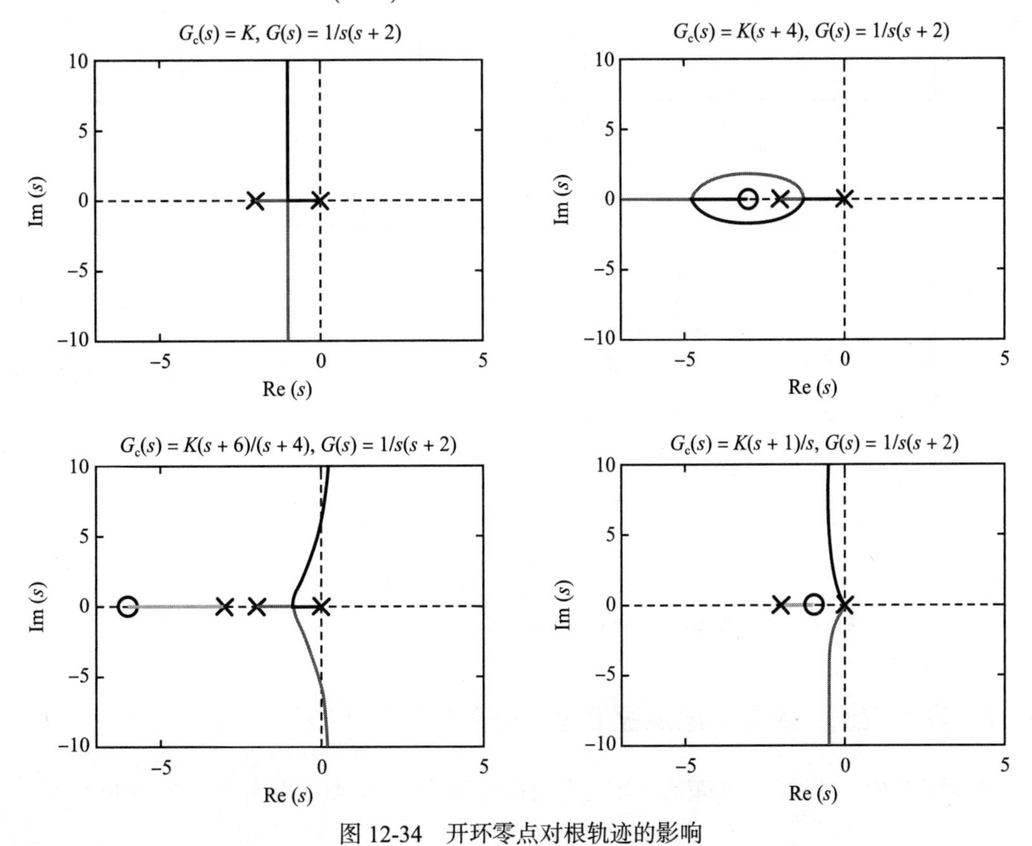

图 12-34　开环零点对根轨迹的影响

12.6　分离点和根轨迹

图 12-35 展示了形如$G(s)=\dfrac{1}{s(s+a)}$的四个开环系统的根轨迹，每个系统使用相同的控制器$G_c(s)=K\dfrac{s+1}{s}$。在$-a$处的开环极点的值对分离点[2]的位置有很大的影响。这四个例子如下：

（1）$G_c(s)G(s)=K\dfrac{s+1}{s}\dfrac{1}{s(s+10)}$

（2）$G_c(s)G(s)=K\dfrac{s+1}{s}\dfrac{1}{s(s+9)}$

（3）$G_c(s)G(s)=K\dfrac{s+1}{s}\dfrac{1}{s(s+8)}$

（4）$G_c(s)G(s)=K\dfrac{s+1}{s}\dfrac{1}{s(s+3)}$

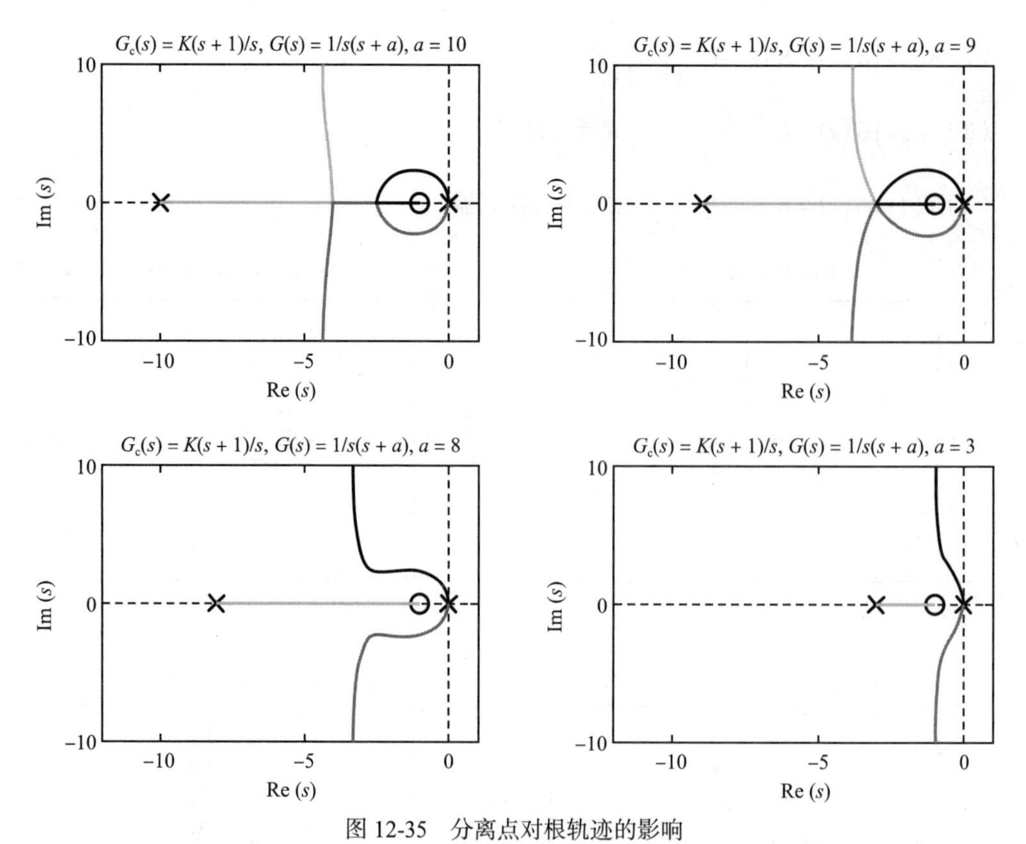

图 12-35　分离点对根轨迹的影响

来源：改编自 Kuo[2]. Automatic Control Systems, Prentice-Hall, Englewood Cliffs, NJ, 1987

12.7　设计实例：太阳能电池板卫星（非同位配置）

在第 5 章中，开发了一个带有太阳能电池板的卫星模型并给出下式（见图 12-36）

$$\theta(s) = \frac{bs+K}{J_s s^2+bs+K}\theta_p(s)+\frac{1}{J_s s^2+bs+K}\tau(s) \tag{12.3}$$

$$\theta_p(s) = \frac{bs+K}{J_p s^2+bs+K}\theta(s) \tag{12.4}$$

式中，θ是执行器（电动机）相对于卫星的角度；θ_p是太阳能电池板尖端相对于卫星的角度；T是用于旋转面板的电动机转矩。现在考虑用根轨迹的方法来设计该系统的控制器。将传感器置于太阳能电池板的末端，从而测量太阳能电池板的角度 θ_p（非同位配置情况）。通过式（12.3）和式（12.4）求解 $\theta_p(s)$，则从 $\tau(s)$到 $\theta_p(s)$的传递函数为

$$G_p(s)=\frac{\theta_p(s)}{\tau(s)}=\frac{\left(b/\left(J_sJ_p\right)\right)s+K/\left(J_sJ_p\right)}{s^2\left(s^2+b\left(1/J_p+1/J_s\right)s+K\left(1/J_p+1/J_s\right)\right)}$$

同样，$J_s=5\text{kg}\cdot\text{m}^2, J_p=1\text{kg}\cdot\text{m}^2, K=0.15\text{N}\cdot\text{m/rad}$, $b=0.05\text{N}\cdot\text{m}/(\text{rad}\cdot\text{s})$, $|\tau|\leqslant 5$，就像在参考文献［13］中一样，

$$G_p(s)=\frac{0.01(s+3)}{s^2+0.06s+0.18}\frac{1}{s^2}$$

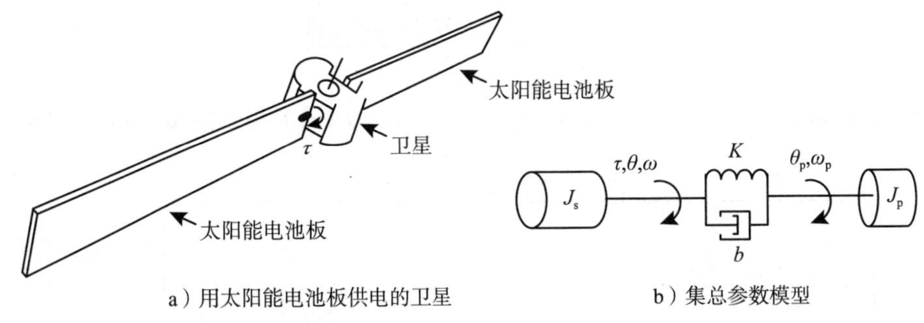

a）用太阳能电池板供电的卫星　　b）集总参数模型

图 12-36

闭环系统的框图如图 12-37 所示。

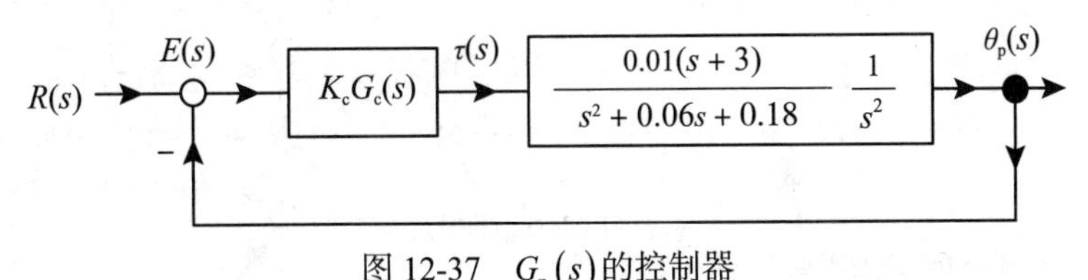

图 12-37　$G_p(s)$的控制器

第一步，考虑陷波滤波器$G_{notch}(s)$

$$G_{notch}(s)\triangleq\frac{s^2+0.06s+0.18}{(s+3)^2}$$

则有

$$G_{notch}(s)G_p(s)\triangleq\frac{s^2+0.06s+0.18}{(s+3)^2}\frac{0.01(s+3)}{s^2+0.06s+0.18}\frac{1}{s^2}=\frac{0.01(s+3)}{(s+3)^2}\frac{1}{s^2}=\frac{0.01}{(s+3)s^2}$$

选择陷波滤波器来抵消$G_p(s)$在$-0.03\pm \mathrm{j}\,0.42$（$s^2+0.06s+0.18=0$的根）处的两个轻阻尼极点，在 −3 处用两个实极点代替。选择 −3 只是为了抵消$G_p(s)$的零点。传递函数模型$G_p(s)$本身是不精确的，所以这些稳定的零极点抵消是不精确的。

在第 11 章中，我们看到形如$G_{lead}(s)=\frac{s+0.1}{s+1}$的主补偿器可以用于稳定一个双积分器$1/s^2$，因此使用主补偿器来稳定$G_{notch}(s)G_p(s)=\frac{0.01}{(s+3)s^2}$。基于此，所提出的控制器为

$$G_c(s)=\frac{s+0.1}{s+1}\frac{s^2+0.06s+0.18}{(s+3)^2}$$

下一步将是画出$K_cG_c(s)G_p(s)$的根轨迹来选择K_c的值。然而，首先需要解决没有精确抵消这一事实。这样做时，将看到根轨迹对确定陷波滤波器的重要性。为了继续进行，将陷波滤波器修改为

$$G_{notch}(s)=\frac{s^2+g(0.06)s+g(0.18)}{(s+3.3)^2}$$

g的标称值为 1，现在把$G_{notch}(s)$的极点设置为 −3.3，因此它们在左半平面中的距离比$G_p(s)$在 −3 处的零点要远。考虑$g=0.8$和$g=1.2$两种情况，来观察g对闭环极点位置的影响。如果$g=0.8$，则陷波滤波器为

$$G_{\text{notch}}(s)=\frac{s^2+0.048s+0.144}{(s+3.3)^2}$$

当$0 \leqslant K_c \leqslant 1500$时，$K_c G_c(s) G_p(s)=K_c G_{\text{lead}}(s) G_{\text{notch}}(s) G_p(s)$的根轨迹如图 12-38 所示。

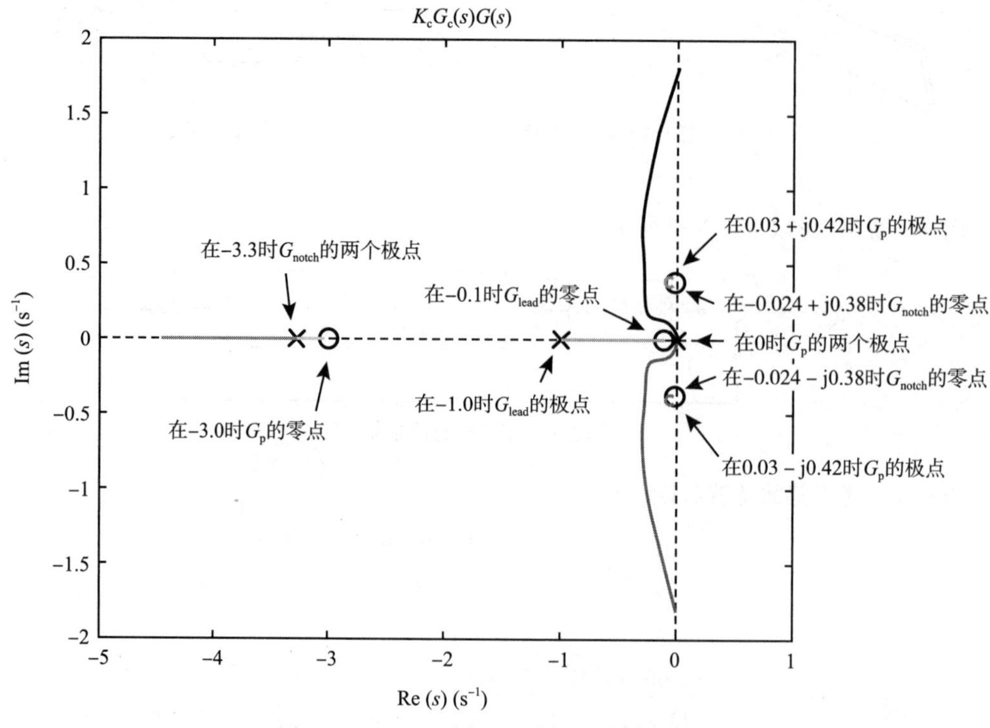

图 12-38　$K_c G_{\text{lead}}(s) G_{\text{notch}}(s) G_p(s)$的根轨迹

图 12-39 是围绕jω轴显示的图 12-38 的放大版本。如图 12-39 所示，从$-0.03 \pm \mathrm{j}\,0.42$的两个闭环极点开始（$G_p(s)$的开环极点），随着$K_c$从 0 增加，迁移到陷波滤波器的零点，即$-0.024+\mathrm{j}\,0.38$。当$K_c$增加时，这两个极点保持在左半平面。因此，即使$G_p(s)$的极点存在不确定性，也有理由相信，随着$K_c$的变化，闭环极点不会跨越到右半平面。

当$K_c=50(g=0.8)$时，闭环极点为

$$3.46,-3.19,-0.82,-0.044 \pm \mathrm{j}\,0.43,-0.054 \pm \mathrm{j}\,0.1$$

现在用$g=1.2$重新绘制根轨迹。在本例中

$$G_{\text{notch}}(s)=\frac{s^2+(1.2)(0.06)s+(1.2)(0.18)}{(s+3.3)^2}=\frac{s^2+0.072s+0.216}{(s+3.3)^2}$$

其中，G_{notch}的零点更新为$-0.036 \pm \mathrm{j}\,0.46$。根轨迹（围绕j$\omega$轴放大）如图 12-40 所示。这里的重点是看两个闭环极点，它们从$-0.03 \pm \mathrm{j}\,0.42$（$G_p(s)$的开环极点）开始，然后迁移到陷波滤波器的零点，即$-0.036+\mathrm{j}\,0.46$。当$K_c$从 0 增加时，这两个极点交叉进入右半平面，然后循环回到陷波滤波器的零点。因此，由于$G_p(s)$的（开环）极点的不确定性，不能相信所选择的K_c值的闭环极点将位于左半平面。因此，选择了$g=0.8$。

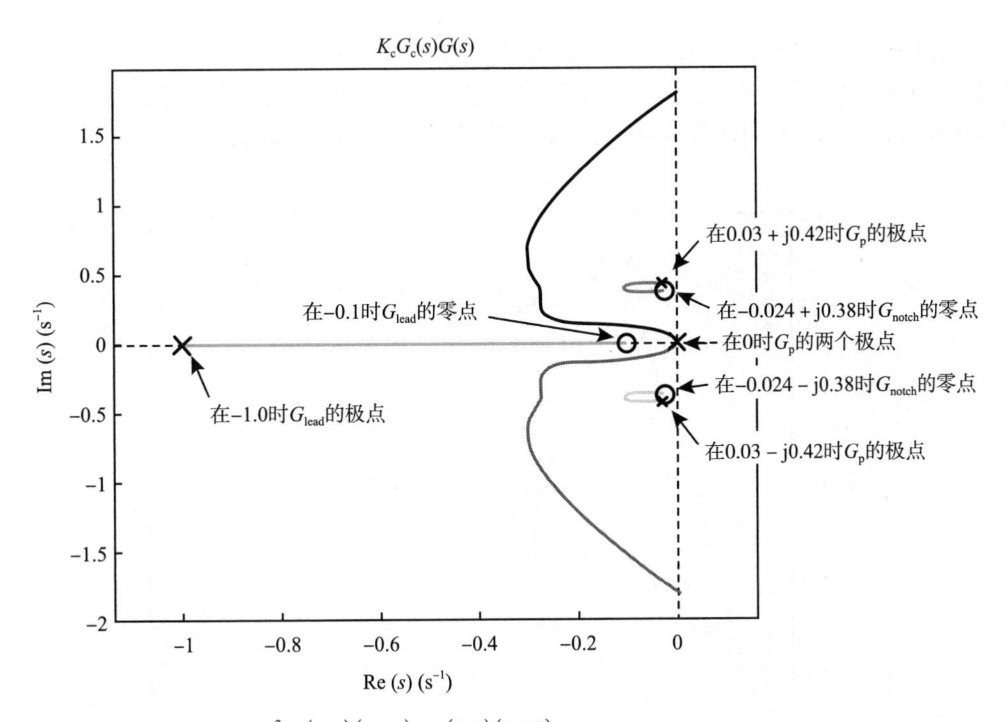

图 12-39 $G_{notch}(s)=\dfrac{s^2+(0.8)(0.06)s+(0.8)(0.18)}{(s+3.3)^2}$时$K_cG_{lead}(s)G_{notch}(s)G_p(s)$放大的根轨迹

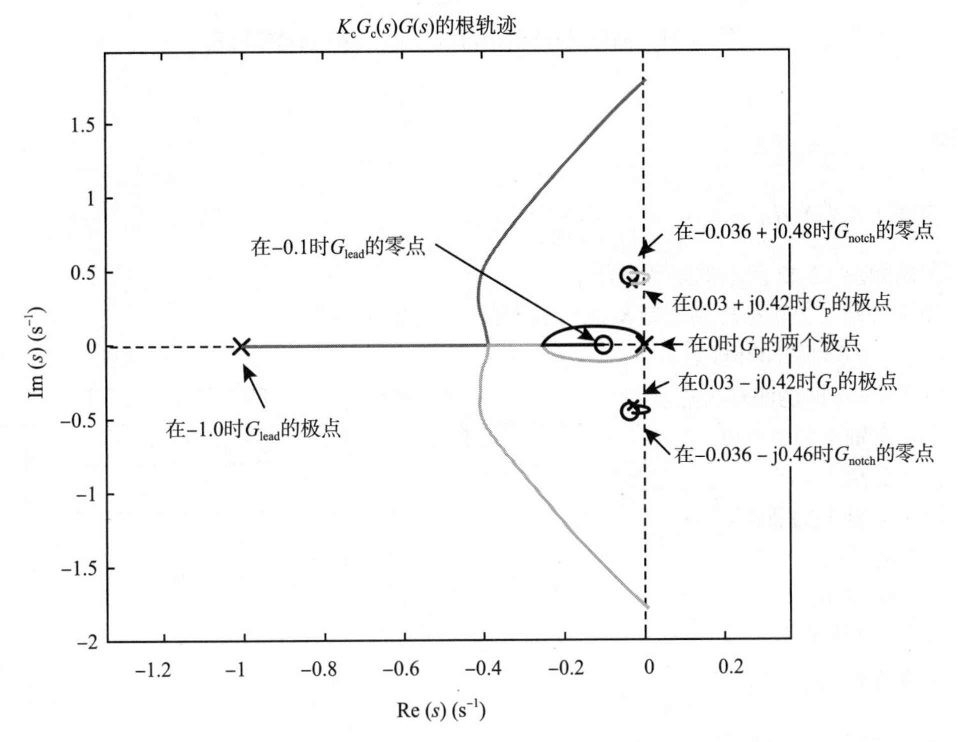

图 12-40 $G_{notch}(s)=\dfrac{s^2+(1.2)(0.06)s+(1.2)(0.18)}{(s+3.3)^2}$时$K_cG_{lead}(s)G_{notch}(s)G_p(s)$的根轨迹

在$g=0.8, K_c=50$时，$\theta_p(t)$和$\theta(t)$的模拟响应以及参考输入$r(t)$的响应如图 12-41 所示。注意，$|\theta_p(t)-\theta(t)|$的差异很小，这很重要，因为越大的$|\theta_p(t)-\theta(t)|$，太阳能电池板轴内的机械应力越大，我们不希望轴断裂的现象发生。结果为$|\tau(t)|<0.1$，在转矩的限制 5 以内。

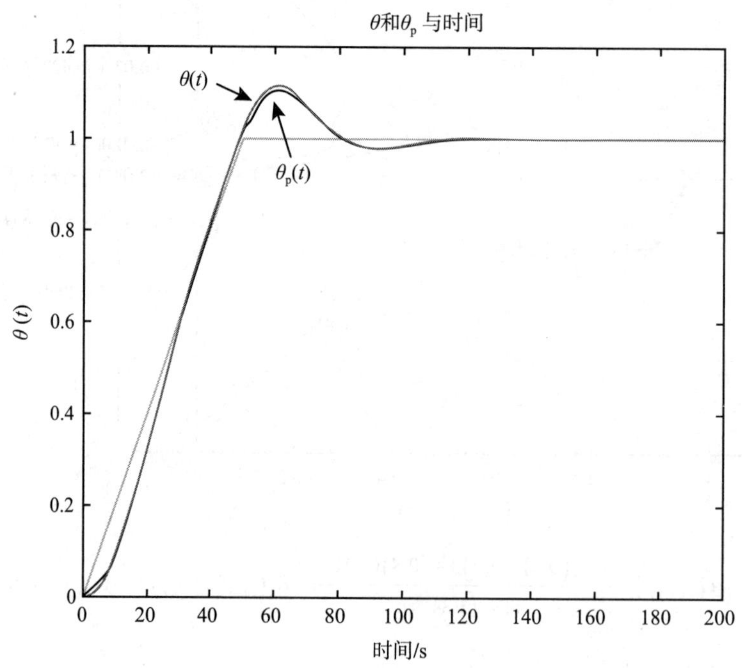

图 12-41　响应$\theta_p(t)$和$\theta(t)$以及参考输入$r(t)$的仿真

习题

习题 1 $G_c(s)G(s)=K\dfrac{1}{s(s+1)(s+10)}$

考虑如图 12-42 所示的闭环系统。

使用所列的根轨迹规则绘制$K\geqslant 0$的闭环极点的根轨迹。

（a）$K=0$时的闭环极点。

（b）$K=\infty$时的闭环极点。

（c）实轴上的根轨迹。

（d）分离点。

（e）$j\omega$轴上的截距。

（f）渐近线。

（g）分离角。

（h）绘制根轨迹。

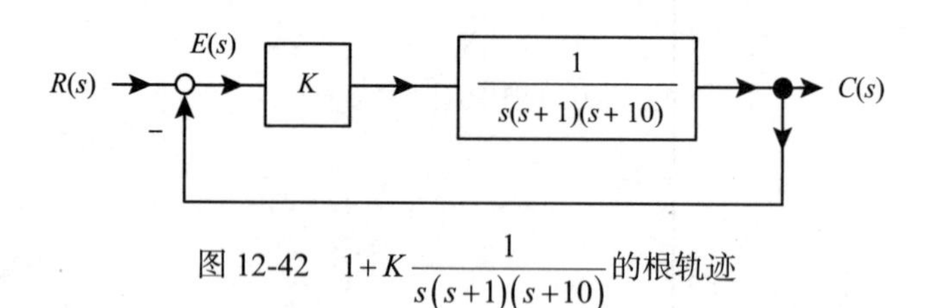

图 12-42　$1+K\dfrac{1}{s(s+1)(s+10)}$的根轨迹

习题 2 $G_c(s)G(s)=K\dfrac{1}{s(s^2+2s+10)}$

考虑如图 12-43 所示的闭环系统。

使用所列的根轨迹规则绘制$K\geqslant 0$的闭环极点的根轨迹。

（a）$K=0$时的闭环极点。

（b）$K=\infty$时的闭环极点。

（c）实轴上的根轨迹。

（d）分离点。

（e）$j\omega$轴上的截距。

（f）渐近线。

（g）分离角。

（h）绘制根轨迹。

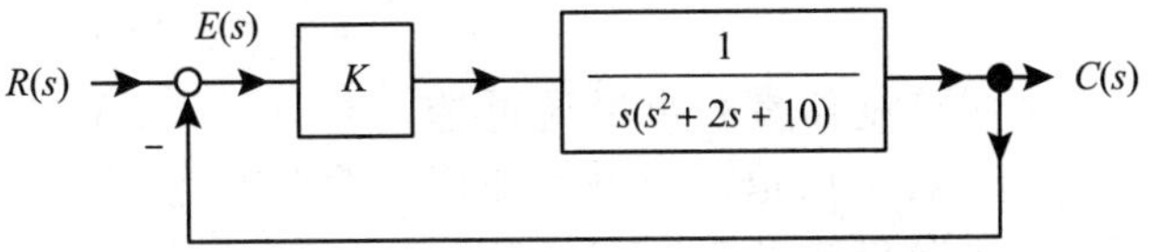

图 12-43 $1+K\dfrac{1}{s\left(s^2+2s+10\right)}$的根轨迹

习题 3 $G_c(s)G(s)=K\dfrac{1}{s^2(s+10)}$

考虑如图 12-44 所示的闭环系统。

使用所列的根轨迹规则绘制$K\geqslant 0$的闭环极点的根轨迹。

（a）$K=0$时的闭环极点。

（b）$K=\infty$时的闭环极点。

（c）实轴上的根轨迹。

（d）分离点。

（e）$j\omega$轴上的截距。

（f）渐近线。

（g）分离角。

（h）绘制根轨迹。

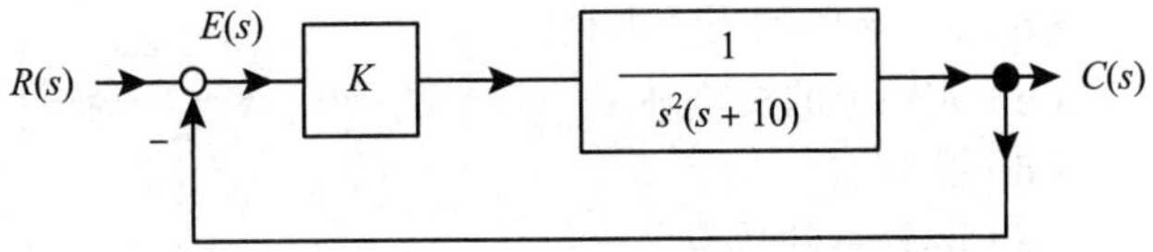

图 12-44 $1+K\dfrac{1}{s^2(s+10)}$的根轨迹

习题 4 $G_c(s)=K\dfrac{s+4}{s+20},G(s)=\dfrac{2}{s^2-4}$

$G(s)=\dfrac{2}{s^2-4}$具有磁悬浮钢球的传递函数形式。考虑如图 12-45 所示的闭环控制系统。

使用所列的根轨迹规则绘制$K\geqslant 0$的闭环极点的根轨迹。

（a）$K=0$时的闭环极点。

（b）$K=\infty$时的闭环极点。

（c）实轴上的根轨迹。

（d）分离点。

（e）$j\omega$轴上的截距。

（f）渐近线。

（g）分离角。

（h）绘制根轨迹。

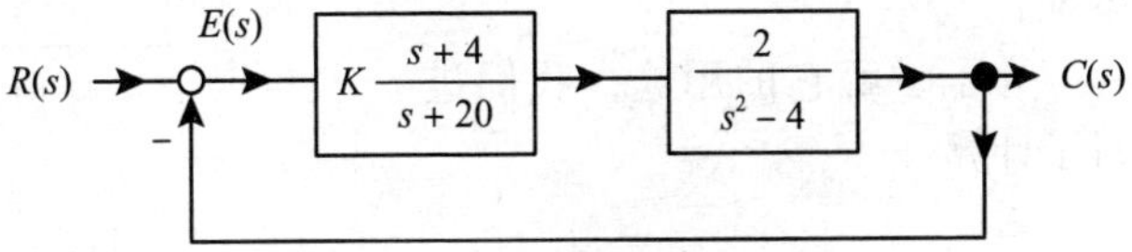

图 12-45 磁悬浮钢球的控制系统

习题 5 $G_c(s)=K\dfrac{s+4}{s+20}\dfrac{1}{s}$, $G(s)=\dfrac{2}{s^2-4}$

$G(s)=\dfrac{2}{s^2-4}$具有磁悬浮钢球的传递函数形式。考虑如图 12-46 所示的闭环控制系统。

在控制器中包含了一个集成器，希望能够跟踪阶跃输入。

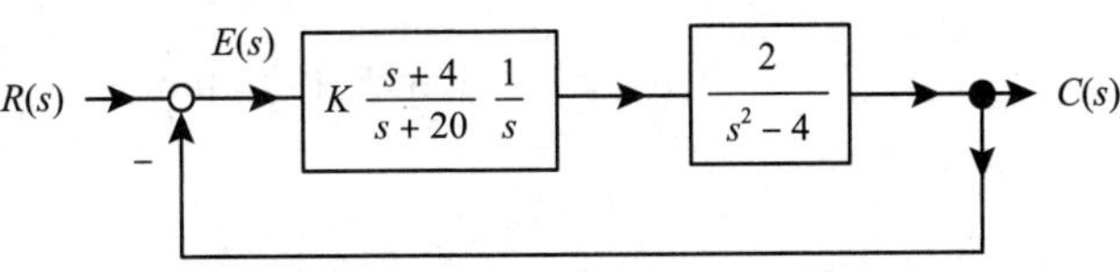

图 12-46 磁悬浮钢球的控制系统

（a）使用劳斯－赫尔维茨检验，确定没有K值时闭环系统是稳定的。

（b）如图 12-47 所示，考虑到如下控制器

$$G_{\mathrm{c}}(s)=\frac{b_2s^2+b_1s+b_0}{s+a_0}\frac{1}{s}$$

证明控制器参数可以通过选择 b_2, b_1, b_0, a_0 的值，使得闭环传递函数的分母等于 $s^4+f_3s^3+f_2s^2+f_1s+f_0$。

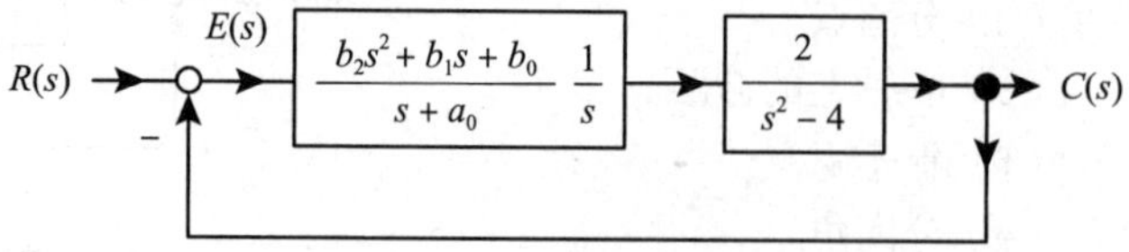

图 12-47　磁悬浮系统的极点配置控制器

习题 6 $G_{\mathrm{c}}(s)=K\dfrac{s+1/2}{s}$, $G(s)=\dfrac{1}{s(s+1)}$

考虑如图 12-48 所示的闭环系统。

使用所列的根轨迹规则绘制 $K\geqslant 0$ 的闭环极点的根轨迹。

（a）$K=0$ 时的闭环极点。

（b）$K=\infty$ 时的闭环极点。

（c）实轴上的根轨迹。

（d）分离点。

（e）$\mathrm{j}\omega$ 轴上的截距。

（f）渐近线。

（g）分离角。

（h）绘制根轨迹。

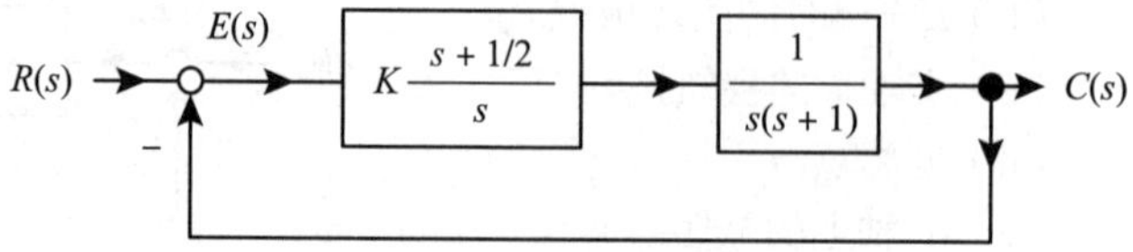

图 12-48　PI 控制器的根轨迹

习题 7 $G_{\mathrm{c}}(s)=K\dfrac{s+0.1}{s+0.01}$, $G(s)=\dfrac{1}{s(s+1)}$

$G_{\mathrm{c}}(s)=K\dfrac{s+0.1}{s+0.01}$ 是滞后控制器，它被用于在低频时提供高增益。考虑如图 12-49 所示的控制系统。

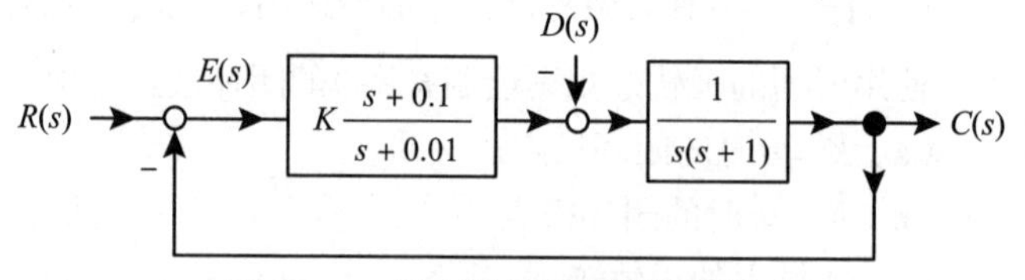

图 12-49　具有滞后控制器的根轨迹

为了了解它的用途，我们进行了计算

$$E_{\mathrm{D}}(s)=\frac{\dfrac{1}{s(s+1)}}{1+K\dfrac{s+0.1}{s+0.01}\dfrac{1}{s(s+1)}}\frac{D_0}{s}$$

如果闭环系统对某个 K 是稳定的，那么

$$e_{\mathrm{D}}(\infty)=\lim_{s\to 0}sE_{\mathrm{D}}(s)=\lim_{s\to 0}\frac{\dfrac{1}{s(s+1)}}{1+K\dfrac{s+0.1}{s+0.01}\dfrac{1}{s(s+1)}}D_0$$

$$=\lim_{s\to 0}\frac{\dfrac{1}{s+1}}{s+K\dfrac{s+0.1}{s+0.01}\dfrac{1}{s+1}}D_0=\frac{1}{10K}D_0$$

如果控制器只有一个简单的增益 K，那么

$$e_{\mathrm{D}}(\infty)=\lim_{s\to 0} sE_{\mathrm{D}}(s)=\lim_{s\to 0}\frac{\dfrac{1}{s(s+1)}}{1+K\dfrac{1}{s(s+1)}}D_0\text{（对于 }K>0\text{ 是稳定的）}$$

$$=\lim_{s\to 0}\frac{\dfrac{1}{s+1}}{s+K\dfrac{1}{s+1}}D_0$$

$$=\frac{1}{K}D_0$$

因此，对于相同的增益K值，滞后控制器将最终误差降低了10倍。

使用滞后控制器，通过使用列出的根轨迹规则来绘制$K\geqslant 0$的闭环极点的根轨迹。

（a）$K=0$时的闭环极点。

（b）$K=\infty$时的闭环极点。

（c）实轴上的根轨迹。

（d）分离点。

（e）$\mathrm{j}\omega$轴上的截距。

（f）渐近线。

（g）分离角。

（h）绘制根轨迹。

习题 8 $G_{\mathrm{c}}(s)=K\dfrac{3s+1}{s+3},G(s)=\dfrac{1}{s^2}$ [46]

考虑如图12-50所示的闭环系统。

注意$G_{\mathrm{c}}(s)=K\dfrac{3s+1}{s+3}=3\dfrac{s+1/3}{s+3}=K\dfrac{s+z}{s+p}$且$K=3,\ z=\dfrac{1}{3},\ p=3$。形如$K\dfrac{s+z}{s+p}$且$p\gg z>0$的控制器称为超前控制器。注意下式表明一个超前控制器近似是一个PD控制器。

$$K\frac{s+z}{s+p}=\frac{K}{p}\frac{s+z}{s/p+1}\approx\frac{K}{p}(s+z)\text{ 对于 }|s|\ll p$$

通过使用列出的根轨迹规则来绘制$K\geqslant 0$的闭环极点的根轨迹。

（a）$K=0$时的闭环极点。

（b）$K=\infty$时的闭环极点。

（c）实轴上的根轨迹。

（d）分离点。

（e）$\mathrm{j}\omega$轴上的截距。

（f）渐近线。

（g）分离角。

（h）绘制根轨迹。

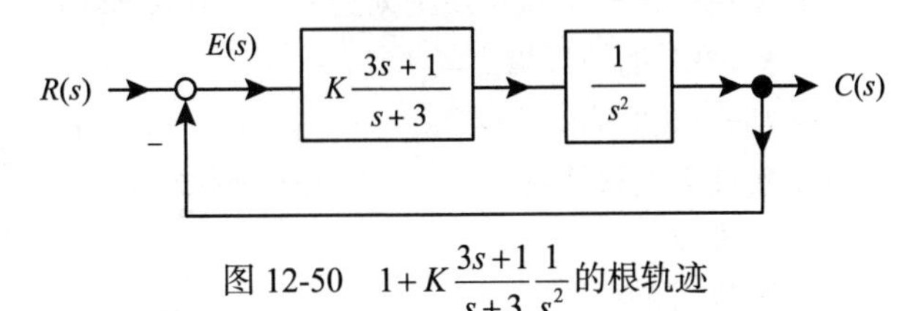

图 12-50 $1+K\dfrac{3s+1}{s+3}\dfrac{1}{s^2}$的根轨迹

习题 9 $G_{\mathrm{c}}(s)=K\dfrac{s+1}{s-7},\ G(s)=\dfrac{s-1}{(s-2)(s+1)}$ [46]

考虑如图12-51所示的闭环系统。

通过使用列出的根轨迹规则来绘制$K\geqslant 0$的闭环极点的根轨迹。

（a）$K=0$时的闭环极点。

（b）$K=\infty$时的闭环极点。

（c）实轴上的根轨迹。

（d）分离点。

（e）$j\omega$轴上的截距。

（f）渐近线。

（g）分离角。

（h）绘制根轨迹。

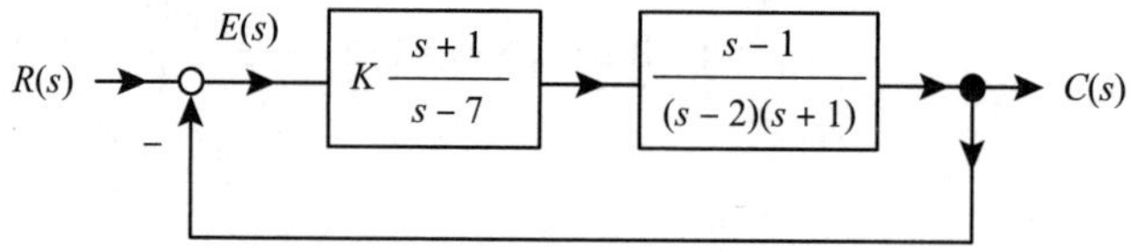

图 12-51　$1+K\dfrac{s+1}{s-7}\dfrac{s-1}{(s-2)(s+1)}$的根轨迹

（i）在参考文献 [46] 中，设计选择了$K=12$。这个值的闭环极点在哪里？

习题 10 $G_c(s)=K\dfrac{s+2}{s+10},G(s)=-\dfrac{s-2}{(s-1)(s+2)}$ [46]

考虑如图 12-52 所示的闭环系统。

在这个控制系统中，$G_c(s)$和$G(s)$之间有一个稳定的零极点抵消，因此$G_c(s)G(s)$简化为

$$G_c(s)G(s)=K\frac{s+2}{s+10}\left(-\frac{s-2}{(s-1)(s+2)}\right)=K\frac{-1}{s+10}\frac{s-2}{s-1}$$

通过使用列出的根轨迹规则来绘制$K\geqslant 0$的闭环极点的根轨迹。

（a）$K=0$时的闭环极点。

（b）$K=\infty$时的闭环极点。

（c）实轴上的根轨迹。

（d）分离点。

（e）$j\omega$轴上的截距。

（f）渐近线。

（g）分离角。

（h）绘制根轨迹。

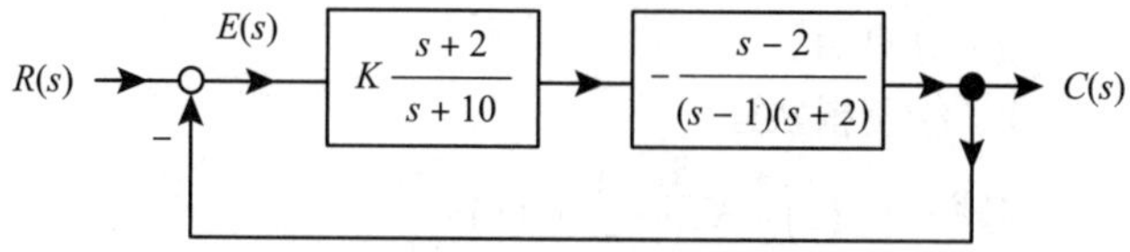

图 12-52　$1+K\dfrac{s+2}{s+10}\left(-\dfrac{s-2}{(s-1)(s+2)}\right)$的根轨迹

（i）在参考文献 [46] 中，设计选择了$K=6$。这个值的闭环极点在哪里？

习题 11 $G_c(s)G(s)=K\dfrac{4(s+0.2)}{s}\dfrac{1}{(s-1)(s+2)}$**的根轨迹**

考虑如图 12-53 所示的闭环系统。

通过使用列出的根轨迹规则来绘制$K\geqslant 0$的闭环极点的根轨迹。

（a）$K=0$时的闭环极点。

（b）$K=\infty$时的闭环极点。

（c）实轴上的根轨迹。

（d）分离点。

（e）$j\omega$轴上的截距。

（f）渐近线。

（g）分离角。

（h）绘制根轨迹。

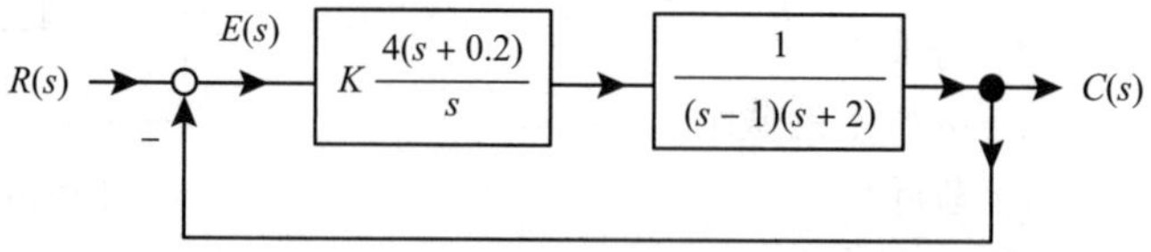

图 12-53　$1+K\dfrac{4(s+0.2)}{s}\dfrac{1}{(s-1)(s+2)}$的根轨迹

习题 12 $G_c(s)=K\dfrac{s+1/2}{s}$，$G(s)=-\dfrac{s-1}{s(s+2)}$

考虑如图 12-54 所示的闭环系统。

通过使用列出的根轨迹规则来绘制$K \geqslant 0$的闭环极点的根轨迹。

（a）$K = 0$时的闭环极点。

（b）$K = \infty$时的闭环极点。

（c）实轴上的根轨迹。

（d）分离点。

（e）$j\omega$轴上的截距。

（f）渐近线。

（g）分离角。

（h）绘制根轨迹。

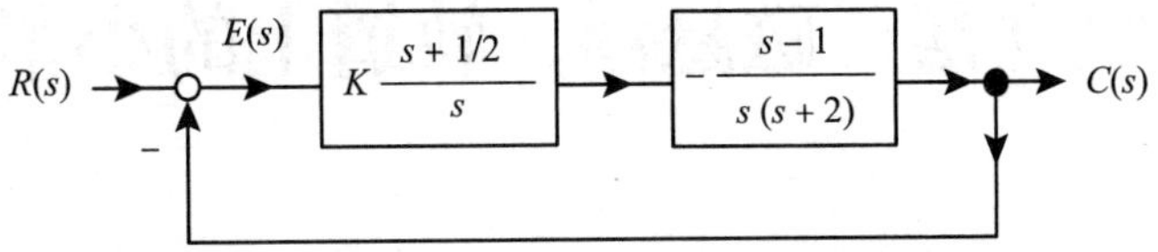

图 12-54　$1+K\dfrac{s+1/2}{s}\left(-\dfrac{s-1}{s(s+2)}\right)$的根轨迹

习题 13 $G_c(s)=\dfrac{b_1 s+b_0}{s+a_0}$，$G(s)=\dfrac{2}{s^2-4}$

在习题 5 中，我们考虑了图 12-55 中的控制系统。

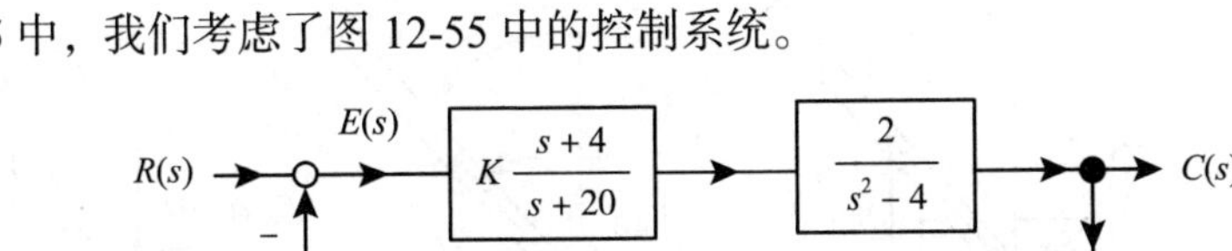

图 12-55　磁悬浮钢球的控制系统

可以注意到形如$K\dfrac{s+z}{s+p}(p \gg z)$的控制器称为先导控制器。考虑到如图 12-56 所示的控制器$G_c(s)=\dfrac{b_1 s+b_0}{s+a_0}$，令$b_1=K$，$b_0=Kz$，$a_0=p$。

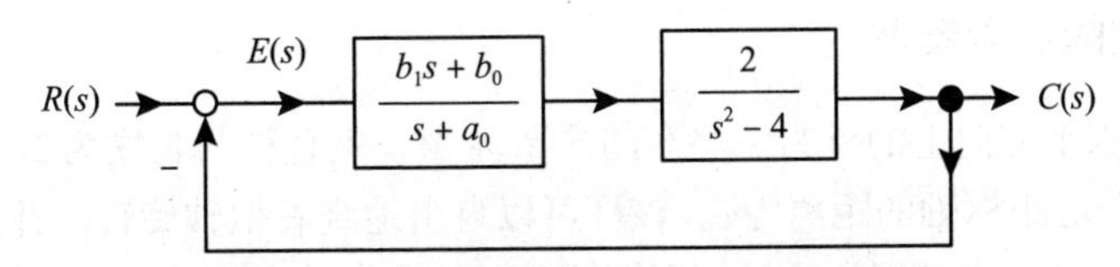

图 12-56　磁悬浮系统的极点配置控制器

证明可以选择控制器增益b_1, b_0, a_0，使$C(s)/R(s)$的闭环极点在$-r_1, -r_2, -r_3$处。

习题 14 陷波滤波器

在带有太阳能电池板的卫星的设计示例中，使用陷波滤波器$G_{\text{notch}}(s)=\dfrac{s^2+0.06s+0.18}{s^2+6s+9}$。绘制出$0.01 \leqslant \omega \leqslant 100$的伯德图，可看到$\omega = 0.42\text{rad/s}$时振幅图中的“缺口”。

第 13 章

An Introduction to System Modeling and Control

倒立摆、磁悬浮、轨道上的小车

13.1 倒立摆

如图 13-1 所示为小车上的一个可以绕枢轴自由旋转的杆。目的是通过输入力 $u(t)$ 推 / 拉小车来保持摆杆直立（$\theta=0$）。我们将其称为倒立摆控制问题。首先要做的是推导出这个系统的数学模型。

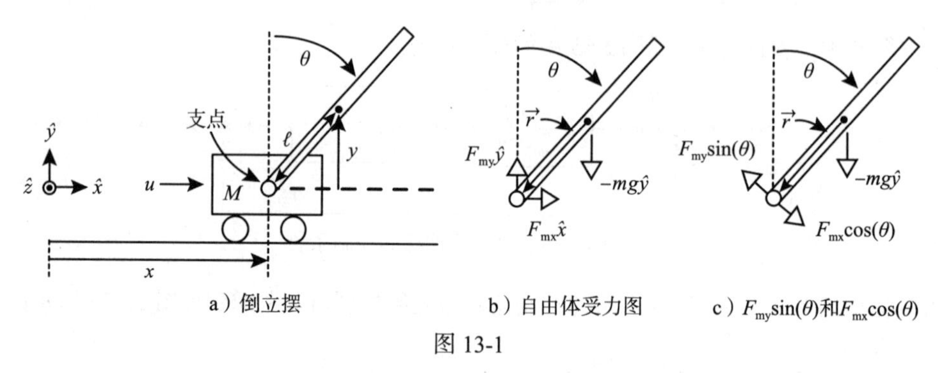

a）倒立摆　　b）自由体受力图　　c）$F_{my}\sin(\theta)$和$F_{mx}\cos(\theta)$

图 13-1

13.1.1 倒立摆的数学模型

用$u(t)$表示水平方向上的外力。小车的质量为 M，垂直杆与长度为2ℓ的摆杆之间的夹角用θ表示。杆的质心距枢轴的距离为ℓ。该杆可以自由地绕着枢轴旋转，并且假设有一个测量角度θ的传感器。用 m 表示杆的质量，用枢轴对摆杆施加的力 F_m 写为

$$F_m = F_{mx}\hat{x} + F_{my}\hat{y}$$

摆杆通过枢轴施加给质量为 M 的小车的反作用力为$-F_m=-F_{mx}\hat{x}-F_{my}\hat{y}$。该杆具有均匀密度$\rho$，均匀截面积$a$，长度$2\ell$，因此其质量由$m=\rho a(2\ell)$给出。$x+\ell\sin(\theta)$是杆的质心的水平位置，$\ell\cos(\theta)$是杆的质心的垂直位置。任何刚体质心的平移运动都是由作用在它上面的外力之和决定的。$\left(x+\ell\sin(\theta),\ \ell\cos(\theta)\right)$为摆杆的质心定位，通过牛顿方程给出杆平动运动的方程

$$m\frac{d^2}{dt^2}\left(x+\ell\sin(\theta)\right)=F_{mx}$$

$$m\frac{d^2}{dt^2}\left(\ell\cos(\theta)\right)=F_{my}-mg$$

我们认为杆的旋转轴在通过其质心的$-\hat{z}$方向上[⊖]。杆绕该旋转轴的惯性矩为

$$J=\int_{rod}r^2 dm=\int_{-\ell}^{\ell}r^2\underbrace{(\rho a)dr}_{dm}=\rho a\frac{r^3}{3}\bigg|_{-\ell}^{\ell}=2\rho a\frac{\ell^3}{3}=\underbrace{\rho a(2\ell)}_{m}\frac{\ell^2}{3}=\frac{m\ell^2}{3}$$

由牛顿的旋转运动方程可知，作用在刚体上的转矩之和等于它的惯性矩乘以它的角加速

⊖ 如果你的右手拇指指向$-\hat{z}$方向，那么你的手指就指向正的θ方向。

度，即

$$\tau = J\frac{\mathrm{d}^2\theta}{\mathrm{d}t^2}$$

这个方程适用于惯性参考系（不加速的参考系），或者在加速参考系中且计算是相对于穿过刚体质心的旋转轴进行的。由于选择了旋转轴穿过杆的质心，所以这个方程在这里是有效的。因为摆杆将加速，所以这是必要的。

重力 $-mg\hat{y}$ 不会在摆杆上产生任何转矩，因为它通过质心使其转矩臂为零（见图 13-1c）。向量 $\vec{r} = -\left(\ell\sin(\theta)\hat{x} + \ell\cos(\theta)\hat{y}\right)(\|\vec{r}\| = \ell)$ 是从杆的质心到作用在杆上的力 $\vec{F}_l = F_{\mathrm{mx}}\hat{x} + F_{\mathrm{my}}\hat{y}$ 的接触点的向量。由于这个力，杆的质心的转矩可表达为

$$\begin{aligned}\tilde{\tau} = \vec{r} \times \vec{F}_l &= -\left(\ell\sin(\theta)\hat{x} + \ell\cos(\theta)\hat{y}\right) \times \left(F_{\mathrm{mx}}\hat{x} + F_{\mathrm{my}}\hat{y}\right)\\ &= -\ell F_{\mathrm{my}}\sin(\theta)\underbrace{\hat{x}\times\hat{y}}_{\hat{z}} - \ell F_{\mathrm{mx}}\cos(\theta)\underbrace{\hat{y}\times\hat{x}}_{-\hat{z}}\\ &= \left(\ell F_{\mathrm{my}}\sin(\theta) - \ell F_{\mathrm{mx}}\cos(\theta)\right)(-\hat{z})\end{aligned}$$

如图 13-1c 所示，垂直于杆的力 $F_{\mathrm{my}}\hat{y}$ 的分量是 $F_{\mathrm{my}}\sin(\theta)$，产生的转矩为 $\ell F_{\mathrm{my}}\sin(\theta)$。如果 $F_{\mathrm{my}} > 0$，这将使杆转向正 θ 方向。类似地，垂直于杆的力 $F_{\mathrm{mx}}\hat{x}$ 的分量是 $F_{\mathrm{mx}}\cos(\theta)$，产生的转矩为 $\ell F_{\mathrm{mx}}\cos(\theta)$，如果 $F_{\mathrm{mx}} > 0$，则会将杆沿 $-\theta$ 方向转动。牛顿的旋转运动方程为

$$J\frac{\mathrm{d}^2\theta}{\mathrm{d}t^2} = \ell F_{\mathrm{my}}\sin(\theta) - \ell F_{\mathrm{mx}}\cos(\theta)$$

小车的运动方程很简单，即

$$M\frac{\mathrm{d}^2x}{\mathrm{d}t^2} = u(t) - F_{\mathrm{mx}}$$

倒立摆系统的运动方程为

$$m\frac{\mathrm{d}^2x}{\mathrm{d}t^2} - m\ell\sin(\theta)\left(\frac{\mathrm{d}\theta}{\mathrm{d}t}\right)^2 + m\ell\cos(\theta)\frac{\mathrm{d}^2\theta}{\mathrm{d}t^2} = F_{\mathrm{mx}} \tag{13.1}$$

$$-m\ell\cos(\theta)\left(\frac{\mathrm{d}\theta}{\mathrm{d}t}\right)^2 - m\ell\sin(\theta)\frac{\mathrm{d}^2\theta}{\mathrm{d}t^2} = F_{\mathrm{my}} - mg \tag{13.2}$$

$$\ell F_{\mathrm{my}}\sin(\theta) - \ell F_{\mathrm{mx}}\cos(\theta) = J\frac{\mathrm{d}^2\theta}{\mathrm{d}t^2} \tag{13.3}$$

$$u(t) - F_{\mathrm{mx}} = M\frac{\mathrm{d}^2x}{\mathrm{d}t^2} \tag{13.4}$$

为了消除（未知的）反作用力，我们将 F_{mx} 和 F_{my} 的式（13.1）和式（13.2）替换为式（13.3）和式（13.4），则

$$mg\ell\sin(\theta) - m\ell\cos(\theta)\frac{\mathrm{d}^2x}{\mathrm{d}t^2} = \left(J + m\ell^2\right)\frac{\mathrm{d}^2\theta}{\mathrm{d}t^2} \tag{13.5}$$

$$(M + m)\frac{\mathrm{d}^2x}{\mathrm{d}t^2} + m\ell\cos(\theta)\frac{\mathrm{d}^2\theta}{\mathrm{d}t^2} - m\ell\omega^2\sin(\theta) = u(t) \tag{13.6}$$

由于 $\sin(\theta)$，$\omega^2\sin(\theta)$ 等变量的原因，这些方程是非线性的。所以还不能使用拉普拉斯变换。在对这些方程进行线性化之前，先用一种更标准的形式来重写它们。式（13.5）和式（13.6）

可以用矩阵形式写为

$$\begin{bmatrix} J+m\ell^2 & m\ell\cos(\theta) \\ m\ell\cos(\theta) & M+m \end{bmatrix}\begin{bmatrix} \mathrm{d}^2\theta/\mathrm{d}t^2 \\ \mathrm{d}^2x/\mathrm{d}t^2 \end{bmatrix}=\begin{bmatrix} mg\ell\sin(\theta) \\ m\ell\omega^2\sin(\theta)+u(t) \end{bmatrix}$$

题外话 求 2×2 矩阵的逆

如果$\boldsymbol{M}=\begin{bmatrix} a & b \\ c & d \end{bmatrix}$，则$\boldsymbol{M}^{-1}=\dfrac{1}{\underbrace{ad-bc}_{\det \boldsymbol{M}}}\begin{bmatrix} d & -b \\ -c & a \end{bmatrix}$

证明 简单地计算$\boldsymbol{MM}^{-1}$，发现它等于$\boldsymbol{I}_{2\times2}$。

求解二阶导数的结果是

$$\begin{aligned}
\begin{bmatrix} \mathrm{d}^2\theta/\mathrm{d}t^2 \\ \mathrm{d}^2x/\mathrm{d}t^2 \end{bmatrix}&=\begin{bmatrix} J+m\ell^2 & m\ell\cos(\theta) \\ m\ell\cos(\theta) & M+m \end{bmatrix}^{-1}\begin{bmatrix} mg\ell\sin(\theta) \\ m\ell\omega^2\sin(\theta)+u(t) \end{bmatrix} \\
&=\frac{1}{JM+Jm+Mm\ell^2+m^2\ell^2\sin^2(\theta)}\begin{bmatrix} M+m & -m\ell\cos(\theta) \\ -m\ell\cos(\theta) & J+m\ell^2 \end{bmatrix}\times\begin{bmatrix} mg\ell\sin(\theta) \\ m\ell\omega^2\sin(\theta)+u \end{bmatrix} \\
&=\frac{1}{JM+Jm+Mm\ell^2+m^2\ell^2\sin^2(\theta)}\times \\
&\quad\left(\begin{bmatrix} gm\ell(M+m)\sin(\theta)-m^2\ell^2\omega^2\cos(\theta)\sin(\theta) \\ m\ell(J+m\ell^2)\omega^2\sin(\theta)-gm^2\ell^2\cos(\theta)\sin(\theta) \end{bmatrix}+\begin{bmatrix} -m\ell\cos(\theta) \\ J+m\ell^2 \end{bmatrix}u\right)
\end{aligned}\tag{13.7}$$

通过$v\triangleq \mathrm{d}x/\mathrm{d}t,\ \omega=\dot{\theta}=\mathrm{d}\theta/\mathrm{d}t$，可以重写式（13.7）为

$$\begin{aligned}
\frac{\mathrm{d}x}{\mathrm{d}t}&=v \\
\frac{\mathrm{d}v}{\mathrm{d}t}&=\frac{m\ell\left(J+m\ell^2\right)\omega^2\sin(\theta)-gm^2\ell^2\cos(\theta)\sin(\theta)}{JM+Jm+Mm\ell^2+m^2\ell^2\sin^2(\theta)}+\frac{J+m\ell^2}{JM+Jm+Mm\ell^2+m^2\ell^2\sin^2(\theta)}u \\
\frac{\mathrm{d}\theta}{\mathrm{d}t}&=\omega \\
\frac{\mathrm{d}\omega}{\mathrm{d}t}&=\frac{gm\ell(M+m)\sin(\theta)-m^2\ell^2\omega^2\cos(\theta)\sin(\theta)}{JM+Jm+Mm\ell^2+m^2\ell^2\sin^2(\theta)}-\frac{m\ell\cos(\theta)}{JM+Jm+Mm\ell^2+m^2\ell^2\sin^2(\theta)}u
\end{aligned}\tag{13.8}$$

注意 上式被称为状态空间模型，指的是每个方程的左边为一阶导数，而每个方程的右边都没有导数。状态z就是这个向量

$$z\triangleq\begin{bmatrix} x \\ v \\ \theta \\ \omega \end{bmatrix}$$

其中，x，v，θ以及ω都被称为状态变量。

13.1.2　线性近似模型

建模倒立摆是为了使用它来设计一个保持杆直立的反馈控制器。然而，基于非线性微分方程模型而设计这样的控制器是不可行的。为了解决这个问题，建立了一个倒立摆的线性状态空间近似模型，该模型适用于$|\theta|$和$|\omega|$较小时。然后就可以设计一个控制器来稳定这种线

性模型。只要这个控制器保持（θ, ω）接近（0，0）（其中线性模型是有效的），它也将适用于非线性模型。为了建立线性模型，使用以下 θ 和 ω 较小的近似值。

$$\begin{gathered}\sin(\theta)\approx\theta\\ \cos(\theta)\approx 1\\ \omega^2\sin(\theta)\approx\omega^2\theta\approx 0\\ \cos\theta\sin\theta\approx 1\cdot\theta=\theta\\ \sin^2(\theta)\approx\theta^2\approx 0\\ \omega^2\cos\theta\sin\theta\approx\omega^2\cdot 1\cdot\theta\approx 0\end{gathered}\tag{13.9}$$

这里的想法如下。假设 $\omega=0.01$ 很小，那么 $\omega^2=0.0001$ 非常小。所以保留一个 ω，而不是真正的 ω^2。则式（13.8）中的模型变成

$$\begin{aligned}&\frac{\mathrm{d}x}{\mathrm{d}t}=v\\ &\frac{\mathrm{d}v}{\mathrm{d}t}=\frac{gm^2\ell^2}{M m\ell^2+J(M+m)}\theta+\frac{J+m\ell^2}{M m\ell^2+J(M+m)}u\\ &\frac{\mathrm{d}\theta}{\mathrm{d}t}=\omega\\ &\frac{\mathrm{d}\omega}{\mathrm{d}t}=\frac{mg\ell(M+m)}{M m\ell^2+J(M+m)}\theta-\frac{m\ell}{M m\ell^2+J(M+m)}u\end{aligned}\tag{13.10}$$

矩阵形式为

$$\underbrace{\begin{bmatrix}\mathrm{d}x/\mathrm{d}t\\ \mathrm{d}v/\mathrm{d}t\\ \mathrm{d}\theta/\mathrm{d}t\\ \mathrm{d}\omega/\mathrm{d}t\end{bmatrix}}_{\mathrm{d}z/\mathrm{d}t}=\underbrace{\begin{bmatrix}0&1&0&0\\ 0&0&-\dfrac{gm^2\ell^2}{M m\ell^2+J(M+m)}&0\\ 0&0&0&1\\ 0&0&\dfrac{mg\ell(M+m)}{M m\ell^2+J(M+m)}&0\end{bmatrix}}_{A}\underbrace{\begin{bmatrix}x\\ v\\ \theta\\ \omega\end{bmatrix}}_{z}+\underbrace{\begin{bmatrix}0\\ \dfrac{J+m\ell^2}{M m\ell^2+J(M+m)}\\ 0\\ -\dfrac{m\ell}{M m\ell^2+J(M+m)}\end{bmatrix}}_{b}u\tag{13.11}$$

这是一个倒立摆的线性状态空间（近似）模型。线性指的是右侧的 $\boldsymbol{z}$ 和 u 是线性的：

$$\frac{\mathrm{d}\boldsymbol{z}}{\mathrm{d}t}=\boldsymbol{A}\boldsymbol{z}+\boldsymbol{b}u$$

也就是说，$\boldsymbol{A}\boldsymbol{z}$ 在 $\boldsymbol{z}$ 上是线性的，$\boldsymbol{b}u$ 在 u 上是线性的。控制问题是使用测量的角度 $\theta(t)$ 和测量的小车位置 $x(t)$ 来确定输入 $u(t)$，保持 (θ,ω) 接近 $(0,0)$，即保持摆杆直立。

13.1.3 传递函数模型

将式（13.11）中的最后一个方程代入 $\frac{\mathrm{d}\omega}{\mathrm{d}t}=\frac{\mathrm{d}^2\theta}{\mathrm{d}t^2}$，有

$$\frac{\mathrm{d}^2\theta}{\mathrm{d}t^2}=\frac{mg\ell(M+m)}{M m\ell^2+J(M+m)}\theta-\frac{m\ell}{M m\ell^2+J(M+m)}u\tag{13.12}$$

计算拉普拉斯变换可得[⊖]

$$s^2\theta(s)-s\theta(0)-\dot{\theta}(0)=\underbrace{\frac{mg\ell(M+m)}{M m\ell^2+J(M+m)}}_{\alpha^2}\theta(s)-\underbrace{\frac{m\ell}{M m\ell^2+J(M+m)}}_{\kappa m\ell}U(s)$$

定义如下

$$\alpha^2\triangleq\frac{mg\ell(M+m)}{M m\ell^2+J(M+m)},\kappa\triangleq\frac{1}{M m\ell^2+J(M+m)}$$

则 $\theta(s)$ 的表达式为

$$\theta(s)=-\underbrace{\frac{\kappa m\ell}{s^2-\alpha^2}}_{G_\theta(s)}U(s)+\frac{s\theta(0)+\dot{\theta}(0)}{s^2-\alpha^2} \tag{13.13}$$

传递函数 $G_\theta(s)=\theta(s)/U(s)$ 的开环极点是不稳定的。

$$\alpha=\sqrt{\frac{mg\ell(M+m)}{M m\ell^2+J(M+m)}}\text{ 和 }-\alpha=-\sqrt{\frac{mg\ell(M+m)}{M m\ell^2+J(M+m)}}$$

将式（13.11）中的第二个方程代入 $\frac{\mathrm{d}v}{\mathrm{d}t}=\frac{\mathrm{d}^2x}{\mathrm{d}t^2}$，有

$$\frac{\mathrm{d}^2x}{\mathrm{d}t^2}=-\frac{mg(m\ell^2)}{M m\ell^2+J(M+m)}\theta+\frac{J+m\ell^2}{M m\ell^2+J(M+m)}u$$

计算拉普拉斯变换得到

$$s^2X(s)-sx(0)-\dot{x}(0)=-\frac{gm^2\ell^2}{M m\ell^2+J(M+m)}\theta(s)+\frac{J+m\ell^2}{M m\ell^2+J(M+m)}U(s)$$

或者

$$X(s)=-\frac{gm^2\ell^2}{M m\ell^2+J(M+m)}\frac{1}{s^2}\theta(s)+\frac{J+m\ell^2}{M m\ell^2+J(M+m)}\frac{1}{s^2}U(s)+\frac{sx(0)+\dot{x}(0)}{s^2}$$

将式（13.13）中的 $\theta(s)$ 表达式代入上式，可得（见习题 3）

$$X(s)=\underbrace{\frac{\kappa(J+m\ell^2)s^2-\kappa mg\ell}{s^2(s^2-\alpha^2)}}_{G_X(s)}U(s)+\frac{p(s,\theta(0),\dot{\theta}(0),x(0),\dot{x}(0))}{s^2(s^2-\alpha^2)} \tag{13.14}$$

其中

$$p(s,\theta(0),\dot{\theta}(0),x(0),\dot{x}(0))=x(0)s^3+\dot{x}(0)s^2-(\kappa mgm\ell^2\theta(0)+\alpha^2x(0))s-(\kappa mgm\ell^2\dot{\theta}(0)+\dot{x}(0)\alpha^2)$$

注意，$G_X(s)$ 的极点为 0, 0, α, $-\alpha$，零点为 $\pm\sqrt{\frac{mg\ell}{J+m\ell^2}}=\pm\sqrt{\frac{g}{\ell}}\sqrt{\frac{1}{J/(m\ell^2)+1}}$。

在第 9 章和第 10 章中，只考虑了单输入单输出（SISO）系统的控制器设计。为了得到

⊖ $\mathcal{L}\{\ddot{\theta}(t)\}=s\mathcal{L}\{\dot{\theta}(t)\}-\dot{\theta}(0)=s(s\mathcal{L}\{\theta(t)\}-\theta(0))-\dot{\theta}(0)=s^2\theta(s)-s\theta(0)-\dot{\theta}(0)$。

第 10 章例 5 中考虑的倒立摆的 SISO 模型，取输出为 [49]

$$y \triangleq x + \left(\ell + \frac{J}{m\ell}\right)\theta$$

经过一些代数操作后，可以得到（见习题 3）

$$\begin{aligned} Y(s) &= X(s) + \left(\ell + \frac{J}{m\ell}\right)\theta(s) \\ &= -\underbrace{\frac{\kappa m g \ell}{s^2\left(s^2-\alpha^2\right)}}_{G_Y(s)} U(s) + \frac{p_Y\left(s, x(0), \dot{x}(0), \theta(0), \dot{\theta}(0)\right)}{s^2\left(s^2-\alpha^2\right)} \end{aligned} \tag{13.15}$$

其中

$$\begin{aligned} p_Y(s) = & \left(x(0) + \theta(0)\left(\ell + \frac{J}{m\ell}\right)\right)s^3 + \left(\dot{x}(0) + \dot{\theta}(0)\left(\ell + \frac{J}{m\ell}\right)\right)s^2 + \\ & \left(-g\kappa m^2\ell^2\theta(0) - x(0)\alpha^2\right)s - g\kappa m^2\ell^2\dot{\theta}(0) + \dot{x}(0)\alpha^2 \end{aligned}$$

请注意，$G_Y(s)$没有任何零点。正如第 17 章所解释的那样，这就是特定输出选择的原因。

13.1.4　使用嵌套的反馈环路的倒立摆杆控制

为了获得一个可行的控制器，我们回到传递函数（13.14），并将其计算为

$$\frac{X(s)}{U(s)} = \frac{\kappa\left(J+m\ell^2\right)s^2 - \kappa m g \ell}{s^2\left(s^2-\alpha^2\right)} = \underbrace{\frac{-\kappa m \ell}{s^2-\alpha^2}}_{\theta(s)/U(s)} \underbrace{\frac{-1}{m\ell}\frac{\left(J+m\ell^2\right)s^2 - mg\ell}{s^2}}_{X(s)/\theta(s)}$$

这表明了图 13-2 中所示的嵌套环路反馈结构（见参考文献 [5] 的第 119 页或参考文献 [3] 的习题 5.39）。

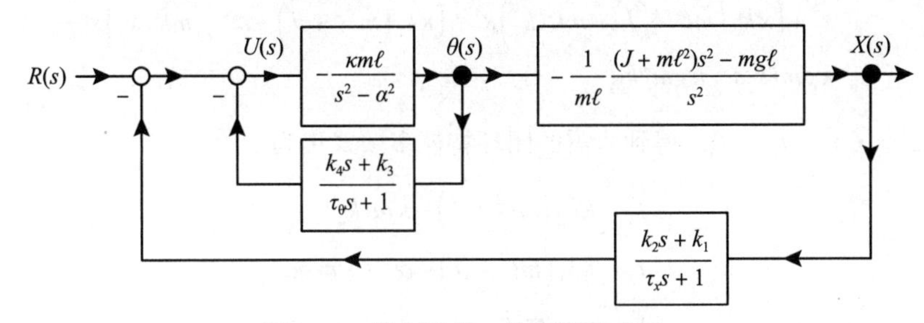

图 13-2　控制结构，分别反馈 θ 和 x

请注意，θ和x分别通过带有低通滤波的比例微分（PD）控制器反馈给输入端（见第 9 章）。可认为时间常数 τ_θ 和 τ_x 很小，表达为

$$\begin{aligned} U(s) &= -\frac{k_1 X(s) + k_2 s X(s)}{\tau_x s + 1} - \frac{k_3\theta(s) + k_4 s\theta(s)}{\tau_\theta s + 1} + R(s) \\ &\approx -k_1 X(s) - k_2 s X(s) - k_3\theta(s) - k_4 s\theta(s) + R(s) \end{aligned}$$

在时域中为

$$u(t) \approx -k_1 x(t) - k_2\dot{x}(t) - k_3\theta(t) - k_4\dot{\theta}(t) + r(t)$$

该倒立摆的嵌套环路控制器是一种状态反馈控制器。这意味着 $-k_1x(t)-k_2\dot{x}(t)-k_3\theta(t)-k_4\dot{\theta}(t)$ 的 $u(t)$ 是系统状态变量（13.11）[⊖] 的线性组合。为了简化分析，设 $\tau_\theta=0$ 和 $\tau_x=0$。图 13-2 的内部环路可被简化为

$$\frac{-\dfrac{\kappa m\ell}{s^2-\alpha^2}}{1-\dfrac{\kappa m\ell}{s^2-\alpha^2}\left(k_4s+k_3\right)}=-\frac{\kappa m\ell}{s^2-\kappa m\ell k_4 s-\left(\alpha^2+\kappa m\ell k_3\right)}$$

可得到图 13-3 的等效框图。

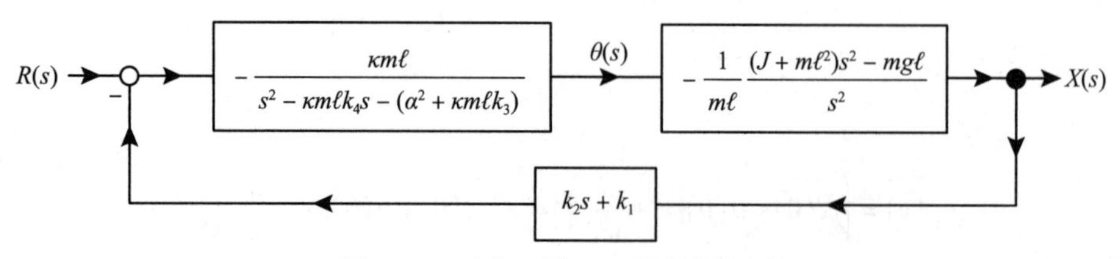

图 13-3 对应于图 13-2 的等效框图

闭环传递函数 $X(s)/R(s)$ 为

$$\begin{aligned}\frac{X(s)}{R(s)}&=\frac{\dfrac{\kappa m\ell}{s^2-m\kappa\ell k_4 s-\left(\alpha^2+m\kappa\ell k_3\right)}\dfrac{1}{m\ell}\dfrac{\left(J+m\ell^2\right)s^2-mg\ell}{s^2}}{1+\dfrac{\kappa m\ell}{s^2-m\kappa\ell k_4 s-\left(\alpha^2+m\kappa\ell k_3\right)}\dfrac{1}{m\ell}\dfrac{\left(J+m\ell^2\right)s^2-mg\ell}{s^2}\left(k_2s+k_1\right)}\\&=\frac{\kappa\left(J+m\ell^2\right)s^2-\kappa mg\ell}{s^4-\kappa m\ell k_4 s^3-\left(\alpha^2+\kappa m\ell k_3\right)s^2+\kappa\left(\left(J+m\ell^2\right)s^2-mg\ell\right)\left(k_2s+k_1\right)}\\&=\frac{\kappa\left(J+m\ell^2\right)s^2-\kappa mg\ell}{s^4+\left(\kappa k_2\left(m\ell^2+J\right)-m\kappa\ell k_4\right)s^3+\left(\kappa k_1\left(m\ell^2+J\right)-\alpha^2-m\kappa\ell k_3\right)s^2-\kappa gm\ell k_2 s-\kappa gm\ell k_1}\end{aligned}\tag{13.16}$$

使用 $s^4+f_3s^3+f_2s^2+f_1s+f_0$，得到所需的闭环特征多项式集为

$$\begin{aligned}f_3&=\kappa k_2\left(m\ell^2+J\right)-\kappa m\ell k_4\\f_2&=\kappa k_1\left(m\ell^2+J\right)-\alpha^2-\kappa m\ell k_3\\f_1&=-g\kappa m\ell k_2\\f_0&=-g\kappa m\ell k_1\end{aligned}$$

或者

$$\begin{bmatrix}f_3\\f_2\\f_1\\f_0\end{bmatrix}=\begin{bmatrix}0&\kappa\left(m\ell^2+J\right)&0&-\kappa m\ell\\\kappa\left(m\ell^2+J\right)&0&-\kappa m\ell&0\\0&-\kappa mg\ell&0&0\\-\kappa mg\ell&0&0&0\end{bmatrix}\begin{bmatrix}k_1\\k_2\\k_3\\k_4\end{bmatrix}+\begin{bmatrix}0\\-\alpha^2\\0\\0\end{bmatrix}$$

⊖ 在第 15 章中，展示了如何设计一个直接基于状态空间模型（13.11）的状态反馈控制器。

那么

$$\begin{bmatrix} k_1 \\ k_2 \\ k_3 \\ k_4 \end{bmatrix} = \begin{bmatrix} 0 & \kappa\left(m\ell^2+J\right) & 0 & -\kappa m\ell \\ \kappa\left(m\ell^2+J\right) & 0 & -\kappa m\ell & 0 \\ 0 & -\kappa mg\ell & 0 & 0 \\ -\kappa mg\ell & 0 & 0 & 0 \end{bmatrix}^{-1} \begin{bmatrix} f_3 \\ f_2+\alpha^2 \\ f_1 \\ f_0 \end{bmatrix} \tag{13.17}$$

如在第 10 章中所做的，为了在$-r_1$，$-r_2$，$-r_3$，$-r_4$（$r_i>0$）处有闭环极点，将闭环特征多项式设为

$$\begin{aligned} s^4+f_3s^3+f_2s^2+f_1s+f_0 &= (s+r_1)(s+r_2)(s+r_3)(s+r_4) \\ &= s^4+\underbrace{(r_1+r_2+r_3+r_4)}_{f_3}s^3+ \\ &\quad \underbrace{(r_1r_2+r_1r_3+r_1r_4+r_2r_3+r_2r_4+r_3r_4)}_{f_2}s^2+ \\ &\quad \underbrace{(r_1r_2r_3+r_1r_2r_4+r_1r_3r_4+r_2r_3r_4)}_{f_1}s+\underbrace{r_1r_2r_3r_4}_{f_0} \end{aligned}$$

参考图 13-2 或图 13-3，该控制系统的正向路径为 2 型。然而，由于反馈路径中有$\dfrac{k_2s+k_1}{\tau_xs+1}\approx k_2s+k_1$，这不是单位反馈形式。为此，将滤波器$G_f(s)=\dfrac{k_2s+k_1}{\tau_xs+1}$添加到控制系统中，如图 13-4 所示。

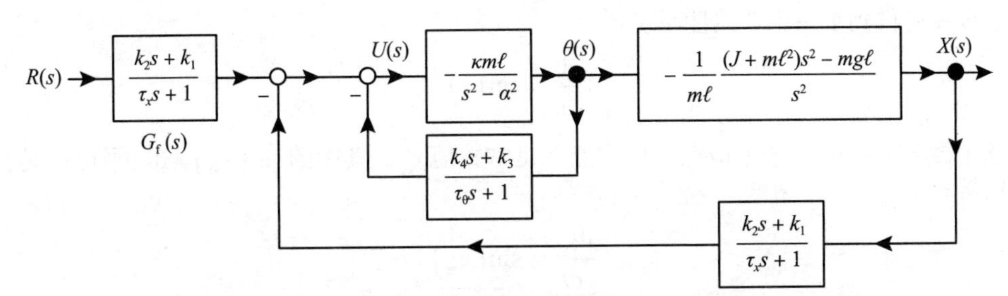

图 13-4 增加参考输入滤波器，用于阶跃和斜坡输出跟踪

对图 13-4 的框图进行重新排列，给出了图 13-5 所示的等效框图。

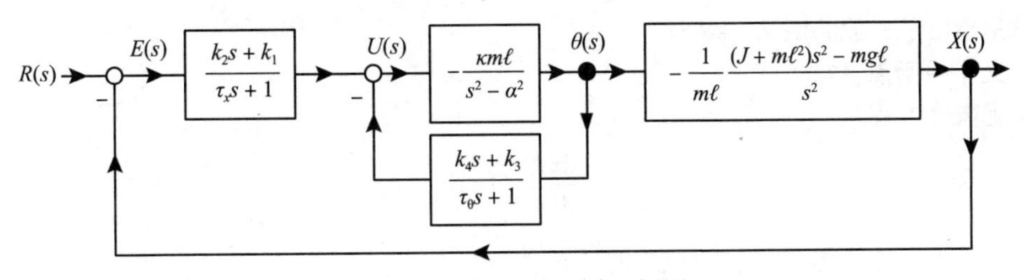

图 13-5 用于计算$E(s)$的框图

由$\tau_x=0$，$\tau_\theta=0$以及$R(s)=R_0/s$，误差$E(s)$为

$$E(s)=\frac{1}{1+(k_2s+k_1)\dfrac{\kappa m\ell}{s^2-m\kappa\ell k_4s-\left(\alpha^2+m\kappa\ell k_3\right)}\dfrac{1}{m\ell}\dfrac{\left(J+m\ell^2\right)s^2-mg\ell}{s^2}}\frac{R_0}{s}$$

$$=\frac{\left(s^2-m\kappa\ell k_4 s-\alpha^2-m\kappa\ell k_3\right)s^2}{s^4+\left(\kappa k_2\left(m\ell^2+J\right)-m\kappa\ell k_4\right)s^3+\left(\kappa k_1\left(m\ell^2+J\right)-\alpha^2-m\kappa\ell k_3\right)s^2-\kappa gm\ell k_2 s-\kappa gm\ell k_1}\frac{R_0}{s}$$

$$=\frac{\left(s^2-m\kappa\ell k_4 s-\alpha^2-m\kappa\ell k_3\right)s}{\left(s+r_1\right)\left(s+r_2\right)\left(s+r_3\right)\left(s+r_4\right)}R_0$$

可以看到$sE(s)$是稳定的，因此根据终值定理，有$e(t)\to 0$。类似地，如果$R(s)=R_0/s^2$，则有$e(t)\to 0$。也就是说，小车将跟踪阶跃或斜坡输入，同时保持摆杆直立。

注意 习题 4 要求使用倒立摆的线性状态空间模型来模拟这个控制系统，而习题 5 和习题 6 则要求使用非线性状态空间模型。习题 13 展示了如何修改图 13-4 的控制结构，从而使小车跟踪正弦参考值$r(t)=X_0\sin(\omega_0 t+\phi_0)$。如第 17 章所述，这个使用嵌套环路的状态反馈控制器产生了一个具有鲁棒性的倒立摆的控制系统。这意味着它将保持摆杆直立，尽管有不准确的模型参数或较小的干扰作用在小车上。这与第 10 章例 5 中的单位反馈控制器形成对比，该控制器在 11.9 节中呈现小的稳定性裕度。

13.2　非线性模型的线性化

在倒立摆的模型中，能够利用三角函数的知识来提出一个关于$(\theta,\dot{\theta})=(0,0)$的倒立摆线性模型。线性模型如此重要的原因是，我们知道如何为它们设计稳定的反馈控制器。在本节中，提出了一种系统的方法来获得一个非线性模型的线性近似。

假设我们得到了一个非线性系统：

$$\frac{\mathrm{d}x}{\mathrm{d}t}=\sin(x)$$

这个微分方程的一个平衡点（操作点）是常数值x_{eq}，其中的$\sin(x_{\mathrm{eq}})=0$。平衡点是微分方程的解：

$$\underbrace{\frac{\mathrm{d}x_{\mathrm{eq}}}{\mathrm{d}t}}_{0}=\underbrace{\sin(x_{\mathrm{eq}})}_{0}$$

该微分方程的平衡点（操作点）x_{eq}为

$$x_{\mathrm{eq}}=0,\ \pm\pi,\ \pm 2\pi,\ \cdots$$

这里给出了一般的定义。

定义 1 平衡点

考虑微分方程

$$\frac{\mathrm{d}x}{\mathrm{d}t}=f(x)$$

平衡（操作）点是使得$f(x_{\mathrm{eq}})=0$成立的x_{eq}的值。

注意 如果x_{eq}是微分方程的一个平衡点，那么$x(t)=x_{\mathrm{eq}}$是初始条件为$x(0)=x_{\mathrm{eq}}$的解。

例 1 平衡点

令

$$\frac{\mathrm{d}x}{\mathrm{d}t}=f(x)=-x^3+1$$

那么$x_{\text{eq}}=1$是该式唯一的平衡点。

例 2 平衡点

令

$$\frac{\mathrm{d}x}{\mathrm{d}t}=f(x)=-\mathrm{e}^{-x}+1$$

那么$x_{\text{eq}}=0$是该式唯一的平衡点。

例 3 一个带有输入信号的系统的平衡点

令

$$\frac{\mathrm{d}x}{\mathrm{d}t}=f(x,u)=-x^3+u$$

现在我们有了系统的输入。假设期望系统在$x=2$处运行，即期望的平衡点是$x_{\text{eq}}=2$。然后我们必须选择u，使得下式满足

$$f(2,u)=-(2)^3+u=0$$

则解出

$$u_{\text{eq}}=8$$

$x_{\text{eq}}=2$是恒定输入$u_{\text{eq}}=8$的平衡点。换句话说，

$$x(t)=x_{\text{eq}}=2$$

是下式的解：

$$\frac{\mathrm{d}x}{\mathrm{d}t}=-x^3+u$$

即

$$u(t)=u_{\text{eq}}=8,\ x(0)=2$$

接下来看看如何构造一个关于平衡点的线性近似模型。再次考虑微分方程

$$\frac{\mathrm{d}x}{\mathrm{d}t}=-x^3+1$$

该式的平衡点为$x_{\text{eq}}=1$。对于方程$f(x)=-x^3+1$，$f(x)$关于$x_{\text{eq}}=1$的泰勒级数展开式为

$$\begin{aligned}f(x)&=f(x_{\text{eq}})+f'(x_{\text{eq}})(x-x_{\text{eq}})+f''(x_{\text{eq}})\frac{(x-x_{\text{eq}})^2}{2!}+\cdots\\&=\underbrace{-x_{\text{eq}}^3+1}_{0}+(-3x_{\text{eq}}^2)(x-x_{\text{eq}})+(-6x_{\text{eq}})\frac{(x-x_{\text{eq}})^2}{2!}+\cdots\end{aligned}$$

第一项$f(x_{\text{eq}})$为 0，因为x_{eq}为平衡点。我们想要一个接近于x_{eq}的x的近似模型。如果$x-x_{\text{eq}}$很小，那么$(x-x_{\text{eq}})^2$，$(x-x_{\text{eq}})^3$等都是非常小的。当$n\geqslant 2$时，将包含$(x-x_{\text{eq}})^n$的项称为高阶项。将高阶项设为零，有

$$f(x)\approx f'(x_{\text{eq}})(x-x_{\text{eq}})=(-3x_{\text{eq}}^2)(x-x_{\text{eq}})$$

则

$$\frac{\mathrm{d}}{\mathrm{d}t}(x-x_{\text{eq}})=f(x)-f(x_{\text{eq}})\approx f'(x_{\text{eq}})(x-x_{\text{eq}})=(-3x_{\text{eq}}^2)(x-x_{\text{eq}})$$

为了让上式看起来更简单，设

$$z \triangleq x - x_{\mathrm{eq}}$$

从而使模型线性化为

$$\frac{\mathrm{d}z}{\mathrm{d}t} = -3z$$

例4 一个非线性系统的线性化

考虑系统如下

$$\frac{\mathrm{d}x}{\mathrm{d}t} = -x^3 + 2u^2$$

假设期望系统在$x_{\mathrm{eq}} = 2$下运行。因此需要满足$u(t) = u_{\mathrm{eq}} = 2$，这样$x_{\mathrm{eq}} = 2$是平衡点。有

$$f(x,u) = -x^3 + 2u^2$$

$f(x,u)$关于$(x_{\mathrm{eq}},u_{\mathrm{eq}})$的泰勒级数展开式为

$$f(x,u) = \underbrace{f(x_{\mathrm{eq}},u_{\mathrm{eq}})}_{0} + \frac{\partial f(x_{\mathrm{eq}},u_{\mathrm{eq}})}{\partial x}(x - x_{\mathrm{eq}}) + \frac{\partial f(x_{\mathrm{eq}},u_{\mathrm{eq}})}{\partial u}(u - u_{\mathrm{eq}}) + \text{高阶项}$$

忽略式中的高阶项，则

$$\begin{aligned}
\frac{\mathrm{d}}{\mathrm{d}t}(x - x_{\mathrm{eq}}) &= f(x, u) - f(x_{\mathrm{eq}}, u_{\mathrm{eq}}) \\
&\approx \frac{\partial f(x_{\mathrm{eq}},u_{\mathrm{eq}})}{\partial x}(x - x_{\mathrm{eq}}) + \frac{\partial f(x_{\mathrm{eq}},u_{\mathrm{eq}})}{\partial u}(u - u_{\mathrm{eq}}) \\
&= (-3x_{\mathrm{eq}}^2)(x - x_{\mathrm{eq}}) + (4u_{\mathrm{eq}})(u - u_{\mathrm{eq}}) \\
&= -12(x - x_{\mathrm{eq}}) + 8(u - u_{\mathrm{eq}})
\end{aligned}$$

设

$$z \triangleq x - x_{\mathrm{eq}}, w = u - u_{\mathrm{eq}}$$

则线性近似模型为

$$\frac{\mathrm{d}z}{\mathrm{d}t} = -12z + 8w$$

例5 一个非线性系统的线性化

考虑系统如下

$$\frac{\mathrm{d}x}{\mathrm{d}t} = -x^2u^2 + 1$$

假设期望系统在$x_{\mathrm{eq}} = 2$下运行。需满足$u(t) = u_{\mathrm{eq}} = 1/2$，这样$x_{\mathrm{eq}} = 2$是平衡点。有

$$f(x,u) = -x^2u^2 + 1$$

$f(x,u)$关于$(x_{\mathrm{eq}}, u_{\mathrm{eq}}) = (2,1/2)$的泰勒级数展开式为

$$f(x,u) = \underbrace{f(x_{\mathrm{eq}},u_{\mathrm{eq}})}_{0} + \frac{\partial f(x_{\mathrm{eq}},u_{\mathrm{eq}})}{\partial x}(x - x_{\mathrm{eq}}) + \frac{\partial f(x_{\mathrm{eq}},u_{\mathrm{eq}})}{\partial u}(u - u_{\mathrm{eq}}) +$$

$$\underbrace{\frac{1}{2!}\frac{\partial^2 f\left(x_{\mathrm{eq}},u_{\mathrm{eq}}\right)}{\partial x^2}\left(x-x_{\mathrm{eq}}\right)^2+\frac{\partial^2 f\left(x_{\mathrm{eq}},u_{\mathrm{eq}}\right)}{\partial x\partial u}\left(x-x_{\mathrm{eq}}\right)\left(u-u_{\mathrm{eq}}\right)+\cdots}_{\text{高阶项}}$$

忽略高阶项则有

$$\begin{aligned}\frac{\mathrm{d}}{\mathrm{d}t}\left(x-x_{\mathrm{eq}}\right)&=f(x,u)-f\left(x_{\mathrm{eq}},u_{\mathrm{eq}}\right)\\&\approx\frac{\partial f\left(x_{\mathrm{eq}},u_{\mathrm{eq}}\right)}{\partial x}\left(x-x_{\mathrm{eq}}\right)+\frac{\partial f\left(x_{\mathrm{eq}},u_{\mathrm{eq}}\right)}{\partial u}\left(u-u_{\mathrm{eq}}\right)\\&=\left(-2x_{\mathrm{eq}}u_{\mathrm{eq}}^2\right)\left(x-x_{\mathrm{eq}}\right)+\left(-2x_{\mathrm{eq}}^2u_{\mathrm{eq}}\right)\left(u-u_{\mathrm{eq}}\right)\\&=-\left(x-x_{\mathrm{eq}}\right)-4\left(u-u_{\mathrm{eq}}\right)\end{aligned}$$

设

$$z\triangleq x-x_{\mathrm{eq}},w=u-u_{\mathrm{eq}}$$

则线性近似模型为

$$\frac{\mathrm{d}z}{\mathrm{d}t}=-z-4w$$

13.3 磁悬浮

这里考虑钢球在电磁铁下悬浮的问题。磁悬浮钢球的示意图如图 13-6 所示。电磁铁由缠绕在软铁的圆柱形铁心上的导线（线圈）组成。施加在线圈上的电压 u 产生一个电流，电流则产生一个磁场，吸引钢球对抗向下拉的重力向上。

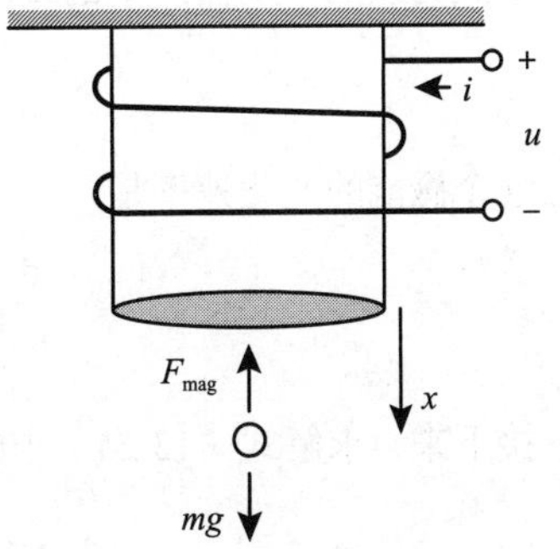

图 13-6 磁悬浮钢球的示意图

为了建立该系统的微分方程模型，首先对线圈中的磁链进行建模。磁通量是缠绕在铁心上的每个线圈中所有磁通量的总和。由下式给出

$$\lambda(x,i)\triangleq L(x)i$$

为了解释 $\lambda(x,i)$，请考虑固定在某个位置 x 的钢球的质心。线圈就像一个电感器，所以基于基本物理原理，我们期望磁链 λ 与电流 i 成比例。λ 对球位置 x 的依赖性并不容易激发。

13.3.1 节中解释了电感的合理模型如下

$$L(x)=L_0+\frac{rL_1}{x}\tag{13.18}$$

式中，r 是钢球的半径。请注意，x 对于电磁体的底部定位钢球的质心，并在向下的方向上增加。另外，x 不小于钢球的半径，即 $x\geqslant r$。通常在这里假设 $L_1\ll L_0$。根据法拉第定律和欧姆定律，有

$$u-\frac{\mathrm{d}}{\mathrm{d}t}\underbrace{\left(L(x)i\right)}_{\lambda}-Ri=0$$

通过式（13.18）给出的线圈的自感率，能量守恒参数（见下文）表明，磁力具有这样的形式

$$F_{\text{mag}} = -C\frac{i^2}{x^2} \tag{13.19}$$

式中，C 是一个常数参数。相反，如果力 F_{mag} 具有如式（13.19）中的形式，则线圈的自感则形如式（13.18）。磁力的表达式（13.19）表明，如果将线圈电流翻倍，那么磁力将增加 4 倍。另一方面，如果把钢球到电磁铁底部的距离翻倍，那么磁力就会下降到原来的 1/4。

把这些放在一起，所考虑的钢球悬挂在电磁铁下的模型如下

$$\frac{\mathrm{d}}{\mathrm{d}t}\big(L(x)i\big) + Ri = u \tag{13.20}$$

$$\frac{\mathrm{d}x}{\mathrm{d}t} = v \tag{13.21}$$

$$m\frac{\mathrm{d}v}{\mathrm{d}t} = mg - C\frac{i^2}{x^2} \tag{13.22}$$

13.3.1　能量守恒定律

现在证明，如果式（13.20）与式（13.18）给出的 $L(x)$ 成立，则能量守恒意味着式（13.22）必须符合 $C = rL_1/2$。然后，将式（13.20）乘以电流 i，可得到电磁铁的电功率为

$$iu = i\frac{\mathrm{d}}{\mathrm{d}t}\big(L(x)i\big) + Ri^2 = L(x)i\frac{\mathrm{d}i}{\mathrm{d}t} + i^2\frac{\partial L(x)}{\partial x}v + Ri^2 \tag{13.23}$$

下式为线圈中电流产生的线圈磁场中存储的能量。

$$\frac{1}{2}L(x)i^2$$

这个磁能的变化速率是

$$\frac{\mathrm{d}}{\mathrm{d}t}\left(\frac{1}{2}L(x)i^2\right) = L(x)i\frac{\mathrm{d}i}{\mathrm{d}t} + \frac{1}{2}i^2\frac{\partial L(x)}{\partial x}v \tag{13.24}$$

接下来，求解式（13.24）中的 $L(x)i\frac{\mathrm{d}i}{\mathrm{d}t}$，并将此式代入式（13.23）中，可得到

$$\begin{aligned} iu &= \frac{\mathrm{d}}{\mathrm{d}t}\left(\frac{1}{2}L(x)i^2\right) - \frac{1}{2}i^2\frac{\partial L(x)}{\partial x}v + i^2\frac{\partial L(x)}{\partial x}v + Ri^2 \\ &= \frac{\mathrm{d}}{\mathrm{d}t}\left(\frac{1}{2}L(x)i^2\right) + Ri^2 + \frac{1}{2}i^2\frac{\partial L(x)}{\partial x}v \end{aligned} \tag{13.25}$$

式（13.25）表明，电压源提供的电力 iu 改变了线圈和钢球的磁场能量 $\frac{1}{2}L(x)i^2$，散热为 Ri^2，第三项是 $\frac{1}{2}i^2\frac{\partial L(x)}{\partial x}v$。通过能量守恒，第三项必须代表提供给钢球的机械动力。为了模拟钢球的机械能量，将重力势能 $V(x)$ 在 $x=0$ 处取为 0，这样它就可以写成

$$V(x) = -mgx$$

注意，$V(x)$ 随着 x 的增加而减少，也就是说，当球向下移动时 $V(x)$ 会减少。则钢球的总机械能为

$$\frac{1}{2}mv^2 + V(x)$$

这个机械能的变化速率就是机械功率，因此

$$\frac{\mathrm{d}}{\mathrm{d}t}\left(\frac{1}{2}mv^2+V(x)\right)=\frac{1}{2}i^2\frac{\partial L(x)}{\partial x}v$$

或者

$$mv\frac{\mathrm{d}v}{\mathrm{d}t}-mgv=\frac{1}{2}i^2\frac{\partial}{\partial x}\left(L_0+\frac{rL_1}{x}\right)v=-\frac{1}{2}i^2\frac{rL_1}{x^2}v$$

消去 v 后可得

$$m\frac{\mathrm{d}v}{\mathrm{d}t}=mg-\frac{rL_1}{2}\frac{i^2}{x^2} \tag{13.26}$$

用 $C=rL_1/2$ 验证式（13.22）。综上所述，如果磁链由 $\lambda(x,i)=\left(L_0+\frac{rL_1}{x}\right)i$ 给出，那么能量守恒要求磁力由式（13.19）给出，即 $C=rL_1/2$。可以通过做一些实验来扭转这个论点，在实验中测量力作为 (x,i) 的函数。通过实验可以发现，对于某个常数 C，力的形式为式（13.19）。然后，作为能量守恒的结果，$L(x)=(L_0+rL_1/x)i$，$L_1=2C/r$（见习题 8）。

13.3.2　状态空间模型

模型如下

$$L(x)\frac{\mathrm{d}i}{\mathrm{d}t}+i\frac{\partial L(x)}{\partial x}v+Ri=u \tag{13.27}$$

$$\frac{\mathrm{d}x}{\mathrm{d}t}=v \tag{13.28}$$

$$m\frac{\mathrm{d}v}{\mathrm{d}t}=mg-\frac{rL_1}{2}\frac{i^2}{x^2} \tag{13.29}$$

重新排列后，有

$$\frac{\mathrm{d}i}{\mathrm{d}t}=-i\frac{1}{L(x)}\left(-\frac{rL_1}{x^2}\right)v-\frac{R}{L(x)}i+\frac{1}{L(x)}u \tag{13.30}$$

$$\frac{\mathrm{d}x}{\mathrm{d}t}=v \tag{13.31}$$

$$\frac{\mathrm{d}v}{\mathrm{d}t}=g-\frac{rL_1}{2m}\frac{i^2}{x^2} \tag{13.32}$$

其中，$L(x)=L_0+rL_1/x$，我们替换了 $\partial L(x)/\partial x=-rL_1/x^2$。式（13.30）~ 式（13.32）的系统是磁悬浮系统的非线性微分方程模型。

注意 式（13.30）~ 式（13.32）被称为状态空间模型。在倒立摆的情况下，这些方程的左边只有一阶导数，而这些方程的右边没有导数。这个状态的简单形式如下

$$\begin{bmatrix} i \\ x \\ v \end{bmatrix}$$

式中，i，x 以及 v 是状态变量。

我们可以通过回顾假设$L_1 \ll L_0$和$x \geqslant r$来简化方程：

$$L(x) = L_0 + rL_1/x \leqslant L_0 + L_1 \approx L_0$$

用L_0代替式（13.30）中的$L(x)$，可以得到

$$\frac{\mathrm{d}i}{\mathrm{d}t} = \frac{rL_1}{L_0}\frac{i}{x^2}v - \frac{R}{L_0}i + \frac{1}{L_0}u \tag{13.33}$$

$$\frac{\mathrm{d}x}{\mathrm{d}t} = v \tag{13.34}$$

$$\frac{\mathrm{d}v}{\mathrm{d}t} = g - \frac{rL_1}{2m}\frac{i^2}{x^2} \tag{13.35}$$

式（13.33）中的$\frac{i}{x^2}v$和式（13.34）中的$\frac{i^2}{x^2}$的表达式是非线性的，因此这仍然是非线性模型。

电流指令输入模型

在建立线性模型之前，可以首先使用电流指令放大器来简化模型。这只是一个放大器，允许人们控制电流而非电压。这种放大器如图 13-7 所示。

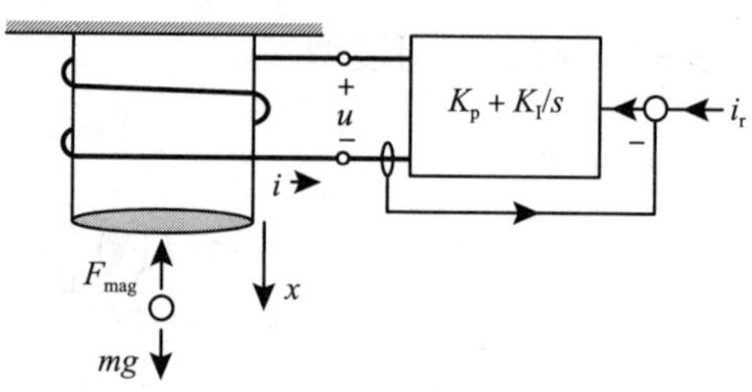

图 13-7　磁悬浮系统的电流指令放大器

即，PI 控制器使得$i(t) \to i_r(t)$如此之快（与钢球的运动相比），以至于电流$i(t)$可视为输入。使用$i(t)$作为输入，可将模型简化为

$$\frac{\mathrm{d}x}{\mathrm{d}t} = v \tag{13.36}$$

$$\frac{\mathrm{d}v}{\mathrm{d}t} = g - \frac{rL_1}{2m}\frac{i^2}{x^2} \tag{13.37}$$

13.3.3　关于平衡点的线性化

系统的平衡点是系统方程（13.36）和（13.37）的恒定解。我们选择一个平衡点，使钢球位于电磁铁下方的设定距离x_{eq}处，并且不移动，即，$x = x_{eq}$和$v = v_{eq} = 0$。那么式（13.36）和式（13.37）可简单表示为

$$\frac{\mathrm{d}x_{eq}}{\mathrm{d}t} = v_{eq}$$

$$\frac{\mathrm{d}v_{eq}}{\mathrm{d}t} = g - \frac{rL_1}{2m}\frac{i_{eq}^2}{x_{eq}^2}$$

第一个方程成立，因为x_{eq}是常数且$v_{eq} = 0$。在第二个方程中，左边是零，因为$v_{eq} = 0$是常数。为了让右边是零，必须有

$$g = \frac{rL_1}{2m}\frac{i_{eq}^2}{x_{eq}^2} \quad 或 \quad i_{eq} = x_{eq}\sqrt{\frac{2mg}{rL_1}} \tag{13.38}$$

由于式（13.37）中的表达式$\frac{i^2}{x^2}$，模型（13.36）和（13.37）是非线性的。为了找到下式中线性近似模型的泰勒级数展开式：

$$f(x,i)=g-\frac{rL_1}{2m}\frac{i^2}{x^2}$$

用输入i_{eq}的平衡点(x_{eq},v_{eq})。首先注意到：

$$f(x_{eq},i_{eq})=g-\frac{rL_1}{2m}\frac{i_{eq}^2}{x_{eq}^2}=0$$

选择i_{eq}就是为了实现这一点。则$f(x,i)$关于(x_{eq},i_{eq})的泰勒级数展开式为（去掉高阶项）

$$\begin{aligned}f(x,i)&\approx f(x_{eq},i_{eq})+\left.\frac{\partial f(x,i)}{\partial x}\right|_{(x_{eq},i_{eq})}(x-x_{eq})+\left.\frac{\partial f(x,i)}{\partial i}\right|_{(x_{eq},i_{eq})}(i-i_{eq})\\&=\underbrace{g-\frac{rL_1}{2m}\frac{i_{eq}^2}{x_{eq}^2}}_{0}+\frac{rL_1}{m}\frac{i_{eq}^2}{x_{eq}^3}(x-x_{eq})-\frac{rL_1}{m}\frac{i_{eq}}{x_{eq}^2}(i-i_{eq})\\&=\frac{rL_1}{m}\frac{i_{eq}^2}{x_{eq}^3}(x-x_{eq})-\frac{rL_1}{m}\frac{i_{eq}}{x_{eq}^2}(i-i_{eq})\\&=\frac{2g}{x_{eq}}(x-x_{eq})-\frac{2g}{i_{eq}}(i-i_{eq})\end{aligned}\tag{13.39}$$

在第三行中，使用式（13.38）来获得

$$\frac{2g}{x_{eq}}=\frac{rL_1}{m}\frac{i_{eq}^2}{x_{eq}^3},\quad\frac{2g}{i_{eq}}=\frac{rL_1}{m}\frac{i_{eq}}{x_{eq}^2}\tag{13.40}$$

模型（13.36）和（13.37）变成

$$\frac{\mathrm{d}x}{\mathrm{d}t}=v\tag{13.41}$$

$$\frac{\mathrm{d}v}{\mathrm{d}t}=\frac{2g}{x_{eq}}(x-x_{eq})-\frac{2g}{i_{eq}}(i-i_{eq})\tag{13.42}$$

当v_{eq}，$\mathrm{d}x_{eq}/\mathrm{d}t=\mathrm{d}v_{eq}/\mathrm{d}t=0$时，可重写为

$$\frac{\mathrm{d}}{\mathrm{d}t}(x-x_{eq})=v-v_{eq}\tag{13.43}$$

$$\frac{\mathrm{d}}{\mathrm{d}t}(v-v_{eq})=\frac{2g}{x_{eq}}(x-x_{eq})-\frac{2g}{i_{eq}}(i-i_{eq})\tag{13.44}$$

当$\Delta x\triangleq x-x_{eq}$，$\Delta v\triangleq v-v_{eq}$以及$\Delta i\triangleq i-i_{eq}$，则

$$\frac{\mathrm{d}}{\mathrm{d}t}\Delta x=\Delta v\tag{13.45}$$

$$\frac{\mathrm{d}}{\mathrm{d}t}\Delta v=\frac{2g}{x_{eq}}\Delta x-\frac{2g}{i_{eq}}\Delta i\tag{13.46}$$

或者

$$\frac{\mathrm{d}}{\mathrm{d}t}\begin{bmatrix}\Delta x\\ \Delta v\end{bmatrix}=\underbrace{\begin{bmatrix}0 & 1\\ \dfrac{2g}{x_{\mathrm{eq}}} & 0\end{bmatrix}}_{A}\begin{bmatrix}\Delta x\\ \Delta v\end{bmatrix}+\underbrace{\begin{bmatrix}0\\ -\dfrac{2g}{i_{\mathrm{eq}}}\end{bmatrix}}_{b}\Delta i \tag{13.47}$$

注意 该模型（13.47）被称为线性状态空间模型。形容词线性指的是用下式的形式写成的：

$$\frac{\mathrm{d}}{\mathrm{d}t}\begin{bmatrix}\Delta x\\ \Delta v\end{bmatrix}=\boldsymbol{A}\begin{bmatrix}\Delta x\\ \Delta v\end{bmatrix}+\boldsymbol{b}\Delta i$$

其中，右边是一个线性矩阵方程。状态量为

$$\begin{bmatrix}\Delta x\\ \Delta v\end{bmatrix}$$

式中，Δx 以及 Δv 为状态变量；$\Delta i = i - i_{\mathrm{eq}}$ 为输入。

13.3.4　传递函数模型

回到式（13.45）和式（13.46），将模型改写为下式给出的单一方程：

$$\frac{\mathrm{d}^2}{\mathrm{d}t^2}\Delta x=\frac{2g}{x_{\mathrm{eq}}}\Delta x-\frac{2g}{i_{\mathrm{eq}}}\Delta i$$

拉普拉斯变换为

$$s^2\Delta X(s)-s\Delta x(0)-\Delta\dot{x}(0)=\frac{2g}{x_{\mathrm{eq}}}\Delta X(s)-\frac{2g}{i_{\mathrm{eq}}}\Delta I(s)$$

或者

$$\Delta X(s)=-\underbrace{\frac{2g/i_{\mathrm{eq}}}{s^2-2g/x_{\mathrm{eq}}}}_{\text{传递函数}}\Delta I(s)+\frac{s\Delta x(0)+\Delta\dot{x}(0)}{s^2-2g/x_{\mathrm{eq}}}$$

这个表达式引出了图 13-8 的框图。通常来说，传递函数的分母与初始条件项的分母相同。传递函数的极点为 $\sqrt{2g/x_{\mathrm{eq}}}$，因此是不稳定的。

13.4　轨道上的小车

现在在图 13-9 所示的轨道系统上为 Quanser[34] 小车开发了一个模型。较小的车轮由一个直流电动机驱动。较大的车轮连接到一个编码器，它给出了小车的位置。

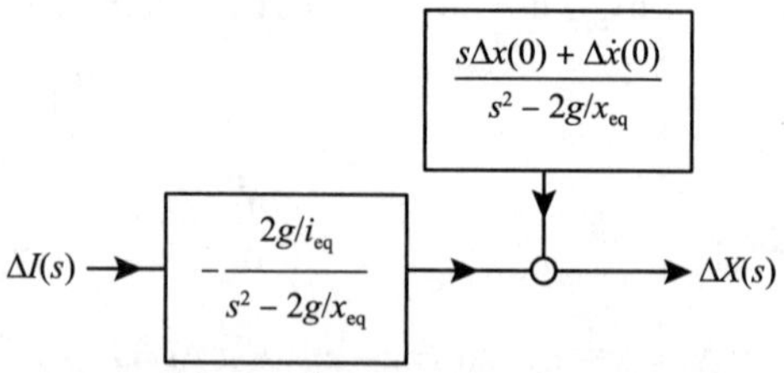

图 13-8　磁悬浮系统线性模型框图

使用以下符号：

K_{T} 是电动机转矩常数（$\tau = K_{\mathrm{T}} i$），$K_{\mathrm{b}} = K_{\mathrm{T}}$ 是电动机反电动势常数，R 是电动机电枢的电阻，L 为电动机电枢电感（可忽略不计），M 是小车和车轮的质量，r_{m} 是电动车轮的半径，r_1 是电动机轴上齿轮的半径，r_2 是轮轴上齿轮的半径，J_1 是电动机轴的转动惯量，J_2 是输出轴和电动车轮的转动惯量，r_{enc} 是编码器车轮的半径，J_{enc} 是编码器轴和车轮的惯性矩，n_1 为电动机轴上的齿轮齿数，n_2 是输出轴上的齿轮齿数，$N = n_2/n_1 = r_2/r_1$ 是齿轮传动比，$F_{\mathrm{d}} = Mg\sin(\phi)$ 是沿轨道方向的重力（干扰）。

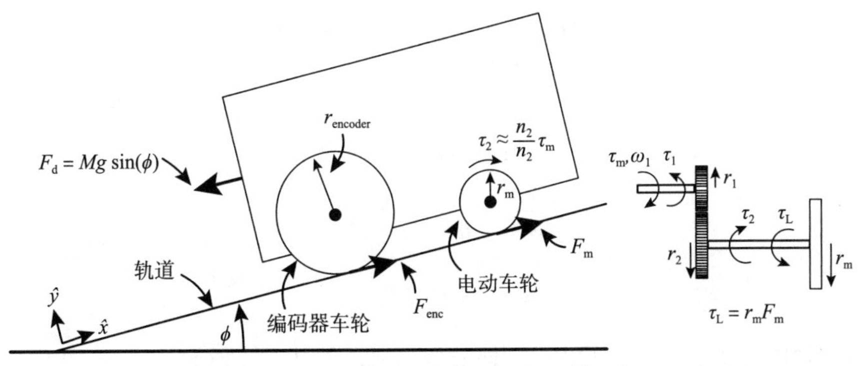

图 13-9 小车在一端抬高了角度ϕ的轨道上

13.4.1 机械方程

为了对系统的机械部分进行建模，必须同时考虑电动机、齿轮和车轮的旋转运动以及小车的平移运动。

用$F_m\hat{x}$表示轨道施加在电动车轮上的力，因此（牛顿第三定律）$-F_m\hat{x}$是由电动车轮施加在轨道上的力。同样地，设$F_{enc}\hat{x}$是轨道施加在编码器车轮上的力，因此$-F_{enc}\hat{x}$是编码器车轮施加在轨道上的力。带齿轮 1 的电动机轴惯性矩为J_1，带齿轮 2 的轮轴惯性矩为J_2。电动机轴和轮轴的运动方程分别为

$$J_1\frac{d\omega_1}{dt} = \tau_m - \tau_1 \tag{13.48}$$

$$J_2\frac{d\omega_2}{dt} = \tau_2 - r_m F_m \tag{13.49}$$

式中，τ_1是齿轮 2 施加于齿轮 1 的转矩；τ_2是齿轮 1 施加于齿轮 2 的（反作用力）转矩；$r_m F_m$是由轨道施加在电动车轮上的转矩。使用齿轮关系$\omega_1 = \frac{n_2}{n_1}\omega_2$和$\tau_2 = \frac{n_2}{n_1}\tau_1$，式（13.48）和式（13.49）可简化为

$$\underbrace{\left(J_1\left(\frac{n_2}{n_1}\right)^2 + J_2\right)}_{J}\frac{d\omega_2}{dt} = \frac{n_2}{n_1}\tau_m - F_m r_m \tag{13.50}$$

或者

$$J\frac{d\omega_2}{dt} = \frac{n_2}{n_1}\tau_m - F_m r_m \tag{13.51}$$

编码器车轮具有惯性矩J_{enc}、半径r_{enc}和角速度ω_{enc}。编码器车轮的运动方程为

$$J_{enc}\frac{d\omega_{enc}}{dt} = -F_{enc} r_{enc} \tag{13.52}$$

式中，$r_{enc}F_{enc}$是轨道施加在编码器车轮上的转矩。然而，J_{enc}可以忽略不计，所以取它为 0。由式（13.52）给出的编码器车轮的方程可消去，因为$J_{enc}=0$导致$F_{enc}=0$。

沿编码器车轮圆周的线速度$r_{enc}\omega_{enc}$与电动车轮圆周的线速度$r_m\omega_2$相同，因为它们都与倾斜平面接触而没有滑动。这个速度也就是小车速度$v = dx/dt$。联立得

$$r_{enc}\omega_{enc} = r_m\omega_2 = v \tag{13.53}$$

当$F_d = Mg\sin(\phi)$时，小车上的重力，小车车身的运动方程为

$$M\frac{dv}{dt} = F_m - F_d \tag{13.54}$$

将式（13.51）和式（13.54）联立，则机械运动可描述为

$$J\frac{d\omega_2}{dt} = \frac{n_2}{n_1}\tau_m - F_m r_m \tag{13.55}$$

$$M\frac{dv}{dt} = F_m - F_d \tag{13.56}$$

利用电动车轮的无滑动条件（13.53），即$\omega_2 = v / r_m$，并从式（13.55）和式（13.56）中消除F_m，得到了一个关于小车速度v的单一方程

$$\left(\frac{J}{r_m^2} + M\right)\frac{dv}{dt} = \frac{1}{r_m}\frac{n_2}{n_1}\tau_m - F_d$$

13.4.2　电气方程式

电动机电气方程式为（见图 13-10）

$$L\frac{di}{dt} = -Ri(t) - K_b\omega_1(t) + v_a(t)$$

与由$\tau_m = K_T i(t)$给出的电动机转矩。

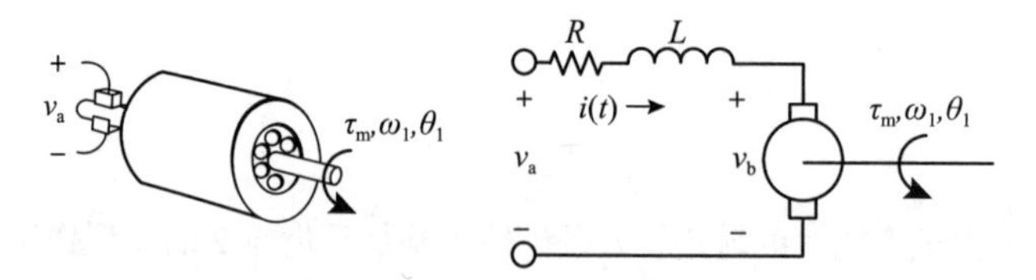

图 13-10　直流电动机原理图。$\tau_m = K_T i$和$v_b = K_b\omega_1 = K_b\frac{n_2}{n_1}\frac{v}{r_m}$

在电动车轮和轨道之间没有打滑的情况下，可获得下列齿轮关系

$$\omega_1 = \frac{n_2}{n_1}\omega_2 = \frac{n_2}{n_1}\frac{v}{r_m}$$

电气方程式现在可以改写为

$$L\frac{di}{dt} = -Ri(t) - \underbrace{\frac{K_b}{r_m}\frac{n_2}{n_1}v(t)}_{v_b(t)} + v_a(t)$$

13.4.3　运动方程式和框图

将所有的方程联立在一起，轨道系统上的小车可由下式描述[⊖]

$$L\frac{di}{dt} = -Ri(t) - \underbrace{\frac{K_b}{r_m}\frac{n_2}{n_1}v(t)}_{v_b} + v_a(t)$$

⊖　请记住，$v(t) = dx / dt$是小车速度，而$v_a(t)$和$v_b(t)$分别是输入电压和反电动势。

$$\left(\frac{J}{r_{\mathrm{m}}^{2}}+M\right)\frac{\mathrm{d}v}{\mathrm{d}t}=\left(\frac{n_2}{n_1}\frac{1}{r_{\mathrm{m}}}\right)K_{\mathrm{T}}i(t)-F_{\mathrm{d}}$$
$$\frac{\mathrm{d}x}{\mathrm{d}t}=v \tag{13.57}$$

在 s 域中处理这些方程更容易。在零初始条件下，对系统（13.57）进行拉普拉斯变换，可得到

$$I(s)=\frac{V_{\mathrm{a}}(s)-V_{\mathrm{b}}(s)}{sL+R}$$

$$V_{\mathrm{b}}(s)=\underbrace{K_{\mathrm{b}}\frac{n_2}{n_1}\frac{1}{r_{\mathrm{m}}}}_{K_{\mathrm{b}}'}v(s)$$

$$\underbrace{s\left(\frac{J}{r_{\mathrm{m}}^{2}}+M\right)}_{M'}v(s)=\underbrace{\frac{n_2}{n_1}\frac{1}{r_{\mathrm{m}}}K_{\mathrm{T}}}_{K_{\mathrm{T}}'}I(s)-\frac{F_{\mathrm{d}}}{s}$$

简化符号如下

$$K_{\mathrm{T}}'\triangleq K_{\mathrm{T}}\frac{n_2}{n_1}\frac{1}{r_{\mathrm{m}}},K_{\mathrm{b}}'\triangleq K_{\mathrm{b}}\frac{n_2}{n_1}\frac{1}{r_{\mathrm{m}}},M'\triangleq\frac{J}{r_{\mathrm{m}}^{2}}+M$$

这些方程式可以用图 13-11 的框图来表示。

设置 $L=0$（可忽略）并将干扰力 $F_{\mathrm{d}}/s=Mg\sin(\phi)/s$ 移动到输入求和点，图 13-11 的结构可简化为如图 13-12 所示的框图。

$$K_{\mathrm{D}}\triangleq\frac{R}{K_{\mathrm{T}}'}=\frac{R}{K_{\mathrm{T}}\frac{n_2}{n_1}\frac{1}{r_{\mathrm{m}}}} \tag{13.58}$$

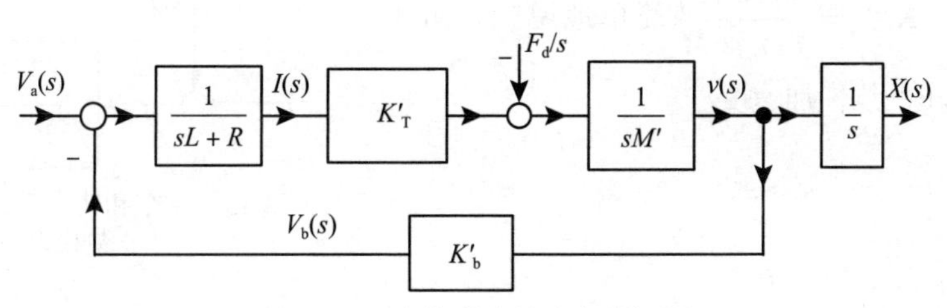

图 13-11　在轨道上的小车的框图

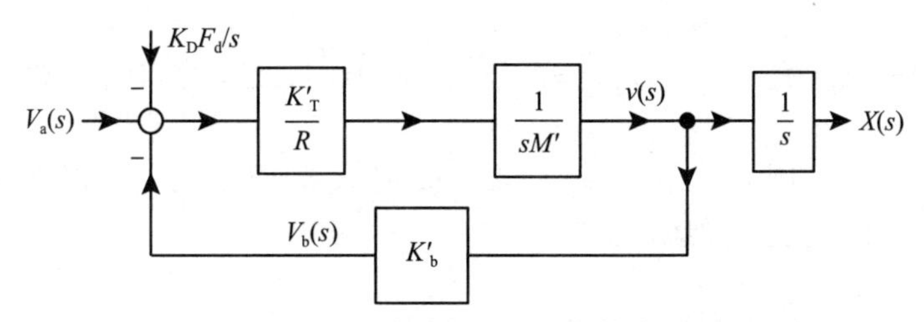

图 13-12　小车和轨道系统的等效框图

可以通过定义 $G(s)$ 来进一步简化这个框图

$$G(s) \triangleq \frac{\dfrac{K_{\mathrm{T}}'}{R}\dfrac{1}{sM'}}{1+K_{\mathrm{b}}'\dfrac{K_{\mathrm{T}}'}{R}\dfrac{1}{sM'}}\frac{1}{s} = \frac{K_{\mathrm{T}}'}{sRM'+K_{\mathrm{b}}'K_{\mathrm{T}}'}\frac{1}{s} = \frac{\dfrac{K_{\mathrm{T}}'}{RM'}}{s+\dfrac{K_{\mathrm{b}}'K_{\mathrm{T}}'}{RM'}}\frac{1}{s} = \frac{b}{s(s+a)}$$

其中

$$a \triangleq \frac{K_{\mathrm{b}}'K_{\mathrm{T}}'}{RM'} = \frac{K_{\mathrm{b}}K_{\mathrm{T}}\left(\dfrac{n_2}{n_1}\dfrac{1}{r_{\mathrm{m}}}\right)^2}{RJ/r_{\mathrm{m}}^2+RM},\quad b \triangleq \frac{K_{\mathrm{T}}'}{RM'} = \frac{K_{\mathrm{T}}\dfrac{n_2}{n_1}\dfrac{1}{r_{\mathrm{m}}}}{RJ/r_{\mathrm{m}}^2+RM} \tag{13.59}$$

使用参数 a、b 和K_{D}，现在可以将$X(s)$写为

$$X(s) = \frac{b}{s(s+a)}V_{\mathrm{a}}(s) - \frac{b}{s(s+a)}K_{\mathrm{D}}\frac{F_{\mathrm{d}}}{s} \tag{13.60}$$

$K_{\mathrm{D}}F_{\mathrm{d}}$是一种输入电压干扰，它对输出的影响与实际的负载力干扰F_{d}相同。注意

$$K_{\mathrm{D}}F_{\mathrm{d}} = \frac{R}{K_{\mathrm{T}}\dfrac{n_2}{n_1}\dfrac{1}{r_{\mathrm{m}}}}F_{\mathrm{d}} = \frac{n_2}{n_1}\frac{r_{\mathrm{m}}F_{\mathrm{D}}}{K_{\mathrm{T}}}R$$

具有单位（无量纲）$\times \dfrac{\text{转矩}}{\text{转矩/安培}} \times$ 欧姆 = 欧姆 × 安培 = 伏特。图 13-12 的框图简化为图 13-13 中的框图。

当$bK_{\mathrm{D}}F_{\mathrm{d}} = \dfrac{K_{\mathrm{T}}'}{RM'}\dfrac{R}{K_{\mathrm{T}}'}Mg\sin(\phi) = \dfrac{Mg\sin(\phi)}{M'} = \dfrac{Mg\sin(\phi)}{J/r_{\mathrm{m}}^2+M}$时，可以在时域中将式（13.60）写为

$$\frac{\mathrm{d}^2x(t)}{\mathrm{d}t^2} = -ax(t) + bv_{\mathrm{a}}(t) - \frac{Mg\sin(\phi)}{J/r_{\mathrm{m}}^2+M}u_{\mathrm{s}}(t)$$

等效干扰 $bK_{\mathrm{D}}F_{\mathrm{d}} = \dfrac{Mg\sin(\phi)}{J/r_{\mathrm{m}}^2+M}$ 简单地说就是由于重力导致的小车的线性加速度。

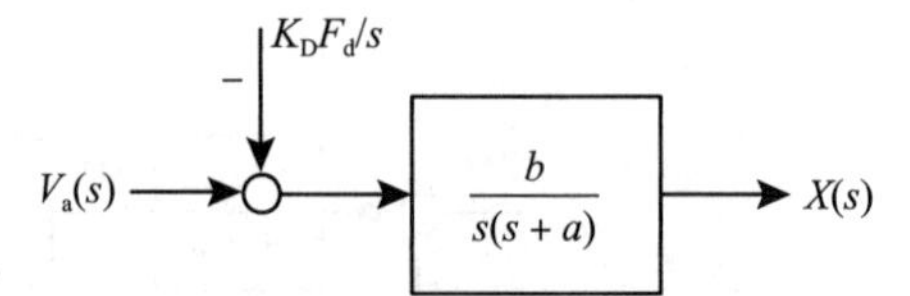

图 13-13　小车和轨道系统的等效传递函数模型

习题

习题 1 摆杆向下

在文中，$z_{\mathrm{eq}} = \begin{bmatrix} x_{\mathrm{eq}} & 0 & 0 & 0 \end{bmatrix}^{\mathrm{T}}$是任意$x_{\mathrm{eq}}$值的倒立摆的平衡点，即式（13.8）系统的平衡点。

（a）证明$z_{\mathrm{eq}} = \begin{bmatrix} x_{\mathrm{eq}} & v_{\mathrm{eq}} & \theta_{\mathrm{eq}} & \omega_{\mathrm{eq}} \end{bmatrix}^{\mathrm{T}} = \begin{bmatrix} x_{\mathrm{eq}} & 0 & \pi & 0 \end{bmatrix}^{\mathrm{T}}$与$u_{\mathrm{eq}} = 0$是对于任意$x_{\mathrm{eq}}$值的式（13.8）系统的平衡点。

（b）有 $\theta = \delta + \pi$，则 $\omega = \mathrm{d}\theta/\mathrm{d}t = \mathrm{d}\delta/\mathrm{d}t$。根据状态变量 x, v, δ 以及 ω 计算出 $z_{\mathrm{eq}} = \begin{bmatrix} x_{\mathrm{eq}} & 0 & \pi & 0 \end{bmatrix}^{\mathrm{T}}$周围的线性近似模型。

习题 2 $\tau = J\dfrac{\mathrm{d}^2\theta}{\mathrm{d}t^2}$和参考系统

刚体绕单轴旋转运动的牛顿定律为 $\tau = J\dfrac{\mathrm{d}^2\theta}{\mathrm{d}t^2}$。本章（以及第 5 章）指出，如果在惯性（非加速）坐标系中计算转矩，或者在刚体质心周围计算转矩（即使质心加速），该方程是有

效的。（a）~（c）是指小车系统上的倒立摆。

（a）假设小车保持静止，则枢轴是静止的，因此在一个惯性参考系。关于枢轴，摆杆上的总转矩为 $\tau = mg\ell\sin(\theta)$，其中 m 为杆的质量。

（b）杆的横截面积为 a，杆的质量密度为 ρ，杆的长度为 2ℓ，则其质量为 $m = 2\ell a\rho$，绕枢轴的惯性矩是 $J_{\text{pivot}} = \dfrac{4}{3}m\ell^2$。

（c）由（a）和（b）描述了静止车上摆杆的旋转运动

$$J_{\text{pivot}}\frac{\mathrm{d}^2\theta}{\mathrm{d}t^2} = mg\ell\sin(\theta) \tag{13.61}$$

让小车不再保持静止，以便在施加力 $u(t)$ 的影响下移动。假设（不正确！）仍然计算摆杆绕枢轴的运动，而小车被力 $u(t)$ 加速（小车不再是惯性参考系）。摆角运动的方程式是什么？答：和式（13.61）相同。解释为什么这是不正确的。

习题 3 摆杆传递函数

验证式（13.15）给出的 $X(s)$ 和 $Y(s) = X(s) + \left(\ell + \dfrac{J}{m\ell}\right)\theta(s)$ 的表达式。

习题 4 通过嵌套反馈环路实现的倒立摆控制 – 线性模型

嵌套环路控制系统的仿真框图如图 13-14 所示。对于开环倒立摆，使用图 13-14 中所示的线性状态空间模型。该模型对于 θ 和 $\omega = \dot{\theta}$ 较小时是有效的。模拟该线性模型的仿真框图如图 13-15 所示。

$$\begin{bmatrix} \mathrm{d}x/\mathrm{d}t \\ \mathrm{d}v/\mathrm{d}t \\ \mathrm{d}\theta/\mathrm{d}t \\ \mathrm{d}\omega/\mathrm{d}t \end{bmatrix} = \begin{bmatrix} 0 & 1 & 0 & 0 \\ 0 & 0 & -\dfrac{gm^2\ell^2}{Mm\ell^2 + J(M+m)} & 0 \\ 0 & 0 & 0 & 1 \\ 0 & 0 & \dfrac{mg\ell(M+m)}{Mm\ell^2 + J(M+m)} & 0 \end{bmatrix} \begin{bmatrix} x \\ v \\ \theta \\ \omega \end{bmatrix} + \begin{bmatrix} 0 \\ \dfrac{J + m\ell^2}{Mm\ell^2 + J(M+m)} \\ 0 \\ -\dfrac{m\ell}{Mm\ell^2 + J(M+m)} \end{bmatrix} u$$

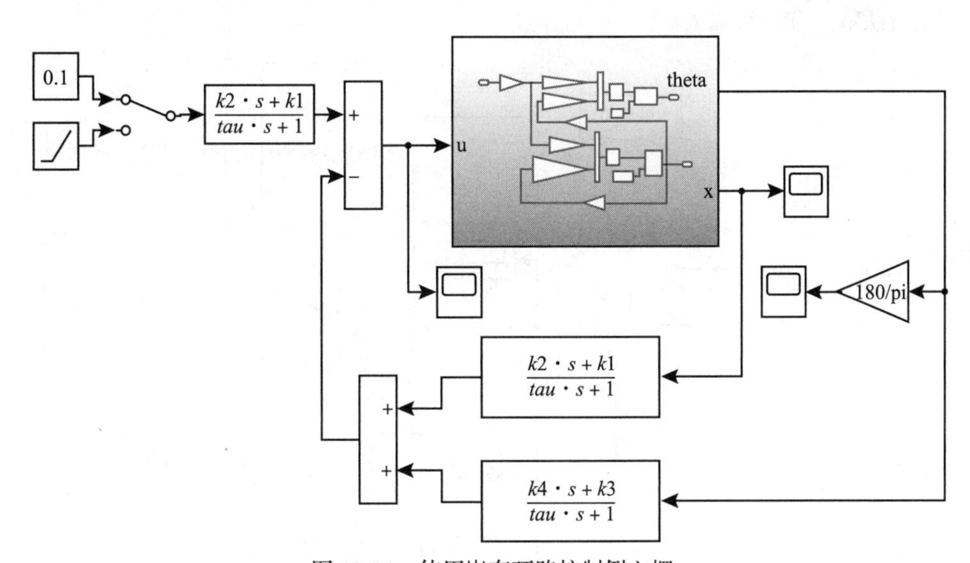

图 13-14 使用嵌套环路控制倒立摆

Quanser[34] 倒立摆系统的参数值有 $M=0.57\text{kg}$（小车质量）、$m=0.23\text{kg}$（摆杆质量）、$\ell=0.6412/2=0.3206\text{m}$（摆杆半长度），$g=9.81\text{m/s}^2$（重力加速度），$J=m\ell^2/3=7.88\times10^{-3}\text{kg}\cdot\text{m}^2$（摆杆绕其质心的惯性矩）。

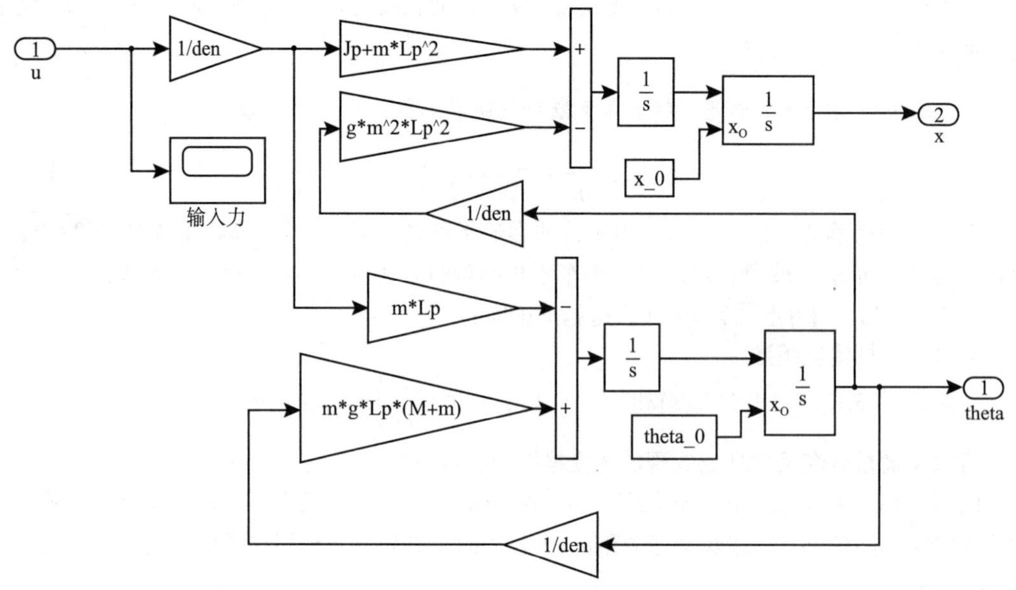

图 13-15　图 13-14 中线性状态空间模型的内部

使用欧拉积分算法，步长 $T=0.001\text{s}$。需要编写一个 .m 文件来设置这些参数值，设置时间常数 $\tau_x=1/30$ 和 $\tau_\theta=1/30$，并根据式（13.17）计算增益 k_1、k_2、k_3 和 k_4。对阶跃和斜坡输入运行仿真。绘制 $x(t)$ 和 $\theta(t)$。

习题 5 通过嵌套反馈环路实现的倒立摆控制 – 非线性模型

重做习题 4，用式（13.8）中给出的非线性状态空间模型替换线性状态空间模型。图 13-16 所示为嵌套环路控制的仿真框图，而图 13-17 是非线性倒立摆模型的仿真框图，其中模拟了阶跃输入和斜坡输入。

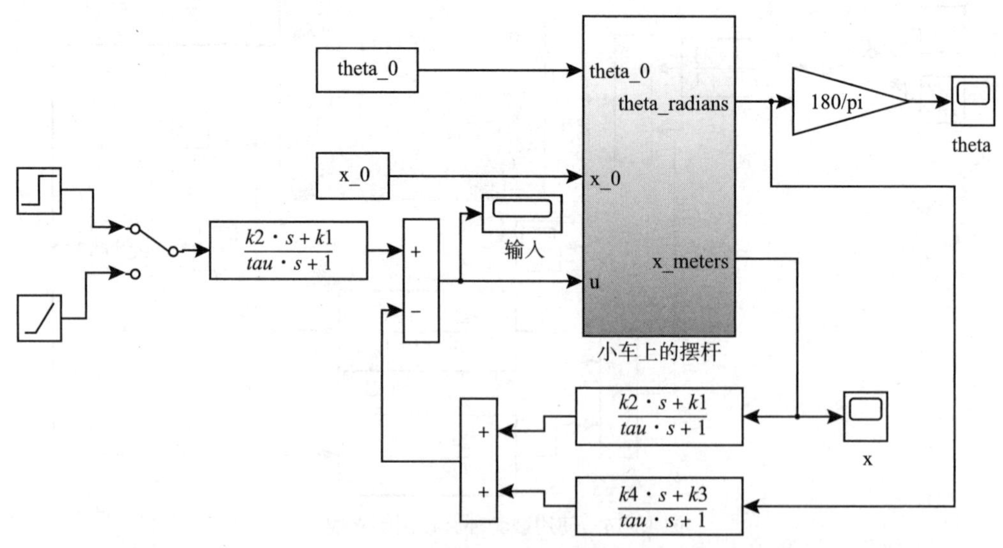

图 13-16　具有倒立摆的非线性状态空间模型的嵌套环路控制系统

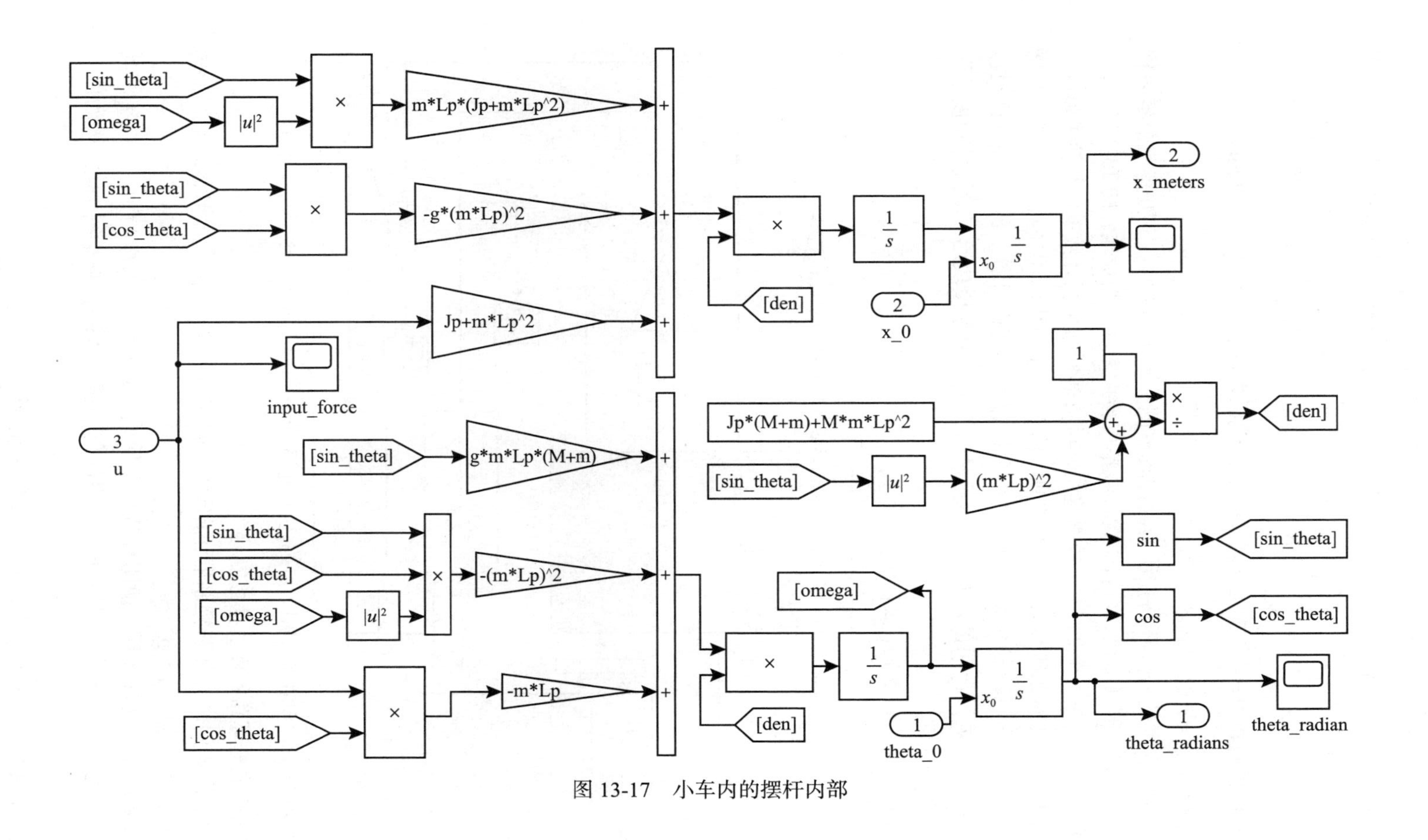

图 13-17　小车内的摆杆内部

习题6 通过嵌套反馈环路实现的反向摆杆控制 – 带有编码器的非线性模型

由 Quanser[34] 建立的倒立摆系统使用光学编码器来测量摆杆的角度和小车的位置。在这个问题中，要将这些光学编码器的模型添加到习题5的仿真中（光学编码器的操作情况详见第6章）。使用N_x表示编码器车轮的计数，r_{enc}表示编码器车轮的半径，N_{enc}表示编码器产生的脉冲数/转数，小车的位置x由$x=\dfrac{2\pi}{N_{\text{enc}}}r_{\text{enc}}N_x=K_{\text{enc}}N_x$表示。同样，使用$N_\theta$对摆杆编码器进行计数，摆杆的角度位置由$\theta=\dfrac{2\pi}{N_{\text{enc}}}N_\theta$给出。Quanser 编码器的脉冲为$N_{\text{enc}}=4096\text{pulses/rev}$，其编码器车轮的半径为$r_{\text{enc}}=0.0148\text{m}$。

图13-18所示为倒立摆的嵌套环路控制器的仿真框图。图13-18的右上方有一个零阶保持器，然后是一个$2\pi/K_{\text{enc}}$的增益块，可将位置计数单位转换为米。类似地，图13-18的右下角有一个零阶保持器，然后是一个$2\pi/K_{\text{enc}}$的增益块，可将摆杆的角度计数单位转换为弧度。

图13-19所示为倒立摆的非线性微分方程模型的仿真框图。图13-19的右上方有一个增益块$1/K_{\text{enc}}$，随后是一个向下取整模块，用于对小车位置编码器的计数（脉冲）进行仿真。图13-19的右下角有一个$N_{\text{enc}}/(2\pi)$的增益块，然后是一个向下取整模块用于对摆杆角度编码器的计数（脉冲）进行仿真。

分别在阶跃和斜坡输入的情况下运行仿真。

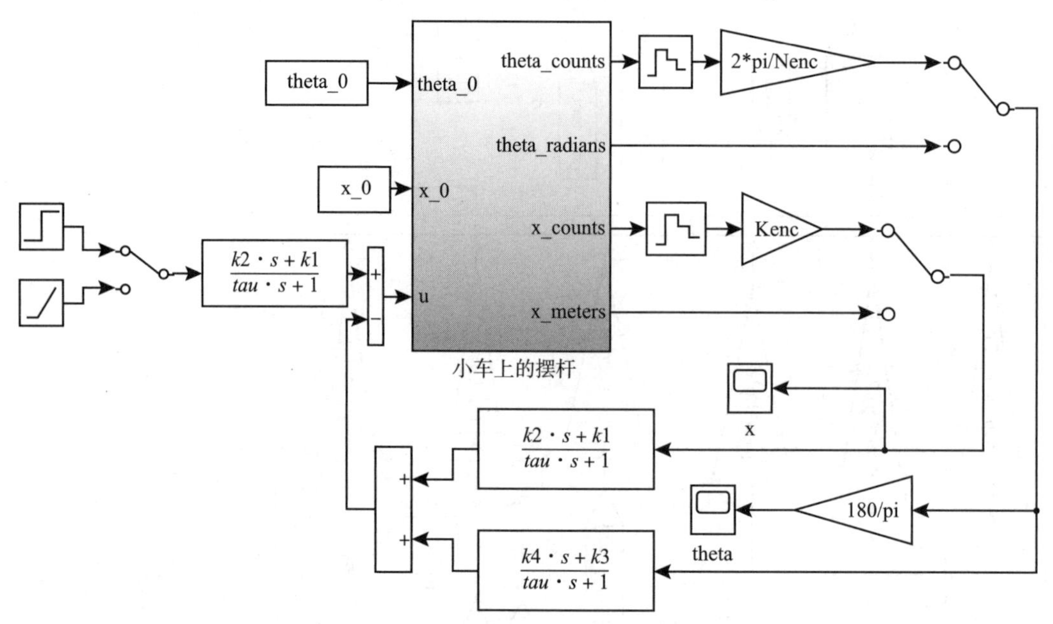

图13-18 零阶保持器以及增益块一起添加到模型光学编码器中

习题7 具有三个嵌套环路的倒立摆控制器

图13-20展示了添加到嵌套环路控制器正向路径的积分器，以提供干扰抑制的能力。例如，抬高轨道的一端就是这样的干扰。

（a）对k_0, k_1, k_2, k_3, k_4进行计算，使闭环特征多项式为$s^5+f_4s^4+f_3s^3+f_2s^2+f_1s+f_0$，其中$f_i$可被任意指定。提示：可从式（13.16）中给出的传递函数入手，它是图13-20中的传递函数$X(s)/Z_0(s)$。

（b）修改习题5或习题6中的仿真，从而实现该控制器。

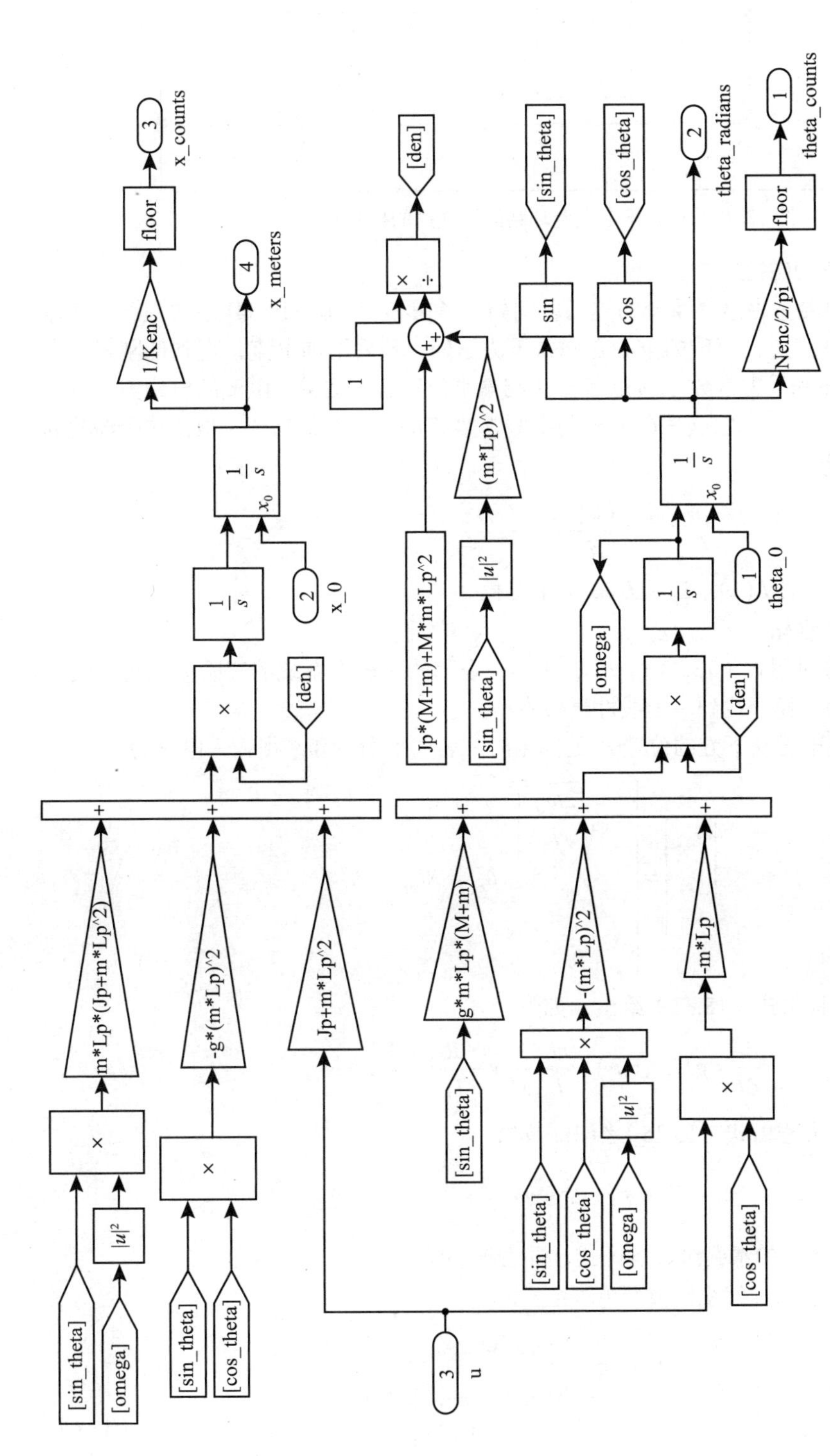

图 13-19 添加到模型光学编码器的增益块

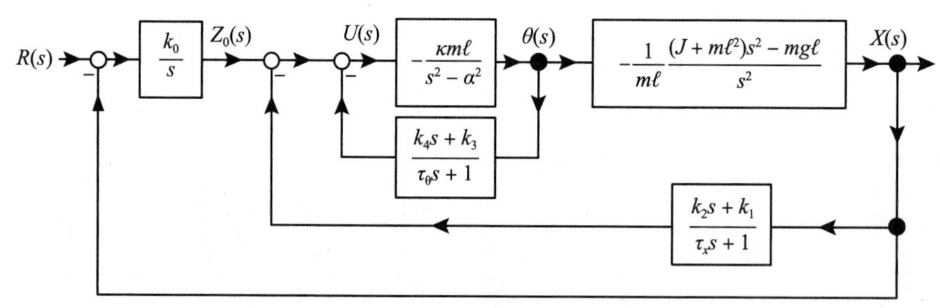

图 13-20　具有三个嵌套环路的倒立摆的控制器

习题 8 磁悬浮系统的磁链

假设根据经验可以测量磁悬浮系统的磁力。例如，考虑参考文献 [10,54] 中的程序。将球放在一个（非磁性）基座上，使球的重心在磁铁下方 x 处。然后增加电流，直到球刚好从底座上抬起。已知质量 m 和重力常数 g，mg 等于（测量）位置和（测量）电流的电磁力。对多个位置和电流进行此计算，发现 $mg = Ci^2 / x^2$ 与某些常数 C 的数据非常吻合。根据这个经验列出 C 能量守恒值条件为

$$\frac{1}{2}i^2\frac{\partial L(x)}{\partial x} = -C\frac{i^2}{x^2}$$

求解 L_1 为何值时，可使 $L(x) = L_0 + rL_1 / x$ 满足方程。

习题 9 平衡点的线性化

在这个问题中，将对用式（13.33）~ 式（13.35）表示的磁悬浮系统的三阶模型进行线性化。也就是说，要求为该模型找到一个线性近似模型。

（a）当钢球需要在电磁铁下方的位置 x_{eq} 处固定时，表明平衡点和平衡输入电压为

$$\begin{bmatrix} i_{eq} \\ x_{eq} \\ v_{eq} \end{bmatrix} = \begin{bmatrix} x_{eq}\sqrt{\dfrac{2mg}{rL_1}} \\ x_{eq} \\ 0 \end{bmatrix},\ u_{eq} = Ri_{eq}$$

（b）电流 $i(t)$ 的方程由式（13.33）给出，如下

$$\frac{\mathrm{d}i}{\mathrm{d}t} = g(i,x,v,u) = \frac{rL_1}{L_0}\frac{i}{x^2}v - \frac{R}{L_0}i + \frac{1}{L_0}u$$

（c）钢球的加速度方程由式（13.35）给出，如下

$$\frac{\mathrm{d}v}{\mathrm{d}t} = f(x,i) = g - \frac{rL_1}{2m}\frac{i^2}{x^2}$$

计算 $f(i,x)$ 关于平衡点的泰勒级数展开式，并去掉高阶项。

（d）证明关于平衡点的近似线性模型为

$$\frac{\mathrm{d}}{\mathrm{d}t}\begin{bmatrix} i-i_{eq} \\ x-x_{eq} \\ v-v_{eq} \end{bmatrix} = \underbrace{\begin{bmatrix} -\dfrac{R}{L_0} & 0 & \dfrac{rL_1}{L_0}\dfrac{i_{eq}}{x_{eq}^2} \\ 0 & 0 & 1 \\ -\dfrac{2g}{i_{eq}} & \dfrac{2g}{x_{eq}} & 0 \end{bmatrix}}_{A}\begin{bmatrix} i-i_{eq} \\ x-x_{eq} \\ v-v_{eq} \end{bmatrix} + \underbrace{\begin{bmatrix} \dfrac{1}{L_0} \\ 0 \\ 0 \end{bmatrix}}_{b}(u-u_{eq}) \tag{13.62}$$

注意 模型（13.62）被称为线性状态空间模型。线性指的是用如下形式书写

$$\frac{\mathrm{d}}{\mathrm{d}t}\begin{bmatrix} i-i_{eq} \\ x-x_{eq} \\ v-v_{eq} \end{bmatrix} = \boldsymbol{A}\begin{bmatrix} i-i_{eq} \\ x-x_{eq} \\ v-v_{eq} \end{bmatrix} + \boldsymbol{b}\left(u-u_{eq}\right)$$

其中，右边是一个线性矩阵方程。状态是$\left[i-i_{eq}x-x_{eq}v-v_{eq}\right]^{\mathrm{T}}$和对应的状态变量$i-i_{eq}$，$x-x_{eq}$，$v-v_{eq}$作为输入，输出为$u-u_{eq}$。

习题 10 非线性磁悬浮系统模型的仿真

这个问题要求对一个磁悬浮系统的控制系统进行仿真。

图 13-23 所示为由两个嵌套环路组成的整体控制系统的仿真框图。内部环路是一个电流指令控制器，为$V_s(t)=K_p\left(i_{ref}(t)-i(t)\right)+K_I\int_0^t\left(i_{ref}(\tau)-i(\tau)\right)\mathrm{d}\tau$，其中$i_{ref}(t)=\Delta i(t)+i_{eq}$。

如图 13-21 所示，其中$\Delta x=x(t)-x_{eq}$，$\Delta i=i(t)-i_{eq}$，$\Delta I(s)$到$\Delta X(s)$的传递函数为$\frac{\Delta X(s)}{\Delta I(s)}=-\frac{b}{s^2-a^2}$，其中$a^2=2g/x_{eq}$，$b=2g/i_{eq}$。如图 13-24 所示，为图 13-23 中的磁悬浮模块的内部，是式（13.30）~式（13.32）的仿真框图。

Quanser 的参考值为$L_0=0.4125\mathrm{H}$, $R=11\Omega$, $r=1.27\times10^{-2}\mathrm{m}(12.7\mathrm{mm})$, $m=0.068\mathrm{kg}$，$g=9.81\mathrm{m/s^2}$, $x_{eq}=r+0.006\mathrm{m}$, $v_{eq}=0$, $i_{eq}=x_{eq}\sqrt{2mg/(rL_1)}=0.845\mathrm{A}$，$V_{max}=24\mathrm{V}$。令$rL_1=6.5308\times10^{-4}\mathrm{N\cdot m^2/A^2}$。㊀

（a）开环传递函数$G(s)=\frac{\Delta X(s)}{\Delta I(s)}=-\frac{b}{s^2-a^2}$，通过控制器$G_c(s)=\frac{\Delta I(s)}{\Delta E(s)}=\frac{b_1s+b_0}{s+a_0}$将三个开环极点放在 −100 的位置上。

（b）参照图 13-23，将 PI 电流控制器增益设置为$K_p=1000$、$K_I=9000$，积分器和输入电压的饱和极限设置为$\pm V_{max}$。如图 13-22 所示，Quanser 钢球设置在基座上起动。位于底座上的钢球的质心位于磁铁底部以下的$(0.014+r)\mathrm{m}$处。初始条件设置为$x(0)=0.014+r, v(0)=0$，以及$i(0)=x(0)\sqrt{2mg/(rL_1)}$。使用（a）中设计的控制器$G_c(s)$来对图 13-23 中的完整控制系统进行仿真。使用欧拉积分算法，步长为$T=0.001\mathrm{s}$。以单位为毫米绘制$x(t)$，以单位为安培绘制$i(t)$。

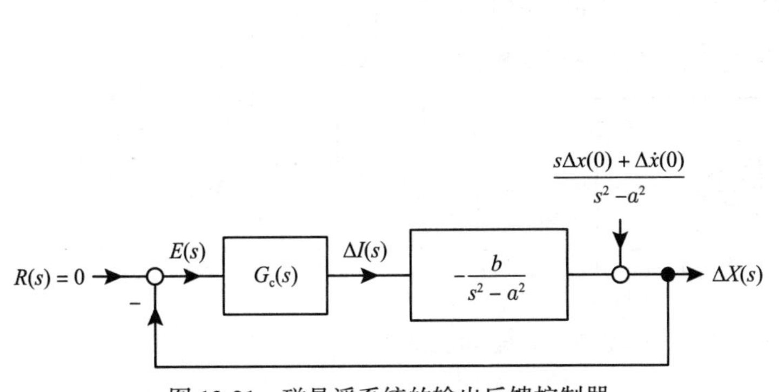

图 13-21　磁悬浮系统的输出反馈控制器

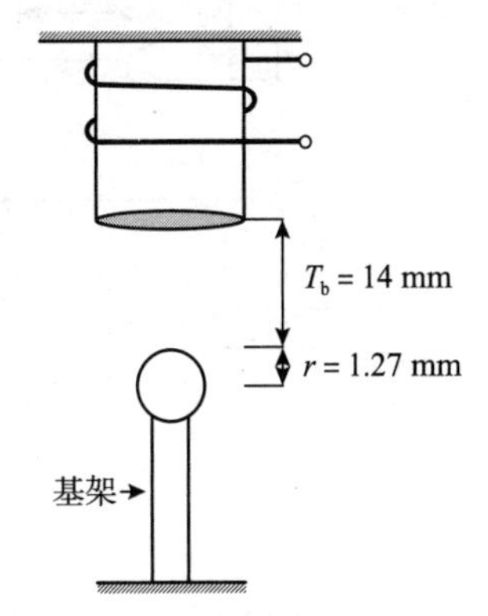

图 13-22　钢球放在基座上起动

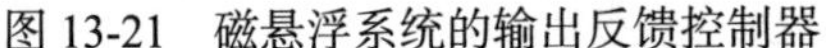

㊀ Quanser将力常数表示为K_m而不是$rL_1/2$，值为$K_m=6.5308\times10^{-5}\mathrm{N\cdot m^2/A^2}$。然而，在磁力表达式中，Quanser认为钢球的位置x是从磁铁底部到钢球顶部的距离，而不是到其质心的距离。我们没有将$rL_1/2$设置为等于这个K_m值，而是设置$rL_1/2=5K_m$（或$rL_1=10K_m$）来补偿x的参考点的差异。

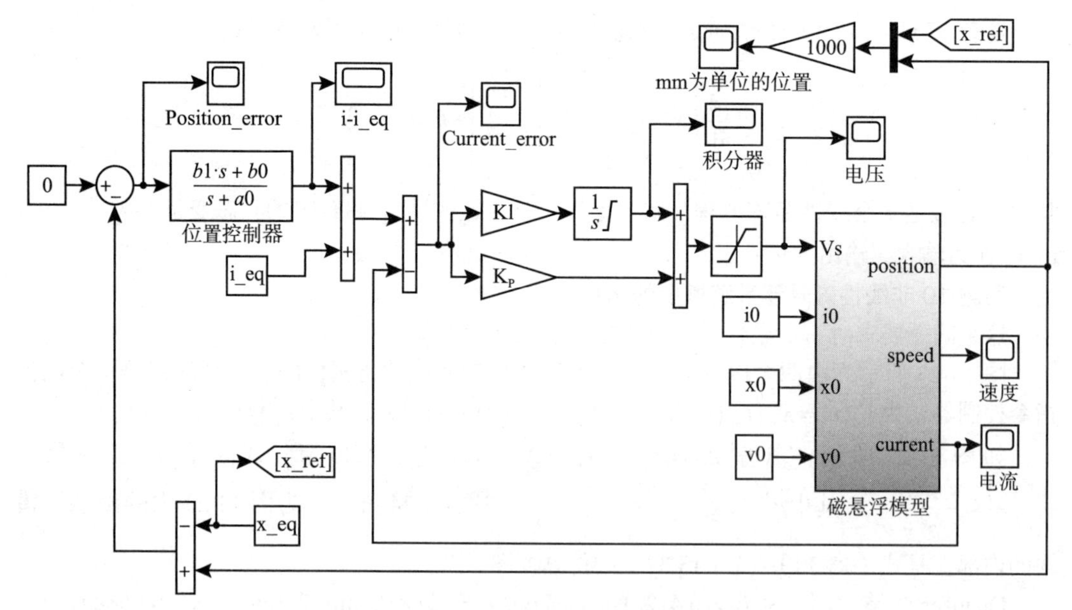

图 13-23　闭环控制器的仿真电路框图

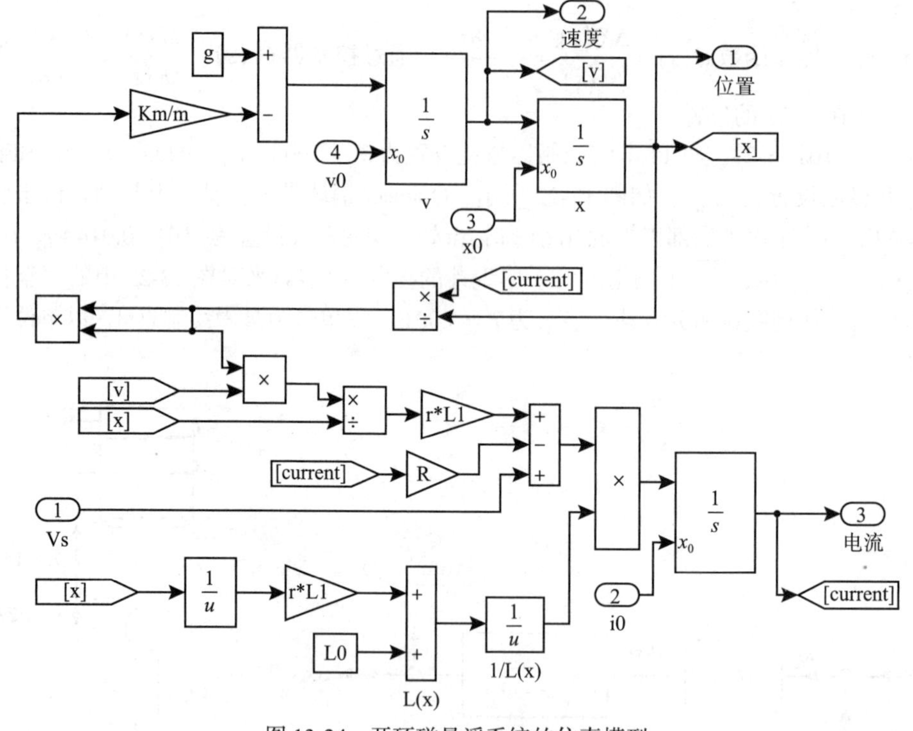

图 13-24　开环磁悬浮系统的仿真模型

习题 11 三阶磁悬浮系统的控制

基于习题 9（c）的三阶线性状态空间模型设计控制器，重新考虑习题 10，控制器如下

$$\frac{\mathrm{d}}{\mathrm{d}t}\begin{bmatrix} i-i_{\mathrm{eq}} \\ x-x_{\mathrm{eq}} \\ v-v_{\mathrm{eq}} \end{bmatrix} = \underbrace{\begin{bmatrix} -\dfrac{R}{L_{\mathrm{eq}}} & 0 & \dfrac{rL_1}{L_{\mathrm{eq}}}\dfrac{i_{\mathrm{eq}}}{x_{\mathrm{eq}}^2} \\ 0 & 0 & 1 \\ -\dfrac{2g}{i_{\mathrm{eq}}} & \dfrac{2g}{x_{\mathrm{eq}}} & 0 \end{bmatrix}}_{A} \begin{bmatrix} i-i_{\mathrm{eq}} \\ x-x_{\mathrm{eq}} \\ v-v_{\mathrm{eq}} \end{bmatrix} + \underbrace{\begin{bmatrix} \dfrac{1}{L_0} \\ 0 \\ 0 \end{bmatrix}}_{b} \left(u-u_{\mathrm{eq}}\right)$$

$$\Delta x = x - x_{\mathrm{eq}} = \underbrace{\begin{bmatrix} 0 & 1 & 0 \end{bmatrix}}_{c} \begin{bmatrix} i-i_{\mathrm{eq}} \\ x-x_{\mathrm{eq}} \\ v-v_{\mathrm{eq}} \end{bmatrix}$$

控制系统的整体框图如图 13-25 所示。

（a）通过 $\Delta u = u - u_{\mathrm{eq}}$，$\Delta i = i - i_{\mathrm{eq}}$，$\Delta v = v - v_{\mathrm{eq}}$ 及 $\Delta x = x - x_{\mathrm{eq}}$，$\Delta U(s)$ 到 $\Delta X(s)$ 的传递函数为 $G(s) = \dfrac{\Delta X(s)}{\Delta U(s)} = \dfrac{\beta_0}{s^3 + \alpha_2 s^2 + \alpha_1 s + \alpha_0}$，其中 $\beta_0 = -\dfrac{2g}{i_{\mathrm{eq}}}\dfrac{1}{L_0}$，$\alpha_0 = -\dfrac{R}{L_0}\dfrac{2g}{x_{\mathrm{eq}}}$，$\alpha_1 = \dfrac{2g}{i_{\mathrm{eq}}}\dfrac{rL_1}{L_0}\dfrac{i_{\mathrm{eq}}}{x_{\mathrm{eq}}^2} - \dfrac{2g}{x_{\mathrm{eq}}}$，$\alpha_2 = \dfrac{R}{L_0}$。

（b）设计一个输出极点配置控制器来稳定闭环系统，请问应该如何配置三个闭环极点？

（c）用习题 10 中给出的参数值对该控制系统进行仿真模拟。

设 $x_{\mathrm{eq}} = r + 0.006\mathrm{m}$，$i_{\mathrm{eq}} = x_{\mathrm{eq}}\sqrt{\dfrac{2mg}{rL_1}}$，$v_{\mathrm{eq}} = 0$。对照习题 10，设 $x(0) = (0.014 + r)\mathrm{m}$，$v(0) = 0$。$i(0) = x(0)\sqrt{\dfrac{2mg}{rL_1}}$。绘制 $x(t)$（mm）和 $i(t)$（A）。图 13-25 所示的 Simulink 框图中的磁悬浮模型的内部设计部分已经在图 13-21 中给出。

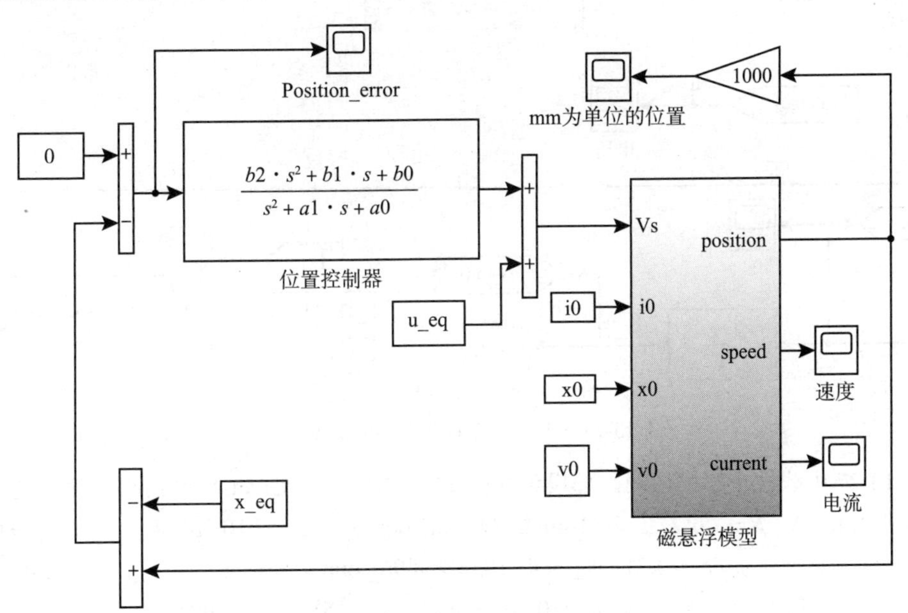

图 13-25　三阶磁悬浮模型控制器

（d）图 13-26 展示了使用传递函数模型进行控制系统仿真的 Simulink 框图。在传递函数模型中，初始状态均被设置为 0。从 $t = 0.1$ 到 $t = 0.2\mathrm{s}$，施加一个 2V 的输入电压干扰，使钢球从平衡位置移动。请进行仿真模拟。并绘制 $\Delta x(t)$（mm）和 $\Delta u(t)$（V）。

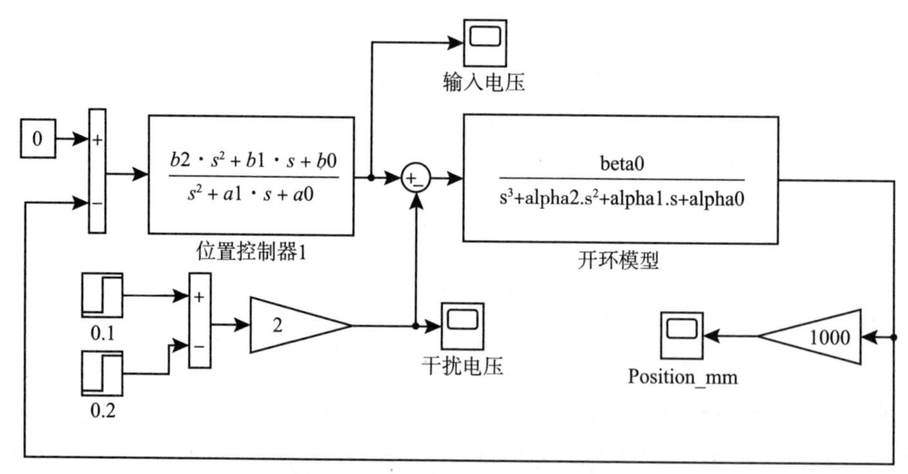

图 13-26 传递函数控制的系统模型仿真

习题 12 轨道上小车的仿真模拟

该习题需要在图 13-27 所示的轨道控制系统上模拟小车的运行轨迹。

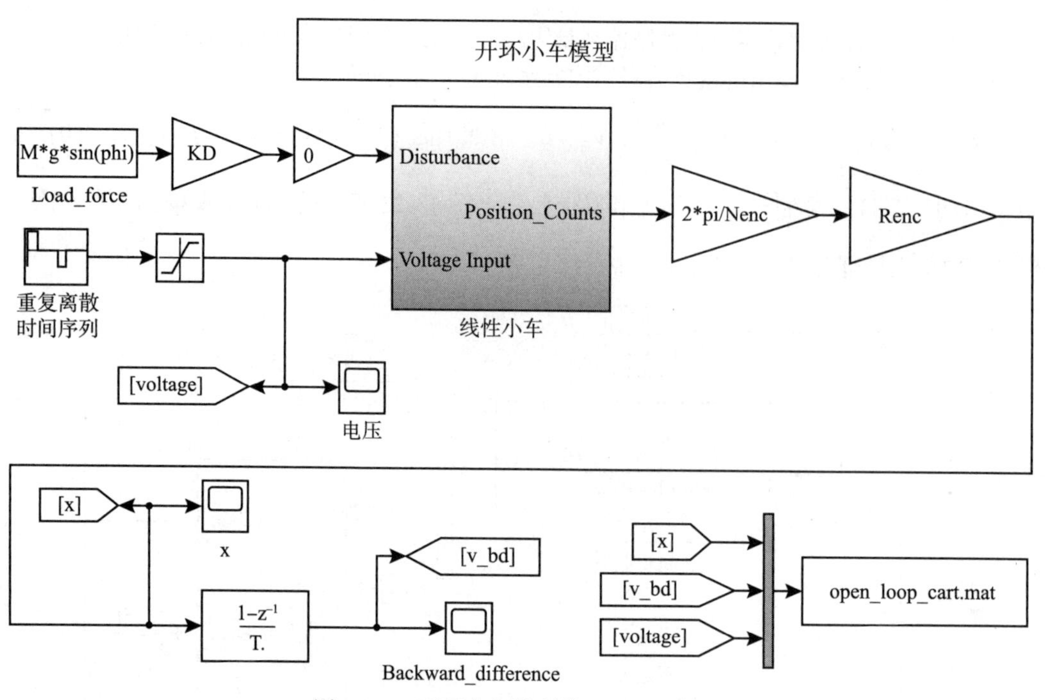

图 13-27 开环小车模型的 Simulink 框图

图 13-27 中线性小车模块的内部设计在图 13-28 中给出。Quanser[34] 给出的参数值为 $K_{\mathrm{T}}=7.67\times10^{-3}\,\mathrm{N\cdot m/A}$, $R=2.6\Omega$, $L=0.18\mathrm{mH}$, $M=0.57\mathrm{kg}$, $r_{\mathrm{m}}=6.35\times10^{-3}\mathrm{m}$, $J_1=J_2=J_{\mathrm{enc}}=0$, $f_1=f_1=f_2=f_{\mathrm{enc}}=0$, $r_g=n_2/n_1=3.71$, $N_{\mathrm{enc}}=4\times1024=4096\ \mathrm{counts/rev}$, $R_{\mathrm{enc}}=r_{\mathrm{encoder}}=0.01483\mathrm{m}$, $g=9.8\mathrm{m/s^2}$, $K_{\mathrm{enc}}=(2\pi/N_{\mathrm{enc}})r_{\mathrm{enc}}=2.275\times10^{-5}\mathrm{m/count}$, $V_{\max}=5\mathrm{V}$，$T=0.001\ \mathrm{s}$。

用式（13.59）设置小车传递函数 $\dfrac{b}{s(s+a)}$ 中 a 和 b 的值，K_{D} 按式（13.58）设置。关于如何模拟光学编码器和后向差分计算，请参见第 6 章 6.5 节和本章习题 10。

（a）按图 13-27 和图 13-28 所示的方式，在轨道上实现小车模拟。在重复离散时间序列

（见图 13-27）的对话框中，设置小车电动机的输入电压，如图 13-29 所示。

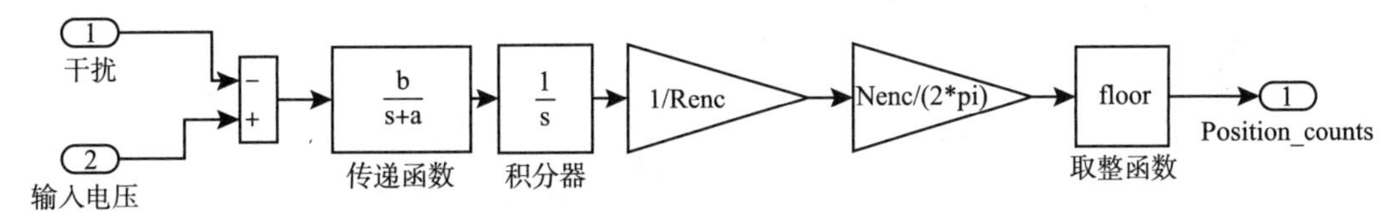

图 13-28　线性小车模块内部

（b）将后向差分计算得到的速度绘制成图，从图中可以看出误差边界为 $\frac{2\pi r_{\text{enc}}}{N_{\text{enc}}}\frac{1}{T}=\frac{K_{\text{enc}}}{T}$。

（c）为轨道系统上的小车设计一个最小阶控制器 $G_c(s)$，它可以抑制恒定的干扰，并允许任意的极点配置。然后将该控制器添加到（a）的模拟中。为了设置小车位置的参考输入，使用周期阶跃模块（Repeating Sequence Stair）并如图 13-30 设置其参数。这个参考输入可以控制小车做向前移动 0.1m，向后移动 0.1m 的循环往复动作。

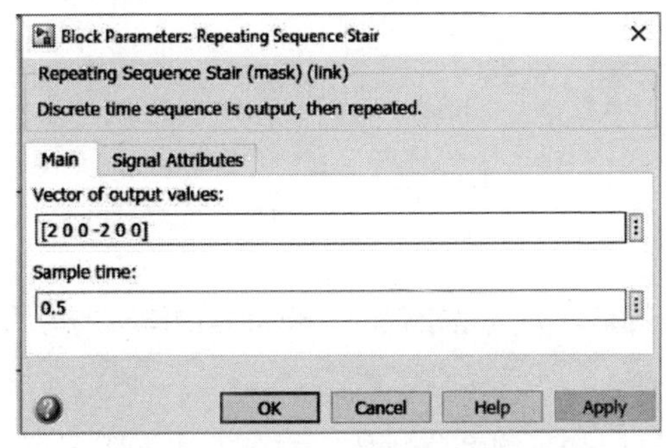

图 13-29　小车电动机的输入电压

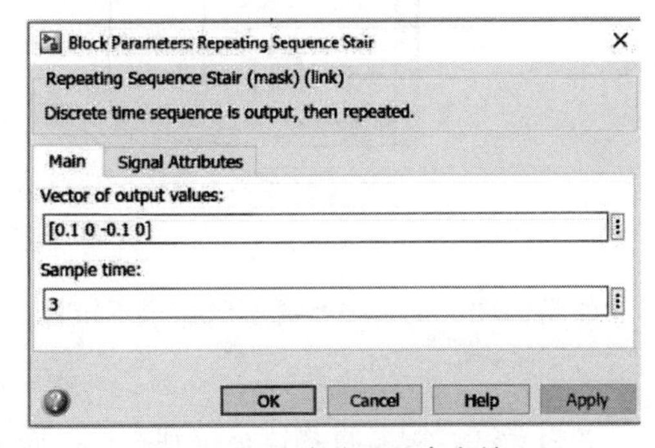

图 13-30　小车位置的参考输入

习题 13 正弦参考输入的倒立摆轨迹追踪

图 13-31 显示了在前向路径上添加控制器传递函数 $\frac{k_{01}s+k_{00}}{s^2+\omega_0^2}$，输入正弦参考信号 $r(t)=X_0\sin(\omega_0 t+\phi_0)$，可以根据内部模型原理对模型跟踪。注意 $\mathcal{L}\{X_0\sin(\omega_0 t+\phi_0)\}=X_0\frac{\sin(\phi_0)s+\cos(\phi_0)\omega_0}{s^2+\omega_0^2}$

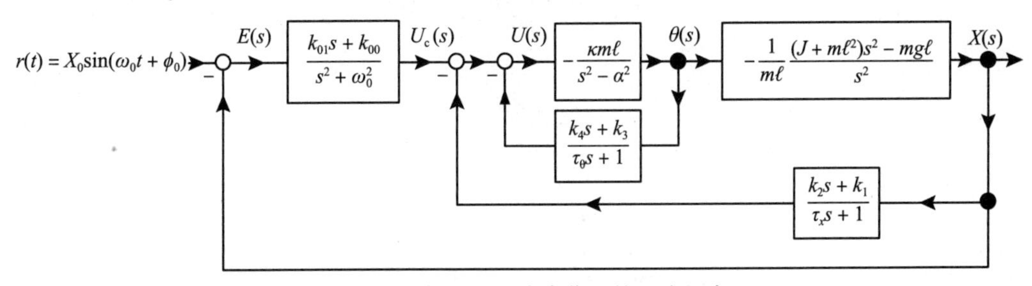

图 13-31　倒立摆对小车位置的正弦跟踪

（a）计算 $E(s)/R(s)$，并证明增益 k_{00}，k_{01}，k_1，k_2，k_3，k_4 可用于在开环左半平面任意所需位置的闭环极点配置。提示：文中已经计算了传递函数 $X(s)/U_c(s)$。可以用它来计算 $E(s)/R(s)$。

（b）用 $r(t)=0.05\sin(2\pi t)$ 和 Quanser 参数值模拟该控制系统。

第 14 章

An Introduction to System Modeling and Control

状态变量

14.1 状态空间形式

考虑图 14-1 的质量 – 弹簧 – 阻尼系统。

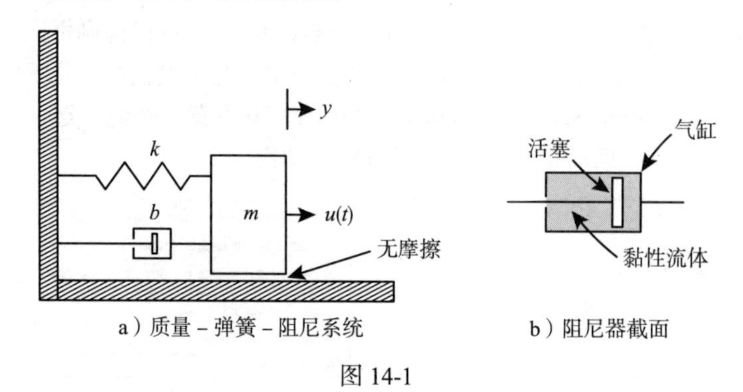

a）质量 – 弹簧 – 阻尼系统　　b）阻尼器截面

图 14-1

如果$y=0$，那么弹簧既不压缩也不拉伸，也就是说弹簧是松弛的。弹簧对物体m的力为

$$F_{\mathrm{k}}=-ky$$

如果$y>0$，弹簧将物体m拉到左边，而如果$y<0$，弹簧将物体m推到右边。阻尼器在图 14-1b 中有更详细的介绍。阻尼器对物体m的力与物体的速度$\dot{y}$成正比：

$$F_{\mathrm{b}}=-b\dot{y}$$

如果$\dot{y}>0$，则物体m随着气缸向右移动，活塞在$-y$方向上产生阻力以对抗这一运动。类似地，如果$\dot{y}<0$，则物体m随着气缸向左移动，此时活塞在$+y$方向上产生阻力来对抗这一运动。$u(t)$表示外力。运动方程可表示为

$$m\frac{\mathrm{d}^2y}{\mathrm{d}t^2}=-ky-b\frac{\mathrm{d}y}{\mathrm{d}t}+u(t)$$

令

$$x_1=y$$
$$x_2=\dot{y}$$

因此

$$\frac{\mathrm{d}x_1}{\mathrm{d}t}=x_2$$
$$\frac{\mathrm{d}x_2}{\mathrm{d}t}=-\frac{k}{m}x_1-\frac{b}{m}x_2+\frac{1}{m}u$$

这称为状态空间形式。状态空间形式的意思是方程左边只有一阶导数，而右边没有导数。输出方程为

$$y=x_1$$

使用矩阵表示法，状态空间方程可以写成

$$\frac{\mathrm{d}}{\mathrm{d}t}\begin{bmatrix} x_1 \\ x_2 \end{bmatrix} = \underbrace{\begin{bmatrix} 0 & 1 \\ -k/m & -b/m \end{bmatrix}}_{A} \underbrace{\begin{bmatrix} x_1 \\ x_2 \end{bmatrix}}_{x} + \underbrace{\begin{bmatrix} 0 \\ 1/m \end{bmatrix}}_{b} u$$

$$y = \underbrace{\begin{bmatrix} 1 & 0 \end{bmatrix}}_{c} \begin{bmatrix} x_1 \\ x_2 \end{bmatrix}$$

将表达形式写得更紧凑一些，则

$$\frac{\mathrm{d}\boldsymbol{x}}{\mathrm{d}t} = \boldsymbol{A}\boldsymbol{x} + \boldsymbol{b}u$$

$$y = \boldsymbol{c}\boldsymbol{x}$$

变量x_1和x_2称为状态变量，且

$$\boldsymbol{x} \triangleq \begin{bmatrix} x_1 \\ x_2 \end{bmatrix}$$

被称为系统的状态量。

例 1 直流电动机

图 14-2 所示为直流电动机及其原理图。

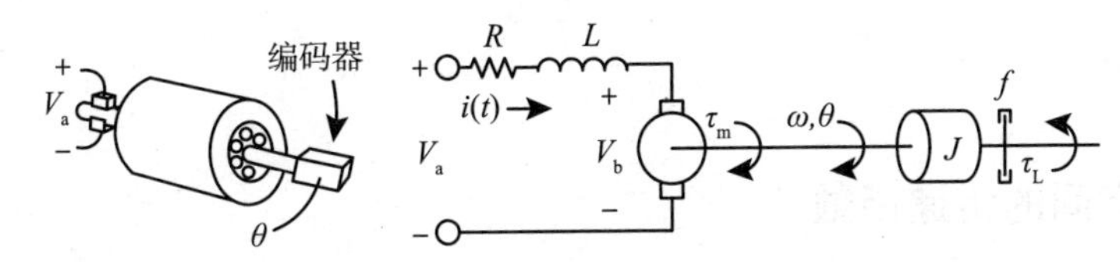

图 14-2 直流电动机及其原理图

运动方程可以写为

$$V_a = Ri + L\frac{\mathrm{d}i}{\mathrm{d}t} + V_b$$

$$V_b = K_b\omega$$

$$J\frac{\mathrm{d}\omega}{\mathrm{d}t} = \tau_m - f\omega - \tau_L$$

$$\tau_m = K_T i$$

$$\frac{\mathrm{d}\theta}{\mathrm{d}t} = \omega$$

或者

$$L\frac{\mathrm{d}i}{\mathrm{d}t} = -Ri - K_b\omega + V_a$$

$$J\frac{\mathrm{d}\omega}{\mathrm{d}t} = K_T i - f\omega - \tau_L$$

$$\frac{\mathrm{d}\theta}{\mathrm{d}t} = \omega$$

用状态空间重写为

$$\frac{\mathrm{d}i}{\mathrm{d}t}=-\frac{R}{L}i-\frac{K_{\mathrm{b}}}{L}\omega+\frac{1}{L}V_{\mathrm{a}}$$
$$\frac{\mathrm{d}\omega}{\mathrm{d}t}=\frac{K_{\mathrm{T}}}{J}i-\frac{f}{J}\omega-\frac{1}{J}\tau_{\mathrm{L}}$$
$$\frac{\mathrm{d}\theta}{\mathrm{d}t}=\omega$$

用矩阵表示为

$$\frac{\mathrm{d}}{\mathrm{d}t}\begin{bmatrix} i \\ \omega \\ \theta \end{bmatrix}=\underbrace{\begin{bmatrix} -R/L & -K_{\mathrm{b}}/L & 0 \\ K_{\mathrm{T}}/J & -f/J & 0 \\ 0 & 1 & 0 \end{bmatrix}}_{A}\underbrace{\begin{bmatrix} i \\ \omega \\ \theta \end{bmatrix}}_{x}+\underbrace{\begin{bmatrix} 1/L \\ 0 \\ 0 \end{bmatrix}}_{b}V_{\mathrm{a}}+\underbrace{\begin{bmatrix} 0 \\ -1/J \\ 0 \end{bmatrix}}_{p}\tau_{\mathrm{L}}$$

将$u\triangleq V_{\mathrm{a}}$作为控制输入，将$\tau_{\mathrm{L}}$作为干扰输入。简洁表示为

$$\frac{\mathrm{d}}{\mathrm{d}t}\boldsymbol{x}=\boldsymbol{A}\boldsymbol{x}+\boldsymbol{b}u+\boldsymbol{p}\tau_{\mathrm{L}}$$

变量i, ω, θ被称为状态变量，并且

$$\boldsymbol{x}\triangleq\begin{bmatrix} i \\ \omega \\ \theta \end{bmatrix}$$

被称为系统的状态。

14.2 状态空间的传递函数

考虑传递函数

$$G(s)=\frac{Y(s)}{U(s)}=\frac{1}{s^2+3s+2} \tag{14.1}$$

将式（14.1）移项得到

$$\left(s^2+3s+2\right)Y(s)=U(s)$$

在时域中表示为

$$\frac{\mathrm{d}^2y}{\mathrm{d}t^2}+3\frac{\mathrm{d}y}{\mathrm{d}t}+2y=u(t)$$

由于微分方程只包含输入u和输出y，这被称为输入 – 输出表示。为了把这个模型转化为状态空间形式，设状态变量为

$$x_1=y$$
$$x_2=\dot{y}$$

因此

$$\frac{\mathrm{d}x_1}{\mathrm{d}t}=x_2 \tag{14.2}$$

$$\frac{\mathrm{d}x_2}{\mathrm{d}t}=-2x_1-3x_2+u \tag{14.3}$$

$$y=x_1 \tag{14.4}$$

这种状态空间表示也可以用图 14-3 所示的仿真框图表示。“仿真”可以直观表示状态空间方程式。式（14.2）和式（14.3）可在框图中被观察到。

两个积分器的输出是状态变量x_1和x_2。可观察到图 14-3 的框图由两层环路嵌套组成。将框图直接化简可得到式（14.1）中的传递函数$Y(s)/U(s)$。在矩阵表示中有

$$\frac{\mathrm{d}}{\mathrm{d}t}\begin{bmatrix}x_1\\x_2\end{bmatrix}=\underbrace{\begin{bmatrix}0&1\\-2&-3\end{bmatrix}}_{A}\underbrace{\begin{bmatrix}x_1\\x_2\end{bmatrix}}_{x}+\underbrace{\begin{bmatrix}0\\1\end{bmatrix}}_{b}u$$

$$y=\underbrace{\begin{bmatrix}1&0\end{bmatrix}}_{c}\begin{bmatrix}x_1\\x_2\end{bmatrix}$$

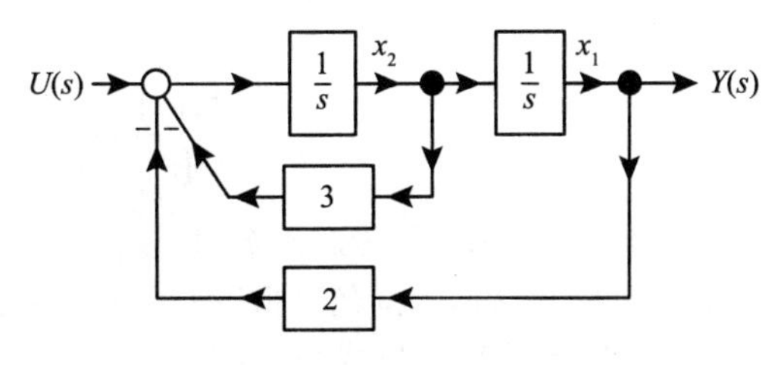

图 14-3 $Y(s)=\dfrac{1}{s^2+2s+2}U(s)$的仿真框图

然而，这种得到状态空间表示的方法仅在传递函数没有零点的情况下有效。证明如下

$$G(s)=\frac{Y(s)}{U(s)}=\frac{s+1}{s^2+3s+2}$$

可写为

$$\left(s^2+3s+2\right)Y(s)=(s+1)U(s)$$

在时域中表示为

$$\frac{\mathrm{d}^2y}{\mathrm{d}t^2}+3\frac{\mathrm{d}y}{\mathrm{d}t}+2y=u(t)+\frac{\mathrm{d}u}{\mathrm{d}t}$$

有$y(0)=\dot{y}(0)=0$。与之前操作类似，令

$$x_1=y$$
$$x_2=\dot{y}$$

得到

$$\frac{\mathrm{d}x_1}{\mathrm{d}t}=x_2$$
$$\frac{\mathrm{d}x_2}{\mathrm{d}t}=-2x_1-3x_2+u+\frac{\mathrm{d}u}{\mathrm{d}t}$$
$$y=x_1$$

或者，在矩阵表示形式中有

$$\frac{\mathrm{d}}{\mathrm{d}t}\begin{bmatrix}x_1\\x_2\end{bmatrix}=\begin{bmatrix}0&1\\-2&-3\end{bmatrix}\begin{bmatrix}x_1\\x_2\end{bmatrix}+\begin{bmatrix}0\\1\end{bmatrix}u+\begin{bmatrix}0\\1\end{bmatrix}\frac{\mathrm{d}u}{\mathrm{d}t}$$

$$y=\begin{bmatrix}1&0\end{bmatrix}\begin{bmatrix}x_1\\x_2\end{bmatrix}$$

这不是一个状态空间表示，因为等式右边有导数项$\mathrm{d}u/\mathrm{d}t$。

14.2.1 能控标准型

以下将给出一个将严格正则传递函数转换为状态空间形式的方法[⊖]。假设

⊖ 关于一个正则的，但不是严格正则的传递函数的情况，请参见第 14 章习题 12。

$$G(s)=\frac{Y(s)}{U(s)}=\frac{b_2s^2+b_1s+b_0}{s^3+a_2s^2+a_1s+a_0} \tag{14.5}$$

考虑传递函数

$$\frac{X_1(s)}{U(s)}\triangleq\frac{1}{s^3+a_2s^2+a_1s+a_0} \tag{14.6}$$

利用式（14.6）的传递函数可以绘制如图 14-4 所示的仿真框图。该仿真框图是使用积分器 $1/s$ 或常数块框图表示的一种特殊情况。此外，积分块被串联级联，如框图所示。图 14-4 的仿真框图由三个环路嵌套组成。使用框图化简可以证明 $X_1(s)/U(s)\triangleq\dfrac{1}{s^3+a_2s^2+a_1s+a_0}$。

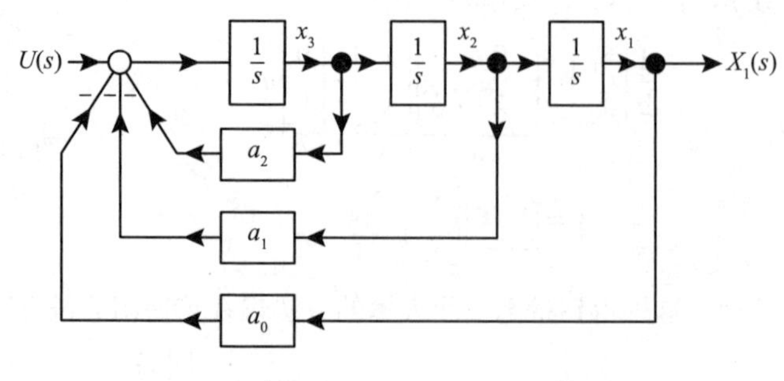

图 14-4　$\dfrac{X_1(s)}{U(s)}\triangleq\dfrac{1}{s^3+a_2s^2+a_1s+a_0}$ 的仿真框图

如图 14-4 所示，将状态变量作为积分器的输出可得 $X_2(s)=sX_1(s)$ 和 $X_3(s)=sX_2(s)=s^2X_1(s)$。可以从式（14.5）中得到

$$\begin{aligned}Y(s)=\left(b_2s^2+b_1s+b_0\right)X_1(s)&=b_2s^2X_1(s)+b_1sX_1(s)+b_0X_1(s)\\&=b_2X_3(s)+b_1X_2(s)+b_0X_1(s)\end{aligned}$$

进而可得图 14-5 所示的仿真框图。

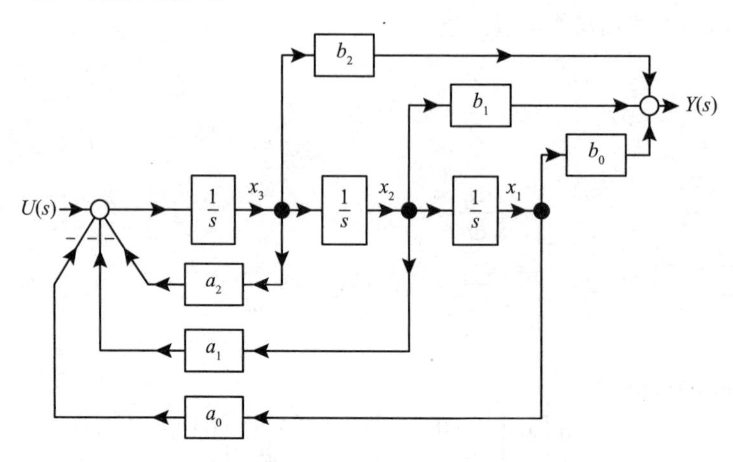

图 14-5　$G(s)=\dfrac{b_2s^2+b_1s+b_0}{s^3+a_2s^2+a_1s+a_0}$ 的仿真框图

从框图中可得

$$\frac{\mathrm{d}x_1}{\mathrm{d}t}=x_2$$

$$\frac{\mathrm{d}x_2}{\mathrm{d}t}=x_3$$

$$\frac{\mathrm{d}x_3}{\mathrm{d}t}=-a_0x_1-a_1x_2-a_2x_3+u$$

$$y=b_0x_1+b_1x_2+b_2x_3$$

或者

$$\frac{\mathrm{d}}{\mathrm{d}t}\begin{bmatrix}x_1\\x_2\\x_3\end{bmatrix}=\underbrace{\begin{bmatrix}0&1&0\\0&0&1\\-a_0&-a_1&-a_2\end{bmatrix}}_{A}\underbrace{\begin{bmatrix}x_1\\x_2\\x_3\end{bmatrix}}_{x}+\underbrace{\begin{bmatrix}0\\0\\1\end{bmatrix}}_{b}u \tag{14.7}$$

$$y=\underbrace{\begin{bmatrix}b_0&b_1&b_2\end{bmatrix}}_{c}\begin{bmatrix}x_1\\x_2\\x_3\end{bmatrix} \tag{14.8}$$

将这种状态空间表示为$G(s)$的实现，即将$G(s)$通过传递函数转换为状态空间模型。$\boldsymbol{A}$和$\boldsymbol{b}$矩阵这种特殊形式被称为能控标准型。后面将会介绍，这种形式对于状态反馈控制来讲极为方便。

例 2 传递函数实现

令

$$\frac{Y(s)}{U(s)}=\frac{10s+8}{s^2+5s+6}$$

且

$$\frac{X_1(s)}{U(s)}=\frac{1}{s^2+5s+6}$$

因此$Y(s)=10sX_1(s)+8X_1(s)$。

先画出$X_1(s)/U(s)$的仿真框图，然后用两个积分器的输出组成$Y(s)$，仿真框图如图 14-6 所示。

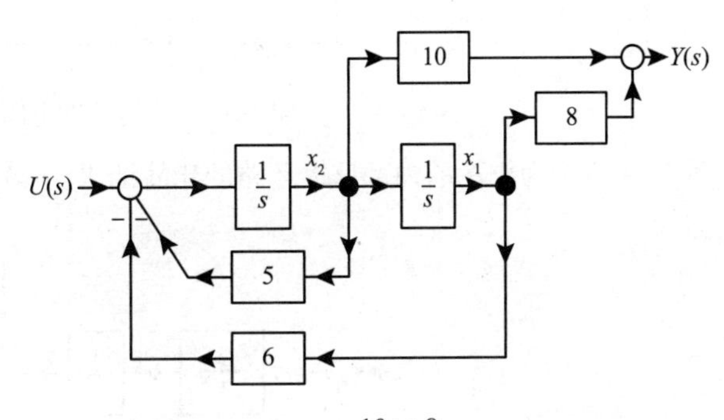

图 14-6　$G(s)=\dfrac{10s+8}{s^2+5s+6}$的仿真框图

系统方程的状态空间形式为

$$\frac{\mathrm{d}x_1}{\mathrm{d}t}=x_2$$

$$\frac{\mathrm{d}x_2}{\mathrm{d}t}=-6x_1-5x_2+u$$

$$y=8x_1+10x_2$$

或者以矩阵形式重写为

$$\frac{\mathrm{d}}{\mathrm{d}t}\begin{bmatrix}x_1\\x_2\end{bmatrix}=\underbrace{\begin{bmatrix}0&1\\-6&-5\end{bmatrix}}_{A}\underbrace{\begin{bmatrix}x_1\\x_2\end{bmatrix}}_{x}+\underbrace{\begin{bmatrix}0\\1\end{bmatrix}}_{b}u$$

$$y=\underbrace{\begin{bmatrix}8&10\end{bmatrix}}_{c}\begin{bmatrix}x_1\\x_2\end{bmatrix}$$

例 3 传递函数的离散域实现

例 2 中状态变量的导数可以近似为

$$\begin{bmatrix}\dfrac{\mathrm{d}x_1(t)}{\mathrm{d}t}\\[2mm]\dfrac{\mathrm{d}x_2(t)}{\mathrm{d}t}\end{bmatrix}_{t=kT}\approx\frac{1}{T}\begin{bmatrix}x_1((k+1)T)-x_1(kT)\\x_2((k+1)T)-x_2(kT)\end{bmatrix} \tag{14.9}$$

这就是导数的欧拉近似。通过使用这种近似方法，例 2 的系统的离散状态空间可表示为

$$\frac{1}{T}\Big(\boldsymbol{x}\big((k+1)T\big)-\boldsymbol{x}(kT)\Big)=\boldsymbol{A}\boldsymbol{x}(kT)+\boldsymbol{b}u(kT)$$

或者

$$\boldsymbol{x}\big((k+1)T\big)=\left(\boldsymbol{I}_{2\times 2}+T\boldsymbol{A}\right)\boldsymbol{x}(kT)+T\boldsymbol{b}u(kT)$$

更准确来讲为

$$\begin{bmatrix} x_1\big((k+1)T\big) \\ x_2\big((k+1)T\big) \end{bmatrix}=\left(\begin{bmatrix} 1 & 0 \\ 0 & 1 \end{bmatrix}+T\begin{bmatrix} 0 & 1 \\ -6 & -5 \end{bmatrix}\right)\begin{bmatrix} x_1(kT) \\ x_2(kT) \end{bmatrix}+T\begin{bmatrix} 0 \\ 1 \end{bmatrix}u(kT) \tag{14.10}$$

例如，在 Simulink 中，当使用内部为 $\frac{10s+8}{s^2+5s+6}$ 的传递函数块时，将其转换为式（14.10）这样的递归方程，然后仿真运行此递归函数。

可以用框图化简来检验图 14-6 仿真框图的正确性。将常数“10”放在反馈环路之外，得到了如图 14-7 所示的等效框图。

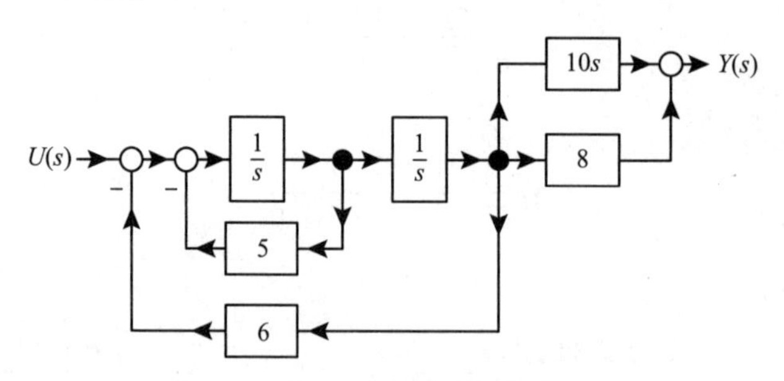

图 14-7　图 14-6 的框图化简第一步

图 14-8 所示为框图的内部反馈环路的化简结果。

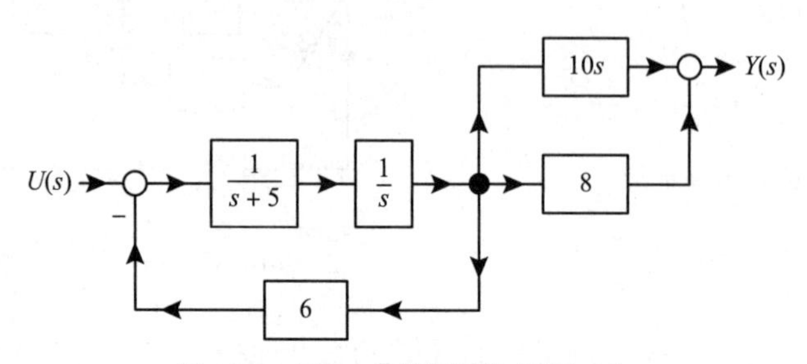

图 14-8　图 14-6 的框图化简第二步

简化图 14-8 中的反馈环路，并将其余的块组合在一起，就得到了如图 14-9 所示的框图。

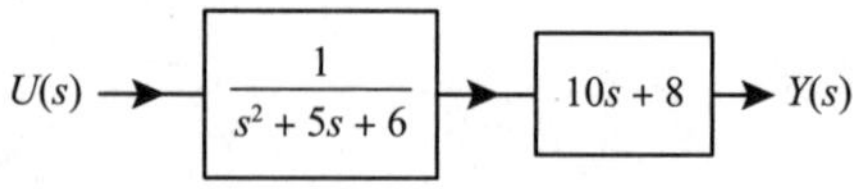

图 14-9　图 14-6 的框图化简

这表明

$$\frac{Y(s)}{U(s)}=\frac{10s+8}{s^2+5s+6}$$

还可以以此直观地检查状态空间的实现。在此之前，首先回顾一下 2×2 矩阵的逆的计算。

题外话 2×2 矩阵的逆的运算　令

$$\boldsymbol{A}=\begin{bmatrix} a & b \\ c & d \end{bmatrix}$$

且假设其行列式 $\det\boldsymbol{A}\neq 0$，即

$$\det\boldsymbol{A}=\det\begin{bmatrix}a & b\\ c & d\end{bmatrix}=ad-bc\neq 0$$

则 $\boldsymbol{A}$ 有逆矩阵，即

$$\boldsymbol{A}^{-1}=\frac{1}{\det\boldsymbol{A}}\begin{bmatrix}d & -b\\ -c & a\end{bmatrix}=\frac{1}{ad-bc}\begin{bmatrix}d & -b\\ -c & a\end{bmatrix}$$

为检验这一点，可以进行简单计算，如下所示

$$\begin{aligned}\boldsymbol{A}^{-1}\boldsymbol{A}&=\frac{1}{ad-bc}\begin{bmatrix}d & -b\\ -c & a\end{bmatrix}\begin{bmatrix}a & b\\ c & d\end{bmatrix}=\frac{1}{ad-bc}\begin{bmatrix}ad-bc & db-bd\\ -ac+ac & -bc+ad\end{bmatrix}\\&=\frac{1}{ad-bc}\begin{bmatrix}ad-bc & 0\\ 0 & ad-bc\end{bmatrix}\\&=\begin{bmatrix}1 & 0\\ 0 & 1\end{bmatrix}\end{aligned}$$

现在计算状态空间模型的传递函数，即

$$\frac{\mathrm{d}}{\mathrm{d}t}\begin{bmatrix}x_1\\ x_2\end{bmatrix}=\begin{bmatrix}0 & 1\\ -6 & -5\end{bmatrix}\begin{bmatrix}x_1\\ x_2\end{bmatrix}+\begin{bmatrix}0\\ 1\end{bmatrix}u$$

$$y=\begin{bmatrix}8 & 10\end{bmatrix}\begin{bmatrix}x_1\\ x_2\end{bmatrix}$$

两边同时做拉普拉斯变换，即

$$\begin{bmatrix}sX_1(s)-x_1(0)\\ sX_2(s)-x_2(0)\end{bmatrix}=\begin{bmatrix}0 & 1\\ -6 & -5\end{bmatrix}\begin{bmatrix}X_1(s)\\ X_2(s)\end{bmatrix}+\begin{bmatrix}0\\ 1\end{bmatrix}U(s)$$

$$Y(s)=\begin{bmatrix}8 & 10\end{bmatrix}\begin{bmatrix}X_1(s)\\ X_2(s)\end{bmatrix}$$

计算传递函数 $Y(s)/U(s)$，将初始条件设为 0，即 $x_1(0)=x_2(0)=0$。重写为

$$\left(s\underbrace{\begin{bmatrix}1 & 0\\ 0 & 1\end{bmatrix}}_{\boldsymbol{I}}-\underbrace{\begin{bmatrix}0 & 1\\ -6 & -5\end{bmatrix}}_{\boldsymbol{A}}\right)\begin{bmatrix}X_1(s)\\ X_2(s)\end{bmatrix}=\underbrace{\begin{bmatrix}0\\ 1\end{bmatrix}}_{\boldsymbol{b}}U(s)$$

求解 $X_1(s)$ 和 $X_2(s)$ 可得

$$\begin{aligned}\begin{bmatrix}X_1(s)\\ X_2(s)\end{bmatrix}&=\underbrace{\left(s\begin{bmatrix}1 & 0\\ 0 & 1\end{bmatrix}-\begin{bmatrix}0 & 1\\ -6 & -5\end{bmatrix}\right)^{-1}}_{(s\boldsymbol{I}-\boldsymbol{A})^{-1}}\underbrace{\begin{bmatrix}0\\ 1\end{bmatrix}}_{\boldsymbol{b}}U(s)=\begin{bmatrix}s & -1\\ 6 & s+5\end{bmatrix}^{-1}\begin{bmatrix}0\\ 1\end{bmatrix}U(s)\\&=\frac{1}{s(s+5)-(-1)(6)}\begin{bmatrix}s+5 & 1\\ -6 & s\end{bmatrix}\begin{bmatrix}0\\ 1\end{bmatrix}U(s)\\&=\frac{1}{s^2+5s+6}\begin{bmatrix}s+5 & 1\\ -6 & s\end{bmatrix}\begin{bmatrix}0\\ 1\end{bmatrix}U(s)\\&=\frac{1}{s^2+5s+6}\begin{bmatrix}1\\ s\end{bmatrix}U(s)\end{aligned}$$

结果为

$$Y(s)=[8\quad 10]\begin{bmatrix}X_1(s)\\X_2(s)\end{bmatrix}=[8\quad 10]\frac{1}{s^2+5s+6}\begin{bmatrix}1\\s\end{bmatrix}U(s)=\frac{8+10s}{s^2+5s+6}U(s)$$

接下来考虑一个正则但非严格正则的传递函数。

例 4 传递函数实现

令

$$G(s)=\frac{s^2+10s+5}{s^2+5s+6}$$

这是一个正则但非严格正则的传递函数。将其重写为以下形式

$$G(s)=\frac{s^2+5s+6-(5s+6)+10s+5}{s^2+5s+6}=\frac{s^2+5s+6+5s-1}{s^2+5s+6}=1+\underbrace{\frac{5s-1}{s^2+5s+6}}_{G_{sp}}$$

令

$$G_{sp}(s)\triangleq\frac{5s-1}{s^2+5s+6}$$

表示 $G(s)$ 的严格正则部分。进而完成 $G_{sp}(s)$ 的一个实现（状态空间模型）。令

$$\frac{X_1(s)}{U(s)}\triangleq\frac{1}{s^2+5s+6}$$

绘制 $X_1(s)/U(s)$ 的仿真框图（见图 14-10）。然后利用两个积分器 $X_1(s)$ 和 $X_2(s)$ 的输出生成 $Y_{sp}(s)/U(s)$ 的仿真框图。最后，当 $Y(s)=Y_{sp}(s)+U(s)$ 时，只需从输入 $U(s)$ 中添加一条前馈信号线，将其与 $Y_{sp}(s)$ 相加，得到 $Y(s)/U(s)$ 的仿真图，如图 14-10 所示。

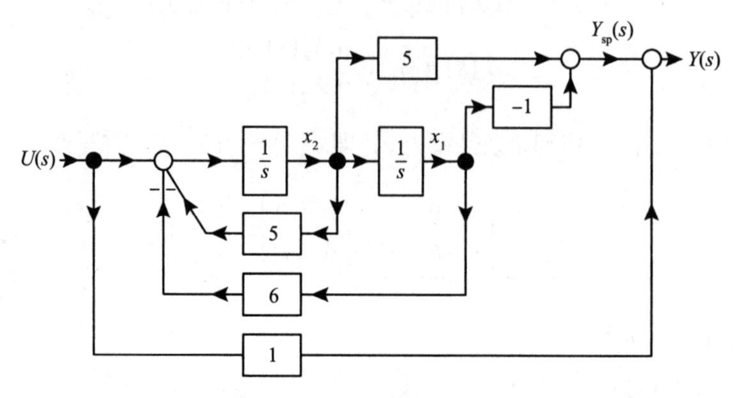

图 14-10　$G(s)=\dfrac{s^2+10s+5}{s^2+5s+6}$ 的框图

状态空间实现为

$$\frac{\mathrm{d}x_1}{\mathrm{d}t}=x_2$$

$$\frac{\mathrm{d}x_2}{\mathrm{d}t}=-6x_1-5x_2+u$$

$$y=-x_1+5x_2+u$$

或者

$$\frac{\mathrm{d}}{\mathrm{d}t}\begin{bmatrix}x_1\\x_2\end{bmatrix}=\begin{bmatrix}0&1\\-6&-5\end{bmatrix}\begin{bmatrix}x_1\\x_2\end{bmatrix}+\begin{bmatrix}0\\1\end{bmatrix}u$$

$$y=\begin{bmatrix}-1&5\end{bmatrix}\begin{bmatrix}x_1\\x_2\end{bmatrix}+u$$

进行如下核验

$$\begin{bmatrix}sX_1(s)-\underbrace{x_1(0)}_{0}\\sX_2(s)-\underbrace{x_2(0)}_{0}\end{bmatrix}=\begin{bmatrix}0&1\\-6&-5\end{bmatrix}\begin{bmatrix}X_1(s)\\X_2(s)\end{bmatrix}+\begin{bmatrix}0\\1\end{bmatrix}U(s)$$

$$Y(s)=\begin{bmatrix}-1&5\end{bmatrix}\begin{bmatrix}X_1(s)\\X_2(s)\end{bmatrix}+U(s)$$

或者

$$\begin{bmatrix}X_1(s)\\X_2(s)\end{bmatrix}=\left(s\begin{bmatrix}1&0\\0&1\end{bmatrix}-\begin{bmatrix}0&1\\-6&-5\end{bmatrix}\right)^{-1}\begin{bmatrix}0\\1\end{bmatrix}U(s)=\frac{1}{s^2+5s+6}\begin{bmatrix}1\\s\end{bmatrix}U(s)$$

有

$$Y(s)=\begin{bmatrix}-1&5\end{bmatrix}\begin{bmatrix}X_1(s)\\X_2(s)\end{bmatrix}+U(s)$$

最终结果为

$$\begin{aligned}Y(s)=\begin{bmatrix}-1\ 5\end{bmatrix}\begin{bmatrix}X_1(s)\\X_2(s)\end{bmatrix}+U(s)&=\begin{bmatrix}-1\ 5\end{bmatrix}\frac{1}{s^2+5s+6}\begin{bmatrix}1\\s\end{bmatrix}U(s)+U(s)\\&=\frac{5s-1}{s^2+5s+6}U(s)+U(s)\\&=\frac{s^2+10s+5}{s^2+5s+6}U(s)\end{aligned}$$

例 5 反馈控制器实现

考虑图 14-11 中的反馈系统。

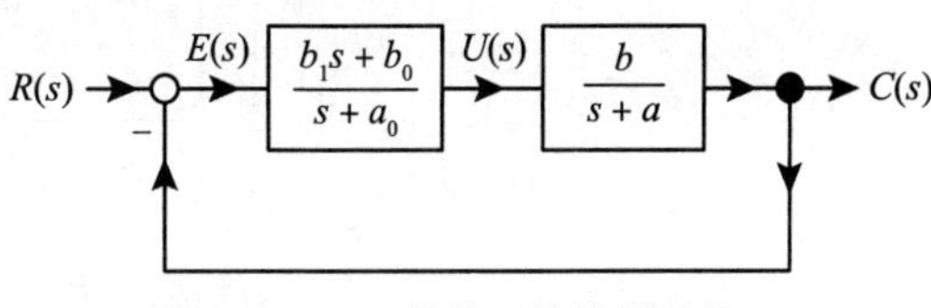

图 14-11 单位反馈控制系统

假设在微处理器上实现控制器 $G_c(s)=\frac{b_1s+b_0}{s+a_0}$。首先要做的事是获得 $G_c(s)$ 的实现（状态空间模型）。有

$$G_c(s)=\frac{b_1s+b_0}{s+a_0}=\frac{b_1(s+a_0)-b_1a_0+b_0}{s+a_0}=b_1+\frac{b_0-b_1a_0}{s+a_0}$$

仿真框图如图 14-12 所示。

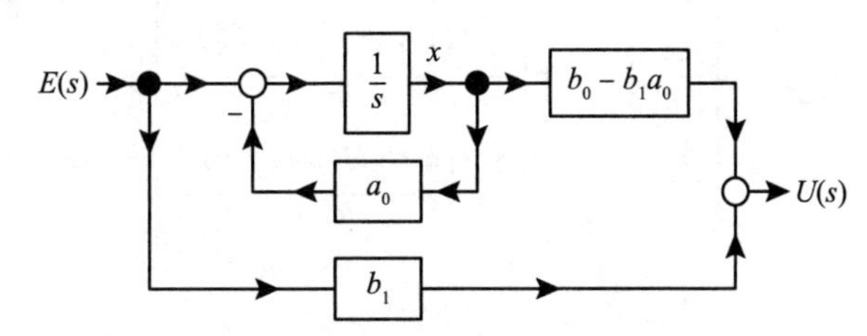

图 14-12 图 14-11 所示控制器的仿真框图

然后得到相应的状态空间方程

$$\begin{aligned}\frac{\mathrm{d}x(t)}{\mathrm{d}t}&=-a_0x(t)+e(t)\\u(t)&=(b_0-b_1a_0)x(t)+b_1e(t)\end{aligned}$$

有

$$e(t)=r(t)-c(t)$$

由于该方程需要在数字计算机上实现，因此必须转换为离散时间模型。为了实现离散化，令T表示采样周期，然后近似$\mathrm{d}x/\mathrm{d}t$的导数

$$\left.\frac{\mathrm{d}x}{\mathrm{d}t}\right|_{t=kT}\approx\frac{x((k+1)T)-x(kT)}{T}$$

将其代入状态空间方程并设$t=kT$，可得到

$$\begin{aligned}x((k+1)T)&=(1-a_0T)x(kT)+Te(kT)\\u(kT)&=(b_0-b_1a_0)x(kT)+b_1e(kT)\\e(kT)&=r(kT)-c(kT)\end{aligned}$$

这些方程（可能）是通过 C 语言编程实现的。$c(kT)$的值来自输出传感器，将参考值$r(kT)$存储在计算机的内存中。

例 6 传递函数实现

考虑图 14-13 所示的单位反馈控制系统。假设一个控制器具有以下形式

$$\frac{U(s)}{E(s)}=G_c(s)=\frac{b_{c2}s^2+b_{c1}s+b_{c0}}{s^3+a_{c2}s^2+a_{c1}s+a_{c0}}$$

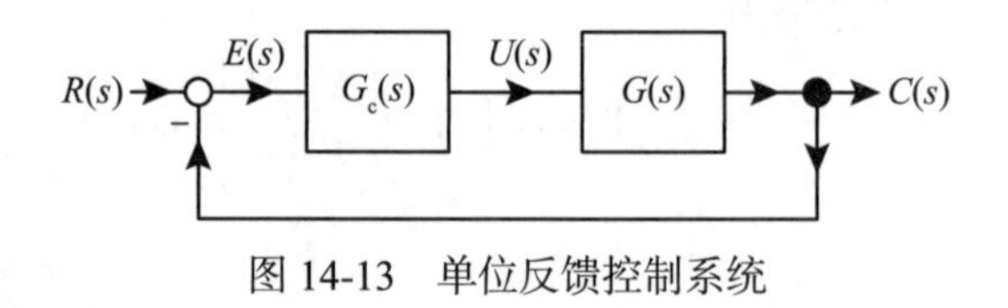

图 14-13 单位反馈控制系统

$G_c(s)$的状态空间实现为

$$\frac{\mathrm{d}}{\mathrm{d}t}\begin{bmatrix}x_1\\x_2\\x_3\end{bmatrix}=\underbrace{\begin{bmatrix}0&1&0\\0&0&1\\-a_{c0}&-a_{c1}&-a_{c2}\end{bmatrix}}_{\boldsymbol{A}_c}\underbrace{\begin{bmatrix}x_1\\x_2\\x_3\end{bmatrix}}_{\boldsymbol{x}}+\underbrace{\begin{bmatrix}0\\0\\1\end{bmatrix}}_{\boldsymbol{b}_c}e$$

$$u=\underbrace{\begin{bmatrix}b_{c0}&b_{c1}&b_{c2}\end{bmatrix}}_{\boldsymbol{c}_c}\begin{bmatrix}x_1\\x_2\\x_3\end{bmatrix}$$

为了在软件中实现这个控制器，可以使用欧拉离散化方法，即通过近似状态的导数

$$\left.\begin{bmatrix}\dfrac{\mathrm{d}x_1}{\mathrm{d}t}\\\dfrac{\mathrm{d}x_2}{\mathrm{d}t}\\\dfrac{\mathrm{d}x_3}{\mathrm{d}t}\end{bmatrix}\right|_{t=kT}\approx\begin{bmatrix}\dfrac{x_1((k+1)T)-x_1(kT)}{T}\\\dfrac{x_2((k+1)T)-x_2(kT)}{T}\\\dfrac{x_3((k+1)T)-x_3(kT)}{T}\end{bmatrix}$$

因此

$$\frac{1}{T}\left(\begin{bmatrix} x_1((k+1)T) \\ x_2((k+1)T) \\ x_3((k+1)T) \end{bmatrix} - \begin{bmatrix} x_1(kT) \\ x_2(kT) \\ x_3(kT) \end{bmatrix}\right) = \begin{bmatrix} 0 & 1 & 0 \\ 0 & 0 & 1 \\ -a_{c0} & -a_{c1} & -a_{c2} \end{bmatrix}\begin{bmatrix} x_1(kT) \\ x_2(kT) \\ x_3(kT) \end{bmatrix} + \begin{bmatrix} 0 \\ 0 \\ 1 \end{bmatrix} e(kT)$$

有

$$e(kT) = r(kT) - c(kT)$$

式中，$c(kT)$是输入计算机（即 A/D 光学编码器）的测量输出值，将参考值$r(kT)$存储在计算机内存中。然后，可以通过 C 语言在软件中进行编程实现。

14.3　状态空间方程的拉普拉斯变换

一个二阶线性状态空间模型具有以下形式

$$\frac{\mathrm{d}}{\mathrm{d}t}\begin{bmatrix} x_1 \\ x_2 \end{bmatrix} = \underbrace{\begin{bmatrix} a_{11} & a_{12} \\ a_{21} & a_{22} \end{bmatrix}}_{\boldsymbol{A}} \underbrace{\begin{bmatrix} x_1 \\ x_2 \end{bmatrix}}_{\boldsymbol{x}(t)} + \underbrace{\begin{bmatrix} b_1 \\ b_2 \end{bmatrix}}_{\boldsymbol{b}} u \tag{14.11}$$

$$\begin{bmatrix} x_1(0) \\ x_2(0) \end{bmatrix} = \underbrace{\begin{bmatrix} x_{01} \\ x_{02} \end{bmatrix}}_{\boldsymbol{x}_0} \tag{14.12}$$

与之前的做法相似，通过拉普拉斯变换来解这组方程，有

$$\begin{bmatrix} sX_1(s) - x_1(0) \\ sX_2(s) - x_2(0) \end{bmatrix} = \begin{bmatrix} a_{11} & a_{12} \\ a_{21} & a_{22} \end{bmatrix}\begin{bmatrix} X_1(s) \\ X_2(s) \end{bmatrix} + \begin{bmatrix} b_1 \\ b_2 \end{bmatrix} U(s) \tag{14.13}$$

重构之后为

$$\underbrace{\left(s\begin{bmatrix} 1 & 0 \\ 0 & 1 \end{bmatrix} - \begin{bmatrix} a_{11} & a_{12} \\ a_{21} & a_{22} \end{bmatrix}\right)}_{s\boldsymbol{I}-\boldsymbol{A}} \underbrace{\begin{bmatrix} X_1(s) \\ X_2(s) \end{bmatrix}}_{\boldsymbol{X}(s)} = \underbrace{\begin{bmatrix} x_1(0) \\ x_2(0) \end{bmatrix}}_{\boldsymbol{x}_0} + \underbrace{\begin{bmatrix} b_1 \\ b_2 \end{bmatrix}}_{\boldsymbol{b}} U(s) \tag{14.14}$$

或

$$\begin{aligned} \begin{bmatrix} X_1(s) \\ X_2(s) \end{bmatrix} = & \left(s\begin{bmatrix} 1 & 0 \\ 0 & 1 \end{bmatrix} - \begin{bmatrix} a_{11} & a_{12} \\ a_{21} & a_{22} \end{bmatrix}\right)^{-1} \begin{bmatrix} x_1(0) \\ x_2(0) \end{bmatrix} + \\ & \left(s\begin{bmatrix} 1 & 0 \\ 0 & 1 \end{bmatrix} - \begin{bmatrix} a_{11} & a_{12} \\ a_{21} & a_{22} \end{bmatrix}\right)^{-1} \begin{bmatrix} b_1 \\ b_2 \end{bmatrix} U(s) \end{aligned} \tag{14.15}$$

计算得

$$\begin{aligned} \underbrace{\left(s\begin{bmatrix} 1 & 0 \\ 0 & 1 \end{bmatrix} - \begin{bmatrix} a_{11} & a_{12} \\ a_{21} & a_{22} \end{bmatrix}\right)_{(s\boldsymbol{I}-\boldsymbol{A})^{-1}}}_{} &= \begin{bmatrix} s-a_{11} & -a_{12} \\ -a_{21} & s-a_{22} \end{bmatrix}^{-1} \\ &= \frac{1}{\det(s\boldsymbol{I}-\boldsymbol{A})}\begin{bmatrix} s-a_{22} & a_{12} \\ a_{21} & s-a_{11} \end{bmatrix} \end{aligned}$$

有

$$\det(s\boldsymbol{I}-\boldsymbol{A})=\det\begin{bmatrix} s-a_{11} & -a_{12} \\ -a_{21} & s-a_{22} \end{bmatrix}=s^2+(-a_{11}-a_{22})s+a_{11}a_{22}-a_{12}a_{21}$$

将其简化为

$$\boldsymbol{X}(s)=(s\boldsymbol{I}-\boldsymbol{A})^{-1}\boldsymbol{x}(0)+(s\boldsymbol{I}-\boldsymbol{A})^{-1}\boldsymbol{b}U(s) \tag{14.16}$$

因此有

$$\boldsymbol{x}(t)=\mathcal{L}^{-1}\{\boldsymbol{X}(s)\}=\mathcal{L}^{-1}\left\{(s\boldsymbol{I}-\boldsymbol{A})^{-1}\boldsymbol{x}(0)\right\}+\mathcal{L}^{-1}\left\{(s\boldsymbol{I}-\boldsymbol{A})^{-1}\boldsymbol{b}U(s)\right\} \tag{14.17}$$

以下是一个实例。

例 7 状态空间方程的拉普拉斯反变换[4]

考虑状态空间模型

$$\frac{\mathrm{d}}{\mathrm{d}t}\begin{bmatrix} x_1 \\ x_2 \end{bmatrix}=\begin{bmatrix} 0 & 2 \\ -2 & -5 \end{bmatrix}\begin{bmatrix} x_1 \\ x_2 \end{bmatrix}+\begin{bmatrix} 0 \\ 1 \end{bmatrix}u$$

可得

$$\boldsymbol{X}(s)=\begin{bmatrix} X_1(s) \\ X_2(s) \end{bmatrix}=(s\boldsymbol{I}-\boldsymbol{A})^{-1}\boldsymbol{x}(0)+(s\boldsymbol{I}-\boldsymbol{A})^{-1}\boldsymbol{b}U(s)$$

现有

$$(s\boldsymbol{I}-\boldsymbol{A})^{-1}=\begin{bmatrix} s & -2 \\ 2 & s+5 \end{bmatrix}^{-1}=\frac{1}{\underbrace{(s+5)s+4}_{\det(s\boldsymbol{I}-\boldsymbol{A})}}\begin{bmatrix} s+5 & 2 \\ -2 & s \end{bmatrix}=\frac{1}{\underbrace{s^2+5s+4}_{(s+4)(s+1)}}\begin{bmatrix} s+5 & 2 \\ -2 & s \end{bmatrix}$$

可得

$$\mathcal{L}^{-1}\left\{(s\boldsymbol{I}-\boldsymbol{A})^{-1}\right\}=\begin{bmatrix} \mathcal{L}^{-1}\left\{\dfrac{s+5}{(s+4)(s+1)}\right\} & \mathcal{L}^{-1}\left\{\dfrac{2}{(s+4)(s+1)}\right\} \\ \mathcal{L}^{-1}\left\{-\dfrac{2}{(s+4)(s+1)}\right\} & \mathcal{L}^{-1}\left\{\dfrac{s}{(s+4)(s+1)}\right\} \end{bmatrix}$$

进行部分分式展开有

$$\frac{s+5}{(s+4)(s+1)}=\frac{A}{s+4}+\frac{B}{s+1}=-\frac{1/3}{s+4}+\frac{4/3}{s+1}$$

$$\frac{2}{(s+4)(s+1)}=\frac{A}{s+4}+\frac{B}{s+1}=-\frac{2/3}{s+4}+\frac{2/3}{s+1}$$

和

$$\frac{s}{(s+4)(s+1)}=\frac{A}{s+4}+\frac{B}{s+1}=\frac{4/3}{s+4}-\frac{1/3}{s+1}$$

因此

$$\boldsymbol{\Phi}(t) \triangleq \mathcal{L}^{-1}\left\{(s\boldsymbol{I}-\boldsymbol{A})^{-1}\right\} = \begin{bmatrix} \mathcal{L}^{-1}\left\{-\dfrac{1/3}{s+4}+\dfrac{4/3}{s+1}\right\} & \mathcal{L}^{-1}\left\{-\dfrac{2/3}{s+4}+\dfrac{2/3}{s+1}\right\} \\ \mathcal{L}^{-1}\left\{\dfrac{2/3}{s+4}-\dfrac{2/3}{s+1}\right\} & \mathcal{L}^{-1}\left\{\dfrac{4/3}{s+4}-\dfrac{1/3}{s+1}\right\} \end{bmatrix}$$

$$= \begin{bmatrix} -\dfrac{1}{3}e^{-4t}+\dfrac{4}{3}e^{-t} & -\dfrac{2}{3}e^{-4t}+\dfrac{2}{3}e^{-t} \\ \dfrac{2}{3}e^{-4t}-\dfrac{2}{3}e^{-t} & \dfrac{4}{3}e^{-4t}-\dfrac{1}{3}e^{-t} \end{bmatrix}$$

假设$u(t)=0$，则解$\boldsymbol{x}(t)$为

$$\boldsymbol{x}(t)=\mathcal{L}^{-1}\left\{(s\boldsymbol{I}-\boldsymbol{A})^{-1}\boldsymbol{x}(0)\right\}=\mathcal{L}^{-1}\left\{(s\boldsymbol{I}-\boldsymbol{A})^{-1}\right\}\boldsymbol{x}(0)$$

$$=\boldsymbol{\Phi}(t)\boldsymbol{x}(0)$$

$$= \begin{bmatrix} -\dfrac{1}{3}e^{-4t}+\dfrac{4}{3}e^{-t} & -\dfrac{2}{3}e^{-4t}+\dfrac{2}{3}e^{-t} \\ \dfrac{2}{3}e^{-4t}-\dfrac{2}{3}e^{-t} & \dfrac{4}{3}e^{-4t}-\dfrac{1}{3}e^{-t} \end{bmatrix}\begin{bmatrix} x_1(0) \\ x_2(0) \end{bmatrix}$$

现在设初始条件为零，即$x_1(0)=x_2(0)=0$，设输入为

$$u(t)=u_s(t)=\begin{cases} 1, & t \geqslant 0 \\ 0, & t<0 \end{cases}$$

因此有$U(s)=1/s$，可得

$$\boldsymbol{X}(s)=(s\boldsymbol{I}-\boldsymbol{A})^{-1}\boldsymbol{b}U(s)=\frac{1}{(s+4)(s+1)}\begin{bmatrix} 2 \\ s \end{bmatrix}\frac{1}{s} = \begin{bmatrix} \dfrac{2}{s(s+4)(s+1)} \\ \dfrac{1}{(s+4)(s+1)} \end{bmatrix}$$

$$= \begin{bmatrix} \dfrac{1/2}{s}-\dfrac{2/3}{s+1}+\dfrac{1/6}{s+4} \\ \dfrac{1/3}{s+1}-\dfrac{1/3}{s+4} \end{bmatrix}$$

因此

$$\boldsymbol{x}(t)=\mathcal{L}^{-1}\left\{(s\boldsymbol{I}-\boldsymbol{A})^{-1}\boldsymbol{b}U(s)\right\}=\mathcal{L}^{-1}\left\{\begin{bmatrix} \dfrac{1/2}{s}-\dfrac{2/3}{s+1}+\dfrac{1/6}{s+4} \\ \dfrac{1/3}{s+1}-\dfrac{1/3}{s+4} \end{bmatrix}\right\}=\begin{bmatrix} \dfrac{1}{2}u_s(t)-\dfrac{2}{3}e^{-t}+\dfrac{1}{6}e^{-4t} \\ \dfrac{1}{3}e^{-t}-\dfrac{1}{3}e^{-4t} \end{bmatrix}$$

最后假设$x_1(0)=1, x_2(0)=2, u(t)=u_s(t)$。完整的解为

$$\boldsymbol{x}(t)=\mathcal{L}^{-1}\left\{(s\boldsymbol{I}-\boldsymbol{A})^{-1}\boldsymbol{x}(0)\right\}+\mathcal{L}^{-1}\left\{(s\boldsymbol{I}-\boldsymbol{A})^{-1}\boldsymbol{b}U(s)\right\}$$

$$= \begin{bmatrix} -\dfrac{1}{3}e^{-4t}+\dfrac{4}{3}e^{-t} & -\dfrac{2}{3}e^{-4t}+\dfrac{2}{3}e^{-t} \\ \dfrac{2}{3}e^{-4t}-\dfrac{2}{3}e^{-t} & \dfrac{4}{3}e^{-4t}-\dfrac{1}{3}e^{-t} \end{bmatrix}\begin{bmatrix} 1 \\ 2 \end{bmatrix}+\begin{bmatrix} \dfrac{1}{2}u_s(t)-\dfrac{2}{3}e^{-t}+\dfrac{1}{6}e^{-4t} \\ \dfrac{1}{3}e^{-t}-\dfrac{1}{3}e^{-4t} \end{bmatrix}$$

14.4　基本矩阵 $\boldsymbol{\Phi}$

考虑如下二阶状态空间模型

$$\frac{\mathrm{d}}{\mathrm{d}t}\begin{bmatrix}x_1\\x_2\end{bmatrix}=\underbrace{\begin{bmatrix}a_{11}&a_{12}\\a_{21}&a_{22}\end{bmatrix}}_{\boldsymbol{A}}\underbrace{\begin{bmatrix}x_1\\x_2\end{bmatrix}}_{\boldsymbol{x}(t)}+\underbrace{\begin{bmatrix}b_1\\b_2\end{bmatrix}}_{\boldsymbol{b}}u \tag{14.18}$$

$$\begin{bmatrix}x_1(0)\\x_2(0)\end{bmatrix}=\underbrace{\begin{bmatrix}x_{01}\\x_{02}\end{bmatrix}}_{\boldsymbol{x}(0)} \tag{14.19}$$

简洁表示为

$$\frac{\mathrm{d}\boldsymbol{x}}{\mathrm{d}t}=\boldsymbol{A}\boldsymbol{x}+\boldsymbol{b}u \tag{14.20}$$

$$\boldsymbol{x}(0)=\boldsymbol{x}_0 \tag{14.21}$$

有$\boldsymbol{X}(s)=\mathcal{L}\{\boldsymbol{x}(t)\}$，可得

$$\boldsymbol{X}(s)=(s\boldsymbol{I}-\boldsymbol{A})^{-1}\boldsymbol{x}(0)+(s\boldsymbol{I}-\boldsymbol{A})^{-1}\boldsymbol{b}U(s) \tag{14.22}$$

令$u(t)=0$，则方程变为

$$\frac{\mathrm{d}\boldsymbol{x}}{\mathrm{d}t}=\boldsymbol{A}\boldsymbol{x} \tag{14.23}$$

$$\boldsymbol{x}(0)=\boldsymbol{x}_0 \tag{14.24}$$

可得

$$\boldsymbol{x}(t)=\mathcal{L}^{-1}\left\{(s\boldsymbol{I}-\boldsymbol{A})^{-1}\boldsymbol{x}(0)\right\}=\underbrace{\mathcal{L}^{-1}\left\{(s\boldsymbol{I}-\boldsymbol{A})^{-1}\right\}}_{\boldsymbol{\Phi}(t)}\boldsymbol{x}(0)=\boldsymbol{\Phi}(t)\boldsymbol{x}(0) \tag{14.25}$$

$\boldsymbol{\Phi}(t)$被称作基本矩阵。现在来看一个具体的例子。

14.4.1　指数矩阵 $\mathrm{e}^{\boldsymbol{A}t}$

回顾一下e^{at}的泰勒级数展开，即

$$\mathrm{e}^{at}=1+at+a^2\frac{t^2}{2!}+a^3\frac{t^3}{3!}+a^4\frac{t^4}{4!}+\cdots=\sum_{j=0}^{\infty}\frac{(at)^j}{j!}$$

注意如下操作

$$\begin{aligned}\frac{\mathrm{d}}{\mathrm{d}t}\mathrm{e}^{at}&=\frac{\mathrm{d}}{\mathrm{d}t}\left(1+at+a^2\frac{t^2}{2!}+a^3\frac{t^3}{3!}+a^4\frac{t^4}{4!}+\cdots\right)\\&=0+a+a^2t+a^3\frac{t^2}{2!}+a^4\frac{t^3}{3!}+\ldots\\&=a\left(1+at+a^2\frac{t^2}{2!}+a^3\frac{t^3}{3!}+\cdots\right)\\&=a\sum_{j=0}^{\infty}\frac{(at)^j}{j!}\\&=a\mathrm{e}^{at}\end{aligned}$$

定义指数矩阵 e^{At}（$A\in\mathbb{R}^{n\times n}$）

$$\begin{aligned}\mathrm{e}^{At} &\triangleq I_{n\times n}+At+A^2\frac{t^2}{2!}+A^3\frac{t^3}{3!}+A^4\frac{t^4}{4!}+\cdots\\&=\sum_{j=0}^{\infty}A^j\frac{t^j}{j!}\end{aligned}$$

由于 $0!\triangleq 1$，$A^0\triangleq I_{n\times n}$，可得

$$\begin{aligned}\frac{\mathrm{d}}{\mathrm{d}t}\mathrm{e}^{At} &\triangleq \frac{\mathrm{d}}{\mathrm{d}t}\left(I_{n\times n}+At+A^2\frac{t^2}{2!}+A^3\frac{t^3}{3!}+A^4\frac{t^4}{4!}+\cdots\right)\\&=\mathbf{0}_{n\times n}+A+A^2\frac{t}{1!}+A^3\frac{t^2}{2!}+A^4\frac{t^3}{3!}+\cdots\\&=A\left(I_{n\times n}+A\frac{t}{1!}+A^2\frac{t^2}{2!}+A^3\frac{t^3}{3!}+\cdots\right)\\&=A\sum_{j=0}^{\infty}A^j\frac{t^j}{j!}\\&=A\mathrm{e}^{At}\end{aligned}$$

同样，注意

$$\begin{aligned}\mathrm{e}^{At}\Big|_{t=0} &= I_{n\times n}+At+A^2\frac{t^2}{2!}+A^3\frac{t^3}{3!}+\cdots\Big|_{t=0}\\&=I_{n\times n}\end{aligned}$$

因为 $x(t)=\mathrm{e}^{At}x_0$ 满足式（14.23）和式（14.24），所以由 $x(t)=\mathrm{e}^{At}x_0$，可得 $\mathrm{d}x/\mathrm{d}t=A\mathrm{e}^{At}x_0=Ax(t)$ 和 $x(0)=x_0$。

这说明指数矩阵是基本矩阵，即

$$\Phi(t)=\mathcal{L}^{-1}\left\{(sI-A)^{-1}\right\}=\mathrm{e}^{At} \tag{14.26}$$

例 8 指数矩阵

令

$$A=\begin{bmatrix}0&1\\0&0\end{bmatrix}$$

则有

$$\begin{aligned}\mathrm{e}^{At} &= \begin{bmatrix}1&0\\0&1\end{bmatrix}+\begin{bmatrix}0&1\\0&0\end{bmatrix}t+\underbrace{\begin{bmatrix}0&1\\0&0\end{bmatrix}^2}_{\mathbf{0}_{2\times2}}\frac{t^2}{2!}+\underbrace{\begin{bmatrix}0&1\\0&0\end{bmatrix}^3}_{\mathbf{0}_{2\times2}}\frac{t^3}{3!}+\cdots\\&=\begin{bmatrix}1&0\\0&1\end{bmatrix}+\begin{bmatrix}0&1\\0&0\end{bmatrix}t\\&=\begin{bmatrix}1&t\\0&1\end{bmatrix}\end{aligned}$$

注意有

$$\frac{\mathrm{d}}{\mathrm{d}t}\underbrace{\begin{bmatrix}1&t\\0&1\end{bmatrix}}_{\mathrm{e}^{At}}=\begin{bmatrix}0&1\\0&0\end{bmatrix}=\underbrace{\begin{bmatrix}0&1\\0&0\end{bmatrix}}_{A}\underbrace{\begin{bmatrix}1&t\\0&1\end{bmatrix}}_{\mathrm{e}^{At}}$$

例 9 指数矩阵

令

$$\boldsymbol{A}=\begin{bmatrix}2 & 0\\0 & 3\end{bmatrix}$$

则

$$\begin{aligned}
e^{At}&=\begin{bmatrix}1\,0\\0\,1\end{bmatrix}+\begin{bmatrix}2\,0\\0\,3\end{bmatrix}t+\begin{bmatrix}2\,0\\0\,3\end{bmatrix}^2\frac{t^2}{2!}+\begin{bmatrix}2\,0\\0\,3\end{bmatrix}^3\frac{t^3}{3!}+\cdots\\
&=\begin{bmatrix}1\,0\\0\,1\end{bmatrix}+\begin{bmatrix}2\,0\\0\,3\end{bmatrix}t+\begin{bmatrix}2^2 & 0\\0 & 3^2\end{bmatrix}\frac{t^2}{2!}+\begin{bmatrix}2^3 & 0\\0 & 3^3\end{bmatrix}\frac{t^3}{3!}+\cdots\\
&=\begin{bmatrix}1+2t+\dfrac{(2t)^2}{2!}+\dfrac{(2t)^3}{3!}+\cdots & 0\\ 0 & 1+3t+\dfrac{(3t)^2}{2!}+\dfrac{(3t)^3}{3!}+\cdots\end{bmatrix}\\
&=\begin{bmatrix}e^{2t} & 0\\0 & e^{3t}\end{bmatrix}
\end{aligned}$$

注意有

$$\frac{\mathrm{d}}{\mathrm{d}t}\underbrace{\begin{bmatrix}e^{2t} & 0\\0 & e^{3t}\end{bmatrix}}_{e^{At}}=\begin{bmatrix}2e^{2t} & 0\\0 & 3e^{3t}\end{bmatrix}=\underbrace{\begin{bmatrix}2 & 0\\0 & 3\end{bmatrix}}_{\boldsymbol{A}}\underbrace{\begin{bmatrix}e^{2t} & 0\\0 & e^{3t}\end{bmatrix}}_{e^{At}}$$

例 10 指数矩阵

令

$$\boldsymbol{A}=\begin{bmatrix}\lambda & 1\\0 & \lambda\end{bmatrix}$$

则

$$e^{At}=\begin{bmatrix}1 & 0\\0 & 1\end{bmatrix}+\begin{bmatrix}\lambda & 1\\0 & \lambda\end{bmatrix}t+\begin{bmatrix}\lambda & 1\\0 & \lambda\end{bmatrix}^2\frac{t^2}{2!}+\begin{bmatrix}\lambda & 1\\0 & \lambda\end{bmatrix}^3\frac{t^3}{3!}+\cdots$$

现有

$$\begin{bmatrix}\lambda & 1\\0 & \lambda\end{bmatrix}^2=\begin{bmatrix}\lambda^2 & 2\lambda\\0 & \lambda^2\end{bmatrix}$$

$$\begin{bmatrix}\lambda & 1\\0 & \lambda\end{bmatrix}^3=\begin{bmatrix}\lambda^2 & 2\lambda\\0 & \lambda^2\end{bmatrix}\begin{bmatrix}\lambda & 1\\0 & \lambda\end{bmatrix}=\begin{bmatrix}\lambda^3 & 3\lambda^2\\0 & \lambda^3\end{bmatrix}$$

$$\begin{bmatrix}\lambda & 1\\0 & \lambda\end{bmatrix}^4=\begin{bmatrix}\lambda^3 & 3\lambda^2\\0 & \lambda^3\end{bmatrix}\begin{bmatrix}\lambda & 1\\0 & \lambda\end{bmatrix}=\begin{bmatrix}\lambda^4 & 4\lambda^3\\0 & \lambda^4\end{bmatrix}$$

一般来说，有

$$\begin{bmatrix}\lambda & 1\\0 & \lambda\end{bmatrix}^k=\begin{bmatrix}\lambda^k & k\lambda^{k-1}\\0 & \lambda^k\end{bmatrix}$$

可以将 e^{At} 写为以下形式

$$\mathrm{e}^{At}=\sum_{k=0}^{\infty}\begin{bmatrix}\lambda^k & k\lambda^{k-1}\\0 & \lambda^k\end{bmatrix}\frac{t^k}{k!}=\begin{bmatrix}\sum_{k=0}^{\infty}\frac{(\lambda t)^k}{k!} & \sum_{k=0}^{\infty}kt\frac{(\lambda t)^{k-1}}{k!}\\0 & \sum_{k=0}^{\infty}\frac{(\lambda t)^k}{k!}\end{bmatrix}=\begin{bmatrix}\sum_{k=0}^{\infty}\frac{(\lambda t)^k}{k!} & t\sum_{k=1}^{\infty}\frac{(\lambda t)^{k-1}}{(k-1)!}\\0 & \sum_{k=0}^{\infty}\frac{(\lambda t)^k}{k!}\end{bmatrix}$$

$$=\begin{bmatrix}\sum_{k=0}^{\infty}\frac{(\lambda t)^k}{k!} & t\sum_{m=0}^{\infty}\frac{(\lambda t)^m}{m!}\\0 & \sum_{k=0}^{\infty}\frac{(\lambda t)^k}{k!}\end{bmatrix}$$

$$=\begin{bmatrix}\mathrm{e}^{\lambda t} & t\mathrm{e}^{\lambda t}\\0 & \mathrm{e}^{\lambda t}\end{bmatrix}$$

注意有

$$\frac{\mathrm{d}}{\mathrm{d}t}\underbrace{\begin{bmatrix}\mathrm{e}^{\lambda t} & t\mathrm{e}^{\lambda t}\\0 & \mathrm{e}^{\lambda t}\end{bmatrix}}_{\mathrm{e}^{At}}=\begin{bmatrix}\lambda\mathrm{e}^{\lambda t} & \mathrm{e}^{\lambda t}+\lambda t\mathrm{e}^{\lambda t}\\0 & \lambda\mathrm{e}^{\lambda t}\end{bmatrix}=\underbrace{\begin{bmatrix}\lambda & 1\\0 & \lambda\end{bmatrix}}_{A}\underbrace{\begin{bmatrix}\mathrm{e}^{\lambda t} & t\mathrm{e}^{\lambda t}\\0 & \mathrm{e}^{\lambda t}\end{bmatrix}}_{\mathrm{e}^{At}}$$

基本矩阵为指数矩阵，也就是

$$\boldsymbol{\Phi}(t)=\mathrm{e}^{At}=\mathcal{L}^{-1}\left\{(s\boldsymbol{I}-\boldsymbol{A})^{-1}\right\}$$

以上通过定义进行泰勒级数展开，计算得 $\boldsymbol{\Phi}(t)=\mathrm{e}^{At}$。这样做是为了熟悉指数矩阵的概念。也可以通过拉普拉斯变换计算 $\boldsymbol{\Phi}(t)=\mathrm{e}^{At}$。接下来看一个例子。

例 11 指数矩阵

令

$$\boldsymbol{A}=\begin{bmatrix}\lambda & 1\\0 & \lambda\end{bmatrix}$$

即

$$s\boldsymbol{I}-\boldsymbol{A}=s\begin{bmatrix}1 & 0\\0 & 1\end{bmatrix}-\begin{bmatrix}\lambda & 1\\0 & \lambda\end{bmatrix}=\begin{bmatrix}s-\lambda & -1\\0 & s-\lambda\end{bmatrix}$$

做以下变换

$$(s\boldsymbol{I}-\boldsymbol{A})^{-1}=\begin{bmatrix}s-\lambda & -1\\0 & s-\lambda\end{bmatrix}^{-1}=\frac{1}{(s-\lambda)^2}\begin{bmatrix}s-\lambda & 1\\0 & s-\lambda\end{bmatrix}=\begin{bmatrix}\frac{1}{s-\lambda} & \frac{1}{(s-\lambda)^2}\\0 & \frac{1}{s-\lambda}\end{bmatrix}$$

有

$$\boldsymbol{\Phi}(t)=\mathrm{e}^{At}=\mathcal{L}^{-1}\left\{(s\boldsymbol{I}-\boldsymbol{A})^{-1}\right\}=\begin{bmatrix}\mathcal{L}^{-1}\left\{\frac{1}{s-\lambda}\right\} & \mathcal{L}^{-1}\left\{\frac{1}{(s-\lambda)^2}\right\}\\0 & \mathcal{L}^{-1}\left\{\frac{1}{s-\lambda}\right\}\end{bmatrix}$$

$$=\begin{bmatrix}\mathrm{e}^{\lambda t} & t\mathrm{e}^{\lambda t}\\0 & \mathrm{e}^{\lambda t}\end{bmatrix}$$

回顾之前的推导可得

$$\mathcal{L}\left\{e^{\lambda t}\right\}=\int_0^{\infty}e^{-st}e^{\lambda t}dt=\int_0^{\infty}e^{-(s-\lambda)t}=\frac{1}{s-\lambda}$$

对于$\mathrm{Re}\{s\}>\mathrm{Re}\{\lambda\}$，使用该表达式可得

$$\frac{d}{ds}\int_0^{\infty}e^{-st}e^{\lambda t}dt=\frac{d}{ds}\frac{1}{s-\lambda}$$

或

$$\int_0^{\infty}(-t)e^{-st}e^{\lambda t}dt=-\frac{1}{(s-\lambda)^2}$$

或

$$\mathcal{L}\left\{te^{\lambda t}\right\}=\int_0^{\infty}e^{-st}te^{\lambda t}dt=\frac{1}{(s-\lambda)^2}$$

指数矩阵的性质

本章结尾处的习题4要求表示矩阵$\boldsymbol{A},\boldsymbol{B}\in\mathbb{R}^{n\times n}$:

1）$\boldsymbol{A}e^{\boldsymbol{A}t}=e^{\boldsymbol{A}t}\boldsymbol{A}$。

2）$e^{\boldsymbol{A}t}e^{\boldsymbol{B}t}=e^{\boldsymbol{B}t}e^{\boldsymbol{A}t}=e^{(\boldsymbol{A}+\boldsymbol{B})t}$，当且仅当$\boldsymbol{AB}=\boldsymbol{BA}$时成立。

3）$\left(e^{\boldsymbol{A}t}\right)^{-1}=e^{-\boldsymbol{A}t}$。

*14.5 状态空间方程的解

给定状态空间模型

$$\frac{d\boldsymbol{x}}{dt}=\boldsymbol{A}\boldsymbol{x}+\boldsymbol{b}u \tag{14.27}$$

$$\boldsymbol{x}(0)=\boldsymbol{x}_0 \tag{14.28}$$

已证明，解$\boldsymbol{x}(t)$的拉普拉斯变换为

$$\boldsymbol{X}(s)=(s\boldsymbol{I}-\boldsymbol{A})^{-1}\boldsymbol{x}(0)+(s\boldsymbol{I}-\boldsymbol{A})^{-1}\boldsymbol{b}U(s) \tag{14.29}$$

以下给出$\boldsymbol{x}(t)=\mathcal{L}^{-1}\{\boldsymbol{X}(s)\}$的通解。首先讨论常数情况。

14.5.1 常数情况

考虑常数情况如下

$$\frac{dx}{dt}=ax+bu,\ x(0)=x_0$$

由于x, x_0, a, $b\in\mathbb{R}$。等式两边同乘e^{-at}得到

$$e^{-at}\frac{dx(t)}{dt}=e^{-at}ax(t)+e^{-at}bu(t)$$

或者表示为

$$\frac{d}{dt}\left(e^{-at}x(t)\right)+ae^{-at}x(t)=e^{-at}ax(t)+e^{-at}bu(t)$$

最终化简为

$$\frac{\mathrm{d}}{\mathrm{d}t}\left(\mathrm{e}^{-at}x(t)\right)=\mathrm{e}^{-at}bu(t)$$

在最后一个方程中将 t 变为 τ 可以得到积分形式的结果

$$\int_0^t\frac{\mathrm{d}}{\mathrm{d}\tau}\left(\mathrm{e}^{-a\tau}x(\tau)\right)\mathrm{d}\tau=\int_0^t\mathrm{e}^{-a\tau}bu(\tau)\mathrm{d}\tau$$

或者表示为

$$\mathrm{e}^{-a\tau}x(\tau)\Big|_0^t=\int_0^t\mathrm{e}^{-a\tau}bu(\tau)\mathrm{d}\tau$$

也可表示为

$$\mathrm{e}^{-at}x(t)-x_0=\int_0^t\mathrm{e}^{-a\tau}bu(\tau)\mathrm{d}\tau$$

等式两边同乘 e^{-at} 后重新组合可得到结果

$$x(t)=\mathrm{e}^{at}x_0+\mathrm{e}^{at}\int_0^t\mathrm{e}^{-a\tau}bu(\tau)\mathrm{d}\tau=\mathrm{e}^{at}x_0+\underbrace{\int_0^t\mathrm{e}^{a(t-\tau)}bu(\tau)\mathrm{d}\tau}_{\text{卷积项}}$$

通过直接计算，可以确定这是式（14.27）的解。但在此之前，将首先解释一下莱布尼茨微分法则。

题外话 莱布尼茨微分法则 牛顿和莱布尼茨都证明了

$$\int_{t_1}^{t_2}f(\tau)\mathrm{d}\tau=F(t_2)-F(t_1)$$

其中，$F(t)$是$f(t)$的不定积分，即$\mathrm{d}F(t)/\mathrm{d}t=f(t)$。因此

$$\frac{\mathrm{d}}{\mathrm{d}t_2}\int_{t_1}^{t_2}f(\tau)\mathrm{d}\tau=\frac{\mathrm{d}}{\mathrm{d}t_2}\left(F(t_2)-F(t_1)\right)=f(t_2)$$
$$\frac{\mathrm{d}}{\mathrm{d}t_1}\int_{t_1}^{t_2}f(\tau)\mathrm{d}\tau=\frac{\mathrm{d}}{\mathrm{d}t_1}\left(F(t_2)-F(t_1)\right)=-f(t_1)$$

结合链式求导法则可得

$$\frac{\mathrm{d}}{\mathrm{d}t_2}\int_{t_1}^{g(t_2)}f(\tau)\mathrm{d}\tau=\frac{\mathrm{d}}{\mathrm{d}t_2}\left(F(g(t_2))-F(t_1)\right)=f(g(t_2))\frac{\mathrm{d}g(t_2)}{\mathrm{d}t_2}$$

同理可得

$$\frac{\mathrm{d}}{\mathrm{d}t_1}\int_{h(t_1)}^{t_2}f(\tau)\mathrm{d}\tau=\frac{\mathrm{d}}{\mathrm{d}t_1}\left(F(t_2)\right)-F(h(t_1))=-f(h(t_1))\frac{\mathrm{d}h(t_1)}{\mathrm{d}t_1}$$

联立可得莱布尼茨法则

$$\frac{\mathrm{d}}{\mathrm{d}t}\int_{h(t)}^{g(t)}f(\tau)\mathrm{d}\tau=f(g(t))\frac{\mathrm{d}g(t)}{\mathrm{d}t}-f(h(t))\frac{\mathrm{d}h(t)}{\mathrm{d}t}$$

最后，假设所求导数为

$$\frac{\mathrm{d}}{\mathrm{d}t}\int_{h(t)}^{g(t)}f(t,\ \tau)\mathrm{d}\tau$$

可推得

$$\frac{\mathrm{d}}{\mathrm{d}t}\int_{h(t)}^{g(t)} f(t,\tau)\mathrm{d}\tau = \int_{h(t)}^{g(t)} \frac{\partial f(t,\tau)}{\partial t}\mathrm{d}\tau + f(t,g(t))\frac{\mathrm{d}g(t)}{\mathrm{d}t} - f(t,h(t))\frac{\mathrm{d}h(t)}{\mathrm{d}t}$$

对下式运用莱布尼茨法则

$$x(t) = \mathrm{e}^{at}x_0 + \int_0^t \mathrm{e}^{a(t-\tau)}bu(\tau)\mathrm{d}\tau = \mathrm{e}^{at}x_0 + \mathrm{e}^{at}\int_0^t \mathrm{e}^{-a\tau}bu(\tau)\mathrm{d}\tau$$

可得

$$\begin{aligned}
\frac{\mathrm{d}}{\mathrm{d}t}x(t) &= a\mathrm{e}^{at}x_0 + \frac{\mathrm{d}}{\mathrm{d}t}\left(\mathrm{e}^{at}\int_0^t \mathrm{e}^{-a\tau}bu(\tau)\mathrm{d}\tau\right) \\
&= a\mathrm{e}^{at}x_0 + a\mathrm{e}^{at}\int_0^t \mathrm{e}^{-a\tau}bu(\tau)\mathrm{d}\tau + \mathrm{e}^{at}\frac{\mathrm{d}}{\mathrm{d}t}\int_0^t \mathrm{e}^{-a\tau}bu(\tau)\mathrm{d}\tau \\
&= a\mathrm{e}^{at}x_0 + a\mathrm{e}^{at}\int_0^t \mathrm{e}^{-a\tau}bu(\tau)\mathrm{d}\tau + \mathrm{e}^{at}\mathrm{e}^{-at}bu(t) \\
&= a\underbrace{\left(\mathrm{e}^{at}x_0 + \int_0^t \mathrm{e}^{a(t-\tau)}bu(\tau)\mathrm{d}\tau\right)}_{x(t)} + bu(t) \\
&= ax(t) + bu(t)
\end{aligned}$$

同样可得

$$\begin{aligned}
x(0) = x(t)\big|_{t=0} &= \mathrm{e}^{at}x_0\big|_{t=0} + \int_0^t \mathrm{e}^{a(t-\tau)}bu(\tau)\mathrm{d}\tau\bigg|_{t=0} \\
&= x_0 + \int_0^0 \mathrm{e}^{a(0-\tau)}bu(\tau)\mathrm{d}\tau \\
&= x_0
\end{aligned}$$

14.5.2　矩阵情况

矩阵的情况也类似。在式（14.27）两边同时乘以 e^{-At}，得到

$$\mathrm{e}^{-At}\frac{\mathrm{d}\boldsymbol{x}(t)}{\mathrm{d}t} = \mathrm{e}^{-At}\boldsymbol{A}\boldsymbol{x}(t) + \mathrm{e}^{-At}\boldsymbol{b}u(t)$$

或表示为

$$\frac{\mathrm{d}}{\mathrm{d}t}\left(\mathrm{e}^{-At}\boldsymbol{x}(t)\right) + \boldsymbol{A}\mathrm{e}^{-At}\boldsymbol{x}(t) = \mathrm{e}^{-At}\boldsymbol{A}\boldsymbol{x}(t) + \mathrm{e}^{-At}\boldsymbol{b}u(t)$$

根据指数矩阵的性质，有 $\boldsymbol{A}\mathrm{e}^{-At} = \mathrm{e}^{-At}\boldsymbol{A}$，因此

$$\frac{\mathrm{d}}{\mathrm{d}t}\left(\mathrm{e}^{-At}\boldsymbol{x}(t)\right) = \mathrm{e}^{-At}\boldsymbol{b}u(t)$$

将 t 变为 τ，并对等式两边同时求积分可得

$$\mathrm{e}^{-A\tau}\boldsymbol{x}(\tau)\big|_0^t = \int_0^t \mathrm{e}^{-A\tau}\boldsymbol{b}u(\tau)\mathrm{d}\tau$$

进行重新组合可得

$$\boldsymbol{x}(t) = \mathrm{e}^{At}\boldsymbol{x}_0 + \mathrm{e}^{At}\int_0^t \mathrm{e}^{-A\tau}\boldsymbol{b}u(\tau)\mathrm{d}\tau = \mathrm{e}^{At}\boldsymbol{x}_0 + \int_0^t \mathrm{e}^{A(t-\tau)}\boldsymbol{b}u(\tau)\mathrm{d}\tau \in \mathbb{R}^n$$

式中，$\boldsymbol{A}t$ 和 $-\boldsymbol{A}\tau$ 可进行基础运算，因此可以运用如下公式

$$\mathrm{e}^{At}\mathrm{e}^{-A\tau} = \mathrm{e}^{At-A\tau} = \mathrm{e}^{A(t-\tau)}$$

与常数情况类似，可以计算得到

$$
\begin{aligned}
\frac{\mathrm{d}}{\mathrm{d}t}\boldsymbol{x}(t)&=\frac{\mathrm{d}}{\mathrm{d}t}\mathrm{e}^{\boldsymbol{A}t}\boldsymbol{x}_0+\frac{\mathrm{d}}{\mathrm{d}t}\left(\mathrm{e}^{\boldsymbol{A}t}\int_0^t\mathrm{e}^{-\boldsymbol{A}\tau}\boldsymbol{b}u(\tau)\mathrm{d}\tau\right)\\
&=\boldsymbol{A}\mathrm{e}^{\boldsymbol{A}t}\boldsymbol{x}_0+\boldsymbol{A}\mathrm{e}^{\boldsymbol{A}t}\int_0^t\mathrm{e}^{-\boldsymbol{A}\tau}\boldsymbol{b}u(\tau)\mathrm{d}\tau+\mathrm{e}^{\boldsymbol{A}t}\frac{\mathrm{d}}{\mathrm{d}t}\int_0^t\mathrm{e}^{-\boldsymbol{A}\tau}\boldsymbol{b}u(\tau)\mathrm{d}\tau\\
&=\boldsymbol{A}\mathrm{e}^{\boldsymbol{A}t}\boldsymbol{x}_0+\boldsymbol{A}\mathrm{e}^{\boldsymbol{A}t}\int_0^t\mathrm{e}^{-\boldsymbol{A}\tau}\boldsymbol{b}u(\tau)\mathrm{d}\tau+\mathrm{e}^{\boldsymbol{A}t}\mathrm{e}^{-\boldsymbol{A}t}\boldsymbol{b}u(t)\\
&=\boldsymbol{A}\underbrace{\left(\mathrm{e}^{\boldsymbol{A}t}\boldsymbol{x}_0+\boldsymbol{A}\mathrm{e}^{\boldsymbol{A}t}\int_0^t\mathrm{e}^{-\boldsymbol{A}\tau}\boldsymbol{b}u(\tau)\mathrm{d}\tau\right)}_{\boldsymbol{x}(t)}+\boldsymbol{b}u(t)\\
&=\boldsymbol{A}\boldsymbol{x}(t)+\boldsymbol{b}u(t)
\end{aligned}
$$

*14.6　状态空间模型离散化

之前已经得到了方程

$$\frac{\mathrm{d}\boldsymbol{x}}{\mathrm{d}t}=\boldsymbol{A}\boldsymbol{x}+\boldsymbol{b}u \tag{14.30}$$

在任意初始条件$\boldsymbol{x}(0)=\boldsymbol{x}_0$情况下的解为

$$\boldsymbol{x}(t)=\mathrm{e}^{\boldsymbol{A}t}\boldsymbol{x}_0+\int_0^t\mathrm{e}^{\boldsymbol{A}(t-\tau)}\boldsymbol{b}u(\tau)\mathrm{d}\tau \tag{14.31}$$

为了在数字计算机上运行该状态空间模型，必须找到一个离散时间模型。在之前的学习中已经了解到在采样周期 T 内可以运用近似

$$\left.\frac{\mathrm{d}\boldsymbol{x}}{\mathrm{d}t}\right|_{t=(k+1)T}\approx\frac{\boldsymbol{x}((k+1)T)-\boldsymbol{x}(kT)}{T}$$

状态方程可以离散化表示为

$$\frac{\boldsymbol{x}((k+1)T)-\boldsymbol{x}(kT)}{T}=\boldsymbol{A}\boldsymbol{x}(kT)+\boldsymbol{b}u(kT)$$

或者表示为

$$\boldsymbol{x}((k+1)T)=(\boldsymbol{I}+T\boldsymbol{A})\boldsymbol{x}(kT)+T\boldsymbol{b}u(kT) \tag{14.32}$$

其实，有一种更精确的方法来对方程进行离散化。可以将式（14.31）写为

$$\boldsymbol{x}(t)=\mathrm{e}^{\boldsymbol{A}(t-t_0)}\boldsymbol{x}(t_0)+\int_{t_0}^t\mathrm{e}^{\boldsymbol{A}(t-\tau)}\boldsymbol{b}u(\tau)\mathrm{d}\tau$$

然后设$t=(k+1)T$，$t_0=kT$，并假设在每个采样周期 T 内输入是恒定不变的，即

$$u(t)=u(kT)\ ,\ kT\leqslant t<(k+1)T \tag{14.33}$$

然后可得结果为

$$
\begin{aligned}
\boldsymbol{x}((k+1)T)&=\mathrm{e}^{\boldsymbol{A}T}\boldsymbol{x}(kT)+\int_{kT}^{(k+1)T}\mathrm{e}^{\boldsymbol{A}((k+1)T-\tau)}\boldsymbol{b}u(kT)\mathrm{d}\tau\\
&=\mathrm{e}^{\boldsymbol{A}T}\boldsymbol{x}(kT)+\left(\int_{kT}^{(k+1)T}\mathrm{e}^{\boldsymbol{A}((k+1)T-\tau)}\boldsymbol{b}\mathrm{d}\tau\right)u(kT)\\
&=\mathrm{e}^{\boldsymbol{A}T}\boldsymbol{x}(kT)-\left(\int_T^0\mathrm{e}^{\boldsymbol{A}s}\boldsymbol{b}\mathrm{d}s\right)u(kT),\begin{cases}s=(k+1)T-\tau\\ \mathrm{d}s=-\mathrm{d}\tau\end{cases}\\
&=\mathrm{e}^{\boldsymbol{A}T}\boldsymbol{x}(kT)+\left(\int_0^T\mathrm{e}^{\boldsymbol{A}s}\boldsymbol{b}\mathrm{d}s\right)u(kT)
\end{aligned}
$$

条件为

$$
\begin{aligned}
&\boldsymbol{x}_{k+1} \triangleq \boldsymbol{x}\big((k+1)T\big),\ \boldsymbol{x}_k \triangleq \boldsymbol{x}(kT) \\
&u_k \triangleq u(kT) \\
&\boldsymbol{F} \triangleq \mathrm{e}^{\boldsymbol{A}T} \in \mathbb{R}^{n\times n} \\
&\boldsymbol{g} \triangleq \int_0^T \mathrm{e}^{\boldsymbol{A}s}\boldsymbol{b}\,\mathrm{d}s \in \mathbb{R}^n
\end{aligned}
$$

可得到离散时间状态空间模型

$$
\boldsymbol{x}_{k+1} = \boldsymbol{F}\boldsymbol{x}_k + \boldsymbol{g}u_k \tag{14.34}
$$

通常在计算机控制的系统中，式（14.33）需要保持恒定不变，使离散时间模型在采样时刻0, T, $2T$, …处可以得到式（14.31）的精确值。

注意在T为小量时，有

$$
\begin{aligned}
\boldsymbol{F} \triangleq \mathrm{e}^{\boldsymbol{A}T} &= \boldsymbol{I} + \boldsymbol{A}T + \boldsymbol{A}^2\frac{T^2}{2!} + \cdots \\
&\approx \boldsymbol{I} + \boldsymbol{A}T
\end{aligned}
$$

同样在T为小量时，有

$$
\begin{aligned}
\boldsymbol{g} \triangleq \int_0^T \mathrm{e}^{\boldsymbol{A}\tau}\boldsymbol{b}\,\mathrm{d}\tau &= \int_0^T\left(\boldsymbol{I} + \boldsymbol{A}\tau + \boldsymbol{A}^2\frac{\tau^2}{2!} + \cdots\right)\boldsymbol{b}\,\mathrm{d}\tau \\
&= \boldsymbol{b}\int_0^T \mathrm{d}\tau + \boldsymbol{A}\boldsymbol{b}\int_0^T \tau\,\mathrm{d}\tau + \boldsymbol{A}^2\boldsymbol{b}\int_0^T \frac{\tau^2}{2!}\mathrm{d}\tau + \cdots \\
&= \boldsymbol{b}T + \boldsymbol{A}\boldsymbol{b}\frac{T^2}{2} + \boldsymbol{A}^2\boldsymbol{b}\frac{T^3}{6} + \cdots
\end{aligned}
$$

因此，在T为小量时，离散时间模型（14.34）将缩减为式（14.32）。

习题

习题 1 质量 – 弹簧 – 阻尼系统的状态空间形式

在图14-14中，质量 – 弹簧 – 阻尼系统的输入是位置u，输出是质块m的位置y。弹簧k_1的右侧质量为0，因此令m_p表示弹簧所连接的活塞的质量。之后会假设$m_p \to 0$。

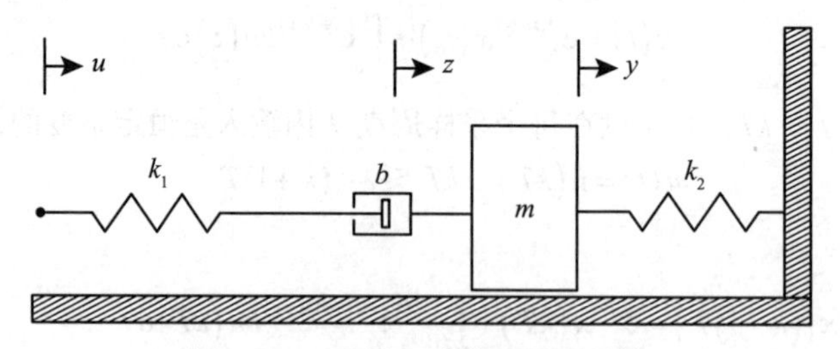

图14-14　质量 – 弹簧 – 阻尼系统

我们用z表示活塞（质量为m_p）的位置。如果$u = z$，则弹簧处于松弛状态。活塞与气缸之间的相对速度为$\dot{z} - \dot{y}$。

m和m_p的运动方程为

$$m\ddot{y} = -k_2 y + b(\dot{z} - \dot{y})$$

$$m_{\mathrm{p}}\ddot{z} = -b(\dot{z} - \dot{y}) - k_1(z - u)$$

u是输入，y是输出。当处于零初始状态时，方程的拉普拉斯变换为

$$(ms^2 + bs + k_2)Y(s) = bsZ(s)$$

$$(m_{\mathrm{p}}s^2 + bs + k_1)Z(s) = bsY(s) + bk_1U(s)$$

消除$Z(s)$得到

$$(m_{\mathrm{p}}s^2 + bs + k_1)(ms^2 + bs + k_2)U(s) = b^2s^2Y(s) + bk_1sU(s)$$

令$m_{\mathrm{p}} = 0$，求解$X(s)$最终得到

$$Y(s) = \frac{bk_1 s}{(bs + k_1)(ms^2 + bs + k_2) - b^2s^2}U(s) = \underbrace{\frac{bk_1 s}{bms^3 + mk_1s^2 + (bk_1 + bk_2)s + k_1k_2}}_{\text{传递函数}}U(s)$$

（a）绘制该系统的仿真框图。

（b）根据（a）中的仿真框图写出该系统的状态空间表示。

（c）使用劳斯－赫尔维茨判据证明下式是稳定的。$U(s) = \dfrac{U_0}{s}$表示对于任意U_0有$y(t) \to 0$。注意，当$s = 0$时，$Y(s)/U(s)$存在零点。

$$\frac{Y(s)}{U(s)} = \frac{\dfrac{k_1}{m}s}{s^3 + \dfrac{k_1}{b}s^2 + \dfrac{k_1 + k_2}{m}s + \dfrac{k_1k_2}{bm}}$$

（d）能否从物理上解释为什么对于每个恒定输入$u(t) = U_0u_{\mathrm{s}}(t)$，都有$y(\infty) = 0$？也就是，对于每一个恒定输入均会导致输出逐渐趋于零。提示：注意$u(t) = U_0u_{\mathrm{s}}(t)$也会导致$z(\infty) = U_0$。

习题 2 状态空间实现

考虑传递函数

$$\frac{Y(s)}{U(s)} = \frac{2s + 1}{s^2 + 15s + 50}$$

写出该系统能控标准型的状态空间实现。并画出其框图。

习题 3 PI 控制器的状态空间实现

假设

$$G_{\mathrm{c}}(s) = \frac{U(s)}{E(s)} = K\frac{s + \alpha}{s} = K + \frac{\alpha K}{s}$$

（a）绘制$G_{\mathrm{c}}(s)$的仿真框图。

（b）使用（a）中的框图写出 PI 控制器的状态空间方程。

（c）已知$t = kT$和$\left.\dfrac{\mathrm{d}\boldsymbol{x}}{\mathrm{d}t}\right|_{t=(k+1)T} \approx \dfrac{\boldsymbol{x}((k+1)T) - \boldsymbol{x}(kT)}{T}$，写出（b）中状态空间模型的离散时间化函数。

习题 4 指数矩阵的性质

（a）证明：$\boldsymbol{A}\mathrm{e}^{\boldsymbol{A}t} = \mathrm{e}^{\boldsymbol{A}t}\boldsymbol{A}$。

（b）证明：当且仅当$\boldsymbol{AB} = \boldsymbol{BA}$时，$\mathrm{e}^{\boldsymbol{A}t}\mathrm{e}^{\boldsymbol{B}t} = \mathrm{e}^{\boldsymbol{B}t}\mathrm{e}^{\boldsymbol{A}t}$。

（c）证明：对于任意矩阵$\boldsymbol{A}$，$\left(\mathrm{e}^{\boldsymbol{A}t}\right)^{-1}=\mathrm{e}^{-\boldsymbol{A}t}$。

习题 5 状态空间方程的解

$$\frac{\mathrm{d}\boldsymbol{x}}{\mathrm{d}t}=\begin{bmatrix}0 & 1\\ -1 & 0\end{bmatrix}\boldsymbol{x},\ \boldsymbol{x}(0)=\begin{bmatrix}0\\ 1\end{bmatrix} \tag{14.35}$$

（a）假设

$$\boldsymbol{A}\triangleq\begin{bmatrix}0 & 1\\ -1 & 0\end{bmatrix}$$

使用拉普拉斯变换计算$\mathrm{e}^{\boldsymbol{A}t}$，并写出详细过程。

（b）$\det(s\boldsymbol{I}-\boldsymbol{A})=0$的特征根为？

（c）使用在（a）中的答案求解式（14.35），写出详细过程。

（d）当$t\to\infty$时，是否存在$\mathrm{e}^{\boldsymbol{A}t}\to\boldsymbol{0}_{2\times 2}$？请回答是或不是。

习题 6 状态空间方程的解

$$\frac{\mathrm{d}\boldsymbol{x}}{\mathrm{d}t}=\begin{bmatrix}0 & 1\\ 0 & 0\end{bmatrix}\boldsymbol{x},\ \boldsymbol{x}(0)=\begin{bmatrix}0\\ 1\end{bmatrix} \tag{14.36}$$

（a）假设

$$\boldsymbol{A}\triangleq\begin{bmatrix}0 & 1\\ 0 & 0\end{bmatrix}$$

使用拉普拉斯变换计算$\mathrm{e}^{\boldsymbol{A}t}$，并写出详细过程。

（b）使用在（a）中的答案求解式（14.36），写出详细过程。

（c）当$t\to\infty$时，是否存在$\mathrm{e}^{\boldsymbol{A}t}\to\boldsymbol{0}_{2\times 2}$？请回答是或不是。

习题 7 传递函数

假设系统的状态空间模型为

$$\frac{\mathrm{d}\boldsymbol{x}}{\mathrm{d}t}=\begin{bmatrix}0 & 1\\ 1 & 0\end{bmatrix}\boldsymbol{x}+\begin{bmatrix}0\\ -1\end{bmatrix}u$$
$$y=\begin{bmatrix}1 & 0\end{bmatrix}\boldsymbol{x}$$

计算传递函数$Y(s)/U(s)$，写出详细过程。

习题 8 传递函数

假设系统的状态空间模型为

$$\frac{\mathrm{d}\boldsymbol{x}}{\mathrm{d}t}=\begin{bmatrix}-15 & 1\\ -50 & 0\end{bmatrix}\boldsymbol{x}+\begin{bmatrix}0\\ 2\end{bmatrix}u$$
$$y=\begin{bmatrix}1 & 0\end{bmatrix}\boldsymbol{x}$$

计算传递函数$Y(s)/U(s)$，写出详细过程。

习题 9 状态空间方程的解

$$\frac{\mathrm{d}\boldsymbol{x}}{\mathrm{d}t}=\begin{bmatrix}0 & 1\\ 6 & -1\end{bmatrix}\boldsymbol{x},\ \boldsymbol{x}(0)=\begin{bmatrix}0\\ 1\end{bmatrix} \tag{14.37}$$

（a）假设

$$\boldsymbol{A}\triangleq\begin{bmatrix}0 & 1\\ 6 & -1\end{bmatrix}$$

使用拉普拉斯变换计算 e^{At} 并写出详细过程。

（b）使用在（a）中的答案求解式（14.37），写出详细过程。

（c）当 $t\to\infty$ 时，是否存在 $e^{At}\to\mathbf{0}_{2\times2}$？请回答是或不是。

习题 10 状态空间的实现

考虑传递函数

$$\frac{Y(s)}{U(s)}=\frac{3s^2+2s+1}{s^3+10s^2+15s+20}$$

（a）写出该系统能控标准型的一个状态空间实现。写出详细过程，并用仿真框图的形式表示。

（b）使用欧拉近似写出（a）中的状态空间实现的离散时间表达。这种表示法可以在软件程序中实现系统模型。

习题 11 倒立摆的状态空间的实现

在第 13 章中，已经推得倒立摆的传递函数模型为

$$\frac{Y(s)}{U(s)}=\frac{-\kappa mg\ell}{s^2\left(s^2-\alpha^2\right)}$$

式中，$Y(s)=X(s)+\left(\ell+\frac{J}{m\ell}\right)\theta(s)$ 为输出（$X(s)$ 为小车位置，$\theta(s)$ 为倒立摆的角度），$U(s)$ 表示小车的水平力，并满足以下等式

$$\alpha^2=\frac{mg\ell(M+m)}{Mm\ell^2+J(M+m)},\ \kappa=\frac{1}{Mm\ell^2+J(M+m)}$$

计算此传递函数能控标准型的状态空间表示形式。请画出仿真框图。

习题 12 非严格正则控制器的实现

回顾第 10 章中给出的倒立摆输出极点配置反馈控制器，如图 14-15 所示（见第 13 章）。

$$\alpha^2=\frac{mg\ell(M+m)}{Mm\ell^2+J(M+m)},\ \kappa=\frac{1}{Mm\ell^2+J(M+m)}$$

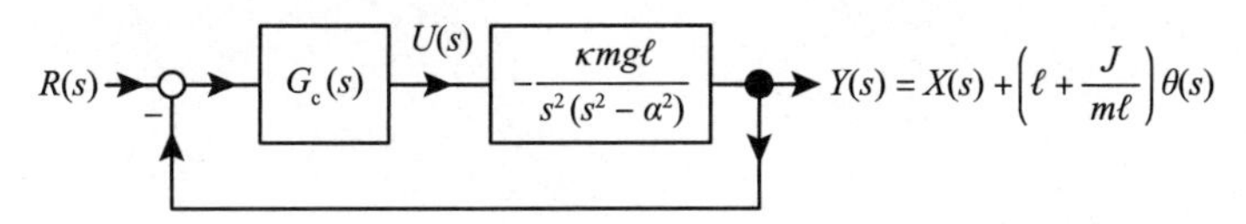

图 14-15　倒立摆输出反馈控制器

假设任意极点配置的最小阶控制器的形式为

$$G_c(s)=\frac{b_c(s)}{a_c(s)}=\frac{b_3s^3+b_2s^2+b_1s+b_0}{s^3+a_2s^2+a_1s+a_0}$$

（a）写出的 $G_c(s)$ 能控标准型的状态空间实现。

提示：对 $G_c(s)$ 的分子部分加减 $b_3\left(s^3+a_2s^2+a_1s+a_0\right)$，如下所示

$$\begin{aligned}\frac{U(s)}{E(s)} &= G_{\mathrm{c}}(s) \\ &= \frac{b_3 s^3 + b_2 s^2 + b_1 s + b_0 - b_3\left(s^3 + a_2 s^2 + a_1 s + a_0\right) + b_3\left(s^3 + a_2 s^2 + a_1 s + a_0\right)}{s^3 + a_2 s^2 + a_1 s + a_0} \\ &= \frac{\left(b_2 - b_3 a^2\right)s^2 + \left(b_1 - b_3 a_1\right)s + \left(b_0 - b_3 a_0\right) + b_3\left(s^3 + a_2 s^2 + a_1 s + a_0\right)}{s^3 + a_2 s^2 + a_1 s + a_0} \\ &= \underbrace{\frac{\left(b_2 - b_3 a^2\right)s^2 + \left(b_1 - b_3 a_1\right)s + \left(b_0 - b_3 a_0\right)}{s^3 + a_2 s^2 + a_1 s + a_0}}_{\text{严格正则}} + b_3\end{aligned}$$

将传递函数写为严格正则的部分和直接反馈部分，即

$$U(s) = \frac{\left(b_2 - b_3 a_2\right)s^2 + \left(b_1 - b_3 a_1\right)s + \left(b_0 - b_3 a_0\right)}{s^3 + a_2 s^2 + a_1 s + a_0}E(s) + b_3 E(s)$$

（b）将（a）中的答案进行欧拉离散化以便在微型处理器上进行 $G_{\mathrm{c}}(s)$ 的计算。

习题 13 计算状态空间表示的传递函数

假设三阶状态空间方程为

$$\frac{\mathrm{d}}{\mathrm{d}t}\begin{bmatrix} x_1 \\ x_2 \\ x_3 \end{bmatrix} = \underbrace{\begin{bmatrix} 0 & 1 & 0 \\ 0 & 0 & 1 \\ -a_0 & -a_1 & -a_2 \end{bmatrix}}_{\boldsymbol{A}}\underbrace{\begin{bmatrix} x_1 \\ x_2 \\ x_3 \end{bmatrix}}_{\boldsymbol{x}} + \underbrace{\begin{bmatrix} 0 \\ 0 \\ 1 \end{bmatrix}}_{\boldsymbol{b}} e$$

$$u = \underbrace{\begin{bmatrix} b_0 - b_3 a_0 & b_1 - b_3 a_1 & b_2 - b_3 a_2 \end{bmatrix}}_{\boldsymbol{c}}\begin{bmatrix} x_1 \\ x_2 \\ x_3 \end{bmatrix} + \boldsymbol{b}_3 e$$

计算传递函数 $U(s)/E(s)$。

第 15 章

状态反馈

在第 14 章中进行了关于状态空间模型的讨论。在本章中将介绍如何为这些模型设计有效的控制器。

15.1 两个例子

接下来通过两个例子，看看如何在控制系统中使用状态空间模型和状态反馈。

例 1 倒立摆的稳定性

图 15-1 所示为位于小车上的倒立摆的示意图。回顾第 13 章，倒立摆的传递函数为

$$\theta(s)=-\frac{\kappa m\ell}{s^2-\alpha^2}U(s) \tag{15.1}$$

有

$$\alpha^2 \triangleq \frac{mg\ell(M+m)}{Sm\ell^2+J(M+m)},\ \kappa \triangleq \frac{1}{Mm\ell^2+J(M+m)}$$

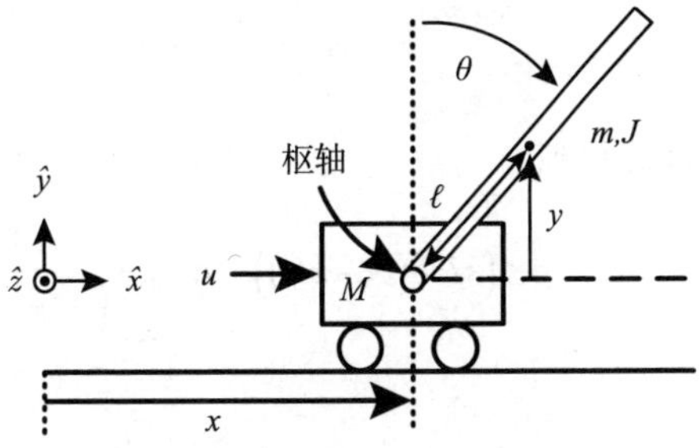

图 15-1 小车上的倒立摆

设

$$x_1=\theta$$
$$x_2=\dot{\theta}$$

可写出其状态空间表示形式

$$\frac{\mathrm{d}}{\mathrm{d}t}\begin{bmatrix}x_1\\x_2\end{bmatrix}=\begin{bmatrix}0&1\\\alpha^2&0\end{bmatrix}\begin{bmatrix}x_1\\x_2\end{bmatrix}+\begin{bmatrix}0\\-\kappa m\ell\end{bmatrix}u \tag{15.2}$$

作用在小车上的力u为输入，模型的目标是使$\theta=0$和$\dot{\theta}=0$成立。假设状态反馈控制器定义为

$$u=-\begin{bmatrix}k_1 & k_2\end{bmatrix}\begin{bmatrix}\theta(t)\\\dot{\theta}(t)\end{bmatrix}=-\underbrace{\begin{bmatrix}k_1 & k_2\end{bmatrix}}_{k}\begin{bmatrix}x_1\\x_2\end{bmatrix} \tag{15.3}$$

将该反馈应用于倒立摆系统，得到

$$\begin{aligned}\frac{\mathrm{d}}{\mathrm{d}t}\begin{bmatrix}x_1\\x_2\end{bmatrix}&=\begin{bmatrix}0&1\\\alpha^2&0\end{bmatrix}\begin{bmatrix}x_1\\x_2\end{bmatrix}-\begin{bmatrix}0\\-\kappa m\ell\end{bmatrix}\begin{bmatrix}k_1 & k_2\end{bmatrix}\begin{bmatrix}x_1\\x_2\end{bmatrix}\\&=\underbrace{\left(\begin{bmatrix}0&1\\\alpha^2&0\end{bmatrix}-\begin{bmatrix}0&0\\-\kappa m\ell k_1&-\kappa m\ell k_2\end{bmatrix}\right)}_{A-bk}\begin{bmatrix}x_1\\x_2\end{bmatrix}\\&=\begin{bmatrix}0&1\\\alpha^2+\kappa m\ell k_1&\kappa m\ell k_2\end{bmatrix}\begin{bmatrix}x_1\\x_2\end{bmatrix}\end{aligned} \tag{15.4}$$

得到此系统的解为

$$\begin{bmatrix}x_1(t)\\x_2(t)\end{bmatrix}=\mathrm{e}^{(A-bk)t}\begin{bmatrix}x_1(0)\\x_2(0)\end{bmatrix} \tag{15.5}$$

对初始状态的任意值$x_1(0)=\theta(0), x_2(0)=\dot{\theta}(0)$，需要满足

$$\begin{bmatrix} x_1(t) \\ x_2(t) \end{bmatrix} \to \begin{bmatrix} 0 \\ 0 \end{bmatrix} \tag{15.6}$$

这需要使

$$e^{(A-bk)t} \to \mathbf{0}_{2\times 2} \text{ 当 } t \to \infty \text{ 时}$$

接下来将展示如何通过直接计算法来选择合适的 $\boldsymbol{k}$。像之前一样，可以通过如下所示的拉普拉斯变换计算$e^{(A-bk)t}$。

$$\begin{aligned}
e^{(A-bk)t} = \mathcal{L}^{-1}\left\{\left(s\boldsymbol{I}-(\boldsymbol{A}-\boldsymbol{bk})\right)^{-1}\right\} &= \mathcal{L}^{-1}\left\{\left(s\begin{bmatrix} 1 & 0 \\ 0 & 1 \end{bmatrix} - \begin{bmatrix} 0 & 1 \\ \alpha^2+\kappa m\ell k_1 & \kappa m\ell k_2 \end{bmatrix}\right)^{-1}\right\} \\
&= \mathcal{L}^{-1}\left\{\begin{bmatrix} s & -1 \\ -\left(\alpha^2+\kappa m\ell k_1\right) & s-\kappa m\ell k_2 \end{bmatrix}^{-1}\right\} \\
&= \mathcal{L}^{-1}\left\{\frac{1}{\det\left(s\boldsymbol{I}-(\boldsymbol{A}-\boldsymbol{bk})\right)}\begin{bmatrix} s-\kappa m\ell k_2 & 1 \\ \alpha^2+\kappa m\ell k_1 & s \end{bmatrix}\right\}
\end{aligned} \tag{15.7}$$

计算得到

$$\begin{aligned}
\det\left(s\boldsymbol{I}-(\boldsymbol{A}-\boldsymbol{bk})\right) = \det\begin{bmatrix} s & -1 \\ -\left(\alpha^2+\kappa m\ell k_1\right) & s-\kappa m\ell k_2 \end{bmatrix} &= s\left(s-\kappa m\ell k_2\right)-\left(\alpha^2+\kappa m\ell k_1\right) \\
&= s^2-\kappa m\ell k_2 s-\left(\alpha^2+\kappa m\ell k_1\right)
\end{aligned}$$

假设$r_1>0$，$r_2>0$，选择k_1，k_2满足

$$s^2-\kappa m\ell k_2 s-\alpha^2-\kappa m\ell k_1=(s+r_1)(s+r_2)=s^2+(r_1+r_2)s+r_1r_2$$

即，设

$$\begin{aligned}
k_1 &= -\frac{\alpha^2+r_1r_2}{\kappa m\ell} \\
k_2 &= -\frac{r_1+r_2}{\kappa m\ell}
\end{aligned} \tag{15.8}$$

可得

$$\begin{aligned}
e^{(A-bk)t}\Big|_{\substack{k_1=-(r_1r_2+\alpha^2)/\kappa m\ell \\ k_2=-(r_1+r_2)/\kappa m\ell}} &= \mathcal{L}^{-1}\left\{\frac{1}{(s+r_1)(s+r_2)}\begin{bmatrix} s-\kappa m\ell k_2 & 1 \\ \alpha^2+\kappa m\ell k_1 & s \end{bmatrix}\right\} \\
&= \mathcal{L}^{-1}\left\{\begin{bmatrix} \dfrac{s-\kappa m\ell k_2}{(s+r_1)(s+r_2)} & \dfrac{1}{(s+r_1)(s+r_2)} \\ \dfrac{\alpha^2+\kappa m\ell k_1}{(s+r_1)(s+r_2)} & \dfrac{s}{(s+r_1)(s+r_2)} \end{bmatrix}\right\}
\end{aligned}$$

进行部分分式展开可得

$$e^{(A-bk)t}\Big|_{\substack{k_1=-(r_1r_2+\alpha^2)/\kappa m\ell \\ k_2=-(r_1+r_2)/\kappa m\ell}} = \begin{bmatrix} A_{11}e^{-r_1t}+B_{11}e^{-r_2t} & A_{12}e^{-r_1t}+B_{12}e^{-r_2t} \\ A_{21}e^{-r_1t}+B_{21}e^{-r_2t} & A_{22}e^{-r_1t}+B_{22}e^{-r_2t} \end{bmatrix} \to \mathbf{0}_{2\times 2} \tag{15.9}$$

在此处的关键步骤是通过选择k_1，k_2得到

$$\det\left(sI-(A-bk)\right)\Big|_{\substack{k_1=-(r_1r_2+\alpha^2)/\kappa m\ell \\ k_2=-(r_1+r_2)/\kappa m\ell}}=(s+r_1)(s+r_2)$$

这说明对于任意2×2矩阵$\left(sI-(A-bk)\right)^{-1}$，在$-r_1$和$-r_2$处存在极点。因此，当$t\to\infty$时，矩阵各个分量的反拉普拉斯变换均趋近于 0。综上所述，必须选择合适的行向量k使得

$$\det\left(sI-(A-bk)\right)=0$$

的根在左半平面区域。由此可称$A-bk\in\mathbb{R}^{2\times 2}$为稳定矩阵。

例 2 轨道上小车的轨迹跟踪

图 15-2 所示为第 13 章所述的轨道上的小车系统。这个例子描述了如何设计一个状态反馈控制器来进行小车的轨迹跟踪。

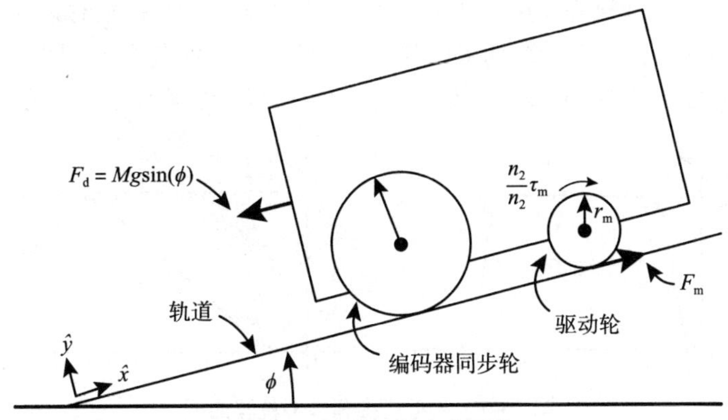

图 15-2 轨道上的小车系统

在第 13 章中，已经导出了该系统的传递函数模型（见图 15-3）。

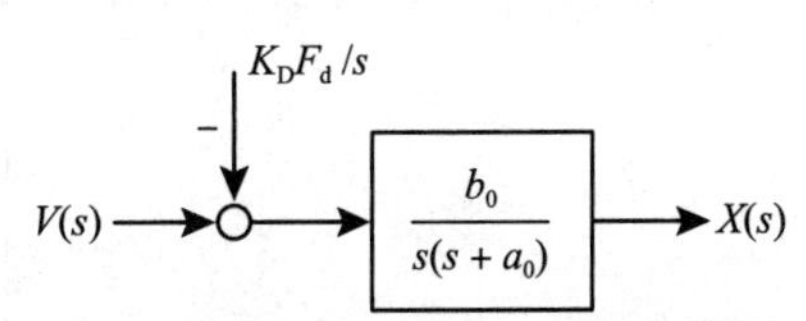

图 15-3 轨道上小车系统的传递函数

$$a_0 \triangleq \frac{K_bK_T\left(\frac{n_2}{n_1}\frac{1}{r_m}\right)^2}{RJ/r_m^2+RM},\quad b_0 \triangleq \frac{K_T\frac{n_2}{n_1}\frac{1}{r_m}}{RJ/r_m^2+RM},\quad K_D \triangleq \frac{R}{K_T\frac{n_2}{n_1}\frac{1}{r_m}}$$

$V(t)$是施加在小车驱动轮直流电动机上的电压，x是小车在轨道上的位置，$v=\mathrm{d}x/\mathrm{d}t$是小车的速度。$F_d(t)=Mg\sin(\phi)$是当小车以$\phi$角度在斜坡上移动时，由于重力作用于小车上的干扰力。K_DF_d是输入电动机的等效电压，与干扰力对x, v的影响相同。小车系统的状态空间模型为

$$\begin{aligned}\frac{\mathrm{d}x}{\mathrm{d}t}&=v\\ \frac{\mathrm{d}v}{\mathrm{d}t}&=-a_0v+b_0V(t)-\underbrace{b_0K_DF_d}_{d}\end{aligned}\tag{15.10}$$

$d\triangleq b_0K_DF_d=Mg\sin(\phi)/\left(J/r_m^2+M\right)$是小车车体与车轮受重力影响下的（干扰）加速度。本例子的目标是在此状态空间模型的基础上设计一种状态反馈轨迹跟踪控制器。准确来说，本模型期望小车的位置与速度能够遵守（轨迹上的）一种特定的轨迹$\left(x_{ref}(t),v_{ref}(t)\right)$。现假设干扰$d=0$并设$u\triangleq V(t)$，则状态空间模型变为

$$\frac{\mathrm{d}x}{\mathrm{d}t}=v$$

$$\frac{\mathrm{d}v}{\mathrm{d}t}=-a_0v+b_0u \tag{15.11}$$

矩阵形式表达为

$$\frac{\mathrm{d}}{\mathrm{d}t}\begin{bmatrix}x\\v\end{bmatrix}=\begin{bmatrix}0&1\\0&-a_0\end{bmatrix}\begin{bmatrix}x\\v\end{bmatrix}+\begin{bmatrix}0\\b_0\end{bmatrix}u$$

15.1.1　轨迹设计

首先需要为小车设计轨迹。用$x_{\text{ref}}(t)$表示位置参考轨迹，在初始时刻有$x_{\text{ref}}(0)=0$，在终止时间t_{f}时有$x_{\text{ref}}(t_{\text{f}})=x_{\text{f}}$，$x_{\text{f}}$是最终期望位置。以上轨迹为点到点移动。图 15-4 所示为简单参考轨迹。为了使轨迹$x_{\text{ref}}(t)$的曲线更加平滑，速度和加速度参考值必须保证是连续时间函数。

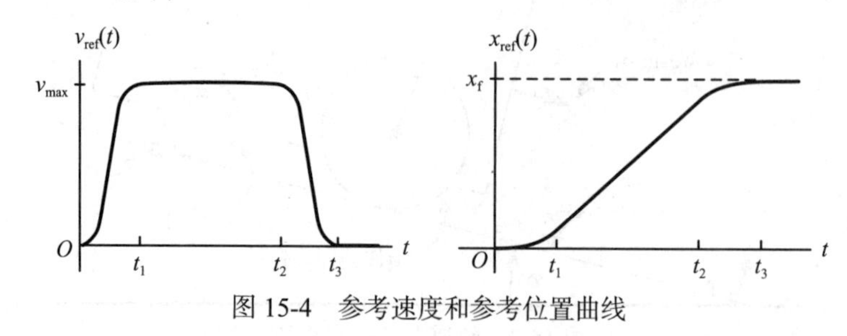

图 15-4　参考速度和参考位置曲线

在设计中需要保证速度的参考轨迹满足以下几个条件。

$$\begin{array}{ll} v_{\text{ref}}(0)=0 & \dot{v}_{\text{ref}}(0)=0 \\ v_{\text{ref}}(t_1)=v_{\max} & \dot{v}_{\text{ref}}(t_1)=0 \\ v_{\text{ref}}(t)=v_{\max} & t_1\leqslant t\leqslant t_2 \\ v_{\text{ref}}(t_2)=v_{\max} & \dot{v}_{\text{ref}}(t_2)=0 \\ v_{\text{ref}}(t_3)=0 & \dot{v}_{\text{ref}}(t_3)=0 \end{array}$$

如图 15-4 左侧所示，速度参考$v_{\text{ref}}(t)$关于轨迹的中点位置处对称。这需要满足$t_3-t_2=t_1$，也就是说使电动机减速所需的时间与使电动机加速的时间相同，因此得到最终时刻的时间为$t_{\text{f}}\triangleq t_3=t_1+t_2$。此外，速度参考$v_{\text{ref}}(t)$必须满足：

$$v_{\text{ref}}(t)=v_{\text{ref}}(t_3-t)\ \text{对于}\ t_2\leqslant t\leqslant t_3$$

由于最终位置为x_{f}，因此存在：

$$\int_0^{t_3}v_{\text{ref}}(\tau)\mathrm{d}\tau=x_{\text{f}}$$

有许多方法可以对参考轨迹进行定义，并满足上述条件。以下将假设多项式参考轨迹为

$$v_{\text{ref}}(t)=c_1t^2+c_2t^3\ \text{对于}\ 0\leqslant t\leqslant t_1$$

该式显然满足$v_{\text{ref}}(0)=0,\ \dot{v}_{\text{ref}}(0)=0$。在$t_1$时刻具有以下状态

$$v_{\text{ref}}(t_1)=c_1t_1^2+c_2t_1^3=v_{\max}$$

$$\dot{v}_{\text{ref}}(t_1)=2c_1t_1+3c_2t_1^2=0$$

或者表示为

$$\begin{bmatrix} t_1^2 & t_1^3 \\ 2t_1 & 3t_1^2 \end{bmatrix} \begin{bmatrix} c_1 \\ c_2 \end{bmatrix} = \begin{bmatrix} v_{\max} \\ 0 \end{bmatrix}$$

该式存在唯一解

$$\begin{bmatrix} c_1 \\ c_2 \end{bmatrix} = \frac{1}{t_1^4} \begin{bmatrix} 3t_1^2 & -t_1^3 \\ -2t_1 & t_1^2 \end{bmatrix} \begin{bmatrix} v_{\max} \\ 0 \end{bmatrix} = \begin{bmatrix} +3v_{\max}/t_1^2 \\ -2v_{\max}/t_1^3 \end{bmatrix} \tag{15.12}$$

速度参考轨迹可以通过式（15.12）中的c_1, c_2计算为

$$v_{\text{ref}}(t) = \begin{cases} c_1 t^2 + c_2 t^3, & 0 \leqslant t \leqslant t_1 \\ v_{\max}, & t_1 \leqslant t \leqslant t_2 \\ c_1 (t_3 - t)^2 + c_2 (t_3 - t)^3, & t_2 \leqslant t \leqslant t_3 \end{cases} \tag{15.13}$$

现在可以计算指定位置处的参考轨迹值。在t_1时刻走过的距离为

$$x_{\text{ref}}(t_1) = \int_0^{t_1} v_{\text{ref}}(\tau) \mathrm{d}\tau = c_1 t_1^3/3 + c_2 t_1^4/4 = \frac{3v_{\max}}{t_1^2} \frac{t_1^3}{3} - \frac{2v_{\max}}{t_1^3} \frac{t_1^4}{4} = \frac{v_{\max} t_1}{2}$$

根据对称性有$\int_{t_2}^{t_3} v_{\text{ref}}(\tau) \mathrm{d}\tau = v_{\max} t_1 / 2$。由于在最后时刻$t_{\text{f}} = t_3$处的位置一定为$x_{\text{f}}$，遵循以下等式

$$\begin{aligned} x_{\text{f}} = \int_0^{t_3} v_{\text{ref}}(\tau) \mathrm{d}\tau = x_{\text{ref}}(t_1) + v_{\max}(t_2 - t_1) + x_{\text{ref}}(t_1) &= 2\frac{v_{\max} t_1}{2} + v_{\max}(t_2 - t_1) \\ &= v_{\max} t_2 \end{aligned}$$

这就对$v_{\max}$和t_2的选择进行了限制。例如，若x_{f}和t_2值是确定的，那么有$v_{\max} = x_{\text{f}} / t_2$。

位置的参考值为速度参考值的积分。因此，当$v_{\max} = x_{\text{f}} / t_2$时，有（详见习题 6）

$$x_{\text{ref}}(t) = \begin{cases} c_1 t^3/3 + c_2 t^4/4, & 0 \leqslant t \leqslant t_1 \\ v_{\max} t_1/2 + v_{\max}(t - t_1), & t_1 \leqslant t \leqslant t_2 \\ v_{\max} t_2 - c_1 (t_3 - t)^3/3 - c_2 (t_3 - t)^4/4, & t_2 \leqslant t \leqslant t_3 \end{cases} \tag{15.14}$$

加速度参考值$\alpha_{\text{ref}}(t)$是速度参考值的导数，为

$$\alpha_{\text{ref}}(t) = \begin{cases} 2c_1 t + 3c_2 t^2, & 0 \leqslant t \leqslant t_1 \\ 0, & t_1 \leqslant t \leqslant t_2 \\ -2c_1 (t_3 - t) - 3c_2 (t_3 - t)^2, & t_2 \leqslant t \leqslant t_3 \end{cases}$$

可通过$\alpha_{\text{ref}}(t)$的微分值得到急动度参考值$j_{\text{ref}}(t) \triangleq \mathrm{d}\alpha_{\text{ref}}/\mathrm{d}t$，如图 15-5 所示。请注意，在时间$t = 0$, t_1, t_2, t_3处，急动度$j_{\text{ref}}(t)$是不连续的。

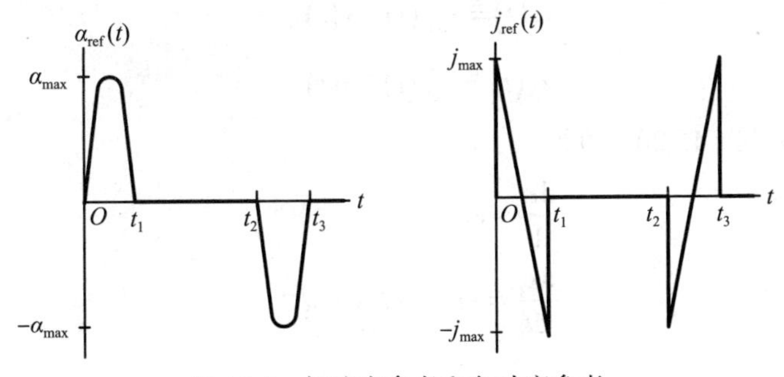

图 15-5　加速度参考和急动度参考

通过构建

$$\frac{\mathrm{d}x_{\mathrm{ref}}}{\mathrm{d}t}=v_{\mathrm{ref}} \tag{15.15}$$

输入电压参考值u_{ref}的选择需要满足

$$\underbrace{\frac{\mathrm{d}v_{\mathrm{ref}}}{\mathrm{d}t}}_{\alpha_{\mathrm{ref}}}=-a_0v_{\mathrm{ref}}+b_0u_{\mathrm{ref}} \tag{15.16}$$

可以简单表达为

$$u_{\mathrm{ref}}(t)\triangleq\frac{\alpha_{\mathrm{ref}}(t)+a_0v_{\mathrm{ref}}(t)}{b_0} \tag{15.17}$$

在$t\geqslant t_{\mathrm{f}}=t_3$时，将后续参考值表示为

$$\begin{bmatrix}x_{\mathrm{ref}}(t)\\v_{\mathrm{ref}}(t)\\\alpha_{\mathrm{ref}}(t)\\j_{\mathrm{ref}}(t)\end{bmatrix}=\begin{bmatrix}x_{\mathrm{f}}\\0\\0\\0\end{bmatrix} \tag{15.18}$$

和

$$u_{\mathrm{ref}}(t)=0 \tag{15.19}$$

15.1.2 状态反馈跟踪控制器的设计

系统方程为

$$\begin{aligned}\frac{\mathrm{d}x}{\mathrm{d}t}&=v\\\frac{\mathrm{d}v}{\mathrm{d}t}&=-a_0v+b_0u(t)-d\end{aligned} \tag{15.20}$$

式中，$u(t)$为输入电压，$d\triangleq b_0K_{\mathrm{D}}F_{\mathrm{d}}=Mg\sin(\phi)/\left(J/r_{\mathrm{m}}^2+M\right)$是小车车体与车轮受重力影响下的（干扰）加速度。选择合适的参考轨迹和参考输入以满足：

$$\begin{aligned}\frac{\mathrm{d}x_{\mathrm{ref}}}{\mathrm{d}t}&=v_{\mathrm{ref}}\\\frac{\mathrm{d}v_{\mathrm{ref}}}{\mathrm{d}t}&=-a_0v_{\mathrm{ref}}+b_0u_{\mathrm{ref}}(t)\end{aligned} \tag{15.21}$$

定义误差状态变量

$$\epsilon_1(t)\triangleq x_{\mathrm{ref}}(t)-x(t) \tag{15.22}$$

$$\epsilon_2(t)\triangleq v_{\mathrm{ref}}(t)-v(t) \tag{15.23}$$

用式（15.21）减去式（15.20）可得

$$\begin{aligned}\frac{\mathrm{d}\epsilon_1}{\mathrm{d}t}&=\epsilon_2\\\frac{\mathrm{d}\epsilon_2}{\mathrm{d}t}&=-a_0\epsilon_2+b_0w+d\end{aligned} \tag{15.24}$$

其中

$$w(t)\triangleq u_{\mathrm{ref}}(t)-u(t) \tag{15.25}$$

最后可以得到

$$\frac{\mathrm{d}}{\mathrm{d}t}\begin{bmatrix}\epsilon_1\\ \epsilon_2\end{bmatrix}=\underbrace{\begin{bmatrix}0 & 1\\ 0 & -a_0\end{bmatrix}}_{A}\begin{bmatrix}\epsilon_1\\ \epsilon_2\end{bmatrix}+\underbrace{\begin{bmatrix}0\\ b_0\end{bmatrix}}_{b}w+\begin{bmatrix}0\\ 1\end{bmatrix}d \tag{15.26}$$

若取 $d=0$，则式（15.26）可以化简为

$$\frac{\mathrm{d}\boldsymbol{\epsilon}}{\mathrm{d}t}=\boldsymbol{A}\boldsymbol{\epsilon}+\boldsymbol{b}w$$

现在需要找到合适的 k 以满足反馈

$$w=-\begin{bmatrix}k_1 & k_2\end{bmatrix}\begin{bmatrix}\epsilon_1\\ \epsilon_2\end{bmatrix}$$

在闭环系统

$$\frac{\mathrm{d}\boldsymbol{\epsilon}}{\mathrm{d}t}=\left(\boldsymbol{A}-\boldsymbol{bk}\right)\boldsymbol{\epsilon}$$

中保持稳定，即

$$\boldsymbol{\epsilon}\left(t\right)=\mathrm{e}^{(\boldsymbol{A}-\boldsymbol{bk})t}\begin{bmatrix}\epsilon_1(0)\\ \epsilon_2(0)\end{bmatrix}\to\begin{bmatrix}0\\ 0\end{bmatrix}$$

状态反馈控制设置如图 15-6 所示。

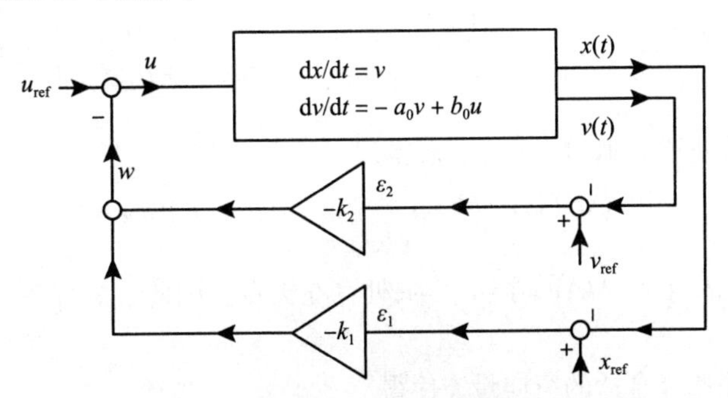

图 15-6　状态反馈轨迹跟踪控制器

接下来通过直接计算法来选择合适的 k。即可以通过如下所示的拉普拉斯变换计算 $\mathrm{e}^{(\boldsymbol{A}-\boldsymbol{bk})t}$。

$$\begin{aligned}
\mathrm{e}^{(\boldsymbol{A}-\boldsymbol{bk})t}&=\mathcal{L}^{-1}\left\{\left(s\boldsymbol{I}-\left(\boldsymbol{A}-\boldsymbol{bk}\right)\right)^{-1}\right\}\\
&=\mathcal{L}^{-1}\left\{\left(s\begin{bmatrix}1 & 0\\ 0 & 1\end{bmatrix}-\left(\begin{bmatrix}0 & 1\\ 0 & -a_0\end{bmatrix}-\begin{bmatrix}0\\ b_0\end{bmatrix}\begin{bmatrix}k_1 & k_2\end{bmatrix}\right)\right)^{-1}\right\}\\
&=\mathcal{L}^{-1}\left\{\begin{bmatrix}s & -1\\ b_0k_1 & s+a_0+b_0k_2\end{bmatrix}^{-1}\right\}\\
&=\mathcal{L}^{-1}\left\{\frac{1}{\det\left(s\boldsymbol{I}-\left(\boldsymbol{A}-\boldsymbol{bk}\right)\right)}\begin{bmatrix}s+a_0+b_0k_2 & 1\\ -b_0k_1 & s\end{bmatrix}\right\}
\end{aligned}$$

而且有

$$\begin{aligned}
\det\left(s\boldsymbol{I}-\left(\boldsymbol{A}-\boldsymbol{bk}\right)\right)=\det\begin{bmatrix}s & -1\\ b_0k_1 & s+a_0+b_0k_2\end{bmatrix}&=s\left(s+a_0+b_0k_2\right)+b_0k_1\\
&=s^2+\left(a_0+b_0k_2\right)s+b_0k_1
\end{aligned}$$

假设$r_1>0$，$r_2>0$，选择k_1，k_2满足：

$$s^2+\left(a_0+b_0k_2\right)s+b_0k_1=\left(s+r_1\right)\left(s+r_2\right)=s^2+\left(r_1+r_2\right)s+r_1r_2$$

也就是取

$$\begin{aligned} k_1&=\frac{r_1r_2}{b_0}\\ k_2&=\frac{r_1+r_2-a_0}{b_0} \end{aligned} \tag{15.27}$$

可得

$$\begin{aligned} \mathrm{e}^{(\boldsymbol{A}-\boldsymbol{bk})t}\Big|_{\substack{k_1=r_1r_2/b_0\\ k_2=(r_1+r_2-a_0)/b_0}}&=\mathcal{L}^{-1}\left\{\frac{1}{\left(s+r_1\right)\left(s+r_2\right)}\begin{bmatrix} s+a_0+b_0k_2 & 1\\ -b_0k_1 & s \end{bmatrix}\right\}\\ &=\mathcal{L}^{-1}\left\{\begin{bmatrix} \dfrac{s+a_0+b_0k_2}{\left(s+r_1\right)\left(s+r_2\right)} & \dfrac{1}{\left(s+r_1\right)\left(s+r_2\right)}\\ \dfrac{-b_0k_1}{\left(s+r_1\right)\left(s+r_2\right)} & \dfrac{s}{\left(s+r_1\right)\left(s+r_2\right)} \end{bmatrix}\right\} \end{aligned}$$

在做完部分分式展开后，可得

$$\mathrm{e}^{(\boldsymbol{A}-\boldsymbol{bk})t}\Big|_{\substack{k_1=r_1r_2/b_0\\ k_2=(r_1+r_2-a_0)/b_0}}=\begin{bmatrix} A_{11}\mathrm{e}^{-r_1t}+B_{11}\mathrm{e}^{-r_2t} & A_{12}\mathrm{e}^{-r_1t}+B_{12}\mathrm{e}^{-r_2t}\\ A_{21}\mathrm{e}^{-r_1t}+B_{21}\mathrm{e}^{-r_2t} & A_{22}\mathrm{e}^{-r_1t}+B_{22}\mathrm{e}^{-r_2t} \end{bmatrix}\to\mathbf{0}_{2\times2}$$

同样，在此处的关键步骤是通过选择k_1，k_2得到

$$\det\left(s\boldsymbol{I}-\left(\boldsymbol{A}-\boldsymbol{bk}\right)\right)\Big|_{\substack{k_1=r_1r_2/b_0\\ k_2=(r_1+r_2-a_0)/b_0}}=\left(s+r_1\right)\left(s+r_2\right)$$

对于任意2×2矩阵$\left(s\boldsymbol{I}-\left(\boldsymbol{A}-\boldsymbol{bk}\right)\right)^{-1}$在$-r_1$，$-r_2$处存在极点。因此，矩阵各个分量的拉普拉斯逆变换均会趋近于 0。

综上所述，必须选择合适的行向量k使得

$$\det\left(s\boldsymbol{I}-\left(\boldsymbol{A}-\boldsymbol{bk}\right)\right)=0$$

的根在左半平面使$\boldsymbol{A}-\boldsymbol{bk}\in\mathbb{R}^{2\times2}$稳定。在习题 3（a）中要求对这个状态反馈轨迹跟踪系统进行仿真。

15.2　一般状态反馈轨迹跟踪问题

现在建立一般状态反馈轨迹跟踪控制问题。考虑状态空间形式的系统模型如下

$$\frac{\mathrm{d}\boldsymbol{x}}{\mathrm{d}t}=\boldsymbol{Ax}+\boldsymbol{b}u,\ \boldsymbol{A}\in\mathbb{R}^{n\times n},\ \boldsymbol{b}\in\mathbb{R}^{n} \tag{15.28}$$

设$\boldsymbol{x}_{\mathrm{d}}$为状态轨迹，$u_{\mathrm{d}}$为满足这些系统方程的参考输入，即

$$\frac{\mathrm{d}\boldsymbol{x}_{\mathrm{d}}}{\mathrm{d}t}=\boldsymbol{Ax}_{\mathrm{d}}+\boldsymbol{b}u_{\mathrm{d}} \tag{15.29}$$

定义误差状态为

$$\boldsymbol{\epsilon}\triangleq\boldsymbol{x}_{\mathrm{d}}-\boldsymbol{x}$$

输入误差为

$$w \triangleq u_{\mathrm{d}} - u$$

用式（15.29）减去式（15.28）得到

$$\frac{\mathrm{d}}{\mathrm{d}t}(\boldsymbol{x}_{\mathrm{d}} - \boldsymbol{x}) = \boldsymbol{A}(\boldsymbol{x}_{\mathrm{d}} - \boldsymbol{x}) + \boldsymbol{b}(u_{\mathrm{d}} - u)$$

或者表示为

$$\frac{\mathrm{d}}{\mathrm{d}t}\epsilon = \boldsymbol{A}\epsilon + \boldsymbol{b}w \tag{15.30}$$

使用状态反馈 $w = -\boldsymbol{k}\epsilon$ 可得

$$\frac{\mathrm{d}}{\mathrm{d}t}\epsilon = (\boldsymbol{A} - \boldsymbol{b}\boldsymbol{k})\epsilon \tag{15.31}$$

该反馈系统的框图如图 15-7 所示。

式（15.31）的解可以写为

$$[\epsilon(t)] = \left[\mathrm{e}^{(\boldsymbol{A}-\boldsymbol{b}\boldsymbol{k})t}\right][\epsilon(0)]$$

使该反馈控制器工作的关键点在于选择 k 以满足

$$\mathrm{e}^{(\boldsymbol{A}-\boldsymbol{b}\boldsymbol{k})t} \to \boldsymbol{0}_{n\times n}$$

与之前的例子类似，当且仅当选择合适的 k 以满足以下式子的特征根在左半平面

$$\det(s\boldsymbol{I} - (\boldsymbol{A} - \boldsymbol{b}\boldsymbol{k})) = 0 \tag{15.32}$$

注意 如果令 $r(t) \triangleq u_{\mathrm{d}}(t) + \boldsymbol{k}\boldsymbol{x}_{\mathrm{d}}(t)$，则图 15-7 的框图就等价于图 15-8 的框图。

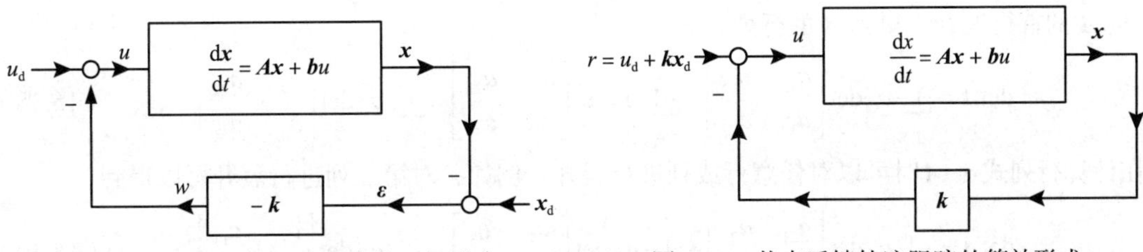

图 15-7 状态反馈轨迹跟踪的一般形式

图 15-8 状态反馈轨迹跟踪的等效形式

15.3 矩阵的逆和 Cayley-Hamilton 定理

在进一步讨论状态反馈之前，需要在本章讨论剩余部分中使用的矩阵的逆和 Cayley-Hamilton（哈密顿 – 凯莱）定理。

15.3.1 矩阵的逆

接下来将复习如何通过计算矩阵的伴随矩阵和行列式来求解矩阵的逆。这个部分并没有给出证明。设 $\boldsymbol{A} \in \mathbb{R}^{3\times 3}$ 为

$$\boldsymbol{A} = \begin{bmatrix} a_{11} & a_{12} & a_{13} \\ a_{21} & a_{22} & a_{23} \\ a_{31} & a_{32} & a_{33} \end{bmatrix} \tag{15.33}$$

它对应的符号矩阵定义为

$$
\boldsymbol{S} \triangleq \begin{bmatrix} 1 & -1 & 1 \\ -1 & 1 & -1 \\ 1 & -1 & 1 \end{bmatrix} \in \mathbb{R}^{3\times3} \tag{15.34}
$$

也就是说，在 $\boldsymbol{S}$ 矩阵中对应的 (i, j) 子块 s_{ij} 的值为 $s_{ij}=(-1)^{i+j}$。代数余子式矩阵定义为

$$
\operatorname{cof}(\boldsymbol{A}) \triangleq \begin{bmatrix} b_{11} & b_{12} & b_{13} \\ b_{21} & b_{22} & b_{23} \\ b_{31} & b_{32} & b_{33} \end{bmatrix} \in \mathbb{R}^{3\times3} \tag{15.35}
$$

其中

$$
b_{11}=\underbrace{+1}_{s_{11}}\cdot\det\begin{bmatrix} a_{22} & a_{23} \\ a_{32} & a_{33} \end{bmatrix},\ b_{12}=\underbrace{-1}_{s_{12}}\cdot\det\begin{bmatrix} a_{21} & a_{23} \\ a_{31} & a_{33} \end{bmatrix},\ b_{13}=\underbrace{+1}_{s_{13}}\cdot\det\begin{bmatrix} a_{21} & a_{22} \\ a_{31} & a_{32} \end{bmatrix}
$$

$$
b_{21}=\underbrace{-1}_{s_{21}}\cdot\det\begin{bmatrix} a_{12} & a_{13} \\ a_{32} & a_{33} \end{bmatrix},\ b_{22}=\underbrace{+1}_{s_{22}}\cdot\det\begin{bmatrix} a_{11} & a_{13} \\ a_{31} & a_{33} \end{bmatrix},\ b_{23}=\underbrace{-1}_{s_{23}}\cdot\det\begin{bmatrix} a_{11} & a_{12} \\ a_{31} & a_{32} \end{bmatrix}
$$

$$
b_{31}=\underbrace{+1}_{s_{31}}\cdot\det\begin{bmatrix} a_{12} & a_{13} \\ a_{22} & a_{23} \end{bmatrix},\ b_{32}=\underbrace{-1}_{s_{32}}\cdot\det\begin{bmatrix} a_{11} & a_{13} \\ a_{21} & a_{23} \end{bmatrix},\ b_{33}=\underbrace{+1}_{s_{33}}\cdot\det\begin{bmatrix} a_{11} & a_{12} \\ a_{21} & a_{22} \end{bmatrix}
$$

$\boldsymbol{A}$ 对应的伴随矩阵为其代数余子式矩阵的转置，即

$$
\operatorname{adj}(\boldsymbol{A}) \triangleq \operatorname{cof}^{\mathrm{T}}(\boldsymbol{A}) \in \mathbb{R}^{3\times3} \tag{15.36}
$$

其中 $\operatorname{cof}^{\mathrm{T}}(\boldsymbol{A})$ 表示 $\operatorname{cof}(\boldsymbol{A})$ 的转置。因此，$\boldsymbol{A}$ 的逆为

$$
\boldsymbol{A}^{-1}=\frac{1}{\det\boldsymbol{A}}\operatorname{adj}(\boldsymbol{A}) \tag{15.37}
$$

（按 $\boldsymbol{A}$ 的首行展开）得到 $\boldsymbol{A}$ 的行列式为

$$
\det\boldsymbol{A}=\underbrace{1}_{s_{11}}\cdot a_{11}\det\begin{bmatrix} a_{22} & a_{23} \\ a_{32} & a_{33} \end{bmatrix}+\underbrace{-1}_{s_{12}}\cdot a_{12}\det\begin{bmatrix} a_{21} & a_{23} \\ a_{31} & a_{33} \end{bmatrix}+\underbrace{1}_{s_{13}}\cdot a_{13}\det\begin{bmatrix} a_{21} & a_{22} \\ a_{31} & a_{32} \end{bmatrix} \tag{15.38}
$$

在计算行列式 $\det\boldsymbol{A}$ 时可以对任意行或列进行展开。例如，对第二列进行展开可以得到

$$
\det\boldsymbol{A}=\underbrace{-1}_{s_{12}}\cdot a_{12}\det\begin{bmatrix} a_{21} & a_{23} \\ a_{31} & a_{33} \end{bmatrix}+\underbrace{1}_{s_{22}}\cdot a_{22}\det\begin{bmatrix} a_{11} & a_{13} \\ a_{31} & a_{33} \end{bmatrix}+\underbrace{-1}_{s_{32}}\cdot a_{32}\det\begin{bmatrix} a_{11} & a_{13} \\ a_{21} & a_{23} \end{bmatrix} \tag{15.39}
$$

- 假定 $\det(\boldsymbol{A})\neq0$。因为如果 $\det(\boldsymbol{A})=0$，则 $\boldsymbol{A}$ 没有逆矩阵。
- 虽然上述方法是应用于 3×3 矩阵的，但该过程适用于任何阶次的矩阵 $\boldsymbol{A}\in\mathbb{R}^{n\times n}$。
- 这种寻找矩阵逆的方法对于计算矩阵数值结果的逆效率不高（不该被用于计算数值解）。这种方法的主要用途是用于理论推导。

例 3 矩阵的逆

设

$$
\boldsymbol{A}=\begin{bmatrix} 0 & 1 & 0 \\ 0 & 0 & 1 \\ -\alpha_0 & -\alpha_1 & -\alpha_2 \end{bmatrix}
$$

计算 $s\boldsymbol{I}-\boldsymbol{A}$ 的逆。可得

$$
s\boldsymbol{I}-\boldsymbol{A}=s\begin{bmatrix} 1 & 0 & 0 \\ 0 & 1 & 0 \\ 0 & 0 & 1 \end{bmatrix}-\begin{bmatrix} 0 & 1 & 0 \\ 0 & 0 & 1 \\ -\alpha_0 & -\alpha_1 & -\alpha_2 \end{bmatrix}=\begin{bmatrix} s & -1 & 0 \\ 0 & s & -1 \\ \alpha_0 & \alpha_1 & s+\alpha_2 \end{bmatrix}
$$

（按$sI-A$的第一列展开）得到的行列式为

$$\det(sI-A)=\underbrace{(1)}_{s_{11}}(s)\det\begin{bmatrix} s & -1 \\ \alpha_1 & s+\alpha_2 \end{bmatrix}+\underbrace{(-1)}_{s_{21}}(0)\det\begin{bmatrix} -1 & 0 \\ \alpha_1 & s+\alpha_2 \end{bmatrix}+$$

$$\underbrace{(1)}_{s_{31}}(\alpha_0)\det\begin{bmatrix} -1 & 0 \\ s & -1 \end{bmatrix}$$

$$=s^3+\alpha_2 s^2+\alpha_1 s+\alpha_0$$

为了计算$sI-A$的伴随矩阵，首先计算$sI-A$的代数余子式矩阵的各个分量

$$b_{11}=+1\cdot\det\begin{bmatrix} s & -1 \\ \alpha_1 & s+\alpha_2 \end{bmatrix},\quad b_{12}=-1\cdot\det\begin{bmatrix} 0 & -1 \\ \alpha_0 & s+\alpha_2 \end{bmatrix},\quad b_{13}=+1\cdot\det\begin{bmatrix} 0 & s \\ \alpha_0 & \alpha_1 \end{bmatrix}$$

$$b_{21}=-1\cdot\det\begin{bmatrix} -1 & 0 \\ \alpha_1 & s+\alpha_2 \end{bmatrix},\quad b_{22}=+1\cdot\det\begin{bmatrix} s & 0 \\ \alpha_0 & s+\alpha_2 \end{bmatrix},\quad b_{23}=-1\cdot\det\begin{bmatrix} s & -1 \\ \alpha_0 & \alpha_1 \end{bmatrix}$$

$$b_{31}=+1\cdot\det\begin{bmatrix} -1 & 0 \\ s & -1 \end{bmatrix},\quad b_{32}=-1\cdot\det\begin{bmatrix} s & 0 \\ 0 & -1 \end{bmatrix},\quad b_{33}=+1\cdot\det\begin{bmatrix} s & -1 \\ 0 & s \end{bmatrix}$$

代数余子式矩阵为

$$\operatorname{cof}(sI-A)=\begin{bmatrix} s^2+\alpha_2 s+\alpha_1 & -\alpha_0 & -\alpha_0 s \\ s+\alpha_2 & s^2+\alpha_2 s & -\alpha_1 s-\alpha_0 \\ 1 & s & s^2 \end{bmatrix}$$

伴随矩阵为

$$\operatorname{adj}(sI-A)=\operatorname{cof}^{\mathrm{T}}(sI-A)=\begin{bmatrix} s^2+\alpha_2 s+\alpha_1 & s+\alpha_2 & 1 \\ -\alpha_0 & s^2+\alpha_2 s & s \\ -\alpha_0 s & -\alpha_1 s-\alpha_0 & s^2 \end{bmatrix}$$

因此，$sI-A$的逆为

$$(sI-A)^{-1}=\frac{1}{\det(sI-A)}\operatorname{adj}(sI-A)$$

$$=\frac{1}{s^3+\alpha_2 s^2+\alpha_1 s+\alpha_0}\begin{bmatrix} s^2+\alpha_2 s+\alpha_1 & s+\alpha_2 & 1 \\ -\alpha_0 & s^2+\alpha_2 s & s \\ -\alpha_0 s & -\alpha_1 s-\alpha_0 & s^2 \end{bmatrix}$$

注意 可以将$(sI-A)^{-1}$写成以下形式

$$(sI-A)^{-1}=\frac{1}{s^3+\alpha_2 s^2+\alpha_1 s+\alpha_0}\times$$

$$\left(\underbrace{\begin{bmatrix} 1 & 0 & 0 \\ 0 & 1 & 0 \\ 0 & 0 & 1 \end{bmatrix}}_{N_2}s^2+\underbrace{\begin{bmatrix} \alpha_2 & 1 & 0 \\ 0 & \alpha_2 & 1 \\ -\alpha_0 & -\alpha_1 & 0 \end{bmatrix}}_{N_1}s+\underbrace{\begin{bmatrix} \alpha_1 & \alpha_2 & 1 \\ -\alpha_0 & 0 & 0 \\ 0 & -\alpha_0 & 0 \end{bmatrix}}_{N_0}\right)$$

$$=\frac{1}{\det(sI-A)}\left(N_2 s^2+N_1 s+N_0\right),\ N_i\in\mathbb{R}^{3\times 3}$$

定理 1 矩阵的逆与行列式的性质

1）设$\boldsymbol{A}\in\mathbb{R}^{n\times n}$，$\boldsymbol{B}\in\mathbb{R}^{n\times n}$为两个矩阵，则有

$$\det(\boldsymbol{AB})=\det(\boldsymbol{A})\det(\boldsymbol{B})$$

2）设$\boldsymbol{A}\in\mathbb{R}^{n\times n}$，$\boldsymbol{B}\in\mathbb{R}^{n\times n}$为可逆矩阵，即$\det(\boldsymbol{A})\neq 0$，$\det(\boldsymbol{B})\neq 0$。则有

$$(\boldsymbol{AB})^{-1}=\boldsymbol{B}^{-1}\boldsymbol{A}^{-1}$$

3）设$\boldsymbol{A}\in\mathbb{R}^{n\times n}$，且$\det(\boldsymbol{A})\neq 0$。则有

$$\det(\boldsymbol{A}^{-1})=\frac{1}{\det\boldsymbol{A}}$$

证明

1）略。

2）由$(\boldsymbol{AB})(\boldsymbol{B}^{-1}\boldsymbol{A}^{-1})=\boldsymbol{A}(\boldsymbol{BB}^{-1})\boldsymbol{A}^{-1}=\boldsymbol{AIA}^{-1}=\boldsymbol{AA}^{-1}=\boldsymbol{I}$，可得$\boldsymbol{B}^{-1}\boldsymbol{A}^{-1}$是矩阵$\boldsymbol{AB}$的逆。

3）由$\boldsymbol{AA}^{-1}=\boldsymbol{I}$，可得$(\det\boldsymbol{A})(\det\boldsymbol{A}^{-1})=\det\boldsymbol{I}=1$或$\det(\boldsymbol{A}^{-1})=1/\det\boldsymbol{A}$。

15.3.2 Cayley-Hamilton 定理

设$\boldsymbol{A}\in\mathbb{R}^{3\times 3}$是一个满足下式的矩阵

$$\det(s\boldsymbol{I}-\boldsymbol{A})=s^3+\alpha_2 s^2+\alpha_1 s+\alpha_0 \tag{15.40}$$

因此有

$$(s\boldsymbol{I}-\boldsymbol{A})^{-1}=\frac{1}{\det(s\boldsymbol{I}-\boldsymbol{A})}\mathrm{adj}(s\boldsymbol{I}-\boldsymbol{A}) \tag{15.41}$$

其中，$\mathrm{adj}(s\boldsymbol{I}-\boldsymbol{A})$是$s\boldsymbol{I}-\boldsymbol{A}$的伴随矩阵。伴随矩阵$\mathrm{adj}(s\boldsymbol{I}-\boldsymbol{A})$可以写成以下形式

$$\mathrm{adj}(s\boldsymbol{I}-\boldsymbol{A})=\boldsymbol{N}_2 s^2+\boldsymbol{N}_1 s+\boldsymbol{N}_0,\ \boldsymbol{N}_i\in\mathbb{R}^{3\times 3} \tag{15.42}$$

式（15.41）两边同乘$s\boldsymbol{I}-\boldsymbol{A}$可得

$$\boldsymbol{I}=(s\boldsymbol{I}-\boldsymbol{A})\frac{1}{\det(s\boldsymbol{I}-\boldsymbol{A})}\mathrm{adj}(s\boldsymbol{I}-\boldsymbol{A})$$

将上述表达式乘以$\det(s\boldsymbol{I}-\boldsymbol{A})$可得

$$\det(s\boldsymbol{I}-\boldsymbol{A})\boldsymbol{I}=(s\boldsymbol{I}-\boldsymbol{A})\mathrm{adj}(s\boldsymbol{I}-\boldsymbol{A})$$

或者表示为

$$\begin{aligned}s^3\boldsymbol{I}+\alpha_2 s^2\boldsymbol{I}+\alpha_1 s\boldsymbol{I}+\alpha_0\boldsymbol{I}&=(s\boldsymbol{I}-\boldsymbol{A})(\boldsymbol{N}_2 s^2+\boldsymbol{N}_1 s+\boldsymbol{N}_0)\\&=s^3\boldsymbol{N}_2+(\boldsymbol{N}_1-\boldsymbol{AN}_2)s^2+(\boldsymbol{N}_0-\boldsymbol{AN}_1)s-\boldsymbol{AN}_0\end{aligned} \tag{15.43}$$

由于s对应各阶次的系数相等，有

$$\begin{aligned}\boldsymbol{I}&=\boldsymbol{N}_2\\\alpha_2\boldsymbol{I}&=\boldsymbol{N}_1-\boldsymbol{AN}_2\\\alpha_1\boldsymbol{I}&=\boldsymbol{N}_0-\boldsymbol{AN}_1\\\alpha_0\boldsymbol{I}&=-\boldsymbol{AN}_0\end{aligned}$$

因此可得

$$\begin{aligned}\alpha_0\boldsymbol{I}=-\boldsymbol{AN}_0&=-\boldsymbol{A}(\alpha_1\boldsymbol{I}+\boldsymbol{AN}_1)\\&=-\alpha_1\boldsymbol{A}-\boldsymbol{A}^2\boldsymbol{N}_1\end{aligned}$$

$$
\begin{aligned}
&= -\alpha_1 \boldsymbol{A} - \boldsymbol{A}^2(\alpha_2 \boldsymbol{I} + \boldsymbol{A}\boldsymbol{N}_2) \\
&= -\alpha_1 \boldsymbol{A} - \alpha_2 \boldsymbol{A}^2 - \boldsymbol{A}^3
\end{aligned}
$$

将最后一行重新排列得到 Cayley-Hamilton 定理，即

$$
\boldsymbol{A}^3 + \alpha_2 \boldsymbol{A}^2 + \alpha_1 \boldsymbol{A} + \alpha_0 \boldsymbol{I} = \boldsymbol{0}_{3\times 3}
$$

也就是说，在方程 $\det(s\boldsymbol{I} - \boldsymbol{A}) = s^3 + \alpha_2 s^2 + \alpha_1 s + \alpha_0 = 0$ 中，用矩阵 $\boldsymbol{A}^n$ 来代替标量 s^n（$s^0 = 1$ 由单位矩阵 $\boldsymbol{I}$ 表示），用零矩阵 $\boldsymbol{0}_{3\times 3}$ 代替标量 0，得到 $\boldsymbol{A}^3 + \alpha_2 \boldsymbol{A}^2 + \alpha_1 \boldsymbol{A} + \alpha_0 \boldsymbol{I} = \boldsymbol{0}_{3\times 3}$。

例 4 Cayley–Hamilton 定理

设

$$
\boldsymbol{A} = \begin{bmatrix} 0 & 1 & 0 \\ 0 & 0 & 1 \\ -\alpha_0 & -\alpha_1 & -\alpha_2 \end{bmatrix}
$$

可以得到

$$
\det(s\boldsymbol{I} - \boldsymbol{A}) = s^3 + \alpha_2 s^2 + \alpha_1 s + \alpha_0
$$

计算得

$$
\begin{bmatrix} 0 & 1 & 0 \\ 0 & 0 & 1 \\ -\alpha_0 & -\alpha_1 & -\alpha_2 \end{bmatrix}^3 + \alpha_2 \begin{bmatrix} 0 & 1 & 0 \\ 0 & 0 & 1 \\ -\alpha_0 & -\alpha_1 & -\alpha_2 \end{bmatrix}^2 + \alpha_1 \begin{bmatrix} 0 & 1 & 0 \\ 0 & 0 & 1 \\ -\alpha_0 & -\alpha_1 & -\alpha_2 \end{bmatrix} + \alpha_0 \begin{bmatrix} 1 & 0 & 0 \\ 0 & 1 & 0 \\ 0 & 0 & 1 \end{bmatrix}
$$

$$
= \begin{bmatrix} -\alpha_0 & -\alpha_1 & -\alpha_2 \\ \alpha_0\alpha_2 & \alpha_1\alpha_2 - \alpha_0 & \alpha_2^2 - \alpha_1 \\ \alpha_0\alpha_1 - \alpha_0\alpha_2^2 & \alpha_1^2 - \alpha_1\alpha_2^2 + \alpha_0\alpha_2 & -\alpha_2^3 + 2\alpha_1\alpha_2 - \alpha_0 \end{bmatrix} +
$$

$$
\alpha_2 \begin{bmatrix} 0 & 0 & 1 \\ -\alpha_0 & -\alpha_1 & -\alpha_2 \\ \alpha_0\alpha_2 & \alpha_1\alpha_2 - \alpha_0 & \alpha_2^2 - \alpha_1 \end{bmatrix} + \alpha_1 \begin{bmatrix} 0 & 1 & 0 \\ 0 & 0 & 1 \\ -\alpha_0 & -\alpha_1 & -\alpha_2 \end{bmatrix} + \alpha_0 \begin{bmatrix} 1 & 0 & 0 \\ 0 & 1 & 0 \\ 0 & 0 & 1 \end{bmatrix}
$$

$$
= \begin{bmatrix} 0 & 0 & 0 \\ 0 & 0 & 0 \\ 0 & 0 & 0 \end{bmatrix}
$$

定义 1 特征多项式和特征值

对于给定矩阵 $\boldsymbol{A} \in \mathbb{R}^{n\times n}$，$\det(s\boldsymbol{I} - \boldsymbol{A})$ 称为 $\boldsymbol{A}$ 的特征多项式。

$$
\det(s\boldsymbol{I} - \boldsymbol{A}) = 0
$$

计算上式得到的解，称为 $\boldsymbol{A}$ 的特征值。

15.4 稳定性与状态反馈

考虑如下系统的三阶状态空间模型：

$$
\frac{\mathrm{d}}{\mathrm{d}t} \begin{bmatrix} x_1 \\ x_2 \\ x_3 \end{bmatrix} = \underbrace{\begin{bmatrix} a_{11} & a_{12} & a_{13} \\ a_{21} & a_{22} & a_{23} \\ a_{31} & a_{32} & a_{33} \end{bmatrix}}_{\boldsymbol{A}} \begin{bmatrix} x_1 \\ x_2 \\ x_3 \end{bmatrix} + \underbrace{\begin{bmatrix} b_1 \\ b_2 \\ b_3 \end{bmatrix}}_{\boldsymbol{b}} u \qquad (15.44)
$$

u选择为

$$u=-\underbrace{\begin{bmatrix}k_1 & k_2 & k_3\end{bmatrix}}_{k}\begin{bmatrix}x_1\\x_2\\x_3\end{bmatrix} \tag{15.45}$$

闭环系统为

$$\frac{\mathrm{d}\boldsymbol{x}}{\mathrm{d}t}=(\boldsymbol{A}-\boldsymbol{bk})\boldsymbol{x} \tag{15.46}$$

解得

$$\boldsymbol{x}(t)=\mathrm{e}^{(\boldsymbol{A}-\boldsymbol{bk})t}\boldsymbol{x}(0) \tag{15.47}$$

由于

$$\left(s\boldsymbol{I}-(\boldsymbol{A}-\boldsymbol{bk})\right)^{-1}=\frac{1}{\det\left(s\boldsymbol{I}-(\boldsymbol{A}-\boldsymbol{bk})\right)}\mathrm{adj}\left(s\boldsymbol{I}-(\boldsymbol{A}-\boldsymbol{bk})\right) \tag{15.48}$$

伴随矩阵的各个分量为s的多项式。每个元素都是3×3矩阵，$\left(s\boldsymbol{I}-(\boldsymbol{A}-\boldsymbol{bk})\right)^{-1}$与$\det\left(s\boldsymbol{I}-(\boldsymbol{A}-\boldsymbol{bk})\right)$具有相同的分母。

$$\mathrm{adj}\left(s\boldsymbol{I}-(\boldsymbol{A}-\boldsymbol{bk})\right)\in\mathbb{R}^{3\times3}$$

因此可以将$\mathrm{e}^{(\boldsymbol{A}-\boldsymbol{bk})t}$写为

$$\mathrm{e}^{(\boldsymbol{A}-\boldsymbol{bk})t}=\mathcal{L}^{-1}\left\{\frac{1}{\det\left(s\boldsymbol{I}-(\boldsymbol{A}-\boldsymbol{bk})\right)}\mathrm{adj}\left(s\boldsymbol{I}-(\boldsymbol{A}-\boldsymbol{bk})\right)\right\} \tag{15.49}$$

可以发现$\mathrm{e}^{(\boldsymbol{A}-\boldsymbol{bk})t}$的各个子块趋近于 0 当且仅当特征多项式的根在左半平面。在这种情况下称$\boldsymbol{A}-\boldsymbol{bk}$为稳定矩阵。

$$\det\left(s\boldsymbol{I}-(\boldsymbol{A}-\boldsymbol{bk})\right)=0$$

换句话说，当且仅当$\boldsymbol{A}-\boldsymbol{bk}$为稳定矩阵时，有

$$\mathrm{e}^{(\boldsymbol{A}-\boldsymbol{bk})t}\to\boldsymbol{0}_{3\times3}$$

例 5 能控标准型

考虑状态空间模型

$$\frac{\mathrm{d}\boldsymbol{x}}{\mathrm{d}t}=\boldsymbol{Ax}+\boldsymbol{b}u \tag{15.50}$$

式中，u为标量输入，

$$\boldsymbol{x}=\begin{bmatrix}x_1\\x_2\\x_3\end{bmatrix},\ \boldsymbol{A}=\begin{bmatrix}0&1&0\\0&0&1\\-\alpha_0&-\alpha_1&-\alpha_2\end{bmatrix},\ \boldsymbol{b}=\begin{bmatrix}0\\0\\1\end{bmatrix} \tag{15.51}$$

注意$(\boldsymbol{A},\ \boldsymbol{b})$为能控标准型（详见 14.2.1 节）。

现在假设输入为

$$u=-\boldsymbol{kx} \tag{15.52}$$

其中

$$\boldsymbol{k}\triangleq\begin{bmatrix}k_1 & k_2 & k_3\end{bmatrix} \tag{15.53}$$

闭环系统为

$$\frac{\mathrm{d}\boldsymbol{x}}{\mathrm{d}t}=\left(\boldsymbol{A}-\boldsymbol{bk}\right)\boldsymbol{x}$$

解为

$$\boldsymbol{x}(t)=\mathrm{e}^{(\boldsymbol{A}-\boldsymbol{bk})t}\boldsymbol{x}(0)$$

选择 $\boldsymbol{k}$ 满足:

$$\mathrm{e}^{(\boldsymbol{A}-\boldsymbol{bk})t}\to\boldsymbol{0}_{3\times3}$$

$s\boldsymbol{I}-\left(\boldsymbol{A}-\boldsymbol{bk}\right)$的特征多项式为

$$\begin{aligned}\det\left(s\boldsymbol{I}-\left(\boldsymbol{A}-\boldsymbol{bk}\right)\right)&=\det\begin{bmatrix}s&-1&0\\0&s&-1\\k_1+\alpha_0&k_2+\alpha_1&s+k_3+\alpha_2\end{bmatrix}\\&=s\det\begin{bmatrix}s&-1\\k_2+\alpha_1&s+k_3+\alpha_2\end{bmatrix}-(-1)\det\begin{bmatrix}0&-1\\k_1+\alpha_0&s+k_3+\alpha_2\end{bmatrix}\\&=s\left(s\left(s+k_3+\alpha_2\right)+k_2+\alpha_1\right)+k_1+\alpha_0\\&=s^3+\left(k_3+\alpha_2\right)s^2+\left(k_2+\alpha_1\right)s+k_1+\alpha_0\end{aligned}\tag{15.54}$$

由于$r_1>0, r_2>0$，$r_3>0$，需要配置闭环极点r_1，r_2，r_3。即需要满足

$$\begin{aligned}\det\left(s\boldsymbol{I}-\left(\boldsymbol{A}-\boldsymbol{bk}\right)\right)&=\left(s+r_1\right)\left(s+r_2\right)\left(s+r_3\right)\\&=s^3+\left(r_1+r_2+r_3\right)s^2+\left(r_1r_2+r_1r_3+r_2r_3\right)s+r_1r_2r_3\end{aligned}\tag{15.55}$$

仅需要满足

$$\begin{aligned}&k_3+\alpha_2=r_1+r_2+r_3\\&k_2+\alpha_1=r_1r_2+r_1r_3+r_2r_3\\&k_1+\alpha_0=r_1r_2r_3\end{aligned}\tag{15.56}$$

或者

$$\begin{aligned}&k_3=r_1+r_2+r_3-\alpha_2\\&k_2=r_1r_2+r_1r_3+r_2r_3-\alpha_1\\&k_1=r_1r_2r_3-\alpha_0\end{aligned}\tag{15.57}$$

若$\boldsymbol{A}$和$\boldsymbol{b}$符合能控标准型，则$\left(s\boldsymbol{I}-\left(\boldsymbol{A}-\boldsymbol{bk}\right)\right)^{-1}$具有特殊形式。计算如下

$$\begin{aligned}s\boldsymbol{I}-\left(\boldsymbol{A}-\boldsymbol{bk}\right)&=s\begin{bmatrix}1&0&0\\0&1&0\\0&0&1\end{bmatrix}-\left(\begin{bmatrix}0&1&0\\0&0&1\\-\alpha_0&-\alpha_1&-\alpha_2\end{bmatrix}-\begin{bmatrix}0\\0\\1\end{bmatrix}\begin{bmatrix}k_1&k_2&k_3\end{bmatrix}\right)\\&=s\begin{bmatrix}1&0&0\\0&1&0\\0&0&1\end{bmatrix}+\begin{bmatrix}0&-1&0\\0&0&-1\\\alpha_0&\alpha_1&\alpha_2\end{bmatrix}+\begin{bmatrix}0&0&0\\0&0&0\\k_1&k_2&k_3\end{bmatrix}\\&=s\begin{bmatrix}1&0&0\\0&1&0\\0&0&1\end{bmatrix}+\begin{bmatrix}0&-1&0\\0&0&-1\\k_1+\alpha_0&k_2+\alpha_1&k_3+\alpha_2\end{bmatrix}\\&=\begin{bmatrix}s&-1&0\\0&s&-1\\k_1+\alpha_0&k_2+\alpha_1&s+k_3+\alpha_2\end{bmatrix}\end{aligned}\tag{15.58}$$

这些烦琐的计算表明

$$\operatorname{adj}\left(s\boldsymbol{I}-(\boldsymbol{A}-\boldsymbol{bk})\right)=\operatorname{adj}\begin{bmatrix} s & -1 & 0 \\ 0 & s & -1 \\ k_1+\alpha_0 & k_2+\alpha_1 & s+k_3+\alpha_2 \end{bmatrix}$$

$$=\begin{bmatrix} s^2+s(\alpha_2+k_3)+\alpha_1+k_2 & s+\alpha_2+k_3 & 1 \\ -\alpha_0-k_1 & s^2+s(\alpha_2+k_3) & s \\ -s\alpha_0-sk_1 & -s(\alpha_1+k_2)-\alpha_0-k_1 & s^2 \end{bmatrix}$$

注意 $\operatorname{adj}\left(s\boldsymbol{I}-(\boldsymbol{A}-\boldsymbol{bk})\right)$特殊形式的第三列。最终，可以得到

$$\left(s\boldsymbol{I}-(\boldsymbol{A}-\boldsymbol{bk})\right)^{-1}=\frac{1}{\det\left(s\boldsymbol{I}-(\boldsymbol{A}-\boldsymbol{bk})\right)}\times$$

$$\begin{bmatrix} s^2+s(\alpha_2+k_3)+\alpha_1+k_2 & s+\alpha_2+k_3 & 1 \\ -\alpha_0-k_1 & s^2+s(\alpha_2+k_3) & s \\ -s\alpha_0-sk_1 & -s(\alpha_1+k_2)-\alpha_0-k_1 & s^2 \end{bmatrix}$$

$$=\frac{1}{(s+r_1)(s+r_2)(s+r_3)}\times$$

$$\begin{bmatrix} s^2+s(\alpha_2+k_3)+\alpha_1+k_2 & s+\alpha_2+k_3 & 1 \\ -\alpha_0-k_1 & s^2+s(\alpha_2+k_3) & s \\ -s\alpha_0-sk_1 & -s(\alpha_1+k_2)-\alpha_0-k_1 & s^2 \end{bmatrix} \tag{15.59}$$

这个3×3矩阵各个子块（通过部分分式展开）的反拉普拉斯变换具有$A\mathrm{e}^{-r_1 t}+B\mathrm{e}^{-r_2 t}+C\mathrm{e}^{-r_3 t}$的形式，并随着$t\to\infty$趋近于 0。因此

$$\mathrm{e}^{(\boldsymbol{A}-\boldsymbol{bk})t}=\mathcal{L}^{-1}\left\{\left(s\boldsymbol{I}-(\boldsymbol{A}-\boldsymbol{bk})\right)^{-1}\right\}\to\boldsymbol{0}_{3\times3}$$

且对于任意初始条件$\boldsymbol{x}(0)$都有$\boldsymbol{x}(t)\to\boldsymbol{0}$。

例 6 磁悬浮

在第 13 章习题 9 中，得到磁悬浮系统的三阶线性状态空间模型为

$$\frac{\mathrm{d}}{\mathrm{d}t}\begin{bmatrix} i-i_{\mathrm{eq}} \\ x-x_{\mathrm{eq}} \\ v-v_{\mathrm{eq}} \end{bmatrix}=\underbrace{\begin{bmatrix} -\dfrac{R}{L_0} & 0 & \dfrac{rL_1}{L_{\mathrm{eq}}}\dfrac{i_{\mathrm{eq}}}{x_{\mathrm{eq}}^2} \\ 0 & 0 & 1 \\ -\dfrac{2g}{i_{\mathrm{eq}}} & \dfrac{2g}{x_{\mathrm{eq}}} & 0 \end{bmatrix}}_{\boldsymbol{A}}\begin{bmatrix} i-i_{\mathrm{eq}} \\ x-x_{\mathrm{eq}} \\ v-v_{\mathrm{eq}} \end{bmatrix}+\underbrace{\begin{bmatrix} \dfrac{1}{L_0} \\ 0 \\ 0 \end{bmatrix}}_{\boldsymbol{B}}(u-u_{\mathrm{eq}}) \tag{15.60}$$

其中

$$\begin{bmatrix} i_{\mathrm{eq}} \\ x_{\mathrm{eq}} \\ v_{\mathrm{eq}} \end{bmatrix}=\begin{bmatrix} x_{\mathrm{eq}}\sqrt{\dfrac{2mg}{rL_1}} \\ x_{\mathrm{eq}} \\ 0 \end{bmatrix},\ u_{\mathrm{eq}}=Ri_{\mathrm{eq}}$$

为了使表达更简洁，令

$$\begin{bmatrix} z_1 \\ z_2 \\ z_3 \end{bmatrix} \triangleq \begin{bmatrix} i - i_{\text{eq}} \\ x - x_{\text{eq}} \\ v - v_{\text{eq}} \end{bmatrix}, \ w = u - u_{\text{eq}} \tag{15.61}$$

和

$$\boldsymbol{A} = \begin{bmatrix} a_{11} & 0 & a_{13} \\ 0 & 0 & 1 \\ a_{31} & a_{32} & 0 \end{bmatrix}, \ \boldsymbol{b} = \begin{bmatrix} b_1 \\ 0 \\ 0 \end{bmatrix} \tag{15.62}$$

发现 $\boldsymbol{A}$，$\boldsymbol{b}$ 不符合能控标准型。

$$w = -\begin{bmatrix} k_1 & k_2 & k_3 \end{bmatrix} \begin{bmatrix} z_1 \\ z_2 \\ z_3 \end{bmatrix} \tag{15.63}$$

闭环系统为

$$\frac{\mathrm{d}\boldsymbol{z}}{\mathrm{d}t} = (\boldsymbol{A} - \boldsymbol{bk})\boldsymbol{z}$$

其解为

$$\boldsymbol{z}(t) = \mathrm{e}^{(\boldsymbol{A}-\boldsymbol{bk})t}\boldsymbol{z}(0)$$

其中

$$\mathrm{e}^{(\boldsymbol{A}-\boldsymbol{bk})t} = \mathcal{L}^{-1}\left\{\left(s\boldsymbol{I} - (\boldsymbol{A} - \boldsymbol{bk})\right)^{-1}\right\}$$

需要选择合适的 k 以满足 $\mathrm{e}^{(\boldsymbol{A}-\boldsymbol{bk})t} \to \boldsymbol{0}_{3\times 3}$。如上所示，这意味着需要选择 k 使下式的特征根在左半开平面。

$$\det\left(s\boldsymbol{I} - (\boldsymbol{A} - \boldsymbol{bk})\right) = 0$$

有

$$\begin{aligned}
\det\left(s\boldsymbol{I} - (\boldsymbol{A} - \boldsymbol{bk})\right) &= \det\begin{bmatrix} s + b_1k_1 - a_{11} & b_1k_2 & b_1k_3 - a_{13} \\ 0 & s & -1 \\ -a_{31} & -a_{32} & s \end{bmatrix} \\
&= (s + b_1k_1 - a_{11})\det\begin{bmatrix} s & -1 \\ -a_{32} & s \end{bmatrix} + (-a_{31})\det\begin{bmatrix} b_1k_2 & b_1k_3 - a_{13} \\ s & -1 \end{bmatrix} \\
&= (s + b_1k_1 - a_{11})(s^2 - a_{32}) - a_{31}\left(-b_1k_2 - s(b_1k_3 - a_{13})\right) \\
&= s^3 + (b_1k_1 - a_{11})s^2 + (b_1k_3a_{31} - a_{13}a_{31} - a_{32})s + \\
&\quad (a_{11}a_{32} - b_1k_1a_{32} + b_1k_2a_{31})
\end{aligned} \tag{15.64}$$

假设 $r_1 > 0, \ r_2 > 0, \ r_3 > 0$，选择 k 以满足：

$$\begin{aligned}
\det\left(s\boldsymbol{I} - (\boldsymbol{A} - \boldsymbol{bk})\right) &= (s + r_1)(s + r_2)(s + r_3) \\
&= s^3 + (r_1 + r_2 + r_3)s^2 + (r_1r_2 + r_1r_3 + r_2r_3)s + r_1r_2r_3
\end{aligned} \tag{15.65}$$

也就是通过

$$b_1k_1 - a_{11} = r_1 + r_2 + r_3$$
$$b_1k_3a_{31} - a_{13}a_{31} - a_{32} = r_1r_2 + r_1r_3 + r_2r_3$$
$$a_{11}a_{32} - b_1k_1a_{32} + b_1k_2a_{31} = r_1r_2r_3$$

求解

$$k_1 = \frac{r_1 + r_2 + r_3 + a_{11}}{b_1}$$
$$k_2 = \frac{r_1 r_2 r_3 - a_{11} a_{32} + b_1 k_1 a_{32}}{b_1 a_{31}} = \frac{r_1 r_2 r_3 + (r_1 + r_2 + r_3) a_{32}}{b_1 a_{31}}$$
$$k_3 = \frac{r_1 r_2 + r_1 r_3 + r_2 r_3 + a_{13} a_{31} + a_{32}}{b_1 a_{31}} \tag{15.66}$$

得到增益值k_1, k_2, k_3后，可得

$$\begin{aligned} \mathrm{e}^{(\boldsymbol{A}-\boldsymbol{bk})t} &= \mathcal{L}^{-1}\left\{\left(s\boldsymbol{I} - (\boldsymbol{A} - \boldsymbol{bk})\right)^{-1}\right\} \\ &= \mathcal{L}^{-1}\left\{\frac{1}{(s+r_1)(s+r_2)(s+r_3)} \operatorname{adj}\left(s\boldsymbol{I} - (\boldsymbol{A} - \boldsymbol{bk})\right)\right\} \\ &\to \boldsymbol{0}_{3\times 3} \end{aligned}$$

因此

$$\boldsymbol{z}(t) = \begin{bmatrix} i(t) - i_{\mathrm{eq}} \\ x(t) - x_{\mathrm{eq}} \\ v(t) - v_{\mathrm{eq}} \end{bmatrix} = \mathrm{e}^{(\boldsymbol{A}-\boldsymbol{bk})t} \begin{bmatrix} i(0) - i_{\mathrm{eq}} \\ x(0) - x_{\mathrm{eq}} \\ v(0) - v_{\mathrm{eq}} \end{bmatrix} \to \begin{bmatrix} 0 \\ 0 \\ 0 \end{bmatrix}$$

由于

$$w = u - u_{\mathrm{eq}} = -\boldsymbol{kz}$$

施加在线圈上的实际电压为

$$u(t) = -\boldsymbol{kz}(t) + u_{\mathrm{eq}}$$

15.5　状态反馈与干扰抑制

本节将展示如何设计一个状态反馈控制器来抑制恒定干扰。

例 7 回顾小车轨道系统的控制器（见 15.1 节）。

有状态空间模型如下

$$\frac{\mathrm{d}x}{\mathrm{d}t} = v$$
$$\frac{\mathrm{d}v}{\mathrm{d}t} = -a_0 v + b_0 u(t) - d \tag{15.67}$$

式中，$u(t)$为输入电压，$d \triangleq b_0 K_{\mathrm{D}} F_{\mathrm{d}} = Mg\sin(\phi)/(J/r_{\mathrm{m}}^2 + M)$是小车车体与车轮受重力影响下的（干扰）加速度。位置与速度参考轨迹$(x_{\mathrm{ref}}(t), v_{\mathrm{ref}}(t))$和参考输入$u_{\mathrm{ref}}(t)$满足：

$$\frac{\mathrm{d}x_{\mathrm{ref}}}{\mathrm{d}t} = v_{\mathrm{ref}}$$
$$\frac{\mathrm{d}v_{\mathrm{ref}}}{\mathrm{d}t} = -a_0 v_{\mathrm{ref}} + b_0 u_{\mathrm{ref}} \tag{15.68}$$

误差状态变量为

$$\epsilon_1(t) = x_{\mathrm{ref}}(t) - x(t)$$
$$\epsilon_2(t) = v_{\mathrm{ref}}(t) - v(t)$$

满足（式（15.68）减去式（15.67））：

$$\frac{\mathrm{d}\epsilon_1}{\mathrm{d}t}=\epsilon_2$$
$$\frac{\mathrm{d}\epsilon_2}{\mathrm{d}t}=-a_0\epsilon_2+b_0w+d \tag{15.69}$$

其中

$$w(t)\triangleq u_{\mathrm{ref}}(t)-u(t) \tag{15.70}$$

最后可以得到矩阵形式为

$$\frac{\mathrm{d}}{\mathrm{d}t}\begin{bmatrix}\epsilon_1\\ \epsilon_2\end{bmatrix}=\underbrace{\begin{bmatrix}0 & 1\\ 0 & -a_0\end{bmatrix}}_{\boldsymbol{A}}\underbrace{\begin{bmatrix}\epsilon_1\\ \epsilon_2\end{bmatrix}}_{\boldsymbol{\epsilon}}+\underbrace{\begin{bmatrix}0\\ b_0\end{bmatrix}}_{\boldsymbol{b}}w+\underbrace{\begin{bmatrix}0\\ 1\end{bmatrix}}_{\boldsymbol{p}}d \tag{15.71}$$

正如第9章和第10章所讨论的，需要对位置误差的积分进行反馈控制，以使控制器能够抑制恒定的干扰。具体来说，误差系统（15.71）增加了下式的新误差状态变量：

$$\epsilon_0(t)\triangleq\int_0^t\epsilon_1(\tau)\mathrm{d}\tau=\int_0^t\left(x_{\mathrm{ref}}(\tau)-x(\tau)\right)\mathrm{d}\tau \tag{15.72}$$

误差系统现在变为

$$\frac{\mathrm{d}}{\mathrm{d}t}\begin{bmatrix}\epsilon_0\\ \epsilon_1\\ \epsilon_2\end{bmatrix}=\underbrace{\begin{bmatrix}0 & 1 & 0\\ 0 & 0 & 1\\ 0 & 0 & -a_0\end{bmatrix}}_{\boldsymbol{A}_{\mathrm{a}}}\underbrace{\begin{bmatrix}\epsilon_0\\ \epsilon_1\\ \epsilon_2\end{bmatrix}}_{\boldsymbol{\epsilon}_{\mathrm{a}}}+\underbrace{\begin{bmatrix}0\\ 0\\ b_0\end{bmatrix}}_{\boldsymbol{b}_{\mathrm{a}}}w+\underbrace{\begin{bmatrix}0\\ 0\\ 1\end{bmatrix}}_{\boldsymbol{p}_{\mathrm{a}}}d \tag{15.73}$$

由于b_0不等于1，所以$(\boldsymbol{A}_{\mathrm{a}},\boldsymbol{b}_{\mathrm{a}})$不符合能控标准型。设$w(t)$为状态反馈：

$$\begin{aligned}w(t)&=-\left(k_0\int_0^t\epsilon_1(\tau)\mathrm{d}\tau+k_1\epsilon_1(t)+k_2\epsilon_2(t)\right)\\ &=-\underbrace{\begin{bmatrix}k_0 & k_1 & k_2\end{bmatrix}}_{\boldsymbol{k}_{\mathrm{a}}}\underbrace{\begin{bmatrix}\epsilon_0\\ \epsilon_1\\ \epsilon_2\end{bmatrix}}_{\boldsymbol{\epsilon}_{\mathrm{a}}}\end{aligned} \tag{15.74}$$

该状态反馈控制系统的结构如图15-9所示。

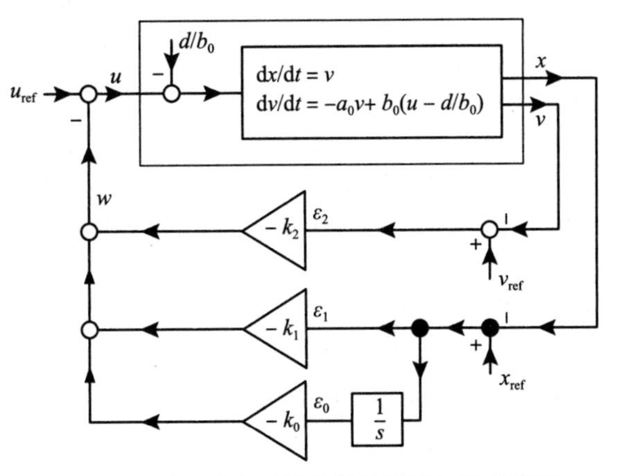

图15-9　基于状态反馈的轨迹跟踪与干扰抑制

闭环系统为

$$\frac{\mathrm{d}\boldsymbol{\epsilon}_{\mathrm{a}}}{\mathrm{d}t}=\boldsymbol{A}\boldsymbol{\epsilon}_{\mathrm{a}}-\boldsymbol{b}_{\mathrm{a}}\boldsymbol{k}_{\mathrm{a}}\boldsymbol{\epsilon}_{\mathrm{a}}+\boldsymbol{p}_{\mathrm{a}}d=\left(\boldsymbol{A}_{\mathrm{a}}-\boldsymbol{b}_{\mathrm{a}}\boldsymbol{k}_{\mathrm{a}}\right)\boldsymbol{\epsilon}_{\mathrm{a}}+\boldsymbol{p}_{\mathrm{a}}d \tag{15.75}$$

误差状态变量的拉普拉斯变换表示为

$$\boldsymbol{E}(s)=\begin{bmatrix}E_0(s)\\E_1(s)\\E_2(s)\end{bmatrix}\triangleq\begin{bmatrix}\mathcal{L}\{\epsilon_0(t)\}\\\mathcal{L}\{\epsilon_1(t)\}\\\mathcal{L}\{\epsilon_2(t)\}\end{bmatrix}=\mathcal{L}\{\boldsymbol{\epsilon}_{\mathrm{a}}(t)\}$$

求解式（15.75）的拉普拉斯变换，得到

$$\boldsymbol{E}(s)=\left(s\boldsymbol{I}-\left(\boldsymbol{A}_{\mathrm{a}}-\boldsymbol{b}_{\mathrm{a}}\boldsymbol{k}_{\mathrm{a}}\right)\right)^{-1}\boldsymbol{\epsilon}_{\mathrm{a}}(0)+\left(s\boldsymbol{I}-\left(\boldsymbol{A}_{\mathrm{a}}-\boldsymbol{b}_{\mathrm{a}}\boldsymbol{k}_{\mathrm{a}}\right)\right)^{-1}\boldsymbol{p}_{\mathrm{a}}\frac{d}{s} \tag{15.76}$$

假设$r_1>0,\ r_2>0,$ 和$r_3>0$，选择k_{a}以满足

$$\det\left(s\boldsymbol{I}-\left(\boldsymbol{A}_{\mathrm{a}}-\boldsymbol{b}_{\mathrm{a}}\boldsymbol{k}_{\mathrm{a}}\right)\right)=(s+r_1)(s+r_2)(s+r_3)$$

使极点位于$-r_1$，$-r_2$，$-r_3$。首先，可得$s\boldsymbol{E}(s)$为

$$\begin{aligned}s\boldsymbol{E}(s)&=s\left(s\boldsymbol{I}-\left(\boldsymbol{A}_{\mathrm{a}}-\boldsymbol{b}_{\mathrm{a}}\boldsymbol{k}_{\mathrm{a}}\right)\right)^{-1}\boldsymbol{\epsilon}_{\mathrm{a}}(0)+s\left(s\boldsymbol{I}-\left(\boldsymbol{A}_{\mathrm{a}}-\boldsymbol{b}_{\mathrm{a}}\boldsymbol{k}_{\mathrm{a}}\right)\right)^{-1}\boldsymbol{p}_{\mathrm{a}}\frac{d}{s}\\&=s\left(s\boldsymbol{I}-\left(\boldsymbol{A}_{\mathrm{a}}-\boldsymbol{b}_{\mathrm{a}}\boldsymbol{k}_{\mathrm{a}}\right)\right)^{-1}\boldsymbol{\epsilon}_{\mathrm{a}}(0)+\left(s\boldsymbol{I}-\left(\boldsymbol{A}_{\mathrm{a}}-\boldsymbol{b}_{\mathrm{a}}\boldsymbol{k}_{\mathrm{a}}\right)\right)^{-1}\boldsymbol{p}_{\mathrm{a}}d\end{aligned}$$

是稳定的。因此根据终值定理可得

$$\boldsymbol{\epsilon}_{\mathrm{a}}(\infty)=\lim_{s\to0}s\boldsymbol{E}(s)=-\left(\boldsymbol{A}_{\mathrm{a}}-\boldsymbol{b}_{\mathrm{a}}\boldsymbol{k}_{\mathrm{a}}\right)^{-1}\boldsymbol{p}_{\mathrm{a}}d$$

通过将上述表达式替换为$\boldsymbol{A}_{\mathrm{a}}$，$\boldsymbol{b}_{\mathrm{a}}$，$\boldsymbol{k}_{\mathrm{a}}$，$\boldsymbol{p}_{\mathrm{a}}$（见习题 4），可直接计算得到$\epsilon_1(\infty)=0,\epsilon_2(\infty)=0$，而$\epsilon_0(\infty)=\dfrac{d}{b_0k_0}$。现在重新回到式（15.76）。将式（15.76）重新写为

$$\underbrace{\begin{bmatrix}s&-1&0\\0&s&-1\\b_0k_0&b_0k_1&s+a_0+b_0k_2\end{bmatrix}}_{s\boldsymbol{I}-\left(\boldsymbol{A}_{\mathrm{a}}-\boldsymbol{b}_{\mathrm{a}}\boldsymbol{k}_{\mathrm{a}}\right)}\begin{bmatrix}E_0(s)\\E_1(s)\\E_2(s)\end{bmatrix}=\begin{bmatrix}\epsilon_0(0)\\\epsilon_1(0)\\\epsilon_2(0)\end{bmatrix}+\begin{bmatrix}0\\0\\d/s\end{bmatrix} \tag{15.77}$$

$s\boldsymbol{I}-\left(\boldsymbol{A}_{\mathrm{a}}-\boldsymbol{b}_{\mathrm{a}}\boldsymbol{k}_{\mathrm{a}}\right)$的逆为

$$\left(s\boldsymbol{I}-\left(\boldsymbol{A}_{\mathrm{a}}-\boldsymbol{b}_{\mathrm{a}}\boldsymbol{k}_{\mathrm{a}}\right)\right)^{-1}=\frac{1}{\underbrace{s^3+(b_0k_2+a_0)s^2+b_0k_1s+b_0k_0}_{\det\left(s\boldsymbol{I}-\left(\boldsymbol{A}_{\mathrm{a}}-\boldsymbol{b}_{\mathrm{a}}\boldsymbol{k}_{\mathrm{a}}\right)\right)}}\times\underbrace{\begin{bmatrix}s^2+(b_0k_2+a_0)s+b_0k_1&s+b_0k_2+a_0&1\\-b_0k_0&s^2+(b_0k_2+a_0)s&s\\-b_0k_0s&-(b_0k_1s+b_0k_0)&s^2\end{bmatrix}}_{\operatorname{adj}\left(s\boldsymbol{I}-\left(\boldsymbol{A}_{\mathrm{a}}-\boldsymbol{b}_{\mathrm{a}}\boldsymbol{k}_{\mathrm{a}}\right)\right)}$$

在式（15.77）的左边的两边同乘$\left(s\boldsymbol{I}-\left(\boldsymbol{A}_{\mathrm{a}}-\boldsymbol{b}_{\mathrm{a}}\boldsymbol{k}_{\mathrm{a}}\right)\right)^{-1}$可得

$$\begin{aligned}E_0(s)&=\frac{\left(s^2+(b_0k_2+a_0)s+b_0k_1\right)\epsilon_0(0)+\left(s+b_0k_2+a_0\right)\epsilon_1(0)+\epsilon_2(0)+d/s}{s^3+(b_0k_2+a_0)s^2+b_0k_1s+b_0k_0}\\E_1(s)&=\frac{-b_0k_0\epsilon_0(0)+\left(s^2+(b_0k_2+a_0)s\right)\epsilon_1(0)+s\epsilon_2(0)+s(d/s)}{s^3+(b_0k_2+a_0)s^2+b_0k_1s+b_0k_0}\\E_2(s)&=\frac{-b_0k_0s\epsilon_0(0)-\left(b_0k_1s+b_0k_0\right)\epsilon_1(0)+s^2\epsilon_2(0)+s^2(d/s)}{s^3+(b_0k_2+a_0)s^2+b_0k_1s+b_0k_0}\end{aligned} \tag{15.78}$$

$\boldsymbol{A}_{\mathrm{a}}-\boldsymbol{b}_{\mathrm{a}}\boldsymbol{k}_{\mathrm{a}}$的特征多项式为

$$\det\left(s\boldsymbol{I}-\left(\boldsymbol{A}_{\mathrm{a}}-\boldsymbol{b}_{\mathrm{a}}\boldsymbol{k}_{\mathrm{a}}\right)\right)=s^3+\left(b_0k_2+a_0\right)s^2+b_0k_1s+b_0k_0$$

出现在上述三个拉普拉斯变换的分母上。为了使

$$\begin{aligned}\det\left(s\boldsymbol{I}-\left(\boldsymbol{A}_{\mathrm{a}}-\boldsymbol{b}_{\mathrm{a}}\boldsymbol{k}_{\mathrm{a}}\right)\right)&=\left(s+r_1\right)\left(s+r_2\right)\left(s+r_3\right)\\&=s^3+\left(r_1+r_2+r_3\right)s^2+\left(r_1r_2+r_1r_3+r_2r_3\right)s+r_1r_2r_3\end{aligned}$$

选择增益k_0, k_1, k_2为

$$\begin{aligned}k_2&=\frac{r_1+r_2+r_3-a_0}{b_0}\\k_1&=\frac{r_1r_2+r_1r_3+r_2r_3}{b_0}\\k_0&=\frac{r_1r_2r_3}{b_0}\end{aligned}\tag{15.79}$$

通过这种增益选择，闭环极点可配置为$p_1=-r_1,p_2=-r_2,p_3=-r_3$。假设这些极点是不同的，则式（15.78）中$E_1(s)$为

$$\begin{aligned}E_1(s)&=\frac{-b_0k_0\epsilon_0(0)+\left(s^2+\left(b_0k_2+a_0\right)s\right)\epsilon_1(0)+s\epsilon_2(0)+d}{\left(s+r_1\right)\left(s+r_2\right)\left(s+r_3\right)}\\&=\frac{A_1}{s+r_1}+\frac{B_1}{s+r_2}+\frac{C_1}{s+r_3}\end{aligned}$$

其中，A_1, B_1, C_1是常数。$E_1(s)$的反拉普拉斯变换为

$$x_{\mathrm{ref}}(t)-x(t)=\epsilon_1(t)=A_1\mathrm{e}^{-r_1t}+B_1\mathrm{e}^{-r_2t}+C_1\mathrm{e}^{-r_3t}\to 0$$

同样地，对于一些常数A_2, B_2, C_2，有

$$v_{\mathrm{ref}}(t)-v(t)=\epsilon_2(t)=A_2\mathrm{e}^{-r_1t}+B_2\mathrm{e}^{-r_2t}+C_2\mathrm{e}^{-r_3t}\to 0$$

闭环极点在左半平面的位置越远，$\epsilon_1(t)$和$\epsilon_2(t)$趋近于0的速度越快，$x(t)\to x_{\mathrm{ref}}(t)$和$v(t)\to v_{\mathrm{ref}}(t)$的趋近速度也越快。然而，请注意，在左半平面中选择的闭环极点越远，r_1, r_2, r_3的值越大，因此式（15.79）中的增益k_0, k_1, k_2越大。反馈增益的值越大，得到反馈电压越难（见图15-9）。

$$V(t)=u(t)=u_{\mathrm{ref}}(t)+\left(k_0\int_0^t\epsilon_1(\tau)\mathrm{d}\tau+k_1\epsilon_1(t)+k_2\epsilon_2(t)\right)\tag{15.80}$$

即便误差ϵ_0, ϵ_1, ϵ_2很小，电压也可能非常大以达到放大器的饱和值。一般由控制工程师来选择闭环极点位置或增益。通常情况下，如果极点在左半平面上不够远，响应就会太慢。如果极点在左半平面内选择得太远，放大器就会饱和。这种改变闭环极点位置（从而改变增益）的过程被称为“系统调优”。

最后计算一下$\epsilon_0(t)$。

$$\begin{aligned}\lim_{t\to\infty}\epsilon_0(t)&=\lim_{s\to 0}sE_0(s)\\&=\lim_{s\to 0}s\frac{\left(s^2+\left(b_0k_2+a_0\right)s+b_0k_1\right)\epsilon_0(0)+\left(s+b_0k_2+a_0\right)\epsilon_1(0)+\epsilon_2(0)+d/s}{s^3+\left(b_0k_2+a_0\right)s^2+b_0k_1s+b_0k_0}\\&=\frac{d}{b_0k_0}\end{aligned}$$

可得

$$\lim_{t\to\infty} w(t)=\lim_{t\to\infty}-\left(k_0\epsilon_0(t)+k_1\epsilon_1(t)+k_2\epsilon_2(t)\right)=-\frac{d}{b_0}$$

又有

$$w(t)\triangleq u_{\text{ref}}(t)-u(t)$$

因此最终进入电动机的电压$u(\infty)=\lim\limits_{t\to\infty}u(t)$为[1]

$$u(\infty)\triangleq\lim_{t\to\infty}\left(u_{\text{ref}}(t)-w(t)\right)=\lim_{t\to\infty}u_{\text{ref}}(t)-\lim_{t\to\infty}w(t)=0+\frac{d}{b_0}$$

图 15-9 显示的是$u(\infty)=d/b_0$为抵消恒定干扰 d 所需的电压。在习题 3（b）中，需要对该状态反馈轨迹跟踪系统进行仿真。

15.6　相似变换

比较例 5 和例 6，发现例 5 更容易进行计算，由于系统处于能控标准型。因此，给定一个如下所示的状态空间模型

$$\frac{\mathrm{d}}{\mathrm{d}t}\begin{bmatrix}x_1\\x_2\\x_3\end{bmatrix}=\underbrace{\begin{bmatrix}a_{11}&a_{12}&a_{13}\\a_{21}&a_{22}&a_{23}\\a_{31}&a_{32}&a_{33}\end{bmatrix}}_{\boldsymbol{A}}\begin{bmatrix}x_1\\x_2\\x_3\end{bmatrix}+\underbrace{\begin{bmatrix}b_1\\b_2\\b_3\end{bmatrix}}_{\boldsymbol{b}}u \tag{15.81}$$

若想将其变为能控标准型：

$$\frac{\mathrm{d}}{\mathrm{d}t}\begin{bmatrix}x_{c1}\\x_{c2}\\x_{c3}\end{bmatrix}=\underbrace{\begin{bmatrix}0&1&0\\0&0&1\\-\alpha_0&-\alpha_1&-\alpha_2\end{bmatrix}}_{\boldsymbol{A}_c}\begin{bmatrix}x_{c1}\\x_{c2}\\x_{c3}\end{bmatrix}+\underbrace{\begin{bmatrix}0\\0\\1\end{bmatrix}}_{\boldsymbol{b}_c}u \tag{15.82}$$

可以通过状态空间转换变成此种类型

$$\boldsymbol{x}_c=\boldsymbol{T}\boldsymbol{x},\ \boldsymbol{T}\in\mathbb{R}^{3\times3} \tag{15.83}$$

且

$$\det\boldsymbol{T}\neq0$$

首先需要得到状态x_c表示的系统方程组。通过式（15.83）求导解与式（15.81）联立可得

$$\frac{\mathrm{d}}{\mathrm{d}t}\boldsymbol{x}_c=\boldsymbol{T}\frac{\mathrm{d}}{\mathrm{d}t}\boldsymbol{x}=\boldsymbol{T}(\boldsymbol{A}\boldsymbol{x}+\boldsymbol{b}u)=\boldsymbol{T}\boldsymbol{A}\boldsymbol{x}+\boldsymbol{T}\boldsymbol{b}u \tag{15.84}$$

由于$\det\boldsymbol{T}\neq0$，所以 $\boldsymbol{T}$ 有逆矩阵为

$$\boldsymbol{x}=\boldsymbol{T}^{-1}\boldsymbol{x}_c$$

将其代入式（15.84）得到

$$\frac{\mathrm{d}}{\mathrm{d}t}\boldsymbol{x}_c=\underbrace{\boldsymbol{T}\boldsymbol{A}\boldsymbol{T}^{-1}}_{\boldsymbol{A}_c}\boldsymbol{x}_c+\underbrace{\boldsymbol{T}\boldsymbol{b}}_{\boldsymbol{b}_c}u \tag{15.85}$$

变换矩阵 $\boldsymbol{T}$ 将 $\boldsymbol{A}$ 变为 $\boldsymbol{T}\boldsymbol{A}\boldsymbol{T}^{-1}$ 的过程为相似变换。旨在通过一个矩阵 $\boldsymbol{T}$ 变换得到$\boldsymbol{A}_c$，$\boldsymbol{b}_c$，将矩

[1] 式（15.17）~式（15.19）解释了$u_{\text{ref}}(\infty)=0$。

阵变为类似于式（15.82）的能控标准型。首先，尝试一个更简单的转换。

例 8 相似变换

考虑如下一般类型的三阶状态空间模型

$$\frac{\mathrm{d}}{\mathrm{d}t}\begin{bmatrix} x_1 \\ x_2 \\ x_3 \end{bmatrix} = \underbrace{\begin{bmatrix} a_{11} & a_{12} & a_{13} \\ a_{21} & a_{22} & a_{23} \\ a_{31} & a_{32} & a_{33} \end{bmatrix}}_{\boldsymbol{A}}\begin{bmatrix} x_1 \\ x_2 \\ x_3 \end{bmatrix} + \underbrace{\begin{bmatrix} b_1 \\ b_2 \\ b_3 \end{bmatrix}}_{\boldsymbol{b}}u \tag{15.86}$$

定义

$$\mathcal{C} \triangleq \begin{bmatrix} \boldsymbol{b} & \boldsymbol{Ab} & \boldsymbol{A}^2\boldsymbol{b} \end{bmatrix} \in \mathbb{R}^{3\times 3} \tag{15.87}$$

假设 $\det\mathcal{C} \neq 0$，所以 $\mathcal{C}$ 有逆矩阵。矩阵 $\mathcal{C}$ 称为系统（15.86）的能控稳定性矩阵。考虑转换矩阵：

$$\boldsymbol{T}_1 \triangleq \mathcal{C}^{-1} = \begin{bmatrix} \boldsymbol{b} & \boldsymbol{Ab} & \boldsymbol{A}^2\boldsymbol{b} \end{bmatrix}^{-1} \tag{15.88}$$

设

$$\boldsymbol{x}' \triangleq \boldsymbol{T}_1\boldsymbol{x} \tag{15.89}$$

状态空间模型在 $\boldsymbol{x}'$ 坐标系下的表达形式为

$$\frac{\mathrm{d}}{\mathrm{d}t}\boldsymbol{x}' = \underbrace{\boldsymbol{T}_1\boldsymbol{A}\boldsymbol{T}_1^{-1}}_{\boldsymbol{A}'}\boldsymbol{x}' + \underbrace{\boldsymbol{T}_1\boldsymbol{b}}_{\boldsymbol{b}'}u \tag{15.90}$$

观察一下 $\boldsymbol{A}'$, $\boldsymbol{b}'$ 像什么？将其写为

$$\begin{aligned} \boldsymbol{A}' &= \boldsymbol{T}_1\boldsymbol{A}\boldsymbol{T}_1^{-1} \\ \boldsymbol{b}' &= \boldsymbol{T}_1\boldsymbol{b} \end{aligned}$$

或

$$\begin{aligned} \boldsymbol{T}_1^{-1}\boldsymbol{A}' &= \boldsymbol{A}\boldsymbol{T}_1^{-1} \\ \boldsymbol{T}_1^{-1}\boldsymbol{b}' &= \boldsymbol{b} \end{aligned}$$

用式（15.88）代替 $\boldsymbol{T}_1$ 得到

$$\begin{aligned} \begin{bmatrix} \boldsymbol{b} & \boldsymbol{Ab} & \boldsymbol{A}^2\boldsymbol{b} \end{bmatrix}\boldsymbol{A}' &= \boldsymbol{A}\begin{bmatrix} \boldsymbol{b} & \boldsymbol{Ab} & \boldsymbol{A}^2\boldsymbol{b} \end{bmatrix} \\ \begin{bmatrix} \boldsymbol{b} & \boldsymbol{Ab} & \boldsymbol{A}^2\boldsymbol{b} \end{bmatrix}\boldsymbol{b}' &= \boldsymbol{b} \end{aligned}$$

或

$$\begin{aligned} \begin{bmatrix} \boldsymbol{b} & \boldsymbol{Ab} & \boldsymbol{A}^2\boldsymbol{b} \end{bmatrix}\boldsymbol{A}' &= \begin{bmatrix} \boldsymbol{Ab} & \boldsymbol{A}^2\boldsymbol{b} & \boldsymbol{A}^3\boldsymbol{b} \end{bmatrix} \\ \begin{bmatrix} \boldsymbol{b} & \boldsymbol{Ab} & \boldsymbol{A}^2\boldsymbol{b} \end{bmatrix}\boldsymbol{b}' &= \boldsymbol{b} \end{aligned} \tag{15.91}$$

注意，这个矩阵方程组需要 $\boldsymbol{A}'$, $\boldsymbol{b}'$ 具有以下形式

$$\boldsymbol{A}' = \begin{bmatrix} 0 & 0 & a'_{13} \\ 1 & 0 & a'_{23} \\ 0 & 1 & a'_{33} \end{bmatrix},\ \boldsymbol{b}' = \begin{bmatrix} 1 \\ 0 \\ 0 \end{bmatrix}$$

其中，a'_{13}，a'_{23}，a'_{33} 需要满足 $a'_{13}\boldsymbol{b} + a'_{23}\boldsymbol{Ab} + a'_{33}\boldsymbol{A}^2\boldsymbol{b} = \boldsymbol{A}^3\boldsymbol{b}$，如下所示。定义

$$\det(s\boldsymbol{I} - \boldsymbol{A}) = s^3 + \alpha_2 s^2 + \alpha_1 s + \alpha_0$$

为矩阵 $\boldsymbol{A}$ 的特征多项式。根据 Cayley-Hamilton 定理可得

$$\boldsymbol{A}^3+\alpha_2\boldsymbol{A}^2+\alpha_1\boldsymbol{A}+\alpha_0\boldsymbol{I}=\boldsymbol{0}_{3\times3}$$

在方程两边同乘 $\boldsymbol{b}$ 然后移项得到

$$\boldsymbol{A}^3\boldsymbol{b}=-\alpha_0\boldsymbol{b}-\alpha_1\boldsymbol{A}\boldsymbol{b}-\alpha_2\boldsymbol{A}^2\boldsymbol{b}$$

此时，再次观察式（15.91），

$$\boldsymbol{A}'=\begin{bmatrix}0&0&-\alpha_0\\1&0&-\alpha_1\\0&1&-\alpha_2\end{bmatrix},\ \boldsymbol{b}'=\begin{bmatrix}1\\0\\0\end{bmatrix} \tag{15.92}$$

式（15.92）中给出的 $\boldsymbol{A}'$, $\boldsymbol{b}'$ 并非完全能控标准型。下一步操作需要将 $\boldsymbol{A}'$, $\boldsymbol{b}'$ 变为能控标准型。通过直接计算（或见定理 3）有 $\det\left(s\boldsymbol{I}-\boldsymbol{A}'\right)=s^3+\alpha_2s^2+\alpha_1s+\alpha_0=\det\left(s\boldsymbol{I}-\boldsymbol{A}\right)$。

例 9 相似变换

现在考虑一个能控标准型的状态空间模型，即

$$\frac{\mathrm{d}}{\mathrm{d}t}\underbrace{\begin{bmatrix}x_{c1}\\x_{c2}\\x_{c3}\end{bmatrix}}_{\boldsymbol{x}_c}=\underbrace{\begin{bmatrix}0&1&0\\0&0&1\\-\alpha_0&-\alpha_1&-\alpha_2\end{bmatrix}}_{\boldsymbol{A}_c}\underbrace{\begin{bmatrix}x_{c1}\\x_{c2}\\x_{c3}\end{bmatrix}}_{\boldsymbol{x}_c}+\underbrace{\begin{bmatrix}0\\0\\1\end{bmatrix}}_{\boldsymbol{b}_c}u$$

由 $\mathcal{C}_c\triangleq\left[\boldsymbol{b}_c\quad\boldsymbol{A}_c\boldsymbol{b}_c\quad\boldsymbol{A}_c^2\boldsymbol{b}_c\right]\in\mathbb{R}^{3\times3}$ 定义

$$\boldsymbol{T}_2\triangleq\mathcal{C}_c^{-1}$$

又知

$$\det\left(s\boldsymbol{I}-\boldsymbol{A}_c\right)=\det\begin{bmatrix}s&-1&0\\0&s&-1\\\alpha_0&\alpha_1&s+\alpha_2\end{bmatrix}=s^3+\alpha_2s^2+\alpha_1s+\alpha_0$$

通过如例 8 所示的坐标变换

$$\boldsymbol{x}'\triangleq\boldsymbol{T}_2\boldsymbol{x}_c$$

得到

$$\frac{\mathrm{d}}{\mathrm{d}t}\boldsymbol{x}'=\underbrace{\boldsymbol{T}_2\boldsymbol{A}_c\boldsymbol{T}_2^{-1}}_{\boldsymbol{A}'}\boldsymbol{x}'+\underbrace{\boldsymbol{T}_2\boldsymbol{b}_c}_{\boldsymbol{b}'}u=\begin{bmatrix}0&0&-\alpha_0\\1&0&-\alpha_1\\0&1&-\alpha_2\end{bmatrix}\boldsymbol{x}'+\begin{bmatrix}1\\0\\0\end{bmatrix}u$$

此外，该变换的逆为

$$\boldsymbol{x}_c=\boldsymbol{T}_2^{-1}\boldsymbol{x}'=\mathcal{C}_c\boldsymbol{x}'$$

将该系统变为其原始能控标准型的形式为

$$\begin{aligned}\frac{\mathrm{d}}{\mathrm{d}t}\boldsymbol{x}_c&=\boldsymbol{T}_2^{-1}\frac{\mathrm{d}}{\mathrm{d}t}\boldsymbol{x}'=\boldsymbol{T}_2^{-1}\left(\boldsymbol{A}'\boldsymbol{x}'+\boldsymbol{b}'u\right)\\&=\boldsymbol{T}_2^{-1}\left(\boldsymbol{T}_2\boldsymbol{A}_c\boldsymbol{T}_2^{-1}\boldsymbol{x}'+\boldsymbol{T}_2\boldsymbol{b}_cu\right)\\&=\boldsymbol{T}_2^{-1}\left(\boldsymbol{T}_2\boldsymbol{A}_c\boldsymbol{T}_2^{-1}\right)\boldsymbol{T}_2\boldsymbol{x}_c+\boldsymbol{T}_2^{-1}\boldsymbol{T}_2\boldsymbol{b}_cu\\&=\boldsymbol{A}_c\boldsymbol{x}_c+\boldsymbol{b}_cu\end{aligned}$$

也就是说，如果一个系统符合以下形式

$$\frac{\mathrm{d}}{\mathrm{d}t}\boldsymbol{x}'=\begin{bmatrix}0 & 0 & -\alpha_0\\ 1 & 0 & -\alpha_1\\ 0 & 1 & -\alpha_2\end{bmatrix}\boldsymbol{x}'+\begin{bmatrix}1\\0\\0\end{bmatrix}u$$

那么通过变换$\boldsymbol{x}_{\mathrm{c}}=\boldsymbol{T}_2^{-1}\boldsymbol{x}'=\boldsymbol{\mathcal{C}}_{\mathrm{c}}\boldsymbol{x}'$可以将其变为能控标准型：

$$\frac{\mathrm{d}}{\mathrm{d}t}\underbrace{\begin{bmatrix}x_{\mathrm{c}1}\\x_{\mathrm{c}2}\\x_{\mathrm{c}3}\end{bmatrix}}_{\boldsymbol{x}_{\mathrm{c}}}=\underbrace{\begin{bmatrix}0 & 1 & 0\\ 0 & 0 & 1\\ -\alpha_0 & -\alpha_1 & -\alpha_2\end{bmatrix}}_{\boldsymbol{A}_{\mathrm{c}}}\underbrace{\begin{bmatrix}x_{\mathrm{c}1}\\x_{\mathrm{c}2}\\x_{\mathrm{c}3}\end{bmatrix}}_{\boldsymbol{x}_{\mathrm{c}}}+\underbrace{\begin{bmatrix}0\\0\\1\end{bmatrix}}_{\boldsymbol{b}_{\mathrm{c}}}u$$

定理 2 转换控制标准形式

设一个方程组：

$$\frac{\mathrm{d}}{\mathrm{d}t}\begin{bmatrix}x_1\\x_2\\x_3\end{bmatrix}=\underbrace{\begin{bmatrix}a_{11} & a_{12} & a_{13}\\ a_{21} & a_{22} & a_{23}\\ a_{31} & a_{32} & a_{33}\end{bmatrix}}_{\boldsymbol{A}}\begin{bmatrix}x_1\\x_2\\x_3\end{bmatrix}+\underbrace{\begin{bmatrix}b_1\\b_2\\b_3\end{bmatrix}}_{\boldsymbol{b}}u$$

定义可控性矩阵为

$$\boldsymbol{\mathcal{C}}\triangleq\begin{bmatrix}\boldsymbol{b} & \boldsymbol{A}\boldsymbol{b} & \boldsymbol{A}^2\boldsymbol{b}\end{bmatrix}$$

此外，令

$$\det\left(s\boldsymbol{I}-\boldsymbol{A}\right)=s^3+\alpha_2 s^2+\alpha_1 s+\alpha_0$$

如果$\det\boldsymbol{\mathcal{C}}\neq 0$，则上述系统转换为控制标准形式：

$$\frac{\mathrm{d}}{\mathrm{d}t}\underbrace{\begin{bmatrix}x_{\mathrm{c}1}\\x_{\mathrm{c}2}\\x_{\mathrm{c}3}\end{bmatrix}}_{\boldsymbol{x}_{\mathrm{c}}}=\underbrace{\begin{bmatrix}0 & 1 & 0\\ 0 & 0 & 1\\ -\alpha_0 & -\alpha_1 & -\alpha_2\end{bmatrix}}_{\boldsymbol{A}_{\mathrm{c}}}\underbrace{\begin{bmatrix}x_{\mathrm{c}1}\\x_{\mathrm{c}2}\\x_{\mathrm{c}3}\end{bmatrix}}_{\boldsymbol{x}_{\mathrm{c}}}+\underbrace{\begin{bmatrix}0\\0\\1\end{bmatrix}}_{\boldsymbol{b}_{\mathrm{c}}}u$$

通过变换：

$$\boldsymbol{x}_{\mathrm{c}}=\boldsymbol{\mathcal{C}}_{\mathrm{c}}\boldsymbol{\mathcal{C}}^{-1}\boldsymbol{x}$$

其中

$$\boldsymbol{\mathcal{C}}_{\mathrm{c}}\triangleq\begin{bmatrix}\boldsymbol{b}_{\mathrm{c}} & \boldsymbol{A}_{\mathrm{c}}\boldsymbol{b}_{\mathrm{c}} & \boldsymbol{A}_{\mathrm{c}}^2\boldsymbol{b}_{\mathrm{c}}\end{bmatrix}$$

证明 通过前面的两个例子。

定义 2 相似变换

假设是线性状态空间系统：

$$\frac{\mathrm{d}\boldsymbol{x}}{\mathrm{d}t}=\boldsymbol{A}\boldsymbol{x}+\boldsymbol{b}u,\ \boldsymbol{A}\in\mathbb{R}^{n\times n},\ \boldsymbol{b}\in\mathbb{R}^n$$

使用可逆矩阵$\boldsymbol{T}\in\mathbb{R}^{n\times n}$，$\det\boldsymbol{T}\neq 0$，考虑状态变量的变化

$$\boldsymbol{x}'=\boldsymbol{T}\boldsymbol{x}$$

用$\boldsymbol{x}'$表示的状态空间为

$$\frac{\mathrm{d}\boldsymbol{x}'}{\mathrm{d}t}=\boldsymbol{T}\boldsymbol{A}\boldsymbol{T}^{-1}\boldsymbol{x}'+\boldsymbol{T}\boldsymbol{b}u$$

矩阵$\boldsymbol{A} \in \mathbb{R}^{n \times n}$的变换，根据

$$\boldsymbol{A} \to \boldsymbol{T}\boldsymbol{A}\boldsymbol{T}^{-1}$$

叫作相似变换。

定理 3 相似变换的性质

令

$$\boldsymbol{A}' = \boldsymbol{T}\boldsymbol{A}\boldsymbol{T}^{-1}$$

那么

$$\det(s\boldsymbol{I} - \boldsymbol{A}') = \det(s\boldsymbol{I} - \boldsymbol{A})$$

证明 现有$s\boldsymbol{I} - \boldsymbol{A}' = \boldsymbol{T}s\boldsymbol{T}^{-1} - \boldsymbol{T}\boldsymbol{A}\boldsymbol{T}^{-1} = \boldsymbol{T}(s\boldsymbol{I} - \boldsymbol{A})\boldsymbol{T}^{-1}$。那么

$$\det(s\boldsymbol{I} - \boldsymbol{A}') = \det\left(\boldsymbol{T}(s\boldsymbol{I} - \boldsymbol{A})\boldsymbol{T}^{-1}\right) = \det\boldsymbol{T}\det(s\boldsymbol{I} - \boldsymbol{A})\det\boldsymbol{T}^{-1} = \det(s\boldsymbol{I} - \boldsymbol{A})$$

当$\det\boldsymbol{T}\det\boldsymbol{T}^{-1} = 1$。

15.7　极点配置

考虑系统

$$\frac{\mathrm{d}\boldsymbol{x}_{\mathrm{c}}}{\mathrm{d}t} = \boldsymbol{A}_{\mathrm{c}}\boldsymbol{x}_{\mathrm{c}} + \boldsymbol{b}_{\mathrm{c}}u$$

其中$\boldsymbol{A}_{\mathrm{c}}$，$\boldsymbol{b}_{\mathrm{c}}$为对照标准形式，即

$$\boldsymbol{A}_{\mathrm{c}} = \begin{bmatrix} 0 & 1 & 0 \\ 0 & 0 & 1 \\ -\alpha_0 & -\alpha_1 & -\alpha_2 \end{bmatrix},\ \boldsymbol{b}_{\mathrm{c}} = \begin{bmatrix} 0 \\ 0 \\ 1 \end{bmatrix} \tag{15.93}$$

$\boldsymbol{A}_{\mathrm{c}}$的特征多项式为（沿第三列展开）

$$\begin{aligned}
\det\left(s\begin{bmatrix} 1 & 0 & 0 \\ 0 & 1 & 0 \\ 0 & 0 & 1 \end{bmatrix} - \begin{bmatrix} 0 & 1 & 0 \\ 0 & 0 & 1 \\ -\alpha_0 & -\alpha_1 & -\alpha_2 \end{bmatrix}\right) &= \det\begin{bmatrix} s & -1 & 0 \\ 0 & s & -1 \\ \alpha_0 & \alpha_1 & s+\alpha_2 \end{bmatrix} \\
&= -(-1)\det\begin{bmatrix} s & -1 \\ \alpha_0 & \alpha_1 \end{bmatrix} + (s+\alpha_2)\det\begin{bmatrix} s & -1 \\ 0 & s \end{bmatrix} \\
&= \alpha_1 s + \alpha_0 + (s+\alpha_2)s^2 \\
&= s^3 + \alpha_2 s^2 + \alpha_1 s + \alpha_0
\end{aligned}$$

另外，在

$$\boldsymbol{k}_{\mathrm{c}} = \begin{bmatrix} k_{\mathrm{c}1} & k_{\mathrm{c}2} & k_{\mathrm{c}3} \end{bmatrix}$$

还有反馈

$$u = -\boldsymbol{k}_{\mathrm{c}}\boldsymbol{x}_{\mathrm{c}} = -\begin{bmatrix} k_{\mathrm{c}1} & k_{\mathrm{c}2} & k_{\mathrm{c}3} \end{bmatrix}\begin{bmatrix} x_{\mathrm{c}1} \\ x_{\mathrm{c}2} \\ x_{\mathrm{c}3} \end{bmatrix}$$

闭环系统为

$$\frac{\mathrm{d}\boldsymbol{x}_{\mathrm{c}}}{\mathrm{d}t}=\left(\boldsymbol{A}_{\mathrm{c}}-\boldsymbol{b}_{\mathrm{c}}\boldsymbol{k}_{\mathrm{c}}\right)\boldsymbol{x}_{\mathrm{c}}$$

显然，$\boldsymbol{A}_{\mathrm{c}}-\boldsymbol{b}_{\mathrm{c}}\boldsymbol{k}_{\mathrm{c}}$是通过下式得到

$$\begin{aligned}\boldsymbol{A}_{\mathrm{c}}-\boldsymbol{b}_{\mathrm{c}}\boldsymbol{k}_{\mathrm{c}}&=\begin{bmatrix}0&1&0\\0&0&1\\-\alpha_0&-\alpha_1&-\alpha_2\end{bmatrix}-\begin{bmatrix}0\\0\\1\end{bmatrix}\begin{bmatrix}k_{\mathrm{c}1}&k_{\mathrm{c}2}&k_{\mathrm{c}3}\end{bmatrix}\\&=\begin{bmatrix}0&1&0\\0&0&1\\-\alpha_0-k_{\mathrm{c}1}&-\alpha_1-k_{\mathrm{c}2}&-\alpha_2-k_{\mathrm{c}3}\end{bmatrix}\end{aligned}$$

然后得到闭环特征多项式

$$\begin{aligned}\det\left(s\boldsymbol{I}-\left(\boldsymbol{A}_{\mathrm{c}}-\boldsymbol{b}_{\mathrm{c}}\boldsymbol{k}_{\mathrm{c}}\right)\right)&=\det\left(s\begin{bmatrix}1&0&0\\0&1&0\\0&0&1\end{bmatrix}-\begin{bmatrix}0&1&0\\0&0&1\\-\alpha_0-k_{\mathrm{c}1}&-\alpha_1-k_{\mathrm{c}2}&-\alpha_2-k_{\mathrm{c}3}\end{bmatrix}\right)\\&=s^3+\left(\alpha_2+k_{\mathrm{c}3}\right)s^2+s\left(\alpha_1+k_{\mathrm{c}2}\right)+\alpha_0+k_{\mathrm{c}1}\end{aligned}$$

选择

$$\begin{aligned}k_{\mathrm{c}1}&=\alpha_{\mathrm{d}0}-\alpha_0\\k_{\mathrm{c}2}&=\alpha_{\mathrm{d}1}-\alpha_1\\k_{\mathrm{c}3}&=\alpha_{\mathrm{d}2}-\alpha_2\end{aligned}$$

结果为闭环特征多项式

$$s^3+\alpha_{\mathrm{d}2}s^2+\alpha_{\mathrm{d}1}s+\alpha_{\mathrm{d}0}$$

例如，令$r_1>0,\ r_2>0,\ r_3>0$，假设

$$s^3+\alpha_{\mathrm{d}2}s^2+\alpha_{\mathrm{d}1}s+\alpha_{\mathrm{d}0}=\left(s+r_1\right)\left(s+r_2\right)\left(s+r_3\right)$$

所以闭环的极点在$-r_1$，$-r_2$，$-r_3$。则

$$\begin{aligned}\left(s+r_1\right)\left(s+r_2\right)\left(s+r_3\right)&=s^3+\underbrace{\left(r_1+r_2+r_3\right)}_{\alpha_{\mathrm{d}2}}s^2+\underbrace{\left(r_1r_2+r_1r_3+r_2r_3\right)}_{\alpha_{\mathrm{d}1}}s+\underbrace{r_1r_2r_3}_{\alpha_{\mathrm{d}0}}\\&=s^3+\alpha_{\mathrm{d}2}s^2+\alpha_{\mathrm{d}1}s+\alpha_{\mathrm{d}0}\end{aligned}$$

因此，如果系统处于能控标准型，很容易找到反馈增益（行）向量k，将极点放在所需的任何地方。现在假设系统是

$$\frac{\mathrm{d}}{\mathrm{d}t}\boldsymbol{x}=\boldsymbol{A}\boldsymbol{x}+\boldsymbol{b}u,\ \boldsymbol{A}\in\mathbb{R}^{3\times3},\ \boldsymbol{b}\in\mathbb{R}^3$$

这并不一定是能控标准型。设开环特征多项式为

$$\det\left(s\boldsymbol{I}-\boldsymbol{A}\right)=s^3+\alpha_2s^2+\alpha_1s+\alpha_0$$

假设

$$\det\boldsymbol{\mathcal{C}}=\det\begin{bmatrix}\boldsymbol{b}&\boldsymbol{A}\boldsymbol{b}&\boldsymbol{A}^2\boldsymbol{b}\end{bmatrix}\neq0$$

根据定理 2，我们知道变换

$$\boldsymbol{x}_{\mathrm{c}}=\boldsymbol{\mathcal{C}}_{\mathrm{c}}\boldsymbol{\mathcal{C}}^{-1}\boldsymbol{x}$$

将该系统转换为控制标准形式

$$\frac{\mathrm{d}}{\mathrm{d}t}\underbrace{\begin{bmatrix} x_{c1} \\ x_{c2} \\ x_{c3} \end{bmatrix}}_{\boldsymbol{x}_c} = \underbrace{\begin{bmatrix} 0 & 1 & 0 \\ 0 & 0 & 1 \\ -\alpha_0 & -\alpha_1 & -\alpha_2 \end{bmatrix}}_{\boldsymbol{A}_c}\underbrace{\begin{bmatrix} x_{c1} \\ x_{c2} \\ x_{c3} \end{bmatrix}}_{\boldsymbol{x}_c} + \underbrace{\begin{bmatrix} 0 \\ 0 \\ 1 \end{bmatrix}}_{\boldsymbol{b}_c} u$$

反馈为

$$u = -\boldsymbol{k}_c \boldsymbol{x}_c = -\begin{bmatrix} k_{c1} & k_{c2} & k_{c3} \end{bmatrix} \begin{bmatrix} x_{c1} \\ x_{c2} \\ x_{c3} \end{bmatrix}$$

$$= \begin{bmatrix} \alpha_{d0} - \alpha_0 & \alpha_{d1} - \alpha_1 & \alpha_{d2} - \alpha_2 \end{bmatrix} \boldsymbol{x}_c$$

结果为

$$\det\left(s\boldsymbol{I} - \left(\boldsymbol{A}_c - \boldsymbol{b}_c \boldsymbol{k}_c\right)\right) = s^3 + \alpha_{d2} s^2 + \alpha_{d1} s + \alpha_{d0}$$

在原来的坐标系中反馈

$$u = -\boldsymbol{k}_c \boldsymbol{x}_c = -\underbrace{\boldsymbol{k}_c \boldsymbol{\mathcal{C}}_c \boldsymbol{\mathcal{C}}^{-1}}_{\boldsymbol{k}} \boldsymbol{x}$$

结果

$$\det\left(s\boldsymbol{I} - \left(\boldsymbol{A} - \boldsymbol{b}\boldsymbol{k}\right)\right) = s^3 + \alpha_{d2} s^2 + \alpha_{d1} s + \alpha_{d0}$$

习题 18 给出了计算 $\boldsymbol{k} = \boldsymbol{k}_c \boldsymbol{\mathcal{C}}_c \boldsymbol{\mathcal{C}}^{-1}$ 的 MATLAB 代码。

例 10 轨道系统上的小车

回想一下式（15.26）中给出的小车在轨道系统上的误差系统方程，为了方便起见在此处重复一下。

$$\frac{\mathrm{d}}{\mathrm{d}t}\begin{bmatrix} \epsilon_1 \\ \epsilon_2 \end{bmatrix} = \underbrace{\begin{bmatrix} 0 & 1 \\ 0 & -a_0 \end{bmatrix}}_{\boldsymbol{A}}\begin{bmatrix} \epsilon_1 \\ \epsilon_2 \end{bmatrix} + \underbrace{\begin{bmatrix} 0 \\ b_0 \end{bmatrix}}_{\boldsymbol{b}} w + \begin{bmatrix} 0 \\ 1 \end{bmatrix} d$$

则

$$\det\left(s\boldsymbol{I} - \boldsymbol{A}\right) = s\left(s + a_0\right) = s^2 + a_0 s$$

并且

$$\boldsymbol{\mathcal{C}} = \begin{bmatrix} \boldsymbol{b} & \boldsymbol{A}\boldsymbol{b} \end{bmatrix} = \begin{bmatrix} 0 & b_0 \\ b_0 & -a_0 b_0 \end{bmatrix}, \ \boldsymbol{\mathcal{C}}^{-1} = -\frac{1}{b_0^2}\begin{bmatrix} -a_0 b_0 & -b_0 \\ -b_0 & 0 \end{bmatrix}$$

因为

$$\boldsymbol{A}_c = \begin{bmatrix} 0 & 1 \\ -\alpha_0 & -\alpha_1 \end{bmatrix} = \begin{bmatrix} 0 & 1 \\ 0 & -a_0 \end{bmatrix}$$

$$\boldsymbol{b}_c = \begin{bmatrix} 0 \\ 1 \end{bmatrix}$$

我们有

$$\boldsymbol{\mathcal{C}}_c = \begin{bmatrix} \boldsymbol{b}_c & \boldsymbol{A}_c \boldsymbol{b}_c \end{bmatrix} = \begin{bmatrix} 0 & 1 \\ 1 & -a_0 \end{bmatrix}$$

用所要的闭环特征多项式

$$(s+r_1)(s+r_2)=s^2+\underbrace{(r_1+r_2)}_{\alpha_{d1}}s+\underbrace{r_1r_2}_{\alpha_{d0}}$$

将极点置于$-r_1$，$-r_2$，反馈增益k由下式给出

$$\begin{aligned}\boldsymbol{k}&=\boldsymbol{k}_c\mathcal{C}_c\mathcal{C}^{-1}\\&=\begin{bmatrix}r_1r_2-0 & r_1+r_2-a_0\end{bmatrix}\begin{bmatrix}0 & 1\\1 & -a_0\end{bmatrix}\frac{1}{b_0}\begin{bmatrix}a_0 & 1\\1 & 0\end{bmatrix}\\&=\begin{bmatrix}\dfrac{r_1r_2}{b_0} & \dfrac{r_1+r_2-a_0}{b_0}\end{bmatrix}\end{aligned}$$

这与式（15.27）中给出的结果相同。

例 11 磁悬浮

现在将极点配置过程应用于例 6 中磁悬浮系统的三阶线性状态空间模型。系统矩阵$\boldsymbol{A}$和$\boldsymbol{b}$有这样的形式：

$$\boldsymbol{A}=\begin{bmatrix}a_{11} & 0 & a_{13}\\0 & 0 & 1\\a_{31} & a_{32} & 0\end{bmatrix},\ \boldsymbol{b}=\begin{bmatrix}b_1\\0\\0\end{bmatrix}$$

且

$$\begin{aligned}\det(s\boldsymbol{I}-\boldsymbol{A})&=\det\begin{bmatrix}s-a_{11} & 0 & -a_{13}\\0 & s & -1\\-a_{31} & -a_{32} & s\end{bmatrix}\\&=s^3-a_{11}s^2-(a_{13}a_{31}+a_{32})s+a_{11}a_{32}\\&=s^3+\alpha_2s^2+\alpha_1s+\alpha_0\end{aligned}$$

那么

$$\mathcal{C}=\begin{bmatrix}\boldsymbol{b} & \boldsymbol{Ab} & \boldsymbol{A}^2\boldsymbol{b}\end{bmatrix}=\begin{bmatrix}b_1 & a_{11}b_1 & b_1a_{11}^2+b_1a_{13}a_{31}\\0 & 0 & b_1a_{31}\\0 & a_{31}b_1 & b_1a_{11}a_{31}\end{bmatrix}$$

且

$$\mathcal{C}^{-1}=-\frac{1}{b_1^3a_{31}^2}\begin{bmatrix}-b_1^2a_{31}^2 & b_1^2a_{13}a_{31}^2 & b_1^2a_{11}a_{31}\\0 & b_1^2a_{11}a_{31} & -b_1^2a_{31}\\0 & -b_1^2a_{31} & 0\end{bmatrix}=\begin{bmatrix}\dfrac{1}{b_1} & -\dfrac{a_{13}}{b_1} & -\dfrac{a_{11}}{b_1a_{31}}\\0 & -\dfrac{a_{11}}{b_1a_{31}} & \dfrac{1}{b_1a_{31}}\\0 & \dfrac{1}{b_1a_{31}} & 0\end{bmatrix}$$

进一步说，当$\alpha_0=a_{11}a_{32}$，$\alpha_1=-(a_{13}a_{31}+a_{32})$，$\alpha_2=-a_{11}$时，$\boldsymbol{A}$, $\boldsymbol{b}$对照标准形式为

$$\boldsymbol{A}_c=\begin{bmatrix}0 & 1 & 0\\0 & 0 & 1\\-\alpha_0 & -\alpha_1 & -\alpha_2\end{bmatrix},\ \boldsymbol{b}_c=\begin{bmatrix}0\\0\\1\end{bmatrix}$$

对应的可控性矩阵为

$$\mathcal{C}_{c}=\begin{bmatrix}\boldsymbol{b}_{c} & \boldsymbol{A}_{c}\boldsymbol{b}_{c} & \boldsymbol{A}_{c}^{2}\boldsymbol{b}_{c}\end{bmatrix}=\begin{bmatrix}0 & 0 & 1\\0 & 1 & -\alpha_{2}\\1 & -\alpha_{2} & \alpha_{2}^{2}-\alpha_{1}\end{bmatrix}=\begin{bmatrix}0 & 0 & 1\\0 & 1 & a_{11}\\1 & a_{11} & a_{11}^{2}+a_{13}a_{31}+a_{32}\end{bmatrix}$$

设所需闭环特征多项式为

$$\begin{aligned}s^{3}+\alpha_{d2}s^{2}+\alpha_{d1}s+\alpha_{d0}&=s^{3}+\underbrace{(r_{1}+r_{2}+r_{3})}_{\alpha_{d2}}s^{2}+\underbrace{(r_{1}r_{2}+r_{1}r_{3}+r_{2}r_{3})}_{\alpha_{d1}}s+\underbrace{r_{1}r_{2}r_{3}}_{\alpha_{d0}}\\&=(s+r_{1})(s+r_{2})(s+r_{3})\end{aligned}$$

实现这个的增益矩阵 $\boldsymbol{k}$ 是

$$\begin{aligned}\boldsymbol{k}&=\boldsymbol{k}_{c}\mathcal{C}_{c}\mathcal{C}^{-1}\\&=\begin{bmatrix}r_{1}r_{2}r_{3}-a_{11}a_{32} & r_{1}r_{2}+r_{1}r_{3}+r_{2}r_{3}+a_{13}a_{31}+a_{32} & r_{1}+r_{2}+r_{3}+a_{11}\end{bmatrix}\times\\&\quad\begin{bmatrix}0 & 0 & 1\\0 & 1 & a_{11}\\1 & a_{11} & a_{11}^{2}+a_{13}a_{31}+a_{32}\end{bmatrix}\begin{bmatrix}\frac{1}{b_{1}} & -\frac{a_{13}}{b_{1}} & -\frac{a_{11}}{b_{1}a_{31}}\\0 & -\frac{a_{11}}{b_{1}a_{31}} & \frac{1}{b_{1}a_{31}}\\0 & \frac{1}{b_{1}a_{31}} & 0\end{bmatrix}\\&=\begin{bmatrix}\frac{r_{1}+r_{2}+r_{3}+a_{11}}{b_{1}} & \frac{r_{1}r_{2}r_{3}+(r_{1}+r_{2}+r_{3})a_{32}}{b_{1}a_{31}} & \frac{r_{1}r_{2}+r_{1}r_{3}+r_{2}r_{3}+a_{13}a_{31}+a_{32}}{b_{1}a_{31}}\end{bmatrix}\end{aligned}$$

这与式（15.66）中计算的增益（行）向量 $\boldsymbol{k}$ 相同。

15.7.1 状态反馈不改变系统零点

在本节结束时，我们将说明反馈不会改变系统零点的位置。回忆一下在第 14 章中传递函数状态空间的实现

$$G(s)=\frac{Y(s)}{U(s)}=\frac{\beta_{2}s^{2}+\beta_{1}s+\beta_{0}}{s^{3}+\alpha_{2}s^{2}+\alpha_{1}s+\alpha_{0}}$$

在控制中，标准形式为

$$\frac{\mathrm{d}\boldsymbol{x}}{\mathrm{d}t}=\underbrace{\begin{bmatrix}0 & 1 & 0\\0 & 0 & 1\\-\alpha_{0} & -\alpha_{1} & -\alpha_{2}\end{bmatrix}}_{\boldsymbol{A}}\boldsymbol{x}+\underbrace{\begin{bmatrix}0\\0\\1\end{bmatrix}}_{\boldsymbol{b}}u$$

$$y=\underbrace{\begin{bmatrix}\beta_{0} & \beta_{1} & \beta_{2}\end{bmatrix}}_{\boldsymbol{c}}\boldsymbol{x}$$

通过状态反馈

$$u=-\underbrace{\begin{bmatrix}k_{0} & k_{1} & k_{2}\end{bmatrix}}_{\boldsymbol{k}}\boldsymbol{x}+r$$

我们有

$$\frac{\mathrm{d}\boldsymbol{x}}{\mathrm{d}t}=\begin{bmatrix}0 & 1 & 0\\0 & 0 & 1\\-\alpha_{0} & -\alpha_{1} & -\alpha_{2}\end{bmatrix}\boldsymbol{x}-\begin{bmatrix}0\\0\\1\end{bmatrix}\begin{bmatrix}k_{0} & k_{1} & k_{2}\end{bmatrix}\boldsymbol{x}+\begin{bmatrix}0\\0\\1\end{bmatrix}r$$

$$
= \begin{bmatrix} 0 & 1 & 0 \\ 0 & 0 & 1 \\ -\alpha_0 - k_0 & -\alpha_1 - k_1 & -\alpha_2 - k_2 \end{bmatrix} \boldsymbol{x} + \begin{bmatrix} 0 \\ 0 \\ 1 \end{bmatrix} r
$$

$$
y = \underbrace{\begin{bmatrix} \beta_0 & \beta_1 & \beta_2 \end{bmatrix}}_{\boldsymbol{c}} \boldsymbol{x}
$$

闭环传递函数为

$$
\begin{aligned}
G_{\mathrm{CL}}(s) &= \boldsymbol{c}\left(s\boldsymbol{I} - (\boldsymbol{A} - \boldsymbol{bk})\right)^{-1} \boldsymbol{b} \\
&= \begin{bmatrix} \beta_0 & \beta_1 & \beta_2 \end{bmatrix} \begin{bmatrix} s & -1 & 0 \\ 0 & s & -1 \\ \alpha_0 + k_0 & \alpha_1 + k_1 & s + \alpha_2 + k_2 \end{bmatrix}^{-1} \begin{bmatrix} 0 \\ 0 \\ 1 \end{bmatrix} \\
&= \begin{bmatrix} \beta_0 & \beta_1 & \beta_2 \end{bmatrix} \frac{\begin{bmatrix} \times & \times & 1 \\ \times & \times & s \\ \times & \times & s^2 \end{bmatrix} \begin{bmatrix} 0 \\ 0 \\ 1 \end{bmatrix}}{s^3 + (\alpha_2 + k_2)s^2 + (\alpha_1 + k_1)s + (\alpha_0 + k_0)} \\
&= \frac{\beta_2 s^2 + \beta_1 s + \beta_0}{s^3 + (\alpha_2 + k_2)s^2 + (\alpha_1 + k_1)s + (\alpha_0 + k_0)}
\end{aligned}
$$

闭环系统和开环系统的零点是一样的。

15.8　平衡点的渐近跟踪

我们已经研究了使用状态反馈进行轨迹跟踪。这种情况的一个特殊情况是（渐近地）跟踪系统的平衡点，因为平衡点只是一个常数轨迹。为了解释，考虑线性系统：

$$
\frac{\mathrm{d}\boldsymbol{x}}{\mathrm{d}t} = \boldsymbol{A}\boldsymbol{x} + \boldsymbol{b}u, \boldsymbol{A} \in \mathbb{R}^{n \times n},\ \boldsymbol{b} \in \mathbb{R}^n
$$

常数向量$\boldsymbol{x}_{\mathrm{eq}}$是这个系统的一个平衡点，有一个常数输入$u_{\mathrm{eq}}$类似于

$$
\boldsymbol{0} = \frac{\mathrm{d}\boldsymbol{x}_{\mathrm{eq}}}{\mathrm{d}t} = \boldsymbol{A}\boldsymbol{x}_{\mathrm{eq}} + \boldsymbol{b}u_{\mathrm{eq}}
$$

我们开发了一个状态反馈控制器，强制$\boldsymbol{x}(t) \to \boldsymbol{x}_{\mathrm{eq}}$。误差系统$\boldsymbol{x}(t) \to \boldsymbol{x}_{\mathrm{eq}}$的动力学由

$$
\frac{\mathrm{d}}{\mathrm{d}t}(\boldsymbol{x} - \boldsymbol{x}_{\mathrm{eq}}) = \boldsymbol{A}\boldsymbol{x} + \boldsymbol{b}u - (\boldsymbol{A}\boldsymbol{x}_{\mathrm{eq}} + \boldsymbol{b}u_{\mathrm{eq}}) = \boldsymbol{A}(\boldsymbol{x} - \boldsymbol{x}_{\mathrm{eq}}) + \boldsymbol{b}(u - u_{\mathrm{eq}})
$$

通过状态反馈

$$
u - u_{\mathrm{eq}} = -\boldsymbol{k}(\boldsymbol{x} - \boldsymbol{x}_{\mathrm{eq}})
$$

可得到

$$
\frac{\mathrm{d}}{\mathrm{d}t}(\boldsymbol{x} - \boldsymbol{x}_{\mathrm{eq}}) = (\boldsymbol{A} - \boldsymbol{bk})(\boldsymbol{x} - \boldsymbol{x}_{\mathrm{eq}})
$$

在$(\boldsymbol{A}, \boldsymbol{b})$可控的情况下，选择反馈增益向量$k$将闭环极点置于左半开平面，得到

$$
\boldsymbol{x}(t) - \boldsymbol{x}_{\mathrm{eq}} = \mathrm{e}^{(\boldsymbol{A} - \boldsymbol{bk})t}(\boldsymbol{x}(0) - \boldsymbol{x}_{\mathrm{eq}}) \to \boldsymbol{0}
$$

注意输入u是由下式给出：

$$u(t)=-\boldsymbol{k}\left(\boldsymbol{x}(t)-\boldsymbol{x}_{\mathrm{eq}}\right)+u_{\mathrm{eq}}\to u_{\mathrm{eq}}$$

例 12 倒立摆

在第 13 章中，我们得到了倒立摆的线性近似模型：

$$\underbrace{\begin{bmatrix}\mathrm{d}x/\mathrm{d}t\\ \mathrm{d}v/\mathrm{d}t\\ \mathrm{d}\theta/\mathrm{d}t\\ \mathrm{d}\omega/\mathrm{d}t\end{bmatrix}}_{\mathrm{d}z/\mathrm{d}t}=\underbrace{\begin{bmatrix}0&1&0&0\\ 0&0&-\dfrac{gm^2\ell^2}{M m\ell^2+J(M+m)}&0\\ 0&0&0&1\\ 0&0&\dfrac{mg\ell(M+m)}{Mm\ell^2+J(M+m)}&0\end{bmatrix}}_{A}\underbrace{\begin{bmatrix}x\\ v\\ \theta\\ \omega\end{bmatrix}}_{z}+\underbrace{\begin{bmatrix}0\\ \dfrac{J+m\ell^2}{Mm\ell^2+J(M+m)}\\ 0\\ -\dfrac{m\ell}{Mm\ell^2+J(M+m)}\end{bmatrix}}_{b}u \tag{15.94}$$

很容易看出，这个线性近似模型的任意一个平衡点都有这样的形式：

$$\boldsymbol{z}_{\mathrm{eq}}=\begin{bmatrix}x_{\mathrm{eq}}\\ 0\\ 0\\ 0\end{bmatrix}\text{ 且 }u_{\mathrm{eq}}=0$$

此平衡点对应于$v=\theta=\omega=0$时x_{eq}处的小车。对$(\boldsymbol{A},\ \boldsymbol{b})$是可控的，因此可以找到$\boldsymbol{k}$，使得状态反馈$u=-\boldsymbol{k}\left(\boldsymbol{z}-\boldsymbol{z}_{\mathrm{eq}}\right)+u_{\mathrm{eq}}=-\boldsymbol{k}(\boldsymbol{z}-\boldsymbol{z}_{\mathrm{eq}})$强制$\boldsymbol{z}(t)\to\boldsymbol{z}_{\mathrm{eq}}$。注意$\boldsymbol{k}\boldsymbol{z}_{\mathrm{eq}}=k_1x_{\mathrm{eq}}$，图 15-10 的右侧显示了使用参考$r=k_1x_{\mathrm{eq}}$的等效实现。习题 11 要求读者编写 MATLAB 程序计算反馈增益向量k，然后在 Simulink 中模拟稳定系统。

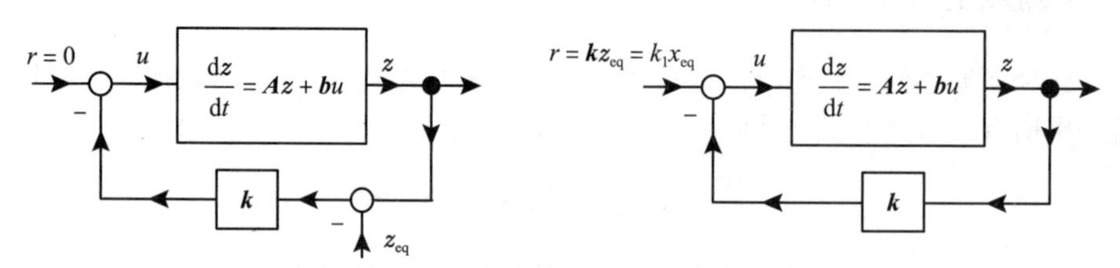

图 15-10　跟踪阶跃输入的等效状态反馈设置

如第 17 章所述，倒立摆的状态反馈控制系统是鲁棒的。这意味着在模型参数不准确和小车或摆杆受到小干扰的情况下，控制器将保持摆杆直立。

15.9　通过状态反馈跟踪阶跃输入

在第 9 章和第 10 章中，我们讨论了使用传递函数的阶跃输入的渐近跟踪。现在使用状态空间方法来研究这个问题。通过考虑例 12 中给出的倒立摆来做到这一点。这里的目标是让小车位置跟踪一个阶跃输入，同时保持摆杆直立。对于式（15.94）的状态空间模型，现在通过设置将小车的位置作为输出：

$$y=\underbrace{\begin{bmatrix}1&0&0&0\end{bmatrix}}_{c}\underbrace{\begin{bmatrix}x\\ v\\ \theta\\ \omega\end{bmatrix}}_{z} \tag{15.95}$$

可以看到$(\boldsymbol{A}, \boldsymbol{b})$是可控的，在第13章中，证明了输入$U(s)$到输出$Y(s)=X(s)$的开环传递函数为

$$\frac{X(s)}{U(s)}=G(s)=\frac{\kappa\left(J+m\ell^2\right)s^2-\kappa mg\ell}{s^2\left(s^2-\alpha^2\right)}=\frac{n(s)}{d(s)} \tag{15.96}$$

而

$$\alpha^2=\frac{mg\ell(M+m)}{Mm\ell^2+J(M+m)},\ \kappa=\frac{1}{Mm\ell^2+J(M+m)} \tag{15.97}$$

为了后续参考，注意到$G(0)\neq 0$，即$n(0)=-\kappa mg\ell\neq 0$。

在例12中，讨论了如何选择$u=-\boldsymbol{k}\boldsymbol{z}$来将倒立摆的闭环极点配置在任意需要的位置。图15-11显示了倒立摆的状态反馈稳定的设置。

现在展示了如何使这个系统（渐近地）跟踪步长参考输入$r(t)=x_{\text{ref}}u_s(t)$，以获得小车的位置，同时保持摆杆直立。为了继续，首先重新绘制图15-11，以获得图15-12所示的等效系统。

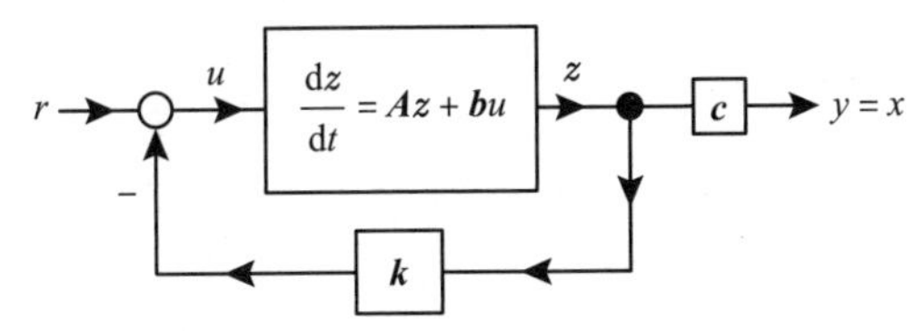

图15-11　利用状态反馈稳定倒立摆

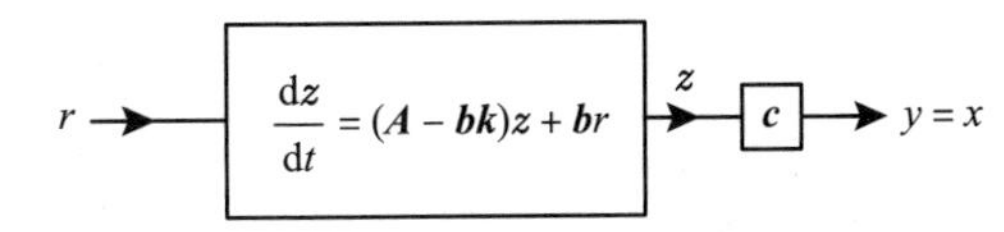

图15-12　该图等效于图15-11

该系统的输出是小车的位置。图15-13是图15-12的传递函数表示。

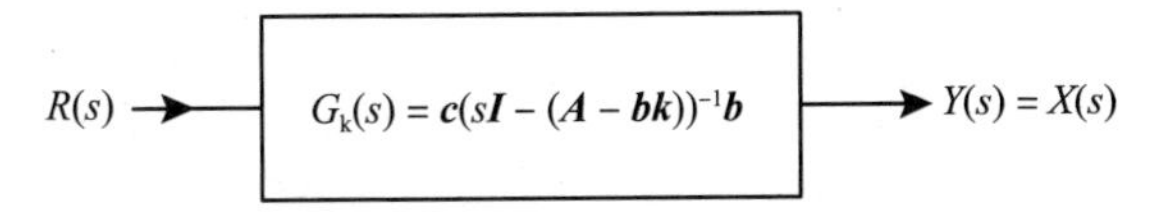

图15-13　图15-12的传递函数表示

图15-14显示了小车的位置误差$e=x_{\text{ref}}-x$，现在通过积分器作为反馈。这种控制方式是根据内部模型原理提出的。在第9章中，具体地说，若$\boldsymbol{k}\in\mathbb{R}^4, k_0\in\mathbb{R}$可使闭环系统稳定，则当$t\to\infty$时，$x(t)\to x_{\text{ref}}$。

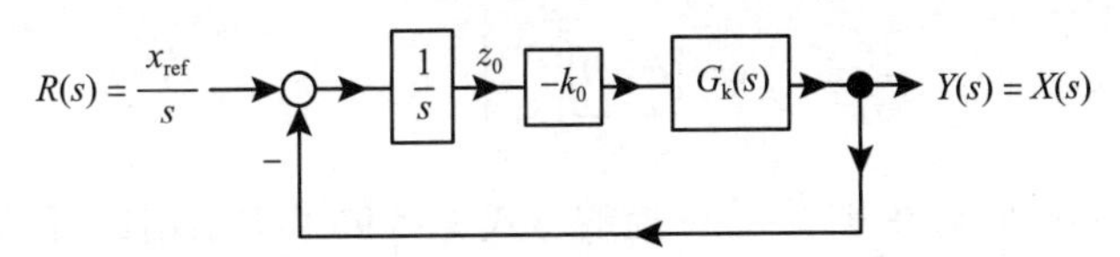

图15-14　利用积分器反馈渐近跟踪阶跃输入

图15-14中的积分器跟踪阶跃输入，可以直接如下所示

$$G_k(s)=\boldsymbol{c}\left(s\boldsymbol{I}-(\boldsymbol{A}-\boldsymbol{b}\boldsymbol{k})\right)^{-1}\boldsymbol{b}=\frac{n(s)}{d_k(s)}$$

其中，$d_k(s)=\det\left(s\boldsymbol{I}-(\boldsymbol{A}-\boldsymbol{b}\boldsymbol{k})\right)$且$n(s)=\kappa\left(J+m\ell^2\right)s^2-\kappa mg\ell$（状态反馈不会改变系统零点）。图15-14系统的闭环传递函数为

$$Y(s)=X(s)=\frac{\dfrac{-k_0}{s}G_k(s)}{1+\dfrac{-k_0}{s}G_k(s)}R(s)=\frac{\dfrac{-k_0}{s}\dfrac{n(s)}{d_k(s)}}{1+\dfrac{-k_0}{s}\dfrac{n(s)}{d_k(s)}}R(s)=\frac{-k_0 n(s)}{sd_k(s)-k_0 n(s)}\frac{x_{\text{ref}}}{s}$$

在本章的附录中，可以找到$\boldsymbol{k}$, k_0使闭环系统稳定。因此，$sd_{\mathrm{k}}(s)-k_0n(s)$是一个稳定的多项式，所以$sX(s)$是稳定的。根据终值定理：

$$\lim_{t\to\infty}x(t)=\lim_{s\to 0}sX(s)=\lim_{s\to 0}s\left(\frac{-k_0n(s)}{sd_{\mathrm{k}}(s)-k_0n(s)}\frac{x_{\mathrm{ref}}}{s}\right)=\frac{-k_0n(0)}{-k_0n(0)}x_{\mathrm{ref}}=x_{\mathrm{ref}},\ n(0)\neq 0$$

为了解决稳定性问题，将图 15-14 的框图重新绘制为图 15-15。

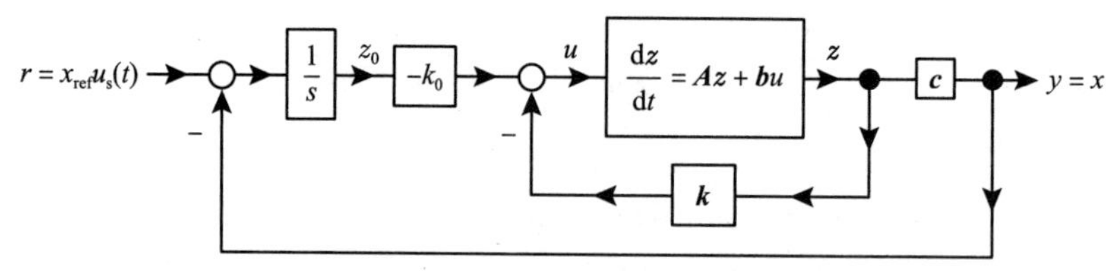

图 15-15　步骤输入的状态空间跟踪

当积分器的输出为z_0时，描述图 15-15 的方程为

$$\frac{\mathrm{d}\boldsymbol{z}}{\mathrm{d}t}=\boldsymbol{Az}+\boldsymbol{b}u$$
$$u=-\boldsymbol{kz}-k_0z_0$$
$$y=\boldsymbol{cz}=x$$
$$\frac{\mathrm{d}z_0}{\mathrm{d}t}=x_{\mathrm{ref}}-x$$

然后可以把它重新表述为增广系统

$$\frac{\mathrm{d}}{\mathrm{d}t}\underbrace{\begin{bmatrix}\boldsymbol{z}\\ z_0\end{bmatrix}}_{\boldsymbol{z}_{\mathrm{a}}\in\mathbb{R}^5}=\underbrace{\begin{bmatrix}\boldsymbol{A} & \boldsymbol{0}_{4\times1}\\ -\boldsymbol{c} & 0\end{bmatrix}}_{\boldsymbol{A}_{\mathrm{a}}\in\mathbb{R}^{5\times5}}\underbrace{\begin{bmatrix}\boldsymbol{z}\\ z_0\end{bmatrix}}_{\boldsymbol{z}_{\mathrm{a}}\in\mathbb{R}^5}+\underbrace{\begin{bmatrix}\boldsymbol{b}\\ 0\end{bmatrix}}_{\boldsymbol{b}_{\mathrm{a}}\in\mathbb{R}^5}u+\underbrace{\begin{bmatrix}\boldsymbol{0}_{4\times1}\\ 1\end{bmatrix}}_{\boldsymbol{p}_{\mathrm{a}}\in\mathbb{R}^5}x_{\mathrm{ref}}\tag{15.98}$$

$$u=-\underbrace{\begin{bmatrix}\boldsymbol{k} & k_0\end{bmatrix}}_{\boldsymbol{k}_{\mathrm{a}}\in\mathbb{R}^{1\times5}}\underbrace{\begin{bmatrix}\boldsymbol{z}\\ z_0\end{bmatrix}}_{\boldsymbol{z}_{\mathrm{a}}\in\mathbb{R}^5}\tag{15.99}$$

$$y=\underbrace{\begin{bmatrix}\boldsymbol{c} & 0\end{bmatrix}}_{\boldsymbol{c}_{\mathrm{a}}\in\mathbb{R}^{1\times5}}\begin{bmatrix}\boldsymbol{z}\\ z_0\end{bmatrix}\tag{15.100}$$

在式（15.94）中的$(\boldsymbol{A},\ \boldsymbol{b})$对在$\mathbb{R}^4$中是可控的，式（15.96）中给出的开环传递函数$G(s)$在$s=0$时分子不为零，即$G(0)\neq 0$。通过本章末尾的定理 4（参见本章附录），这两个条件确保了增广矩阵对：

$$\boldsymbol{A}_{\mathrm{a}}\triangleq\begin{bmatrix}\boldsymbol{A} & \boldsymbol{0}_{4\times1}\\ -\boldsymbol{c} & 0\end{bmatrix}\in\mathbb{R}^{5\times5},\ \boldsymbol{b}_{\mathrm{a}}\triangleq\begin{bmatrix}\boldsymbol{b}\\ 0\end{bmatrix}\in\mathbb{R}^5$$

$\mathbb{R}^5$中的控制。因此可以选择$\boldsymbol{k}_{\mathrm{a}}=[\boldsymbol{k}\ \ k_0]$将$\boldsymbol{A}_{\mathrm{a}}-\boldsymbol{b}_{\mathrm{a}}\boldsymbol{k}_{\mathrm{a}}$的闭环极点配置在任何所需的位置。

这个分析保证了$x(t)\to x_{\mathrm{ref}}$，但是$v(t)$, $\theta(t)$和$\omega(t)$会趋于零吗？为了研究这一点，考虑由式（15.98）给出的闭环系统的紧凑表示：

$$\frac{\mathrm{d}\boldsymbol{z}_{\mathrm{a}}}{\mathrm{d}t}=\boldsymbol{A}_{\mathrm{a}}\boldsymbol{z}_{\mathrm{a}}+\boldsymbol{b}_{\mathrm{a}}u+\boldsymbol{p}_{\mathrm{a}}x_{\mathrm{ref}}\tag{15.101}$$

平衡点$\boldsymbol{z}_{\mathrm{a_eq}}$及其对应的输入$u_{\mathrm{eq}}$是式（15.101）的解：

$$\mathbf{0}_{5\times1}=\frac{\mathrm{d}\boldsymbol{z}_{\mathrm{a\_eq}}}{\mathrm{d}t}=\boldsymbol{A}_{\mathrm{a}}\boldsymbol{z}_{\mathrm{a\_eq}}+\boldsymbol{b}_{\mathrm{a}}u_{\mathrm{eq}}+\boldsymbol{p}_{\mathrm{a}}x_{\mathrm{ref}} \tag{15.102}$$

这些解由下式给出：

$$\boldsymbol{z}_{\mathrm{a\_eq}}=\begin{bmatrix}\boldsymbol{z}_{\mathrm{eq}}\\ z_{0\_\mathrm{eq}}\end{bmatrix}=\begin{bmatrix}x_{\mathrm{ref}}\\0\\0\\0\\z_{0\_\mathrm{eq}}\end{bmatrix},\ u_{\mathrm{eq}}=0$$

其中z_{0_eq}是任意的。将$\boldsymbol{z}_{\mathrm{a_eq}}$和$u_{\mathrm{eq}}$的表达式代入式（15.101）可以很容易地验证：

$$\begin{bmatrix}0\\0\\0\\0\\0\end{bmatrix}=\underbrace{\begin{bmatrix}0&1&0&0&0\\0&0&-\dfrac{gm^2\ell^2}{M m\ell^2+J(M+m)}&0&0\\0&0&0&1&0\\0&0&\dfrac{mg\ell(M+m)}{Mm\ell^2+J(M+m)}&0&0\\-1&0&0&0&0\end{bmatrix}}_{\boldsymbol{A}_{\mathrm{a}}}\underbrace{\begin{bmatrix}x_{\mathrm{ref}}\\0\\0\\0\\z_{0\_\mathrm{eq}}\end{bmatrix}}_{\boldsymbol{z}_{\mathrm{a\_eq}}}+\underbrace{\begin{bmatrix}0\\\dfrac{J+m\ell^2}{Mm\ell^2+J(M+m)}\\0\\-\dfrac{m\ell}{Mm\ell^2+J(M+m)}\\0\end{bmatrix}}_{\boldsymbol{b}_{\mathrm{a}}}u_{\mathrm{eq}}+$$

$$\begin{bmatrix}0\\0\\0\\0\\1\end{bmatrix}x_{\mathrm{ref}}$$

误差的状态空间方程由式（15.101）减去式（15.102）得到

$$\begin{aligned}\frac{\mathrm{d}}{\mathrm{d}t}\left(\boldsymbol{z}_{\mathrm{a}}-\boldsymbol{z}_{\mathrm{a\_eq}}\right)&=\boldsymbol{A}_{\mathrm{a}}\boldsymbol{z}_{\mathrm{a}}+\boldsymbol{b}_{\mathrm{a}}u+\boldsymbol{p}_{\mathrm{a}}x_{\mathrm{ref}}-\left(\boldsymbol{A}_{\mathrm{a}}\boldsymbol{z}_{\mathrm{a\_eq}}+\boldsymbol{b}u_{\mathrm{eq}}+\boldsymbol{p}_{\mathrm{a}}x_{\mathrm{ref}}\right)\\&=\boldsymbol{A}_{\mathrm{a}}\left(\boldsymbol{z}_{\mathrm{a}}-\boldsymbol{z}_{\mathrm{a\_eq}}\right)+\boldsymbol{b}_{\mathrm{a}}\left(u-u_{\mathrm{eq}}\right)\end{aligned}$$

由于对$(\boldsymbol{A}_{\mathrm{a}},\ \boldsymbol{b}_{\mathrm{a}})$是可控的，因此可以选择$\boldsymbol{k}_{\mathrm{a}}$，使状态反馈

$$u-u_{\mathrm{eq}}=u=-\boldsymbol{k}_{\mathrm{a}}\left(\boldsymbol{z}_{\mathrm{a}}-\boldsymbol{z}_{\mathrm{a\_eq}}\right)$$

导致

$$\frac{\mathrm{d}}{\mathrm{d}t}\left(\boldsymbol{z}_{\mathrm{a}}-\boldsymbol{z}_{\mathrm{a\_eq}}\right)=\left(\boldsymbol{A}_{\mathrm{a}}-\boldsymbol{b}_{\mathrm{a}}\boldsymbol{k}_{\mathrm{a}}\right)\left(\boldsymbol{z}_{\mathrm{a}}-\boldsymbol{z}_{\mathrm{a\_eq}}\right)$$

是稳定的。结果为

$$\boldsymbol{z}_{\mathrm{a}}(t)-\boldsymbol{z}_{\mathrm{a\_eq}}=\mathrm{e}^{(\boldsymbol{A}_{\mathrm{a}}-\boldsymbol{b}_{\mathrm{a}}\boldsymbol{k}_{\mathrm{a}})t}\left(\boldsymbol{z}_{\mathrm{a}}(0)-\boldsymbol{z}_{\mathrm{a\_eq}}\right)\to\mathbf{0}$$

那么z_{0_eq}的值呢？在图 15-15 中，进行了反馈

$$u=-\begin{bmatrix}\boldsymbol{k}&k_0\end{bmatrix}\begin{bmatrix}\boldsymbol{z}\\z_0\end{bmatrix}$$

而不是

$$u = -\begin{bmatrix} \boldsymbol{k} & k_0 \end{bmatrix} \left(\begin{bmatrix} \boldsymbol{z} \\ z_0 \end{bmatrix} - \begin{bmatrix} \boldsymbol{z}_{\text{eq}} \\ z_{0\_\text{eq}} \end{bmatrix} \right)$$

如果选择z_{0_eq}，它们是一样的：

$$\begin{bmatrix} \boldsymbol{k} & k_0 \end{bmatrix} \begin{bmatrix} \boldsymbol{z}_{\text{eq}} \\ z_{0\_\text{eq}} \end{bmatrix} = \begin{bmatrix} k_1 & k_2 & k_3 & k_4 & k_0 \end{bmatrix} \begin{bmatrix} x_{\text{ref}} \\ 0 \\ 0 \\ 0 \\ z_{0\_\text{eq}} \end{bmatrix} = 0$$

或者

$$z_{0\_\text{eq}} = -\left(k_1 / k_0 \right) x_{\text{ref}}$$

另一种解释方法是，反馈$u = -\boldsymbol{k}_{\text{a}} \boldsymbol{z}_{\text{a}}$应用于系统（选择$\boldsymbol{k}_{\text{a}}$使$\boldsymbol{A}_{\text{a}} - \boldsymbol{b}_{\text{a}} \boldsymbol{k}_{\text{a}}$是稳定的）：

$$\frac{\mathrm{d}\boldsymbol{z}_{\text{a}}}{\mathrm{d}t} = \boldsymbol{A}_{\text{a}} \boldsymbol{z}_{\text{a}} + \boldsymbol{b}_{\text{a}} u + \boldsymbol{p}_{\text{a}} x_{\text{ref}}$$

导致

$$\boldsymbol{z}_{\text{a}}(t) \to \boldsymbol{z}_{\text{a\_eq}} = \begin{bmatrix} x_{\text{ref}} \\ 0 \\ 0 \\ 0 \\ -\left(k_1 / k_0 \right) x_{\text{ref}} \end{bmatrix}$$

这个平衡点满足$\boldsymbol{k}_{\text{a}} \boldsymbol{z}_{\text{a_eq}} = 0$。参见习题 17。

如第 17 章所述，倒立摆的控制系统是鲁棒的。这意味着在模型参数不准确和小车或摆杆受到小干扰的情况下，控制器将保持摆杆直立。

15.9.1　极点配置程序

让

$$\mathcal{C}_{\text{a}} = \begin{bmatrix} \boldsymbol{b}_{\text{a}} & \boldsymbol{A}_{\text{a}} \boldsymbol{b}_{\text{a}} & \boldsymbol{A}_{\text{a}}^2 \boldsymbol{b}_{\text{a}} & \boldsymbol{A}_{\text{a}}^3 \boldsymbol{b}_{\text{a}} & \boldsymbol{A}_{\text{a}}^4 \boldsymbol{b}_{\text{a}} \end{bmatrix} \in \mathbb{R}^{5 \times 5}$$

$$\det\left(s\boldsymbol{I}_{5 \times 5} - \boldsymbol{A}_{\text{a}} \right) = \det \begin{bmatrix} s\boldsymbol{I}_{4 \times 4} - \boldsymbol{A} & \boldsymbol{0}_{4 \times 1} \\ \boldsymbol{c} & s \end{bmatrix} = s^5 + \alpha_4 s^4 + \alpha_3 s^3 + \alpha_2 s^2 + \alpha_1 s + \alpha_0$$

并且

$$\boldsymbol{A}_{\text{ac}} = \begin{bmatrix} 0 & 1 & 0 & 0 & 0 \\ 0 & 0 & 1 & 0 & 0 \\ 0 & 0 & 0 & 1 & 0 \\ 0 & 0 & 0 & 0 & 1 \\ -\alpha_0 & -\alpha_1 & -\alpha_2 & -\alpha_3 & -\alpha_4 \end{bmatrix}, \boldsymbol{b}_{\text{ac}} = \begin{bmatrix} 0 \\ 0 \\ 0 \\ 0 \\ 1 \end{bmatrix}$$

$$\mathcal{C}_{\text{ac}} = \begin{bmatrix} \boldsymbol{b}_{\text{ac}} & \boldsymbol{A}_{\text{ac}} \boldsymbol{b}_{\text{ac}} & \boldsymbol{A}_{\text{ac}}^2 \boldsymbol{b}_{\text{ac}} & \boldsymbol{A}_{\text{ac}}^3 \boldsymbol{b}_{\text{ac}} & \boldsymbol{A}_{\text{ac}}^4 \boldsymbol{b}_{\text{ac}} \end{bmatrix} \in \mathbb{R}^{5 \times 5}$$

然后设置：

$$\begin{aligned} \boldsymbol{k}_{\text{a}} &= \begin{bmatrix} \boldsymbol{k} & k_0 \end{bmatrix} \\ &= \begin{bmatrix} \alpha_{\text{d0}} - \alpha_0 & \alpha_{\text{d1}} - \alpha_1 & \alpha_{\text{d2}} - \alpha_2 & \alpha_{\text{d3}} - \alpha_3 & \alpha_{\text{d4}} - \alpha_4 \end{bmatrix} \mathcal{C}_{\text{ac}} \mathcal{C}_{\text{a}}^{-1} \in \mathbb{R}^{1 \times 5} \end{aligned}$$

结果为

$$\det\begin{bmatrix} s\boldsymbol{I}_{4\times4}-(\boldsymbol{A}-\boldsymbol{bk}) & \boldsymbol{b}k_0 \\ \boldsymbol{c} & s \end{bmatrix}=s^5+\alpha_{d4}s^4+\alpha_{d3}s^3+\alpha_{d2}s^2+\alpha_{d1}s+\alpha_{d0}$$

这个计算反馈增益向量$\boldsymbol{k}_a$的过程将用于习题 12 中模拟一个状态反馈控制器，该控制器迫使倒立摆跟踪阶跃输入。

*15.9.2　倒立摆的阶跃响应

一个简单（且冗长）的计算使用：

$$\frac{\mathrm{d}\boldsymbol{z}_a}{\mathrm{d}t}=(\boldsymbol{A}_a-\boldsymbol{b}_a\boldsymbol{k}_a)\boldsymbol{z}_a+\boldsymbol{p}_a x_{ref},\ \boldsymbol{z}_a(0)=\boldsymbol{0}_{5\times1}$$

表明（见习题 17）：

$$X(s)=\boldsymbol{c}_a\left(s\boldsymbol{I}_{5\times5}-(\boldsymbol{A}_a-\boldsymbol{b}_a\boldsymbol{k}_a)\right)^{-1}\boldsymbol{b}_a\frac{x_{ref}}{s}=-k_0\underbrace{\frac{\kappa(J+m\ell^2)s^2-\kappa mg\ell}{\det\left(sI_{5\times5}-(A_a-b_ak_a)\right)}}_{\text{闭环传递函数}}\frac{x_{ref}}{s}\tag{15.103}$$

注意分子在$s=\pm\sqrt{mg\ell/(J+m\ell^2)}=\pm\sqrt{\frac{g}{\ell}}\sqrt{\frac{1}{J/(m\ell^2)+1}}$有零点。回想第 8 章，由于右半平面零点，$x(t)$的阶跃响应会有欠调。选择 Quanser 系统的参数值（参见本章习题 12），并使用图 15-15 的反馈设置，选择$\boldsymbol{k}\in\mathbb{R}^{1\times4}$，$k_0\in\mathbb{R}$，使所有五个闭环极点都位于 −5。则阶跃输入$R(s)=0.1/s$（闭环响应）时小车的位置$X(s)$为

$$X(s)=\frac{1.0025s^2+23}{(s+5)^2}\frac{0.1}{s}$$

该系统的两个零点为$s=\pm\sqrt{23/1.0025}=\pm4.7898$。在右半开平面$s=4.7898$处的零点表示将出现欠调。将步长参考输入$x_{ref}(t)=0.1u_s(t-1)$应用于系统，图 15-16 所示为显示欠调的响应$x(t)$的图形。在$x=0.1\text{m}$处，小车确实是向后移动的。

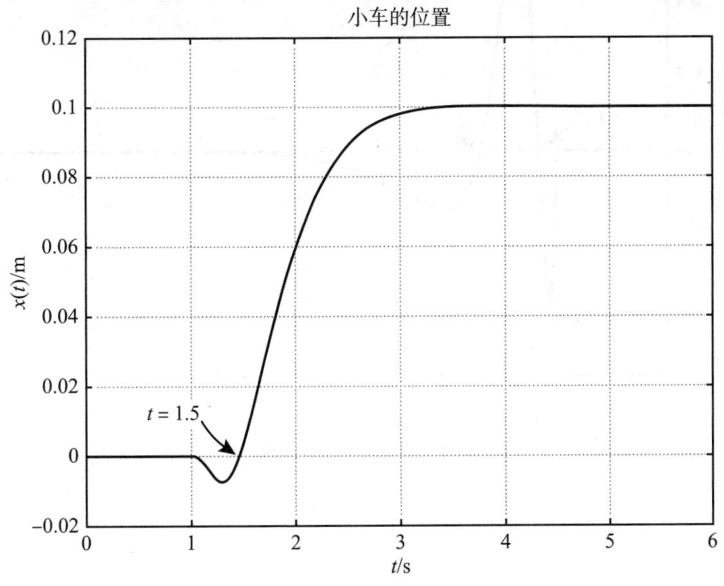

图 15-16　阶跃响应$x(t)$与$t=1\,\text{s}$时的输入

注意 闭环极点选择为 −5，为了使响应更快，可以把闭环极点放在距离左半平面更远的位置，但同时x上的欠调将会更小（参见第 10 章的定理 10）。

图 15-17a 显示了$x=0$时的小车和$\theta=0$时的摆杆。在$t=1\text{s}$时，使用阶跃输入，小车向后移动（小车加速度$u<0$）。这导致摆杆略微向前旋转（相对于小车），如图 15-17b 所示。为了让摆杆指向正确的方向，向右移动，这是必要的。当$t=1.2\text{s}$时，小车的加速度为正（见图 15-18），因此当$t=1.5\text{s}$时，小车的位置也为正（见图 15-16 和图 15.17c）。图 15-19 显示了摆角$\theta(t)$的相应响应。在这里，可以看到摆杆的角开始是正的，在$t=1.75\text{s}$时回到零，但随后变成负的，如图 15-17d 所示。然后，当如图 15-18 所示，在$t=1.7\text{s}$时，小车的加速度为负，导致摆杆向前旋转，然后竖直返回，如图 15-17d 所示。最后，当$t\geqslant 4\text{s}$时，图 15-17e 表明$\theta=0,\ x=0.1$，加速度为零。

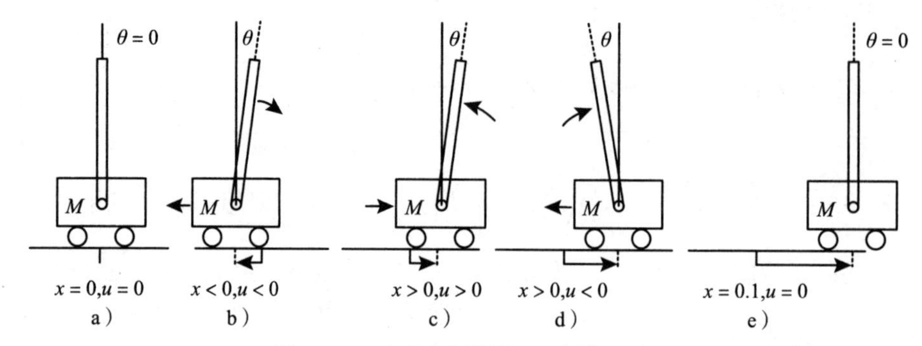

图 15-17 小车和摆杆从$x=0$到$x=0.1$

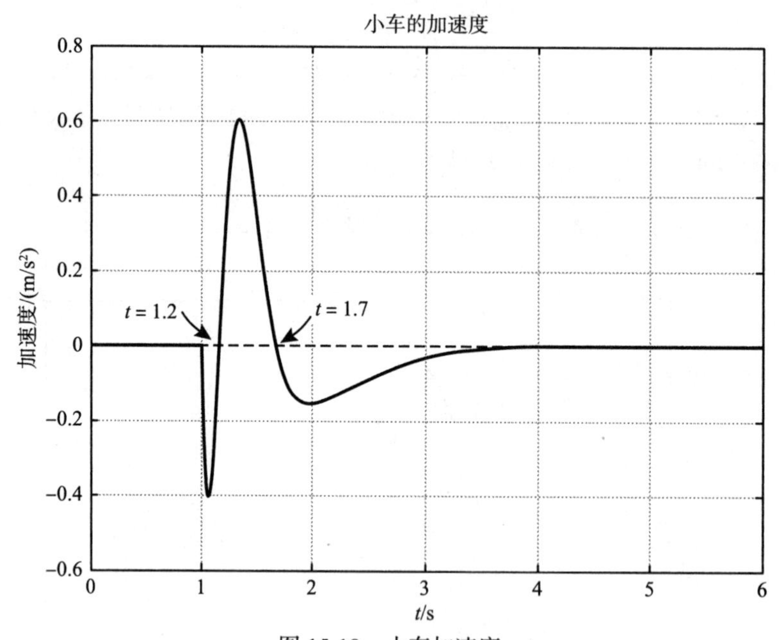

图 15-18 小车加速度

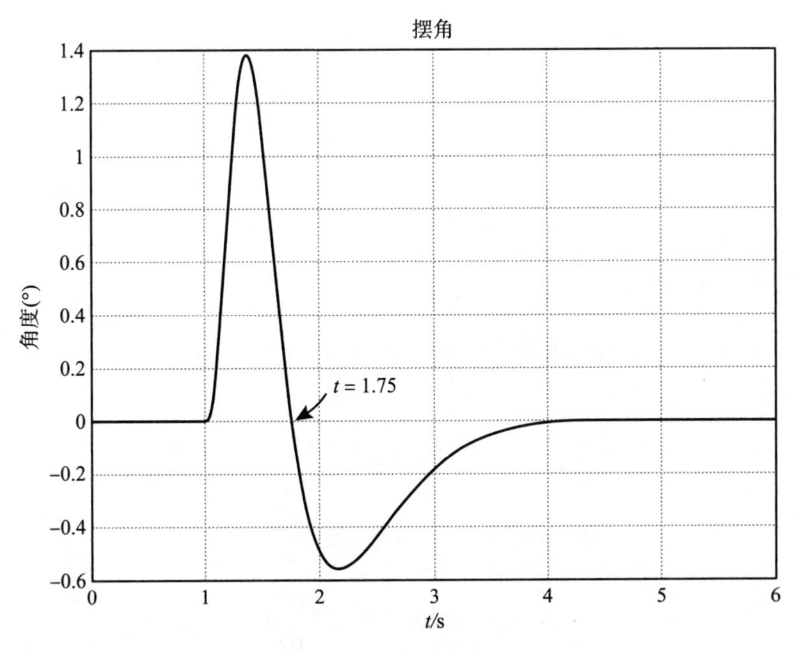

图 15-19　摆角 $\theta(t)$ 对位置阶跃输入的响应

*15.10　倾斜轨道上的倒立摆

图 15-20 显示了小车轨道呈斜面的倒立摆。注意，x 方向沿轨道，y 方向垂直于轨道。如图所示，角 θ 是相对于 y 坐标轴测量的。

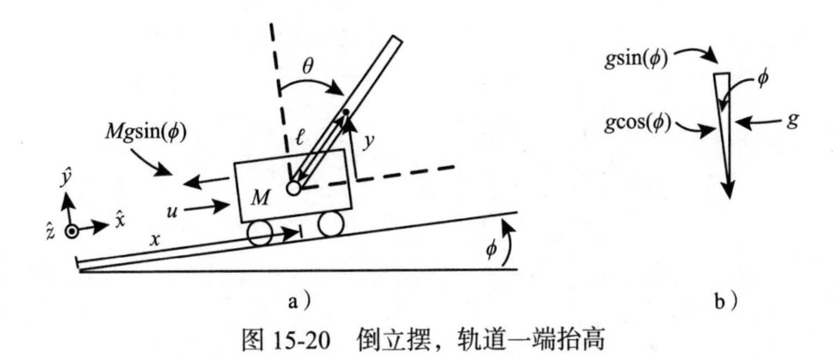

图 15-20　倒立摆，轨道一端抬高

分别在支点上的摆杆沿 x，y 坐标轴施加（未知）力 F_{mx} 和 F_{my}。然后得到质量为 m 的摆杆的牛顿平动方程为

$$m\frac{d^2}{dt^2}\left(x+\ell\sin(\theta)\right)=F_{mx}-mg\sin(\phi)$$

$$m\frac{d^2}{dt^2}\left(\ell\cos(\theta)\right)=F_{my}-mg\cos(\phi)$$

摆杆的旋转轴是沿其质心的 $-\hat{z}$ 方向，J 表示摆杆相对于质心的转动惯量，则

$$\tau=J\frac{d^2\theta}{dt^2}$$

在平坦轨道的情况下，重力 $-mg\hat{y}$ 在杆上不产生任何转矩，因为它通过质心，所以它的力臂为

零。摆杆上的转矩仅为F_{mx}和F_{my}。摆杆的运动方程是

$$J\frac{\mathrm{d}^2\theta}{\mathrm{d}t^2}=\ell F_{\mathrm{my}}\sin(\theta)-\ell F_{\mathrm{mx}}\cos(\theta)$$

小车的运动方程简化为

$$M\frac{\mathrm{d}^2x}{\mathrm{d}t^2}=u(t)-F_{\mathrm{mx}}-Mg\sin(\phi)$$

小车上摆杆的完整方程组为

$$m\frac{\mathrm{d}^2x}{\mathrm{d}t^2}-m\ell\sin(\theta)\left(\frac{\mathrm{d}\theta}{\mathrm{d}t}\right)^2+m\ell\cos(\theta)\frac{\mathrm{d}^2\theta}{\mathrm{d}t^2}=F_{\mathrm{mx}}-mg\sin(\phi) \tag{15.104}$$

$$-m\ell\cos(\theta)\left(\frac{\mathrm{d}\theta}{\mathrm{d}t}\right)^2-m\ell\sin(\theta)\frac{\mathrm{d}^2\theta}{\mathrm{d}t^2}=F_{\mathrm{my}}-mg\cos(\phi) \tag{15.105}$$

$$\ell F_{\mathrm{my}}\sin(\theta)-\ell F_{\mathrm{mx}}\cos(\theta)=J\frac{\mathrm{d}^2\theta}{\mathrm{d}t^2} \tag{15.106}$$

$$u(t)-F_{\mathrm{mx}}-Mg\sin(\phi)=M\frac{\mathrm{d}^2x}{\mathrm{d}t^2} \tag{15.107}$$

15.10.1 关于平衡点的线性化

为了计算倒立摆在斜面上的平衡点，将式（15.104）~式（15.107）中所有的导数设为零，并消去F_{mx}，F_{my}，可得到

$$\begin{gathered}\ell mg\cos(\phi)\sin(\theta)-\ell mg\sin(\phi)\cos(\theta)=\ell mg\sin(\theta-\phi)=0\\ u_{\mathrm{eq}}-(m+M)g\sin(\phi)=0\end{gathered}$$

求解得到$\theta_{\mathrm{eq}}=\phi$，$u_{\mathrm{eq}}=(M+m)g\sin(\phi)$。沿着它们相应的输入参考的平衡点集合由下列给出：

$$\boldsymbol{z}_{\mathrm{eq}}=\begin{bmatrix}x_{\mathrm{eq}}\\ v_{\mathrm{eq}}\\ \theta_{\mathrm{eq}}\\ \omega_{\mathrm{eq}}\end{bmatrix}=\begin{bmatrix}x_{\mathrm{eq}}\\ 0\\ \phi\\ 0\end{bmatrix},\ u_{\mathrm{eq}}=(M+m)g\sin(\phi)$$

注意，x_{eq}可以任意设置。消去力F_{mx}和F_{my}，式（15.104）~式（15.107）为状态空间形式：

$$\begin{aligned}
&\frac{\mathrm{d}x}{\mathrm{d}t}=v\\
&\frac{\mathrm{d}v}{\mathrm{d}t}=\frac{m\ell(J+m\ell^2)\omega^2\sin(\theta)-gm^2\ell^2\cos(\theta)\sin(\theta-\phi)-(J+m\ell^2)(M+m)g\sin(\phi)}{JM+Jm+Mm\ell^2+m^2\ell^2\sin^2(\theta)}+\\
&\qquad\frac{J+m\ell^2}{JM+Jm+Mm\ell^2+m^2\ell^2\sin^2(\theta)}u\\
&\frac{\mathrm{d}\theta}{\mathrm{d}t}=\omega\\
&\frac{\mathrm{d}\omega}{\mathrm{d}t}=\frac{mg\ell(M+m)\sin(\theta-\phi)-m^2\ell^2\omega^2\cos(\theta)\sin(\theta)+m\ell\cos(\theta)(M+m)g\sin(\phi)}{JM+Jm+Mm\ell^2+m^2\ell^2\sin^2(\theta)}-\\
&\qquad\frac{m\ell\cos(\theta)}{JM+Jm+Mm\ell^2+m^2\ell^2\sin^2(\theta)}u
\end{aligned} \tag{15.108}$$

且

$$
\begin{aligned}
&\Delta x \triangleq x - x_{\text{eq}}\\
&\Delta v \triangleq v - v_{\text{eq}} = v\\
&\Delta\theta \triangleq \theta - \theta_{\text{eq}} = \theta - \phi\\
&\Delta\omega \triangleq \omega - \omega_{\text{eq}} = \omega\\
&\Delta u \triangleq u - u_{\text{eq}} = u - (M+m)g\sin(\phi)
\end{aligned}
$$

（非线性）运动方程Δx, Δv, $\Delta\theta$, $\Delta\omega$, $\Delta u = u-(M+m)g\sin(\phi)$，为

$$\frac{\mathrm{d}\Delta x}{\mathrm{d}t} = \Delta v$$

$$\frac{\mathrm{d}\Delta v}{\mathrm{d}t} = \frac{\begin{array}{c} m\ell(J+m\ell^2)(\Delta\omega)^2\sin(\Delta\theta+\phi) - gm^2\ell^2\cos(\Delta\theta+\phi)\sin(\Delta\theta)\\ -(J+m\ell^2)(M+m)g\sin(\phi)\end{array}}{JM+Jm+Mm\ell^2+m^2\ell^2\sin^2(\Delta\theta+\phi)} + \frac{J+m\ell^2}{JM+Jm+Mm\ell^2+m^2\ell^2\sin^2(\Delta\theta+\phi)}(\Delta u + u_{\text{eq}})$$

$$\frac{\mathrm{d}\Delta\theta}{\mathrm{d}t} = \Delta\omega$$

$$\frac{\mathrm{d}\Delta\omega}{\mathrm{d}t} = \frac{\begin{array}{c} mg\ell(M+m)\sin(\Delta\theta) - m^2\ell^2(\Delta\omega)^2\cos(\Delta\theta+\phi)\sin(\Delta\theta+\phi)\\ +m\ell\cos(\Delta\theta+\phi)(M+m)g\sin(\phi)\end{array}}{JM+Jm+Mm\ell^2+m^2\ell^2\sin^2(\Delta\theta+\phi)} - \frac{m\ell\cos(\Delta\theta+\phi)}{JM+Jm+Mm\ell^2+m^2\ell^2\sin^2(\Delta\theta+\phi)}(\Delta u + u_{\text{eq}})$$

为了将这个关于$\boldsymbol{z}_{\text{eq}}$的方程组线性化，近似代替后可得

$$
\begin{aligned}
\cos(\Delta\theta+\phi) &= \cos(\Delta\theta)\cos(\phi) - \sin(\Delta\theta)\sin(\phi) \approx \cos(\phi) - \Delta\theta\sin(\phi)\\
\sin(\Delta\theta+\phi) &= \sin(\Delta\theta)\cos(\phi) + \cos(\Delta\theta)\sin(\phi) \approx \Delta\theta\cos(\phi) + \sin(\phi)\\
\sin^2(\Delta\theta+\phi) &\approx \sin^2(\phi)
\end{aligned}
$$

并在$\Delta\omega$、$\Delta\theta$中消去二阶或更高阶项，即可获得

$$\frac{\mathrm{d}}{\mathrm{d}t}\begin{bmatrix}\Delta x\\ \Delta v\\ \Delta\theta\\ \Delta\omega\end{bmatrix} = \underbrace{\begin{bmatrix} 0 & 1 & 0 & 0\\ 0 & 0 & -\dfrac{gm^2\ell^2\cos(\phi)}{\mathrm{den}(\phi)} & 0\\ 0 & 0 & 0 & 1\\ 0 & 0 & \dfrac{mg\ell(M+m)}{\mathrm{den}(\phi)} & 0\end{bmatrix}}_{\boldsymbol{A}_\phi}\begin{bmatrix}\Delta x\\ \Delta v\\ \Delta\theta\\ \Delta\omega\end{bmatrix} + \underbrace{\begin{bmatrix} 0\\ \dfrac{J+m\ell^2}{\mathrm{den}(\phi)}\\ 0\\ -\dfrac{m\ell\cos(\phi)}{\mathrm{den}(\phi)}\end{bmatrix}}_{\boldsymbol{b}_\phi}\Delta u \tag{15.109}$$

$$\Delta y = \underbrace{\begin{bmatrix}1 & 0 & 0 & 0\end{bmatrix}}_{\boldsymbol{c}_\phi}\begin{bmatrix}\Delta x\\ \Delta v\\ \Delta\theta\\ \Delta\omega\end{bmatrix} \tag{15.110}$$

其中，$\mathrm{den}(\phi) \triangleq J(M+m) + Mm\ell^2 + m^2\ell^2\sin^2(\phi)$。可控性矩阵及其行列式分别为

$$\mathcal{C}=\begin{bmatrix}\boldsymbol{b}_\phi & \boldsymbol{A}_\phi\boldsymbol{b}_\phi & \boldsymbol{A}_\phi^2\boldsymbol{b}_\phi & \boldsymbol{A}_\phi^3\boldsymbol{b}_\phi\end{bmatrix}$$

$$=\begin{bmatrix} 0 & \dfrac{J+m\ell^2}{\mathrm{den}(\phi)} & 0 & \dfrac{mg\ell m^2\ell^2\cos^2(\phi)}{\mathrm{den}^2(\phi)} \\ \dfrac{J+m\ell^2}{\mathrm{den}(\phi)} & 0 & \dfrac{mg\ell m^2\ell^2\cos^2(\phi)}{\mathrm{den}^2(\phi)} & 0 \\ 0 & -\dfrac{m\ell\cos(\phi)}{\mathrm{den}(\phi)} & 0 & -\dfrac{mg\ell(M+m)m\ell\cos(\phi)}{\mathrm{den}^2(\phi)} \\ -\dfrac{m\ell\cos(\phi)}{\mathrm{den}(\phi)} & 0 & -\dfrac{mg\ell(M+m)m\ell\cos(\phi)}{\mathrm{den}^2(\phi)} & 0 \end{bmatrix}$$

$$\det\mathcal{C}=\frac{(mg\ell)^2(m\ell)^2\cos^2(\phi)}{\left(\mathrm{den}^2(\phi)\right)^4}$$

注意 当$\det\mathcal{C}\neq 0$，$0\leqslant\phi<\pi/2$时，线性状态空间模型（15.109）是可控的。另外，还可以验证开环传递函数$\Delta Y(s)/\Delta u(s)=G(s)=\boldsymbol{c}_\phi\left(s\boldsymbol{I}_{4\times 4}-\boldsymbol{A}_\phi\right)^{-1}\boldsymbol{b}_\phi=n(s)/d(s)$满足$n(0)\neq 0$。

15.10.2　状态反馈控制

为了在位置上跟踪步进参考$x_{\mathrm{eq}}u_{\mathrm{s}}(t)$，在正向路径中添加了一个积分器，如图 15-21 所示。该积分器还将提供作用在小车和摆杆系统上的重力$(M+m)g\sin(\phi)$的干扰抑制（注意在图 15-21 中$\boldsymbol{z}=\begin{bmatrix}x & v & \theta & \omega\end{bmatrix}^{\mathrm{T}}$而不是$\Delta\boldsymbol{z}=\begin{bmatrix}\Delta x & \Delta v & \Delta\theta & \Delta\omega\end{bmatrix}^{\mathrm{T}}$。$u$是完整的输入，而不是$\Delta u$）。

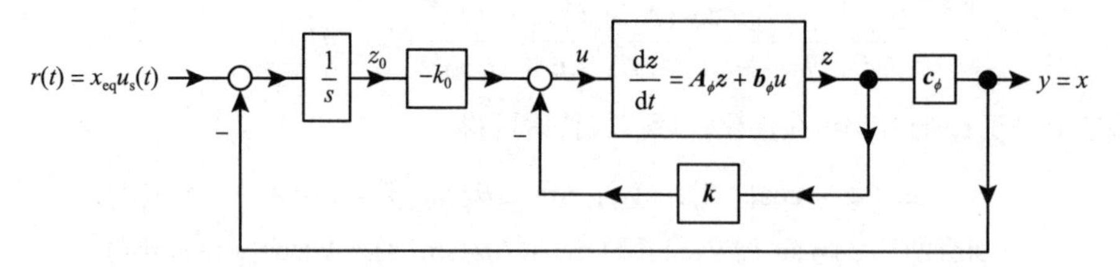

图 15-21　小车上抑制重力干扰$(M+m)g\sin(\phi)$控制结构

增广系统是

$$\underbrace{\frac{\mathrm{d}}{\mathrm{d}t}\begin{bmatrix}\boldsymbol{z}\\ z_0\end{bmatrix}}_{\boldsymbol{z}_{\mathrm{a}}\in\mathbb{R}^5}=\underbrace{\begin{bmatrix}\boldsymbol{A}_\phi & \boldsymbol{0}_{4\times 1}\\ -\boldsymbol{c}_\phi & 0\end{bmatrix}}_{\boldsymbol{A}_{\phi\mathrm{a}}\in\mathbb{R}^{5\times 5}}\underbrace{\begin{bmatrix}\boldsymbol{z}\\ z_0\end{bmatrix}}_{\boldsymbol{z}_{\mathrm{a}}\in\mathbb{R}^5}+\underbrace{\begin{bmatrix}\boldsymbol{b}_\phi\\ 0\end{bmatrix}}_{\boldsymbol{b}_{\phi\mathrm{a}}\in\mathbb{R}^5}u+\underbrace{\begin{bmatrix}\boldsymbol{0}_{4\times 1}\\ 1\end{bmatrix}}_{\boldsymbol{p}_{\mathrm{a}}\in\mathbb{R}^5}x_{\mathrm{ref}}$$

$$u=-\underbrace{\begin{bmatrix}\boldsymbol{k} & k_0\end{bmatrix}}_{\boldsymbol{k}_{\mathrm{a}}\in\mathbb{R}^{1\times 5}}\underbrace{\begin{bmatrix}\boldsymbol{z}\\ z_0\end{bmatrix}}_{\boldsymbol{z}_{\mathrm{a}}\in\mathbb{R}^5}$$

$$y=\underbrace{\begin{bmatrix}\boldsymbol{c}_\phi & 0\end{bmatrix}}_{\boldsymbol{c}_{\phi\mathrm{a}}\in\mathbb{R}^{1\times 5}}\begin{bmatrix}\boldsymbol{z}\\ z_0\end{bmatrix}$$

通过这些说明和本章末尾附录中的状态空间中的干扰抑制，可以得出增广系统对$\left(\boldsymbol{A}_{\phi\mathrm{a}},\ \boldsymbol{b}_{\phi\mathrm{a}}\right)$是可控的。因此，可以选择$\boldsymbol{k}_{\mathrm{a}}\triangleq\begin{bmatrix}\boldsymbol{k} & k_0\end{bmatrix}$使得$\boldsymbol{A}_{\phi\mathrm{a}}-\boldsymbol{b}_{\phi\mathrm{a}}\boldsymbol{k}_{\mathrm{a}}$是稳定的[⊖]。任意选择$x_{\mathrm{eq}}$时，要求平衡

⊖　$\boldsymbol{k}_{\mathrm{a}}$依赖于$\phi$，因为$\boldsymbol{A}_{\phi\mathrm{a}}$和$\boldsymbol{b}_{\phi\mathrm{a}}$依赖于$\phi$。将在本节结束时对此进行纠正。

点$v_{eq}=0,\ \theta_{eq}=\phi,\ \omega_{eq}=0$。图 15-21 的反馈结构显示$u=-k_0z_0-\boldsymbol{k}\boldsymbol{z}$，因此在平衡状态下需要：

$$u_{eq}=(M+m)g\sin(\phi)=-\boldsymbol{k}_a\boldsymbol{z}_{a\_eq}=-k_0z_{0\_eq}-\boldsymbol{k}\boldsymbol{z}_{eq}=-k_0z_{0\_eq}-k_1x_{eq}-k_3\phi \tag{15.111}$$

积分器z_0输出的平衡值为

$$z_{0\_eq}=-\left(k_1x_{eq}+k_3\phi+u_{eq}\right)/k_0$$

误差状态$\boldsymbol{z}_a-\boldsymbol{z}_{a_eq}$满足

$$\frac{d}{dt}\left(\boldsymbol{z}_a-\boldsymbol{z}_{a\_eq}\right)=\underbrace{\begin{bmatrix}0 & 1 & 0 & 0 & 0\\ 0 & 0 & -\dfrac{gm^2\ell^2\cos(\phi)}{\operatorname{den}(\phi)} & 0 & 0\\ 0 & 0 & 0 & 1 & 0\\ 0 & 0 & \dfrac{mg\ell(M+m)}{\operatorname{den}(\phi)} & 0 & 0\\ -1 & 0 & 0 & 0 & 0\end{bmatrix}}_{\boldsymbol{A}_{\phi a}}\left(\boldsymbol{z}_a-\boldsymbol{z}_{a\_eq}\right)+\underbrace{\begin{bmatrix}0\\ \dfrac{J+m\ell^2}{\operatorname{den}(\phi)}\\ 0\\ -\dfrac{m\ell\cos(\phi)}{\operatorname{den}(\phi)}\\ 0\end{bmatrix}}_{\boldsymbol{b}_{\phi a}}\left(u-u_{eq}\right) \tag{15.112}$$

更简洁地，有

$$\frac{d}{dt}\left(\boldsymbol{z}_a-\boldsymbol{z}_{a\_eq}\right)=\boldsymbol{A}_{\phi a}\left(\boldsymbol{z}_a-\boldsymbol{z}_{a\_eq}\right)+\boldsymbol{b}_{\phi a}\left(u-u_{eq}\right)$$

令

$$u-u_{eq}=-\boldsymbol{k}_a\left(\boldsymbol{z}_a-\boldsymbol{z}_{a\_eq}\right),\ \boldsymbol{k}_a=\begin{bmatrix}\boldsymbol{k} & k_0\end{bmatrix}\in\mathbb{R}^{1\times 5}$$

得

$$\frac{d}{dt}\left(\boldsymbol{z}_a-\boldsymbol{z}_{a\_eq}\right)=\left(\boldsymbol{A}_{\phi a}-\boldsymbol{b}_{\phi a}\boldsymbol{k}_a\right)\left(\boldsymbol{z}_a-\boldsymbol{z}_{a\_eq}\right)$$

通过反馈增益$\boldsymbol{k}_a$可使得特征值位于左半平面的任意位置。

$$\boldsymbol{A}_{\phi a}-\boldsymbol{b}_{\phi a}\boldsymbol{k}_a=\begin{bmatrix}\boldsymbol{A}_\phi & \boldsymbol{0}_{4\times 1}\\ -\boldsymbol{c}_\phi & 0\end{bmatrix}-\begin{bmatrix}\boldsymbol{b}_\phi\\ 0\end{bmatrix}\begin{bmatrix}\boldsymbol{k} & k_0\end{bmatrix}=\begin{bmatrix}\boldsymbol{A}_\phi-\boldsymbol{b}_\phi\boldsymbol{k} & -\boldsymbol{b}_\phi k_0\\ -\boldsymbol{c}_\phi & 0\end{bmatrix}$$

摆杆的反馈u为

$$u=-\boldsymbol{k}_a\left(\boldsymbol{z}_a-\boldsymbol{z}_{a\_eq}\right)+u_{eq}$$

会导致$\boldsymbol{z}_a(t)\to\boldsymbol{z}_{a_eq}$。然而，由式（15.111），有$u_{eq}=-\boldsymbol{k}_a\boldsymbol{z}_{a_eq}$，所以

$$u=-\boldsymbol{k}_a\left(\boldsymbol{z}_a-\boldsymbol{z}_{a\_eq}\right)+u_{eq}=-\boldsymbol{k}_a\boldsymbol{z}_a+\boldsymbol{k}_a\boldsymbol{z}_{a\_eq}+u_{eq}=-\boldsymbol{k}_a\boldsymbol{z}_a$$

易知，摆杆的反馈u为

$$u=-\boldsymbol{k}_a\boldsymbol{z}_a=-k_0z_0-\boldsymbol{k}\boldsymbol{z} \tag{15.113}$$

如图 15-21 所示。

15.10.3 未知的倾斜角度 ϕ

最后一个问题是，$\boldsymbol{k}_a$是用$\boldsymbol{A}_{\phi a}$和$\boldsymbol{b}_{\phi a}$计算的，这取决于ϕ的未知值。为了解决这个问题，选择反馈增益$\boldsymbol{k}_a=\begin{bmatrix}\boldsymbol{k} & k_0\end{bmatrix}\in\mathbb{R}^{1\times 5}$来设置平轨模型的闭环极点，即使用：

$$
\boldsymbol{A}_{\mathrm{a}}=\begin{bmatrix} 0 & 1 & 0 & 0 & 0 \\ 0 & 0 & -\dfrac{gm^2\ell^2}{J(M+m)+Mm\ell^2} & 0 & 0 \\ 0 & 0 & 0 & 1 & 0 \\ 0 & 0 & \dfrac{mg\ell(M+m)}{J(M+m)+Mm\ell^2} & 0 & 0 \\ -1 & 0 & 0 & 0 & 0 \end{bmatrix},\ \boldsymbol{b}_{\mathrm{a}}=\begin{bmatrix} 0 \\ \dfrac{J+m\ell^2}{J(M+m)+Mm\ell^2} \\ 0 \\ -\dfrac{m\ell}{J(M+m)+Mm\ell^2} \\ 0 \end{bmatrix}
$$

如果将这些（平面轨道计算）反馈增益应用于倾斜轨道线性模型，则

$$
\begin{bmatrix} \boldsymbol{A}_{\phi} & \boldsymbol{0}_{4\times 1} \\ -\boldsymbol{c}_{\phi} & 0 \end{bmatrix}-\begin{bmatrix} \boldsymbol{b}_{\phi} \\ 0 \end{bmatrix}\begin{bmatrix} \boldsymbol{k} & k_0 \end{bmatrix}=\begin{bmatrix} \boldsymbol{A}_{\phi}-\boldsymbol{b}_{\phi}\boldsymbol{k} & -\boldsymbol{b}_{\phi}k_0 \\ -\boldsymbol{c}_{\phi} & 0 \end{bmatrix} \tag{15.114}
$$

如果保持稳定，控制器将保持摆杆直立，即 $\theta(t)\to\phi$, $\omega(t)\to 0$，同时跟踪阶跃参考输入，即$x(t)\to x_{\mathrm{eq}}$, $v(t)\to 0$。结果表明，存在一个取值范围为$0\leqslant\phi\leqslant\phi_{\max}$，使得式（15.114）是稳定的。习题 19 要求对这个系统仿真。

*15.11　反馈线性化控制

对于倒立摆和磁悬浮系统，使用每个系统围绕其各自平衡点的近似线性模型来设计其控制器。对于一些非线性系统，有一种更强大的技术可以直接控制系统，而不需要让其状态接近平衡点。接下来用磁悬浮系统说明这种方法。

磁悬浮系统的非线性状态空间模型为（见第 13 章）

$$
\frac{\mathrm{d}i}{\mathrm{d}t}=rL_1\frac{i}{x^2L(x)}v-\frac{R}{L(x)}i+\frac{1}{L(x)}u \tag{15.115}
$$

$$
\frac{\mathrm{d}x}{\mathrm{d}t}=v \tag{15.116}
$$

$$
\frac{\mathrm{d}v}{\mathrm{d}t}=g-\frac{rL_1}{2m}\frac{i^2}{x^2}+\frac{f_{\mathrm{d}}}{m} \tag{15.117}
$$

式中，f_{d}为作用于钢球 x 方向上的干扰力（可能是气流所致），$L(x)=L_0+rL_1/x$。定义新的状态变量为

$$
x_1\triangleq x \tag{15.118}
$$

$$
x_2\triangleq v \tag{15.119}
$$

$$
x_3\triangleq g-\frac{rL_1}{2m}\frac{i^2}{x^2} \tag{15.120}
$$

然后有

$$
\begin{aligned}
\frac{\mathrm{d}x_1}{\mathrm{d}t}&=x_2\\
\frac{\mathrm{d}x_2}{\mathrm{d}t}&=x_3+\frac{f_{\mathrm{d}}}{m}\\
\frac{\mathrm{d}x_3}{\mathrm{d}t}&=\frac{\mathrm{d}}{\mathrm{d}t}\left(g-\frac{rL_1}{2m}\frac{i^2}{x^2}\right)
\end{aligned}
$$

式中，x_1是钢球的位置，x_2是钢球的速度。$x_3+\frac{f_d}{m}$是钢球的加速度。计算$\frac{dx_3}{dt}$如下

$$\begin{aligned}\frac{d}{dt}\left(g-\frac{rL_1}{2m}\frac{i^2}{x^2}\right)&=-\frac{rL_1}{m}\frac{i}{x^2}\frac{di}{dt}+\frac{rL_1}{m}\frac{i^2}{x^3}\frac{dx}{dt}\\&=-\frac{rL_1}{m}\frac{i}{x^2}\left(rL_1\frac{i}{x^2L(x)}v-\frac{R}{L(x)}i+\frac{1}{L(x)}u\right)+\frac{rL_1}{m}\frac{i^2}{x^3}v\\&=-\frac{rL_1}{m}\frac{i^2}{x^4}\frac{rL_1}{L(x)}v+\frac{rL_1}{m}\frac{i^2}{x^2}\frac{R}{L(x)}-\frac{rL_1}{m}\frac{i}{x^2}\frac{u}{L(x)}+\frac{rL_1}{m}\frac{i^2}{x^3}v\\&=\underbrace{-\frac{rL_1}{m}\frac{i^2}{x^4}\frac{rL_1}{L(x)}v+\frac{rL_1}{m}\frac{i^2}{x^2}\frac{R}{L(x)}+\frac{rL_1}{m}\frac{i^2}{x^3}v}_{f(i,x,v)}+\underbrace{\left(-\frac{rL_1}{m}\frac{i}{x^2L(x)}\right)}_{g(i,x)}u\end{aligned}$$

根据状态变量x_1, x_2和x_3，非线性状态空间模型为

$$\begin{aligned}\frac{dx_1}{dt}&=x_2\\\frac{dx_2}{dt}&=x_3+\frac{f_d}{m}\\\frac{dx_3}{dt}&=f(i,x,v)+g(i,x)u\end{aligned}$$

令$f_d=0$，那么这个模型就可以简化为

$$\begin{aligned}\frac{dx_1}{dt}&=x_2\\\frac{dx_2}{dt}&=x_3\\\frac{dx_3}{dt}&=f(i,x,v)+g(i,x)u\end{aligned}$$

引入这个新坐标系的意义在于“使”非线性函数和输入函数位于同一个方程。设

$$u=\frac{-f(i,x,v)+u'}{g(i,x)}$$

可得到线性方程组

$$\begin{aligned}\frac{dx_1}{dt}&=x_2\\\frac{dx_2}{dt}&=x_3\\\frac{dx_3}{dt}&=u'\end{aligned}$$

这种方法被称为反馈线性化，因为是通过反馈使系统线性化，而不是计算一个仅在工作点附近有效的近似线性模型。

在进一步讨论这个想法之前，首先为系统设计一个轨迹。设x_{d1}为参考位置，$x_{d2}=dx_{d1}/dt$为参考速度，$x_{d3}=dx_{d2}/dt$为参考加速度，$j_d=dx_{d3}/dt$为参考加加速度，则

$$\begin{aligned}\frac{dx_{d1}}{dt}&=x_{d2}\\\frac{dx_{d2}}{dt}&=x_{d3}\end{aligned}$$

$$\frac{\mathrm{d}x_{\mathrm{d3}}}{\mathrm{d}t} = j_{\mathrm{d}}$$

根据式（15.118）~式（15.120），有

$$x_{\mathrm{d}} \triangleq x_{\mathrm{d1}},\ v_{\mathrm{d}} \triangleq x_{\mathrm{d2}} \text{ 和 } i_{\mathrm{d}} \triangleq \sqrt{\frac{2m}{rL_1}(g - x_{\mathrm{d3}})x_{\mathrm{d1}}^2}$$

为了获得下式

$$\frac{\mathrm{d}x_{\mathrm{d3}}}{\mathrm{d}t} = f(i_{\mathrm{d}}, x_{\mathrm{d}}, v_{\mathrm{d}}) + g(i_{\mathrm{d}}, x_{\mathrm{d}})u_{\mathrm{d}} = j_{\mathrm{d}}$$

设置参考输入电压u_{d}为

$$u_{\mathrm{d}} \triangleq \frac{j_{\mathrm{d}} - f(i_{\mathrm{d}}, x_{\mathrm{d}}, v_{\mathrm{d}})}{g(i_{\mathrm{d}}, x_{\mathrm{d}})}$$

当$\varepsilon_1 = x_{\mathrm{d1}} - x_1, \varepsilon_2 = x_{\mathrm{d2}} - x_2, \varepsilon_3 = x_{\mathrm{d3}} - x_3$时，误差系统为

$$\begin{aligned}
\frac{\mathrm{d}\epsilon_1}{\mathrm{d}t} &= \epsilon_2 \\
\frac{\mathrm{d}\epsilon_2}{\mathrm{d}t} &= \epsilon_3 \\
\frac{\mathrm{d}\epsilon_3}{\mathrm{d}t} &= f(i_{\mathrm{d}}, x_{\mathrm{d}}, v_{\mathrm{d}}) + g(i_{\mathrm{d}}, x_{\mathrm{d}})u_{\mathrm{d}} - f(i, x, v) - g(i, x)u \\
&= f(i_{\mathrm{d}}, x_{\mathrm{d}}, v_{\mathrm{d}}) - f(i, x, v) + g(i_{\mathrm{d}}, x_{\mathrm{d}})u_{\mathrm{d}} - g(i, x)u
\end{aligned}$$

然后选择要满足的输入u:

$$f(i_{\mathrm{d}}, x_{\mathrm{d}}, v_{\mathrm{d}}) - f(i, x, v) + g(i_{\mathrm{d}}, x_{\mathrm{d}})u_{\mathrm{d}} - g(i, x)u = -\underbrace{\begin{bmatrix} k_1 & k_2 & k_3 \end{bmatrix}}_{\boldsymbol{k}} \underbrace{\begin{bmatrix} \epsilon_1 \\ \epsilon_2 \\ \epsilon_3 \end{bmatrix}}_{\boldsymbol{\epsilon}}$$

即设输入电压为（见图 15-22）

$$u = \frac{f(i_{\mathrm{d}}, x_{\mathrm{d}}, v_{\mathrm{d}}) - f(i, x, v) + g(i_{\mathrm{d}}, x_{\mathrm{d}})u_{\mathrm{d}} + \boldsymbol{k\epsilon}}{g(i, x)} = \frac{-f(i, x, v) + j_{\mathrm{d}} + \boldsymbol{k\epsilon}}{g(i, x)} \tag{15.121}$$

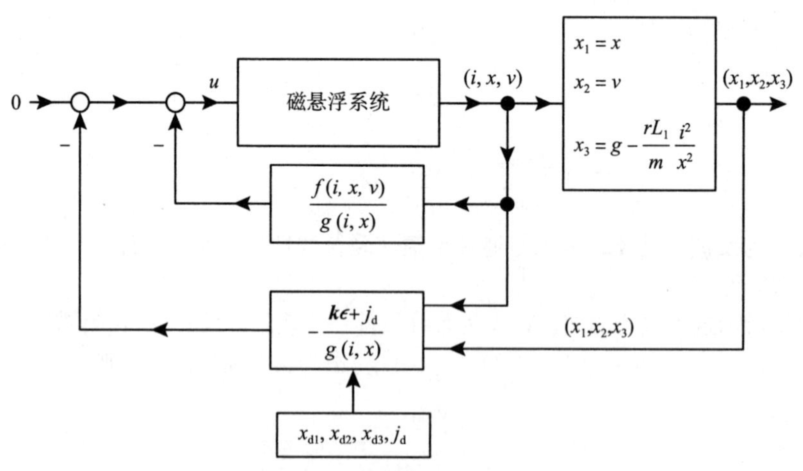

图 15-22　反馈线性化的框图

误差系统为

$$\frac{\mathrm{d}\epsilon_1}{\mathrm{d}t}=\epsilon_2$$
$$\frac{\mathrm{d}\epsilon_2}{\mathrm{d}t}=\epsilon_3$$
$$\frac{\mathrm{d}\epsilon_3}{\mathrm{d}t}=-k_1\epsilon_1-k_2\epsilon_2-k_3\epsilon_3$$

矩阵形式为

$$\frac{\mathrm{d}}{\mathrm{d}t}\begin{bmatrix}\epsilon_1\\\epsilon_2\\\epsilon_3\end{bmatrix}=\begin{bmatrix}0&1&0\\0&0&1\\-k_1&-k_2&-k_3\end{bmatrix}\begin{bmatrix}\epsilon_1\\\epsilon_2\\\epsilon_3\end{bmatrix}$$

且

$$\det\left(s\boldsymbol{I}-\left(\boldsymbol{A}_{\mathrm{c}}-\boldsymbol{b}_{\mathrm{c}}\boldsymbol{k}\right)\right)=s^3+k_3s^2+k_2s+k_1$$

我们可以选择反馈增益k_1，k_2，k_3来将$\boldsymbol{A}_{\mathrm{c}}-\boldsymbol{b}_{\mathrm{c}}\boldsymbol{k}$的极点配置在左半开平面的任何所需位置。此时放大器的反馈电压u为

$$u=\frac{-f\left(i,x,v\right)+j_{\mathrm{d}}+\boldsymbol{k\epsilon}}{g\left(i,x\right)}$$

在实时中，必须对状态变量i, x, v进行采样，以及存储变量$x_{\mathrm{d}1}=x_{\mathrm{d}}$，$x_{\mathrm{d}2}=v_{\mathrm{d}}$，$x_{\mathrm{d}3}$和$j_{\mathrm{d}}$，根据式（15.121）实时计算$u$，将其作为放大器的指令电压。这种非线性控制器允许轨迹跟踪，不需要(i, x, v)接近平衡状态。然而，仍必须确保控制器不超过放大器的电压限制，也就是说，必须以这样一种方式选择反馈增益k_1，k_2，k_3。

$$|u|=\left|\frac{-f\left(i,x,v\right)+j_{\mathrm{d}}+\boldsymbol{k\epsilon}}{g\left(i,x\right)}\right|\leqslant V_{\max}$$

习题 16 要求对这个反馈控制系统进行仿真。

15.11.1 干扰抑制性

让我们回到带干扰的非线性状态空间模型，即

$$\frac{\mathrm{d}x_1}{\mathrm{d}t}=x_2$$
$$\frac{\mathrm{d}x_2}{\mathrm{d}t}=x_3+\frac{f_{\mathrm{d}}}{m}$$
$$\frac{\mathrm{d}x_3}{\mathrm{d}t}=f\left(i,x,v\right)+g\left(i,x\right)u$$

误差系统为

$$\frac{\mathrm{d}\epsilon_1}{\mathrm{d}t}=\epsilon_2$$
$$\frac{\mathrm{d}\epsilon_2}{\mathrm{d}t}=\epsilon_3-\frac{f_{\mathrm{d}}}{m}$$
$$\frac{\mathrm{d}\epsilon_3}{\mathrm{d}t}=-f\left(i,x,v\right)+j_{\mathrm{d}}-g\left(i,x\right)u$$

我们添加了新的误差状态变量，即

$$\epsilon_0 = \int_0^t \epsilon_1(\tau)\mathrm{d}\tau = \int_0^t \left(x_{\mathrm{d1}}(\tau) - x_1(\tau)\right)\mathrm{d}\tau$$

则

$$\begin{aligned}
\frac{\mathrm{d}\epsilon_0}{\mathrm{d}t} &= \epsilon_1 \\
\frac{\mathrm{d}\epsilon_1}{\mathrm{d}t} &= \epsilon_2 \\
\frac{\mathrm{d}\epsilon_2}{\mathrm{d}t} &= \epsilon_3 - \frac{f_{\mathrm{d}}}{m} \\
\frac{\mathrm{d}\epsilon_3}{\mathrm{d}t} &= -f(i,x,v) + j_{\mathrm{d}} - g(i,x)u
\end{aligned}$$

令

$$u = \frac{-f(i,x,v) + j_{\mathrm{d}} + \boldsymbol{k\epsilon}}{g(i,x)}, \ \boldsymbol{k\epsilon} = \begin{bmatrix} k_0 & k_1 & k_2 & k_3 \end{bmatrix}\begin{bmatrix} \epsilon_0 \\ \epsilon_1 \\ \epsilon_2 \\ \epsilon_3 \end{bmatrix}$$

则

$$\begin{aligned}
\frac{\mathrm{d}\epsilon_0}{\mathrm{d}t} &= \epsilon_1 \\
\frac{\mathrm{d}\epsilon_1}{\mathrm{d}t} &= \epsilon_2 \\
\frac{\mathrm{d}\epsilon_2}{\mathrm{d}t} &= \epsilon_3 - \frac{f_{\mathrm{d}}}{m} \\
\frac{\mathrm{d}\epsilon_3}{\mathrm{d}t} &= -k_0\epsilon_0 - k_1\epsilon_1 - k_2\epsilon_2 - k_3\epsilon_3
\end{aligned}$$

矩阵形式为

$$\frac{\mathrm{d}}{\mathrm{d}t}\begin{bmatrix} \epsilon_0 \\ \epsilon_1 \\ \epsilon_2 \\ \epsilon_3 \end{bmatrix} = \begin{bmatrix} 0 & 1 & 0 & 0 \\ 0 & 0 & 1 & 0 \\ 0 & 0 & 0 & 1 \\ -k_0 & -k_1 & -k_2 & -k_3 \end{bmatrix}\begin{bmatrix} \epsilon_0 \\ \epsilon_1 \\ \epsilon_2 \\ \epsilon_3 \end{bmatrix} - \begin{bmatrix} 0 \\ 0 \\ f_{\mathrm{d}}/m \\ 0 \end{bmatrix}$$

那么

$$\begin{aligned}
\begin{bmatrix} E_0(s) \\ E_1(s) \\ E_2(s) \\ E_3(s) \end{bmatrix} &= \begin{bmatrix} s & -1 & 0 & 0 \\ 0 & s & -1 & 0 \\ 0 & 0 & s & -1 \\ k_0 & k_1 & k_2 & s+k_3 \end{bmatrix}^{-1}\begin{bmatrix} 0 \\ 0 \\ F_{\mathrm{d}}(s)/m \\ 0 \end{bmatrix} \\
&= \frac{1}{s^4 + k_3 s^3 + k_2 s^2 + k_1 s + k_0} \times \\
&\quad \begin{bmatrix} s^3 + k_3 s^2 + k_2 s + k_1 & s^2 + k_3 s + k_2 & s + k_3 & 1 \\ -k_0 & s^3 + k_3 s^2 + k_2 s & s^2 + k_3 s & s \\ -sk_0 & -k_0 - sk_1 & s^3 + k_3 s^2 & s^2 \\ -s^2 k_0 & -k_1 s^2 - k_0 s & -k_2 s^2 - k_1 s - k_0 & s^3 \end{bmatrix}\begin{bmatrix} 0 \\ 0 \\ -F_{\mathrm{d}}(s)/m \\ 0 \end{bmatrix}
\end{aligned}$$

$$=-\frac{1}{s^4+k_3s^3+k_2s^2+k_1s+k_0}\begin{bmatrix} s+k_3 \\ s^2+k_3s \\ s^3+k_3s^2 \\ -k_2s^2-k_1s-k_0 \end{bmatrix}\frac{F_{\mathrm{d}}(s)}{m}$$

令$F_{\mathrm{d}}(s)=\dfrac{F_{\mathrm{d0}}}{s}$，设

$$\begin{aligned} k_0 &= r_1r_2r_3r_4 \\ k_1 &= r_1r_2r_3+r_1r_2r_4+r_1r_3r_4+r_2r_3r_4 \\ k_2 &= r_1r_2+r_1r_3+r_1r_4+r_2r_3+r_2r_4+r_3r_4 \\ k_3 &= r_1+r_2+r_3+r_4 \end{aligned}$$

那么

$$E_1(s)=-\frac{s^2+k_3s}{(s+r_1)(s+r_2)(s+r_3)(s+r_4)}\frac{F_{\mathrm{d0}}}{m}\frac{1}{s}=-\frac{s+k_3}{(s+r_1)(s+r_2)(s+r_3)(s+r_4)}\frac{F_{\mathrm{d0}}}{m}$$

当$r_1>0,\ r_2>0,\ r_3>0,\ r_4>0$时可得

$$\epsilon_1(\infty)=\lim_{t\to\infty}\epsilon_1(t)=\lim_{s\to 0}sE_1(s)=0$$

注意 反馈线性化控制

结果表明，上述用于磁悬浮系统的反馈线性化方法不适用于倒立摆[55-57]。也就是说，不存在转换到一个新的坐标系，在这个坐标系中非线性可以被状态反馈抵消。然而，它可用于同步电动机（无刷直流和步进电动机）、电力电子转换器、串联直流电动机[7, 58, 59, 60, 70]。有一种相关的方法称为输入 – 输出线性化，适用于感应电动机[7]。

附录　状态空间中的干扰抑制

下面定理的证明改编自参考文献 [17]。

定理 4 增广系统的可控性

考虑系统$\mathrm{d}\boldsymbol{x}/\mathrm{d}t=\boldsymbol{Ax}+\boldsymbol{b}u$，其中$\boldsymbol{A}\in\mathbb{R}^{n\times n}$，$\boldsymbol{b}\in\mathbb{R}^n$在$\mathbb{R}^n$中是可控制的，即

$$\det\boldsymbol{\mathcal{C}}=\det\begin{bmatrix}\boldsymbol{b} & \boldsymbol{Ab} & \cdots & \boldsymbol{A}^{n-1}\boldsymbol{b}\end{bmatrix}\neq 0$$

设输出为$y=\boldsymbol{cx},\ \boldsymbol{c}\in\mathbb{R}^{1\times n}$。定义增广系统矩阵为

$$\boldsymbol{A}_{\mathrm{a}}\triangleq\begin{bmatrix}\boldsymbol{A} & \boldsymbol{0} \\ -\boldsymbol{c} & 0\end{bmatrix}\in\mathbb{R}^{(n+1)\times(n+1)},\ \boldsymbol{b}_{\mathrm{a}}\triangleq\begin{bmatrix}\boldsymbol{b} \\ 0\end{bmatrix}\in\mathbb{R}^{n+1}$$

对应的可控性矩阵为

$$\boldsymbol{\mathcal{C}}_{\mathrm{a}}=\begin{bmatrix}\boldsymbol{b}_{\mathrm{a}} & \boldsymbol{A}_{\mathrm{a}}\boldsymbol{b}_{\mathrm{a}} & \cdots & \boldsymbol{A}_{\mathrm{a}}^{n}\boldsymbol{b}_{\mathrm{a}}\end{bmatrix}\in\mathbb{R}^{(n+1)\times(n+1)}$$

那么

$$\det\boldsymbol{\mathcal{C}}_{\mathrm{a}}\neq 0$$

当且仅当开环传递函数：

$$G(s)=\frac{n(s)}{d(s)}\triangleq\boldsymbol{c}(s\boldsymbol{I}_{n\times n}-\boldsymbol{A})^{-1}\boldsymbol{b}$$

满足：

$$n(0) \neq 0$$

也就是说，如果$(\boldsymbol{A}, \boldsymbol{b})$是可控的，且$n(0) \neq 0$，则可以选择$[\boldsymbol{k} \quad k_0]$任意分配的特征值：

$$\begin{bmatrix} \boldsymbol{A} & \boldsymbol{0} \\ -\boldsymbol{c} & 0 \end{bmatrix} - \begin{bmatrix} \boldsymbol{b} \\ 0 \end{bmatrix} [\boldsymbol{k} \quad k_0] = \begin{bmatrix} \boldsymbol{A} - \boldsymbol{bk} & -\boldsymbol{b}k_0 \\ -\boldsymbol{c} & 0 \end{bmatrix}$$

证明 增广系统的可控性矩阵为

$$\mathcal{C}_\text{a} = \begin{bmatrix} \boldsymbol{b} & \boldsymbol{Ab} & \boldsymbol{A}^2\boldsymbol{b} & \cdots & \boldsymbol{A}^n\boldsymbol{b} \\ 0 & -\boldsymbol{cb} & -\boldsymbol{cAb} & \cdots & -\boldsymbol{cA}^{n-1}\boldsymbol{b} \end{bmatrix} \in \mathbb{R}^{(n+1)\times(n+1)}$$

为了说明清楚，令$n = 4$。为了简化表示，将最后一行乘以 -1，得到矩阵$\mathcal{C}'_\text{a}$，它和$\mathcal{C}_\text{a}$有相同的秩，下方列出的矩阵是满秩的，即满足$\mathcal{C}'_\text{a} \neq \boldsymbol{0}$。

$$\mathcal{C}'_\text{a} \triangleq \begin{bmatrix} \boldsymbol{b} & \boldsymbol{Ab} & \boldsymbol{A}^2\boldsymbol{b} & \boldsymbol{A}^3\boldsymbol{b} & \boldsymbol{A}^4\boldsymbol{b} \\ 0 & \boldsymbol{cb} & \boldsymbol{cAb} & \boldsymbol{cA}^2\boldsymbol{b} & \boldsymbol{cA}^3\boldsymbol{b} \end{bmatrix} \in \mathbb{R}^{5\times5}$$

原始的（未增广）开环系统传递函数具有如下形式

$$G(s) = \boldsymbol{c}(s\boldsymbol{I}_{4\times4} - \boldsymbol{A})^{-1}\boldsymbol{b} = \frac{n(s)}{d(s)} = \frac{\beta_3 s^3 + \beta_2 s^2 + \beta_1 s + \beta_0}{s^4 + \alpha_3 s^3 + \alpha_2 s^2 + \alpha_1 s + \alpha_0}$$

注意$n(0) \neq 0$和$\beta_0 \neq 0$是一样的。由于$(\boldsymbol{A}, \boldsymbol{b})$在$\mathbb{R}^4$中是可控的，因此可以将（未增广）系统$(\boldsymbol{c}, \boldsymbol{A}, \boldsymbol{b})$转换为控制标准形式。也就是说，存在一个$\boldsymbol{T}$为

$$\boldsymbol{TAT}^{-1} = \boldsymbol{A}_\text{c} = \begin{bmatrix} 0 & 1 & 0 & 0 \\ 0 & 0 & 1 & 0 \\ 0 & 0 & 0 & 1 \\ -\alpha_0 & -\alpha_1 & -\alpha_2 & -\alpha_3 \end{bmatrix}, \ \boldsymbol{b}_\text{c} = \boldsymbol{Tb} = \begin{bmatrix} 0 \\ 0 \\ 0 \\ 1 \end{bmatrix}$$

$$\boldsymbol{c}_\text{c} = \boldsymbol{cT}^{-1} = [\beta_0 \quad \beta_1 \quad \beta_2 \quad \beta_3]$$

其中

$$\begin{aligned} \boldsymbol{b}_\text{c} &= \boldsymbol{Tb} & \boldsymbol{c}_\text{c}\boldsymbol{b}_\text{c} &= \boldsymbol{cb} \\ \boldsymbol{A}_\text{c}\boldsymbol{b}_\text{c} &= \boldsymbol{TAb} & \boldsymbol{c}_\text{c}\boldsymbol{A}_\text{c}\boldsymbol{b}_\text{c} &= \boldsymbol{cAb} \\ \boldsymbol{A}_\text{c}^2\boldsymbol{b}_\text{c} &= \boldsymbol{TA}^2\boldsymbol{b} & \boldsymbol{c}_\text{c}\boldsymbol{A}_\text{c}^2\boldsymbol{b}_\text{c} &= \boldsymbol{cA}^2\boldsymbol{b} \\ \boldsymbol{A}_\text{c}^3\boldsymbol{b}_\text{c} &= \boldsymbol{TA}^3\boldsymbol{b} & \boldsymbol{c}_\text{c}\boldsymbol{A}_\text{c}^3\boldsymbol{b}_\text{c} &= \boldsymbol{cA}^3\boldsymbol{b} \\ \boldsymbol{A}_\text{c}^4\boldsymbol{b}_\text{c} &= \boldsymbol{TA}^4\boldsymbol{b} & \boldsymbol{c}_\text{c}\boldsymbol{A}_\text{c}^4\boldsymbol{b}_\text{c} &= \boldsymbol{cA}^4\boldsymbol{b} \end{aligned}$$

且

$$G(s) = \boldsymbol{c}(s\boldsymbol{I}_{4\times4} - \boldsymbol{A})^{-1}\boldsymbol{b} = \boldsymbol{c}_\text{c}(s\boldsymbol{I}_{4\times4} - \boldsymbol{A}_\text{c})^{-1}\boldsymbol{b}_\text{c}$$

利用这些关系，把$\mathcal{C}'_\text{a}$写成

$$\mathcal{C}'_\text{a} = \begin{bmatrix} \boldsymbol{b} & \boldsymbol{Ab} & \boldsymbol{A}^2\boldsymbol{b} & \boldsymbol{A}^3\boldsymbol{b} & \boldsymbol{A}^4\boldsymbol{b} \\ 0 & \boldsymbol{cb} & \boldsymbol{cAb} & \boldsymbol{cA}^2\boldsymbol{b} & \boldsymbol{cA}^3\boldsymbol{b} \end{bmatrix} = \begin{bmatrix} \boldsymbol{T}^{-1} & \boldsymbol{0}_{4\times1} \\ \boldsymbol{0}_{1\times4} & 1 \end{bmatrix} \times \underbrace{\begin{bmatrix} \boldsymbol{b}_\text{c} & \boldsymbol{A}_\text{c}\boldsymbol{b}_\text{c} & \boldsymbol{A}_\text{c}^2\boldsymbol{b}_\text{c} & \boldsymbol{A}_\text{c}^3\boldsymbol{b}_\text{c} & \boldsymbol{A}_\text{c}^4\boldsymbol{b}_\text{c} \\ 0 & \boldsymbol{c}_\text{c}\boldsymbol{b}_\text{c} & \boldsymbol{c}_\text{c}\boldsymbol{A}_\text{c}\boldsymbol{b}_\text{c} & \boldsymbol{c}_\text{c}\boldsymbol{A}_\text{c}^2\boldsymbol{b}_\text{c} & \boldsymbol{c}_\text{c}\boldsymbol{A}_\text{c}^3\boldsymbol{b}_\text{c} \end{bmatrix}}_{\mathcal{C}'_\text{ac}}$$

直接计算得到

$$
\begin{bmatrix} \boldsymbol{b}_c & \boldsymbol{A}_c\boldsymbol{b}_c & \boldsymbol{A}_c^2\boldsymbol{b}_c & \boldsymbol{A}_c^3\boldsymbol{b}_c & \boldsymbol{A}_c^4\boldsymbol{b}_c \end{bmatrix}
$$

$$
=\begin{bmatrix}
0 & 0 & 0 & 1 & -\alpha_3 \\
0 & 0 & 1 & -\alpha_3 & \alpha_3^2-\alpha_2 \\
0 & 1 & -\alpha_3 & \alpha_3^2-\alpha_2 & \alpha_2\alpha_3-\alpha_1+\alpha_3\left(\alpha_2-\alpha_3^2\right) \\
1 & -\alpha_3 & \alpha_3^2-\alpha_2 & \alpha_2\alpha_3-\alpha_1+\alpha_3\left(\alpha_2-\alpha_3^2\right) & \alpha_2^2-3\alpha_2\alpha_3^2+\alpha_3^4+2\alpha_1\alpha_3-\alpha_0
\end{bmatrix}
$$

进一步计算可得出

$$
\begin{bmatrix} \boldsymbol{c}_c\boldsymbol{b}_c & \boldsymbol{c}_c\boldsymbol{A}_c\boldsymbol{b}_c & \boldsymbol{c}_c\boldsymbol{A}_c^2\boldsymbol{b}_c & \boldsymbol{c}_c\boldsymbol{A}_c^3\boldsymbol{b}_c \end{bmatrix}
$$

$$
=\begin{bmatrix} \beta_0 & \beta_1 & \beta_2 & \beta_3 \end{bmatrix}
\begin{bmatrix}
0 & 0 & 0 & 1 \\
0 & 0 & 1 & -\alpha_3 \\
0 & 1 & -\alpha_3 & \alpha_3^2-\alpha_2 \\
1 & -\alpha_3 & \alpha_3^2-\alpha_2 & \alpha_2\alpha_3-\alpha_1+\alpha_3\left(\alpha_2-\alpha_3^2\right)
\end{bmatrix}
$$

$$
=\begin{bmatrix}
\beta_3 & \beta_2-\alpha_3\beta_3 & \beta_1-\alpha_3\beta_2-\beta_3\left(\alpha_2-\alpha_3^2\right) & \begin{array}{c}\beta_0-\beta_1\alpha_3+\beta_3\left(\alpha_2\alpha_3-\alpha_1+\right. \\ \left.\alpha_3\left(\alpha_2-\alpha_3^2\right)\right)-\beta_2\left(\alpha_2-\alpha_3^2\right)\end{array}
\end{bmatrix}
$$

那么

$$
\begin{bmatrix}
\boldsymbol{b}_c & \boldsymbol{A}_c\boldsymbol{b}_c & \boldsymbol{A}^2\boldsymbol{b}_c & \boldsymbol{A}_c^3\boldsymbol{b}_c & \boldsymbol{A}_c^4\boldsymbol{b}_c \\
0 & \boldsymbol{c}_c\boldsymbol{b}_c & \boldsymbol{c}_c\boldsymbol{A}_c\boldsymbol{b}_c & \boldsymbol{c}_c\boldsymbol{A}_c^2\boldsymbol{b}_c & \boldsymbol{c}_c\boldsymbol{A}_c^3\boldsymbol{b}_c
\end{bmatrix}
$$

$$
=\begin{bmatrix}
0 & 0 & 0 & 1 & -\alpha_3 \\
0 & 0 & 1 & -\alpha_3 & \alpha_3^2-\alpha_2 \\
0 & 1 & -\alpha_3 & \alpha_3^2-\alpha_2 & \alpha_2\alpha_3-\alpha_1+\alpha_3\left(\alpha_2-\alpha_3^2\right) \\
1 & -\alpha_3 & \alpha_3^2-\alpha_2 & \alpha_2\alpha_3-\alpha_1+\alpha_3\left(\alpha_2-\alpha_3^2\right) & \alpha_2^2-3\alpha_2\alpha_3^2+\alpha_3^4+2\alpha_1\alpha_3-\alpha_0 \\
0 & \beta_3 & \beta_2-\alpha_3\beta_3 & \beta_1-\alpha_3\beta_2-\beta_3\left(\alpha_2-\alpha_3^2\right) & \begin{array}{c}\beta_0-\beta_1\alpha_3+\beta_3\left(\alpha_2\alpha_3-\alpha_1+\alpha_3\left(\alpha_2-\alpha_3^2\right)\right)- \\ \beta_2\left(\alpha_2-\alpha_3^2\right)\end{array}
\end{bmatrix}
$$

如果$\beta_0 \neq 0$，则表示该矩阵为满秩矩阵，将第三行乘以$-\beta_3$，并与最后一行相加，得到矩阵：

$$
\begin{bmatrix}
0 & 0 & 0 & 1 & -\alpha_3 \\
0 & 0 & 1 & -\alpha_3 & \alpha_3^2-\alpha_2 \\
0 & 1 & -\alpha_3 & \alpha_3^2-\alpha_2 & \alpha_2\alpha_3-\alpha_1+\alpha_3\left(\alpha_2-\alpha_3^2\right) \\
1 & -\alpha_3 & \alpha_3^2-\alpha_2 & \alpha_2\alpha_3-\alpha_1+\alpha_3\left(\alpha_2-\alpha_3^2\right) & \alpha_2^2-3\alpha_2\alpha_3^2+\alpha_3^4+2\alpha_1\alpha_3-\alpha_0 \\
0 & 0 & \beta_2 & \beta_1-\alpha_3\beta_2 & \beta_0-\beta_1\alpha_3-\beta_2\left(\alpha_2-\alpha_3^2\right)
\end{bmatrix}
$$

接下来，将矩阵的第二行乘以$-\beta_2$，并将其与最后一行相加，就得到了矩阵

$$
\begin{bmatrix}
0 & 0 & 0 & 1 & -\alpha_3 \\
0 & 0 & 1 & -\alpha_3 & \alpha_3^2-\alpha_2 \\
0 & 1 & -\alpha_3 & \alpha_3^2-\alpha_2 & \alpha_2\alpha_3-\alpha_1+\alpha_3\left(\alpha_2-\alpha_3^2\right) \\
1 & -\alpha_3 & \alpha_3^2-\alpha_2 & \alpha_2\alpha_3-\alpha_1+\alpha_3\left(\alpha_2-\alpha_3^2\right) & \alpha_2^2-3\alpha_2\alpha_3^2+\alpha_3^4+2\alpha_1\alpha_3-\alpha_0 \\
0 & 0 & 0 & \beta_1 & \beta_0-\beta_1\alpha_3
\end{bmatrix}
$$

最后，将矩阵的第一行乘以$-\beta_1$，并与最后一行相加，得到矩阵

$$\begin{bmatrix} 0 & 0 & 0 & 1 & -\alpha_3 \\ 0 & 0 & 1 & -\alpha_3 & \alpha_3^2-\alpha_2 \\ 0 & 1 & -\alpha_3 & \alpha_3^2-\alpha_2 & \alpha_2\alpha_3-\alpha_1+\alpha_3\left(\alpha_2-\alpha_3^2\right) \\ 1 & -\alpha_3 & \alpha_3^2-\alpha_2 & \alpha_2\alpha_3-\alpha_1+\alpha_3\left(\alpha_2-\alpha_3^2\right) & \alpha_2^2-3\alpha_2\alpha_3^2+\alpha_3^4+2\alpha_1\alpha_3-\alpha_0 \\ 0 & 0 & 0 & 0 & \beta_0 \end{bmatrix}$$

当且仅当$\beta_0 \neq 0$，最后一个矩阵是满秩的。这就相当于说在$s=0$时，$n(s)$不为零。假设$\beta_0 \neq 0$，可以选择$[\boldsymbol{k} \quad k_0]$，从而使下式是稳定的：

$$\begin{bmatrix} \boldsymbol{A}-\boldsymbol{bk} & -\boldsymbol{b}k_0 \\ \boldsymbol{c} & 0 \end{bmatrix}$$

习题

习题 1 双积分系统的轨迹跟踪

考虑系统：

$$\frac{\mathrm{d}}{\mathrm{d}t}\begin{bmatrix} x_1 \\ x_2 \end{bmatrix} = \underbrace{\begin{bmatrix} 0 & 1 \\ 0 & 0 \end{bmatrix}}_{\boldsymbol{A}}\begin{bmatrix} x_1 \\ x_2 \end{bmatrix} + \underbrace{\begin{bmatrix} 0 \\ 1 \end{bmatrix}}_{\boldsymbol{b}}u$$

可以将x_1表示为角位置或线位置，x_2为速度，输入u为加速度。在这种应用中，物理输入是转矩或力，使得加速度输入不是转矩除以惯量就是力除以质量。

注意 如果$y=x_1$，那么$Y(s)/U(s)=1/s^2$，这就是使用双积分器系统的原因。

设$x_{\mathrm{d}1}, x_{\mathrm{d}2}$为期望的位置轨迹和速度轨迹，$u_{\mathrm{d}}$为相应输入且满足下式：

$$\frac{\mathrm{d}}{\mathrm{d}t}\begin{bmatrix} x_{1\mathrm{d}} \\ x_{2\mathrm{d}} \end{bmatrix} = \underbrace{\begin{bmatrix} 0 & 1 \\ 0 & 0 \end{bmatrix}}_{\boldsymbol{A}}\begin{bmatrix} x_{\mathrm{d}1} \\ x_{\mathrm{d}2} \end{bmatrix} + \underbrace{\begin{bmatrix} 0 \\ 1 \end{bmatrix}}_{\boldsymbol{b}}u_{\mathrm{d}}$$

将误差状态定义为

$$\boldsymbol{\varepsilon} \triangleq \boldsymbol{x}_{\mathrm{d}} - \boldsymbol{x}$$

或

$$\boldsymbol{\varepsilon} = \begin{bmatrix} \varepsilon_1 \\ \varepsilon_2 \end{bmatrix} = \begin{bmatrix} x_{\mathrm{d}1} \\ x_{\mathrm{d}2} \end{bmatrix} - \begin{bmatrix} x_1 \\ x_2 \end{bmatrix}$$

误差状态满足

$$\dot{\boldsymbol{\varepsilon}} = \boldsymbol{A\varepsilon} + \boldsymbol{b}\left(u_{\mathrm{d}} - u\right) = \boldsymbol{A\varepsilon} + \boldsymbol{b}w$$

而

$$w \triangleq u_{\mathrm{d}} - u$$

我们让

$$w = -\boldsymbol{k\varepsilon} = -\begin{bmatrix} k_1 & k_2 \end{bmatrix}\begin{bmatrix} \varepsilon_1 \\ \varepsilon_2 \end{bmatrix} = -k_1\left(x_{\mathrm{d}1} - x_1\right) - k_2\left(x_{\mathrm{d}2} - x_2\right)$$

所以

$$\dot{\boldsymbol{\varepsilon}} = \left(\boldsymbol{A} - \boldsymbol{bk}\right)\boldsymbol{\varepsilon}$$

反馈设置如图 15-23 所示。

通过直接计算，求出k_1，k_2的值，使得$\det\left(s\boldsymbol{I} - \left(\boldsymbol{A} - \boldsymbol{bk}\right)\right)$的根在$-r_1$和$-r_2$。特别地，如果$r_1 = r_2 = 10$，$k_1$，$k_2$的值是多少？

习题 2 磁悬浮系统的状态反馈控制

回想一下第 13 章的磁悬浮系统与放大器配置电流指令。原理图如图 15-24 所示。

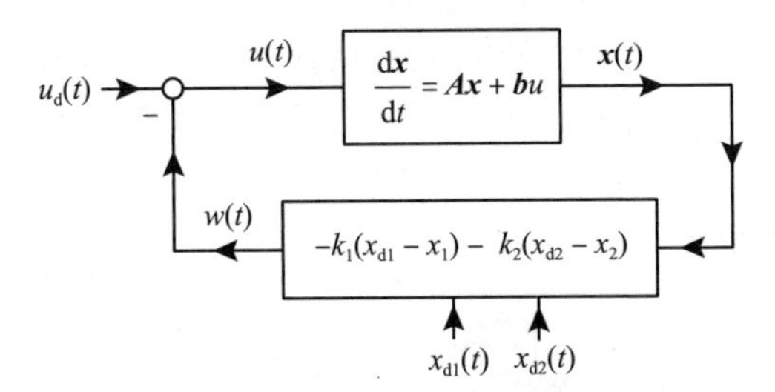

图 15-23 状态反馈轨迹跟踪控制器框图

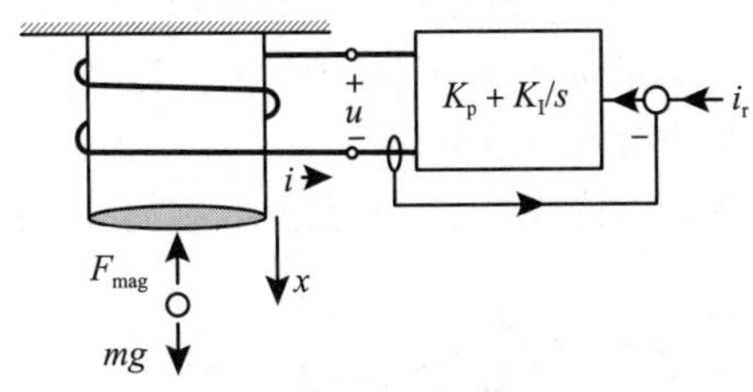

图 15-24 磁悬浮系统的电流指令放大器

通过K_I，K_p的选择可使得$i(t) \to i_r(t)$比钢球运动快，可以考虑电流$i(t)$作为输入。如第 13 章所示，该系统的非线性状态空间模型为

$$\frac{dx}{dt} = v$$

$$\frac{dv}{dt} = g - \frac{rL_1}{2m}\frac{i^2}{x^2}$$

（a）设x_{eq}为钢球定位在电磁铁下方的期望距离。理想的平衡点为

$$\begin{bmatrix} x_{eq} \\ v_{eq} \end{bmatrix} = \begin{bmatrix} x_{eq} \\ 0 \end{bmatrix}$$

其中，参考输入（电磁铁中的电流）i_{eq}满足

$$g - \frac{rL_1}{2m}\frac{i_{eq}^2}{x_{eq}^2} = 0$$

在第 13 章中也说明了关于这个平衡点有效的线性状态空间模型是

$$\frac{d}{dt}\begin{bmatrix} x - x_{eq} \\ v - v_{eq} \end{bmatrix} = \underbrace{\begin{bmatrix} 0 & 1 \\ \dfrac{2g}{x_{eq}} & 0 \end{bmatrix}}_{\boldsymbol{A}}\begin{bmatrix} x - x_{eq} \\ v - v_{eq} \end{bmatrix} + \underbrace{\begin{bmatrix} 0 \\ -\dfrac{2g}{i_{eq}} \end{bmatrix}}_{\boldsymbol{b}}\left(i - i_{eq}\right)$$

而

$$\begin{bmatrix} z_1 \\ z_2 \end{bmatrix} \triangleq \begin{bmatrix} x - x_{eq} \\ v - v_{eq} \end{bmatrix},\ w \triangleq i - i_{eq}$$

线性状态空间模型可以写成

$$\frac{d}{dt}\begin{bmatrix} z_1 \\ z_2 \end{bmatrix} = \boldsymbol{A}\begin{bmatrix} z_1 \\ z_2 \end{bmatrix} + \boldsymbol{b}w$$

令

$$w = -\begin{bmatrix} k_1 & k_2 \end{bmatrix} \begin{bmatrix} z_1 \\ z_2 \end{bmatrix}$$

求k_1, k_2的值，使得闭环极点在$-r_1$，$-r_2$。

（b）对（a）中的状态反馈电流控制磁悬浮系统进行仿真。

图 15-25 所示为实现此目的的 Simulink 框图。

在 Quanser[34] 中设置 $L_0 = 0.4125\text{H}$, $R = 11\Omega$, $r = 1.27\times10^{-2}\text{m}(1.27\text{cm})$，$m = 0.068\text{kg}$, $g = 9.81\text{m}/\text{s}^2$, $x_{\text{eq}} = r + 0.008\text{m}$, $v_{\text{eq}} = 0$, $i_{\text{eq}} = \sqrt{\dfrac{2mg}{rL_1}}x_{\text{eq}}$，$V_{\max} = 26\text{V}$。设 $rL_1 = 6.5308\times10^{-4}\text{N}\cdot\text{m}^2/\text{A}^2$，使$K_{\text{m}} = rL_1/2$。如第 13 章习题 10（见图 13-24）所示。设初始条件为$x(0) = 0.014 + r$, $v(0) = 0$，设$i(0)$满足$mg = K_{\text{m}}i^2(0)/x^2(0)$。尝试设置$K_{\text{p}} = 1000$, $K_{\text{I}} = 900$，并考虑将位置和速度的两个闭环极点放在 −10 处。

提示：修改第 13 章习题 10 中的 Simulink 框图。

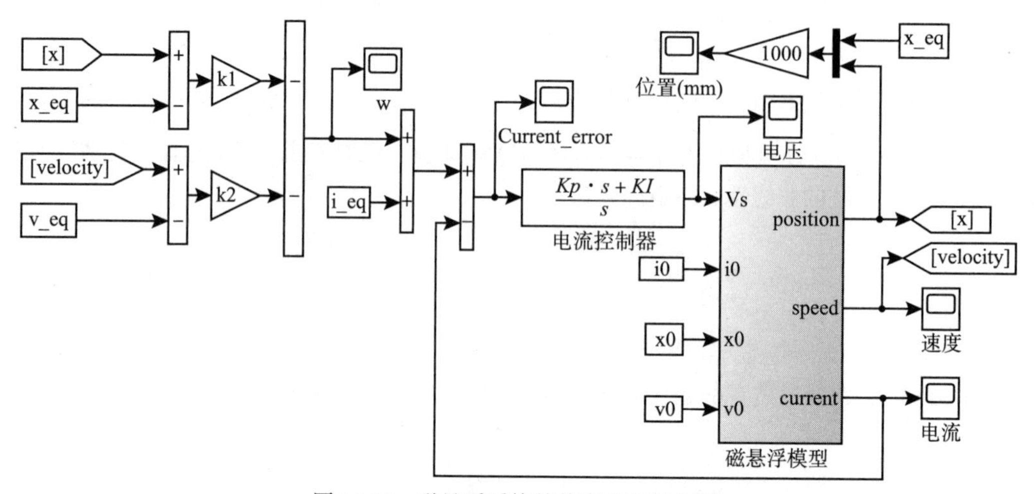

图 15-25　磁悬浮系统的状态空间控制器

注意 Quanser 表示力常数为K_{m}，而不是$rL_1/2$，$K_{\text{m}} = 6.5308\times10^{-5}\text{N}\cdot\text{m}^2/\text{A}^2$。然而，在磁力表达式中，Quanser 认为钢球的位置x是从磁铁底部到钢球顶部的距离，而不是到其质心的距离。设置$rL_1/2 = 5K_{\text{m}}$（或$rL_1 = 10K_{\text{m}}$），而不是将$rL_1/2$设置为等于K_{m}的值，以补偿测量x时参考点的差异。

习题 3 小车的状态反馈跟踪控制

考虑例 2 中的轨道系统上的小车。用 Quanser[34] 参数值$K_{\text{T}} = K_{\text{b}} = 7.67\times10^{-3}\text{N}\cdot\text{m}/\text{A}$, $R = 2.6\Omega$, $L = 0.18\text{mH}$, $M = 0.57\text{kg}$, $r_{\text{m}} = 6.35\times10^{-3}\text{m}$, $r_{\text{g}} = n_2/n_1 = 3.71$, $J = 0$表示a_0, b_0和K_{d}的表达式。设置最大电压为$V_{\max} = 5\text{V}$，模拟步长为$T = 0.001\text{s}$。如果在模型中包含编码器，则使用$K_{\text{enc}} = 4\times1024 = 4096\ \text{counts}/\text{rev}$, $r_{\text{encoder}} = R_{\text{enc}} = 0.01483\text{m}$, $g = 9.8\text{m}/\text{s}^2$，$K_{\text{enc}} = (2\pi/N_{\text{enc}})r_{\text{enc}} = 2.275\times10^{-5}\text{m}/\text{count}$。如果做了第 13 章的习题 12，你可能已经做了这些。实现图 15-26 中给出的 Simulink 仿真，并对（a）、（b）、（c）、（d）四种情况进行仿真。在每种情况下，提交 .m 文件、Simulink 框图的截图、x和x_{ref}的图以及$e_1 = x_{\text{ref}} - x$的图。轨迹生成器的 Simulink 框图可在本章的仿真文件中获得。

（a）在仿真中实现本章例 2 中图 15-6 所示的状态反馈控制器。调整闭环极点的位置，直到达到良好的跟踪而不饱和放大器。

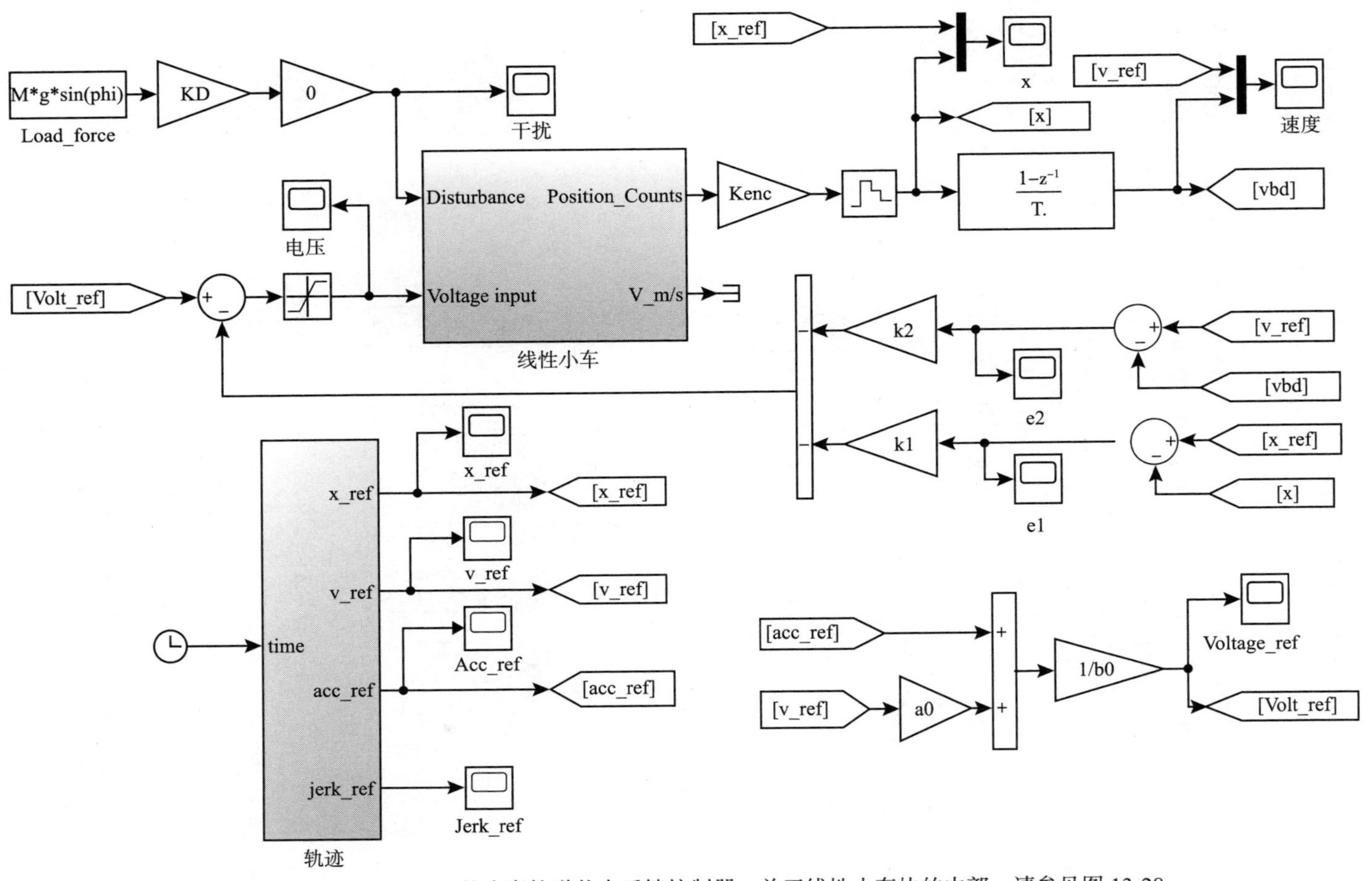

图 15-26　基于 Simulink 的小车轨道状态反馈控制器。关于线性小车块的内部，请参见图 13-28

（b）在（a）的模拟中，删除（或归零）参考电压 v_{ref} 和增益 k_2。然后反馈给简单的比例控制器，即 $V(t)=-k_1\left(x_{\mathrm{ref}}(t)-x(t)\right)$。运行模拟，仍然可以得到很好的跟踪（如果没有，增加增益 k_1）。

（c）回到（a）中的状态反馈轨迹跟踪控制器仿真，将 $d/b_0=K_{\mathrm{D}}F_{\mathrm{d}}=K_{\mathrm{D}}Mg\sin(\phi)$ 给出的等效电压干扰添加到小车的输入，$\phi=\tan^{-1}(1/2)$ 或 28.65°（即在图 15-6 的输入中添加 $-d/b_0$，见图 15-9）。运行仿真，应该会在位置跟踪中看到误差。

（d）在（c）的仿真中加入积分器，如例 7 中的图 15-9 所示。使用适当选择的反馈增益 k_0, k_1 和 k_2，运行仿真以显示 $e_1(t)=x_{\mathrm{ref}}(t)-x(t)\to 0$。添加一个范围，将 $V(t)$ 和 $K_{\mathrm{D}}Mg\sin(\phi)$ 画在一起，以显示 $V(t)\to K_{\mathrm{D}}Mg\sin(\phi)$。

习题 4 轨道上小车的干扰抑制

增强的小车模型有系统矩阵（见式（15.73））：

$$\boldsymbol{A}_{\mathrm{a}}=\begin{bmatrix}0&1&0\\0&0&1\\0&0&-a_0\end{bmatrix},\ \boldsymbol{b}_{\mathrm{a}}=\begin{bmatrix}0\\0\\b_0\end{bmatrix},\ \boldsymbol{p}_{\mathrm{a}}=\begin{bmatrix}0\\0\\1\end{bmatrix}$$

$\boldsymbol{k}_{\mathrm{a}}=\begin{bmatrix}k_0 & k_1 & k_2\end{bmatrix}$，通过直接计算表明：

$$\begin{bmatrix}\epsilon_0(\infty)\\\epsilon_1(\infty)\\\epsilon_2(\infty)\end{bmatrix}=-\left(\boldsymbol{A}_{\mathrm{a}}-\boldsymbol{b}_{\mathrm{a}}\boldsymbol{k}_{\mathrm{a}}\right)^{-1}\boldsymbol{p}_{\mathrm{a}}d=\begin{bmatrix}\dfrac{d}{b_0k_0}\\0\\0\end{bmatrix}$$

习题 5 控制标准形式

设一个一般的四阶状态空间系统为

$$\frac{\mathrm{d}\boldsymbol{x}}{\mathrm{d}t}=\boldsymbol{A}\boldsymbol{x}+\boldsymbol{b}u$$

其中

$$\boldsymbol{A}=\begin{bmatrix}a_{11}&a_{12}&a_{13}&a_{14}\\a_{21}&a_{22}&a_{23}&a_{24}\\a_{31}&a_{32}&a_{33}&a_{34}\\a_{41}&a_{42}&a_{43}&a_{44}\end{bmatrix},\ \boldsymbol{b}=\begin{bmatrix}b_1\\b_2\\b_3\\b_4\end{bmatrix}$$

且

$$\det(s\boldsymbol{I}-\boldsymbol{A})=s^4+\alpha_3s^3+\alpha_2s^2+\alpha_1s+\alpha_0$$

求一个可逆矩阵 $\boldsymbol{T}$，使

$$\boldsymbol{x}_{\mathrm{c}}\triangleq\boldsymbol{T}\boldsymbol{x}$$

$\boldsymbol{x}_{\mathrm{c}}$ 坐标中的状态空间模型是控制标准形式，即

$$\begin{aligned}\frac{\mathrm{d}\boldsymbol{x}_{\mathrm{c}}}{\mathrm{d}t}=\boldsymbol{T}\frac{\mathrm{d}\boldsymbol{x}}{\mathrm{d}t}=\boldsymbol{TAx}+\boldsymbol{Tb}u&=\underbrace{\boldsymbol{TAT}^{-1}}_{\boldsymbol{A}_{\mathrm{c}}}\boldsymbol{x}_{\mathrm{c}}+\underbrace{\boldsymbol{Tb}}_{\boldsymbol{b}_{\mathrm{c}}}u\\&=\begin{bmatrix}0&1&0&0\\0&0&1&0\\0&0&0&1\\-\alpha_0&-\alpha_1&-\alpha_2&-\alpha_3\end{bmatrix}\boldsymbol{x}_{\mathrm{c}}+\begin{bmatrix}0\\0\\0\\1\end{bmatrix}u\end{aligned}$$

（a）定义可控性矩阵：

$$\mathcal{C} \triangleq \begin{bmatrix} \boldsymbol{b} & \boldsymbol{A}\boldsymbol{b} & \boldsymbol{A}^2\boldsymbol{b} & \boldsymbol{A}^3\boldsymbol{b} \end{bmatrix} \in \mathbb{R}^{4\times 4}$$

假设$\det(\mathcal{C}) \neq 0$。令

$$\boldsymbol{x}' \triangleq \mathcal{C}^{-1}\boldsymbol{x}$$

找到$\boldsymbol{x}'$坐标中的状态空间表示法。解释你的步骤（提示：参见 15.6 节）。

（b）现在让

$$\boldsymbol{x}_{\mathrm{c}} \triangleq \mathcal{C}_{\mathrm{c}}\boldsymbol{x}'$$

而

$$\mathcal{C}_{\mathrm{c}} \triangleq \begin{bmatrix} \boldsymbol{b}_{\mathrm{c}} & \boldsymbol{A}_{\mathrm{c}}\boldsymbol{b}_{\mathrm{c}} & \boldsymbol{A}_{\mathrm{c}}^2\boldsymbol{b}_{\mathrm{c}} & \boldsymbol{A}_{\mathrm{c}}^3\boldsymbol{b}_{\mathrm{c}} \end{bmatrix} = \begin{bmatrix} 0 & 0 & 0 & 1 \\ 0 & 0 & 1 & -\alpha_3 \\ 0 & 1 & -\alpha_3 & \alpha_3^2 - \alpha_2 \\ 1 & -\alpha_3 & \alpha_3^2 - \alpha_2 & -\alpha_3^3 + 2\alpha_2\alpha_3 - \alpha_1 \end{bmatrix}$$

可以直接证明：

$$\mathcal{C}_{\mathrm{c}}^{-1} = \begin{bmatrix} \alpha_1 & \alpha_2 & \alpha_3 & 1 \\ \alpha_2 & \alpha_3 & 1 & 0 \\ \alpha_3 & 1 & 0 & 0 \\ 1 & 0 & 0 & 0 \end{bmatrix}$$

证明状态空间变换$\boldsymbol{x}_{\mathrm{c}} = \boldsymbol{T}\boldsymbol{x}$与$\boldsymbol{T} \triangleq \mathcal{C}_{\mathrm{c}}\mathcal{C}^{-1}$导致$\boldsymbol{x}_{\mathrm{c}}$坐标中的状态空间表示为能控标准型。

习题 6 轨迹设计

对式（15.13）中给出的速度轨迹进行积分，得到式（15.14）中给出的位置轨迹。

习题 7 状态反馈

考虑状态空间形式的系统模型：

$$\frac{\mathrm{d}\boldsymbol{x}}{\mathrm{d}t} = \boldsymbol{A}\boldsymbol{x} + \boldsymbol{b}u,\ \boldsymbol{A} \in \mathbb{R}^{n\times n},\ \boldsymbol{b} \in \mathbb{R}^n$$

设$\boldsymbol{x}_{\mathrm{d}}$为期望的参考轨迹，$u_{\mathrm{d}}$为相应的参考输入，其中，$\boldsymbol{x}_{\mathrm{d}}$，$u_{\mathrm{d}}$也满足系统方程，即

$$\frac{\mathrm{d}\boldsymbol{x}_{\mathrm{d}}}{\mathrm{d}t} = \boldsymbol{A}\boldsymbol{x}_{\mathrm{d}} + \boldsymbol{b}u_{\mathrm{d}}$$

通过$\boldsymbol{\varepsilon} \triangleq \boldsymbol{x}_{\mathrm{d}} - \boldsymbol{x}$定义误差状态，$w = u_{\mathrm{d}} - u$定义误差输入。

（a）给出$\boldsymbol{\varepsilon}$的状态方程。

（b）使用状态反馈$w = -\boldsymbol{k}\boldsymbol{\varepsilon}$，写出（a）的答案的解，用指数矩阵表示。

（c）绘制完整状态反馈轨迹跟踪系统框图。一定要标记信号和每个块里面的内容。

（d）回答是或不是。$\mathrm{e}^{(\boldsymbol{A}-\boldsymbol{b}\boldsymbol{k})t} \to \boldsymbol{0}_{n\times n}$当且仅当$n$次特征多项式$\det\left(s\boldsymbol{I} - (\boldsymbol{A} - \boldsymbol{b}\boldsymbol{k})\right) = 0$的实部为负。

习题 8 极点配置

设系统状态空间轨迹跟踪误差模型为

$$\frac{\mathrm{d}\epsilon}{\mathrm{d}t} = \begin{bmatrix} 0 & 1 \\ 0 & 0 \end{bmatrix}\epsilon + \begin{bmatrix} 0 \\ 1 \end{bmatrix}w$$

（a）使用状态反馈$w = -\boldsymbol{k}\boldsymbol{\varepsilon}$，说明如何选择状态反馈增益向量$\boldsymbol{k}$，使闭环极点在 –5 和 –10。

并展示结果。

（b）使用（a）中选择的 $\boldsymbol{k}$，是否 $e^{(A-bk)t} \to \mathbf{0}_{2\times2}$ 当 $t \to \infty$。只要回答“是”或“不是”。

习题 9 极点配置

设系统状态空间轨迹跟踪误差模型为

$$\frac{\mathrm{d}\epsilon}{\mathrm{d}t}=\begin{bmatrix}0 & 1\\ -1 & 0\end{bmatrix}\epsilon+\begin{bmatrix}0\\ 1\end{bmatrix}w$$

（a）使用状态反馈 $w=-\boldsymbol{k}\epsilon$，说明如何选择状态反馈增益向量 $\boldsymbol{k}$，使闭环极点在 -5 和 -10。并展示结果。

（b）使用（a）中选择的 $\boldsymbol{k}$，是否 $e^{(A-bk)t} \to \mathbf{0}_{2\times2}$ 当 $t \to \infty$。只要回答“是”或“不是”。

习题 10 极点配置

设系统状态空间轨迹跟踪误差模型为

$$\frac{\mathrm{d}\epsilon}{\mathrm{d}t}=\begin{bmatrix}0 & 1\\ -5 & -6\end{bmatrix}\epsilon+\begin{bmatrix}0\\ 1\end{bmatrix}w$$

（a）使用状态反馈 $w=-\boldsymbol{k}\epsilon$，说明如何选择状态反馈增益向量 $\boldsymbol{k}$，使闭环极点在 -3 和 -2。并展示结果。

（b）使用（a）中选择的 $\boldsymbol{k}$，是否 $e^{(A-bk)t} \to \mathbf{0}_{2\times2}$ 当 $t \to \infty$。只要回答“是”或“不是”。

习题 11 倒立摆的极点配置

回想一下在平衡点 $(x_{\mathrm{eq}}, v_{\mathrm{eq}}, \theta_{\mathrm{eq}}, \omega_{\mathrm{eq}})=(0,0,0,0,0)$ 附近的倒立摆的线性状态空间模型。即

$$\underbrace{\begin{bmatrix}\mathrm{d}x/\mathrm{d}t\\ \mathrm{d}v/\mathrm{d}t\\ \mathrm{d}\theta/\mathrm{d}t\\ \mathrm{d}\omega/\mathrm{d}t\end{bmatrix}}_{\mathrm{d}z/\mathrm{d}t}=\underbrace{\begin{bmatrix}0 & 1 & 0 & 0\\ 0 & 0 & -\dfrac{gm^2\ell^2}{Mm\ell^2+J(M+m)} & 0\\ 0 & 0 & 0 & 1\\ 0 & 0 & \dfrac{mg\ell(M+m)}{Mm\ell^2+J(M+m)} & 0\end{bmatrix}}_{A}\underbrace{\begin{bmatrix}x\\ v\\ \theta\\ \omega\end{bmatrix}}_{z}+\underbrace{\begin{bmatrix}0\\ \dfrac{J+m\ell^2}{Mm\ell^2+J(M+m)}\\ 0\\ -\dfrac{m\ell}{Mm\ell^2+J(M+m)}\end{bmatrix}}_{b}u$$

Quanser[34] 参数值为

$M=0.57\mathrm{kg}$ （小车的质量）

$m=0.23\mathrm{kg}$ （摆质量）

$g=9.81\mathrm{m/s^2}$ （重力加速度）

$\ell=0.6413/2\mathrm{m}$ （摆杆长度除以 2）

$J=7.88\times10^{-3}\mathrm{kg\cdot m^2}$ （摆杆惯性矩）

（a）~（d）中使用 MATLAB。

（a）计算系统 $(\boldsymbol{A}, \boldsymbol{b})$ 的可控性矩阵 $\mathcal{C}$。

（b）$\det(s\boldsymbol{I}-\boldsymbol{A})=s^4-\alpha^2 s^2$，其中 $\alpha^2=\dfrac{mg\ell(M+m)}{Mm\ell^2+J(M+m)}$。用它来计算倒立摆的控制标准形式 $(\boldsymbol{A}_c, \boldsymbol{b}_c)$。

（c）使用（b）的答案来计算控制规范形式的系统矩阵 $(\boldsymbol{A}_c, \boldsymbol{b}_c)$ 的可控型矩阵 $\mathcal{C}_c$。

（d）计算将极点放在 $-r_1,-r_2,-r_3,-r_4$ 的反馈增益。使用 15.7 节中给出的极点配置过程。

（e）以图 15-27 为指导，利用第 13 章习题 6 中图 13-19 给出的倒立摆非线性状态空间模

型，在 Simulink 中对该反馈控制系统仿真。

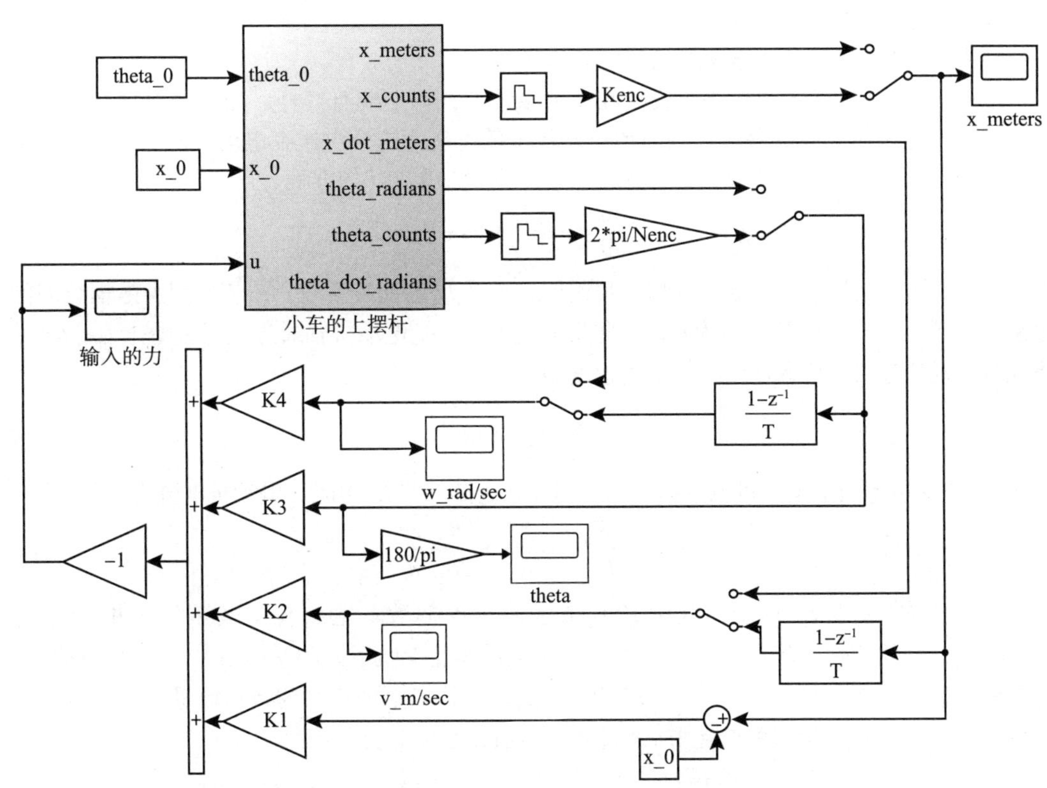

图 15-27　倒立摆状态反馈控制的 Simulink 框图。小车上摆杆的内部如图 13-19 所示

习题 12 在倒立摆的小车位置跟踪阶跃输入

这个问题要求对 15.9 节的控制器进行仿真，它有倒立摆轨道阶跃输入的小车。通过问题（a）~（f），使用相同的参数值，同时保持杆垂直，如习题 11 所示。

（a）$\boldsymbol{A}$, $\boldsymbol{b}$ 为习题 11 中给出的倒立摆，$\boldsymbol{c}=\begin{bmatrix}1 & 0 & 0 & 0\end{bmatrix}$，步长输入跟踪的增强模型为

$$\frac{\mathrm{d}}{\mathrm{d}t}\underbrace{\begin{bmatrix}\boldsymbol{z}\\ z_0\end{bmatrix}}_{\boldsymbol{z}_\mathrm{a}\in\mathbb{R}^5}=\underbrace{\begin{bmatrix}\boldsymbol{A} & \boldsymbol{0}_{4\times1}\\ -\boldsymbol{c} & 0\end{bmatrix}}_{\boldsymbol{A}_\mathrm{a}\in\mathbb{R}^{5\times5}}\underbrace{\begin{bmatrix}\boldsymbol{z}\\ z_0\end{bmatrix}}_{\boldsymbol{z}_\mathrm{a}\in\mathbb{R}^5}+\underbrace{\begin{bmatrix}\boldsymbol{b}\\ 0\end{bmatrix}}_{\boldsymbol{b}_\mathrm{a}\in\mathbb{R}^5}u+\underbrace{\begin{bmatrix}\boldsymbol{0}_{4\times1}\\ 1\end{bmatrix}}_{\boldsymbol{p}_\mathrm{a}\in\mathbb{R}^5}x_{\mathrm{ref}}$$

通过插入 $\boldsymbol{A}$, $\boldsymbol{b}$ 和 $\boldsymbol{c}$ 的显式矩阵来重写这个方程组。

（b）计算 $\det\left(s\boldsymbol{I}_{5\times5}-\boldsymbol{A}_\mathrm{a}\right)=s^5+\alpha_4 s^4+\alpha_3 s^3+\alpha_2 s^2+\alpha_1 s+\alpha_0$，得到 $\alpha_4,\alpha_3,\alpha_2,\alpha_1,\alpha_0$ 的值。

（c）用（b）的回答，给出 $\boldsymbol{A}_\mathrm{a}$, $\boldsymbol{b}_\mathrm{a}$ 的控制标准形式 $\boldsymbol{A}_\mathrm{ac}$, $\boldsymbol{b}_\mathrm{ac}$。

（d）在 MATLAB 的 .m 文件代码 $\boldsymbol{A}_\mathrm{a}$, $\boldsymbol{b}_\mathrm{a}$ 中，计算 $\left(\boldsymbol{A}_\mathrm{a}, \boldsymbol{b}_\mathrm{a}\right)$ 的可控性矩阵 $\mathcal{C}_\mathrm{a}$。

（e）在 MATLAB 的 .m 文件中添加代码，以计算 $\boldsymbol{A}_\mathrm{a}$ 和 $\boldsymbol{b}_\mathrm{a}$ 的能控标准型，分别表示为 $\boldsymbol{A}_\mathrm{ac}$ 和 $\boldsymbol{b}_\mathrm{ac}$。并添加代码来计算 $\left(\boldsymbol{A}_\mathrm{ac}, \boldsymbol{b}_\mathrm{ac}\right)$ 对应的可控性矩阵 $\mathcal{C}_\mathrm{ac}$。

（f）在 MATLAB 的 .m 文件中添加代码来计算反馈增益 $\boldsymbol{k}_\mathrm{a}$，该代码将 $\boldsymbol{A}_\mathrm{a}-\boldsymbol{b}_\mathrm{a}\boldsymbol{k}_\mathrm{a}$ 的极点配置在 $-r_1,-r_2,-r_3,-r_4,-r_5$。

（g）在 Simulink 中使用第 13 章图 13-19 所示的倒立摆非线性状态空间模型模拟该反馈控制系统。设步长参考输入为 $x_{\mathrm{ref}}=0.1u_\mathrm{s}(t)$。

习题 13 状态空间中的干扰抑制和跟踪

重新绘制图 15-9，使其具有图 15-15 的形式。

习题 14 使用电动机电压输入的倒立摆控制

Quanser[34] 倒立摆系统将小车安装在轨道系统上，车上装有摆杆，如 13.4 节所述。物理输入不是小车上的力，而是施加在直流电动机上的电压。这个电压在电动机的电枢中产生电流，进而产生转矩来转动有动力的车轮。直流电动机中电流 i 的方程为

$$L\frac{\mathrm{d}i}{\mathrm{d}t}=-Ri-K_{\mathrm{b}}\omega+V$$

式中，V为输入电压；ω为电动机轴的角速度；K_{b}为反电动势常数；R, L分别为电枢线圈的电阻和电感。电动车轮的半径为r_{m}，因此角速度为$\dot{x}/r_{\mathrm{m}}$。电动机轴通过一组齿轮比为n_2/n_1的齿轮与驱动轮连接，因此电动机轴的角速度为

$$\omega=\frac{n_2}{n_1}\frac{\dot{x}}{r_{\mathrm{m}}}$$

Quanser 直流电动机的电感可以忽略不计，因此取为零。当$L=0$时，电动机电流为

$$i=\frac{V-K_{\mathrm{b}}\omega}{R}=\frac{1}{R}V-\frac{K_{\mathrm{b}}}{Rr_{\mathrm{m}}}\frac{n_2}{n_1}\dot{x}$$

电动机输出的转矩 $\tau_{\mathrm{m}}=K_{\mathrm{T}}i$，其中 $K_{\mathrm{T}}\left(=K_{\mathrm{b}}\right)$ 为转矩常数。施加在电动车轮上的转矩为$\left(n_2/n_1\right)\tau_{\mathrm{m}}$，在轨道齿上施加一个力。用$F_{\mathrm{m}}$表示电动车轮上轨道齿的反作用力，该反作用力对小车的电动车轮施加转矩$r_{\mathrm{m}}F_{\mathrm{m}}$（见图 13-9）。电动车轮和电动机轴的转动惯量可以忽略，因此$\left(n_2/n_1\right)\tau_{\mathrm{m}}=r_{\mathrm{m}}F_{\mathrm{m}}$。把这些加起来$u$通过轨道施加在小车上的力是

$$u=F_{\mathrm{m}}=\frac{1}{r_{\mathrm{m}}}\frac{n_2}{n_1}\tau_{\mathrm{m}}=\frac{1}{r_{\mathrm{m}}}\frac{n_2}{n_1}K_{\mathrm{T}}\left(\frac{1}{R}V-\frac{K_{\mathrm{b}}}{Rr_{\mathrm{m}}}\frac{n_2}{n_1}\dot{x}\right)=\frac{K_{\mathrm{T}}}{Rr_{\mathrm{m}}}\frac{n_2}{n_1}V-\frac{K_{\mathrm{T}}K_{\mathrm{b}}}{\left(Rr_{\mathrm{m}}\right)^2}\left(\frac{n_2}{n_1}\right)^2\dot{x}$$

（a）修改习题 11 的线性状态空间模型，将 u 代入这个表达式，使输入现在是电压 V。现在显示模型为

$$\begin{bmatrix}\mathrm{d}x/\mathrm{d}t\\ \mathrm{d}v/\mathrm{d}t\\ \mathrm{d}\theta/\mathrm{d}t\\ \mathrm{d}\omega/\mathrm{d}t\end{bmatrix}=\underbrace{\begin{bmatrix}0 & 1 & 0 & 0\\ 0 & -\dfrac{n^2K_{\mathrm{T}}^2}{r_{\mathrm{m}}^2R}\kappa\left(J+m\ell^2\right) & -\kappa gm^2\ell^2 & 0\\ 0 & 0 & 0 & 1\\ 0 & \dfrac{n^2K_{\mathrm{T}}^2}{r_{\mathrm{m}}^2R}\kappa m\ell & \kappa mg\ell\left(M+m\right) & 0\end{bmatrix}}_{\boldsymbol{A}}\begin{bmatrix}x\\ v\\ \theta\\ \omega\end{bmatrix}+\underbrace{\begin{bmatrix}0\\ \dfrac{nK_{\mathrm{T}}}{Rr_{\mathrm{m}}}\kappa\left(J+m\ell^2\right)\\ 0\\ -\dfrac{nK_{\mathrm{T}}}{Rr_{\mathrm{m}}}\kappa m\ell\end{bmatrix}}_{\boldsymbol{b}}V$$

（b）编写 MATLAB 程序，计算系统$(\boldsymbol{A}, \boldsymbol{b})$的可控性矩阵$\boldsymbol{\mathcal{C}}$。用习题 11 给出的参数值加上$R=2.6\Omega$, $K_{\mathrm{T}}=K_{\mathrm{b}}=0.00767\mathrm{V}/(\mathrm{rad/s})$，齿轮传动比 $n_2/n_1=3.71$，$L=0\mathrm{H}$。

（c）证明

$$\det\left(s\boldsymbol{I}-\boldsymbol{A}\right)=s^4+\kappa\left(J_{\mathrm{p}}+ml^2\right)\frac{n^2K_{\mathrm{T}}^2}{r_{\mathrm{m}}^2R}s^3-\kappa mg\ell\left(M+m\right)s^2-\kappa mg\ell\frac{n^2K_{\mathrm{T}}^2}{r_{\mathrm{m}}^2R}s$$

（d）使用（c）的答案来找到（a）中发现的系统的控制规范形式$(\boldsymbol{A}_{\mathrm{c}}, \boldsymbol{b}_{\mathrm{c}})$。在（b）的 MATLAB 程序中添加代码来计算系统$(\boldsymbol{A}_{\mathrm{c}}, \boldsymbol{b}_{\mathrm{c}})$的可控性矩阵$\boldsymbol{\mathcal{C}}_{\mathrm{c}}$。

（e）在（d）的 MATLAB 程序中添加代码，计算将$\boldsymbol{A}-\boldsymbol{bk}$的极点配置在$-r_1,-r_2,-r_3,-r_4$的反馈增益 $\boldsymbol{k}$。使用 15.7 节中给出的极点配置过程。

（f）在 Simulink 中使用第 13 章习题 5 中图 13-17 所示的非线性摆模型对该反馈控制系统进行仿真。

习题 15 用电动机电压输入控制倒立摆

利用习题 14 中建立的电压控制倒立摆模型，模拟 15.9 节中描述的控制器，实现小车位置步长参考输入的跟踪。

习题 16 磁悬浮系统的反馈线性化控制

仿真磁悬浮系统的反馈线性化控制器，如图 15-22 所示。第 13 章习题 10 中的图 13-22 是非线性开环磁悬浮系统的 Simulink 模型。如习题 2 所示，使用 Quanser[34] 参数值 $L_0=0.4125\text{H}$, $R=11\Omega$, $R=1.27\times10^{-2}\text{m}(1.27\text{cm})$, $m=0.068\text{kg}$, $g=9.81\text{m}/\text{s}^2$, $x_{\text{eq}}=r+0.006\text{m}$, $i_{\text{eq}}=\sqrt{\dfrac{mg}{K_{\text{m}}}}x_{\text{eq}}=0.8453\text{A}$，$V_{\max}=33\text{V}$，最后设置 $rL_1=10K_{\text{m}}=6.5308\times10^{-4}\text{N}\cdot\text{m}^2/\text{A}^2$。

注意 Quanser 表示力常数为 K_{m} 而不是 $rL_1/2$，其值 $K_{\text{m}}=6.5308\times10^{-5}\text{N}\cdot\text{m}^2/\text{A}^2$。然而，在磁力表达式中，Quanser 认为钢球的位置 x 是从磁铁底部到钢球顶部的距离，而不是到其质心的距离。设置 $rL_1/2=5K_{\text{m}}$（或 $rL_1=10K_{\text{m}}$），而不是将 $rL_1/2$ 设置为等于 K_{m} 的值，以补偿测量 x 时参考点的差异。

如第 13 章习题 10（见图 13-24），初始条件设为 $x(0)=0.014+r, v(0)=0, i(0)=\sqrt{\dfrac{2mg}{rL_1}}x(0)$，最终条件设为 $x(t_{\text{f}})=x_{\text{eq}}$，$i(t_{\text{f}})=i_{\text{eq}}$，$v(t_{\text{f}})=0$。习题 3 轨道系统上小车的 Simulink 轨迹生成器可以修改用于本问题。在 Simulink 轨迹发生器中，位置参考 $x_{\text{ref}}(t)$ 从 0 到 x_{f}。把 `x0` 加到 `trajec tory` 块外的 `x_ref`，这样轨迹就从 `x0` 开始了。在轨迹发生器的 MATLAB 代码中，设置 `xf=x_eq-x0`，使得在最后时刻 t_{f}，轨迹块的输出为 `xf+x0=x_eq`。（更好的方法是让你的老师给你这个问题的 MATLAB/Simulink 学生文件，其中有改进的轨迹发生器和非线性开环磁悬浮模型）。

习题 17 增广倒立摆模型的平衡点

设计一种反馈方案以保持摆杆直立，同时小车跟踪阶跃输入时，开发了以下增广系统：

$$\underbrace{\begin{bmatrix}\mathrm{d}x/\mathrm{d}t\\ \mathrm{d}v/\mathrm{d}t\\ \mathrm{d}\theta/\mathrm{d}t\\ \mathrm{d}\omega/\mathrm{d}t\\ \mathrm{d}z_0/\mathrm{d}t\end{bmatrix}}_{\mathrm{d}z_{\mathrm{a}}/\mathrm{d}t}=\underbrace{\begin{bmatrix}0&1&0&0&0\\0&0&-\kappa mgm\ell^2&0&0\\0&0&0&1&0\\0&0&\alpha^2&0&0\\-1&0&0&0&0\end{bmatrix}}_{\boldsymbol{A}_{\mathrm{a}}}\underbrace{\begin{bmatrix}x\\v\\\theta\\\omega\\z_0\end{bmatrix}}_{z_{\mathrm{a}}}+\underbrace{\begin{bmatrix}0\\\kappa\left(J+m\ell^2\right)\\0\\-\kappa m\ell\\0\end{bmatrix}}_{\boldsymbol{b}_{\mathrm{a}}}u+\underbrace{\begin{bmatrix}0\\0\\0\\0\\1\end{bmatrix}}_{\boldsymbol{p}_{\mathrm{a}}}x_{\text{ref}}$$

$$u=-\underbrace{\begin{bmatrix}k_1&k_2&k_3&k_4&k_0\end{bmatrix}}_{\boldsymbol{k}_{\mathrm{a}}}\underbrace{\begin{bmatrix}x\\v\\\theta\\\omega\\z_0\end{bmatrix}}_{z_{\mathrm{a}}}$$

写成更为紧凑的形式为

$$\frac{\mathrm{d}\boldsymbol{z}_{\mathrm{a}}}{\mathrm{d}t}=\boldsymbol{A}_{\mathrm{a}}\boldsymbol{z}_{\mathrm{a}}+\boldsymbol{b}_{\mathrm{a}}u+\boldsymbol{p}_{\mathrm{a}}x_{\text{ref}}$$

$$u=-\boldsymbol{k}_{\mathrm{a}}\boldsymbol{z}_{\mathrm{a}}$$

或者

$$\frac{\mathrm{d}\boldsymbol{z}_{\mathrm{a}}}{\mathrm{d}t}=\left(\boldsymbol{A}_{\mathrm{a}}-\boldsymbol{b}_{\mathrm{a}}\boldsymbol{k}_{\mathrm{a}}\right)\boldsymbol{z}_{\mathrm{a}}+\boldsymbol{p}_{\mathrm{a}}x_{\mathrm{ref}} \tag{15.122}$$

（a）表示闭环系统（15.122）的平衡点 $\boldsymbol{z}_{\mathrm{a\_eq}}$ 为

$$\boldsymbol{z}_{\mathrm{a\_eq}}=-\left(\boldsymbol{A}_{\mathrm{a}}-\boldsymbol{b}_{\mathrm{a}}\boldsymbol{k}_{\mathrm{a}}\right)^{-1}\boldsymbol{p}_{\mathrm{a}}x_{\mathrm{ref}}=\begin{bmatrix}x_{\mathrm{ref}}\\0\\0\\0\\-\left(k_1/k_0\right)x_{\mathrm{ref}}\end{bmatrix}$$

（b）式（15.122）的拉普拉斯变换有

$$\boldsymbol{Z}_{\mathrm{a}}(s)=\left(s\boldsymbol{I}_{5\times5}-\left(\boldsymbol{A}_{\mathrm{a}}-\boldsymbol{b}_{\mathrm{a}}\boldsymbol{k}_{\mathrm{a}}\right)\right)^{-1}\boldsymbol{z}_{\mathrm{a}}(0)+\left(s\boldsymbol{I}_{5\times5}-\left(\boldsymbol{A}_{\mathrm{a}}-\boldsymbol{b}_{\mathrm{a}}\boldsymbol{k}_{\mathrm{a}}\right)\right)^{-1}\boldsymbol{p}_{\mathrm{a}}\frac{x_{\mathrm{ref}}}{s}$$

表明

$$\left(s\boldsymbol{I}_{5\times5}-\left(\boldsymbol{A}_{\mathrm{a}}-\boldsymbol{b}_{\mathrm{a}}\boldsymbol{k}_{\mathrm{a}}\right)\right)^{-1}\begin{bmatrix}0\\0\\0\\0\\1\end{bmatrix}\frac{x_{\mathrm{ref}}}{s}=\frac{1}{\det\left(s\boldsymbol{I}_{5\times5}-\left(\boldsymbol{A}_{\mathrm{a}}-\boldsymbol{b}_{\mathrm{a}}\boldsymbol{k}_{\mathrm{a}}\right)\right)}\times$$

$$\begin{bmatrix}-k_0\kappa\left(J+m\ell^2\right)s^2+k_0\kappa mg\ell\\-k_0\kappa\left(J+m\ell^2\right)s^3+k_0\kappa mg\ell s\\k_0s^2\kappa m\ell\\k_0s^3\kappa m\ell\\q(s)\end{bmatrix}\frac{x_{\mathrm{ref}}}{s}$$

而

$$q(s)=s^4+\left(k_2\kappa\left(J+m\ell^2\right)-k_4\kappa m\ell\right)s^3-\left(\alpha^2+k_3\kappa m\ell-k_1\kappa\left(J+m\ell^2\right)\right)s^2-k_2\kappa mg\ell s-k_1\kappa mg\ell$$

且

$$\begin{aligned}\det\left(s\boldsymbol{I}_{5\times5}-\left(\boldsymbol{A}_{\mathrm{a}}-\boldsymbol{b}_{\mathrm{a}}\boldsymbol{k}_{\mathrm{a}}\right)\right)=\;&s^5+\left(k_2\kappa\left(J+m\ell^2\right)-k_4\kappa m\ell\right)s^4-\\&\left(\alpha^2+k_3\kappa m\ell-k_1\kappa\left(J+m\ell^2\right)\right)s^3-\\&\left(k_2\kappa mg\ell+k_0\kappa\left(J+m\ell^2\right)\right)s^2-k_1\kappa mg\ell s+k_0\kappa mg\ell\end{aligned}$$

提示：在 MATLAB 中使用符号操作软件包，如 MATHEMATICA、MAPLE 或 SYM。

（c）用（b）的答案来说明：

$$\boldsymbol{z}_{\mathrm{a}}(t)\rightarrow\begin{bmatrix}x_{\mathrm{ref}}\\0\\0\\0\\-\left(k_1/k_0\right)x_{\mathrm{ref}}\end{bmatrix}$$

（d）将这与（a）的答案进行比较。

注意 $\boldsymbol{k}_{\mathrm{a}}\boldsymbol{z}_{\mathrm{a\_eq}}=0$，因此$-\boldsymbol{k}_{\mathrm{a}}\boldsymbol{z}_{\mathrm{a}}=-\boldsymbol{k}_{\mathrm{a}}\left(\boldsymbol{z}_{\mathrm{a}}-\boldsymbol{z}_{\mathrm{a_eq}}\right)$。

习题 18 计算$\boldsymbol{k}=\boldsymbol{k}_{\mathrm{c}}\boldsymbol{C}_{\mathrm{c}}\boldsymbol{C}^{-1}$的 MATLAB 代码

运行 MATLAB 程序计算$\boldsymbol{k}=\boldsymbol{k}_{\mathrm{c}}\boldsymbol{C}_{\mathrm{c}}\boldsymbol{C}^{-1}$。

```
% Compute k = kc*Cc*inv(C)
% Set up two arbitrary (random) A and b matrices.
A = rand(4,4);b = rand(4,1);
C = [b A*b A^2*b A^3*b]; det(C);
% Compute the control canonical form for A using Equation (15.92) on page 595.
% That is, A_prime = inv(C)*A*C and Ac = transpose(A_prime)
Ac = transpose(inv(C)*A*C));
% Control canonical form for b
bc = [0; 0; 0; 1];
% det(sI-A) = s^4 + alpha3*s^3 + alpha2*s^2 + alpha1*s + alpha0
% The coefficients of det(sI-A) are the negatives of the last row of Ac.
alpha0 = -Ac(4,1); alpha1 = -Ac(4,2); alpha2 = -Ac(4,3); alpha3 = -Ac(4,4);
% Compute the controllability matrix of (Ac,bc)
Cc = [bc Ac*bc Ac^2*bc Ac^3*bc];
det(Cc);
% Set the location of the desired closed-loop poles.
% The desired poles are -r1, -r2, -r3, -r4.
r1 = 5; r2 = r1; r3 = r2; r4 = r3;
% Set the coefficients of the desired closed-loop characteristic polynomial.
alphad3 = r1 + r2 + r3 + r4;
alphad2 = r1*r2 + r1*r3 + r1*r4 + r2*r3 + r2*r4 + r3*r4;
alphad1 = r1*r2*r3 + r1*r2*r4 + r1*r3*r4 + r2*r3*r4;
alphad0 = r1*r2*r3*r4;
% Compute the feedback gain Kc for the control canonical form.
Kc = [alphad0 - alpha0; alphad1 - alpha1; alphad2 - alpha2; alphad3 - alpha3]';
% Check the computation of K
ceig(Ac-bc*Kc);
% Compute the feedback gain K for A,b.
K = Kc*Cc*inv(C);
% Check the computation of K.
eig(A-b*K)
```

习题 19 倾斜轨道上的倒立摆

修改倒立摆的开环非线性 Simulink 模型，以说明倾斜轨道相对于水平面的角度ϕ的情况。应用习题 12 中基于线性化平面轨迹模型设计的相同反馈控制器。运行仿真，应该可以看到控制器仍然稳定且摆角ϕ小于约 15°。特别地，应该可以看到$\theta(t)\to\phi$。

习题 20 倒立摆的正弦基准跟踪

考虑在保持摆杆直立的同时使小车位置跟踪正弦参考的问题。也就是说，对于任意给定的X_0和ϕ_0有$x(t)\to x_{\mathrm{ref}}(t)=X_0\sin(\omega_0 t+\phi_0)$。根据内部模型原理，这需要在正向路径中有传递函数：

$$G_{\mathrm{c}}(s)=\frac{-k_{01}s-k_{00}}{s^2+\omega_0^2}$$

反馈体系结构如图 15-28 所示。

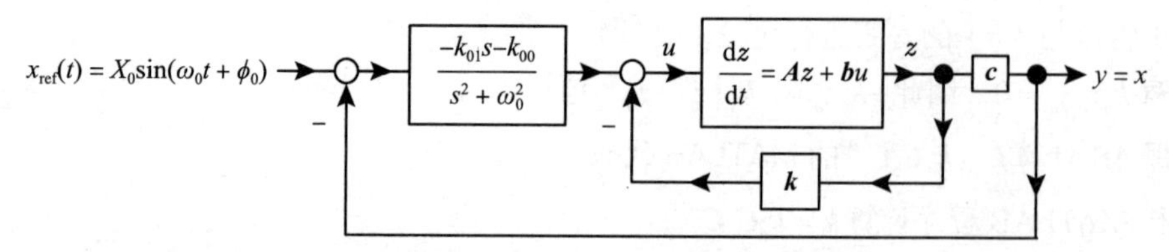

图 15-28　用于跟踪正弦参考的反馈架构

我们可以把描述图 15-28 的方程写成

$$\frac{\mathrm{d}\boldsymbol{z}}{\mathrm{d}t}=\boldsymbol{A}\boldsymbol{z}+\boldsymbol{b}u$$

$$u=-\boldsymbol{k}\boldsymbol{z}-k_{00}z_{00}-k_{01}z_{01}$$

$$y=\boldsymbol{c}\boldsymbol{z}=x$$

$$\frac{\mathrm{d}}{\mathrm{d}t}\underbrace{\begin{bmatrix} z_{00}\\ z_{01}\end{bmatrix}}_{z_0\in\mathbb{R}^2}=\underbrace{\begin{bmatrix} 0 & 1\\ -\omega_0^2 & 0\end{bmatrix}}_{A_0\in\mathbb{R}^{2\times 2}}\begin{bmatrix} z_{00}\\ z_{01}\end{bmatrix}+\underbrace{\begin{bmatrix} 0\\ 1\end{bmatrix}}_{b_0\in\mathbb{R}^2}\left(x_{\text{ref}}(t)-x\right)$$

更简洁的写法是

$$\frac{\mathrm{d}}{\mathrm{d}t}\underbrace{\begin{bmatrix}\boldsymbol{z}\\ \boldsymbol{z}_0\end{bmatrix}}_{\in\mathbb{R}^6}=\underbrace{\begin{bmatrix}\boldsymbol{A} & \boldsymbol{0}_{4\times 2}\\ \boldsymbol{0}_{1\times 4} & \boldsymbol{A}_0\\ -\boldsymbol{c} & \end{bmatrix}}_{\boldsymbol{A}_{\text{a}}\in\mathbb{R}^{6\times 6}}\underbrace{\begin{bmatrix}\boldsymbol{z}\\ \boldsymbol{z}_0\end{bmatrix}}_{\in\mathbb{R}^6}+\underbrace{\begin{bmatrix}\boldsymbol{b}\\ \boldsymbol{0}_{2\times 1}\end{bmatrix}}_{\boldsymbol{b}_{\text{a}}\in\mathbb{R}^6}u+\underbrace{\begin{bmatrix}\boldsymbol{0}_{4\times 1}\\ \boldsymbol{b}_0\end{bmatrix}}_{\in\mathbb{R}^6}x_{\text{ref}}(t)$$

倒立摆的开环传递函数为

$$G(s)=\frac{n(s)}{d(s)}=\boldsymbol{c}\left(s\boldsymbol{I}_{4\times 4}-\boldsymbol{A}\right)^{-1}\boldsymbol{b}=\frac{\kappa\left(J+m\ell^2\right)s^2-\kappa mg\ell}{s^2\left(s^2-\alpha^2\right)}$$

而

$$u=-\underbrace{\begin{bmatrix}\boldsymbol{k} & \boldsymbol{k}_0\end{bmatrix}}_{\boldsymbol{k}_{\text{a}}\in\mathbb{R}^{1\times 6}}\underbrace{\begin{bmatrix}\boldsymbol{z}\\ \boldsymbol{z}_0\end{bmatrix}}_{\in\mathbb{R}^6}$$

给出了闭环动态系统：

$$\begin{aligned}\frac{\mathrm{d}}{\mathrm{d}t}\begin{bmatrix}\boldsymbol{z}\\ \boldsymbol{z}_0\end{bmatrix}&=\begin{bmatrix}\boldsymbol{A} & \boldsymbol{0}_{4\times 2}\\ \boldsymbol{0}_{1\times 4} & \boldsymbol{A}_0\\ -\boldsymbol{c} & \end{bmatrix}\begin{bmatrix}\boldsymbol{z}\\ \boldsymbol{z}_0\end{bmatrix}-\begin{bmatrix}\boldsymbol{b}\\ \boldsymbol{0}\end{bmatrix}\begin{bmatrix}\boldsymbol{k} & \boldsymbol{k}_0\end{bmatrix}\begin{bmatrix}\boldsymbol{z}\\ \boldsymbol{z}_0\end{bmatrix}+\begin{bmatrix}\boldsymbol{0}_{4\times 1}\\ \boldsymbol{b}_0\end{bmatrix}x_{\text{ref}}(t)\\ &=\left(\begin{bmatrix}\boldsymbol{A} & \boldsymbol{0}_{4\times 2}\\ \boldsymbol{0}_{1\times 4} & \boldsymbol{A}_0\\ -\boldsymbol{c} & \end{bmatrix}-\begin{bmatrix}\boldsymbol{b}\boldsymbol{k} & \boldsymbol{b}\boldsymbol{k}_0\\ \boldsymbol{0}_{2\times 4} & \boldsymbol{0}_{2\times 2}\end{bmatrix}\right)\begin{bmatrix}\boldsymbol{z}\\ \boldsymbol{z}_0\end{bmatrix}+\begin{bmatrix}\boldsymbol{0}_{4\times 1}\\ \boldsymbol{b}_0\end{bmatrix}x_{\text{ref}}(t)\\ &=\begin{bmatrix}\boldsymbol{A} & \boldsymbol{0}_{4\times 2}\\ \boldsymbol{0}_{1\times 4} & \boldsymbol{A}_0\\ -\boldsymbol{c} & \end{bmatrix}\begin{bmatrix}\boldsymbol{z}\\ \boldsymbol{z}_0\end{bmatrix}+\begin{bmatrix}\boldsymbol{0}_{4\times 1}\\ \boldsymbol{b}_0\end{bmatrix}x_{\text{ref}}(t)\end{aligned}$$

结果表明，可以选择$\boldsymbol{k}\in\mathbb{R}^{1\times 4}$，$\boldsymbol{k}_0\in\mathbb{R}^{1\times 2}$，来任意配置闭环极点。具体地说，利用描述倒立摆的$(\boldsymbol{A},\ \boldsymbol{b})$在$\mathbb{R}^4$中是可控的，且开环传递函数$G(s)=n(s)/d(s)$的分子$n(s)$不包含因子$s^2+\omega_0^2$，

则

$$\boldsymbol{A}_{\mathrm{a}} \triangleq \begin{bmatrix} \boldsymbol{A} & \boldsymbol{0}_{4\times 2} \\ \boldsymbol{0}_{1\times 4} & \boldsymbol{A}_0 \\ -\boldsymbol{c} & \end{bmatrix} \in \mathbb{R}^{6\times 6}, \ \boldsymbol{b}_{\mathrm{a}} \triangleq \begin{bmatrix} \boldsymbol{b} \\ \boldsymbol{0}_{2\times 1} \end{bmatrix} \in \mathbb{R}^{6}$$

在 $\mathbb{R}^6$ 中是可控的（证明方法与本章附录中的方法类似，详见解决方案手册）。计算反馈 $\boldsymbol{k}_{\mathrm{a}} = \begin{bmatrix} \boldsymbol{k} & \boldsymbol{k}_0 \end{bmatrix} \in \mathbb{R}^{1\times 6}$ 来配置闭环极点如下

$$\mathcal{C}_{\mathrm{a}} = \begin{bmatrix} \boldsymbol{b}_{\mathrm{a}} & \boldsymbol{A}_{\mathrm{a}}\boldsymbol{b}_{\mathrm{a}} & \cdots & \boldsymbol{A}_{\mathrm{a}}^4\boldsymbol{b}_{\mathrm{a}} \end{bmatrix} \in \mathbb{R}^{6\times 6}$$

$$\det\left(s\boldsymbol{I}_{6\times 6} - \boldsymbol{A}_{\mathrm{a}}\right) = \det\begin{bmatrix} s\boldsymbol{I}_{4\times 4} - \boldsymbol{A} & \boldsymbol{0}_{4\times 2} \\ \boldsymbol{0}_{1\times 4} & s\boldsymbol{I}_{2\times 2} - \boldsymbol{A}_0 \\ \boldsymbol{c} & \end{bmatrix}$$

$$= s^6 + \alpha_5 s^5 + \alpha_4 s^4 + \alpha_3 s^3 + \alpha_2 s^2 + \alpha_1 s + \alpha_0$$

$$\boldsymbol{A}_{\mathrm{ac}} = \begin{bmatrix} 0 & 1 & 0 & 0 & 0 & 0 \\ 0 & 0 & 1 & 0 & 0 & 0 \\ 0 & 0 & 0 & 1 & 0 & 0 \\ 0 & 0 & 0 & 0 & 1 & 0 \\ 0 & 0 & 0 & 0 & 0 & 1 \\ -\alpha_0 & -\alpha_1 & -\alpha_2 & -\alpha_3 & -\alpha_4 & -\alpha_5 \end{bmatrix}, \ \boldsymbol{b}_{\mathrm{ac}} = \begin{bmatrix} 0 \\ 0 \\ 0 \\ 0 \\ 0 \\ 1 \end{bmatrix}$$

$$\mathcal{C}_{\mathrm{ac}} = \begin{bmatrix} \boldsymbol{b}_{\mathrm{ac}} & \boldsymbol{A}_{\mathrm{ac}}\boldsymbol{b}_{\mathrm{ac}} & \cdots & \boldsymbol{A}_{\mathrm{ac}}^5\boldsymbol{b}_{\mathrm{ac}} \end{bmatrix} \in \mathbb{R}^{6\times 6}$$

令

$$\begin{aligned} \boldsymbol{k}_{\mathrm{a}} &= \begin{bmatrix} \boldsymbol{k} & \boldsymbol{k}_0 \end{bmatrix} \\ &= \begin{bmatrix} \alpha_{\mathrm{d}0} - \alpha_0 & \alpha_{\mathrm{d}1} - \alpha_1 & \alpha_{\mathrm{d}2} - \alpha_2 & \alpha_{\mathrm{d}3} - \alpha_3 & \alpha_{\mathrm{d}4} - \alpha_4 & \alpha_{\mathrm{d}5} - \alpha_5 \end{bmatrix} \mathcal{C}_{\mathrm{ac}}\mathcal{C}_{\mathrm{a}}^{-1} \in \mathbb{R}^{1\times 6} \end{aligned}$$

结果为

$$\det\begin{bmatrix} s\boldsymbol{I}_{4\times 4} - (\boldsymbol{A} - \boldsymbol{b}\boldsymbol{k}) & \boldsymbol{b}\boldsymbol{k}_0 \\ \boldsymbol{0}_{1\times 4} & s\boldsymbol{I}_{2\times 2} - (\boldsymbol{A}_0 - \boldsymbol{b}\boldsymbol{k}_0) \\ \boldsymbol{c} & \end{bmatrix}$$
$$= s^6 + \alpha_{\mathrm{d}5} s^5 + \alpha_{\mathrm{d}4} s^4 + \alpha_{\mathrm{d}3} s^3 + \alpha_{\mathrm{d}2} s^2 + \alpha_{\mathrm{d}1} s + \alpha_{\mathrm{d}0}$$

用习题 11 中给出的参数值来对这个反馈控制系统进行仿真，$x_{\mathrm{ref}}(t) = 0.25\sin(2\pi t)$，闭环极点均为 -5。

第 16 章

An Introduction to System Modeling and Control

状态估计和参数识别

16.1 状态估计器

状态反馈的问题是需要完整的状态测量，即所有状态变量的值。如果没有完整状态的测量，那么需要估计没有直接测量的状态变量。让我们从一个具体的例子开始，看看如何做到这一点。

例 1 小车的速度估计器

考虑第 6 章和第 15 章中使用光学编码器测量位置的轨道系统上的小车。以 T 为采样周期，通过数值微分位置测量值来计算 jT 时刻的速度

$$v_{\mathrm{bd}}(jT) \triangleq \frac{x(jT)-x((j-1)T)}{T}$$

这是后向差分速度估计，由于编码器的分辨率有限，且有噪声。另一种方法是使用观测器估计转子速度，以获得一个更平滑（噪声更小）的速度估计。在这个例子中，我们假设小车在平坦的轨道上。在第 15 章的例 2 中，描述轨道上小车的方程为

$$\begin{aligned}\frac{\mathrm{d}}{\mathrm{d}t}x(t)&=v\\ \frac{\mathrm{d}}{\mathrm{d}t}v(t)&=-a_0v(t)+b_0u(t)\end{aligned} \tag{16.1}$$

矩阵形式为

$$\frac{\mathrm{d}}{\mathrm{d}t}\begin{bmatrix}x\\ v\end{bmatrix}=\begin{bmatrix}0 & 1\\ 0 & -a_0\end{bmatrix}\begin{bmatrix}x\\ v\end{bmatrix}+\begin{bmatrix}0\\ b_0\end{bmatrix}u \tag{16.2}$$

$$y=\begin{bmatrix}1 & 0\end{bmatrix}\begin{bmatrix}x\\ v\end{bmatrix} \tag{16.3}$$

式（16.2）和式（16.3）的形式也可以表示为

$$\begin{aligned}\frac{\mathrm{d}\boldsymbol{z}}{\mathrm{d}t}&=\boldsymbol{A}\boldsymbol{z}+\boldsymbol{b}u\\ y&=\boldsymbol{c}\boldsymbol{z}\end{aligned}$$

使 $\boldsymbol{A}$，$\boldsymbol{b}$，$\boldsymbol{c}$，$\boldsymbol{z}$ 和 u 具有明显定义。然后，定义速度观测器

$$\frac{\mathrm{d}}{\mathrm{d}t}\begin{bmatrix}\hat{x}\\ \hat{v}\end{bmatrix}=\begin{bmatrix}0 & 1\\ 0 & -a_0\end{bmatrix}\begin{bmatrix}\hat{x}\\ \hat{v}\end{bmatrix}+\begin{bmatrix}0\\ b_0\end{bmatrix}u+\underbrace{\begin{bmatrix}\ell_1\\ \ell_2\end{bmatrix}}_{\boldsymbol{\ell}}(y-\hat{y}) \tag{16.4}$$

$$\hat{y}=\begin{bmatrix}1 & 0\end{bmatrix}\begin{bmatrix}\hat{x}\\ \hat{v}\end{bmatrix} \tag{16.5}$$

也就是说，我们对输出 $y=x$ 进行采样，将其输入计算机，然后对式（16.4）和式（16.5）的集合进行实时数值积分。如果观测器的增益向量 $\boldsymbol{\ell}$ 为零，则观测器只是对小车系统进行了实

时模拟。然而，式（16.4）中的修正项$\boldsymbol{l}(y-\hat{y})$是使观测器实际工作的关键。具体地说，现在表明可以选择合适的增益l_1和l_2，使得$\hat{v}\to v$。为此，定义估计误差为$\varepsilon_1=x-\hat{x}$和$\varepsilon_2=v-\hat{v}$。用式（16.2）减去式（16.4）可得

$$\begin{aligned}\frac{\mathrm{d}}{\mathrm{d}t}\begin{bmatrix}\varepsilon_1\\ \varepsilon_2\end{bmatrix}&=\begin{bmatrix}0 & 1\\ 0 & -a_0\end{bmatrix}\begin{bmatrix}\varepsilon_1\\ \varepsilon_2\end{bmatrix}-\begin{bmatrix}\ell_1\\ \ell_2\end{bmatrix}(y-\hat{y})\\ &=\begin{bmatrix}0 & 1\\ 0 & -a_0\end{bmatrix}\begin{bmatrix}\varepsilon_1\\ \varepsilon_2\end{bmatrix}-\begin{bmatrix}\ell_1\\ \ell_2\end{bmatrix}\begin{bmatrix}1 & 0\end{bmatrix}\begin{bmatrix}\varepsilon_1\\ \varepsilon_2\end{bmatrix}\\ &=\begin{bmatrix}-\ell_1 & 1\\ -\ell_2 & -a_0\end{bmatrix}\begin{bmatrix}\varepsilon_1\\ \varepsilon_2\end{bmatrix}\end{aligned}\tag{16.6}$$

更简洁地说，误差系统由下式给出

$$\frac{\mathrm{d}\boldsymbol{\varepsilon}}{\mathrm{d}t}=(\boldsymbol{A}-\boldsymbol{\ell c})\boldsymbol{\varepsilon}\tag{16.7}$$

如果选择列向量$\boldsymbol{\ell}$使得$\boldsymbol{A}-\boldsymbol{\ell c}$是稳定的，那么

$$\begin{bmatrix}\varepsilon_1(t)\\ \varepsilon_2(t)\end{bmatrix}=\mathrm{e}^{(\boldsymbol{A}-\boldsymbol{\ell c})t}\begin{bmatrix}\varepsilon_1(0)\\ \varepsilon_2(0)\end{bmatrix}\to\begin{bmatrix}0\\ 0\end{bmatrix}\tag{16.8}$$

状态反馈轨迹跟踪控制器和速度观测器组合的框图如图 16-1 所示。

图 16-1 是在图 15-6 的基础上添加了一个状态观测器。图 16-1 中状态反馈的增益k_1, k_2选择如式（15.27）所示。我们为状态观测器选择增益ℓ_1, ℓ_2。

确定观测器增益ℓ_1, ℓ_2的直接方法是计算下式

$$\det\left(s\boldsymbol{I}-(\boldsymbol{A}-\boldsymbol{\ell c})\right)=\det\begin{bmatrix}s+\ell_1 & -1\\ s+\ell_2 & s+a_0\end{bmatrix}=s^2+(\ell_1+a_0+1)s+(\ell_2+\ell_1a_0)$$

如果想要极点位于$-r_1$和$-r_2$，那么设

$$s^2+(\ell_1+a_0+1)s+(\ell_2+\ell_1a_0)=(s+r_1)(s+r_2)=s^2+(r_1+r_2)s+r_1r_2$$

这需要

$$\begin{aligned}\ell_1&=-(a_0+1)+r_1+r_2\\ \ell_2&=-\ell_1a_0+r_1r_2\end{aligned}$$

习题 5（a）要求对图 16-1 所示的状态反馈和状态观测器组合系统进行仿真。

例 2 不能从速度估计位置

假设有一个转速表可以测量速度，但没有位置测量。从速度测量可以估计位置吗？答案是否定的。原因是，可知位置为$x(t)=x(0)+\int_0^t v(\tau)\mathrm{d}\tau$，但$\frac{\mathrm{d}}{\mathrm{d}t}(c+\int_0^t v(\tau)\mathrm{d}\tau)=v(t)$是对任意常数$c$的。也就是说，有无限个具有相同速度信号的位置信号。因此，速度信号是不具备足够的信息来获得位置估计的。从观测器理论的角度，再次考虑轨道系统上的小车。我们有

$$\frac{\mathrm{d}}{\mathrm{d}t}\begin{bmatrix}x\\ v\end{bmatrix}=\begin{bmatrix}0 & 1\\ 0 & -a_0\end{bmatrix}\begin{bmatrix}x\\ v\end{bmatrix}+\begin{bmatrix}0\\ b_0\end{bmatrix}u$$

$$y=\begin{bmatrix}0 & 1\end{bmatrix}\begin{bmatrix}x\\ v\end{bmatrix}$$

现在的输出y是速度v。让我们来试试一个由以下公式给出的观测器：

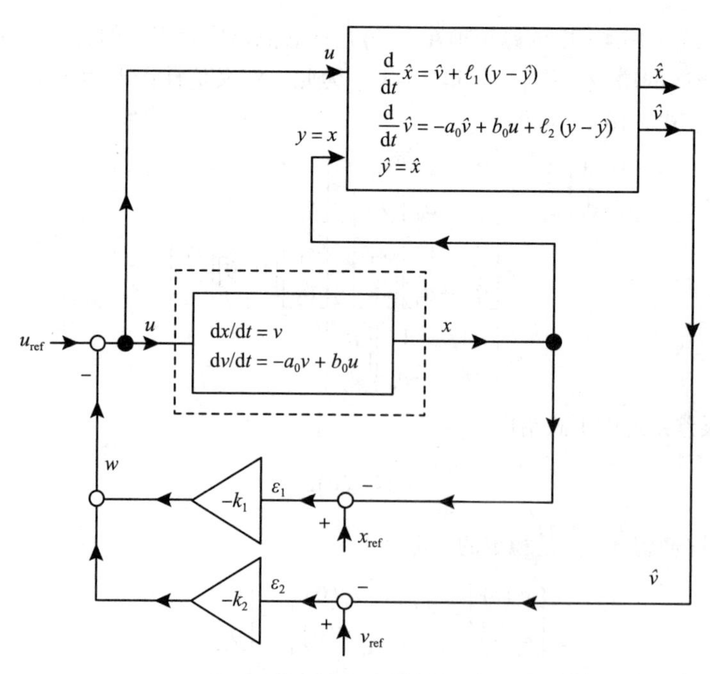

图 16-1　结合状态反馈轨迹跟踪控制器和速度观测器。位置$x(t)$被采样。然后对观测器方程进行实时数值积分，并分别使用解$\hat{x}$, $\hat{v}$作为x, v的估计值

$$\frac{d}{dt}\begin{bmatrix}\hat{x}\\ \hat{v}\end{bmatrix}=\begin{bmatrix}0 & 1\\ 0 & -a_0\end{bmatrix}\begin{bmatrix}\hat{x}\\ \hat{v}\end{bmatrix}+\begin{bmatrix}0\\ b_0\end{bmatrix}u+\begin{bmatrix}\ell_1\\ \ell_2\end{bmatrix}(y-\hat{y})$$

$$\hat{y}=\begin{bmatrix}0 & 1\end{bmatrix}\begin{bmatrix}\hat{x}\\ \hat{v}\end{bmatrix}$$

$\varepsilon_1 = x-\hat{x}$，$\varepsilon_2 = v-\hat{v}$时，误差系统为

$$\begin{aligned}\frac{d}{dt}\begin{bmatrix}\varepsilon_1\\ \varepsilon_2\end{bmatrix}&=\begin{bmatrix}0 & 1\\ 0 & -a_0\end{bmatrix}\begin{bmatrix}\varepsilon_1\\ \varepsilon_2\end{bmatrix}-\begin{bmatrix}\ell_1\\ \ell_2\end{bmatrix}(y-\hat{y})\\ &=\left(\begin{bmatrix}0 & 1\\ 0 & -a_0\end{bmatrix}-\begin{bmatrix}\ell_1\\ \ell_2\end{bmatrix}\begin{bmatrix}0 & 1\end{bmatrix}\right)\begin{bmatrix}\varepsilon_1\\ \varepsilon_2\end{bmatrix}\\ &=\begin{bmatrix}0 & -\ell_1\\ 0 & -a_0-\ell_2\end{bmatrix}\begin{bmatrix}\varepsilon_1\\ \varepsilon_2\end{bmatrix}\end{aligned}$$

$\boldsymbol{A}-\boldsymbol{\ell c}$的特征多项式为

$$\det\left(s\boldsymbol{I}-(\boldsymbol{A}-\boldsymbol{\ell c})\right)=\det\begin{bmatrix}s & \ell_1\\ 0 & s+a_0+\ell_2\end{bmatrix}=s^2+(a_0+\ell_2)s$$

对于任何选择的观测器增益ℓ_1, ℓ_2，都不能使其稳定。

例 3 小车的速度和干扰估计器

让我们再次看轨道系统上的小车，仍然使用光学编码器来测量位置，但现在小车被认为是倾斜的，因此它有一个（重力）干扰作用于它。为了获得对速度的无偏估计，还需估计干扰。接下来，将小车上的这个干扰建模为一个状态变量，并认为它在我们估计其值的时间内是常数（如果干扰是“缓慢变化的”，这种方法也可以适用）。在轨道上描述小车的方程是

$$\frac{\mathrm{d}}{\mathrm{d}t}x(t)=v$$
$$\frac{\mathrm{d}}{\mathrm{d}t}v(t)=-a_0v(t)+b_0u(t)-d$$
$$\frac{\mathrm{d}}{\mathrm{d}t}d(t)=0 \tag{16.9}$$

其中$d=b_0K_\mathrm{D}F_\mathrm{d}=Mg\sin(\phi)/\left(J/r_\mathrm{m}^2+M\right)$为重力对小车的（加速度）干扰（见 15.5 节）。矩阵的形式为

$$\frac{\mathrm{d}}{\mathrm{d}t}\begin{bmatrix}x\\v\\d\end{bmatrix}=\begin{bmatrix}0&1&0\\0&-a_0&-1\\0&0&0\end{bmatrix}\begin{bmatrix}x\\v\\d\end{bmatrix}+\begin{bmatrix}0\\b_0\\0\end{bmatrix}u \tag{16.10}$$

$$y=\begin{bmatrix}1&0&0\end{bmatrix}\begin{bmatrix}x\\v\\d\end{bmatrix} \tag{16.11}$$

式（16.10）和式（16.11）的形式还可以表示为

$$\frac{\mathrm{d}\boldsymbol{z}}{\mathrm{d}t}=\boldsymbol{A}\boldsymbol{z}+\boldsymbol{b}u$$
$$y=\boldsymbol{c}\boldsymbol{z}$$

对$\boldsymbol{A}$, $\boldsymbol{b}$, $\boldsymbol{c}$, $\boldsymbol{z}$, u有清晰的定义。速度和干扰观测器由下式给出

$$\frac{\mathrm{d}}{\mathrm{d}t}\begin{bmatrix}\hat{x}\\\hat{v}\\\hat{d}\end{bmatrix}=\begin{bmatrix}0&1&0\\0&-a_0&-1\\0&0&0\end{bmatrix}\begin{bmatrix}\hat{x}\\\hat{v}\\\hat{d}\end{bmatrix}+\begin{bmatrix}0\\b_0\\0\end{bmatrix}u+\underbrace{\begin{bmatrix}\ell_1\\\ell_2\\\ell_3\end{bmatrix}}_{\boldsymbol{\ell}}(y-\hat{y}) \tag{16.12}$$

$$\hat{y}=\begin{bmatrix}1&0&0\end{bmatrix}\begin{bmatrix}\hat{x}\\\hat{v}\\\hat{d}\end{bmatrix} \tag{16.13}$$

图 16-2 是在图 15-6 的基础上加入上式的干扰观测器。图 16-2 中状态反馈的增益k_0,k_1,k_2选择如式（15.79）所示。对输出$y=x$进行采样，将其代入计算机中。式（16.12）和式（16.13）与作为速度和干扰的估计的解$\hat{v}(t)$和$\hat{d}(t)$实时集成。正如现在所表明的，式（16.12）中的修正项$\boldsymbol{\ell}(y-\hat{y})$是分别做出如下估计的关键：$\hat{v}(t)$和$\hat{d}(t)$分别收敛到$v(t)$和$d(t)$。具体地说，我们证明了，可以选择合适的$\ell_1$, ℓ_2和ℓ_3来使得$\hat{v}(t)\to v(t)$和$\hat{d}(t)\to d(t)$。

接下来，将估计误差定义为$\varepsilon_1=x-\hat{x}$，$\varepsilon_2=v-\hat{v}$，$\varepsilon_3=d-\hat{d}$。式（16.10）减去式（16.12）后可得

$$\begin{aligned}\frac{\mathrm{d}}{\mathrm{d}t}\begin{bmatrix}\varepsilon_1\\\varepsilon_2\\\varepsilon_3\end{bmatrix}&=\begin{bmatrix}0&1&0\\0&-a_0&-1\\0&0&0\end{bmatrix}\begin{bmatrix}\varepsilon_1\\\varepsilon_2\\\varepsilon_3\end{bmatrix}-\begin{bmatrix}\ell_1\\\ell_2\\\ell_3\end{bmatrix}(y-\hat{y})\\&=\begin{bmatrix}0&1&0\\0&-a_0&-1\\0&0&0\end{bmatrix}\begin{bmatrix}\varepsilon_1\\\varepsilon_2\\\varepsilon_3\end{bmatrix}-\begin{bmatrix}\ell_1\\\ell_2\\\ell_3\end{bmatrix}\begin{bmatrix}1&0&0\end{bmatrix}\begin{bmatrix}\varepsilon_1\\\varepsilon_2\\\varepsilon_3\end{bmatrix}\end{aligned}$$

$$=\begin{bmatrix}-\ell_1 & 1 & 0\\ -\ell_2 & -a_0 & -1\\ -\ell_3 & 0 & 0\end{bmatrix}\begin{bmatrix}\varepsilon_1\\ \varepsilon_2\\ \varepsilon_3\end{bmatrix} \tag{16.14}$$

这个误差系统可简化为

$$\frac{\mathrm{d}\boldsymbol{\varepsilon}}{\mathrm{d}t}=\left(\boldsymbol{A}-\boldsymbol{\ell c}\right)\boldsymbol{\varepsilon} \tag{16.15}$$

选择了合适的列向量$\boldsymbol{\ell}$，使得$\boldsymbol{A}-\boldsymbol{\ell c}$是稳定的，因此可以看出

$$\begin{bmatrix}\varepsilon_1(t)\\ \varepsilon_2(t)\\ \varepsilon_3(t)\end{bmatrix}=\mathrm{e}^{(\boldsymbol{A}-\boldsymbol{\ell c})t}\begin{bmatrix}\varepsilon_1(0)\\ \varepsilon_2(0)\\ \varepsilon_3(0)\end{bmatrix}\to\begin{bmatrix}0\\ 0\\ 0\end{bmatrix} \tag{16.16}$$

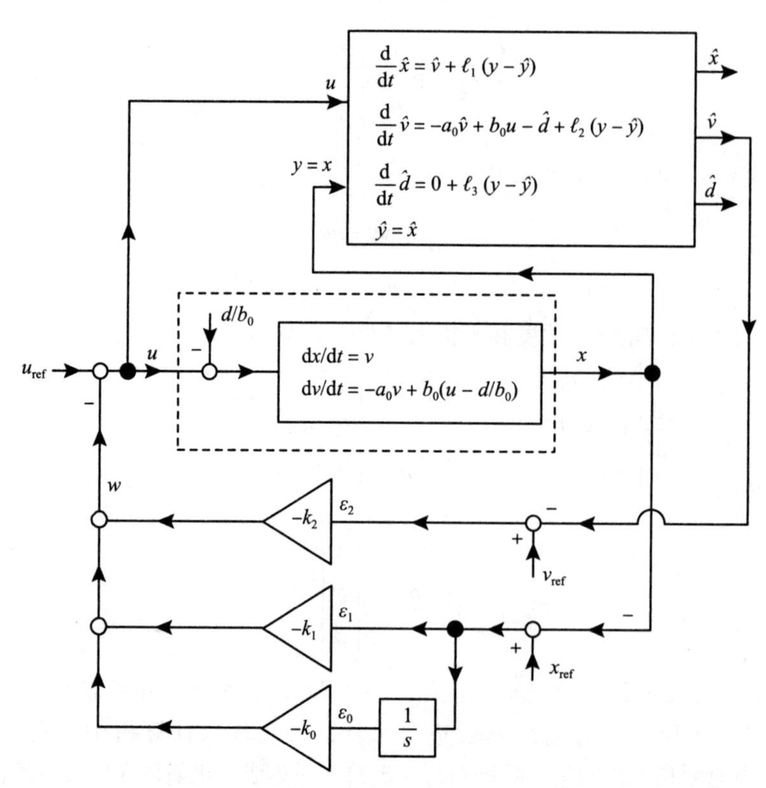

图 16-2　结合状态反馈轨迹跟踪控制器和速度观测器。位置$x(t)$被采样。然后对观测器方程进行实时数值积分，并分别使用解$\hat{x}, \hat{v}, \hat{d}$作为$x, v, d$的估值

为了找到使$\boldsymbol{A}-\boldsymbol{\ell c}$稳定的增益$\ell_1, \ell_2$和$\ell_3$，我们计算下式

$$\det\left(s\boldsymbol{I}-\left(\boldsymbol{A}-\boldsymbol{\ell c}\right)\right)=\det\begin{bmatrix}s+\ell_1 & -1 & 0\\ \ell_2 & s+a_0 & 1\\ \ell_3 & 0 & s\end{bmatrix}=s^3+\left(\ell_1+a_0\right)s^2+\left(\ell_2+a_0\ell_1\right)s-\ell_3$$

为了使观测器的极点位于$-r_1, -r_2$和$-r_3$，设定

$$\begin{aligned}s^3+\left(\ell_1+a_0\right)s^2+\left(\ell_2+a_0\ell_1\right)s-\ell_3&=\left(s+r_1\right)\left(s+r_2\right)\left(s+r_3\right)\\&=s^3+\left(r_1+r_2+r_3\right)s^2+\left(r_1r_2+r_1r_3+r_2r_3\right)s+r_1r_2r_3\end{aligned}$$

观测器的增益是

$$\ell_1 = -a_0 + r_1 + r_2 + r_3$$
$$\ell_2 = -a_0\ell_1 + r_1r_2 + r_1r_3 + r_2r_3$$
$$\ell_3 = -r_1r_2r_3$$

习题 5（b）要求对图 16-2 所示的组合状态反馈和状态观测器系统进行仿真。

16.1.1　状态估计的一般流程

开环状态空间模型为

$$\frac{\mathrm{d}\boldsymbol{x}}{\mathrm{d}t} = \boldsymbol{A}\boldsymbol{x} + \boldsymbol{b}u,\ \boldsymbol{A} \in \mathbb{R}^{n\times n},\ \boldsymbol{b} \in \mathbb{R}^{n}$$
$$y = \boldsymbol{c}\boldsymbol{x},\ \boldsymbol{c} \in \mathbb{R}^{1\times n}$$

已知$y(t),u(t),\boldsymbol{A},\boldsymbol{b}$和$\boldsymbol{c}$，是否可以用一种实际的方式来估计$\boldsymbol{x}(t)$？首先尝试对系统模型进行实时仿真。也就是说，通过使用已知输入$u(t)$的值，来对系统模型方程进行积分，以实时获取$\hat{\boldsymbol{x}}$的坐标。

$$\frac{\mathrm{d}\hat{\boldsymbol{x}}}{\mathrm{d}t} = \boldsymbol{A}\hat{\boldsymbol{x}} + \boldsymbol{b}u$$

图 16-3 所示为该实时模拟器的框图。

问题是，作为$\boldsymbol{x}$的估计值，直角坐标$\hat{\boldsymbol{x}}$会有多好？记住，我们不知道初始状态$\boldsymbol{x}(0)$。有

$$\frac{\mathrm{d}\boldsymbol{x}}{\mathrm{d}t} = \boldsymbol{A}\boldsymbol{x} + \boldsymbol{b}u$$
$$\frac{\mathrm{d}\hat{\boldsymbol{x}}}{\mathrm{d}t} = \boldsymbol{A}\hat{\boldsymbol{x}} + \boldsymbol{b}u$$

假设$\boldsymbol{A},\boldsymbol{b},u$是已知的。估计误差$\hat{\boldsymbol{x}}-\boldsymbol{x}$满足：

$$\frac{\mathrm{d}}{\mathrm{d}t}(\boldsymbol{x}-\hat{\boldsymbol{x}}) = \boldsymbol{A}(\boldsymbol{x}-\hat{\boldsymbol{x}})$$

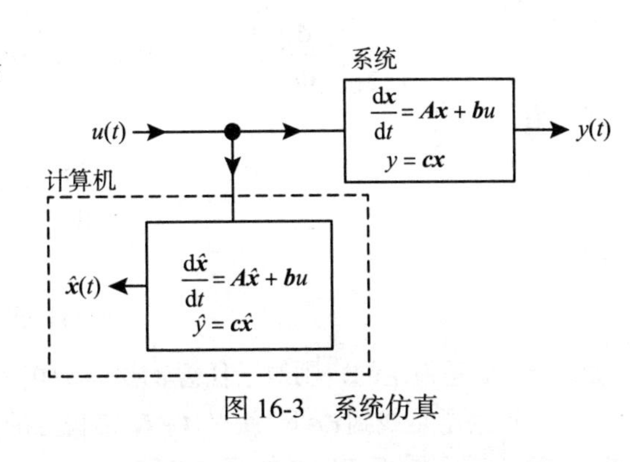

图 16-3　系统仿真

解为

$$\boldsymbol{x}(t)-\hat{\boldsymbol{x}}(t) = \mathrm{e}^{\boldsymbol{A}t}\left(\boldsymbol{x}(0)-\hat{\boldsymbol{x}}(0)\right)$$

如果$\boldsymbol{A}$是稳定的，那么对于任何（未知的）初始状态$\boldsymbol{x}(0)$，$\boldsymbol{x}(t)-\hat{\boldsymbol{x}}(t)\to\boldsymbol{0}$。但是，如果$\boldsymbol{A}$不稳定，我们就不走运了。此外，即使$\boldsymbol{A}$是稳定的，$\hat{\boldsymbol{x}}(t)-\boldsymbol{x}(t)$归$\boldsymbol{0}$的速率也是由$\boldsymbol{A}$的特征值所确定的。为了解决这些问题，我们在估计器中使用测量值$y(t)$。为了建立状态估计的一般程序，我们回到开环状态空间模型，该模型如下所示

$$\frac{\mathrm{d}\boldsymbol{x}}{\mathrm{d}t} = \boldsymbol{A}\boldsymbol{x} + \boldsymbol{b}u,\ \boldsymbol{A} \in \mathbb{R}^{n\times n},\ \boldsymbol{b} \in \mathbb{R}^{n}$$
$$y = \boldsymbol{c}\boldsymbol{x},\ \boldsymbol{c} \in \mathbb{R}^{1\times n} \tag{16.17}$$

定义一个状态估计器：

$$\frac{\mathrm{d}\hat{\boldsymbol{x}}}{\mathrm{d}t} = \boldsymbol{A}\hat{\boldsymbol{x}} + \boldsymbol{b}u + \boldsymbol{\ell}(y-\hat{y})$$
$$\hat{y} = \boldsymbol{c}\hat{\boldsymbol{x}} \tag{16.18}$$

或者

$$\frac{\mathrm{d}\hat{\boldsymbol{x}}}{\mathrm{d}t}=\boldsymbol{A}\hat{\boldsymbol{x}}+\boldsymbol{b}u+\boldsymbol{\ell}\boldsymbol{c}\left(\boldsymbol{x}-\hat{\boldsymbol{x}}\right)$$
$$\hat{y}=\boldsymbol{c}\hat{\boldsymbol{x}} \tag{16.19}$$

图 16-4 所示为系统和观测器的框图。同样，我们知道输入$u(t)$和采样输出$y(t)$的值，用它们来对式（16.19）所示的观测器（实时）积分。然后用解$\hat{\boldsymbol{x}}(t)$作为对状态$\boldsymbol{x}(t)$的估计。

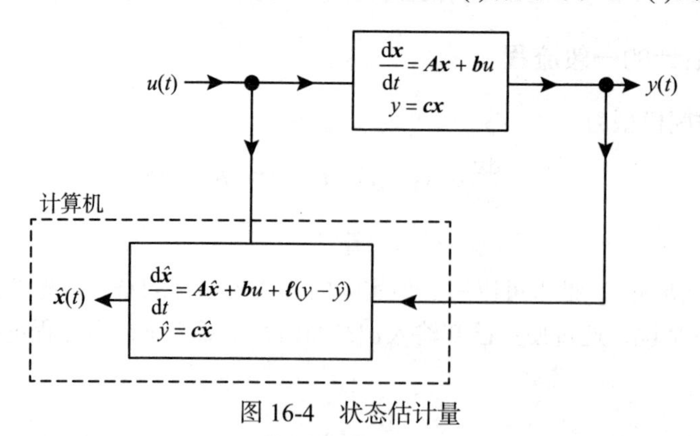

图 16-4 状态估计量

为了证明这个设置是可行的，用式（16.17）减去式（16.18），看估计误差是否满足$\boldsymbol{\varepsilon}\triangleq\boldsymbol{x}-\hat{\boldsymbol{x}}$：

$$\frac{\mathrm{d}}{\mathrm{d}t}\left(\boldsymbol{x}-\hat{\boldsymbol{x}}\right)=\boldsymbol{A}\left(\boldsymbol{x}-\hat{\boldsymbol{x}}\right)-\boldsymbol{\ell}\boldsymbol{c}\left(\boldsymbol{x}-\hat{\boldsymbol{x}}\right)=\left(\boldsymbol{A}-\boldsymbol{\ell}\boldsymbol{c}\right)\left(\boldsymbol{x}-\hat{\boldsymbol{x}}\right)$$

我们有

$$\frac{\mathrm{d}\boldsymbol{\varepsilon}}{\mathrm{d}t}=\left(\boldsymbol{A}-\boldsymbol{\ell}\boldsymbol{c}\right)\boldsymbol{\varepsilon}$$

解是

$$\boldsymbol{\varepsilon}\left(t\right)=\mathrm{e}^{(\boldsymbol{A}-\boldsymbol{\ell}\boldsymbol{c})t}\boldsymbol{\varepsilon}\left(0\right)$$

如果$\boldsymbol{A}-\boldsymbol{\ell}\boldsymbol{c}$是稳定的，则对于任意$\boldsymbol{\varepsilon}\left(0\right)=\boldsymbol{x}\left(0\right)-\hat{\boldsymbol{x}}\left(0\right)$，$\boldsymbol{\varepsilon}\left(t\right)=\mathrm{e}^{(\boldsymbol{A}-\boldsymbol{\ell}\boldsymbol{c})t}\boldsymbol{\varepsilon}\left(0\right)\to\boldsymbol{0}_{n\times 1}$。

关键问题是找到$\boldsymbol{\ell}\in\mathbb{R}^n$使得$\boldsymbol{A}-\boldsymbol{\ell}\boldsymbol{c}$是稳定的。我们通过一些例子来展示如何做到这一点。

例 4 观测器规范形式的系统矩阵

令

$$\boldsymbol{A}_{\mathrm{o}}=\begin{bmatrix}0&0&-\beta_0\\1&0&-\beta_1\\0&1&-\beta_2\end{bmatrix},\ \boldsymbol{c}_{\mathrm{o}}=\begin{bmatrix}0&0&1\end{bmatrix}$$

上述$\left(\boldsymbol{c}_{\mathrm{o}},\ \boldsymbol{A}_{\mathrm{o}}\right)$是观测器标准形式。

我们计算

$$\det\left(s\boldsymbol{I}-\boldsymbol{A}_{\mathrm{o}}\right)=\det\begin{bmatrix}s&0&\beta_0\\-1&s&\beta_1\\0&-1&s+\beta_2\end{bmatrix}=s^3+\beta_2 s^2+\beta_1 s+\beta_0$$

而

$$\boldsymbol{\ell}=\begin{bmatrix}\ell_0\\\ell_1\\\ell_2\end{bmatrix}$$

我们有

$$\det\left(s\boldsymbol{I}-\left(\boldsymbol{A}_{\mathrm{o}}-\boldsymbol{\ell}\boldsymbol{c}_{\mathrm{o}}\right)\right)=\det\left(\begin{bmatrix} s & 0 & 0 \\ 0 & s & 0 \\ 0 & 0 & s \end{bmatrix}-\left(\begin{bmatrix} 0 & 0 & -\beta_0 \\ 1 & 0 & -\beta_1 \\ 0 & 1 & -\beta_2 \end{bmatrix}-\begin{bmatrix} \ell_0 \\ \ell_1 \\ \ell_2 \end{bmatrix}\begin{bmatrix} 0 & 0 & 1 \end{bmatrix}\right)\right)$$

$$=\det\left(\begin{bmatrix} s & 0 & 0 \\ 0 & s & 0 \\ 0 & 0 & s \end{bmatrix}-\left(\begin{bmatrix} 0 & 0 & -\beta_0 \\ 1 & 0 & -\beta_1 \\ 0 & 1 & -\beta_2 \end{bmatrix}-\begin{bmatrix} 0 & 0 & \ell_0 \\ 0 & 0 & \ell_1 \\ 0 & 0 & \ell_2 \end{bmatrix}\right)\right)$$

$$=\det\left(\begin{bmatrix} s & 0 & 0 \\ 0 & s & 0 \\ 0 & 0 & s \end{bmatrix}-\begin{bmatrix} 0 & 0 & -\beta_0-\ell_0 \\ 1 & 0 & -\beta_1-\ell_1 \\ 0 & 1 & -\beta_2-\ell_2 \end{bmatrix}\right)$$

$$=\det\left(\begin{bmatrix} s & 0 & \beta_0+\ell_0 \\ 1 & s & \beta_1+\ell_1 \\ 0 & 1 & s+\beta_2+\ell_2 \end{bmatrix}\right)$$

$$=s^3+\left(\beta_2+\ell_2\right)s^2+\left(\beta_1+\ell_1\right)s+\beta_0+\ell_0$$

用$s^3+\beta_{\mathrm{d}2}s^2+\beta_{\mathrm{d}1}s+\beta_{\mathrm{d}0}$给出所需的闭环特征多项式，只需选择

$$\boldsymbol{\ell}=\begin{bmatrix} \ell_0 \\ \ell_1 \\ \ell_2 \end{bmatrix}=\begin{bmatrix} \beta_{\mathrm{d}0}-\beta_0 \\ \beta_{\mathrm{d}1}-\beta_1 \\ \beta_{\mathrm{d}2}-\beta_2 \end{bmatrix}$$

有

$$\det\left(s\boldsymbol{I}-\left(\boldsymbol{A}_{\mathrm{o}}-\boldsymbol{\ell}\boldsymbol{c}_{\mathrm{o}}\right)\right)=s^3+\beta_{\mathrm{d}2}s^2+\beta_{\mathrm{d}1}s+\beta_{\mathrm{d}0}$$

题外话 矩阵乘法

注意

$$\boldsymbol{rT}\triangleq\begin{bmatrix} r_1 & r_2 & r_3 \end{bmatrix}\begin{bmatrix} t_{11} & t_{12} & t_{13} \\ t_{21} & t_{22} & t_{23} \\ t_{31} & t_{32} & t_{33} \end{bmatrix}$$

$$=r_1\begin{bmatrix} t_{11} & t_{12} & t_{13} \end{bmatrix}+r_2\begin{bmatrix} t_{21} & t_{22} & t_{23} \end{bmatrix}+r_3\begin{bmatrix} t_{31} & t_{32} & t_{33} \end{bmatrix}$$

也就是说，可以把左边的方阵$\boldsymbol{T}$乘以行向量$\boldsymbol{r}$看成简单的$\boldsymbol{T}$各行的线性组合。

类似地，我们有

$$\boldsymbol{RT}\triangleq\begin{bmatrix} r_{11} & r_{12} & r_{13} \\ r_{21} & r_{22} & r_{23} \\ r_{31} & r_{32} & r_{33} \end{bmatrix}\begin{bmatrix} t_{11} & t_{12} & t_{13} \\ t_{21} & t_{22} & t_{23} \\ t_{31} & t_{32} & t_{33} \end{bmatrix}$$

$$=\begin{bmatrix} r_{11}\begin{bmatrix} t_{11} & t_{12} & t_{13} \end{bmatrix}+r_{12}\begin{bmatrix} t_{21} & t_{22} & t_{23} \end{bmatrix}+r_{13}\begin{bmatrix} t_{31} & t_{32} & t_{33} \end{bmatrix} \\ r_{21}\begin{bmatrix} t_{11} & t_{12} & t_{13} \end{bmatrix}+r_{22}\begin{bmatrix} t_{21} & t_{22} & t_{23} \end{bmatrix}+r_{23}\begin{bmatrix} t_{31} & t_{32} & t_{33} \end{bmatrix} \\ r_{31}\begin{bmatrix} t_{11} & t_{12} & t_{13} \end{bmatrix}+r_{32}\begin{bmatrix} t_{21} & t_{22} & t_{23} \end{bmatrix}+r_{33}\begin{bmatrix} t_{31} & t_{32} & t_{33} \end{bmatrix} \end{bmatrix}$$

$\boldsymbol{RT}$的每一行都是$\boldsymbol{T}$各行的线性组合。

例 5 非观测器标准形式的系统矩阵

已知方程组

$$\frac{\mathrm{d}\boldsymbol{x}}{\mathrm{d}t} = \boldsymbol{A}\boldsymbol{x} + \boldsymbol{b}u, \boldsymbol{A} \in \mathbb{R}^{3\times3}, \boldsymbol{b} \in \mathbb{R}^{3}$$
$$y = \boldsymbol{c}\boldsymbol{x}, \boldsymbol{c} \in \mathbb{R}^{1\times3}$$

有 $\det(s\boldsymbol{I}-\boldsymbol{A}) = s^3 + \beta_2 s^2 + \beta_1 s + \beta_0$。假设 $(\boldsymbol{c}, \boldsymbol{A})$ 不是观测器标准形式。前面的例子表明，如果能把 $(\boldsymbol{c}, \boldsymbol{A})$ 转换成观测器标准形式，则可以很容易地计算增益向量 l。为此，定义可观测性矩阵 $\boldsymbol{O}$ 为

$$\mathcal{O} \triangleq \begin{bmatrix} \boldsymbol{c} \\ \boldsymbol{c}\boldsymbol{A} \\ \boldsymbol{c}\boldsymbol{A}^2 \end{bmatrix}$$

假设 $\boldsymbol{O}$ 是可逆的，即 $\det\boldsymbol{O} \neq 0$。定义状态空间转换：

$$\boldsymbol{x}' \triangleq \mathcal{O}\boldsymbol{x}$$

用 $\boldsymbol{x}'$ 表示状态空间模型为

$$\frac{\mathrm{d}\boldsymbol{x}'}{\mathrm{d}t} = \underbrace{\mathcal{O}\boldsymbol{A}\mathcal{O}^{-1}}_{\boldsymbol{A}'}\boldsymbol{x}' + \underbrace{\mathcal{O}\boldsymbol{b}}_{\boldsymbol{b}'}u$$
$$y = \underbrace{\boldsymbol{c}\mathcal{O}^{-1}}_{\boldsymbol{c}'}\boldsymbol{x}'$$

也就是说，

$$\boldsymbol{A}' = \mathcal{O}\boldsymbol{A}\mathcal{O}^{-1}$$
$$\boldsymbol{c}' = \boldsymbol{c}\mathcal{O}^{-1}$$

或

$$\boldsymbol{A}'\mathcal{O} = \mathcal{O}\boldsymbol{A}$$
$$\boldsymbol{c}'\mathcal{O} = \boldsymbol{c}$$

$(\boldsymbol{c}', \boldsymbol{A}')$ 有一个特殊的形式，如上述所示。可写为

$$\underbrace{\begin{bmatrix} a'_{11} & a'_{12} & a'_{13} \\ a'_{21} & a'_{22} & a'_{23} \\ a'_{31} & a'_{32} & a'_{33} \end{bmatrix}}_{\boldsymbol{A}'}\underbrace{\begin{bmatrix} \boldsymbol{c} \\ \boldsymbol{c}\boldsymbol{A} \\ \boldsymbol{c}\boldsymbol{A}^2 \end{bmatrix}}_{\mathcal{O}} = \underbrace{\begin{bmatrix} \boldsymbol{c}\boldsymbol{A} \\ \boldsymbol{c}\boldsymbol{A}^2 \\ \boldsymbol{c}\boldsymbol{A}^3 \end{bmatrix}}_{\mathcal{O}\boldsymbol{A}} \text{ 和 } \underbrace{\begin{bmatrix} c'_1 & c'_2 & c'_3 \end{bmatrix}}_{\boldsymbol{c}'}\underbrace{\begin{bmatrix} \boldsymbol{c} \\ \boldsymbol{c}\boldsymbol{A} \\ \boldsymbol{c}\boldsymbol{A}^2 \end{bmatrix}}_{\mathcal{O}} = \boldsymbol{c}$$

参考上面关于矩阵乘法的题外话，可以重写为

$$\underbrace{\begin{bmatrix} a'_{11}\boldsymbol{c} + a'_{12}\boldsymbol{c}\boldsymbol{A} + a'_{13}\boldsymbol{c}\boldsymbol{A}^2 \\ a'_{21}\boldsymbol{c} + a'_{22}\boldsymbol{c}\boldsymbol{A} + a'_{23}\boldsymbol{c}\boldsymbol{A}^2 \\ a'_{31}\boldsymbol{c} + a'_{32}\boldsymbol{c}\boldsymbol{A} + a'_{33}\boldsymbol{c}\boldsymbol{A}^2 \end{bmatrix}}_{\boldsymbol{A}'\mathcal{O}} = \underbrace{\begin{bmatrix} \boldsymbol{c}\boldsymbol{A} \\ \boldsymbol{c}\boldsymbol{A}^2 \\ \boldsymbol{c}\boldsymbol{A}^3 \end{bmatrix}}_{\mathcal{O}\boldsymbol{A}} \text{ 和 } \underbrace{c'_1\boldsymbol{c} + c'_2\boldsymbol{c}\boldsymbol{A} + c'_3\boldsymbol{c}\boldsymbol{A}^2}_{\boldsymbol{c}'\mathcal{O}} = \boldsymbol{c} \tag{16.20}$$

经过检验，可以得出 $\boldsymbol{A}'$ 和 $\boldsymbol{c}'$ 的形式必须是

$$\boldsymbol{A}' = \begin{bmatrix} 0 & 1 & 0 \\ 0 & 0 & 1 \\ a'_{31} & a'_{32} & a'_{33} \end{bmatrix}, \boldsymbol{c}' = \begin{bmatrix} 1 & 0 & 0 \end{bmatrix}$$

其中 $a'_{31}, a'_{32}, a'_{33}$ 必须满足

$$a'_{31}\boldsymbol{c} + a'_{32}\boldsymbol{c}\boldsymbol{A} + a'_{33}\boldsymbol{c}\boldsymbol{A}^2 = \boldsymbol{c}\boldsymbol{A}^3$$

为此，我们使用$\boldsymbol{A}$的特征多项式$\det(s\boldsymbol{I}-\boldsymbol{A})=s^3+\beta_2 s^2+\beta_1 s+\beta_0$。根据 Cayley-Hamilton 定理有

$$\boldsymbol{A}^3+\beta_2\boldsymbol{A}^2+\beta_1\boldsymbol{A}+\beta_0\boldsymbol{I}=\boldsymbol{0}_{3\times 3}$$

左边乘以$\boldsymbol{c}$，重新排列得到

$$-\beta_0\boldsymbol{c}-\beta_1\boldsymbol{cA}-\beta_2\boldsymbol{cA}^2=\boldsymbol{cA}^3$$

也就是说，$a'_{31}=-\beta_0$, $a'_{32}=-\beta_1$, $a'_{33}=-\beta_2$，所以现在可以写为如下形式

$$\boldsymbol{A}'=\begin{bmatrix}0 & 1 & 0\\ 0 & 0 & 1\\ -\beta_0 & -\beta_1 & -\beta_2\end{bmatrix},\ \boldsymbol{c}'=\begin{bmatrix}1 & 0 & 0\end{bmatrix} \tag{16.21}$$

这不是观测器的标准形式，但已经差不多了。考虑：

$$\frac{\mathrm{d}\boldsymbol{x}_\mathrm{o}}{\mathrm{d}t}=\boldsymbol{A}_\mathrm{o}\boldsymbol{x}_\mathrm{o}+\boldsymbol{b}_\mathrm{o}u,\boldsymbol{A}_\mathrm{o}\in\mathbb{R}^{3\times 3},\boldsymbol{b}_\mathrm{o}\in\mathbb{R}^3$$

$$y=\boldsymbol{c}_\mathrm{o}\boldsymbol{x}_\mathrm{o},\boldsymbol{c}_\mathrm{o}\in\mathbb{R}^{1\times 3}$$

$(\boldsymbol{c}_\mathrm{o},\boldsymbol{A}_\mathrm{o})$已经处于观测器标准形式，即

$$\boldsymbol{A}_\mathrm{o}=\begin{bmatrix}0 & 0 & -\beta_0\\ 1 & 0 & -\beta_1\\ 0 & 1 & -\beta_2\end{bmatrix},\ \boldsymbol{c}_\mathrm{o}=\begin{bmatrix}0 & 0 & 1\end{bmatrix} \tag{16.22}$$

定义

$$\mathcal{O}_\mathrm{o}\triangleq\begin{bmatrix}\boldsymbol{c}_\mathrm{o}\\ \boldsymbol{c}_\mathrm{o}\boldsymbol{A}_\mathrm{o}\\ \boldsymbol{c}_\mathrm{o}\boldsymbol{A}_\mathrm{o}^2\end{bmatrix}$$

我们刚刚证明了变换$\boldsymbol{x}'=\boldsymbol{O}_\mathrm{o}\boldsymbol{x}_\mathrm{o}$，结果为

$$\frac{\mathrm{d}\boldsymbol{x}'}{\mathrm{d}t}=\underbrace{\mathcal{O}_\mathrm{o}\boldsymbol{A}_\mathrm{o}\mathcal{O}_\mathrm{o}^{-1}}_{\boldsymbol{A}'}\boldsymbol{x}'+\mathcal{O}_\mathrm{o}\boldsymbol{b}_\mathrm{o}u$$

$$y=\underbrace{\boldsymbol{c}_\mathrm{o}\mathcal{O}_\mathrm{o}^{-1}}_{\boldsymbol{c}'}\boldsymbol{x}'$$

而

$$\boldsymbol{A}'=\mathcal{O}_\mathrm{o}\boldsymbol{A}_\mathrm{o}\mathcal{O}_\mathrm{o}^{-1}=\begin{bmatrix}0 & 1 & 0\\ 0 & 0 & 1\\ -\beta_0 & -\beta_1 & -\beta_2\end{bmatrix},\boldsymbol{b}'=\mathcal{O}_\mathrm{o}\boldsymbol{b}_\mathrm{o}=\begin{bmatrix}b'_1\\ b'_2\\ b'_3\end{bmatrix}$$
$$\boldsymbol{c}'=\boldsymbol{c}_\mathrm{o}\mathcal{O}_\mathrm{o}^{-1}=\begin{bmatrix}1 & 0 & 0\end{bmatrix} \tag{16.23}$$

因此逆变换为

$$\boldsymbol{x}_\mathrm{o}=\mathcal{O}_\mathrm{o}^{-1}\boldsymbol{x}'$$

将式（16.23）中的系统转换为观测器规范形式（16.22）。

定理 1 转换到观测器标准形式

考虑给定的线性状态空间系统：

$$\frac{\mathrm{d}\boldsymbol{x}}{\mathrm{d}t}=\boldsymbol{A}\boldsymbol{x}+\boldsymbol{b}u,\boldsymbol{A}\in\mathbb{R}^{3\times3},\boldsymbol{b}\in\mathbb{R}^{3} \tag{16.24}$$

$$y=\boldsymbol{c}\boldsymbol{x},\boldsymbol{c}\in\mathbb{R}^{1\times3} \tag{16.25}$$

令

$$\det(s\boldsymbol{I}-\boldsymbol{A})=s^3+\beta_2 s^2+\beta_1 s+\beta_0$$

$$\mathcal{O}\triangleq\begin{bmatrix}\boldsymbol{c}\\ \boldsymbol{c}\boldsymbol{A}\\ \boldsymbol{c}\boldsymbol{A}^2\end{bmatrix}\text{ 且 }\det\mathcal{O}\neq0$$

定义

$$\boldsymbol{c}_{\mathrm{o}}=\begin{bmatrix}0 & 0 & 1\end{bmatrix},\ \boldsymbol{A}_{\mathrm{o}}=\begin{bmatrix}0 & 0 & -\beta_0\\ 1 & 0 & -\beta_1\\ 0 & 1 & -\beta_2\end{bmatrix},\ \mathcal{O}_{\mathrm{o}}\triangleq\begin{bmatrix}\boldsymbol{c}_{\mathrm{o}}\\ \boldsymbol{c}_{\mathrm{o}}\boldsymbol{A}_{\mathrm{o}}\\ \boldsymbol{c}_{\mathrm{o}}\boldsymbol{A}_{\mathrm{o}}^2\end{bmatrix}$$

然后变换为

$$\boldsymbol{x}_{\mathrm{o}}=\mathcal{O}_{\mathrm{o}}^{-1}\mathcal{O}\boldsymbol{x}$$

用观测器标准形式写出系统（16.24）和（16.25）：

$$\frac{\mathrm{d}\boldsymbol{x}_{\mathrm{o}}}{\mathrm{d}t}=\underbrace{\begin{bmatrix}0 & 0 & -\beta_0\\ 1 & 0 & -\beta_1\\ 0 & 1 & -\beta_2\end{bmatrix}}_{\boldsymbol{A}_{\mathrm{o}}}\boldsymbol{x}_{\mathrm{o}}+\underbrace{\begin{bmatrix}b_{\mathrm{o}1}\\ b_{\mathrm{o}2}\\ b_{\mathrm{o}3}\end{bmatrix}}_{\boldsymbol{b}_{\mathrm{o}}}u$$

$$y=\underbrace{\begin{bmatrix}0 & 0 & 1\end{bmatrix}}_{\boldsymbol{c}_{\mathrm{o}}}\boldsymbol{x}_{\mathrm{o}}$$

证明 这是从前面两个例子中得出的结论。

定理 2 观测器极点配置

设一个线性时不变系统为

$$\frac{\mathrm{d}\boldsymbol{x}}{\mathrm{d}t}=\boldsymbol{A}\boldsymbol{x}+\boldsymbol{b}u,\boldsymbol{A}\in\mathbb{R}^{3\times3},\boldsymbol{b}\in\mathbb{R}^{3}$$

$$y=\boldsymbol{c}\boldsymbol{x},\boldsymbol{c}\in\mathbb{R}^{1\times3}$$

而

$$\det(s\boldsymbol{I}-\boldsymbol{A})=s^3+\beta_2 s^2+\beta_1 s+\beta_0$$

且

$$\mathcal{O}\triangleq\begin{bmatrix}\boldsymbol{c}\\ \boldsymbol{c}\boldsymbol{A}\\ \boldsymbol{c}\boldsymbol{A}^2\end{bmatrix}\text{ 且 }\det\mathcal{O}\neq0$$

定义

$$\boldsymbol{A}_{\mathrm{o}}=\begin{bmatrix}0 & 0 & -\beta_0\\ 1 & 0 & -\beta_1\\ 0 & 1 & -\beta_2\end{bmatrix},\ \boldsymbol{c}_{\mathrm{o}}=\begin{bmatrix}0 & 0 & 1\end{bmatrix},\ \mathcal{O}_{\mathrm{o}}\triangleq\begin{bmatrix}\boldsymbol{c}_{\mathrm{o}}\\ \boldsymbol{c}_{\mathrm{o}}\boldsymbol{A}_{\mathrm{o}}\\ \boldsymbol{c}_{\mathrm{o}}\boldsymbol{A}_{\mathrm{o}}^2\end{bmatrix}$$

设所要求的闭环特征多项式为

$$s^3+\beta_{d2}s^2+\beta_{d1}s+\beta_{d0}$$

然后选择

$$\boldsymbol{\ell}=\begin{bmatrix}\ell_0\\\ell_1\\\ell_2\end{bmatrix}=\begin{bmatrix}\boldsymbol{c}\\\boldsymbol{cA}\\\boldsymbol{cA}^2\end{bmatrix}^{-1}\begin{bmatrix}\boldsymbol{c}_o\\\boldsymbol{c}_o\boldsymbol{A}_o\\\boldsymbol{c}_o\boldsymbol{A}_o^2\end{bmatrix}\begin{bmatrix}\beta_{d0}-\beta_0\\\beta_{d1}-\beta_1\\\beta_{d2}-\beta_2\end{bmatrix}=\mathcal{O}^{-1}\mathcal{O}_o\left(\boldsymbol{\beta}_d-\boldsymbol{\beta}\right)$$

结果为

$$\det\left(s\boldsymbol{I}-\left(\boldsymbol{A}-\boldsymbol{\ell c}\right)\right)=s^3+\beta_{d2}s^2+\beta_{d1}s+\beta_{d0}$$

证明 观测器为

$$\frac{\mathrm{d}\hat{\boldsymbol{x}}}{\mathrm{d}t}=\boldsymbol{A}\hat{\boldsymbol{x}}+\boldsymbol{b}u+\boldsymbol{\ell}\left(y-\hat{y}\right)$$
$$\hat{y}=\boldsymbol{c}\hat{\boldsymbol{x}}$$

使用变换$\boldsymbol{x}_o=\boldsymbol{O}_o^{-1}\boldsymbol{O}\boldsymbol{x}$，变换结果为

$$\frac{\mathrm{d}\hat{\boldsymbol{x}}_o}{\mathrm{d}t}=\underbrace{\left(\mathcal{O}_o^{-1}\mathcal{O}\right)\boldsymbol{A}\left(\mathcal{O}_o^{-1}\mathcal{O}\right)^{-1}}_{\boldsymbol{A}_o}\hat{\boldsymbol{x}}_o+\underbrace{\left(\mathcal{O}_o^{-1}\mathcal{O}\right)\boldsymbol{b}}_{\boldsymbol{b}_o}u+\underbrace{\left(\mathcal{O}_o^{-1}\mathcal{O}\right)\boldsymbol{\ell}}_{\boldsymbol{\ell}_o}\left(y-\hat{y}\right)$$
$$\hat{y}=\underbrace{\boldsymbol{c}\left(\mathcal{O}_o^{-1}\mathcal{O}\right)^{-1}}_{\boldsymbol{c}_o}\hat{\boldsymbol{x}}_o$$

$\left(\boldsymbol{c}_o,\ \boldsymbol{A}_o\right)$是观测器标准形式。通过例题 4 可知：

$$\boldsymbol{\ell}_o=\boldsymbol{\beta}_d-\boldsymbol{\beta}=\begin{bmatrix}\beta_{d0}-\beta_0\\\beta_{d1}-\beta_1\\\beta_{d2}-\beta_2\end{bmatrix}$$

结果为$\det(s\boldsymbol{I}-(\boldsymbol{A}_o-\boldsymbol{l}_o\boldsymbol{c}_o))=\det(s\boldsymbol{I}-(\boldsymbol{A}-\boldsymbol{lc}))=s^3+\beta_2s^2+\beta_1s+\beta_0$。

例 6 状态估计

假设系统模型为

$$\frac{\mathrm{d}\boldsymbol{x}}{\mathrm{d}t}=\underbrace{\begin{bmatrix}0&1\\-5&-6\end{bmatrix}}_{\boldsymbol{A}}\boldsymbol{x}+\underbrace{\begin{bmatrix}0\\1\end{bmatrix}}_{\boldsymbol{b}}u$$
$$y=\underbrace{\begin{bmatrix}0&1\end{bmatrix}}_{\boldsymbol{c}}\boldsymbol{x}$$

在测量y的基础上，我们设计了一个观测器来估计整个状态。可观测性矩阵为

$$\mathcal{O}=\begin{bmatrix}\boldsymbol{c}\\\boldsymbol{cA}\end{bmatrix}=\begin{bmatrix}0&1\\-5&-6\end{bmatrix}$$

开环特征多项式为

$$\det\left(s\boldsymbol{I}-\boldsymbol{A}\right)=s^2+\beta_1s+\beta_0=\det\begin{bmatrix}s&-1\\5&s+6\end{bmatrix}=s^2+6s+5$$

观测器（状态估计器）由以下公式给出

$$\frac{\mathrm{d}\hat{\boldsymbol{x}}}{\mathrm{d}t}=\begin{bmatrix}0&1\\-5&-6\end{bmatrix}\hat{\boldsymbol{x}}+\begin{bmatrix}0\\1\end{bmatrix}u+\begin{bmatrix}\ell_1\\\ell_2\end{bmatrix}\left(y-\hat{y}\right)$$
$$\hat{y}=\begin{bmatrix}0&1\end{bmatrix}\hat{\boldsymbol{x}}$$

利用定理 2，我们现在计算增益向量ℓ，这将使两个闭环极点位于-5。首先要注意的是，观测器期望的特征多项式为

$$s^2+\beta_{d1}s+\beta_{d0}s=(s+5)(s+5)=s^2+10s+25$$

观测器的典型形式和对(c, A)的可观测性矩阵为

$$A_o=\begin{bmatrix}0 & -\beta_0\\ 1 & -\beta_1\end{bmatrix}=\begin{bmatrix}0 & -5\\ 1 & -6\end{bmatrix},\ c_o=\begin{bmatrix}0 & 1\end{bmatrix}$$

$$\mathcal{O}_o=\begin{bmatrix}c_o\\ c_oA_o\end{bmatrix}=\begin{bmatrix}0 & 1\\ 1 & -6\end{bmatrix}$$

根据定理 2，我们有

$$\ell=\mathcal{O}^{-1}\mathcal{O}_o\begin{bmatrix}\beta_{d0}-\beta_0\\ \beta_{d1}-\beta_1\end{bmatrix}=\begin{bmatrix}0 & 1\\ -5 & -6\end{bmatrix}^{-1}\begin{bmatrix}0 & 1\\ 1 & -6\end{bmatrix}\begin{bmatrix}25-5\\ 10-6\end{bmatrix}=\begin{bmatrix}-4\\ 4\end{bmatrix}$$

作为检验，我们计算

$$\begin{aligned}\det\left(sI-(A-\ell c)\right)&=\det\left(\begin{bmatrix}s & 0\\ 0 & s\end{bmatrix}-\left(\begin{bmatrix}0 & 1\\ -5 & -6\end{bmatrix}-\begin{bmatrix}-4\\ 4\end{bmatrix}\begin{bmatrix}0 & 1\end{bmatrix}\right)\right)\\ &=\det\left(\begin{bmatrix}s & 0\\ 0 & s\end{bmatrix}-\begin{bmatrix}0 & 5\\ -5 & -10\end{bmatrix}\right)\\ &=\det\begin{bmatrix}s & -5\\ 5 & s+10\end{bmatrix}\\ &=s^2+10s+25\end{aligned}$$

则观测器为

$$\begin{aligned}\frac{d\hat{x}}{dt}&=\begin{bmatrix}0 & 1\\ -5 & -6\end{bmatrix}\hat{x}+\begin{bmatrix}0\\ 1\end{bmatrix}u+\begin{bmatrix}-4\\ 4\end{bmatrix}(y-\hat{y})\\ \hat{y}&=\begin{bmatrix}0 & 1\end{bmatrix}\hat{x}\end{aligned}$$

16.1.2　分离原理

考虑状态空间模型，该模型为

$$\begin{aligned}\frac{d}{dt}x&=Ax+bu,\ A\in\mathbb{R}^{n\times n},\ b\in\mathbb{R}^n\\ y&=cx,\ c\in\mathbb{R}^{1\times n}\end{aligned}\tag{16.26}$$

参考轨迹x_d和参考输入r设计需满足：

$$\frac{d}{dt}x_d=Ax_d+br\tag{16.27}$$

已知(c, A)是可观测的，因此假设$\ell\in\mathbb{R}^n$，使得$A-\ell c\in\mathbb{R}^{n\times n}$是稳定的。我们还已知对$(A,b)$是可控的，因此还假设选择行向量$k\in\mathbb{R}^{1\times n}$，使得$A-bk\in\mathbb{R}^{n\times n}$是稳定的。则物理系统的输入为

$$u=k(x_d-\hat{x})+r$$

图 16-5 展示了反馈设置。

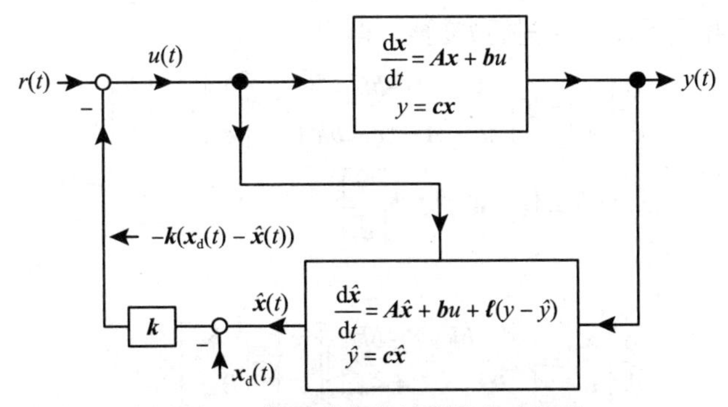

图 16-5　带有状态估计器的轨迹跟踪

根据$r_{\mathrm{d}}\left(t\right)\triangleq r\left(t\right)+\boldsymbol{k}\boldsymbol{x}_{\mathrm{d}}$，图 16-5 等价于图 16-6。

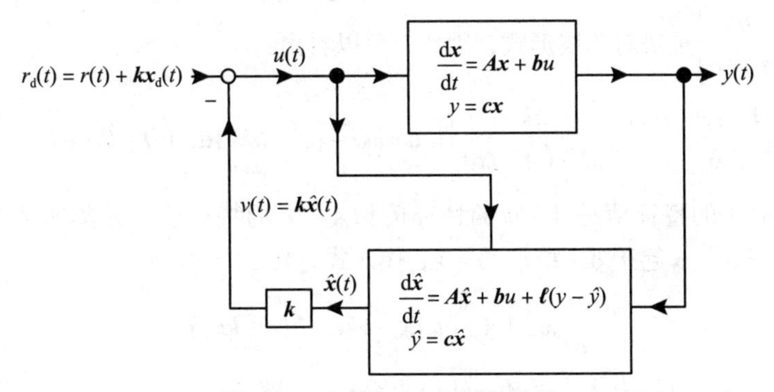

图 16-6　与图 16-5 相同的设置

图 16-6 的系统的状态空间模型由以下公式给出

$$\frac{\mathrm{d}}{\mathrm{d}t}\boldsymbol{x}=\boldsymbol{A}\boldsymbol{x}-\boldsymbol{b}\boldsymbol{k}\hat{\boldsymbol{x}}+\boldsymbol{b}r_{\mathrm{d}}$$

$$\frac{\mathrm{d}}{\mathrm{d}t}\hat{\boldsymbol{x}}=\left(\boldsymbol{A}-\boldsymbol{\ell}\boldsymbol{c}-\boldsymbol{b}\boldsymbol{k}\right)\hat{\boldsymbol{x}}+\boldsymbol{\ell}\boldsymbol{c}\boldsymbol{x}+\boldsymbol{b}r_{\mathrm{d}}$$

$$y=\left[\boldsymbol{c}\quad \boldsymbol{0}_{1\times n}\right]\begin{bmatrix}\boldsymbol{x}\\ \hat{\boldsymbol{x}}\end{bmatrix} \tag{16.28}$$

矩阵形式是

$$\frac{\mathrm{d}}{\mathrm{d}t}\begin{bmatrix}\boldsymbol{x}\\ \hat{\boldsymbol{x}}\end{bmatrix}=\begin{bmatrix}\boldsymbol{A} & -\boldsymbol{b}\boldsymbol{k}\\ \boldsymbol{\ell}\boldsymbol{c} & \boldsymbol{A}-\boldsymbol{\ell}\boldsymbol{c}-\boldsymbol{b}\boldsymbol{k}\end{bmatrix}\begin{bmatrix}\boldsymbol{x}\\ \hat{\boldsymbol{x}}\end{bmatrix}+\begin{bmatrix}\boldsymbol{b}\\ \boldsymbol{b}\end{bmatrix}r_{\mathrm{d}} \tag{16.29}$$

$$y=\left[\boldsymbol{c}\quad \boldsymbol{0}_{1\times n}\right]\begin{bmatrix}\boldsymbol{x}\\ \hat{\boldsymbol{x}}\end{bmatrix} \tag{16.30}$$

用$\boldsymbol{e}\triangleq\boldsymbol{x}-\hat{\boldsymbol{x}}$定义状态空间（相似度）转换：

$$\begin{bmatrix}\boldsymbol{x}\\ \boldsymbol{e}\end{bmatrix}=\underbrace{\begin{bmatrix}\boldsymbol{I}_{n\times n} & \boldsymbol{0}_{n\times n}\\ \boldsymbol{I}_{n\times n} & -\boldsymbol{I}_{n\times n}\end{bmatrix}}_{\boldsymbol{T}}\begin{bmatrix}\boldsymbol{x}\\ \hat{\boldsymbol{x}}\end{bmatrix}$$

而

$$\boldsymbol{T}^{-1}=\begin{bmatrix}\boldsymbol{I}_{n\times n} & \boldsymbol{0}_{n\times n}\\ \boldsymbol{I}_{n\times n} & -\boldsymbol{I}_{n\times n}\end{bmatrix}=\boldsymbol{T}$$

然后对式（16.29）和式（16.30）进行T变换，得到

$$\frac{\mathrm{d}}{\mathrm{d}t}\begin{bmatrix}\boldsymbol{x}\\ \boldsymbol{e}\end{bmatrix}=\boldsymbol{T}\begin{bmatrix}\boldsymbol{A} & -\boldsymbol{bk}\\ \boldsymbol{\ell c} & \boldsymbol{A}-\boldsymbol{\ell c}-\boldsymbol{bk}\end{bmatrix}\boldsymbol{T}^{-1}\begin{bmatrix}\boldsymbol{x}\\ \boldsymbol{e}\end{bmatrix}+\boldsymbol{T}\begin{bmatrix}\boldsymbol{b}\\ \boldsymbol{b}\end{bmatrix}r_{\mathrm{d}}$$

$$y=\begin{bmatrix}\boldsymbol{c} & \boldsymbol{0}_{1\times n}\end{bmatrix}\boldsymbol{T}^{-1}\begin{bmatrix}\boldsymbol{x}\\ \boldsymbol{e}\end{bmatrix}$$

或

$$\frac{\mathrm{d}}{\mathrm{d}t}\begin{bmatrix}\boldsymbol{x}\\ \boldsymbol{e}\end{bmatrix}=\begin{bmatrix}\boldsymbol{A}-\boldsymbol{bk} & -\boldsymbol{bk}\\ \boldsymbol{0}_{n\times n} & \boldsymbol{A}-\boldsymbol{\ell c}\end{bmatrix}\begin{bmatrix}\boldsymbol{x}\\ \boldsymbol{e}\end{bmatrix}+\begin{bmatrix}\boldsymbol{b}\\ \boldsymbol{0}_{n\times 1}\end{bmatrix}r_{\mathrm{d}} \tag{16.31}$$

$$y=\begin{bmatrix}\boldsymbol{c} & \boldsymbol{0}_{1\times n}\end{bmatrix}\begin{bmatrix}\boldsymbol{x}\\ \boldsymbol{e}\end{bmatrix} \tag{16.32}$$

由于$\begin{bmatrix}\boldsymbol{A}-\boldsymbol{bk} & -\boldsymbol{bk}\\ \boldsymbol{0}_{n\times n} & \boldsymbol{A}-\boldsymbol{\ell c}\end{bmatrix}$是块对角线形式，因此，可以看出：

$$\det\begin{bmatrix}s\boldsymbol{I}-(\boldsymbol{A}-\boldsymbol{bk}) & \boldsymbol{bk}\\ \boldsymbol{0}_{n\times n} & s\boldsymbol{I}-(\boldsymbol{A}-\boldsymbol{\ell c})\end{bmatrix}=\det\big(s\boldsymbol{I}-(\boldsymbol{A}-\boldsymbol{bk})\big)\det\big(s\boldsymbol{I}-(\boldsymbol{A}-\boldsymbol{\ell c})\big) \tag{16.33}$$

系统矩阵（16.31）的特征值是$\boldsymbol{A}-\boldsymbol{bk}$的特征值和$\boldsymbol{A}-\boldsymbol{\ell c}$的特征值的并集。接下来我们证明，轨迹跟踪误差$\boldsymbol{\varepsilon}\triangleq\boldsymbol{x}_{\mathrm{d}}-\boldsymbol{x}$趋于$\boldsymbol{0}$。将$r_{\mathrm{d}}=r+\boldsymbol{kx}_{\mathrm{d}}$代入式（16.31）得到

$$\frac{\mathrm{d}}{\mathrm{d}t}\boldsymbol{x}=(\boldsymbol{A}-\boldsymbol{bk})\boldsymbol{x}-\boldsymbol{bke}+\boldsymbol{b}(r+\boldsymbol{kx}_{\mathrm{d}})$$

由式（16.27）中$\mathrm{d}\boldsymbol{x}_{\mathrm{d}}/\mathrm{d}t$的表达式可知，轨迹跟踪$\boldsymbol{x}_{\mathrm{d}}-\boldsymbol{x}$满足：

$$\frac{\mathrm{d}}{\mathrm{d}t}(\boldsymbol{x}_{\mathrm{d}}-\boldsymbol{x})=\boldsymbol{Ax}_{\mathrm{d}}+\boldsymbol{b}r-\big((\boldsymbol{A}-\boldsymbol{bk})\boldsymbol{x}-\boldsymbol{bke}+\boldsymbol{b}(r+\boldsymbol{kx}_{\mathrm{d}})\big)=(\boldsymbol{A}-\boldsymbol{bk})(\boldsymbol{x}_{\mathrm{d}}-\boldsymbol{x})+\boldsymbol{bke}$$

将这一切结合起来，误差状态$[\boldsymbol{\varepsilon}\ \boldsymbol{e}]^{\mathrm{T}}=[\boldsymbol{x}_{\mathrm{d}}-\boldsymbol{x},\ \boldsymbol{x}-\hat{\boldsymbol{x}}]^{\mathrm{T}}$的状态空间系统为

$$\frac{\mathrm{d}}{\mathrm{d}t}\begin{bmatrix}\boldsymbol{\varepsilon}\\ \boldsymbol{e}\end{bmatrix}=\begin{bmatrix}\boldsymbol{A}-\boldsymbol{bk} & \boldsymbol{bk}\\ \boldsymbol{0}_{n\times n} & \boldsymbol{A}-\boldsymbol{\ell c}\end{bmatrix}\begin{bmatrix}\boldsymbol{\varepsilon}\\ \boldsymbol{e}\end{bmatrix} \tag{16.34}$$

从式（16.33）中，我们看到这个误差系统是稳定的，其结果是$\boldsymbol{\varepsilon}(t)\triangleq\boldsymbol{x}_{\mathrm{d}}(t)-\boldsymbol{x}(t)\to\boldsymbol{0}$和$\boldsymbol{e}(t)=\boldsymbol{x}(t)-\hat{\boldsymbol{x}}(t)\to\boldsymbol{0}$。用增益向量$\boldsymbol{k}\in\mathbb{R}^{1\times n}$来配置轨迹跟踪误差的$\boldsymbol{A}-\boldsymbol{bk}$的极点，另外用增益向量$\boldsymbol{\ell}\in\mathbb{R}^{n}$来配置状态估计误差的$\boldsymbol{A}-\boldsymbol{\ell c}$的极点。这被称为分离原则。

*16.2　拉普拉斯域的状态反馈和状态估计

现在用拉普拉斯域的状态估计来研究状态反馈。设开环系统的状态空间模型为

$$\frac{\mathrm{d}\boldsymbol{x}}{\mathrm{d}t}=\boldsymbol{Ax}+\boldsymbol{b}u$$

$$y=\boldsymbol{cx}$$

其中，$\boldsymbol{A}\in\mathbb{R}^{n\times n}$，$\boldsymbol{b}\in\mathbb{R}^{n}$，$\boldsymbol{c}\in\mathbb{R}^{1\times n}$。假设$(\boldsymbol{A},\boldsymbol{b})$是可控的，$(\boldsymbol{c},\boldsymbol{A})$是可观察的。取$\boldsymbol{k}\in\mathbb{R}^{1\times n}$，使得$\boldsymbol{A}-\boldsymbol{bk}$稳定的，并取$\boldsymbol{\ell}\in\mathbb{R}^{n}$，使得$\boldsymbol{A}-\boldsymbol{\ell c}$也是稳定的。状态轨迹$\boldsymbol{x}_{\mathrm{d}}$和参考输入$r$设计满足：

$$\frac{\mathrm{d}\boldsymbol{x}_{\mathrm{d}}}{\mathrm{d}t}=\boldsymbol{Ax}_{\mathrm{d}}+\boldsymbol{b}r$$

参考图16-6，使：

$$r_{\mathrm{d}} \triangleq \boldsymbol{k}\boldsymbol{x}_{\mathrm{d}} + r$$

因此输入u可以写成$u = -\boldsymbol{k}\hat{\boldsymbol{x}} + r_{\mathrm{d}}$。

状态观测器为

$$\frac{\mathrm{d}\hat{\boldsymbol{x}}}{\mathrm{d}t} = \boldsymbol{A}\hat{\boldsymbol{x}} + \boldsymbol{b}u + \boldsymbol{\ell}\left(y - \hat{y}\right) = \left(\boldsymbol{A} - \boldsymbol{\ell}\boldsymbol{c}\right)\hat{\boldsymbol{x}} + \boldsymbol{\ell}y + \boldsymbol{b}u$$
$$\hat{y} = \boldsymbol{c}\hat{\boldsymbol{x}}$$

在$\hat{\boldsymbol{x}}(0) = \boldsymbol{0}$的情况下，$\hat{\boldsymbol{x}}(t)$的拉普拉斯变换为

$$\hat{\boldsymbol{X}}(s) = \left(s\boldsymbol{I} - \left(\boldsymbol{A} - \boldsymbol{\ell}\boldsymbol{c}\right)\right)^{-1}\boldsymbol{\ell}Y(s) + \left(s\boldsymbol{I} - \left(\boldsymbol{A} - \boldsymbol{\ell}\boldsymbol{c}\right)\right)^{-1}\boldsymbol{b}U(s)$$

通过定义可知

$$G(s) \triangleq \boldsymbol{c}\left(s\boldsymbol{I} - \boldsymbol{A}\right)^{-1}\boldsymbol{b} = \frac{b(s)}{a(s)}$$

$$G_{\mathrm{c1}}(s) \triangleq \boldsymbol{k}\left(s\boldsymbol{I} - \left(\boldsymbol{A} - \boldsymbol{\ell}\boldsymbol{c}\right)\right)^{-1}\boldsymbol{b} = \frac{n(s)}{\delta(s)}$$

$$G_{\mathrm{c2}}(s) \triangleq \boldsymbol{k}\left(s\boldsymbol{I} - \left(\boldsymbol{A} - \boldsymbol{\ell}\boldsymbol{c}\right)\right)^{-1}\boldsymbol{\ell} = \frac{m(s)}{\delta(s)}$$

可以写为

$$V(s) \triangleq \boldsymbol{k}\hat{\boldsymbol{X}}(s) = \frac{n(s)}{\delta(s)}U(s) + \frac{m(s)}{\delta(s)}Y(s)$$

在s域中，图 16-6 所示的框图变成了图 16-7 所示的框图。

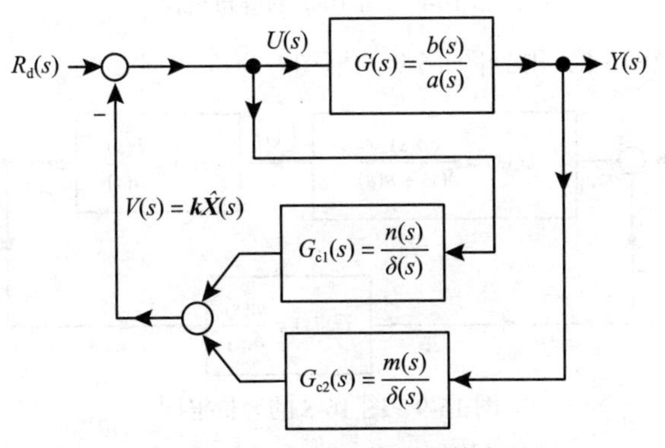

图 16-7　图 16-6 的传递函数表示

图 16-7 中的$G(s), G_{\mathrm{c1}}(s), G_{\mathrm{c2}}(s)$都是$n$阶的，因此整个系统看起来是$3n$阶的。也就是说，从图 16-6 的状态空间框图到图 16-7 的传递函数框图，似乎是从一个$2n$阶的系统变成了一个$3n$阶的系统。然而，当$n = 3$时，状态空间实现的反馈$V(s) = G_{\mathrm{c1}}(s)U(s) + G_{\mathrm{c2}}(s)Y(s)$为

$$\frac{\mathrm{d}}{\mathrm{d}t}\begin{bmatrix} z_1 \\ z_2 \\ z_3 \end{bmatrix} = \begin{bmatrix} -\delta_2 & 1 & 0 \\ -\delta_1 & 0 & 1 \\ -\delta_0 & 0 & 0 \end{bmatrix}\begin{bmatrix} z_1 \\ z_2 \\ z_3 \end{bmatrix} + \begin{bmatrix} n_2 \\ n_1 \\ n_0 \end{bmatrix}u + \begin{bmatrix} m_2 \\ m_1 \\ m_0 \end{bmatrix}y$$

$$v = \begin{bmatrix} 1 & 0 & 0 \end{bmatrix}\begin{bmatrix} z_1 \\ z_2 \\ z_3 \end{bmatrix}$$

通过计算验证了这一点

$$V(s)=\begin{bmatrix}1 & 0 & 0\end{bmatrix}\begin{bmatrix}s+\delta_3 & -1 & 0\\ \delta_2 & s & -1\\ \delta_1 & 0 & s\end{bmatrix}^{-1}\left(\begin{bmatrix}n_2\\ n_1\\ n_0\end{bmatrix}U(s)+\begin{bmatrix}m_2\\ m_1\\ m_0\end{bmatrix}Y(s)\right)$$

$$=\frac{\begin{bmatrix}s^2 & s & 1\end{bmatrix}}{s^3+\delta_2 s^2+\delta_1 s+\delta_0}\left(\begin{bmatrix}n_2\\ n_1\\ n_0\end{bmatrix}U(s)+\begin{bmatrix}m_2\\ m_1\\ m_0\end{bmatrix}Y(s)\right)$$

$$=G_{c1}(s)U(s)+G_{c2}(s)Y(s)$$

也就是说，$G_{c1}(s)$和$G_{c2}(s)$是用相同的n个积分器实现的。因此，按照这个实现的方法，图 16-7 也代表了一个 $2n$ 阶的系统。简单地重新排列图 16-7 得到了图 16-8 的框图。

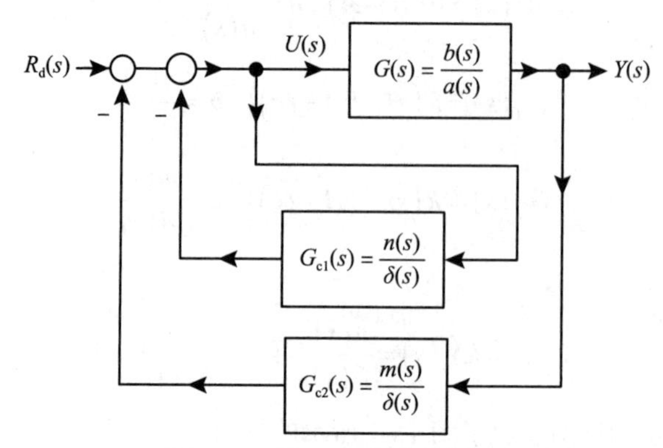

图 16-8　图 16-7 的等价框图

最后，重新排列图 16-8，得到图 16-9 的框图。

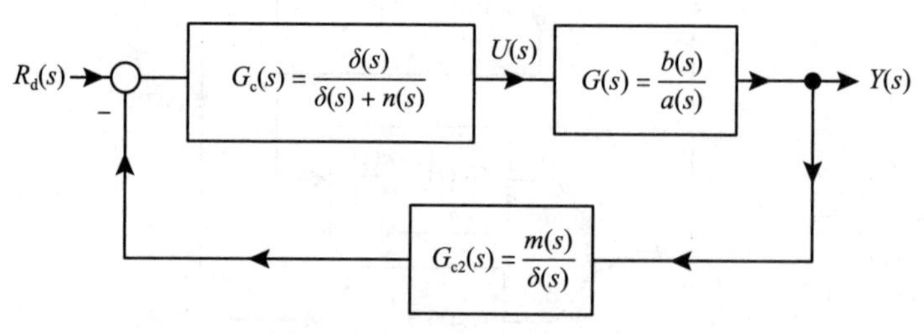

图 16-9　图 16-8 的等价框图

参照图 16-9，闭环传递函数为

$$Y(s)=\frac{\dfrac{\delta(s)}{\delta(s)+n(s)}\dfrac{b(s)}{a(s)}}{1+\dfrac{m(s)}{\delta(s)}\dfrac{\delta(s)}{\delta(s)+n(s)}\dfrac{b(s)}{a(s)}}R_d(s)=\frac{\delta^2(s)b(s)}{\delta(s)\big(\delta(s)+n(s)\big)a(s)+m(s)\delta(s)b(s)}R_d(s)$$

$$=\frac{\delta(s)b(s)}{\big(\delta(s)+n(s)\big)a(s)+m(s)b(s)}R_d(s)$$

因为$\boldsymbol{\ell}$是指定的，所以$\delta(s)=\det\big(s\boldsymbol{I}-(\boldsymbol{A}-\boldsymbol{\ell c})\big)$是稳定的，最后一步的抵消将是稳定的零极点抵消。然而，如上所述，$G_{c1}(s)$和$G_{c2}(s)$是用相同的n个积分器实现的，所以这种抵消只是所使用的传递函数框图表现出的一个假象，实际上并没有发生。

由 $\alpha(s) \triangleq \det(s\boldsymbol{I}-(\boldsymbol{A}-\boldsymbol{bk}))$ 和分离原理可写出

$$(\delta(s)+n(s))a(s)+m(s)b(s)=\det(s\boldsymbol{I}-(\boldsymbol{A}-\ell\boldsymbol{c}))\det(s\boldsymbol{I}-(\boldsymbol{A}-\boldsymbol{bk}))=\delta(s)\alpha(s)$$

然后闭环传递函数变为

$$Y(s)=\frac{\delta(s)b(s)}{(\delta(s)+n(s))a(s)+m(s)b(s)}R_{\mathrm{d}}(s)=\frac{\delta(s)b(s)}{\delta(s)\alpha(s)}R_{\mathrm{d}}(s)=\frac{b(s)}{\alpha(s)}R_{\mathrm{d}}(s) \tag{16.35}$$

其中发生了稳定的零极点抵消。我们最终得到了相同的闭环传递函数，就好像使用了全状态反馈一样。

注意 在第 9 章和第 10 章中，为了设计控制器，放置一个开环系统的传递函数模型在一个统一的反馈配置中。本节表明，最好从图 16-9 的控制结构开始，因为从它开始，最终结果为式（16.35），表明闭环系统只有开环模型的零点，并且闭环极点可以配置在左半开平面的任何期望的位置。具体地说，设计者自由选择 $\delta(s)$ 和 $\alpha(s)$ 为 n 阶稳定多项式。然后，$n(s)$ 和 $m(s)$ 多项式的次数为 n–1 或更小，控制器 $G_{\mathrm{c}}(s)$ 和 $G_{\mathrm{cl}}(s)$ 分别被指定为 $G_{\mathrm{c}}(s)=\dfrac{\delta(s)}{\delta(s)+n(s)}$ 和 $G_{\mathrm{cl}}(s)=\dfrac{m(s)}{\delta(s)}$。如 Kailath[61] 所示，多项式 $n(s)$ 和 $m(s)$ 可以找到，使 $(\delta(s)+n(s))a(s)+m(s)b(s)=\delta(s)\alpha(s)$。这就得到了式（16.35）中给出的 $Y(s)$ 的表达式。

*16.3　倒立摆的多输出观测器设计

我们已在本章中完成单输出时的观测器设计程序。在倒立摆同时测量了推车位置 x 和摆杆角 θ 的情况下，这里有两个输出。我们不妨将它们组合成一个单输出，例如 $y=x+\left(\ell+\dfrac{J}{m\ell}\right)\theta$，现在提出了一种基于向量输出测量的状态估计方法：

$$\underbrace{\begin{bmatrix} y_1 \\ y_2 \end{bmatrix}}_{\boldsymbol{y}}=\begin{bmatrix} x \\ \theta \end{bmatrix}$$

观测器设计从倒立摆关于平衡点 $(x_{\mathrm{eq}},v_{\mathrm{eq}},\theta_{\mathrm{eq}},\omega_{\mathrm{eq}})=(0,0,0,0,0)$ 的线性模型开始。也就是说，这个模型为

$$\underbrace{\begin{bmatrix} \mathrm{d}x/\mathrm{d}t \\ \mathrm{d}v/\mathrm{d}t \\ \mathrm{d}\theta/\mathrm{d}t \\ \mathrm{d}\omega/\mathrm{d}t \end{bmatrix}}_{\mathrm{d}\boldsymbol{z}/\mathrm{d}t}=\underbrace{\begin{bmatrix} 0 & 1 & 0 & 0 \\ 0 & 0 & -\kappa g m^2\ell^2 & 0 \\ 0 & 0 & 0 & 1 \\ 0 & 0 & \alpha^2 & 0 \end{bmatrix}}_{\boldsymbol{A}}\underbrace{\begin{bmatrix} x \\ v \\ \theta \\ \omega \end{bmatrix}}_{\boldsymbol{z}}+\underbrace{\begin{bmatrix} 0 \\ \kappa(J+m\ell^2) \\ 0 \\ -\kappa m\ell \end{bmatrix}}_{\boldsymbol{b}}u$$

$$\underbrace{\begin{bmatrix} y_1 \\ y_2 \end{bmatrix}}_{\boldsymbol{y}}=\underbrace{\begin{bmatrix} 1 & 0 & 0 & 0 \\ 0 & 0 & 1 & 0 \end{bmatrix}}_{\boldsymbol{C}}\underbrace{\begin{bmatrix} x \\ v \\ \theta \\ \omega \end{bmatrix}}_{\boldsymbol{z}}$$

其中，$\kappa=\dfrac{1}{Mm\ell^2+J(M+m)},\alpha^2=\dfrac{mg\ell(M+m)}{Mm\ell^2+J(M+m)}$。这个向量输出的增益矩阵 $\boldsymbol{L}$ 为

$$L=\begin{bmatrix}\ell_{11} & \ell_{12}\\ \ell_{21} & \ell_{22}\\ \ell_{31} & \ell_{32}\\ \ell_{41} & \ell_{42}\end{bmatrix}\in\mathbb{R}^{4\times 2}$$

该系统的观测器形式为

$$\begin{aligned}\frac{\mathrm{d}\hat{z}}{\mathrm{d}t}&=A\hat{z}+bu+L(y-\hat{y})\\ \hat{y}&=C\hat{z}\end{aligned}$$

系统模型为

$$\begin{aligned}\frac{\mathrm{d}z}{\mathrm{d}t}&=Az+bu\\ y&=Cz\end{aligned}$$

状态估计误差$z-\hat{z}$满足：

$$\frac{\mathrm{d}}{\mathrm{d}t}(z-\hat{z})=A(z-\hat{z})-LC(z-\hat{z})=(A-LC)(z-\hat{z})$$

通过给定$L\in\mathbb{R}^{4\times 2}$，使$A-LC$的特征值在左半开平面上，由此可以得出

$$\begin{aligned}A-LC&=\begin{bmatrix}0 & 1 & 0 & 0\\ 0 & 0 & -\kappa gm^2\ell^2 & 0\\ 0 & 0 & 0 & 1\\ 0 & 0 & \alpha^2 & 0\end{bmatrix}-\begin{bmatrix}\ell_{11} & \ell_{12}\\ \ell_{21} & \ell_{22}\\ \ell_{31} & \ell_{32}\\ \ell_{41} & \ell_{42}\end{bmatrix}\begin{bmatrix}1 & 0 & 0 & 0\\ 0 & 0 & 1 & 0\end{bmatrix}\\ &=\begin{bmatrix}-\ell_{11} & 1 & -\ell_{12} & 0\\ -\ell_{21} & 0 & -g\kappa m^2\ell^2-\ell_{22} & 0\\ -\ell_{31} & 0 & -\ell_{32} & 1\\ -l_{41} & 0 & \alpha^2-l_{42} & 0\end{bmatrix}\end{aligned}$$

下一步给定$\ell_{12}=0,\ell_{22}=-g\kappa m^2\ell^2,\ell_{31}=0,\ell_{41}=0$，$A-LC$变为

$$A-LC=\begin{bmatrix}-\ell_{11} & 1 & 0 & 0\\ -\ell_{21} & 0 & 0 & 0\\ 0 & 0 & -\ell_{32} & 1\\ 0 & 0 & \alpha^2-\ell_{42} & 0\end{bmatrix}$$

请注意，$A-LC$现在是由主对角线上的两个2×2矩阵组成的块对角阵。因此，

$$\begin{aligned}\det\left(sI-(A-LC)\right)&=\det\begin{bmatrix}s+\ell_{11} & -1 & 0 & 0\\ \ell_{21} & s & 0 & 0\\ 0 & 0 & s+\ell_{32} & -1\\ 0 & 0 & \ell_{42}-\alpha^2 & s\end{bmatrix}\\ &=\det\begin{bmatrix}s+\ell_{11} & -1\\ \ell_{21} & s\end{bmatrix}\det\begin{bmatrix}s+\ell_{32} & -1\\ \ell_{42}-\alpha^2 & s\end{bmatrix}\\ &=\left(s^2+\ell_{11}s+\ell_{21}\right)\left(s^2+\ell_{32}s+\ell_{42}-\alpha^2\right)\end{aligned}$$

最后，给定$\ell_{11}=r_1+r_2,\ell_{21}=r_1r_2,\ell_{32}=r_3+r_4,\ell_{42}=\alpha^2+r_3r_4$，因此

$$\det\left(s\boldsymbol{I}-\left(\boldsymbol{A}-\boldsymbol{LC}\right)\right)=\left(s+r_1\right)\left(s+r_2\right)\left(s+r_3\right)\left(s+r_4\right)$$

综上所述，观测器的增益矩阵为

$$\boldsymbol{L}=\begin{bmatrix} r_1+r_2 & 0 \\ r_1r_2 & -g\kappa m^2\ell^2 \\ 0 & r_3+r_4 \\ 0 & \alpha^2+r_3r_4 \end{bmatrix}$$

将$\boldsymbol{A}-\boldsymbol{LC}$的极点配置在$-r_1$，$-r_2$，$-r_3$，$-r_4$处。该状态估计器是使用观测器方程来实现的：

$$\frac{\mathrm{d}\hat{z}}{\mathrm{d}t}=\left(\boldsymbol{A}-\boldsymbol{LC}\right)\hat{\boldsymbol{z}}+\boldsymbol{b}u+\boldsymbol{L}\boldsymbol{y}$$

其中

$$\boldsymbol{y}(t)=\begin{bmatrix} x(t) \\ \theta(t) \end{bmatrix}\in\mathbb{R}^2,\ \hat{\boldsymbol{z}}(t)=\begin{bmatrix} \hat{x}(t) \\ \hat{v}(t) \\ \hat{\theta}(t) \\ \hat{\omega}(t) \end{bmatrix}$$

习题 9 要求将此模拟添加到倒立摆的状态反馈控制器中。

注意 这是一个多输出观测器的例子。在这个特殊的例子中，我们能够选择增益矩阵$\boldsymbol{L}$来将闭环极点配置在我们想要的任何地方。请注意，我们并没有为了做到这一点而变换到新的坐标系统。可以实现这一点是因为这对数据对(C,A)恰好是多输出观测器的形式，也就是说，我们很幸运。关于将多输入多输出（MIMO）控制系统转换为其规范形式的理论，请参见 Kailath[61] 的 6.4.6 节。

16.4 矩阵的转置和逆的性质

关于对偶性和参数识别的部分，我们需要使用更多关于矩阵的转置和逆的结果。现在来看一看。

定理 3 $(\boldsymbol{AB})^{\mathrm{T}}=\boldsymbol{B}^{\mathrm{T}}\boldsymbol{A}^{\mathrm{T}}$

对于任何两个矩阵，我们都有

$$(\boldsymbol{AB})^{\mathrm{T}}=\boldsymbol{B}^{\mathrm{T}}\boldsymbol{A}^{\mathrm{T}}$$

证明

$$(\boldsymbol{AB})_{ij}=\sum_{\ell=1}^{n}a_{i\ell}b_{\ell j}\Rightarrow\left((\boldsymbol{AB})^{\mathrm{T}}\right)_{ij}=\sum_{\ell=1}^{n}a_{j\ell}b_{\ell i}$$

$$\left(\boldsymbol{B}^{\mathrm{T}}\boldsymbol{A}^{\mathrm{T}}\right)_{ij}=\sum_{\ell=1}^{n}\left(\boldsymbol{B}^{\mathrm{T}}\right)_{i\ell}\left(\boldsymbol{A}^{\mathrm{T}}\right)_{\ell j}=\sum_{\ell=1}^{n}b_{\ell i}a_{j\ell}=\left((\boldsymbol{AB})^{\mathrm{T}}\right)_{ij}$$

例 7 两个矩阵乘积的转置

设

$$\boldsymbol{A}=\begin{bmatrix} 1 & 2 \\ 3 & 4 \end{bmatrix},\boldsymbol{B}=\begin{bmatrix} 5 & 6 \\ 7 & 8 \end{bmatrix}$$

则

$$(\boldsymbol{AB})^{\mathrm{T}}=\left(\begin{bmatrix}1&2\\3&4\end{bmatrix}\begin{bmatrix}5&6\\7&8\end{bmatrix}\right)^{\mathrm{T}}=\left(\begin{bmatrix}19&22\\43&50\end{bmatrix}\right)^{\mathrm{T}}=\begin{bmatrix}19&43\\22&50\end{bmatrix}$$

且

$$\boldsymbol{B}^{\mathrm{T}}\boldsymbol{A}^{\mathrm{T}}=\left(\begin{bmatrix}5&6\\7&8\end{bmatrix}\right)^{\mathrm{T}}\left(\begin{bmatrix}1&2\\3&4\end{bmatrix}\right)^{\mathrm{T}}=\begin{bmatrix}5&7\\6&8\end{bmatrix}\begin{bmatrix}1&3\\2&4\end{bmatrix}=\begin{bmatrix}19&43\\22&50\end{bmatrix}$$

例 8 两个矩阵乘积的转置

设

$$\boldsymbol{A}=\begin{bmatrix}1&2\end{bmatrix},\boldsymbol{B}=\begin{bmatrix}5&6\\7&8\end{bmatrix}$$

则

$$(\boldsymbol{AB})^{\mathrm{T}}=\left(\begin{bmatrix}1&2\end{bmatrix}\begin{bmatrix}5&6\\7&8\end{bmatrix}\right)^{\mathrm{T}}=\left(\begin{bmatrix}19&22\end{bmatrix}\right)^{\mathrm{T}}=\begin{bmatrix}19\\22\end{bmatrix}$$

且

$$\boldsymbol{B}^{\mathrm{T}}\boldsymbol{A}^{\mathrm{T}}=\left(\begin{bmatrix}5&6\\7&8\end{bmatrix}\right)^{\mathrm{T}}\left(\begin{bmatrix}1&2\end{bmatrix}\right)^{\mathrm{T}}=\begin{bmatrix}5&7\\6&8\end{bmatrix}\begin{bmatrix}1\\2\end{bmatrix}=\begin{bmatrix}19\\22\end{bmatrix}$$

定理 4 $(\boldsymbol{A}+\boldsymbol{B})^{\mathrm{T}}=\boldsymbol{A}^{\mathrm{T}}+\boldsymbol{B}^{\mathrm{T}}$

对于任意两个具有相同阶数的矩阵，有

$$(\boldsymbol{A}+\boldsymbol{B})^{\mathrm{T}}=\boldsymbol{A}^{\mathrm{T}}+\boldsymbol{B}^{\mathrm{T}}$$

证明 这是显然的。

定理 5 $(\boldsymbol{A}^{\mathrm{T}})^{-1}=(\boldsymbol{A}^{-1})^{\mathrm{T}}$

设 $\boldsymbol{A}$ 是一个可逆矩阵，即 $\det\boldsymbol{A}\neq 0$，则

$$(\boldsymbol{A}^{\mathrm{T}})^{-1}=(\boldsymbol{A}^{-1})^{\mathrm{T}}$$

证明 $(\boldsymbol{A}^{\mathrm{T}})^{-1}$ 意味着

$$(\boldsymbol{A}^{\mathrm{T}})^{-1}\boldsymbol{A}^{\mathrm{T}}=\boldsymbol{I}$$

取方程两边的转置得

$$\left((\boldsymbol{A}^{\mathrm{T}})^{-1}\boldsymbol{A}^{\mathrm{T}}\right)^{\mathrm{T}}=\boldsymbol{I}^{\mathrm{T}}=\boldsymbol{I}$$

根据定理 3，其可写为

$$(\boldsymbol{A}^{\mathrm{T}})^{\mathrm{T}}\left((\boldsymbol{A}^{\mathrm{T}})^{-1}\right)^{\mathrm{T}}=\boldsymbol{I}$$

或者

$$\boldsymbol{A}\left((\boldsymbol{A}^{\mathrm{T}})^{-1}\right)^{\mathrm{T}}=\boldsymbol{I}$$

这意味着

$$\left((\boldsymbol{A}^{\mathrm{T}})^{-1}\right)^{\mathrm{T}}=\boldsymbol{A}^{-1}$$

最后，取最后一个方程两边的转置得到

$$\left(\boldsymbol{A}^{\mathrm{T}}\right)^{-1}=\left(\boldsymbol{A}^{-1}\right)^{\mathrm{T}}$$

让我们举个例子。

例 9 转置和逆互换

设

$$\boldsymbol{A}=\begin{bmatrix}1 & 2\\ 3 & 4\end{bmatrix}$$

则

$$\left(\boldsymbol{A}^{\mathrm{T}}\right)^{-1}=\left(\begin{bmatrix}1 & 2\\ 3 & 4\end{bmatrix}^{\mathrm{T}}\right)^{-1}=\left(\begin{bmatrix}1 & 3\\ 2 & 4\end{bmatrix}\right)^{-1}=-\frac{1}{2}\begin{bmatrix}4 & -3\\ -2 & 1\end{bmatrix}$$

且

$$\left(\boldsymbol{A}^{-1}\right)^{\mathrm{T}}=\left(\begin{bmatrix}1 & 2\\ 3 & 4\end{bmatrix}^{-1}\right)^{\mathrm{T}}=\left(-\frac{1}{2}\begin{bmatrix}4 & -2\\ -3 & 1\end{bmatrix}\right)^{\mathrm{T}}=-\frac{1}{2}\begin{bmatrix}4 & -3\\ -2 & 1\end{bmatrix}$$

定理 6 $(\boldsymbol{AB})^{-1}=\boldsymbol{B}^{-1}\boldsymbol{A}^{-1}$

对于任意两个平方可逆矩阵 $\boldsymbol{A}$，$\boldsymbol{B}$，有

$$(\boldsymbol{AB})^{-1}=\boldsymbol{B}^{-1}\boldsymbol{A}^{-1}$$

证明 根据逆 $(\boldsymbol{AB})^{-1}$ 的定义满足

$$\boldsymbol{AB}(\boldsymbol{AB})^{-1}=\boldsymbol{I}$$

计算

$$(\boldsymbol{AB})\left(\boldsymbol{B}^{-1}\boldsymbol{A}^{-1}\right)=\boldsymbol{ABB}^{-1}\boldsymbol{A}^{-1}=\boldsymbol{AA}^{-1}=\boldsymbol{I}$$

表明 $\boldsymbol{B}^{-1}\boldsymbol{A}^{-1}$ 是 $\boldsymbol{AB}$ 的逆。

*16.5 对偶性

观测器的极点配置问题是找到 $\boldsymbol{\ell}\in\mathbb{R}^n$ 来配置极点：

$$\boldsymbol{A}-\boldsymbol{\ell c}=\underbrace{[\boldsymbol{A}]}_{\in\mathbb{R}^{n\times n}}-\underbrace{[\boldsymbol{\ell}]}_{\in\mathbb{R}^{n}}\underbrace{[\boldsymbol{c}]}_{\in\mathbb{R}^{1\times n}}$$

取其转置得

$$(\boldsymbol{A}-\boldsymbol{\ell c})^{\mathrm{T}}=\boldsymbol{A}^{\mathrm{T}}-\boldsymbol{c}^{\mathrm{T}}\boldsymbol{\ell}^{\mathrm{T}}=\underbrace{\left[\boldsymbol{A}^{\mathrm{T}}\right]}_{\in\mathbb{R}^{n\times n}}-\underbrace{\left[\boldsymbol{c}^{\mathrm{T}}\right]}_{\in\mathbb{R}^{n}}\underbrace{\left[\boldsymbol{\ell}^{\mathrm{T}}\right]}_{\in\mathbb{R}^{1\times n}}$$

设定义 [⊖]

$$\boldsymbol{A}_{\mathrm{d}}\triangleq\boldsymbol{A}^{\mathrm{T}},\ \boldsymbol{b}_{\mathrm{d}}\triangleq\boldsymbol{c}^{\mathrm{T}}$$
$$\boldsymbol{k}\triangleq\boldsymbol{\ell}^{\mathrm{T}}$$

其中，$(\boldsymbol{A}_{\mathrm{d}},\boldsymbol{b}_{\mathrm{d}})=\left(\boldsymbol{A}^{\mathrm{T}},\boldsymbol{c}^{\mathrm{T}}\right)$ 称为 $(\boldsymbol{c},\boldsymbol{A})$ 的对偶。且

⊖ 下标 d 代表“对偶”。

$$\det(s\boldsymbol{I}-\boldsymbol{A})=s^3+\beta_2 s^2+\beta_1 s+\beta_0$$

$(\boldsymbol{c},\ \boldsymbol{A})$的观测器标准形式为

$$\boldsymbol{A}_{\mathrm{o}}=\begin{bmatrix}0 & 0 & -\beta_0\\ 1 & 0 & -\beta_1\\ 0 & 1 & -\beta_2\end{bmatrix}$$

$$\boldsymbol{c}_{\mathrm{o}}=\begin{bmatrix}0 & 0 & 1\end{bmatrix}$$

对偶系统控制$(\boldsymbol{A}_{\mathrm{d}},\ \boldsymbol{b}_{\mathrm{d}})$的控制规范形式为

$$\boldsymbol{A}_{\mathrm{dc}}=\boldsymbol{A}_{\mathrm{o}}^{\mathrm{T}}=\begin{bmatrix}0 & 1 & 0\\ 0 & 0 & 1\\ -\beta_0 & -\beta_1 & -\beta_2\end{bmatrix},\boldsymbol{b}_{\mathrm{dc}}=\boldsymbol{c}_{\mathrm{o}}^{\mathrm{T}}=\begin{bmatrix}0\\ 0\\ 1\end{bmatrix}$$

且$\boldsymbol{k}=\boldsymbol{\ell}^{\mathrm{T}}$，则

$$\det\left(s\boldsymbol{I}-(\boldsymbol{A}-\boldsymbol{\ell}\boldsymbol{c})\right)=\det\left(s\boldsymbol{I}-\left(\boldsymbol{A}^{\mathrm{T}}-\boldsymbol{c}^{\mathrm{T}}\boldsymbol{\ell}^{\mathrm{T}}\right)\right)=\det\left(s\boldsymbol{I}-(\boldsymbol{A}_{\mathrm{d}}-\boldsymbol{b}_{\mathrm{d}}\boldsymbol{k})\right)$$

这表明，观测系统$\boldsymbol{A}-\boldsymbol{\ell}\boldsymbol{c}$的闭环极点位置与对偶系统$\boldsymbol{A}_{\mathrm{d}}-\boldsymbol{b}_{\mathrm{d}}\boldsymbol{k}$的闭环极点位置相同。也就是说，只需要找到$\boldsymbol{k}\in\mathbb{R}^{1\times n}$来确定$\boldsymbol{A}_{\mathrm{d}}-\boldsymbol{b}_{\mathrm{d}}\boldsymbol{k}$的极点位置，然后$\boldsymbol{\ell}=\boldsymbol{k}^{\mathrm{T}}\in\mathbb{R}^{n}$会将$\boldsymbol{A}-\boldsymbol{\ell}\boldsymbol{c}$的极点配置在相同的位置。紧接着，对偶系统的可控性矩阵为

$$\mathcal{C}_{\mathrm{d}}=\begin{bmatrix}\boldsymbol{b}_{\mathrm{d}} & \boldsymbol{A}_{\mathrm{d}}\boldsymbol{b}_{\mathrm{d}} & \boldsymbol{A}_{\mathrm{d}}^2\boldsymbol{b}_{\mathrm{d}}\end{bmatrix}=\begin{bmatrix}\boldsymbol{c}^{\mathrm{T}} & \boldsymbol{A}^{\mathrm{T}}\boldsymbol{c}^{\mathrm{T}} & \left(\boldsymbol{A}^{\mathrm{T}}\right)^2\boldsymbol{c}^{\mathrm{T}}\end{bmatrix}=\begin{bmatrix}\boldsymbol{c}\\ \boldsymbol{c}\boldsymbol{A}\\ \boldsymbol{c}\boldsymbol{A}^2\end{bmatrix}^{\mathrm{T}}=\mathcal{O}^{\mathrm{T}}$$

因此，当且仅当原始系统是可观测时，对偶系统才是可控的。此外，对偶系统的控制规范形式$(\boldsymbol{A}_{\mathrm{dc}},\ \boldsymbol{b}_{\mathrm{dc}})$的可控性矩阵为

$$\mathcal{C}_{\mathrm{dc}}=\begin{bmatrix}\boldsymbol{b}_{\mathrm{dc}} & \boldsymbol{A}_{\mathrm{dc}}\boldsymbol{b}_{\mathrm{dc}} & \boldsymbol{A}_{\mathrm{dc}}^2\boldsymbol{b}_{\mathrm{dc}}\end{bmatrix}=\begin{bmatrix}\boldsymbol{c}_{\mathrm{o}}^{\mathrm{T}} & \boldsymbol{A}_{\mathrm{o}}^{\mathrm{T}}\boldsymbol{c}_{\mathrm{o}}^{\mathrm{T}} & \left(\boldsymbol{A}_{\mathrm{o}}^{\mathrm{T}}\right)^2\boldsymbol{c}_{\mathrm{o}}^{\mathrm{T}}\end{bmatrix}=\begin{bmatrix}\boldsymbol{c}_{\mathrm{o}}\\ \boldsymbol{c}_{\mathrm{o}}\boldsymbol{A}_{\mathrm{o}}\\ \boldsymbol{c}_{\mathrm{o}}\boldsymbol{A}_{\mathrm{o}}^2\end{bmatrix}^{\mathrm{T}}=\mathcal{O}_{\mathrm{o}}^{\mathrm{T}}$$

这只是简单的可观测性矩阵$(\boldsymbol{c}_{\mathrm{o}},\ \boldsymbol{A}_{\mathrm{o}})$的转置。

然后，根据 15.7 节的结果，有

$$\begin{aligned}\boldsymbol{k}&=\begin{bmatrix}\beta_{\mathrm{do}}-\beta_0 & \beta_{\mathrm{d1}}-\beta_1 & \beta_{\mathrm{d2}}-\beta_2\end{bmatrix}\mathcal{C}_{\mathrm{dc}}\mathcal{C}_{\mathrm{d}}^{-1}\\ &=\begin{bmatrix}\beta_{\mathrm{do}}-\beta_0 & \beta_{\mathrm{d1}}-\beta_1 & \beta_{\mathrm{d2}}-\beta_2\end{bmatrix}\begin{bmatrix}\boldsymbol{c}_{\mathrm{o}}\\ \boldsymbol{c}_{\mathrm{o}}\boldsymbol{A}_{\mathrm{o}}\\ \boldsymbol{c}_{\mathrm{o}}\boldsymbol{A}_{\mathrm{o}}^2\end{bmatrix}^{\mathrm{T}}\left(\begin{bmatrix}\boldsymbol{c}\\ \boldsymbol{c}\boldsymbol{A}\\ \boldsymbol{c}\boldsymbol{A}^2\end{bmatrix}^{\mathrm{T}}\right)^{-1}\\ &=\begin{bmatrix}\beta_{\mathrm{do}}-\beta_0 & \beta_{\mathrm{d1}}-\beta_1 & \beta_{\mathrm{d2}}-\beta_2\end{bmatrix}\begin{bmatrix}\boldsymbol{c}_{\mathrm{o}}\\ \boldsymbol{c}_{\mathrm{o}}\boldsymbol{A}_{\mathrm{o}}\\ \boldsymbol{c}_{\mathrm{o}}\boldsymbol{A}_{\mathrm{o}}^2\end{bmatrix}^{\mathrm{T}}\left(\begin{bmatrix}\boldsymbol{c}\\ \boldsymbol{c}\boldsymbol{A}\\ \boldsymbol{c}\boldsymbol{A}^2\end{bmatrix}^{-1}\right)^{\mathrm{T}}\end{aligned}$$

得

$$\det\left(s\boldsymbol{I}-(\boldsymbol{A}_{\mathrm{d}}-\boldsymbol{b}_{\mathrm{d}}\boldsymbol{k})\right)=\det\left(s\boldsymbol{I}-\left(\boldsymbol{A}^{\mathrm{T}}-\boldsymbol{c}^{\mathrm{T}}\boldsymbol{\ell}^{\mathrm{T}}\right)\right)=s^3+\beta_{\mathrm{d2}}s^2+\beta_{\mathrm{d1}}s+\beta_{\mathrm{d0}}$$

同样可得

$$\begin{aligned}\ell = \boldsymbol{k}^{\mathrm{T}} &= \left(\left[\left[\beta_{\mathrm{do}}-\beta_0 \quad \beta_{\mathrm{d1}}-\beta_1 \quad \beta_{\mathrm{d2}}-\beta_2\right]\mathcal{C}_{\mathrm{dc}}\mathcal{C}_{\mathrm{d}}^{-1}\right)^{\mathrm{T}} \\ &= \begin{bmatrix} \boldsymbol{c} \\ \boldsymbol{cA} \\ \boldsymbol{cA}^2 \end{bmatrix}^{-1} \begin{bmatrix} \boldsymbol{c}_{\mathrm{o}} \\ \boldsymbol{c}_{\mathrm{o}}\boldsymbol{A}_{\mathrm{o}} \\ \boldsymbol{c}_{\mathrm{o}}\boldsymbol{A}_{\mathrm{o}}^2 \end{bmatrix} \begin{bmatrix} \beta_{\mathrm{do}}-\beta_0 \\ \beta_{\mathrm{d1}}-\beta_1 \\ \beta_{\mathrm{d2}}-\beta_2 \end{bmatrix} \\ &= \mathcal{O}^{-1}\mathcal{O}_{\mathrm{o}} \begin{bmatrix} \beta_{\mathrm{do}}-\beta_0 \\ \beta_{\mathrm{d1}}-\beta_1 \\ \beta_{\mathrm{d2}}-\beta_2 \end{bmatrix}\end{aligned}$$

和

$$\det\left(s\boldsymbol{I}-\left(\boldsymbol{A}-\ell\boldsymbol{c}\right)\right)=\det\left(s\boldsymbol{I}-\left(\boldsymbol{A}^{\mathrm{T}}-\boldsymbol{c}^{\mathrm{T}}\ell^{\mathrm{T}}\right)\right)=s^3+\beta_{\mathrm{d2}}s^2+\beta_{\mathrm{d1}}s+\beta_{\mathrm{d0}}$$

16.6 参数辨识

在本节中，我们想提出一种方法来估计小车的开环模型的参数。为了做到这一点，首先必须有更多的矩阵理论。

16.6.1 对称矩阵和正定矩阵

定义 1 对称矩阵

若满足

$$\boldsymbol{Q}^{\mathrm{T}}=\boldsymbol{Q}$$

则一个矩阵 $\boldsymbol{Q}$ 是对称的，

定义 2 半正定矩阵

若满足对于所有的$\boldsymbol{x}\in\mathbb{R}^m$，$\boldsymbol{x}^{\mathrm{T}}\boldsymbol{Q}\boldsymbol{x}\geqslant 0$，则一个对称矩阵$\boldsymbol{Q}\in\mathbb{R}^{m\times m}$是半正定的。

定义 3 正定矩阵

若对于所有的$\boldsymbol{x}\in\mathbb{R}^m$满足$\boldsymbol{x}^{\mathrm{T}}\boldsymbol{Q}\boldsymbol{x}\geqslant 0$，则一个对称矩阵$\boldsymbol{Q}\in\mathbb{R}^{m\times m}$是正定的，并且当且仅当$\boldsymbol{x}$是零向量，即$\boldsymbol{x}=\boldsymbol{0}_{n\times 1}$时$\boldsymbol{x}^{\mathrm{T}}\boldsymbol{Q}\boldsymbol{x}=0$。

例 10 正定矩阵

令

$$\boldsymbol{Q}_1=\begin{bmatrix}1 & 0\\ 0 & 2\end{bmatrix}$$

并注意$\boldsymbol{Q}_1=\boldsymbol{Q}_1^{\mathrm{T}}$。然后

$$\boldsymbol{x}^{\mathrm{T}}\boldsymbol{Q}_1\boldsymbol{x}=\begin{bmatrix}x_1 & x_2\end{bmatrix}^{\mathrm{T}}\begin{bmatrix}1 & 0\\ 0 & 2\end{bmatrix}\begin{bmatrix}x_1\\ x_2\end{bmatrix}=x_1^2+2x_2^2\geqslant 0 \text{ 对所有的 } \boldsymbol{x}\in\mathbb{R}^2$$

而它能等于零的唯一方法是$x_1=0$和$x_2=0$。即，$\boldsymbol{Q}_1$是正定的。

例 11 半正定矩阵

令

$$\boldsymbol{Q}_2=\begin{bmatrix}0 & 0\\ 0 & 2\end{bmatrix}$$

并注意$\boldsymbol{Q}_2=\boldsymbol{Q}_2^{\mathrm{T}}$。然后

$$\boldsymbol{x}^{\mathrm{T}}\boldsymbol{Q}_2\boldsymbol{x}=\begin{bmatrix}x_1 & x_2\end{bmatrix}^{\mathrm{T}}\begin{bmatrix}0 & 0\\0 & 2\end{bmatrix}\begin{bmatrix}x_1\\x_2\end{bmatrix}=2x_2^2\geqslant 0\text{对所有的}\boldsymbol{x}\in\mathbb{R}^2$$

因此$\boldsymbol{Q}_2$是正半定的。但是，在本例中，$\boldsymbol{x}=\begin{bmatrix}1\\0\end{bmatrix}$的结果满足$\boldsymbol{x}^{\mathrm{T}}\boldsymbol{Q}_2\boldsymbol{x}=0$，也就是说$\boldsymbol{Q}_2$不是正定的。

例 12 非正定矩阵

令

$$\boldsymbol{Q}_3=\begin{bmatrix}-1 & 0\\0 & 2\end{bmatrix}$$

并注意$\boldsymbol{Q}_3=\boldsymbol{Q}_3^{\mathrm{T}}$。然后

$$\boldsymbol{x}^{\mathrm{T}}\boldsymbol{Q}_3\boldsymbol{x}=\begin{bmatrix}x_1 & x_2\end{bmatrix}^{\mathrm{T}}\begin{bmatrix}-1 & 0\\0 & 2\end{bmatrix}\begin{bmatrix}x_1\\x_2\end{bmatrix}=-x_1^2+2x_2^2$$

在本例中，当$\boldsymbol{x}=\begin{bmatrix}0\\1\end{bmatrix}$，$\boldsymbol{x}^{\mathrm{T}}\boldsymbol{Q}_3\boldsymbol{x}$是正的，当$\boldsymbol{x}=\begin{bmatrix}1\\0\end{bmatrix}$，$\boldsymbol{x}^{\mathrm{T}}\boldsymbol{Q}_3\boldsymbol{x}$是负的。因此，$\boldsymbol{Q}_3$既不是正定的，也不是正半定的。

16.6.2　最小二乘识别

回想一下在第 13 章中提到的轨道系统上的小车的模型：

$$\frac{\mathrm{d}x}{\mathrm{d}t}=v$$

$$\frac{\mathrm{d}^2x}{\mathrm{d}t^2}=-a\frac{\mathrm{d}x}{\mathrm{d}t}+bV(t)\tag{16.36}$$

为了设计一个基于这些方程的控制器，需要找到参数 a，b 的值。这可以通过一个实验来实现，其中电压$V(t)$应用到电动机，它连同小车位置$x(t)$一起被记录下来。然后，将使用这些数据来确定参数。为了理解这是如何实现的，我们将第二个方程（16.36）改写为

$$\begin{bmatrix}-\frac{\mathrm{d}x(t)}{\mathrm{d}t} & V(t)\end{bmatrix}\begin{bmatrix}a\\b\end{bmatrix}=\frac{\mathrm{d}^2x(t)}{\mathrm{d}t^2}\tag{16.37}$$

这是未知参数 a，b 中的一个线性方程。该线性方程的系数来自测量 / 计算数据$V(t),x(t)$, $\mathrm{d}x(t)/\mathrm{d}t$, $\mathrm{d}^2x(t)/\mathrm{d}t^2$。令

$$\frac{\mathrm{d}x(nT)}{\mathrm{d}t}\triangleq\left.\frac{\mathrm{d}x(t)}{\mathrm{d}t}\right|_{t=nT}$$

$$\frac{\mathrm{d}^2x(nT)}{\mathrm{d}t^2}\triangleq\left.\frac{\mathrm{d}^2x(t)}{\mathrm{d}t^2}\right|_{t=nT}$$

$$V(nT)\triangleq V(t)\big|_{t=nT}$$

为 nT 时的速度、加速度和电压。因此，当 $t=nT$ 时，式（16.37）可以写为

$$\begin{bmatrix}-\frac{\mathrm{d}x(nT)}{\mathrm{d}t} & V(nT)\end{bmatrix}\begin{bmatrix}a\\b\end{bmatrix}=\frac{\mathrm{d}^2x(nT)}{\mathrm{d}t^2}\tag{16.38}$$

且

$$\boldsymbol{W}(nT) \triangleq \begin{bmatrix} -\frac{\mathrm{d}x(nT)}{\mathrm{d}t} & V(nT) \end{bmatrix} \in \mathbb{R}^{1\times 2}$$

$$y(nT) \triangleq \frac{\mathrm{d}^2 x(nT)}{\mathrm{d}t^2} \in \mathbb{R}$$

$$\boldsymbol{K} \triangleq \begin{bmatrix} a \\ b \end{bmatrix} \in \mathbb{R}^2$$

式（16.38）可写成

$$\boldsymbol{W}(nT)\boldsymbol{K} = y(nT) \tag{16.39}$$

式中，$\boldsymbol{W}$ 被称为回归矩阵。这里我们希望是找到满足所有 n 的常量向量 $\boldsymbol{K}$。为此，将式（16.39）的两边乘以 $\boldsymbol{W}^{\mathrm{T}}(nT)$ 得到

$$\boldsymbol{W}^{\mathrm{T}}(nT)\boldsymbol{W}(nT)\boldsymbol{K} = \boldsymbol{W}^{\mathrm{T}}(nT)y(nT) \tag{16.40}$$

其中

$$\begin{aligned} \boldsymbol{W}^{\mathrm{T}}(nT)\boldsymbol{W}(nT) &= \begin{bmatrix} -\frac{\mathrm{d}x(nT)}{\mathrm{d}t} \\ V(nT) \end{bmatrix} \begin{bmatrix} -\frac{\mathrm{d}x(nT)}{\mathrm{d}t} & V(nT) \end{bmatrix} \\ &= \begin{bmatrix} \left(\frac{\mathrm{d}x(nT)}{\mathrm{d}t}\right)^2 & -\frac{\mathrm{d}x(nT)}{\mathrm{d}t}V(nT) \\ -\frac{\mathrm{d}x(nT)}{\mathrm{d}t}V(nT) & V^2(nT) \end{bmatrix} \end{aligned} \tag{16.41}$$

且

$$\boldsymbol{W}^{\mathrm{T}}(nT)y(nT) = \begin{bmatrix} -\frac{\mathrm{d}x(nT)}{\mathrm{d}t} \\ V(nT) \end{bmatrix} \frac{\mathrm{d}^2 x(nT)}{\mathrm{d}t^2} = \begin{bmatrix} -\frac{\mathrm{d}x(nT)}{\mathrm{d}t}\frac{\mathrm{d}^2 x(nT)}{\mathrm{d}t^2} \\ V(nT)\frac{\mathrm{d}^2 x(nT)}{\mathrm{d}t^2} \end{bmatrix}$$

然后式（16.40）为

$$\begin{bmatrix} \left(\frac{\mathrm{d}x(nT)}{\mathrm{d}t}\right)^2 & -\frac{\mathrm{d}x(nT)}{\mathrm{d}t}V(nT) \\ -\frac{\mathrm{d}x(nT)}{\mathrm{d}t}V(nT) & V^2(nT) \end{bmatrix} \begin{bmatrix} a \\ b \end{bmatrix} = \begin{bmatrix} -\frac{\mathrm{d}x(nT)}{\mathrm{d}t}\frac{\mathrm{d}^2 x(nT)}{\mathrm{d}t^2} \\ V(nT)\frac{\mathrm{d}^2 x(nT)}{\mathrm{d}t^2} \end{bmatrix} \tag{16.42}$$

请注意，$\boldsymbol{W}^{\mathrm{T}}(nT)\boldsymbol{W}(nT) \in \mathbb{R}^{2\times 2}$，也就是说，它是一个方阵。如果能够将式（16.40）（或式（16.42））的两边乘以 $\left(\boldsymbol{W}^{\mathrm{T}}(nT)\boldsymbol{W}(nT)\right)^{-1}$ 来解 k，那就好了。然而，$\boldsymbol{W}^{\mathrm{T}}(nT)\boldsymbol{W}(nT)$ 永远不会是可逆的。为了看到这一点，我们进行简单计算：

$$\det \begin{bmatrix} \left(\frac{\mathrm{d}x(nT)}{\mathrm{d}t}\right)^2 & -\frac{\mathrm{d}x(nT)}{\mathrm{d}t}V(nT) \\ -\frac{\mathrm{d}x(nT)}{\mathrm{d}t}V(nT) & V^2(nT) \end{bmatrix} = \left(\frac{\mathrm{d}x(nT)}{\mathrm{d}t}\right)^2 V^2(nT) - \left(\frac{\mathrm{d}x(nT)}{\mathrm{d}t}V(nT)\right)^2 \equiv 0$$

由于式（16.40）必须保持为所有的 n 和 $\boldsymbol{K}$ 的一个固定的参数向量，我们对其 N 个时间段求

和得

$$\left(\sum_{n=1}^{N}\boldsymbol{W}^{\mathrm{T}}(nT)\boldsymbol{W}(nT)\right)\boldsymbol{K}=\sum_{n=1}^{N}\boldsymbol{W}^{\mathrm{T}}(nT)y(nT) \tag{16.43}$$

定义

$$\boldsymbol{R}_{\mathrm{W}} \triangleq \sum_{n=1}^{N}\boldsymbol{W}^{\mathrm{T}}(nT)\boldsymbol{W}(nT)\in\mathbb{R}^{2\times 2}$$

$$\boldsymbol{R}_{\mathrm{Wy}} \triangleq \sum_{n=1}^{N}\boldsymbol{W}^{\mathrm{T}}(nT)y(nT)\in\mathbb{R}^{2} \tag{16.44}$$

这样，式（16.43）就可以被重新写为

$$\boldsymbol{R}_{\mathrm{W}}\boldsymbol{K}=\boldsymbol{R}_{\mathrm{Wy}} \tag{16.45}$$

现在假设矩阵和$\boldsymbol{R}_{\mathrm{W}} \triangleq \sum_{n=1}^{N}\boldsymbol{W}^{\mathrm{T}}(nT)\boldsymbol{W}(nT)$是可逆的。然后，可以将式（16.45）的两侧乘$\boldsymbol{R}_{\mathrm{W}}^{-1} \triangleq \left(\sum_{n=1}^{N}\boldsymbol{W}^{\mathrm{T}}(nT)\boldsymbol{W}(nT)\right)^{-1}$，得到$\boldsymbol{K}$为

$$\boldsymbol{K}=\boldsymbol{R}_{\mathrm{W}}^{-1}\boldsymbol{R}_{\mathrm{Wy}} \tag{16.46}$$

这个解被称为最小二乘解。这个方法的关键是确保$\boldsymbol{R}_{\mathrm{W}}$是可逆的。这取决于选择一个使$\boldsymbol{R}_{\mathrm{W}}$是可逆的输入电压，因此随意的输入电压不行。例如，假设$V(t)\equiv 0$，从而使$x(t)\equiv 0$，因此使$\mathrm{d}x(t)/\mathrm{d}t\equiv 0$。这种情况下，$\boldsymbol{W}(nT)\equiv\boldsymbol{0}$对所有$n$成立，因此$\boldsymbol{R}_{\mathrm{W}} \triangleq \sum_{n=1}^{N}\boldsymbol{W}^{\mathrm{T}}(nT)\boldsymbol{W}(nT)\equiv\boldsymbol{0}$，因此不是可逆的。由控制工程师找到一个输入$V(t)$，这样就存在$\boldsymbol{R}_{\mathrm{W}}$的逆。

注意 回顾第 8 章，参数a和b可以通过输入阶跃信号然后测量峰值时间和峰值超调量来找到。然而，最小二乘法使用了所有的数据，而不是单个时间点。也就是说，使用最小二乘法确定的模型参数对所有时间都是最佳拟合的，而不仅仅是单个时间点。此外，基于峰值时间和峰值超调量的方法只对闭环传递函数可以写成$C(s)/R(s)=\omega_{\mathrm{n}}^2/(s^2+2\zeta\omega_{\mathrm{n}}s+\omega_{\mathrm{n}}^2)$形式的二阶系统有效，而事实证明，最小二乘法适用于任何回归变量是线性的参数的线性或非线性系统。

16.6.3 最小二乘近似

分析推导出$\boldsymbol{K}=\boldsymbol{R}_{\mathrm{W}}^{-1}\boldsymbol{R}_{\mathrm{Wy}}$，基于方程

$$\underbrace{\begin{bmatrix}-\dfrac{\mathrm{d}x(nT)}{\mathrm{d}t} & V(nT)\end{bmatrix}}_{\boldsymbol{W}(nT)}\underbrace{\begin{bmatrix}a\\ b\end{bmatrix}}_{\boldsymbol{K}}=\underbrace{\frac{\mathrm{d}^2x(nT)}{\mathrm{d}t^2}}_{y(nT)}$$

对所有的n成立。然而，对工程师工作的“现实世界”中，这从来都不成立。该模型（16.36）并不是对推车的准确描述。例如，假设电动机电感为零，$V(t)$和$x(t)$不能被完美测量，且导数$\mathrm{d}x(t)/\mathrm{d}t$，$\mathrm{d}^2x/\mathrm{d}t^2$不能被精确计算。因此，不会有一个固定的参数向量$\boldsymbol{K}$满足$\boldsymbol{W}(nT)\boldsymbol{K}=y(nT)$对所有的$n$均成立。

我们仍然可以进行一个实验，并收集数据$x(t)$，$V(t)$来计算$\boldsymbol{R}_{\mathrm{W}}$，$\boldsymbol{R}_{\mathrm{Wy}}$，从而确定

$$\hat{\boldsymbol{K}}=\boldsymbol{R}_{\mathrm{W}}^{-1}\boldsymbol{R}_{\mathrm{Wy}}$$

关键的问题是“$\hat{\boldsymbol{K}}=\boldsymbol{R}_{\mathrm{W}}^{-1}\boldsymbol{R}_{\mathrm{Wy}}$能以多好的程度满足$\boldsymbol{W}(nT)\boldsymbol{K}=y(nT)$（对所有的$n$均成立）”，

为了回答这个问题，请回顾以下定义

$$\boldsymbol{W}(nT) \triangleq \left[-\frac{\mathrm{d}x}{\mathrm{d}t}(nT) \quad V(nT)\right] \in \mathbb{R}^{1\times 2}$$

$$y(nT) \triangleq \frac{\mathrm{d}^2 x}{\mathrm{d}t^2}(nT) \in \mathbb{R}$$

则输出的$y(nT)$与其预测值$\hat{y}(nT)=\boldsymbol{W}(nT)\boldsymbol{K}$之间的误差为

$$y(nT)-\underbrace{\boldsymbol{W}(nT)\boldsymbol{K}}_{\hat{y}(nT)} \in \mathbb{R}$$

问题是找到使所有 n 的差异都尽可能小的 $\boldsymbol{K}$ 值。具体来说，我们想找到使它最小化的 $\boldsymbol{K}$ 值：

$$\begin{aligned} E^2(\boldsymbol{K}) &\triangleq \sum_{n=1}^{N}\left(y(nT)-\boldsymbol{W}(nT)\boldsymbol{K}\right)^{\mathrm{T}}\left(y(nT)-\boldsymbol{W}(nT)\boldsymbol{K}\right) \\ &= \sum_{n=1}^{N}\left(y(nT)-\hat{y}(nT)\right)^{\mathrm{T}}\left(y(nT)-\hat{y}(nT)\right) \\ &= \sum_{n=1}^{N} e^2(nT) \end{aligned} \tag{16.47}$$

其中

$$e(nT) \triangleq y(nT)-\boldsymbol{W}(nT)\boldsymbol{K} = y(nT)-\hat{y}(nT) \in \mathbb{R}$$

在识别理论的术语中，$y(nT)$是输出，而$\hat{y}(nT)=\boldsymbol{W}(nT)\boldsymbol{K}$是基于 K 作为参数估计的预测输出。因此，$e(nT)$是误差，并且

$$E^2(\boldsymbol{K}) \triangleq \sum_{n=1}^{N}\left(y(nT)-\boldsymbol{W}(nT)\boldsymbol{K}\right)^{\mathrm{T}}\left(y(nT)-\boldsymbol{W}(nT)\boldsymbol{K}\right)$$

是总的平方误差。如果可以找到一个使$E^2(\boldsymbol{K})$最小化的参数向量 $\boldsymbol{K}$，则称为最小二乘估计。

现在证明存在唯一解，它等于$\boldsymbol{R}_{\mathrm{W}}^{-1}\boldsymbol{R}_{\mathrm{Wy}}$。为此，展开$E^2(\boldsymbol{K})$的表达式得（回忆$(\boldsymbol{AB})^{\mathrm{T}}=\boldsymbol{B}^{\mathrm{T}}\boldsymbol{A}^{\mathrm{T}}$）

$$\begin{aligned} E^2(\boldsymbol{K}) &= \sum_{n=1}^{N}\left(y^{\mathrm{T}}(nT)-\boldsymbol{K}^{\mathrm{T}}\boldsymbol{W}^{\mathrm{T}}(nT)\right)\left(y(nT)-\boldsymbol{W}(nT)\boldsymbol{K}\right) \\ &= \sum_{n=1}^{N}\left(y^{\mathrm{T}}(nT)y(nT)-y^{\mathrm{T}}(nT)\boldsymbol{W}(nT)\boldsymbol{K}-\boldsymbol{K}^{\mathrm{T}}\boldsymbol{W}^{\mathrm{T}}(nT)y(nT)+\boldsymbol{K}^{\mathrm{T}}\boldsymbol{W}^{\mathrm{T}}(nT)\boldsymbol{W}(nT)\boldsymbol{K}\right) \\ &= \sum_{n=1}^{N} y^{\mathrm{T}}(nT)y(nT)-\left(\sum_{n=1}^{N} y^{\mathrm{T}}(nT)\boldsymbol{W}(nT)\right)\boldsymbol{K}-\boldsymbol{K}^{\mathrm{T}}\left(\sum_{n=1}^{N}\boldsymbol{W}^{\mathrm{T}}(nT)y(nT)\right) \\ &\quad +\boldsymbol{K}^{\mathrm{T}}\left(\sum_{n=1}^{N}\boldsymbol{W}^{\mathrm{T}}(nT)\boldsymbol{W}(nT)\right)\boldsymbol{K} \end{aligned}$$

代入式（16.44）中给出的定义中，我们定义

$$\boldsymbol{R}_{\mathrm{yW}} \triangleq \sum_{n=1}^{N} y^{\mathrm{T}}(nT)\boldsymbol{W}(nT) \in \mathbb{R}^{1\times 2}$$

$$\boldsymbol{R}_{\mathrm{y}} \triangleq \sum_{n=1}^{N} y^{\mathrm{T}}(nT)y(nT) \in \mathbb{R}$$

请注意，$\boldsymbol{R}_{\mathrm{yW}}=\boldsymbol{R}_{\mathrm{Wy}}^{\mathrm{T}}$。对于一个固定的 N，矩阵$\boldsymbol{R}_{\mathrm{y}}$，$\boldsymbol{R}_{\mathrm{yW}}$，$\boldsymbol{R}_{\mathrm{Wy}}$和$\boldsymbol{R}_{\mathrm{W}}$是常数，并可从数据测量中得到。$E^2(\boldsymbol{K})$ 被简洁地写为

$$E^2(\boldsymbol{K}) = \boldsymbol{R}_{\mathrm{y}} - \boldsymbol{R}_{\mathrm{yW}}\boldsymbol{K} - \boldsymbol{K}^{\mathrm{T}}\boldsymbol{R}_{\mathrm{Wy}} + \boldsymbol{K}^{\mathrm{T}}\boldsymbol{R}_{\mathrm{W}}\boldsymbol{K}$$
$$= \boldsymbol{R}_{\mathrm{y}} - \boldsymbol{R}_{\mathrm{yW}}\boldsymbol{R}_{\mathrm{W}}^{-1}\boldsymbol{R}_{\mathrm{Wy}} + \left(\boldsymbol{K} - \boldsymbol{R}_{\mathrm{W}}^{-1}\boldsymbol{R}_{\mathrm{Wy}}\right)^{\mathrm{T}}\boldsymbol{R}_{\mathrm{W}}\left(\boldsymbol{K} - \boldsymbol{R}_{\mathrm{W}}^{-1}\boldsymbol{R}_{\mathrm{Wy}}\right) \qquad (16.48)$$

为了验证式（16.48），我们首先证明了$\boldsymbol{R}_{\mathrm{W}}$是一个对称的正半定矩阵。可知

$$\boldsymbol{R}_{\mathrm{W}} \triangleq \sum_{n=1}^{N}\boldsymbol{W}^{\mathrm{T}}(nT)\boldsymbol{W}(nT) = \sum_{n=1}^{N}\begin{bmatrix}-\dfrac{\mathrm{d}x}{\mathrm{d}t}(nT)\\ V(nT)\end{bmatrix}\begin{bmatrix}-\dfrac{\mathrm{d}x}{\mathrm{d}t}(nT) & V(nT)\end{bmatrix} \in \mathbb{R}^{2\times2}$$

是对称的，因为

$$\begin{aligned}\boldsymbol{R}_{\mathrm{W}}^{\mathrm{T}} \triangleq \left(\sum_{n=1}^{N}\boldsymbol{W}^{\mathrm{T}}(nT)\boldsymbol{W}(nT)\right)^{\mathrm{T}} = \sum_{n=1}^{N}\left(\boldsymbol{W}^{\mathrm{T}}(nT)\boldsymbol{W}(nT)\right)^{\mathrm{T}} &= \sum_{n=1}^{N}\boldsymbol{W}^{\mathrm{T}}(nT)\left(\boldsymbol{W}^{\mathrm{T}}(nT)\right)^{\mathrm{T}}\\ &= \sum_{n=1}^{N}\boldsymbol{W}^{\mathrm{T}}(nT)\boldsymbol{W}(nT)\\ &= \boldsymbol{R}_{\mathrm{W}}\end{aligned}$$

$\boldsymbol{R}_{\mathrm{W}}$是正半定的，因为

$$\boldsymbol{x}^{\mathrm{T}}\boldsymbol{R}_{\mathrm{W}}\boldsymbol{x} \triangleq \sum_{n=1}^{N}\boldsymbol{x}^{\mathrm{T}}\boldsymbol{W}^{\mathrm{T}}(nT)\boldsymbol{W}(nT)\boldsymbol{x} = \sum_{n=1}^{N}\left(\boldsymbol{W}(nT)\boldsymbol{x}\right)^{\mathrm{T}}\boldsymbol{W}(nT)\boldsymbol{x} = \sum_{n=1}^{N}\|\boldsymbol{W}(nT)\boldsymbol{x}\|^2 \geqslant 0$$

在假设$\boldsymbol{R}_{\mathrm{W}}$可逆的情况下，我们验证了式（16.48）如下

$$\begin{aligned}\left(\boldsymbol{K} - \boldsymbol{R}_{\mathrm{W}}^{-1}\boldsymbol{R}_{\mathrm{Wy}}\right)^{\mathrm{T}}\boldsymbol{R}_{\mathrm{W}}\left(\boldsymbol{K} - \boldsymbol{R}_{\mathrm{W}}^{-1}\boldsymbol{R}_{\mathrm{Wy}}\right) &= \left(\boldsymbol{K}^{\mathrm{T}} - \boldsymbol{R}_{\mathrm{Wy}}^{\mathrm{T}}\left(\boldsymbol{R}_{\mathrm{W}}^{-1}\right)^{\mathrm{T}}\right)\boldsymbol{R}_{\mathrm{W}}\left(\boldsymbol{K} - \boldsymbol{R}_{\mathrm{W}}^{-1}\boldsymbol{R}_{\mathrm{Wy}}\right)\\ &= \left(\boldsymbol{K}^{\mathrm{T}} - \boldsymbol{R}_{\mathrm{yW}}\boldsymbol{R}_{\mathrm{W}}^{-1}\right)\boldsymbol{R}_{\mathrm{W}}\left(\boldsymbol{K} - \boldsymbol{R}_{\mathrm{W}}^{-1}\boldsymbol{R}_{\mathrm{Wy}}\right)\\ &= \boldsymbol{K}^{\mathrm{T}}\boldsymbol{R}_{\mathrm{W}}\left(\boldsymbol{K} - \boldsymbol{R}_{\mathrm{W}}^{-1}\boldsymbol{R}_{\mathrm{Wy}}\right) - \boldsymbol{R}_{\mathrm{yW}}\boldsymbol{R}_{\mathrm{W}}^{-1}\boldsymbol{R}_{\mathrm{W}}\left(\boldsymbol{K} - \boldsymbol{R}_{\mathrm{W}}^{-1}\boldsymbol{R}_{\mathrm{Wy}}\right)\\ &= \boldsymbol{K}^{\mathrm{T}}\boldsymbol{R}_{\mathrm{W}}\boldsymbol{K} - \boldsymbol{K}^{\mathrm{T}}\boldsymbol{R}_{\mathrm{W}}\boldsymbol{R}_{\mathrm{W}}^{-1}\boldsymbol{R}_{\mathrm{Wy}} - \boldsymbol{R}_{\mathrm{yW}}\boldsymbol{R}_{\mathrm{W}}^{-1}\boldsymbol{R}_{\mathrm{W}}\boldsymbol{K} + \boldsymbol{R}_{\mathrm{yW}}\boldsymbol{R}_{\mathrm{W}}^{-1}\boldsymbol{R}_{\mathrm{W}}\boldsymbol{R}_{\mathrm{W}}^{-1}\boldsymbol{R}_{\mathrm{Wy}}\\ &= \boldsymbol{K}^{\mathrm{T}}\boldsymbol{R}_{\mathrm{W}}\boldsymbol{K} - \boldsymbol{K}^{\mathrm{T}}\boldsymbol{R}_{\mathrm{Wy}} - \boldsymbol{R}_{\mathrm{yW}}\boldsymbol{K} + \boldsymbol{R}_{\mathrm{yW}}\boldsymbol{R}_{\mathrm{W}}^{-1}\boldsymbol{R}_{\mathrm{Wy}}\end{aligned}$$

因此

$$\begin{aligned}&\boldsymbol{R}_{\mathrm{y}} - \boldsymbol{R}_{\mathrm{yW}}\boldsymbol{R}_{\mathrm{W}}^{-1}\ \boldsymbol{R}_{\mathrm{Wy}} + \left(\boldsymbol{K} - \boldsymbol{R}_{\mathrm{W}}^{-1}\boldsymbol{R}_{\mathrm{Wy}}\right)^{\mathrm{T}}\boldsymbol{R}_{\mathrm{W}}\left(\boldsymbol{K} - \boldsymbol{R}_{\mathrm{W}}^{-1}\boldsymbol{R}_{\mathrm{Wy}}\right)\\ &\quad= \boldsymbol{R}_{\mathrm{y}} - \boldsymbol{R}_{\mathrm{yW}}\boldsymbol{R}_{\mathrm{W}}^{-1}\boldsymbol{R}_{\mathrm{Wy}} + \boldsymbol{K}^{\mathrm{T}}\boldsymbol{R}_{\mathrm{W}}\boldsymbol{K} - \boldsymbol{K}^{\mathrm{T}}\boldsymbol{R}_{\mathrm{Wy}} - \boldsymbol{R}_{\mathrm{yW}}\boldsymbol{K} + \boldsymbol{R}_{\mathrm{yW}}\boldsymbol{R}_{\mathrm{W}}^{-1}\boldsymbol{R}_{\mathrm{Wy}}\\ &\quad= \boldsymbol{R}_{\mathrm{y}} + \boldsymbol{K}^{\mathrm{T}}\boldsymbol{R}_{\mathrm{W}}\boldsymbol{K} - \boldsymbol{K}^{\mathrm{T}}\boldsymbol{R}_{\mathrm{Wy}} - \boldsymbol{R}_{\mathrm{yW}}\boldsymbol{K}\\ &\quad= E^2(\boldsymbol{K})\end{aligned}$$

控制工程师将设计实验，即$V(t)$的规格，使$\boldsymbol{R}_{\mathrm{W}}$是可逆的（见习题15）。结果证明，如果一个对称的正半定矩阵也是可逆的，那么它必须是正定的。因此，$\boldsymbol{R}_{\mathrm{W}}$是正定的。请看

$$E^2(\boldsymbol{K}) = \boldsymbol{R}_{\mathrm{y}} - \boldsymbol{R}_{\mathrm{yW}}\boldsymbol{R}_{\mathrm{W}}^{-1}\boldsymbol{R}_{\mathrm{Wy}} + \underbrace{\left(\boldsymbol{K} - \boldsymbol{R}_{\mathrm{W}}^{-1}\boldsymbol{R}_{\mathrm{Wy}}\right)^{\mathrm{T}}}_{\in\mathbb{R}^{1\times2}}\underbrace{\boldsymbol{R}_{\mathrm{W}}}_{\in\mathbb{R}^{2\times2}}\underbrace{\left(\boldsymbol{K} - \boldsymbol{R}_{\mathrm{W}}^{-1}\boldsymbol{R}_{\mathrm{Wy}}\right)}_{\in\mathbb{R}^{2}}$$

我们想选择$\boldsymbol{K}$，这样$E^2(\boldsymbol{K})$就会尽可能的小。由于$\boldsymbol{R}_{\mathrm{W}}$是正定的，对$\boldsymbol{K}\in\mathbb{R}^2$有

$$\left(\boldsymbol{K} - \boldsymbol{R}_{\mathrm{W}}^{-1}\boldsymbol{R}_{\mathrm{Wy}}\right)^{\mathrm{T}}\boldsymbol{R}_{\mathrm{W}}\left(\boldsymbol{K} - \boldsymbol{R}_{\mathrm{W}}^{-1}\boldsymbol{R}_{\mathrm{Wy}}\right) \geqslant 0$$

当且仅当$\boldsymbol{K} - \boldsymbol{R}_{\mathrm{W}}^{-1}\boldsymbol{R}_{\mathrm{W_y}} = \begin{bmatrix}0\\0\end{bmatrix}$时，该项等于零。也就是说，通过检查式（16.48），当$\boldsymbol{K} = \hat{\boldsymbol{K}} = \boldsymbol{R}_{\mathrm{W}}^{-1}\boldsymbol{R}_{\mathrm{Wy}}$时$E^2(\boldsymbol{K})$被最小化。当$\boldsymbol{K} = \hat{\boldsymbol{K}} = \boldsymbol{R}_{\mathrm{W}}^{-1}\boldsymbol{R}_{\mathrm{Wy}}$，得到最小的误差的平方值，即最小二乘误差。

16.6.4 误差指数

最小二乘估计值有多好？$\boldsymbol{K}$的确切值是未知的，因此参向量的“精确”值与其估计之间的误差，即$\boldsymbol{K}-\hat{\boldsymbol{K}}$是未知的。然而，通过将其与给定的（所以已知）的$\boldsymbol{K}$值进行比较，可以发现估计值$\hat{\boldsymbol{K}}$有多好。具体来说，若$\boldsymbol{K}=\boldsymbol{0}$，则将$\boldsymbol{K}=\boldsymbol{0}$代入式（16.48）得到平方误差为$E(\boldsymbol{0})=\boldsymbol{R}_{\mathrm{y}}$。使用最小二乘法估计$\hat{\boldsymbol{K}}$，即将$\boldsymbol{K}=\hat{\boldsymbol{K}}\triangleq\boldsymbol{R}_{\mathrm{W}}^{-1}\boldsymbol{R}_{\mathrm{Wy}}$代入式（16.48），得误差为

$$E^2(\boldsymbol{K})\big|_{\boldsymbol{K}=\hat{\boldsymbol{K}}\triangleq\boldsymbol{R}_{\mathrm{W}}^{-1}\boldsymbol{R}_{\mathrm{Wy}}}=\boldsymbol{R}_{\mathrm{y}}-\boldsymbol{R}_{\mathrm{yW}}\boldsymbol{R}_{\mathrm{W}}^{-1}\boldsymbol{R}_{\mathrm{Wy}}$$

这就是残差，也就是说，它是使用令平方误差最小化的$\boldsymbol{K}$值后的总平方误差。由于$\boldsymbol{R}_{\mathrm{W}}$是正定的，所以它的逆$\boldsymbol{R}_{\mathrm{W}}^{-1}$也必须是正定的。此外，根据$\boldsymbol{R}_{\mathrm{yW}}\in\mathbb{R}^{1\times5}$，$\boldsymbol{R}_{\mathrm{Wy}}\in\mathbb{R}^{5\times1}$和$\boldsymbol{R}_{\mathrm{yW}}=\boldsymbol{R}_{\mathrm{Wy}}^{\mathrm{T}}$，使得$\boldsymbol{R}_{\mathrm{yW}}\boldsymbol{R}_{\mathrm{W}}^{-1}\boldsymbol{R}_{\mathrm{Wy}}\geqslant0$所以$E^2(\hat{\boldsymbol{K}})=\boldsymbol{R}_{\mathrm{y}}-\boldsymbol{R}_{\mathrm{yW}}\boldsymbol{R}_{\mathrm{W}}^{-1}\boldsymbol{R}_{\mathrm{Wy}}\leqslant\boldsymbol{R}_{\mathrm{y}}=E^2(\boldsymbol{0})$。因此，数值为

$$\frac{E^2(\hat{\boldsymbol{K}})}{E^2(\boldsymbol{0})}=\frac{\boldsymbol{R}_{\mathrm{y}}-\boldsymbol{R}_{\mathrm{yW}}\boldsymbol{R}_{\mathrm{W}}^{-1}\boldsymbol{R}_{\mathrm{Wy}}}{\boldsymbol{R}_{\mathrm{y}}}\leqslant1$$

$E^2(\hat{\boldsymbol{K}})/E^2(\boldsymbol{0})$是最小平方误差相对于取参数向量$\boldsymbol{K}$为零向量的平方误差的比值。通过取二次方根，得到了相对误差而不是平方误差的比值。这促使人们将误差指数定义为

$$\text{误差指数}\triangleq\sqrt{\frac{E^2(\hat{\boldsymbol{K}})}{E^2(\boldsymbol{0})}}=\sqrt{\frac{\boldsymbol{R}_{\mathrm{y}}-\boldsymbol{R}_{\mathrm{yW}}\boldsymbol{R}_{\mathrm{W}}^{-1}\boldsymbol{R}_{\mathrm{Wy}}}{\boldsymbol{R}_{\mathrm{y}}}}\leqslant1$$

请注意，如果误差指数接近于1，那么我们的估计并不比取所有的参数值都等于零好多少。因此，误差指数必须远远小于1，才能估计出任何值。如果误差指数接近于1，那么我们就会怀疑系统的原始参数模型是不正确的。

误差指数如何帮助确定$\boldsymbol{K}$的良好估计值？使用公式$\hat{\boldsymbol{K}}=\boldsymbol{R}_{\mathrm{W}}^{-1}\boldsymbol{R}_{\mathrm{Wy}}$来计算$\hat{\boldsymbol{K}}$时，需要测量数$x(t)$，$V(t)$，然后计算$\mathrm{d}x(t)/\mathrm{d}t$，$\mathrm{d}^2x/\mathrm{d}t^2$来计算$\boldsymbol{R}_{\mathrm{W}}$，$\boldsymbol{R}_{\mathrm{Wy}}$。然而，例如$\mathrm{d}x/\mathrm{d}t$，通过使用如下的反向差分近似：

$$\frac{\mathrm{d}\hat{x}}{\mathrm{d}t}(nT)=\frac{x(nT)-x((n-1)T)}{T}$$

需要指定一个采样周期T，然后过滤以去除噪声。人们应该使用什么样的滤波器呢？需要什么样滤波器的顺序？滤波器的截止频率应该是多少？可以通过使用误差指数来“走向正确的方向”。也就是说，我们可以考虑一个具有两种不同截止频率的特定滤波器。然后计算$\hat{K}$两次，第一次使用第一个截止频率进行噪声速度滤波，第二次使用另一个截止频率进行滤波。我们将使用误差指数较小的$\hat{\boldsymbol{K}}$。使用这种方法，可以选择一个好的截止频率“锁定”。

习题

习题1 状态估计

状态空间模型为

$$\frac{\mathrm{d}\boldsymbol{x}}{\mathrm{d}t}=\underbrace{\begin{bmatrix}0&1\\-1&0\end{bmatrix}}_{A}\boldsymbol{x}+\underbrace{\begin{bmatrix}0\\1\end{bmatrix}}_{b}u$$

$$y=\underbrace{\begin{bmatrix}1&0\end{bmatrix}}_{c}\boldsymbol{x}$$

（a）计算可观测性矩阵和开环特征多项式，即 $\det(sI-A)$。这个系统可观测吗？

（b）写出状态估计器的方程式。

（c）计算使（b）中状态估计器的两个闭环极点在 -5 的增益向量 $\boldsymbol{\ell}$。使用定理 2。

（d）使用（c）得到的 $\boldsymbol{\ell}$，当 $t\to\infty$ 时，$\hat{\boldsymbol{x}}(t)\to\boldsymbol{x}(t)$ 吗？只需要回答是或不是。

习题 2 状态估计

状态空间模型为

$$\frac{\mathrm{d}\boldsymbol{x}}{\mathrm{d}t}=\underbrace{\begin{bmatrix}0&1\\-1&0\end{bmatrix}}_{A}\boldsymbol{x}+\underbrace{\begin{bmatrix}0\\1\end{bmatrix}}_{b}u$$

$$y=\underbrace{\begin{bmatrix}0&1\end{bmatrix}}_{c}\boldsymbol{x}$$

（a）计算可观测性矩阵和开环特征多项式，即 $\det(sI-A)$。这个系统可观测吗？

（b）写出状态估计器的方程式。

（c）计算使（b）中状态估计器的两个闭环极点在 -5 的增益向量 $\boldsymbol{\ell}$。使用定理 2。

（d）使用（c）得到的 $\boldsymbol{\ell}$，当 $t\to\infty$ 时 $\mathrm{e}^{(A-\ell c)t}\to\mathbf{0}_{2\times2}$ 吗？只需要回答是或不是。

习题 3 状态估计

状态空间模型为

$$\frac{\mathrm{d}\boldsymbol{x}}{\mathrm{d}t}=\underbrace{\begin{bmatrix}0&1\\0&-6\end{bmatrix}}_{A}\boldsymbol{x}+\underbrace{\begin{bmatrix}0\\1\end{bmatrix}}_{b}u$$

$$y=\underbrace{\begin{bmatrix}0&1\end{bmatrix}}_{c}\boldsymbol{x}$$

（a）计算可观测性矩阵。这个系统可观测吗？

（b）令 $\boldsymbol{\ell}=\begin{bmatrix}\ell_1&\ell_2\end{bmatrix}^{\mathrm{T}}$。可以通过选择 ℓ_1，ℓ_2 来使 $A-\ell c$ 稳定吗？

（c）状态估计器可以设计成 $\hat{\boldsymbol{x}}\to\boldsymbol{x}$ 吗？简要说明理由。

习题 4 状态估计

状态空间模型为

$$\frac{\mathrm{d}\boldsymbol{x}}{\mathrm{d}t}=\underbrace{\begin{bmatrix}-2&1\\0&-6\end{bmatrix}}_{A}\boldsymbol{x}+\underbrace{\begin{bmatrix}0\\1\end{bmatrix}}_{b}u$$

$$y=\underbrace{\begin{bmatrix}0&1\end{bmatrix}}_{c}\boldsymbol{x}$$

（a）计算可观测性矩阵。这个系统可观测吗？

（b）令 $\boldsymbol{\ell}=\begin{bmatrix}\ell_1&\ell_2\end{bmatrix}^{\mathrm{T}}$。可以通过选择 ℓ_1，ℓ_2 来使 $A-\ell c$ 稳定吗？请解释一下。提示：答案是肯定的。请解释一下。

（c）状态估计器可以设计成 $\hat{\boldsymbol{x}}\to\boldsymbol{x}$ 吗？简要说明理由。

（d）可以任意配置 $A-\ell c$ 的极点吗？请解释一下。

习题 5 轨道系统上的小车的状态估计器

（a）速度估计器从第 15 章的习题 3（a）轨道系统上的小车的状态反馈控制器仿真开始，将图 16-1 中给出的状态估计器添加到该仿真中，用于状态反馈。

（b）速度和干扰估计器从第 15 章的习题 3（c）轨道系统上的小车状态反馈控制器的仿

真开始，将图 16-2 中给出的状态估计器添加到该仿真中，并用于状态反馈。

习题 6 输出为$y=x+\left(\ell+\dfrac{J}{m\ell}\right)\theta$的倒立摆的状态估计器

围绕着平衡点$\left(x_{\mathrm{eq}},v_{\mathrm{eq}},\theta_{\mathrm{eq}},\omega_{\mathrm{eq}}\right)=(0,0,0,0)$的倒立摆的线性状态空间模型为

$$\underbrace{\begin{bmatrix}\mathrm{d}x/\mathrm{d}t\\ \mathrm{d}v/\mathrm{d}t\\ \mathrm{d}\theta/\mathrm{d}t\\ \mathrm{d}\omega/\mathrm{d}t\end{bmatrix}}_{\mathrm{d}z/\mathrm{d}t}=\underbrace{\begin{bmatrix}0&1&0&0\\0&0&-\dfrac{gm^2\ell^2}{Mm\ell^2+J(M+m)}&0\\0&0&0&1\\0&0&\dfrac{mg\ell(M+m)}{Mm\ell^2+J(M+m)}&0\end{bmatrix}}_{A}\underbrace{\begin{bmatrix}x\\v\\\theta\\\omega\end{bmatrix}}_{z}+\underbrace{\begin{bmatrix}0\\\dfrac{J+m\ell^2}{Mm\ell^2+J(M+m)}\\0\\-\dfrac{m\ell}{Mm\ell^2+J(M+m)}\end{bmatrix}}_{b}u$$

设输出方程为

$$y=\underbrace{\begin{bmatrix}1&0&\ell+\dfrac{J}{m\ell}&0\end{bmatrix}}_{c}\underbrace{\begin{bmatrix}x\\v\\\theta\\\omega\end{bmatrix}}_{z}$$

（a）计算系统$(\boldsymbol{c},\boldsymbol{A})$的可观测性矩阵$\mathcal{O}$。

（b）计算开环特征多项式，即$\det(s\boldsymbol{I}-\boldsymbol{A})=s^4+\beta_3s^3+\beta_2s^2+\beta_1s+\beta_0$。

（c）使用（b）的答案来计算倒立摆的可观测性标准形式$(\boldsymbol{c}_{\mathrm{o}},\boldsymbol{A}_{\mathrm{o}})$。

（d）使用（c）的答案来计算对$(\boldsymbol{c}_{\mathrm{o}},\boldsymbol{A}_{\mathrm{o}})$的可观测矩阵$\mathcal{O}_{\mathrm{o}}$。

（e）给出使极点配置在$-\gamma_1$，$-\gamma_2$，$-\gamma_3$，$-\gamma_4$的观测器增益$\boldsymbol{\ell}$。使用本章定理 2 中给出的极点配置程序。

（f）对第 15 章的习题 11 进行模拟，使用这个状态估计器来实现状态反馈。

注意 第 17 章将指出这个特定的控制器，即状态反馈与基于输出$y=x+\left(\ell+\dfrac{J}{m\ell}\right)\theta$的状态估计器相结合，会导致闭环系统对小干扰非常敏感。这意味着小的干扰输入会导致摆杆摆动到远离其$\theta=0$的平衡角，因此倒立摆的线性模型不再是非线性模型的有效近似。因此，这个控制器将很可能无法将摆杆返回到直立位置。

习题 7 输出为$y=x$的倒立摆的状态估计器

围绕着平衡点$\left(x_{\mathrm{eq}},v_{\mathrm{eq}},\theta_{\mathrm{eq}},\omega_{\mathrm{eq}}\right)=(0,0,0,0,0)$的倒立摆的线性状态空间模型为

$$\underbrace{\begin{bmatrix}\mathrm{d}x/\mathrm{d}t\\ \mathrm{d}v/\mathrm{d}t\\ \mathrm{d}\theta/\mathrm{d}t\\ \mathrm{d}\omega/\mathrm{d}t\end{bmatrix}}_{\mathrm{d}z/\mathrm{d}t}=\underbrace{\begin{bmatrix}0&1&0&0\\0&0&-\dfrac{gm^2\ell^2}{Mm\ell^2+J(M+m)}&0\\0&0&0&1\\0&0&\dfrac{mg\ell(M+m)}{Mm\ell^2+J(M+m)}&0\end{bmatrix}}_{A}\underbrace{\begin{bmatrix}x\\v\\\theta\\\omega\end{bmatrix}}_{z}+\underbrace{\begin{bmatrix}0\\\dfrac{J+m\ell^2}{Mm\ell^2+J(M+m)}\\0\\-\dfrac{m\ell}{Mm\ell^2+J(M+m)}\end{bmatrix}}_{b}u$$

设输出方程为

$$y=\underbrace{\begin{bmatrix}1 & 0 & 0 & 0\end{bmatrix}}_{c}\underbrace{\begin{bmatrix}x\\ v\\ \theta\\ \omega\end{bmatrix}}_{z}$$

（a）计算系统$(\boldsymbol{c}, \boldsymbol{A})$的可观测性矩阵$\mathcal{O}$。

（b）计算开环特征多项式，即$\det(s\boldsymbol{I}-\boldsymbol{A})=s^4+\beta_3 s^3+\beta_2 s^2+\beta_1 s+\beta_0$。

（c）使用（b）的答案来计算倒立摆的可观测性标准形式$(\boldsymbol{c}_\text{o}, \boldsymbol{A}_\text{o})$

（d）使用（c）的答案来计算对$(\boldsymbol{c}_\text{o}, \boldsymbol{A}_\text{o})$的可观测矩阵$\mathcal{O}_\text{o}$。

（e）给出使极点配置在$-\gamma_1$，$-\gamma_2$，$-\gamma_3$，$-\gamma_4$的观测器增益$\boldsymbol{\ell}$ 。使用文中给出的极点配置程序。

（f）对第 15 章的习题 11 进行模拟，使用这个状态估计器来实现状态反馈。

注意 在第 17 章中将指出，这个特定的控制器（使用基于小车位置x的状态估计器的状态反馈）导致闭环系统对小干扰极其敏感。具体地说，较小的干扰输入会导致摆角摆动到远离其平衡角$\theta=0$，因此线性模型不再是非线性模型的有效近似。虽然可以对这个系统进行工作模拟，但这个控制器将没有机会在实践中工作。

习题 8 输出为$y=\theta$的倒立摆的状态估计器

围绕着平衡点$(x_\text{eq},v_\text{eq},\theta_\text{eq},\omega_\text{eq})=(0,0,0,0,0)$的倒立摆的线性状态空间模型为

$$\underbrace{\begin{bmatrix}\mathrm{d}x/\mathrm{d}t\\ \mathrm{d}v/\mathrm{d}t\\ \mathrm{d}\theta/\mathrm{d}t\\ \mathrm{d}\omega/\mathrm{d}t\end{bmatrix}}_{\mathrm{d}z/\mathrm{d}t}=\underbrace{\begin{bmatrix}0 & 1 & 0 & 0\\ 0 & 0 & -\dfrac{gm^2\ell^2}{Mm\ell^2+J(M+m)} & 0\\ 0 & 0 & 0 & 1\\ 0 & 0 & \dfrac{mg\ell(M+m)}{Mm\ell^2+J(M+m)} & 0\end{bmatrix}}_{A}\underbrace{\begin{bmatrix}x\\ v\\ \theta\\ \omega\end{bmatrix}}_{z}+\underbrace{\begin{bmatrix}0\\ \dfrac{J+m\ell^2}{Mm\ell^2+J(M+m)}\\ 0\\ -\dfrac{m\ell}{Mm\ell^2+J(M+m)}\end{bmatrix}}_{b}u$$

设输出方程为

$$y=\underbrace{\begin{bmatrix}0 & 0 & 1 & 0\end{bmatrix}}_{c}\underbrace{\begin{bmatrix}x\\ v\\ \theta\\ \omega\end{bmatrix}}_{z}$$

（a）计算系统$(\boldsymbol{c}, \boldsymbol{A})$的可观测性矩阵$\mathcal{O}$。

（b）$y=\theta$时可以设计一个观测器来估计整个状态吗？解释为什么可以或不可以。

习题 9 跟踪阶跃输入为x的倒立摆的多输出观测器

将 16.3 节的多输出观测器添加到第 15 章的习题 12 的倒立摆控制器中。建议使用 Simulink State-Space 块来实现这个观测器，如下所示。所要实现的状态估计方程为

$$\frac{\mathrm{d}\hat{z}}{\mathrm{d}t}=(\boldsymbol{A}-\boldsymbol{LC})\hat{z}+\boldsymbol{b}u+\boldsymbol{L}\boldsymbol{y}=(\boldsymbol{A}-\boldsymbol{LC})\hat{z}+\boldsymbol{B}\boldsymbol{u} \tag{16.49}$$

$$\hat{z}=\boldsymbol{I}_{4\times4}\hat{z}+\boldsymbol{D}\boldsymbol{u} \tag{16.50}$$

其中

$$\boldsymbol{B} \triangleq [\boldsymbol{b} \quad \boldsymbol{L}] = \begin{bmatrix} 0 & \ell_{11} & \ell_{12} \\ \kappa\left(J+m\ell^2\right) & \ell_{21} & \ell_{22} \\ 0 & \ell_{31} & \ell_{32} \\ -\kappa m\ell & \ell_{41} & \ell_{42} \end{bmatrix}, \boldsymbol{u} \triangleq \begin{bmatrix} u \\ x \\ \theta \end{bmatrix}, \boldsymbol{D} \triangleq \begin{bmatrix} 0 & 0 & 0 \\ 0 & 0 & 0 \\ 0 & 0 & 0 \\ 0 & 0 & 0 \end{bmatrix}$$

被称为 Vector Concatenate 的 Simulink 块，其将输入值 u 组合到小车，并将测量值x，θ组合成一个单一的向量$\boldsymbol{u} \in \mathbb{R}^3$。向量$\boldsymbol{u}$是会进入图 16-10 中的 State-Space 块的量。双击 State-Space 块，将打开图 16-11 所示的对话框。

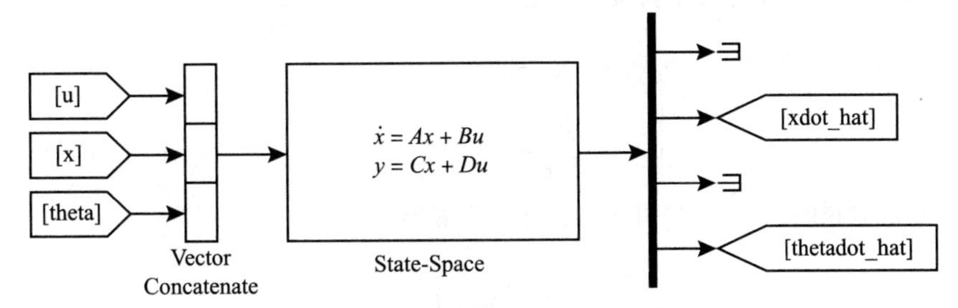

图 16-10　Simulink State-Space 块

参照式（16.49）和式（16.50），在对话框放置$\boldsymbol{A}-\boldsymbol{LC} \to \boldsymbol{A}$, $\boldsymbol{B} \to \boldsymbol{B}$，$\boldsymbol{I}_{4\times 4} \to \boldsymbol{C}$和$D \to D$。连同图 16-10 的模拟框图，需要将以下 MATLAB 代码添加到第 15 章的习题 12 的模拟中。

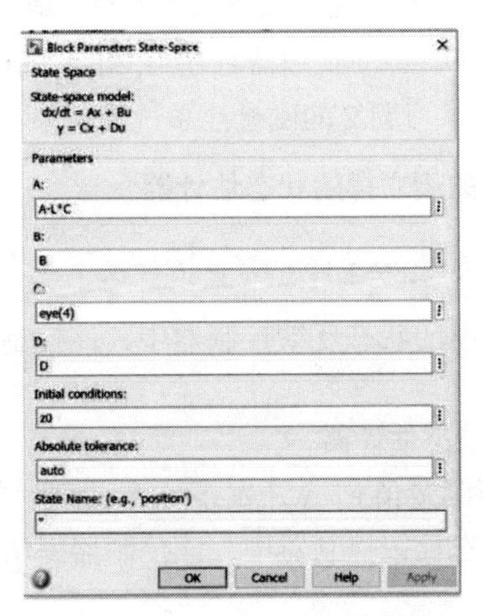

图 16-11　State-Space 块的对话框

```
% Observer
A = [0 1 0 0; 0 0 -kappa*m*g*m*Lp^2 0; 0 0 0 1; 0 0 kappa*m*g*Lp*(M+m) 0];
b = [0 kappa*(Jp+m*Lp^2) 0 -kappa*m*Lp]';
z0 = [x_0 0 theta_0 0]; ro1 = 10; ro2 = ro1; ro3 = ro1; ro4 = ro1;
C = [1 0 0 0; 0 0 1 0];
l_11 = ro1+ro2; l_12 = 0; l_21 = ro1*ro2; l_22 = -g*kappa*(m*Lp)^2;
l_31 = 0; l_32 = ro3+ro4; l_41 = 0; l_42 = alpha_sq + ro3*ro4;
L = [l_11 l_12; l_21 l_22; l_31 l_32; l_41 l_42];
eig(A-L*C)
B = horzcat([b,L]); D = [0 0 0; 0 0 0; 0 0 0; 0 0 0];
```

习题 10 磁悬浮系统速度观测器

第 13 章给出了模拟磁悬浮钢球的非线性方程式：

$$\frac{\mathrm{d}i}{\mathrm{d}t}=rL_1\frac{i}{x^2L(x)}v-\frac{R}{L(x)}i+\frac{1}{L(x)}u$$
$$\frac{\mathrm{d}x}{\mathrm{d}t}=v$$
$$\frac{\mathrm{d}v}{\mathrm{d}t}=g-\frac{rL_1}{2m}\frac{i^2}{x^2}$$

其中，$L(x)=L_0+rL_1/x$。在这个系统的物理设置中，电流和位置是可测量的，但速度不是。这个问题着眼于设计一个速度估计器。考虑：

$$\frac{\mathrm{d}x}{\mathrm{d}t}=v$$
$$\frac{\mathrm{d}v}{\mathrm{d}t}=g-\frac{rL_1}{2m}\frac{i^2}{x^2}$$

其中当i,x可被测量时，i^2/x^2是可知的。定义观测器：

$$\frac{\mathrm{d}\hat{x}}{\mathrm{d}t}=\hat{v}+\ell_1(x-\hat{x})$$
$$\frac{\mathrm{d}\hat{v}}{\mathrm{d}t}=g-\frac{rL_1}{2m}\frac{i^2}{x^2}+\ell_2(x-\hat{x})$$

（a）令$\epsilon_1\triangleq x-\hat{x}$和$\epsilon_2\triangleq v-\hat{v}$。给出这些误差状态变量所满足的微分方程组。

（b）演示如何选择增益ℓ_1和ℓ_2，使观测器有在$-r_1$和$-r_2$的极点。

（c）将该观测器加入第 15 章习题 2 的磁悬浮系统模拟中。

习题 11 $y=x+\left(\ell+\frac{J}{m\ell}\right)\theta$的倒立摆的状态估计器

在本章的习题 6 中，使用测量$y=x+\left(\ell+\frac{J}{m\ell}\right)\theta$开发了一个倒立摆的观测器。将该观测器添加到第 15 章的习题 12 中给出的状态反馈控制器中，该控制器提供了对小车位置中的阶跃输入的跟踪。

习题 12 $y=x$的倒立摆的状态估计器

在本章的习题 7 中，使用测量值$y=x$开发了一个倒立摆的观测器。将该观测器添加到第 15 章的习题 12 中给出的状态反馈控制器中，该控制器提供了对小车位置中的阶跃输入的跟踪。

习题 13 电压控制的倒立摆的多输出观测器

在第 15 章习题 14 中，建立了电压控制 Quanser 倒立摆系统的线性模型：

$$\begin{bmatrix}\mathrm{d}x/\mathrm{d}t\\ \mathrm{d}v/\mathrm{d}t\\ \mathrm{d}\theta/\mathrm{d}t\\ \mathrm{d}\omega/\mathrm{d}t\end{bmatrix}=\underbrace{\begin{bmatrix}0 & 1 & 0 & 0\\ 0 & -\frac{n^2K_{\mathrm{T}}^2}{r_{\mathrm{m}}^2R}\kappa(J+m\ell^2) & -\kappa gm^2\ell^2 & 0\\ 0 & 0 & 0 & 1\\ 0 & \frac{n^2K_{\mathrm{T}}^2}{r_{\mathrm{m}}^2R}\kappa m\ell & \kappa mg\ell(M+m) & 0\end{bmatrix}}_{A}\begin{bmatrix}x\\ v\\ \theta\\ \omega\end{bmatrix}+$$

$$\underbrace{\begin{bmatrix} 0 \\ \frac{nK_{\mathrm{T}}}{Rr_{\mathrm{m}}}\kappa\left(J+m\ell^2\right) \\ 0 \\ -\frac{nK_{\mathrm{T}}}{Rr_{\mathrm{m}}}\kappa m\ell \\ \end{bmatrix}}_{b} V$$

测量 x 和 θ，以及由 a_{ij},b_i 的明确定义，可以写出：

$$\begin{bmatrix} \mathrm{d}x/\mathrm{d}t \\ \mathrm{d}v/\mathrm{d}t \\ \mathrm{d}\theta/\mathrm{d}t \\ \mathrm{d}\omega/\mathrm{d}t \end{bmatrix} = \underbrace{\begin{bmatrix} 0 & 1 & 0 & 0 \\ 0 & a_{22} & a_{23} & 0 \\ 0 & 0 & 0 & 1 \\ 0 & a_{42} & a_{43} & 0 \end{bmatrix}}_{A} \begin{bmatrix} x \\ v \\ \theta \\ \omega \end{bmatrix} + \underbrace{\begin{bmatrix} 0 \\ b_2 \\ 0 \\ b_4 \end{bmatrix}}_{b} V, \boldsymbol{y} = \underbrace{\begin{bmatrix} 1 & 0 & 0 & 0 \\ 0 & 0 & 1 & 0 \end{bmatrix}}_{C} \underbrace{\begin{bmatrix} x \\ v \\ \theta \\ \omega \end{bmatrix}}_{z}$$

然后

$$\begin{aligned} \boldsymbol{A}-\boldsymbol{LC} &= \begin{bmatrix} 0 & 1 & 0 & 0 \\ 0 & a_{22} & a_{23} & 0 \\ 0 & 0 & 0 & 1 \\ 0 & a_{42} & a_{43} & 0 \end{bmatrix} - \begin{bmatrix} \ell_{11} & \ell_{12} \\ \ell_{21} & \ell_{22} \\ \ell_{31} & \ell_{32} \\ \ell_{41} & \ell_{42} \end{bmatrix} \begin{bmatrix} 1 & 0 & 0 & 0 \\ 0 & 0 & 1 & 0 \end{bmatrix} \\ &= \begin{bmatrix} -\ell_{11} & 1 & -\ell_{12} & 0 \\ -\ell_{21} & a_{22} & a_{23}-\ell_{22} & 0 \\ -\ell_{31} & 0 & -\ell_{32} & 1 \\ -\ell_{41} & a_{42} & a_{43}-\ell_{42} & 0 \end{bmatrix} \end{aligned}$$

选择 $\ell_{12}=0, \ell_{22}=a_{23}, \ell_{31}=0$ 和 $\ell_{41}=0$，可以看到 $\boldsymbol{A}-\boldsymbol{LC}$ 变成

$$\boldsymbol{A}-\boldsymbol{LC} = \begin{bmatrix} -\ell_{11} & 1 & 0 & 0 \\ -\ell_{21} & a_{22} & 0 & 0 \\ 0 & 0 & -\ell_{32} & 1 \\ 0 & a_{42} & a_{43}-\ell_{42} & 0 \end{bmatrix}$$

与 16.3 节中的例子不同，由于 $a_{42}\neq 0$，$\boldsymbol{A}-\boldsymbol{LC}$ 不是块对角线形式。然而

$$\begin{aligned} \det\left(s\boldsymbol{I}-\left(\boldsymbol{A}-\boldsymbol{LC}\right)\right) &= \det\begin{bmatrix} s+\ell_{11} & -1 & 0 & 0 \\ \ell_{21} & s-a_{22} & 0 & 0 \\ 0 & 0 & s+\ell_{32} & 1 \\ 0 & -a_{42} & a_{43}-\ell_{42} & s \end{bmatrix} \\ &= \left(s^2+\left(\ell_{11}-a_{22}\right)s+\ell_{21}-a_{22}\ell_{11}\right)\left(s^2+\ell_{32}s+\ell_{42}-a_{43}\right) \end{aligned}$$

也就是说，行列式并不依赖于 a_{42}。选 $\ell_{11}=r_1+r_2+a_{22}$，$\ell_{21}=a_{22}\ell_{11}+r_1r_2$，$\ell_{32}=r_3+r_4$ 和 $\ell_{42}=a_{43}+r_3r_4$ 可得

$$\det\left(s\boldsymbol{I}-\left(\boldsymbol{A}-\boldsymbol{LC}\right)\right)=\left(s+r_1\right)\left(s+r_2\right)\left(s+r_3\right)\left(s+r_4\right)$$

总之，观测器的增益被设置为

$$\begin{bmatrix} \ell_{11} & \ell_{12} \\ \ell_{21} & \ell_{22} \\ \ell_{31} & \ell_{32} \\ \ell_{41} & \ell_{42} \end{bmatrix} = \begin{bmatrix} r_1+r_2+a_{22} & 0 \\ a_{22}\ell_{11}+r_1r_2 & a_{23} \\ 0 & r_3+r_4 \\ 0 & a_{43}+r_3r_4 \end{bmatrix}$$

将这个观测器加入第 15 章的习题 14 的仿真中。请参见本章的习题 9，以了解在 Simulink 中实现这个观测器的简单过程。

习题 14 多输出观测器的规范形式

如习题 13 所示，在小车上的电压控制倒立摆的观测器模型为

$$\frac{\mathrm{d}\hat{\boldsymbol{z}}}{\mathrm{d}t} = (\boldsymbol{A}-\boldsymbol{L}\boldsymbol{C})\hat{\boldsymbol{z}} + \boldsymbol{b}u + \boldsymbol{L}\boldsymbol{y} \tag{16.51}$$

定义一个坐标变换：

$$\hat{\boldsymbol{z}}_{\mathrm{o}} \triangleq \boldsymbol{T}_{\mathrm{o}}\hat{\boldsymbol{z}}$$

其中

$$\boldsymbol{T}_{\mathrm{o}} \triangleq \begin{bmatrix} 1 & 0 & 0 & 0 \\ -a_{22} & 1 & 0 & 0 \\ 0 & 0 & 1 & 0 \\ -a_{42} & 0 & 0 & 1 \end{bmatrix}, \boldsymbol{T}_{\mathrm{o}}^{-1} = \begin{bmatrix} 1 & 0 & 0 & 0 \\ a_{22} & 1 & 0 & 0 \\ 0 & 0 & 1 & 0 \\ a_{42} & 0 & 0 & 1 \end{bmatrix}$$

现在展示这个变换将状态估计器（16.51）变成多输出观测器规范形式。将式（16.51）的左边乘 $\boldsymbol{T}_{\mathrm{o}}$，然后用 $\boldsymbol{T}_{\mathrm{o}}^{-1}\hat{\boldsymbol{z}}_{\mathrm{o}}$ 代替 $\hat{\boldsymbol{z}}$，状态估计器（16.51）变成

$$\frac{\mathrm{d}\hat{\boldsymbol{z}}_{\mathrm{o}}}{\mathrm{d}t} = \underbrace{\boldsymbol{T}_{\mathrm{o}}(\boldsymbol{A}-\boldsymbol{L}\boldsymbol{C})\boldsymbol{T}_{\mathrm{o}}^{-1}}_{\boldsymbol{A}_{\mathrm{o}}-\boldsymbol{L}_{\mathrm{o}}\boldsymbol{C}_{\mathrm{o}}}\hat{\boldsymbol{z}}_{\mathrm{o}} + \underbrace{\boldsymbol{T}_{\mathrm{o}}\boldsymbol{b}}_{\boldsymbol{b}_{\mathrm{o}}}u + \underbrace{\boldsymbol{T}_{\mathrm{o}}\boldsymbol{L}}_{\boldsymbol{L}_{\mathrm{o}}}\boldsymbol{y} \tag{16.52}$$

$$\hat{\boldsymbol{y}} = \underbrace{\boldsymbol{C}\boldsymbol{T}_{\mathrm{o}}^{-1}}_{\boldsymbol{C}_{\mathrm{o}}}\hat{\boldsymbol{z}}_{\mathrm{o}} \tag{16.53}$$

显然有

$$\boldsymbol{A}_{\mathrm{o}} \triangleq \boldsymbol{T}_{\mathrm{o}}\boldsymbol{A}\boldsymbol{T}_{\mathrm{o}}^{-1} = \begin{bmatrix} 1 & 0 & 0 & 0 \\ -a_{22} & 1 & 0 & 0 \\ 0 & 0 & 1 & 0 \\ -a_{42} & 0 & 0 & 1 \end{bmatrix}\begin{bmatrix} 0 & 1 & 0 & 0 \\ 0 & a_{22} & a_{23} & 0 \\ 0 & 0 & 0 & 1 \\ 0 & a_{42} & a_{43} & 0 \end{bmatrix}\begin{bmatrix} 1 & 0 & 0 & 0 \\ a_{22} & 1 & 0 & 0 \\ 0 & 0 & 1 & 0 \\ a_{42} & 0 & 0 & 1 \end{bmatrix} = \begin{bmatrix} a_{22} & 1 & 0 & 0 \\ 0 & 0 & a_{23} & 0 \\ a_{42} & 0 & 0 & 1 \\ 0 & 0 & a_{43} & 0 \end{bmatrix}$$

$$\boldsymbol{C}_{\mathrm{o}} \triangleq \boldsymbol{C}\boldsymbol{T}_{\mathrm{o}}^{-1} = \begin{bmatrix} 1 & 0 & 0 & 0 \\ 0 & 0 & 1 & 0 \end{bmatrix}\begin{bmatrix} 1 & 0 & 0 & 0 \\ a_{22} & 1 & 0 & 0 \\ 0 & 0 & 1 & 0 \\ a_{42} & 0 & 0 & 1 \end{bmatrix} = \begin{bmatrix} 1 & 0 & 0 & 0 \\ 0 & 0 & 1 & 0 \end{bmatrix}$$

和 $\boldsymbol{T}_{\mathrm{o}}(\boldsymbol{A}-\boldsymbol{L}\boldsymbol{C})\boldsymbol{T}_{\mathrm{o}}^{-1} = \boldsymbol{T}_{\mathrm{o}}\boldsymbol{A}\boldsymbol{T}_{\mathrm{o}}^{-1} - \boldsymbol{T}_{\mathrm{o}}\boldsymbol{L}\boldsymbol{C}\boldsymbol{T}_{\mathrm{o}}^{-1} = \boldsymbol{A}_{\mathrm{o}} - \boldsymbol{L}_{\mathrm{o}}\boldsymbol{C}_{\mathrm{o}}$。然后

$$\boldsymbol{A}_{\mathrm{o}} - \boldsymbol{L}_{\mathrm{o}}\boldsymbol{C}_{\mathrm{o}} = \begin{bmatrix} a_{22} & 1 & 0 & 0 \\ 0 & 0 & a_{23} & 0 \\ a_{42} & 0 & 0 & 1 \\ 0 & 0 & a_{43} & 0 \end{bmatrix} - \begin{bmatrix} \ell_{\mathrm{o}11} & \ell_{\mathrm{o}12} \\ \ell_{\mathrm{o}21} & \ell_{\mathrm{o}22} \\ \ell_{\mathrm{o}31} & \ell_{\mathrm{o}32} \\ \ell_{\mathrm{o}41} & \ell_{\mathrm{o}42} \end{bmatrix}\begin{bmatrix} 1 & 0 & 0 & 0 \\ 0 & 0 & 1 & 0 \end{bmatrix}$$

$$
=\begin{bmatrix} a_{22}-\ell_{o11} & 1 & -\ell_{o12} & 0 \\ -\ell_{o21} & 0 & a_{23}-\ell_{o22} & 0 \\ a_{42}-\ell_{o31} & 0 & -\ell_{o32} & 1 \\ -\ell_{o41} & 0 & a_{43}-\ell_{o42} & 0 \end{bmatrix} \tag{16.54}
$$

我们说$(\boldsymbol{C}_o,\boldsymbol{A}_o)$是观测器规范形式，因为，如式（16.54）所示，可以使用$\boldsymbol{L}_o$将$\boldsymbol{A}_o-\boldsymbol{L}_o\boldsymbol{C}_o$的第一列和第三列设置为我们喜欢的任何值。此外，第二列和第四列为零，除了“正确位置”中的“1”。

在式（16.54）中，令$\ell_{o12}=0,\ell_{o22}=a_{23},\ell_{o31}=a_{42},\ell_{o41}=0$于是$\boldsymbol{A}_o-\boldsymbol{L}_o\boldsymbol{C}_o$成为

$$
\boldsymbol{A}_o-\boldsymbol{L}_o\boldsymbol{C}_o=\begin{bmatrix} a_{22}-\ell_{o11} & 1 & 0 & 0 \\ -\ell_{o21} & 0 & 0 & 0 \\ 0 & 0 & -\ell_{o32} & 1 \\ 0 & 0 & a_{43}-\ell_{o42} & 0 \end{bmatrix}
$$

注意到$\boldsymbol{A}_o-\boldsymbol{L}_o\boldsymbol{C}_o$现在是块对角矩阵。那么特征多项式为

$$
\begin{aligned}
\det\left(s\boldsymbol{I}-\left(\boldsymbol{A}_o-\boldsymbol{L}_o\boldsymbol{C}_o\right)\right) &=\det\begin{bmatrix} s+\ell_{o11}-a_{22} & -1 & 0 & 0 \\ \ell_{o21} & s & 0 & 0 \\ 0 & 0 & s+\ell_{o32} & -1 \\ 0 & 0 & \ell_{o42}-a_{43} & s \end{bmatrix} \\
&=\left(s^2+\left(\ell_{o11}-a_{22}\right)s+\ell_{o21}\right)\left(s^2+\ell_{o32}s+\ell_{o42}-a_{43}\right)
\end{aligned}
$$

令$\ell_{o11}=r_1+r_2+a_{22},\ell_{o21}=r_1r_2,\ell_{o32}=r_3+r_4$和$\ell_{o42}=a_{43}+r_3r_4$，那么

$$
\det\left(s\boldsymbol{I}-\left(\boldsymbol{A}_o-\boldsymbol{L}_o\boldsymbol{C}_o\right)\right)=\left(s+r_1\right)\left(s+r_2\right)\left(s+r_3\right)\left(s+r_4\right)
$$

总的来说，令

$$
\boldsymbol{L}_o=\begin{bmatrix} \ell_{o11} & \ell_{o12} \\ \ell_{o21} & \ell_{o22} \\ \ell_{o31} & \ell_{o32} \\ \ell_{o41} & \ell_{o42} \end{bmatrix}=\begin{bmatrix} r_1+r_2+a_{22} & 0 \\ r_1r_2 & a_{23} \\ a_{42} & r_3+r_4 \\ 0 & a_{43}+r_3r_4 \end{bmatrix}
$$

可以使$\boldsymbol{A}_o-\boldsymbol{L}_o\boldsymbol{C}_o$的极点配置在$-r_1,-r_2,-r_3,-r_4$处。最后，由于$\boldsymbol{L}_o=\boldsymbol{T}_o\boldsymbol{L}$。原坐标系中的增益矩阵为

$$
\begin{aligned}
\boldsymbol{L}=\boldsymbol{T}_o^{-1}\boldsymbol{L}_o &=\begin{bmatrix} 1 & 0 & 0 & 0 \\ a_{22} & 1 & 0 & 0 \\ 0 & 0 & 1 & 0 \\ a_{42} & 0 & 0 & 1 \end{bmatrix}\begin{bmatrix} r_1+r_2+a_{22} & 0 \\ r_1r_2 & a_{23} \\ a_{42} & r_3+r_4 \\ 0 & a_{43}+r_3r_4 \end{bmatrix} \\
&=\begin{bmatrix} r_1+r_2+a_{22} & 0 \\ \left(r_1+a_{22}\right)\left(r_2+a_{22}\right) & a_{23} \\ a_{42} & r_3+r_4 \\ a_{42}\left(r_1+r_2+a_{22}\right) & a_{43}+r_3r_4 \end{bmatrix}
\end{aligned}
$$

将这个观测器添加到第 15 章的习题 14 的模拟中。请参见本章的习题 9，以了解在 Simulink 中实现这个观测器的简单过程。

习题 15 轨道系统上小车的参数识别

图 16-12 的 Simulink 是用于收集（模拟）数据，以识别第 15 章线性小车模型的参数。小车的传递函数模型为$G(s)=\dfrac{b}{s(s+a)}$，其中 a，b 将根据电压 V 和位置 x 的测量值来估计。在该系统的模拟中令$a=10$，$b=2$，并将饱和极限设置为$\pm V_{\max}=\pm 5\text{ V}$。选择$V(t)=4\sin(\phi(t))$，即线性调频信号的电压输入，其中$\phi(t)=\dfrac{2\pi f_2-2\pi f_1}{T_{\mathrm{f}}}\dfrac{t^2}{2}+2\pi f_1 t$和$\dot{\phi}(t)=\dfrac{2\pi f_2-2\pi f_1}{T_{\mathrm{f}}}t+2\pi f_1$。也就是说，$V(t)$是一个正弦电压，其瞬时频率$\dot{\phi}(t)$从$\dot{\phi}(0)=2\pi f_1$线性增加到$\dot{\phi}(T_{\mathrm{f}})=2\pi f_2$。

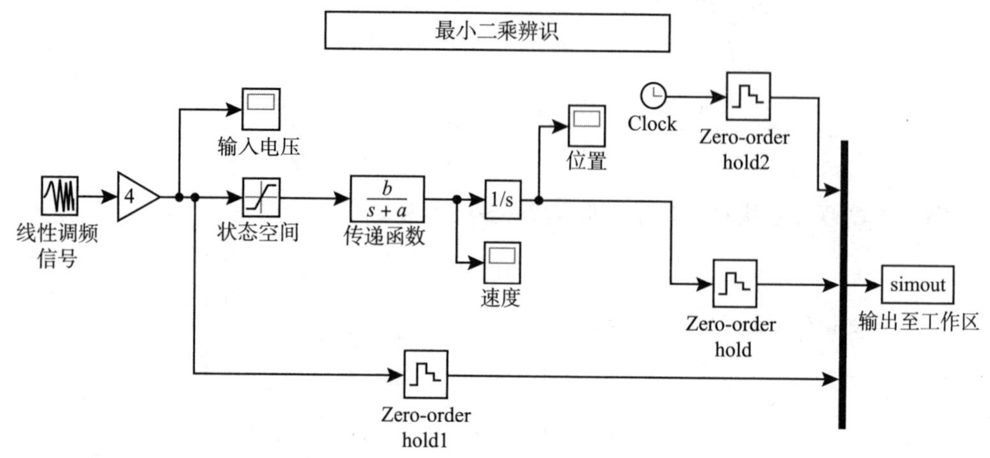

图 16-12　用于收集数据的 Simulink 框图

图 16-13 所示为 Chirp signal（线性调频信号）块的对话框。设置$f_1=0.04$，$f_2=4$和$T_{\mathrm{f}}=10$。

（仿真）数据采集使用 zero-order hold 块来模拟模数转换器。图 16-14 给出了 zero-order hold 块的对话框，采样周期 T 设置为 0.001s。

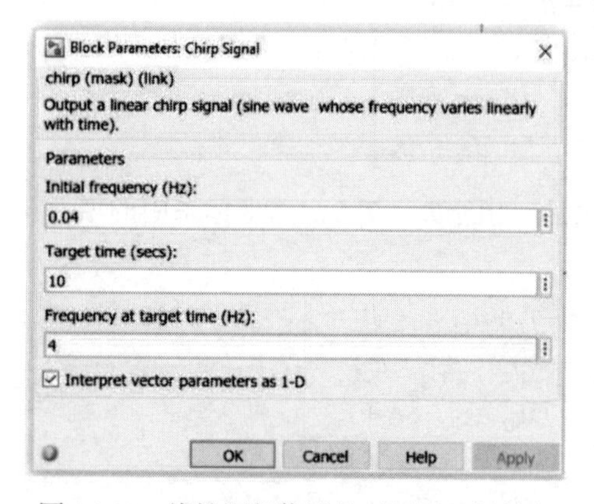

图 16-13　线性调频信号的对话框。初始频率和目标时间的频率以赫兹为单位

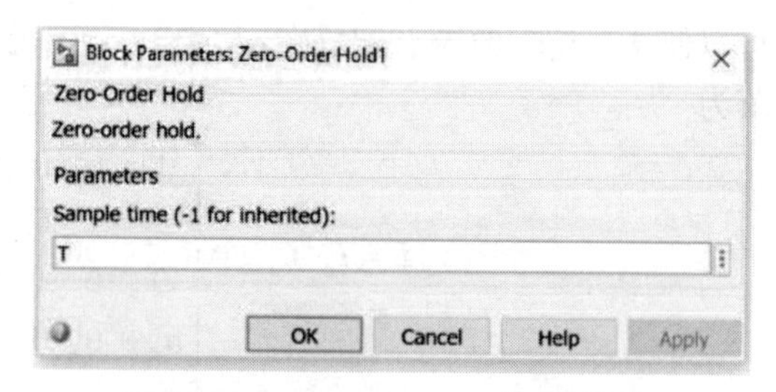

图 16-14　zero-order hold 块的对话框

使用 To Workspace 块存储数据。To Workspace 块的对话框如图 16-15 所示。

（a）实现 Simulink 模拟，然后编写一个程序用存储在 simout 中的时间 t、位置 x 和电压 V 来计算$\dot{x}$，$\ddot{x}$。下面的代码应该很有用。标准情况是用低通滤波器对测量信号进行滤波。低通滤波后的信号由于滤波器本身而有一个延迟。这使得使用相同滤波器计算参数中使用的所有信号变得很重要，这样它们都有相同的延迟。

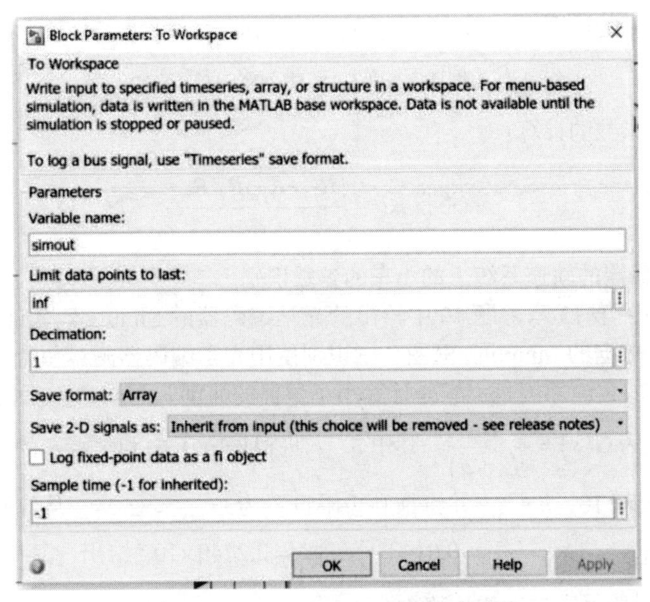

图 16-15　To Workspace 块的对话框

```
t = simout(:,1); x = simout(:,2); V = simout(:,3);
derv = [1 -1]/T;
% Compute the velocity by differentiating position
xdot = filter(derv,1, x);
% Compute the acceleration by differentiating velocity
acc = filter(derv,1,xdot);
% Put all signals through a low-pass Butterworth filter to remove
% high-frequency noise.
fs = 1/T;
% Sampling frequency in Hz
fsc = (1/2)*fs;
% Nyquist frequency in Hz defined as 1/2 of the sampling freq.
wn = 10/fsc;
% wn is the cutoff freq (= 10 Hz) divided by the Nyquist freq.
[bf,af] = butter(2,wn);
% Second-order Butterworth filter with a cutoff freq of 10 Hz.
xdot_f = filter(bf,af,xdot);
acc_f = filter(bf,af,acc);
Vf_f = filter(bf,af,V);
```

在同一张图上绘制 xdot_f 和 xdot 随时间的变化。

在同一张图上绘制 acc_f 和 acc 随时间的变化。

在同一张图上绘制 V_f 和 V 随时间的变化。

在这些图中，将看到信号和经过滤波器后的版本的一个小延迟。

（b）将 $\boldsymbol{R}_{\mathrm{y}}, \boldsymbol{R}_{\mathrm{W}}$ 和 $\boldsymbol{R}_{\mathrm{Wy}}$ 的计算添加到（a）部分的程序中。然后用它们来计算 a，b 的估计值 $\hat{a}$，$\hat{b}$：

$$\begin{bmatrix} \hat{a} \\ \hat{b} \end{bmatrix} = \boldsymbol{R}_{\mathrm{W}}^{-1} \boldsymbol{R}_{\mathrm{Wy}}$$

通过计算分数误差 $(\hat{a}-a)/a$ 和 $(\hat{b}-b)/b$，比较估计值 $\hat{a}$，$\hat{b}$ 与模拟中使用的值。

（c）将剩余误差的计算添加到（b）部分的程序中：

$$E^2(\boldsymbol{K})_{|\ \boldsymbol{K}=\hat{\boldsymbol{K}}\triangleq \boldsymbol{R}_{\mathrm{W}}^{-1}\boldsymbol{R}_{\mathrm{Wy}}} = \boldsymbol{R}_{\mathrm{y}} - \boldsymbol{R}_{\mathrm{yW}}\boldsymbol{R}_{\mathrm{W}}^{-1}\boldsymbol{R}_{\mathrm{Wy}}$$

以及剩余误差指数的计算：

$$\text{误差指数} = \sqrt{\frac{\boldsymbol{R}_{\mathrm{y}} - \boldsymbol{R}_{\mathrm{yW}}\boldsymbol{R}_{\mathrm{W}}^{-1}\boldsymbol{R}_{\mathrm{Wy}}}{\boldsymbol{R}_{\mathrm{y}}}}$$

习题 16 有编码器的轨道系统上的小车的参数识别

这个问题使用了第 13 章习题 10 中给出的光学编码器的 Simulink 模型。图 16-16 所示为用于采集（仿真）数据的 Simulink 框图，以识别使用光学编码器测量位置的线性小车系统的参数。使用编码器的关键原因是，它是计算小车位置的速度 $\dot{x}$ 和加速度 $\ddot{x}$ 的主要噪声来源。小车的传递函数模型为 $G(s)=\dfrac{b}{s(s+a)}$，其中 a，b 将根据电压 V 和位置 x 的测量值来估计。在该系统的模拟中令 $a=10$，$b=2$，并将饱和极限设置为 $\pm V_{\max}=\pm 5\ \mathrm{V}$。从编码器计数到仪表中小车位置的转换由 $K_{\mathrm{enc}}=r_{\mathrm{enc}}\dfrac{2\pi}{N_{\mathrm{enc}}}=0.01483\dfrac{2\pi}{4\cdot 1024}=2.2749\times 10^{-5}$ 给出，其中 r_{enc} 是编码器车轮的半径，N_{enc} 是编码器每转输出的计数数。

选择 $V(t)=4\sin(\phi(t))$，即线性调频信号的电压输入，其中 $\phi(t)=\dfrac{2\pi f_2-2\pi f_1}{T_{\mathrm{f}}}\dfrac{t^2}{2}+2\pi f_1 t$ 和 $\dot{\phi}(t)=\dfrac{2\pi f_2-2\pi f_1}{T_{\mathrm{f}}}t+2\pi f_1$。也就是说，$V(t)$ 是一个正弦电压，其瞬时频率 $\dot{\phi}(t)$ 从 $\dot{\phi}(0)=2\pi f_1$ 线性增加到 $\dot{\phi}(T_{\mathrm{f}})=2\pi f_2$。设置 $f_1=0.04, f_2=4$ 和 $T_{\mathrm{f}}=10$。（模拟）数据采集使用 zero-order hold 块来模拟模数转换器。设置采样周期 T 为 0.001s。然后使用 To Workspace 块存储数据。

它们不是在 MATLAB 程序中进行微分和过滤，而是可以在 Simulink 模拟中完成，如图 16-16 所示。

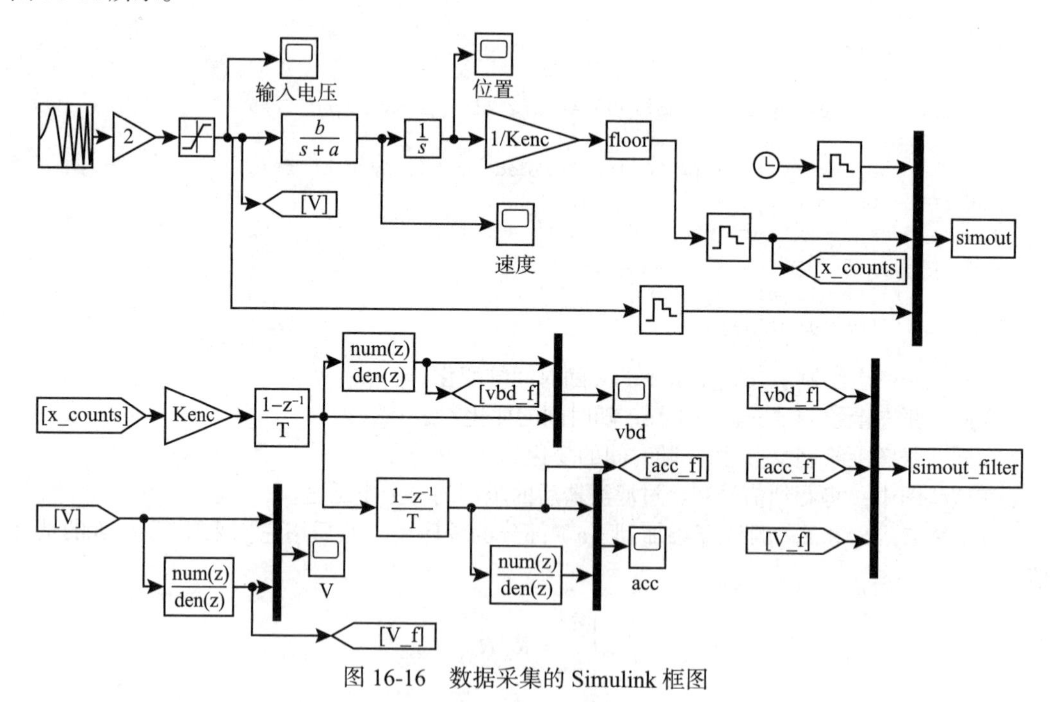

图 16-16　数据采集的 Simulink 框图

在图 16-16 中，有三个相同的低通巴特沃斯滤波器，显示为$\dfrac{\text{num}(z)}{\text{den}(z)}$discrete filter 块。这些 discrete filter 块的对话框如图 16-17 所示。图 16-17 对话框中给出的滤波器参数 af 和 bf 按照习题 15（a）进行计算。

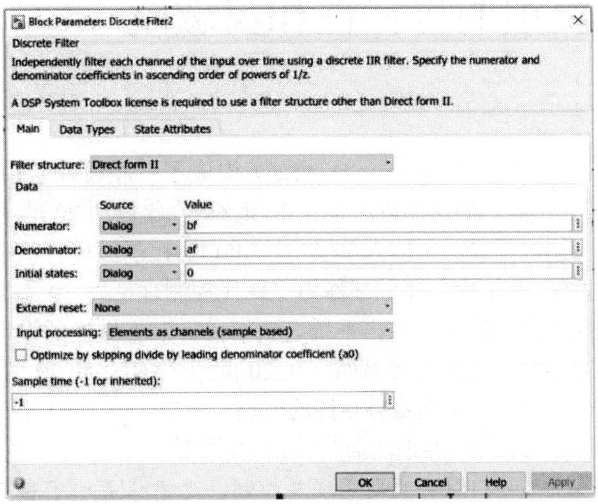

有两个微分器为图 16-16 中的$\dfrac{1-z^{-1}}{T}$块。微分滤波器的对话框如图 16-18 所示。采样周期 T 被设置为 0.001s。

图 16-17　discrete filter 块的对话框

（a）实现这个 Simulink 的仿真。可以使用习题 15 的（a）中的程序或模拟中的 simout_filter 来获得 $V_{\mathrm{f}}, \dot{x}_{\mathrm{f}}$ 和 $\ddot{x}_{\mathrm{f}}$，它们分别是 $V, \dot{x}$ 和 $\ddot{x}$ 的低通滤波后的版本。低通滤波后的信号由于滤波器本身而有一个延迟。因此，用相同的滤波器对参数计算中使用的所有信号进行滤波是很重要的，这样它们都有相同的延迟。

在同一张图上绘制 `xdot_f` 和 `xdot` 随时间的变化。

在同一张图上绘制 `acc_f` 和 `acc` 随时间的变化。

在同一张图上绘制 `V_f` 和 `V` 随时间的变化。

在这些图中，将看到信号和经过滤波器后的版本之间的一个小延迟。

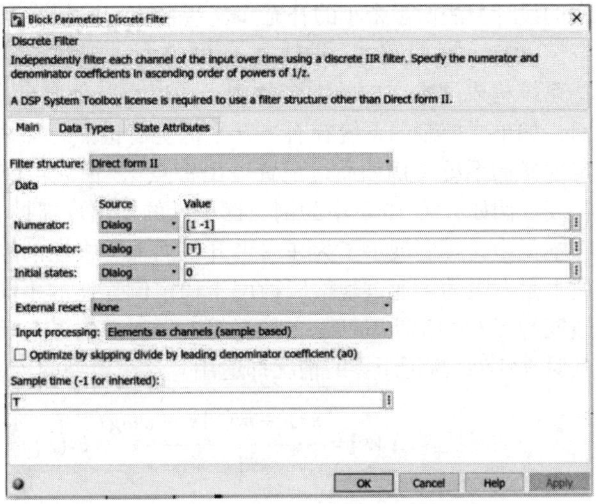

（b）将 $\boldsymbol{R}_{\mathrm{y}}, \boldsymbol{R}_{\mathrm{W}}$ 和 $\boldsymbol{R}_{\mathrm{Wy}}$ 的计算添加到（a）的程序中。然后用它们来计算 a，b 的估计值 $\hat{a}$，$\hat{b}$：

图 16-18　微分滤波器的对话框

$$\begin{bmatrix}\hat{a}\\ \hat{b}\end{bmatrix}=\boldsymbol{R}_{\mathrm{W}}^{-1}\boldsymbol{R}_{\mathrm{Wy}}$$

通过计算分数误差$(\hat{a}-a)/a$和$(\hat{b}-b)/b$，比较估计值 $\hat{a}$，$\hat{b}$ 与模拟中使用的值。

（c）将剩余误差的计算添加到（b）的程序中：

$$E^2(\boldsymbol{K})\big|_{\boldsymbol{K}=\hat{\boldsymbol{K}}\triangleq\boldsymbol{R}_{\mathrm{W}}^{-1}\boldsymbol{R}_{\mathrm{Wy}}}=\boldsymbol{R}_{\mathrm{y}}-\boldsymbol{R}_{\mathrm{yW}}\boldsymbol{R}_{\mathrm{W}}^{-1}\boldsymbol{R}_{\mathrm{Wy}}$$

以及剩余误差指数的计算：

$$\text{误差指数}=\sqrt{\frac{\boldsymbol{R}_{\mathrm{y}}-\boldsymbol{R}_{\mathrm{yW}}\boldsymbol{R}_{\mathrm{W}}^{-1}\boldsymbol{R}_{\mathrm{Wy}}}{\boldsymbol{R}_{\mathrm{y}}}}$$

第 17 章

An Introduction to System Modeling and Control

反馈的鲁棒性和灵敏度

本书的第 8、9、11、12 章构成了“经典控制理论”。伯德[47]、奈奎斯特[48]和伊文斯[53]（根位点）的这些方法是在 20 世纪 30 年代和 20 世纪 40 年代发展起来的。这些技术的大多数应用都是针对单输入单输出（SISO）控制循环。状态空间的方法出现在 20 世纪 60 年代和 20 世纪 70 年代，通常被称为“现代控制理论”。状态空间方法的一个巨大优点是它可以很容易地处理多输入多输出系统。然而，针对稳健性的设计（即良好的增益和阶段边际）在状态空间中并不是那么容易的。在 20 世纪 80 年代和 20 世纪 90 年代频域回归了，因为奈奎斯特理论提供了一种衡量鲁棒性的方法。

布鲁斯 · 弗朗西斯[62]的观点如下：

第一门课的主题是经典控制。这意味着除了原点是单极点，控制的系统要是单输入、单输出和稳定的，并且设计是在频域内完成的，通常使用伯德图。

我们对通过让开环系统（需要控制的系统）在原点有多达两个极点并包含根轨迹这种通常的设计方法做了个小的补充。这些系统的控制器可以使用输出极点配置（第 10 章）、伯德 / 奈奎斯特（第 11 章）、根轨迹（第 12 章）或状态空间（第 15 和 16 章）的方法来设计。这些系统构成了本文中的大多数例子（以及其他基础书），设计产生了良好的稳定性边际。然而，如果要控制的系统在右半开平面上有极点，那么情况就完全不同了。虽然我们总可以稳定这样的系统（例如通过配置输出极点），但它可能非常困难，甚至不可能获得足够的稳定裕度。例如，第 10 章中为倒立摆设计的输出反馈控制器在 11.9 节中表现出较小的稳定裕度。在本章中，我们展示了为在右半开平面上有极点的系统而设计的控制器的可实现的鲁棒性本质上是有限的。通过观察四种用于稳定倒立摆的不同控制器的稳定裕度来证明这一点（见伍迪亚特等人[63]、斯坦[36]、古德温等人[6]和道尔等人[49]）。从第 13 章推导出的倒立摆模型开始，其对 θ 和 $\dot{\theta}$ 都接近于零的情况都适用。这个模型的传递函数为

$$X(s)=\underbrace{\frac{\kappa\left(J+m\ell^2\right)s^2-\kappa mg\ell}{s^2\left(s^2-\alpha^2\right)}}_{G_X(s)}U(s)+\frac{-\kappa g\left(m\ell\right)^2\left(s\theta(0)+\dot{\theta}(0)\right)+\left(s^2-\alpha^2\right)\left(sx(0)+\dot{x}(0)\right)}{s^2\left(s^2-\alpha^2\right)} \tag{17.1}$$

$$\theta(s)=-\underbrace{\frac{\kappa m\ell}{s^2-\alpha^2}}_{G_\theta(s)}U(s)+\frac{s\theta(0)+\dot{\theta}(0)}{s^2-\alpha^2} \tag{17.2}$$

其中 $\alpha^2=\dfrac{mg\ell(M+m)}{Mm\ell^2+J(M+m)},\kappa=\dfrac{1}{Mm\ell^2+J(M+m)}$

17.1 输出为 x 的倒立摆

现在让我们看看倒立摆的控制，只使用测量小车的位置x作为反馈。采用第 10 章的配置方法，可设计一个保持模拟摆杆直立的控制器（见本章习题 1）。如古德温等人[6]所指出的，当在实际的小车和摆杆系统上实现时，这个控制器基本上注定要失败。进一步解释，图 17-1 显示了一个统一的反馈控制架构，其中设计$G_c(s)$使闭环系统稳定。在图 17-1 中，$p\big(s,x(0),\dot{x}(0),\theta(0),\dot{\theta}(0)\big)$表示式（17.1）中的初始条件项的分子。请注意，传递函数$G_X(s)\triangleq X(s)/U(s)$在右半开平面上有一个极点和一个零点，它们分别为

$$p=\sqrt{\frac{mg\ell(M+m)}{Mm\ell^2+J(M+m)}},z=\sqrt{\frac{mg\ell}{J+m\ell^2}} \tag{17.3}$$

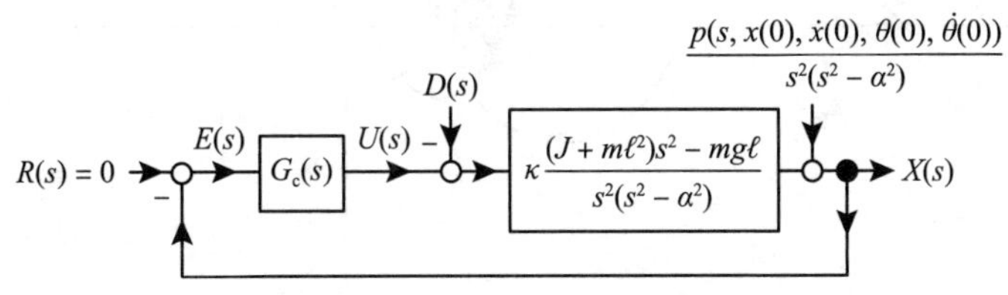

图 17-1　输出极点配置控制器

具体地说，考虑小车上的 Quanser 倒立摆。它有一个长度为$\ell_Q=0.6413\ \mathrm{m}$的摆杆，其质心在摆杆的中点。在第 13 章中，取杆的旋转轴沿$-\hat{z}$方向穿过其质心（见图 13-1）。杆绕这个旋转轴的惯性矩为$J=m\ell^2/3$，其中$\ell\triangleq\ell_Q/2$。式（17.3）中的极点和零点简化为

$$p=\sqrt{\frac{mg\ell(M+m)}{Mm\ell^2+(m\ell^2/3)(M+m)}}=\sqrt{\frac{3}{4}\frac{g}{\ell}}\sqrt{\frac{M+m}{M+m/4}} \tag{17.4}$$

$$z=\sqrt{\frac{mg\ell}{m\ell^2/3+m\ell^2}}=\sqrt{\frac{3}{4}\frac{g}{\ell}} \tag{17.5}$$

Quanser 参数值为$M=0.57$和$m=0.23$从而$\sqrt{\frac{M+m}{M+m/4}}=\sqrt{\frac{0.57+0.23}{0.57+0.23/4}}=1.129$，这表明右半平面极点仅略大于右半平面零点。有了这些参数值，计算倒立摆的开环传递函数为

$$G_X(s)=\frac{1.59s^2-36.57}{s^2(s^2-29.25)}=1.59\frac{(s-4.7958)(s+4.7958)}{s^2(s-5.408)(s+5.408)} \tag{17.6}$$

使用极点配置方法控制器形式为

$$G_c(s)=\frac{b_3s^3+b_2s^2+b_1s+b_0}{s^3+a_2s^2+a_1s+a_0}$$

将允许任意配置闭环极点。令七个闭环极点都在 -5，则

$$\begin{aligned}G_c(s)&=\frac{4262s^3+22579s^2-2991s-2137}{s^3+35s^2-6240s-30583}\\&=4262\frac{(s+5.4086)(s-0.3668)(s+0.2533)}{(s+96.4235)(s-66.2137)(s+4.7902)}\end{aligned} \tag{17.7}$$

习题 1 要求你模拟这个控制器，它将保持摆杆垂直。我们现在使用奈奎斯特理论来证明这个控制器在实际中无法使用，也就是说，如果你尝试在实际的倒立摆上实现这个控

制器，它将不能保持杆的垂直。奈奎斯特轮廓图如图17-2a所示，其中展现了在原点处的$G_c(s)G_X(s)$的两个极点和在右半开平面上的两个极点。这表明P=2，由于$G_c(s)G_X(s)$在奈奎斯特轮廓图内部有两个极点。$G_c(s)G_X(s)$ 对应的奈奎斯特图如图17-2b所示。（适用于$G_c(re^{j\theta})G_X(re^{j\theta})\approx(2137/30583)(36.57/29.25)e^{-j2\theta}/r^2=0.087e^{-j2\theta}/r^2$，当$r$很小时）。

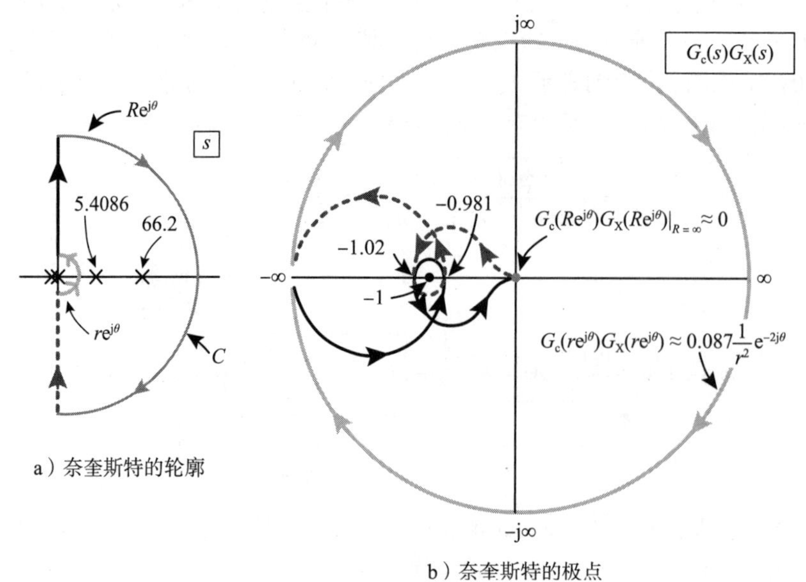

图17-2

从奈奎斯特图可以看出$N=-2$，所以这个闭环系统是稳定的（当然，我们已经知道这一点，因为七个闭环极点都在-5）。然而，因为仅当$-1.02<-\dfrac{1}{K}<-0.981$或$1/1.02=0.980<K<1.019=1/0.981$时$\dfrac{KG_c(s)G_X(s)}{1+KG_c(s)G_X(s)}$是稳定的，所以增益裕度非常小。相位裕度仅为$\tan^{-1}(0.02/1)=0.02\,\text{rad}$或1.15°。也就是说，如果极坐标图旋转这个量，$-1+j0$的圈数就会发生变化。有人可能会说，如果使用微处理器准确地实现，那么应该就可以了。但传递函数$G_X(s)$的参数值可能还不够准确，因此基于该模型设计的控制器$G_c(s)$能够使实际的倒立摆稳定。换句话说，该控制器对倒立摆模型中的轻微的不确定性不具有鲁棒性。

情况甚至比模型的不确定性更糟糕。即使线性模型$G_X(s)$在（摆上）操作点周围非常精确，这个控制器在实际中也不能用。为了证明这一点，我们需要讨论控制系统的灵敏度。首先放大了$-1+j0$点周围的部分图，如图17-3所示，但只显示了$\omega>0$的$G_c(j\omega)G_X(j\omega)$的部分。如在此图中所示

$$1+G_c(j\omega)G_X(j\omega)$$

是从$-1+j0$到$G_c(j\omega)G_X(j\omega)$的一个向量（复数）。对于某些频率，这个向量的长度非常小（大约0.02）。$G_c(j\omega)G_X(j\omega)$的伯德图如图17-4所示，在频率范围$0.8\leqslant\omega\leqslant12$中，$G_c(j\omega)G_X(j\omega)$接近$-1+j0$，等价于$|1+G_c(j\omega)G_X(j\omega)|$且相当小。

灵敏度函数被定义为

$$S(j\omega)\triangleq\frac{1}{1+G_c(j\omega)G_X(j\omega)}$$

灵敏度的伯德图如图17-5所示。

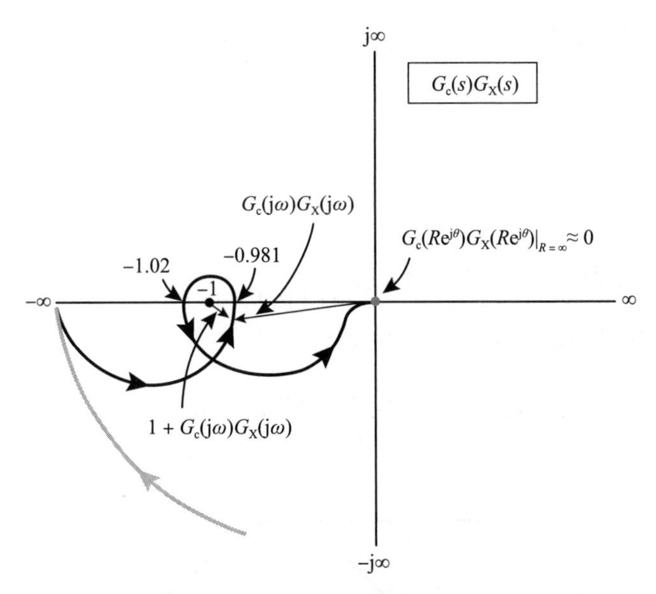

图 17-3 $G_c(j\omega)G_X(j\omega)$的奈奎斯特图

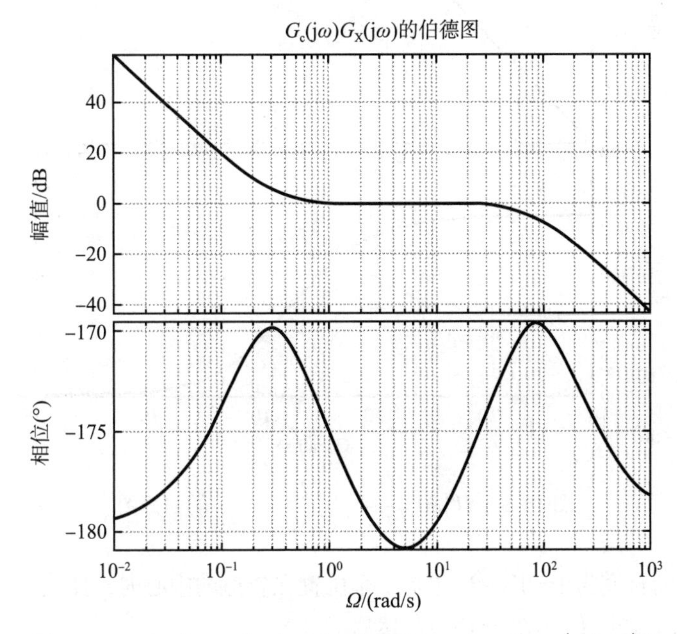

图 17-4 $L(j\omega)=G_c(j\omega)G_X(j\omega)$对于$0.8\leqslant\omega\leqslant12$，$|L(j\omega)|$接近 1，$\angle L(j\omega)$接近 180°

从$S(j\omega)$的伯德图中可以发现

$$
\begin{aligned}
&|S(j\omega)|>1(0\ \mathrm{dB}) && \text{对于 } \omega>0.25\\
&|S(j\omega)|>10(20\ \mathrm{dB}) && \text{对于 } 1<\omega<25\\
&\max_{\omega}|S(j\omega)|=66.8(36.5\ \mathrm{dB}) && \text{对于 } \omega=5
\end{aligned}
\tag{17.8}
$$

现在使用灵敏度函数来解释为什么只通过反馈小车的位置x来控制摆在实际中不行。闭环传递函数为

$$X(s)=\underbrace{\frac{G_c(s)G_X(s)}{1+G_c(s)G_X(s)}}_{G_{CL}(s)}X_{ref}(s) \tag{17.9}$$

在$0.8\leqslant\omega\leqslant 12$的频率范围内，有$|S(j\omega)|=\left|\dfrac{1}{1+G_c(j\omega)G_X(j\omega)}\right|>10$，因此$|1+G_c(j\omega)G_X(j\omega)|<0.1$或等价于$0.9<|G_c(j\omega)G_X(j\omega)|<1.1$。结果为

$$|G_{CL}(j\omega)|=\left|\frac{G_c(j\omega)G_X(j\omega)}{1+G_c(j\omega)G_X(j\omega)}\right|>10\times 0.9=9$$

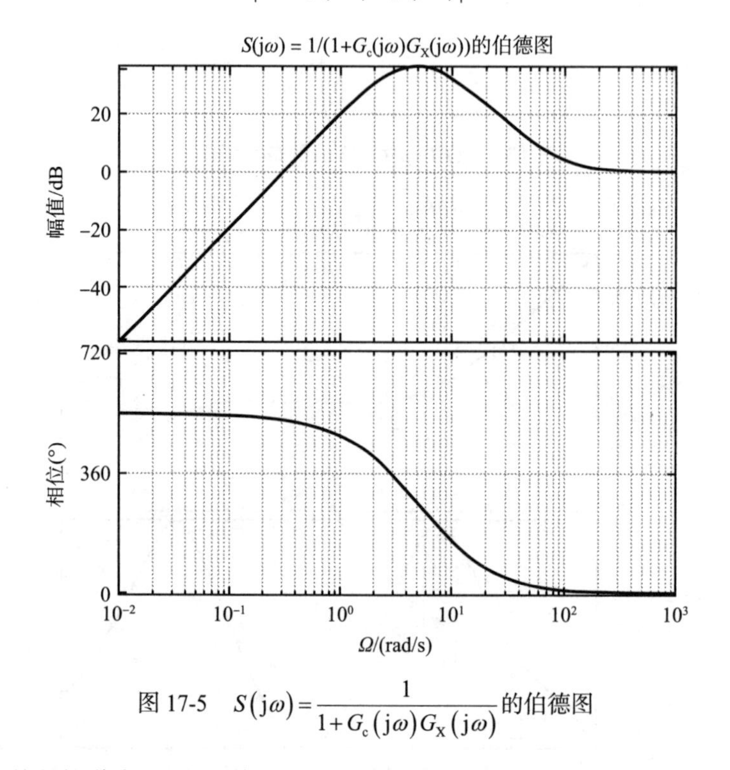

图 17-5　$S(j\omega)=\dfrac{1}{1+G_c(j\omega)G_X(j\omega)}$的伯德图

Quanser 摆杆系统的轨道为 1m 长。当初始小车位置在轨道的中心时，使用参考输入与$R_0=0.1$和$\omega=0.8(0.13\text{ Hz})$时的$r(t)=R_0\sin(\omega t)$。然后

$$x(t)\to x_{ss}(t)=0.1\underbrace{|G_{CL}(j0.8)|}_{9}\sin(0.8t+\angle G_{CL}(j0.8))=0.9\sin(0.8t+\angle G_{CL}(j0.8))$$

当参考输入的振幅为 0.1m 时，正弦稳态位置响应的振幅为 0.9m。也就是说，小车撞到了轨道的尽头。在$|S(j\omega)|$较大的频率范围内，稳态输出响应将会较大。换句话说，如果输入包含这些频率，一个小振幅输入会引起大的输出响应。

即使轨道更长了，人们也不应该期望摆杆能保持直立。为了解释，我们来看$\theta(t)$的响应。从$\theta(s)$到$X(s)$的传递函数为

$$X(s)=G_{\mathrm{X}}(s)U(s)=G_{\mathrm{X}}(s)\frac{1}{G_{\theta}(s)}\theta(s)=\frac{\dfrac{\kappa\left(J+m\ell^2\right)s^2-\kappa mg\ell}{s^2\left(s^2-\alpha^2\right)}}{-\dfrac{\kappa m\ell}{s^2-\alpha^2}}\theta(s)$$

$$=-\frac{\left(J+m\ell^2\right)s^2-mg\ell}{m\ell s^2}\theta(s) \tag{17.10}$$

求解$\theta(s)$并使$X(s)=\dfrac{G_{\mathrm{c}}(s)G_{\mathrm{X}}(s)}{1+G_{\mathrm{c}}(s)G_{\mathrm{X}}(s)}X_{\mathrm{ref}}(s)$，从$X_{\mathrm{ref}}(s)$到$\theta(s)$的闭环传递函数为（见习题2）

$$\theta(s)=\underbrace{-\frac{m\ell s^2}{\left(J+m\ell^2\right)s^2-mg\ell}}_{G_{\theta\mathrm{X}}(s)}X(s)=\underbrace{G_{\theta\mathrm{X}}(s)\frac{G_{\mathrm{c}}(s)G_{\mathrm{X}}(s)}{1+G_{\mathrm{c}}(s)G_{\mathrm{X}}(s)}}_{G_{\theta\mathrm{X}_{\mathrm{ref}}}(s)}X_{\mathrm{ref}}(s) \tag{17.11}$$

$G_{\theta\mathrm{X}_{\mathrm{ref}}}(s)$的幅值伯德图如图17-6所示。

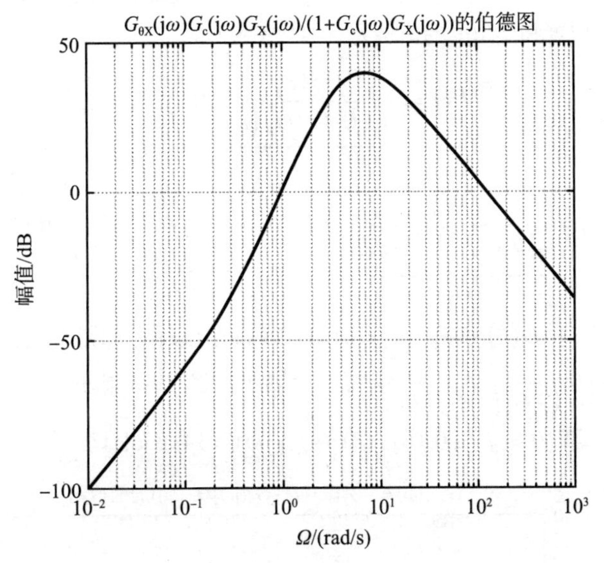

图17-6　$G_{\theta\mathrm{X}_{\mathrm{ref}}}(\mathrm{j}\omega)=\dfrac{G_{\theta\mathrm{X}}(\mathrm{j}\omega)G_{\mathrm{c}}(\mathrm{j}\omega)G_{\mathrm{X}}(\mathrm{j}\omega)}{1+G_{\mathrm{c}}(\mathrm{j}\omega)G_{\mathrm{X}}(\mathrm{j}\omega)}$的伯德图

对于$1.9<\omega<39$，伯德图显示$\left|G_{\theta\mathrm{X}_{\mathrm{ref}}}(\mathrm{j}\omega)\right|>10$且$\max\limits_{\omega}\left|G_{\theta\mathrm{X}_{\mathrm{ref}}}(\mathrm{j}\omega)\right|=96.7(39.7\ \mathrm{dB})$在$\omega=7$时达到最大值。由$X_{\mathrm{ref}}(t)=R_0\sin(\omega t)$
可得

$$\theta(t)\to\theta_{\mathrm{ss}}(t)=R_0\left|G_{\theta\mathrm{X}_{\mathrm{ref}}}(\mathrm{j}\omega)\right|\sin\left(\omega t+\angle G_{\theta\mathrm{X}_{\mathrm{ref}}}(\mathrm{j}\omega)\right)$$

例如，在$R_0=0.02$ 和$\omega=7(1.1\ \mathrm{Hz})$时有

$$\theta_{\mathrm{ss}}(t)=R_0\underbrace{\left|G_{\theta\mathrm{X}_{\mathrm{ref}}}(\mathrm{j}7)\right|}_{96.7}\sin\left(7t+\angle G_{\theta\mathrm{X}_{\mathrm{ref}}}(\mathrm{j}7)\right)=1.93\sin\left(7t+\angle G_{\theta\mathrm{X}_{\mathrm{ref}}}(\mathrm{j}7)\right)$$

也就是说，$\theta_{\mathrm{ss}}(t)$在$\pm1.93\mathrm{rad}$或$\pm111^{\circ}$之间振荡。$G_{\mathrm{X}}(s)$和$G_{\theta}(s)$的倒立摆的线性化模型可能只对θ在$\pm20^{\circ}$($\pm0.35\mathrm{rad}$)内有效。如果$\theta(t)$离其平衡角0变化太远，那么传递函数$G_{\mathrm{X}}(s)$就不能准确地表示摆的非线性模型。因此，使用近似线性模型设计的控制器$G_{\mathrm{c}}(s)$不再保证（而且

很可能将来也不会）保持摆杆的垂直性。虽然这里的讨论使用了一个纯的正弦输入，但通常 x_{ref} 是一个阶跃输入，它包含了 $|S(j\omega)|$ 的很大的整个频率范围。

即使没有参考输入，在小车和轨道之间也会有很小的干扰。图 17-1 的框图表示轨道和小车之间的干扰 $D(s)$。对于平坦的轨道，预计不会有持续的干扰。然而，为了了解可能出现的干扰的类型，图 17-7 显示了用来携带摆杆 [34] 的 Quanser 车的特写。右边的小前齿轮由一个直流电动机驱动，其用以使小车沿着轨道前后移动（大的后齿轮连接着一个光学编码器，用于计算沿轨道的小车位置 x）。这些齿轮的齿与轨道的齿的相互作用可以导致小的（幅度）干扰力作用在小车上。我们令 $D(s)$ 表示任何（拉普拉斯变换下的）这样的干扰。

图 17-7　用于携带摆杆的 Quanser 小车特写 [34]。小前齿轮由直流电动机驱动，推动小车沿轨道前后移动

来源：Quanser - 教育和研究的实时控制实验，www.quanser.com

干扰 $D(s)$ 对小车位置和摆角度的影响为

$$X(s)=\underbrace{-\frac{G_{\mathrm{X}}(s)}{1+G_{\mathrm{c}}(s)G_{\mathrm{X}}(s)}}_{G_{\mathrm{XD}}(s)}D(s) \tag{17.12}$$

$$\theta_{\mathrm{D}}(s)=\underbrace{-\frac{m\ell s^2}{\left(J+m\ell^2\right)s^2-mg\ell}}_{G_{\theta\mathrm{X}}(s)}X(s)=\underbrace{-\frac{G_{\theta\mathrm{X}}G_{\mathrm{X}}(s)}{1+G_{\mathrm{c}}(s)G_{\mathrm{X}}(s)}}_{G_{\theta\mathrm{D}}(s)}D(s) \tag{17.13}$$

传递函数 $G_{\mathrm{XD}}(s)=X(s)/D(s)$ 和 $G_{\theta\mathrm{D}}(s)=\theta(s)/D(s)$ 在设计上都是稳定的（见习题 3），并且它们都有灵敏度 $S(s)\triangleq\dfrac{1}{1+G_{\mathrm{c}}(s)G_{\mathrm{X}}(s)}$ 作为一个因子。图 17-8 显示了 $G_{\mathrm{XD}}(s)$ 的伯德图，其中可以看到对于 $0\leqslant\omega\leqslant1$ $(0\leqslant f\leqslant0.16)$，有 $|G_{\mathrm{XD}}(j\omega)|=14(23\mathrm{dB})$。

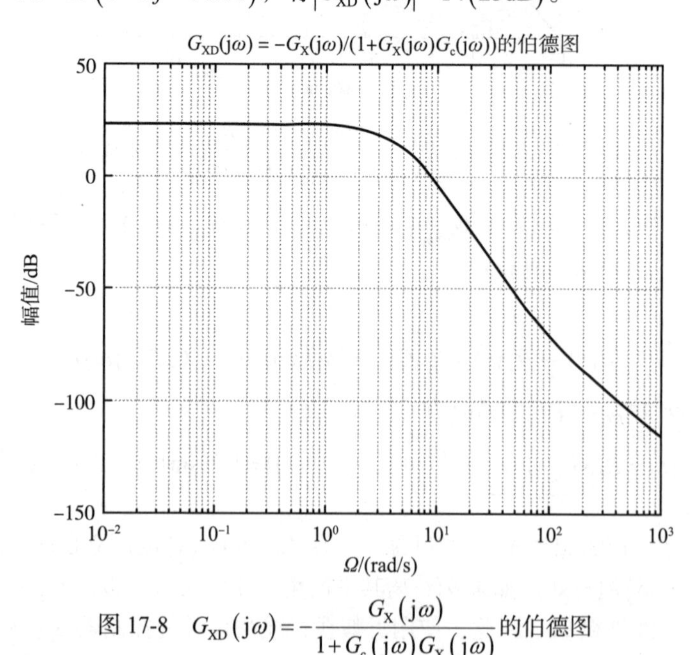

图 17-8　$G_{\mathrm{XD}}(j\omega)=-\dfrac{G_{\mathrm{X}}(j\omega)}{1+G_{\mathrm{c}}(j\omega)G_{\mathrm{X}}(j\omega)}$ 的伯德图

图17-9显示了$G_{\theta D}(s)$的伯德图，对于$2.8<\omega<4.6(0.45<f<0.73)$，有$\left|G_{\theta D}(j\omega)\right|>5(14\ dB)$。

例如，干扰$d(t)=0.05\sin(2.8t)$将导致$\theta_{ss}(t)=\left|G_{\theta D}(j2.8)\right|(0.05)\sin\left(2.8t+\angle G_{\theta D}(j2.8)\right)$，其中$\left|G_{\theta D}(j2.8)\right|(0.05)>5(0.05)=0.25\,\text{rad}$或$14.8°$。一个小的干扰会导致摆角摆动到远离$\theta=0$的位置，因此基于线性化模型的控制器不再能够使其恢复直立。

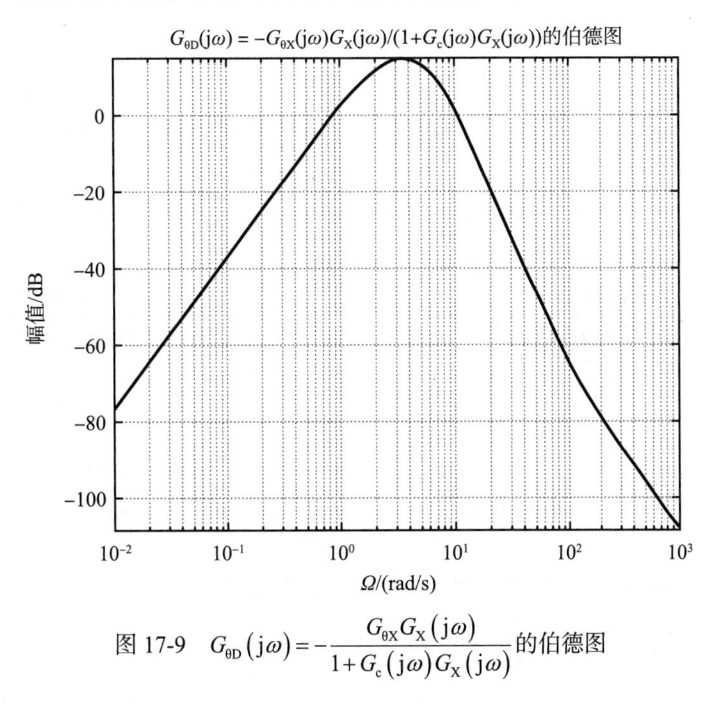

图 17-9 $G_{\theta D}(j\omega)=-\dfrac{G_{\theta X}G_X(j\omega)}{1+G_c(j\omega)G_X(j\omega)}$的伯德图

17.1.1 右半平面极点和零点及其控制问题

上述控制倒立摆的鲁棒性和灵敏度问题不是因为我们选择的特定控制器，即选择$G_c(s)$将所有闭环极点放在 –5。这些问题将出现在任何基于小车位置反馈来稳定倒立摆的控制器$G_c(s)$[35,63,64]。也就是说，任何基于模型

$$G_X(s)=\frac{X(s)}{U(s)}=\frac{1.59s^2-36.57}{s^2\left(s^2-29.25\right)}=1.59\frac{(s-4.7958)(s+4.7958)}{s^2(s-5.408)(s+5.408)}$$

的控制器都将在实际中不能用。这个开环模型的极点在 5.408，零点在 4.7958，它们都在右半开平面上。利用这些信息，可看出任何稳定的控制器都会导致闭环系统对建模误差、干扰输入、参考输入等非常敏感。它在实践中不起作用。在能够解释这一切之前，我们需要更多的从伯德的灵敏度积分开始的背景知识。

定理 1 伯德积分定理 [47]

令

$$S(j\omega)=\frac{1}{1+G_c(j\omega)G(j\omega)}$$

假设以下条件成立。

（a）$S(j\omega)$是稳定的。

（b）$G_c(j\omega)G(j\omega)$在右半开平面上没有极点。

（c）$G_{\mathrm{c}}(\mathrm{j}\omega)G(\mathrm{j}\omega)=\dfrac{b_{\mathrm{c}}(\mathrm{j}\omega)b(\mathrm{j}\omega)}{a_{\mathrm{c}}(\mathrm{j}\omega)a(\mathrm{j}\omega)}$的相对度至少为 2，即

$$\deg\{a_{\mathrm{c}}(s)a(s)\}-\deg\{b_{\mathrm{c}}(s)b(s)\}\geqslant 2$$

那么

$$\int_0^{\infty}\log_{10}|S(\mathrm{j}\omega)|\mathrm{d}\omega=0 \tag{17.14}$$

证明 初始工作见参考文献 [47]。也许最简单的证明是在参考文献 [65] 中给出的。

例 1 双积分器 $G(s)=1/s^2$

在第 11 章中，我们用主控制器$G_{\mathrm{c}}(s)=10\dfrac{s+0.1}{s+10}$来稳定系统$G(s)=1/s^2$。闭环传递函数为

$$C(s)=\underbrace{\frac{G_{\mathrm{c}}(s)G(s)}{1+G_{\mathrm{c}}(s)G(s)}}_{G_{\mathrm{CL}}(s)}R(s)=\frac{10\dfrac{s+0.1}{s+10}\dfrac{1}{s^2}}{1+10\dfrac{s+0.1}{s+10}\dfrac{1}{s^2}}R(s)=\frac{10(s+0.1)}{s^3+10s^2+10s+1}R(s)$$

灵敏度为

$$S(s)=\frac{1}{1+G_{\mathrm{c}}(s)G(s)}=\frac{1}{1+10\dfrac{s+0.1}{s+10}\dfrac{1}{s^2}}=\frac{s^2(s+10)}{s^3+10s^2+10s+1}$$

这是稳定的。$G_{\mathrm{c}}(s)G(s)$在右半开平面上没有极点，其相对度为 2。

于是满足了定理 1 的条件，得

$$\int_0^{\infty}\log_{10}|S(\mathrm{j}\omega)|\mathrm{d}\omega=\int_0^{\infty}\log_{10}\left|\frac{1}{1+10\dfrac{\mathrm{j}\omega+0.1}{\mathrm{j}\omega+10}\dfrac{1}{(\mathrm{j}\omega)^2}}\right|\mathrm{d}\omega=0$$

图 17-10 给出了$0.001<\omega<100$的$\log_{10}|S(\mathrm{j}\omega)|$图。请注意，横轴是$\omega$的线性尺度，而不是$\log_{10}\omega$。图 17-11 放大了图 17-10，可以看到$\omega>2$时为正。对于$\omega=2$，可以看到$\log_{10}|S(\mathrm{j}2)|=0\left(|S(\mathrm{j}2)|=1\right)$。在这个例子中，伯德的灵敏度积分告诉我们，$\omega<2$的$\log_{10}|S(\mathrm{j}\omega)|$曲线下的（负）面积与该曲线下$\omega>2$的面积相同。而且在这个例子中，所有 ω 的灵敏度幅度都很小。实际上，$\max_{\omega\geqslant 0}|S(\mathrm{j}\omega)|=1.0036(0.031\mathrm{dB})$。这其中关键可得，$10\dfrac{s+0.1}{s+10}\dfrac{1}{s^2}$在右半开平面上没有极点，其对应于所有$\omega$的灵敏度都很小。

让我们回到倒立摆，它的传递函数在右半开平面上有一个极点和一个零点。由于$G_{\mathrm{c}}(S)$的控制器配置闭环极点在 −5，有

$$G_{\mathrm{c}}(s)G_{\mathrm{X}}(s)=4262\frac{(s+5.4086)(s-0.3668)(s+0.2533)}{(s+96.4235)(s-66.2137)(s+4.7902)}1.59\frac{(s-4.7958)(s+4.7958)}{s^2(s-5.408)(s+5.408)}$$

$G_{\mathrm{c}}(s)G_{\mathrm{X}}(s)$的相对度为 2，根据选择的$G_{\mathrm{c}}(s)$，$S(s)=\dfrac{1}{1+G_{\mathrm{c}}(s)G_{\mathrm{X}}(s)}$是稳定的。然而，$G_{\mathrm{c}}(s)G_{\mathrm{X}}(s)$有一个来自摆杆模型的$s=5.408$的右半平面极点，以及另一个来自控制器的 66.2137 的右半平面极点。由弗罗伊登堡和洛兹 [35] 推广的伯德的灵敏度积分来处理这种情况。

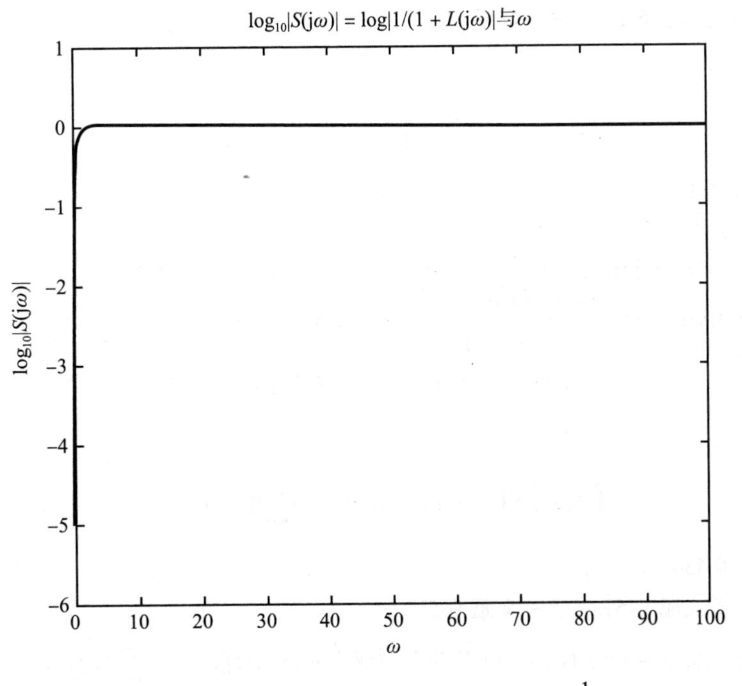

图 17-10 $\log_{10}\left|S(\mathrm{j}\omega)\right|$的图，其中$S(\mathrm{j}\omega)=\dfrac{1}{1+10\dfrac{\mathrm{j}\omega+0.1}{\mathrm{j}\omega+10}\dfrac{1}{(\mathrm{j}\omega)^2}}$

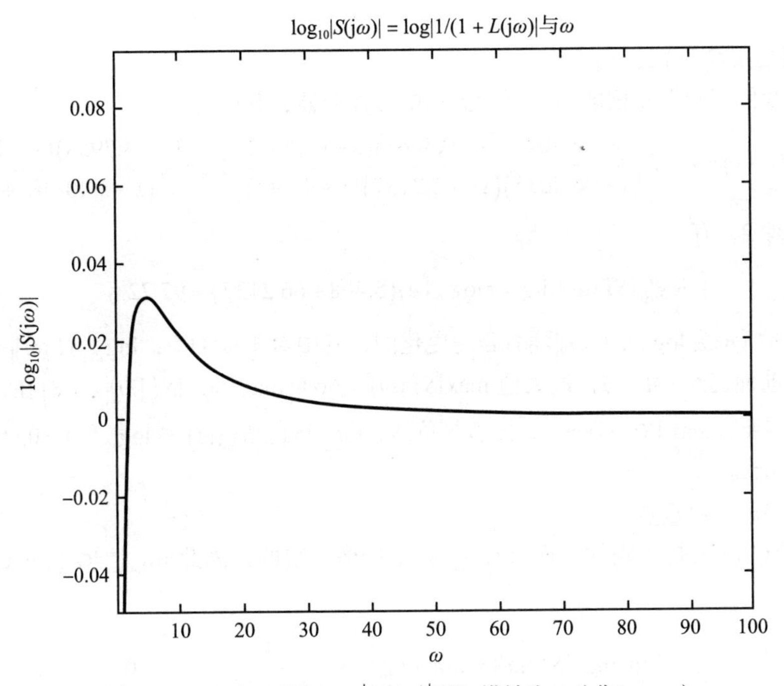

图 17-11 $\omega>2$时的$\log_{10}\left|S(\mathrm{j}\omega)\right|$图。横轴为$\omega$（非$\log_{10}\omega$）

定理 2 伯德积分定理弗罗伊登堡和洛兹 [35] 的推广

令

$$S(\mathrm{j}\omega)=\frac{1}{1+G_{\mathrm{c}}(\mathrm{j}\omega)G(\mathrm{j}\omega)}$$

假设以下条件成立。

（a）$S(\mathrm{j}\omega)$是稳定的。

（b）$G_{\mathrm{c}}(\mathrm{j}\omega)G(\mathrm{j}\omega)$在右半开平面上有$n_{\mathrm{p}}$个位于$p_1,p_2,\cdots,p_{n_{\mathrm{p}}}$的极点。

（c）$G_{\mathrm{c}}(\mathrm{j}\omega)G(\mathrm{j}\omega)=\dfrac{b_{\mathrm{c}}(\mathrm{j}\omega)b(\mathrm{j}\omega)}{a_{\mathrm{c}}(\mathrm{j}\omega)a(\mathrm{j}\omega)}$的相对程度至少为 2，即

$$\deg\{a_{\mathrm{c}}(s)a(s)\}-\deg\{b_{\mathrm{c}}(s)b(s)\}\geqslant 2$$

那么

$$\int_0^{\infty}\log_{10}|S(\mathrm{j}\omega)|\mathrm{d}\omega=\pi\log_{10}(e)\sum_{i=1}^{n_{\mathrm{p}}}\mathrm{Re}\{p_i\} \tag{17.15}$$

注意$\log_{10}(e)=0.434$。

证明 见参考文献 [35] 或参考文献 [65]。

注意 因为$\log_{10}|x|=\log_{10}(e)\ln(x)$也可以写成$\int_0^{\infty}\ln|S(\mathrm{j}\omega)|\mathrm{d}\omega=\pi\sum_{i=1}^{n_{\mathrm{p}}}\mathrm{Re}\{p_i\}$。

极点是复共轭对的，所以$\sum_{i=1}^{n_{\mathrm{p}}}\mathrm{Re}\{p_i\}=\sum_{i=1}^{n_{\mathrm{p}}}p_i$。

请注意，开环系统$G_{\mathrm{c}}(s)G(s)$可能在$\mathrm{j}\omega$轴上有极点，但它们对式（17.15）的右侧没有贡献。

例 2 倒立摆$G_{\mathrm{c}}(s)G_{\mathrm{X}}(s)$

现在让我们回到倒立摆的单位反馈极点配置控制器，其中

$$G_{\mathrm{c}}(s)G_{\mathrm{X}}(s)=4262\frac{(s+5.4086)(s-0.3668)(s+0.2533)}{(s+96.4235)(s-66.2137)(s+4.7902)}1.59\frac{(s-4.7958)(s+4.7958)}{s^2(s-5.408)(s+5.408)}$$

根据定理 2，有

$$\int_0^{\infty}\log_{10}|S(\mathrm{j}\omega)|\mathrm{d}\omega=\pi\log_{10}(e)(5.408+66.2137)=97.72 \tag{17.16}$$

图 17-12 所示为$\log_{10}|S(\mathrm{j}\omega)|$随着$\omega$的变化图，其中对于$\omega>1$[⊖]，$\log_{10}|S(\mathrm{j}\omega)|>0$。这个图显示，正如前面已经指出的，最大值$\max\limits_{\omega}|S(\mathrm{j}\omega)|=66.8\left(\max\limits_{\omega}\log_{10}|S(\mathrm{j}\omega)|=1.8\right)$在$\omega=6$达到最大值。通常需要有$\max\limits_{\omega\geqslant 0}|S(\mathrm{j}\omega)|\leqslant 2$，或者等价地，$\max\limits_{\omega\geqslant 0}\log_{10}|S(\mathrm{j}\omega)|\leqslant\log_{10}(2)=0.69$（见参考文献 [49] 的第 97 页）。

这里要提出一些重点。

1）因为$G_{\mathrm{c}}(\mathrm{j}\omega)$是正则的，而且$G_{\mathrm{X}}(\mathrm{j}\omega)$是严格正则的，因此$\lim_{\omega\to\infty}|G_{\mathrm{c}}(\mathrm{j}\omega)G_{\mathrm{X}}(\mathrm{j}\omega)|=0$，并且所以

$$\lim_{\omega\to\infty}\log_{10}|S(\mathrm{j}\omega)|=\lim_{\omega\to\infty}\log_{10}\left|\frac{1}{1+G_{\mathrm{c}}(\mathrm{j}\omega)G_{\mathrm{X}}(\mathrm{j}\omega)}\right|=0$$

2）因为$\lim_{\omega\to 0}|G_{\mathrm{X}}(\mathrm{j}\omega)|=\infty$，所以

⊖ 同样的信息也显示在图 17-5 的上部，那是$20\log_{10}|S(\mathrm{j}\omega)|$随$\log_{10}\omega$的变化图。

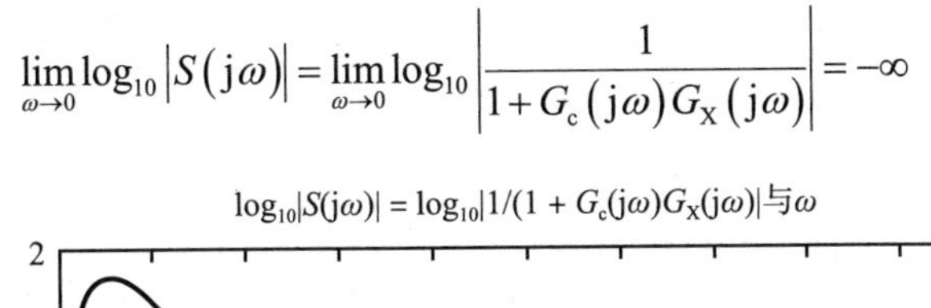

$$\lim_{\omega\to 0}\log_{10}\left|S(\mathrm{j}\omega)\right|=\lim_{\omega\to 0}\log_{10}\left|\frac{1}{1+G_{\mathrm{c}}(\mathrm{j}\omega)G_{\mathrm{X}}(\mathrm{j}\omega)}\right|=-\infty$$

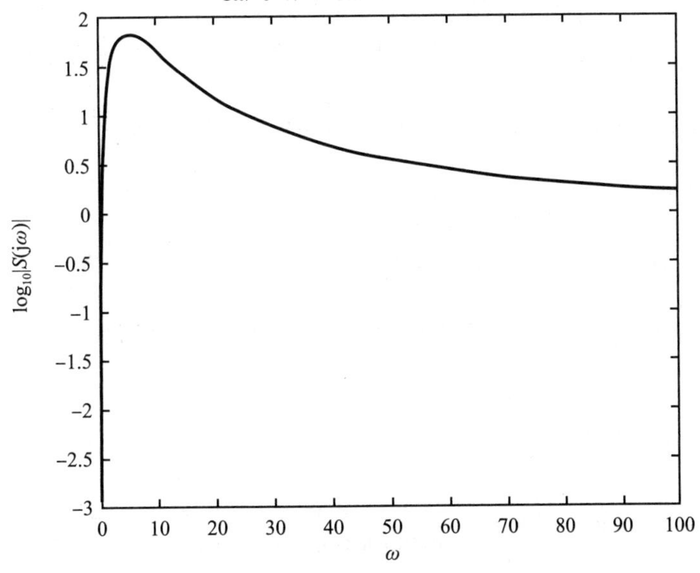

图 17-12　极点在 −5 处的倒立摆的 $\log\left|S(\mathrm{j}\omega)\right|$ 图

3）该定理告诉我们，$G_{\mathrm{c}}(\mathrm{j}\omega)G_{\mathrm{X}}(\mathrm{j}\omega)$ 具有右半平面极点，意味着 $\left|S(\mathrm{j}\omega)\right|$ 具有更多的正面积而不是负面积。这个正区域必须在较低的频率，因为上面的（1）中 $\lim_{\omega\to\infty}\log_{10}\left|S(\mathrm{j}\omega)\right|=0$。

4）无论使用什么稳定控制器 $G_{\mathrm{c}}(S)$，式（17.16）的右侧都必须大于或等于 $\pi\log_{10}(e)(5.408)=7.38$。这是设计一个控制器来减少 $\left|S(\mathrm{j}\omega)\right|$ 的基本限制，也是 $G_{\mathrm{X}}(s)$ 在右半开平面上有一个极点的结果。

5）式（17.4）和式（17.5）表明 $p>z$。事实表明，这意味着任何稳定控制器 $G_{\mathrm{c}}(s)$ 必须有一个右半平面极点㊀。此外，$G_{\mathrm{c}}(s)$ 的这个右半平面极点必须在 $G_{\mathrm{X}}(s)$[67] 的零点的右边㊁。因此对于任何控制器都有

$$\int_0^{\infty}\log_{10}\left|S(\mathrm{j}\omega)\right|\mathrm{d}\omega\geqslant\pi\log_{10}(e)(5.4086+4.7958)=13.92$$

必须期望的是一个小的干扰将导致摆杆角度摆动远离 $\theta=0$，其结果是线性控制器将不能将其返回到 0。

17.1.2　灵敏度的泊松积分

定理 2 告诉我们，如果系统模型在右半开平面上有极点，那么灵敏度就会很大。灵敏度的泊松积分是根据在右半开平面上的 $G_{\mathrm{c}}(s)G_{\mathrm{X}}(s)$ 的极点和零点得到的对灵敏度的约束条件。特别的是，如果右半平面极点接近右半平面零点，则表明图 17-1 中设置的任何控制器都会导致灵敏度较大。为了进一步解释，回忆 $G_{\mathrm{c}}(s)G_{\mathrm{X}}(s)$ 为

㊀ 这源于奇偶性交错性质，意味着控制器 $G_{\mathrm{c}}(s)$ 必须是不稳定的[46,49,66]。

㊁ 这是基于 $1+KG_{\mathrm{c}}(s)G_{\mathrm{X}}(s)$ 的实轴根位点。见习题 6。

$$G_c(s)G_X(s)=4262\frac{(s+5.4086)(s-0.3668)(s+0.2533)}{(s+96.4235)(s-66.2137)(s+4.7902)}1.59\frac{(s-4.7958)(s+4.7958)}{s^2(s-5.408)(s+5.408)}$$

$G_c(s)G_X(s)$在右半开平面上有两个极点：一个是$G_X(s)$的$p_1=5.408$，另一个是$G_c(s)$的$p_2=66.2137$。它在右半开平面中也有两个零点：一个来自$G_X(s)$的$z_1=4.7958$，另一个来自$G_c(s)$的$z_2=0.3668$。对于右半开平面中每个零点都有一个泊松积分。具体地说（见参考文献[68,69]）

$$\int_0^{\infty}\log_{10}|S(j\omega)|\frac{z_1}{z_1^2+\omega^2}d\omega=-\pi\log_{10}(e)\left(\log_{10}\left|\frac{z_1-p_1}{z_1+p_1}\right|+\log_{10}\left|\frac{z_1-p_2}{z_1+p_2}\right|\right) \tag{17.17}$$

和

$$\int_0^{\infty}\log_{10}|S(j\omega)|\frac{z_2}{z_2^2+\omega^2}d\omega=-\pi\log_{10}(e)\left(\log_{10}\left|\frac{z_2-p_1}{z_2+p_1}\right|+\log_{10}\left|\frac{z_2-p_2}{z_2+p_2}\right|\right) \tag{17.18}$$

由于z_1和p_1非常接近，第一个积分是最能说明为什么我们应该期望灵敏度很大，而不管控制器怎样。计算第一个泊松积分得

$$\begin{aligned}&\int_0^{\infty}\log_{10}|S(j\omega)|\frac{4.7958}{(4.7958)^2+\omega^2}d\omega\\&=-\pi\log_{10}(e)\left(\log_{10}\left|\frac{4.7958-5.408}{4.7958+5.408}\right|+\log_{10}\left|\frac{4.7958-66.2137}{4.7958+66.2137}\right|\right)\\&=-\pi\log_{10}(e)(-1.222-0.063)\\&=1.753\end{aligned} \tag{17.19}$$

将两边分别乘$z_1=4.7958$，最后一个方程改写为

$$\int_0^{\infty}\log_{10}|S(j\omega)|\frac{1}{1+(\omega/4.7958)^2}d\omega=1.753\times4.7958=8.41 \tag{17.20}$$

式（17.20）中的$S(j\omega)$（当然）与式（17.16）中的灵敏度函数相同。将式（17.17）乘z_1可知，无论设计了什么稳定控制器，都必须有

$$\begin{aligned}\int_0^{\infty}\log_{10}|S(j\omega)|\frac{1}{1+(\omega/4.7958)^2}d\omega&\geqslant -z_1\pi\log_{10}(e)\log_{10}\left|\frac{z_1-p_1}{z_1+p_1}\right|\\&=-(4.7958)\pi\log_{10}(e)(-1.222)\\&=7.996\end{aligned} \tag{17.21}$$

此外，对于$\omega>z_1=4.7958$，当$\frac{1}{1+(\omega/4.7958)^2}$迅速下降到 0 时，可以看到$S(j\omega)$在较低的频率下必须足够大才能满足式（17.21）。没有一个反馈控制器可以使这个泊松积分小于 7.996，这使得我们期望$\max\limits_{|\omega|\leqslant 4.7958}|S(j\omega)|$对于任何控制器都是很大的。

这个例子的结论是，需要一个不同的方案㊀来控制倒立摆。我们将在下一节中考虑这个问题。有关泊松积分约束的更多讨论，请参阅 9.2 节的古德温等人[6]。

17.1.3 H_∞范数

回顾图 17-1，从参考输入$R(s)$到误差$E(s)$的传递函数为

㊀ 也就是说，与在单位反馈配置中反馈测量的小车位置不同。

$$E(s)=\frac{1}{1+G_c(s)G(s)}R(s)$$

值为

$$\max_{-\infty<\omega<\infty}|S(j\omega)|=\max_{-\infty<\omega<\infty}\left|\frac{1}{1+G_c(j\omega)G(j\omega)}\right|$$

其是由一个正弦输入引起的误差响应的最大振幅的上界。我们已经看到，为了能够让控制器在实际中工作，那么这个上限就不能太大。更具体地说，回忆式（17.11）的摆杆角度的传递函数为

$$\theta(s)=\underbrace{G_{\theta X}(s)\frac{G_c(s)G_X(s)}{1+G_c(s)G_X(s)}}_{G_{\theta X_{ref}}(s)}X_{ref}(s)$$

结果表明，对于任何稳定闭环系统的控制器$G_c(s)$，值

$$\max_{-\infty<\omega<\infty}\left|G_{\theta X_{ref}}(j\omega)\right|$$

是大的。它是如此之大，在实际中，在小车的位置阶跃变化时摆杆不会保持直立。这个讨论引发了以下的定义。

定义 1 H_∞范数

设$G(j\omega)$是一个稳定且严格正则的传递函数。$G(j\omega)$的H_∞范数定义为

$$\max_{-\infty<\omega<\infty}|G(j\omega)|$$

注意 如果闭环系统有一个小的H_∞，那么我们应该期望控制器工作。换句话说，反馈控制器不仅必须稳定闭环系统，而且不能有太大的H_∞范数，以便在实际中应用。设计H_∞控制器（稳定闭环系统和最小化H_∞范数的控制器），请参考该方法的基本介绍[49]。

17.2 输出为$y(t)=x(t)+\left(\ell+\frac{J}{m\ell}\right)\theta(t)$的倒立摆

现在让我们放置一个传感器来测量摆杆角度，并将车位置的测量相结合。具体来说，我们取输出为

$$y(t)=x(t)+\left(\ell+\frac{J}{m\ell}\right)\theta(t)$$

然后根据式（17.1）和式（17.2），有

$$Y(s)=X(s)+\left(\ell+\frac{J}{m\ell}\right)\theta(s)=\frac{\kappa\left(J+m\ell^2\right)s^2-\kappa mg\ell}{s^2\left(s^2-\alpha^2\right)}U(s)-\kappa\left(\ell+\frac{J}{m\ell}\right)\frac{m\ell s^2}{s^2\left(s^2-\alpha^2\right)}U(s)+$$

$$\frac{\left(\ell+\left(J/(m\ell)\right)s^2-\kappa g(m\ell)^2\right)\left(s\theta(0)+\dot{\theta}(0)\right)+\left(s^2-\alpha^2\right)\left(sx(0)+\dot{x}(0)\right)}{s^2\left(s^2-\alpha^2\right)}$$

$$=\underbrace{-\frac{\kappa mg\ell}{s^2\left(s^2-\alpha^2\right)}}_{G_Y(s)}U(s)+\frac{p_Y(s)}{s^2\left(s^2-\alpha^2\right)}$$

其中对$p_{\mathrm{Y}}(s)$有很明确的定义。请注意，传递函数$G_{\mathrm{Y}}(s)$不再有任何零点。这就是选择这个输出的原因。图 17-13 显示了使用倒立摆的新输出的单位反馈控制配置。

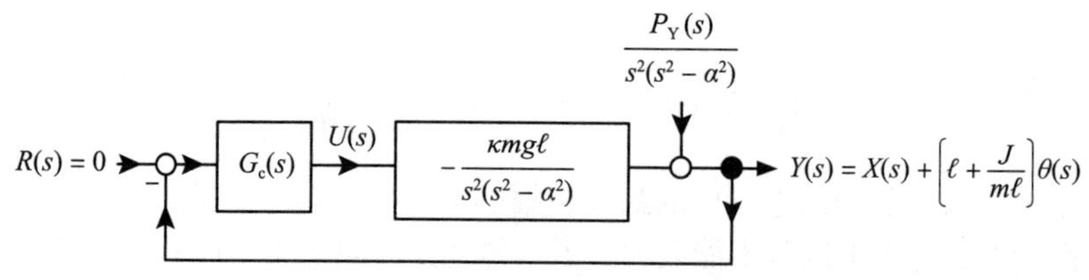

图 17-13　输出极点配置控制器

使用 Quanser 的参数值（$\kappa mg\ell=36.57,\alpha^2=29.26$），倒立摆的开环传递函数为

$$G_{\mathrm{Y}}(s)=\frac{-36.57}{s^2\left(s^2-29.26\right)}=\frac{-36.57}{s^2(s+5.409)(s-5.409)}$$

为了任意配置具有最小阶控制器的闭环极点，选择$G_c(s)$的形式为

$$G_c(s)=\frac{b_c(s)}{a_c(s)}=\frac{b_3s^3+b_2s^2+b_1s+b_0}{s^3+a_2s^2+a_1s+a_0}$$

在第 10 章的例 5 中，介绍了该设计的细节。选择在 −5 处配置闭环极点，然后控制器为

$$\begin{aligned}G_c(s)&=-\frac{1041.6s^3+6113.7s^2+2990.8s+2136.3}{s^3+35s^2+554.3s+5399}\\&=-1041.6\frac{(s+5.409)\left(s^2+0.46s+0.3792\right)}{(s+20.835)\left(s^2+14.17s+259.13\right)}\end{aligned}\qquad(17.22)$$

请注意，$G_c(s)$没有右半平面极点或零点。

首先看看关于这个控制器设计奈奎斯特理论可以告诉我们什么。图 17-14a 所示为奈奎斯特轮廓图，图 17-14b 所示为$G_c(s)G_{\mathrm{Y}}(s)$对应的奈奎斯特图。

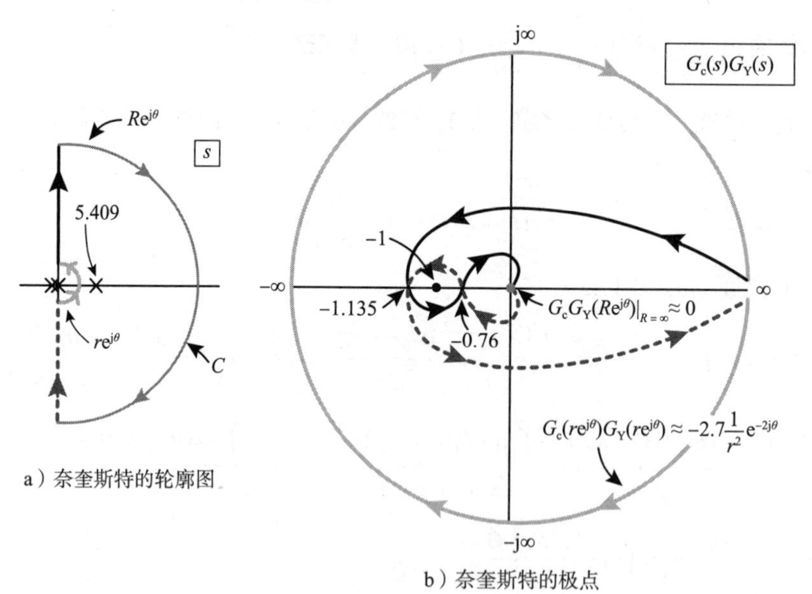

a）奈奎斯特的轮廓图

b）奈奎斯特的极点

图 17-14

从奈奎斯特图中可以看出，闭环传递函数

$$\frac{KG_c(s)G_Y(s)}{1+KG_c(s)G_Y(s)}$$

对于$-1.135 < -\frac{1}{K} < -0.78$或$1/1.135 = 0.881 < K < 1.282 = 1/0.78$是稳定的。虽然这是一个比控制系统更大的增益裕度，输出只是x，它仍然是相当小的。相位裕度约为 7°（值很小，但比仅使用x作为反馈的 1.15°的相位裕度要大得多）。让我们来看看这个控制器的灵敏度。$G_c(s)G_Y(s)$为

$$G_c(s)G_Y(s) = -\frac{1041.6s^3+6113.7s^2+2990.8s+2136.3}{s^3+35s^2+554.3s+5399}\frac{-36.57}{s^2(s^2-29.26)}$$

灵敏度函数为

$$S(s) = \frac{1}{1+G_c(s)G_Y(s)}$$

定理 2 告诉我们：

$$\int_0^\infty \log_{10}|S(j\omega)|d\omega = \pi\log_{10}(e)(5.409) = \pi\log_{10}(e)(5.409) = 7.38$$

图 17-15 给出了 $\log_{10}|S(j\omega)|$ 的曲线图，其中显示了 $\max_{\omega\geqslant 0}\log_{10}|S(j\omega)| = 0.94$ 或 $\max_{\omega\geqslant 0}|S(j\omega)| = 8.7$。与仅以$x$为反馈灵敏度的灵敏度相比，这个最大灵敏度要小 7 倍。然而，$\max_{\omega\geqslant 0}|S(j\omega)| = 8.7$仍然很大，这使得人们怀疑这个控制器是否能在实际中工作。

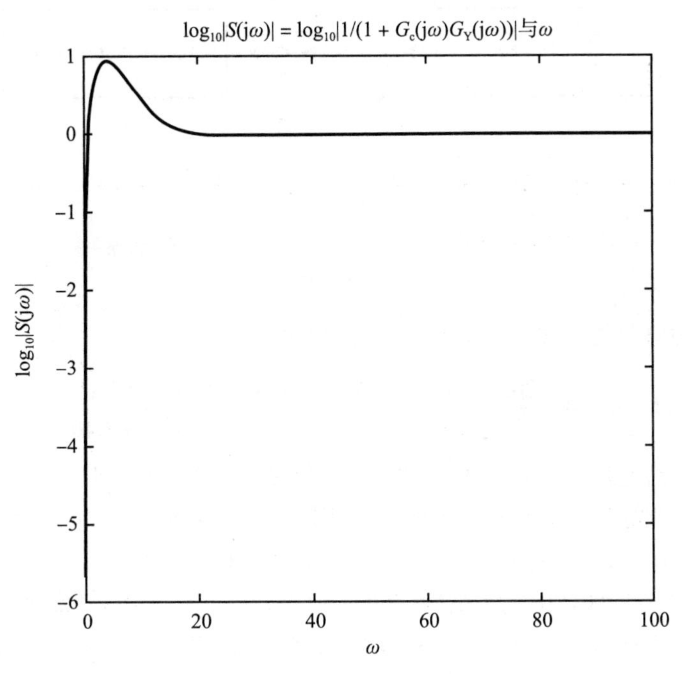

图 17-15 $\log_{10}|S(j\omega)| = \log_{10}\frac{1}{1+G_c(j\omega)G_Y(j\omega)}$随 ω 变化

17.3　带有状态反馈的倒立摆

我们现在考虑一个使用状态反馈的倒立摆控制系统的灵敏度。在第 13 章中，发现了倒立摆的线性状态空间模型为

$$\underbrace{\begin{bmatrix} \mathrm{d}x/\mathrm{d}t \\ \mathrm{d}v/\mathrm{d}t \\ \mathrm{d}\theta/\mathrm{d}t \\ \mathrm{d}\omega/\mathrm{d}t \end{bmatrix}}_{\mathrm{d}z/\mathrm{d}t} = \underbrace{\begin{bmatrix} 0 & 1 & 0 & 0 \\ 0 & 0 & -\kappa g m^2\ell^2 & 0 \\ 0 & 0 & 0 & 1 \\ 0 & 0 & \kappa m g\ell(M+m) & 0 \end{bmatrix}}_{A} \underbrace{\begin{bmatrix} x \\ v \\ \theta \\ \omega \end{bmatrix}}_{z} + \underbrace{\begin{bmatrix} 0 \\ \kappa\left(J+m\ell^2\right) \\ 0 \\ -\kappa m\ell \end{bmatrix}}_{b} u \tag{17.23}$$

其中 $\kappa = \dfrac{1}{Mm\ell^2 + J(M+m)}$。只要 θ 和 $\dot{\theta}$ 都不离 0 很远，这个模型是有效的。在第 15 章中表明，可以选择 $\boldsymbol{k} \in \mathbb{R}^{1\times 4}$，那么反馈

$$u(t) = -\underbrace{\begin{bmatrix} k_1 & k_2 & k_3 & k_4 \end{bmatrix}}_{k} \underbrace{\begin{bmatrix} x \\ v \\ \theta \\ \omega \end{bmatrix}}_{z}$$

将强制 $\boldsymbol{z}(t) = \left[x(t), v(t), \theta(t), \omega(t)\right]^{\mathrm{T}} \to [0,0,0,0]^{\mathrm{T}}$。这种状态反馈控制器的框图如图 17-16a 所示。状态反馈控制器的等效传递函数框图如图 17-16b 所示，其中 $y \triangleq \boldsymbol{kz}$。使用 Quanser 参数值并将闭环极点配置在 -5 处，结果为

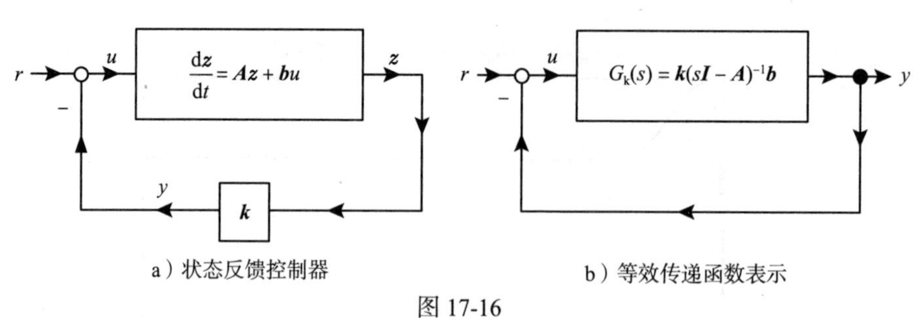

a）状态反馈控制器　　　　b）等效传递函数表示

图 17-16

$$\boldsymbol{k} = \begin{bmatrix} -29.0255 & -23.2204 & -56.4917 & -12.0901 \end{bmatrix}$$

$$G_{\mathrm{k}}(s) \triangleq \boldsymbol{k}(s\boldsymbol{I}-\boldsymbol{A})^{-1}\boldsymbol{b} = \frac{20s^3 + 179.3s^2 + 500s + 625}{s^4 - 29.3s^2} = \frac{20(s+5.41)(s^2+3.55s+5.777)}{s^2(s+5.409)(s-5.409)}$$

$G_{\mathrm{k}}(s)$ 在右半开平面上有一个在 5.409 的单极点，但没有右半平面的零点。

$G_{\mathrm{k}}(s)$ 的奈奎斯特等高线及相应的奈奎斯特图如图 17-17 所示。（对于 r 很小的情况下，可以近似得到 $G_{\mathrm{k}}(re^{\mathrm{j}\theta}) \approx -(625/29.3)\mathrm{e}^{-\mathrm{j}2\theta}/r^2 = -21.33\mathrm{e}^{-\mathrm{j}2\theta}/r^2$）。

$G_{\mathrm{k}}(s)$ 在 5.409 处的极点在奈奎斯特轮廓内，所以 $P=1$。奈奎斯特图沿逆时针方向绕 $-1+\mathrm{j}0$ 转一次使 $N=-1$。因此，$Z=N+P=0$ 显示的闭环系统是稳定的。接下来，如果将 $G_{\mathrm{k}}(s)$ 乘以标量增益 K_{gain}，奈奎斯特图显示 $\dfrac{K_{\mathrm{gain}}G_{\mathrm{k}}(s)}{1+K_{\mathrm{gain}}G_{\mathrm{k}}(s)}$ 稳定于 $-2.83K_{\mathrm{gain}} < -1$ 或 $K_{\mathrm{gain}} > 1/2.83 = 0.353$。奈奎斯特图不是按比例绘制的，因此不能从其中读取相位边缘。然而，使用 MATLAB 发现，相位裕度为 64°。让这个控制器在实践中工作不会有任何问题。

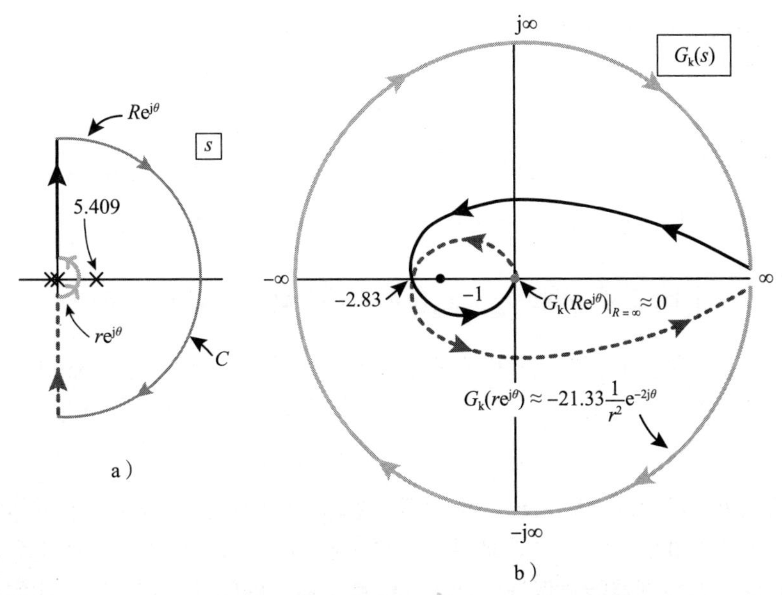

图 17-17 $G_k(s)=\boldsymbol{k}(s\boldsymbol{I}-\boldsymbol{A})^{-1}\boldsymbol{b}=\dfrac{20s^3+179.3s^2+500s+625}{s^4-29.3s^2}$的奈奎斯特等高线和图

图 17-16b 所示的控制系统的灵敏度函数为

$$S_k(j\omega)=\frac{1}{1+G_k(j\omega)}$$

如上图所示，$G_k(s)$有一个右半平面极点，没有右半平面零点。然而，$G_k(s)$的相对度为 1，因此定理 2 不适用。我们需要对它进行以下的概括。

$$\int_0^{\infty}\log_{10}|S(j\omega)|d\omega=\log_{10}(e)\left(-\eta\frac{\pi}{2}+\pi\sum_{i=1}^{N_p}\mathrm{Re}\{p_i\}\right)$$

定理 3

定义

$$S(j\omega)\triangleq\frac{1}{1+G_c(j\omega)G(j\omega)}$$

$$\eta\triangleq\lim_{s\to\infty}sG_c(s)G(s)$$

并假设以下条件成立。

（a）$s(j\omega)$是稳定的。

（b）$G_c(j\omega)G(j\omega)$在右半开平面上有n_p个位于$p_1,p_2,\cdots,p_{n_p}$的极点。

（c）$G_c(j\omega)G(j\omega)=\dfrac{b_c(j\omega)b(j\omega)}{a_c(j\omega)a(j\omega)}$的相对度至少为 1。

那么

$$\int_0^{\infty}\log_{10}|S(j\omega)|d\omega=\log_{10}(e)\left(-\eta\frac{\pi}{2}+\pi\sum_{i=1}^{N_p}\mathrm{Re}\{p_i\}\right) \tag{17.24}$$

注意$\log_{10}(e)=0.434$。

证明 请参见参考文献 [65]。

例 3 由状态反馈控制的倒立摆

我们将定理 3 应用于倒立摆的传递函数模型 $G_k(s)$。由上知

$$G_k(s)=\frac{20s^3+179.3s^2+500s+625}{s^4-29.3s^2}=\frac{20(s+5.41)(s^2+3.55s+5.777)}{s^2(s+5.409)(s-5.409)}$$

它的相对度为 1，右半平面的极点在 5.409。且$\eta\triangleq\lim_{s\to\infty}sG_k(s)=20$，所以通过定理 3 得

$$\int_0^\infty\log_{10}\left|S_k(j\omega)\right|d\omega=\log_{10}(e)\left(-20\frac{\pi}{2}+\pi(5.409)\right)=-6.264$$

灵敏度的对数的积分是负的，因此我们不期望$\left|S_k(j\omega)\right|$会很大。事实上，$\max_{\omega\geqslant0}\left|S_k(j\omega)\right|\leqslant1$。然而，输出的灵敏度为

$$y=kz=k_1x+k_2v+k_3\theta+k_4\omega$$

并且我们对输出θ的灵敏度很感兴趣。我们不希望输入中的小扰动或小的非零初始条件导致θ发生远离其平衡值 0 的变化。也就是说，θ和$\dot{\theta}$必须始终保持较小，这样这个基于倒立摆线性状态空间模型的控制器能够保证实际（非线性）系统的闭环稳定性。让我们来看看输出为θ的响应。我们的设置为

$$\frac{dz}{dt}=\boldsymbol{A}\boldsymbol{z}+\boldsymbol{b}u$$
$$u=-\boldsymbol{k}\boldsymbol{z}+r$$
$$y_\theta=\underbrace{\begin{bmatrix}0&0&1&0\end{bmatrix}}_{c_\theta}\underbrace{\begin{bmatrix}x\\v\\\theta\\\omega\end{bmatrix}}_{z}$$

或等价于

$$\frac{dz}{dt}=(\boldsymbol{A}-\boldsymbol{b}\boldsymbol{k})\boldsymbol{z}+\boldsymbol{b}r$$
$$y_\theta=\boldsymbol{c}_\theta\boldsymbol{z}$$

则$\theta(s)$的传递函数为

$$\frac{\theta(s)}{R(s)}=\frac{Y_\theta(s)}{R(s)}=\boldsymbol{c}_\theta\left(s\boldsymbol{I}-(\boldsymbol{A}-\boldsymbol{b}\boldsymbol{k})\right)^{-1}\boldsymbol{b}$$

在图 17-18 中，参考输入r和反馈$-\boldsymbol{k}\boldsymbol{z}$都为力。在这种情况下，$r$更好地模拟了一个力干扰输入（可能是由于车轮与轨道的相互作用）。由于闭环极点都在 –5，结果为（见习题 5）

$$G_\theta(s)=\frac{\theta(s)}{R(s)}=\boldsymbol{c}_\theta\left(s\boldsymbol{I}-(\boldsymbol{A}-\boldsymbol{b}\boldsymbol{k})\right)^{-1}\boldsymbol{b}=-\frac{m\kappa\ell s^2}{(s+5)^4}$$

其中，$m\kappa\ell=3.728$。$G_\theta(j\omega)$的伯德图揭示了

$$\max_{\omega\geqslant0}\left|G_\theta(j\omega)\right|\leqslant0.037$$

因此，如果在输入$u(t)$（作用于车上）有任何附加干扰$d(t)$，该控制器将会保持$\theta(t)$接近 0。特别的是，如果在输入中有一个阶跃干扰$r(t)=D_0u_s(t)$，可以看到

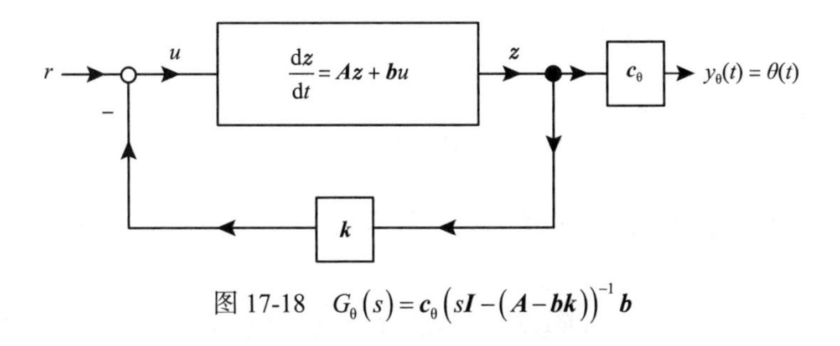

图 17-18 $G_\theta(s)=\boldsymbol{c}_\theta\left(s\boldsymbol{I}-(\boldsymbol{A}-\boldsymbol{bk})\right)^{-1}\boldsymbol{b}$

$$\lim_{t\to\infty}\theta(t)=\lim_{s\to 0}sG_\theta(s)\frac{D_0}{s}=\lim_{s\to 0}-\frac{m\kappa\ell s^2}{(s+5)^4}D_0=0$$

摆杆的角度仍然保持在 $\theta=0$。

17.4 带有积分器和状态反馈的倒立摆

在第 15 章中，图 17-19 的控制结构表明，有小车位置的阶跃输入跟踪时，摆杆可以保持直立。我们现在考虑这个反馈方案的灵敏性。

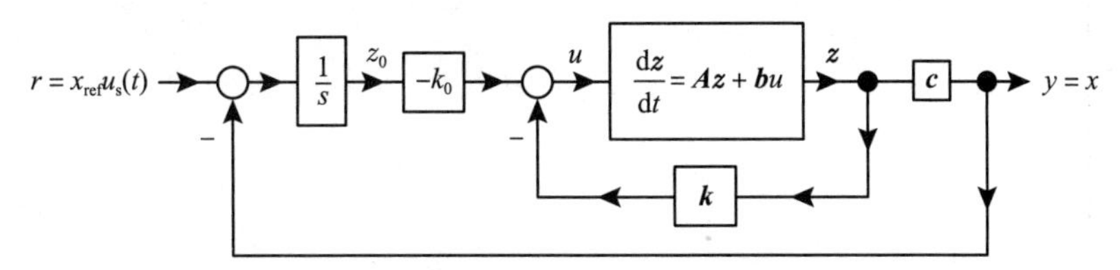

图 17-19 阶跃输入的状态空间跟踪

用式（17.23）中给出的$\boldsymbol{A}$，$\boldsymbol{b}$和$\boldsymbol{c}=\begin{bmatrix}1 & 0 & 0 & 0\end{bmatrix}$，定义

$$G_{\mathrm{k}}(s)\triangleq\boldsymbol{c}\left(s\boldsymbol{I}-(\boldsymbol{A}-\boldsymbol{bk})\right)^{-1}\boldsymbol{b}$$

为了对该控制系统进行奈奎斯特稳定性分析，考虑图 17-20 中所示的图 17-19 的等效框图。

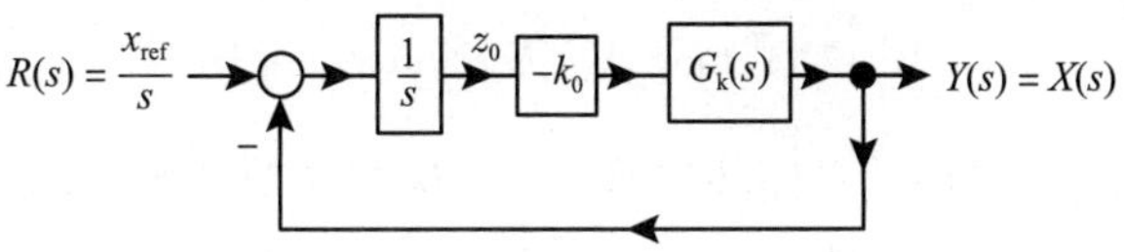

图 17-20 图 17-19 中的等效框图

由第 15 章可知，可以选择$\boldsymbol{k}_{\mathrm{a}}=\begin{bmatrix}\boldsymbol{k} & k_0\end{bmatrix}=\begin{bmatrix}k_1 & k_2 & k_3 & k_4 & k_0\end{bmatrix}$来将闭环极点配置在任何期望的值上。选择闭环极点在 −5 上，结果为

$$\boldsymbol{k}_{\mathrm{a}}=\begin{bmatrix}\boldsymbol{k} & k_0\end{bmatrix}=\begin{bmatrix}-85.4514 & -37.9043 & -111.4406 & -22.9103 & 85.4514\end{bmatrix}$$

和

$$\begin{aligned}G_{\mathrm{k}}(s)=\boldsymbol{c}\left(s\boldsymbol{I}-(\boldsymbol{A}-\boldsymbol{bk})\right)^{-1}\boldsymbol{b}&=\frac{1.59s^2-36.57}{s^4+25s^3+250s^2+1386s+3125}\\&=1.59\frac{(s+4.7958)(s-4.7958)}{(s+13.5367)(s+1.2474)(s^2+10.216s+9.0599)}\end{aligned}$$

对于 $G_{k_0}(s) \triangleq -\dfrac{k_0}{s}$，灵敏度函数为

$$S(s)=\frac{1}{1+G_{k_0}(s)G_k(s)}=\frac{1}{1+\dfrac{-k_0}{s}G_k(s)}$$

图 17-21 给出了 $\log_{10}|S(j\omega)|$ 与 ω 的关系图。可以看出，$\max_{\omega}|S(j\omega)|=1.6092(0.2066\ \text{dB})$，在 $\omega=2.88$ 取最大。

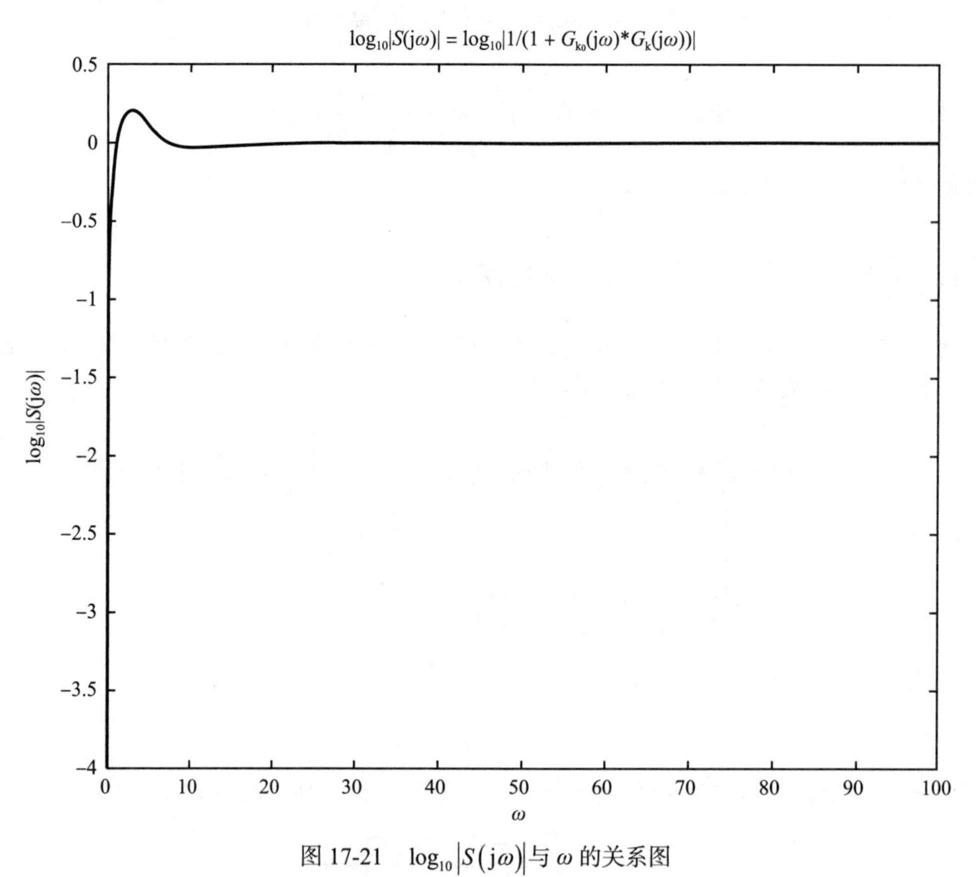

图 17-21　$\log_{10}|S(j\omega)|$ 与 ω 的关系图

让我们来计算从 $R(s)$ 到 $\theta(s)$ 的闭环传递函数。从 15.9 节开始，状态空间设置为

$$\frac{\mathrm{d}}{\mathrm{d}t}\underbrace{\begin{bmatrix}\boldsymbol{z}\\ z_0\end{bmatrix}}_{\boldsymbol{z}_a\in\mathbb{R}^5}=\underbrace{\begin{bmatrix}\boldsymbol{A} & \boldsymbol{0}_{4\times1}\\ -\boldsymbol{c} & 0\end{bmatrix}}_{\boldsymbol{A}_a\in\mathbb{R}^{5\times5}}\underbrace{\begin{bmatrix}\boldsymbol{z}\\ z_0\end{bmatrix}}_{\boldsymbol{z}_a\in\mathbb{R}^5}+\underbrace{\begin{bmatrix}\boldsymbol{b}\\ 0\end{bmatrix}}_{\boldsymbol{b}_a\in\mathbb{R}^5}u$$

$$u=-\underbrace{\begin{bmatrix}\boldsymbol{k} & k_0\end{bmatrix}}_{\boldsymbol{k}_a\in\mathbb{R}^{1\times5}}\underbrace{\begin{bmatrix}\boldsymbol{z}\\ z_0\end{bmatrix}}_{\boldsymbol{z}_a\in\mathbb{R}^5}+r$$

其中 $r(t)=x_{\text{ref}}u_s(t)$ 且 $\boldsymbol{z}_a=\begin{bmatrix}x & v & \theta & \omega & z_0\end{bmatrix}^{\mathrm{T}}$。以 $y_\theta \triangleq \theta$ 输出，可以写出

$$y_\theta=\theta=\underbrace{\begin{bmatrix}0 & 0 & 1 & 0 & 0\end{bmatrix}}_{\boldsymbol{c}_{\theta a}\in\mathbb{R}^{1\times5}}\begin{bmatrix}\boldsymbol{z}\\ z_0\end{bmatrix}$$

那么

$$G_{\theta}(s)=\frac{Y_{\theta}(s)}{R(s)}=\boldsymbol{c}_{\theta a}\left(s\boldsymbol{I}_{5\times5}-\left(\boldsymbol{A}_{a}-\boldsymbol{b}_{a}\boldsymbol{k}_{a}\right)\right)^{-1}\boldsymbol{b}_{a}=\frac{-m\kappa\ell s^{3}}{(s+5)^{5}}$$

且$m\kappa\ell=3.728$。我们可以通过制作$G_{\theta}(s)$的伯德图得到$\max_{\omega\geqslant0}\left|G_{\theta}(\mathrm{j}\omega)\right|\leqslant0.028$。这表明摆杆角$\theta$对阶跃参考输入不敏感。

17.5 通过状态估计进行状态反馈的倒立摆

在第15章的例12中，我们考虑了倒立摆的状态反馈控制。在第16章的习题6中，我们使用输出为$y=x+\left(\ell+\dfrac{J}{m\ell}\right)\theta$的状态估计器来估计反馈控制的状态。该设置如图17-22所示，其中x_{ref}是期望的小车位置㊀。在本节中，我们将知道使用状态估计器（这种方法仍然是输出反馈）是否有助于闭环系统的鲁棒性和灵敏度㊁。

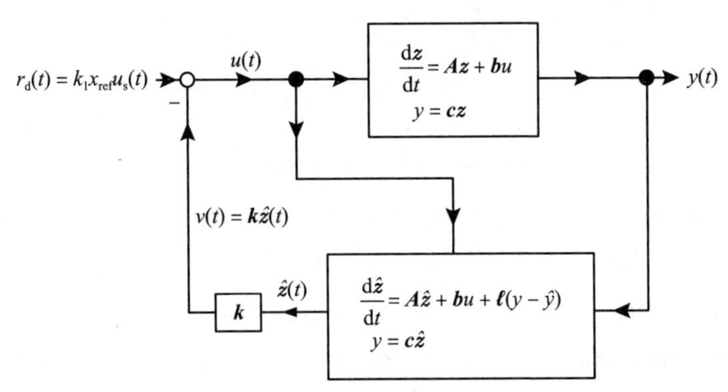

图17-22 使用状态估计器对倒立摆进行状态反馈控制

在直立位置附近的摆的状态空间模型为

$$\underbrace{\begin{bmatrix}\mathrm{d}x/\mathrm{d}t\\ \mathrm{d}v/\mathrm{d}t\\ \mathrm{d}\theta/\mathrm{d}t\\ \mathrm{d}\omega/\mathrm{d}t\end{bmatrix}}_{\mathrm{d}z/\mathrm{d}t}=\underbrace{\begin{bmatrix}0&1&0&0\\0&0&-\dfrac{gm^{2}\ell^{2}}{Mm\ell^{2}+J(M+m)}&0\\0&0&0&1\\0&0&\dfrac{mg\ell(M+m)}{Mm\ell^{2}+J(M+m)}&0\end{bmatrix}}_{A}\underbrace{\begin{bmatrix}x\\v\\\theta\\\omega\end{bmatrix}}_{z}+\underbrace{\begin{bmatrix}0\\\dfrac{J+m\ell^{2}}{Mm\ell^{2}+J(M+m)}\\0\\-\dfrac{m\ell}{Mm\ell^{2}+J(M+m)}\end{bmatrix}}_{b}u$$

$$y=\underbrace{\begin{bmatrix}1&0&\ell+\dfrac{J}{m\ell}&0\end{bmatrix}}_{c}\underbrace{\begin{bmatrix}x\\v\\\theta\\\omega\end{bmatrix}}_{z}\tag{17.25}$$

16.2节中展示了图17-22与图17-23等效，其中

㊀ 请注意，ℓ被用来表示摆杆的半长以及观测器的增益向量。

㊁ 剧透一下。不会的。

$$G(s)=\frac{b(s)}{a(s)}=\boldsymbol{c}(s\boldsymbol{I}-\boldsymbol{A})^{-1}\boldsymbol{b}, G_{c1}(s)=\frac{n(s)}{\delta(s)}=\boldsymbol{k}(s\boldsymbol{I}-(\boldsymbol{A}-\boldsymbol{\ell c}))^{-1}\boldsymbol{b}$$

$$G_{c2}(s)=\frac{m(s)}{\delta(s)}=\boldsymbol{k}(s\boldsymbol{I}-(\boldsymbol{A}-\boldsymbol{\ell c}))^{-1}\boldsymbol{\ell}$$

干扰$D(s)$也在输入处起作用。

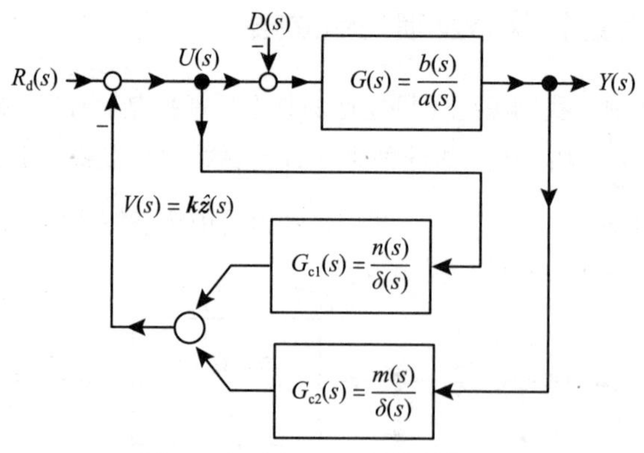

图 17-23　图 17-22 的等效框图

使用 Quanser 参数值并选择$\boldsymbol{k}$将$\boldsymbol{A}-\boldsymbol{bk}$的四个极点都配置在 −5 处，选择$\boldsymbol{\ell}$将$\boldsymbol{A}-\boldsymbol{\ell c}$的四个极点都配置在 −10 处，结果为（请见第 16 章习题 6）

$$\boldsymbol{k}=\begin{bmatrix}-17.090280684076106 & -13.672224547260877 & -55.391420765269693 & -11.209832050489917\end{bmatrix}$$

$$\boldsymbol{\ell}=\begin{bmatrix}-185.308353999079 & -608.778931086277 & 527.039326655450 & 2896.001382027047\end{bmatrix}^{\mathrm{T}}$$

在习题 7 中，图 17-23 的传递函数为

$$G(s)=\boldsymbol{c}(s\boldsymbol{I}-\boldsymbol{A})^{-1}\boldsymbol{b}=\frac{b(s)}{a(s)}=\frac{-36.5705}{s^4-29.2564s^2}$$

$$G_{c1}(s)=\boldsymbol{k}(s\boldsymbol{I}-(\boldsymbol{A}-\boldsymbol{\ell c}))^{-1}\boldsymbol{b}=\frac{n(s)}{\delta(s)}=\frac{20s^3+979.2564s^2+2.0255+236830}{s^4+40s^3+600s^2+4000s+10000}$$

$$G_{c2}(s)=\boldsymbol{k}(s\boldsymbol{I}-(\boldsymbol{A}-\boldsymbol{\ell c}))^{-1}\boldsymbol{\ell}=\frac{m(s)}{\delta(s)}=\frac{-50167s^3-303420s^2-205080s-170900}{s^4+40s^3+600s^2+4000s+10000}$$

框图化简显示，图 17-23 与图 17-24 等效，其中

$$G_c(s)=\frac{\delta(s)}{\delta(s)+n(s)}=\frac{s^4+40s^3+600s^2+4000s+10000}{s^4+60s^3+1579.3s^2+4000s+246830}$$
$$=\frac{s^4+40s^3+600s^2+4000s+10000}{(s^2+63.3642s+1642.2)(s^2-3.364s+150.31)}$$

从$D(s)$到$Y(s)$的传递函数为

$$\frac{Y(s)}{D(s)}=-\frac{G(s)}{1+G_c(s)G_{c2}(s)G(s)}=-\frac{\dfrac{b(s)}{a(s)}}{1+\dfrac{m(s)}{\delta(s)+n(s)}\dfrac{b(s)}{a(s)}}$$

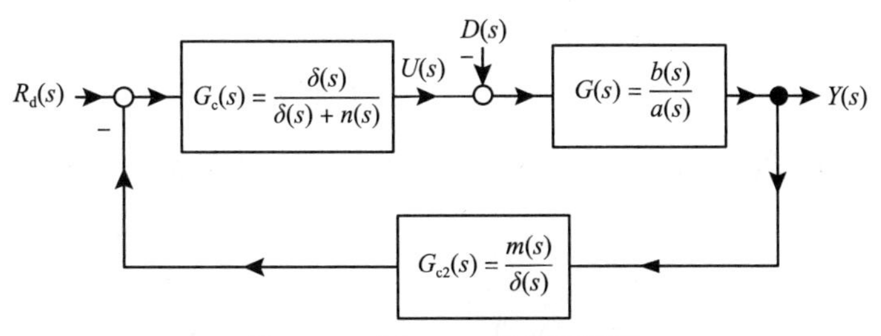

图 17-24 图 17-23 的等效框图

灵敏度函数为

$$S(s)\triangleq\frac{1}{1+\dfrac{m(s)}{\delta(s)+n(s)}\dfrac{b(s)}{a(s)}}$$

$$=\frac{1}{1+\dfrac{(s+5.408854)(s^2+0.63934s+0.62982)}{(s^2+63.3642s+1642.2)(s^2-3.364s+150.31)}}\times\frac{36.5705}{s^2(s^2-29.2564)}$$

且根据定理 2，可得结论

$$\int_0^\infty\log_{10}|S(\mathrm{j}\omega)|\mathrm{d}\omega=\pi\log_{10}(e)\left(3.364+\sqrt{29.2564}\right)=16.6$$

这表明输出$y=x+\left(\ell+\dfrac{J}{m\ell}\right)\theta$对输入干扰非常敏感。这里的要点是，使用一个观测器来估计状态仍然是一个输出反馈控制器，并且定理 2 是适用的。因此对于这个例子，因为$G_c(s)G_{c2}(s)=\dfrac{m(s)}{\delta(s)+n(s)}$和$G(s)=\dfrac{b(s)}{a(s)}$具有右半平面极点而让我们期望灵敏度很大。

这种使用观测器的状态反馈方法会伴随着$G(s)$在右半开平面的极点，使传递函数$G_c(s)G_{c2}(S)$在右半开平面上在$1.682\pm \mathrm{j}12.144$（$s^2-3.364s+150.31=0$的根）有两个极点。将其与 17.2 节的输出极点配置方法进行比较，其反馈为$y(t)=x+\left(\ell+\dfrac{J}{m\ell}\right)\theta(t)$，使用在式（17.22）中给出的控制器，其极点和零点都在左半开平面上。

习题

习题 1 倒立摆的输出位置反馈

这个问题的目的是设计一个反馈只是小车位置x的倒立摆的输出极点配置控制器。使用 Quanser[34] 倒立摆系统的参数值

$M=0.57\ \mathrm{kg}$（小车质量）

$m=0.23\ \mathrm{kg}$（摆质量）

$g=9.81\ \mathrm{m/s^2}$（重力加速度）

$\ell=0.6412/2=0.3206\ \mathrm{m}$（摆杆长度除以 2）

$J=m\ell^2/3=7.88\times10^{-3}\ \mathrm{kg\cdot m^2}$（摆杆绕其质心的惯性矩）

（a）将输出取为x，由式（17.1）可知$X(s)$为

$$X(s)=\underbrace{\kappa\frac{(J+m\ell^2)s^2-mg\ell}{s^2(s^2-\alpha^2)}}_{\text{传递函数}}U(s)+$$

$$\frac{s^3x(0)+s^2\dot{x}(0)-\left(\alpha^2x(0)+m\ell\beta_0\theta(0)\right)s-m\ell\beta_0\dot{\theta}(0)-\alpha^2\dot{x}(0)}{s^2\left(s^2-\alpha^2\right)}$$

设 $p\left(s,x(0),\dot{x}(0),\theta(0),\dot{\theta}(0)\right)$ 表示初始条件项的分子，并考虑图 17-25 所示的控制系统。

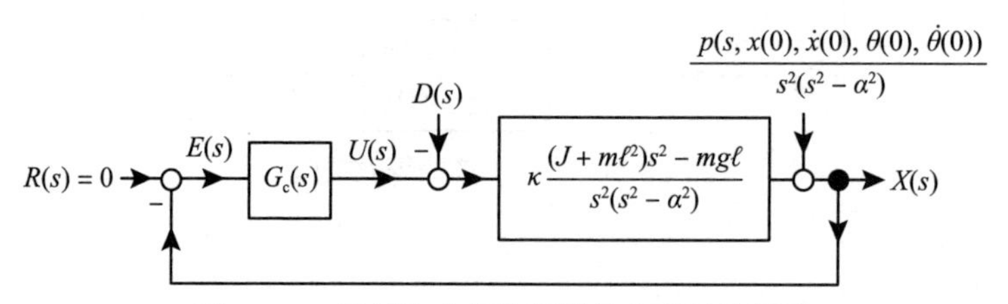

图 17-25　反馈为小车位置的极点配置控制器

设计最低阶单位反馈控制器，可以稳定图 17-25 的闭环系统并允许极点任意配置。

（b）图 17-26 所示为一个以小车位置为反馈的单位反馈控制系统的 Simulink 框图，模拟了基于（a）设计的稳定控制器的线性状态空间摆模型。将初始条件设置为 $\theta(0)=0,\dot{\theta}(0)=0,x(0)=0,\dot{x}(0)=0$。

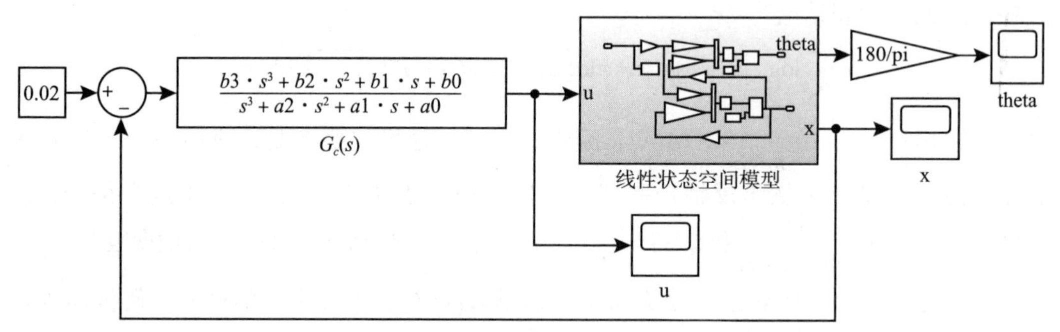

图 17-26　使用推车位置反馈控制倒立摆的 Simulink 仿真

摆角 $\theta(t)$ 的变化不应超过约 ±20°，那么线性模型仍然可有效表示非线性模型。图 17-27 中的变量 den 为 $Mm\ell^2+J(M+m)=1/\kappa$。此外，在图 17-27 中，Lp 对应于 ℓ，Jp 对应于 J。使用状态空间模型来模拟钟摆的原因是，这样 $x(t)$ 和 $\theta(t)$ 都可以被绘制出来。使用步长为 T=0.001s 的欧拉积分算法。

参考输入为 $r=0.02\text{m}$（2cm）时，该仿真应显示 θ 波动超过 50°。

习题 2 $G_{\theta X}(s)=\theta(s)/X_{\text{ref}}(s)$

表明

$$G_\theta(s)=G_{\theta X}(s)\frac{G_c(s)G_X(s)}{1+G_c(s)G_X(s)}X_{\text{ref}}(s)$$

$$=-\frac{\kappa m\ell s^2\left(b_3s^3+b_2s^2+b_1s+b_0\right)}{\left(s^3+a_2s^2+a_1s+a_0\right)s^2\left(s^2-\alpha^2\right)}X_{\text{ref}}(s)+$$

$$\left(b_3s^3+b_2s^2+b_1s+b_0\right)\left(\kappa\left(J+m\ell^2\right)s^2-\kappa mg\ell\right)$$

$$=-\frac{\kappa m\ell s^2\left(b_3s^3+b_2s^2+b_1s+b_0\right)}{(s+5)^7}X_{\text{ref}}(s)$$

其中，选择将七个闭环极点配置在 −5 处的 $G_c(s)$，即 $G_c(s)$ 由式（17.7）给出。

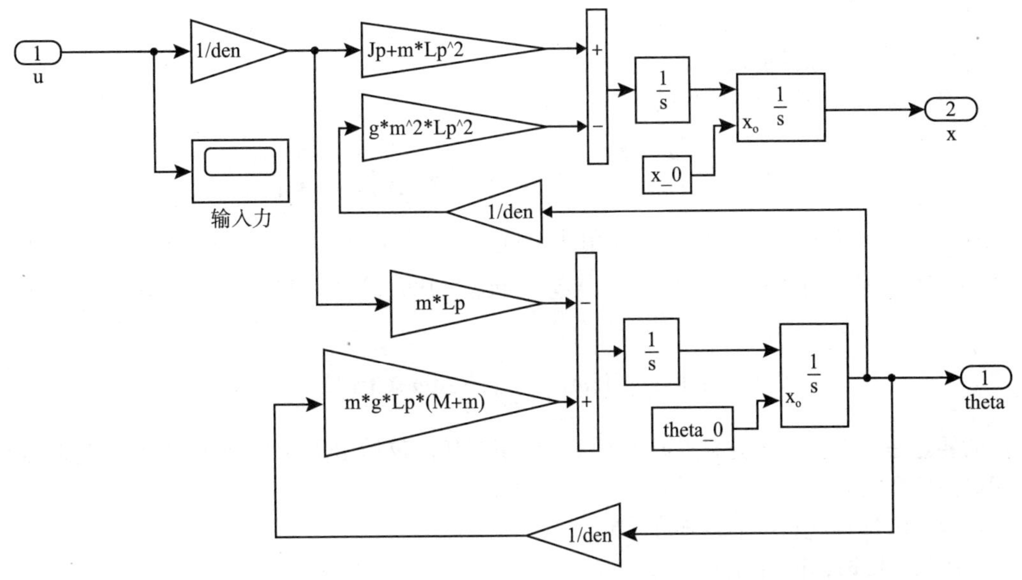

图 17-27　图 17-26 中的线性状态空间模型块内部

习题 3 $G_{\mathrm{XD}}(s)$ **和** $G_{\theta\mathrm{D}}(s)$

令

$$G_{\theta\mathrm{X}}=-\frac{\kappa m\ell s^2}{\kappa\left(J+m\ell^2\right)s^2-\kappa mg\ell},G_{\mathrm{X}}(s)=\frac{\kappa\left(J+m\ell^2\right)s^2-\kappa mg\ell}{s^2\left(s^2-\alpha^2\right)}$$

$$G_{\mathrm{c}}(s)=\frac{b_3s^3+b_2s^2+b_1s+b_0}{s^3+a_2s^2+a_1s+a_0}$$

（a）证明

$$\begin{aligned}G_{\theta\mathrm{D}}(s)&=\frac{G_{\theta\mathrm{X}}G_{\mathrm{X}}(s)}{1+G_{\mathrm{c}}(s)G_{\mathrm{X}}(s)}\\&=\frac{-\kappa m\ell\left(s^3+a_2s^2+a_1s+a_0\right)s^2}{\left(s^3+a_2s^2+a_1s+a_0\right)s^2\left(s^2-\alpha^2\right)}+\left(b_3s^3+b_2s^2+b_1s+b_0\right)\left(\kappa\left(J+m\ell^2\right)s^2-\kappa mg\ell\right)\\&=\frac{-\kappa m\ell\left(s^3+a_2s^2+a_1s+a_0\right)s^2}{(s+5)^7}\end{aligned}$$

其中，选择将七个闭环极点配置在 −5 处的 $G_{\mathrm{c}}(s)$，即 $G_{\mathrm{c}}(s)$ 由式（17.7）给出。

（b）证明

$$\begin{aligned}G_{\mathrm{XD}}(s)&=-\frac{G_{\mathrm{X}}(s)}{1+G_{\mathrm{c}}(s)G_{\mathrm{X}}(s)}\\&=-\frac{\left(s^3+a_2s^2+a_1s+a_0\right)\left(\kappa\left(J+m\ell^2\right)s^2-\kappa mg\ell\right)}{\left(s^3+a_2s^2+a_1s+a_0\right)s^2\left(s^2-\alpha^2\right)}+\\&\left(b_3s^3+b_2s^2+b_1s+b_0\right)\left(\kappa\left(J+m\ell^2\right)s^2-\kappa mg\ell\right)\\&=-\frac{\left(s^3+a_2s^2+a_1s+a_0\right)\left(\kappa\left(J+m\ell^2\right)s^2-\kappa mg\ell\right)}{(s+5)^7}\end{aligned}$$

其中，选择将七个闭环极点配置在 -5 处的 $G_c(s)$，即 $G_c(s)$ 由式（17.7）给出。

习题 4 倒立摆系统的泊松积分

在倒立摆的泊松积分中给出的量

$$-\pi\log_{10}(e)\log_{10}\left|\frac{p_1-z_1}{p_1+z_1}\right|=-\pi\log_{10}(e)\log_{10}\left|\frac{4.7958-5.408}{4.7958+5.408}\right|=1.67$$

是大的，因为 p_1 和 z_1 的值很接近。使用式（17.4）和式（17.5），其中 $p_1=p$ 和 $z_1=z$，表明当 $m\to\infty$（或 $M\to 0$）时，这个值减小为 $-\pi\log_{10}(e)\log_{10}|1/3|=0.651$。然后表明类似于式（17.20）：

$$\int_0^{\infty}\log_{10}|S(\mathrm{j}\omega)|\frac{1}{1+\omega^2/z_1^2}\mathrm{d}\omega\geqslant 3.122$$

这里的要点是，人们仍然会期望灵敏度很大以至于任何仅使用位置反馈的单位反馈控制器都不能保持杆直立。

习题 5 $G_\theta(s)=\boldsymbol{c}_\theta\left(s\boldsymbol{I}-(\boldsymbol{A}-\boldsymbol{bk})\right)^{-1}\boldsymbol{b}$

利用状态反馈，输出为摆角 θ 时，系统方程为

$$\underbrace{\begin{bmatrix}\mathrm{d}x/\mathrm{d}t\\ \mathrm{d}v/\mathrm{d}t\\ \mathrm{d}\theta/\mathrm{d}t\\ \mathrm{d}\omega/\mathrm{d}t\end{bmatrix}}_{\mathrm{d}z/\mathrm{d}t}=\underbrace{\begin{bmatrix}0&1&0&0\\0&0&-\kappa gm^2\ell^2&0\\0&0&0&1\\0&0&\kappa mg\ell(M+m)&0\end{bmatrix}}_{\boldsymbol{A}}\underbrace{\begin{bmatrix}x\\v\\\theta\\\omega\end{bmatrix}}_{z}+\underbrace{\begin{bmatrix}0\\\kappa(J+m\ell^2)\\0\\-\kappa m\ell\end{bmatrix}}_{\boldsymbol{b}}u$$

其中

$$y=\underbrace{\begin{bmatrix}0&0&1&0\end{bmatrix}}_{c_\theta}\begin{bmatrix}x\\v\\\theta\\\omega\end{bmatrix},u(t)=-\begin{bmatrix}k_1&k_2&k_3&k_4\end{bmatrix}\underbrace{\begin{bmatrix}x\\v\\\theta\\\omega\end{bmatrix}}_{z}+r$$

且 $\kappa=\dfrac{1}{Mm\ell^2+J(M+m)}$。从 $R(s)$ 到 $\theta(s)$ 的传递函数为

$$\theta(s)/R(s)=G_\theta(s)=\boldsymbol{c}_\theta\left(s\boldsymbol{I}-(\boldsymbol{A}-\boldsymbol{bk})\right)^{-1}\boldsymbol{b}$$

（a）计算表明

$$\begin{aligned}&\det\left(s\boldsymbol{I}-(\boldsymbol{A}-\boldsymbol{bk})\right)\\&=s^4+\left((m\ell^2+J)\kappa k_2-\kappa m\ell k_4\right)s^3+\left((J+m\ell^2)\kappa k_1-\kappa m\ell k_3-(M+m)\kappa mg\ell\right)s^2-\\&\quad\kappa mg\ell k_2 s-\kappa mg\ell k_1\end{aligned}$$

展示如何选择 k_1,k_2,k_3 和 k_4 使得

$$\begin{aligned}&\det\left(s\boldsymbol{I}-(\boldsymbol{A}-\boldsymbol{bk})\right)=(s+r_1)(s+r_2)(s+r_3)(s+r_4)\\&=s^4+(r_1+r_2+r_3+r_4)s^3+(r_1r_2+r_1r_3+r_1r_4+r_2r_3+r_2r_4+r_3r_4)s^2+\\&\quad(r_1r_2r_3+r_1r_2r_4+r_1r_3r_4+r_2r_3r_4)s+r_1r_2r_3r_4\end{aligned}$$

（b）更多计算表明

$$c_\theta \mathrm{adj}\left(sI-\left(A-bk\right)\right)=\left[0\quad 0\quad 1\quad 0\right]\mathrm{adj}\left(sI-\left(A-bk\right)\right)$$
$$=\Big[\kappa m\ell k_1 s\ \ \kappa m\ell k_1+\kappa m\ell k_2 s\ \ s^3+\left(\left(J+m\ell^2\right)k_2-m\ell k_4\right)\kappa s^2+$$
$$\left(J+m\ell^2\right)\kappa k_1 ss^2+\left(J+m\ell^2\right)\kappa k_2 s+\left(J+m\ell^2\right)\kappa k_1\Big]$$

符号“adj”表示矩阵的伴随矩阵。参见第 15 章中关于伴随矩阵以及矩阵的逆和行列式的解释。

（c）用（a）和（b）来表明

$$G_\theta\left(s\right)=c_\theta\left(sI-\left(A-bk\right)\right)^{-1}b=\frac{-m\ell\kappa s^2}{\left(s+r_1\right)\left(s+r_2\right)\left(s+r_3\right)\left(s+r_4\right)}$$

习题 6 倒立摆$1+KG_c\left(s\right)G_X\left(s\right)$的根轨迹

图 17-1 的单位反馈控制结构的$G_c\left(s\right)G_X\left(s\right)$为

$$G_c\left(s\right)G_X\left(s\right)=4262\frac{\left(s+5.4086\right)\left(s-0.3668\right)\left(s+0.2533\right)}{\left(s+96.4235\right)\left(s-66.2137\right)\left(s+4.7902\right)}1.59\frac{\left(s-4.7958\right)\left(s+4.7958\right)}{s^2\left(s-5.408\right)\left(s+5.408\right)}$$

则有七个在 −5 处的闭环极点。$1+KG_c\left(s\right)G_X\left(s\right)$的实轴根位点如图 17-28 所示。分离点在 0、1.97 和 12.8。请注意，$G_X\left(s\right)$的极点$p=5.408$和$G_c\left(s\right)$的极点$p_c=66.2317$在实轴 12.8 处聚集并分离。随着K的增加，这些极点会移动到左半平面。$K=1$时，所有的极点都在−5处。$G_X\left(s\right)$的极点$p=5.408$在$G_X\left(s\right)$的零点$z=4.7958$的右边。由于$p>z$，则表明任何稳定控制器$G_c\left(s\right)$都必须有一个极点p_c在零点$z=4.7958$的右边。在这个例子中，$p_c=66.2317$是$G_c\left(s\right)$的不稳定极点。

为了说明为什么任何稳定控制器必须有一个在z右边的极点，我们使用一个根轨迹参数。矛盾法证明，假设在z的右边没有$G_c\left(s\right)$的极点p_c。如图 17-29 所示为$G_X\left(s\right)$的零极点图以及最接近z的$G_c\left(s\right)$的极点p_c。由于p_c（稳定或不稳定）在z的左边，因此，从$z=4.7958$到$p=5.408$的区间是实轴根位点的一部分。在这个区间内不可能有任何分离点，因为只有一个从p开始的单极点（不像图 17-28 所示的情况）。这意味着对于所有K这个区间内都有一个闭环极点。这与$G_c\left(s\right)$是一个稳定控制器相矛盾，因此假设$p_c<z$不成立。

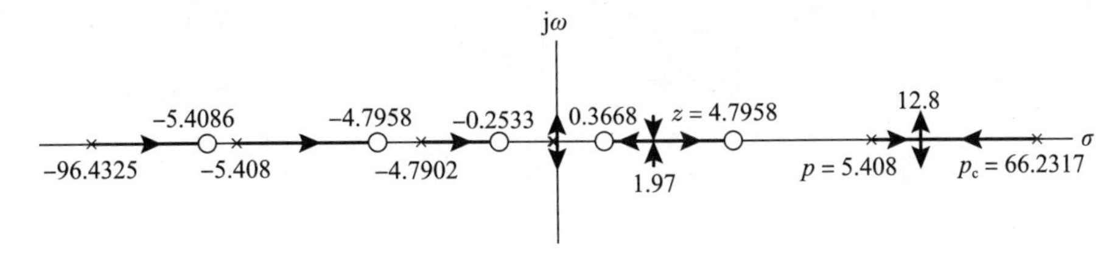

图 17-28　$1+KG_c\left(s\right)G_X\left(s\right)$的实轴根位点

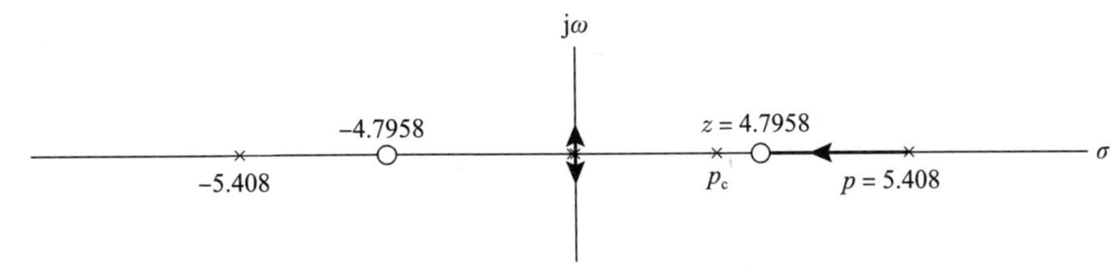

图 17-29　$G_X\left(s\right)$的零极点图以及假设的满足$p_c<z$的$G_c\left(s\right)$的右半平面极点 p绘制$1+KG_c\left(s\right)G_X\left(s\right)$的根轨迹

习题 7 倒立摆利用状态估计的输出反馈

考虑式（17.25）中给出的倒立摆的状态空间模型，以及在习题 1 中给出的 Quanser 参数值。编写一个 MATLAB 程序来计算将$A-b\kappa$的所有极点配置在 −5 处的状态反馈向量$\boldsymbol{\kappa}$。同时计算将$A-\ell c$的所有极点配置在 −10 处的状态估计向量ℓ。然后将代码附加到 MATLAB 程序中，计算$G(s)$，$G_{c1}(s)$，$G_{c2}(s)$和$G_c(s)$，如 17.5 节所示。

提示：以下的 MATLAB 代码展示了由矩阵 $\boldsymbol{A},\boldsymbol{b},\boldsymbol{c}$ 如何计算$\boldsymbol{c}(s\boldsymbol{I}-\boldsymbol{A})^{-1}\boldsymbol{b}$。

```
A = [1 2; 3 4]; b = [5; 6]; c = [7 8];
sympref('FloatingPointOutput',true);
syms s;
G = simplify(c*inv((s*eye(2)-A))*b)
G_num = c*adjoint((s*eye(2)-A))*b
G_den = det((s*eye(2)-A))
```

参考文献

[1] K. Ogata, *Modern Control Engineering* . Englewood Cliffs, NJ: Prentice-Hall, 2002.

[2] B. C. Kuo, *Automatic Control Systems* . Englewood Cliffs, NJ: Prentice-Hall, 1987.

[3] G. F. Franklin, J. D. Powell and A. Emami-Naeini, *Feedback Control of Dynamic Systems*, 6th ed. Prentice-Hall, 2009.

[4] C. L. Phillips and J. M. Parr, *Feedback Control Systems*, 5th ed. Englewood Cliffs, NJ: Prentice-Hall, 2011.

[5] L. Qiu and K. Zhou, *Introduction to Feedback Control* . Prentice-Hall, 2010.

[6] G. C. Goodwin, S. F. Graebe and M. E. Salgado, *Control System Design*. Upper Saddle River, NJ: Prentice-Hall, 2001.

[7] J. Chiasson, *Modeling and High-Performance Control of Electric Machines*. John Wiley & Sons, 2005.

[8] Licensed under CC BY-SA 3.0 via Wikimedia Commons (2010). *User: ComputerGeezer and Geof, Venturiflow*. Available: https://commons.wikimedia.org/ wiki/File:VenturiFlow.png.

[9] S. Karp, *How it works flight controls*, October 12, 2013. Available: https://www.youtube.com/watch?v=AiTk5r-4coc.

[10] W. Barie, *Design and Implementation of a Nonlinear State-Space Controller for a Magnetic Levitation System*. University of Pittsburgh, 1994.

[11] M. Bodson, "Explaining the Routh–Hurwitz criterion," *IEEE Control Systems*, vol. 40, no. 1, pp. 45–51, Feb 2020.

[12] C. L. Phillips and R. D. Harbor, *Feedback Control Systems*. Englewood Cliffs, NJ: Prentice-Hall, 1988.

[13] R. W. Beard, T. W. McLain and C. Peterson, *Introduction to Feedback Control Using Design Studies*. Independently published, 2016.

[14] K. R. Symon, *Mechanics*, 2nd ed. Addison-Wesley, 1960.

[15] W. J. Palm III, *System Dynamics*, 2nd ed. McGraw-Hill, 2010.

[16] D. Halliday and R. Resnick, *Physics Parts 1 and 2* . New York: John Wiley & Sons, 1978.

[17] C. T. Chen, *Linear System Theory and Design*, 4th ed. Oxford Press, 2013.

[18] D. Halliday and R. Resnick, *Physics Volume II* . New York: John Wiley & Sons, 1962.

[19] U. Haber-Schaim, J. H. Dodge, R. Gardner and E. Shore, *PSSC Physics*, 7th ed. Dubuque, IA: Kendall/Hunt, 1991.

[20] S. J. Chapman, *Electric Machinery Fundamentals* . New York: McGraw-Hill, 1985.

[21] L. W. Matsch and J. D. Morgan, *Electromagnetic and Electromechanical Machines*, 3rd ed. New York: John Wiley & Sons, 1986.

[22] C. W. deSilva, *Control Sensors and Actuators*. Englewood Cliffs, NJ: Prentice-Hall, 1989.

[23] C. W. deSilva, *Mechatronics: An Integrative Approach*. Boca Raton, FL: CRC Press, 2004.

[24] P. C. Krause and O. Wasynczuk, *Electromechanical Motion Devices*. New York: McGraw-Hill, 1989.

[25] G. R. Slemon and A. Straughen, *Electric Machines*. Reading, MA: Addison-Wesley, 1980.

[26] M. Vidyasagar, "On undershoot and nonminimum phase zeros," *IEEE Transactions on Automatic Control*, vol. 31, no. 5, p. 440, May 1986.

[27] B. Francis and M. Wonham, “The internal model principle for linear multivariable regulators,” *Applied Mathematical Optimization* , vol. 2, no. 2, pp. 170–194, June 1975.

[28] B. A. Francis and M. W. Wonham, “The internal model principle of control theory,”*Automatica*, vol. 12, no. 5, pp. 457–465, Sept 1975.

[29] E. J. Davison, “The robust control of the servomechanism problem for linear time invariant multivariable systems,” *IEEE Transactions on Automatic Control* , vol. 21, no. 1, pp. 25–34, Feb 1976.

[30] M. Bodson, *Foundations of Control Engineering* . Independently published, 2020.

[31] B. Messner and D. Tilbury (1998), *Control tutorials for Matlab and Simulink.* Available: http://ctms.engin.umich.edu.

[32] Wikipedia, *PID controller*, 2019 [Online]. Available: https://en.wikipedia.org/ wiki/PIDcontroller. (accessed 25 March 2019).

[33] G. F. Franklin, J. D. Powell and A. Emami-Naeini, *Feedback Control of Dynamic Systems*. Reading, MA: Addison-Wesley, 1986.

[34] Quanser, *Real Time Control Experiments for Education and Research*. Available: www.quanser.com.

[35] J. S. Freudenberg and D. P. Looze, “Right half-plane poles and zeros and design tradeoffs in feedback systems,” *IEEE Transactions on Automatic Control* , vol. 30, no. 6, pp. 555–565, June 1985.

[36] G. Stein, “Respect the unstable,” *IEEE Control Systems Magazine*, vol. 23, no. 4, pp. 12–25, Aug 2003.

[37] S. Darbha and S. P. Bhattacharyya, “On the synthesis of controllers for a nonovershooting step response,” *IEEE Transactions on Automatic Control* , vol. 48, no. 5, pp. 797–799, May 2003.

[38] J. W. Howze and S. P. Bhattacharya, “Robust tracking, error feedback, and twodegree-of-freedom controllers,” *IEEE Transactions on Automatic Control* , vol. 42, no. 7, 980–983, pp. July 1997.

[39] W. A. Wolovich, *Automatic Control Systems: Basic Analysis and Design* . Saunders College Publishing, 1994.

[40] K. J. Åström and R. Murray, *Feedback Systems: An Introduction for Engineers and Scientists*. Princeton University Press, 2008.

[41] Aerotech Inc., *Harmonic cancellation: optimize periodic trajectories, reject periodic disturbances*. Available: https://www.aerotech.com/harmonic-cancellation-optimize-periodic-trajectories-reject-periodic-disturbances/.

[42] Aerotech, Inc., *Advanced control techniques*, 2010. Available: https://www.youtube.com/watch?v=5A-R-JKisPY.

[43] M. Bodson, A. Sacks and P. Khosla, “Harmonic generation in adaptive feedforward cancellation schemes,” in *Proceedings of the 31st Conference on Decision and Control*, Tucson, AZ, December 1992.

[44] X. Guo and M. Bodson, “Equivalence between adaptive feedforward cancellation and disturbance rejection using the internal model principle,” *Adaptive Control and Signal Processing* , vol. 24, no. 3, pp. 211–218, Apr 2009.

[45] L. H. Keel and S. P. Bhattacharya, “Robust, Fragile, or optimal,” *IEEE Transactions on Automatic Control* , vol. 42, no. 8, pp. 1098–1105, Aug 1997.

[46] P. Dorato, *Analytical Feedback System Design An Interpolation Approach*. Pacific Grove, CA: Brooks/ Cole, 1999.

[47] H. W. Bode, *Network Analysis and Feedback Amplifier Design*. Princeton, NJ: D. Van Nordstand, 1945.

[48] H. Nyquist, “Regeneration theory,” *Bell System Technical Journal* , vol. 11, pp. 126–147, Jan 1932.

[49] J. C. Doyle, B. A. Francis and A. R. Tannenbaum, *Feedback Control Theory*. Macmillan, 1992.

[50] A. V. Oppenheim and A. S. Willsky, *Signals & Systems*, 2nd ed. Englewood Cliffs, NJ: Prentice-Hall, 1997.

[51] E. W. Kamen and B. S. Heck, *Fundamentals of Signals and Systems using the Web and Matlab*, 2nd ed. Upper Saddler River, NJ: Prentice-Hall, 2000.

[52] M. Viola, Inverse Fourier Transform of $\frac{1}{\alpha + j\omega}$. Stack Exchange. https://math.stackexchange.com/questions/1531134/inverse-fourier-transform-of-frac1ajw, Nov 2015.

[53] W. R. Evans, "Control system synthesis by root locus method," *Transactions of the AIEE* , vol. 69, pp. 66–69, Jan 1950.

[54] W. Barie, "Design and implementation of a nonlinear state-space controller for a magnetic levitation system," Master's thesis, University of Pittsburgh, 1994.

[55] A. Isidori, *Nonlinear Control Systems*, 2nd ed. Berlin: Springer-Verlag, 1989.

[56] R. Marino and P. Tomei, *Nonlinear Control Design - Geometric, Adaptive and Robust* . Englewood Cliffs, NJ: Prentice-Hall, 1995.

[57] H. Nijmeijer and A. J. van der Schaft, *Nonlinear Dynamical Control Systems*. Springer-Verlag, 1990.

[58] M. Bodson, J. Chiasson, R. Novotnak and R. Rekowski, "High performance nonlinear control of a permanent magnet stepper motor," *IEEE Transactions on Control Systems Technology* , vol. 1, no. 1, pp. 5–14, Mar 1993.

[59] M. Bodson and J. Chiasson, "Differential-geometric methods for control of electric motors," *International Journal of Robust and Nonlinear Control* , vol. 8, pp. 923–954, Sept 1998.

[60] S. Mehta, "Control of a series DC motor by feedback linearization," Master's thesis, University of Pittsburgh, 1996.

[61] T. Kailath, *Linear Systems*. Englewood Cliffs, NJ: Prentice-Hall, 1980.

[62] B. Francis, *Classical control*, 2015. Available: http://www.scg.utoronto.ca/~francis/main.pdf.

[63] A. R. Woodyatt, R. H. Middleton and J. S. Freudenberg, "Fundamental contraints for the inverted pendulum," The University of Newcastle, Tech. Rep. EE9716, 1997.

[64] S. Skogestad and I. Postlethwaite, *Multivariable Feedback Control - Analysis and Design*. John Wiley & Sons, 2005.

[65] B.-F. Wu and E. A. Jonckherre, "A simplified approach to Bode's theorem for continuous-time and discrete-time systems," *IEEE Transactions on Automatic Control* , vol. 37, no. 7, pp. 175–182, Nov 1992.

[66] M. Vidyasagar, *Control System Synthesis: A Factorization Approach*. MIT Press, 1985.

[67] J. B. Hoagg and D. S. Bernstein, "Nonminimum-phase zeros: much to do about nothing," *IEEE Control Systems Magazine*, vol. 27, no. 3, pp. 45–57, June 2007.

[68] A. Emami-Naeini and D. de Roover, "Bode's sensitivity integral constraints: The waterbed effect revisited," January 2019. arXiv:1902.11302v1.

[69] S. Boyd and C. A. Desoer, "Subharmonic functions and performance bounds in linear time-invariant feedback systems," *IMA Journal of Mathematical Control and Information*, vol. 2, pp. 153–170, June 1985.

[70] J. Chiasson, "The Differential-Geometric Approach to Nonlinear Control," independently published, 2021.

推荐阅读

离散事件系统仿真（原书第5版）

作者：[美] 杰瑞·班克斯（Jerry Banks） 约翰·S.卡森二世（John S.Carson II）
巴里·L.尼尔森（Barry L.Nelson） 戴维·M.尼科尔（David M.Nicol）
译者：王谦 ISBN：978-7-111-61956-7

本书面向管理系统仿真，由美国工业工程领域的知名学者合力编写，是国际仿真学界公认的经典教材之一，被国外许多高校作为教材使用，在国际仿真领域具有很大的影响力。与大多数侧重于介绍特定领域仿真或特定软件工具的书籍不同，本书全面论述了离散事件系统仿真的核心知识和相关内容，重点介绍仿真建模技术和分析方法的相关支撑理论。本书内容涉及数据收集与分析、仿真建模技术、模型验证、仿真实验设计以及仿真优化，并着重介绍离散事件系统仿真在制造、物流、服务以及计算机硬件和网络系统设计中的应用，尤其涵盖了制造和物料搬运系统、计算机系统和计算机网络仿真的新成果。